Conserver la Couverture

TRAITÉ D'EMBRYOLOGIE

OU

HISTOIRE DU DÉVELOPPEMENT

DE

L'HOMME ET DES VERTÉBRÉS

PAR

OSCAR HERTWIG

DIRECTEUR DE L'INSTITUT D'ANATOMIE BIOLOGIQUE, PROFESSEUR A L'UNIVERSITÉ DE BERLIN

DEUXIÈME ÉDITION FRANÇAISE

Complètement remaniée d'après la sixième édition allemande

PAR

CHARLES JULIN

Professeur à la Faculté de Médecine de l'Université de Liège

OUVRAGE ORNÉ DE 415 FIGURES DANS LE TEXTE

et de 2 planches en chromolithographie

PARIS

LIBRAIRIE C. REINWALD

SCHLEICHER FRÈRES, ÉDITEURS

15, RUE DES SAINTS-PÈRES, 15

1900

TRAITÉ D'EMBRYOLOGIE

OU

HISTOIRE DU DÉVELOPPEMENT

DE

L'HOMME ET DES VERTÉBRÉS

TRAITÉ D'EMBRYOLOGIE

OU

HISTOIRE DU DÉVELOPPEMENT

DE

L'HOMME ET DES VERTÉBRÉS

PAR

OSCAR HERTWIG

DIRECTEUR DE L'INSTITUT D'ANATOMIE BIOLOGIQUE, PROFESSEUR A L'UNIVERSITÉ DE BERLIN

DEUXIÈME ÉDITION FRANÇAISE

Complètement remaniée d'après la sixième édition allemande

PAR

CHARLES JULIN

Professeur à la Faculté de Médecine de Liège

OUVRAGE ORNÉ DE 415 FIGURES DANS LE TEXTE

et de 2 planches en chromolithographie

PARIS

LIBRAIRIE C. REINWALD

SCHLEICHER FRÈRES, ÉDITEURS

15, RUE DES SAINTS-PÈRES, 15

1900

PRÉFACE DE LA PREMIÈRE ÉDITION ALLEMANDE

> L'embryologie est le vrai flambeau des études sur les corps organisés.
> (C.-E. VON BAER, *Ueber Entwicklungsgeschichte der Thiere*, t, I, p. 231.)

Bien que l'embryologie des animaux constitue, avec l'histologie, une des branches les plus récentes de la morphologie, elle a pris un essor réellement imposant dans le cours des soixante années qui viennent de s'écouler. De nombreuses recherches embryologiques ont contribué puissamment à faire comprendre la structure des organismes. Elles ont, en outre, profité largement à l'*étude du corps humain*. Aussi dans les traités d'anatomie humaine les plus récents (GEGENBAUR, SCHWALBE), voyons-nous l'embryologie prise en considération très sérieuse pour la description des divers systèmes d'organes. Pour comprendre combien plus instructive et plus intéressante est la description anatomique basée sur l'embryologie, il suffit de comparer les chapitres que GEGENBAUR et SCHWALBE notamment ont consacrés dans leurs traités au cerveau, à l'œil, au cœur, etc., avec ce qui se trouve consigné à ce sujet dans les ouvrages d'anatomie humaine plus anciens.

Et cependant si l'on est généralement convaincu aujourd'hui que l'*histoire du développement embryonnaire des organismes est la base fondamentale, capable de faire comprendre leur organisation*, il faut dire pourtant qu'on n'y attache pas encore toute l'attention qu'elle mérite. Elle n'est pas encore appréciée autant qu'il conviendrait, comme l'élément indispensable de l'enseignement des sciences médicales et naturelles. L'une des causes de ce fait est que souvent on considère l'étude de l'embryologie comme particulièrement difficile et pénible. C'est ce qui fait que beaucoup de personnes n'osent pas se hasarder dans ce domaine en apparence obscur.

Or, est-il vrai qu'il soit plus difficile de comprendre le développement d'un organisme que la structure compliquée de l'adulte?

C'était le cas, dans une certaine mesure, à une époque où les opinions les plus diverses et les plus contradictoires régnaient sur la plupart des phénomènes essentiels du développement, par exemple sur la formation des feuillets germinatifs, des protovertèbres, etc., à une époque où il n'était pas possible encore de comprendre la nature et la signification d'une foule de processus. Mais, grâce aux résultats acquis par l'embryologie comparée, le nombre des phénomènes incompréhensibles va diminuant d'année en année. Il en résulte que l'étude de l'embryologie devient aussi d'année en année plus facile pour les débutants.

Le développement embryonnaire d'un organisme ne saurait être plus difficile à comprendre que la structure de l'adulte, attendu que tout développement procède d'un état extrêmement simple, qui se complique ensuite progressivement.

Me livrant depuis douze ans à l'étude spéciale de l'embryologie, tant dans mon enseignement académique que dans mes recherches scientifiques, il y a longtemps que je souhaite voir cette branche des sciences morphologiques acquérir dans l'enseignement une place plus importante. Depuis longtemps aussi je désire la voir apprécier à sa juste valeur par tous les médecins et les naturalistes. C'est cette pensée qui m'a déterminé à écrire le présent ouvrage. Le but que je voudrais atteindre, c'est surtout de faire comprendre la structure complexe du corps humain par la connaissance de son développement.

Pour y arriver j'emploierai principalement la *méthode comparative*. Ce n'est pas à dire pourtant que je sois opposé à cette autre méthode, qui consiste à chercher dans l'étude des processus du développement embryonnaire l'*explication physiologique ou mécanique des formes que prend le corps des animaux*. Cette tendance, je la considère comme très légitime et je suis d'avis qu'elle n'est nullement en opposition avec la méthode comparative :

je pense plutôt que celle-ci ne peut qu'apporter une assistance des plus efficaces à celle-là.

Aussi verra-t-on que j'ai pris en grande considération l'explication physiologico-mécanique des formes. Il suffira pour s'en assurer de lire, d'une part, l'exposé que je fais de la division cellulaire, d'autre part, le chapitre quatrième, consacré aux « Principes généraux » et dans lequel j'examine le principe de l'accroissement inégal et le processus de formation des replis par invagination et par évagination.

Je me suis borné, pour les différents phénomènes du développement, à exposer les faits essentiels, laissant de côté les points secondaires, dans le but de faciliter l'accès des études embryologiques. A propos des théories fondamentales, je suis entré dans quelques considérations historiques, parce qu'il est souvent très intéressant de voir comment ont évolué les idées relatives à une question scientifique. Chaque fois que je me suis trouvé en présence d'une question litigieuse, j'ai principalement basé ma description sur les opinions qui me paraissent les plus légitimes. Toutefois je ne me suis nullement abstenu de faire connaître les manières de voir contradictoires.

Les nombreuses figures placées dans le texte ainsi qu'un petit nombre de planches chromo-lithographiées intercalées contribueront, je l'espère, à faciliter la compréhension des divers processus du développement.

Ce traité, je le destine donc aux médecins ainsi qu'aux étudiants en médecine et en sciences naturelles, avec l'espoir qu'il contribue à répandre et à faciliter l'étude de l'embryologie et qu'il permette de comprendre d'une façon plus complète la structure du corps humain.

OSCAR HERTWIG.

Iéna, octobre 1886.

PRÉFACE DE LA DEUXIEME EDITION ALLEMANDE

L'accueil bienveillant qui a été fait à mon *Traité d'Embryologie* prouve quel intérêt l'on porte aujourd'hui à cette branche de la morphologie.

Un an après la publication de la première partie de cet ouvrage (1), c'est-à-dire pendant que la seconde partie était livrée à l'impression, la nécessité d'en faire une deuxième édition s'imposait déjà.

Dans cette nouvelle édition, je n'ai pas apporté de modifications bien profondes. Cependant, par-ci par-là, j'ai amplifié le texte, en tenant compte de plusieurs mémoires récents. Il en est ainsi : dans le chapitre relatif aux premiers phénomènes du développement de l'œuf (Weismann, Blochmann); dans le chapitre consacré au développement du système vasculaire (Rabl, Ruckert); dans le chapitre relatif à la formation des enveloppes fœtales (Duval, Osborn), ainsi que dans celui qui est consacré au placenta humain (Kastschenko, Waldeyer, Ruge).

La seconde partie de la première édition venant de paraître depuis peu de temps seulement, j'ai pu la reproduire sans la remanier.

D'autre part, j'ai cru devoir répartir à la fin de chaque chapitre les renseignements bibliographiques qui s'y rapportent, au lieu de les réunir à la fin de l'ouvrage, comme je l'avais fait dans la première édition. Enfin, j'ai ajouté un index, qui facilitera la recherche des différentes questions traitées et permettra de se servir plus aisément de l'ouvrage.

Puisse mon Traité, sous cette forme nouvelle, acquérir de nouvelles sympathies tant de la part des étudiants en médecine et en sciences naturelles que de la part de tous ceux qui s'intéressent à l'étude des sciences naturelles!

Oscar Hertwig.

Iéna, février 1888.

(1) La première édition allemande de ce Traité a paru en deux fascicules. (Note du traducteur.)

PRÉFACE DE LA TROISIEME ÉDITION ALLEMANDE

Pendant les deux années qui se sont écoulées depuis la publication de la deuxième édition de cet ouvrage, nos connaissances relatives au développement des vertébrés se sont notablement perfectionnées, grâce aux nombreuses recherches qui ont paru chaque année. Dans cette troisième édition, j'ai donc dû apporter de grandes modifications. C'est ainsi que j'ai amplifié beaucoup les chapitres consacrés à la fécondation et à la segmentation de l'œuf : j'y ai relaté les importantes découvertes dont l'œuf de l'Ascaris megalocephala a été l'objet. J'ai transformé complètement le chapitre neuvième, relatif au développement de la substance conjonctive et du sang; puis, ceux consacrés à la formation des organes urinaires, du système nerveux périphérique, du cœur et du système veineux. J'ai, enfin, amélioré plusieurs autres passages encore.

Trente nouvelles figures ont été intercalées dans le texte : elles sont empruntées aux recherches de Van Beneden, Boveri, Duval, Flemming, Hermann, His, Born, Gegenbaur, Nagel, Van Wijhe, Spee, Bonnet et Keibel. Grâce à la bienveillance de M. le professeur Van Beneden, j'ai pu enrichir mon ouvrage de trois figures empruntées à son grand mémoire, encore inédit, sur la formation des feuillets germinatifs du lapin. J'espère, en augmentant le nombre de ces gravures, avoir encore facilité la compréhension de maints phénomènes embryologiques.

Je ne terminerai pas cette préface sans adresser mes remerciements à tous ceux qui m'ont amicalement soutenu et spécialement à mon éditeur, qui a apporté à cette publication les soins les plus empressés.

Oscar Hertwig.

Berlin, mars 1890.

PRÉFACE DE LA QUATRIÈME ÉDITION ALLEMANDE

Depuis l'époque où parut la troisième édition, en 1890, mon Traité s'est beaucoup répandu, grâce à cette circonstance qu'il a été traduit en plusieurs langues : en français, par M. le Dr CHARLES JULIN, de Liège (1891), et en anglais, par M. le Professeur MARK, de Cambridge (1892). Enfin, une traduction en italien est sous presse.

Les recherches nombreuses et étendues qui, chaque année, sont publiées dans le domaine de l'Embryogénie, ont nécessité, pour cette quatrième édition, d'une part, des modifications importantes, d'autre part, des additions de moindre valeur. C'est ainsi notamment que j'ai dû transformer la rédaction du chapitre quatrième, pour ce qui concerne les phénomènes de maturation de l'œuf, la comparaison entre l'ovogenèse et la spermatogenèse et les phénomènes de la fécondation. J'ai modifié, en outre, l'exposé de la formation du feuillet moyen (théorie du blastopore), que contient le chapitre sixième et, enfin, les paragraphes où se trouvent traitées la formation de l'anus, celles du système uro-génital, du système nerveux périphérique, la théorie de la métamérisation de la tête, etc. En introduisant dans cette édition ces modifications, ainsi que vingt-trois figures nouvelles, je me suis efforcé de tenir compte des progrès réalisés en Embryologie dans ces trois dernières années.

OSCAR HERTWIG.

Berlin, février 1893.

PRÉFACE DE LA CINQUIÈME ÉDITION ALLEMANDE

Quoique deux ans à peine se soient écoulés depuis la publication de la quatrième édition de ce Traité, de nouvelles publications plus ou moins nombreuses ont enrichi nos connaissances relatives à la plupart des questions d'Embryologie. Ainsi s'est accrue encore la tâche, souvent difficile, que doit accomplir l'auteur d'un traité, d'apprécier l'importance des découvertes et des progrès réalisés. L'on comprend qu'il n'est pas toujours possible d'en estimer la juste valeur. En effet, étant donné que la valeur d'une idée nouvelle se rapportant à telle ou telle question, n'acquiert souvent toute sa portée que lorsqu'elle se trouve étayée par des recherches confirmatives étendues, on comprend que, dans un Traité, l'on ne peut pas toujours en faire l'exposé dès le moment même où cette idée a été exprimée pour la première fois. En outre, toute nouveauté n'est pas toujours un progrès. Il arrive même que des faits, admis avec empressement par tout le monde, sont tout différemment jugés peu de temps après qu'ils ont été révélés : un exemple nous est fourni par la théorie du « Quadrille des centres ».

C'est ce que je prie le lecteur de vouloir bien considérer, s'il trouve que tel ou tel chapitre aurait pu, à son avis, être traité d'une autre façon.

Comme dans les éditions précédentes, je me suis efforcé dans celle-ci de rendre compte des progrès de la science : on pourra en juger. Le problème de la division réductrice, le rôle du centrosome dans le processus de la fécondation, la formation du feuillet moyen chez les reptiles et les mammifères, la structure du chorion, le développement des fibres musculaires aux dépens des éléments des segments primordiaux, la genèse et la structure des corpuscules rouges du sang chez l'embryon, la formation de la vessie et des organes génitaux externes, etc., sont autant de questions qui ont été complétées ou entièrement remaniées. J'ai introduit, en outre, un chapitre nouveau, intitulé : « Expériences et théories relatives aux relations qui existent entre les premiers blastomères et les différentes parties de l'œuf, d'une part, la formation des organes de l'embryon, d'autre part. » De nouvelles figures, au nombre de vingt-deux, portent le nombre total des figures de cette édition à trois cent quatre-vingt-quatre. Ainsi, grâce au concours bienveillant de mon éditeur, j'ai pu enrichir et améliorer cette cinquième édition de mon *Traité.*

Enfin, qu'il me soit permis de dire que mon *Traité d'Embryologie* se trouve, à maint point de vue, complété par mes *Éléments d'Anatomie et de Physiologie générales* (1), dont la première partie, *la Cellule*, a paru il y a deux ans. Voici ce que je disais à ce propos dans la préface de cet ouvrage :

« Ces *Éléments d'Anatomie et de Physiologie générales* forment le complément de mon *Traité d'Embryologie ou Histoire du Développement de l'homme et des vertébrés.* Dans ce *traité*, j'ai cherché à établir les lois qui régissent la formation du corps des animaux, les lois suivant lesquelles les cellules, résultant de la segmentation répétée de l'œuf fécondé, se différencient en feuillets germinatifs d'abord et, finalement, en les divers organes du corps, par accroissement inégal, par plissements complexes et par invaginations.

« En même temps que s'accomplit cette répartition, cet agencement des cellules, c'est-à-dire la *différenciation morphologique*, il s'accomplit encore dans le cours du développement une autre série de phénomènes, que l'on peut appeler dans leur ensemble la *différenciation histologique.* Grâce à la différenciation histologique, les cellules, déjà morphologiquement différenciées, sont mises à même d'exécuter les diverses fonctions qui constituent, dans leur ensemble, la vie de l'organisme complètement développé.

« Dans le *Traité d'Embryologie*, il n'était pas opportun de s'occuper de ce second point, d'ordre plutôt physiologique, du processus du développement. C'est pourquoi l'anatomie et la physio-

(1) Cet ouvrage est traduit en français. Paris, Georges Carré, éditeur, 1894. (Note du traducteur.)

logie générales de la cellule et des tissus forment, comme je l'ai dit, le complément nécessaire de ce *traité*. C'est ce dont le lecteur pourra s'assurer déjà en examinant le premier livre de cet ouvrage, qui ne s'occupe que de la cellule. En effet, notre septième chapitre est consacré à l'étude de l'anatomie et de la physiologie de la reproduction, qui n'est, en dernière analyse, qu'un « phénomène purement cellulaire », comme nous le verrons; mais encore notre neuvième chapitre intitulé : « la cellule en tant qu'ébauche d'un organisme, » traite des anciennes et des récentes théories de l'hérédité.

« Le second livre du présent ouvrage, qui comprendra l'étude des tissus et qui, je l'espère, ne tardera pas à paraître, constituera davantage encore le complément du *Traité d'Embryologie*. En effet, indépendamment de la description des tissus, je m'y occuperai surtout de leur développement, c'est-à-dire de l'histogenèse et des causes physiologiques de leur formation. Ainsi se trouvera complétée l'étude de la différenciation histologique ».

Oscar Hertwig.

Berlin, octobre 1895.

PRÉFACE DE LA SIXIÈME ÉDITION ALLEMANDE

S'il est agréable pour un auteur de voir son œuvre atteindre rapidement à de nombreuses éditions successives, attendu que c'est une preuve du succès qu'a obtenu la façon dont il a exposé son sujet, cette satisfaction n'est pourtant pas exempte d'une certaine appréhension, du moins lorsqu'il s'agit d'un ouvrage traitant d'une science qui progresse et se transforme rapidement. C'est qu'en fait, à chaque édition nouvelle, l'auteur se voit arraché à l'étude des questions scientifiques auxquelles il se voue spécialement, pour s'occuper de questions qui doivent cependant captiver momentanément son attention. Il en arrive ainsi à se trouver dans cet état d'esprit particulier que, dans la préface de ses « Leçons de physiologie végétale », l'éminent botaniste Sachs, dont la science a eu récemment à déplorer la mort, a exprimé avec quelque rudesse.

Si je ne puis répéter entièrement ici les termes dont il s'est servi, cependant j'ai appris à connaître, dans ses causes, l'état d'esprit que Sachs nous a décrit. L'activité scientifique est si grande dans toutes les branches des sciences naturelles, et en particulier dans le domaine de l'Embryogénie, que le nombre des publications s'accroît toujours davantage et qu'il suffit de quelques années pour que chaque chapitre ait, pour ainsi dire, subi des transformations profondes. Aussi l'auteur, qui désire rendre compte des progrès de la science qui l'occupe, doit-il se tenir constamment au courant des améliorations plus ou moins grandes apportées à telle ou telle question. Or, étant donné le nombre important des publications qui paraissent annuellement dans les divers pays, il éprouve ce sentiment désagréable de se trouver dans l'impossibilité d'apprécier à leur juste valeur tous les progrès réalisés, s'il n'y consacre un temps et un labeur exagérés.

Bien que deux ans à peine se soient écoulés depuis que notre cinquième édition a paru, des changements nombreux ont été introduits dans cette sixième édition : c'est ce dont se convaincra immédiatement le lecteur compétent. Je signalerai spécialement : le chapitre relatif aux phénomènes de la fécondation et de la segmentation; celui qui est consacré à l'exposé de la théorie du blastopore, où j'ai dû répondre à diverses objections; le chapitre relatif au système uro-génital, celui qui est consacré à la peau (NAGEL); celui qui traite du système nerveux central (cerveau et neuromérie), etc., (1). A l'instigation de M. le Professeur BONNET, je me suis aussi efforcé de rendre la nomenclature plus uniforme et d'éviter l'emploi de quelques termes, arbitrairement usités.

J'ai, en outre, augmenté le nombre des figures. Non seulement il se trouve porté de 384 à 415; mais plusieurs figures des éditions précédentes ont été remplacées par de meilleures. Je me suis attaché spécialement à donner un plus grand nombre d'images relatives au développement de l'homme (par exemple, les fig. 186, 187, 190, 209, 335, 338, 349, 405, 406).

Je suis heureux d'exprimer à cette occasion mes remerciments les plus cordiaux à mon éditeur, M. le Dr GUSTAV FISCHER, qui a accédé à tous mes désirs, ainsi qu'à M. le Dr R. KRAUSE, privat-docent et assistant à l'Institut d'Anatomie biologique, à qui je suis redevable d'un certain nombre d'excellents photogrammes qui ont été reproduits par la zincographie (fig. 186, 187, 190, 209, 335, 338, 349, 405 et 406).

Mon *Traité d'Embryologie* a trouvé son complément dans mes *Éléments d'Anatomie et de Physiologie générales*, dont j'ai pu cette année, après un délai trop long, faire paraître la seconde partie. Cet ouvrage complète réellement mon *Traité d'Embryologie;* car, ainsi que je l'ai dit ailleurs, *ce livre est consacré à la physiologie du développement, à la formation des tissus et spécialement à l'étude générale des causes physiologiques de l'histogenèse et de l'organogenèse.*

OSCAR HERTWIG.

Berlin, Pentecôte 1898.

(1) M. le Professeur O HERTWIG a bien voulu m'autoriser à introduire, dans cette seconde édition française, quelques modifications nouvelles, dont les plus importantes sont relatives : à la différenciation des diverses parties du tube digestif et à la formation des mésentères; au développement du diaphragme et à la formation des cavités péricardique, pleurales et abdominale. Grâce à l'obligeance extrême des éditeurs français, MM. SCHLEICHER frères, j'ai pu ajouter encore (fig. 218, A, B, C; 219, A, B; 220, A, B, C, D, E; 220 *bis*; 221, A, B, C, D; 221 *bis*, A, B; 221 *ter*, A, B, C, D), vingt et une figures nouvelles, que m'a fournies mon savant collègue et ami, M. le Professeur A SWAEN. Ces figures se rapportent à des embryons humains. (Note du traducteur.)

TABLE DES MATIÈRES

Pages

SECONDE PARTIE

CHAPITRE QUATORZIÈME

CHAPITRE QUINZIÈME

CHAPITRE SEIZIÈME

CHAPITRE DIX-SEPTIÈME

INTRODUCTION

L'Embryologie, encore appelée Ontogénie, est l'étude du développement de l'individu. Elle s'occupe des changements que tout organisme subit normalement dans sa forme, depuis son origine (l'œuf) jusqu'à son complet développement. En ce qui concerne les vertébrés et les animaux supérieurs en général, nous pouvons considérer la fécondation de la cellule-œuf comme représentant le début du développement.

Pour décrire les modifications qu'éprouve la cellule-œuf, à partir du moment où elle est fécondée, deux méthodes différentes peuvent être suivies.

L'une de ces méthodes consiste à prendre comme sujet d'étude un organisme déterminé et à signaler les changements subis d'heure en heure, de jour en jour, par son germe, après la fécondation. C'est cette méthode qu'ont adoptée C. E. von Baer, dans son ouvrage classique sur l'embryologie du poulet, ainsi que Foster et Balfour dans leurs *Éléments d'embryologie*. Elle a l'avantage de fournir au lecteur l'exposé de la constitution générale d'un organisme aux différents stades de son développement.

Un traité ainsi conçu convient tout particulièrement à ceux qui désirent connaître la constitution d'un animal déterminé, du poulet par exemple, aux diverses époques successives de son ontogenèse. Par contre, il convient beaucoup moins à ceux qui veulent se rendre compte du développement des différents organes, tels que l'œil, le cœur, le cerveau, etc. En effet, les étapes successivement suivies, dans le cours de son développement, par tel ou tel organe, se trouvent alors éparpillées dans l'ouvrage, ce qui oblige le lecteur qui désire connaître le processus du développement de cet organe, à faire des recherches en différents points du traité, pour rattacher ensuite les stades les uns aux autres.

La deuxième méthode convient mieux aux débutants et elle est mieux adaptée aux exigences d'un enseignement théorique de l'embryologie. Elle consiste à considérer les différents organes les uns après les autres et à décrire successivement les modifications que subit chacun d'entre eux, dans le cours complet de son développement. C'est de cette manière que Kölliker a exposé l'*Embryologie de l'homme et des animaux supérieurs*.

Cette méthode est également la seule que l'on puisse adopter, lorsque l'on veut étudier comparativement l'ontogénie de différents organismes et que l'on doit combler les lacunes que présente l'état de nos connaissances sur l'un d'entre eux, par ce que l'on sait positivement sur des animaux très voisins. Or, c'est là précisément le cas dans lequel nous nous trouvons lorsque nous voulons faire un exposé complet du développement du corps de l'homme. Si nous nous bornions à relater les faits connus relativement à l'ontogénie de l'homme lui-même, bien des lacunes importantes existeraient dans notre description. En effet, personne n'a encore eu l'occasion d'observer comment l'œuf humain est fécondé, comment il se segmente, comment se forment à ses dépens les feuillets germinatifs, comment se développe la première ébauche de ses principaux organes. Nous ne connaissons pour ainsi dire rien concernant les phénomènes qui se passent pendant les trois premières semaines du développement de l'homme et nous pouvons même ajouter qu'il en sera encore longtemps de même. L'histoire complète du développement de l'homme, dans le sens strict du mot, ne sera peut-être jamais connue.

Et cependant les lacunes qu'elle offre peuvent être comblées d'une manière très satisfaisante. L'étude des vertébrés les plus divers nous apprend, en effet, qu'ils se développent tous d'après un même plan; que les premiers phénomènes de leur ontogénie se passent essentiellement de la même manière chez tous; enfin, que les différences qui se manifestent entre eux sont dues à des causes d'ordre secondaire, comme par exemple à la quantité de vitellus, plus ou moins considérable, contenue dans l'œuf.

Lorsque nous constatons que la première ébauche du système nerveux central, de l'œil, de la colonne vertébrale, du tube digestif, etc., se forme chez les mammifères identiquement comme chez les amphibiens, les oiseaux et les reptiles, alors nous sommes en droit de conclure que certainement il en est de même chez l'homme. Nous sommes, par conséquent, amenés à employer la *méthode comparative* pour l'étude de l'embryologie de l'homme. Les faits que la nature même des choses ne nous permet pas d'observer chez l'homme lui-même, nous cherchons à les connaître par l'étude d'autres vertébrés.

Dans les premiers temps où l'on s'est occupé d'embryologie, les recherches ont porté de préférence sur l'œuf du poulet : aussi est-ce sur le développement de cet animal que nous possédons les observations les plus nombreuses et les plus complètes. Dans les trente dernières années cependant, les mammifères, malgré les grandes difficultés qu'offre l'étude de leur développement, ainsi que les reptiles, les amphibiens, les poissons, etc., ont fait l'objet de nombreux travaux importants. Nous pouvons dire que c'est à la diversité de ces sujets que nous devons l'explication d'une foule de phénomènes, que l'étude du poulet seule ne permettait pas de comprendre. Ensuite, c'est grâce à la même cause que nous avons appris à distinguer ce qui est général et essentiel de ce qui n'est que secondaire et spécial; que nous avons appris à connaître les lois générales de l'ontogenèse.

Dans le présent ouvrage, je ne m'en tiendrai donc pas à un objet spécial, comme l'œuf du poulet ou celui du lapin; mais, au contraire, me plaçant à un point de vue plus général, à un point de vue comparatif, je chercherai à exposer les résultats fondamentaux auxquels ont abouti les nombreuses recherches entreprises jusqu'à ce jour dans le but de connaître l'essence des phénomènes de la fécondation, de la segmentation, de la formation des feuillets germinatifs, etc.

Et pourtant, lecteur, ne vous attendez pas à trouver dans cet ouvrage un traité d'embryologie comparée! Le but que je cherche à atteindre est, en toute première ligne, de faire connaître le développement et la structure du corps de l'homme. Avant tout j'exposerai ce que nous savons sur ce sujet. Aussi n'utiliserai-je nos connaissances relatives à l'embryologie des autres vertébrés que pour autant qu'elles seront indispensables au but que je me suis proposé.

Il est toute une série de phénomènes qui se manifestent au début du développement et qui ne peuvent trouver place dans l'exposé de l'ontogénie des différents systèmes d'organes. Au début, en effet, on ne peut distinguer dans le germe les ébauches des organes, qui sont ultérieurement différenciés. C'est ainsi qu'auparavant, l'œuf se divise en de nombreuses cellules, qui se disposent ensuite de façon à constituer ce que l'on a appelé les feuillets germinatifs ou les organes primordiaux de l'embryon. En outre, chez les vertébrés supérieurs, il se forme différents organes, qui n'ont d'importance que pendant la vie fœtale et qui sont appelés à disparaître ultérieurement : nous voulons parler des membranes de l'œuf et des annexes fœtales. Ces différents phénomènes, nous les étudierons à part, et nous diviserons notre traité *en deux parties*. Dans l'une, nous examinerons les premiers phénomènes du développement et la formation des membranes et annexes de l'œuf et de l'embryon. L'autre sera consacrée à la formation des différents systèmes d'organes.

Afin d'aider ceux de nos lecteurs qui désireraient faire une étude plus approfondie du sujet et lire les travaux spéciaux publiés sur les différentes questions, nous mentionnerons à la fin de chaque chapitre les publications originales les plus importantes qui s'y rapportent. Nous signalerons également, à la première page, les traités généraux d'embryologie.

MANUELS ET TRAITÉS

G. Valentin. *Handbuch der Entwicklungsgeschichte des Menschen mit vergleichender Rücksicht der Entwicklung der Säugethiere und Vögel.* Berlin, 1845.

Bischoff. *Entwicklungsgeschichte der Säugethiere und des Menschen.* Leipzig, 1842.

H. Rathke. *Entwicklungsgeschichte der Wirbelthiere.* Leipzig, 1861.

A. Kölliker. *Entwicklungsgeschichte des Menschen und der höheren Thiere.* Academische Vorträge. Leipzig, 1861. 2e édition entièrement remaniée. Leipzig, 1879. Traduction française de la 2e édition allemande par A. Schneider, sous le titre : *Embryologie ou Traité complet du développement de l'homme et des animaux supérieurs.* Paris, Reinwald, 1880.

— *Grundriss der Entwicklungsgeschichte des Menschen und der höheren Thiere.* 2e édition. Leipzig, 1884.

Schenk. *Lehrbuch der vergleichenden Embryologie des Menschen und der Wirbelthiere.* Vienne, 1874. 2e édition 1896.

E. Haeckel. *Anthropogenie oder Entwicklungsgeschichte des Menschen.* Leipzig, 1874. 4e édition 1891. Traduction française par Ch. Letourneau, sous le titre : *Anthropogénie ou Histoire de l'évolution humaine.* Paris, Reinwald.

M. Foster et F. M. Balfour. *The elements of embryology.* Vol. I. Londres, 1874. 2e édition par Adam Sedgwick et Walter Heape, 1883. Traduction française par E. Rochefort, sous le titre : *Eléments d'embryologie.* Paris, Reinwald, 1878.

W. His. *Unsere Körperform und das physiologische Problem ihrer Entstehung.* Leipzig, 1875.

F. M. Balfour. *A treatise of comparative embryology.* 1881. Traduction allemande par le Dr C. Vetter. Iéna, 1881. Traduction française par A. Robin et Mocquard, sous le titre : *Traité d'embryologie et d'organogénie comparées.* Paris, Baillière, 1883.

G. Romiti. *Lezioni di embriogenia umana e comparata dei vertebrati.* Sienne, 1881, 1882, 1888.

W. Preyer. *Specielle Physiologie des Embryo.* 1883, 1884.

C. K. Hoffmann. *Grondtrekken der vergelijkende Ontwikkelingsgeschiedenis van de gewervelde Dieren.* Leyde, 1884.

M. Duval. *Atlas d'embryologie.* Paris, 1888.

Bonnet. *Grundriss der Entwicklungsgeschichte der Haussäugethiere.* 1891.

Korschelt et K. Heider. *Lehrbuch der vergleichenden Entwicklungsgeschichte der wirbellosen Thiere.* Iéna, 1890-1893.

Prenant. *Eléments d'embryologie de l'homme et des vertébrés.* 1891.

Schäfer. *Embryology. Quain's elements of anatomy.* 1890.

Charles Sedg. Minot. *Lehrbuch der Entwicklungsgeschichte des Menschen.* Traduction allemande par Kaestner. Leipzig, 1894.

R. S. Bergh. *Vorlesungen über allgemeine Embryologie.*

Oscar Schultze. *Grundriss der Entwicklungsgeschichte des Menschen und der Säugethiere.* Leipzig, 1897.

Kollmann. *Lehrbuch der Entwicklungsgeschichte des Menschen.* Iéna, 1898.

PREMIÈRE PARTIE

CHAPITRE PREMIER

DESCRIPTION DES PRODUITS SEXUELS

Cellule-œuf et Spermatozoïde.

La formation d'un être nouveau ne peut avoir lieu, chez la plupart des animaux et chez tous les vertébrés sans exception, sans le concours des produits sexuels de deux individus de sexes différents. La femelle produit l'œuf; le mâle, le spermatozoïde. Il faut, pour que le développement puisse s'accomplir que, par la fécondation, l'œuf et le spermatozoïde se soient unis à un moment opportun.

L'œuf et le spermatozoïde sont des organismes élémentaires, c'est-à-dire des cellules. Ces éléments se forment dans des glandes spéciales : les œufs, dans l'ovaire de la femelle; les spermatozoïdes, dans le testicule du mâle. A partir du moment où l'animal commence à se trouver à maturité sexuelle, les œufs et les spermatozoïdes se détachent, à certaines époques, des autres cellules avec lesquelles ils étaient unis dans les organes génitaux. Alors s'ils se rencontrent dans de bonnes conditions, l'œuf et le spermatozoïde s'unissent et cette union constitue le point de départ d'un nouvel organisme.

Nous devons donc, tout d'abord, apprendre à connaître les caractères des produits sexuels.

1. — Cellule-œuf.

L'œuf est la cellule la plus volumineuse du corps de l'animal. Ses diverses parties constitutives ont reçu, à une époque où l'on ignorait sa nature cellulaire, des noms spéciaux que l'on maintient encore aujourd'hui. Le contenu de la cellule-œuf est appelé *vitellus;* son noyau, *vésicule germinative*, nom donné par le physiologiste PURKINJE qui l'a découvert; ses nucléoles, on les désigne sous le nom de *taches germinatives* (WAGNER); enfin, sa membrane cellulaire est appelée *membrane vitelline*. Ces diverses parties de l'œuf ne diffèrent pas essentiellement, par leur structure, du corps et du noyau de la plupart des cellules animales.

Le *vitellus de l'œuf* (fig. 1 et 5, *vn*) est rarement homogène et transparent comme le protoplasme de la plupart des cellules; d'habitude il est plus ou moins opaque et grossièrement granuleux. Cet aspect est dû à cette circonstance, qu'il se dépose dans la cellule-œuf, pendant son développement à l'intérieur de l'ovaire, des substances nutritives ou *substances de réserve*. Ces dernières sont formées par de la graisse, des substances albuminoïdes et des substances à la fois albuminoïdes et grasses. On leur donne, selon la forme qu'elles affectent, les noms de sphères vitellines, plaques vitellines, etc. Ces éléments sont employés peu à peu, dans le cours du développement, à l'accroissement de l'embryon et à l'augmentation du nombre de ses cellules. La masse principale de l'œuf, dans laquelle se trouvent logées les substances de réserve, est du *protoplasme*. C'est la substance la plus importante et la plus intéressante au point de vue physiologique : de nombreuses expériences ont, en effet, prouvé que c'est en elle que s'accomplissent les principaux phénomènes caractéristiques de la vie. Nous distinguons donc dans le vitellus : 1° le *protoplasme* de l'œuf: 2° le *deutoplasme* de VAN BENEDEN, c'est-à-dire les substances de réserve, de composition chimique diverse, qui s'y trouvent accumulées.

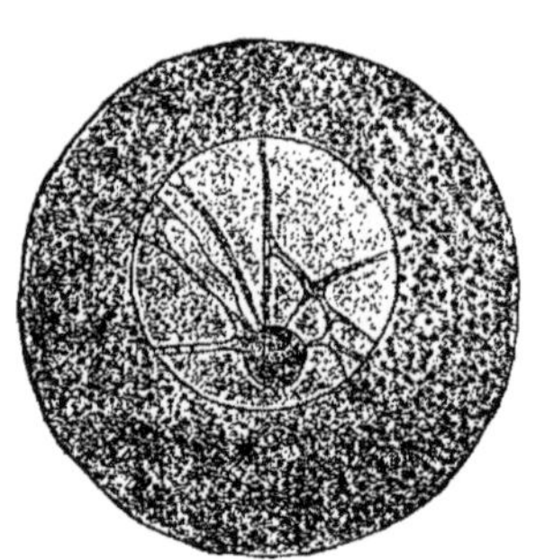

Fig. 1. — *Œuf ovarien, non mûr, d'un Échinoderme* (grossi environ 300 fois). — La grande vésicule germinative montre un réseau de filaments, le réseau nucléaire, ainsi qu'une tache germinative (nucléole).

Lorsque les substances de réserve existent dans l'œuf en très grande quantité, elles peuvent masquer presque complètement la substance principale de l'œuf, son protoplasme (fig. 5 et 6). Le protoplasme remplit alors toutes les petites lacunes interposées entre les sphères vitellines, les amas vitellins ou les plaques vitellines, comme le mortier unit les diverses pierres d'un mur. Il apparaît, dans ce cas, sur une coupe, comme un réseau délicat, dont les mailles, plus ou moins larges sont occupées par les éléments vitellins. Toutefois, à la surface de l'œuf, le protoplasme forme toujours une couche corticale continue, plus ou moins épaisse.

La *vésicule germinative* occupe habituellement le centre de l'œuf. C'est le noyau cellulaire le plus volumineux du corps de l'animal.

Son diamètre augmente généralement avec le volume de l'œuf. Elle atteint, par exemple, dans les œufs volumineux des amphibiens, des reptiles et des oiseaux, des dimensions telles qu'on peut facilement la voir à l'œil nu et qu'il est possible de l'isoler avec des aiguilles.

La vésicule germinative (fig. 1 et 2) est séparée du vitellus et entourée de tous côtés par une *membrane* résistante, souvent très apparente. Le contenu de la vésicule est formé par différents éléments : le *suc nucléaire*, le *réseau nucléaire*, les *corpuscules nucléaires* et des *éléments filamenteux, constitués par de la nucléine* (filaments nucléiniens). Le *suc nucléaire* est plus fluide que le vitellus; généralement limpide à l'état frais, il se coagule par l'action des réactifs et alors il absorbe peu ou point les matières courantes. Il est parcouru par un *réseau de filaments* très délicats (*rn*), composés de *linine* et qui s'insèrent à la membrane nucléaire. Dans ce réseau se trouvent renfermés les *corpuscules nucléaires*, c'est-à-dire les *taches germinatives* (*tg*). Ce sont de petits éléments, habituellement sphériques, homogènes et réfrigents, consistant en *substance nucléaire* ou *nucléine*. La nucléine, abstraction faite de quelques autres propriétés chimiques, se distingue cependant du protoplasme surtout par la propriété qu'elle possède de retenir énergiquement certaines matières colorantes comme le carmin, l'hématoxyline, l'aniline, etc. C'est cette propriété qui lui a fait donner par FLEMMING le nom de *chromatine*.

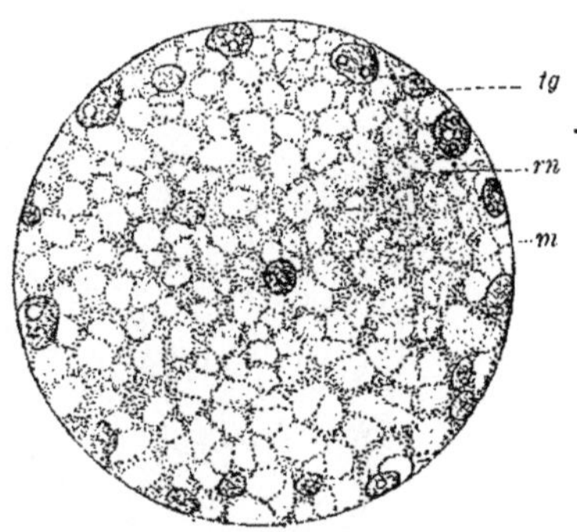

Fig. 2. — *Vésicule germinative d'un petit œuf ovarien, non mûr, de la grenouille.* — Dans un réseau nucléaire serré (*rn*), on voit de très nombreuses taches germinatives (*tg*), surtout à la surface; *m*, membrane nucléaire.

Le *nombre des taches germinatives* que contiennent les diverses vésicules germinatives varie considérablement. Cependant il est assez constant dans les œufs de même espèce. Parfois il n'en existe qu'une seule (fig. 1); ailleurs on en compte plusieurs et même, dans certains œufs, elles sont très nombreuses (fig. 2, *tg*). Il en résulte que l'on peut avec AUERBACH distinguer les vésicules germinatives en *uninucléolaires*, *plurinucléolaires* et *multinucléolaires*.

Un autre élément constitutif, extrêmement important, de la vésicule germinative consiste en de très fins filaments de chromatine qui, en grand nombre et peut-être même en nombre bien déterminé, parcourent l'espace nucléaire en décrivant des sinuosités (fig. 3). Ces filaments ont été signalés pour la première fois par FLEMMING dans l'œuf ovarien de *Siredon* et plus tard, chez d'autres amphibiens par OSKAR SCHULTZE et BORN; HOLL les a trouvés dans les œufs non mûrs de la poule et RÜCKERT dans les œufs des Sélaciens. Chez ces derniers, leur nombre peut être évalué à 60-72. D'après Born, chacun de ces fins filaments décrit un

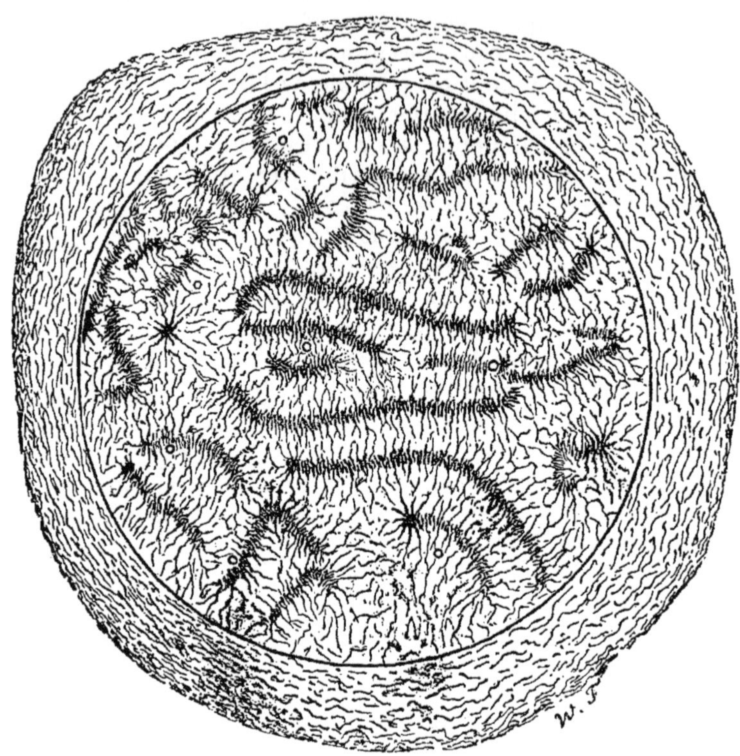

Fig. 3. — *Jeune œuf ovarien de Siredon pisciformis*, d'après Flemming. — Les cordons de la charpente du noyau sont formés par de petites stries transversales. Les nucléoles, petits (plus volumineux dans des œufs plus âgés), sont arrondis et situés en partie dans des cordons plus épais. Dans la figure ils sont représentés comme de petits cercles.

trajet très compliqué, formant une série d'anses (fig. 4) à direction transversale, à peu près comme le fait le canal déférent dans la queue de l'épididyme.

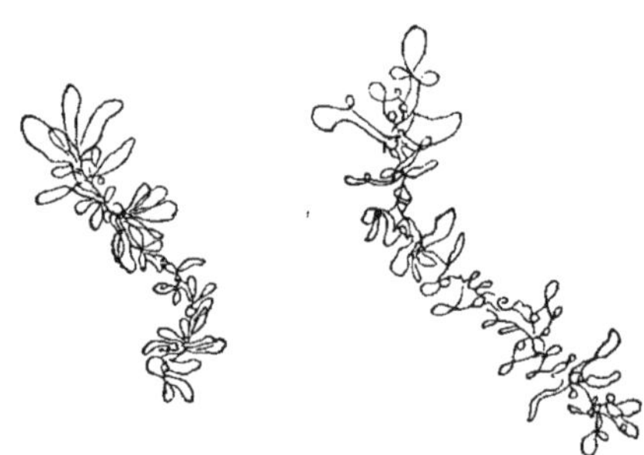

Fig. 4. — *Deux fragments de filaments de chromatine d'une vésicule germinative d'un œuf ovarien de Triton tæniatus*, d'après Born. — Le diamètre de l'œuf était de 3/4mm. La vésicule germinative centrale mesurait 1/4mm.

A sa surface, l'œuf est entouré par des *membranes* protectrices, dont le nombre et la structure peuvent varier considérablement, non seulement d'une classe du règne animal à une autre, mais aussi d'un groupe d'une même classe à un autre groupe : c'est le cas notamment chez les vertébrés. Ces membranes, nous les divisons, comme l'a fait Ludwig, d'après leur mode de développement, en deux groupes : les *membranes primaires* et les *membranes secondaires de l'œuf*. Les membranes primaires de l'œuf sont celles qui se forment soit aux dépens de la cellule-œuf elle-même, soit aux dépens des cellules folliculeuses, à l'intérieur de l'ovaire ou du follicule de l'œuf. La membrane qui se développe aux dépens du vitellus de l'œuf est désignée sous le nom de *membrane vitelline;* celle qui provient de l'épithélium du follicule porte le nom de *zone pellucide*. On comprend, sous la dénomination de membranes secondaires de l'œuf, toutes celles qui prennent naissance en dehors de l'ovaire, aux dépens de la paroi de l'appareil excréteur de la glande génitale.

En général, les œufs des diverses espèces animales diffèrent beaucoup les uns des autres : aussi doit-on les considérer comme les cellules les plus caractéristiques de l'espèce. Leur volume, qui dépend de la masse plus ou moins considérable de matières de réserve qu'ils renferment, varie entre les plus grandes limites. Les œufs de certains animaux sont pour ainsi dire microscopiques, tandis que ceux d'autres animaux atteignent des dimensions très importantes, comme l'œuf de la poule ou celui de l'autruche. La forme de l'œuf est habituellement sphérique; plus rarement elle est ovoïde ou cylindrique. D'autres différences résultent : de la façon dont le protoplasme et le deutoplasme sont constitués et répartis dans l'œuf; de la structure intime de la vésicule germinative; enfin, du nombre et de la constitution des membranes.

Un certain nombre de ces caractères ont une grande importance pour le développement ultérieur de la cellule-œuf. Ce sont ces caractères importants qui ont servi de base à la *classification des différentes espèces d'œufs*.

On divise les œufs en deux groupes principaux : les *œufs simples* et les *œufs composés*. Les premiers comprennent eux-mêmes plusieurs catégories.

A. — Œufs simples.

Nous considérons comme œufs simples ceux qui se forment dans l'ovaire aux dépens d'une seule cellule germinative. Tous les œufs des vertébrés et ceux de la plupart des invertébrés sont dans ce cas.

Dans ce groupe principal il y a lieu de distinguer *trois catégories d'œufs, qui diffèrent par le mode de répartition de leur protoplasme et de leur deutoplasme (matières de réserve), ce qui entraîne des modifications très importantes dans la manière dont se passent les premiers phénomènes du développement embryonnaire.*

Dans le cas le plus simple, les matières de réserve sont généralement peu abondantes et l'œuf est relativement petit. *Le deutoplasme est alors réparti plus ou moins uniformément dans le protoplasme* (fig. 1). Dans d'autres cas, l'œuf, primitivement constitué comme nous venons de le dire, se charge ultérieuremement d'une quantité importante d'éléments vitellins, ce qui fait que le protoplasme et le deutoplasme ne sont plus répartis uniformément dans l'œuf. *En certains points de l'œuf, le protoplasme se trouve accumulé en plus grande quantité, tandis qu'en d'autres points c'est le deutoplasme qui abonde. Il se produit ainsi une sorte de contraste, d'antithèse, entre certaines régions de l'œuf, riches en protoplasme, et d'autres régions, pauvres en protoplasme. Lorsque ce contraste est bien marqué, il exerce une influence extraordinaire sur les premiers phénomènes du développement qui s'accomplissent dans l'œuf après la fécondation.* C'est ainsi notamment que les modifications, que nous désignerons plus loin sous le nom de phénomènes de la segmentation, ne s'accomplissent que dans la partie de l'œuf riche en protoplasme, tandis que le reste de l'œuf, où le deutoplasme se trouve accumulé, ne subit en apparence aucune transformation, ne se divise pas en cellules. Le contraste qui existe déjà dans l'œuf non segmenté s'accentue donc encore davantage dans le cours du développement et devient plus manifeste. L'une des deux parties de l'œuf subit des transformations, se divise en cellules, aux dépens desquelles s'édifient les différents organes; l'autre partie reste, plus ou moins, sans éprouver de modifications et est peu à peu employée comme substance nutritive. Comme l'a proposé Reichert, on a donné à la partie du vitellus riche en protoplasme, et qui reste le siège exclusif des phénomènes du développement, le nom de *vitellus de formation*, par opposition à l'autre partie, à laquelle on réserve le nom de *vitellus de nutrition*.

Or, la répartition inégale du vitellus de formation et du vitellus de nutrition s'accomplit dans l'œuf de deux façons différentes.

Dans un cas (fig. 5), le vitellus de formation s'accumule à l'un des pôles de l'œuf en un *disque germinatif* aplati (*dg*). Or, comme son poids spécifique est moindre que celui du vitellus de nutrition (*vn*) accumulé au pôle opposé de l'œuf, il en résulte que le disque germinatif est toujours dirigé vers le haut et se trouve étalé sur le vitellus de nutrition pour ainsi dire comme une goutte d'huile sur l'eau. L'œuf a donc subi, dans le cas qui nous occupe, une *différenciation polaire* : il présente une *polarité*. Lorsqu'il est abandonné à l'action de la pesanteur, ses pôles, en raison de la différence de leur densité, prennent toujours une position déterminée. *Celui des deux pôles qui est le plus léger, et qui par conséquent est dirigé vers le haut, correspond au disque germinatif et prend, pour ce motif, le nom de pôle animal* (P. A.); *l'autre, plus lourd et dirigé vers le bas, est plus riche en vitellus et constitue pour cela le pôle végétatif* (P. V.). La polarité des œufs se rencontre fréquem-

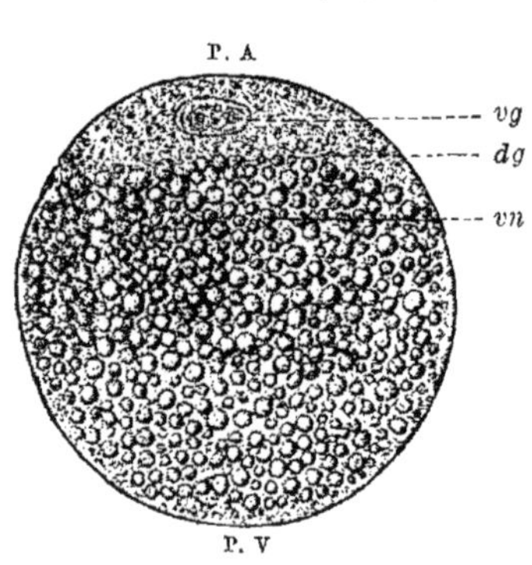

Fig. 5. — *Schéma d'un œuf à deutoplasme polaire.* — Le vitellus de formation forme au pôle animal (P. A) un disque germinatif (*dg*) qui renferme la vésicule germinative (*vg*). Le vitellus de nutrition (*vn*) se trouve accumulé dans le restant de l'œuf. P. V, pôle végétatif.

ment chez les vertébrés. Elle est surtout très marquée chez les poissons osseux, les reptiles et les oiseaux.

Dans le deuxième cas (fig. 6), *le vitellus de formation (vf) est accumulé sur toute la surface de l'œuf.* Il forme autour du vitellus de nutrition (*vn*), situé au centre de l'œuf, une couche corticale, finement granuleuse et présentant la même épaisseur dans toute son étendue. L'œuf est différencié centralement. Dans le premier cas que nous avons examiné, le vitellus de nutrition était *polaire*; dans le cas qui nous occupe, il est *central*. On ne rencontre jamais d'œufs ainsi constitués chez les vertébrés; mais, par contre, ils sont caractéristiques des arthropodes.

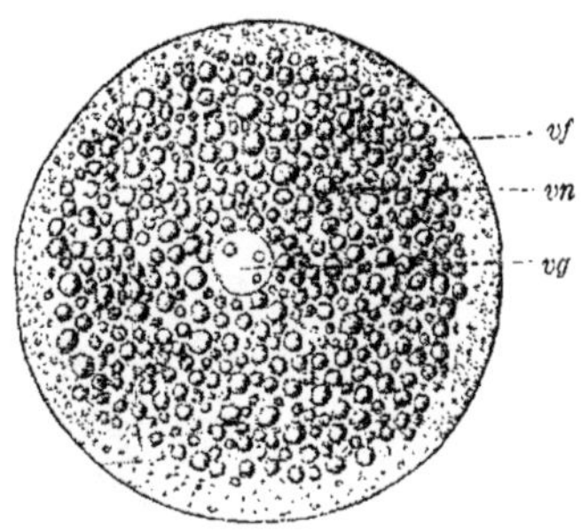

Fig. 6. — *Schéma d'un œuf à deutoplasme central.* — La vésicule germinative (*vg*) occupe le centre du vitellus de nutrition (*vn*); ce dernier est enveloppé de toutes parts par une couche de vitellus de formation (*vf*).

Afin de distinguer les trois modifications dont nous venons de parler et que nous montrent les œufs simples, Balfour s'est servi des expressions alécithe, télolécithe et centrolécithe. *L'œuf alécithe* est celui dont les matières de réserve, peu abondantes, se trouvent uniformément réparties dans le protoplasme; l'*œuf télolécithe* est celui dont le vitellus est accumulé au pôle végétatif; enfin, dans l'*œuf centrolécithe*, les éléments vitellins sont amassés au centre. Nous emploierons dans la suite, pour exprimer la même idée, les dénominations suivantes: 1° *œufs dont le vitellus est peu abondant et uniformément réparti;* 2° *œufs à vitellus polaire:* 3° *œufs à vitellus central.*

Il ne sera pas inutile maintenant d'expliquer, par des exemples typiques, ce que nous avons exposé plus haut, et nous choisirons pour cela les œufs des mammifères, des amphibiens, des oiseaux et des arthropodes, sur lesquels nous aurons aussi à revenir souvent plus tard, lorsque nous décrirons les phases ultérieures du développement.

L'œuf des mammifères et de l'homme est extraordinairement petit; son diamètre n'est que de 0,2 de millimètre. Il a été découvert, en 1827, par Carl Ernest von Baer. Avant cette époque on avait, à tort, considéré comme représentant l'œuf des mammifères, le follicule de Graaff, formation beaucoup plus volumineuse, que l'on rencontre dans l'ovaire et dans laquelle se trouve primitivement renfermé l'œuf véritable, notablement plus petit. L'œuf d'un mammifère (fig. 7) est principalement formé par une substance protoplasmique, finement granuleuse, renfermant de très petites sphères foncées, semblables à des gouttelettes de graisse, ainsi que des granulations (deutoplasme). Il est d'autant plus opaque que ces éléments sont plus nombreux. Sa vésicule germinative (*vg*) contient, logée dans un réseau nucléaire (*rn*), une tache germinative (*tg*) plus volumineuse, à côté de quelques taches germinatives accessoires, plus petites que la précédente. La membrane de l'œuf est appelée zone pellucide (*zp*), parce qu'elle entoure le vitellus sous forme d'une couche relativement épaisse et transparente. C'est une membrane primaire, car elle se forme aux dépens des cellules du follicule, à l'intérieur du follicule de Graaff. Lorsqu'on l'examine à l'aide de très forts

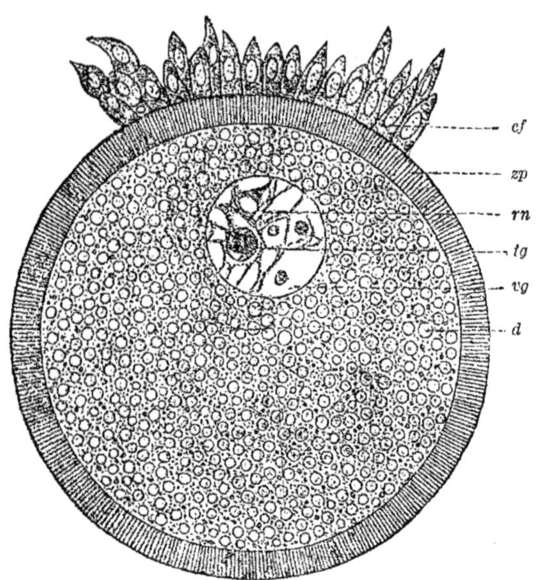

Fig. 7. — *Œuf du lapin provenant d'un follicule mesurant 2 mm. de diamètre*, d'après Waldeyer. — Cet œuf est entouré de sa zone pellucide (*zp*), sur laquelle reposent, en une partie de son étendue, des cellules folliculeuses (*cf*). Le vitellus renferme des granulations deutoplasmiques (*d*). Dans la vésicule germinative (*vg*), on distingue nettement le réseau nucléaire (*rn*), qui renferme une tache germinative volumineuse (*tg*). (Grossissement : Hartnack 3/9.)

grossissements, la zone pellucide (*zp*) apparaît striée radiairement. Elle est, en effet, traversée par des canalicules extrêmement délicats et très nombreux, dans lesquels, aussi longtemps que l'œuf séjourne dans le follicule de Graaff, se trouvent engagés des prolongements très ténus des cellules folliculeuses (*cf*). Ces prolongements, qui jouent probablement un rôle dans la nutrition et l'accroissement du contenu de l'œuf, sont fusionnés avec le protoplasme de l'œuf (Retzius).

Par son volume, la structure de son contenu et la nature de ses membranes, l'*œuf humain* est extrêmement semblable à celui des autres mammifères. Toutefois il présente, d'après les recherches minutieuses de Nagel, quelques caractères particuliers, de peu d'importance, qui permettent de le distinguer. Tandis que dans l'œuf du lapin le vitellus est rendu opaque par la présence de petites gouttelettes brillantes, ressemblant à de la graisse, l'œuf de l'homme conserve sa transparence à tous les moments de son développement : il en résulte qu'il est possible d'étudier sur le vivant les moindres détails de sa structure. Le vitellus de l'œuf humain se répartit en deux couches. La *couche interne* renferme principalement le deutoplasme, et, contrairement à ce qui existe dans l'œuf de la grande majorité des mammifères, le deutoplasme, chez l'homme, est à peu près transparent. Il est formé de grumeaux, plus ou moins délicats, dont les uns sont mats et les autres fortement réfringents. Toutefois ces divers éléments ne sont pas nettement distincts les uns des autres, comme c'est le cas chez les autres mammifères et chez les animaux inférieurs, où l'on distingue très facilement dans le deutoplasme des granulations et des gouttelettes. La *couche externe* ou corticale du vitellus est plus finement granuleuse et plus transparente encore que sa couche interne ou centrale. Elle loge la vésicule germinative, qui est pourvue d'une tache germinative volumineuse, manifestant, d'après NAGEL, des mouvements amœboïdes. La *zone pellucide* est extrêmement épaisse, striée et séparée du vitellus par une petite fente périvitelline. Lorsque l'œuf est isolé du follicule de GRAAFF, à sa surface restent unies deux ou trois couches de cellules folliculeuses, disposées radiairement autour de l'œuf, comme c'est généralement le cas chez les mammifères. C'est en raison de cette disposition que BISCHOFF a donné à ces couches cellulaires le nom de *corona radiata*. L'œuf humain, abstraction faite de l'épithélium folliculaire, mesure en moyenne un diamètre de 0,17 millimètre.

Les œufs d'une foule de vers, des mollusques, des échinodermes et des cœlentérés ressemblent aux œufs des mammifères par leur volume et par la répartition régulière de leur protoplasme et de leurs matières de réserve.

Nous trouvons dans l'*œuf des amphibiens*, qui nous servira de deuxième exemple, une transition entre les œufs pauvres en vitellus et à éléments vitellins uniformément répartis et les œufs à deutoplasme polaire. L'œuf des amphibiens renferme déjà beaucoup de matières nutritives; aussi atteint-il un volume important. L'œuf de la grenouille, par exemple, est entièrement rempli d'amas vitellins et de plaques vitellines brillantes, qui se compriment mutuellement. Le protoplasme de l'œuf est étalé en partie sous forme d'un réseau entre les éléments vitellins, et en partie à la surface de l'œuf, en une mince couche corticale. Toutefois, lorsqu'on se livre à un examen plus attentif, on y reconnaît déjà avec la plus grande netteté le commencement d'une différenciation polaire. A l'un des pôles, qui en même temps est noir grâce à la présence d'un pigment superficiel, les plaques vitellines sont plus petites et séparées les unes des autres par une plus grande masse de protoplasme. Cette circonstance entraîne déjà de légères différences dans leur poids spécifique, entre la moitié pigmentée de l'œuf et l'autre moitié qui est dépourvue de pigment. On donne à l'hémisphère pigmenté le nom d'hémisphère animal de l'œuf, et à l'hémisphère non pigmenté, le nom d'hémisphère végétatif. *Lorsque l'œuf de la grenouille est fécondé et placé dans l'eau, il s'oriente bientôt de telle sorte que l'hémisphère animal, pigmenté, se trouve dirigé vers le haut, parce qu'il est plus léger.*

Dans l'œuf non mûr, la vésicule germinative siège au centre de l'œuf (fig. 2); elle est extraordinairement volumineuse, visible à l'œil nu et multinucléolaire : on peut trouver appliquées contre la membrane nucléaire une centaine, et même plus, de grosses taches germinatives (fig. 2, *tg*). Les membranes de l'œuf sont plus nombreuses que chez les mammifères : indépendamment d'une zone pellucide, qui se forme dans le follicule, il se développe encore plus tard une membrane secondaire, consistant en une couche gélatineuse épaisse, visqueuse, sécrétée par la paroi de l'oviducte et qui se gonfle dans l'eau.

La polarité de l'œuf qui, chez les amphibiens, est pour ainsi dire encore en voie de développement, se manifeste, au contraire, d'une façon très nette chez les oiseaux. L'*œuf des oiseaux* sera donc notre troisième exemple.

Pour nous faire une idée exacte de l'œuf de la poule ou d'un autre oiseau quelconque, nous devons l'examiner quand il se trouve encore dans l'ovaire, au moment où il a atteint son complet développement et qu'il est sur le point de sortir du follicule. Nous constatons alors que dans l'ovaire en grappe ne se développe que le vitellus de l'œuf, ce que l'on nomme communément le jaune de l'œuf. L'œuf de la poule est une cellule extrêmement volumineuse (fig. 8). Il est entouré d'une membrane vitelline (*mv*) mince, mais assez résistante. Si on rompt cette membrane, le contenu mou et pulpeux de l'œuf s'écoule. En l'examinant avec soin, on y constate la présence d'une petite tache blanchâtre, le disque germinatif (*dg*) ou cicatricule. Le disque germinatif est toujours dirigé vers le haut parce qu'il est constitué par la substance la plus légère, le vitellus de formation, protoplasme finement granuleux renfermant de très petites sphères vitellines. C'est dans ce disque seulement que s'accomplit la segmentation. Il occupe donc toujours le pôle animal de l'œuf, immédiatement au-dessous de la membrane vitelline et son diamètre est de 3 à 4 millimètres. Il est aplati et loge la vésicule germinative (fig. 8, *vg*, et fig. 9, *x*). Cette dernière est elle-même légèrement aplatie et de forme lenticulaire.

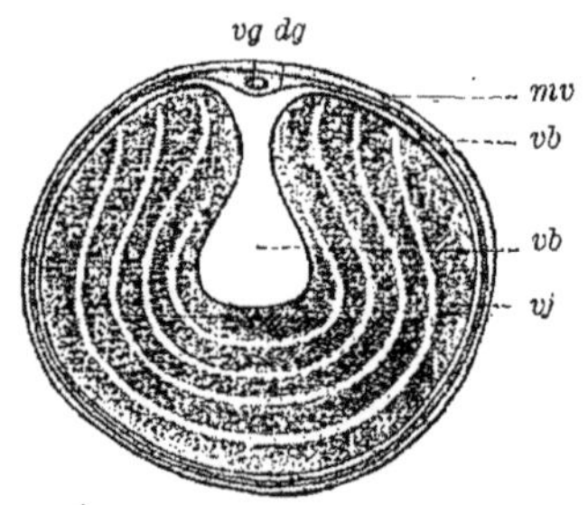

Fig. 8. — *Œuf ovarien de la poule.* — *dg*, disque germinatif; *vg*, vésicule germinative; *vb*, vitellus blanc; *vj*, vitellus jaune; *mv*, membrane vitelline.

Le restant de la masse principale de l'œuf est du vitellus de nutrition. Il se compose de sphères vitellines nombreuses, unies les unes aux autres par de minces travées de protoplasme. Si nous examinons des coupes minces, pratiquées perpendiculairement au disque germinatif à travers le vitellus de nutrition durci au préalable, nous constatons qu'il y a lieu d'y distinguer du *vitellus blanc* et du *vitellus jaune* (fig. 8). Ils diffèrent non seulement par leur coloration, mais aussi par leur composition.

Le *vitellus blanc* (*vb*) n'existe qu'en petite quantité dans l'œuf. Il forme sur toute sa surface une mince couche de revêtement, appelée couche corticale de vitellus blanc. En second lieu, il est accumulé sous

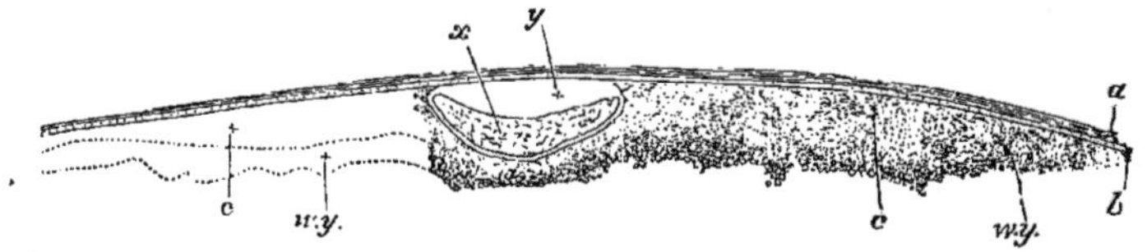

Fig. 9. — *Coupe du disque germinatif d'un œuf ovarien de poule à l'état de maturité et encore contenu dans sa capsule*, d'après Balfour. — *a*, tissu conjonctif de la capsule de l'œuf; *b*, épithélium de la capsule à la face interne duquel est appliquée la membrane vitelline; *c*, substance granuleuse du disque germinatif; *w.y.*, vitellus blanc se continuant insensiblement avec la substance finement granuleuse du disque; *x*, vésicule germinative rétractée et entourée d'une membrane distincte; *y*, espace primitivement rempli par la vésicule germinative avant son retrait.

le disque germinatif en un amas un peu plus volumineux, appelé noyau de Pander, sur lequel repose le disque germinatif. Enfin, de là il se continue, sous la forme d'une sorte de tampon, à l'intérieur du vitellus jaune, jusqu'au centre de l'œuf, où il se renfle en massue (latebra de Purkinje). Si on soumet l'œuf à la coction, le vitellus blanc se coagule moins que le *vitellus jaune* : il reste plus mou que ce dernier. Lorsqu'il est coagulé, l'œuf montre, sur une coupe, une stratification, en ce sens qu'il consiste en une série de couches concentriques alternativement plus minces et plus épaisses, entourant le latebra.

Les deux espèces de vitellus diffèrent également par la structure de leurs éléments. Le vitellus jaune est formé de sphères molles, extensibles (fig. 10, A), de 25 à 100 μ de diamètre, et remplies de granulations

Fig. 10. — *Éléments vitellins de l'œuf de la poule*, d'après Balfour.
A, vitellus jaune; B, vitellus blanc.

très délicates mais fort nombreuses, qui leur donnent un aspect ponctué. Les éléments du vitellus blanc sont beaucoup plus petits (fig. 10, B), également sphériques, mais renferment encore une ou plusieurs granulations très réfringentes et plus volumineuses que celles que l'on rencontre dans les éléments du vitellus blanc. A la limite entre les couches de vitellus jaune et celles de vitellus blanc, on trouve des éléments de transition.

L'œuf de poule fraîchement pondu (fig. 11) diffère, par son aspect, de l'œuf ovarien, tel que nous venons de le décrire. Lorsque l'œuf se-

détache de l'ovaire et arrive dans l'oviducte, les parois de ce dernier sécrètent plusieurs enveloppes secondaires, qui se déposent autour du vitellus. Ces enveloppes sont : l'albumen ou blanc de l'œuf, la membrane coquillière et la coquille. Chacune d'elles est formée dans une région déterminée de l'oviducte de la poule. Cet oviducte comprend quatre régions : 1° une partie initiale, étroite, vibratile, dans laquelle l'œuf arrive aussitôt après s'être détaché de l'ovaire et où il est fécondé par les spermatozoïdes qui s'y trouvent amassés; 2° une partie

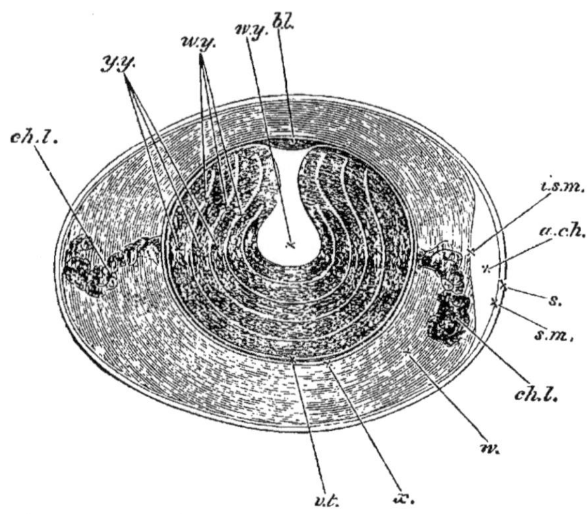

Fig. 11. — *Coupe longitudinale schématique d'un œuf de poule non couvé* (modifié d'après Allen Thompson). — *b.l*, disque germinatif; *w.y*, vitellus blanc, consistant en une masse centrale, en forme de bouteille (latebra) et en un certain nombre de couches concentriques, entourant le vitellus jaune *y.y*; *v.t*, membrane vitelline; *x*, couche d'albumine un peu plus fluide, entourant immédiatement le vitellus, *w*, albumen, formé de couches alternativement plus denses et plus fluides; *ch.l*, chalazes; *a.ch*, chambre à air située à la grosse extrémité de l'œuf; cette chambre n'est qu'un espace compris entre les deux lamelles de la membrane coquillière; *i.s.m*, lamelle interne et *s.m*, lamelle externe de la membrane coquillière; *s*, coquille.

glandulaire, pourvue de replis longitudinaux : elle sécrète l'albumen, qui s'étale en couches épaisses autour du vitellus; 3° une partie assez dilatée, garnie de petites villosités et dont les cellules sécrètent des sels calcaires : elle fournit la coquille; 4° une partie plus rétrécie et courte, que l'œuf traverse rapidement au moment de la ponte, sans y subir de modification.

Ces diverses enveloppes, sécrétées successivement par l'oviducte, présentent la composition suivante :

L'*albumen* (*w*) est un mélange de plusieurs substances. Il renferme 12 0/0 de matière albuminoïde; 1,5 0/0 de graisse et d'autres matières extractives; 0,5 0/0 de sels (chlorure de potassium; chlorure, sulfate et phosphate de sodium) et 86 0/0 d'eau. Il forme autour du vitellus plusieurs couches de consistance alternativement plus dense et plus fluide. La couche qui enveloppe immédiatement le vitellus est plus dense et elle offre un intérêt particulier parce qu'elle se continue avec deux cordons d'albumen, très épais et enroulés en spirale (*ch.l*), appelés chalazes. Les chalazes traversent l'albumen dans toute son épaisseur et gagnent, l'une la grosse extrémité et l'autre l'extrémité plus effilée de l'œuf.

L'albumen est délimité extérieurement par la *membrane coquillière*, membrane mince mais résistante, composée de fibres enchevêtrées. Elle se divise en deux lamelles, dont l'une, externe (*s.m*), est plus épaisse et plus résistante, tandis que l'autre, interne (*i.s.m*), est plus mince et lisse. Ces deux lamelles, aussitôt après la ponte, s'écartent l'une de l'autre, à la grosse extrémité de l'œuf, et entre elles se forme une cavité remplie d'air (*a.ch*), appelée *chambre à air*. La chambre à air devient de plus en plus grande pendant l'incubation; elle joue un rôle important dans la respiration du poulet en voie de développement.

La *coquille* (*s*) ou *coque* enfin, intimement appliquée contre la membrane coquillière, renferme 2 0/0 de matières organiques et 98 0/0 de sels calcaires. Les matières organiques en forment la trame. La coquille est poreuse, perforée de petits canalicules, permettant à l'air atmosphérique de pénétrer à l'intérieur de l'œuf. La *porosité de la coque* est une condition absolument indispensable pour que l'œuf se développe normalement. En effet, pour que les phénomènes vitaux puissent s'accomplir dans le protoplasme, il faut que l'oxygène ambiant se renouvelle constamment. C'est ainsi que l'on peut rapidement faire mourir l'œuf pendant l'incubation en détruisant la porosité de sa coquille, soit en le plongeant dans de l'huile, soit en l'enduisant d'un vernis.

B. — Œufs composés.

Il n'existe d'*œufs composés* que dans un petit nombre de groupes d'invertébrés, comme chez les cestodes, les trématodes, etc. Ces œufs sont caractérisés par ce fait qu'ils sont formés par l'union de plusieurs cellules, qui se forment dans deux glandes distinctes de l'appareil sexuel, appelées respectivement *germigène* et *vitellogène. Dans le germigène se développent les cellules-œufs dans le sens restreint du mot.* Elles sont toujours très petites et consistent presque exclusivement en protoplasme. Lorsqu'elles sont arrivées à maturité, elles se détachent du *germigène* et arrivent dans le canal excréteur après avoir passé au préalable contre l'orifice excréteur du *vitellogène.* Là, chaque cellule-œuf s'unit à un certain nombre de cellules vitellines, dont le protoplasme renferme des substances de réserve qui lui donnent un aspect opaque et grossièrement granuleux. Ces cellules vitellines constituent la réserve alimentaire fournie à la cellule-œuf par l'organisme maternel pour lui permettre de se développer. L'œuf composé, ainsi formé d'une cellule-œuf et de plusieurs cellules vitellines, se trouve entouré d'une ou de plusieurs membranes secondaires. Seule la cellule-œuf ou cellule germinative, fournie par le germigène, est fécondée et se divise pour donner naissance à l'embryon; quant aux cellules vitellines, elles se fragmentent progressivement et servent de matière nutritive pour le développement de l'embryon. Il en résulte qu'il n'y a pas, même dans les œufs composés, d'exception à la loi générale, d'après laquelle tout organisme tire son origine d'une *seule cellule* de l'organisme maternel.

2. — Spermatozoïdes.

Nous avons dit que les œufs sont les cellules les plus volumineuses du corps. Les spermatozoïdes, au contraire, en constituent les éléments les plus petits. On les trouve en très grand nombre dans le sperme, où leur présence ne peut être généralement décelée qu'à l'aide de puissants grossissements. Ils s'y présentent sous forme de fins filaments mobiles, contractiles. Toute cellule consistant au moins en deux parties, le noyau et le protoplasme, nous avons à les rechercher dans le spermatozoïde. Nous nous en tiendrons à la description des spermatozoïdes de l'homme et de Salamandra maculata.

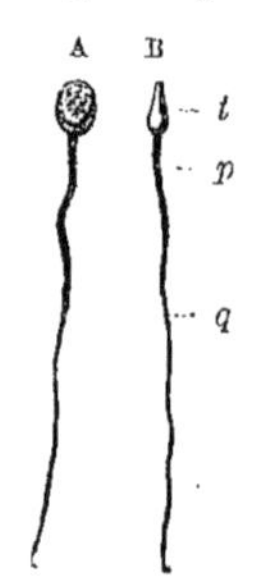

Fig. 12. — *Spermatozoïdes mûrs de l'homme, vus de deux façons différentes.* — Ils sont formés d'une tête (*t*), d'une pièce intermédiaire (*p*) et d'une queue (*q*). Grossiss[t] : 500 diamètres.

Chez l'homme, ils se présentent sous la forme de filaments (fig. 12), longs de 0,05 millimètre environ. Leur extrémité antérieure, courte et épaissie, porte le nom de tête (*t*); leur partie postérieure consiste en un long appendice, très grêle, appelé queue (*q*). La tête du spermatozoïde est unie à sa queue par une pièce intermédiaire (*p*).

La tête affecte la forme d'un petit disque ovalaire, légèrement excavé sur ses deux faces et un peu aminci à son extrémité antérieure. Vue de profil (B) elle a une certaine ressemblance avec une poire comprimée. Les réactions micro-chimiques nous apprennent qu'elle est formée de substance nucléaire (nucléine ou chromatine). Le long appendice filiforme (*q*), qui est de nature protoplasmique, est réuni à la tête du spermatozoïde par une pièce intermédiaire, courte (*p*). La queue peut avec raison se comparer à un fouet vibratile; elle est, en effet, contractile, comme le prouvent les mouvements ondulatoires qu'elle exécute. Grâce à ces mouvements, le spermatozoïde s'agite assez rapidement dans le sperme, son extrémité céphalique dirigée en avant.

Divers auteurs ont considéré — et nous pensons que c'est à juste titre — les spermatozoïdes comme des cellules vibratiles ou mieux encore comme des cellules flagellées.

Les spermatozoïdes de Salamandra maculata (fig. 13) sont notablement plus grands que ceux de l'homme. Ils se composent : 1° d'une tête très allongée (*t*), qui affecte la forme d'une lance terminée par une pointe mince et effilée (*po*) et qui absorbe vivement les matières colorantes; 2° d'une pièce intermédiaire (*p*), courte et cylindrique, qui diffère, en outre, de la tête au point de vue de sa constitution chimique; 3° d'un filament caudal, mobile, qui présente cette particularité d'être pourvu d'une membrane ondulante, contractile (*mo*).

L'étude du développement des spermatozoïdes démontre à l'évidence que ces éléments sont en fait des cellules transformées. En effet, d'après les recherches nombreuses de LA VALETTE et d'autres auteurs, chaque spermatozoïde se forme aux dépens d'une cellule, appelée *spermatide : sa tête procède du noyau et sa queue contractile, du protoplasme de la spermatide.*

FLEMMING ET HERMANN nous ont fourni les détails les plus minutieux sur la spermatogenèse chez Salamandra maculata. Des trois parties du spermatozoïde que nous avons distinguées plus haut, la

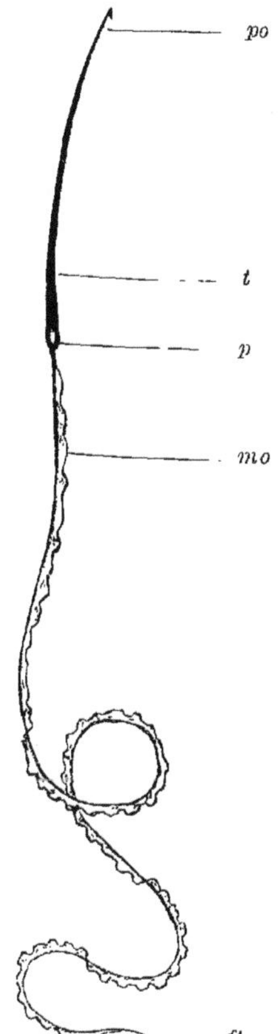

Fig. 13. — *Spermatozoïde de Salamandra maculata.* — *t*, tête; *p*, pièce intermédiaire; *ft*, filament terminal; *po*, pointe de la tête : *mo*, membrane ondulante.

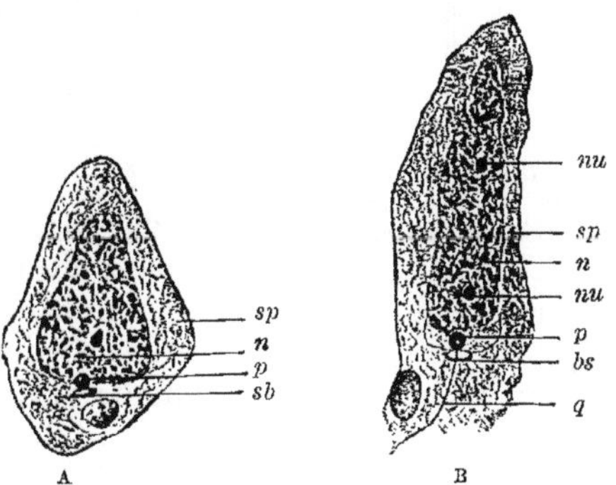

Fig. 14, A et B. — *Deux des premiers stades de la transformation d'une spermatide en spermatozoïde*, d'après HERMANN. Grossissement : 1000 diamètres.

A, spermatide à noyau piriforme; B, spermatide à noyau conique. *sp*, spermatide; *n*, noyau avec charpente chromatique et nucléoles (*nu*); *p*, corpuscule aux dépens duquel se développe la pièce intermédiaire du spermatozoïde; *bs*, organe annulaire, en contact avec le corpuscule précédent et qui doit être en relation avec la formation de la bordure spirale du spermatozoïde; *q*, appendice caudal du spermatozoïde.

tête lancéolée et probablement aussi la pièce intermédiaire procèdent du noyau de la spermatide, tandis que le filament caudal, contractile, se différencie aux dépens du protoplasme de cette cellule. Dans le cours du développement, on voit le noyau de la spermatide s'allonger de plus en plus (fig. 14, A et B). Il affecte d'abord la forme d'une poire (fig. 14, A, *n*); puis il s'étire en un cône (fig. 14, B, *n*), dont la base est en rapport avec l'ébauche de la pièce intermédiaire (*p*). Le cône s'allonge, en se rétrécissant, en un bâtonnet (fig. 15, A et B), qui se transforme enfin en la tête lancéolée du spermatozoïde. Pendant que le noyau de la spermatide s'étire, sa charpente chromatique devient de plus en plus dense et finit par prendre, comme dans le spermatozoïde mûr, un aspect absolument compact et homogène. L'ébauche de la pièce intermédiaire (fig. 14 et 15, A et B, *p*) se montre très tôt, lorsque le noyau commence à s'allonger. Elle apparaît contre la base du noyau, sous forme d'un corpuscule ovalaire. Au début, ce corpuscule se laisse teinter par les matières colorantes de la même manière que la chromatine du noyau; mais, plus tard, il perd cette propriété. L'origine et les transformations de ce corpuscule ont, en ces dernières années, fait l'objet de nombreux travaux portant sur la spermatogenèse chez les invertébrés et les vertébrés.

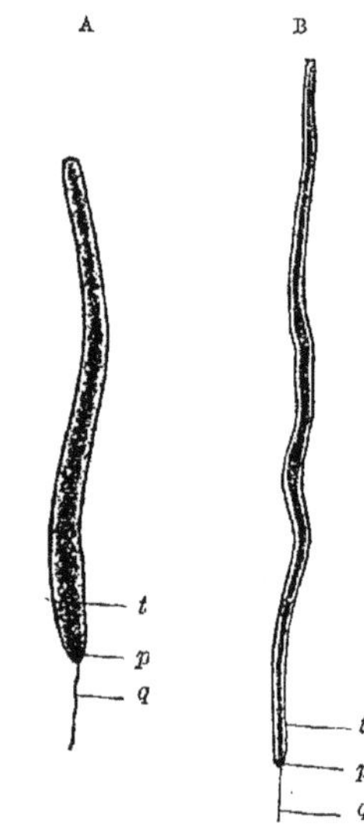

Fig. 15 A et B. — *Deux des derniers stades de la transformation d'une spermatide en spermatozoïde*, d'après Flemming. *t*, noyau qui s'est allongé de façon à former la partie céphalique du spermatozoïde; *p*, pièce intermédiaire; *q*, filament caudal du spermatozoïde.

Pourquoi les cellules sexuelles mâles sont-elles si petites, filamenteuses et si différentes des œufs?

Cette dissemblance s'explique si l'on tient compte qu'entre elles s'est établie une *division du travail;* qu'elles se sont adaptées à des fonctions différentes. La cellule sexuelle femelle s'est chargée de pourvoir aux substances nécessaires à la nutrition et à l'accroissement rapides du protoplasme, pour accélérer les phénomènes du développement. Dans ce but, elle a accumulé à son intérieur, pendant son séjour dans l'ovaire, des substances de réserve, des éléments vitellins, destinés à être utilisés dans l'avenir. C'est ce qui fait qu'elle est devenue si volumineuse et immobile. Or il est indispensable, pour qu'elle soit en état de continuer son évolution, qu'elle s'unisse à une autre cellule provenant d'un autre individu. Comme, d'autre part, deux éléments immobiles ne peuvent s'unir, la cellule sexuelle mâle s'est transformée en vue d'assurer cette union. Pour devenir mobile et parvenir à s'unir à la cellule-œuf, immobile, elle s'est transformée en un filament contractile et s'est complètement débarrassée de toutes les substances, qui, comme les matières vitellines par exemple, entravaient son rôle principal. En même temps, elle a pris la forme qui lui convenait le mieux pour traverser les membranes de l'œuf et pénétrer dans le vitellus.

L'exactitude de cette interprétation se trouve surtout démontrée dans le règne végétal. Chez certains végétaux inférieurs, nous constatons que les deux cellules sexuelles qui entrent en conjugaison sont identiques; elles sont de petite taille et mobiles l'une comme l'autre.

Chez d'autres espèces voisines nous voyons se produire progressivement une différenciation : l'une des cellules sexuelles devient plus volumineuse, plus riche en matières de réserve et en même temps immobile, tandis que l'autre devient plus petite et plus mobile. Il n'y a donc pas de doute que les œufs actuellement inertes dérivent de cellules primitivement errantes.

Quelques considérations physiologiques peuvent encore trouver place ici. Les spermatozoïdes se distinguent des autres cellules de l'organisme et particulièrement des œufs, par la durée plus considérable de leur vie et par leur pouvoir de résistance. Ces circonstances sont d'ailleurs souvent importantes pour assurer la fécondation. Après s'être détachés de leur lieu de formation, les spermatozoïdes arrivés à maturité séjournent pendant plusieurs mois dans le testicule et dans le canal déférent, sans perdre leur pouvoir fécondant. Lorsqu'ils sont introduits dans les organes génitaux de la femelle, ils semblent pouvoir rester en vie plus longtemps encore : il est possible que les spermatozoïdes de l'homme puissent, dans ces circonstances, vivre pendant plusieurs semaines. En tout cas, chez beaucoup d'animaux, ce fait est absolument prouvé. C'est ainsi que chez la chauve-souris le sperme se maintient en vie, à l'intérieur de l'utérus de la femelle, pendant toute la durée de l'hiver; chez la poule, on a trouvé, dix-huit jours après le coït, des œufs qui venaient d'être fécondés.

Le sperme résiste aux circonstances extérieures bien plus facilement que l'œuf, lequel est, au contraire, aisément tué par elles. Si, par exemple, on fait congeler du sperme, puis qu'on le laisse dégeler, les spermatozoïdes récupèrent leur mobilité. Ils résistent également à l'action d'une foule de sels, lorsque ces derniers ne sont pas employés en solution trop concentrée. Les narcotiques, en solution concentrée et à la suite d'une action prolongée, font perdre aux spermatozoïdes leur mobilité, sans toutefois les tuer immédiatement. On peut s'en assurer en les soustrayant ensuite à leur action nuisible.

Les solutions alcalines étendues activent les mouvements des spermatozoïdes; les acides, au contraire, même très dilués, les tuent. De la même manière, tous les liquides alcalins de nature animale augmentent l'activité de leurs mouvements, tandis que les liquides acides agissent en sens inverse.

Historique. La découverte de la nature unicellulaire de l'œuf et du spermatozoïde est d'une portée extraordinaire pour la compréhension du développement embryonnaire. Pour en apprécier toute l'importance, il faut entrer dans quelques considérations historiques, ce qui nous permettra de suivre les transformations principales qu'a subies successivement l'interprétation des phénomènes essentiels de l'ontogenèse.

Au siècle dernier, et même encore au début du XIXe siècle, on ne possédait sur la nature des produits sexuels que des données fort obscures. Les principaux anatomistes et physiologistes croyaient que l'œuf présentait la même structure que l'organisme adulte. Les différents organes auraient, dès le début du développement, occupé la même position et affecté les mêmes rapports dans l'œuf que chez l'adulte. On admettait que la seule différence qui existât consistait en ce qu'ils étaient notablement plus petits. L'œuf présentait donc en miniature la même organisation que l'adulte. Or, comme les lentilles grossissantes dont on disposait alors ne permettaient pas de constater *de visu*, dans l'œuf, les organes que l'on supposait y exister, on admettait par hypothèse que les différents organes, tels que le système nerveux, les glandes, les os, etc., non seulement s'y trouvaient très réduits de taille, mais en outre complètement transparents, invisibles.

Pour faire comprendre cette manière de voir, on prenait comme exemple explicatif la formation d'une fleur aux dépens de son bourgeon. De même, disait-on, que dans un tout jeune bourgeon toutes les parties de la fleur, les étamines, les pièces de la corolle, etc., sont cachées par les feuilles vertes encore soudées, qu'elles s'accroissent à l'intérieur du bourgeon sans se montrer, pour s'épanouir ensuite subitement et s'étaler; de même les divers organes, d'abord petits et invisibles, qui existent dans l'œuf, s'accroissent progressivement pour finir par apparaître manifestement aux yeux de tous. La théorie, que nous venons d'esquisser, a été appelée la *théorie de l'évolution.* Il serait plus juste de la désigner, comme on l'a proposé dans ces dernières années, sous le nom de *théorie de la préformation.* En effet, l'essence de cette théorie c'est que pendant le développement embryonnaire, rien de nouveau ne se forme; tout organe existe préformé dans l'œuf. « Es giebt kein Werden! » disait HALLER dans ses *Éléments de physiologie.* « Aucune partie du corps ne se développe avant les autres, ajoutait-il; toutes sont créées simultanément. »

Une conséquence fatale de cette théorie de la préformation, conséquence qu'ont tirée LEIBNIZ, HALLER et autres, c'est qu'un germe quelconque doit nécessairement renfermer les germes de tous ses descendants. En appliquant cette *théorie de l'emboîtement des germes,* on est arrivé à calculer que l'ovaire de notre mère Ève avait dû contenir au moins 200,000 millions de germes emboîtés, c'est-à-dire le genre humain tout entier.

La théorie de la préformation ne tarda pas à donner lieu à une polémique scientifique des plus vives. On savait, en effet, que tout organisme supérieur exige, pour se former, le concours de deux individus de sexe différent. Or, lorsqu'on eût découvert les spermatozoïdes, aussitôt une discussion ardente s'éleva sur la question de savoir *si c'était l'œuf ou bien le spermatozoïde qui constituait le germe préformé.* Pendant dix ans luttèrent les *ovistes* contre les *animalculistes.* Ces derniers prétendaient qu'en examinant à l'aide de grossissements convenables les spermatozoïdes de l'homme, ils y distinguaient une tête, des bras et des os. L'œuf, disaient-ils, n'est qu'une masse de substances nutritives, nécessaires à l'accroissement du spermatozoïde.

Mais une ère nouvelle commença pour l'embryologie, lorsque, en 1759, CASPAR FRIEDRICH WOLFF, dans une dissertation doctorale, battit en brèche la théorie de la préformation et posa ce principe scientifique que ce que nos sens ne nous permettent pas d'apercevoir dans le germe, n'y existe pas préformé. Pour lui, *le germe n'est au début qu'une substance inorganisée, sécrétée par les organes génitaux des parents;* ce n'est qu'à la suite de la fécondation, dans le cours du développement, qu'il s'organise progressivement. Pour WOLFF, c'est hors de cette substance germinative primitivement indifférente, que se différencient les uns à la suite des autres les divers organes du corps. Ce processus de différenciation, il chercha à l'établir par l'observation. C. F. WOLFF fonda ainsi la *théorie de l'épigenèse,* dont le bien-fondé a été établi par les découvertes de notre siècle (1).

Cependant l'idée, soutenue par WOLFF, que *la substance germinative est primitivement inorganisée,* a dû être abandonnée à la suite des progrès réalisés par nos connaissances, progrès que nous devons, d'une part, au perfectionnement de nos instruments d'optique et, d'autre part, à la théorie cellulaire, qu'ont fondée SCHLEIDEN et SCHWANN. Il fut alors possible d'acquérir des notions plus exactes sur la constitution élémentaire des animaux et des plantes, ainsi que sur la structure intime des produits sexuels, les œufs et les spermatozoïdes.

(1) Nous trouvons un historique très bien fait des théories de la préformation et de l'épigenèse, dans l'intéressante publication de A. KIRCHHOFF intitulée : CASPAR FRIEDRICH WOLFF. Sein Leben und seine Bedeutung für die Lehre von der organischen Entwicklung, parue dans *Jenaische Zeitschrift für Medicin und Naturwissenschaft,* tome IV, Leipzig, 1868, ainsi que dans l'article de W. HIS : Die Theorieen der geschlechtlichen Zeugung (*Archiv für Anthropologie,* tomes IV et V).

En ce qui concerne les *œufs*, ce furent les recherches de Purkinje sur l'œuf de la poule, recherches qu'il publia en 1825 et qui lui permirent de décrire pour la première fois la vésicule germinative, qui inaugurèrent toute une série de travaux importants. Le travail de Purkinje fut bientôt suivi, en 1827, de la découverte célèbre faite par C. E. von Baer, de l'œuf des mammifères, que l'on avait toujours recherché en vain jusqu'à cette époque. R. Wagner, en 1836, publia les résultats de recherches comparatives, étendues, sur la structure de l'œuf dans le règne animal. C'est alors qu'il signala aussi pour la première fois la présence de la tache germinative dans la vésicule germinative.

A la suite de la fondation de la théorie cellulaire, se posa naturellement en toute première ligne la question de savoir jusqu'à quel point l'œuf, par sa structure, peut être interprété comme une cellule. Cette question, à laquelle on donna longtemps des réponses très diverses, est même encore de nos jours remise de temps en temps en discussion, sous une autre forme. Schwann soutint, bien qu'avec une certaine réserve, que l'œuf est une cellule, dont le noyau est représenté par la vésicule germinative. Mais d'autres auteurs contemporains, Bischoff notamment, prétendirent que la vésicule germinative est une cellule et que le vitellus de l'œuf constitue une enveloppe de cette cellule. On ne parvint à accorder les diverses opinions que quand, en histologie, on fut arrivé à donner une acception précise au mot « cellule », ce qui fut obtenu surtout par la connaissance du processus de formation des cellules, que nous devons aux travaux de Nägeli, Kölliker, Remak, Leydig et autres.

Comprendre la signification des œufs renfermant du vitellus de formation et du vitellus de nutrition, c'est-à-dire des œufs à segmentation partielle : telle était la principale difficulté. Deux opinions opposées ont régné longtemps à ce sujet. D'après l'une, les œufs à vitellus de nutrition polaire (œuf des reptiles, des oiseaux, etc.) étaient des formations composées, que l'on ne pouvait considérer comme de simples cellules. Seul le vitellus de formation avec la vésicule germinative était comparable à l'œuf d'un mammifère, tandis que le vitellus de nutrition représentait quelque chose d'étranger à la cellule-œuf, une production de l'épithélium du follicule, annexée à la cellule-œuf. Les sphères du vitellus blanc étaient des cellules vitellines *uni-* ou *plurinucléées*. Le vitellus de formation et le vitellus de nutrition étaient comparables, *dans leur ensemble*, au contenu total du follicule de Graaff des mammifères. Telle était, d'une façon générale, sans tenir compte de légères différences, l'opinion soutenue par H. Meckel, Allen Thomson, Ecker, Stricker, His et autres.

Dans l'autre opinion, défendue par Leuckart, Kölliker, Gegenbaur, Haeckel, Van Beneden, Balfour, etc., l'œuf d'un oiseau est tout aussi bien une simple cellule que l'œuf d'un mammifère et ne peut être comparé au follicule de Graaff. Le vitellus ne renferme jamais de cellules, mais seulement des éléments nutritifs. Comme Kölliker en particulier l'a prouvé contre His, les sphères du vitellus blanc ne contiennent aucun organe comparable à un véritable noyau de cellule : elles ne peuvent, par conséquent, être interprétées comme constituant des cellules. « Les œufs des vertébrés à segmentation partielle, ainsi que Gegenbaur l'exprima déjà nettement en 1861, ne sont donc pas des formations plus complexes que les œufs des autres vertébrés ; ils ne sont autre chose que d'énormes cellules, transformées d'une façon spéciale, en vue d'un but particulier ; mais ils ne perdent jamais leur valeur unicellulaire. » Cette manière de voir ne pouvait en rien être modifiée, si même on reconnaissait que le vitellus se formât aux dépens de l'épithélium du follicule et qu'il constituât une sorte de produit de sécrétion de cet épithélium. S'il en était ainsi, nous aurions simplement affaire à un mode spécial de nutrition de l'œuf ; mais la nature unicellulaire de ce dernier ne pourrait nullement être mise en question.

Dans le vitellus existent des éléments divers, auxquels on a donné des noms distincts. Reichert désigna pour la première fois, sous le nom de *vitellus de formation*, la masse finement granuleuse qui, dans l'œuf des oiseaux, renferme la vésicule germinative et constitue le disque germinatif. Il lui donna ce nom parce que seul il subit la segmentation et fournit l'embryon. Le restant de la masse principale de l'œuf, il l'appela *vitellus de nutrition*, parce qu'il ne se divise pas en cellules et que, renfermé plus tard dans le sac vitellin, il est utilisé comme matière nutritive. His proposa ultérieurement de désigner ces parties de l'œuf respectivement sous les noms de germe principal et de germe accessoire.

Tandis que la nomenclature de Reichert et de His ne s'applique qu'aux œufs à vitellus de nutrition polaire, VAN BENEDEN (1870) a proposé, en se plaçant à un point de vue plus général, une autre classification des substances de l'œuf. Il distingue dans l'œuf la substance protoplasmique fondamentale, dans laquelle s'accomplissent, comme dans toute cellule, les phénomènes de la vie, et les substances de réserve ou nutritives, accumulées dans le protoplasme sous forme de granulations, de plaques ou de sphères vitellines, auxquelles il réserve le nom de deutoplasme. Tout œuf possède ces deux éléments fondamentaux; seulement leur proportion, leur forme et leur répartition diffèrent d'un œuf à l'autre. BALFOUR a adopté, comme principe de la classification des œufs, le mode de répartition du protoplasme et du deutoplasme. Il a proposé de classer les œufs en trois groupes : les œufs alécithes, télolécithes et centrolécithes. A ces trois groupes correspondent respectivement ce que j'appelle : « les œufs dont le deutoplasme, peu abondant, est réparti uniformément; les œufs à vitellus de nutrition polaire, et les œufs à vitellus de nutrition central. »

Dans ces derniers temps, l'étude de la texture intime de la vésicule germinative a fait de grands progrès. KLEINENBERG y a découvert une charpente ou réseau nucléaire, d'une nature protoplasmique spéciale, dont l'existence constante a été démontrée par de nombreuses recherches faites ultérieurement. Dans la tache germinative, j'ai distingué deux substances différentes, tant au point de vue chimique qu'au point de vue morphologique : la nucléine et la paranucléine. Quelle est la signification de ces deux substances et quel rôle jouent-elles dans le développement? C'est ce que l'observation n'a pas encore exactement déterminé. Les filaments chromatiques ont été découverts dans les vésicules germinatives des Amphibiens et des Sélaciens par FLEMMING, SCHULTZE, RÜCKERT et BORN.

L'histoire des spermatozoïdes commence avec l'année 1677. Un étudiant de Leyde, HAMM, vit, en examinant du sperme au microscope, des éléments qui se mouvaient activement. Il publia ses observations en collaboration avec son maître, LEEUWENHOECK, dont le nom est célèbre dans les sciences microscopiques. LEEUWENHOECK entreprit ensuite de nouvelles recherches; il les publia dans divers écrits qui firent sensation. Le bruit que fit cette découverte fut d'autant plus grand que LEEUWENHOECK considérait les spermatozoïdes comme étant les germes préformés des animaux; il admettait qu'ils pénètrent dans l'œuf lors de la fécondation et continuent à s'y développer. Ainsi se trouvait fondée l'école des animalculistes.

Lorsque la théorie de la préformation fut abandonnée, on crut pouvoir prétendre que les spermatozoïdes ne jouent aucun rôle dans la fécondation, mais que cette dernière est accomplie par la partie liquide du sperme dans laquelle ils se meuvent. Et pendant les quarante premières années du XIXe siècle on admit encore, d'une façon unanime, que les spermatozoïdes étaient des parasites (spermatozoaires), comparables aux infusoires. JOH. MÜLLER, dans sa *Physiologie*, s'exprime de la manière suivante : « Nous ne savons pas encore avec certitude si les spermatozoïdes sont des animaux parasites ou bien des parties animées de l'organisme. »

Cette question fut tranchée, par des études d'histologie comparée sur le sperme dans tout le règne animal, et par des expériences physiologiques.

Dans deux publications successives intitulées : *Beiträge zur Kenntniss der Geschlechtsverhältnisse und der Samenflüssigkeit wirbelloser Thiere* et *Bildung der Samenfäden in Bläschen*, KÖLLIKER démontra que chez une foule d'animaux, comme par exemple chez les polypes, le sperme consiste uniquement en spermatozoïdes, tandis que la partie liquide fait absolument défaut; qu'en outre ces spermatozoïdes se développent dans des cellules et constituent eux-mêmes des cellules animales. REICHERT prouva ensuite qu'il en était de même chez les nématodes. D'autre part, par des expériences physiologiques, il fut reconnu que le sperme est incapable de féconder l'œuf, lorsque les spermatozoïdes ne sont pas arrivés à maturité, lorsqu'ils ne possèdent pas encore leur motilité; en outre, qu'il en est de même quand on filtre du sperme à maturité, pour retenir les spermatozoïdes et que l'on ne soumet l'œuf qu'à l'action de la partie liquide. Ces observations démontrèrent d'une manière décisive que les spermatozoïdes sont les éléments actifs de la fécondation, tandis que les liquides au milieu desquels ils se meuvent dans le sperme, liquides qui n'apparaissent que chez les animaux supérieurs, et cela en raison de la complication plus grande des rapports sexuels, doivent être considérés « comme ayant une valeur secondaire au point de vue physiologique ».

Depuis cette époque bien des progrès se sont réalisés dans le domaine de nos connaissances : 1° sur la structure intime des spermatozoïdes ; 2° sur leur développement. En ce qui touche le premier point, nous avons appris à connaître, notamment à la suite des travaux de La Valette et de Schweigger-Seidel, qu'il y a lieu de distinguer au spermatozoïde, une tête, une pièce intermédiaire et une queue, toutes parties différant les unes des autres par leurs caractères physiques et chimiques. L'idée, exprimée par Kölliker, que le spermatozoïde représente généralement le noyau transformé et allongé d'une spermatide, a dû être modifiée. La Valette a reconnu que seule la tête du spermatozoïde se forme aux dépens du noyau de la spermatide, tandis que sa queue procède du protoplasme. Enfin Flemming a apporté la preuve manifeste que seule la chromatine du noyau de la spermatide se transforme en la tête du spermatozoïde. Des recherches importantes sur la spermatogenèse chez différents animaux ont été publiées tout récemment par Van Beneden et Julin, par Platner, Hermann, Henking, Oscar Hertwig, vom Rath, etc.

Dans ces derniers temps, l'attention des observateurs a surtout été attirée sur l'origine de la pièce intermédiaire, parce que cet élément joue, comme centrosome, un rôle très important dans la fécondation. Pour ce qui concerne la bibliographie récente relative à la spermatogenèse, bibliographie qui s'accroît beaucoup d'année en année, on consultera le compte rendu de Hermann dans les « Ergebnisse » de Merkel et Bonnet (1897), ainsi que le travail tout récent de Lenhossek intitulé : « Untersuchungen über Spermatogenese » (1897).

RÉSUMÉ

Récapitulons brièvement les faits les plus importants décrits dans ce chapitre :

1° Les produits sexuels mâles et femelles sont de simples cellules.

2° Les spermatozoïdes sont comparables à des cellules flagellées. Ils se composent de trois parties : une tête, une pièce intermédiaire, et un filament contractile (queue).

3° Le spermatozoïde se développe aux dépens d'une seule cellule, la spermatide. Sa tête se forme aux dépens de la chromatine (nucléine) du noyau, la pièce intermédiaire et le filament contractile se formant dans le protoplasme de la spermatide.

4° La cellule-œuf est formée de protoplasme et d'éléments vitellins, représentant des substances de réserve (deutoplasme).

5° La quantité de matières de réserve (deutoplasme) que renferme la cellule-œuf et leur répartition dans l'œuf sont très variables et exercent la plus grande influence sur la façon dont s'accomplissent les premiers phénomènes du développement.

a. Le deutoplasme est peu abondant et uniformément réparti dans le protoplasme de l'œuf.

b. Le deutoplasme existe en plus grande quantité et, par suite de sa répartition inégale, il se trouve accumulé soit à l'un des pôles de l'œuf (deutoplasme polaire), soit au centre de l'œuf (deutoplasme central).

c. Dans les œufs à deutoplasme polaire, on désigne celui des pôles qui est le plus riche en deutoplasme sous le nom de pôle végétatif, et le pôle opposé, sous le nom de pôle animal.

d. Dans les œufs à deutoplasme polaire, le protoplasme accumulé au pôle animal peut, sous la forme d'un disque germinatif (*vitellus de formation*) se séparer nettement du restant de l'œuf, plus riche en deutoplasme (*vitellus de nutrition*). Les phénomènes du développement ne s'accomplissent que dans le vitellus de formation, tandis que le vitellus de nutrition reste généralement passif.

6° On peut classer les œufs en deux grands groupes, selon qu'ils se forment aux dépens de cellules de l'ovaire seulement, ou bien qu'ils se composent à la fois de cellules formées aux dépens de l'ovaire et de cellules provenant d'un vitellogène. Ces groupes se subdivisent en sous-groupes selon le mode de répartition de leur deutoplasme. Voici quelle est cette classification :

I. Œufs simples (œufs qui se développent exclusivement aux dépens de cellules de l'ovaire).
  A. Œufs à deutoplasme peu abondant et uniformément réparti dans le protoplasme (œufs alécithes) (Amphioxus, mammifères, homme).
  B. Œufs à deutoplasme plus ou moins abondant et inégalement réparti :
    1. Œufs à deutoplasme polaire et pourvus d'un pôle animal et d'un pôle végétatif (œufs télolécithes) (cyclostomes, amphibiens).
    2. Œufs à deutoplasme polaire et pourvus d'un disque germinatif. Les œufs de ce sous-groupe diffèrent de ceux du groupe précédent en ce qu'il existe chez eux une séparation plus nette entre le vitellus de formation (disque germinatif) et le vitellus de nutrition, le premier jouant un rôle actif dans le développement, le second un rôle passif (poissons, reptiles, oiseaux).
    3. Œufs à deutoplasme central (œufs centrolécithes). Leur vitellus de formation constitue autour du vitellus de nutrition une couche superficielle ou membrane germinative (arthropodes).

II. Œufs composés (œufs qui se composent à la fois de cellules formées aux dépens de l'ovaire et de cellules provenant d'un vitellogène).

BIBLIOGRAPHIE

C. E. v. Baer. *De ovi mammalium et hominis genesis epistola.* Leipzig, 1827.

Ed. van Beneden. *Recherches sur la composition et la signification de l'œuf.* Mém. cour. de l'acad. roy. des sciences de Belgique. Vol. XXXIV. 1870.

Bischoff. *Entwicklungsgeschichte des Kanincheneies.* 1842.

Born. *Die Reifung des Amphibieneies und die Befruchtung unreifer Eier bei Triton taeniatus.* Anatomischer Anzeiger. Vol. VII, 1892, page 772.

— *Die Structur des Keimbläschens im Ovarialei von Triton taeniatus.* Arch. f. mikr. Anat. Vol. XLIII. 1894.

Flemming. *Zellsubstanz, Kern- und Zelltheilung.* Leipzig, 1882.

K. Frommann. *Das Ei. Realencyklopädie der gesammten Heilkunde.* 2e édition.

C. Gegenbaur. *Ueber den Bau und die Entwicklung der Wirbelthiereier mit partieller Dottertheilung.* Archiv. f. Anatomie und Physiologie. 1861.

Guldberg. *Beitrag zur Kenntniss der Eierstockseier bei Echidna.* Sitzungsberichte der Jenaischen Gesellschaft. 1885.

Häcker. *Das Keimbläschen, seine Elemente und Lageveränderungen.* Archiv f. mikroskop. Anat. Vol. XLI.

Henneguy. *Essai de classification des œufs des animaux au point de vue embryogénique.* Paris, 1892.

— *Le corps vitellin de Balbiani dans l'œuf des vertébrés.* Journal de l'anat. et de phys. Année 29. 1893.

Hensen. *Die Physiologie der Zeugung.* Hermann's Handbuch der Physiologie. Vol. VI.

Oscar Hertwig. *Beiträge zur Kenntniss der Bildung, Befruchtung und Theilung des thierischen Eies.* Morphol. Jahrbuch. Vol. I, III, IV.

W. His. *Untersuchungen über die erste Anlage des Wirbelthierleibes. I. Die Entwicklung des Hühnchens im Ei.* Leipzig, 1868.

Holl. *Ueber die Reifung der Eizelle des Huhnes.* Sitzungsber. der Wiener Akademie, Math.-Nat. Kl. Vol. IC. 3e partie. 1890.

Kleinenberg. *Hydra.* Leipzig, 1872.

R. Leuckart. Article *Zeugung* dans *Wagner's Handwörterbuch der Physiologie.* Vol. IV. 1853.

Fr. Leydig. *Beiträge zur Kenntniss des thierischen Eies im unbefruchteten Zustand.* Zool. Jahrbücher, Abth. f. Anatomie. Vol. III. 1888.

Hubert Ludwig. *Ueber die Eibildung im Thierreiche.* Würzburg, 1874.

W. Nagel. *Das menschliche Ei.* Archiv f. mikrosk. Anatomie. Vol. XXXI. 1888.

Purkinje. *Symbolae ad ovi avium historiam ante incubationem.* Leipzig, 1825.

Retzius. *Zur Kenntniss vom Bau des Eierstockseies und des Graaff'schen Follikels.* Hygiea, Festband 2. 1889.

Rückert. *Zur Entwicklungsgeschichte des Ovarialeies bei Selachiern.* Anatomischer Anzeiger. Vol. VII. 1892.

Schwann. *Mikroskopische Untersuchungen über die Uebereinstimmung in der Structur und dem Wachsthum der Thiere und Pflanzen.* 1839.

Allen Thomson. Article *Ovum* dans *Todd's Cyclopaedia of Anatomy and Physiology.* Vol. X. 1859.

R. Wagner. *Prodromus hist. generationis.* Leipzig, 1836.

W. Waldeyer. *Eierstock und Ei.* Leipzig, 1870.

— *Eierstock und Nebeneierstock.* Stricker's Handbuch der Lehre von den Geweben. 1871.

B. Benecke. *Ueber Reifung und Befruchtung des Eies bei den Fledermäusen.* Zoologischer Anzeiger, 1879, page 304.

Ed. van Beneden et Charles Julin. *La spermatogenèse chez l'ascaride mégalocéphale.* Bulletins de l'académie royale des sciences de Belgique. Bruxelles, 1884.

Eimer. *Ueber die Fortpflanzung der Fledermäuse.* Zoologischer Anzeiger, 1879, page 425.

Engelmann. *Ueber die Flimmerbewegung.* Jenaische Zeitschrift für Medicin und Naturwissenschaft. Vol. IV.

W. Flemming. *Beiträge zur Kenntniss der Zelle und ihrer Lebenserscheinungen.* 2e partie. Archiv f. mikroskop. Anatomie. Vol. XVIII. 1880.

— *Weitere Beobachtungen über die Entwicklung der Spermatosomen bei Salamandra maculosa.* Achiv. f. mikroskop. Anatomie. Vol. XXXI.

Henking. *Ueber Spermatogenese und deren Beziehung zur Entwicklung bei Pyrrhocoris.* Zeitschr. f. wissensch. Zool. Vol. LI. 1891.

Hermann. *Beiträge zur Histologie des Hodens.* Archiv f. mikroskop. Anat. Vol. XXXIV.

Kölliker. *Physiologische Studien über die Samenflüssigkeit.* Zeitschr. f. wissensch. Zoologie. Vol. VII. 1856.

— *Beiträge zur Kenntniss der Geschlechtsverhältnisse und der Samenflüssigkeit wirbelloser Thiere etc.* Berlin, 1841.

— *Zeitschrift für wissenschaftliche Zoologie.* Vol. VIII.

John Moore. *Mammalian spermatogenesis.* Anatom. Anzeiger, 1893, page 683.

M. Nussbaum. *Ueber die Veränderungen der Geschlechtsproducte bis zur Eifurchung.* Archiv. f. mikroskop. Anat. Vol. XXIII. 1884.

Vom Rath. *Zur Kenntniss der Spermatogenese von Gryllotalpa vulgaris.* Archiv f. mikrosk. Anatomie. Vol. XL. 1892.

Vom Rath. *Beiträge zur Kenntniss der Spermatogenese von Salamandra maculosa. Die Reductionsfrage.* Zeitschrift f. wissenschaftl. Zool. Vol. LVII.
Reichert. *Beitrag zur Entwicklungsgeschichte der Samenkörperchen bei den Nematoden.* Müller's Archiv. 1847.
Retzius. *Biologische Untersuchungen.* 1881.
Schweigger-Seidel. *Ueber die Samenkörperchen und ihre Entwicklung.* Archiv. f. mikrosk. Anatomie. Vol. I.
Von La Valette St. George. Article *Hoden.* Stricker's Handbuch der Lehre von den Geweben.
— *Spermatologische Beiträge*, Archiv. f. mikrosk. Anatomie. Vol. XXV, XXVII, XXVIII.
Waldeyer. *Bau und Entwicklung der Samenfäden.* Anatomischer Anzeiger. Iéna, 1887, page 345. (Bibliographie complète relative aux spermatozoïdes.)

On trouvera un résumé des travaux les plus récents relatifs à la structure des spermatozoïdes et à la spermatogenèse, dans :

1) Hermann. *Urogenitalsystem. Structur und Histiogenese der Spermatozoen Revue bibliographique de 1893 à 1897. Merkel und Bonnet. Ergebnisse.* Vol. VI. 1897.
2) v. Lenhossék. *Untersuchungen über Spermatogenese.* Archiv. f. Mikrosk. Anat. Vol. LI. 1898.

CHAPITRE DEUXIÈME

PHÉNOMÈNES DE LA MATURATION DE L'ŒUF, COMPARAISON ENTRE L'OVOGENÈSE ET LA SPERMATOGENÈSE, FÉCONDATION.

---

1. — Phénomènes de la maturation de l'œuf.

Lorsqu'il présente la constitution que nous avons décrite dans le chapitre précédent, l'œuf n'est pas encore capable de se développer, alors même qu'il a atteint son volume normal. Si à ce moment on le dépose dans du sperme mûr, il ne peut être fécondé. En un mot il n'est pas encore *mûr*. Pour qu'il puisse être fécondé, il doit au préalable subir toute une série de transformations, que nous réunissons sous le nom de *phénomènes de la maturation*.

Pour bien comprendre ces phénomènes, il est indispensable de connaître le *processus de la division nucléaire,* dont nous allons indiquer brièvement les traits essentiels.

L'essence du processus de la division nucléaire, consiste en ce que les substances, de nature chimique différente, qui existent dans le noyau au repos (p. 7), se séparent nettement les unes des autres, se répartissent d'une façon bien déterminée, typique et, à la suite de la disparition de la membrane nucléaire, se mettent en rapport plus intime avec le corps protoplasmique. C'est la disposition régulière de la chromatine qui frappe le plus particulièrement. Aussi sont-ce ses particularités qui ont jusqu'ici été étudiées de la façon la plus minutieuse et la plus précise, tandis que le sort des autres substances constitutives du noyau est encore obscur sur bien des points.

La chromatine du noyau, lors de la division, se transforme en un nombre de fins filaments, qui est constant pour chaque espèce animale. Ces filaments ont tous à peu près la même longueur; ils sont généralement recourbés. Leur forme et leurs dimensions varient avec les espèces animales et végétales. Ils constituent tantôt des anses, tantôt des crochets, tantôt des bâtonnets ou même des grains lorsqu'ils sont très petits. Waldeyer a donné à ces filaments de chromatine le nom général de *chromosomes*. Je les désigne habituellement sous le nom de « *segments nucléaires* », qui s'applique mieux à tous les cas connus. *Cette dénomination a l'avantage d'exprimer en même temps le fait essentiel de la division indirecte, qui consiste surtout en ce que la chromatine se divise en segments*. L'expression « *segmentation nucléaire* » me paraît préférable, d'une part, à l'expression « division indirecte du noyau », périphrase trop longue et caractérisant peu le phénomène en question et, d'autre part, aux mots « mitose » et « karyokinèse », dont l'étymologie est étrangère et qui sont incompréhensibles pour les hommes qui ne sont pas spécialistes.

Les segments nucléaires (chromosomes) se disposent régulièrement, les uns à côté des autres (fig. 16, A) au milieu de la figure de division et, au cours de la division, chacun d'eux se divise, *par une scission longi-*

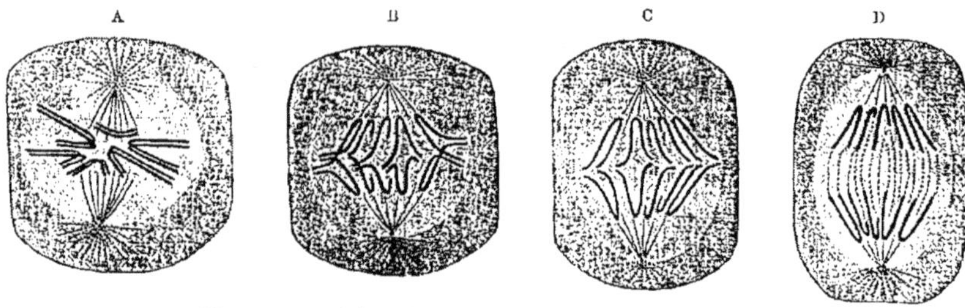

Fig. 16. — *Schéma de la division nucléaire*, d'après Rabl.

Dans la figure A, on voit le fuseau, formé par des fibrilles achromatiques très délicates ; de ses deux extrémités partent les irradiations protoplasmiques ; suivant son équateur se trouvent les anses chromatiques. Ces anses se sont déjà scindées longitudinalement. Dans la figure B, les segments filles résultant de cette scission longitudinale se sont écartés les uns des autres en sens opposé. Dans la figure C, ils commencent à se disposer régulièrement en deux groupes d'anses. Dans la figure D enfin, ces deux groupes d'anses-filles se sont rapprochés des deux pôles du fuseau.

tudinale, en deux *segments nucléaires filles*, qui restent longtemps parallèles et étroitement unis. Les segments-filles s'écartent ensuite et se répartissent en deux groupes (fig. 16, B, C, D), comprenant chacun le même nombre de segments. Chacun de ces deux groupes passe dans l'une des deux cellules-filles et constitue la partie essentielle de son noyau vésiculeux.

Le processus de la segmentation nucléaire est encore caractérisé par : 1° l'apparition de *deux pôles*, qui servent de centres d'orientation pour toutes les parties constitutives de la cellule ; 2° la formation du *fuseau nucléaire ;* 3° *la disposition rayonnante du protoplasme* autour des deux pôles.

A chacun des deux *pôles de division* siège un corpuscule extrêmement petit, formé par une substance qui se colore très difficilement : c'est le *corpuscule central* (*centrosome*, corpuscule polaire).

Entre les deux centrosomes se forme le *fuseau nucléaire*. Il consiste en de nombreuses fibrilles, très fines et parallèles, qui dérivent probablement de la charpente de linine du noyau au repos. Au milieu du fuseau, elles sont un peu plus écartées les unes des autres, tandis que par leurs extrémités, elles convergent vers les pôles, ce qui donne au faisceau de fibrilles la forme plus ou moins accusée d'un fuseau.

Le corps protoplasmique de la cellule commence aussi à se disposer autour des centrosomes, comme si ces derniers exerçaient sur lui une attraction polaire. Il en résulte la formation d'une figure rappelant celle que constituent les limailles de fer autour des extrémités d'un aimant. Le protoplasme forme de nombreux filaments délicats, groupés radiairement autour des centrosomes comme centres (centres attractifs). Au début, ces filaments sont très courts et restreints au voisinage immédiat des centres attractifs. Mais, dans le cours du processus de la division, ils deviennent de plus en plus longs, jusqu'à finir par s'étendre à travers le corps tout entier de la cellule. La figure formée par le protoplasme autour des pôles est connue sous les noms d'*irradiation protoplasmique*, *figure radiée*, *étoile*, *soleil*, *sphère attractive* etc., les filaments étant comparés aux rayons lumineux qui émanent d'un corps céleste.

Tels sont, en résumé, les différents éléments dont se composent les figures de division nucléaire. Les corpuscules centraux (centrosomes), le fuseau et les deux irradiations protoplasmiques sont réunis, par FLEMMING, sous la dénomination commune de *partie achromatique de la figure de division nucléaire*, par opposition aux divers éléments provenant de la transformation de la chromatine et qui forment la *partie chromatique de la figure de division*.

Après cet aperçu de l'essence de la division nucléaire, nous pouvons aborder l'étude des phénomènes de la maturation. Elle débute par des

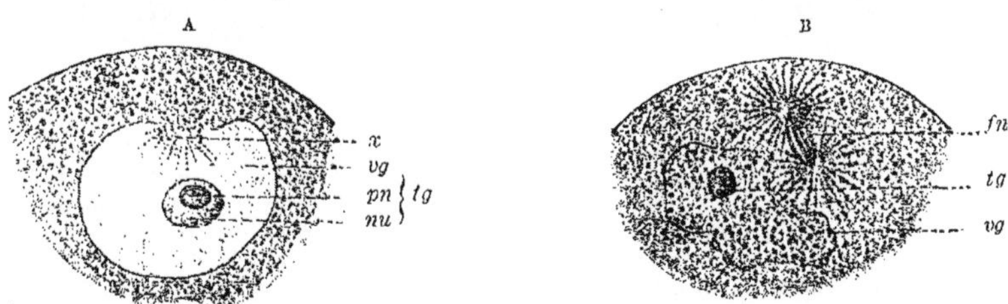

Fig. 17. — *Fragments d'œufs d'Asterias glacialis*. Ces figures montrent l'atrophie de la vésicule germinative. En A, cette vésicule (*vg*) commence à se rétracter : une saillie protoplasmique radiée (*x*) pénètre à son intérieur et en ce point la membrane de la vésicule a disparu. La tache germinative (*tg*) est encore nette, mais comprend deux substances nettement séparées : la *nucléine* (*nu*) et la *paranucléine* (*pn*).
En B, la vésicule germinative (*vg*) est tout à fait rétractée ; sa membrane a disparu ; la tache germinative (*tg*) n'est plus représentée que par quelques vestiges. A la place de la saillie protoplasmique de la figure A, se trouve un fuseau nucléaire (*fn*) en voie de développement.

transformations de la vésicule germinative, que l'on a pu suivre d'une part sur de petits œufs transparents de certains invertébrés, tels que ceux des échinodermes et des nématodes (Ascaris du cheval) et, d'autre part, sur des coupes sériées d'œufs, plus riches en vitellus, de certains vertébrés, tels que ceux des amphibiens et des sélaciens.

Nous prenons comme base de notre description l'œuf d'un échinoderme. La vésicule germinative abandonne peu à peu le centre de l'œuf pour se rapprocher de plus en plus de sa surface. En même temps elle se rétracte légèrement (fig. 17, A), en expulsant du liquide dans le vitellus ambiant. Sa membrane nucléaire disparaît; la tache germinative devient indistincte et se résout en petits fragments (fig. 17, B, *tg*). Pendant cette *atrophie* ou *disparition de la vésicule germinative*, on peut constater, en se servant de réactifs convenables, *qu'il se forme un fuseau nucléaire aux dépens de certaines parties constitutives de son contenu* (fig. 17, B, *fn*), c'est-à-dire que l'on voit apparaître cette forme du noyau qui est caractéristique, tant dans le règne animal que dans le règne végétal, du stade préparatoire à la division cellulaire.

Le fuseau nucléaire continue, comme le faisait auparavant la vésicule germinative, à se rapprocher encore de la surface de l'œuf. L'une

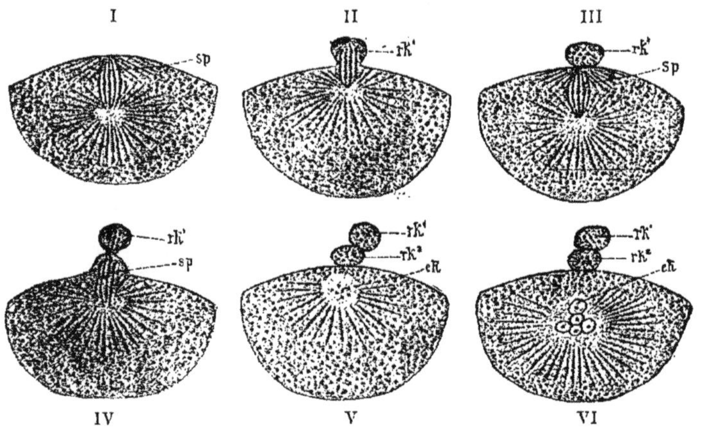

Fig. 18. — *Formation des corpuscules de direction ou cellules polaires chez Asterias glacialis.*

Dans la fig. I, le fuseau nucléaire (*sp*) a atteint la surface de l'œuf. Dans la fig. II, il s'est formé à la surface de l'œuf un petit mamelon (rk^1), renfermant la moitié du fuseau. Dans la fig. III, ce mamelon s'est séparé de l'œuf par étranglement et constitue une cellule polaire (rk^1). Aux dépens de la moitié interne du fuseau nucléaire primitif s'est formé un nouveau fuseau complet (*sp*). Dans la fig. IV, nous voyons la première cellule polaire soulevée par un second mamelon, qui, dans la fig. V, s'est, à son tour, détaché de l'œuf et constitue la deuxième cellule polaire (rk^2). Le reste du deuxième fuseau s'est transformé, dans la fig. VI, en le pronucléus femelle ou noyau ovulaire (*ek*).

de ses extrémités finit par l'atteindre : son grand axe se trouve alors dans la direction des rayons de l'œuf (fig. 18, I, *sp*). Bientôt il se passe en ce point un phénomène qui ne diffère de la division cellulaire ordinaire que par ce fait que les deux produits de la division sont de volume très inégal. Nous avons donc affaire, en réalité, à un *bourgeonnement cellulaire*. Au point où l'extrémité superficielle du fuseau nucléaire touchait à la surface de l'œuf, le vitellus se soulève en un petit mamelon, dans lequel s'engage la moitié du fuseau (fig. 18, II). Ce mamelon s'étrangle ensuite progressivement à sa base; il se détache de l'œuf en emportant la moitié du fuseau nucléaire. Le mamelon et le demi-fuseau qu'il renferme représentent donc une très petite cellule (fig. 18, III, rk^1). Le même processus se répète une seconde fois, après que le demi-fuseau resté dans l'œuf s'est retransformé en un nouveau fuseau complet, sans avoir toutefois au préalable repris la forme vésiculeuse des noyaux au repos (fig. 18, IV).

A ce moment, il existe à la surface du vitellus (fig. 18, V, rk^1, rk^2), deux petites sphères, appliquées l'une contre l'autre, formées, l'une et l'autre, d'une petite masse de protoplasme et d'un noyau, et ayant par conséquent la valeur morphologique d'une petite cellule. Ces deux cellules, connues déjà depuis longtemps sous le nom de *corpuscules de direction* ou de *cellules polaires*, on peut encore souvent les retrouver à la surface de l'œuf, à un moment où ce dernier se trouve déjà segmenté en un amas de cellules. On leur a donné le nom de cellules polaires parce que, dans les œufs où l'on peut distinguer un pôle animal, c'est à ce pôle qu'elles prennent toujours leur origine. Lorsque la formation de la seconde cellule polaire est achevée, l'une des moitiés du second fuseau nucléaire constitue le noyau de cette seconde cellule polaire, tandis que l'autre moitié reste dans la couche corticale du vitellus (fig. 18, V et VI, *ek*). Elle se transforme en un nouveau noyau, petit, vésiculeux, dont le diamètre est d'environ 13 µ. Il s'écarte progressivement de son lieu d'origine et gagne généralement le centre de l'œuf (fig. 19, *pf*).

Ce noyau de l'œuf mûr (fig. 19, *pf*), je l'ai appelé *noyau ovulaire* (Eikern). Il a été désigné par VAN BENEDEN sous le nom de *pronucléus*

Fig. 19.

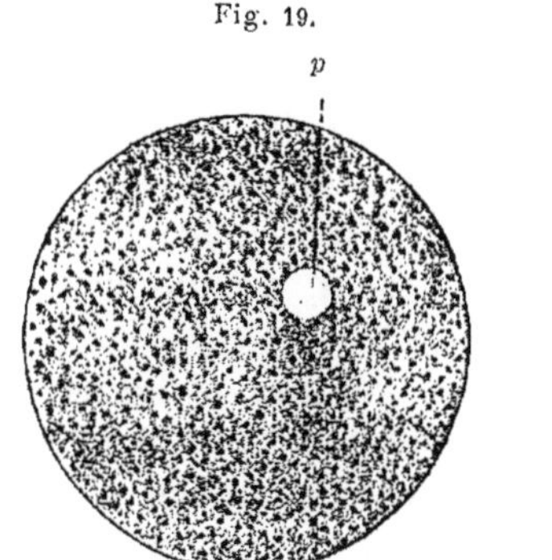

Fig. 20.

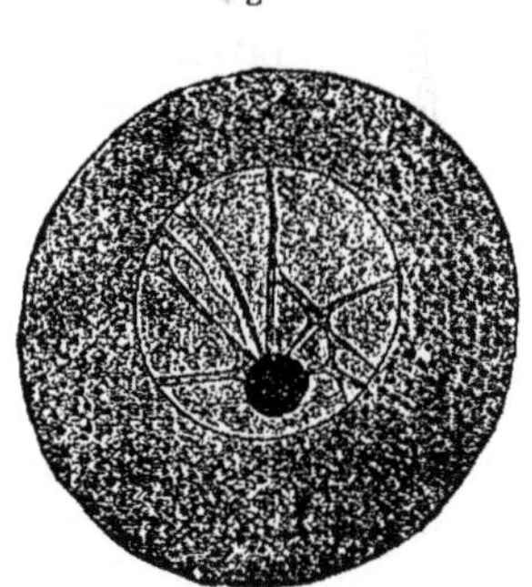

Fig. 19. — *Œuf mûr d'un échinoderme*. Dans le vitellus se trouve le noyau ovulaire ou pronucléus femelle (*pf*), homogène et très petit. Grossᵗ : 300 diam.

Fig. 20. — *Œuf ovarien, non mûr, d'un échinoderme*. Grossᵗ : 300 diam.

femelle. Il ne doit pas être confondu avec la vésicule germinative de l'œuf non mûr. Pour s'en assurer, il suffit de comparer les figures 19 et 20, qui représentent, vus au même grossissement, l'œuf ovarien non mûr (fig. 20) et l'œuf mûr (fig. 19) d'un échinoderme. La vésicule germinative est volumineuse, tandis que le pronucléus femelle est extrêmement petit. A la vésicule germinative on distingue une membrane nucléaire très nette, un réseau nucléaire et une tache germinative; par contre, le pronucléus femelle, examiné sur le vivant, est à peu près homogène, dépourvu de tache germinative et de membrane nucléaire. Or, ces différences de structure entre la vésicule germinative et le pronucléus femelle, nous les retrouvons partout dans le règne animal.

La formation des cellules polaires et la transformation concomitante de la vésicule germinative en le noyau ovulaire, notablement plus petit, sont des phénomènes si répandus dans le règne animal, que l'on est en droit de les considérer comme généraux. On a observé partout des cellules polaires : chez les cœlentérés, les échinodermes, les vers, les mollusques. Chez les arthropodes, pendant la maturation de l'œuf, on n'en avait jamais anciennement signalé la formation; mais, récemment, divers zoologistes, et tout particulièrement Blochmann, Weismann, Platner, Henking, etc., l'ont observée chez de nombreuses espèces. Parmi les vertébrés, nous trouvons toujours des cellules polaires chez les cyclostomes et chez les mammifères; chez les poissons et les amphibiens on ne les a signalées que dans un certain nombre de cas; enfin, chez les reptiles et les oiseaux, personne n'en a encore mentionné l'existence à cause des grandes dimensions des œufs, qui rendent leur étude plus difficile. Les cellules polaires se forment ou bien quelque temps avant la fécondation, ou bien pendant la fécondation.

Ce phénomène a été étudié chez les mammifères (lapin et souris) par Van Beneden d'abord; puis, plus récemment, par Tafani. L. Gerlach et surtout Sobotta l'ont étudié avec beaucoup de soin. D'après ces observateurs, plusieurs semaines avant la rupture du follicule de Graaff, la vésicule germinative gagne la surface de l'œuf; au moment de la rupture du follicule, elle disparaît et à la place qu'elle occupait se forment le pronucléus femelle ainsi qu'une ou deux (Tafani) cellules polaires, qui apparaissent sous la zone pellucide. L'œuf, peu de temps après s'être détaché de l'ovaire, montre toujours un pronucléus femelle et des cellules polaires.

Chez les poissons, les amphibiens, les reptiles et les oiseaux, dont les œufs, toujours volumineux, sont, à peu d'exceptions près, opaques, la vésicule germinative, caractérisée par l'existence de nombreux nucléoles, subit une métamorphose régressive. Toujours elle quitte le centre du vitellus et gagne la surface de l'œuf, au pôle animal, comme Oellacher l'a observé chez les poissons osseux et comme Born et moi avons pu le suivre pas à pas chez les amphibiens (fig. 21, *vg*). Arrivée à la surface de l'œuf, elle s'aplatit immédiatement au-dessous de la membrane vitelline, en même temps qu'elle se rétracte un peu : elle se transforme ainsi en un corps discoïde. Elle subit ensuite d'autres transformations, très difficiles à étudier dans leurs détails et qui s'accomplissent relativement vite. Chez les amphibiens, ces nouvelles transformations de la vésicule germinative se passent lorsque l'œuf se détache de l'ovaire. Si l'on étudie ces œufs lorsqu'ils sont déjà tombés dans la

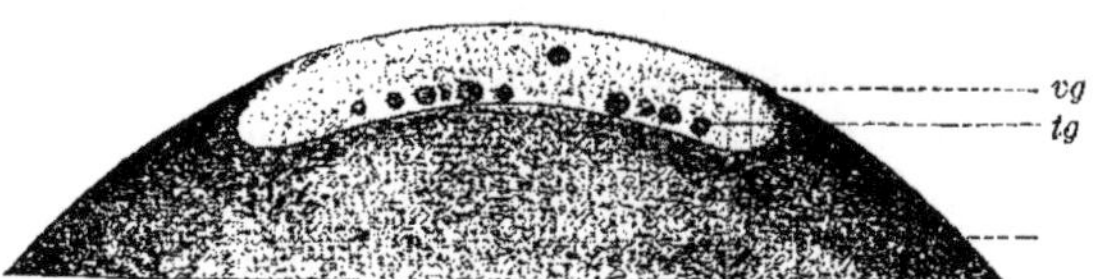

Fig. 21. — *Œuf de grenouille en voie de maturation.* — La vésicule germinative (*vg*), avec ses nombreuses taches germinatives (*tg*), se trouve située au pôle animal, tout à fait à la surface de l'œuf. Elle affecte la forme d'une lentille aplatie.

cavité abdominale ou engagés dans l'oviducte, on constate toujours que la vésicule germinative et ses taches germinatives ont disparu.

Les excellentes recherches d'Oscar Schultze et de Born en ce qui concerne les amphibiens et celles de Kastschenko et de Rückert chez les sélaciens nous ont fait connaître les détails de ce processus. Les très fins filaments de chromatine, dont nous avons parlé plus haut (p. 7), se raccourcissent fortement et se laissent colorer de plus en plus vivement par les matières tinctoriales au fur et à mesure qu'ils se raccourcissent. Tandis qu'auparavant ils étaient disséminés partout dans la vésicule germinative, ils se réunissent maintenant en son milieu. On les y trouve toujours disposés par paires, chaque paire provenant, d'après Rückert, de la scission longitudinale d'un filament primitivement simple et indivis.

Comme les filaments nucléaires, les taches germinatives émigrent aussi de la périphérie de la vésicule germinative vers son milieu. Là elles commencent à se fragmenter en amas de granulations, en même temps qu'elles perdent leur affinité pour le carmin; finalement, il devient impossible de les distinguer, ce qui est dû probablement à ce qu'elles se sont dissoutes. La membrane de la vésicule germinative se dissout également et le contenu de cette vésicule se répand dans l'œuf, à l'exception d'un petit reste qui persiste et fournit un fuseau nucléaire typique, qui est extrêmement petit proportionnellement au volume considérable de l'œuf. Ses segments nucléaires proviennent des filaments de chromatine unis par paires, qui s'étaient assemblés en un amas au milieu de la vésicule germinative. Après que le fuseau nucléaire a gagné par l'une de ses extrémités la surface du vitellus, il se forme, selon le mode typique que nous avons décrit p. 32, deux cellules polaires et un noyau ovulaire ou pronucléus femelle. Ce dernier, qui possède à peu près le volume d'une tache germinative, constitue le seul reste, minime, de la masse considérable de substance de la vésicule germinative qui persiste dans l'œuf mûr comme élément actif et morphologiquement distinct.

Weismann et Blochmann ont découvert chez les arthropodes un fait très intéressant. Dans les œufs qui se développent ultérieurement par parthénogenèse (œufs d'été de Polyphemus, de Bythotrephes, de Moina, de Leptodora, de Daphnia et des aphides), *une seule cellule polaire* est expulsée de l'œuf, tandis que les œufs qui, pour se développer, doivent être fécondés, en expulsent toujours *deux*. Toutefois ce fait ne peut encore être considéré comme général. En effet, PLATNER a constaté que, dans les œufs parthénogénésiques tout comme dans les œufs qui doivent être fécondés, il se forme, chez le Liparis dispar, *deux* corpuscules de direction, dont le premier se divise même encore une fois. La même observation a été faite par BLOCHMANN en ce qui concerne les œufs parthénogénésiques des abeilles, qui donnent naissance aux faux-bourdons.

S'il est vrai que nos connaissances relatives aux phénomènes de la maturation de l'œuf offrent encore bien des lacunes, cependant, pour le moment du moins, *on peut considérer comme une loi générale que les œufs, encore pourvus de leur vésicule germinative, ne sont jamais aptes à être fécondés; que, pour qu'ils aient cette aptitude, leur vésicule germinative doit toujours être disparue et remplacée par un noyau ovulaire ou pronucléus femelle très petit, formé aux dépens de ses parties constitutives.* (Pour ce qui concerne les particularités de ce processus, de nombreux faits mériteraient encore d'être étudiés.) *Enfin, pendant que ces phénomènes s'accomplissent, il se forme toujours des cellules polaires.*

La *différenciation polaire*, qui, comme nous l'avons vu dans le chapitre précédent, se manifeste si nettement dans les œufs dont le vitellus est abondant, est en rapport de causalité avec les phénomènes de la maturation. En effet, la partie de la surface de l'œuf, où vient se placer la vésicule germinative et où plus tard se forment les cellules polaires, correspond toujours au pôle animal. Or, le fait que le protoplasme s'accumule en plus grande quantité en ce pôle de l'œuf s'explique en partie par cela qu'il y est entraîné par le noyau, lequel constitue toujours un centre d'attraction pour le protoplasme.

HISTORIQUE. Les phénomènes de la maturation de l'œuf, que nous venons de décrire dans leur essence, n'ont été établis qu'après de nombreuses interprétations et observations erronées. Déjà, en 1825, PURKINJE, qui découvrit la vésicule germinative dans l'œuf de la poule, avait constaté qu'elle était disparue dans les œufs recueillis dans l'oviducte. Il en conclut que la vésicule germinative crève sous l'action des contractions de l'oviducte et que son contenu (une lymphe génératrice, lympha generatrix) se mêle au germe. De là le nom même de vésicule germinative qu'il lui donna. C. E. VON BAER, OELLACHER, GOETTE, KLEINENBERG, KOWALEVSKY, REICHERT, etc., observèrent le même phénomène dans l'œuf de différents animaux. D'autre part, on prétendit que, dans beaucoup d'œufs, la vésicule germinative ne disparaît pas, mais qu'elle se maintient et que, lors de la segmentation, elle se divise directement en les noyaux des cellules-filles. Cette opinion fut soutenue par JOH. MÜLLER pour les œufs d'Entoconcha mirabilis, par LEYDIG, GEGENBAUR et VAN BENEDEN, pour ceux des méduses, des échinodermes, etc.

Il y eut donc deux camps opposés : l'un soutenait la persistance de la vésicule germinative et sa division lors de la segmentation; l'autre prétendait que la cellule-œuf passait, dans le cours de son développement par une phase, pendant laquelle elle était *dépourvue de noyau*, et qu'elle n'en récupérait un qu'à la suite de la fécondation.

Les points en litige furent expliqués grâce à des recherches que Bütschli et moi-même nous entreprîmes simultanément.

Dans ma première étude « sur la formation, la fécondation et la segmentation de l'œuf », je fis ressortir que dans les publications antérieures on n'établissait aucune distinction entre le noyau de l'œuf non mûr, celui de l'œuf mûr et celui de l'œuf fécondé; mais qu'on les avait souvent confondus, et considérés comme identiques. Je formulai donc une distinction nette entre la vésicule germinative, le noyau ovulaire et le noyau de segmentation, expressions que j'introduisis dans la science. Je démontrai en outre que la disparition de la vésicule germinative et la formation du noyau ovulaire (pronucléus femelle) précèdent la fécondation et j'établis de la sorte une distinction entre les phénomènes de la maturation de l'œuf et les phénomènes de la fécondation, que l'on avait généralement confondus jusqu'alors. Je cherchai de plus à prouver que le pronucléus femelle dérive de la vésicule germinative, d'un nucléole de cette dernière, et je soutins la thèse que l'œuf, pendant sa maturation, ne passe *jamais* par aucun stade pendant lequel il est dépourvu de noyau. Mais je tombai dans une erreur; je ne remarquai pas les relations intimes qui existent entre la formation des cellules polaires et la disparition de la vésicule germinative, l'étude de ces phénomènes étant rendue plus difficile dans les œufs que j'étudiais, parce qu'ils s'y accomplissent à l'intérieur de l'ovaire.

Sous ce rapport, les excellentes recherches de Bütschli complétèrent les miennes; elles firent connaître les relations qui existent entre les modifications subies par la vésicule germinative et la formation des cellules polaires. Déjà, en 1848, Fr. Müller et Lovén avaient découvert les cellules polaires, qu'ils appelèrent vésicules de direction, parce qu'elles se trouvent toujours situées au point où apparaît plus tard le premier sillon de segmentation. Un bon nombre d'observateurs avaient ensuite démontré que ces éléments sont très répandus dans le règne animal. Bütschli cependant fut le premier qui attirât l'attention sur les phénomènes particuliers qui s'accomplissent dans le vitellus lors de la formation des cellules polaires. Cependant il commit plusieurs erreurs. D'après lui, la vésicule germinative tout entière se transformait en un fuseau nucléaire, qui gagnait la surface de l'œuf, et se divisait ensuite en son milieu, par étranglement, de façon à former deux corpuscules de direction, qui se trouvaient expulsés de l'œuf à la suite de contractions du vitellus. D'après Bütschli l'œuf devait donc, à un moment donné, être dépourvu de noyau et ce n'était qu'après la fécondation qu'il rentrait en possession d'un nouveau noyau.

Dans deux nouvelles publications « sur la formation, la fécondation et la division de l'œuf », je modifiai la théorie de Bütschli et je la mis en harmonie avec mes observations antérieures. Je montrai, en effet, que la vésicule germinative ne se transforme pas directement, comme telle, en le fuseau nucléaire, mais qu'elle disparaît partiellement et que le fuseau se forme, d'une façon difficile à étudier, aux dépens de la substance nucléaire. Je montrai en outre que les cellules polaires ne se forment pas par expulsion du fuseau nucléaire, mais par un véritable phénomène de division ou de bourgeonnement. Je montrai enfin que, même après l'expulsion de la seconde cellule polaire, l'œuf n'est pas dépourvu de noyau, mais que la moitié du second fuseau reste dans le vitellus et devient le noyau ovulaire. Ce dernier dérive donc en dernière analyse de certains éléments de la vésicule germinative de l'œuf non mûr.

Peu de temps après, Bütschli lui-même montra que le développement des corpuscules de direction constitue un bourgeonnement cellulaire. La même opinion fut défendue par Giard et par Fol. Ce dernier auteur nous a fourni alors sur les phénomènes de la maturation de l'œuf des observations très étendues et très détaillées. Plus tard Van Beneden, s'appuyant sur des études entreprises chez les nématodes, s'est élevé contre l'idée que la formation des corpuscules de direction constitue un bourgeonnement cellulaire. Toutefois ses observations ne sont nullement confirmées par celles de Boveri et de O. Zacharias, qui soutiennent que chez les nématodes la formation des corpuscules de direction constitue également une division cellulaire.

Enfin, un nouveau progrès à signaler réside dans la découverte, faite par Weismann et par Blochmann, que, dans les œufs qui se développent par voie parthénogénésique, il ne se forme qu'*une seule cellule polaire*.

S'il est vrai qu'au point de vue morphologique la lumière est faite sur les phénomènes de la maturation de l'œuf, ce n'est pas le cas en ce qui concerne leur signification physiologique. Il est facile de comprendre pourquoi la vésicule germinative subit dans ses divers éléments une métamorphose régressive, attendu que l'existence d'une membrane nucléaire résistante et d'une abondante accumulation de suc nucléaire ne peut être d'aucune utilité dans les phénomènes de la segmentation, auxquels coopèrent le protoplasme et la substance active du noyau. Cette régression de la vésicule germinative est donc, pour ainsi dire, la condition préalable, nécessaire, pour que le contenu du noyau acquière une activité nouvelle. Mais quel rôle doit-on attribuer aux cellules polaires? Pourquoi dans la parthénogenèse ne se forme-t-il qu'une seule cellule polaire, tandis que dans les œufs qui, pour se développer, doivent être fécondés, il s'en forme deux et même trois? Si l'œuf mûr est l'équivalent du spermatozoïde, quelle formation correspond à l'œuf non mûr? Se forme-t-il aussi des cellules polaires lors de la maturation des spermatozoïdes? Nous répondrons à toutes ces questions dans les deux paragraphes suivants.

2. — Comparaison entre l'ovogenèse et la spermatogenèse.

Les organes génitaux des nématodes constituent l'objet le plus favorable, de tous ceux connus jusqu'à ce jour, pour nous permettre d'établir et de comparer les stades équivalents de l'ovogenèse et de la spermatogenèse.

Les organes génitaux des nématodes consistent en de longs tubes; les cellules germinatives les plus jeunes occupent l'extrémité aveugle de ces tubes; au fur et à mesure que l'on s'écarte de cette extrémité pour se rapprocher du conduit excréteur de l'organe, on constate que les produits sexuels sont de plus en plus développés et l'on finit par les trouver à maturité, les différents stades se succédant en une série continue. On peut distinguer, dans le tube testiculaire aussi bien que dans le tube ovarien, trois zones principales : une *zone germinative*, une *zone d'accroissement* et une *zone de maturation*.

Dans la *zone germinative* se trouvent, dans le testicule, les *cellules spermatiques primordiales* (spermatogonies de La Valette), et dans l'ovaire, les *ovules primordiaux* (ovogonies de Boveri); ce sont des éléments extrêmement petits parfaitement semblables et comparables les uns aux autres. Ces cellules se multiplient activement par segmentation nucléaire. Dans les organes sexuels de l'Ascaris megalocephala bivalent, il se forme toujours, dans ces éléments, quatre segments-mères, qui se divisent par scission longitudinale en deux groupes de quatre segments-filles, qui se répartissent dans les deux cellules-filles. Le nombre des segments nucléaires est donc exactement le même que dans l'œuf fécondé en voie de segmentation.

Lorsque ces cellules germinatives, dont le nombre s'est constamment accrû par divisions successives, passent de la zone germinative dans la deuxième zone du tube sexuel, elles cessent de se multiplier, mais par contre s'accroissent par absorption de substance jusqu'à atteindre une taille considérable. Elles contiennent alors un noyau vésiculeux, volumineux et peuvent être désignées sous le nom d'*ovulo-*

mères et de *spermatomères* (ovocytes de Boveri et spermatocytes de La Valette).

Après ce stade de repos qui est de longue durée, les *ovulomères*, qui ont acquis leur volume définitif en formant une abondante quantité de vitellus, de même que les *spermatomères*, qui cependant sont restées beaucoup moins volumineuses que les ovulomères, arrivent dans la troisième partie de l'organe sexuel, dans la *zone de maturation* ou *de division*. Là, dans les deux sexes, le gros noyau vésiculeux se prépare à subir une nouvelle division, mais par un processus d'une nature spéciale.

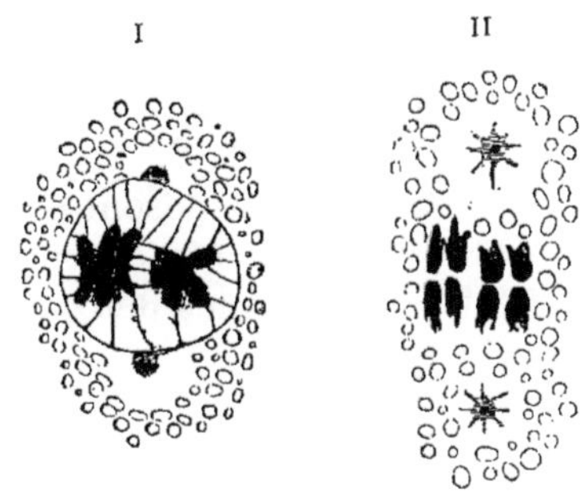

Fig. 22. — *Deux noyaux de spermatomères de l'Ascaris megalocephala bivalent,* qui se préparent à se diviser.

Tandis que dans une division ordinaire, au moment où le noyau se prépare à se diviser, il se forme aux dépens de la charpente nucléaire quatre segments-mères, qui se scindent ensuite longitudinalement de façon à former deux groupes de quatre segments-filles, dans le noyau de l'ovulomère et de la spermatomère (fig. 22, I et fig. 24, I), déjà avant la disparition de la membrane nucléaire, la substance chromatique du noyau se répartit en huit segments : ces huit segments sont disposés en deux groupes; *chaque* groupe ou faisceau comprend quatre segments qui sont réunis entre eux. Cette disposition tout à fait caractéristique, que l'on a déjà signalée dans les groupes les plus divers du règne animal, a été désignée sous le nom bien approprié de *tétrade* (Vierergruppe des auteurs allemands).

Le processus de la maturation consiste alors en la répartition des

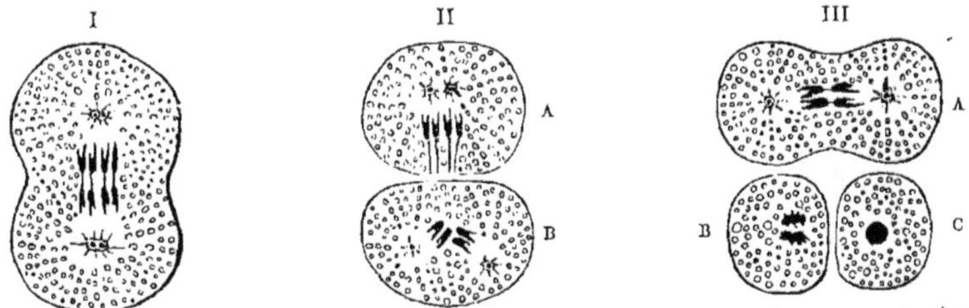

Fig. 23. — *Schéma de la formation des cellules spermatiques aux dépens d'une spermatomère chez Ascaris megalocephala bivalent.*

I, division de la spermatomère (spermatocyte de 1er ordre) en deux cellules spermatiques filles (spermatocytes de 2e ordre). II, les deux cellules spermatiques filles (A et B), immédiatement après la première division, se préparent à une seconde division. III, la cellule spermatique fille A se divise en deux cellules spermatiques petites-filles (spermatides). B et C, cellules spermatiques petites-filles. Ces cellules deviendront des spermatozoïdes.

segments nucléaires unis en une même tétrade dans quatre cellules, chacune de ces cellules contenant un de ces segments. Ce résultat est obtenu par deux divisions cellulaires, qui s'accomplissent immédiatement l'une après l'autre, sans que le noyau reprenne la forme vésiculeuse qu'il possède quand il est au repos et sans qu'il s'accomplisse de nouvelle division des segments nucléaires existant déjà dans le noyau de l'ovulomère et de la spermatomère.

Il n'existe que des différences sans importance entre la division des ovulomères et celle des spermatomères.

Dans la *spermatomère*, la figure de division nucléaire vient se placer au centre du corps de la cellule après la disparition de la vésicule germinative (fig. 22 et 23, I). Les deux groupes de quatre segments nucléaires se disposent entre les deux centrosomes de telle sorte que deux des segments de chaque groupe sont tournés vers l'un des deux centrosomes et les deux autres, vers l'autre centrosome. Il en résulte

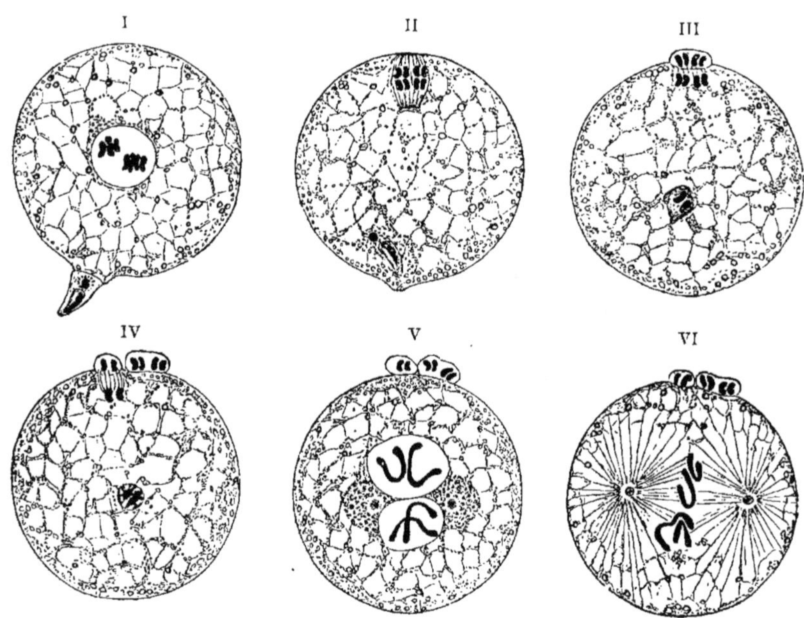

Fig. 24. — *Schéma de la formation des cellules polaires et de la fécondation de l'œuf chez Ascaris megalocephala bivalent.*

I, œuf avec sa vésicule germinative et un spermatozoïde fixé à sa surface. II, œuf dont la vésicule germinative s'est transformée en le premier fuseau polaire; le spermatozoïde a pénétré dans la couche superficielle du vitellus. III, œuf immédiatement après la formation de la première cellule polaire. IV, œuf dans lequel la seconde cellule polaire vient de se former; le spermatozoïde a gagné le centre du vitellus. V, œuf avec ses deux cellules polaires, son noyau ovulaire (pronucléus femelle) et le noyau spermatique (pronucléus mâle); dans chacun des pronucléus, la chromatine s'est disposée en deux segments nucléaires. VI, œuf dans lequel le fuseau nucléaire (fuseau de segmentation) présente quatre segments nucléaires, dont deux proviennent du pronucléus femelle et les deux autres du pronucléus mâle.

qu'après la première division, chaque cellule-fille contient quatre segments nucléaires unis deux à deux (fig. 23, II, A, B). Sans phase de repos intermédiaire, le centrosome se divise ensuite de nouveau, en deux moitiés, qui s'écartent l'une de l'autre et entre lesquelles les couples de segments se disposent en une seconde figure nucléaire, de telle façon que les segments de chaque couple se trouvent orientés vers les pôles opposés (fig. 23, II B et III A). Après la seconde division, chaque cellule petite-fille contient deux segments nucléaires séparés (fig. 23, III B), c'est-à-dire un quart de chacune des deux tétrades qui existaient dans la vésicule germinative ou le noyau de la spermatomère (fig. 22, I).

Les quatre cellules petites-filles se transforment progressivement en spermatozoïdes mûrs : aux dépens des deux segments nucléaires se forme un petit noyau compacte arrondi (fig. 23, III C), dans lequel se trouve aussi probablement logé le centrosome de la dernière figure de division, aux dépens duquel se formera le centrosome mâle qui réapparaît lors de la fécondation (voir p. 48 la description du processus de la fécondation).

Dans l'*ovulomère* (fig. 24, I), après la disparition de la vésicule germinative, la figure de division nucléaire se porte vers la surface du

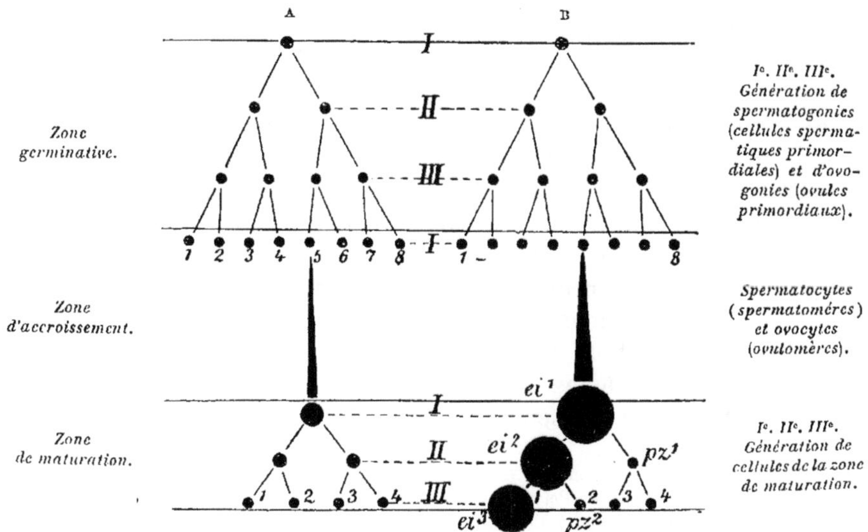

Fig. 25. — *Arbre généalogique des diverses générations successives de cellules qui s'accomplissent lors de la spermatogenèse* (A) *et de l'ovogenèse* (B).

*ei*¹, œuf non mûr (ovulomère), qui se divise en une cellule ovulaire fille, *ei*², et la première cellule polaire, *pz*¹. La première de ces deux cellules se divise à son tour en une cellule ovulaire petite-fille, qui est l'œuf mûr, *ei*³, et en la seconde cellule polaire, *pz*²; la première cellule polaire peut aussi se diviser en deux (3 et 4).

vitellus (fig. 24, II) et là s'accomplissent, comme dans la spermatomère, deux divisions successives, qui offrent cette seule particularité que les produits de la division sont de volume très inégal (comparer aussi la description de la maturation de l'œuf des échinodermes p. 32 et la fig. 18). A la suite de la première division, il se forme une cellule ovulaire-fille et la première cellule polaire (fig. 25, B *ei*² et *pz*¹), dans lesquelles les huit segments nucléaires se trouvent répartis de la même façon que dans les cellules spermatiques filles, (comparer les fig. 23, II et 24, III). La seconde division, qui s'accomplit immédiatement sans phase de repos intermédiaire, donne lieu à la formation de la cellule ovulaire petite-fille et de la seconde cellule polaire (fig. 25 B, ei^3 et pz^2), chacune de ces cellules ne contenant plus maintenant que deux segments nucléaires isolés (fig. 24, IV). Chez divers animaux (hirudinées, mollusques, etc.), la première cellule polaire se divise en même temps encore une fois. Si c'était le cas aussi chez Ascaris megalocephala, il se formerait aux dépens de l'ovulomère, comme aux dépens de la spermatomère, quatre cellules petites-filles (fig. 25 B), c'est-à-dire l'œuf mûr (ei^3) et trois cellules polaires (2, 3 et 4), chacune de ces cellules possédant deux segments nucléaires isolés.

Si l'on compare l'ovogenèse à la spermatogenèse, on peut donc établir avec certitude la théorie suivante :

Les cellules polaires sont des œufs abortifs qui, à la suite d'une dernière division, se forment aux dépens de l'ovulomère, de la même façon que les cellules spermatiques (spermatides) se forment aux dépens de la spermatomère. Mais tandis que TOUS *les produits de la division de la spermatomère deviennent des spermatozoïdes, capables de féconder,* UN SEUL *des quatre produits de la division de l'ovulomère devient un œuf, dans lequel se trouve accumulée toute la masse vitelline au détriment des trois autres produits, qui restent rudimentaires et constituent les cellules polaires* (1).

Afin de rendre plus tangibles ces intéressantes et importantes relations qui existent entre l'ovogenèse et la spermatogenèse dans le règne animal, je crois utile d'en donner une représentation graphique, qui a été imaginée, pour la première fois, par Boveri dans son compte rendu sur la fécondation, dont j'ai maintes fois parlé; je n'y ai introduit ici que des modifications peu importantes.

La figure 25 représente, sous forme de deux arbres généalogiques,

(1) Dans un travail, récemment paru, intitulé : « Recherches sur la maturation, la fécondation et la segmentation chez les Polyclades » (*Mémoire de l'Acad. royale des Sciences de Belgique*, t. LV, 1897), P. Francotte a démontré à la dernière évidence le bien-fondé de cette opinion, d'après laquelle les cellules polaires sont bien effectivement des œufs abortifs. Il a prouvé que ces cellules sont des équivalents morphologiques de l'œuf mûr. Dans des pontes produites par des individus géants du *Prosthecœreus vittatus*, Francotte a constaté que la moitié des œufs produisaient une première cellule polaire de dimensions exceptionnelles, pouvant atteindre, dans certains cas, le diamètre de l'œuf lui-même, de sorte que l'on aurait pu croire avoir affaire à une segmentation de l'œuf, n'était que l'on pouvait voir côte à côte, dans la même ponte, toutes les transitions entre les cellules polaires normales et ces cellules polaires si volumineuses. L'auteur a suivi le développement ultérieur de ces cellules polaires gigantesques; il les a vu produire une seconde cellule polaire de grosseur normale et a vu l'œuf lui-même donner en même temps un élément semblable. Enfin, *il a constaté que la première cellule polaire était fécondée par un spermatozoïde tout comme l'œuf mûr lui-même, de telle sorte que dans la même coque, deux gastrula se développaient côte à côte.*

Ces observations prouvent à la dernière évidence que les cellules polaires sont bien des éléments ayant la même valeur morphologique que l'œuf mûr lui-même, puisque dans des cas exceptionnels, la première cellule polaire tout au moins est capable d'être fécondée et de fournir un embryon (note du traducteur).

les diverses générations de cellules qui s'accomplissent successivement, d'une part, lors de la spermatogenèse (A) et, d'autre part, lors de l'ovogenèse (B). Dans la zone germinative, la cellule spermatique primordiale A et l'ovule primordial B, désignés par le chiffre I, engendrent, par divisions successives rapides, une deuxième (II), puis une troisième (III) génération de cellules. A la suite de cette multiplication réitérée, les huit cellules formées ont perdu leur pouvoir de multiplication et entrent dans un stade de repos de longue durée; on peut dès lors leur donner un nom spécial et les appeler spermatomères et ovulomères. Pendant la phase de repos (zone d'accroissement), les ovulomères surtout s'accroissent beaucoup en incorporant une grande quantité de vitellus; c'est ce qu'on indique dans le schéma A et B, pour l'une des huit cellules seulement, en représentant une ligne verticale qui va en s'épaississant progressivement de haut en bas. Les spermatomères et les ovulomères (I) ainsi modifiées, passent ensuite au stade de maturation, pendant lequel elles récupèrent leur pouvoir de division et fournissent deux nouvelles générations de cellules (II et III). Les cellules de la dernière génération constituent d'un côté, quatre spermatides, qui se transforment directement, dans la suite, en autant de spermatozoïdes et, d'autre part, elles constituent les trois cellules polaires ou corps de direction (2, 3 et 4) et *un* œuf mûr (ei^3).

Le fait que les cellules polaires, que nous considérons maintenant comme des œufs rudimentaires, loin de ne plus se former dans le cours du développement se retrouvent avec une constance remarquable dans toutes les classes du règne animal et ont même été observées dans certains groupes du règne végétal, s'explique par l'importance physiologique considérable qu'a acquise la dernière division des produits sexuels. Tandis que dans une division cellulaire ordinaire, telle par exemple que la division d'une cellule germinative, de l'œuf fécondé, etc., chez Ascaris megalocephala, chaque moitié de la cellule qui se divise contient, comme nous l'avons vu, quatre segments nucléaires-filles, l'œuf mûr ou la spermatide provenant de la double division de maturation ne renferme que deux segments nucléaires. Le noyau ovulaire et le noyau spermatique ne contiennent, par conséquent, que la moitié de la masse de chromatine (nucléine) et la moitié du nombre des segments nucléaires que renferme un noyau normal. Le processus de division qui s'accomplit lors de la maturation des produits sexuels, processus unique en son genre, peut donc, conformément à son caractère essentiel, être désigné, comme l'a proposé Weismann, sous le nom de « division de réduction ».

Ainsi que nous le verrons dans le paragraphe suivant, cette réduction est un acte préparatoire à la fécondation.

Malgré les importants résultats obtenus et que nous venons de faire connaître, nos connaissances relatives à la maturation des produits sexuels ne doivent cependant pas être considérées comme complètes. Il y a en particulier un problème, qui est actuellement à l'ordre du jour : c'est la question de savoir comment se forment dans les noyaux des ovulomères et des spermatomères, ces « tétrades » spéciales (fig. 22 et 24, I), que l'on a observées dès le début de la période de maturation dans les différents groupes du règne animal.

Pour le moment, cette question a reçu deux solutions différentes, auxquelles a conduit l'étude de deux objets différents.

D'après Brauer, qui a étudié l'Ascaris megalocephala, à la fin de la période d'accroissement il se forme aux dépens de la charpente nucléaire de la spermatomère un nombre de filaments nucléaires égal au nombre des « tétrades » qui existent plus tard : *deux* chez Ascaris megalocephala bivalent, *un seulement*, chez Ascaris megalocephala univalent. *Chaque filament nucléaire fournit une tétrade à la suite d'une double division longitudinale.* Les produits de cette double scission longitudinale restent partiellement unis entre eux par de la linine, se raccourcissent beaucoup et, progressivement, s'épaississent et prennent à peu près la forme de bâtonnets recourbés.

Par ses recherches très soigneuses sur la maturation de l'œuf d'un crustacé, le Cyclops (fig. 26 à 29), Rückert est arrivé à une interpré-

Fig. 26.

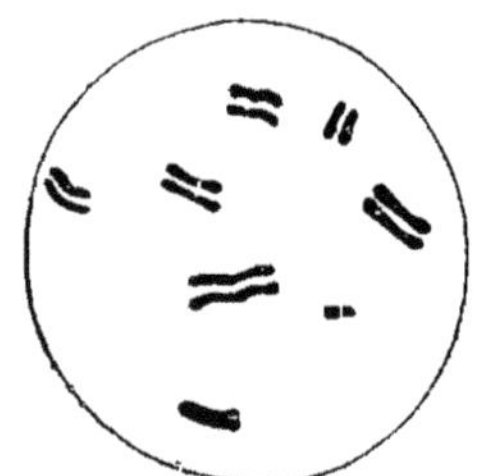

Fig. 27.

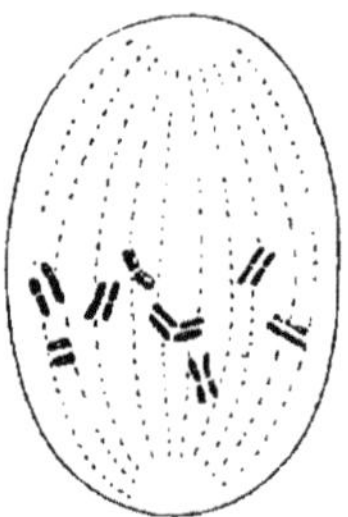

Fig. 28.

Fig. 26. — *Vésicule germinative d'un œuf ovarien du Cyclops strenuus*, qui contient huit paires de longs filaments de chromatine, très fins. D'après Rückert.

Fig. 27. — *Vésicule germinative d'un œuf ovarien plus développé du Cyclops strenuus*, dans laquelle les filaments de chromatine, réunis par paires, se sont notablement raccourcis et épaissis. Chaque filament montre, dans le milieu de sa longueur, une division transversale ; chaque paire de filaments ainsi formée constitue l'ébauche d'une tétrade. D'après Rückert.

Fig. 28. — *Vésicule germinative d'un œuf du Cyclops strenuus* en voie de transformation en fuseau nucléaire. Les tétrades de segments nucléaires, qui se sont encore raccourcis, se portent vers l'équateur du fuseau. D'après Rückert.

Fig. 29. — *Fuseau de direction du Cyclops strenuus, situé à la surface de l'œuf et montrant huit tétrades.* D'après Rückert.

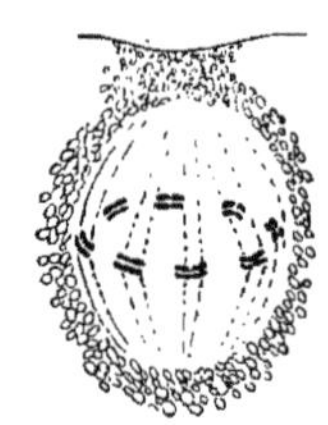

Fig. 29.

tation essentiellement différente de celle de Brauer. Chez Cyclops, comme chez Ascaris, pendant la période de maturation de l'œuf, la substance chromatique se dispose d'abord en filaments isolés, dont le nombre correspond à celui des huit tétrades futures. Mais, contrairement aux données fournies par Brauer pour Ascaris, chacun de ces filaments ne subit qu'*une seule scission longitudinale* (fig. 26). Il en résulte que, chez Cyclops, on constate pendant une période assez longue la présence de huit filaments doubles, longs et grêles, qui se raccourcissent progressivement dans la suite en s'épaississant et se transforment en de petits bâtonnets (fig. 27). Ces bâtonnets subissent ensuite, en leur milieu, une *division transversale* (fig. 28 et 29). « Cette « dernière division d'après Rückert, serait destinée à suppléer à une « division transversale du peloton continu, qui ne s'est pas effectuée « lors de la segmentation de ce peloton ; si elle ne se produisait pas, le « nombre des segments nucléaires serait de moitié trop petit : on peut « donc la considérer comme une *segmentation tardive* du peloton « chromatique. Il en résulte que chacun des « segments doubles » qui « existaient jusqu'à ce moment serait à son tour divisé, par cette « segmentation tardive, en deux segments simples, c'est-à-dire en « chromosomes ordinaires; toutefois cette division n'est d'abord « qu'incomplète, attendu qu'au début les deux segments simples sont « encore unis par de la linine. A la suite de leur scission longitudinale « ces segments doubles deviennent quadruples ». En résumé, chaque tétrade est le produit d'une scission longitudinale de deux chromosomes ou segments nucléaires placés bout à bout.

Lors de la première division du fuseau de direction, les segments-filles provenant de la scission longitudinale se séparent et se portent vers les deux pôles du fuseau. Lors de la seconde division, au contraire, ce sont les produits de la segmentation transversale qui se séparent l'un de l'autre.

De nouvelles recherches sont encore nécessaires pour trancher la question de savoir laquelle de ces deux manières de voir est la vraie.

Historique. Plusieurs hypothèses ont été émises sur l'essence et la signification des cellules polaires : j'en indiquerai ici les principales.

Balfour, Sedgwick, Minot, van Beneden et d'autres auteurs ont exprimé l'idée que l'œuf non mûr, comme toute autre cellule quelconque, est originellement hermaphrodite et que, grâce à la formation des cellules polaires, il se débarrasse pour ainsi dire des éléments mâles de son noyau, éléments qui lui sont restitués par la fécondation. Balfour pensait que, s'il ne se formait pas de cellules polaires, la parthénogenèse serait le processus normal de développement.

Weismann, s'appuyant sur la découverte qu'il a faite dans les œufs qui se développent par parthénogenèse (p. 36), a longtemps attribué à chacune des deux cellules polaires une fonction physiologique différente. Il distinguait dans la vésicule germinative deux espèces différentes de plasma : il appelait l'une, le plasma ovogène et l'autre, le plasma germinatif. La formation de la première cellule polaire entraînait l'expulsion, hors de la cellule-œuf, du plasma ovogène; la formation de la seconde cellule polaire, l'expulsion de la moitié du plasma germinatif, qui était ensuite restitué à l'œuf par la fécondation. Actuellement Weismann ne voit dans la formation des cellules polaires qu'un phénomène préparatoire, destiné à amener une réduction de moitié du plasma germinatif.

L'opinion, d'après laquelle les cellules polaires sont des *œufs abortifs*, a été défendue pour la première fois (1) par Mark; Bütschli et Boveri ont cherché d'une façon indépendante et

(1) L'opinion, qui consiste à considérer les cellules polaires comme des *cellules rudimentaires*, n'ayant plus qu'une signification atavique, a été émise pour la première fois par A. Giard (Congrès de l'Association française pour l'avancement des sciences, 1877, *Revue scient.* 1877, p. 300). Elle

d'une manière différente, à établir la même manière de voir. En 1890, par une étude comparative de tous les stades de l'ovogenèse et de la spermatogenèse chez les nématodes, j'ai prouvé à la dernière évidence le bien-fondé de cette théorie qui considère les cellules polaires comme des œufs abortifs.

Actuellement le problème qui reste encore à l'ordre du jour est l'origine des tétrades dans la vésicule germinative (HAECKER, VOM RATH, BRAUER, BORN, RÜCKERT).

3. — **Fécondation.**

La fécondation consiste en l'union de l'œuf avec le spermatozoïde. Son étude est ou bien très difficile, ou bien relativement facile à poursuivre, selon le choix que l'on fait des matériaux de recherche. Elle offre habituellement de sérieuses difficultés lorsqu'on l'entreprend chez des animaux dont les œufs mûrs ne sont pas immédiatement pondus, mais qui accomplissent leur développement, en tout ou en partie, à l'intérieur de l'organisme maternel. Dans ce cas, la fécondation a lieu nécessairement dans les conduits excréteurs de l'appareil sexuel femelle, où le sperme est introduit à la suite d'une copulation.

Chez presque tous les vertébrés, la *fécondation* est *interne;* il n'y a d'exception que pour la plupart des poissons et des amphibiens. En général, chez l'homme et chez les autres mammifères, l'œuf et le spermatozoïde se réunissent dans la partie initiale de l'oviducte; il en est de même chez les oiseaux, où la fécondation s'accomplit dans la partie initiale de l'oviducte (p. 16), avant que le vitellus de l'œuf ne soit entouré de l'albumen et de la coque.

La *fécondation externe*, plus simple et plus primitive, se rencontre chez une foule d'intervertébrés aquatiques ainsi que chez la plupart des poissons et des amphibiens. Voici comment elle s'opère. Les mâles et les femelles se tiennent au voisinage les uns des autres et éliminent généralement en grande quantité leurs produits sexuels, directement dans l'eau. C'est dans l'eau, donc en dehors de l'organisme maternel, que s'accomplit la fécondation.

Ces circonstances facilitent nécessairement l'étude du phénomène. L'expérimentateur peut, en effet, faire la fécondation artificielle et par conséquent déterminer le moment exact où l'œuf et le sperme peuvent s'unir. Pour faire la fécondation artificielle, il suffit de laisser tomber, dans un verre de montre contenant de l'eau, des œufs arrivés à maturité, que l'on expulse d'une femelle; dans un autre verre de montre, on projette le sperme mûr d'un mâle; puis on mélange convenablement les deux produits. C'est de cette façon que l'on opère la fécondation artificielle dans les établissements de pisciculture.

Pour entreprendre des recherches scientifiques sur la fécondation, il importe de bien choisir l'espèce animale à étudier. Les animaux dont

a été ensuite adoptée par BÜTSCHLI et par MARK. Voir à ce sujet la notice que GIARD a publiée dans le *Bulletin scientifique de la France et de la Belgique*, t. XXII, 1re partie, 1890. (Note du traducteur.)

les œufs sont volumineux et opaques ne sont pas recommandables; par contre, très favorables sont ceux dont les œufs sont assez petits et assez transparents pour être observés au microscope à l'aide des plus forts grossissements. Les œufs d'une foule d'échinodermes se prêtent admirablement à cette étude. Aussi sont-ce ces œufs qui nous ont fourni les premières notions exactes sur les phénomènes de la fécondation.

a) Fécondation de l'œuf des échinodermes.

Chez la plupart des *Echinodermes*, lorsque les œufs, très petits et transparents, sont pondus dans la mer, ils sont à maturation complète : les cellules polaires sont déjà formées (p. 32), et l'œuf contient un petit noyau ovulaire. Ces œufs sont seulement entourés d'une

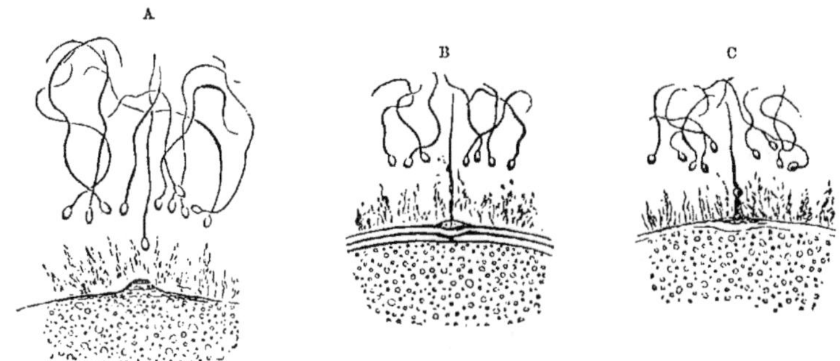

Fig. 30, A, B, C. — *Fragments d'œufs d'Asterias glacialis*, d'après Fol.

Les spermatozoïdes se trouvent déjà engagés dans l'enveloppe gélatineuse qui entoure l'œuf. En A, il commence à se former à la surface de l'œuf un petit mamelon (*cône d'attraction*) dirigé vers le spermatozoïde le plus profondément engagé. En B, le cône d'attraction et le spermatozoïde sont unis. En C, le spermatozoïde a pénétré dans l'œuf. On constate maintenant autour de l'œuf l'existence d'une membrane vitelline, pourvue d'un orifice cratériforme.

enveloppe gélatineuse, molle, qui se laisse parfaitement traverser par les spermatozoïdes (fig. 30).

Les spermatozoïdes sont extraordinairement petits et comprennent, comme chez la plupart des animaux : 1° une tête apparente affectant la forme d'une sphère effilée; 2° un petit corpuscule sphérique, qui fait suite à la tête et qui constitue la pièce intermédiaire ou le col du spermatozoïde; 3° un fin filament contractile. La tête contient la nucléine ou chromatine; le filament, au contraire, est du protoplasme transformé, comparable à un fouet vibratile.

Dès que l'on mélange dans de l'eau de mer les œufs et les spermatozoïdes, de nombreux spermatozoïdes s'accolent aussitôt contre l'enveloppe gélatineuse des différents œufs. *Mais normalement un œuf n'est fécondé que par un seul spermatozoïde*; le spermatozoïde qui opère la fécondation est celui qui, grâce aux mouvements oscillatoires de son filament s'est le premier rapproché de la surface d'œuf (fig. 30, A à C).

Au point où l'extrémité effilée de sa tête arrive en contact avec la surface de l'œuf, le protoplasme hyalin qui constitue la couche corticale de l'œuf se soulève en un petit mamelon, appelé *mamelon de conception* où *cône d'attraction*. La tête du spermatozoïde s'applique intimement contre ce mamelon et, grâce aux mouvements oscillatoires de son filament, le spermatozoïde pénètre dans l'œuf.

En même temps, de toute la surface du vitellus de l'œuf se détache une fine membrane (fig. 30, C), qui commence à se former au niveau du cône d'attraction et de là s'étend sur toute la surface de l'œuf, dont elle devient séparée par un espace de plus en plus grand. Cet espace provient probablement de ce que, à la suite de la fécondation, le protoplasme de l'œuf se contracte et expulse un liquide (peut-être le suc nucléaire qui, après la disparition de la vésicule germinative, s'était répandu dans l'œuf).

La formation de la membrane vitelline a une grande importance dans l'acte de la fécondation, car elle rend impossible la pénétration d'autres spermatozoïdes dans l'œuf. Les autres spermatozoïdes, en effet, continuent à se mouvoir, ça et là dans l'enveloppe gélatineuse de l'œuf, mais plus un seul d'entre eux ne pénètre normalement, à l'intérieur de l'œuf fécondé.

La *copulation* externe des deux cellules une fois effectuée, il s'accomplit à l'intérieur du vitellus des phénomènes que l'on peut réunir sous le nom d'*acte interne de la fécondation*.

Le filament contractile du spermatozoïde cesse de s'agiter et ne tarde pas à échapper à l'observation. Mair la tête pénètre lentement dans la profondeur de l'œuf (fig. 31 A), gonfle en absorbant un liquide (fig. 31 B) et se transforme en une petite vésicule, qui mérite le nom de *noyau spermatique* parce qu'elle est essentiellement constituée par la chromatine de la tête du spermatozoïde : le noyau spermatique ou pronucléus mâle se colore fortement par le carmin etc., comme la chromatine.

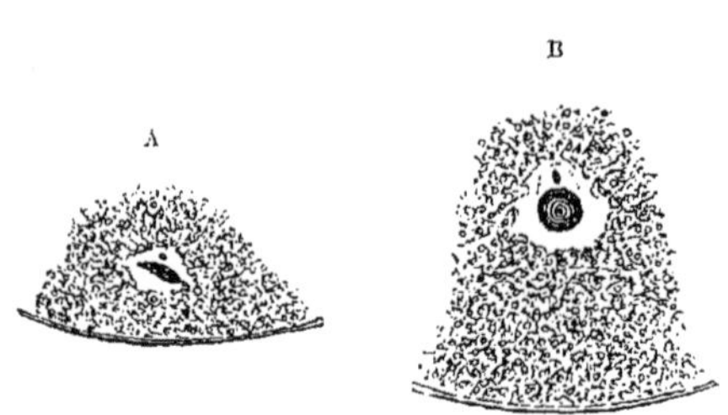

Fig. 31 A et B. — Chacune de ces figures représente le fragment d'une coupe pratiquée à travers un œuf fécondé d'*Asteracanthion*. Le noyau spermatique (pronucléus mâle) est précédé d'un centrosome (spermocentre) dans son mouvement de pénétration dans l'œuf, d'après Fol.

Immédiatement en avant du noyau spermatique et appliqué contre sa face tournée vers le centre de l'œuf (fig. 31 A et B), Boveri, Fol et autres ont constaté la présence d'un corpuscule beaucoup plus petit et extrêmement difficile à voir. L'attention de l'observateur est surtout attirée sur le point que ce corpuscule occupe dans l'œuf, parce que le vitellus commence à s'orienter en traînées rayonnantes autour de ce point (fig. 32); cette disposition devient ensuite de plus en plus nette et il finit par se former une figure radiée (une étoile) très étendue. Le corpuscule dont nous venons de parler dérive de la pièce intermédiaire du spermatozoïde et, comme Boveri l'a le premier démontré, il est appelé, dans le processus de la fécondation, à fournir les deux centrosomes du

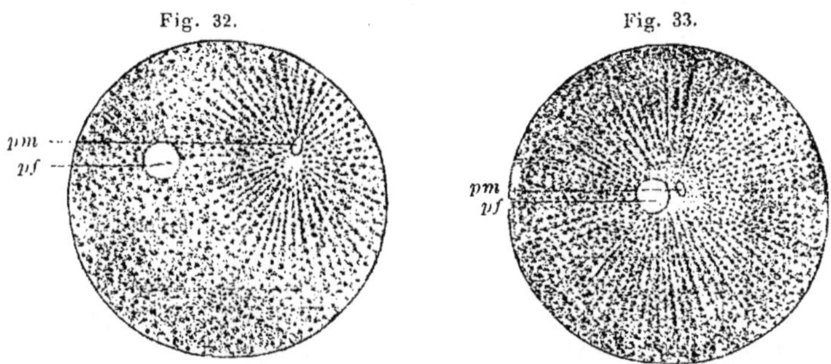

Fig. 32. — *Œuf fécondé d'un échinoderme.*
La tête du spermatozoïde qui a pénétré dans l'œuf s'est transformée en le pronucléus mâle (*pm*), entouré d'une irradiation protoplasmique. Le pronucléus mâle se trouve encore à quelque distance du pronucléus femelle (*pf*).

Fig. 33. — *Œuf fécondé d'un échinoderme.*
Le pronucléus mâle (*pm*) et le pronucléus femelle (*pf*) se sont rapprochés l'un de l'autre et sont entourés d'une irradiation protoplasmique commune.

premier fuseau de segmentation de l'œuf. On peut donc lui donner le nom de centrosome du noyau spermatique ou, plus brièvement, de *spermocentre* (Fol). Aussitôt après la fécondation il est plus éloigné de la surface de l'œuf que le noyau spermatique, ce qui s'explique par ce fait que la tête du spermatozoïde, immédiatement après s'être engagée par son extrémité effilée dans la couche corticale de l'œuf (fig. 31 A et B), décrit un mouvement de rotation. A la suite de ce mouvement la pièce intermédiaire, c'est-à-dire le spermocentre, se trouve plus rapprochée du centre de l'œuf que ne l'est la tête du spermatozoïde.

Alors commence un phénomène des plus intéressants qu'il soit donné d'observer (fig. 32 et 33). Les deux pronucléus semblent aller à la rencontre l'un de l'autre, en cheminant à travers le vitellus avec une rapidité croissante. Le pronucléus mâle (*pm*), entouré de son irradiation protoplasmique, au centre de laquelle se trouve le spermocentre, chemine rapidement, tandis que le pronucléus femelle (*pf*) se déplace plus lentement. Bientôt ils atteignent, l'un et l'autre, le centre de l'œuf et là ils se trouvent entourés d'abord par une auréole de protoplasme dépourvu de granulations et, plus en dehors, par une irradiation qui leur est commune (stade soleil et auréole de Fol).

Dans l'espace de vingt minutes, le noyau ovulaire et le noyau spermatique se fusionnent en un *noyau de segmentation* unique. On les voit d'abord s'accoler intimement l'un à l'autre, s'aplatir sur leurs faces de contact et se confondre en un espace nucléaire unique, après que leurs limites de séparation ont disparu. Longtemps encore, dans cet espace nucléaire unique, la substance qui dérive du spermatozoïde peut se reconnaître sous la forme d'une masse isolée de chromatine, granuleuse et absorbant vivement les matières colorantes. Immédiatement après l'union des deux noyaux, le spermocentre, qui siège dans leur voisinage immédiat, s'allonge et se divise en deux corpuscules très petits, qui s'écartent l'un de l'autre et, entourés l'un et l'autre d'une irradiation protoplasmique, vont constituer les centrosomes de la figure de division en voie de formation.

On peut considérer alors le phénomène de la fécondation comme achevé, car les modifications qui se produisent ultérieurement ressortent immédiatement de la division nucléaire.

Il y a quelques années, Fol publia un travail étendu, qui fit beaucoup de bruit; j'avais tenu compte des observations qu'il contenait, dans les deux dernières éditions allemandes du présent Traité et j'y reproduisais même quatre figures destinées à les faire comprendre. D'après Fol, le noyau ovulaire possède, comme le noyau spermatique, son centrosome propre (ovocentre). Après l'union des deux noyaux, le spermocentre et l'ovocentre siègent en des points opposés du noyau de segmentation, dans une auréole protoplasmique homogène. Bientôt ils s'allongent tangentiellement à la surface de ce noyau, prennent la forme d'une haltère et se divisent finalement en deux moitiés, qui se dirigent dans des directions inverses l'une de l'autre et décrivent un quart de cercle autour du noyau de segmentation. Par ce mouvement tournant (quadrille de Fol), les deux moitiés du centrosome mâle, s'écartant l'une de l'autre, se rapprochent des moitiés correspondantes du centrosome femelle et viennent en contact avec elles dans un plan du noyau, qui coupe à angles droits le plan dans lequel ils se trouvaient à leur point de départ. Là elles se fusionnent pour constituer les centrosomes de la première figure de division.

Le « quadrille des centres » de Fol n'a nullement été confirmé par les recherches de Boveri, de Wilson et Mathews, qui ont aussi porté sur les œufs des Echinodermes. C'est ce qui m'a déterminé à suivre, de nouveau, dans cette nouvelle édition de mon Traité, la description que Boveri a le premier donnée du processus.

Boveri, se basant surtout sur ses études de l'Ascaris megalocephala, admet que le centrosome de l'œuf mûr disparaît et que c'est le spermatozoïde qui, lors de la fécondation, introduit à nouveau dans l'œuf les centrosomes du premier fuseau de segmentation. Le même fait a été signalé par Julin pour l'œuf des Ascidiens (Styelopsis), par Mead pour l'œuf de Chaetopterus, par Korschelt pour Ophryotropha, par Kostanecki pour Physa, par Sobotta pour la souris et l'Amphioxus, par Fick, pour le triton, etc. D'un autre côté, Wheeler a signalé un fait absolument inverse en ce qui concerne l'œuf de Myzostoma. Chez cette espèce, il n'a pu découvrir contre le noyau spermatique, après sa pénétration dans l'œuf, la moindre trace d'un centrosome, tandis qu'il en a trouvé un contre le noyau ovulaire. Wheeler soutient avoir vu se former les centrosomes du premier fuseau de segmentation par division de l'ovocentre, ce qui est fort douteux.

Les phénomènes de la fécondation ou de la copulation du noyau ovulaire et du noyau spermatique, découverts chez les échinodermes, ne tardèrent pas à être observés, complètement ou partiellement, chez d'autres espèces nombreuses d'animaux : chez des cœlentérés et des vers (Nussbaum, Van Beneden, Carnoy, Zacharias, Boveri, Platner); chez des mollusques et des arthropodes (Henking, Platner, Brauer, von Kostanecki, etc.), et chez des vertébrés. Pour ce qui regarde ces derniers, on a pu poursuivre, chez le Petromyzon, la pénétration dans l'œuf d'*un* spermatoïde, à travers un micropyle préformé de la membrane vitelline

(CALBERLA, KUPFFER, BENECKE et BÖHM). Chez les amphibiens on est également arrivé à démontrer qu'après la fécondation il se forme, au pôle animal de l'œuf, un noyau spermatique ; qu'ensuite ce noyau, entouré d'une auréole pigmentée provenant de la couche corticale du vitellus, se rapproche du pronucléus femelle, plus profondément situé, et se fusionne avec lui (O. HERTWIG, VAN BAMBEKE, BORN, FICK, MICHAELIS). Chez les mammifères, la fécondation s'accomplit dans la partie initiale de l'oviducte. Chez eux aussi, il a été démontré qu'à la suite de l'expulsion des deux cellules polaires, on constate momentanément dans l'œuf deux noyaux, qui s'unissent au centre de l'œuf pour former le noyau de segmentation (VAN BENEDEN, TAFANI, SOBOTTA).

C'est ici qu'il convient de parler brièvement des soi-disant *micropyles*. Chez une foule d'animaux (arthropodes, poissons, etc.), les œufs, avant d'être fécondés, sont entourés d'une membrane épaisse et résistante, imperméable pour les spermatozoïdes. Afin que la fécondation soit possible, il existe alors en un point déterminé de cette membrane, tantôt *un*, tantôt *plusieurs* petits orifices ou micropyles, au voisinage desquels s'amassent les spermatozoïdes pour pénétrer à l'intérieur de l'œuf.

Dans la littérature relative à la fécondation, qui est devenue extrêmement considérable depuis les découvertes faites chez les Echinodermes, nous choisirons encore deux autres exemples, en raison du grand intérêt que présente cette question si importante au point de vue physiologique et nous décrirons : 1° la fécondation de l'œuf de l'Ascaris megalocephala ; 2° la fécondation de l'œuf des Vertébrés.

b) FÉCONDATION DE L'ŒUF D'ASCARIS MEGALOCEPHALA.

L'œuf des nématodes, et particulièrement celui de l'Ascaris du cheval (Ascaris megalocephala) occupe, avec raison, depuis quelques années, une place importante dans l'histoire du processus de la fécondation. L'œuf de l'Ascaris du cheval a fait l'objet de recherches remarquables entreprises par VAN BENEDEN et, après lui, par BOVERI et d'autres auteurs. C'est un sujet d'observation excellent, non seulement parce qu'il est possible de se le procurer partout et à toutes les époques de l'année, mais aussi parce qu'il permet de suivre pas à pas, et dans leurs moindres détails, la pénétration du spermatozoïde et le sort ultérieur de cet élément. *Le processus de la fécondation chez cet animal offrant certaines particularités*, il y a eu lieu de nous y arrêter.

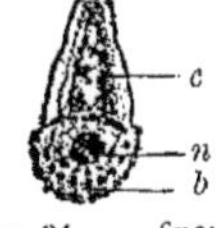

Fig. 34. — *Spermatozoïde de l'Ascaris megalocephala.* D'après VAN BENEDEN.
n, le noyau ; *b*, base du cône : c'est par cette base que le spermatozoïde s'accole à l'œuf ; *c*, corps réfringent.

Chez l'Ascaris megalocephala les sexes sont séparés : il y a copulation et la fécondation de l'œuf s'accomplit à l'intérieur de l'appareil génital femelle. Les spermatozoïdes mûrs se trouvent accumulés en grand nombre dans une partie de cet appareil, dilatée en une sorte d'utérus. Leur aspect diffère beaucoup de celui qu'offrent habituellement les spermatozoïdes dans le règne animal. En effet, ils sont en apparence dépourvus de la faculté de se mouvoir. Ils ont la forme d'un cône ou d'une sphère effilée (fig. 34) et sont formés d'une partie granuleuse (*b*), et d'une partie homogène, réfringente (*c*). Dans la partie granuleuse, à la base du cône, se trouve logé un petit corps sphérique de substance nucléaire (*n*).

Lorsque les œufs, qui sont petits et dépourvus de membrane, arrivent dans l'utérus, ils sont immédiatement fécondés. *Un* spermatozoïde, dont l'extrémité basilaire peut exécuter de légers mouvements amœboïdes (Schneider), s'applique à la surface du vitellus (fig. 35, *sp*).

Fig. 35. Fig. 36.

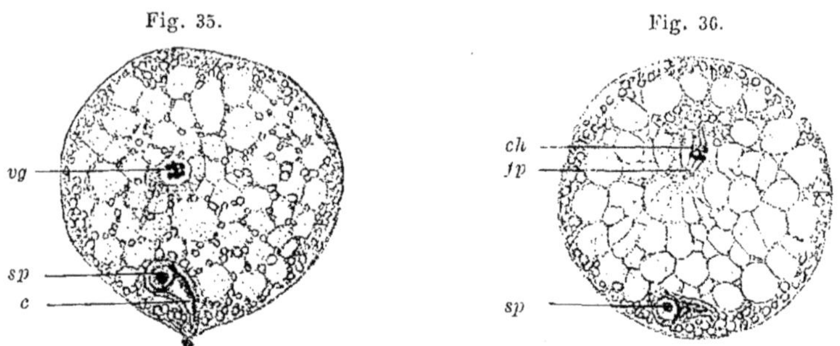

Fig. 35. — *Œuf d'Ascaris megalocephala en voie de fécondation*, d'après Van Beneden.
sp, spermatozoïde pénétré dans l'œuf et pourvu de son noyau; *c*, corps réfringent du spermatozoïde; *vg*, vésicule germinative.

Fig. 36. — *Œuf d'Ascaris megalocephala à un stade de la fécondation un peu plus avancé*, d'après Van Beneden.
sp, spermatozoïde, engagé un peu plus profondément dans la couche corticale du vitellus; *fp*, fuseau polaire, provenant de la vésicule germinative; *ch*, chromosomes du fuseau.

Au point où il arrive en contact avec l'œuf, se forme, à la surface de ce dernier, comme chez les échinodermes, un cône d'attraction ou bouchon d'imprégnation. Le spermatozoïde s'applique contre lui, sans éprouver, dans sa forme, de modifications essentielles; puis il pénètre plus profondément à l'intérieur du vitellus, jusqu'à ce qu'il se trouve entouré de tous côtés par lui (fig. 35 et 36 *sp*).

Au moment où s'opère cette union externe des deux produits sexuels, l'œuf lui-même n'est pas encore arrivé à maturité : il possède encore, en effet, sa vésicule germinative (fig. 35, *vg*). Mais il ne tarde pas à entrer dans la période de maturation suivant le processus que nous avons décrit plus haut (p. 40), et se prépare à former les cellules polaires.

Sur ces entrefaites, le spermatozoïde s'écarte de plus en plus du point de la surface de l'œuf par lequel il y a pénétré (fig. 35 et 36, *sp*) et finit par gagner le centre du vitellus (fig. 37 *pm* et 24, III) ou son voisinage, c'est-à-dire qu'il occupe le point où se trouvait précédemment la vésicule germinative, avant qu'elle émigrât vers la surface de l'œuf. Pendant ce temps, le spermatozoïde a perdu peu à peu sa forme primitive ainsi que ses contours nets. Aux dépens de sa chromatine qui, comme nous l'avons dit, constituait un petit corpuscule très sensible aux matières colorantes, se forme un noyau vésiculeux (fig. 24, IV et

38 *pm*), présentant le même volume et la même constitution que le pronucléus femelle.

Les phénomènes que nous venons de faire connaître se passent rapidement et sans interruption. Puis, habituellement, l'œuf de l'Ascaris

Fig. 37. Fig. 38.

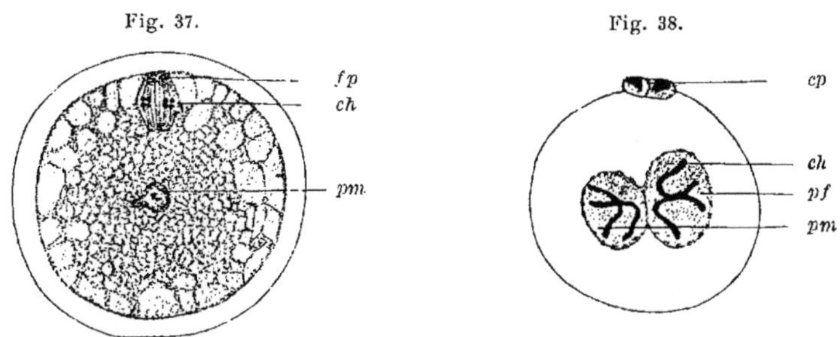

Fig. 37. — *Œuf d'Ascaris megalocephala, en voie de fécondation. Stade plus avancé encore,* d'après Boveri.

fp, fuseau polaire qui a cheminé à la surface du vitellus; *ch*, deux groupes de 4 segments nucléaires; *pm*, pronucléus mâle (noyau spermatique) arrivé au centre de l'œuf.

Fig. 38. — *Œuf d'Ascaris megalocephala prêt à subir la segmentation,* d'après Van Beneden.

cp, les deux cellules polaires, qui se sont formées par deux bourgeonnements successifs du fuseau polaire (*fp*) de la fig. 37; *pf*, pronucléus femelle ou noyau ovulaire; *pm*, pronucléus mâle ou noyau spermatique : ces éléments se préparent à se diviser; *ch*, segments nucléaires ou chromosomes.

entre dans une période de repos, plus ou moins longue, pendant laquelle (voir la fig. 38, qui représente un stade déjà plus avancé) nous voyons à sa surface, en dedans de la membrane vitelline, deux cellules polaires (*cp*), et à son intérieur, deux grands noyaux vésiculeux, le pronucléus mâle (*pm*) et le pronucléus femelle (*pf*). Les pronucléus sont accolés l'un contre l'autre, sans pourtant être fusionnés. Ce n'est que plus tard, lorsque les premiers phénomènes de la segmentation de l'œuf se manifestent, que les substances nucléaires des deux pronucléus s'unissent en une figure nucléaire commune.

Les phénomènes de la fécondation, tels que nous venons de les exposer, peuvent être considérés comme caractéristiques pour tout le règne animal. De plus, ils semblent aussi se passer essentiellement de la même façon dans le règne végétal, ainsi qu'il résulte des observations capitales de Strasburger. Nous pouvons donc aujourd'hui étayer une *théorie de la fécondation* sur une série imposante de faits bien établis.

C'est cette circonstance d'abord et, en outre, cette autre circonstance que, chez Ascaris megalocephala, les segments nucléaires, pendant la division du noyau, sont peu nombreux, très grands, et partant faciles à compter, qui ont permis à Van Beneden de compléter nos connaissances sur la fécondation par la découverte fondamentale suivante :

Lorsque le premier fuseau de segmentation se prépare à se former, alors que le noyau ovulaire et le noyau spermatique sont encore séparés l'un de l'autre, la chromatine de chacun de ces deux noyaux se transforme en un fin filament, qui décrit de nombreuses sinuosités à l'intérieur de l'espace nucléaire. Chaque filament se divise ensuite en deux anses sinueuses, de même grandeur, qui sont les segments nucléaires (fig. 38 et 24, V). Aux deux côtés de la paire de noyaux apparaissent deux centrosomes (fig. 24, V) qui, d'après la théorie de BOVERI, dérivent exclusivement du centrosome du noyau spermatique.

C'est alors que les deux noyaux vésiculeux perdent leur contour. Entre les deux centrosomes (fig. 24, VI), qui s'entourent d'un système radié d'abord peu accusé, mais plus tard beaucoup plus net, se forment les fibres du fuseau. En même temps les quatre segments nucléaires, devenus libres par suite de la disparition des contours des deux noyaux vésiculeux, se disposent de façon à occuper le milieu du fuseau.

Il en résulte que, dans l'œuf de l'Ascaris, l'union des deux noyaux sexuels, qui est le terme extrême de la fécondation, n'a lieu que lorsque s'est formé le premier fuseau de segmentation, à la constitution duquel ils coopèrent dans la même mesure. De là cette importante loi fondamentale, formulée par VAN BENEDEN : *Les segments nucléaires du premier fuseau de segmentation proviennent, pour une moitié, du noyau ovulaire et pour l'autre moitié, du noyau spermatique; on peut donc les distinguer en mâles et femelles. Or, lors de toute division nucléaire, les quatre segments nucléaires se divisent longitudinalement et s'écartent ensuite les uns des autres en se portant vers les deux centrosomes, de façon à former deux groupes de quatre anses-filles, parmi lesquelles deux sont d'origine mâle et les deux autres, d'origine femelle. Chacun de ces groupes se transforme ensuite en le noyau au repos de l'une des deux cellules-filles. Il en résulte évidemment que les deux noyaux-filles qui, à la suite de la segmentation de l'œuf, constituent les noyaux des deux premiers blastomères, reçoivent, l'un et l'autre, la même quantité de chromatine (nucléine) du noyau ovulaire et du noyau spermatique.*

c) FÉCONDATION DE L'ŒUF DES VERTÉBRÉS.

Je prendrai comme exemple la fécondation de l'œuf du plus inférieur des vertébrés, l'Amphioxus lanceolatus, dont l'étude détaillée a été faite par VAN DER STRICHT et SOBOTTA.

Lorsque l'œuf se détache de l'ovaire, il n'en est encore qu'aux premiers stades de la maturation, comme c'est le cas chez la plupart des vertébrés. Après la disparition de la vésicule germinative, il a formé le premier fuseau de direction et même la première cellule polaire. Mais cette cellule, après s'être déposée à la surface du vitellus, ne peut plus se retrouver, parce qu'elle s'en détache complètement en même temps que l'œuf se sépare de l'ovaire. L'œuf, que représente la figure 39 et qui attend d'être fécondé, nous montre donc, dans sa couche corticale, le second fuseau de direction logé dans une auréole de protoplasme presque dépourvu de granulations. Il ne peut expulser la seconde cellule polaire que lorsque la fécondation s'effectue, ce qui semble être aussi

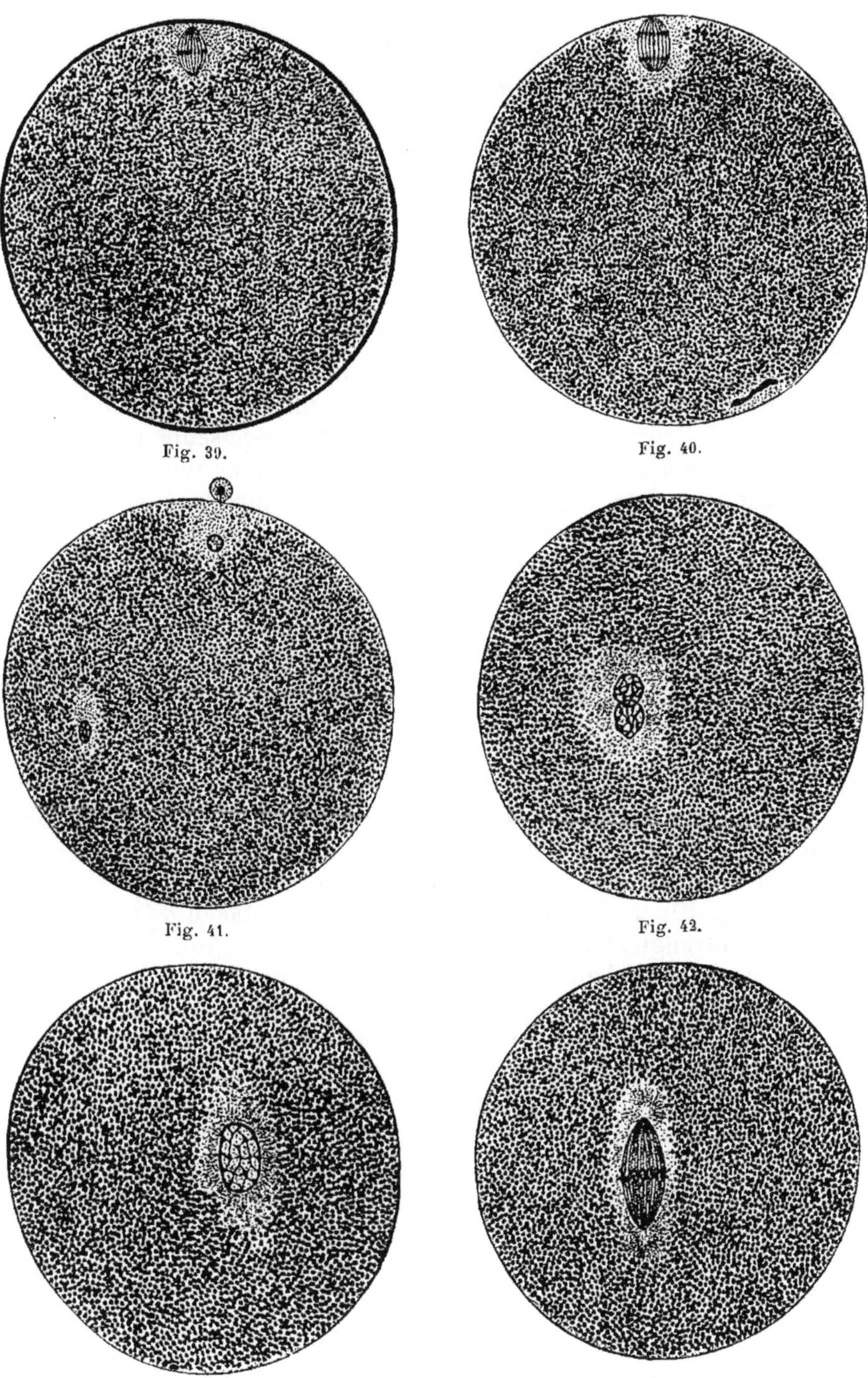

Fig. 39 à 44. — *Fécondation de l'œuf de l'Amphioxus*, d'après SOBOTTA.

le cas, d'après les recherches assez nombreuses publiées jusqu'à ce jour, chez tous les vertébrés sans exception et chez une foule d'invertébrés. Lors de la fécondation, chez l'Amphioxus, le spermatozoïde pénètre dans l'œuf par le pôle opposé au fuseau de direction (fig. 40). Dans les gros œufs, riches en vitellus, des poissons et des amphibiens, cette pénétration se fait toujours, au contraire, par le pôle animal, à une distance plus ou moins grande de la première cellule polaire; dans l'œuf des mammifères, par exemple dans celui de la souris, elle s'effectue en un point quelconque.

« Bientôt après la pénétration du spermatozoïde dans l'œuf, il se « produit des modifications dans ses diverses parties constitutives. Le « filament caudal, pour autant qu'il ait pénétré, ne tarde pas à échapper « à l'observation : il se dissout probablement dans le protoplasme de « l'œuf. Aux dépens de la tête se forme un corpuscule chromatique, « qui prend peu à peu la forme d'un noyau et constitue alors le noyau « spermatique; aux dépens de la pièce intermédiaire se forme un « centrosome, le plus souvent entouré d'une irradiation serrée. Tandis « qu'au début le centrosome siège à l'extrémité postérieure du sperma- « tozoïde, il ne tarde pas à se produire un mouvement de rotation de « la tête du spermatozoïde, ce qui fait que le centrosome finit par être « tourné vers l'intérieur de l'œuf; ce phénomène, qui a déjà été constaté « chez plusieurs vertébrés, se passe également chez une foule d'inver- « tébrés. »

C'est en ces termes que Sobotta résume les faits que l'on a constatés de façon identique chez de nombreux vertébrés.

Sur ces entrefaites, le second fuseau de direction, manifestement stimulé par l'impulsion donnée par la fécondation, est aussi, à son tour, entré en activité. Ses segments nucléaires se sont séparés en deux groupes (fig. 40). La seconde cellule polaire se détache de la surface de l'œuf, par étranglement : elle reçoit un des deux groupes de chromosomes, tandis que l'autre groupe fournit le noyau ovulaire (fig. 41) qui, contrairement au noyau spermatique, manque de centrosome. Chez Amphioxus, les deux noyaux sont au début assez petits et de même taille (fig. 41), tandis que, chez d'autres vertébrés, le noyau ovulaire est plus volumineux, mais plus tard les deux noyaux sont de même taille. Ils cheminent ensuite l'un vers l'autre. Dans l'œuf pigmenté des amphibiens, le trajet suivi par le noyau spermatique est indiqué par une traînée de pigment qui persiste longtemps. Finalement, ils gagnent le voisinage du centre de l'œuf, comme chez l'Amphioxus (fig. 42) et chez les mammifères, ou bien ils viennent se placer excentriquement au-dessus de l'équateur de l'œuf, comme c'est le cas chez les amphibiens, ou bien enfin ils gagnent le centre du disque germinatif, comme c'est le cas dans les œufs méroblastiques.

Chez Amphioxus, le noyau ovulaire et le noyau spermatique se fusionnent pour former le premier noyau de segmentation (fig. 43) lequel, après une courte phase de repos, se transforme en la figure avec irradiations polaires bien nettes à ses deux extrémités (fig. 44).

Les phénomènes de la fécondation, que nous venons de décrire tels qu'ils s'accomplissent chez des représentants de trois classes différentes du règne animal, peuvent être considérés comme typiques pour le règne tout entier. Ils semblent s'accomplir aussi, d'une façon générale, de la même manière dans le règne végétal, ainsi que l'ont établi les études fondamentales de STRASBURGER, GUIGNARD et autres. Lorsque le tube pollinique a pénétré dans le style jusqu'à la cellule-œuf, le noyau spermatique s'avance jusqu'à son extrémité, s'engage à travers la membrane de cellulose, qui dans l'intervalle s'est complètement ramollie, et s'engage dans le protoplasme de l'ovule végétal. Pendant qu'il chemine de la sorte, il est toujours précédé de deux centrosomes accouplés. Il gagne ainsi le noyau ovulaire, qui est un peu plus volumineux et à la surface duquel on constate aussi la présence d'une paire de centrosomes (?) Les deux noyaux copulent ensuite; il en est de même des centrosomes, qui copulent de telle sorte qu'à leurs dépens il s'en forme deux nouveaux couples, situés en des points opposés et dont chacun se compose d'un élément d'origine mâle et d'un élément d'origine femelle. Ces éléments se fusionnent aussitôt pour fournir un des deux centrosomes de la figure de division nucléaire.

En nous fondant sur les observations que nous avons exposées, nous sommes actuellement en mesure d'établir une *théorie de la fécondation*, basée sur une série importante de faits.

Lors de la fécondation, il s'accomplit des processus morphologiques nettement visibles. Le plus important et le plus essentiel d'entre eux est l'union de deux noyaux procédant de cellules sexuelles différentes : le noyau ovulaire et le noyau spermatique. Il se produit de la sorte un fusionnement de quantités équivalentes de substance nucléaire chromatique mâle et femelle. Par contre, d'après BOVERI, *les centrosomes de la première figure de segmentation dérivent exclusivement du centrosome du noyau spermatique, c'est-à-dire en dernière analyse, de la pièce intermédiaire du spermatozoïde.*

Les phénomènes qui se passent au cours de la fécondation jettent aussi une pleine lumière sur la signification des phénomènes de la maturation des produits sexuels et particulièrement sur la division de réduction qui s'accomplit alors (voir p. 43). *La formation des deux cellules polaires aux dépens de l'œuf non mûr et les deux divisions successives, sans phase de repos intermédiaire, des spermatomères empêchent, de la façon la plus simple que, lors du fusionnement des deux noyaux qui s'accomplit au moment de l'acte de la fécondation, il se produise une masse de chromatine et un nombre de segments nucléaires doubles de la masse et du nombre normaux nécessaires pour l'espèce animale en question. Grâce au processus de la maturation, la masse de substance chromatique nucléaire mâle, comme la masse de substance chromatique nucléaire femelle, ainsi que le nombre des segments nucléaires dont chacune d'elles provient, se trouvent réduits à la moitié de ce qu'ils sont dans un noyau normal. C'est seulement par la fécondation, qui consiste en le fusionnement des deux noyaux, que la masse totale de substance chromatique nucléaire et le nombre total des segments d'un noyau normal se trouvent reconstitués.*

La maturation des produits sexuels a donc, à tout point de vue, le caractère d'un processus préparatoire à l'acte de la fécondation.

On peut aussi maintenant s'expliquer d'une façon très simple, le fait observé par WEISMANN *et* BLOCHMANN, *à savoir qu'habituellement les œufs parthonogénésiques ne forment qu'*UNE SEULE *cellule polaire. La formation de la seconde cellule polaire, par laquelle s'effectue la réduction, ne se produit pas parce que, dans la parthénogenèse, une réduction, qui nécessite une fécondation consécutive, n'a aucune raison d'exister.*

On a récemment aussi tenté d'étendre la *théorie de la fécondation* à une *théorie de l'hérédité.* Certains faits importants autorisent à conclure que les substances fécondantes sont en même temps les détenteurs des caractères héréditaires. *Les substances nucléaires femelles transmettent au descendant les caractères héréditaires de la mère, comme les substances nucléaires mâles lui transmettent les caractères héréditaires du père.* Dans cette théorie, qui a été émise en même temps par STRASBURGER et par moi, en la basant sur des données un peu différentes, et qui a été admise par WEISMANN, KÖLLIKER et d'autres, il y a peut-être une explication morphologique de ce fait que les enfants ressemblent à leurs père et mère et qu'en général ils héritent de chacun d'eux d'un nombre de caractères à peu près égal.

Si nous admettons ces deux théories, il en découle que le noyau, que jusqu'ici l'on devait décrire comme un organe constant mais énigmatique et d'importance inconnue, joue un rôle prépondérant dans les phénomènes de la vie des cellules. *Il semble être dans la cellule l'organe propre de la fécondation et de l'hérédité* et renfermer une substance (l'idioplasma de NÄGELI), plutôt soustraite aux phénomènes de nutrition de la cellule (1).

Nous devons rattacher encore à la description du processus de la fécondation une courte digression relative à des phénomènes d'ordre pathologique.

De nombreuses observations, faites tant dans le règne animal que le règne végétal, ont établi que *normalement il ne pénètre jamais dans*

(1) Le lecteur trouvera l'exposé détaillé et la démonstration d'une théorie de l'hérédité dans le chapitre IX de mes : «Eléments d'Anatomie et de Physiologie générales. Première partie : La cellule» (traduction française), Paris, G. Carré, 1894, ainsi que dans mon travail intitulé : « Zeit- und Streitfragen der Biologie (Heft 1) ».

l'œuf, lors de la fécondation, qu'un seul spermatozoïde du moins lorsque les cellules sexuelles en présence sont absolument saines. *Pourtant, lorsque la cellule-œuf est lésée dans sa structure, elle est surfécondée par deux ou plusieurs spermatozoïdes* (POLYSPERMIE).

On peut déterminer artificiellement la surfécondation, si on lèse intentionnellement la cellule-œuf, soit en l'exposant momentanément à une température trop élevée ou trop basse, soit en la soumettant à l'action d'une substance chimique, chloroforme, hydrate de chloral, morphine, strychnine, nicotine, quinine, etc., soit en la blessant mécaniquement (par des secousses). Il est intéressant de constater que par ces divers procédés, il existe une certaine relation entre le degré de surfécondation et l'importance de la lésion : par exemple, les spermatozoïdes, qui pénètrent dans l'œuf soumis à l'action d'une faible solution de chloral, sont beaucoup moins nombreux que si l'œuf est soumis à une narcose plus énergique.

Indépendamment de la *surfécondation pathologique*, il semble pouvoir se faire très souvent et même généralement, chez diverses espèces animales, dont les œufs sont très abondamment pourvus de vitellus, une surfécondation *normale* que, par opposition à la première, on pourrait appeler *surfécondation physiologique*. C'est ainsi que BLOCHMANN et HENKING, pour une foule d'arthropodes, KUPFFER, FICK et MICHAELIS, pour les amphibiens, RÜCKERT et OPPEL, pour les sélaciens et les reptiles, ont observé fréquemment la pénétration de plusieurs spermatozoïdes dans l'œuf, lors de la fécondation. RÜCKERT et OPPEL ont fait cette intéressante observation qu'en dépit de la pénétration de plusieurs spermatozoïdes dans l'œuf, *un seul* noyau spermatique entre en copulation avec le noyau ovulaire et que le noyau de segmentation qui résulte de leur fusionnement donne seul naissance aux noyaux de toutes les cellules de l'embryon. Quant aux autres noyaux spermatiques, nombreux, qui se trouvent dans l'œuf, ils restent en dehors du disque germinatif, dans le vitellus où ils donnent naissance, en partie, aux mérocytes dont nous aurons à parler plus loin.

Tandis que dans ces cas les œufs fournissent des embryons normaux, chez beaucoup d'animaux où la surfécondation est occasionnée par une lésion de l'œuf, on constate un cours anormal et tératologique du développement, qui mériterait d'être étudié expérimentalement, avec beaucoup de soin, sur des objets favorables. Il y a plusieurs années, FOL, se basant sur des observations qu'il avait faites chez les échinodermes, émit cette hypothèse : que les monstres doubles et multiples doivent leur formation à la pénétration de deux ou plusieurs spermatozoïdes dans l'œuf, lors de la fécondation. Sous cette forme cependant, cette hypothèse n'a pas été confirmée.

HISTORIQUE. Les faits que nous venons d'exposer concernant la fécondation sont des conquêtes de ces vingt dernières années. Sans tenir compte des hypothèses plus anciennes, on admettait généralement, jusqu'en 1875, que les spermatozoïdes pénètrent en grand nombre à l'intérieur de l'œuf : on admettait qu'ils y perdent leur mobilité et se dissolvent dans le vitellus.

J'eus le bonheur de trouver dans les œufs du Toxopneustes lividus un objet propice, permettant d'étudier facilement et avec certitude les phénomènes intimes de la fécondation. Je fus assez heureux pour montrer : 1° que quelques minutes après avoir mêlé du sperme aux œufs mûrs, la tête d'un spermatozoïde apparaît, dans la couche corticale du vitellus, entourée d'une irradiation protoplasmique et qu'elle se transforme en un petit corpuscule, que j'appelai noyau spermatique; 2° que quelques minutes plus tard, on constate la copulation du noyau ovulaire et du noyau spermatique; 3° que normalement il n'intervient dans la fécondation qu'*un seul* spermatozoïde, tandis que dans les œufs pathologiques, plusieurs spermatozoïdes peuvent pénétrer. Dès ce moment je pus exprimer cette idée que la fécondation repose tout entière sur le fusionnement de ces deux noyaux de cellules.

Quelques mois plus tard, Van Beneden fit connaître que chez les mammifères le noyau de segmentation provient du fusionnement de deux noyaux, comme déjà auparavant Auerbach (voir la remarque à la fin de cet historique) et Bütschli l'avaient observé chez d'autres animaux. Van Beneden formula alors la conjecture que l'un des deux noyaux, qui d'abord est situé à la périphérie de l'œuf, proviendrait partiellement de la substance des spermatozoïdes; il admettait qu'un grand nombre de spermatozoïdes se fusionnent avec la couche corticale du vitellus. Peu de temps après, Fol fit faire un progrès à la question : il suivit dans tous ses détails la pénétration d'un spermatozoïde dans l'œuf des échinodermes et découvrit la formation d'un cône d'attraction. Depuis cette époque, une foule de mémoires (Selenka, Fol, Hertwig, Calberla, Kupffer, Nussbaum, Van Beneden, Eberth, Flemming, Zacharias, Boveri, Platner, Tafani, Böhm, Rückert, Julin, Sobotta, Fick, Michaelis, etc.) ont établi que dans d'autres classes du règne animal les phénomènes de la fécondation se passent essentiellement de la même manière. En outre, les travaux de Van Beneden sur l'œuf de l'Ascaris megalocephala, auxquels il faut ajouter les observations importantes de Boveri et autres sur le même objet, ont contribué largement à faire comprendre le processus de la fécondation.

Un autre progrès fut réalisé par la théorie des centrosomes de Boveri, qui a fourni la preuve que les centrosomes du noyau de segmentation proviennent exclusivement du centrosome du noyau spermatique et que ce centrosome, à son tour, se trouve contenu dans la pièce intermédiaire du spermatozoïde. Plusieurs auteurs ont confirmé ces observations par des études sur d'autres objets. Par contre, il semble que le quadrille des centres, décrit par Fol, repose sur une erreur d'observation.

Strasburger et Guignard ont prouvé, dans une série de recherches excellentes, que les phénomènes de la fécondation s'accomplissent identiquement de la même façon dans le règne végétal.

Enfin ces phénomènes ont encore servi à établir une théorie de l'hérédité qui a été émise simultanément par Strasburger et par moi et que nous avons rattachée aux déductions logiques de Nägeli. Nous avons cherché à prouver que la substance nucléaire mâle et la substance nucléaire femelle étaient, comme l'avaient déjà supposé plusieurs auteurs (Keber, Haeckel, Hasse), les détenteurs des caractères que les descendants héritent de leurs parents. Kölliker, Roux, Van Bambeke, Weismann, Van Beneden, Boveri et autres se sont également exprimés de la même manière, tandis que Verworn, Bergh, etc., se sont élevés contre elle.

Remarque. Dans un article paru en 1898 (Anatomischer Anzeiger t. XIV n° 9), Born dit : « Auerbach a jeté le fondement de la théorie moderne de la fécondation : on ne doit pas « oublier que c'est à Auerbach qu'en revient tout le mérite. » Cette manière de voir est tout à fait erronée. Le lecteur qui prendra la peine de lire la courte discussion de mon travail sur la fécondation qu'Auerbach lui-même a publiée dans « Jenaer Litteraturzeitung » (1876 n° 7) verra combien, en dépit de l'observation qu'il avait faite de la présence de deux vésicules nucléaires dans l'œuf de l'Ascaris, Auerbach, en raison de l'absence de toute base fondamentale à l'époque où il publia cette observation, était loin de comprendre les liens qui existaient entre elle et la fécondation et surtout combien il était loin de fonder cette théorie de la fécondation, généralement admise aujourd'hui.

RÉSUMÉ

1. Pendant la maturation, la vésicule germinative gagne progressivement le pôle animal de l'œuf et subit en même temps une métamorphose régressive (atrophie de la membrane et du réseau nucléaires, fusionnement du suc nucléaire avec le protoplasme de l'œuf).

2. Aux dépens de certains éléments de la vésicule germinative (segments nucléaires, etc.), se développe un fuseau nucléaire (fuseau polaire ou de direction).

3. Au point où, par l'une de ces extrémités, le fuseau atteint la surface du vitellus, se forment deux cellules polaires ou corpuscules de direction, et cela par un processus de bourgeonnement qui se répète deux fois de suite.

4. A la suite du second processus de bourgeonnement, la moitié du second fuseau nucléaire reste dans la couche corticale du vitellus et se transforme en le noyau ovulaire ou pronucléus femelle. L'œuf est alors mûr.

5. Dans les œufs qui se développent par voie parthénogénésique (arthropodes), il ne se forme habituellement *qu'une seule cellule polaire*.

6. Pendant la fécondation, dans l'œuf sain, il ne pénètre qu'un seul spermatozoïde (formation d'un cône d'attraction, encore appelé mamelon de conception ou bouchon d'imprégnation; formation de la membrane vitelline).

7. La tête du spermatozoïde se transforme en le noyau spermatique ou pronucléus mâle. La pièce intermédiaire devient le centrosome (spermocentre), autour duquel s'irradient les granulations avoisinantes du protoplasme.

8. Le pronucléus femelle et le pronucléus mâle cheminent l'un vers l'autre et se fusionnent, en général immédiatement, en le noyau de segmentation. Chez un grand nombre d'espèces cependant, ils restent longtemps accolés mais distincts l'un de l'autre, pour se fusionner seulement plus tard et se transformer en le fuseau de segmentation.

9. La fécondation de l'œuf n'a lieu chez certains animaux qu'après sa maturation complète; chez d'autres animaux, au contraire, la maturation de l'œuf est déjà commencée au moment de la pénétration du spermatozoïde, de telle sorte que chez eux les deux séries de phénomènes se passent simultanément.

10. *Théorie de la fécondation.* La fécondation consiste dans la copulation de deux noyaux de cellule : l'un provient de la cellule mâle et l'autre, de la cellule femelle.

11. *Théorie de l'hérédité.* Les substances nucléaires mâle et femelle contenues respectivement dans le noyau spermatique et dans le noyau ovulaire, sont les détenteurs des tendances héréditaires que les parents transmettent à leurs descendants.

BIBLIOGRAPHIE

Agassiz et Whitman. *The development of osseous fishes. The history of the egg from fertilization to cleavage.* Memoires of the Museum of comp. zoology at Harvard College, Vol. XVI. 1.

Auerbach. *Organologische Studien.* Fascicules 1 et 2. Breslau, 1874.

— *Ueber einen sexuellen Gegensatz in der Chromatophilie der Keimsubstanz etc.* Sitzungsber. d. Kgl. Preuss. Akad. d. Wissensch. N° 35. 1891.

Balfour. *On the phenomena accompanying the maturation and impregnation of the ovum.* Quarterly Journal of Microscopical Science. Vol. XVIII. Nouvelle série. 1878.

Van Bambeke. *Recherches sur l'embryologie des Batraciens.* Bull. de l'Acad. royale de Belgique. 2me sér. T. LXI. 1876.

Ed. van Beneden et Charles Julin. *Observations sur la maturation, la fécondation et la segmentation de l'œuf chez les Cheiroptères.* Archives de biologie. T. Ier.

Ed. van Beneden. *La maturation de l'œuf; la fécondation etc. des Mammifères.* Bull. de l'Acad. royale de Belgique. 2me sér. T. XL. N° 12. 1875.

— *Contributions à l'histoire de la vésicule germinative, etc.* Bull. de l'Acad. royale de Belgique. 2me sér. T. XLI. N° 1. 1876.

— *Recherches sur la maturation de l'œuf, la fécondation et la divison cellulaire.* Arch. de biologie. Vol. IV. Paris, 1883.

Van Beneden et Neyt. *Nouvelles recherches sur la fécondation et la division mitosique chez l'Ascaride mégalocéphale.* Leipzig, 1887.

R. S. Bergh. *Kritik einer modernen Hypothese von der Uebertragung erblicher Eigenschaften.* Zool. Anzeiger, 1892.

Henri Blanc. *Etude sur la fécondation de l'œuf de la truite.* Ber. Naturforsch. Gesellsch. Freiburg i. B. Vol. VIII.

Blochmann. *Ueber die Richtungskörper bei den Insecteneiern.* Biol. Centralbl. Vol. VII. 1887.

— *Ueber die Richtungskörper bei Insecteneiern.* Morphol. Jahrbuch. Vol. XII.

— *Ueber die Reifung der Eier bei Ameisen und Wespen.* Festschrift zur Feier des 500jährigen Bestehens der Univ. Heidelberg. 1886. Med. Theil.

— *Ueber die Zahl der Richtungskörper bei befruchteten und unbefruchteten Bieneneiern.* Morphol. Jahrb. Vol. XV.

A Böhm. *Ueber Reifung und Befruchtung des Eies von Petromyzon.* Archiv. für mikrosk. Anat. Vol. XXXII.

— *Die Befruchtung des Forelleneies.* Sitzungsber. d. Gesellsch. f. Morphol. u. Physiol. zu München. 1891.

Born. *Ueber den Einfluss der Schwere auf das Froschei.* Archiv f. mikrosk. Anat. Vol. XXIV.

— *Weitere Beiträge zur Bastardirung zwischen den einheimischen Anuren.* Archiv f. mikrosk. Anat. Vol. XXVII.

— *Die Structur des Keimbläschens im Ovarialei von Triton taeniatus.* Archiv f. mikrosk. Anat. Vol. XLIII. 1894.

Boveri. *Ueber die Bedeutung der Richtungskörper.* Gesellschaft f. Morphol. und Physiol. zu München, Sitzung vom 16. Nov. 1886. Münchener medic. Wochenschr. Année 33. N° 50.

— *Ueber die Befruchtung der Eier von Ascaris megalocephala.* Gesellsch. f. Morphol. u. Physiol. zu München, Sitzung vom 3. Mai 1887.

— *Ueber den Antheil des Spermatozoons an der Theilung der Eier.* Sitzungsber. d. Gesellsch. f. Morphol. in München. Année III. 1887.

— *Zellenstudien.* Jenaische Zeitschr. 1887, 1888, 1890.

— *Ein geschlechtlich erzeugter Organismus ohne mütterliche Eigenschaften.* Gesellsch. f. Morphol. u. Physiol. zu München. 1889.

— *Befruchtung.* Ergebnisse der Anatomie und Entwicklungsgeschichte von Merkel und Bonnet. Vol. I. 1892.

— *Ueber das Verhalten der Centrosomen bei der Befruchtung des Seeigeleies etc.* Verhandlungen der physikal.-medicin. Gesellschaft zu Würzburg. 1895.

Brauer. *Zur Kenntniss der Reifung des parthenogenetisch sich entwickelnden Eies von Artemia salina.* Archiv f. mikrosk. Anat. Vol. XLIII.

— *Zur Kenntniss der Spermatogenese von Ascaris megalocephala.* Archiv. f. mikrosk. Anat. Vol. XLII. 1893.

— *Ueber das Ei von Branchipus Gruberi von der Bildung bis zur Ablage.* Abhandl. d. K. Akad. d. Wissensch. Berlin, 1892. Physik.-Math. Cl. 1893.

Bütschli. *Studien über die ersten Entwicklungsvorgänge der Eizelle, Zelltheilung und Conjugation der Infusorien.* Abhandl. d. Senkenberg. naturforsch. Gesellsch. Vol. X. Francfort, 1876.
— *Gedanken über die morphologische Bedeutung der sogenannten Richtungskörperchen.* Biologisches Centralblatt. Vol. IV.
— *Entwicklungsgeschichtliche Beiträge.* Zeitschr. f. wissensch. Zool. Vol. XXIX. 1877.
Calberla. *Befruchtungsvorgang beim Ei von Petromyzon.* Zeitschr. f. wiss. Zool. Vol. XXX.
J. B. Carnoy. *La cytodiérèse de l'œuf. La vésicule germinative et les globules polaires de l'Ascaris mégalocéphale.* 1886 et La Cellule. T. III. 1887.
Dewitz. *Ueber Gesetzmässigkeit in der Ortsveränderung der Spermatozoen und in der Vereinigung derselben mit dem Ei.* Archiv f. d. ges. Physiol. Vol. XXXIX. Bonn, 1886.
Eberth. *Die Befruchtung des thierischen Eies.* Fortschritte der Medicin. N° 14. 1884.
Von Erlanger. *Beiträge zur Kenntniss etc. I. Ueber die Befruchtung und erste Theilung des Ascariseies.* Archiv. f. mikrosk. Anat. Vol. XLIX. 1897.
Fick. *Ueber die Reifung und Befruchtung des Axolotleis.* Zeitschr. f. wissenschaftl. Zoologie. Vol. LVI. 1893.
W. Flemming. *Ueber die Bildung von Richtungsfiguren in Säugethiereiern beim Untergang Graaff'scher Follikel.* Archiv. f. Anat. u. Physiol. Anat. Abth. 1885.
— *Ueber Bauverhältnisse, Befruchtung und erste Theilung der thierischen Eizelle.* Biologisches Centralblatt. Vol. III.
— *Beiträge zur Kenntniss der Zelle etc.* IIIe Partie, Archiv f. mikroskop. Anatomie. Vol. XX. 1881.
Fol. *Sur le commencement de l'hénogénie.* Arch. d. sciences phys. et natur. Genève, 1877.
— *Recherches sur la fécondation et le commencement de l'hénogénie.* Mém. de la Soc. de phys. et d'hist. nat. Genève, 1879.
— *Archives des sciences physiques et naturelles.* Genève, n° 15. Oct. 1883.
— *Le quadrille des centres, un épisode nouveau dans l'histoire de la fécondation.* Archives des scienc. phys. nat. de Genève. Troisième sér. Tome XXV. 1891.
P. Francotte. *La maturation de l'œuf, la fécondation et la segmentation chez les Polyclades.* Mém. acad. royale des sc. de Belgique. T. LV. 1897.
Frommann. Article *Befruchtung* dans *Real-Encyclopädie der gesammten Heilkunde.* 2e édition.
Gerlach. *Beiträge zur Morphologie und Physiologie der Säugethiere.* Sitzungsber. der phys.-medic. Gesellschaft zu Erlangen. 1890.
Alf. Giard. *Note sur les premiers phénomènes du développement de l'oursin.* Comptes rendus. Vol. LXXXIV. 1877.
R. Greeff. *Ueber den Bau und die Entwicklung der Echinodermen.* Sitzungsber. d. Gesellsch. zur Beförderung der gesammten Naturwissenschaft zu Marburg. N° 5. 1876.
Guignard. *Recherches sur la structure et la division du noyau cellulaire.* Annales d. scienc. nat. 6 sér. T. XVII. 1884.
— *Nouvelles études sur la fécondation, comparaison, etc.* Annales des sciences natur. T. XIV. Botanique. 1891.
V. Häcker. *Die Eibildung bei Cyclops und Canthocamptus.* Zool. Jahrbücher. Abth. f. Anat. u. Ontogenie. Vol. V.
— *Die Vorstadien der Eireifung.* Archiv f. mikrosk. Anat. Vol. XLV. 1895.
— *Ueber die Selbständigkeit der väterlichen und mütterlichen Kernbestandtheile etc.* Archiv f. mikrosk. Anat. Vol. XLVI. 1895.
M. Hartog. *Some problems of reproduction; a comparative study of gametogeny and protoplasmic senescence and rejuvenescence.* Quarterly Journal of microsc. science. 1891.
C. Hasse. *Morphologie und Heilkunde.* 1880.
Hatschek. *Ueber die Bedeutung der geschlechtlichen Fortpflanzung.* Prager medic. Wochenschrift. 1887.
Henking. *Ueber die Bildung von Richtungskörpern in den Eiern der Insecten und deren Schicksal.* Nachr. d. Kgl. Gesellsch. d. Wissensch. zu Göttingen. Année 1888.
— *Untersuchungen über die ersten Entwicklungsvorgänge in den Eiern der Insecten.* Parties I à III. Zeitschr. f. wissensch. Zoologie. Vol. XLIX, LI, LIV.
V. Hensen. *Die Physiologie der Zeugung.* Handbuch der Physiologie von Hermann. 1881.
— *Die Grundlagen der Vererbung.* Landwirthsch. Jahrb. Vol. XIV. 1885.
Herfort. *Der Reifungsprocess im Ei von Petromyzon fluviatilis.* Anat. Anz. 1893. Année VIII, page 721.
Oscar Hertwig. *Beiträge zur Kenntniss der Bildung, Befruchtung und Theilung des thierischen Eies.* Morphol. Jahrb. Vol. 1, 1875. Vol. III, 1877. Vol. IV, Fascicules 1 et 2, 1878.

Oscar Hertwig. *Welchen Einfluss übt die Schwerkraft auf die Theilung der Zellen?* Iéna, 1884.

— *Das Problem der Befruchtung und der Isotropie des Eies, eine Theorie der Vererbung.* Jenaische Zeitschr. f. Naturwissensch. Vol. XVIII. Iéna, 1884.

— *Vergleich der Ei- und Samenbildung bei Nematoden. Eine Grundlage für celluläre Streitfragen.* Archiv. f. mikrosk. Anat. Vol. XXXVI. 1890.

— *Urmund und Spina bifida.* Archiv f. mikrosk. Anat. Vol. XXXIX. 1892.

— *Aeltere und neuere Entwicklungstheorieen.* 1892.

Oscar et Richard Hertwig. *Experimentelle Untersuchungen über die Bedingungen der Bastardbefruchtung.* Iéna, 1885.

— *Ueber den Befruchtungs- und Theilungsvorgang des thierischen Eies unter dem Einfluss äusserer Agentien.* 1887.

— *Experimentelle Studien am thierischen Ei.* Jenaische Zeitschrift, 1890.

Richard Hertwig. *Ueber die Conjugation der Infusorien.* Abhandl. der bayr. Akad. der Wissensch. 2e Cl. Vol. XVII. 1889.

— *Ueber die Gleichwerthigkeit der Geschlechtskerne bei den Seeigeln.* Sitzungsber. d. Gesellsch. f. Morphol. u. Physiol. in München. Vol. IV. 1888.

— *Ueber Kernstructur und ihre Bedeutung für Zelltheilung und Befruchtung.* Ibidem.

— *Ueber Befruchtung und Conjugation.* Verhandl. d. deutsch. Zool. Gesellsch. zu Berlin.

C. K. Hoffmann. *Zur Ontogenie der Knochenfische.* Verhandl. d. Kgl. Akad. d. Wissensch. zu Amsterdam. 1881.

— *Ueber den Ursprung und die Bedeutung der sogenannten freien Kerne in dem Nahrungsdotter bei den Knochenfischen.* Zeitschr. f. wissensch. Zool. Vol. XLVI. 1888.

M. Holl. *Reifung der Eizelle bei den Säugethieren.* Sitzungsber. d. K. Akad. d. Wissensch. in Wien. Mathem.-naturw. Cl. Vol. CII. 1893.

Ishikawa. *Studies of reproductive elements. 1. Spermatogenesis, ovogenesis and fertilization in Diaptomus.* Journal of the College of science. Imperial university. Japan. Vol. V. 1891.

Ch. Julin. *Ovogenèse, spermatogenèse et fécondation chez Styelopsis grossularia.* Bull. scient. de la France et de la Belgique, 1892. T. XXV.

— *Le corps vitellin de Balbiani.* Bullet. scient. de la France et de la Belgique. T. XXV.

Kastschenko. *Zur Frage über die Herkunft der Dotterkerne im Selachierei.* Anat. Anz. 1888.

— *Ueber den Reifungsprocess des Selachiereies.* Zeitschr. f. wissensch. Zool. Vol. L.

Kölliker. *Bedeutung der Zellenkerne für die Vorgänge der Vererbung.* Zeitschr. f. wissensch. Zool. Vol. XLII.

— *Das Karyoplasma und die Vererbung.* Eine Kritik der Weismann'schen Theorie von der Kontinuität des Keimplasma. Zeitschr. f. wissensch. Zool. Vol. XLIV. 1886.

Von Kostanecki et Siedlecki. *Ueber das Verhältniss der Centrosomen zum Protoplasma.* Archiv. f. mikrosk. Anat. Vol. XLVIII. 1897.

Von Kostanecki et Wierzejski. *Ueber das Verhalten der sogen. achromatischen Substanz im befruchteten Ei.* (*Physa font.*) Archiv f. mikrosk. Anat. Vol. XLVII. 1896.

Kultschitzky. *Ueber die Eireifung und die Befruchtungsvorgänge bei Ascaris marginata.* Avec 2 planches. Archiv f. mikrosk. Anat. Vol. XXXII. 1888.

— *Die Befruchtungsvorgänge bei Ascaris megalocephala.* Archiv f. mikrosk. Anat. Vol. XXXI.

Kupffer. *Betheiligung des Dotters am Befruchtungsact bei Bufo variabilis und vulgaris.* Sitzungsber. d. math. Classe. Munich, 1882.

C. Kupffer et B. Benecke. *Die Befruchtung am Ei der Neunaugen.* Königsberg, 1878.

Lameere. *Etudes sur la reproduction.* Bruxelles, 1890.

Löwenthal. *Befruchtung, Reifung und Theilung des Eies von Oxyuris ambigua.* Internat. Wochenschr. f. Anat. u. Physiol. Vol. VII. 1890.

J. Lovén. *Beiträge zur Kenntniss der Entwicklung der Mollusca acephala lammellibranchiata.* Abh. d. K. schwed. Akad. d. Wissensch. 1848. Extrait traduit en allemand. Stockholm, 1879.

E. L. Mark. *Maturation, fecundation and segmentation of Limax campestris.* Bulletin of the Museum of comparative zoology at Harvard College. Vol. VI. 1881.

Massart. *Sur la pénétration des spermatozoïdes dans l'œuf de la grenouille.* Bulletin de l'Académie royale de Belgique. Sér. III. T. XVIII. 1889.

E. Maupas. *Le rajeunissement karyogamique chez les ciliés.* Arch. de zool. expér. et génér. 2e série. Vol. VII.

A. D. Mead. *Some observations on maturation and fecundation in Chaetopterus pergamentaceus.* Journal of morphol. Vol. X. 1895.

Oscar Meyer. *Celluläre Untersuchungen an Nematodeneiern.* Jenaische Zeitschr. f. Naturwissenschaft. Vol. XXIX. 1895.

Michaelis. *Die Befruchtung des Tritoneies.* Archiv f. mikrosk. Anat. Vol. XLVIII. 1897.

Minot. *Proceed. Boston Soc. nat. hist.* Vol. XIX. 1877. American Naturalist 1880.

Fr. Müller. *Zur Kenntniss des Furchungsprocesses im Schneckenei.* Archiv f. Naturgeschichte 1848.

Joseph Müller. *Ueber Gamophagie. Ein Versuch zum weiteren Ausbau der Theorie der Befruchtung und Vererbung.* Stuttgart, 1892.

C. v. Nägeli. *Mechanisch-physiologische Theorie der Abstammungslehre.* 1884.

M. Nussbaum. *Ueber die Veränderung der Geschlechtsproducte bis zur Eifurchung.* Archiv f. mikrosk. Anat. Vol. XXIII.

— *Zur Differenzirung des Geschlechts im Thierreich.* Archiv f. mikrosk. Anat. Vol. XVIII. 1880.

— *Bildung und Anzahl der Richtungskörper bei Cirripedien.* Zool. Anz. Vol. XII. 1889.

J. Oellacher. *Beiträge zur Geschichte des Keimbläschens im Wirbelthierei.* Archiv. f. mikrosk. Anat. Vol. VIII. 1872.

— *Untersuchungen über die Furchung und Blätterbildung im Hühnerei.* Stricker's Studien. Vol. I.

Oppel. *Die Befruchtung des Reptilieneies.* Archiv f. mikrosk. Anat. Vol. XXXIX. 1892.

G. Platner. *Ueber die Befruchtung bei Arion empiricorum.* Archiv f. mikrosk. Anatomie. Vol. XVII. 1886.

— *Beiträge zur Kenntniss der Zelle und ihrer Theilung.* Archiv f. mikrosk. Anat. Vol. XXXIII. 1889.

— *Die erste Entwicklung befruchteter und parthenogenetischer Eier von Liparis dispar.* Biolog. Centralblatt. Vol. VIII. 1888/89.

— *Ueber die Bildung der Richtungskörperchen.* Biolog. Centralbl. Vol. VIII. 1888/89.

Purkinje. *Symbolae ad ovi avium historiam ante incubationem.* Leipzig, 1825.

O. vom Rath. *Zur Kenntniss der Spermatogenese von Gryllotalpa vulg. Mit besonderer Berücksichtigung der Frage nach der Reductionstheilung.* Archiv f. mikr. Anat. Vol. XL. 1892.

— *Neue Beiträge zur Frage der Chromatinreduction in der Samen- und Eireife.* Archiv f. mikrosk. Anat. Vol. XLVI. 1895.

Rückert. *Zur Befruchtung des Selachiereies.* Anatom. Anzeiger. Vol. VI. 1891.

— *Ueber physiologische Polyspermie bei meroblastischen Wirbelthiereiern.* Anatom. Anzeiger. Année VII. N° 11. 1892.

— *Zur Eireifung bei Copepoden.* Anatom. Hefte. Vol. IV. Fascicule 2, page 193.

— *Die Chromatinreduction bei der Reifung der Sexualzellen.* Merkel und Bonnet's Ergebnisse. Vol. III. 1894.

— *Ueber das Selbständigbleiben väterlicher und mütterlicher Kernsubstanz etc.* Archiv f. mikrosk. Anat. Vol. XLV. 1895.

M. A. Sabatier. *Contributions à l'étude des globules polaires et des éléments éliminés de l'œuf en général.* (*Théorie de la sexualité.*) Montpellier, 1884.

Luigi Sala. *Experimentelle Untersuchungen über die Reifung und Befruchtung der Eier bei Ascaris megalocephala.* Archiv f. mikrosk. Anat. Vol. XLIV. 1895.

A. Schneider. *Das Ei und seine Befruchtung.* Breslau, 1883.

O. Schultze. *Untersuchungen über die Reifung und Befruchtung des Amphibieneies.* Zeitschr. f. wissensch. Zool. Vol. XLV. 1887.

Seeliger. *Giebt es geschlechtlich erzeugte Organismen ohne mütterliche Eigenschaften?* Archiv f. Entwicklungsmechanik der Organismen. Vol. I.

E. Selenka. *Befruchtung des Eies von Toxopneustes variegatus.* Leipzig, 1878.

J. Sobotta. *Die Befruchtung und Furchung des Eies der Maus.* Archiv f. mikrosk. Anat. Vol. XLV. 1895.

— *Die Reifung und Befruchtung des Eies von Amphioxus lanceolatus.* Archiv f. mikrosk. Anat. Vol. L. 1897.

— *Die Reifung und Befruchtung des Wirbelthiereies.* Merkel u. Bonnet's Ergebnisse der Anat. u. Entwicklungsgesch. 1896.

Ed. Strasburger. *Neue Untersuchungen über den Befruchtungsvorgang bei den Phanerogamen als Grundlage für eine Theorie der Zeugung.* Iéna, 1884.

— *Ueber Kern- und Zelltheilung im Pflanzenreich, nebst einem Anhang über Befruchtung.* Iéna, 1888.

— *Ueber periodische Reduction der Chromosomenzahl im Entwicklungsgang der Organismen.* Biol. Centralbl. Vol. XIV, p. 817.

Van der Stricht. *La maturation et la fécondation de l'œuf d'Amphioxus.* Arch. de biologie. T. XIV. 1896.

Tafani. *I primi momenti dello sviluppo dei mammiferi.* Pubblicazioni del Istituto di studi superiori in Firenze. 1889.

Vejdovsky. *Entwicklungsgeschichtliche Untersuchungen, Reifung, Befruchtung und Furchung des Rhynchelmiscics.* Prague, 1888.

Hugo de Vries. *Intracelluläre Pangenesis.* Iéna, 1889.

A. Weismann. *Ueber die Vererbung.* Iéna, 1883.

— *Die Continuität des Keimplasma als Grundlage einer Theorie der Vererbung.* Iéna, 1885.

— *Ueber die Zahl der Richtungskörper und über ihre Bedeutung für die Vererbung.* Iéna, 1887.

— *Amphimixis oder die Vermischung der Individuen.* Iéna, 1891.

Weismann et Ishikawa. *Ueber die Bildung der Richtungskörper bei thierischen Eiern.* Berichte der Naturf. Gesellsch. zu Freiburg i. B. Vol. III. 1887.

— *Weitere Untersuchungen zum Zahlengesetz der Richtungskörper.* Zool. Jahrbücher. Vol. III. Abth. f. Morphol.

— *Ueber die Paracopulation im Daphnidenei, sowie über Reifung und Befruchtung desselben.* Zool. Jahrbücher. Vol. IV. 1889.

William Morton Wheeler. *The behavior of the centrosomes in the fertilized egg of Myzostoma glabrum.* Journal of morphol. Vol. X. 1895.

C. O. Whitman. *The kinetic phenomena of the egg during maturation and fecundation.* Journal of Morphology. Vol. I. 1887.

Wilson et Mathews. *Maturation, fertilization and polarity in the echinoderm egg. New light on the quadrille of the centres.* Journal of Morphology. 1895.

Otto Zacharias. *Neue Untersuchungen über die Copulation der Geschlechtsproducte und den Befruchtungsvorgang bei Ascaris megalocephala.* Archiv f. mikrosk. Anatomie. Vol. XXX. Bonn, 1887.

— *Die feineren Vorgänge bei der Befruchtung des thierischen Eies.* Biolog. Centralbl. Vol. VII.

CHAPITRE TROISIÈME

SEGMENTATION DE L'ŒUF ET STADES DU DÉVELOPPEMENT QUI S'Y RATTACHENT (MORULA ET BLASTULA)

---

a. — **Segmentation.**

Généralement le développement commence immédiatement après la fécondation : il débute par la segmentation de l'œuf. L'œuf, organisme élémentaire simple, se divise en un nombre de plus en plus considérable de petites cellules. Nous commencerons l'étude de la segmentation par l'examen d'un cas très simple : nous étudierons comment la segmentation s'accomplit dans l'œuf d'un échinoderme.

Quelques minutes après la fécondation (fig. 45) on voit dans l'œuf

Fig. 45.

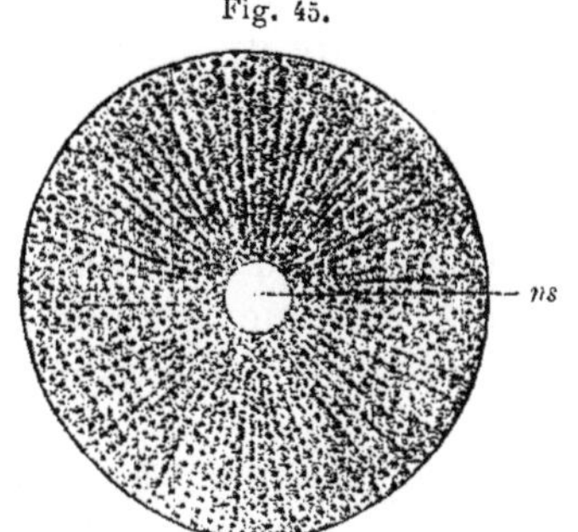

Fig. 46.

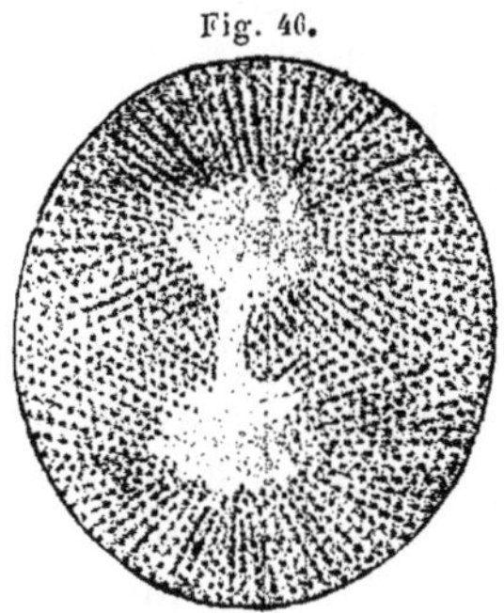

Fig. 45. — *Œuf d'un échinoderme au moment où la fécondation vient de s'achever.* — Le noyau ovulaire et le noyau spermatique se sont fusionnés en le noyau de segmentation (*ns*), qui est situé au centre d'une irradiation protoplasmique. Grosst : 300 diam.

Fig. 46. — *Œuf d'un échinoderme qui se prépare à la segmentation*, dessiné d'après l'objet vivant. — Le noyau n'est plus visible sur le frais ; à sa place s'est formée une figure en forme d'haltère.

de l'échinoderme, un noyau de segmentation sphérique et de petite taille, qui se présente, quand on examine l'œuf vivant, comme une vésicule claire siégeant au centre du vitellus et entourée d'irradiations protoplasmiques; on dirait un soleil avec les rayons lumineux qui en émanent. Ces irradiations apparaissent aussi nettement pendant la vie dans l'œuf des échinodermes, parce que les nombreuses petites granulations qui sont logées dans le vitellus, suivant d'une façon passive la disposition rayonnante du protoplasme, sont disposées comme lui en séries radiées. Bientôt, ce système d'irradiations, qui trouve son explication dans les phénomènes de la fécondation, commence à pâlir et se transforme peu à peu en deux systèmes radiés qui se montrent en des points opposés du noyau. Ces deux systèmes d'irradiations, d'abord petits, s'accusent de plus en plus, grandissent de minute en minute et s'étendent finalement, à leur tour, sur toute la sphère vitelline qu'elles subdivisent en deux masses disposées radiairement autour d'un centre d'attraction (fig. 46).

Au centre de chacun de ces deux systèmes on distingue, dès leur apparition, une petite tache homogène, accolée à la surface du noyau et dépourvue de granulations. C'est dans cette tache que se trouve le centrosome, qu'il est impossible de distinguer sur l'œuf vivant.

Plus les irradiations deviennent nettes, plus les amas de protoplasme homogène, dépourvu de granulations, augmentent autour des centrosomes, en même temps qu'ils s'écartent davantage l'un de l'autre avec les pôles de la figure. En ce moment aussi le noyau perd son aspect vésiculeux et prend la structure du fuseau que nous avons décrit ailleurs (fig. 44). Dans l'œuf des échinodermes, la structure du fuseau, en raison de sa délicatesse, échappe à l'observation sur le vivant; dans le vitellus granuleux apparaît cette image très caractéristique, que montre la figure 46 et que l'on peut comparer à l'*haltère*, dont se servent les gymnastes. Les deux amas de protoplasme homogène, au centre desquels se trouvent les pôles de la figure de division, correspondent aux extrémités renflées de l'haltère. La bande homogène qui les unit indique l'endroit où se trouvait aux stades précédents le noyau devenu maintenant invisible, mais qui s'est, en fait, transformé en le fuseau, dont les deux extrémités arrivent jusqu'aux centrosomes. Autour de l'haltère homogène, la masse vitelline granuleuse s'est disposée en deux systèmes d'irradiations, auxquels Fol a donné le nom d'*amphiaster* ou d'*étoile double*.

Maintenant l'œuf, primitivement sphérique, commence à s'allonger un peu dans la direction de l'axe de l'haltère et il passe rapidement à la dernière phase de la segmentation (fig. 47). A la surface de l'œuf se forme un sillon annulaire, suivant un plan qui coupe perpendiculairement le grand axe de l'haltère, par son milieu. Ce sillon s'approfondit rapidement dans la substance de l'œuf et la divise en peu de temps, en deux moitiés égales. Chacune d'elles contient la moitié du fuseau avec un groupe de segments nucléaires filles, une moitié de l'haltère et un système d'irradiations protoplasmiques.

Lorsque cet étranglement est presque achevé, les deux moitiés de l'œuf en train de se séparer ne restent plus unies qu'en un petit point de leur surface, dans la région du manche de l'haltère. Mais à la fin de la segmentation, elles s'accolent de nouveau par toute l'étendue de leur plan de segmentation, où elles s'aplatissent mutuellement de telle

Fig. 47.

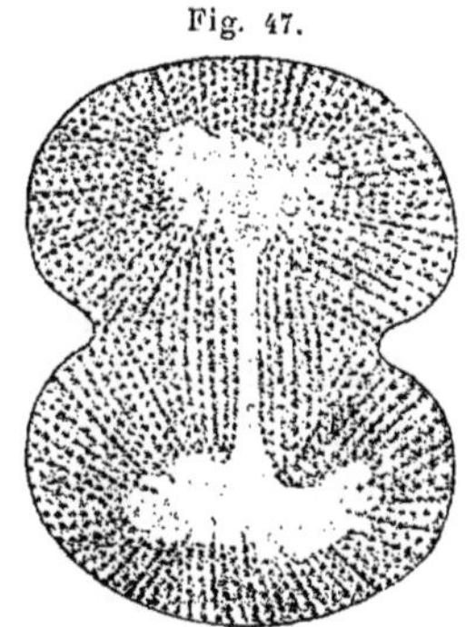

Fig. 48.

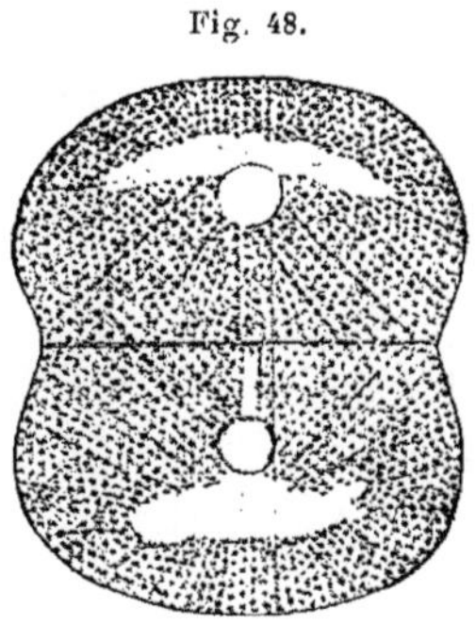

Fig. 47. — *Œuf d'un échinoderme au moment de la segmentation.* — Un sillon annulaire s'engage dans le vitellus et le divise en deux moitiés par un plan perpendiculaire à l'axe du noyau. Ce plan divise en deux parties égales l'axe longitudinal de la figure en forme d'haltère. Grosst : 300 diam.

Fig. 48. — *Œuf d'un échinoderme après la segmentation en deux.* Les deux figures ont été dessinées d'après des objets vivants. — Dans chacun des deux blastomères s'est formé un noyau-fille vésiculeux. Les irradiations protoplasmiques commencent à devenir moins nettes.

sorte que chacune d'elles prend à peu près la forme d'un hémisphère (fig. 48).

Pendant ce temps le noyau est redevenu visible, même sur l'objet vivant. A peu près au point où le manche de l'haltère se continue avec son extrémité renflée, par conséquent à quelque distance du centrosome, apparaissent quelques petites vacuoles, qui se forment parce que les segments nucléaires filles s'imbibent de suc nucléaire. En très peu de temps ces vacuoles se fusionnent en une vésicule sphérique, qui est le noyau-fille (fig. 48). La disposition radiée du protoplasme devient de plus en plus indistincte et, comme la cellule ne tarde pas à se préparer à une nouvelle division, cette irradiation fait place à une nouvelle irradiation double.

Les œufs des échinodermes se prêtent beaucoup moins que ceux de l'Ascaris à une étude au moyen des réactifs et spécialement à l'étude des figures chromatiques. Les anses nucléaires y sont notamment très petites et nombreuses, de sorte que, même examinées sous de forts grossissements, elles offrent l'aspect de petites granulations. La figure 49 représente un fuseau de division, tel qu'il apparaît après le traitement par les réactifs et les matières colorantes. Il correspond à peu près à l'état de l'œuf vivant représenté par la figure 46 et peut, par conséquent, servir à compléter cette image. Le même stade de l'œuf de l'Amphioxus est représenté par la figure 44.

Dans les très gros œufs, renfermant beaucoup de vitellus, comme par exemple dans l'œuf de la grenouille, le processus de l'étranglement exige beaucoup de temps : il en résulte que la seconde division peut déjà commencer avant que la première soit complètement achevée. Dans les œufs de la grenouille on peut observer une formation intéressante, qui a été décrite sous le nom de *sillon frangé* (fig. 50) (REICHERT, MAX SCHULTZE). Le premier sillon commence à apparaître sur une petite étendue de l'hémisphère pigmenté (en noir) de l'œuf et dirigé vers le haut. Il s'allonge en même temps qu'il s'approfondit et, en une demi-heure, il s'étend sur toute la périphérie de l'œuf; il se montre donc en dernier lieu sur l'hémisphère clair, inférieur, de l'œuf, et c'est là aussi qu'il est le moins profond. Au moment de son apparition, ce premier sillon n'est pas lisse, mais il est pourvu lui-même de nombreux petits sillons, au nombre de 60 à 100 de chaque côté et disposés généralement à angles droits sur ses deux faces (fig. 50). Cette disposition est surtout très nette au moment où le sillon de division atteint le tiers de la circonférence de l'œuf. Il naît ainsi une figure très intéressante, comparable à une longue vallée creusée entre deux montagnes et dans laquelle déboucheraient, de part et d'autre, de nombreuses vallées latérales. Plus la segmentation avance et plus s'approfondit le sillon principal, plus aussi diminue le nombre des franges latérales, qui finissent même par disparaître complètement.

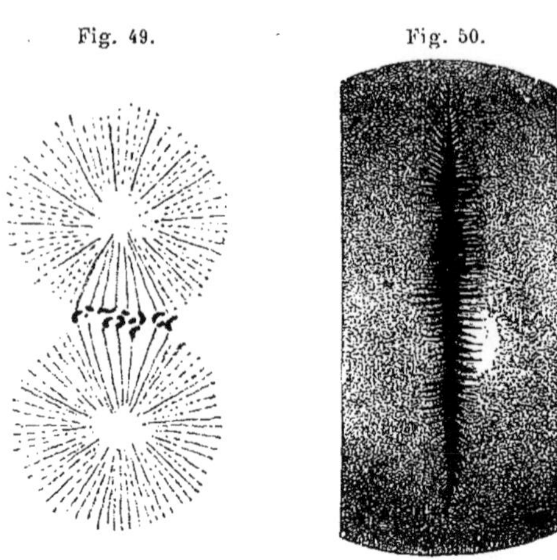

Fig. 49. Fig. 50.

Fig. 49. — *Figure nucleaire d'un œuf de Strongylocentrotus*, une heure vingt minutes après la fécondation. Œuf traité par les réactifs.

Fig. 50. — *Fragment de l'hémisphère supérieur d'un œuf de Rana temporaria*, un quart d'heure après l'apparition du premier sillon de segmentation, au moment où le sillon frangé est le plus net et le plus beau. D'après MAX SCHULTZE.

Ce sillon frangé, si particulier et si net, est un phénomène qui est en connexion avec la contraction du protoplasme lors de l'étranglement.

A cette première division succède, après une courte phase de repos, la deuxième, la troisième, la quatrième division et ainsi de suite. Toutes ces divisions sont accompagnées, tant en ce qui concerne le noyau que le protoplasme, de la même série des modifications que nous avons décrites plus haut. Les deux premières cellules-filles (blastomères) se divisent donc rapidement en quatre; celles-ci en huit, seize, trente-deux, soixante-quatre blastomères et ainsi de suite (fig. 51), jusqu'à ce qu'il en résulte la formation d'un gros amas sphérique de cellules, auquel on a donné le nom de *morula* ou de *sphère mûriforme*, parce que les cellules qui le constituent font de légères saillies à sa surface.

Il est facile de constater que pendant le deuxième et le troisième stade de la segmentation, *il existe une loi bien fixe suivant laquelle s'opère la direction des plans de segmentation.* Le second plan de segmentation coupe toujours le premier à angles droits de façon à le diviser en deux parties égales; le troisième plan de segmentation est, à son tour,

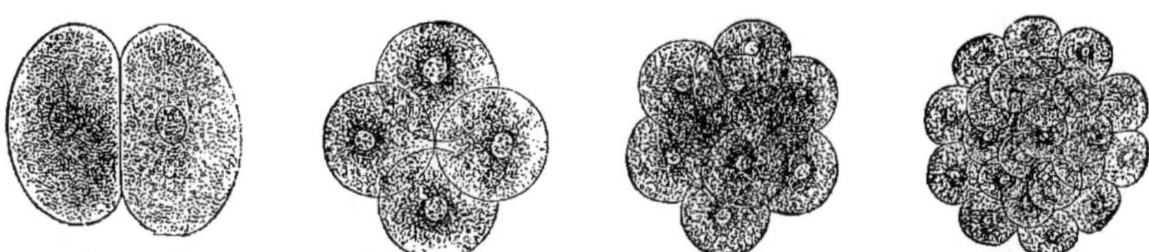

Fig. 51. — *Différents stades de la segmentation*, d'après GEGENBAUR.

perpendiculaire aux deux premiers et passe par le milieu de l'axe suivant lequel se coupent les deux premiers plans. Si donc on considère les deux extrémités de cet axe comme les pôles de l'œuf, alors on peut dire que les deux premiers plans de segmentation sont *méridiens* et le troisième *équatorial.*

Il est, en outre, nécessaire, ainsi que l'ont proposé GRÖNROOS et SOBOTTA, d'employer encore d'autres dénominations empruntées à la géographie mathématique et de désigner sous le nom de *sillons latitudinaux*, ceux qui courent parallèlement à l'équateur et qui représentent, par leur direction, les degrés de latitude du globe terrestre. Enfin, les plans de segmentation qui sont dirigés parallèlement à la surface de l'œuf et qui, par conséquent, ont pour résultat de séparer une portion superficielle d'une autre portion plus centrale, peuvent être appelés *tangentiels.*

Cette régularité avec laquelle sont dirigés les trois premiers plans de segmentation est déterminée par la relation réciproque qui existe entre le noyau et le protoplasme. A ce sujet, l'on constate les deux lois suivantes : 1° *le plan de division coupe toujours perpendiculairement, en deux parties égales, l'axe du fuseau nucléaire;* 2° *la direction de l'axe du fuseau nucléaire dépend de la forme et de la différenciation du corps protoplasmique qui l'entoure : les deux pôles du noyau sont toujours dans la direction de la plus grande masse du protoplasme.* Si nous prenons pour exemple une sphère, dans laquelle le protoplasme est uniformément réparti, le fuseau, situé au centre, se placera dans la direction d'un diamètre quelconque de la sphère; si, au contraire, le corps protoplasmique est ovoïde, le fuseau se placera suivant le grand axe de l'ovoïde. Si le protoplasme constitue un disque circulaire, l'axe du fuseau se placera parallèlement à la surface du disque suivant un diamètre quelconque du cercle; si le disque est ovalaire, par contre, l'axe du fuseau se placera parallèlement à sa surface, mais selon le grand axe de l'ovale.

Ces considérations générales une fois connues, revenons au cas qui nous occupait. Nous avons vu que chacune des deux cellules-filles résultant de la première segmentation a la forme d'un hémisphère. D'après les lois que nous venons d'exposer, le fuseau de ces cellules-filles ne peut se placer perpendiculairement à la face aplatie de l'hémisphère, mais parallèlement à elle : il en résulte que la cellule-fille doit se diviser en deux quarts de sphère ou quadrants. Ensuite, l'axe du fuseau nucléaire de chaque quadrant doit se placer parallèlement au grand axe du quadrant, de sorte qu'après la troisième segmentation, chaque quadrant se trouve divisé en deux octants.

Le processus de la segmentation, tel que nous venons de l'exposer, subit quelques modifications importantes, qui n'intéressent nullement les phénomènes qui s'accomplissent dans le noyau, mais qui concernent la forme des segments, résultant de la division de l'œuf. Ces modifications, sur lesquelles nous reviendrons encore d'une façon plus détaillée, sont provoquées par les différences que présentent les œufs en ce qui concerne leur richesse en matériaux de réserve et le mode de répartition de ces dernières, tel que nous l'avons indiqué plus haut. On peut diviser les différents modes de segmentation en deux groupes, comprenant eux-mêmes deux sous-groupes. Toutefois, il convient de dire que ces formes sont rattachées par des formes intermédiaires.

Dans le premier groupe, nous rangeons les œufs qui se *segmentent complètement*. Nous disons alors que la segmentation est *totale*, et nous distinguons ensuite, selon que les segments de l'œuf ont le même volume ou que leur volume diffère, une segmentation *égale* et une segmentation *inégale*.

Un autre groupe d'œufs comprend ceux qui subissent une *segmentation partielle*. Ce sont les œufs qui, très riches en matières vitellines et par conséquent volumineux, montrent une séparation nette de leur vitellus de formation et de leur vitellus de nutrition. Dans ces œufs, le vitellus de formation seul se segmente, tandis que la masse principale de l'œuf, le vitellus de nutrition, ne se divise pas et ne participe pas directement au développement de l'embryon. De là le nom de *segmentation partielle* que l'on a donné à ce processus. On subdivise la segmentation partielle en *segmentation discoïdale* et *segmentation superficielle*, selon que le vitellus de formation repose sur le vitellus de nutrition sous la forme d'un disque ou qu'il lui forme une couche corticale continue. Remak a proposé de désigner les œufs qui se segmentent totalement, sous le nom d'*œufs holoblastiques*, et ceux qui se segmentent partiellement, sous le nom d'*œufs méroblastiques*.

Nous pouvons donc exprimer le schéma de la segmentation de la façon suivante :

Ier Type. Segmentation totale a. Segmentation égale b. Segmentation inégale	Œufs holoblastiques.
IIe Type. Segmentation partielle a. Segmentation discoïdale b. Segmentation superficielle	Œufs méroblastiques.

Le lecteur trouvera un exposé détaillé des lois de la segmentation de l'œuf dans mes Eléments d'Anatomie et de Physiologie générales (1re partie : *La Cellule*), édition française, Paris, 1894. Il convient de faire remarquer encore ici que, dans le règne végétal et dans le règne animal, il se présente parfois, sous l'influence de facteurs spéciaux, *des exceptions à ces règles générales*. Le processus de la formation des cellules polaires tel que nous l'avons décrit plus haut, nous fournit précisément, en ce qui concerne la position du fuseau de direction, un exemple d'une exception de ce genre. D'autres exceptions se trouvent signalées encore dans un article de Jenning (voir Bibliographie).

Ia. Segmentation égale.

La description générale que nous avons faite du processus de la segmentation s'applique aux phénomènes de la segmentation égale. Nous ajouterons seulement à ce que nous avons dit précédemment que ce type de segmentation se rencontre surtout chez les invertébrés. Parmi les vertébrés, il n'existe que chez l'Amphioxus et chez les mammifères. Et encore chez eux il se manifeste déjà, à une période reculée du développement, de légères différences dans le volume des sphères de segmentation. C'est ce qui a déterminé certains auteurs à considérer la segmentation de l'Amphioxus et des mammifères comme inégale. Si je ne me rallie pas à cette manière de voir, c'est parce que les différences signalées entre les cellules ne sont qu'insignifiantes; parce que le noyau de l'œuf fécondé et ceux des cellules qui en dérivent occupent le centre de ces cellules et parce que les différents modes de segmentation ne sont généralement pas nettement tranchés, mais qu'ils sont rattachés les uns aux autres par des modes de transition. Afin de tenir compte des petites particularités qu'offre la segmentation chez l'Amphioxus et chez les mammifères, certains auteurs ont distingué, comme type spécial, une *segmentation adéquale*.

Hatschek nous apprend que chez l'Amphioxus, lorsque l'œuf est divisé en huit cellules, quatre d'entre elles sont un peu plus petites que les quatre autres; qu'à partir de ce stade cette différence s'accentue et que le processus de la segmentation ressemble alors à celui de l'œuf de la grenouille, que nous décrirons plus loin.

L'œuf du lapin,qui a fait l'objet des recherches minutieuses de Van Beneden, se divise aussi, dès le début, en deux blastomères de volume un peu inégal. A partir du troisième stade de la segmentation, cette différence s'accentue davantage, en ce sens que les différents blastomères ne se segmentent plus avec la même rapidité. Après que les quatre premiers blastomères se sont divisés en huit, il existe un stade à 12 cellules; puis, vient un autre stade pendant lequel il existe 16 cellules et ensuite un autre encore à 24 cellules.

I^b. Segmentation inégale.

Nous choisirons comme base de notre description l'œuf des amphibiens, dont nous avons fait connaître précédemment la structure. Dès que l'œuf d'une grenouille ou d'un triton a été pondu et fécondé dans l'eau, son enveloppe gélatineuse gonfle et l'hémisphère pigmenté de noir, c'est-à-dire l'hémisphère animal, est tourné vers le haut, parce qu'il renferme plus de protoplasme et des sphères vitellines plus petites, et qu'il est plus léger que l'hémisphère végétatif. Cette inégalité dans la répartition des éléments vitellins entraîne aussi un changement dans la position du noyau de segmentation. Tandis que, dans les œufs dont le deutoplasme est uniformément réparti, le noyau de segmentation occupe le centre de l'œuf; au contraire, dans les œufs dont un hémisphère est plus riche en matières vitellines et l'autre hémisphère, plus riche en protoplasme, le noyau de segmentation est logé dans ce dernier. Dans l'œuf de la grenouille nous le trouvons donc dans l'hémisphère pigmenté et dirigé vers le haut.

Lorsqu'il se prépare à se diviser, l'axe du noyau de segmentation ne peut plus se placer dans la direction d'un rayon quelconque de l'œuf.

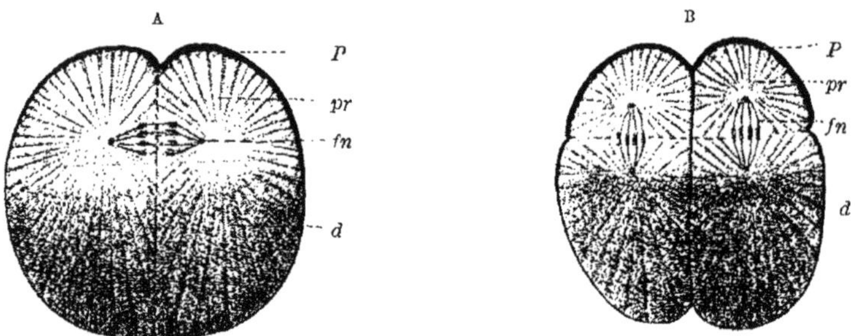

Fig. 52. — *Schéma de la segmentation de l'œuf de la grenouille.*

A, premier stade de la segmentation. B, troisième stade de la segmentation. Les 4 blastomères provenant du deuxième stade de la segmentation commencent à se diviser en 8 blastomères, par un sillon équatorial. *P*, surface pigmentée de l'œuf, au voisinage du pôle animal; *pr*, hémisphère de l'œuf riche en protoplasme; *d*, l'autre hémisphère, riche en vitellus; *fn*, fuseau nucléaire.

Par suite de la répartition inégale du protoplasme dans l'œuf, le noyau de segmentation, sous l'influence de l'hémisphère pigmenté (plus riche en protoplasme), qui repose comme une calotte sur l'autre hémisphère (plus abondamment pourvu de vitellus) et qui, en vertu de sa densité moindre, est dirigé vers le haut, le noyau de segmentation, dis-je, a son axe horizontalement placé. L'axe du fuseau nucléaire est donc horizontalement situé dans un disque protoplasmique horizontal (fig. 52, A, *fn*); le plan de segmentation doit donc être *vertical*. Il commence à se montrer sous la forme d'un léger sillon, au pôle animal de l'œuf, parce que ce pôle, étant plus rapproché du fuseau nucléaire, subit davantage l'influence de ce dernier, et parce qu'il renferme plus de protoplasme, substance dont procèdent les phénomènes de mouvement qui se manifestent lors de la segmentation. Ce sillon s'approfondit lentement de haut en bas, en gagnant progressivement le pôle végétatif de l'œuf.

A la fin de la première segmentation, l'œuf se trouve divisé en deux hémisphères (fig. 53, 2). Chaque hémisphère se compose d'une partie dirigée vers le haut et plus riche en protoplasme et d'une partie dirigée

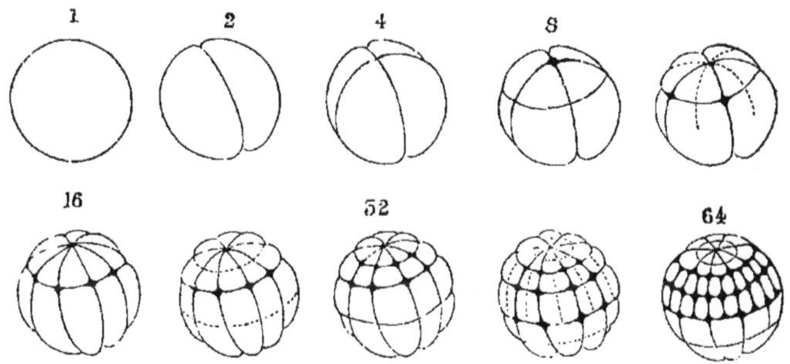

Fig. 53. — *Segmentation de l'œuf de Rana temporaria*, d'après ECKER.
Les nombres marqués au-dessus des figures indiquent combien il existe de blastomères au stade correspondant.

vers le bas et plus riche en deutoplasme. Par là se trouvent donc de nouveau déterminées et la situation du noyau de chacun des deux premiers blastomères et la direction que prendra son axe, lorsqu'il se préparera à subir une nouvelle segmentation. D'après les lois que nous avons exposées plus haut, le noyau de chacun des deux premiers blastomères doit se trouver dans la partie plus riche en protoplasme; quant à l'axe du fuseau nucléaire, il doit se placer parallèlement au grand axe de cette partie, c'est-à-dire horizontalement. Le deuxième plan de segmentation est donc vertical, tout comme le premier, qu'il coupe à angles droits.

Lorsque le deuxième stade de la segmentation est achevé, l'œuf est formé de quatre quadrants ou quarts de sphère (fig. 53, 4) séparés par deux plans de segmentation verticaux et possédant chacun deux pôles d'inégale valeur. L'un de ces pôles, plus riche en protoplasme, plus léger, est dirigé vers le haut; l'autre plus riche en deutoplasme, plus lourd, est dirigé vers le bas. En étudiant la segmentation égale, nous avons vu qu'au troisième stade de la segmentation, l'axe du fuseau nucléaire se place parallèlement au grand axe du quadrant auquel il appartient. La même chose a lieu dans la segmentation inégale, mais avec une différence pourtant. La moitié supérieure du quadrant étant plus riche en protoplasme que sa moitié inférieure, le fuseau ne peut pas, comme dans la segmentation égale, se placer au milieu du quadrant, mais il doit être plus rapproché du pôle animal de l'œuf (fig. 52, B, *fn*). Son axe est vertical, étant donnée l'orientation que prend dans l'espace l'œuf des amphibiens en raison de l'inégalité du poids spécifique de ses deux hémisphères. Il en résulte que *le troisième plan de segmentation sera horizontal et passera au-dessus de l'équateur de l'œuf*, plus ou moins près de son pôle animal (fig. 53, 8). *Les produits de cette division sont donc de volume inégal et de constitution différente* : c'est pour ce motif que l'on a donné à ce mode de segmentation le nom de segmentation inégale. Les quatre segments dirigés vers le haut sont plus petits et moins riches en vitellus; les quatre segments inférieurs sont beaucoup plus volumineux et plus riches en vitellus. D'après la position qu'ils occupent par rapport aux deux pôles de l'œuf, nous les désignerons respectivement sous les noms de *cellules animales* et de *cellules végétatives*.

Dans la suite du développement, la différence entre les cellules animales et les cellules végétatives devient de plus en plus accentuée; car plus les cellules sont riches en protoplasme, plus elles se divisent rapidement et fréquemment. Au quatrième stade de la segmentation, les 4 segments supérieurs se divisent les premiers en 8, par des sillons verticaux; ce n'est que quelque temps après, que les 4 segments inférieurs en font autant : à ce moment l'œuf se compose de 8 petites cellules et de 8 grandes cellules (fig. 53, 16). Après une courte période de repos, les 8 segments supérieurs se divisent de nouveau par un sillon; un peu plus tard, les 8 segments inférieurs se divisent à leur tour, à l'aide d'un sillon semblable (fig. 53, 32). Les 32 segments se divisent de même en 64 (fig. 53, 64). Aux stades suivants, les divisions se produisent encore plus rapidement au pôle animal qu'au pôle végétatif de l'œuf. C'est ainsi que, pendant que les 32 cellules animales se sont rapidement divisées deux fois de suite, de façon qu'il en existe 128, l'hémisphère inférieur n'est encore formé que par 32 cellules, qui se préparent à se segmenter. Le résultat final de ce processus de segmentation, c'est *la formation d'un amas sphérique de cellules, dont les deux hémisphères ont une valeur différente*. L'un d'entre eux, l'hémisphère supérieur ou animal, se compose de petites cellules pigmentées; l'autre, inférieur ou végétatif, est formé de cellules plus volumineuses, plus riches en vitellus et dépourvues de pigment.

Du processus de la segmentation inégale, ainsi que d'une série d'autres faits, on peut déduire cette loi générale, formulée pour la première fois par Balfour : *la rapidité avec laquelle s'opère la segmentation est proportionnelle à la concentration du protoplasme dans les blastomères*. Les cellules abondamment pourvues de protoplasme se divisent plus rapidement que celles qui en renferment moins et qui sont en même temps plus riches en matières vitellines.

Parmi les vertébrés, la segmentation partielle a lieu dans les œufs méroblastiques des téléostéens, des sélaciens, des reptiles et des oiseaux. De même que l'on trouve des transitions entre la segmentation égale et la segmentation inégale, de même on peut observer toutes les transitions possibles entre la segmentation inégale et la segmentation partielle lorsque l'on étudie les premiers processus du développement chez un très grand nombre de représentants des différentes classes de vertébrés. Nous savons déjà que, parmi les amphibiens, chez les espèces dont les œufs sont particulièrement volumineux et riches en vitellus, telles par exemple que Salamandra maculata (Grönross), le premier sillon méridien commence par se développer rapidement au pôle animal, au voisinage duquel siège le noyau de segmentation, mais que dans la suite il ne progresse qu'avec une extrême lenteur et que ce n'est que plusieurs heures plus tard qu'il atteint le pôle végétatif et divise en deux l'hémisphère végétatif. Avant que cette division se soit effectuée, le second sillon et même le troisième et le quatrième ont déjà apparu au pôle animal. Il en résulte que dans l'œuf de Salamandra l'antithèse entre l'hémisphère animal et l'hémisphère végétatif de l'œuf est encore beaucoup plus marquée que chez la grenouille.

Les œufs des ganoides (esturgeon, Lepidosteus, Amia) nous montrent un intéressant terme intermédiaire entre la segmentation inégale et la segmentation partielle. Le processus de la segmentation chez Amia calva, qui a fait l'objet des recherches de Whitman, d'Eycleshymer et de H. Virchow, nous servira d'exemple.

Pendant que les deux sillons méridiens, qui se coupent à angles droits, n'intéressent encore que le voisinage du pôle animal (fig. 54, A),

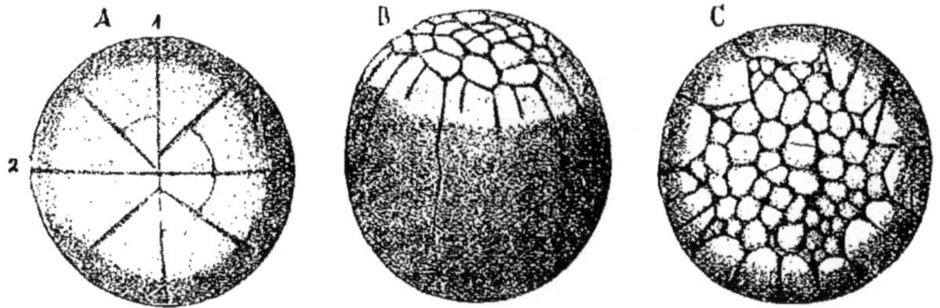

Fig. 54. — *Trois stades de la segmentation de l'œuf d'Amia calva*, d'après Whitman.

les sillons de la troisième phase de la segmentation apparaissent déjà, mais ils ne sont pas latitudinaux comme chez la grenouille; ils sont aussi verticaux et partent de l'un des deux premiers sillons méridiens, à quelque distance du pôle supérieur de l'œuf. Bientôt se manifeste la quatrième phase de la segmentation, pendant laquelle se forment, tout près du pôle, les premiers sillons latitudinaux (fig. 54, A); ils séparent, au voisinage du pôle animal, huit petites cellules des huit grands segments primitifs qui sont encore en continuité, au pôle végétatif, avec une masse vitelline pour ainsi dire indivise.

Au stade suivant, pendant lequel le nombre des cellules se trouve porté à 32, les huit grands segments végétatifs commencent à se diviser par des sillons méridiens. Au niveau des cellules animales, au contraire, apparaissent des plans de segmentation tangentiels, que l'on ne peut distinguer en examinant l'œuf extérieurement; il en résulte que dès ce moment déjà les huit cellules animales se trouvent séparées, en dedans, des parties du vitellus sous-jacentes : en cette région l'œuf présente donc une double assise de cellules. C'est à ce moment, enfin, que les deux premiers sillons méridiens ont atteint le pôle végétatif de l'œuf.

Plus tard, des sillons latitudinaux séparent de nouveau 16 cellules animales des 16 segments végétatifs existants; ces cellules animales forment un second anneau autour du groupe de petites cellules situées au pôle animal et qui, à leur tour, commencent en même temps à se diviser par des plans verticaux. Comme ce processus se continue, on obtient (fig. 53, B et C) un disque de petites cellules, qui occupe le pôle animal de l'œuf et est entouré par une couronne de gros segments vitellins dont le nombre augmente également : ces segments vitellins sont nettement séparés les uns des autres, vers le haut, par des sillons méridiens régulièrement disposés tandis que vers le pôle végétatif de l'œuf ils sont encore confondus, en bien des points, par une masse vitelline non segmentée. La subdivision de cette masse en gros segments n'est achevée qu'à un moment où la région animale, plus réduite, de l'œuf, est déjà constituée par de très nombreuses petites cellules.

II[a]. Segmentation partielle discoïdale.

L'œuf de la poule est l'exemple classique qui sert à l'étude de la segmentation discoïdale. Chez la poule, la segmentation de l'œuf s'accomplit dans l'oviducte, au moment où l'albumen et la coque se déposent autour du vitellus. Ce processus amène uniquement la division du disque germinatif, formé de vitellus de formation : par contre, la majeure partie de l'œuf, renfermant le vitellus de nutrition, reste indivise et se trouve plus tard contenue dans une annexe de l'embryon, le sac vitellin. Le vitellus de nutrition sert peu à peu de matière nutritive à l'embryon. De même que, dans l'œuf de la grenouille, l'hémisphère animal pigmenté, de même, dans l'œuf de la poule, la partie contenant le disque germinatif est plus légère : il en résulte que ce dernier est toujours tourné vers le haut. De même que dans l'œuf de la grenouille les deux premiers plans de segmentation sont verticaux et commencent à se former au pôle animal, de même dans l'œuf de la poule (fig. 55) il apparaît successivement au centre du disque deux sillons méridiens, qui se coupent à angles droits et pénètrent verticalement de la surface dans la profondeur. Mais tandis que dans l'œuf de la grenouille les premiers plans de segmentation finissent par atteindre le pôle opposé de l'œuf, dans l'œuf de la poule le disque germinatif seul se divise en deux segments égaux, qui reposent par leur base élargie sur la masse vitelline indivise et qui, par conséquent, sont encore unis entre eux, par leur base, tout comme c'est le cas dans l'œuf de l'Amia (fig. 54) au début de la segmentation. La similitude avec les dispositions décrites chez Amia existe encore, en ce qui concerne la direction des sillons, pour la troisième et la quatrième phase de la segmentation. Alors, en effet, au lieu des sillons latitudinaux qui apparaissent dans l'œuf de la grenouille, chacun des quatre segments se subdivise encore une fois en deux, par un sillon, dont la direction est plutôt méridienne (comme dans la fig. 54, A). Les segments ainsi formés représentent des segments de sphère, qui se touchent, par leurs extrémités effilées, au centre du disque germinatif, tandis que par leurs larges extrémités ils sont tour-

Fig. 55. Fig. 56.

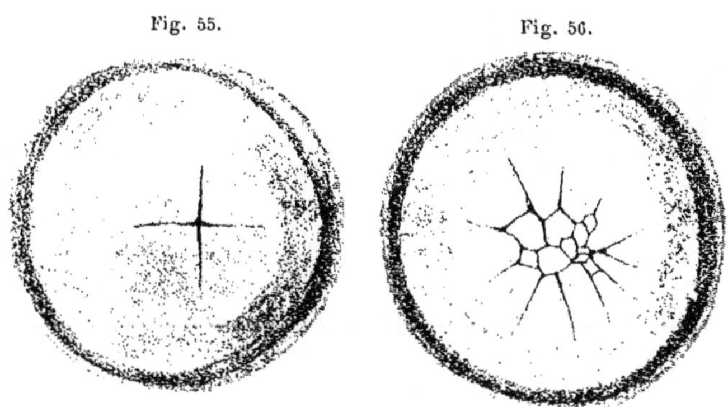

Fig. 55. — *Disque germinatif d'un œuf de poule pris dans l'utérus et divisé en quatre segments,* d'après Kölliker.

Fig. 56. — *Disque germinatif d'un œuf de poule pris dans l'utérus et divisé en onze segments,* d'après Kölliker.

nés vers la périphérie. Ensuite le sommet de chacun des segments se sépare par un sillon dirigé parallèlement à l'équateur de l'œuf, c'est-à-dire par un sillon latitudinal; il en résulte la formation de segments centraux, plus petits, et de segments périphériques, plus volumineux (fig. 56). Il se produit alors une série de sillons méridiens et de sillons latitudinaux, qui alternent généralement entre eux: le disque germinatif se compose donc d'un nombre de plus en plus considérable de segments, disposés de telle sorte que les plus petits occupent le centre du disque et siègent donc immédiatement au pôle animal, tandis que les plus grands se trouvent situés à la périphérie (fig. 57).

Ces derniers méritent le nom de segments marginaux : à la périphérie ils ne sont pas séparés de la masse vitelline indivise (c'est également le cas chez Amia au stade représenté par la fig. 54, B). Ils sont séparés les uns des autres par des sillons méridiens. Leur nombre, à la périphérie du disque germinatif, augmente continuellement au fur et à mesure que la segmentation progresse, ce qui est dû à ce fait que les quelques grands segments marginaux des stades précédents continuent à se diviser en deux par de nouveaux sillons méridiens (comparer les fig. 56 et 57). En même temps de leurs extrémités effilées, tournées vers le pôle, de petits segments se séparent par des sillons latitudinaux, de telle sorte que la zone de petites cellules du disque germinatif, qui est entourée comme d'une couronne rayonnante par les segments marginaux, s'accroît continuellement à sa périphérie et s'étend en surface.

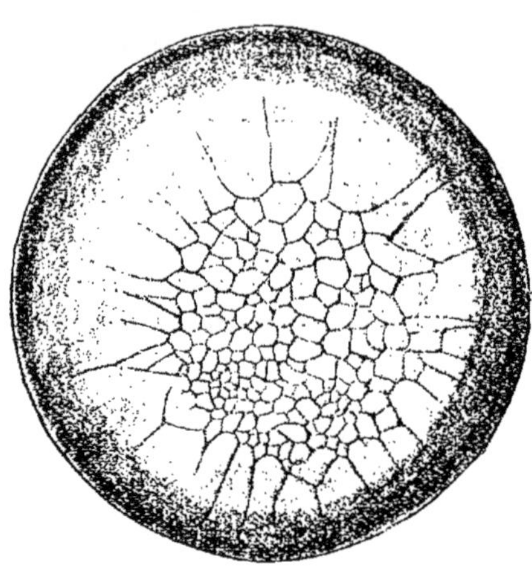

Fig. 57. — *Disque germinatif d'un œuf de poule pris dans l'utérus et pourvu de nombreux segments marginaux*, d'après Kölliker.

L'étude attentive de la vue de surface d'un disque germinatif en voie de segmentation permet de reconnaître, déjà à un stade assez reculé, une disposition bilatérale des cellules de segmentation (Kölliker, Duval, Kionka). Ainsi qu'on peut déjà le voir nettement dans la fig. 57, à l'un des côtés du bord du disque les cellules sont beaucoup plus petites qu'à l'autre côté. D'après les données fournies par plusieurs auteurs, la zone formée de cellules plus petites correspond à la future extrémité postérieure de l'embryon; c'est là que commence à se produire l'invagination de la gastrula (Duval). Une ligne qui unirait le milieu du bord du disque germinatif où siègent les cellules plus grandes au milieu du bord où se trouvent les cellules plus petites, coïnciderait à peu près à l'axe longitudinal futur de l'embryon.

Pour que notre exposé soit complet, il nous faut encore indiquer quelles relations existent entre les blastomères, que nous n'avons encore décrits que d'après des vues de surface, et la masse vitelline sous-jacente. Lors de leur formation, les 16 premiers segments ou blastomères sont en continuité, par leur face profonde, avec la couche indivise, sous-jacente, du disque germinatif; ce n'est que latéralement qu'ils sont séparés les uns des autres par les sillons que l'on voit de la surface. Cette disposition ne commence à se modifier qu'au cinquième stade de la segmentation. Dans les petits segments centraux du disque, les noyaux, lorsqu'ils se transforment en fuseaux, se placent alors dans la direction des rayons de l'œuf, c'est-à-dire perpendiculairement à sa surface, de sorte que les plans de division se font tangentiellement à la surface de l'œuf et il en résulte que des deux cellules qui se forment par cette division, l'une est externe ou superficielle, et l'autre interne ou profonde. La première seule s'isole de toutes parts, comme cellule embryonnaire, tandis que la seconde, au contraire, reste toujours en continuité, par sa base, avec la masse vitelline non segmentée, comme c'était le cas pour le segment tout entier avant sa division. Ce n'est que lorsque commencent à se produire les plans de segmentation tangentiels que le disque germinatif, dans l'étendue d'une petite zone située d'abord au pôle animal de l'œuf, mais qui s'étend ensuite progressivement vers la périphérie du disque, devient constituée par deux et, plus tard, par plusieurs assises de cellules.

L'ensemble de ce processus, qui est caractéristique pour la segmentation de l'œuf des sélaciens, des reptiles et des oiseaux, se comprend aisément si l'on s'en réfère au schéma ci-contre (fig. 58), que j'ai reproduit d'après un exemple donné par Sobotta. Ce schéma représente

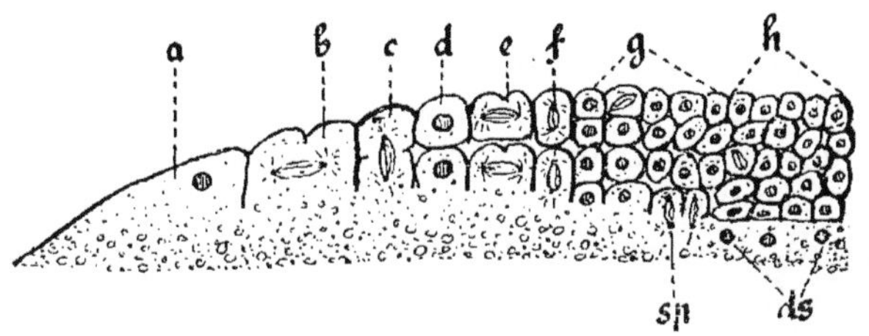

Fig. 58. — *La segmentation du disque germinatif d'un œuf méroblastique, représentée schématiquement.* *ds*, syncytium vitellin; *sp*, fuseau nucléaire placé radiairement.

une coupe transversale pratiquée à travers un disque germinatif d'oiseau, à un stade assez avancé déjà de la segmentation. A gauche, on voit un segment marginal (*a*) encore relativement volumineux, en continuité par sa base avec la couche vitelline sous-jacente. A un stade précédent, du segment marginal, qui était encore plus volumineux et plus central, s'est séparé le segment *b*, par un sillon latitudinal, mais l'union avec le vitellus a persisté. Par des sillons méridiens et latitudinaux alternatifs, il se divise ensuite en segments plus petits, à peu près comme le montre la cellule *c*, qui est plus centrale et par conséquent déjà un peu plus âgée. Dans cette cellule, le fuseau nucléaire est dirigé suivant l'un des rayons de l'œuf, de sorte qu'elle se divisera bientôt, par un plan de segmentation tangentiel, en une moitié superficielle, isolée de toutes parts, et en une moitié profonde, comme cela s'est déjà effectué dans les séries de cellules *d*, *e*, *f*, qui sont plus centrales. Par des plans de division qui se produisent dans les trois directions de l'espace, c'est-à-dire par des plans méridiens, latitudinaux et tangentiels, il s'est formé, dans les zones *g* et *h*, des cellules de segmentation plus petites encore, qui maintenant se trouvent superposées en quatre assises. Néanmoins, les cellules les plus profondes (depuis *d* jusque *g*) ont toujours conservé, comme les segments marginaux, leur continuité avec le vitellus.

On a désigné sous le nom de *post-segmentation* ou de *segmentation tardive* le processus qui consiste en ce que, par division des noyaux qui siègent à la face inférieure et au bord du disque germinatif, des cellules se séparent peu à peu complètement du vitellus et contribuent à l'accroissement du disque, tant en surface qu'en épaisseur. Ce processus dure un certain temps, pour cesser d'abord au centre du disque germinatif, puis plus tard à sa périphérie. Il cesse probablement lorsque le vitellus de formation s'est tout entier divisé en cellules et que la limite du vitellus de nutrition, pauvre en protoplasme, se trouve atteinte. Il en résulte alors une séparation très nette entre le disque germinatif et les matériaux vitellins, parce que ces derniers ne fournissent plus de cellules pouvant contribuer à l'accroissement du disque germinatif et aussi parce que l'assise la plus profonde des cellules de segmentation se trouve séparée de toutes parts. Cependant, à la limite de la couche vitelline continue, il persiste dans cette dernière un grand nombre de noyaux, qui proviennent des dernières divisions cellulaires (fig. 58 *ds*). Ces noyaux, logés dans une auréole de protoplasme qui émet des prolongements ramifiés entre les sphères vitellines et les plaques vitellines, ont été décrits par Rückert sous le nom de mérocytes. H. Virchow a désigné sous le nom de *syncytium vitellin* la couche superficielle du vitellus de nutrition qui se trouve étalée sous le germe cellulaire et qui est pourvue de noyaux. Il y distingue une partie centrale, qui se sépare plus tôt et qui est habituellement plus pauvre en noyaux — *syncytium central* — et une partie plus riche en noyaux, étalée à la périphérie du disque germinatif — *syncytium marginal* (périblaste d'Agassiz et Whitman).

Les noyaux logés dans le syncytium se multiplient encore, par division directe, pendant un certain temps; ensuite ils subissent au sein du vitellus des modifications spéciales dans leur structure, atteignent souvent, surtout dans l'œuf des téléostéens, des dimensions considérables et semblent n'être plus capables que de se diviser par voie amitosique (Ziegler). Ils ne participent absolument plus à la formation des feuillets germinatifs, ni par conséquent à la formation du corps de l'embryon et ne jouent plus de rôle que dans la résorption du vitellus (H. Virchow). De cette façon la couche dans laquelle siègent les noyaux vitellins, c'est-à-dire le syncytium vitellin, constitue un trait d'union important entre le germe segmenté et le vitellus de nutrition sous-jacent.

Les deux coupes réelles pratiquées, l'une à travers le disque germinatif d'un œuf de poule (fig. 59), et l'autre, à travers le disque d'un œuf de sélacien (fig. 60) sont destinées à compléter le schéma que nous avons donné par la figure 58. La première surtout, qui intéresse un stade déjà assez avancé de la segmentation, sera utile à ce propos.

La post-segmentation, que nous avons décrite plus haut, et le syncytium vitellin qui en résulte plus tard (périblaste, mérocytes), sont des formations qui, dans les œufs méroblastiques, sont dues à la surabondance des matériaux vitellins.

Si, pour terminer, nous comparons la segmentation partielle de l'œuf de la poule avec la segmentation inégale de l'œuf de la grenouille, il

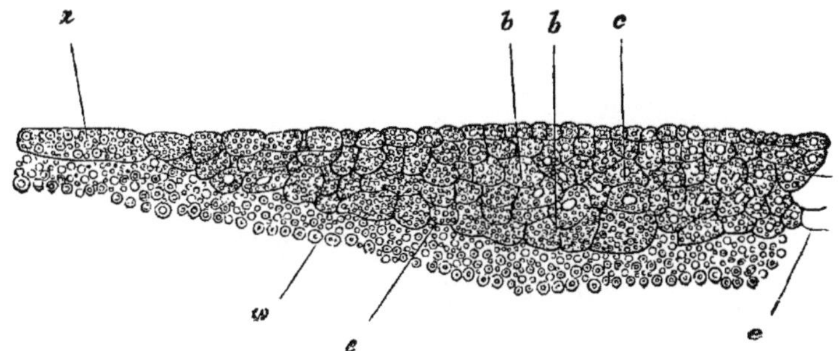

Fig. 59. — *Coupe transversale du disque germinatif d'un œuf de poule, à un stade ultérieur de la segmentation,* d'après BALFOUR.

La coupe, qui intéresse un peu plus de la moitié de la largeur du disque germinatif (la ligne médiane est indiquée par la lettre c), montre que les segments de la surface et ceux du centre du disque sont plus petits que les segments profonds et les segments périphériques. Au bord du disque ils sont aussi très volumineux ; un seul segment du bord (*a*) est figuré. *a*, grande cellule du bord du disque germinatif; *b*, grandes cellules des couches profondes; *c*, limite entre le disque germinatif et le vitellus blanc (*w*).

n'est pas difficile de dériver la première de la seconde, ni de trouver la cause de son origine. Cette cause est la même que celle qui a amené la formation de la segmentation inégale aux dépens de la segmentation égale. C'est l'accumulation du vitellus de nutrition, la répartition de plus en plus inégale des substances de l'œuf et le changement de position du noyau de segmentation. Le processus de différenciation, qui n'est encore qu'à un stade de transition dans l'œuf de la grenouille, a atteint son apogée dans l'œuf de la poule. La substance protoplasmique déjà accumulée, chez le premier, au pôle animal, s'est concentrée davantage encore chez le second et s'est en même temps séparée du vitellus de nutrition sous la forme d'un disque contenant le noyau de segmentation.

Le vitellus de nutrition, accumulé en une masse énorme au pôle végétatif, est presque entièrement dépourvu de substance protoplasmique. Le protoplasme s'y trouve disséminé en minces travées, dans les lacunes qui séparent les grandes sphères vitellines.

Or, dans le processus de la division, les phénomènes de mouvement procèdent du protoplasme et du noyau, tandis que les matériaux vitellins restent passifs. *Dans les œufs méroblastiques la substance active ne parvient plus à entraîner la substance passive et à la diviser.* Déjà, dans l'œuf de la grenouille (fig. 52), nous constatons une intervention plus active du pôle animal dans le processus de la segmentation : c'est là que se trouve le noyau; là qu'apparaissent, dans le protoplasme, les figures radiées; là que commencent à se former les deux premiers plans de segmentation, qui ne gagnent que plus tard le pôle végétatif; c'est là encore qu'ultérieurement les phénomènes de division se passent le plus rapidement, ce qui entraîne un contraste entre les cellules

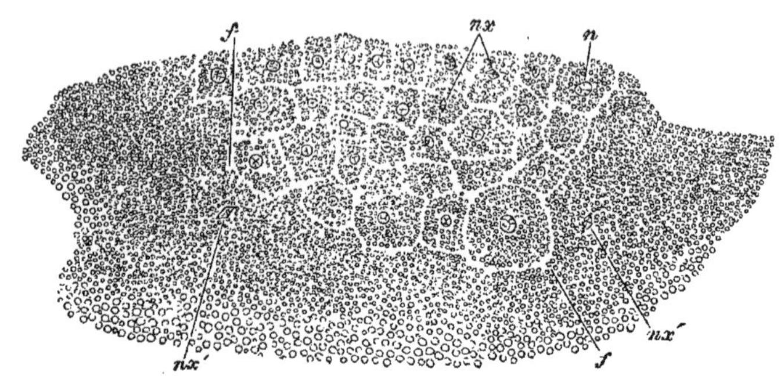

Fig. 60. — *Coupe transversale du disque germinatif d'un embryon de Pristiurus, pendant la segmentation,* d'après BALFOUR.

n, noyau; *nx*, noyaux en voie de division; *nx'*, noyaux vitellins en voie de division; *f*, sillons qui apparaissent dans la partie du vitellus immédiatement sous-jacente au disque germinatif.

animales, plus petites, et les cellules végétatives, plus volumineuses (fig. 53). Ce contraste est déjà plus accentué dans l'œuf d'Amia calva (fig. 54), qui constitue, au point de vue de la segmentation, un terme intermédiaire entre l'œuf des amphibiens et les œufs méroblastiques. Dans l'œuf d'Amia comme dans l'œuf de la poule, la prépondérance du pôle animal se manifeste à l'extrême; la séparation en deux substances, le vitellus de formation et le vitellus de nutrition, qui prennent une part très inégale au processus du développement, est aussi devenue extrêmement nette. Non seulement les sillons de segmentation commencent au pôle animal, mais ils restent limités à la partie voisine de l'œuf (fig. 55 à 57). Il en résulte la formation d'un disque de petites cellules animales autour de l'un des pôles de l'œuf, tandis qu'à l'autre pôle il existe une masse vitelline indivise, correspondant aux grandes cellules végétatives de l'œuf de la grenouille. *Les noyaux vitellins*, logés à la périphérie et au-dessous du disque germinatif (fig. 58 *ds*, 59, 60 *nx'*, *nx'*), *ont la même valeur que les noyaux des cellules végétatives de l'œuf et de grenouille.*

Une complication très intéressante de la segmentation partielle des œufs méroblastiques a été observée par RÜCKERT, chez les Sélaciens et par OPPEL, chez les Reptiles. Ainsi que nous l'avons déjà dit, chez ces vertébrés il pénètre dans le même œuf plusieurs spermatozoïdes, aux dépens desquels se forment autant de noyaux spermatiques. Parmi ces derniers, *un seul*, probablement le plus rapproché, chemine vers le noyau ovulaire et se fusionne avec lui pour former le noyau de segmentation, qui siège au centre du disque germinatif. Ensuite, le noyau de segmentation se multiplie, par divisions successives, en 2, 4, 8 noyaux, etc., en même temps que le disque germinatif se subdivise, par segmentation partielle, en un certain nombre de segments.

Les autres noyaux spermatiques, qui ne sont pas unis au noyau ovulaire, viennent se placer dans le vitellus sous-jacent au disque germinatif, où il est très difficile de les distinguer des noyaux du syncytium vitellin, dont nous avons indiqué plus haut le mode de formation. Ils se multiplient assez rapidement, mais ils ne présentent, au stade fuseau, que la moitié du nombre des segments nucléaires que possèdent les noyaux provenant du noyau de segmentation (Rückert).

Plus tard, ils semblent dégénérer peu à peu et, d'après Rückert, ils ne prennent aucune part à la formation des feuillets de l'embryon.

La segmentation partielle et la formation du syncytium vitellin présentent certaines modifications dans l'œuf des Téléostéens. On les trouvera exposées dans les travaux de Wenkebach, Ziegler, H. Virchow et Sobotta.

II^b. Segmentation superficielle.

Le second mode de segmentation partielle, la segmentation superficielle, se rencontre chez les arthropodes, dont les œufs renferment une masse centrale de vitellus de nutrition, entourée d'une couche corticale de vitellus de formation. Nous constatons ici diverses variations, tout comme des transitions vers la segmentation égale et la segmentation inégale. Lorsque la segmentation partielle est absolument typique, le noyau de segmentation entouré d'une couche de protoplasme, se trouve

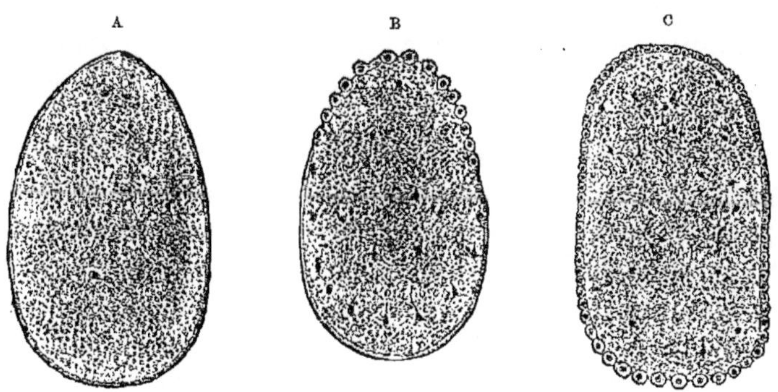

Fig. 61. — *Segmentation superficielle de l'œuf d'un insecte* (*Pieris crataegi*), d'après Bobretzky. A, division du noyau de segmentation. B, des noyaux gagnent la surface de l'œuf pour former la membrane germinative (blastoderme). C, formation de la membrane germinative.

situé au centre de l'œuf, dans le vitellus de nutrition. Il s'y divise en 2 noyaux-filles, sans qu'il s'accomplisse en même temps une division de la cellule-œuf (fig. 61 A). Les noyaux-filles se divisent à leur tour en 4, puis, en 8, 16, 32 noyaux et ainsi de suite, tandis que l'œuf reste toujours indivis (fig. 61, B). Plus tard, les noyaux s'écartent les uns des autres, gagnent, pour la plupart, peu à peu la surface de l'œuf, et pénètrent dans la couche protoplasmique corticale, où ils se disposent à des distances égales les uns des autres. C'est alors seulement que l'œuf lui-même commence à se diviser; *la couche corticale se segmente en autant de cellules qu'elle renferme de noyaux, pendant que le vitellus central reste indivis* (fig. 61 B et C). Le vitellus central se trouve donc subitement entouré de toutes parts, par une vésicule formée de petites cellules, c'est-à-dire par une *membrane germinative*. Au lieu d'un vitellus polaire (télolécithe), nous avons ici un vitellus central (centrolécithe). Dans ce dernier restent habituellement un petit nombre de noyaux vitellins entourés de protoplasme (mérocytes), comme dans les œufs méroblastiques des vertébrés.

b. — Stades embryonnaires consécutifs à la segmentation : morula et blastula.

Maintenant que nous avons appris à connaître les différents modes de segmentation de l'œuf, il ne sera pas inutile de jeter un coup d'œil sur les résultats acquis. A la suite de la segmentation, il se forme un amas de cellules, qui présente des caractères spéciaux, selon qu'il a pris naissance par l'un ou l'autre des quatre modes décrits. La segmentation égale fournit un germe sphérique, formé de cellules sensiblement de même volume (Amphioxus, mammifères, fig. 51). La segmentation inégale et la segmentation discoïdale conduisent à une forme de germe à différenciation polaire. Cette différenciation consiste, dans le premier cas (cyclostomes, amphibiens), en ce que les cellules avoisinant le pôle animal sont petites, tandis que celles qui entourent le pôle végétatif sont volumineuses et riches en vitellus (fig. 53, *64*). Dans le second cas (fig. 60), le pôle végétatif est occupé par une masse indivise de vitellus à l'intérieur de laquelle on trouve, en certains points, des noyaux (poissons, reptiles et oiseaux). Enfin la segmentation superficielle détermine la formation d'un germe consistant en une membrane cellulaire, qui enveloppe une masse de vitellus indivise et renfermant aussi quelques noyaux (arthropodes) (fig. 61 C).

Le germe pluricellulaire, éprouve, tantôt dans les premiers stades, tantôt seulement à des stades ultérieurs de la segmentation, des modifications qui consistent en ce qu'il se développe en son milieu, par suite de l'écartement des cellules embryonnaires, une petite *cavité de segmentation*, remplie d'un liquide. Étroite au début, cette cavité s'élargit progressivement, de telle sorte que le germe augmente beaucoup en surface.

On a donné à ces formes du germe des noms différents. Le germe porte le nom de *morula*, aussi longtemps que la cavité de segmentation n'est pas ou n'est que peu formée et aussi longtemps que les cellules de segmentation sont encore volumineuses, qu'elles sont peu intimement unies les unes aux autres et qu'elles font à la surface de petites saillies rappelant celles d'une mûre. Quand, au contraire, comme c'est généralement le cas vers la fin de la segmentation, la cavité de segmentation est devenue très étendue, qu'en outre les cellules sont devenues plus petites, qu'elles adhèrent intimement les unes aux autres et ne font plus individuellement saillie à la surface, le germe prend le nom de *blastula*. La forme et la constitution de la blastula varient beaucoup selon la quantité de vitellus contenue primitivement dans l'œuf et selon le mode de segmentation de l'œuf.

Dans le cas le plus simple (fig. 62), la paroi de la vésicule n'est formée que par une seule assise de cellules, de même taille, cylindriques et disposées en un épithélium : c'est ce qui existe chez une

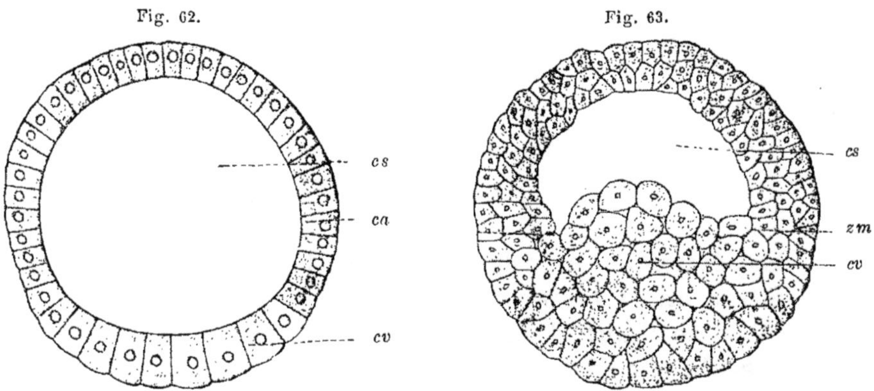

Fig. 62. — *Blastula de l'Amphioxus*, d'après HATSCHEK.
Fig. 63. — *Blastula de Triton tæniatus.*
cs, cavité de segmentation ; *cv*, cellules végétatives plus abondamment pourvues de vitellus ; *ca*, cellules animales ; *zm*, zone marginale.

foule d'animaux inférieurs et chez l'Amphioxus. C'est sous cette forme que les blastulas des animaux inférieurs aquatiques quittent les membranes de l'œuf : leurs cellules cylindriques portent, à la surface, des cils vibratiles qui leur font décrire dans l'eau des mouvements rotatoires. On donne à ces vésicules ciliées le nom de blastosphères.

Les œufs à segmentation inégale donnent habituellement lieu à la formation de blastulas, dont la paroi, consistant en plusieurs assises de cellules, comme chez la grenouille et le triton, n'offre pas la même épaisseur partout (fig. 63). Au pôle animal elle est mince, tandis qu'au pôle végétatif elle s'épaissit au point de constituer une saillie, formée de grandes cellules vitellines, et proéminant fortement dans la cavité de segmentation. Cette dernière est, par ce fait, très peu développée.

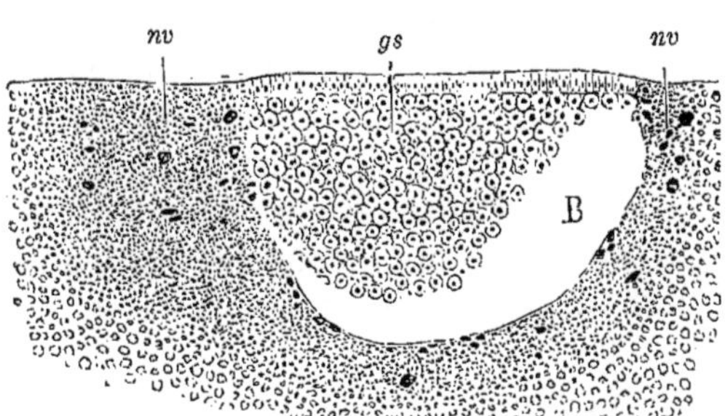

Fig. 64. — *Coupe médiane et longitudinale d'un disque germinatif de Pristiurus, au stade blastula*, d'après RÜCKERT. — A droite se trouve l'extrémité postérieure de l'embryon. B, cavité de segmentation ; *gs*, cellules du germe ; *nv*, noyaux vitellins.

Le plus souvent, les œufs à segmentation discoïdale (fig. 64) sont modifiés au point que l'on ne peut guère dire qu'ils donnent naissance à une blastula dans le sens strict du mot; en effet, avant comme après la segmentation, ces œufs sont formés pour la majeure partie par du vitellus de nutrition non segmenté. Il en résulte que dans la partie de l'œuf qui est divisée en cellules (fig. 64), la cavité de segmentation (B) est extraordinairement étroite; elle se trouve réduite à l'état d'une mince fente, remplie d'un liquide albuminoïde.

Les œufs à segmentation superficielle ne conduisent pas à la formation de blastulas proprement dites. L'espace où la cavité de segmentation devrait exister, est, en effet, rempli de vitellus de nutrition (fig. 61, C). Ce dernier, ou bien reste indivis, ou bien se segmente ultérieurement en cellules vitellines distinctes, comme c'est le cas chez les insectes.

c. — Expériences et théories relatives aux relations qui existent entre les premiers blastomères et les différentes parties de l'œuf, d'une part, et la formation des organes de l'embryon, d'autre part.

Plusieurs observateurs ont été frappés de ce fait que les trois premiers plans de segmentation, qui divisent successivement l'œuf en 2, 4 et 8 blastomères, correspondent plus ou moins exactement, chez certaines espèces, aux trois plans principaux que l'on peut mener à travers le corps d'un animal à symétrie bilatérale. Dans beaucoup de cas, le premier plan de segmentation correspond *approximativement* au plan médian de l'embryon futur; dans d'autres cas, c'est le second plan de segmentation qui y correspond. Des observations de ce genre ont été faites par Götte sur l'œuf des Nématodes, par Van Beneden et Julin sur l'œuf des Ascidiens, par Pflüger, Roux et Oscar Schultze sur l'œuf de Rana esculenta, par Von Ebner, Johnson et moi-même sur les œufs du triton. Chez diverses espèces, il est même possible, *avant que le premier plan de segmentation se soit produit*, de reconnaître *comment l'embryon sera orienté dans l'œuf*. C'est ainsi que le grand axe d'un œuf ovoïde ou allongé correspond toujours au grand axe de l'embryon et l'on peut même parfois, dans ces œufs, déterminer, grâce à de petites différences dans la répartition des substances de l'œuf, dans la pigmentation et grâce à d'autres indices encore, de quel côté du grand axe de l'œuf se formera l'extrémité céphalique ou l'extrémité caudale de l'embryon, de même que les faces de l'œuf qui deviendront les faces dorsale et ventrale de l'embryon.

En ce qui concerne l'œuf de la poule, on peut, même sans ouvrir la coque calcaire, déterminer, conformément à une règle établie par Kupffer, Koller, Gerlach et Duval, avec une quasi-certitude, quelle position y occupera l'embryon en voie de développement. Lorsque l'on place devant soi l'œuf de telle sorte que sa grosse extrémité, tronquée, soit dirigée à gauche et son extrémité pointue, à droite, la ligne qui unit les deux pôles de l'œuf divise le disque germinatif en une moitié, tournée vers l'observateur, qui deviendra l'extrémité postérieure de l'embryon, et en une autre moitié, dirigée en avant et qui deviendra l'extrémité céphalique de l'embryon.

Pendant la segmentation déjà, ces deux moitiés se distinguent l'une de l'autre par certains caractères (fig. 57). En avant la segmentation du disque germinatif s'accomplit un peu plus lentement qu'en arrière et les cellules de l'embryon y sont plus volumineuses qu'en arrière, où elles sont plus petites et plus nombreuses (Oellacher, Kölliker, Duval) (Voir aussi, à ce propos, ce que nous avons dit p. 80).

Ces observations et les considérations qui en découlent ont conduit divers auteurs à émettre cette hypothèse que « l'on pourrait, en « remontant jusqu'à l'œuf fécondé ou même à l'œuf non fécondé, c'est- « à-dire à une période pendant laquelle toute division morphologique « fait défaut, réussir à déterminer le lieu qui, dans l'œuf, est destiné à « fournir l'ébauche de chaque organe de l'embryon. » C'est His qui, le premier, a exprimé cette idée pour le disque germinatif de l'œuf de la poule; il a posé comme principe que le disque germinatif contient préformées les ébauches des organes étalées en surface et, réciproquement, que plus tard chacun des points du disque germinatif se retrouve dans un organe formé. Il a appelé cette loi, *le principe des zones organogènes du germe* (das Princip der organbildenden Keimbezirke). *Tout organe posséderait son ébauche substantielle dans une zone déterminée du disque germinatif, qui lui fournit les matériaux nécessaires à sa formation.* Mais les diverses ébauches qui existent dans le disque germinatif ne se développeraient pas avec la même rapidité et la même énergie, dans le cours de l'ontogenèse.

Il est facile de démontrer que cette interprétation est en partie erronée et que les faits sur lesquels on s'est appuyé pour établir le principe des zones organogènes du germe sont susceptibles d'une tout autre explication.

Ainsi que nous l'avons dit pages 9 à 17, l'œuf mûr, surtout lorsqu'il acquiert un volume considérable, se compose de substances diverses, de poids spécifique différent et d'importance très différente pour les processus vitaux : le protoplasme et les inclusions vitellines. Déjà pendant que l'œuf s'accroît dans l'ovaire, mais surtout pendant les derniers stades de la maturation et pendant la fécondation, ces substances se répartissent inégalement dans l'œuf, selon leur densité. Il en résulte que les œufs possèdent, dans les différentes classes du règne animal, une organisation particulière, que l'on désigne sous le nom de différenciation polaire. Leur centre de gravité se trouvant, pour ce motif, excentriquement placé, les œufs, pour autant qu'ils ne sont soumis à aucune autre influence que celle de la pesanteur, doivent tendre à se placer en équilibre, de telle sorte que leur face constituée par la substance plus légère, c'est-à-dire leur face correspondant au pôle animal, se dirige vers le haut, tandis que leur face opposée ou végétative, qui est plus lourde, se tourne vers le bas.

Indépendamment de cette différenciation polaire, beaucoup d'œufs possèdent encore une organisation à symétrie bilatérale, c'est-à-dire que les substances de densité différente et d'importance physiologique différente se répartissent uniformément aux deux côtés d'un même plan de symétrie. Ce plan de symétrie étant toujours vertical, en raison de l'action de la pesanteur, il a donc la valeur d'un plan d'équilibre.

La forme de l'œuf et la différenciation de son contenu exercent alors sur toute une série de processus du développement, et surtout sur les premiers stades, une influence très considérable, en quelque sorte directrice.

D'abord elles déterminent, avec une très grande régularité, les directions suivant lesquelles apparaissent les premiers plans de segmentation de l'œuf. Ainsi, par exemple, conformément aux lois que nous avons exposées p. 71, dans un œuf de forme ovoïde, le premier plan de segmentation est, presque sans exception, vertical et perpendiculaire au grand axe de l'œuf : il correspond donc à un plan coupant transversalement le corps de l'embryon futur; mais le second plan de segmentation, qui doit à son tour couper le premier à angles droits, correspond *approximativement* au plan médian du corps de l'embryon. Dans un œuf sphérique mais à symétrie bilatérale, lors de la segmentation, le fuseau nucléaire est habituellement disposé de telle sorte que le premier plan de segmentation corresponde au plan de symétrie.

En second lieu, *la forme de l'œuf et le mode de différenciation de son contenu* déterminent aussi certains caractères particuliers des stades embryonnaires ultérieurs, tels que la blastula, la gastrula etc. Pendant la segmentation, en effet, les seuls éléments qui s'accroissent et changent de position dans l'œuf, sont les substances nucléaires. Elles changent de position parce que, après chaque division, les noyaux-filles s'écartent l'un de l'autre en sens opposé, comme se repoussent les pôles de même nom de deux aimants. A part cela, lors de la division de la grosse cellule-œuf en cellules-filles de plus en plus petites, la répartition primitive des substances de densité et de valeur différentes se trouve, en général, peu modifiée. Il en résulte qu'aux stades plus avancés du développement, les cellules situées vers le bas sont aussi plus riches en vitellus et les cellules situées vers le haut, plus riches en protoplasme. En même temps il existe une différence dans leurs dimensions respectives, car les cellules qui contiennent plus de protoplasme se divisent plus rapidement que celles qui en sont peu abondamment pourvues. Il en résulte qu'il doit se former différentes zones, dans lesquelles les cellules sont de taille différente et se multiplient avec une rapidité différente.

Si donc, à la suite de la segmentation de l'œuf et de sa subdivision en cellules de plus en plus nombreuses, ni la forme de l'œuf, ni la répartition primitive, inégale, de ses diverses substances constitutives ne se sont modifiées, l'œuf non segmenté et la blastula qui en provient ultérieurement, doivent concorder absolument sous ces deux rapports. Un œuf de forme ovoïde donnera une blastula ovoïde; un œuf sphérique à différenciation polaire et éventuellement à symétrie bilatérale donnera naissance à une blastula présentant les mêmes caractères. *L'œuf non segmenté et la blastula doivent donc posséder à peu près le même plan de symétrie et d'équilibre*, attendu qu'il importe peu pour cela que les substances de densité différente remplissent une seule grosse cellule ou qu'elles soient réparties sur un grand nombre de cellules plus petites.

La forme de la blastula et la répartition inégale, qu'elle tient de l'œuf, de ses substances constitutives doivent naturellement exercer, à leur tour, une influence sur les stades du développement qui lui succèdent immédiatement, sur la gastrula ainsi que sur la forme embryonnaire qui en dérive et dans laquelle les premiers organes caractéristiques de l'embryon des vertébrés, la corde dorsale et le tube nerveux, font leur apparition. Il n'est donc pas surprenant que ces organes soient aussi, jusqu'à un certain point, orientés dans l'œuf conformément à la première organisation de l'œuf et que le plan de symétrie et d'équilibre de l'œuf non segmenté et de la blastula devienne aussi le plan de symétrie de la gastrula et de l'embryon dont les bourrelets médullaires deviennent visibles.

C'est en ce sens que, dans un article où j'ai attiré l'attention sur les relations que je viens de faire connaître, j'ai considéré *l'œuf qui vient d'être fécondé comme constituant jusqu'à un certain point une forme, à laquelle doit s'adapter, sous une foule de rapports, et surtout au début de son développement, l'embryon qui en proviendra.* Ainsi s'expliquent, de la façon la plus simple et la plus naturelle, les faits qui ont servi de fondement au principe des zones organogènes du germe. Ces faits ne prouvent donc pas, comme l'admettait His, que l'œuf non segmenté contient préformée, dans la répartition en surface des substances organogènes, l'organisation de l'embryon.

D'ailleurs l'exactitude de notre manière de voir se démontre encore de beaucoup d'autres façons. On peut, à l'aide d'une aiguille effilée, piquer l'œuf fécondé de divers animaux de telle sorte qu'une partie de son contenu s'en échappe; on peut aussi, en opérant sur des œufs volumineux, tels que ceux de la grenouille et de l'axolotl, modifier la disposition du contenu de l'œuf et cependant il se développe, dans beaucoup de cas, un embryon normal, ce qui serait impossible si l'œuf contenait des substances spécifiques, organogènes, disposées par zones déterminées.

Cet ensemble démontre le bien-fondé de cette thèse : *L'œuf non segmenté ne possède pas une organisation autre que celle d'une cellule; par son organisation il diffère donc de l'organisation que présente le corps de l'animal dont il provient, au même titre que toute autre cellule du corps de l'animal adulte. L'organisation des cellules et l'organisation de l'animal pluricellulaire ne sont pas, en général, des formations comparables. Les organes d'un animal ne se forment pas aux dépens de certaines parties déterminées de la substance d'une cellule, mais bien par l'union et la différenciation régulières d'une foule de cellules, qui se sont formées, par division, aux dépens de la masse de substance d'une cellule-mère.*

Roux a émis, sous le nom de « *théorie de la mosaïque* », une hypothèse qui, dans son essence, se rapproche beaucoup du « principe des zones organogènes du germe. » Le fait que nous avons signalé et expliqué plus haut, à savoir que les trois premiers plans de segmentation correspondent plus ou moins, dans une foule d'œufs, aux trois plans principaux du corps de l'animal à symétrie bilatérale, Roux l'attribue à de profonds rapports de causalité. Ces rapports, il les formule en disant que les premières segmentations auraient pour but d'opérer la séparation, pour les diverses régions du corps, des différents matériaux de formation et des forces de différenciation et d'édification. La séparation serait avant tout produite par la division nucléaire; car Roux admet que la substance nucléaire est le détenteur des caractères héréditaires ou de l'idioplasme de Nägeli.

Lorsque, après la première ou la seconde segmentation, on détruit une ou deux cellules, d'après la théorie de la mosaïque, les autres cellules ne peuvent engendrer qu'une partie déterminée de l'embryon, attendu que, *la division nucléaire étant qualitativement inégale*, ces cellules ne possèdent que la matière et la force nécessaires à la formation d'une partie de l'embryon et sont donc destinées, dès leur origine, à jouer un rôle absolument spécifié dans le plan même du développement. Si l'on détruit l'un des deux premiers blastomères, il doit se développer aux dépens de l'autre, soit la moitié gauche, soit la moitié droite du corps (hémi-embryon latéral); si l'on détruit les deux blastomères antérieurs ou les deux blastomères postérieurs d'un œuf segmenté en quatre, il doit se former, soit la moitié caudale, soit la moitié céphalique d'un embryon (hémi-embryon postérieur ou hémi-embryon antérieur). C'est dans ce sens que Roux interprète des malformations qu'il a obtenues, en détruisant des blastomères déterminés d'œufs segmentés de la grenouille. Le processus du développement des diverses régions et des divers organes du corps lui apparaît donc comme un travail de mosaïque, chaque blastomère se développant indépendamment des autres, en vertu des propriétés et des forces spéciales, que lui seul possède.

Si l'on fait abstraction de toutes considérations théoriques, l'erreur que contient la théorie de la mosaïque est, avant tout, démontrée par deux séries d'expériences.

Première série d'expériences.

On peut, par des actions externes, modifier le processus de la segmentation, d'une façon typique et amener les plans de segmentation à prendre des directions toutes différentes de celles qu'ils prennent dans le cours normal du développement. Driesch, dont les recherches ont été complétées et confirmées par Ziegler, a comprimé progressivement, entre deux lames de verre, des œufs fécondés d'échinodermes, de façon à leur faire prendre la forme d'un disque de plus en plus mince; par ce procédé, les seize premières cellules, au lieu de se séparer par des plans de segmentation alternativement verticaux et horizontaux, comme cela se produit normalement, se séparent les unes des autres par des plans de segmentation exclusivement verticaux. Dans la plaque, ainsi formée, de cellules disposées en une seule assise, les noyaux des diverses cellules de l'embryon ont naturellement occupé, les uns, vis-à-vis des autres, une tout autre situation que celle qu'ils occupent dans le développement normal. Néanmoins, des œufs qui avaient été soumis à ce traitement, ont engendré des larves *pluteus* normales, après que l'on eût cessé de les comprimer.

Les œufs de la grenouille comprimés avant le début de la première segmentation fournissent des résultats plus particuliers encore (Hertwig, Born). Comme il s'agit ici d'œufs dont le contenu présente une différenciation polaire, la compression peut s'exercer dans des directions différentes, ce qui modifie très différemment le cours de la segmentation.

On peut aplatir l'œuf de la grenouille, de façon à lui faire prendre la forme d'un disque mince, soit en le comprimant, entre deux lames horizontales, du pôle animal vers le pôle végétatif, soit en le comprimant de gauche à droite, entre deux lames verticales. Dans les deux cas, les substances plus légères et les substances plus lourdes se trouvent naturellement réparties dans le disque d'une façon très différente, ce qui entraîne nécessairement un cours différent des premiers plans de segmentation (fig. 65, A, B, C). Lorsque l'aplatissement est dorso-ventral (du pôle pigmenté noir vers le pôle inférieur blanc), il se forme d'abord deux sillons verticaux, comme lors de la segmentation normale. Ensuite il ne se forme pas de plan de segmentation horizontal, mais au troisième stade de la segmentation, il se forme pour la troisième fois, des plans de segmentation verticaux. Il en résulte que les huit cellules formées se trouvent *côte à côte dans un même plan* (B^2), tandis que dans les conditions normales (A^2) elles sont disposées *en deux plans superposés*, de telle sorte que quatre cellules sont groupées autour du pôle végétatif et les quatre autres, autour du pôle animal. Par contre, si l'on a comprimé l'œuf entre deux lames verticales, le premier plan de segmentation est vertical, mais le second plan vertical, qui normalement devrait couper le premier à angles droits, fait défaut et il est remplacé par un plan horizontal, qui sépare des deux premiers blastomères, deux segments supérieurs plus petits (C^1). Au lieu de quatre blastomères situés côte à côte dans un même plan horizontal, nous obtenons de la sorte quatre segments, dont deux sont supérieurs et les deux autres, inférieurs; les stades suivants de la segmentation sont aussi modifiés de la même façon (A^2, B^2, C^2 et C^3).

Il est clair qu'à la suite de ce processus de segmentation extraordinaire, les matériaux nucléaires se trouvent mis en rapport avec des

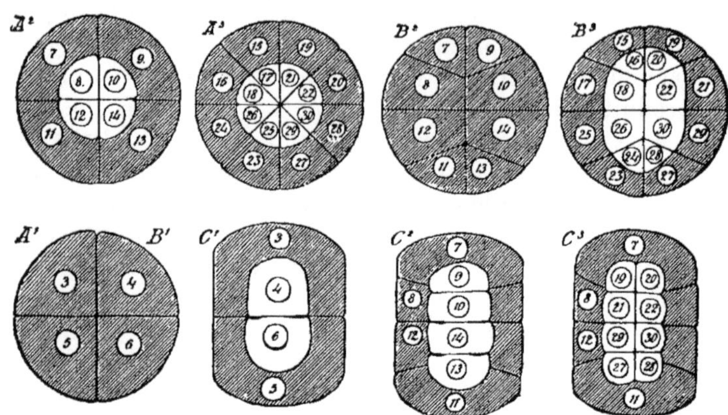

Fig. 65. — Schémas d'œufs de grenouille montrant comment se modifie la répartition des matériaux nucléaires, lorsque l'on modifie le processus de la segmentation. Les noyaux marqués des mêmes chiffres ont la même origine dans les différents schémas. Tous les œufs sont vus par le pôle animal. A, œufs normalement développés ; B, œufs comprimés entre deux lames horizontales ; C, œufs comprimés entre deux lames verticales. D'après HERTWIG.

parties complètement différentes de substance vitelline. Ainsi que DRIESCH l'a exprimé, l'expérimentateur peut arriver à produire dans l'œuf une répartition très variable des noyaux-filles provenant du noyau fécondé de l'œuf non segmenté, absolument comme il pourrait le faire d'un tas de billes.

Afin de permettre au lecteur de bien comprendre les faits que nous venons de décrire, nous avons, dans les trois schémas (fig. 65, A, B, C), désigné les différents noyaux par des chiffres, destinés à indiquer dans quel ordre de filiation ils dérivent, par divisions successives, des noyaux des deux premiers blastomères (1 et 2).

Cette filiation est indiquée par le tableau suivant :

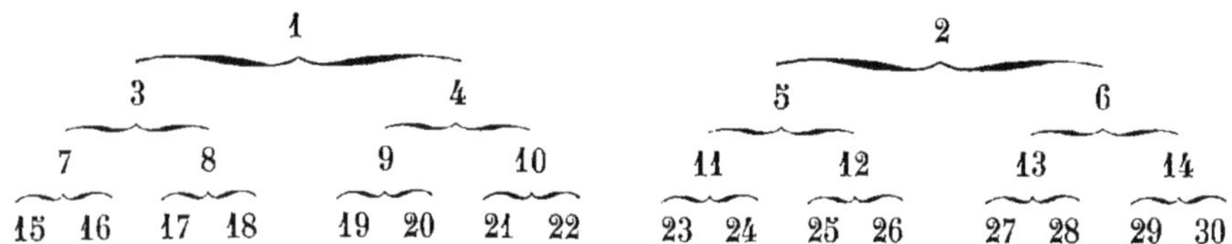

Dans les trois schémas les noyaux de même origine sont désignés par les mêmes nombres. Voyons maintenant comment ils sont répartis dans l'œuf lorsque la segmentation suit son cours normal et, d'autre part, à la suite des deux modes de segmentation provoqués expérimentalement.

C'est au second stade de la segmentation que se manifeste la première différence : en A^1 et B^1, les noyaux 3 et 5 se trouvent à gauche et 4 et 6 à droite du second plan de segmentation qui, d'après l'hypothèse de Roux, correspond au plan médian de l'embryon futur; en C^1, au contraire, ils sont superposés en deux assises, 4 et 6 étant dorsaux, 3 et 5 ventraux.

Au troisième stade de la segmentation, les noyaux sont disposés différemment dans chacun des trois cas. Dans les schémas A^2 et B^2 ils sont encore, il est vrai, répartis à droite et à gauche du plan médian, mais tandis que, en A^2, ils sont superposés en deux assises, en B^2, ils sont placés en une assise unique les uns derrière les autres. Les noyaux 8, 10, 12 et 14 qui, en A^2, appartiennent à l'assise supérieure, occupent en B^2 le milieu du disque qui est formé par une seule assise de cellules; de plus, les noyaux 7 et 9, 11 et 13 qui en A^2 sont ventraux, se sont écartés deux à deux vers les extrémités opposées du disque, en B^2. Dans le schéma C^2 enfin, au troisième stade de la segmentation, il ne s'est encore produit aucun plan de segmentation médian; les noyaux 9, 10, 14 et 13, qui en A^2 et B^2 appartiennent à la moitié droite du corps, sont situés dans l'assise cellulaire dorsale et les noyaux 7, 8, 12 et 11 sont situés ventralement. Enfin, au quatrième stade de la segmentation, la situation relative des éléments nucléaires est bien plus modifiée encore, ainsi qu'on peut s'en assurer en comparant les fig. A^3, B^3 et C^3.

Et néanmoins, dans les trois cas, les œufs produisent des embryons de grenouille normaux. Cela ne serait évidemment pas possible si la théorie de la mosaïque était exacte, si le processus de la segmentation dotait les divers blastomères de substances nucléaires qualitativement différentes et si ces cellules se trouvaient par là prédestinées à accomplir des rôles fixes, déterminés. Dans ce cas, au contraire, en provoquant des modifications dans l'agencement réciproque des noyaux, on devrait produire des malformations les plus bizarres. Les expériences que nous venons de signaler ont plutôt démontré à l'évidence que dans les premiers blastomères formés, tous les noyaux sont identiques au point de vue de leurs propriétés et que c'est par conséquent « par division équivalente au point de vue héréditaire » que tous ces noyaux dérivent du premier noyau de segmentation.

Nous ajouterons encore, en passant, que les modifications subies par le processus de la segmentation à la suite de la compression de l'œuf et que nous venons d'exposer, confirment expérimentalement les lois que nous avons citées p. 71 et p. 90 relatives à la direction des plans de segmentation : il sera facile au lecteur de s'en assurer.

Une seconde série d'expériences fut entreprise dans le but d'isoler, soit complètement, soit partiellement, les uns des autres les blastomères formés aux premiers stades de la segmentation et de constater comment ils se développent isolément.

Driesch a fait des expériences sur des œufs d'oursins et Wilson, sur des œufs d'Amphioxus, en se servant, pour isoler les blastomères, de la « méthode des secousses » que j'ai employée pour la première fois mais dans un tout autre but. Si l'on agite avec précaution des œufs qui se trouvent, soit au stade de la segmentation en deux, soit aux stades de la segmentation en quatre et en huit, on peut isoler les unes des autres les sphères de segmentation. Or, d'après les expériences dont nous parlons, on constate que tout blastomère isolé continue à se développer de la même manière que l'œuf tout entier l'aurait fait : à la fin de la segmentation, il se forme une blastula normale, puis une gastrula, aux dépens de laquelle se développent à leur tour les formes embryonnaires consécutives : sauf qu'elles sont de taille moindre, toutes ces formes embryonnaires sont absolument semblables à celles qui se développent aux dépens de l'œuf tout entier. La figure 66 nous montre quatre gastrulas d'Amphioxus, qui ne diffèrent que par leur taille. En A se trouve représentée la gastrula provenant de l'œuf entier; en B, celle qui s'est formée aux dépens de l'un des deux blastomères du premier stade de la segmentation, que l'on avait isolés par des secousses; en C, la gastrula qui s'est formée aux dépens de l'un des quatre blastomères du second stade de la segmentation et en D, la gastrula qui s'est même développée aux dépens de l'un des huit blastomères du troisième stade de la segmentation.

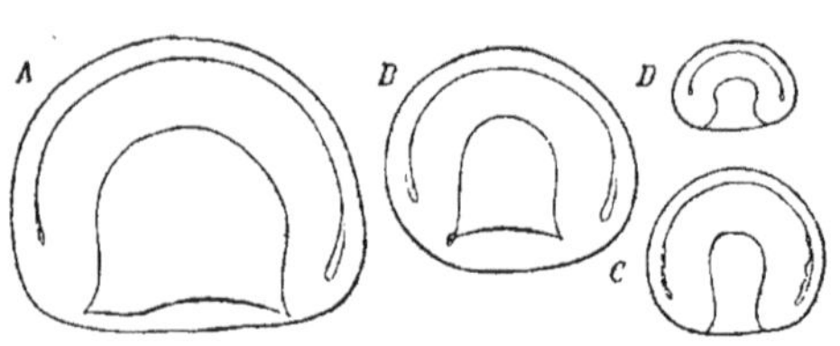

Fig. 66. — *Gastrulas normales et partielles d'Amphioxus*, d'après Wilson. — A, Gastrula provenant de l'œuf entier; B, gastrula formée par l'un des deux premiers blastomères isolé artificiellement; C, gastrula formée par l'un des quatre blastomères du second stade de la segmentation; D, gastrula formée par l'un des huit blastomères du troisième stade de la segmentation.

Il arrive parfois que les secousses n'isolent pas complètement les unes des autres les sphères de segmentation. De tels œufs donnent naissance à des monstres doubles ou multiples, c'est-à-dire à deux ou trois embryons, qui restent encore unis en tel ou tel point de leur corps, sur une étendue plus ou moins considérable, comme se trouvaient unis les frères Siamois si bien connus.

Des résultats semblables ont été obtenus, en partie par une autre méthode, par Oscar Schultze et Wetzel à l'aide d'œufs de grenouille segmentés en deux, par Driesch et Crampton à l'aide d'œufs d'Ascidiens et par R. Zoja à l'aide d'œufs de Méduses et de Sagitta.

De cette seconde série d'expériences qui, d'une part, confirme les résultats obtenus par la première et, d'autre part, les complète, on peut tirer, au sujet du développement de la forme chez les animaux, l'importante conclusion suivante :

Les premières cellules provenant de la segmentation de l'œuf ne possèdent pas seulement le pouvoir de se transformer en une partie de l'embryon, comme c'est le cas dans le cours normal du développement, mais chacune d'elles porte en même temps en soi l'ébauche de l'embryon tout entier. Il dépend uniquement de certaines circonstances extérieures qu'une cellule de segmentation donne naissance à une partie d'un embryon ou à un embryon tout entier ou, enfin, à une partie d'une malformation multiple; ces diverses éventualités se produisent notamment selon que cette cellule se trouve sous l'influence des autres cellules de segmentation au point de former avec elles un tout unique, ou selon qu'elle se détache de ce tout pour se développer isolément.

HISTORIQUE DU PROCESSUS DE LA SEGMENTATION. — Pour arriver à connaître et à interpréter les phénomènes de la segmentation, bien des difficultés ont dû être vaincues. Aussi trouvons-nous sur cette question un nombre de publications très important. Nous nous bornerons à examiner les découvertes les plus marquantes et les questions principales qui furent mises en discussion.

Les premières recherches sur la segmentation ont eu pour objet l'œuf de la grenouille. Si nous faisons abstraction des courtes communications de SWAMMERDAM et de RÖSEL VON ROSENHOF, nous arrivons aux publications de PRÉVOST et DUMAS, parues en 1824. Ces auteurs décrivirent la formation, dans l'œuf de la grenouille, de sillons réguliers divisant toute sa surface en champs de plus en plus petits. Pour ces observateurs ces sillons n'intéressaient que la surface de l'œuf. Deux ans plus tard (1826), RUSCONI et C. E. VON BAER reconnurent qu'à ces sillons, visibles à la surface, correspondent des fentes, traversant toute la masse vitelline et la divisant en segments distincts. VON BAER considérait déjà, avec raison, le processus de la segmentation comme une division de la cellule-œuf : il l'interprétait comme la première manifestation de la vie. Mais il fit erreur lorsqu'il dit que la segmentation avait pour but de « soumettre tous les segments du vitellus à l'influence des éléments liquides de la substance fécondante ».

Pendant les années qui suivirent, de nombreuses observations furent faites sur la segmentation de l'œuf chez une foule d'autres animaux. On apprit même à connaître la segmentation partielle. Après que RUSCONI et VOGT l'eurent observée dans les œufs des poissons, KÖLLIKER (1844) en donna pour la première fois une description détaillée en ce qui concerne l'œuf des céphalopodes. Quatre ans plus tard, COSTE faisait connaître la segmentation de l'œuf de la poule.

Mais pourquoi l'œuf se segmente-t-il? Cette question occupa vivement les esprits et donna lieu à de nombreuses controverses. Ce n'est qu'après la fondation de la théorie cellulaire que la discussion fut engagée dans une voie bien déterminée. La segmentation est-elle un processus de formation de cellules? Telle était la question à résoudre. SCHWANN lui-même, qui cependant avait publié plusieurs observations sur la division de l'œuf, n'avait pas pris de position bien nette dans la discussion. Quant aux autres auteurs, leurs opinions furent très divisées pendant plusieurs années. Etait-ce l'œuf ou bien sa vésicule germinative, qui représentait une cellule? Les segments résultant de la division de l'œuf possédaient-ils une membrane ou bien n'en possédaient-ils pas? Enfin, ces segments étaient-ils des cellules ou non? Toutes questions sur lesquelles on n'était pas d'accord. Dans les publications anciennes, nous trouvons la vésicule germinative et les noyaux des blastomères souvent considérés comme des cellules embryonnaires, en même temps que le vitellus qui les entoure est regardé comme une sphère d'enveloppe. Une autre circonstance, qui rendait très difficile l'interprétation du phénomène de la segmentation, c'était la théorie erronée, émise par SCHWANN, de la formation libre des cellules au milieu d'une substance fondamentale organisée, le cytoblastème. Longtemps on discuta avec acharnement la question de savoir si les cellules des tissus de l'organisme adulte sont des descendants directs des blastomères, ou bien si elles ne se forment pas plus tard, par formation libre, dans un cytoblastème. Ce fut NÄGELI qui, par des recherches faites dans le règne végétal, s'engagea le premier dans la bonne voie. Bientôt, en ce qui concerne les animaux, KÖLLIKER, REICHERT, REMAK et LEYDIG eurent le grand mérite de préparer le terrain. Ils démontrèrent qu'il n'y a pas de formation libre de cellules, mais que tous les éléments des tissus se forment successivement, par division, aux dépens de la cellule-œuf.

En ce qui concerne les divers modes de segmentation, KÖLLIKER les répartit en deux groupes : la segmentation totale et la segmentation partielle. VAN BENEDEN, dans ses recherches sur la composition et la segmentation de l'œuf, nous les fit connaître plus complètement et mit en lumière le rôle qui revient au deutoplasme dans les différents modes de la segmentation. Les diverses catégories de la segmentation établies par VAN BENEDEN furent ensuite simplifiées par HAECKEL. Dans son *Anthropogénie* ainsi que dans son mémoire intitulé : « La gastrula et la segmentation de l'œuf », HAECKEL donna le schéma de la segmentation qui a servi de base à notre description, et il divisa la segmentation totale en égale et en inégale et la segmentation partielle en discoïdale et superficielle. En même temps, il chercha à montrer comment ces divers modes de segmentation dérivent les uns des autres : il attira l'attention sur le rôle important joué par le vitellus de nutrition.

Mais les phénomènes intimes qui s'accomplissent à l'intérieur de l'œuf se soustraient à l'observation bien plus encore que les phénomènes externes de la segmentation. Aussi ce n'est qu'en ces dernières années que l'on acquit des données positives à leur égard. Ce n'est pas à dire cependant que les auteurs ne s'étaient pas auparavant préoccupés du rôle que joue le noyau dans la division cellulaire. Mais le problème n'avait pu être résolu. Longtemps deux opinions contraires furent soutenues : tantôt l'une et tantôt l'autre sembla prévaloir. D'après l'une de ces manières de voir, admise par la grande majorité des botanistes et défendue, pour le monde animal, par REICHERT et ensuite par AUERBACH, le noyau devait, avant chaque division cellulaire, disparaître et se dissoudre pour se reformer ensuite dans chacune des cellules-filles. Dans l'autre opinion, au contraire, *le noyau ne disparaît pas*, mais il s'étrangle, prend la forme d'une clepsydre, puis se divise en deux moitiés. Après quoi, la cellule elle-même se segmente. C'est cette dernière opinion que, parmi les zoologues et les anatomistes, défendirent C. E. VON BAER, JOH. MÜLLER, KÖLLIKER, LEYDIG, GEGENBAUR, HAECKEL, VAN BENEDEN, etc. : ils s'appuyaient sur l'étude des œufs transparents d'une foule d'animaux inférieurs.

La lumière se fit sur cette question controversée lorsque l'on eut pu étudier des objets convenablement choisis, à l'aide de forts grossissements, et surtout en appliquant les méthodes de la technique moderne : réactifs et matières tinctoriales.

Les travaux de FOL, de FLEMMING, de SCHNEIDER et d'AUERBACH, sur la segmentation de l'œuf de divers animaux, firent faire à la question des progrès remarquables. Certes ils admettaient encore que le noyau disparaît au moment de la division; mais ils nous fournissaient une description détaillée des irradiations, si remarquables, qui apparaissent dans le vitellus pendant que le noyau devient invisible et pendant que les noyaux-filles se séparent par étranglement du noyau-mère (1). SCHNEIDER observa partiellement le stade fuseau du noyau.

Bientôt les changements si complexes et si particuliers que subit le noyau pendant la division furent minutieusement décrits par trois observateurs presque simultanément et sur des objets très différents. Ces recherches, entreprises indépendamment les unes des autres, furent publiées par BÜTSCHLI, STRASBURGER et moi-même. Elles établirent d'une façon définitive que le noyau ne se dissout pas, mais qu'il subit, au moment de la segmentation, des phénomènes de métamorphose, que nous avons décrits plus haut. Comme je démontrai, en même temps, que le pronucléus femelle ne constitue pas une néoformation, mais qu'il dérive de certaines parties de la vésicule germinative, il s'ensuit que : *de même que toutes les cellules de l'organisme dérivent de la cellule-œuf, de même leurs noyaux proviennent du noyau de segmentation*. « Omnis cellula e cellula; omnis nucleus e nucleo. »

Les publications dont nous venons de parler donnèrent pour la première fois le schéma de la division nucléaire et de la division cellulaire. Ce schéma, bien que complété à la suite des observations plus détaillées de FOL, de FLEMMING, de VAN BENEDEN et de RABL, n'a cependant pas été modifié dans son essence.

(1) Déjà antérieurement, on avait observé de divers côtés, mais d'une façon incomplète, des figures étoilées dans le vitellus : GRUBE, chez les hirudinées; DERBES et MEISSNER, chez les échinodermes; GEGENBAUR, chez le Sagitta; KROHN, KOWALEVSKY et KUPFFER, chez les ascidiens; LEUCKART, chez les nématodes; BALBIANI, chez les arachnides; OELLACHER, chez la truite.

Fol a publié une monographie étendue du processus de la segmentation, résultat d'observations nombreuses entreprises chez plusieurs invertébrés. Flemming, s'appuyant sur la division du noyau dans les cellules des tissus, distingua nettement dans les figures nucléaires, la partie achromatique et la partie chromatique. Il distingua, d'une part, les fibres achromatiques du fuseau et, d'autre part, les filaments et les anses nucléaires. situés à la surface de ces fibres et sensibles aux matières tinctorales. Il découvrit, en outre, ce fait intéressant que les anses chromatiques se divisent longitudinalement. Ce phénomène particulier ne tarda pas à être expliqué par les études indépendantes de Heuser, Van Beneden, Guignard et Rabl. Ces auteurs démontrèrent que, des deux moitiés résultant de la division longitudinale de chaque anse chromatique, l'une gagne l'un des pôles du noyau, et l'autre, l'autre pôle, pour intervenir dans la constitution de chacun des deux noyaux-filles. Van Beneden signala de plus ce fait important que, des quatre anses chromatiques que renferme toujours le noyau de segmentation dans l'œuf de l'Ascaris megalocephala, deux proviennent de la substance chromatique du pronucléus mâle, et les deux autres, de la substance chromatique du pronucléus femelle. Il prouva que, par suite de la division longitudinale de ces anses, chaque noyau-fille, lors de la segmentation, renferme deux anses nucléaires mâles et deux anses nucléaires femelles. Enfin, le processus de la segmentation a, en outre, fait l'objet de plusieurs autres mémoires intéressants, parmi lesquels nous mentionnerons ceux de Nussbaum, de Rabl, de Carnoy, de Boveri, de Platner, de Wenkebach, de Ziegler, etc. Un bon *exposé général de la segmentation de l'œuf des Vertébrés* a été donné récemment par Sobotta. La question du *syncytium vitellin* a fait des progrès importants grâce aux nombreuses publications de H. Virchow.

En 1883, Pflüger a cherché à établir, par de curieuses expériences, que la pesanteur exerce une influence sur la direction que prennent les plans de segmentation. Born, Roux et moi-même, nous croyions, au contraire, que les divisions peuvent s'expliquer par l'organisation de la cellule-œuf elle-même. Dans ma notice intitulée : « Quelle influence la pesanteur exerce-t-elle sur la division cellulaire? (1) » je considérai que les causes déterminantes de la direction des plans de segmentation résident : 1° dans le mode de répartition dans l'œuf, du protoplasme et du deutoplasme, le premier étant plus léger que le second; 2° dans l'influence exercée par la disposition du protoplasme sur la position du fuseau nucléaire, et par la position de ce fuseau sur la direction du plan de segmentation.

Les expériences dont j'ai rendu compte (p. 88 à 97) ont soulevé une polémique, dans laquelle les problèmes fondamentaux de la théorie générale du développement ont été discutés à des points de vue tout opposés. Voir à ce sujet, dans la bibliographie du chapitre troisième, les travaux renseignés sous le litt. II.

RÉSUMÉ

1. Le processus de la segmentation comprend des phénomènes *internes* et des phénomènes *externes*.

2. Les phénomènes internes se manifestent par des changements :
   a. du noyau,
   b. du protoplasme.

3. Le noyau, sur le point de se diviser, se compose d'une figure achromatique et d'une figure chromatique. La première se présente sous la forme de très fines fibres nombreuses groupées en un fuseau. La figure chromatique se compose de segments nucléaires (chromosomes), recourbés en forme de V et disposés à la surface du fuseau, en son milieu. Aux deux extrémités du fuseau siège un centrosome spécial (corpuscule central).

4. La division du noyau s'accomplit de telle sorte que les filaments

(1) O. Hertwig. Welchen Einfluss übt die Schwerkraft auf die Theilung der Zellen? 1884.

chromatiques ou nucléaires se divisent longitudinalement, et que leurs produits de division s'écartent, en sens inverse, vers les deux extrémités du fuseau, où ils se réunissent ensuite en un noyau-fille, de forme vésiculeuse.

5. Autour des extrémités du fuseau, le protoplasme se dispose en filaments rayonnants (aster). Il en résulte qu'il se forme dans l'œuf une double étoile ou amphiaster.

6. Les phénomènes externes de la segmentation consistent en la division du contenu de l'œuf en un nombre de segments correspondant au nombre des noyaux-filles. Ils offrent diverses modifications résultant de la disposition et du mode de répartition du protoplasme et des éléments vitellins ou deutoplasme de l'œuf. C'est ce qu'exprime le schéma suivant.

SCHÉMA DES DIFFÉRENTS MODES DE SEGMENTATION DE L'ŒUF

I. Segmentation totale (Œufs holoblastiques).

La plupart des œufs de petite taille renferment, ou bien une petite quantité, ou bien une grande quantité de deutoplasme. Ils se divisent complètement en cellules-filles.

1. — Segmentation égale.

Elle se réalise dans les œufs renfermant une petite quantité de deutoplasme, réparti uniformément (œufs alécithes). A la suite de la segmentation, les différents segments ont sensiblement le même volume (Amphioxus, mammifères).

2. — Segmentation inégale.

Elle se réalise dans les œufs, dont le deutoplasme, abondant, est inégalement réparti : il est accumulé vers le pôle végétatif de l'œuf. Le noyau de segmentation se trouve, au contraire, rapproché du pôle animal de l'œuf, où le protoplasme est accumulé. Ce n'est généralement qu'après le troisième stade de la segmentation que les segments deviennent inégaux (cyclostomes, amphibiens).

II. Segmentation partielle (Œufs méroblastiques).

Les œufs, souvent très volumineux, renferment habituellement beaucoup de deutoplasme. Ce dernier étant inégalement réparti dans l'œuf, le contenu de l'œuf se divise en un vitellus de formation et en un vitellus de nutrition. La segmentation n'intéresse que le vitellus de formation. Quant au vitellus de nutrition, il reste indivis et sert à l'accroissement des organes de l'embryon.

1. — Segmentation discoïdale.

Elle s'accomplit dans les œufs à vitellus de nutrition polaire. La segmentation n'intéresse que le vitellus de formation qui est accumulé au pôle animal de l'œuf et affecte la forme d'un disque. A la suite de la segmentation, se trouve constitué un disque cellulaire (poissons, reptiles et oiseaux).

2. — Segmentation superficielle.

Elle s'accomplit dans les œufs à vitellus de nutrition central. Dans les cas typiques, le noyau, situé au centre de l'œuf, se divise seul, plusieurs fois de suite. Les nombreux noyaux-filles, ainsi formés, se portent ensuite dans la couche protoplasmique, qui entoure de toutes parts le vitellus de nutrition. Cette couche corticale se divise enfin en autant de segments qu'elle renferme de noyaux. Il en résulte la formation d'une membrane germinative (beaucoup d'arthropodes).

7. Les œufs à segmentation totale sont appelés holoblastiques; ceux à segmentation partielle sont appelés méroblastiques.

8. La direction et la position des premiers plans de segmentation sont la conséquence de l'organisation de la cellule. Elles sont déterminées par les trois lois suivantes :

1° Le plan de segmentation coupe toujours perpendiculairement, en deux parties égales, l'axe du noyau en division.

2° La position de l'axe du noyau, pendant la division, dépend de la forme et de la différenciation du protoplasme qui l'entoure.

Dans une sphère protoplasmique, l'axe du fuseau nucléaire, situé au centre, peut se placer dans la direction d'un diamètre quelconque de la sphère. Dans un corps protoplasmique ovoïde, l'axe du fuseau nucléaire ne peut se placer que dans le grand axe de l'ovoïde. Dans un disque protoplasmique circulaire, l'axe du fuseau nucléaire est parallèle à la surface du disque; mais il peut se placer dans l'un des diamètres quelconques du cercle. Enfin, dans un disque protoplasmique ovalaire, l'axe du fuseau nucléaire est parallèle à la surface du disque; mais il se trouve toujours placé dans le grand axe de l'ovale.

3° Dans les œufs à segmentation inégale, qui, en raison de la répartition inégale et de la polarité de leur deutoplasme, sont géocentriques et occupent, par conséquent, une position d'équilibre déterminée, les deux premiers plans de segmentation doivent être verticaux et le troisième horizontal, mais passant au-dessus de l'équateur de l'œuf.

BIBLIOGRAPHIE

I.

A. Agassiz et Whitman. *The development of osseous fishes.* Memoirs of the mus. of comp. Zool. at Harvard college. Vol. XIV, IIe Partie. 1889.

C. E. v. Baer. *Die Metamorphose des Eies der Batrachier.* Müller's Archiv 1834.

G. Born. *Ueber die Furchung des Eies bei Doppelbildungen.* Breslauer ärztliche Zeitschrift. 1887. N° 15.

Coste. *Histoire générale et particulière du développement des corps organisés.* 1847-1859.

V. v. Ebner. *Die äussere Furchung des Tritoneies.* Festschrift für Rollett. 1893.

Flemming. *Ueber die ersten Entwicklungserscheinungen am Ei der Teichmuschel.* Archiv. f. mikrosk. Anat. Vol. X.

Flemming. *Beiträge zur Kenntniss der Zelle und ihrer Lebenserscheinungen.* 1878.
— *Neue Beiträge zur Kenntniss der Zelle.* Archiv f. mikrosk. Anat. Vol. XXIX.
H. Fol. *Die erste Entwicklung des Geryonideneies.* Jenaische Zeitschr. Vol. VII. 1873.
— *Sur le développement des Ptéropodes.* Archives de zoologie expérimentale et générale. Vol. IV et V. 1875-76.
Gasser. *Eierstocksei und Eileiterei des Vogels.* Marburger Sitzungsbericht. 1884.
Grönroos. *Zur Entwicklungsgeschichte des Erdsalamanders.* Anat. Hefte. Vol. VI. 1896.
E. Haeckel. *Die Gastrula und Eifurchung.* Jenaische Zeitschr. Vol. IX. 1875.
Walter Heape. *The development of the mole, the ovarian ovum and segmentation of the ovum.* Quarterly Journal of microscopical science. Nouvelle série. Vol. XXVI, pages 157-174. Vol. XXVII. p. 123-165.
His. *Ueber den Keimhof oder Periblast der Selachier.* Eine histogenetische Studie. Archiv f. Anat. u. Entwicklungsgesch. 1897.
Jenning. *The early development of Asplanchna.* Bull. of Mus. of comp. Zool. at Harvard college. Vol. XXX. 1896.
Kionka. *Die Furchung des Hühnereies.* Anat. Hefte. Vol. III. Fascicule 3.
Kölliker. *Entwicklungsgeschichte der Cephalopoden.* 1844.
Fr. Leydig. *Die Dotterfurchung nach ihrem Vorkommen in der Thierwelt und nach ihrer Bedeutung.* Oken Isis 1848.
Prevost et Dumas. *Ann. des scienc. nat.* T. II.
Ralb. *Ueber Zelltheilung.* Morphol. Jahrb. Vol. X.
A. Rauber. *Furchung und Achsenbildung bei Wirbelthieren.* Zool. Anzeiger 1883, page 461.
— *Schwerkraftsversuche an Forelleneiern.* Berichte der Naturforsch. Gesellschaft zu Leipzig. 1884.
Reichert. *Der Furchungsprocess und die sogenannte Zellenbildung um Inhaltsportionen.* Müller's Archiv 1846.
Remak. *Comptes rendus.* 1852, vol. XXXV.
Rusconi. *Sur le développement de la grenouille.* Milan, 1826.
W. Salensky. *Befruchtung und Furchung des Sterleteies.* Zool. Anzeiger N° 11. 1878.
Sarasin. *Reifung und Furchung des Reptilieneies.* Arbeiten aus dem zool. Inst. in Würzburg. Vol. VI.
Schneider. *Untersuchungen über Plathelminthen.* Jahrb. d. Oberhess. Gesellsch. f. Natur- u. Heilkunde. 1873.
Semon. *Zur Entwicklungsgeschichte der Monotremen.* Zool. Forschungsreisen in Australien. Vol. II. 1894.
Max Schultze. *De ovorum ranarum segmentatione, quae Furchungsprocess dicitur.* Bonn, 1863.
Strasburger. *Zellbildung und Zelltheilung.* 3e édition. Iéna, 1875.
H. Virchow. *Dotterzellen und Dotterfurchung bei Wirbelthieren.* Verhandl. d. Anat. Gesellsch. in Wien. 1892.
— *Das Dotterorgan der Wirbelthiere.* Zeitschr. f. wissensch. Zool. Vol. LIII, Suppl. 1892, et Archiv f. mikrosk. Anat. Vol. XL. 1893.
— *Dottersyncytium und Keimhautrand der Salmoniden.* Verhandl. d. Anat. Gesellsch. zu Strassburg. 1894.
Wenkebach. *Beiträge zur Entwicklungsgeschichte der Knochenfische.* Archiv f. mikr. Anat. Vol. XXVIII. 1883.
Whitman et Eycleshymer. *The egg of Amia and its cleavage.* Journal of morphology. Vol. XII. 1897.
Ziegler. *Zur Entstehung des Periblasts bei den Knochenfischen.* Anat. Anz. Vol. XII. 1896.

Remarque. Dans « Ergebnisse der Anatomie und Entwicklungsgeschichte » de Merkel et Bonnet (année 1897), le lecteur trouvera un exposé bibliographique étendu, comprenant 173 travaux. Sobotta, Die Furchung des Wirbelthiereies.

II.

G. Born. *Ueber den Einfluss der Schwere auf das Froschei.* Archiv f. mikr. Anat. Vol. XXIV.
— *Ueber Druckversuche an Froscheiern.* Anat. Anz. 8e année, page 609.
Chabry. *Contribution à l'embryologie normale et tératologique des Ascidies simples.* Journal de l'anat. et de physiol. 1887.
Driesch. *Entwicklungsmechanische Studien. I—VI.* Zeitschr. f. wiss. Zool. Vol. LIII, LV.
— *Zur Verlagerung der Blastomeren des Echinideneies.* Anatom. Anz. 1893.
— *Von der Entwicklungsgeschichte einzelner Ascidienblastomeren.* Archiv f. Entwickl.-Mech. Vol. I.

V. Ebner. *Die äussere Furchung des Tritoneies und ihre Beziehung zu den Hauptrichtungen des Embryo.* Iéna, 1893. Festschr. f. Alex. Rollett.
Oscar Hertwig. *Welchen Einfluss übt die Schwerkraft auf die Theilung der Zellen?* Iéna, 1884.
— *Ueber den Werth der ersten Furchungszellen für die Organbildung des Embryo. Experiment. Studien am Frosch- u. Tritonei.* Archiv f. mikrosk. Anat. Vol. XLII.
— *Die Tragweite der Zellentheorie.* „Die Aula," Wochenbl. für die akad. Welt. 1895. 1re année. Nos 2 et 3.
Morgan et Tsuda. *The orientation of the frog egg.* The quarterly journal of microsc. science. N. S. Vol. XXXV.
Morgan. *Studies of the partial larvae of Sphaerechinus.* Archiv f. Entwickl.-Mech. Vol. II.
E. Pflüger. *Ueber den Einfluss der Schwerkraft auf die Theilung der Zellen.* Archiv f. d. ges. Physiologie. Vol. XXXI. 1883.
— *Zweite Abhandlung.* Vol. XXXII. 1883.
Roux. *Ueber die Zeit der Bestimmung der Hauptrichtungen des Froschembryo.* Leipzig, 1883.
— *Ueber die Bedeutung der Kerntheilungsfiguren.* Leipzig, 1883.
— *Beiträge zur Entwicklungsmechanik des Embryo.* No 4. Archiv f. mikrosk. Anat. Vol. XXIX.
— *Die Entwicklungsmechanik der Organismen, eine anatomische Wissenschaft der Zukunft.* 1890.
— *Ueber die künstliche Hervorbringung halber Embryonen durch Zerstörung einer der beiden ersten Furchungskugeln, sowie über die Nachentwicklung (Postgeneration) der fehlenden Körperhälfte.* Virchow's Archiv. Vol. CXIV. 1888.
— *Ueber das entwicklungsmechanische Vermögen jeder der beiden ersten Furchungszellen des Eies.* Verhandl. der anat. Gesellsch. Vienne, 1892.
— *Ueber Mosaikarbeit und neuere Entwicklungshypothesen.* Merkel und Bonnet. Anatomische Hefte. 1893.
Schultze. *Die künstliche Erzeugung von Doppelbildungen bei Froschlarven mit Hilfe abnormer Gravitationswirkung.* Archiv f. Entwicklungsmechanik. Vol. I.
Wilson. *On multiple and partial development in Amphioxus.* Anatom. Anz. 1892.
— *Amphioxus and the mosaik theory.* Journal of morphology. 1893.
Ziegler. *Ueber Furchung unter Pressung.* Verhandl. d. anat. Gesellsch., 1894, page 117.
Raffaello Zoja. *Sullo sviluppo dei blastomeri isolati delle uove di alcune meduse (e di altri organismi).* Archiv f. Entwicklungsmechanik. Vol. I et II.

Remarque. « La cellule et les tissus (Éléments d'anatomie et de physiologie générales), 2e partie », par Oscar Hertwig, 1898, contient, dans son chapitre X, une description détaillée et une étude critique des expériences diverses, auxquelles on a soumis l'œuf animal pendant les premiers stades de sa segmentation. Le lecteur y trouvera aussi un exposé bibliographique complet de la question.

CHAPITRE QUATRIÈME

PRINCIPES GÉNÉRAUX DU DÉVELOPPEMENT

Tous les phénomènes du développement étudiés jusqu'ici ne sont régis que par un seul principe général. A la suite de la segmentation, l'œuf, organisme élémentaire simple, se trouve transformé en une association de cellules. Cette dernière affecte la forme la plus simple que l'on puisse s'imaginer : elle consiste en une sphère creuse, dont la paroi est constituée par *une* ou plusieurs couches de cellules. Or, pour que cet organisme simple puisse se transformer en un être aussi compliqué que l'animal adulte, pourvu d'organes très différents, le principe de la division cellulaire ne peut suffire. Deux autres principes, également très simples, entrent en jeu. L'un est le principe de l'accroissement inégal d'une membrane cellulaire; l'autre, le principe de la division du travail et de la différenciation histologique qui en est la conséquence.

Examinons d'abord de près le PRINCIPE DE L'ACCROISSEMENT INÉGAL. Si les différents éléments constitutifs d'une membrane cellulaire continuent à se diviser *uniformément*, il en résulte ou bien un épaississement, ou bien une extension en surface de la membrane. La membrane s'épaissira si les plans de division des cellules qui la constituent sont parallèles à sa surface. Elle s'étendra en surface, si ces plans de division sont perpendiculaires à sa surface. Dans ce dernier cas, les cellules primitives s'écarteront régulièrement et progressivement les unes des autres, au fur et à mesure que de nouvelles cellules-filles s'interposeront entre elles. Toutes ces cellules, molles et extensibles, ne seront plus unies les unes aux autres que par une substance unissante molle. Si nous supposions que la blastula subît un processus semblable dans le cours ultérieur de son développement, elle ne donnerait lieu qu'à la formation d'une sphère creuse de cellules, dont le diamètre augmenterait progressivement.

Tout autre chose se passe si l'accroissement en surface se fait *inégalement*. Si, dans le milieu d'une membrane, un groupe de cellules se divise seul, plusieurs fois de suite, dans un court espace de temps, par formation de plans de segmentation verticaux, la partie correspondante de la membrane prendra subitement une extension très grande. En même temps, elle exercera une pression énergique sur les cellules environnantes, qu'elle tendra à écarter. Mais ces cellules environnantes ne pourront pas s'écarter lentement et uniformément les unes des autres, comme cela se produit dans le cas d'un accroissement interstitiel; en effet, les cellules qui entourent la partie la plus active de la membrane lui forment, selon l'expression de His, une sorte de cadre rigide et passif. Or, par suite de l'extension exagérée qu'elle a prise, la partie active de la membrane doit, pour se loger dans l'espace dont elle dispose, se plisser dans l'une ou l'autre direction, à partir du niveau même de la partie passive. Si ce processus continue, le plissement s'accentuera davantage et nous voyons alors se former aux dépens d'une partie de la membrane cellulaire primitive et uniforme, un organe spécial, distinct du restant de cette membrane.

Si la membrane qui se plisse délimite une cavité, comme c'est le cas pour la paroi de la blastula, alors *le plissement peut s'effectuer dans deux sens différents*. Ou bien la membrane se plisse à l'intérieur du corps : ce processus est connu en embryologie sous le nom d'*invagination;* ou bien le pli formé proémine à la surface du corps et constitue alors une *évagination*.

Le *processus d'invagination* présente de nombreuses variations.

C'est par *invagination* que se forment une foule d'organes les plus divers, comme par exemple les glandes, le système nerveux central, certaines parties des organes des sens, etc.

Toute glande constitue, au début de son développement, une légère invagination d'une petite partie, circulaire, d'une membrane cellulaire. Elle proémine de plus en plus, dans le tissu sous-jacent, sous la forme d'un cylindre creux (fig. 67, 1 et 4), qui peut finir par atteindre une longueur assez importante. Ce cylindre invaginé se transforme ensuite en une glande tubuleuse ou bien en une glande acineuse (Flemming). Si le tube glandulaire conserve sensiblement le même diamètre dans toute son étendue, il constitue alors une glande tubuleuse simple (fig. 67, 1); c'est le cas pour les glandes sudoripares de la peau ou les

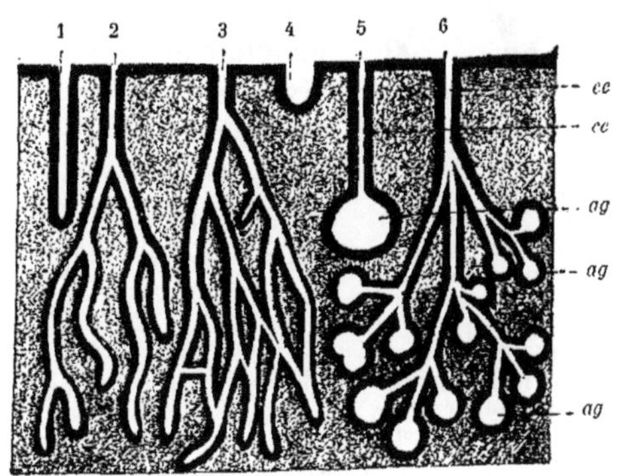

Fig. 67. — *Schéma de la formation des glandes.*

1, glande tubuleuse simple; 2, glande tubuleuse composée; 3, glande tubuleuse composée avec anastomoses rétiformes; 4 et 5, glande acineuse simple; 6, glande acineuse composée; *ce*, conduit excréteur; *ag*, acinus glandulaire.

glandes de Lieberkühn de l'intestin. Si, au contraire, le tube invaginé ne conserve pas le même diamètre dans toute sa longueur, mais se dilate à son extrémité aveugle (fig. 67, 5, *ag*), il devient alors une glande acineuse simple. Dans ce cas, le renflement terminal constitue l'acinus glandulaire (*ag*), et la partie initiale, étroite et tubuleuse de l'organe (*ce*), son conduit excréteur. Lorsque certains points de la paroi d'un tube glandulaire simple s'accroissent plus rapidement que les autres, il s'accomplit en ces points le même phénomène d'invagination qui a donné lieu à la formation du tube simple primitif lui-même. Le tube primitif se ramifie alors, c'est-à-dire qu'il porte latéralement des tubes secondaires. C'est de cette façon que se forment les glandes composées (fig. 67, 2 et 6). Le même phénomène peut se répéter en certains points des tubes secondaires eux-mêmes et ainsi de suite : il en résulte que l'organe tout entier finit par affecter la forme d'un arbre ramifié, dont le tronc est constitué par le tube simple primitif, et dont les branches de deuxième, de troisième et de quatrième ordre correspondent respectivement aux tubes secondaires, tertiaires et quaternaires. Selon que ces branches latérales conservent le même diamètre dans toute leur étendue, ou bien qu'elles se renflent à leur extrémité aveugle, l'organe devient une glande tubuleuse composée (fig. 67, 2) (reins, testicules, foie), ou bien une glande acineuse composée (fig. 67, 6) (glandes sébacées, poumons, etc.).

C'est également par invagination d'une membrane primitivement lisse que *se forment les organes des sens et le système nerveux central.* Prenons pour exemple la formation de la partie sensorielle de l'organe auditif, c'est-à-dire du labyrinthe membraneux. De chaque côté de la ligne médiane, dans la région de la tête de l'embryon, une petite partie du feuillet externe s'accroît rapidement et se transforme en une petite fossette invaginée (fig. 68). Les lèvres de cette fossette auditive finissent par se rapprocher de plus en plus : elle se transforme progressivement en un petit sac, qui s'ouvre encore par un étroit orifice à la surface du corps (fig. 68, *a*). Finalement l'orifice lui-même se ferme. La fossette auditive se trouve ainsi convertie en une vésicule auditive, close de toutes parts (*b*), qui se sépare complètement de l'épiderme qui lui a donné naissance. Plus tard, certaines régions de la vésicule elle-même s'accroissent plus rapidement que les autres, ce qui donne lieu à la formation de nouvelles invaginations et évaginations. L'organe prend finalement une forme très compliquée, qui lui a valu le nom de labyrinthe membraneux. Nous décrirons, d'une façon détaillée, ces transformations de la vésicule auditive, dans un chapitre spécial.

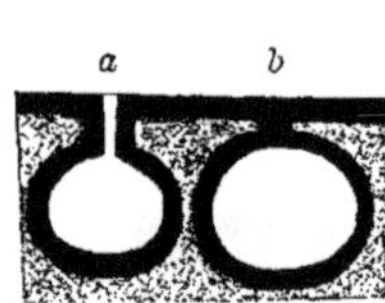

Fig. 68. — *Schéma de la formation de la vésicule auditive.*

a, fossette auditive; *b*, vésicule auditive formée par suite du rapprochement et de la soudure des lèvres de la fossette. Elle est encore unie au feuillet germinatif externe par un pédicule épithélial plein.

Prenons, pour dernier exemple du phénomène d'invagination, le développement du système nerveux central. La moelle épinière et le cerveau se forment, à une période très reculée du développement, aux dépens de la couche épithéliale qui délimite la surface du corps de l'embryon (feuillet externe ou ectoderme). Sur la ligne médio-dorsale de l'embryon, l'ectoderme s'épaissit suivant une bandelette étroite, la plaque mé-

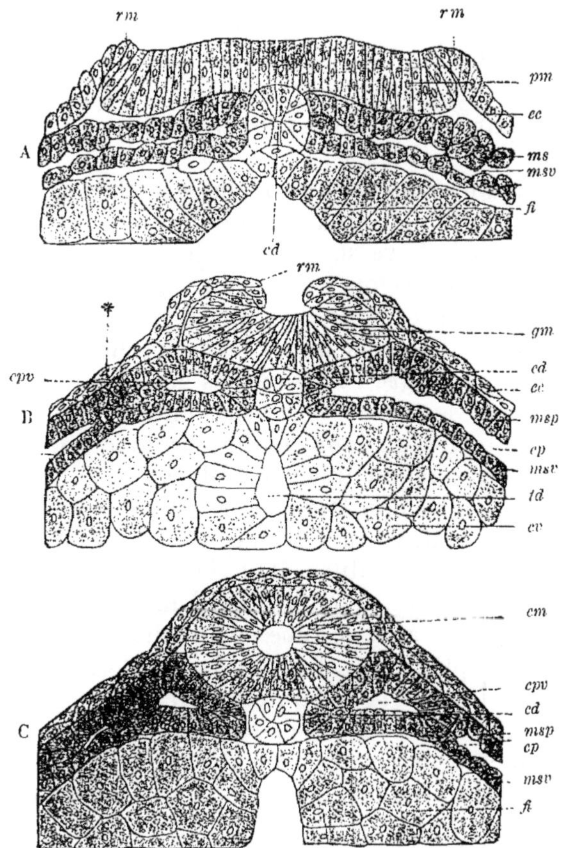

Fig. 69. — *Coupes transversales pratiquées à travers la région dorsale chez des larves de triton d'âges différents.*

A. Les replis médullaires, *rm*, commencent à se soulever. B. La gouttière médullaire est presque fermée. C. Le canal médullaire est formé et les segments primordiaux bien développés. *rm*, repli médullaire; *pm*, plaque médullaire ; *ec*, épiderme ou feuillet corné ; *msp*, feuillet pariétal du mésoderme ; *cp*, cœlome, cavité pleuro-péritonéale ; *msv*, feuillet viscéral du mésoderme ; *fi*, feuillet interne ; *cd*, corde dorsale ; *cpv*, cavité d'un segment primordial ; *gm*, gouttière médullaire ; *td*, tube digestif ; *cv*, cellules vitellines ; *cm*, canal médullaire.

dullaire (fig. 69, A, *pm*). La plaque médullaire se continue, à droite et à gauche de la ligne médiane, avec la partie non épaissie de l'ectoderme, c'est-à-dire avec l'épiderme futur. Comme elle se développe plus rapidement que l'épiderme avoisinant, elle se déprime bientôt en une gouttière aplatie, appelée gouttière ou sillon médullaire, qui ne tarde pas à s'approfondir (fig. 69, B, *gm*). Les lèvres de la gouttière, suivant lesquelles cette dernière se continue avec l'épiderme, se soulèvent et constituent les replis médullaires (fig. 69, B, *rm*). Plus tard, ces replis se rapprochent, l'un et l'autre, de la ligne médiane : la gouttière médullaire se trouve, à la fin, transformée en un canal qui s'ouvre, sur la ligne médio-dorsale, par une fente longitudinale, étroite. Cette fente elle-même finit par disparaître, à la suite de la soudure des deux replis médullaires sur la ligne médiane (fig. 69, C). A ce moment, le canal médullaire (*cm*) se trouve complètement séparé de la membrane cellulaire, dont il procède. Il constitue alors un organe absolument distinct.

Examinons maintenant d'un peu plus près le mécanisme de la soudure et de la séparation du canal médullaire.

Chaque repli médullaire se compose de deux feuillets, qui se continuent l'un avec l'autre selon le bord du repli. L'un de ces feuillets, le plus épais, est profond et formé par une partie de la plaque médullaire (fig. 69, B, *gm*); l'autre, plus mince, est superficiel et formé par l'épiderme ou feuillet corné (*ec*). Lorsque les deux replis se soudent sur la ligne médio-dorsale, le feuillet corné de l'un s'unit au feuillet corné de l'autre, en même temps que son feuillet profond s'unit au feuillet profond de l'autre. Le canal ou tube médullaire, ainsi formé, reste cependant uni, pendant un certain temps, sur la ligne médio-dorsale, avec le feuillet corné sus-jacent, par une traînée de cellules intermédiaires, correspondant à la ligne de suture. Mais, bientôt, cette traînée cellulaire devient très étroite; une partie de ses éléments se fusionnent avec le feuillet corné et l'autre avec le tube médullaire. A ce moment, le canal médullaire est complètement détaché de l'épiderme. Le fusionnement des lèvres de la suture et la séparation du canal médullaire d'avec son centre de formation sont donc des phénomènes concomitants. Nous retrouvons ce même processus dans la formation, par invagination, d'une foule d'autres organes, tels que la vésicule auditive, la vésicule cristallinienne, etc.

Le tube médullaire, devenu libre, se divise lui-même, ultérieurement, par plissement, résultant d'un accroissement inégal des parties de l'organe. Ainsi se forme notamment le cerveau, par dilatation de la partie antérieure du canal médullaire. Puis, cette dilatation cérébrale elle-même se subdivise, de la même manière, en cinq vésicules cérébrales, placées les unes derrière les autres, et séparées par quatre rétrécissements. La vésicule cérébrale antérieure, à son tour, se complique par le même processus : elle donne lieu successivement à la formation de sillons et de circonvolutions de premier, de deuxième et de troisième ordre, et se trouve alors transformée en les hémisphères cérébraux. Cet exemple classique nous montre comment, par le simple processus de plissement, peut se former un organe extraordinairement compliqué.

Passons maintenant au *second mode de plissement*, c'est-à-dire à la formation des *évaginations*. Ce processus, qui joue un rôle aussi important dans le développement de l'embryon, diffère du précédent en ce que les replis se développent extérieurement vers la surface du corps, au lieu de le faire intérieurement (fig. 70). Lorsqu'une évagination va se produire en un point de la surface d'une membrane épithéliale, il se forme en ce point une prolifération cellulaire, qui donne lieu à la production d'une éminence conique. C'est de cette façon que se développent, par exemple, les papilles de la muqueuse de la langue (fig. 70, *c*), ainsi que les villosités intestinales (*a*) qui, serrées les unes contre les autres, donnent à la surface de la muqueuse de l'intestin grêle un aspect velouté. Tout comme les glandes tubuleuses, les papilles et les villosités peuvent, par proliférations locales, se ramifier, pour former des houppes (*b*), comprenant des branches de deuxième, de troisième et de quatrième ordre. Tel est le mode d'origine des houppes branchiales externes d'une foule d'embryons de poissons et d'amphibiens; tel est aussi le mode de formation des villosités du chorion chez les mammifères. Les membres des vertébrés procèdent aussi de bourgeons, qui se développent de dedans en dehors.

Fig. 70. — *Schéma de la formation des papilles et des villosités.*
a, papille simple; *b*, papille ramifiée ou houppe de villosités; *c*, papille simple dont la charpente conjonctive se prolonge en trois pointes superficielles.

Lorsque la prolifération est linéaire, elle donne lieu à la formation de crêtes ou de replis, dont le bord libre est dirigé en dehors. Tel est le cas pour les replis de Kerkring, à l'intestin grêle, et pour les lamelles branchiales des poissons.

Les exemples que nous venons de signaler suffisent pour nous montrer combien ce simple principe de la formation d'invaginations et d'évaginations peut engendrer de complications dans la forme des organes et des organismes. D'autres modifications sont produites par deux processus de moindre importance : je veux parler de la *résorption* et de la *soudure* de membranes cellulaires. Une foule d'organes creux, vésiculeux ou tubulaires, peuvent se perforer en un point de leur étendue, par suite de la résorption d'une partie de leur paroi. Voici comment. La vésicule ou le tube s'applique, par une partie de sa paroi, contre l'épiderme ou contre une invagination épidermique; les parois en contact s'amincissent ensuite et finissent par se résorber : il en résulte la formation d'une perforation, d'un orifice, qui fait communiquer la cavité de la vésicule ou du tube avec l'extérieur. C'est ainsi que se forment l'orifice buccal, l'orifice anal et les fentes branchiales chez les vertébrés. Le tube digestif, primitivement clos de toutes parts, s'ouvre alors à l'extérieur par des orifices, résultant de la résorption de certaines régions de sa paroi primitive.

Le fusionnement, la soudure d'organes épithéliaux se rencontre plus fréquemment encore et présente diverses variations. Nous avons vu précédemment comment les lèvres d'une invagination peuvent se rapprocher et se souder : c'est le cas dans la formation de la vésicule auditive, du tube digestif et du canal médullaire. Mais cette soudure peut se faire sur une très grande étendue, lorsque les surfaces en contact d'une membrane invaginée sont plus ou moins intimement accolées et forment, pour ainsi dire, une seule membrane cellulaire. C'est ce qui se produit, par exemple, lors de la fermeture des fentes branchiales, lors de la formation des canaux demi-circulaires de l'oreille interne, ou bien encore dans des cas pathologiques d'adhérence des deux feuillets d'une membrane séreuse. De plus, des tubes épithéliaux, en contact par leur extrémité, peuvent également se souder, comme cela arrive très fréquemment dans les glandes tubuleuses composées (fig. 67, 3). Dans ce cas, parmi les nombreuses ramifications d'un tube glandulaire, quelques-unes se touchent par leurs extrémités et se fusionnent : lorsque les cellules en contact se sont résorbées par érosion, les ramifications communiquent les unes avec les autres. C'est de cette façon que se développent les glandes tubuleuses réticulées, comme par exemple le testicule et le foie chez l'homme.

Nous venons d'examiner le principe de l'*accroissement inégal des couches épithéliales*. Nous avons vu qu'il a pour conséquence le *plissement des lamelles épithéliales*, par invagination et par évagination. Nous avons montré, enfin, quel rôle important il joue dans le développement de l'embryon. Il nous reste à examiner le *second* PRINCIPE FONDAMENTAL, *celui* DE LA DIVISION DU TRAVAIL ET DE LA DIFFÉRENCIATION HISTOLOGIQUE *qui en est la conséquence*. Pour bien comprendre l'importance qui revient à ce principe dans le développement de l'embryon, nous devons nous rappeler que la vie de tout être organisé consiste dans un ensemble de fonctions différentes. Les organismes incorporent des substances qu'ils puisent dans le monde extérieur; ils assimilent ce qui peut leur être utile et rejettent ce qu'ils ne peuvent utiliser (nutrition et assimilation). Ils peuvent modifier la forme de leur corps en contractant leurs muscles (motilité); ils sont en état de réagir sur des excitants externes (sensibité ou irritabilité); enfin, ils possèdent le pouvoir de produire des êtres semblables à eux-mêmes (reproduction). Chez les organismes pluricellulaires inférieurs, les différents éléments constitutifs accomplissent encore tous, de la même manière, les diverses fonctions nécessaires à la vie organique. Mais, plus l'organisme se perfectionne, plus ses différentes cellules constitutives se partagent les fonctions de la vie. Certaines d'entre elles ne s'occupent que de la nutrition; d'autres servent exclusivement à la motilité; d'autres à la sensibilité; d'autres encore à la reproduction. Cette division du travail physiologique entraîne nécessairement un perfectionnement dans l'accomplissement des diverses fonctions. De plus, tout changement ou perfectionnement physiologique que subit une cellule détermine chez elle des modifications dans sa texture intime. Il en résulte que *la différenciation morphologique ou histologique marche toujours de pair avec la division du travail physiologique.*

Les éléments cellulaires qui se sont spécialement affectés à la digestion se présentent sous la forme de cellules glandulaires; ceux qui se sont affectés spécialement à la contractilité sont devenus des cellules musculaires; d'autres se sont transformés en cellules nerveuses; d'autres encore, en cellules sexuelles, etc. Enfin les cellules qui accomplissent une même fonction sont généralement réunies par groupes, en un tissu spécial.

L'étude de l'ontogenèse de tout organisme comprend donc deux parties : l'une est l'étude du développement de sa forme ; l'autre, l'étude de sa différenciation histologique. Nous pouvons ajouter que, chez les organismes supérieurs, le développement de la forme s'accomplit surtout pendant les premiers stades, tandis que la différenciation histologique se réalise principalement dans les derniers stades de l'ontogenèse.

La connaissance des principes généraux que nous venons d'exposer nous facilitera beaucoup la compréhension des phénomènes ultérieurs du développement.

CHAPITRE CINQUIÈME

FORMATION DES DEUX FEUILLETS GERMINATIFS PRIMORDIAUX

THÉORIE DE LA GASTRULA

Les premières modifications que subit la blastula consistent surtout dans des *phénomènes d'invagination et d'évagination*. Elle se transforme successivement en des formes embryonnaires constituées d'abord par deux, puis plus tard par quatre couches épithéliales, auxquelles on donne le nom de *feuillets germinatifs* ou *primordiaux*.

La forme embryonnaire constituée par deux feuillets germinatifs est désignée sous le nom de gastrula. Elle offre une haute importance dans l'histoire du développement, ainsi que l'a établi Haeckel dans sa célèbre théorie de la gastrula. On la rencontre, en effet, dans chacun des six grands embranchements du règne animal : elle constitue, par conséquent, un stade commun à tous les animaux. C'est à partir de ce stade que divergent les différentes formes du règne. De même qu'il faut distinguer quatre espèces de blastula, différant les unes des autres en raison de l'abondance et du mode de répartition du vitellus, de même il y a lieu de distinguer quatre espèces de gastrula. D'une gastrula simple, primitive, sont issues trois autres formes modifiées. Chez les vertébrés, nous les rencontrons toutes, à l'exception d'une seule qui est caractéristique d'une foule d'arthropodes.

La forme la plus simple et la plus primitive ne se réalise, parmi les vertébrés, que dans le développement de l'Amphioxus lanceolatus. C'est d'elle que nous nous occuperons tout d'abord.

Nous savons que, chez l'Amphioxus, la paroi de la blastula consiste en une seule couche de cellules cylindriques (fig. 71). Au voisinage de l'un des pôles, que nous pouvons appeler le pôle végétatif (PV), les cellules (*cv*) sont un peu plus volumineuses, en même temps qu'elles renferment des granulations vitellines, qui les rendent plus opaques. C'est en ce point que commence à se former la gastrula. La partie de la surface de la blastosphère avoisinant le pôle végétatif s'aplatit d'abord légèrement, puis elle s'invagine à l'intérieur de la cavité de segmentation. Il se forme ainsi une dépression, qui s'approfondit ensuite de plus en plus, en même temps que la cavité de segmentation se réduit. Finalement, la partie invaginée (fig. 72, *en*), se trouve en contact immédiat avec la face profonde de la partie opposée, non invaginée (*ec*), de la blastula : la cavité de segmentation a alors complètement disparu. Il s'est donc formé, aux dépens de la blastosphère à paroi simple, un germe, affectant la forme d'une coupe et à paroi double. Ce germe, c'est la gastrula.

La *cavité de la gastrula* qui n'est autre que la *cavité d'invagination* et qu'il ne faut pas confondre avec la cavité de segmentation qui, elle, a dis-

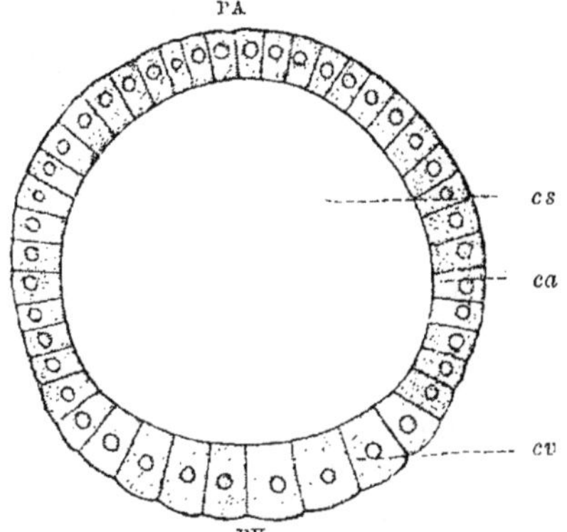

Fig. 71. — *Blastula de l'Amphioxus lanceolatus*, d'après HATSCHEK.

cs, cavité de segmentation ; *ca*, cellules animales ; *cv*, cellules végétatives ; PA, pôle animal ; PV, pôle végétatif.

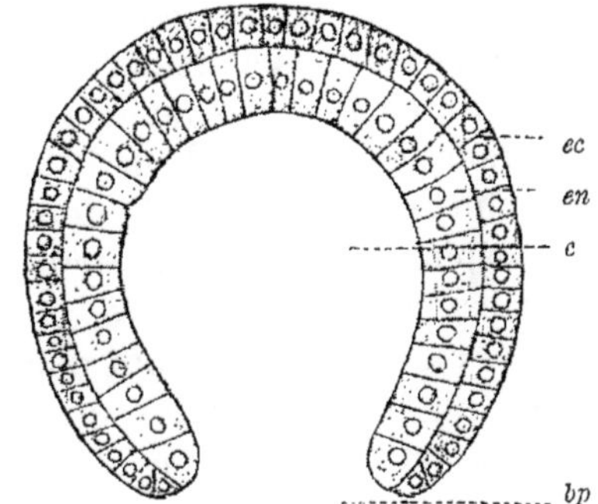

Fig. 72. — *Gastrula de l'Amphioxus lanceolatus*, d'après HATSCHEK.

ec, feuillet germinatif externe ; *en*, feuillet germinatif interne ; *c*, intestin primitif ou cœlentéron ; *bp*, bouche primitive ou blastopore.

paru, constitue l'*intestin primitif* ou *cœlentéron* (*c*). Le cœlentéron s'ouvre à l'extérieur par un orifice appelé *bouche primitive* ou *blastopore* (*bp*).

Les dénominations d'intestin primitif et de bouche primitive pouvant donner lieu à une interprétation erronée, nous ferons remarquer dès maintenant, afin d'éviter cette confusion, que le cœlentéron et le blastopore n'ont nullement la même valeur que le tube digestif et la bouche définitifs de l'animal adulte. L'intestin primitif du germe fournit, il est vrai, la presque totalité du tube digestif de l'adulte ; mais il constitue en même temps l'ébauche d'un certain nombre d'autres organes et principalement des cavités pleurales, péricardique et péritonéale de l'adulte. Il est donc préférable de lui réserver exclusivement le nom de *cœlentéron*. Quant à la bouche primitive, elle ne constitue, chez les vertébrés, qu'un organe transitoire. Elle se ferme et disparaît plus tard, à l'exception d'un reste qui devient l'anus, tandis que *la bouche définitive ou secondaire* est une formation toute nouvelle.

Les deux couches cellulaires de la gastrula se continuent l'une avec l'autre au pourtour du blastopore. Elles constituent les *deux feuillets germinatifs primordiaux.* On les désigne, d'après la position qu'ils occupent, respectivement sous les noms de *feuillet externe* (*ec*) et de *feuillet interne* (*en*). Tandis que dans la blastula les diverses cellules constitutives diffèrent peu les unes des autres, avec la formation de la gastrula commence à se manifester entre les deux feuillets germinatifs, une division du travail physiologique, surtout sensible chez les larves libres et nageantes des invertébrés. Le *feuillet externe* (*ec*) (encore appelé *ectoderme* ou *ectoblaste*) sert d'organe de revêtement de la surface du corps; en même temps il est le siège de la sensibilité et enfin de la motilité lorsque, comme c'est le cas chez l'Amphioxus, des cils vibratiles se forment à la surface de ses cellules. Le *feuillet interne* (*en*) (encore appelé *endoderme* ou *endoblaste*) forme la paroi de l'intestin primitif et fait fonction d'appareil digestif. Ces deux couches cellulaires diffèrent, par conséquent, non seulement par leur position, mais aussi par leurs fonctions. C'est ce qui a déterminé C. E. von Baer à les considérer comme constituant les deux *organes primordiaux* du corps. Ils sont très instructifs pour nous; car ils nous offrent un exemple bien simple de la formation de deux organes aux dépens d'une ébauche unique. A la suite de l'invagination d'une partie de la paroi de la blastosphère dans l'autre partie, les cellules, primitivement identiques, des deux parties de la vésicule, ont contracté des rapports différents avec le monde extérieur et se sont pour cela différenciées; elles se sont adaptées à des fonctions spéciales, en relation avec leurs rapports nouveaux.

Cette différenciation, cette séparation des éléments cellulaires de l'embryon en les deux organes primordiaux de von Baer, décide du sort définitif des différentes cellules. En effet, chacun des deux feuillets primordiaux fournit ultérieurement certains organes bien déterminés de l'adulte. C'est ainsi que le feuillet externe fournit : la couche épithéliale qui revêt toute la surface du corps, c'est-à-dire l'épiderme avec les glandes cutanées et les poils, le système nerveux et les parties sensorielles des organes des sens. De là le nom de feuillet sensorio-cutané que lui donnaient les anciens embryologistes.

Le feuillet interne constitue l'ébauche de tous les autres organes du corps : l'intestin et ses glandes annexes, les parois de toutes les cavités générales du corps, les muscles, etc. Il donne naissance à la majeure partie des organes et c'est lui qui, dans le cours du développement, subit les métamorphoses les plus nombreuses et les plus importantes (1).

Des formes larvaires en tout point identiques à la gastrula de l'Amphioxus ont été observées chez une foule d'invertébrés : cœlentérés, échinodermes, vers et brachiopodes. C'est sous la forme de gastrula qu'elles éclosent, pour se mouvoir librement dans l'eau au moyen

(1) Il est inexact de désigner, comme on le faisait naguère et comme certains auteurs le font encore aujourd'hui, l'ectoderme et l'endoderme sous les noms respectifs de feuillet animal et de feuillet végétatif. En effet, les muscles striés, qui appartiennent à la catégorie des organes *animaux* du corps, ne proviennent pas du feuillet externe, comme on le croyait naguère sous la foi d'observations erronées, mais du feuillet interne primordial, ainsi que de nombreuses recherches l'ont établi aujourd'hui.

de leurs cils vibratiles. Elles peuvent déjà, pour développer leur propre corps, utiliser de petits infusoires, des algues ou des débris d'animaux plus volumineux, qu'elles ingèrent par leur blastopore et qu'elles digèrent dans leur cœlentéron. D'autre part, les substances non assimilables, elles les rejettent au dehors par leur blastopore. Chez les vertébrés supérieurs, la gastrula n'accomplit jamais de fonction digestive ; non seulement cette fonction est impossible parce que l'embryon est logé dans des enveloppes, mais elle serait inutile, attendu que l'œuf et les cellules qui en dérivent, ou bien renferment des éléments vitellins qu'ils assimilent peu à peu, ou bien sont nourris grâce à des dispositions spéciales (mammifères).

Il n'est pas difficile de rattacher à la gastrula simple de l'Amphioxus les modifications qu'a subies la *formation de la gastrula chez les Amphibiens*. Chez le triton, qui fera l'objet de notre description, l'un des hémisphères de la blastula (fig. 73), l'hémisphère animal, a sa paroi

Fig. 73.

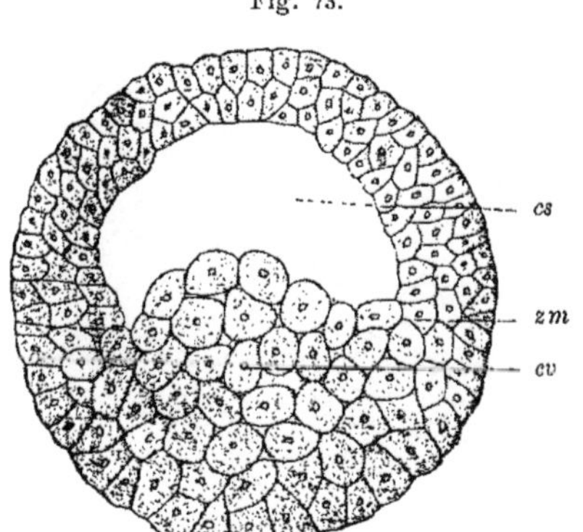

Fig. 74.

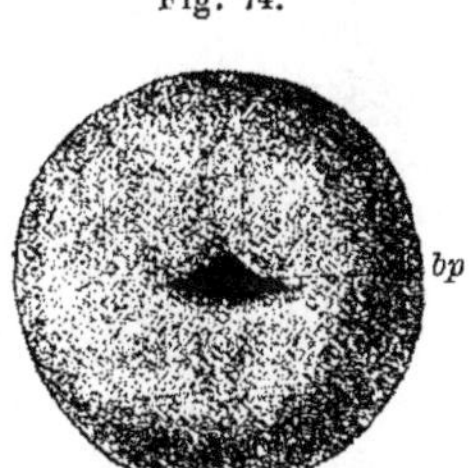

Fig. 73. — *Blastula de triton tæniatus.* *cs*, cavité de segmentation; *zm*, zone marginale; *cv*, cellules vitellines.

Fig. 74. — *Œuf de triton au stade gastrula. Vue superficielle.* *bp*, bouche primitive ou blastopore.

plus mince que l'autre; elle consiste en deux ou trois assises, superposées, de petites cellules (chez la grenouille ces cellules sont pigmentées de noir). L'autre hémisphère, l'hémisphère végétatif, a sa paroi fort épaissie ; elle consiste en cellules polyédriques beaucoup plus volumineuses (*cv*) et riches en vitellus. Elles sont lâchement appliquées les unes contre les autres, disposées en couches nombreuses et forment une saillie mamelonnée, proéminant dans la cavité de segmentation (*cs*). Les éléments de l'hémisphère animal se continuent avec ceux de l'hémisphère végétatif par l'intermédiaire de cellules de transition (*zm*), disposées suivant une *zone marginale* (Götte). L'hémisphère animal, en raison de sa constitution, est beaucoup plus léger que l'hémisphère opposé, de sorte que, dans l'eau, il se tourne toujours vers le haut. Il forme la voûte de la cavité de segmentation, dont le plancher, plus épais, est constitué par l'hémisphère végétatif. La cavité de segmentation est donc excentriquement placée.

Lorsque la gastrula commence à se développer, l'invagination se produit latéralement en un point de la zone marginale (fig. 74, *bp*); extérieurement elle apparaît sous la forme d'un sillon, nettement marqué, qui se dispose plus tard en fer à cheval. Au-dessus de cette dépression, la paroi de la vésicule est formée par de petites cellules (pigmentées de noir chez la grenouille); au-dessous, elle est formée par de grandes cellules claires. La lèvre supérieure, ou dorsale, du blastopore (fig. 75, *ld*) est donc constituée par de petites cellules et sa lèvre inférieure ou ventrale (*lv*), par de grandes cellules abondamment pourvues de vitellus. Ces éléments s'invaginent les uns comme les autres, de telle sorte que la voûte du cœlentéron (*c*) est constituée par des éléments dérivant des petites cellules de l'hémisphère animal, tandis que son plancher est formé par des éléments dérivant des grandes cellules de l'hémisphère végétatif. Le cœlentéron ne représente d'abord

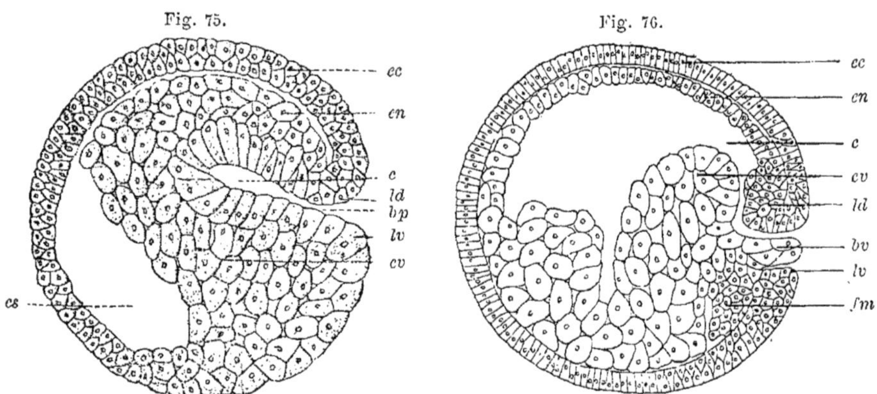

Fig. 75. — *Coupe longitudinale et médiane d'un œuf de triton, montrant la formation de la gastrula.* *cc*, feuillet externe; *cn*, feuillet interne; *cs*, cavité de segmentation; *c*, cœlentéron; *bp*, blastopore; *ld*, lèvre dorsale, *lv*, lèvre ventrale du blastopore; *cv*, cellules vitellines.

Fig. 76. — *Coupe longitudinale et médiane d'un œuf de triton à la fin de la gastrulation.* *cc*, *cn*, *c*, *cv*, *ld* et *lv*, comme dans la figure 75; *bv*, bouchon vitellin; *fm*, feuillet moyen.

qu'une fente étroite comparativement à la cavité de segmentation (*cs*); mais il ne tarde pas à se développer davantage en réduisant progressivement la cavité de segmentation, qui finit par disparaître complètement. A ce moment, il constitue une large cavité rétrécie en une fente au voisinage du blastopore. Le naturaliste italien Rusconi est le premier qui ait observé le cœlentéron chez les amphibiens; c'est pourquoi, dans les ouvrages anciens, on le trouve désigné sous le nom de *cavité digestive de Rusconi* et le blastopore est appelé *anus de Rusconi*.

Lorsque ce processus d'invagination est achevé, toute la masse vitelline, c'est-à-dire tout l'hémisphère végétatif de la blastula, se trouve à l'intérieur de la gastrula, où elle contribue à délimiter la cavité du cœlentéron. Extérieurement, elle est recouverte par une assise de petites cellules (fig. 76). Chez la grenouille, à ce stade du développement, toutes les cellules de la couche superficielle de l'œuf sont pigmentées de noir, à l'exception d'un point correspondant au blastopore et ayant le volume d'une tête d'épingle. Ce point est formé par une saillie de la masse vitelline claire, proéminant hors du blastopore, et formant une sorte de bouchon, qui obstrue pour ainsi dire l'entrée du cœlentéron. De là le nom de *bouchon vitellin* (*bv*) qu'on lui donne.

Des deux feuillets germinatifs de la gastrula, l'externe s'amincit plus tard chez le triton, et se transforme en une seule assise de cellules cylindriques, disposées régulièrement. Chez la grenouille, ce feuillet externe consiste en deux ou trois assises de cellules cubiques, pigmentées de noir. Le feuillet interne est aussi formé, à la voûte du cœlentéron, par de petites cellules (pigmentées chez la grenouille), tandis qu'au plancher du cœlentéron, il consiste en de grandes cellules vitellines, disposées en plusieurs assises et formant une saillie, un mamelon proéminant dans la cavité d'invagination, qu'il remplit partiellement. La gastrula des amphibiens prend donc aussi, dans l'eau, une position d'équilibre bien déterminée : la masse vitelline, plus lourde, est toujours dirigée vers le bas (fig. 76).

A ce moment déjà, l'œuf présente chez les amphibiens une symétrie bilatérale parfaite. Le plancher épaissi de la gastrula deviendra la face ventrale de l'animal ; la voûte du cœlentéron, au contraire, deviendra sa face dorsale. Le blastopore, comme nous le verrons plus loin, correspond à l'extrémité postérieure de l'animal et le pôle opposé, à son extrémité céphalique. Il y a donc lieu de distinguer à la gastrula un axe longitudinal, un axe dorso-ventral et un axe transversal, correspondant respectivement aux axes de mêmes noms de l'animal futur.

La connaissance de la gastrulation chez les amphibiens peut nous servir de trait d'union, pour nous permettre de comprendre les formes beaucoup plus profondément modifiées et très différentes, que présente la gastrula *chez les sélaciens*, *les téléostéens*, *les reptiles*, *les oiseaux et les mammifères*. Pour en faire l'exposé, il convient de diviser ces formes en trois groupes, chacun de ces groupes présentant, en effet, des caractères distinctifs essentiels, en ce qui concerne son mode de gastrulation et les stades du développement qui s'y rattachent immédiatement. Les sélaciens et les téléostéens forment un premier groupe ; les reptiles et les oiseaux, le second et, enfin, les mammifères, le troisième.

Premier groupe. — La Gastrulation chez les Sélaciens et les Téléostéens.

C'est chez les sélaciens que le processus de la gastrulation est encore le plus facile à rattacher à celui des amphibiens. Ce que nous avons décrit, chez les amphibiens (fig. 73), comme constituant la voûte de la blastula se trouve représenté dans la blastula des sélaciens (fig. 77) par un petit disque de cellules embryonnaires (*cg*). Le long de son bord, ce disque se continue avec la masse vitelline, très volumineuse, non segmentée mais contenant des noyaux (*nv*). Cette masse vitelline correspond aux cellules vitellines des amphibiens et forme, comme ces dernières, le plancher de la cavité de segmentation (B). Le disque germinatif et le vitellus ensemble constituent donc la paroi, inégalement épaisse et inégalement différenciée, d'une blastula dont la cavité est très réduite (B). Il n'y a qu'une très petite partie de cette paroi, le disque germinatif,

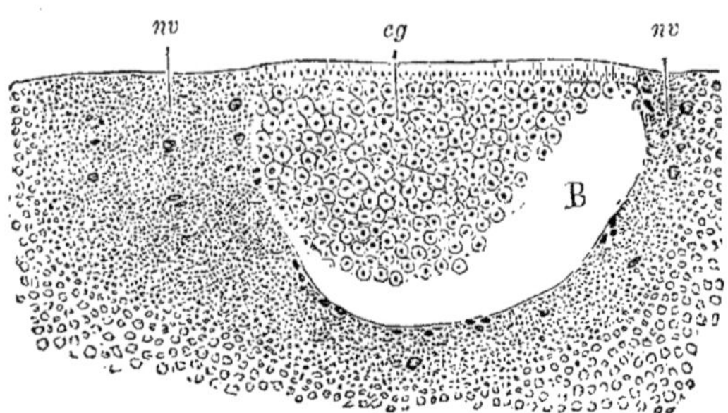

Fig. 77. — *Coupe longitudinale et médiane du disque germinatif de Pristiurus au stade blastula.* D'après RÜCKERT.
L'extrémité postérieure de l'embryon se trouve à la droite de la figure. B, cavité de segmentation; *nv*, noyaux vitellins; *cg*, cellules du germe.

qui soit constituée par des cellules. La majeure partie est formée par la masse vitelline, très épaisse, qui contient bien des noyaux (*nv*) sur le pourtour de la cavité de segmentation, mais n'est nullement divisée en cellules distinctes.

Comme chez les amphibiens, chez les sélaciens la formation de la gastrula (fig. 78) débute à l'extrémité postérieure future (P) de l'embryon,

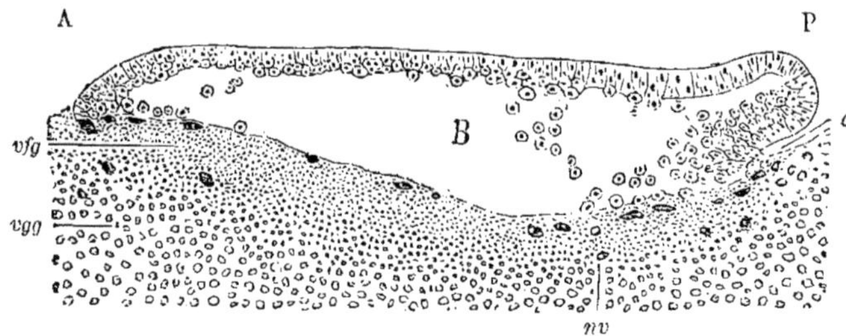

Fig. 78. — *Coupe longitudinale et médiane du disque germinatif de Pristiurus, au début du stade gastrula.* D'après RÜCKERT.
c, première ébauche du cœlentéron; B, cavité de segmentation; *nv*, noyaux vitellins; *vgg*, vitellus grossièrement granuleux; *vfg*, vitellus finement granuleux; A, bord antérieur, et P, bord postérieur du disque germinatif.

en un point de la zone de transition, c'est-à-dire du bord du disque germinatif, où les cellules superficielles ont pris une forme cylindrique et sont fortement serrées les unes contre les autres. C'est là, ainsi que le montre la coupe (fig. 78), que se forme une petite invagination de la paroi vers la cavité de la blastula (B), de telle sorte que l'on peut y reconnaître nettement un petit cœlentéron (*c*) et un blastopore fissiforme. Le vitellus avoisinant participe aussi à l'invagination, en ce sens que, dans l'étendue de la zone de transition, les noyaux vitellins (*nv*) avec le protoplasme qui les entoure s'individualisent sous la forme de cellules arrondies, qui pénètrent aussi dans la cavité de segmentation et contribuent à la formation du feuillet interne, comme le font, chez les amphibiens, les cellules végétatives, qui s'invaginent aussi selon la lèvre inférieure du blastopore. Grâce à ce processus, la cavité de la blastula ou de segmentation (B) se réduit de plus en plus, parce que les cellules qui s'invaginent d'arrière en avant s'appliquent contre sa voûte primitive, sous la forme d'une couche continue.

De cette façon le disque germinatif, chez les sélaciens, devient aussi constitué *par deux feuillets*. Au fur et à mesure que l'invagination

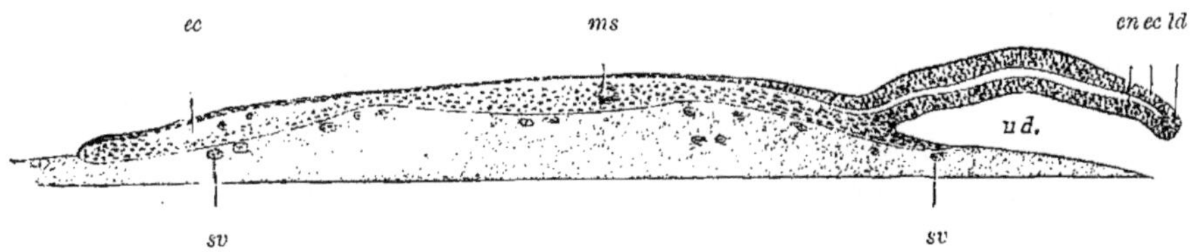

Fig. 79. — *Coupe longitudinale et médiane du disque germinatif représenté par la figure 80.* D'après ZIEGLER.

ec, feuillet externe; *en*, feuillet interne; *ud*, cœlentéron; *sv*, syncytium vitellin; *ld*, lèvre dorsale du blastopore; *ms*, mésenchyme.

progresse, il s'étend sur une partie de plus en plus considérable de la surface du vitellus. On peut alors nettement distinguer deux zones dans la couche inférieure du disque, ainsi que le montre une coupe longitudinale et médiane (fig. 79) d'un disque germinatif un peu plus avancé dans son développement, et dont la figure 80 nous montre l'aspect, quand on l'examine par sa surface. A l'extrémité postérieure du disque germinatif, cette couche inférieure est nettement séparée de la grande masse vitelline, non segmentée, de l'œuf par une cavité, qui n'est autre que le cœlentéron. En avant, au contraire, elle repose immédiatement sur le vitellus, qui, en cette région, contient disséminés ces gros noyaux qui constituent le syncytium vitellin de H. VIRCHOW, dont nous avons déjà parlé précédemment. Tandis que dans l'étendue de la zone postérieure un feuillet germinatif interne s'est manifestement formé par invagination de la lèvre du blastopore, la genèse de la couche inférieure dans l'étendue de la zone antérieure, couche que l'on distingue sous le

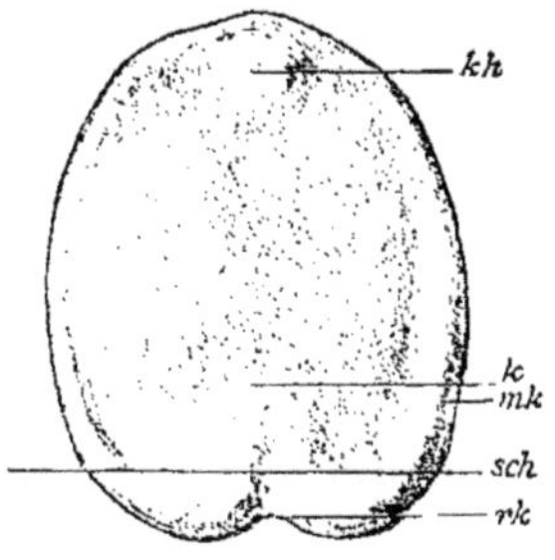

Fig. 80. — *Vue superficielle d'un disque germinatif de Sélacien (Torpedo ocellata) que l'on a détaché du vitellus.* D'après ZIEGLER.

kh, cavité de segmentation; *mk*, limite de la région, dans l'étendue de laquelle le feuillet germinatif moyen commence à se former le long du bord postérieur du disque; *rk*, encoche marginale.

nom d'endoderme vitellin, ne me semble pas avoir encore été parfaitement établie par les recherches que l'on a faites jusqu'à présent. Il s'agirait de savoir (et cette question mériterait d'être résolue) si nous n'avons peut-être pas déjà affaire, chez les sélaciens, à une formation que nous désignerons, dans notre chapitre neuvième, sous le nom de mésenchyme.

D'ailleurs, chez les sélaciens, l'invagination ne reste pas limitée à une région peu étendue du disque germinatif; mais elle ne tarde pas à s'étendre sur le pourtour postérieur et latéral du bord du disque germinatif. Le blastopore affecte alors la forme d'une grande fente semicirculaire ou en fer à cheval, dont la concavité est dirigée en avant, à l'extrémité postérieure future de l'ébauche embryonnaire. Dans le disque germinatif représenté par la figure 80, il s'étend jusqu'à la ligne désignée par les lettres *mk*.

La présence d'une masse considérable de vitellus dans l'œuf des sélaciens occasionne une différence importante entre la gastrulation de ces animaux et celle des amphibiens. Chez les amphibiens, la masse des cellules vitellines s'invagine assez rapidement et sert à délimiter la paroi ventrale du cœlentéron. Chez les sélaciens, au contraire, ce n'est que très lentement que le vitellus est reçu à l'intérieur du corps de l'embryon. Nous reviendrons encore ultérieurement sur la façon dont ce processus s'accomplit. Il en résulte que, pendant une longue période du développement, seule la paroi dorsale de la gastrula est formée par deux couches de cellules, tandis que sa paroi ventrale n'est constituée que par une masse vitelline.

La gastrulation s'accomplit, en général, chez les téléostéens, de la même façon que chez les sélaciens; cependant elle présente, sur certains points, de petites particularités que nous ne pouvons exposer ici parce que cela nous entraînerait trop loin.

Deuxième groupe. — La Gastrulation chez les Reptiles et les Oiseaux.

Dans l'état actuel de nos connaissances, on est en droit de supposer que la formation du feuillet interne s'accomplit, chez les reptiles et les oiseaux, essentiellement d'après le même principe que chez les amphibiens et les sélaciens. Aussi l'opinion ancienne, selon laquelle le disque germinatif résultant du processus de la segmentation se scinderait par délimination en un feuillet supérieur et en un feuillet inférieur (Pander, von Baer, Remak, Kölliker, etc.), n'a plus aujourd'hui qu'un intérêt historique. La manière de voir défendue par d'autres auteurs (Haeckel, Götte, Rauber, Duval, etc.), à savoir que le feuillet germinatif inférieur se forme, dans ce cas aussi, par invagination, est exacte; mais il convient d'ajouter que, jusqu'à ce jour, la marche du processus n'a pas encore été suivie objectivement dans tous ses détails. C'est ainsi notamment que, bien qu'elle ait fait l'objet des recherches des meilleurs observateurs, l'histoire du développement des feuillets germinatifs dans l'œuf de la poule est encore bien obscure. Même l'état des choses qui, en ce qui concerne l'œuf des oiseaux, a longtemps paru bien établi par les travaux de Duval, a récemment encore été mis en question par Kionka et H. Virchow et, sous certains rapports, ce n'est pas sans raison, selon moi. Il peut paraître étrange qu'il existe encore tant de lacunes dans nos connaissances relatives à un objet qui précisément a joué dans l'histoire de l'embryologie un rôle si prépondérant et que l'on a considéré comme un sujet d'études classiques; mais nous devons en être moins surpris si nous considérons que, dans les gros œufs abondamment pourvus de vitellus, c'est surtout pour les premiers stades que l'étude du germe ne peut se faire sans de très grandes difficultés techniques et que, rien que pour rassembler une série de stades successifs de la gastrulation, il faut se donner beaucoup de peine et consacrer beaucoup de temps.

En dépit des lacunes, à coup sûr importantes, qu'offrent encore nos connaissances, cependant toutes les découvertes faites, tantôt sur l'un, tantôt sur l'autre objet, plaident uniquement en faveur de la théorie de l'invagination. Ces découvertes sont : les dispositions différentes que l'on constate dans la partie antérieure et dans la partie postérieure du disque germinatif; la formation de la gouttière du croissant, dont nous aurons à parler plus loin; la continuité que l'on observe au niveau de ce sillon entre les deux feuillets germinatifs primordiaux et la prolifération cellulaire très intense qui s'y accomplit; enfin, la comparaison que l'on peut établir entre les dispositions réalisées et celles que l'on observe chez les amphibiens et les sélaciens.

Avant de décrire les faits les plus remarquables eux-mêmes, indiquons encore en quelques mots sur quoi nous nous basons pour dire qu'en ce qui concerne la gastrulation, les reptiles et les oiseaux forment, vis-à-vis des sélaciens et des téléostéens, un groupe spécial. La raison pour laquelle nous établissons cette séparation, c'est que le point du disque germinatif où commence à se faire l'invagination diffère dans les deux groupes. Chez les sélaciens et les téléostéens ce point correspond exactement au bord postérieur du disque germinatif; toutes les coupes médianes démontrent à l'évidence (fig. 78 et 79) que le bord postérieur du disque germinatif constitue la lèvre du blastopore selon laquelle le feuillet externe se continue avec le feuillet interne. Sous ce bord et en arrière de lui se trouve la masse vitelline non segmentée. Chez les reptiles et les oiseaux, au contraire, l'invagination, dès son premier début, ne se produit certainement pas au bord même du disque germinatif, qui se continue d'une facon plus progressive avec le vitellus de nutrition. Elle se produit aussi, il est vrai, excentriquement, dans la partie postérieure du disque, que nous avons déjà décrite précédemment (fig. 56) et qui est caractérisée par des cellules plus petites et plus nombreuses; mais c'est à quelque distance du bord cellulaire. Il en résulte que l'invagination se trouve délimitée par des cellules, tant en avant qu'en arrière. Sous ce rapport les sauropsides diffèrent des sélaciens et des téléostéens, mais offrent par contre une grande analogie avec les dispositions observées chez les amphibiens. Cette différence qui, à première vue, pourrait paraître accessoire, a une très grande portée, ainsi que le prouve le cours ultérieur du développement. En effet, elle entraîne toute une série d'autres différences très importantes, dont nous aurons encore à nous occuper d'une façon spéciale dans le chapitre sixième.

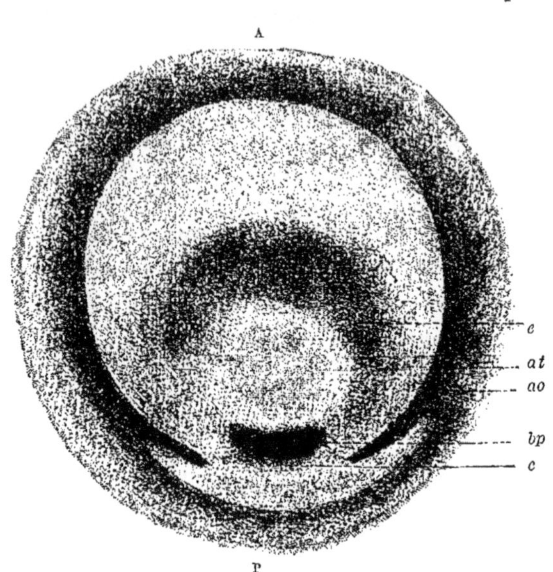

Fig. 81. — *Disque germinatif de Lacerta agilis*. D'après KUPFFER. *at*, aire transparente ; *ao*, aire opaque ; *bp*, blastopore ; *c*, croissant ; *e*, écusson embryonnaire ; A, extrémité antérieure et P, extrémité postérieure du disque germinatif.

Les faits suivants tendent à démontrer que le feuillet germinatif interne se forme par invagination.

Chez les reptiles, dont la gastrulation a fait l'objet des recherches de KUPFFER et de BENECKE, complétées par les travaux plus récents de WILL, MITSUKURI, MEHNERT et WENKEBACH, sur *Lacerta agilis* (fig. 81), *Emys europaea* (fig. 148 A), *Platydactylus* (Gecko), etc., il se produit, dans la région postérieure du disque germinatif, une prolifération affectant la forme d'un croissant (fig. 81, *c*). Au milieu et un peu en avant de ce croissant, s'est formé, en même temps, *un petit orifice* (*bp*), *transversal, fissiforme et très net, qui constitue l'entrée d'un cul-de-sac.* KUPFFER et tous les auteurs qui, après lui, se sont occupés de cette question, considèrent cet orifice comme le blastopore, qui est bordé par une lèvre antérieure et par une lèvre postérieure ; ils considèrent le cul-de-sac comme constituant le cœlentéron.

Si l'on examine la coupe médiane d'un semblable disque germinatif pourvu d'un blastopore (prostome) infundibuliforme (fig. 82), on constate que le feuillet germinatif externe est nettement délimité et formé par une seule assise de cellules cylindriques assez allongées et serrées les unes contre les autres. Au niveau du bord antérieur de l'invagination, c'est-à-dire au niveau de la lèvre antérieure du blastopore (*y*), ce feuillet se recourbe pour se continuer avec une couche de petites cellules, disposées en plusieurs assises, et qui délimite supérieurement une petite cavité, le cœlentéron. Cette couche se prolonge encore en avant, sur une certaine étendue, en une couche de cellules embryonnaires plus lâchement unies.

A partir du bord d'invagination (y) nous désignons l'ensemble de cette couche sous le nom de feuillet germinatif interne; elle est nettement séparée, par une fente, du feuillet germinatif externe, qui est formé par des cellules beaucoup plus serrées. Ces dispositions sont semblables à celles que montre la coupe médiane (fig. 78) du disque germinatif d'un sélacien, au stade correspondant du développement.

Seule une différence importante existe au point que nous avons brièvement signalé plus haut. Chez les reptiles, le rebord suivant lequel le feuillet externe se recourbe pour se continuer avec le feuillet interne, ne correspond pas comme chez les sélaciens et les téléostéens, au bord

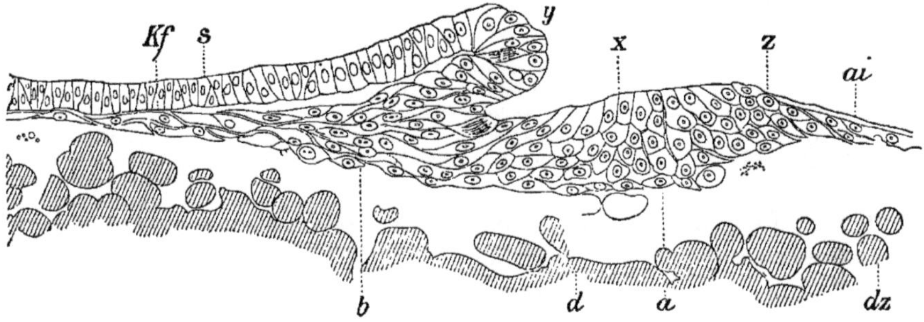

Fig. 82. — *Coupe longitudinale et médiane pratiquée à travers une gastrula du Gecko; l'invagination du cœlentéron est dirigée en avant.* (Stade III.) D'après Will.

L'invagination du cœlentéron se continue en un long prolongement céphalique. Au-dessous de la plaque primitive, on observe les premiers débuts d'un endoderme secondaire (en *a* et *b*). *kf*, le prolongement céphalique qui se creuse plus tard et se transformera en cœlentéron; *s*, écusson embryonnaire; *z*, lèvre postérieure du blastopore; *y*, sa lèvre antérieure; *x*, limite entre la plaque cœlentérique, qui participe à l'invagination du cœlentéron, et le bouchon endodermique, qui conserve sa situation superficielle; *ai*, aire intermédiaire; *d*, vitellus non segmenté; *dz*, cellules vitellines.

même du disque germinatif, mais il est situé à quelque distance en avant de ce dernier. Il en résulte, que sur la coupe médiane, il existe encore en arrière de la lèvre antérieure du blastopore, une masse formée par de petites cellules. Cette masse consiste en plusieurs assises de cellules, au voisinage immédiat de l'invagination; mais un peu plus en arrière (fig. 82, *ai*) elle s'amincit et se poursuit encore sur une certaine étendue, à la surface du vitellus, sous forme d'une seule assise de cellules.

L'étude de l'œuf de la poule a démontré l'existence de quelques analogies entre les processus qui s'y accomplissent et ceux qui ont été observés dans l'œuf des reptiles. Au moment où l'œuf de la poule est pondu, les premiers stades de la gastrulation, qui s'accomplissent déjà pendant le passage de l'œuf dans la portion terminale de l'oviducte, sont manifestement achevés. Si, à ce moment, l'on examine de face le disque germinatif, on constate qu'il possède un diamètre d'environ 4 millimètres;

l'on y distingue une aire centrale, circulaire, un peu plus claire, qui est l'aire transparente des anciens auteurs, et une zone annulaire plus foncée, entourant l'aire transparente et connue sous le nom d'aire opaque. Les différences s'accentuent davantage encore si l'on détache du vitellus le disque germinatif et qu'on l'examine dans la solution physiologique. Ainsi que KUPFFER, KOLLER et GERLACH l'ont signalé pour

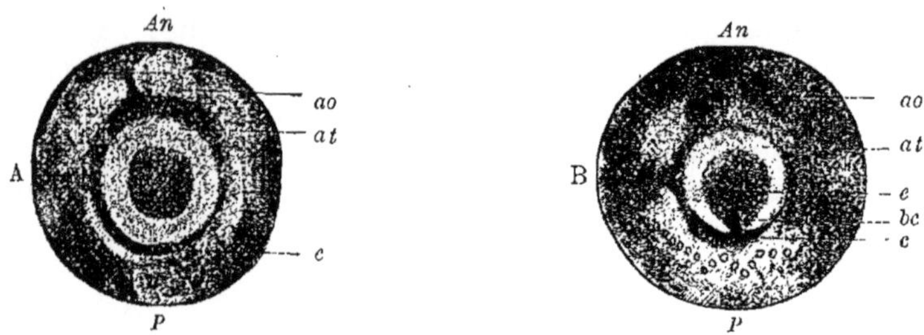

Fig. 83. — A. *Disque germinatif d'un œuf de poule avant l'incubation*, d'après KOLLER. — *ao*, aire opaque *at*, aire transparente; *c*, croissant; *An*, bord intérieur et *P*, bord postérieur du disque germinatif.
B. *Disque germinatif d'un œuf de poule, quelques heures après le commencement de l'incubation*, d'après KOLLER. — *ao*, aire opaque; *at*, aire transparente; *c*, écusson embryonnaire; *bc*, bouton du croissant; *c*, croissant; *A*, bord antérieur, et *P*, bord postérieur du disque.

la première fois, on peut alors constater certaines particularités, qui nous permettent de distinguer à l'ébauche embryonnaire une extrémité antérieure, une extrémité postérieure, une face latérale gauche et une face latérale droite. Si l'on place l'œuf devant soi, de telle sorte que sa grosse extrémité soit dirigée à gauche et son extrémité pointue, à droite, une ligne menée par les deux pôles divise le disque germinatif (fig. 83) en une moitié dirigée vers l'observateur et qui correspond à l'extrémité postérieure de l'embryon (P) et en une moitié dirigée en avant, qui deviendra l'extrémité céphalique de l'embryon (*An*). Tandis que dans la moitié antérieure la limite entre l'aire transparente (*at*) et l'aire opaque (*ao*) est irrégulière et atténuée, dans la moitié postérieure au contraire, elle est marquée par un contour très net. A cet endroit, la limite interne de l'aire opaque est caractérisée, en outre, par sa coloration blanchâtre et son opacité, ce qui est dû à une prolifération des cellules, qui a occasionné un épaississement local du disque germinatif. Cet épaississement en forme de croissant (*c*) tranche nettement sur les parties avoisinantes. Pendant les premières heures de l'incubation, il se forme dans le croissant, un sillon profond, *le sillon* ou *la gouttière du croissant*, qui sépare plus nettement encore l'aire transparente de l'aire marginale opaque.

Un peu plus tard, il apparaît au milieu du croissant un épaississement, le *bouton du croissant* (fig. 83 B, *bc*), qui est la première ébauche de la ligne primitive, dont nous nous occuperons encore dans le chapitre suivant. Pendant ce temps aussi, il s'est formé au centre de l'aire transparente une tache plus foncée, l'écusson embryonnaire (*e*).

L'étude de coupes sagittales et transversales nous apprend qu'aussitôt après la ponte, mais surtout après les premières heures de l'incubation (fig. 84), les deux feuillets germinatifs primordiaux sont déjà complètement formés dans le disque germinatif et qu'ils sont nettement séparés l'un de l'autre par une fente, qui représente le reste de la cavité de segmentation. Le feuillet externe et le feuillet interne présentent des différences très nettes en ce qui concerne la forme de leurs cellules. Le feuillet externe (*ec*) est constitué par une seule assise de cellules serrées les unes contre les autres; au milieu de l'aire transparente, ces cellules sont cylindriques, ce qui donne à l'écusson embryonnaire l'aspect opaque que nous avons signalé plus haut, tandis que vers le bord et dans l'étendue de l'aire opaque elles deviennent de plus en plus surbaissées et aplaties.

Le feuillet interne (*en*), lorsqu'il est bien développé, présente en quelque sorte des caractères inverses. C'est dans l'aire transparente qu'il est le plus mince; il y consiste en une seule assise de cellules lamellaires, fortement aplaties et intimement unies en une mince membrane; du côté de l'aire opaque ces cellules deviennent cubiques (fig. 85) et se continuent finalement avec de grosses cellules, bourrées de granulations vitellines et

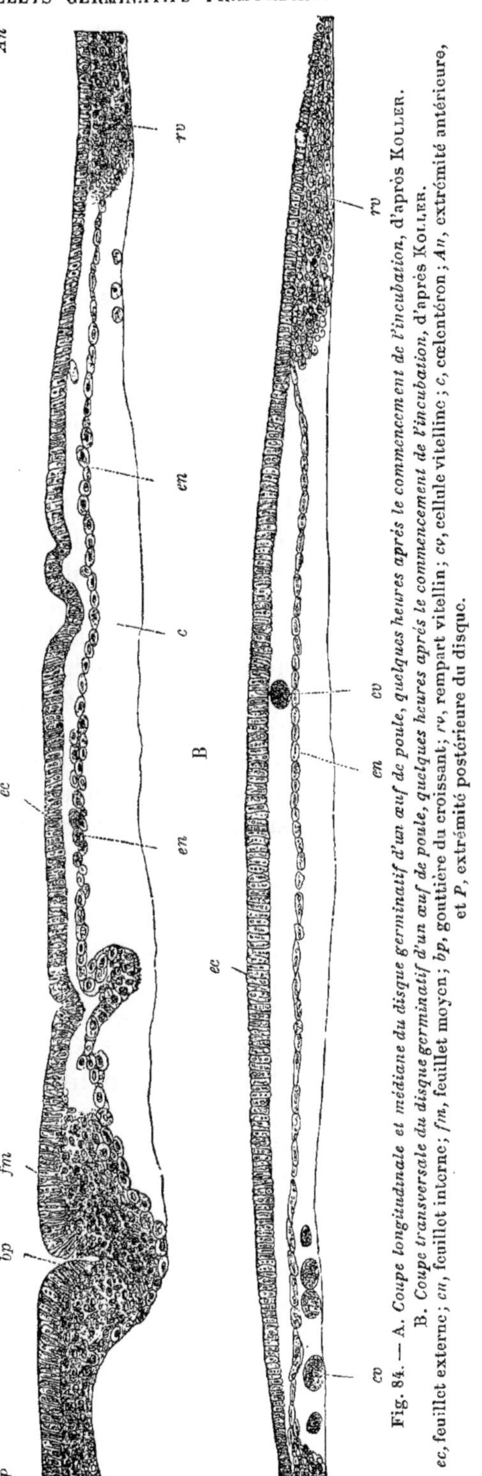

Fig. 84. — A. *Coupe longitudinale et médiane du disque germinatif d'un œuf de poule, quelques heures après le commencement de l'incubation*, d'après Koller.
B. *Coupe transversale du disque germinatif d'un œuf de poule, quelques heures après le commencement de l'incubation*, d'après Koller.
ec, feuillet externe; *en*, feuillet interne; *fm*, feuillet moyen; *bp*, gouttière du croissant; *rv*, rempart vitellin; *cv*, cellule vitelline; *c*, cœlentéron; *An*, extrémité antérieure, et *P*, extrémité postérieure du disque.

intimement appliquées sur le vitellus. C'est pour ce motif qu'en cette région le disque germinatif se laisse détacher très difficilement du vitellus et que, quand on l'examine de face, il présente une zone marginale opaque (aire opaque), cet aspect étant dû à ce que des sphères vitellines s'y trouvent adhérentes. Le feuillet interne est de moins en moins facile à distinguer du vitellus, au fur et à mesure que l'on se rapproche du bord externe de l'aire opaque. Dans le vitellus lui-même apparaissent ces noyaux entourés de protoplasme, dont nous avons parlé plus haut et qui forment le syncytium vitellin périphérique (fig. 85, *nv*). La zone marginale, dans l'étendue de laquelle le feuillet interne se continue avec le vitellus, et dont la constitution ne nous est bien connue que depuis les belles recherches de H. Virchow, a reçu plusieurs noms : on l'a appelée bourrelet marginal, bourrelet germinatif et rempart vitellin; c'est ce dernier nom que nous lui donnerons toujours dans la suite.

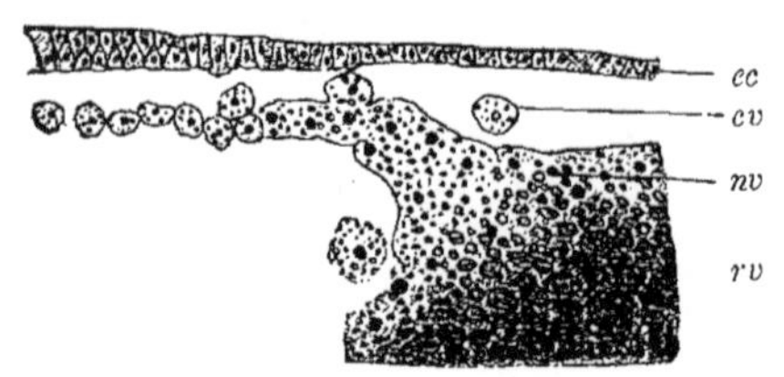

Fig. 85. — *Coupe transversale à travers le bord du disque germinatif d'un œuf de poule, 6 heures après le début de l'incubation*, d'après Duval.
cc, feuillet externe; *cv*, cellule vitelline; *nv*, noyau vitellin; *rv*, rempart vitellin.

Pendant les premiers stades de la gastrulation, les cellules du feuillet interne sont peu aplaties; elles sont lâchement et irrégulièrement unies et çà et là amassées les unes au-dessus des autres. Au plancher de la cavité de segmentation, de même que dans la fente qui sépare les deux feuillets germinatifs primordiaux, se trouvent quelques cellules embryonnaires isolées (*cv*), qui disparaissent plus tard.

Pendant l'incubation, le vitellus devient plus liquide (fig. 84 et 85). Il en résulte la formation d'une fossette (*c*), qui s'approfondit et s'élargit de plus en plus et sur laquelle repose le disque germinatif, à la façon d'un verre de montre. De cette circonstance il résulte que lorsqu'on examine de face le disque germinatif, la distinction entre l'aire opaque et l'aire transparente est toujours plus marquée, lorsqu'on a détaché du vitellus le disque germinatif tout entier. Alors, en effet, dans la région correspondant à la fossette remplie de vitellus liquéfié, les feuillets germinatifs, minces et transparents, se détachent facilement et complètement de la couche sous-jacente, tandis qu'au bord de la zone dans laquelle le feuillet interne se continue avec le rempart vitellin, du vitellus opaque reste adhérent au disque germinatif.

Enfin, pour ce qui concerne la différence qui existe entre le bord antérieur et le bord postérieur du disque germinatif et que l'on constatait déjà en examinant le disque germinatif par sa surface, nous en trouvons l'explication sur la coupe longitudinale (fig. 84, A) du disque germinatif d'un œuf de poule, quelques heures après le début de l'incubation (fig. 83, B). En avant (fig. 84, *An*), le bord du disque germinatif (*rv*) est plus mince et moins riche en cellules qu'en arrière où l'on observe, au niveau du croissant, une forte masse de petites cellules embryonnaires, dans laquelle pénètre profondément la gouttière du croissant (*bp*). En ce point, le feuillet externe et le feuillet interne sont en continuité l'un avec l'autre. Cette image ressemble au plus haut point à la coupe longitudinale et médiane de l'embryon de reptile représentée par la figure 82. Nous ne risquons donc pas de nous tromper si nous considérons la gouttière du croissant de l'œuf de la poule, gouttière que Koller a découverte, comme constituant la première ébauche du blastopore, c'est-à-dire le point du disque germinatif où s'est formé, par une invagination réelle, le feuillet germinatif interne, à un stade précédent du développement, qui s'accomplit pendant que l'œuf se trouve dans la portion terminale de l'oviducte. Dans la gouttière du croissant, en effet, les deux feuillets germinatifs primordiaux sont en continuité, ce qui est la disposition caractéristique réalisée au niveau de la lèvre du blastopore. C'est là au portour de cette gouttière que se forme, comme chez les amphibiens et les sélaciens, un puissant amas de cellules, ce qui est dû à ce fait que c'est de là que procèdent l'ébauche et le développement des deux feuillets germinatifs moyens.

Si cette interprétation est exacte, l'espace rempli de vitellus liquéfié, qui se trouve interposé entre le feuillet germinatif interne et le plancher vitellin, correspond, ainsi que Götte et Rauber l'ont soutenu les premiers, non plus à la cavité de segmentation, mais bien à la cavité du cœlentéron formée à la suite du processus d'invagination. De la cavité de segmentation, réduite par suite du développement du cœlentéron, il n'a persisté qu'un reste constituant la fente qui sépare les deux feuillets germinatifs primordiaux.

Nous aurons encore l'occasion, dans le chapitre suivant, de revenir sur les modifications importantes qui s'accomplissent, jusqu'au moment de la ponte de l'œuf et pendant les premières heures de l'incubation, dans la région de la gouttière du croissant, au niveau de la lèvre antérieure du blastopore; ces modifications, en effet, sont en relation intime avec le développement du feuillet moyen.

Troisième groupe. — La Gastrulation chez les Mammifères.

La formation des feuillets germinatifs chez les mammifères est plus difficile encore à étudier que chez le poulet, et elle est surtout plus difficile à rattacher à la gastrulation des autres vertébrés. Parmi les auteurs anciens, Bischoff s'est occupé spécialement de cette question difficile. Elle a fait plus tard l'objet des recherches de Hensen, Lieberkühn, van Beneden, Kölliker, Heape, Selenka, Bonnet, Hubrecht et Keibel. On s'est principalement adressé pour cette étude aux embryons du lapin, qui feront la base principale de notre description; on a étudié, en outre, le porc, le mouton, le hérisson, les marsupiaux, etc.

Pendant que l'œuf des mammifères est amené lentement vers l'utérus grâce aux mouvements des cils vibratiles de l'épithélium de l'oviducte, il se segmente et se transforme en un amas sphérique de petites cellules (Fig. 86, A). Peu de temps après, il se forme à l'intérieur

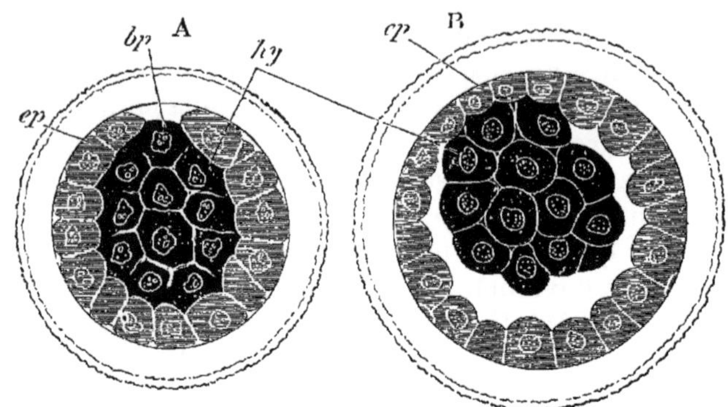

Fig. 86. — *Coupes optiques d'une morula et d'une blastula du lapin, en voie de formation*, d'après Ed. Van Beneden. — Figure empruntée à l'Embryogénie de Balfour.

A. Amas cellulaire plein, provenant de la segmentation de l'œuf.

B. Développement de la blastula : la cavité de segmentation se forme dans l'amas cellulaire. D'après l'interprétation ancienne et aujourd'hui abandonnée de Van Beneden, *cp* est l'épiblaste; *hy*, l'hypoblaste, et *bp*, le blastopore.

de cet amas, par suite de la sécrétion d'un liquide, une petite cavité de segmentation, affectant la forme d'une fente (fig. 86, B). L'œuf commence ainsi à se transformer en une blastula. La paroi de cette blastula ou vésicule blastodermique, que déjà Bischoff a connue, consiste, dans presque toute son étendue, en une seule assise de cellules polyédriques, disposées en mosaïque. Dans une petite partie de son étendue cependant, elle est épaissie, comme la blastula des amphibiens, par un amas de cellules un peu plus granuleuses et plus foncées, qui fait saillie dans la cavité de segmentation.

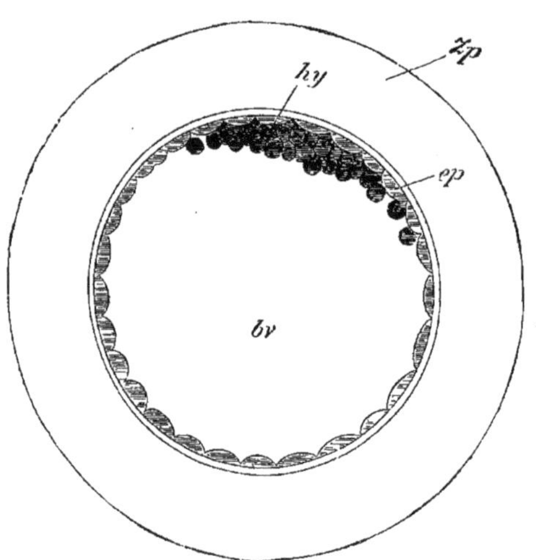

Fig. 87. — *Blastula du lapin, 70 à 90 heures après la fécondation*, d'après Ed. Van Beneden. — Figure empruntée à l'Embryogénie de Balfour.

bv, cavité de segmentation; *zp*, zone pellucide; *cp* et *hy*, comme dans la figure 86.

Dans la suite de son développement, la blastula des mammifères présente une particularité caractéristique, qui ne se rencontre chez aucun autre vertébré. Elle augmente considérablement de diamètre (fig. 87), par suite de la sécrétion d'un liquide albuminoïde, qui remplit la cavité de segmentation. Ce liquide, clair sur le vivant, devient trouble quand on place l'œuf dans l'alcool. Bientôt la blastula atteint un diamètre de 1 millimètre. Evidemment, pendant que se passent ces phénomènes d'accroissement, la zone pellucide (*zp*) se modifie également et s'amincit notablement. A sa surface, elle se recouvre d'une substance muqueuse, sécrétée par les parois de l'oviducte.

Lorsque la vésicule blastodermique du lapin possède un diamètre de 1 millimètre, sa paroi est devenue très mince. Les cellules en mosaïque, disposées en une seule assise, se sont fortement aplaties. Quant à la masse cellulaire qui faisait saillie dans la cavité de segmentation, elle s'est aussi transformée et étalée de plus en plus. Elle constitue une plaque discoïdale, dont le bord aminci se continue progressivement avec la partie mince de la paroi de la vésicule. C'est dans ce disque que s'accomplissent, en toute première ligne, les phénomènes ultérieurs du développement. Sa couche superficielle est constituée, comme le restant de la paroi de

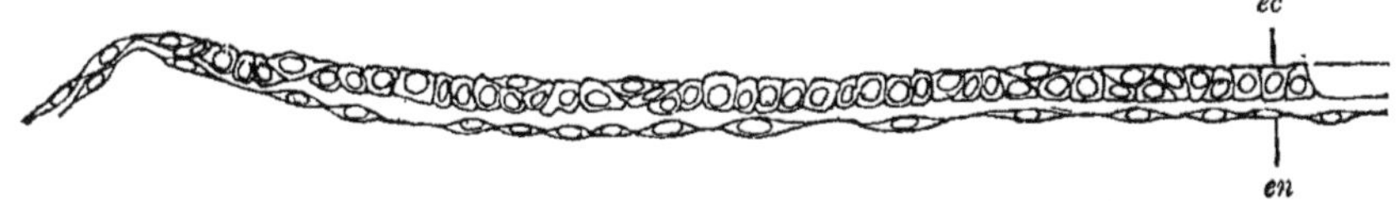

Fig. 88. — *Coupe transversale de l'écusson embryonnaire, à peu près circulaire, d'un œuf du lapin de 6 jours et 9 heures (diamètre 0,8 de mm.)*, d'après BALFOUR.

ec, feuillet externe; *en*, feuillet interne. Cette coupe est destinée à montrer les caractères du feuillet externe; on voit à sa surface quelques cellules aplaties, reposant sur des cellules cubiques. La figure ne représente qu'à peu près la moitié de la largeur totale de l'écusson embryonnaire.

la blastula, par une assise de cellules lamellaires, très aplaties. Les autres éléments constitutifs du disque sont des cellules plus grosses et plus riches en protoplasme, disposées en deux ou trois assises superposées.

Jusqu'à ce moment, l'œuf du mammifère se trouve toujours au stade blastula. Il n'est formé, dans toute son étendue, que par un seul feuillet germinatif. En effet, on ne peut soutenir, comme le font certains auteurs, que la partie épaissie de la paroi de l'œuf est déjà formée par deux feuillets; que l'assise externe de cellules plates représente le feuillet germinatif externe, et les cellules sous-jacentes, plus riches en protoplasme, le feuillet germinatif interne. Cette manière de voir est en opposition d'abord avec ce fait que les cellules superficielles aplaties sont intimement unies aux cellules plus volumineuses sous-jacentes, sans qu'il existe entre elles la moindre fente; elle est, en outre, en contradiction avec la suite du développement.

Ce n'est que plus tard qu'il apparaît deux feuillets germinatifs, lorsque le diamètre de l'œuf est déjà de plus de 1 millimètre, soit environ cinq jours après la fécondation. Là où précédemment se trouvait le disque cellulaire, on observe, quand on regarde l'œuf par sa surface, une tache blanchâtre, d'abord circulaire, mais qui plus tard devient ovalaire ou piriforme. Nous la désignerons, avec les anciens auteurs et avec Bonnet, sous le nom d'*écusson embryonnaire* ou plus simplement d'*écusson* (*aire embryonnaire* ou *tache embryonnaire* de Kölliker).

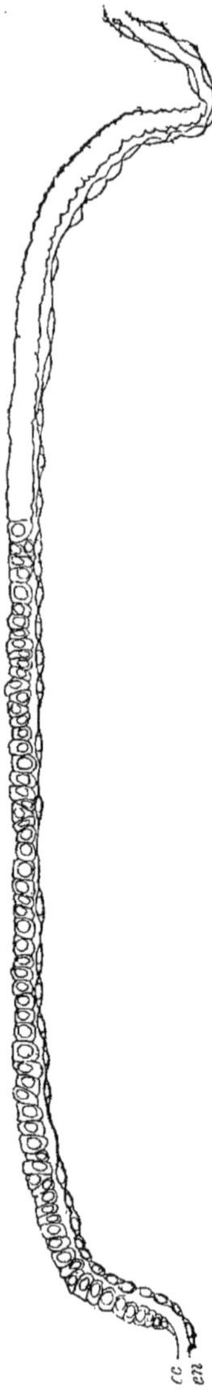

Elle est formée par deux feuillets germinatifs (fig. 88), séparés par une fente nette, et que l'on peut isoler l'un de l'autre. De ces deux feuillets, l'interne (*en*) consiste en une seule assise de cellules fortement aplaties. Le feuillet externe (*ec*), au contraire, est épais et c'est pour cela que la partie de la paroi de la vésicule qui constitue l'écusson a un aspect plus foncé. Ce feuillet se compose de deux assises de cellules : 1° une assise profonde d'éléments cubiques ou arrondis, plus volumineux ; 2° une assise superficielle de cellules plates, disséminées, que Rauber a décrite pour la première fois et que l'on désigne, pour ce motif, sous le nom de *couche de* Rauber. Près du bord de l'écusson embryonnaire, le feuillet externe s'amincit; il n'est plus formé que par une seule assise de cellules et se continue avec les grandes cellules aplaties qui, nous l'avons vu, forment, à elles seules, la majeure partie de la paroi de l'œuf au stade blastula déjà. Le feuillet interne n'existe primitivement que dans une petite partie de la paroi de la vésicule, dans l'étendue de l'écusson embryonnaire et dans son voisinage immédiat. Il se termine par un bord libre, irrégulier, où se trouvent *des cellules amœboïdes, lâchement unies les unes aux autres* qui, en se multipliant et en se déplaçant, déterminent l'accroissement ultérieur du feuillet. Ce feuillet interne s'étend ainsi, progressivement et lentement, de l'écusson embryonnaire vers le pôle opposé de la vésicule. Finalement toute la paroi de la vésicule est formée par deux assises de cellules. Pendant que s'accomplit ce phénomène, l'écusson embryonnaire, devenu ovalaire, subit une série de modifications, en même temps qu'il s'agrandit. La couche de Rauber (fig. 89) disparaît (1) : les cellules cubiques ou sphériques

ec
en

Fig. 89. — *Coupe transversale de l'écusson embryonnaire d'un œuf du lapin de 7 jours. L'écusson embryonnaire mesure environ 1,2 mm. de long et 0,86 mm. de large*, d'après Balfour.
On ne trouve plus à la surface du feuillet externe (*ec*) ces cellules aplaties que montre la figure 88.

(1) Il existe deux opinions relativement au mode de disparition de *la couche de* Rauber. D'après Balfour et Heape, les cellules aplaties dont elle est formée se transforment en cellules cylindriques, qui s'interposent entre les cellules cylindriques sous-jacentes. Pour Kölliker, au contraire, elles se fragmentent et disparaissent.

sont devenues cylindriques et serrées les unes contre les autres. A ce moment les deux feuillets germinatifs primordiaux consistent, l'un et l'autre, en une seule assise de cellules.

Afin de faire comprendre cette disposition, nous avons reproduit, d'après Kölliker, les figures 90 A et B, qui représentent, l'une et l'autre, l'œuf du lapin, sept jours après la fécondation. *Vu par le haut* (fig. 90, A),

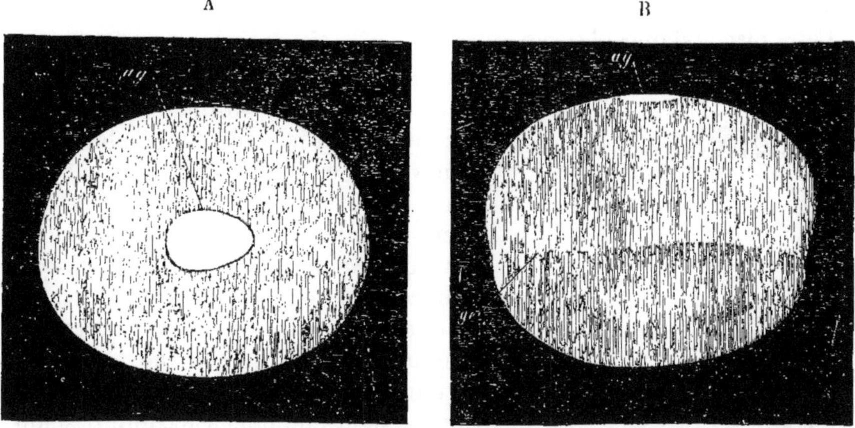

Fig. 90. — *Œufs du lapin, 7 jours après la fécondation, sans la zone pellucide. Longueur 4,4 mm.* D'après Kölliker. Grossissement : 10 diamètres.
A, la vésicule vue par le haut ; B, la vésicule vue de profil ; *ag*, écusson ou aire embryonnaire ; jusqu'en *ge*, la paroi de la vésicule est formée par deux feuillets.

l'œuf nous montre de face l'écusson embryonnaire (*ag*), déjà devenu ovalaire. Il apparaît nettement, ce qui est dû exclusivement à ce fait que, dans son étendue, le feuillet externe est plus épais et formé par des cellules cylindriques. L'écusson embryonnaire correspond à l'écusson embryonnaire des œufs des reptiles et des oiseaux. Il ne doit pas être confondu avec le disque cellulaire (fig. 87), que nous avons décrit comme un épaississement de la paroi de la blastula à un seul feuillet. *Vu de profil* (fig. 90, B), l'œuf présente à considérer trois zones distinctes : 1° l'écusson embryonnaire (*ag*); 2° une zone intéressant le reste de l'hémisphère supérieur jusqu'à la ligne *ge :* dans l'étendue de cette zone la paroi de la vésicule est encore formée par les deux feuillets germinatifs, mais les cellules qui les constituent sont fortement aplaties; 3° une zone comprenant l'hémisphère inférieur de l'œuf jusqu'à la ligne *ge :* dans l'étendue de cette zone, la paroi de la vésicule n'est formée que par le feuillet externe.

Il se pose maintenant une question importante : de quelle manière se forme, chez les mammifères, l'ébauche à deux feuillets, aux dépens de la blastula à un seul feuillet germinatif? En raison de la petitesse de l'œuf, de la marche du processus de la segmentation et de la constitution de la blastula, qui présente une grande cavité remplie d'un liquide et qui n'est délimitée que par une mince couche de cellules, on s'attendrait à ce que la gastrulation doive s'accomplir de la même façon que chez l'Amphioxus, c'est-à-dire que l'une des moitiés de la paroi de la blastula s'invagine dans l'autre moitié. Mais ce n'est nullement le cas. Tous les faits connus tendent plutôt à démontrer qu'en ce qui concerne la formation de leurs feuillets germinatifs, les œufs des mammifères se rattachent immédiatement aux gros œufs, riches en vitellus, des reptiles et des oiseaux.

Cette circonstance ainsi que maints autres faits que nous apprendrons à connaître (chapitre douzième) nous obligent à admettre que les mammifères dérivent d'animaux qui possédaient de gros œufs, abondamment pourvus de vitellus, et qui étaient ovipares. Pour une série de motifs que nous discuterons aussi plus tard, les œufs des mammifères ont perdu presque entièrement leur contenu vitellin; ils n'étaient pas primitivement pauvres en vitellus, mais ne le sont devenus que secondairement : aussi leur gastrulation ne peut-elle plus s'accomplir selon le type primitif et simple de la gastrulation de l'Amphioxus.

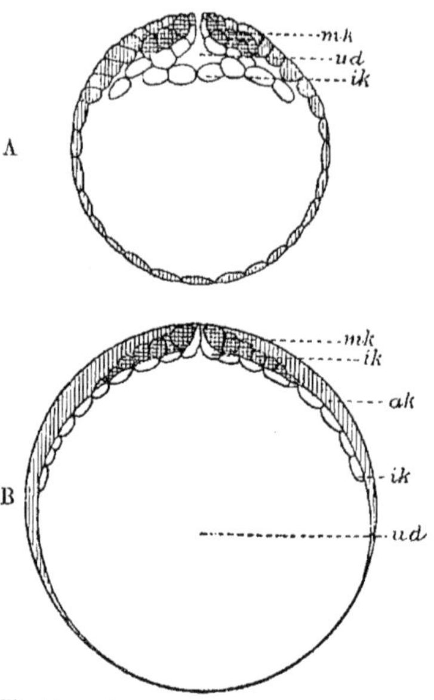

Fig. 91.— *Schémas destinés à faire comprendre la gastrulation chez les mammifères.* Figures un peu modifiées, d'après Keibel. *mk*, feuillet moyen; *ik*, feuillet interne; *ak*, feuillet externe; *ud*, cœlentéron.

Nos connaissances des faits réels relatifs à cette question étant très incomplètes, en raison même des difficultés qui existent de se procurer les matériaux d'études, qu'il me soit permis de décrire, à l'aide de deux figures schématiques empruntées à Keibel, comment s'accomplit probablement le processus de la gastrulation dans l'œuf des mammifères.

Le premier schéma (fig. 91, A) nous montre le début du processus. Au point où la paroi de la blastula est épaissie, il s'est formé par invagination une petite cavité, qui communique avec l'extérieur par un orifice (blastopore). Dans le second schéma (fig. 91, B) il s'est accompli un phénomène absolument propre à la gastrulation des mammifères. Au fond du cul-de-sac, les cellules se sont écartées les unes des autres et se sont appliquées latéralement contre la face interne de la paroi de la vésicule. Le fond du cul-de-sac s'est, jusqu'à un certain point, ouvert de telle sorte que le cœlentéron et la cavité de la vésicule se continuent sans qu'il existe de limite entre eux : la cavité de la vésicule pourrait être appelée cavité vitelline, parce que, conformément à l'hypothèse que nous avons émise précédemment, elle était autrefois occupée par du vitellus de nutrition. Le feuillet interne (*ik*) a, de la sorte, conservé un bord libre, à l'aide duquel il continue à se développer progressivement à la face interne du feuillet germinatif externe, ainsi que le montre la figure 90, B. Plus son bord libre se rapproche ensuite du pôle aboral de la paroi de la vésicule, plus l'orifice qu'il délimite se rétrécit, jusqu'à ce qu'il finisse par disparaître par soudure. Alors se trouve reconstitué un sac gastrulien complètement clos.

Ce processus particulier peut se rattacher aux dispositions que l'on a observées chez les reptiles et les oiseaux. Lorsque chez les sauropsides, l'invagination de la gouttière du croissant se forme, le feuillet interne s'étale aussi, pour ainsi dire, à l'aide d'un bord libre, à la surface de la masse vitelline qui contient des noyaux vitellins, de telle sorte que cette masse vitelline elle-même n'est pas pourvue d'un feuillet cellulaire spécial du côté de la cavité du cœlentéron. Si nous supposons donc que dans un œuf méroblastique le vitellus ait disparu, le sac endodermique de la gastrula ne présenterait pas non plus de plancher; il montre aussi très longtemps un bord libre, à l'aide duquel il enveloppe peu à peu la masse vitelline. Ici aussi le trou qui siège vis-à-vis de l'embryon, et que l'on désigne à tort sous le nom de blastopore vitellin, finit par se fermer.

Chez tous les vertébrés, le blastopore persiste encore, pendant les stades ultérieurs du développement, sous une forme quelconque. Il est donc naturel que l'on se demande où l'on doit rechercher le blastopore, dans l'œuf des mammifères, après qu'il a fait sa première apparition. Les considérations suivantes peuvent servir à résoudre cette question.

Lorsque l'écusson embryonnaire est devenu piriforme (fig. 92), on observe, à son extrémité postérieure, une région un peu plus opaque parce qu'elle est plus épaisse, que Kölliker a appelée le bourrelet terminal (*bt*). Ce bourrelet est comparable à cette région opaque que l'on observe au bord postérieur du disque germinatif chez les reptiles et les oiseaux, au moment où, chez eux, a commencé la gastrulation.

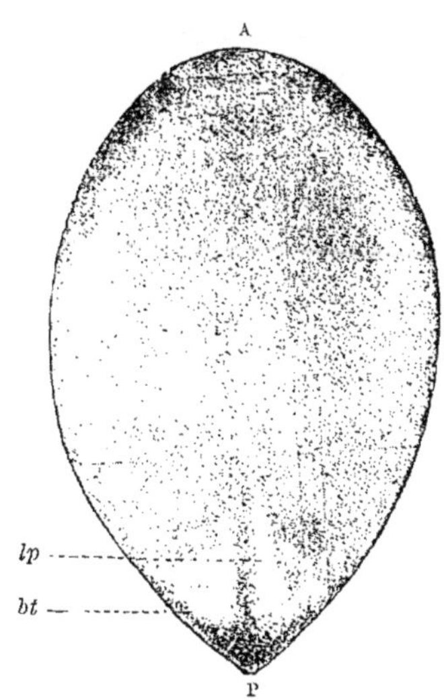

Fig. 92. — *Écusson embryonnaire, piriforme, d'un œuf de lapin de 6 jours et 18 heures*, d'après Kölliker.
lp, ligne primitive peu développée; *bt*, bourrelet terminal en forme de croissant; A, extrémité antérieure; P, extrémité postérieure.

A ce stade où la vésicule blastodermique est déjà formée, sur une certaine étendue, par deux feuillets germinatifs (fig. 89), Heape chez la taupe, Selenka chez l'Opossum et Keibel chez le lapin ont démontré l'existence, en un point de l'écusson embryonnaire (probablement dans le bourrelet terminal) *d'un petit orifice* (fig. 93, *bp*), *qu'il faut probablement considérer comme le blastopore. En ce point, en effet, les deux feuillets germinatifs primordiaux se continuent l'un avec l'autre. C'est aussi de ce point, ainsi que de la ligne primitive, que le feuillet moyen prend son origine. J'admets que c'est de ce point qu'à un stade encore plus reculé du*

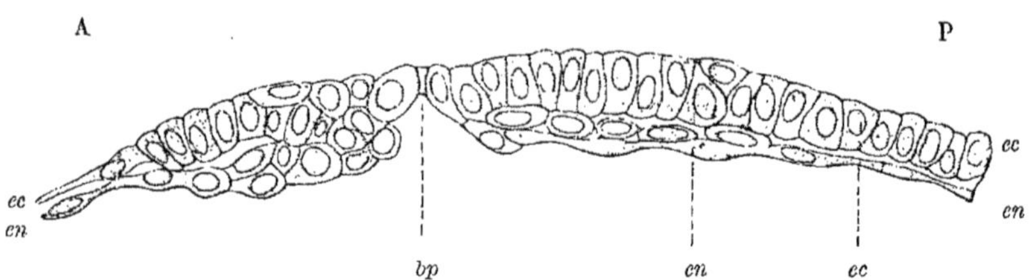

Fig. 93. — *Coupe médiane et longitudinale à travers la partie postérieure de l'écusson embryonnaire d'un œuf de taupe*, d'après Heape. — *Cette coupe intéresse l'ébauche de la ligne primitive.*
bp, blastopore; *ec*, feuillet externe; *en*, feuillet interne; A, extrémité antérieure; P, extrémité postérieure.

développement, s'est formé le feuillet germinatif interne, par invagination d'une petite partie de la blastula à un seul feuillet (fig. 87).

A des stades ultérieurs encore, le nœud de Hensen et le sillon primitif, formations dont nous aurons encore à nous occuper dans le chapitre suivant, doivent être considérés comme le blastopore de l'embryon des mammifères.

CHAPITRE SIXIÈME

DÉVELOPPEMENT DES DEUX FEUILLETS MOYENS ET TRANSFORMATIONS DU BLASTOPORE (1)

(THÉORIE DU CŒLOME)

---

1. — La théorie du cœlome.

Une fois le stade gastrula accompli, les phénomènes du développement deviennent de plus en plus compliqués. Aussi l'attention de l'observateur doit-elle être attirée dès ce moment sur toute une série de transformations, qui s'accomplissent simultanément en des régions différentes de l'embryon. *Par plissements simultanés du feuillet externe et du feuillet interne*, quatre nouveaux organes primordiaux se forment chez les vertébrés, aux dépens de la gastrula. L'endoderme donne naissance : 1° aux deux feuillets germinatifs moyens, délimitant entre eux la cavité générale du corps ou cœlome ; 2° au feuillet glandulaire de l'intestin ou endoderme secondaire, c'est-à-dire à l'épithélium du tube digestif secondaire ; 3° à la première ébauche du squelette axial, c'est-à-dire à la corde dorsale. En même temps se développe, aux dépens du feuillet externe ou ectoderme, l'ébauche du système nerveux central. Comme ces quatre organes se forment simultanément et qu'il existe entre eux d'étroites connexions génésiques, il convient de décrire simultanément le mode de développement de leur première ébauche.

Nous nous trouvons encore en présence de l'une des questions les plus difficiles qu'offre à résoudre l'embryologie des vertébrés, surtout en ce qui concerne la formation des deux feuillets moyens. Bien que l'on se soit beaucoup occupé de cette étude, cependant bien des points, particulièrement chez les vertébrés supérieurs, n'ont pas encore reçu de solution absolument satisfaisante. Nous traiterons un peu plus lon-

(1) Dans les figures 94 à 131, les divers feuillets germinatifs sont teintés différemment pour faire mieux ressortir leurs rapports. La teinte la plus foncée a été réservée au feuillet moyen.

guement ce sujet, parce qu'il présente, après la formation des deux feuillets primordiaux, une importance capitale pour nous permettre de comprendre l'organisation des vertébrés.

Afin de faciliter notre description, il convient que nous disions d'abord quelques mots du développement embryonnaire de certains invertébrés. Nous nous occuperons d'un animal, dont les feuillets moyens et le cœlome se développent comme chez les vertébrés, mais d'une manière plus facile à observer et à comprendre. Je veux parler des *Chætognathes*, dont le développement a été étudié par KOWALEVSKY, BÜTSCHLI et moi-même.

La segmentation, chez le Sagitta, conduit à la formation d'une blastula typique, qui se transforme ultérieurement en une gastrula typique. Pendant que la gastrula s'allonge, il se forme, au fond du

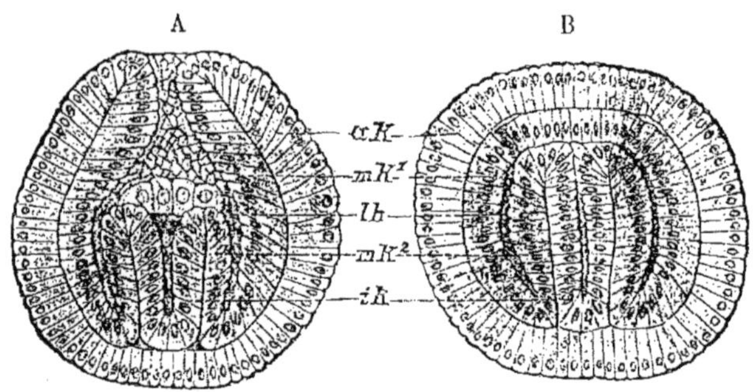

Fig. 94. — *Formation du feuillet moyen et du cœlome chez le Sagitta.*
A, du fond de la gastrula deux replis se soulèvent, qui subdivisent le cœlentéron en le tube digestif définitif et les deux sacs cœlomiques.
B, les replis se sont développés davantage et la subdivision du cœlentéron est presque achevée; en même temps le blastopore commence probablement à se fermer d'avant en arrière.
ak, feuillet externe; *mk*, feuillet moyen; *ik*, feuillet interne; mk^1, feuillet fibro-cutané ou mésoblaste pariétal; mk^2, feuillet fibro-intestinal ou mésoblaste viscéral; *lh*, cavité générale du corps ou cœlome.

cœlentéron, deux replis du feuillet interne, parallèles l'un à l'autre (fig. 94 A). Ces deux replis, par leurs bords libres, s'accroissent progressivement à l'intérieur du cœlentéron, qu'ils divisent en trois cavités, dont l'une médiane et les deux autres latérales (*lh*). Ces cavités communiquent longtemps encore les unes avec les autres, du côté du blastopore. Mais cette communication ne tarde pas à cesser; le blastopore se ferme probablement d'avant en arrière, à la face ventrale future du Sagitta, processus qui mériterait encore de faire l'objet de nouvelles recherches (fig. 94 B); en outre, les bords des deux replis du feuillet interne se soudent en même temps non seulement l'un avec l'autre, mais aussi avec les parties avoisinantes de la paroi du cœlentéron.

Des trois cavités, que la figure 94 B nous montre déjà presque complètement séparées, la médiane devient le tube digestif définitif, tandis que les deux latérales (*lh*) deviennent les deux *sacs cœlomiques*, qui sont interposés entre le tube digestif et la paroi du corps. On leur donne aussi le nom de *sacs entérocéliens* ou d'*entérocèles*, parce qu'ils se forment, par étranglement, aux dépens du cœlentéron et qu'ils se distinguent, par leur genèse, des *schizocèles*, autres cavités qui, chez d'autres animaux, naissent, sous la forme de simples fentes, entre la paroi du tube digestif et la paroi du corps.

A la suite de ce processus de plissement, la larve du Sagitta se trouve constituée non plus par deux, mais par trois feuillets germinatifs. Le feuillet interne ou endoderme primaire s'est divisé : 1° en une couche cellulaire (*ik*), qui délimite la cavité digestive et 2° en une couche cellulaire, qui entoure les deux cavités cœlomiques (mk^1 et mk^2). La première prend le nom d'*endoderme secondaire* ou *feuillet glandulaire de l'intestin;* la seconde prend le nom de *feuillet moyen*, *mésoderme* ou *mésoblaste*. Le mésoderme présente lui-même à considérer deux parties : l'une, en contact avec l'ectoderme, devient le *feuillet pariétal du mésoblaste* (mk^1); l'autre, appliqué contre l'endoderme secondaire, devient le *feuillet viscéral du mésoblaste* (mk^2). On peut les désigner plus brièvement sous les noms de *mésoblaste pariétal* (mk^1) et de *mésoblaste viscéral* (mk^2). *Au lieu d'un feuillet moyen, on peut donc dire qu'il y en a deux : d'où il résulte que le nombre total des feuillets germinatifs n'est en réalité pas de trois, mais de quatre.*

Fig. 95. — *Coupe transversale d'un jeune Sagitta éclos. Figure schématique.*
md, mésentère dorsal ; *mv*, mésentère ventral ; *cd*, cavité digestive définitive ; *cœl*, cœlome ; *ec*, feuillet externe ; *en*, endoderme secondaire ; *msp*, mésoblaste pariétal ; *msv*, mésoblaste viscéral.

Ajoutons que, dans la suite du développement, pendant que la larve s'allonge et devient vermiforme, les deux sacs cœlomiques (fig. 95, *cœl*) s'agrandissent et se développent plus que le canal digestif qu'ils entourent (*cd*). Ils le séparent de la paroi du corps, dans toute son étendue, l'entourent de tous côtés et leurs parois s'accolent directement l'une contre l'autre, dans le plan médian du corps, au-dessus et au-dessous du tube digestif. Elles se fusionnent ensuite dans cette partie restreinte de leur étendue, pour constituer deux minces mésentères, dont l'un est dorsal (*md*) et l'autre ventral (*mv*); ces deux mésos rattachent le canal digestif respectivement à la paroi dorsale et à la paroi ventrale du corps.

Des phénomènes très semblables s'accomplissent également dans le cours du développement des vertébrés. Toutefois ils sont en rapports en même temps avec la formation du système nerveux central et de la corde dorsale. Pour les décrire, nous procéderons comme nous l'avons fait pour la gastrulation dans le chapitre précédent. Nous les étudierons successivement chez l'Amphioxus, chez les amphibiens, chez les sélaciens, chez les oiseaux et chez les mammifères.

Très instructive est la connaissance des phénomènes qui s'accomplissent chez Amphioxus lanceolatus. La gastrula s'allonge et, en même temps, le blastopore, qui est dirigé vers le haut, se transforme en une longue fente qui se ferme ensuite progressivement d'avant en arrière, suivant un processus que nous décrirons d'une façon plus détaillée à la fin de ce chapitre. Le blastopore finit par n'être plus représenté que par un petit orifice (fig. 96, *cn*), qui siège à l'extrémité postérieure future de la larve vermiforme. A la suite de la fermeture du blastopore, la face dorsale de l'embryon se trouve formée. Elle s'aplatit légèrement; les cellules ectodermiques qui la constituent deviennent cylindriques et forment la *plaque médullaire ou neurale* (fig. 97 *pm*).

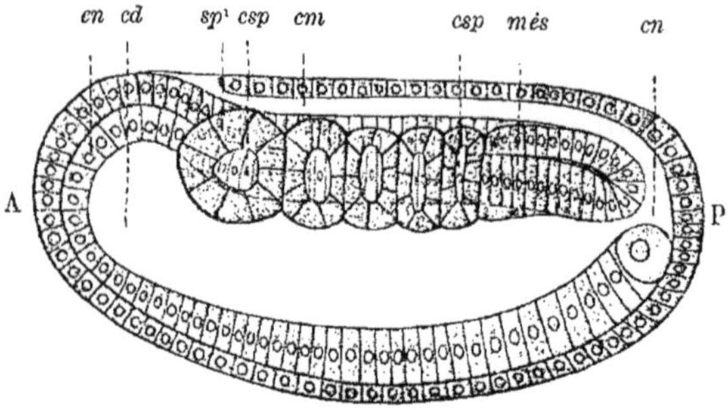

Fig. 96. — *Coupe optique, longitudinale, d'un embryon d'Amphioxus, pourvu de cinq segments primordiaux*, d'après HATSCHEK.
A, extrémité antérieure; P, extrémité postérieure; *en*, feuillet interne; *més*, mésoderme; *cd*, cavité digestive définitive; *cm*, canal médullaire; *cn*, canal neurentérique; *sp*[1], premier segment primordial; *csp*, sa cavité.

La plaque médullaire se déprimant légèrement, il en résulte la formation d'un sillon dorsal qui refoule vers le bas, sous forme d'une crête (*c*), la voûte du cœlentéron. Là où les bords du sillon

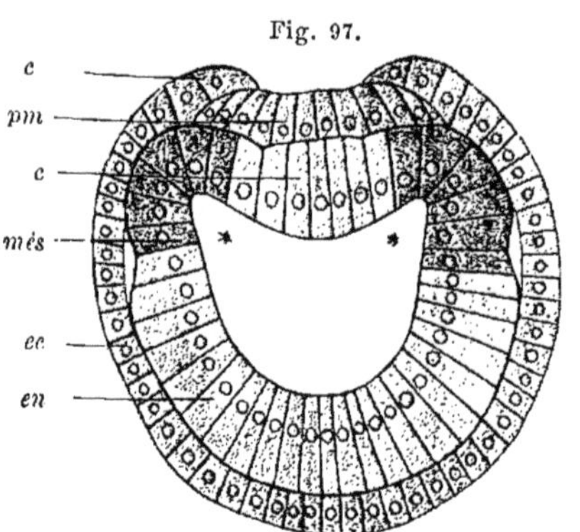

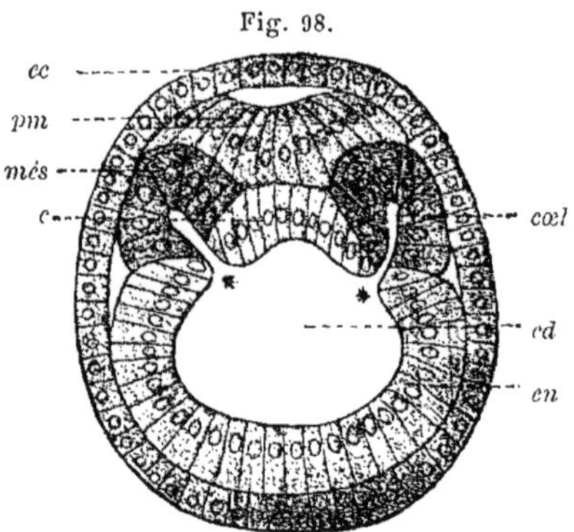

Fig. 97. — *Coupe transversale d'un embryon d'Amphioxus, au moment de la formation du premier segment primordial*, d'après HATSCHEK.
ec, feuillet externe ou ectoderme; *en*, feuillet interne ou endoderme; *més*, mésoderme; *fc*, feuillet corné; *pm*, plaque médullaire; *c*, corde dorsale; *, communication entre la cavité du cœlentéron et l'évagination cœlomique.

Fig. 98. — *Coupe transversale d'un embryon d'Amphioxus, au moment de la formation du cinquième segment primordial*, d'après HATSCHEK.
cc, *pm*, *mes*, *c*, *en* et *, comme dans la figure précédente; *cœl*, cavité cœlomique (cavité du cinquième segment primordial); *cd*, cavité digestive.

se continuent avec le restant de l'ectoderme dont les cellules sont plus surbaissées, c'est-à-dire avec le feuillet corné (*fc*), il existe une solution de continuité entre le feuillet corné et la plaque médullaire. Le feuillet corné recouvre d'abord les bords de la plaque médullaire déprimée (fig. 97); puis il se développe progressivement, à droite et à gauche, au-dessus d'elle; finalement, les deux moitiés latérales du feuillet corné se juxtaposent et se soudent sur la ligne médio-dorsale (fig. 98). Il en résulte la formation, dans la région dorsale de l'embryon, d'un canal, dont la paroi inférieure est constituée par la plaque médullaire déprimée (*pm*), et la voûte, par l'épiderme (*ec*), c'est-à-dire par le produit du fusionnement des deux moitiés du feuillet corné. Ce n'est que plus tard, chez l'Amphioxus, que les bords de la plaque médullaire s'infléchissent l'un vers l'autre, de bas en haut, et se soudent enfin, sous l'épiderme, sur la ligne médio-dorsale, de façon à former un canal médullaire (fig. 100 *cm*). L'ébauche du système nerveux central, en voie de différenciation, s'étend en arrière jusqu'au pourtour du blastopore : il en résulte que, lorsqu'il se ferme à son extrémité postérieure, le canal médullaire se continue, par l'intermédiaire du blastopore, avec l'extrémité postérieure du cœlentéron (fig. 96 *cn*). Ce fait a été signalé pour la première fois par Kowalevsky. Le canal médullaire et le canal digestif ensemble forment alors un tube à deux branches superposées et comparable à un siphon. La branche supérieure, c'est-à-dire le canal médullaire, s'ouvre longtemps encore à l'extérieur, par son extrémité antérieure. La partie recourbée du siphon, correspondant à la région du blastopore et unissant le canal médullaire au canal digestif, porte le nom de *canal neurentérique* (*cn*, fig. 96). Cette formation existe aussi, comme nous le verrons, chez les autres vertébrés, à un stade déterminé du développement.

En même temps que le canal médullaire, se forment les *deux feuillets moyens* et la *corde dorsale* (fig. 97 et 98). A l'extrémité antérieure de l'embryon, il apparaît, à la voûte du cœlentéron, deux petites évaginations, l'une à droite et l'autre à gauche, au-dessous de la plaque médullaire déprimée. Ce sont les ébauches des deux *sacs cœlomiques* (*més*). Ils se développent en haut et en dehors, mais d'une façon très lente. En même temps ce processus d'évagination gagne progressivement d'avant en arrière; il finit par atteindre le blastopore. La partie médiane de la voûte du cœlentéron, comprise entre les deux diverticules cœlomiques et sous-jacente à la plaque médullaire, constitue l'*ébauche de la corde dorsale* (*c*). Ses limites latérales sont indiquées dans les figures 97 et 98 par deux astérisques.

Le feuillet interne primaire s'est donc divisé en quatre parties : 1° l'ébauche de la corde dorsale (c); 2° et 3° les deux diverticules (mes), qui délimitent les deux sacs cœlomiques (cœl) et qui représentent le feuillet moyen ou mésoderme; 4° le reste du feuillet interne, qui formera plus tard à lui seul tout l'épithélium du canal digestif définitif (cd) et que nous pouvons désigner dès maintenant sous le nom de feuillet glandulaire de l'intestin ou endoderme secondaire (en).

Dans la suite du développement ces diverses parties, qui étaient encore en continuité les unes avec les autres, s'isolent par étranglement suivi de soudure de leurs bords, en même temps que leurs cavités se séparent les unes des autres. Ces phénomènes de soudure et de séparation commencent à s'accomplir à l'extrémité antérieure de l'embryon, d'où ils se propagent de proche en proche vers le blastopore (fig. 98 et 99). Tout d'abord, les sacs cœlomiques s'approfondissent (fig. 98, *cœl*); puis leurs lèvres, qui précédemment (fig. 98) délimitaient l'orifice de communication entre leur cavité (*cœl*) et la grande cavité médiane (*cd*), se rapprochent et se soudent. Les deux sacs cœlomiques se trouvent alors séparés (fig. 99) du restant du cœlentéron. A la suite de ces phénomènes, le feuillet glandulaire de l'intestin (*en*) se continue immédiatement avec les bords de l'*ébauche de la corde dorsale* (*c*). Cette ébauche a elle-même, sur ces entrefaites, subi des modifications. Aplatie au début (fig. 97), elle s'est recourbée inférieurement par rapprochement de ses bords latéraux (fig. 98 et 99), de façon à délimiter une gouttière profonde, ouverte inférieurement, et appelée *gouttière cordale*.

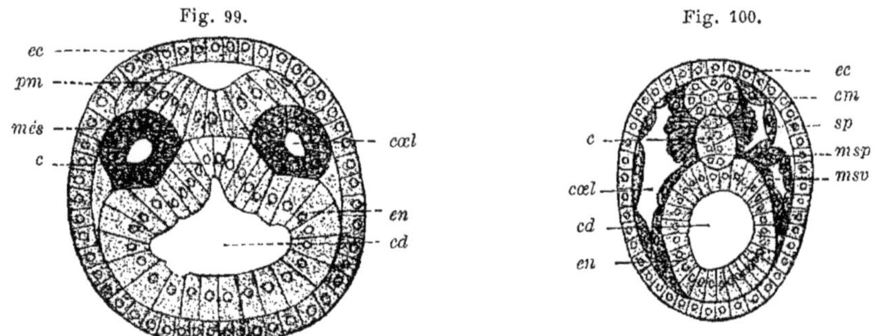

Fig. 99. — *Coupe transversale d'un embryon d'Amphioxus, pourvu de cinq segments primordiaux complètement formés*, d'après HATSCHEK.
ec, ectoderme: *en*, endoderme; *més*, mésoderme; *pm*, plaque médullaire; *c*, corde dorsale; *cœl*, cœlome; *cd*, cavité digestive.

Fig. 100. — *Coupe transversale, pratiquée vers le milieu de la longueur du corps, chez un embryon d'Amphioxus, pourvu de onze segments primordiaux*, d'après HATSCHEK.
ec, *en*, *cœl*, comme dans la figure précédente; *cd*, cavité digestive définitive; *cm*, canal médullaire; *sp*, segment primordial; *msp* et *msv*, mésoblaste pariétal et mésoblaste viscéral.

Plus tard, les deux parois latérales de la gouttière se juxtaposent et se transforment en un cordon cellulaire plein, qui d'abord contribue à former la voûte du canal digestif définitif, et qui apparaît comme un épaississement médian de cette voûte. Puis, ce cordon cellulaire lui-même se sépare de l'ébauche du canal digestif (fig. 100, *c*). Le canal digestif constitue alors un tube délimité de toutes parts par le feuillet glandulaire de l'intestin, dont les deux lèvres indiquées par les * dans la figure 98, se sont soudées sous la corde dorsale, dans le plan médian.

La figure 100 nous montre, sur une coupe transversale, le résultat final de tous ces phénomènes. Le cœlentéron s'est divisé en trois cavités séparées : l'une, médiane et ventrale, constitue le canal digestif définitif (*cd*); les deux autres sont dorsales et latérales par rapport à la première : ce sont les deux cavités cœlomiques (*cœl*), devenues de plus en plus étendues. Entre les cavités cœlomiques, se trouve, au-dessus du canal digestif, sur la ligne médiane, la corde dorsale (*c*). Elle est située sous le canal médullaire (*cm*). Les éléments cellulaires, qui se sont séparés par étranglement de la paroi du cœlentéron et qui délimitent les cavités cœlomiques (*cœl*), constituent le mésoderme (*més*). Dans les figures 97, 98, 99 et 100, ils sont représentés par une teinte plus foncée. La partie du mésoderme qui se trouve appliquée contre l'ectoderme (fig. 100), prend le nom de *mésoblaste pariétal* (*msp*); l'autre partie, appliquée contre le canal médullaire, la corde dorsale et le canal digestif, porte le nom de *mésoblaste viscéral* (*msv*).

Les phénomènes de différenciation que nous venons de décrire, commencent à s'accomplir à l'extrémité antérieure de l'embryon, pour se propager ensuite, de proche en proche et lentement, vers son extrémité postérieure. Il en résulte qu'on peut les étudier dans leurs divers stades, en examinant toute la série des coupes pratiquées à travers un même embryon.

Dans la description qui précède, nous avons exposé les choses comme si, chez l'Amphioxus, deux simples sacs cœlomiques se formaient aux deux côtés du canal digestif. Il convient de dire que le processus est un peu plus complexe, en ce sens que, pendant que les deux sacs se développent en arrière, leur partie antérieure se subdivise déjà (fig. 96), par formation de replis transversaux, en plusieurs segments placés les uns derrière les autres. Les produits de cette division portent le nom de *segments primordiaux* (*sp*, fig. 96). Je me bornerai, pour le moment, à cette simple indication, des considérations d'ordre purement didactique m'obligeant à décrire la formation des segments primordiaux dans un des chapitres suivants.

Tandis que chez Amphioxus lanceolatus, il n'y a de doute pour personne que *le cœlome et le mésoderme qui le délimite se forment par évagination de la paroi du cœlentéron*, il règne encore diverses manières de voir sur la façon dont se développent ces organes chez les autres vertébrés. Cette indécision dépend de ce que cette étude, qui ne peut être faite que sur des coupes en séries, est liée à de grandes difficultés techniques et que, d'autre part, les œufs de la plupart des vertébrés contenant beaucoup plus de vitellus, les rapports simples, que nous constatons chez l'Amphioxus, se sont plus ou moins profondément modifiés, ce qui rend les dispositions moins nettes et d'une interprétation plus difficile. Tandis que chez l'Amphioxus le cœlentéron est une large cavité, nous le voyons, au contraire, très réduit chez les autres vertébrés et plus ou moins complètement rempli par une grande quantité de vitellus. Il en résulte que le *mésoderme ne se forme plus aux dépens de diverticules primitivement creux, mais il apparaît sous la forme de masses cellulaires pleines; en effet, tandis que chez l'Amphioxus les feuillets pariétal et viscéral du mésoblaste délimitent, dès le début, une cavité, le cœlome, chez les autres vertébrés, ces feuillets sont fortement comprimés l'un contre l'autre au début du développement et ce n'est qu'assez tardivement qu'ils s'écartent l'un de l'autre.*

Afin de faciliter la compréhension des figures que nous fournit l'étude de la formation du mésoderme et du cœlome dans les diverses classes de vertébrés, qu'il me soit permis de décrire d'abord deux images schématiques, représentant, d'après une série de recherches que j'ai faites, le mode de développement de ces organes chez les vertébrés en général.

L'un de ces schémas (fig. 101) représente une coupe transversale passant par la partie de la région dorsale de l'embryon qui s'est formée à

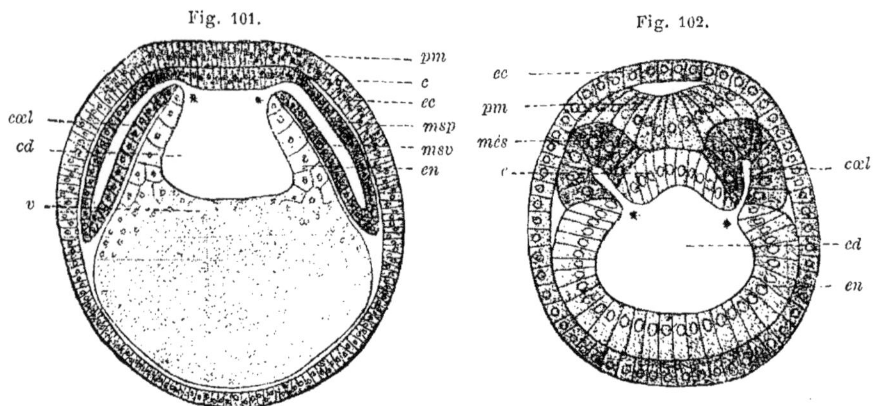

Fig. 101. — *Schéma montrant le mode de formation du mésoderme et du cœlome chez les vertébrés. Coupe transversale d'un embryon, pratiquée en avant du blastopore.*

pm, plaque médullaire; *c*, ébauche de la corde dorsale; *ec*, feuillet externe; *en*, feuillet interne; *msp*, feuillet pariétal du mésoderme ou mésoblaste pariétal; *msv*, feuillet viscéral du mésoderme ou mésoblaste viscéral; *v*, masse vitelline; *nv*, noyaux vitellins; *cd*, cavité digestive; *cœl*, cœlome.

Fig. 102. — *Coupe transversale d'un embryon d'Amphioxus, au moment de la formation du cinquième segment primordial*, d'après HATSCHEK. (Pour l'explication, voir figure 98.)

la suite de la fermeture du blastopore (voir p. 171 à 178). Elle nous montre le feuillet interne (*en*) fortement épaissi à la face ventrale, par suite de l'abondance du vitellus (*v*) : le cœlentéron se trouve, de la sorte, réduit à l'état d'une petite cavité (*cd*). Sa voûte est formée par une simple assise de cellules (*c*), qui se distinguent par leur forme cylindrique : c'est l'ébauche de la corde dorsale. A droite et à gauche, le feuillet interne a émis deux évaginations, qui sont les deux sacs cœlomiques (*cœl*). Ils s'étendent vers le bas, entre l'ectoderme et la masse vitelline, sur une certaine étendue. Leur paroi (*msp* et *msv*) consiste en une couche de petites cellules cubiques ou polyédriques, teintées plus fortement en noir dans la figure. Le cœlentéron se trouve subdivisé, par les deux replis (*), en une cavité médiane, sous-jacente à l'ébauche de la corde dorsale, la cavité digestive proprement dite (*cd*), et en deux cavités latérales, étroites, les deux sacs cœlomiques (*cœl*). Les sacs cœlomiques ne communiquent l'un et l'autre avec la cavité digestive que par une fente étroite*, située sur le côté de l'ébauche de la corde dorsale.

Cette figure, il est aisé de la ramener, par comparaison, à la coupe transversale (fig. 102), pratiquée en avant du blastopore, chez une larve d'Amphioxus. La paroi ventrale du cœlentéron qui chez l'Amphioxus, est formée par un épithélium simple, est remplacée ici par une masse de vitellus; enfin, les deux petits sacs cœlomiques s'étendent plus bas que chez l'Amphioxus, entre le vitellus et l'ectoderme.

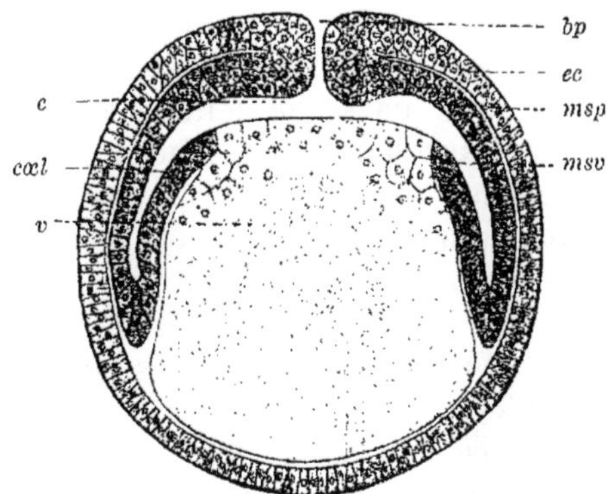

Fig. 103. — *Schéma montrant le mode de formation du mésoderme et du cœlome chez les vertébrés. Coupe transversale passant par le blastopore de l'embryon.*

bp, blastopore; *c*, cœlentéron; *cœl*, cœlome; *v*, vitellus; *ec*, ectoderme; *msp* et *msv*, feuillet pariétal et feuillet viscéral du mésoblaste.

Notre second schéma représente une coupe transversale passant par le reste, encore ouvert, du blastopore (fig. 103). Le cœlentéron (*c*) est presque entièrement rempli par une masse de vitellus (*v*). Les deux diverticules cœlomiques (*cœl*) sont aussi interposés entre le vitellus et l'ectoderme. Leur paroi, formée par de petites cellules, consiste en deux feuillets : le feuillet pariétal du mésoblaste (*msp*) se continue, au niveau du blastopore, avec l'ectoderme, tandis que le feuillet viscéral (*msv*) se continue avec la masse vitelline, c'est-à-dire avec l'endoderme ou feuillet interne.

Si, chez les vertébrés, les dispositions étaient bien telles que les représentent nos deux schémas, on ne pourrait douter, pas plus que pour l'Amphioxus, que le cœlome ne se développe chez eux sous la forme de deux évaginations du cœlentéron et que les parois de ces évaginations ne représentent les deux feuillets moyens. Mais, chez aucun vertébré, ces rapports ne se montrent aussi nettement que nous venons de l'indiquer. Cela provient surtout de ce que *les éléments que l'on doit considérer comme représentant les sacs cœlomiques ne délimitent plus de cavités au début de leur formation;* leurs parois sont comprimées l'une contre l'autre, par suite de l'accumulation considérable du vitellus dans l'espace qui leur est réservé. Il en résulte qu'*au lieu des sacs cœlomiques représentés dans le schéma, nous trouvons des amas, pleins, de cellules : il s'agit de démontrer que ces masses cellulaires correspondent bien réellement aux sacs cœlomiques, et par leur situation et par leur mode de formation.*

Pour nous rendre compte des images que nous obtiendrions si les cavités cœlomiques étaient disparues, nous devons supposer que dans les deux schémas, le feuillet pariétal et le feuillet viscéral du mésoblaste sont comprimés l'un contre l'autre. Dans le premier schéma (fig. 101) il existerait alors, à droite et à gauche, une masse de cellules, disposées en plusieurs assises et interposées entre les deux feuillets germinatifs primordiaux. Elle en serait nettement séparée dans toute son étendue, sauf en un point, que nous avons marqué d'un * et qui correspondrait à l'orifice de communication entre le sac cœlomique et le canal digestif; ce point répondrait au lieu de formation du feuillet moyen aux dépens du feuillet interne. Là, la masse cellulaire serait en continuité : d'une part, avec l'ébauche de la corde dorsale et, d'autre part, avec le feuillet glandulaire de l'intestin.

Dans le second schéma (fig. 103), nous constaterions aussi la présence d'une masse de cellules disposées en plusieurs assises et résultant de l'accolement des feuillets pariétal et viscéral du mésoblaste. Cette masse cellulaire serait isolée dans toute son étendue, sauf au pourtour du blastopore, où elle se continuerait à la fois avec l'ectoderme et avec le feuillet interne. Si nous nous figurons, en outre, que les deux lèvres droite et gauche du blastopore sont accolées l'une à l'autre, alors nous trouverions au milieu de la coupe une masse épaisse de cellules, disposées en plusieurs assises, et qui, à droite et à gauche, serait divisée en les trois feuillets germinatifs. En d'autres termes : *dans la région du blastopore les trois feuillets seraient confondus en une masse cellulaire unique par suite de l'accolement des lèvres du blastopore.*

L'étude comparative du développement des différentes classes de vertébrés démontre, en fait, que les choses se trouvent bien réalisées conformément aux transformations que nous venons de supposer subies par nos schémas. Afin de nous en assurer, examinons les coupes transversales pratiquées dans trois régions différentes de l'embryon : 1° en avant du blastopore; 2° à travers le blastopore; 3° en arrière de cet organe.

C'est *chez les amphibiens* et particulièrement chez le triton, que les relations que nous avons décrites sont le plus nettement marquées.

Dans l'œuf du triton, lorsque la formation de la gastrula est achevée et que la cavité de segmentation a disparu, l'embryon s'allonge un peu. Sa face dorsale future s'aplatit (fig. 104, D) et commence à montrer un léger sillon (*sd*), qui s'étend depuis l'extrémité antérieure jusqu'au voisinage du blastopore (*bp*). Ce dernier se présente alors sous forme d'une fente allongée.

Une coupe transversale passant, en avant du blastopore, par le milieu de l'embryon (fig. 105), correspond sous tous les rapports à notre premier schéma (fig. 101), dont nous supposerions les cavités cœlomiques disparues. L'ectoderme (*ec*) consiste en une seule assise de cellules, cylindriques sur la face dorsale et surbaissées sur la face ventrale. Les cellules entourées par l'ectoderme sont différenciées de trois façons différentes et se transforment plus tard en trois organes différents : la corde dorsale, le feuillet glandulaire de l'intestin et le mésoderme. D'abord, on trouve à la voûte du cœlentéron (*cd*), sous le sillon dorsal, jusqu'au voisinage du blastopore, une bandelette étroite de cellules cylindriques (*c*) : elle correspond à l'ébauche de la corde dorsale de notre schéma (fig. 101, *c*) et de l'Amphioxus (fig. 97 et 98, *c*). En second lieu, cette ébauche de la corde dorsale se continue à droite et à gauche avec une bandelette (*msp* et *msv*) de petites cellules ovalaires, qui s'étende jusque vers le milieu de la face externe de l'embryon.

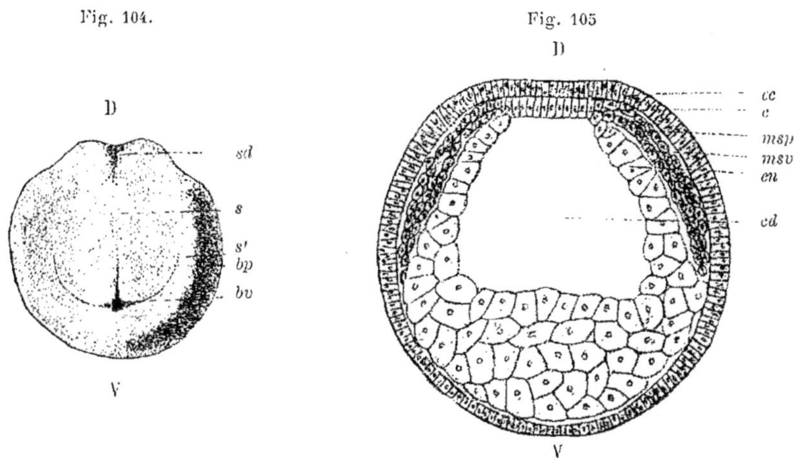

Fig. 104. — *Embryon de triton montrant nettement le sillon dorsal, 53 heures après la fécondation artificielle. L'embryon est vu de telle sorte que le blastopore est dirigé vers l'observateur.*

D, région dorsale; V, région ventrale; *bp*, blastopore; *s*, saillie située entre le blastopore et le sillon dorsal (*sd*) *s'*, sillon semi-circulaire, entourant la région du blastopore; *bv*, bouchon vitellin.

Fig. 105. — *Coupe transversale d'un embryon de triton dont le sillon dorsal est faiblement marqué.*

cc, feuillet externe; *en*, feuillet interne; *msp* et *msv*, feuillet pariétal et feuillet viscéral du mésoderme; *c*, corde dorsale; *cd*, cavité digestive; D, face dorsale; V, face ventrale.

Ces bandelettes ne contribuent nullement à délimiter le cœlentéron; elles sont appliquées contre la face externe d'une troisième couche de cellules (*en*), volumineuses et riches en vitellus. Ces dernières partent du bord de l'ébauche de la corde dorsale, où elles sont disposées en une seule assise : de là elles s'étendent vers le bas, en se groupant en deux assises, pour se continuer en un amas très volumineux de cellules vitellines, qui, chez les embryons de tous les amphibiens, occupe la face ventrale et remplit presque entièrement la cavité du cœlentéron. Ces cellules correspondent au feuillet glandulaire de l'intestin, tandis que les bandelettes de petites cellules, qui, partant des bords latéraux de l'ébauche de la corde dorsale, sont interposées entre le feuillet glandulaire de l'intestin et l'ectoderme, sont comparables aux cellules quis chez l'Amphioxus et dans notre schéma, constituent les parois des sac, cœlomiques, c'est-à-dire le mésoderme.

Ces faits nous permettent donc de conclure que, *chez le triton, les deux feuillets moyens se forment dans la partie antérieure de l'embryon, par évagination du feuillet interne, à droite et à gauche de l'ébauche de la corde dorsale, tout comme cela a lieu chez l'Amphioxus; toutefois, chez l'Amphioxus, les masses cellulaires invaginées délimitent une cavité, tandis que, chez le triton, cette cavité n'existe pas.*

Une coupe transversale passant par le blastopore d'un embryon de triton (fig. 106) se laisse aisément comparer à notre schéma (fig. 103). Aux deux sacs cœlomiques de ce dernier correspondent deux bandelettes cellulaires pleines, ébauches du feuillet moyen. Au voisinage du blastopore (*bp*), ces bandelettes sont divisées en deux lamelles. L'une (*msp*), après avoir formé la couche profonde de la lèvre du blastopore, se recourbe pour se continuer, comme dans notre schéma, avec l'ectoderme (*ec*); l'autre (*msv*), au contraire, s'unit à la masse des cellules vitellines (*cv*), qui constitue une sorte de rempart en avant du blastopore et proémine à l'intérieur de ce dernier en formant le *bouchon vitellin de Rusconi* (*bv*).

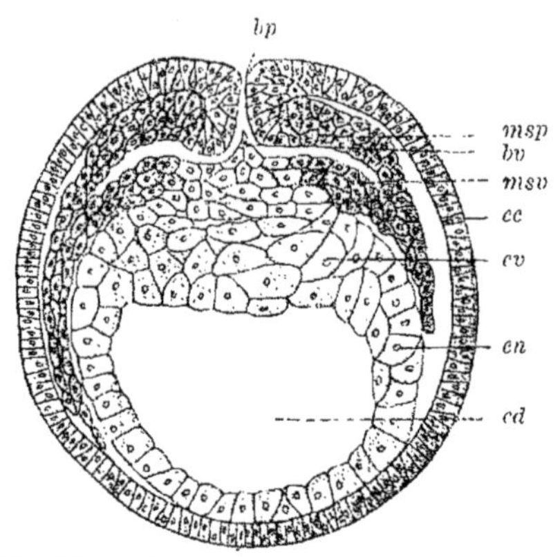

Fig. 106. — *Coupe transversale d'un embryon de triton, dont le sillon dorsal est faiblement marqué. Cette coupe passe par le blastopore.*
cc, feuillet externe; *en*, feuillet interne; *msp* et *msv*, feuillet pariétal et feuillet viscéral du mésoderme; *bp*, blastopore; *cv*, cellules vitellines; *bv*, bouchon vitellin; *cd*, cavité digestive.

En arrière du blastopore, le mésoderme existe encore sur une certaine étendue; mais il forme, à ce niveau, une masse cellulaire compacte.

L'histoire du développement du feuillet moyen nous apprend que, selon la région où il se continue avec l'endoderme secondaire, on peut le diviser en deux parties, dont l'une s'étend aux deux côtés de la corde dorsale, tandis que l'autre entoure le blastopore. La première peut être appelée *mésoblaste gastral* et la seconde, *mésoblaste péristomal* (Rabl).

Dans la suite du développement, les ébauches du mésoderme, de la corde dorsale et du tube digestif se séparent complètement les unes des autres: à ce moment la ressemblance avec les dispositions réalisées chez l'Amphioxus est bien plus frappante encore. Voici comment s'opère cette séparation. La *plaque cordale* se recourbe et se transforme en une *gouttière cordale* (fig. 107, A, *c*). Comme les bords de cette gouttière se continuent avec le feuillet pariétal du mésoblaste (*msp*), il se forme à la voûte du cœlentéron deux petits replis cordaux, délimitant latéralement la gouttière. Les bords de ces deux replis sont en contact avec le rebord suivant lequel le feuillet viscéral du mésoblaste (*msv*) se continue avec l'endoderme secondaire (*en*), c'est-à-dire avec le repli cœlentérique. Comparer cette figure avec le stade correspondant de l'Amphioxus (fig. 98).

Au stade suivant (fig. 107, B), la plaque médullaire, épaissie, est formée par de longues cellules cylindriques qui se distinguent nettement des petites cellules cubiques du feuillet corné. En même temps, le mésoderme commence à se séparer, par étranglement, du point où il a pris naissance par plissement. Le feuillet pariétal se détache de l'ébauche de la corde dorsale, en même temps que le feuillet viscéral se sépare du feuillet glandulaire de l'intestin, et les deux feuillets mésoblastiques se soudent par leurs bords, suivant lesquels ils se sont détachés. Il en

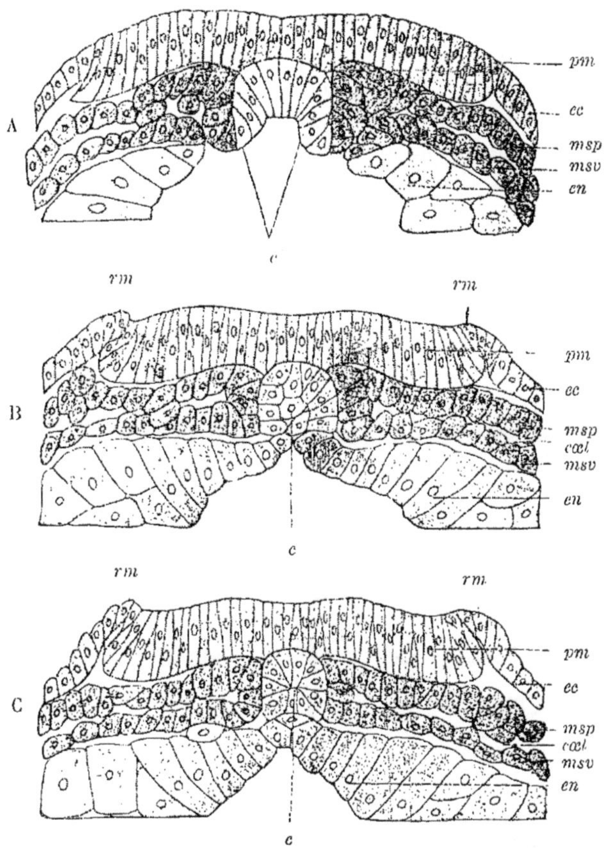

Fig. 107. — *Trois coupes transversales pratiquées, à différents niveaux, à travers un même embryon, dont les bourrelets médullaires commencent à faire saillie.*
Ces figures sont destinées à montrer le développement de la corde dorsale aux dépens de son ébauche, ainsi que le mode de séparatien des deux moitiés latérales du mésoderme.
ec, en, msp, msv, comme dans la figure précédente; *pm*, plaque médullaire; *rm*, replis médullaires; *c*, corde dorsale; *cœl*, cœlome.

résulte que, de chaque côté de la ligne médiane, il se forme un sac cœlomique clos et séparé des organes voisins. En même temps, le feuillet glandulaire de l'intestin (*en*) et l'ébauche de la corde dorsale (*c*) se trouvent intimement adhérents par leurs bords libres, comme c'est le cas chez l'embryon de l'Amphioxus (fig. 99), de telle sorte que la corde dorsale semble être un épaississement médian de la voûte du canal digestif. Pendant un certain temps elle contribue ainsi à délimiter supérieurement le canal digestif.

Ce stade est rapidement modifié par un autre processus. L'ébauche de la corde dorsale, transformée en une tige cellulaire pleine, cesse peu à peu de délimiter la cavité du tube digestif (fig. 107, C), par suite de ce fait que les deux moitiés latérales de l'endoderme secondaire (*en*) s'accroissent l'une vers l'autre, au-dessous de l'ébauche de la corde dorsale et finissent par s'y fusionner dans le plan médian. Comparer avec l'Amphioxus (fig. 100).

La fermeture du canal digestif définitif sur la ligne médio-dorsale, la séparation par étranglement des deux sacs cœlomiques d'avec le feuillet interne, enfin la formation de la corde dorsale sont donc, chez les amphibiens tout comme chez l'Amphioxus, des phénomènes présentant les uns avec les autres les connexions les plus intimes. Chez les amphibiens, c'est également dans la région céphalique de l'embryon qu'ils débutent; ils se propagent ensuite lentement d'avant en arrière. Mais chez l'embryon de tous les vertébrés, il persiste longtemps, en arrière, une zone de néoformation, qui intervient dans l'allongement du corps.

Bientôt après, arrive le moment où l'on voit apparaître le cœlome, chez le triton. Lorsque les organes, dont nous venons de parler, se sont complètement séparés de leur lieu de formation, les deux feuillets mésoblastiques s'écartent l'un de l'autre dans la région de la tête de l'embryon et aux deux côtés de la corde dorsale. Ainsi se forment deux cavités cœlomiques (*entérocèles*), l'une à gauche et l'autre à droite de la ligne médiane, cavités qui, d'après mon interprétation, ne se distinguaient pas aux stades précédents uniquement parce que leurs parois étaient accolées.

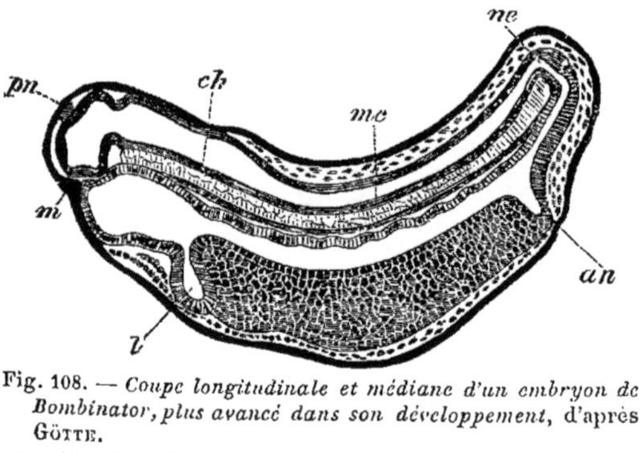

Fig. 108. — *Coupe longitudinale et médiane d'un embryon de Bombinator, plus avancé dans son développement*, d'après Götte.

m, orifice buccal en voie de formation; *an*, anus en voie de formation; *l*, foie; *mc*, canal médullaire; *ch*, corde dorsale; *pn*, glande pinéale; *ne*, canal neurentérique.

Sur ces entrefaites la plaque médullaire s'est transformée en le canal ou tube médullaire, sous-jacent à l'épiderme (fig. 108, *mc*). Nous avons déjà indiqué précédemment comment s'accomplit ce phénomène. Le canal médullaire entoure plus tard le blastopore et communique encore pendant un certain temps avec le canal digestif, par l'intermédiaire du blastopore, ainsi que le montre la figure 108, qui représente la coupe longitudinale et médiane d'un embryon de Bombinator, plus avancé dans son développement. Il existe donc aussi, chez les amphibiens un canal neurentérique (fig. 108, *ne*), semblable à celui de l'Amphioxus (fig. 96, *cn*).

Dans les œufs abondamment pourvus de vitellus de nutrition et à segmentation partielle des poissons, des reptiles et des oiseaux, ainsi que dans les œufs des mammifères, la formation du feuillet moyen est encore bien plus profondément modifiée que dans les œufs des amphibiens. Cependant ces différences ne sont encore une fois que d'ordre secondaire : plus les méthodes d'observation se sont perfectionnées, plus on a constaté que, dans ses traits essentiels, le precessus de développement est le même pour tous les vertébrés.

Néanmoins, l'exposé de cette question est difficile. Nous commencerons par décrire les transformations que l'on peut observer en étudiant le disque germinatif par sa surface; ensuite nous ferons connaître les résultats importants que nous fournit l'examen des séries de coupes transversales pratiquées à travers ces embryons.

a) Étude du disque germinatif, examiné de face, des sélaciens, des oiseaux et des mammifères.

La figure 109 représente, vu de face, le disque germinatif d'un sélacien, tel qu'il se présente après les premiers stades de la gastrulation. Le bord du disque, qui tranche nettement sur la masse vitelline non segmentée, est épaissi dans sa moitié postérieure (*mk*) et présente une échancrure (*rk*) en son milieu : c'est l'importante *encoche marginale* de Rabl. En avant de cette encoche, on distingue une petite saillie (*k*) à la surface du disque : c'est la première ébauche de l'extrémité céphalique de l'embryon. Dans cette saillie, sur une certaine étendue, pénètre un sillon, qui part de l'encoche marginale et correspond par sa situation à l'axe longitudinal de l'embryon. Près de l'extrémité antérieure du disque germinatif se trouve une saillie superficielle, sous laquelle a persisté un vestige de la cavité primitive de la blastula (blastocèle de Ziegler).

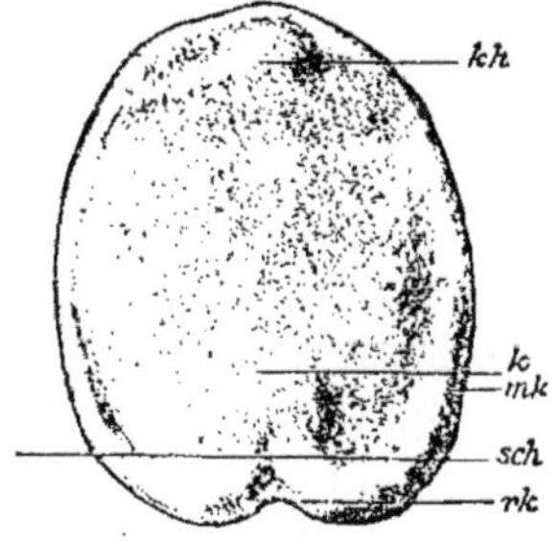

Fig. 109. — *Embryon de Torpedo* (stade B) *vu de face*, d'après Ziegler.
kh, reste de la cavité de segmentation; *mk*, bourrelet marginal épaissi, qui occupe la moitié postérieure du bord du blastoderme et qui va en s'amincissant progressivement d'arrière en avant. Cet épaississement est dû au développement du feuillet moyen; *rk*, encoche marginale.

Au stade correspondant, le disque germinatif du poulet nous montre, quand on l'examine par sa surface, une image beaucoup moins nette. Au début de la gastrulation, qui s'accomplit pendant les premières heures de l'incubation, on peut distinguer, près de l'extrémité postérieure du disque germinatif, qui repose sur le vitellus à la façon d'un verre de montre, le croissant et la gouttière ou le sillon du croissant (fig. 110 A, *s*). Nous avons vu (p. 122) que ces formations correspondent aux points où le feuillet interne se développe par invagination.

Lorsque, pendant les premières heures de l'incubation, les feuillets germinatifs s'accroissent à la surface du vitellus, le sillon du croissant se transforme en le sillon primitif (fig. 110 B, *sp*), organe dont l'importance est considérable.

Cette transformation a lieu de la manière suivante, d'après les recherches de DUVAL. Au milieu de la lèvre antérieure du blastopore, lèvre correspondant à la continuité entre le feuillet externe et le feuillet interne, on distingue une petite dépression dirigée en avant (fig. 110, A, *bc*). Cette dépression s'agrandit progressivement et se transforme en un sillon (fig. 110 B) placé dans l'axe longitudinal de l'embryon. Ce sillon se forme par rapprochement progressif et accolement, dans le

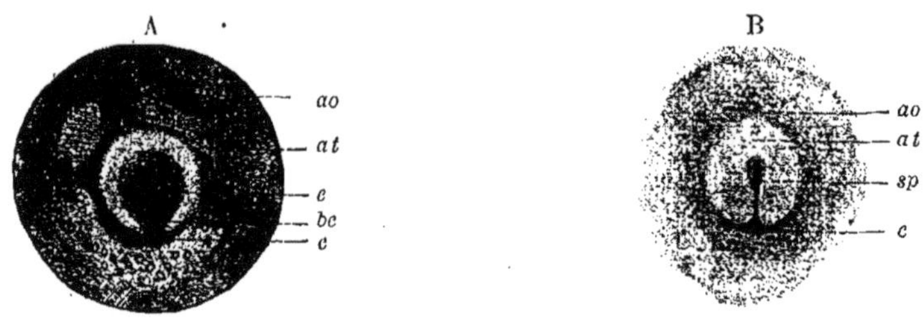

Fig. 110, A et B. — *Deux disques germinatifs du poulet, dans les premières heures de l'incubation,* d'après KOLLER.
ao, aire opaque; *at*, aire transparente; *c*, écusson embryonnaire; *bc*, bouton du croissant; *sp*, sillon primitif.

plan médian, des deux moitiés droite et gauche de la lèvre du blastopore. Longtemps le blastopore constitue ainsi un court sillon longitudinal, qui se termine à son extrémité postérieure par les deux courtes cornes transversales du croissant (*c*). Enfin ces cornes disparaissent elles-mêmes par suite de leur rapprochement progressif vers le plan médian : elles contribuent beaucoup à l'allongement du sillon primitif. A la fin de ce processus remarquable, le blastopore, de fente transversale qu'il était, s'est transformé en une fente longitudinale.

Très intéressantes sont pour nous les coupes transversales (fig. 111

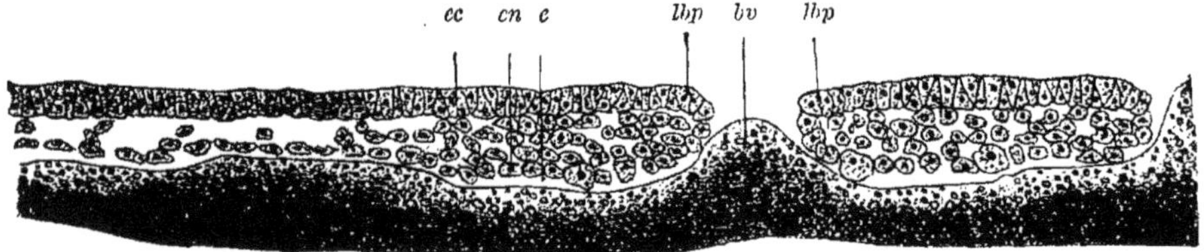

Fig. 111. — *Coupe transversale légèrement oblique, passant par le sillon primitif d'un œuf de poule, 2 à 6 heures après le début de l'incubation,* d'après DUVAL.
ec, feuillet externe; *cn*, feuillet interne; *c*, cœlentéron; *lbp*, lèvre du blastopore; *bv*, bouchon vitellin.

et 112), passant par le sillon primitif, pendant les premiers stades de son développement. La première coupe (fig. 111) nous montre les deux lèvres latérales du blastopore (*lbp*) séparées l'une de l'autre par une petite fente, dans laquelle proémine une légère saillie (*bv*) du vitellus, renfermant un grand nombre de noyaux (mérocytes). Cette saillie correspond au bouchon vitellin de Rusconi de la larve des amphibiens (fig. 106, *bv*). Le long des lèvres du sillon primitif, le feuillet externe, formé par une seule assise de cellules, se recourbe pour se continuer avec le feuillet interne ou inférieur, qui est formé par des cellules

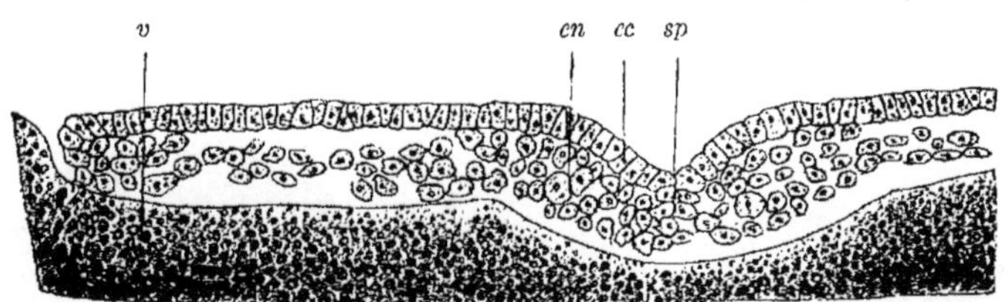

Fig. 112. — *Coupe transversale du même disque germinatif, passant un peu en avant de celle représentée figure 111.*

cc, feuillet externe; *cn*, feuillet interne; *sp*, sillon primitif; *v*, vitellus.

lâchement unies. Le blastopore se continue avec la cavité du cœlentéron, fente comprise entre le vitellus et le disque germinatif. Dans la figure 112, les deux lèvres du sillon sont intimement unies et fusionnées pour constituer l'extrémité antérieure de la ligne primitive, qui montre encore le sillon primitif.

Pendant que le sillon du croissant se transforme en le sillon primitif, les feuillets germinatifs se développent uniformément à la surface du vitellus ; l'aire transparente et l'aire opaque se séparent plus nettement l'une de l'autre et le sillon primitif siège dans la partie postérieure de l'aire transparente. Si l'on examine de plus près l'embryon par sa surface (fig. 113 et 114 *pr*), on constate que le sillon primitif est délimité à droite et à gauche par un petit repli, dérivé de la lèvre antérieure du blastopore. Ces replis sont plus foncés et plus opaques que l'aire transparente, parce qu'à ce niveau les cellules prolifèrent et sont plus accumulées. Comme les deux replis primitifs, c'est-à-dire les deux lèvres latérales du blastopore, sont intimement unis et même, en certains points, complètement fusionnés au fond du sillon primitif, il apparaît dans l'aire transparente une ligne foncée, longue d'environ 1 millimètre et large de 0,2 de millimètre. Nous la désignons, avec les anciens embryologistes qui l'avaient déjà observée, sous le nom de *ligne primitive*.

Autour de la ligne primitive, on constate encore, si l'on examine l'embryon par sa surface, d'autres particularités, dues à la présence des ébauches d'organes distincts. Dans la partie antérieure de l'aire transparente, immédiatement en avant de la ligne primitive, sur la ligne médiane, règne une ligne étroite, plus foncée, que Kölliker a appelée prolongement céphalique de la ligne primitive. Cette ligne s'allonge progressivement dans le cours du développement. En outre, autour de la ligne primitive et de son prolongement céphalique, règne une zone foncée, plus ou moins étendue latéralement (fig. 113), dans l'aire transparente : elle est en rapport avec la formation du mésoderme.

A un stade plus avancé (fig. 114), au début du deuxième jour de l'incubation, on voit, dans la région antérieure du disque germinatif, la première ébauche du système nerveux central. En avant du prolongement céphalique, naissent, à quelque distance l'un de l'autre, les

Fig. 113.

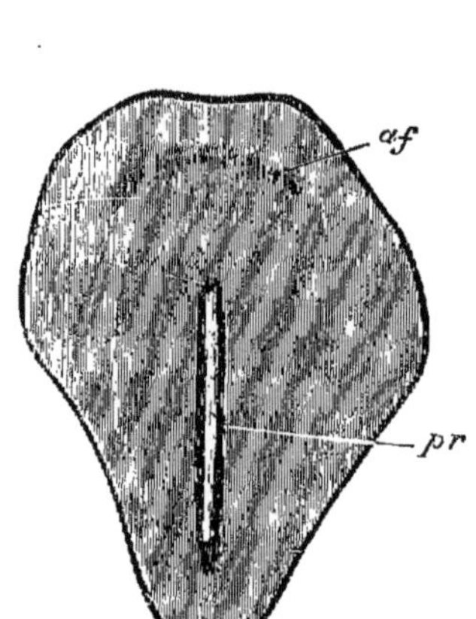

Fig. 114.

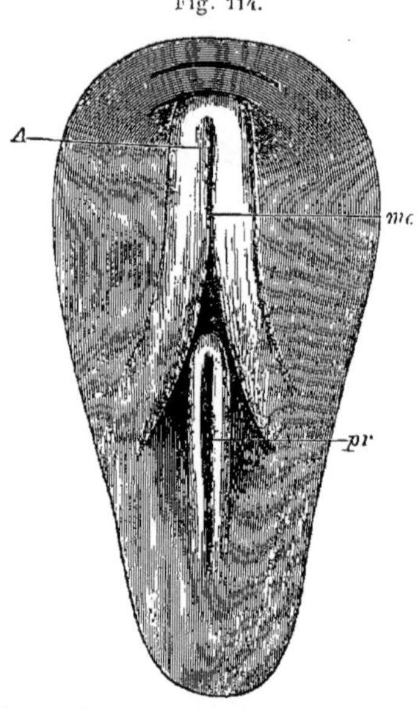

Fig. 113. — *Aire transparente d'un blastoderme du poulet, peu de temps après la formation du sillon primitif. Vu par sa surface.* D'après BALFOUR.

pr, ligne primitive et sillon primitif; *af*, repli amniotique. La partie plus foncée entourant la ligne primitive représente la région dans laquelle existe le mésoblaste.

Fig. 114. — *Aire transparente d'un blastoderme du poulet, de 18 heures. Vu par sa surface.* D'après BALFOUR.

L'aire opaque n'est pas représentée; le contour, piriforme, de la figure indique la limite de l'aire transparente. Au point où les deux bourrelets médullaires sont en continuité, on distingue une petite ligne courbe, qui représente le repli céphalique. En avant, une seconde ligne, parallèle à la première, indique l'ébauche du repli amniotique. *A*, bourrelet médullaire; *mc*, gouttière médullaire; *pr*, sillon primitif.

deux replis médullaires (fig. 114, A) : par leurs extrémités antérieures, ils se continuent l'un avec l'autre. Ils délimitent une large gouttière médullaire (*mc*). En arrière, ils sont moins saillants et entourent l'extrémité antérieure de la ligne primitive (*pr*). La gouttière médullaire (*mc*) ne doit pas être confondue avec le sillon primitif (*pr*), comme l'ont fait les anciens embryologistes. Ce sont deux formations distinctes et différentes, qui existent simultanément, comme nous le montre la figure 114.

La ligne primitive et le sillon primitif persistent longtemps encore, sans subir de transformations importantes (fig. 115, *sp*). Ils occupent toujours l'extrémité postérieure du corps de l'embryon, laquelle se différencie d'ailleurs peu dans sa constitution, même à des stades pendant lesquels les différents organes du corps sont déjà complètement formés. Par contre, la partie de l'embryon, située en avant de la ligne primitive, et qui était si petite au moment de l'apparition du prolongement céphalique, s'allonge considérablement, puis se différencie en différents organes. Ce processus de différenciation commence en avant et se propage ensuite d'avant en arrière jusqu'au sillon primitif, comme cela a lieu chez l'Amphioxus et les amphibiens. Les replis médullaires se juxtaposent par leurs bords et commencent à se fusionner d'avant en arrière, c'est-à-dire de l'extrémité céphalique vers l'extrémité caudale. Ainsi se trouve constitué le canal médullaire (fig. 115, vc^1, vc^2, vc^3 et *gm*). A ce moment, on distingue aussi plus profondément, à droite et à gauche du canal médullaire, les protovertèbres ou segments primordiaux (*spr*), que nous étudierons ultérieurement d'une façon plus détaillée. Ces organes se développent également d'avant en arrière, c'est-à-dire que les nouveau-formés apparaissent en arrière des plus anciens.

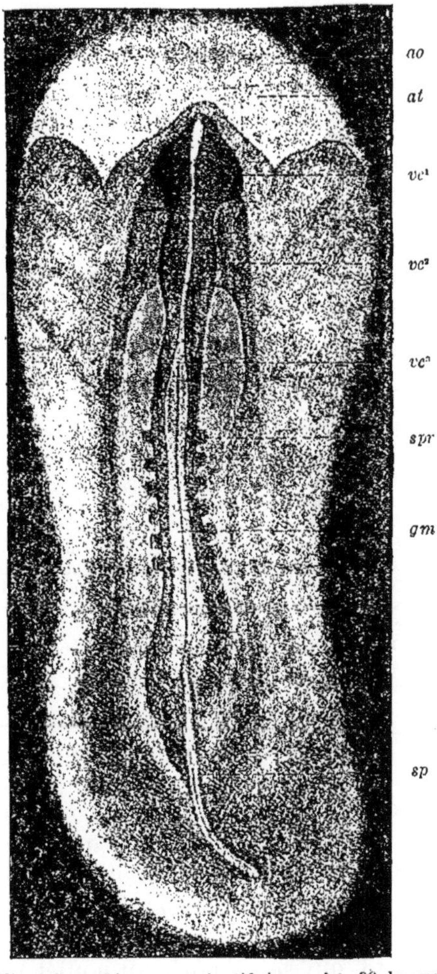

ao
at
vc^1
vc^2
vc^3
spr
gm
sp

Fig. 115. — *Disque germinatif du poulet, 33 heures après le début de l'incubation*, d'après M. DUVAL. L'aire transparente (*at*) est entourée d'une partie de l'aire opaque (*ao*). L'ébauche du système nerveux central est à peu près fermée, dans sa partie antérieure : elle est divisée en les trois vésicules cérébrales (vc^1, vc^2 et vc^3), plus la gouttière médullaire (*gm*), encore largement ouverte. A droite et à gauche de cette gouttière, on observe six segments primordiaux (*spr*). L'extrémité postérieure de l'embryon est occupée par la ligne primitive et le sillon primitif (*sp*).

Lorsqu'il s'est formé un grand nombre de segments primordiaux, le sillon primitif finit par ne plus se voir quand on examine l'embryon par sa surface : il se trouve entouré par les replis médullaires, qui finissent par se fusionner jusqu'à l'extrémité postérieure de l'embryon. A ce moment, le dernier vestige du sillon primitif fait partie de la portion terminale du canal médullaire.

GASSER, BRAUN, HOFFMANN, etc., ont fait connaître, à ce stade du développement, chez des embryons de diverses espèces d'oiseaux, une disposition remarquable et importante au point de vue de la signification du sillon primitif. Il s'agit de l'existence, à l'extrémité antérieure du sillon primitif, d'un canal étroit mettant en communication le canal médullaire avec le canal digestif. Ce canal se comporte donc comme le canal neurentérique de l'Amphioxus et des amphibiens. La figure 116 représente une coupe longitudinale, schématique, passant par l'extrémité postérieure d'un embryon de poulet : nous y voyons ce canal neurentérique (*ne*), correspondant à l'organe du même nom, tel qu'on le trouve chez un embryon d'Amphioxus ou d'amphibien (fig. 96 et 108).

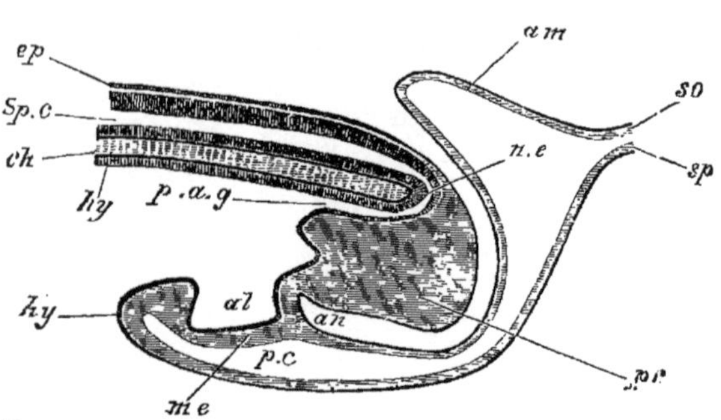

Fig. 116. — *Coupe longitudinale et médiane de l'extrémité postérieure d'un embryon de poulet, au moment de la formation de l'allantoïde. Figure schématique.* D'après BALFOUR.

Cette coupe montre la continuité de l'extrémité postérieure du canal médullaire (*Sp.c*) avec l'intestin post-anal (*p.a.g*), par l'intermédiaire d'un canal neurentérique (*ne*). Ce dernier traverse ce qui reste de la ligne primitive (*pr*), qui se trouve tourné vers la face ventrale ; *ep*, ectoderme ; *ch*, corde dorsale ; *hy*, feuillet glandulaire de l'intestin ; *al*, allantoïde ; *me*, mésoderme ; *an*, point où se formera l'anus ; *am*, amnios ; *so*, lame somatique ; *sp*, lame splanchnique.

L'existence du canal neurentérique a été observée plus nettement encore et à des stades plus reculés du développement chez les sélaciens et les reptiles ; chez les téléostéens il ne se forme pas, ce qui est dû à des dispositions spéciales d'ordre secondaire (1).

Les aires embryonnaires des mammifères se présentent sous le même aspect que celles du poulet. Lorsqu'elles deviennent ovalaires, le bourrelet terminal (fig. 92, *bt*), que nous avons considéré comme correspondant au croissant de l'oiseau, s'allonge et se transforme en la ligne primitive (fig. 117, A, *pr*). La ligne primitive montre un sillon bien net, délimité à droite et à gauche par le bord d'un repli. (Comparer avec la fig. 113, qui se rapporte au poulet.) Plus tard, il apparaît comme chez le poulet, en avant de la ligne primitive, dans le plan médian, une bande

(1) Chez les sélaciens, le blastopore se trouve entouré par les replis médullaires, à une période très reculée du développement. Il se présente alors sous la forme d'un canal, qui fait longtemps communiquer avec le tube digestif la gouttière médullaire d'abord, puis, plus tard, le canal médullaire.

Chez les reptiles, la ligne primitive est très courte, de forme triangulaire, et présente bientôt, avant que d'autres organes se soient différenciés, un orifice situé à son extrémité antérieure. Cet orifice, dont l'existence a été mentionnée chez une foule d'espèces, fait communiquer avec l'extérieur l'espace, rempli de vitellus, qui est situé sous le disque germinatif. Plus tard, cet orifice se transforme en un canal, dont la paroi est formée par un épithélium cylindrique, qui se continue vers le haut avec le feuillet externe et vers le bas avec le feuillet interne. Ce canal est finalement entouré par les bourrelets médullaires : à ce moment, il constitue un vrai canal neurentérique, qui, chez beaucoup d'espèces, semble s'oblitérer avant la fermeture du canal médullaire, tandis que, chez d'autres espèces, il persiste plus longtemps.

foncée et étroite : c'est le prolongement céphalique, qui divise la partie antérieure de l'ébauche embryonnaire en une moitié droite et une moitié gauche (fig. 118, *pc*). Quelque temps après, se développent, aux deux côtés du prolongement céphalique, les bourrelets médullaires (fig. 117, B), qui délimitent une large gouttière dorsale ou médullaire (*rf*)). Les bourrelets médullaires se continuent l'un avec l'autre à leur extrémité antérieure; en arrière, ils s'écartent légèrement l'un de l'autre et en-

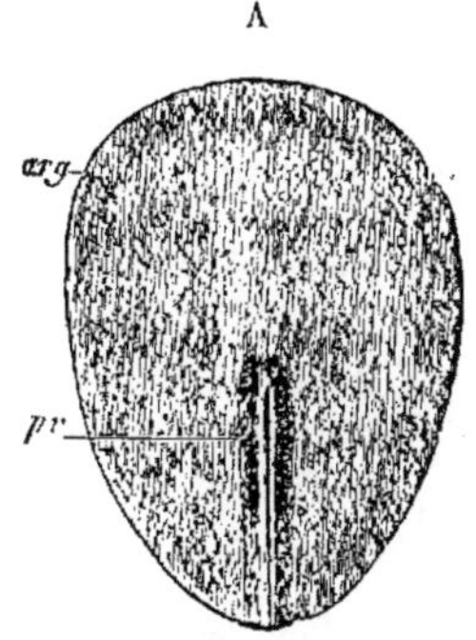

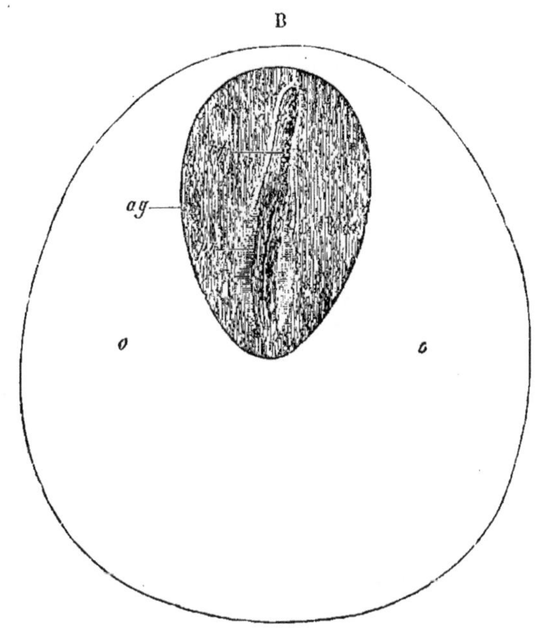

Fig. 117, A. — *Aire embryonnaire d'un œuf du lapin de 8 jours*, d'après KÖLLIKER.

arg, aire embryonnaire; *pr*, ligne primitive.

Fig. 117, B. — *Aire vasculaire* (*o*) *et aire embryonnaire* (*ag*) *d'un œuf de lapin de 7 jours*, d'après KÖLLIKER.

o, aire vasculaire (aire opaque); *ag*, aire embryonnaire; *rf*, sillon dorsal ou gouttière médullaire; *pr*, sillon primitif.

tourent l'extrémité antérieure du sillon primitif (*pr*). Cette disposition correspond à la figure 114 (poulet).

A partir de ce moment, la partie antérieure de l'aire embryonnaire s'allonge beaucoup plus que sa partie postérieure, caractérisée par la présence du sillon primitif. Ce dernier, chez les mammifères, ne subit guère de modifications que dans les derniers stades du développement : il semble se raccourcir cependant; mais ce raccourcissement n'est que relatif, il n'est pas absolu. En réalité, il continue à s'allonger, mais beaucoup moins que les autres parties de l'embryon.

En même temps l'aire embryonnaire, d'ovalaire qu'elle était, prend la forme d'une semelle. C'est ce que nous montre la figure 119. A ce stade, on voit, à l'extrémité postérieure de l'embryon, la ligne primitive (*pr*), partiellement entourée par les bourrelets médullaires (*rf*). Le mésoderme est déjà complètement formé et il existe, dans la région cervicale future, trois paires de segments primordiaux, disposés à droite et à gauche de la corde dorsale.

L'embryon des mammifères possède, comme celui des oiseaux et des reptiles, un canal neurentérique. Déjà, à un stade assez reculé du développement, on distingue à l'extrémité antérieure de la ligne primitive un point spécial, où se trouvent accumulées de très nombreuses cellules. Ce point est connu sous le nom de *nœud de Hensen* (fig. 118, *nH*). Il est important surtout parce qu'il est traversé par un canal étroit, mettant la cavité blastodermique en communication avec l'extérieur. Ce *canal neurentérique* (*cn*) a été observé par plusieurs auteurs chez divers mammifères; par Van Beneden, chez le lapin et la chauve-souris; par Bonnet, chez le mouton; par Heape, chez la taupe; par Spee, chez un embryon humain très jeune, dont la gouttière médullaire était encore largement ouverte. A l'extrémité antérieure du sillon primitif, d'après

Fig. 118.

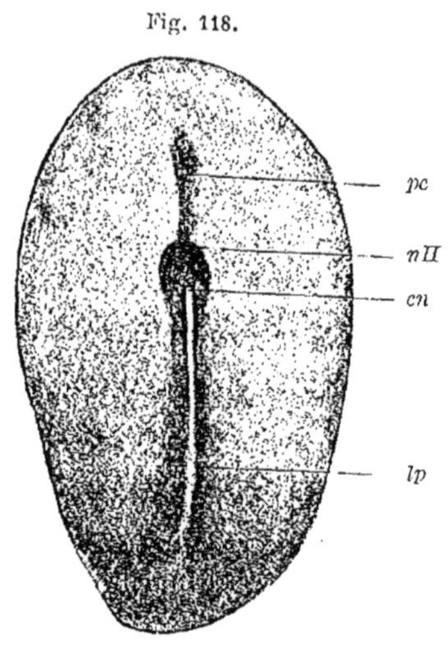

Fig. 118. — *Aire embryonnaire du lapin, avec ligne primitive*, d'après Van Beneden.
lp, ligne primitive; *pc*, prolongement céphalique; *nH*, nœud de Hansen; *cn*, canal neurentérique.

Fig. 119.

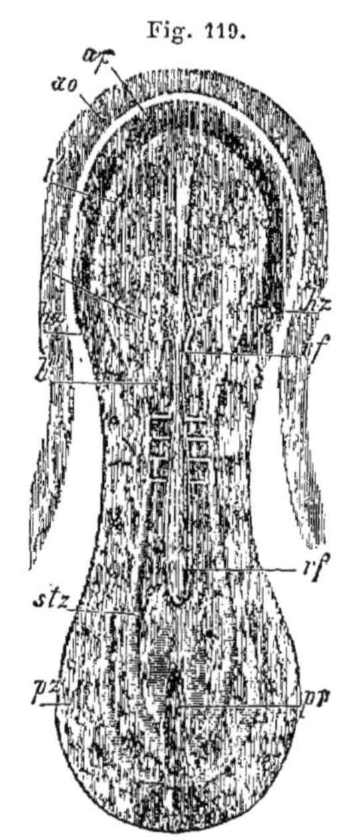

Fig. 119. — *Embryon de lapin de 9 jours avec une partie de l'aire opaque. Grossissement : 22 diamètres.* D'après Kölliker.
ap, aire transparente; *ao*, aire opaque; *h'*, plaque médullaire, dans la région qui deviendra plus tard la première vésicule cérébrale: *h''*, la même, dans la région du cerveau moyen futur : en ce point, la gouttière médullaire (sillon dorsal) (*rf*) présente un élargissement; *h'''*, plaque médullaire dans la région où se formera plus tard la troisième vésicule cérébrale; *hz*, ébauche du cœur; *stz*, zone rachidienne; *pz*, zone pariétale; *pr*, reste de la ligne primitive.

Spee, existait un large orifice arrondi; il traversait l'aire embryonnaire et était entouré par un bourrelet annulaire, correspondant par sa situation au nœud de Hensen.

Je me suis étendu longuement sur l'étude de la ligne primitive et j'ai insisté sur sa première origine ainsi que sur les rapports qu'elle présente avec d'autres organes, parce qu'elle constitue une formation extrêmement importante au point de vue embryologique et que sa signification est encore bien discutée. Elle correspond, en effet, au blastopore des vertébrés inférieurs et c'est de là que procède le feuillet moyen. Comme je me réserve de discuter plus loin les raisons qui nous déterminent à considérer le sillon primitif comme représentant le blastopore, je n'examinerai pour le moment que la formation du feuillet moyen.

b) ÉTUDE DES COUPES TRANSVERSALES PRATIQUÉES A TRAVERS DES EMBRYONS DE POISSONS, DE REPTILES, D'OISEAUX ET DE MAMMIFÈRES.

Pour étudier le mode de développement du feuillet moyen, il convient d'examiner des coupes transversales pratiquées à travers des aires embryonnaires d'âges très différents. Comme pour les amphibiens, il faut étudier des coupes passant : 1° en avant du sillon primitif; 2° au niveau de ce sillon; 3° en arrière.

Dans les aires embryonnaires, arrivées aux stades représentés figures 110, B, 113 et 117, A, le feuillet moyen commence à se former au pourtour immédiat du sillon primitif. Sa présence est marquée par une zone plus foncée, en avant et sur les côtés du sillon. Si l'on compare les coupes transversales passant, chez l'Amphioxus et les amphibiens, en avant du blastopore, avec les coupes menées à travers le prolongement céphalique de la ligne primitive, chez les sélaciens, les reptiles, les oiseaux et les mammifères, on constate qu'elles présentent UN caractère fondamental identique.

De part et d'autre, suivant une bande étroite située dans le plan médian, en avant du blastopore chez l'Amphioxus et chez les amphibiens, en avant du sillon primitif chez les poissons, reptiles, oiseaux et mammifères, l'aire embryonnaire n'est formée que par deux feuillets germinatifs, dont l'un, l'interne, est en train de se transformer en la corde dorsale. Immédiatement en dehors de cette zone, à droite et à gauche, on constate chez

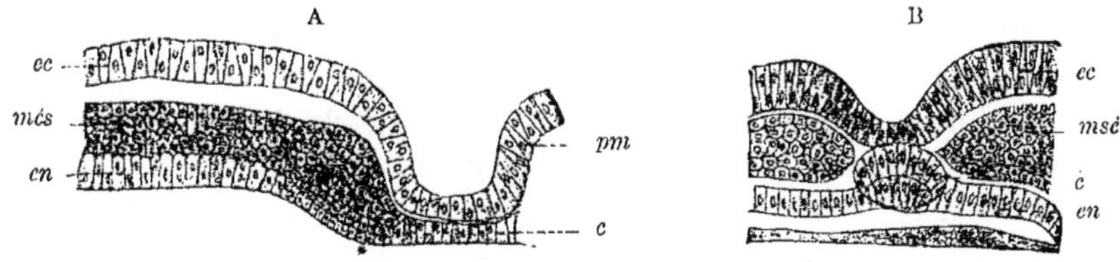

Fig. 120, A et B. — *Coupe transversale d'une aire embryonnaire de sélacien,* d'après la monographie de BALFOUR. (Pl. IV, fig. 8 *a* et pl. IX, fig. 1 *a*.)
Dans la figure A, seule la moitié gauche est représentée.
ec, feuillet externe; *en*, feuillet interne; *més*, feuillet moyen; *c*, corde dorsale; *pm*, plaque médullaire *v*, vitellus.

tous les vertébrés l'existence de trois feuillets germinatifs. Ces trois feuillets superposés sont : l'ectoderme, le feuillet moyen et le feuillet glandulaire de l'intestin.

Les figures 120 à 123 nous montrent quels sont les rapports exacts de ces feuillets; chez les sélaciens, les oiseaux et les mammifères.

Chez les sélaciens, la gouttière médullaire ou sillon dorsal (fig. 120, A, *pm*) est très nettement marquée sur la coupe transversale. Au-dessous d'elle, il n'existe, comme chez l'Amphioxus et le triton, qu'une seule assise de cellules cylindriques (*c*) représentant l'ébauche de la corde dorsale. Latéralement la plaque cordale se continue avec une masse de petites cellules disposées en plusieurs assises; un peu plus en dehors, cette masse cellulaire est nettement divisée en deux feuillets séparés par une légère fente. L'un de ces feuillets, formé par de petites cellules polyédriques, est le mésoderme (*més*); l'autre, constitué par une seule assise de cellules cylindriques (*en*), est le feuillet glandulaire de l'intestin. Au point marqué sur la coupe par un*, l'ébauche de la corde dorsale, le feuillet moyen et feuillet interne sont soudés. A un stade plus avancé

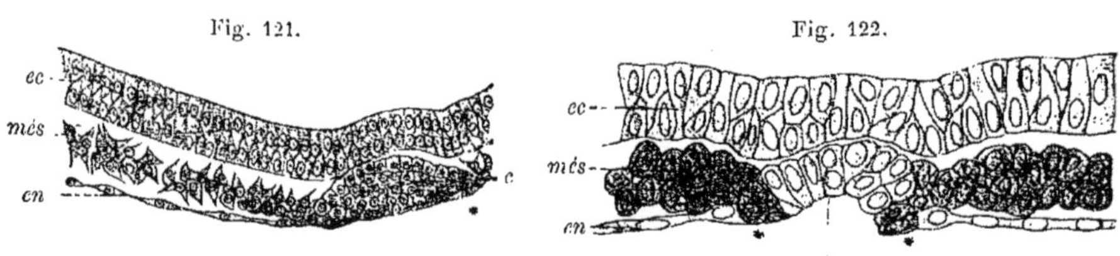

Fig. 121. — *Coupe transversale d'un disque germinatif de poulet, montrant les premières traces de la corde dorsale et de la gouttière médullaire*, d'après BALFOUR et DEIGHTON.

Cette coupe passe par l'ébauche de la corde dorsale, en avant de la ligne primitive. Seule la partie située à gauche de la corde se trouve représentée.

ec, feuillet externe; *en*, feuillet interne; *més*, feuillet moyen; *c*, ébauche de la corde dorsale.

Fig. 122. — *Coupe transversale d'une aire embryonnaire de la taupe, arrivée à peu près au stade représenté figure 117, B, pour le lapin*, d'après HEAPE.

Cette coupe passe par la gouttière cordale (*c*), un peu plus en avant que la coupe représentée figure 125, laquelle intéresse un point de l'aire embryonnaire correspondant au blastopore.

ec, feuillet externe; *més*, feuillet moyen; *en*, feuillet interne; *c*, ébauche de la corde dorsale.

(fig. 120, B), les trois ébauches en question sont séparées, tout comme chez le triton. On trouve alors : 1° un cordon cellulaire plein et arrondi à la coupe; c'est la corde dorsale (*c*), qui s'est formée par plissement de la plaque cordale, comme nous l'avons exposé précédemment; 2° à droite et à gauche de la corde dorsale et séparées par elle, les deux moitiés du mésoderme (*més*), dérivant chacune de la masse de petites cellules correspondante, du stade précédent; 3° le feuillet glandulaire de l'intestin (*en*), dont les deux moitiés latérales, qui étaient séparées au stade précédent, se sont soudées sous la corde dorsale et fusionnées *en un seul feuillet.*

Une coupe transversale passant par le prolongement céphalique de la ligne primitive chez un embryon de poulet, nous donne une image semblable (fig. 121). Sous l'ectoderme existe, dans le plan médian et en avant du sillon primitif, l'ébauche de la corde dorsale seulement (*c*); elle se continue latéralement, au point marqué par un*, avec le mésoderme (*més*) d'une part, et avec le feuillet glandulaire de l'intestin (*en*), d'autre part. Ce dernier n'est formé que par une assise de cellules aplaties.

La même image nous est également fournie par les coupes transversales, pratiquées aux stades correspondants chez les embryons de mammifères. La figure 122 représente, d'après Heape, une coupe transversale, menée chez un embryon de taupe, en avant de la ligne primitive. L'ébauche de la corde dorsale (*c*) consiste en une simple assise de cellules cylindriques, infléchie déjà en une gouttière cordale, comme nous l'avons vu chez le triton (fig. 107, A). Latéralement elle se continue, à droite et à gauche, avec une masse de petites cellules qui, au point

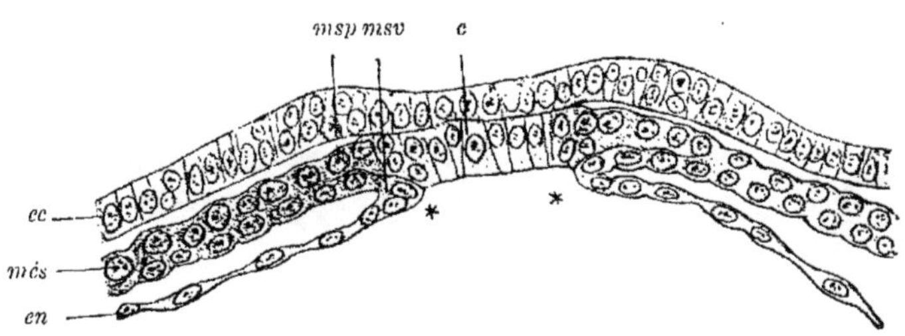

Fig. 123. — *Coupe transversale d'une aire embryonnaire du lapin*, d'après Van Beneden. *ec*, ectoderme; *més*, mésoderme; *en*, feuillet interne; *msp*, feuillet pariétal du mésoderme; *msv*, feuillet viscéral du mésoderme; *c*, corde dorsale.

marqué d'un*, se disposent en deux feuillets : 1° le mésoderme (*més*), formé par plusieurs assises de petites cellules; 2° le feuillet glandulaire de l'intestin (*en*), constitué par une seule rangée de cellules aplaties.

Dans ses études sur le développement des mammifères, Van Beneden a montré d'une façon plus nette encore que la formation du mésoderme et de la cavité cœlomique a lieu, chez ces animaux, de la même manière que chez les amphibiens. Particulièrement démonstrative est la coupe, que nous reproduisons, d'après Van Beneden, par notre figure 123, et qui intéresse un embryon de lapin. Elle nous montre l'ébauche de la corde dorsale (*c*) formée d'une seule assise de cellules cylindriques, en rapports à droite et à gauche avec le mésoderme et feuillet interne. Le mésoderme consiste en une couche pariétale (*msp*) et en une couche viscérale (*msv*) de cellules aplaties. La première, le feuillet pariétal du mésoderme, se continue avec l'ébauche de la corde dorsale; la seconde, le feuillet viscéral du mésoderme, se continue, au point marqué d'un*, avec l'épithélium pavimenteux simple constituant le feuillet glandulaire de l'intestin (*en*). Le point de continuité entre le feuillet interne et le feuillet viscéral du mésoderme, fait même saillie, comme chez les amphibiens, à l'intérieur du cœlentéron. Enfin, le mésoderme est nettement séparé de l'ectoderme et de l'endoderme partout excepté sur les côtés de l'ébauche de la corde dorsale.

Les coupes transversales *passant par le sillon primitif* correspondent absolument à celles menées, chez le triton, au niveau du blastopore. Elles montrent que le sillon primitif n'est autre chose que le *blastopore oblitéré*. *Chez tous les vertébrés, c'est le seul point de l'ébauche embryon-*

naire où les trois feuillets germinatifs sont fusionnés (sur une courte étendue) et ne constituent pas de couches cellulaires distinctes; au contraire, en dehors de ce point, ils sont nettement séparés les uns des autres par des fentes.

La figure 124 représente une coupe transversale d'une aire embryonnaire du poulet, intéressant le sillon primitif; ce sillon est très nettement marqué, tandis que l'on ne voit encore aucune trace des bourrelets médullaires. L'ectoderme ou feuillet externe (*ec*) consiste en une seule assise de longues cellules cylindriques, et le feuillet interne (*en*), en une seule assise de cellules très aplaties. Dans l'espace compris entre ces

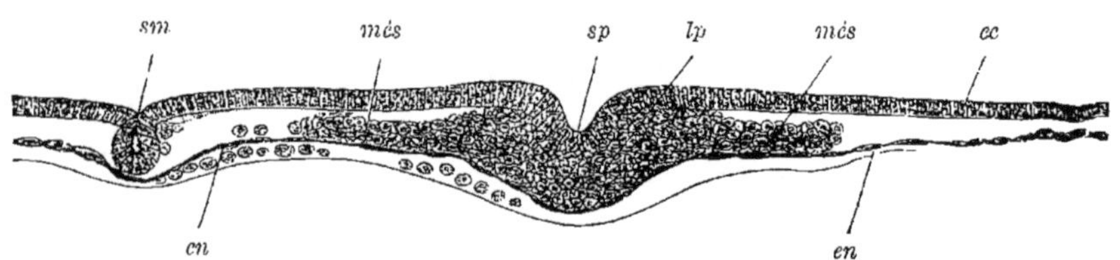

Fig. 124. — *Coupe transversale passant par le milieu de la ligne primitive d'un embryon de poulet, arrivé au stade représenté figure 110,* B, d'après Koller.
A quelque distance du sillon primitif, on voit, à gauche, la coupe du sillon marginal de His. A droite, il est encore peu développé.
ec, ectoderme; *més*, mésoderme; *en*, feuillet interne; *sp*, sillon primitif; *lp*, ligne primitive; *sm*, sillon marginal.

deux feuillets, existe, aux deux côtés du sillon primitif, une masse de petites cellules disposées en plusieurs assises superposées; c'est le feuillet moyen ou mésoderme (*més*). Au niveau du sillon primitif (*sp*), le mésoderme se continue avec l'ectoderme, dont les cellules prolifèrent beaucoup; sur les côtés, au contraire, il en est séparé par une fente. Le feuillet interne, d'après Koller, auquel nous empruntons cette image, se montre partout formé par une assise distincte de cellules plates. D'après les données fournies par Duval, Rabl, etc., ainsi que d'après ce que nous savons du développement des reptiles, sous le sillon primitif, le mésoderme est fusionné à la fois avec l'ectoderme et avec le feuillet interne, sur une certaine étendue.

Les coupes transversales passant par le sillon primitif chez les embryons des mammifères sont extrêmement intéressantes (fig. 125). D'après Heape, chez la taupe, le sillon primitif (*sp*) pénètre profondément dans une masse de petites cellules. En ce point, les trois feuillets germinatifs sont fusionnés : ce n'est que sur les côtés qu'ils sont séparés par des fentes nettes et qu'on les distingue aisément les uns des autres par les caractères spéciaux de leurs éléments. L'ectoderme (*ec*) consiste en cellules allongées; le feuillet interne (*en*), en cellules fortement aplaties et le mésoderme (*més*), en petites cellules polyédriques ou sphériques.

Van Beneden nous a fait connaître, en ce qui concerne le lapin, des dispositions extrêmement nettes (fig. 126). Au niveau du sillon primitif (*sp*) très profond, les trois feuillets germinatifs sont soudés, sur une certaine étendue, en une masse cellulaire commune. Ensuite on peut voir nettement que l'ectoderme (*ec*) s'infléchit au niveau du repli primitif (*lsp*) et se continue avec le feuillet pariétal du mésoderme (*msp*),

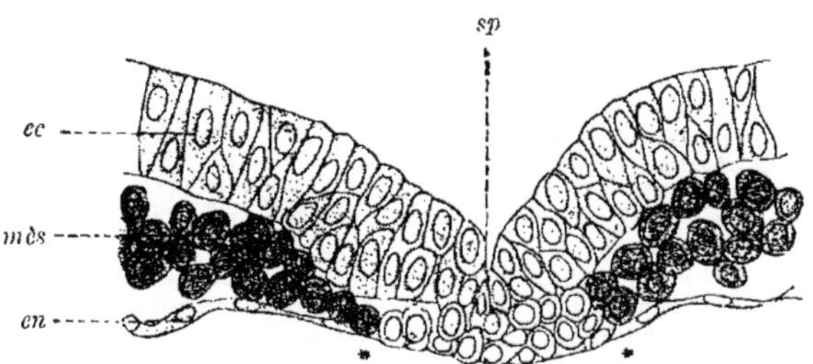

Fig. 125. — *Coupe transversale d'une aire embryonnaire de la taupe, arrivée à peu près au stade représenté figure 117,* B, *pour le lapin,* d'après HEAPE.
La coupe passe par le sillon primitif, un peu en arrière de la coupe représentée figure 122.
sp, sillon primitif; *ec*, ectoderme; *mès*, mésoderme; *en*, feuillet interne.

tandis que le feuillet viscéral du mésoderme (*msv*) se continue avec le feuillet glandulaire de l'intestin (*en*), lequel est formé par une seule assise de cellules. Entre les replis primitifs, c'est-à-dire entre les lèvres latérales du blastopore (*lsp*), VAN BENEDEN et CARIUS ont observé, chez des

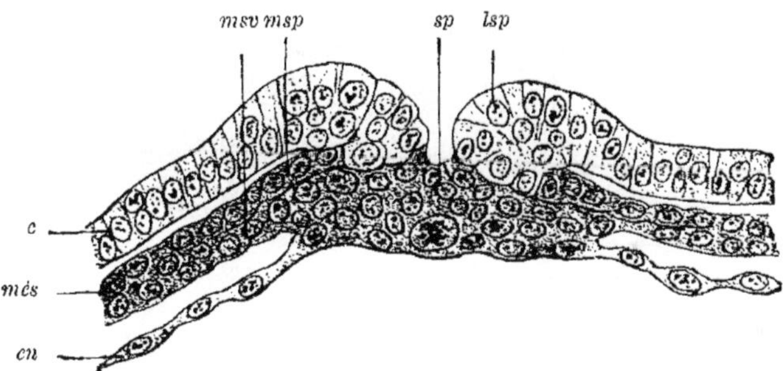

Fig. 126. — *Coupe transversale d'une aire embryonnaire du lapin, passant par le sillon primitif* (*blastopore*), d'après VAN BENEDEN.
ec, ectoderme; *mès*, mésoderme; *en*, feuillet interne; *msp*, *msv*, feuillet pariétal et feuillet viscéral du mésoderme; *sp*, sillon primitif; *lsp*, lèvre latérale du blastopore (repli primitif).

embryons du lapin et de la chauve-souris, une formation correspondant au bouchon vitellin des amphibiens (fig. 127, *bv*).

Un fait très intéressant au point de vue général, c'est que, d'après SPEE, les choses se passent de la même façon chez l'embryon humain. La figure 128 représente une coupe transversale menée, chez un très jeune embryon humain, au niveau du sillon primitif. Cette image correspond absolument à celle que nous fournit un embryon de lapin. Nous y trouvons un sillon primitif, profond (*sp*), délimité par les deux lèvres du blastopore, les replis primitifs (*lsp*), au niveau desquels l'ectoderme se continue avec le feuillet pariétal du mésoderme (*msp*). Le feuillet viscéral du mésoderme (*msv*), qui est nettement séparé de la somatopleure sur une certaine étendue, se continue, au-dessous du sillon

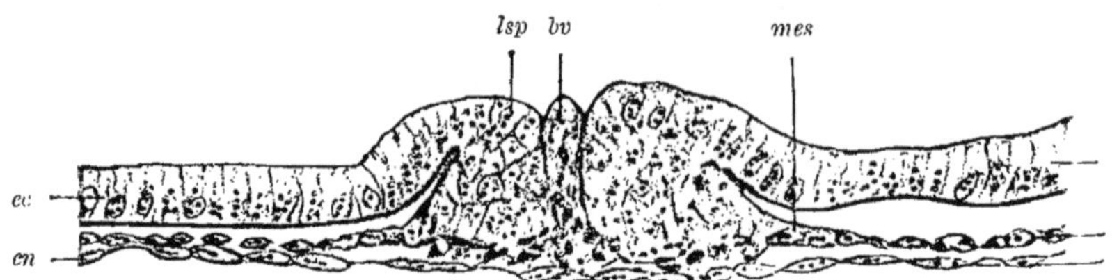

Fig. 127. — *Coupe transversale pratiquée à travers le sillon primitif du lapin, et montrant le bouchon vitellin entre les deux lèvres latérales du blastopore* (*lsp*), d'après CARIUS.
cc, feuillet externe; *en*, feuillet interne; *mes*, feuillet moyen; *bv*, bouchon vitellin; *lsp*, lèvre latérale du blastopore.

primitif, avec le feuillet interne (*en*) et forme avec lui, au fond du sillon, une masse cellulaire commune.

Enfin, les coupes transversales pratiquées, chez les embryons des oiseaux, des reptiles et des mammifères, en arrière du sillon primitif, correspondent également aux coupes menées, chez les amphibiens, en

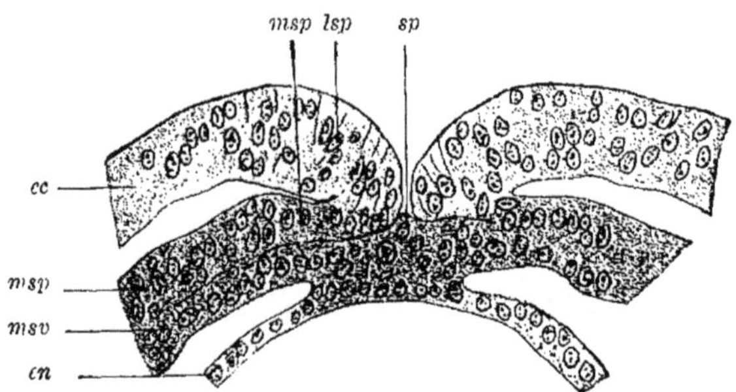

Fig. 128. — *Coupe transversale d'une aire embryonnaire de l'homme, dans la région du canal neurentérique. Cette coupe passe par le sillon primitif* (*sp*), d'après SPEE.
Les lettres ont la même signification que dans la figure 126.

arrière du blastopore. Le mésoderme commence aussi à s'étendre en arrière du blastopore; toutefois il ne le fait pas, comme dans la partie antérieure de l'aire embryonnaire, sous la forme de deux ébauches latérales, mais plutôt sous la forme d'une masse cellulaire unique et impaire. Cette masse cellulaire n'est en continuité avec l'ectoderme et le feuillet interne qu'au niveau de l'extrémité postérieure de la ligne primitive; partout ailleurs, elle en est nettement séparée.

Pour compléter ce que nous venons de dire, il n'est pas sans intérêt d'y ajouter quelques données sur le développement ultérieur du mésoderme. Il faut examiner pour cela des coupes transversales pratiquées chez des embryons de différents âges. A partir du point où il commence à se développer, c'est-à-dire du pourtour du sillon primitif, le mésoderme s'étend, en tous sens, entre les deux feuillets primordiaux. Au début, il est limité à l'aire embryonnaire seule; plus tard, il s'étend, en dehors de l'embryon, dans l'aire transparente, et finalement même dans l'aire opaque. Partout et toujours il apparaît sous la forme d'une couche distincte, formée au moins par deux assises superposées de cellules et nettement séparées du feuillet externe et du feuillet interne. Au niveau du sillon primitif seulement, qui, comme nous l'a montré l'étude des embryons vus par leur surface, persiste longtemps à l'extrémité postérieure du corps, même chez des embryons assez avancés, au niveau du

Fig. 129. — *Coupes transversales passant par l'extrémité postérieure d'un jeune embryon de Lacerta muralis*, d'après BALFOUR.

Dans la figure A, le canal neurentérique est coupé suivant sa longueur; la figure B n'intéresse qu'un diverticule de ce canal, dirigé en arrière. Comme les coupes ne sont probablement pas perpendiculaires à l'axe antéro-postérieur de l'embryon, le mésoderme, dans la figure A, n'est soudé à la paroi du canal neurentérique que du côté droit; à gauche, au contraire, il en est séparé. Dans la figure B, le fusionnement existe à droite et à gauche.

ne, canal neurentérique; *ep*, ectoderme; *mep*, mésoderme; *hy*, feuillet interne.

sillon primitif seulement, le mésoderme est fusionné, sur une petite étendue, avec l'ectoderme et avec le feuillet interne. Même au stade où la ligne primitive est traversée par le canal neurentérique, qui fait communiquer le canal médullaire avec la cavité digestive (sous le feuillet glandulaire de l'intestin, *hy*), même à ce stade nous voyons la paroi du canal neurentérique fusionnée avec le mésoderme, de telle sorte qu'en cette région, les trois feuillets germinatifs sont encore en continuité. Je renvoie aux coupes ci-contre (fig. 129), pratiquées, chez des embryons de *Lacerta muralis*, à travers le canal neurentérique.

Maintenant que nous avons décrit les faits, nous devons nous demander comment il nous faut les interpréter. Comment se développe le feuillet moyen chez les poissons, les reptiles, les oiseaux et les mammifères?

Il se développe par un processus de plissement, comme cela se passe chez l'Amphioxus et chez les amphibiens. Les différents phénomènes qui s'accomplissent, lors de la formation du feuillet moyen chez les poissons, reptiles, oiseaux et mammifères, correspondent à ceux que l'on observe chez l'Amphioxus et chez les amphibiens.

Nous pouvons résumer de la manière suivante les phénomènes communs à tous les vertébrés.

1. Chez tous les vertébrés, le germe, avant que la corde dorsale soit formée, se trouve constitué, suivant une bande médiane située

en avant du blastopore et du sillon primitif, par deux feuillets cellulaires. Cette bande se compose de la plaque médullaire et de l'ébauche de la corde dorsale, qui contribue à délimiter la cavité digestive.

2. A droite et à gauche de cette bande médiane, le germe consiste en trois feuillets, si nous considérons le mésoderme comme un feuillet unique. Si, au contraire, nous le divisons en un feuillet pariétal et un feuillet viscéral, il consiste en quatre feuillets. Le feuillet pariétal et le feuillet viscéral du mésoderme sont, au début, en contact très intime; ce n'est que plus tard qu'ils deviennent distincts et séparés, à la suite de l'apparition du cœlome.

3. Chez aucun vertébré, les deux feuillets moyens ne se forment par délamination du feuillet externe ou du feuillet interne; en effet, ils en sont nettement séparés, par une fente, dans toute leur étendue, sauf en une région très restreinte.

4. Les deux feuillets moyens ne sont en continuité avec les deux feuillets primordiaux que : 1° au niveau du blastopore ou du sillon primitif, où les quatre (trois) feuillets germinatifs sont fusionnés; 2° aux deux côtés de l'ébauche de la corde dorsale.

5. La première ébauche des deux feuillets moyens procède du pourtour du blastopore ou des lèvres de la ligne primitive ainsi que des bords de l'ébauche de la corde dorsale. De là elle se développe en avant, en arrière et sur les côtés (ventralement). En avant du blastopore, cette ébauche est double, la moitié droite étant séparée de la moitié gauche par l'ébauche de la corde dorsale; en arrière du blastopore, elle est unique et impaire.

6. Pendant que la corde dorsale se développe, les deux moitiés de l'ébauche paire du mésoderme se séparent, l'une et l'autre, de leur lieu de formation. En même temps, les deux moitiés latérales du feuillet glandulaire de l'intestin se soudent sous la corde dorsale, ce qui amène la fermeture de la paroi dorsale du tube digestif.

Ces faits, nous ne pouvons les interpréter que d'*une seule façon*. *Les feuillets moyens ne se formant nullement par délamination in loco de l'un ou l'autre des deux feuillets primordiaux, le fait qu'ils s'étendent progressivement en procédant d'une région déterminée du germe, ne peut s'expliquer qu'en admettant qu'il se produit une pénétration progressive de cellules, entre les deux feuillets primordiaux, et que cette prolifération procède des points où l'on sait que ces deux feuillets sont en continuité avec les autres feuillets. Les feuillets moyens s'accroissent principalement par formation d'éléments cellulaires qui, du pourtour du blastopore ou des lèvres du sillon primitif, pénètrent entre les deux feuillets germinatifs primordiaux.*

Or, on peut se représenter cette pénétration de cellules comme un processus de plissement des feuillets primordiaux, semblable à celui qui s'accomplit chez l'Amphioxus. Toutefois, dans la façon dont s'opère l'invagination, il existe *une* différence remarquable et en apparence importante entre l'Amphioxus et les autres vertébrés. Chez l'Amphioxus le mésoderme naît sous la forme d'un sac creux, par plissement du feuillet interne; chez les autres vertébrés, il naît sous forme d'une masse, pleine, de cellules. Cette différence est plus apparente que réelle. En effet, si dans l'ébauche du mésoderme, chez la plupart des vertébrés, il n'existe pas de cavité, c'est uniquement parce que les parois de cette cavité sont comprimées l'une contre l'autre, au début de leur développement, par la masse vitelline qui remplit le cœlentéron. Cette interprétation repose sur les trois considérations suivantes, abstraction faite de toute autre similitude avec ce qui se passe chez l'Amphioxus.

1. Chez tous les vertébrés, il apparaît, à une période très reculée du développement, à l'intérieur du mésoderme, une fente qui se trouve alors délimitée par des cellules cubiques ou cylindriques, disposées en un épithélium. Le mésoderme comprend à ce moment un feuillet pariétal et un feuillet viscéral. Chez les sélaciens notamment la formation de ces lames épithéliales a lieu très tôt et est frappante.

2. Aux dépens de ces deux lames épithéliales se développent plus tard de véritables membranes épithéliales, telles que l'épithélium du péritoine, qui est cilié chez une foule de vertébrés; puis, des glandes, comme les reins, les testicules, les ovaires.

3. L'objection que l'on pourrait faire, à savoir que le mésoderme des vertébrés est, dans son ébauche, une masse cellulaire pleine, ce qui tendrait à faire admettre qu'il n'a pas la même valeur morphologique que le mésoderme à deux feuillets de l'Amphioxus, cette objection perd beaucoup de son importance si l'on considère qu'il en est de même pour une foule d'autres organes. En effet, plusieurs organes, dont l'ébauche est creusée d'une cavité chez la plupart des vertébrés, possèdent, au contraire, une ébauche pleine chez d'autres vertébrés. Tel est le cas, comme nous le verrons, pour le canal médullaire, dont l'ébauche constitue un cordon cellulaire plein chez les poissons osseux; tel est encore le cas pour plusieurs organes des sens et pour la grande majorité des glandes. Tous ces organes se forment à l'état de bourgeons solides de lames épithéliales : ce n'est que plus tard, lorsqu'ils vont commencer à fonctionner, qu'ils se creusent d'une cavité par écartement de leurs cellules constitutives.

Remarques concernant la formation des feuillets germinatifs chez les Mammifères et les Reptiles.

Mammifères. — Pendant que le feuillet moyen se développe, il se produit, chez une foule de mammifères, une formation particulière, que l'on a désignée sous le nom de *canal de la corde dorsale*, *canal cordal* ou *canal notocordal*. Au lieu du sillon situé sous l'ébauche de la corde dorsale, tel que le montrent les figures 122 et 123, il existe un canal étroit et plus ou moins long, à un stade encore un peu plus reculé du développement. Ainsi que le montrent les figures 130 A à D, qui représentent des coupes transversales schématiques destinées à faire comprendre cette formation, ce canal s'ouvre en arrière, par l'orifice neurentérique, à la surface du sillon primitif (fig. 130 A); à son extrémité antérieure, il débouche par un second orifice dans la cavité de la vésicule blastodermique (fig. 130 D).

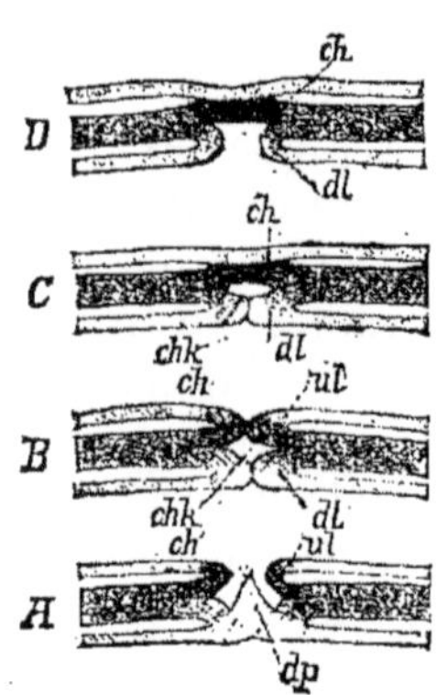

Fig. 130. — *Schémas destinés à faire comprendre la disposition du canal cordal des mammifères.*

ch, corde dorsale; *chk*, canal cordal; *dl*, lèvre du repli cœlentérique; *dp*, bouchon vitellin; *ul*, lèvre du blastopore.

De tous les observateurs qui se sont occupés de l'étude des premiers stades du développement des mammifères, c'est Van Beneden qui, le premier, a parfaitement étudié le canal cordal dans ses divers rapports.

Ainsi que le montrent les schémas que j'ai constitués (fig. 130), Van Beneden fait observer que : 1° les fentes cœlomiques s'ouvrent, au début, dans le canal cordal (*chk*); 2° l'ébauche de la corde dorsale se continue latéralement avec la couche supérieure du feuillet moyen; 3° le plancher du canal cordal se continue avec la couche inférieure du feuillet moyen. Van Beneden considère la cavité du canal cordal comme représentant le cœlentéron. Selon moi, elle ne correspond qu'à une petite partie, transitoirement séparée du cœlentéron, la majeure partie du cœlentéron se trouvant représentée par la cavité de la vésicule blastodermique dans laquelle, chez les mammifères, le vitellus a disparu par atrophie, ainsi qu'on l'admet généralement aujourd'hui. Nous devons donc nous figurer que le canal cordal s'est formé de la manière suivante :

Au pourtour du blastopore ou, ce qui revient au même, au pourtour du sillon primitif, il existe des lèvres de deux espèces, au voisinage immédiat l'une de l'autre (fig. 130 B) : 1° les lèvres du blastopore (*ul*), selon lesquelles le feuillet externe s'infléchit pour se continuer avec le feuillet pariétal du mésoderme, et 2° les lèvres des replis cœlentériques (*dl*), occasionnés par la formation du cœlome et suivant lesquelles le feuillet glandulaire de l'intestin se continue avec le feuillet viscéral du mésoderme. Généralement, dans les différentes classes de vertébrés, lors de la fermeture du blastopore, seules les lèvres de ce dernier se soudent (fig. 130 D), tandis que les lèvres des replis cœlentériques restent séparées à une courte distance l'une de l'autre, délimitant ainsi, à droite et à gauche, l'ébauche de la corde dorsale (*ch*), qui se forme au point de fermeture du blastopore et qui contribue à former la paroi supérieure du cœlentéron. Chez les mammifères, ce mode de formation typique est légèrement modifié, en ce sens que les lèvres des replis cœlentériques se juxtaposent aussi dans le plan médian, dès le début de leur formation; ensuite elles s'y fusionnent transitoirement, comme le font définitivement les lèvres du blastopore, ou tout au moins elles s'y accolent (fig. 130 C, *dl*).

Le canal cordal est donc plutôt une formation accessoire et transitoire, à laquelle il ne convient pas d'attribuer une importance spéciale. La petite cavité de ce canal ne correspond nullement au cœlentéron tout entier, attendu que le cœlentéron comprend aussi la cavité située au-dessous du feuillet glandulaire de l'intestin. Plus tard, ainsi que le décrit Van Beneden, le canal cordal s'ouvre dans la cavité de la vésicule blastodermique, d'abord par plusieurs orifices siégeant au milieu de son étendue, mais qui ne tardent pas à se confondre en une fente longitudinale unique. On pourrait décrire ce processus en disant que les lèvres accolées des replis cœlentériques s'écartent de nouveau à un stade déterminé du développement. Finalement, à l'exception du canal neurentérique typique, le canal cordal tout entier se réunit de nouveau à la partie principale du cœlentéron, c'est-à-dire à la cavité de la vésicule blastodermique.

La cause de cette modification du développement chez les mammifères, on devrait la rechercher dans ce fait que, dès le début du processus d'invagination, *tous les plissements de la paroi de la vésicule blastodermique se trouvent concentrés sur un espace très restreint, le nœud de* Hensen, ce qui fait que, dès le début, les lèvres de ces replis se touchent, pour ne commencer que plus tard à prendre leur situation normale.

Afin de mieux faire comprendre mon interprétation de la formation des feuillets germinatifs chez les mammifères, j'ajouterai aux deux schémas (fig. 91) que j'ai donnés plus haut concernant la gastrulation, trois nouvelles figures schématiques destinées à expliquer les stades qui nous occupent, d'une façon semblable à l'explication qu'en a donnée KEIBEL.

La figure 131 A nous montre que de nouvelles masses de cellules procédant des lèvres du blastopore s'insinuent entre le feuillet externe et le feuillet interne primaire (lécithophore de VAN BENEDEN, paraderme, endoderme vitellin). Ces masses de cellules sont déjà indiquées dans les schémas figure 91 A et B (*mk*), sous forme d'un épaississement entourant le bord du blastopore. Elles fournissent les feuillets moyens qui délimitent les cavités cœlomiques, représentées sous la forme de deux fentes, comme on le voit aussi dans le schéma (fig. 103) du développement des feuillets moyens et du cœlome chez les amphibiens.

La deuxième figure (fig. 131 B) montre les feuillets moyens intimement unis sauf en un point situé au niveau de la suture du cœlentéron; ce point correspond au canal cordal des auteurs et doit être considéré comme représentant cette partie du cœlentéron qui s'ouvrira plus tard dans la cavité de la vésicule blastodermique.

Dans la troisième figure enfin (fig. 131 C) le canal cordal s'est ouvert dans la cavité de la vésicule blastodermique, parce que les bords des replis cœlentériques qui, dans notre interprétation, n'étaient qu'accolés aux stades précédents, se sont écartés l'un de l'autre ou se sont perforés et atrophiés en certains points de leur étendue.

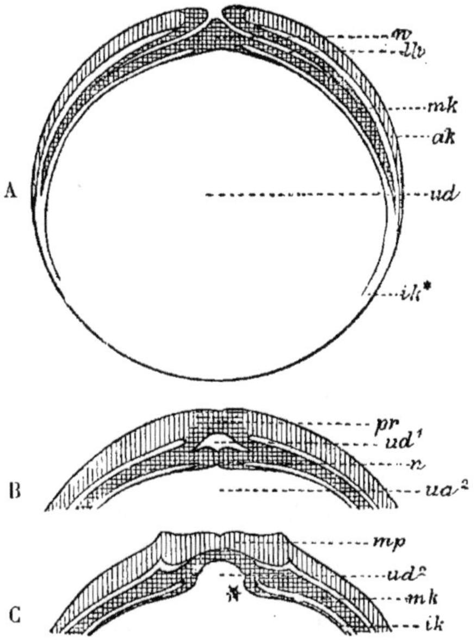

Fig. 131. — *Schémas destinés à montrer le développement du feuillet moyen et du canal cordal chez les mammifères.* Figure modifiée, d'après KEIBEL.
ak, feuillet externe; *ik*, feuillet interne; *mk*, feuillet moyen; *ik**, limite du feuillet interne; *ud*, cœlentéron; *ud*[1], partie du cœlentéron séparée sous la forme de canal cordal; *ud*[2], partie du cœlentéron en train de se séparer de la cavité de la vésicule blastodermique; *lh*, cœlome; *n*, suture des lèvres des replis cœlentériques; *pr*, sillon primitif; *mp*, plaque médullaire.

REPTILES. — Les dispositions que l'on trouve réalisées chez les mammifères sont en parfaite harmonie avec ce que l'on constate dans le développement des reptiles. Chez les reptiles, lorsqu'au début de la gastrulation le feuillet interne (paraderme de KUPFFER ou endoderme vitellin) s'est ébauché suivant le processus que nous avons décrit ailleurs, la lèvre antérieure du blastopore émet une invagination tubulaire, dirigée en avant qui, notamment chez le gecko, atteint une longueur importante et s'insinue entre le feuillet externe et le feuillet interne primaire qu'elle sépare l'un de l'autre (fig. 132 A et B). A droite et à gauche de l'invagination tubulaire partent, ainsi que le montrent les coupes transversales, de minces lames cellulaires, pleines, qui représentent la première ébauche des feuillets moyens (fig. 134 A). Les différents auteurs, et particulièrement WILL, à qui nous devons de précieux renseignements sur la formation des feuillets germinatifs chez les Reptiles, désignent l'invagination tubulaire sous le nom de cœlentéron. Elle correspond manifestement à la formation qui apparaît transitoirement dans le cours du développement chez les mammifères et qui porte le nom de canal cordal. De même que chez les mammifères le canal cordal est interposé entre le feuillet externe et le lécithophore (VAN BENEDEN), de même, chez les reptiles, l'invagination tubulaire est interposée entre le feuillet externe et le paraderme ou feuillet vitellin et donne naissance, selon ses bords latéraux, au feuillet moyen, sous la forme de deux lames cellulaires.

Mais l'identité de ces deux formations est surtout démontrée à l'évidence par la suite du développement. De même que chez les mammifères, le canal cordal s'ouvre dans la cavité de la vésicule blastodermique, de même chez les reptiles l'invagination tubulaire, considérée comme représentant le cœlentéron, s'ouvre dans l'espace compris entre le vitellus et le feuillet vitellin. D'après les recherches de WILL, la paroi inférieure de l'invagination tubulaire se soude avec le feuillet vitellin sous-jacent. Ensuite il se produit çà et là, dans ces lames cellulaires soudées, des déchirures et des perforations, qui finissent par se confondre en une fente,

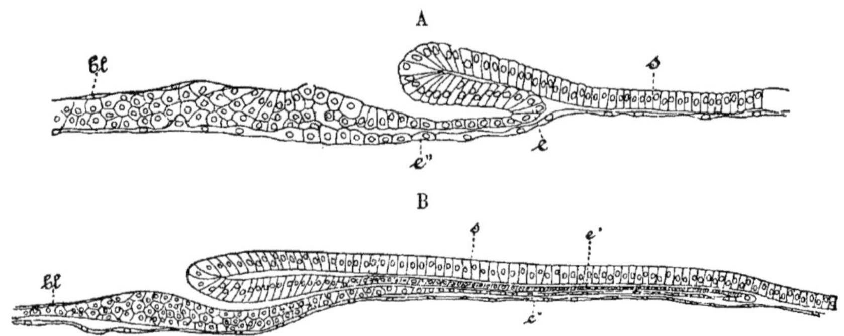

Fig. 132 A. — *Coupe longitudinale et médiane d'un embryon de Gecko* (Platydactylus mauritanicus), dont l'invagination du cœlentéron est déjà dirigée en avant, d'après WILL.
s, feuillet externe de l'écusson embryonnaire ; *bl*, feuillet externe de l'aire opaque ; *e'*, feuillet du cœlentéron ; *e''*, feuillet vitellin.

Fig. 132 B. — *Coupe longitudinale et médiane d'un embryon de Gecko au stade gastrula*, d'après WILL. Comparer avec la figure 132 A.

qui fait communiquer le tube, dans toute sa longueur, avec l'espace sous-jacent au feuillet vitellin. Ce n'est qu'à l'extrémité postérieure qu'il persiste un reste du tube, constituant le canal neurentérique de KUPFFER (fig. 133).

A mon avis, ces dispositions remarquables des reptiles s'expliquent de la même façon que le canal cordal des mammifères. Après qu'au début de la gastrulation le feuillet interne (para-

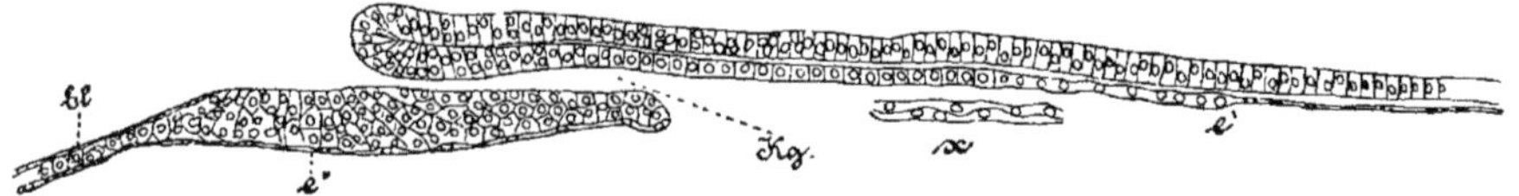

Fig. 133. — *Coupe médiane et longitudinale d'un embryon de Gecko, dont le cœlentéron (canal cordal) est en train de s'ouvrir*, d'après WILL.
kg, canal de KUPFFER ; en *x* se trouve un reste, destiné à disparaître, de la paroi inférieure du canal cordal unie à un fragment du feuillet vitellin sous-jacent. Pour les autres lettres, voir l'explication de la figure 132 A.

derme, feuillet vitellin) s'est formé, à partir du bord du blastopore les feuillets moyens pénètrent, en se développant, entre le feuillet externe et le feuillet interne. En outre, non seulement les bords des lèvres du blastopore, mais aussi les bords des replis cœlentériques se soudent; il en résulte que de la cavité du cœlentéron primitivement formée et interposée entre le vitellus et le feuillet vitellin, se sépare une partie étroite et tubulaire, d'où partent latéralement les feuillets moyens. De même que dans le sac conjonctival les bords des paupières se soudent transitoirement pour se séparer de nouveau dans la suite du développement, de même les replis cœlentériques soudés se séparent de nouveau plus tard, ce qui fait que les deux parties du cœlentéron, séparées au début, se réunissent plus tard en une cavité unique.

Divers auteurs (WENKEBACH, KEIBEL) ont fait ressortir déjà que chez les reptiles et les mammifères la gastrulation s'accomplit en deux temps. Cette manière de voir permet aussi de s'expliquer très bien les phénomènes; seulement je dois ajouter que les choses se passent aussi de même chez les poissons, les amphibiens et les oiseaux. Dans la première phase de la gastrulation, à la lèvre du blastopore s'invagine le feuillet interne primaire, qui est surtout destiné à tapisser la cavité de l'intestin céphalique, dans l'étendue duquel le germe reste très longtemps constitué par deux feuillets seulement. Dans la seconde phase, les éléments cellulaires, qui se développent de dehors en dedans selon les lèvres du blastopore devenues plus étendues, fournissent le feuillet moyen. De cette façon, si nous faisons abstraction de l'Amphioxus, la marche des processus que, pour des considérations d'ordre didactique, nous avons décrits séparément dans le cinquième et dans le sixième chapitre de ce traité, prouve qu'en réalité ils ne sont pas nettement distincts les uns des autres, mais qu'ils se rattachent très intimement les uns aux autres. Le développement des feuillets moyens nous montre

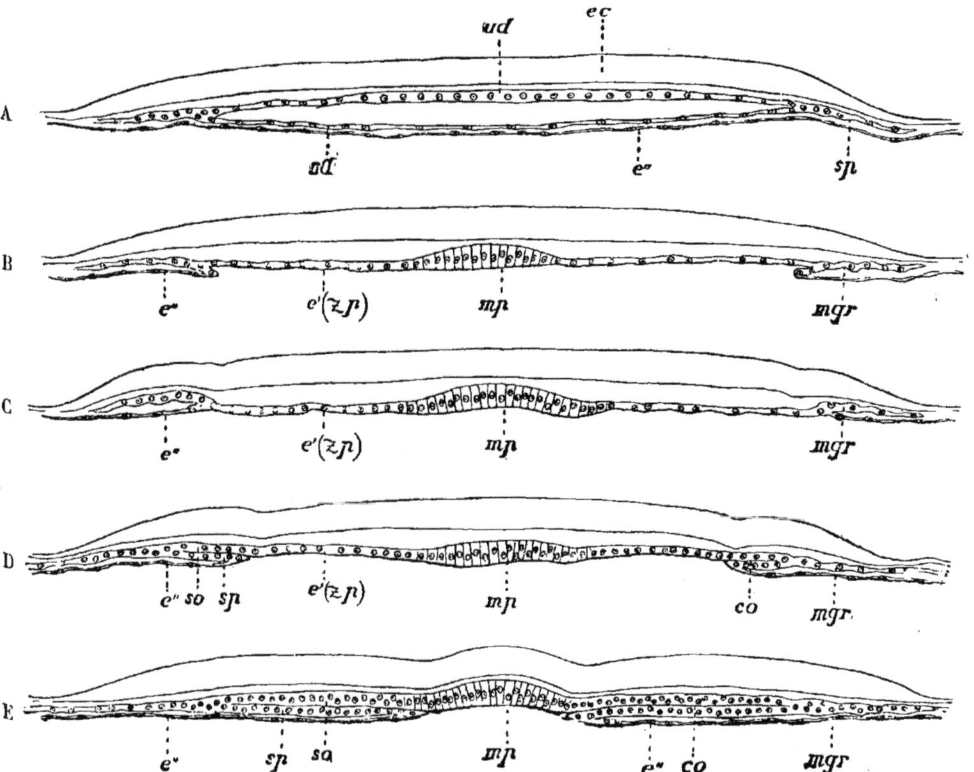

Fig. 134 A à E. — *Coupes transversales pratiquées à travers la région antérieure du cœlentéron chez des embryons de Gecko de cinq stades différents du développement,* d'après Will.

ec, feuillet externe; *ud*, paroi dorsale et *vd*, paroi ventrale du cœlentéron; *e''*, feuillet vitellin de l'endoderme; *sp*, lame latérale, pleine, du cœlentéron : cette lame représente la première ébauche du mésoderme gastral; *mp*, ébauche de la corde dorsale; *e'*, (*zp*), lame intermédiaire de la paroi dorsale du cœlentéron; *mgr*, feuillet moyen; *so*, feuillet pariétal et *sp*, feuillet viscéral du mésoderme; *co*, fente cœlomique.

qu'il n'est qu'une seconde phase de la gastrulation ou une continuation de ce phénomène et qu'il consiste en une nouvelle invagination de masses cellulaires, qui s'accomplit au niveau des bords du blastopore.

Le développement des reptiles nous permet encore de faire une autre constatation. Chez les mammifères, après que le canal cordal s'est ouvert, les bords des replis cœlentériques sont situés aux deux côtés de l'ébauche de la corde dorsale, comme c'est le cas aussi chez les amphibiens. Chez les reptiles, au contraire, lorsque s'est effectuée la résorption du plancher du canal cordal, les bords des replis cœlentériques sont beaucoup plus éloignés l'un de l'autre (fig. 134 B, C, D). Alors, l'ébauche de la corde dorsale (*mp*), formée par des cellules cylindriques, se continue à droite et à gauche avec une assise de cellules endodermiques aplaties, que Will appelle la lame intermédiaire (*e'zp*) de la paroi dorsale du cœlentéron. C'est alors seulement qu'apparaissent les replis cœlentériques (*e''*), qui indiquent la région où l'ébauche de l'embryon commence à être constituée par trois feuillets, tandis que dans l'étendue de l'ébauche de la corde dorsale et de la lame intermédiaire, elle ne consiste qu'en deux feuillets germinatifs. Dans le cours ultérieur du développement, les deux replis cœlentériques s'accroissent vers le plan médian de l'embryon, en se rapprochant l'un de l'autre au-dessous des lames intermédiaires, jusqu'à ce qu'ils finissent par atteindre les bords latéraux de l'ébauche de la corde dorsale (fig. 134 E). Grâce à « *cet accroissement au-dessous des lames intermédiaires* », les deux feuillets moyens se sont fortement développés de dehors en dedans et constituent, à droite et à gauche, une large bande. Chaque lame intermédiaire est devenue le feuillet fibro-cutané ou feuillet pariétal du mésoderme, en même temps que l'assise cellulaire qui constitue la lamelle supérieure du repli cœlentérique est devenue, en s'accroissant, le feuillet fibro-intestinal ou feuillet viscéral du mésoderme. « Entre ces deux feuillets existe une fente cœlomique, qui représente en fait une partie différenciée de la cavité du cœlentéron ». Plus tard, aux deux côtés de l'ébauche de la corde dorsale, il s'accomplit aussi, chez les reptiles, les mêmes phénomènes d'étranglement et de fusionnement qui se produisent, comme nous l'avons vu précédemment, chez l'Amphioxus et les amphibiens.

Par les recherches dont nous venons d'indiquer les résultats, Will ainsi que d'autres auteurs (particulièrement Mitsukuri), qui se sont occupés de l'étude du développement des reptiles, ont fourni un nouvel et précieux ensemble de faits en faveur de la théorie que j'ai défendue, à savoir « que les sacs cœlomiques doivent être considérés comme des parties de la cavité du cœlentéron ». La description que donne Will du mode de formation du cœlome est sans doute un peu différente de ma propre description. Mais le fait, qu'il signale, que les bords des replis cœlentériques sont largement écartés l'un de l'autre, ne s'applique, même en ce qui concerne les reptiles, qu'à la partie la plus antérieure de l'ébauche de l'embryon ; du moins ses figures et ses descriptions ne se rapportent qu'à cette région. Au voisinage du sillon primitif ainsi que dans son étendue, les dispositions sont un peu différentes.

Annexe a la théorie du cœlome.

En dépit des critiques formulées par Sedgwick Minot dans son *Traité d'Embryologie*, je maintiens que l'interprétation que j'ai défendue du développement du feuillet moyen est d'accord avec les faits objectifs qui ont été constatés. Je tiens, en effet, pour un fait certain : 1° que les masses cellulaires qui fournissent le mésoblaste procèdent du bord du blastopore et s'insinuent, en s'accroissant, entre les deux feuillets germinatifs primordiaux ; 2° que, lorsque le blastopore se ferme d'avant en arrière, elles conservent, aux deux côtés de l'ébauche de la corde dorsale, leur union primitive avec les parties voisines. Il est donc inexact de dire avec Sedgwick Minot, que les sillons paracordaux sont des *formations qui n'ont rien d'essentiel*. En effet, on les trouve dans toutes les classes de vertébrés, ce qui suffit à en démontrer l'importance.

Le fait que, sauf chez l'Amphioxus, l'ébauche du feuillet moyen ne contient pas de cavité dès sa première origine, ne peut nullement, si l'on s'en réfère aux considérations que nous avons exposées plus haut, servir d'argument contre la théorie que nous défendons, à savoir que le cœlome des vertébrés est, par son mode de formation, un entérocèle.

La théorie de Sedgwick Minot, qui considère l'ébauche du feuillet moyen, non pas comme paire dès le début, mais comme unique et impaire, me semble en contradiction avec la théorie de la concrescence du blastopore qu'il a lui-même adoptée (voir § suivant).

2. — Théorie du blastopore.

Le blastopore est un organe qui joue un rôle extrêmement important dans l'histoire du développement des vertébrés. C'est en effet dans son pourtour immédiat que s'accomplissent de nombreux processus, qui ont une valeur fondamentale au point de vue de la conformation générale du corps du vertébré. On comprend donc qu'il faille consacrer à l'étude détaillée de cette formation un paragraphe spécial. Nous l'intitulons « Théorie du blastopore » parce que c'est de l'interprétation de la première origine du blastopore et, en particulier, des transformations qu'il subit au cours de son développement, dans les différentes classes de vertébrés, que dépend la solution rationnelle de toute une série d'autres problèmes que soulève le développement des vertébrés.

En raison des particularités que présente le développement du blastopore et qui ressortiront de la description qui va suivre, il y a lieu de diviser les vertébrés en quatre groupes, pour exposer la théorie du blastopore. Un premier groupe est formé par l'Amphioxus, les cyclostomes, les amphibiens, etc.; un second groupe, par les sélaciens et les téléostéens; un troisième, par les reptiles et les oiseaux, et le quatrième, enfin, par les mammifères.

1er Groupe. — Amphioxus, Cyclostomes, Amphibiens, etc.

C'est seulement dans le cours du développement de l'amphioxus, des cyclostomes et des amphibiens que l'on distingue avec netteté la présence d'un orifice, au niveau duquel s'est invaginé le feuillet germinatif interne et par lequel la cavité du cœlentéron, formée par invagination, reste encore en communication avec l'extérieur. Chez tous les autres vertébrés, seules une étude minutieuse, une comparaison et une interprétation des faits permettent d'établir l'existence de formations correspondant au blastopore de l'Amphioxus, des cyclostomes et des amphibiens. On comprend donc que ce sont les faits observés dans ce premier groupe de vertébrés qui doivent servir de base à la théorie du blastopore.

Chez l'Amphioxus, la gastrula, au début de son développement, a la forme d'un plat ovalaire, et le blastopore est à peu près ovalaire. La gastrula est beaucoup plus aplatie alors que ne le montre la figure 135, qui correspond à un stade plus avancé de son développement. Nous pouvons nous représenter la forme primitive de la gastrula et le périmètre primitif du blastopore, si nous supposons que dans la figure 135, toute la partie de la paroi comprise entre le point marqué d'une + et le bord du blastopore n'existe pas et que le feuillet externe se continue avec le feuillet interne au niveau même de cette croix.

A partir de ce stade initial, le blastopore se rétrécit de plus en plus, pour finir par ne plus constituer qu'un très petit orifice, à peine visible. C'est sous cette forme qu'il se maintient très longtemps et qu'il siège à l'extrémité postérieure de l'embryon, pendant que ce dernier s'allonge de plus en plus. Là, il s'ouvre d'abord librement à la face dorsale de l'embryon, pour finir par se trouver logé, sous la forme de canal neurentérique, à l'extrémité postérieure du tube médullaire (fig. 96, *cn*, voir p. 138).

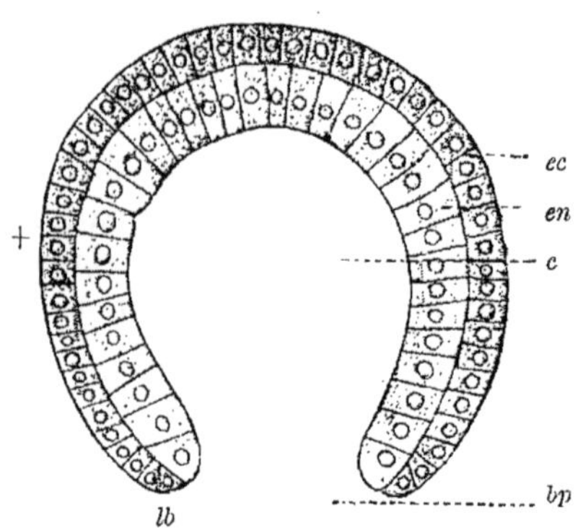

Fig. 135. — *Gastrula de l'Amphioxus lanceolatus*, d'après HATSCHEK.
ec, feuillet germinatif externe; *en*, feuillet germinatif interne; *c*, intestin primitif ou cœlentéron; *bp*, bouche primitive ou blastopore; *lb*, lèvre antérieure du blastopore; + point où se trouvait le bord du blastopore, à un stade plus reculé du développement.

Depuis plusieurs années on discute vivement la question de savoir comment s'effectue le rétrécissement ou la fermeture du blastopore. Il s'agit de décider s'il se produit concentriquement ou excentriquement.

Le rétrécissement serait concentrique si le bord du blastopore se rapprochait uniformément sur tout son périmètre, de telle sorte que le petit orifice qu'il constitue plus tard correspondrait à peu près au centre de l'espace que le bord du blastopore délimitait primitivement. On peut, au contraire, se représenter de la manière suivante *un mode de fermeture excentrique du blastopore* :

Le large blastopore commencerait à se rétrécir à partir d'un point bien déterminé, correspondant à l'extrémité céphalique de l'embryon futur. A partir de ce point, les cellules situées à droite et à gauche, au bord du blastopore, c'est-à-dire au niveau de la continuité entre le feuillet externe et le feuillet interne, se rapprocheraient successivement, de façon à s'unir progressivement suivant une ligne correspondant au plan médian de l'embryon. Il en résulterait que le blastopore se fermerait peu à peu d'avant en arrière, sauf en un point qui répondrait à son extrémité postérieure ou caudale.

De cette façon, la partie de la paroi de la gastrula, comprise entre la croix + et les lettres *lb* dans la figure 135 par exemple, se serait néoformée par soudure des lèvres du blastopore, de même que toute la partie comprise, dans la figure 96, entre les lettres *sp'* et *cn*. Grâce à cette fermeture progressive du blastopore, d'avant en arrière, se formerait toute la région dorsale de l'embryon, aux dépens de laquelle se développent plus tard la corde dorsale, le tube médullaire et les segments primordiaux.

On comprend que, selon que l'on admet une fermeture concentrique ou une fermeture excentrique du blastopore, l'orientation des axes de la gastrula par rapport aux futurs axes principaux de l'embryon vermiforme est tout à fait différente.

Dans sa monographie du développement de l'Amphioxus, publiée en 1881, Hatschek s'est prononcé pour la fermeture excentrique du blastopore et l'a décrite comme nous venons de l'exposer. On a récemment fait des objections à l'interprétation de Hatschek et l'on a soutenu notamment (Sobotta et autres) qu'il n'avait apporté aucune preuve convaincante de sa manière de voir. C'est exact. Mais j'estime que cette preuve ne pourrait être fournie par l'étude du développement de l'Amphioxus. Néanmoins je tiens la description donnée par Hatschek pour absolument exacte, d'une part, parce que la preuve que l'on exige peut être fournie par l'étude des amphibiens et, d'autre part, parce que ce n'est qu'en admettant la théorie du blastopore que l'on peut parvenir à comprendre et à expliquer une foule de faits que l'on constate dans le développement de toutes les classes des vertébrés.

On peut prouver par deux voies différentes que, chez les amphibiens, le blastopore se ferme par soudure progressive et excentrique de ses lèvres, s'effectuant d'avant en arrière, et que cette soudure se produit dans la région dorsale de l'embryon.

Première preuve. — Aussitôt après les avoir fécondés, on dépose des œufs de grenouille sur une lame de verre horizontale : ils ne tardent pas à y prendre une position normale, l'hémisphère vitellin, c'est-à-dire l'hémisphère blanc tourné vers le bas en raison même de sa pesanteur. Ces œufs sont ensuite et avec précaution comprimés légèrement en apposant sur eux une seconde lame de verre, qui en même temps les fixe dans leur position : cette manipulation n'empêche nullement ces œufs de continuer à se développer, pourvu que l'on procède avec quelque précaution.

Sur un œuf ainsi fixé entre deux lames de verre on peut suivre d'une façon continue le développement du blastopore, à partir de sa toute première apparition : pour cela, on tourne de temps en temps vers le haut la face de l'œuf dirigée vers le bas, face sur laquelle s'accomplissent les processus du développement que l'on désire suivre et que l'on étudie sous le microscope. On peut aussi, avec de l'encre de Chine, tracer des marques sur la lame de verre, afin de reconnaître la situation primitive du blastopore et les changements qu'elle éprouve dans la suite du développement.

On constate alors que l'invagination débute en un petit point de la face inférieure de l'œuf, dans l'étendue de la zone marginale de Götte, c'est-à-dire là où, chez Rana fusca, le champ vitellin clair se continue progressivement avec la partie pigmentée, plus étendue, de la surface de l'œuf. On voit un petit sillon, en forme de croissant et pigmenté de noir (fig. 136, C, *u*); il indique l'extrémité antérieure du blastopore et en même temps l'extrémité céphalique de l'œuf. C'est, en effet, à très peu de distance en avant de ce sillon, ainsi qu'il est aisé de s'en assurer sur les œufs fixés entre deux lamelles de verre, que se forme le bourrelet cérébral antérieur, transversal, dans le cours ultérieur du développement (fig. 136, B). Une ligne, menée perpendiculairement au sillon en forme de croissant, correspond à peu près à l'axe longitudinal de l'embryon futur.

A partir du point où elle a commencé à se former, l'invagination en forme de sillon s'étend à droite et à gauche en prenant la forme d'un arc qui occupe la zone marginale de Götte et entoure le champ vitellin (fig. 136, A). Elle ne tarde pas à acquérir la forme caractéristique d'un fer à cheval. Pendant que les extrémités libres du fer à cheval continuent à s'accroître en arrière par extension progressive de l'invagination, la partie moyenne du sillon, qui s'est formée la première, change de position. Le bord suivant lequel se fait la continuité entre le feuillet externe et le feuillet interne et qui est indiqué par une ligne pigmentée, ou, en d'autres termes, la lèvre antérieure du blastopore s'accroît progressivement d'avant en arrière, au-dessus du champ vitellin blanc. En même temps les extrémités de la gouttière en fer à cheval gagnent aussi de plus en plus en arrière et elles finissent par se rejoindre au bord postérieur du champ vitellin, vis-à-vis du point où avait pris naissance le premier sillon blastoporal : le fer à cheval se trouve alors transformé en un anneau. Au début, cet anneau est encore large, ce qui fait que de l'extérieur on peut voir une partie assez étendue du champ vitellin, constituant un bouchon de Rusconi. Plus tard l'anneau se rétrécit de plus en plus, en recouvrant progressivement, d'avant en arrière, le champ vitellin (fig. 136, D) et il finit par se trouver transformé en une fente à peine visible (fig. 136, B), qui est située dans l'axe longitudinal de l'embryon, près de son extrémité postérieure.

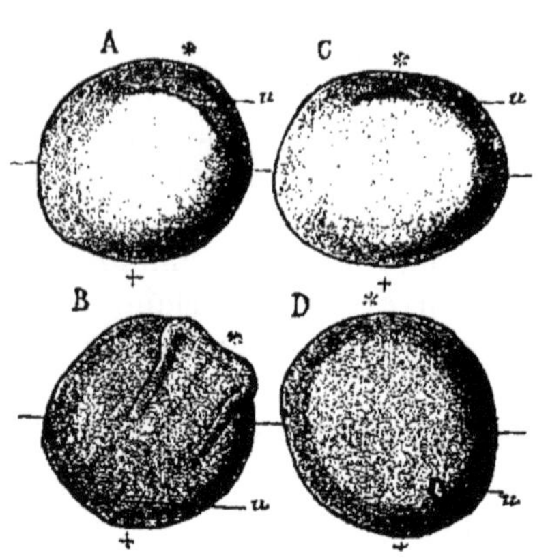

Fig. 136. — *Deux œufs de grenouille à deux stades différents du développement* (A et C, au début de la gastrulation; B et D, à la fin de la gastrulation). Ces œufs ont été comprimés entre deux lamelles de verre horizontales, aussitôt après avoir été fécondés; de cette façon, ils ont été fixés dans leur position.
B, stade plus avancé de l'œuf A; D, stade plus avancé de l'œuf C; *u*, blastopore; *, extrémité céphalique; +, extrémité postérieure future de l'œuf.

Le processus que nous venons de décrire s'accomplit plus ou moins rapidement, selon la température de l'eau; il peut être achevé en vingt-quatre heures ou en plusieurs jours. A tout point de vue, il s'effectue conformément à ce que nous avons décrit plus haut sous le nom de fermeture excentrique du blastopore. Ainsi qu'on peut s'en assurer en faisant des observations suivies sur un même œuf fixé dans sa position entre deux lamelles de verre horizontales, le blastopore, qui commence à se former au point qui deviendra plus tard l'extrémité céphalique de l'œuf (fig. 136, A, C*), gagne progressivement le bord opposé, en se déplaçant peu à peu sur toute la face inférieure de l'œuf et finit ainsi par se trouver situé à l'extrémité postérieure future de l'embryon (fig. 136, B et D +). Par suite de la soudure progressive des bords latéraux du blastopore au-dessus du champ vitellin, ce dernier se trouve logé à l'intérieur du cœlentéron : il constitue, au-dessus de la cavité du cœlentéron, cette partie de la paroi de la gastrula qui devient la face dorsale de l'embryon. C'est là, en effet, que se forment les bourrelets médullaires, comme on peut s'en assurer si l'on continue à observer les œufs fixés dans leur position (fig. 136, B).

Certains faits importants que nous montre le développement des amphibiens prouvent encore que la fermeture excentrique du blastopore s'effectue par soudure progressive des lèvres du blastopore suivant une ligne correspondant à l'axe longitudinal de l'embryon.

En examinant l'œuf extérieurement, on est déjà frappé de constater, sur la future face dorsale, à un moment où le blastopore se trouve fermé et réduit à l'état d'une petite fente longitudinale et avant que les bourrelets médullaires n'apparaissent encore nettement, la présence d'un sillon étendu d'avant en arrière jusqu'au reste du blastopore : c'est le soi-disant *sillon dorsal* (fig. 136, B). A mon avis, il représente l'endroit où s'est accomplie, d'avant en arrière, la suture du blastopore et sa présence s'explique par ce phénomène lui-même. C'est seulement le long du sillon dorsal que la paroi dorsale de la gastrula n'est formée que par deux feuillets cellulaires, le feuillet externe et le feuillet interne, ce dernier constituant l'ébauche de la corde dorsale (voir fig. 105, p. 145 et 147).

Mais plus importantes encore sont les données fournies par l'étude de coupes transversales sériées pratiquées dans l'étendue du sillon dorsal, en avant du blastopore encore ouvert. A ce niveau, sur des œufs arrivés à des stades très divers du développement, on constate que *dans l'étendue du sillon dorsal, les deux feuillets sont soudés l'un avec l'autre*. L'image que l'on obtient répond parfaitement à la théorie de la soudure des lèvres du blastopore. Que cette soudure n'existe toujours que sur une petite étendue, immédiatement en avant du reste du blastopore, et qu'on ne la trouve jamais dans toute la longueur du sillon dorsal, c'est là un fait qui ne surprendra pas ceux qui ont étudié, dans ses détails, le processus de soudure qui s'accomplit dans d'autres organes très divers, tels que le tube médullaire, l'amnios, etc. En effet, on sait que le fusionnement des bords de replis est généralement suivi, d'une façon plus ou moins immédiate, de la séparation des couches interne et externe de ces replis. (Comparer à ce sujet p. 108.)

Seconde preuve. — La seconde preuve, qui nous est fournie par certaines recherches expérimentales sur le développement des amphibiens, est plus importante encore que la première. Par certaines manipulations opératoires que l'on fait subir aux œufs de grenouille, on peut parvenir à obtenir qu'une partie seulement de la gastrulation, l'invagination des matériaux cellulaires, s'effectue, tandis que la fermeture excentrique du blastopore ne s'effectue pas ou ne s'effectue que partiellement. Dans ces conditions, les bords du blastopore forment un grand anneau, qui entoure le champ vitellin tout entier, lequel forme alors, pour ainsi dire, un énorme bouchon vitellin de Rusconi, visible extérieurement. En dépit de l'absence de fermeture du blastopore, qui a pour conséquence que toute la région dorsale de l'embryon ne se forme pas, les processus de différenciation, qui auraient déterminé la formation du dos de l'embryon par soudure des lèvres du blastopore, continuent à se produire dans les éléments cellulaires qui constituent ces lèvres. Seulement il ne se forme alors, dans la moitié droite et la moitié gauche de l'anneau blastoporal, qu'une demi-plaque médullaire, une demi-ébauche de la corde dorsale et une série de segments primordiaux, dont le mode de développement ne sera exposé que dans notre chapitre huitième.

Les figures 137 et 138 représentent une de ces malformations, qui démontrent d'une façon si décisive l'exactitude de la théorie du blasto-

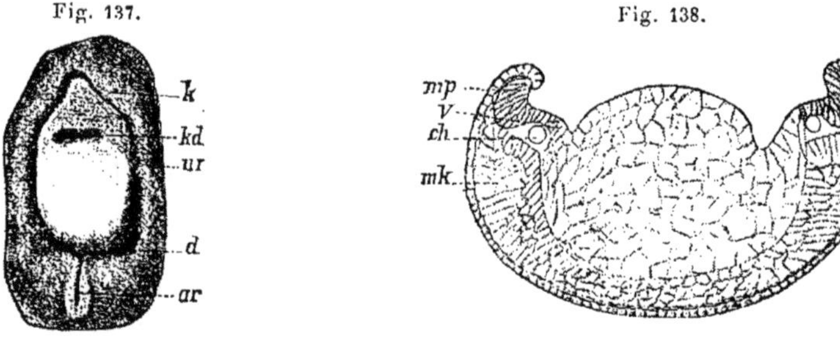

Fig. 137. — *Embryon de grenouille malformé, pourvu d'une très large fente blastoporale et vu par sa face dorsale.*
k, tête; *kd*, orifice d'entrée de la cavité de l'intestin céphalique; *ur*, lèvre du blastopore; *ar*, gouttière anale; *d*, orifice conduisant dans l'intestin terminal.

Fig. 138. — *Coupe transversale pratiquée à travers le tiers postérieur du tronc de l'embryon représenté figure 137.*
mp, plaque médullaire; *v*, point de continuité entre la plaque médullaire et le vitellus; *ch*, corde dorsale; *mk*, feuillet moyen.

pore. Des malformations de ce genre se rencontrent d'ailleurs aussi parfois dans des amas d'œufs de grenouille pondus librement. La figure 137 nous représente une vue d'ensemble de l'embryon malformé. L'embryon affecte la forme d'un plat ovalaire et aplati et l'on peut distinguer nettement son extrémité céphalique (*k*) et son extrémité caudale (*ar*). A l'extrémité céphalique, s'est formée la partie antérieure des plaques cérébrales, entourées par d'épais bourrelets médullaires : au bord postérieur de ces plaques se trouve une dépression, qui conduit dans la cavité de l'intestin céphalique (*kd*). En arrière, toute la région dorsale est ouverte par une large fente, qui permet de voir de l'extérieur le vitellus de nutrition. Le gros bouchon vitellin, qui remplit le blastopore resté ouvert, est entouré de toutes parts par la lèvre du blastopore (*ur*), qui prolonge en arrière les bourrelets cérébraux et est elle-même fortement épaissie, parce qu'elle s'est déjà différenciée en différents organes. En effet, ainsi que nous l'apprend la coupe transversale (fig. 138), qui est pratiquée à peu près au milieu de la longueur de l'embryon représenté par la figure 137, la lèvre du blastopore se trouve déjà à un stade assez avancé du développement embryonnaire; elle s'est différenciée en une demi-plaque médullaire (*mp*), une corde dorsale (*ch*), un feuillet moyen (*mk*) et des segments primordiaux.

Un autre fait qui plaide encore en faveur de notre théorie du blastopore, c'est que des malformations, telles que celles que représentent les fig. 137 et 138 et qui nous montrent cette énorme fente blastoporale, peuvent encore se transformer plus tard en embryons à peu près normaux. Dans la suite du développement, leurs demi-organes séparés peuvent se rapprocher, au-dessus du champ vitellin, de dehors en dedans, vers le plan médian, tout comme cela se passe pour les lèvres du blastopore dans le cours normal du développement; ils peuvent alors se souder progressivement d'avant en arrière : la moitié gauche de la moelle épinière s'unissant à sa moitié droite, la moitié gauche de la corde dorsale s'unissant à la moitié droite de cet organe.

Des malformations de ce genre n'ont pas seulement été observées chez la grenouille, mais encore chez des poissons (truites) et chez des vertébrés supérieurs (poulets); on en rencontre même parfois chez l'homme, où on les désigne sous le nom de *spina bifida*. Elles sont d'autant plus intéressantes que, comme nous l'avons démontré plus haut, elles sont la conséquence d'un arrêt de développement de l'un des organes les plus anciens et les plus primitifs des vertébrés : le blastopore. Elles résultent de l'absence de fermeture normale de cet organe.

La théorie du blastopore permet aussi de s'expliquer très simplement une distinction, que nous avions signalée dans notre chapitre sixième et relative au mésoderme. Nous avons, selon les rapports immédiats qu'il présente avec les organes voisins dans les premiers stades de son développement, divisé le feuillet moyen en deux parties, que nous désignions avec Rabl sous les noms de *mésoblaste gastral et mésoblaste péristomal*. Le mésoblaste gastral siège aux deux côtés de la corde dorsale (fig. 105); le mésoblaste péristomal, au pourtour de la partie, restée ouverte, du blastopore (fig. 106).

La théorie du blastopore nous apprend que cette distinction est d'ordre purement topographique et n'existe qu'à certains stades du développement, mais qu'elle n'a nullement une importance génésique. En effet, si l'ébauche de la corde dorsale se forme suivant la ligne de fusionnement des lèvres du blastopore, le mésoderme qui se trouve sur les côtés de l'ébauche de la corde dorsale se forme aussi par invagination le long des lèvres du blastopore, à une époque du développement où ces lèvres ne sont pas encore soudées suivant leur ligne de fusionnement. Toute la partie du mésoderme qui, aux stades plus avancés du développement, peut, d'après l'expression de RABL et conformément à sa situation topographique, être appelée mésoblaste gastral, était aussi du mésoblaste péristomal aux stades plus reculés de l'ontogenèse, et il n'est devenu gastral qu'à la suite du processus de fusionnement des lèvres du blastopore. En un mot : chez les vertébrés le feuillet moyen se forme tout entier par invagination au voisinage des lèvres du blastopore.

2e GROUPE. — SÉLACIENS ET TÉLÉOSTÉENS.

Par suite de la différenciation de l'œuf en une partie cellulaire et en une partie non cellulaire, c'est-à-dire en un disque germinatif et en vitellus, le cours de la formation du blastopore s'est modifié et a pris des caractères particuliers chez les sélaciens et les téléostéens. Il en résulte qu'il devient difficile de le comparer au mode de formation du blastopore chez l'Amphioxus et les amphibiens. Je pense néanmoins que, chez les sélaciens et les téléostéens, on peut aussi reconnaître tous les rapports fondamentaux que le blastopore présente avec son voisinage et qui sont caractéristiques des vertébrés. On peut rattacher le développement du blastopore et des parties voisines, tel qu'il s'accomplit chez les sélaciens et les téléostéens, aux processus que nous venons d'exposer chez les amphibiens et l'Amphioxus.

Chez les sélaciens et les téléostéens, — et c'est un caractère particulier qui leur est propre, — le blastopore se forme au point où la partie cellulaire de l'œuf se continue avec sa partie non cellulaire. Le bord du disque germinatif de l'œuf de ces vertébrés est donc comparable à la zone marginale de l'œuf des amphibiens. Comme cela se passe

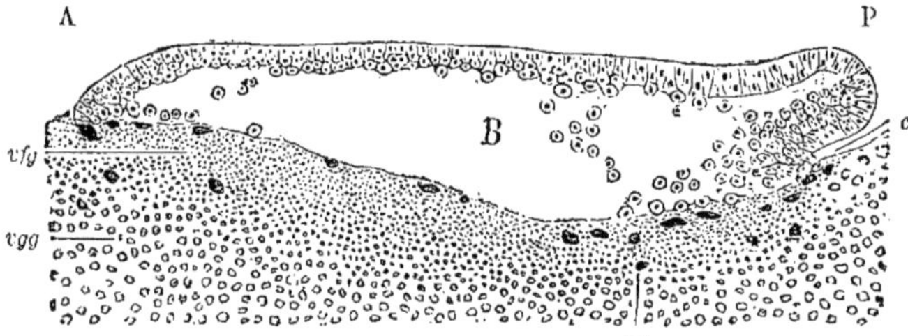

Fig. 139. — *Coupe longitudinale et médiane du disque germinatif de Pristiurus, au début du stade gastrula d'après* RÜCKERT.

c, première ébauche du cœlentéron ; B, cavité de segmentation ou de la vésicule blastodermique ; *nv*, noyaux vitellins ; *vfg*, vitellus finement granuleux ; *vgg*, vitellus grossièrement granuleux ; A, bord antérieur, et P, bord postérieur du disque germinatif.

dans la zone marginale de l'œuf des amphibiens, chez les sélaciens l'invagination débute en un point restreint du bord du disque germinatif (fig. 139, c), pour s'étendre ensuite lentement, à partir de ce point, à droite et à gauche. Le rebord, suivant lequel le feuillet externe se recourbe pour se continuer avec le feuillet interne, correspond à la lèvre antérieure du blastopore de l'œuf des amphibiens (fig. 140, *ld*). Immédiatement en avant, le feuillet externe s'épaissit pour constituer l'ébauche du bourrelet cérébral antérieur, transversal, qui constitue un point de comparaison relativement fixe et qui désigne l'extrémité céphalique de l'embryon, à une période déjà reculée du développement (fig. 136, B).

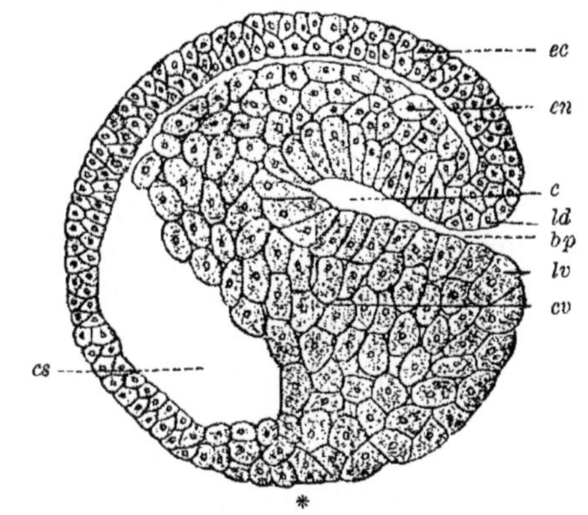

Fig. 140. — *Coupe longitudinale et médiane d'un œuf de triton, au début de la gastrulation.*

ec, feuillet externe; *en*, feuillet interne; *cs*, cavité de segmentation; *c*, cœlentéron; *bp*, blastopore; *ld*, lèvre antérieure ou dorsale du blastopore; *lv*, lèvre postérieure ou ventrale du blastopore; *cv*, cellules vitellines.

Selon les phénomènes importants qui s'accomplissent au bord du disque germinatif, il y a lieu d'y distinguer deux régions différentes : l'une, dans l'étendue de laquelle a commencé à s'opérer la formation du blastopore; l'autre, qui possède encore le caractère primitif de la zone marginale de l'œuf des amphibiens. Afin de les désigner plus brièvement, j'ai proposé de donner au premier le nom de *bord du blastopore* et au second, le nom de *bord d'enveloppement*. J'appelle blastopore cette région du bord du disque germinatif, d'abord restreinte mais qui plus tard devient de plus en plus étendue, et au niveau de laquelle s'effectue une invagination d'éléments cellulaires ainsi que la formation des feuillets germinatifs, comme on le constate aussi lors de la gastrulation chez l'Amphioxus et les amphibiens. Au début, les éléments cellulaires invaginés servent à former le feuillet interne et à délimiter la cavité du cœlentéron (fig. 79); plus tard, ils servent à former les feuillets moyens.

Le bord d'enveloppement se distingue du bord du blastopore en ce qu'il ne s'y forme ni invagination, ni feuillets germinatifs. Il ne s'y développe ni feuillet interne, ni feuillet moyen. Les transformations qui s'y accomplissent consistent essentiellement en ce que le bord cellulaire, par suite de la multiplication et de l'aplatissement considérable de ses éléments constitutifs, s'étend sur une partie de plus en plus importante de la masse vitelline indivise, qu'elle recouvre d'un feuillet externe. En outre, et cela surtout chez les sélaciens, il me semble participer à la formation *du tissu du mésenchyme* et fournir probablement aussi les éléments cellulaires appelés à former les vaisseaux sanguins et le sang, qui se montrent d'une façon précoce dans la région antérieure du disque germinatif. Nous reviendrons sur ce sujet dans notre chapitre neuvième.

Afin de mieux comprendre le sujet qui nous occupe, établissons encore une comparaison entre les œufs des poissons et ceux des amphibiens, en étudiant des coupes pratiquées à des stades du développement où la formation du blastopore n'a commencé que depuis peu de temps. Conformément à la manière de voir que je viens d'exprimer, la lèvre antérieure du blastopore (fig. 140, *ld*), que l'on observe sur une coupe d'un œuf de triton au début de la gastrulation, correspond au bord du blastopore du disque germinatif d'un sélacien (fig. 139, P); la masse, encore libre, des cellules vitellines (*cv*), c'est-à-dire le champ vitellin, correspond à la masse vitelline, qui dans l'œuf du poisson n'est pas divisée en cellules et n'est pas encore enveloppée par les feuillets germinatifs; enfin, le point désigné par une étoile (fig. 140*) et au niveau duquel, dans l'œuf des amphibiens, la couche de petites cellules (le ci-devant hémisphère animal de la blastula) se continue avec l'amas des cellules vitellines, en d'autres termes, la zone marginale de Götte, est comparable au bord d'enveloppement des œufs méroblastiques (fig. 139, A).

Dans le cours ultérieur du développement du blastopore, on constate chez les poissons des faits qui concordent parfaitement avec ce que nous avons décrit chez les amphibiens. C'est ainsi que : 1° le bord d'enveloppement se transforme progressivement, d'avant en arrière, en bord du blastopore; 2° que la fermeture du blastopore s'accomplit excentriquement, par soudure des bords ou lèvres du blastopore.

En ce qui concerne le premier de ces deux points, mon opinion diffère de celle de Hans Virchow au sujet de l'époque à laquelle s'effectue l'enveloppement et de la façon dont il s'opère. Tandis que, d'après moi, l'enveloppement n'a lieu que très lentement et progressivement, Virchow soutient que chez les poissons, et particulièrement chez la truite, la formation du blastopore s'effectue au bord antérieur du disque germinatif aussitôt après qu'elle a débuté à son bord postérieur. Il est exact que l'on constate déjà un léger plissement, une légère inflexion du bord antérieur du disque germinatif, alors que ce dernier est encore relativement petit et jeune. Mais cette inflexion n'est que très minime et n'est pas comparable aux processus qui s'accomplissent au bord postérieur. C'est ce que prouvent manifestement les coupes sagittales pratiquées à travers des disques germinatifs, qui sont plus développés que ceux au bord antérieur desquels aurait, d'après Virchow, commencé la formation du blastopore.

Sur une coupe sagittale (fig. 141) du disque germinatif d'un œuf de truite, on constate une différence très marquée entre le bord postérieur et le bord antérieur du disque, entre la région postérieure et la région antérieure de ce disque. Au bord postérieur (P), il existe une invagination réelle, au niveau de laquelle le feuillet externe (*ec*) se recourbe pour se continuer avec le feuillet inférieur (*en+mes*), qui est bien développé et nettement distinct du feuillet externe. Le bord antérieur (*be*) est, il est vrai, un peu épaissi, mais on n'y voit pas de second feuillet entre le feuillet externe et le vitellus. S'il avait existé, ainsi que le pense VIRCHOW, une invagination au bord antérieur du disque, à des stades plus reculés du développement, par exemple à l'époque où ce bord n'atteignait encore que le point que j'ai désigné par une croix + sur la figure, il est certain qu'au stade plus avancé, lorsque le disque germinatif a pris plus d'extension, on devrait trouver le feuillet formé par invagination dans l'étendue du disque comprise entre la croix et le bord antérieur. Or, ce feuillet n'existe pas sur notre préparation, mais il fait même encore défaut dans des disques germinatifs plus avancés au point où siège dans notre figure 141 le bord antérieur légèrement épaissi. Par conséquent, à ce stade il ne s'y est pas encore formé de second feuillet germinatif par invagination. Le vitellus n'est revêtu que par le feuillet externe au niveau du bord antérieur du disque germinatif. C'est seulement lorsque l'enveloppement du vitellus est presque complet, et que le bord antérieur primitif du disque a presque rejoint l'extrémité postérieure du corps de l'embryon, qui sur ces entrefaites est déjà très développé, que la constitution du bord d'enveloppement se modifie (fig. 142, E'). A ce moment

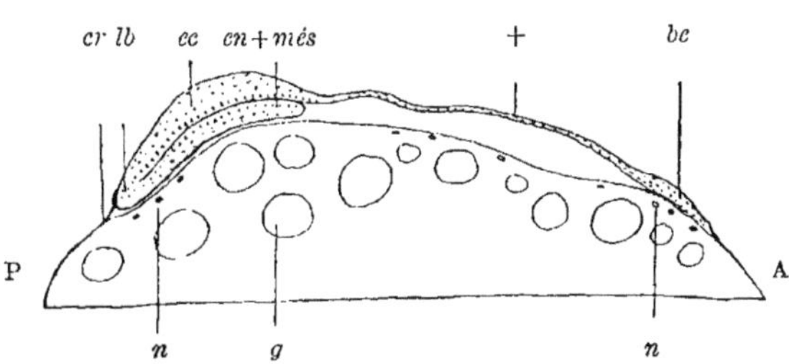

Fig. 141. — *Coupe longitudinale du disque germinatif d'un œuf de salmonide, quelques jours après le début de l'enveloppement du vitellus.*

P, bord postérieur, et A, bord antérieur du disque germinatif; *ee*, feuillet externe; *en+més*, feuillet interne et feuillet moyen; *n*, noyaux du syncytium; *g*, gouttelette d'huile; *lb*, lèvre ou bord du blastopore; *be*, bord d'enveloppement; *cr*, couche de revêtement.

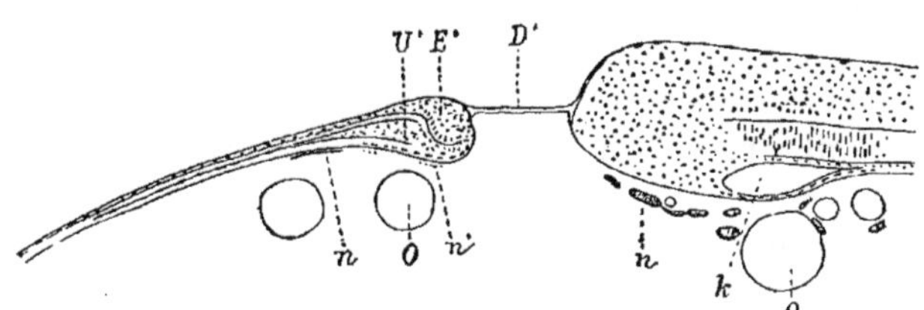

Fig. 142. — *Coupe pratiquée à travers l'extrémité postérieure d'un embryon de salmonide, à la fin de l'enveloppement du vitellus*, d'après VIRCHOW.

E', bord épaissi de la lèvre postérieure du blastopore; U', feuillet interne et feuillet moyen; D', couche de revêtement à la surface du trou vitellin; *n*, noyaux du syncytium; *k*, vésicule de KUPFFER; *o*, gouttelettes d'huile.

seulement, il s'est fortement épaissi (E'); à ce moment seulement, il s'est formé par invagination un autre feuillet germinatif (U'), qui s'étend à la surface du vitellus sur une certaine étendue, en arrière de l'embryon.

En un mot, c'est alors seulement qu'il s'est formé une lèvre postérieure au blastopore, comme c'est le cas chez les amphibiens lorsque le sillon blastoporal en fer à cheval se ferme pour se transformer en un blastopore circulaire. Je prie le lecteur de comparer à ce sujet la figure 142 et la figure 76 (p. 116).

Les dispositions me paraissent être les mêmes chez les sélaciens (fig. 143). Sur une coupe longitudinale d'un disque germinatif de sélacien, qui se trouve arrivé à peu près au même stade du développement que le disque germinatif de téléostéen représenté par la figure 141, on reconnaît aussi la même différence entre le bord du blastopore (*ld*)

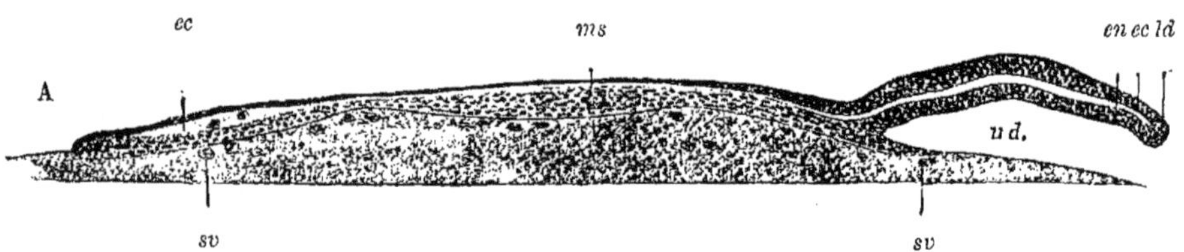

Fig. 143. — *Coupe longitudinale et médiane du disque germinatif représenté par la figure 80.* D'après Ziegler.
ec, feuillet externe; *en*, feuillet interne; *ud*, cœlentéron; *sv*, syncytium vitellin; *ld*, lèvre dorsale du blastopore; *ms*, mésenchyme.

formé au bord postérieur du disque germinatif, et le bord d'enveloppement (A), situé en avant du disque germinatif. Au niveau du bord du blastopore (*ld*), le feuillet externe (*ec*) s'infléchit pour se continuer avec un feuillet interne (*en*) nettement distinct, qui délimite le cœlentéron (*ud*) formé, de la sorte, par invagination.

Le bord d'invagination et le feuillet interne sont détachés du vitellus, parce que le cœlentéron se trouve interposé entre eux. Quant au bord antérieur (A) du disque, il est au contraire intimement et organiquement uni au vitellus. Il existe, il est vrai, dans la région antérieure du disque germinatif, sous l'ectoderme fort mince et à la surface du vitellus pourvu de son syncytium (*n*), une couche cellulaire spéciale (*ms*), qui n'a pas été observée chez les téléostéens et qui s'étend jusqu'au bord antérieur du disque germinatif. Mais cette couche de cellules ne constitue nullement un feuillet interne ou un feuillet moyen, né par invagination ; ce n'est pas une couche de cellules disposées en un épithélium et destinées à délimiter une cavité ; c'est une couche de mésenchyme qui, comme le dit Ziegler, se transforme en un tissu muqueux à cellules étoilées et qui participe peut-être aussi à la formation du sang et des vaisseaux sanguins, qui s'effectue d'une façon précoce dans la région antérieure du disque germinatif. Nous y reviendrons dans notre chapitre neuvième.

Dans le disque germinatif (fig. 109), dont la figure 143 représente la coupe longitudinale et médiane, le bord du disque, d'après les données fournies par Ziegler, s'est déjà transformé en blastopore dans toute la moitié postérieure de son étendue. En outre, dans la suite du développement du blastopore, la masse cellulaire qui s'invagine au niveau du bord du blastopore donne naissance au feuillet moyen, comme c'est le cas aussi chez les amphibiens. C'est ce que l'on peut voir nettement sur la coupe transversale (fig. 144) pratiquée, suivant la ligne *sch*, à travers le disque germinatif représenté par la figure 109. Le mésoblaste péristomal (*fm*), comme l'appelle RABL, prend naissance au niveau de ce sillon, nettement marqué, du bord du blastopore, qui est indiqué par une étoile, dans la figure 144. Ce sillon, ZIEGLER l'appelle *sillon de formation du mésoderme* et RÜCKERT, *dépression cœlomique*. Le blastopore ne s'étend que jusqu'où s'étend en avant cette masse cellulaire invaginée au bord du disque germinatif, c'est-à-dire, dans la figure 109, jusque vers le

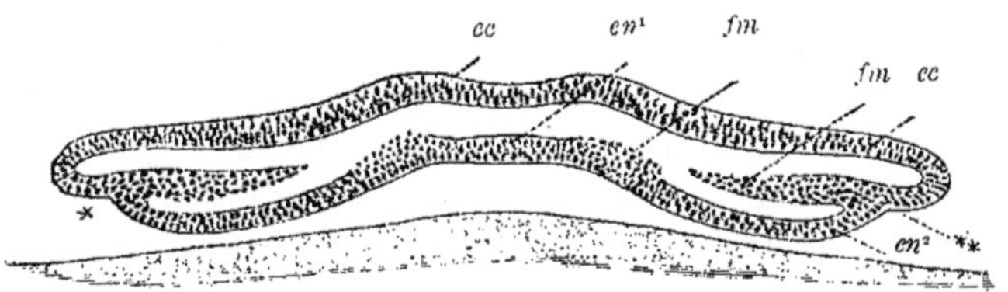

Fig. 144. — *Coupe transversale pratiquée, suivant la ligne sch, à travers le disque germinatif de sélacien représenté par la figure 109*, d'après ZIEGLER.
ec, feuillet externe, *en*¹, feuillet interne (ébauche de la corde dorsale); *en*², feuillet interne; *fm*, feuillet moyen; *, sillon de formation du mésoderme, d'où procède, par invagination, le feuillet moyen.

milieu de la longueur du disque. Toute la partie du bord du disque qui est située en avant constitue le bord d'enveloppement; chez les sélaciens, le bord d'enveloppement semble participer à la formation du mésenchyme, qui est extrêmement puissante et commence à se faire à une époque reculée du développement.

Le second point du développement des sélaciens et des téléostéens qu'il nous reste encore à expliquer, c'est la fermeture excentrique du blastopore par soudure de ses bords. En ce qui concerne cette question, il faut retenir que le bourrelet cérébral antérieur et transversal (fig. 109, *k*), qui est un excellent point de repère, bien fixe, pour l'étude, apparaît dans le disque germinatif, immédiatement en avant du point où commence à se former le sillon blastoporal, tout comme c'est le cas chez les amphibiens. Or, les parties du corps de l'embryon, qui sont situées plus tard en arrière de l'extrémité céphalique (*k*) qui se forme la première, se développent progressivement, segment par segment, d'avant en arrière, au fur et à mesure que le bord du disque germinatif s'étend davantage à la surface du vitellus. En même temps l'embryon, qui s'accroît à l'extrémité postérieure du disque germinatif, reste toujours intimement uni au bord antérieur du germe. Il occupe, par rapport au disque germinatif, *une situation marginale;* c'est sous cette dénomination que l'on a désigné sa situation. Pendant que les segments situés immédiatement en arrière de la tête, et qui se sont les premiers formés, continuent à se développer et à se différencier, la partie de l'embryon de formation la plus récente, et en rapport immédiat avec le bord annulaire du disque germinatif, n'est toujours pas différenciée et elle ne commence à se différencier peu à peu que lorsqu'il s'est formé en arrière une nouvelle partie, non différenciée, du corps de l'embryon.

Il y a plusieurs années, His a, le premier, cherché à expliquer par sa *théorie de la concrescence*, les phénomènes d'accroissement qui s'accomplissent d'une façon particulièrement nette chez les poissons. D'après lui, le corps de l'embryon, à partir de la tête, se formerait par suite de ce fait que les deux moitiés latérales du bord annulaire du disque germinatif se rapprocheraient progressivement d'avant en arrière, vers le plan médian où elles se souderaient en constituant les deux moitiés symétriques du corps.

Dans sa théorie, His ne s'est nullement préoccupé de la valeur morphologique du bord annulaire du germe, de ses relations avec la théorie du blastopore. C'est moi qui le premier me suis occupé de cette question et ai introduit quelques modifications essentielles à la théorie de la concrescence de His. Selon moi, le bord annulaire du disque germinatif ne contient pas dans ses éléments cellulaires des ébauches préformées qui se borneraient à s'unir dans le plan médian et à se différencier ensuite, mais il constitue plutôt une formation jouissant d'une grande variabilité et dont les cellules peuvent pendant longtemps se déplacer. Avant d'être capable de participer à la formation des organes axiaux de l'embryon, le bord du disque germinatif doit devenir le bord du blastopore. C'est alors, suivant ce bord du blastopore, que s'effectue une prolifération cellulaire très importante, qui engendre le feuillet interne et le feuillet moyen. Pour que la soudure des bords du blastopore avec les conséquences qu'elle entraîne puisse s'effectuer, il faut qu'il se soit au préalable établi un état d'équilibre de leurs cellules constitutives.

En raison des déplacements importants que subissent, les unes vis-à-vis des autres, les cellules qui se forment pendant les premiers stades du développement, il est impossible de déterminer où siègent alors les groupes de cellules qui finiront plus tard par se souder dans le plan médian.

Mais, ces réserves faites, je tiens pour absolument légitime l'idée générale exprimée par His, à savoir que le corps de l'embryon s'accroît à son extrémité postérieure, par adjonction de la partie du bord du disque germinatif qui est située immédiatement en arrière de la portion déjà soudée, ou en d'autres termes, par fermeture excentrique du blastopore.

Étant donné qu'il nous est impossible de suivre les déplacements des cellules qui s'accomplissent lors des processus d'accroissement, attendu que nous ne pouvons ni numéroter, ni étiqueter les cellules, il est certain que nous ne pouvons que nous faire une idée grossière et schématique des phénomènes compliqués qui s'effectuent alors. En cherchant donc à construire quelques figures schématiques destinées à représenter les processus qui s'accomplissent, dans les œufs des téléostéens et des sélaciens, au niveau du bord d'enveloppement et du bord du blastopore, je ne puis donner qu'une idée grossière des phénomènes qui s'y passent réellement.

Dans les figures 145 et 146, le bord du blastopore est représenté, dans ses diverses transformations, par un trait noir et le bord d'enveloppement par une ligne ponctuée.

En ce qui concerne le développement des téléostéens, la fig. 145 A, représente déjà un stade assez avancé. La lèvre du blastopore qui, au

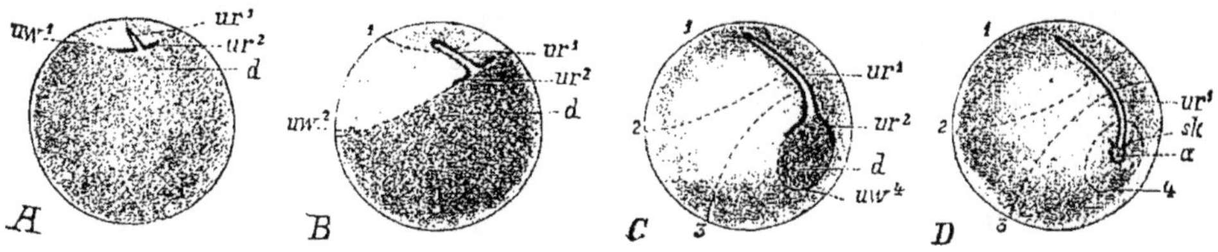

Fig. 145. — *Quatre schémas destinés à montrer la formation d'un embryon de saumon, par accolement suivi de soudure des bords du blastopore, en même temps que les rapports existant entre le bord du blastopore (ur) et le bord d'enveloppement (uw).*

uw, bord d'enveloppement. Les chiffres 1 à 4 indiquent les stades successifs du déplacement de ce bord. *d*, vitellus; ur^1, partie soudée du bord du blastopore; ur^2, partie ouverte du bord du blastopore; elle coïncide avec la périphérie du disque germinatif. *a*, anus; *sk*, bourgeon caudal.

début de l'invagination, coïncidait avec le bord du germe et présentait la forme d'un croissant, décrit maintenant une dépression (ur^1) dirigée vers le centre du disque germinatif. Cette dépression est le résultat de ce fait, que la moitié gauche et la moitié droite de la partie de la lèvre du blastopore formée en premier lieu se sont rapprochées l'une de l'autre, conformément au processus découvert par His, et se sont accolées dans la direction d'un rayon du disque germinatif, qui représente l'axe longitudinal de l'embryon futur, au fur et à mesure que le disque germinatif tout entier s'accroissait à la surface du vitellus. La partie qui s'est formée par accolement progressif et soudure d'avant en arrière du bord du blastopore, appartient à la région céphalique de l'embryon et constitue « une sorte de saillie du bord du disque germinatif, proéminant en avant ». (Rauber.)

Dans la suite du développement, trois processus s'accomplissent simultanément pendant une longue période de l'ontogenèse. Le premier de ces processus consiste en ce qu'une partie de plus en plus considérable du vitellus se trouve enveloppée par les feuillets germinatifs (fig. 145 B et C). Au point où l'embryon se forme, cet enveloppement s'accomplit beaucoup plus lentement que dans le restant du périmètre du disque germinatif; c'est ce dont on peut aisément s'assurer en comparant les figures 145 A, B et C. C'est ainsi que, tandis que dans la figure 145 B par exemple le bord d'enveloppement s'est déplacé du point marqué par le chiffre 1 au point marqué uw^2, dans l'étendue de la région où se forme l'embryon il n'a guère gagné qu'environ le tiers ou le quart de cette étendue. Ce fait n'a rien qui puisse nous surprendre, attendu que la formation de l'embryon exige des déplacements de cellules, des phénomènes de plissements, etc., bien plus compliqués et de nature bien plus différente, que ceux que réclame le simple processus d'enveloppement du vitellus. Du fait que le bord d'enveloppement s'accroît plus rapidement, il ne faudrait cependant pas conclure que l'activité des cellules, leur multiplication, est beaucoup plus grande au niveau de ce bord d'enveloppement qu'au niveau du bord du blastopore; c'est, en réalité, le contraire qui est exact.

En second lieu, par suite de l'accolement du bord du blastopore, le corps de l'embryon s'allonge, en ce sens qu'à la région céphalique, qui se forme la première, s'adjoignent successivement la région cervicale, la région thoracique, etc. On comprendra plus facilement ce processus important si, à partir du moment où la région céphalique se trouve ébauchée, on distingue à la lèvre du blastopore deux parties, que nous désignons par les lettres ur^1 et ur^2. Par ur^1 je désigne cette partie du blastopore, qui s'est fermée par soudure médiane de ses bords, tandis que par ur^2 je désigne la partie de la lèvre du blastopore qui se recourbe à angles droits à l'extrémité postérieure de l'ébauche de l'embryon et qui coïncide avec le bord même du disque germinatif. J'appellerai la première *la partie soudée du blastopore*, et la seconde, *la partie marginale* ou *ouverte*. L'allongement de l'ébauche de l'embryon est le résultat de ce fait que la partie soudée du blastopore s'accroît continuellement aux dépens de la partie marginale ou ouverte, les lèvres droite et gauche du blastopore s'accolant, puis se soudant dans le plan médian.

Étant donné que la fermeture du blastopore s'effectue progressivement d'avant en arrière, la partie ouverte ou marginale du blastopore ne tarderait pas à disparaître si, de son côté, elle ne continuait à s'accroître. Son accroissement est dû à cette circonstance que le processus d'invagination, auquel le bord du blastopore doit sa première origine, continue à se produire lentement dans l'étendue du bord du disque germinatif, ce qui revient à dire que *le bord d'enveloppement se transforme peu à peu en bord du blastopore.*

La gastrulation de l'œuf des téléostéens s'effectue donc pendant une période du développement beaucoup plus longue qu'on ne l'admet d'habitude; elle se continue, avec son mode de formation primitif, au niveau du bord du disque germinatif, c'est-à-dire dans la partie ouverte du bord du blastopore, pendant que dans la région antérieure de l'ébauche de l'embryon divers organes se différencient déjà. *Elle ne cesse que lorsque les lèvres latérales du blastopore s'unissent à son extrémité postérieure pour lui former une lèvre ventrale, c'est-à-dire lorsque le bord d'invagination s'est fermé en un anneau* (fig. 145 D). A ce moment aussi l'enveloppement du vitellus est achevé, et en même temps le dernier vestige du bord d'enveloppement s'est transformé en la pièce de fermeture du blastopore.

La gastrulation chez les sélaciens (fig. 146 A et B) diffère de celle des téléostéens par un point intéressant. Au début, chez les sélaciens, l'embryon se forme par soudure des bords du blastopore, suivant le processus que nous avons décrit pour les téléostéens. (Les fig. 145 A et B peuvent donc aussi servir à faire comprendre les premiers stades du développement des sélaciens.) Mais dans la suite, il se produit une modification du processus, qui est la conséquence nécessaire de l'abondance plus considérable du vitellus. Le bord d'enveloppement du disque germinatif n'est pas encore parvenu à envelopper complètement le vitellus au moment où l'extrémité postérieure du corps de l'embryon est déjà formée, les lèvres latérales du blastopore s'étant unies en arrière en une lèvre ventrale, ce qui fait qu'elles constituent un anneau fermé, délimitant un orifice, aux dépens duquel se formera l'anus (voir à ce sujet notre chapitre quatorzième). Il en résulte que chez les sélaciens nous constatons des modifications caractéristiques, que nous montrent schématiquement les fig. 146 A et B.

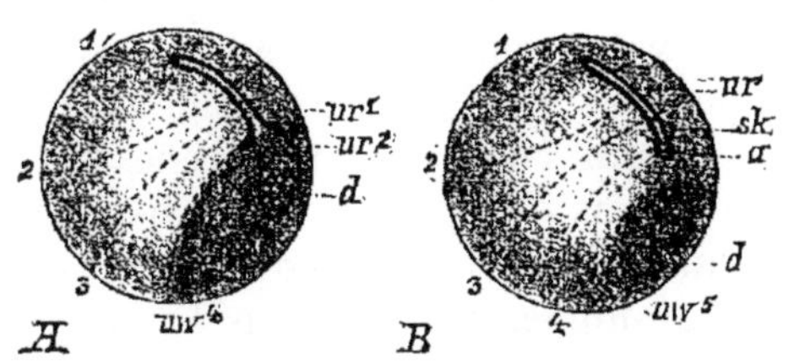

Fig. 146. — *Deux schémas destinés à faire comprendre les rapports qui existent, chez l'embryon des sélaciens, entre le bord du blastopore (ur) et le bord d'enveloppement.* Les lettres ont la même signification que dans la figure 145.

Le bord d'enveloppement (fig. 146 A, *uw*⁴) et le bord du blastopore (*ur*²) se séparent l'un de l'autre (fig. 146 B, *uw*⁵). L'embryon se détache du bord du disque germinatif; il perd, comme on le dit aussi, sa situation marginale par rapport au disque germinatif. En arrière de l'embryon, le bord d'enveloppement forme un anneau fermé (*uw*⁵), en dedans duquel le vitellus (*d*) est longtemps encore libre à la surface de l'œuf; cet anneau cependant se rapetisse dans la suite du développement et le vitellus finit par être complètement recouvert. Balfour a donné à cet anneau le nom de blastopore vitellin et le considère comme constituant une partie du blastopore. Je ne déciderai pas si cette interprétation est exacte ou non. Pour y arriver, il s'agirait de savoir si cette partie du bord du disque germinatif possède encore les caractères du blastopore, ce qu'il m'est impossible de trancher à l'aide des données que nous possédons actuellement sur cette question. Dans l'affirmative, ce qui reste du blastopore en arrière de l'embryon et qui chez les téléostéens constitue un petit orifice qui devient plus tard l'anus, serait extrêmement grand chez les sélaciens et se diviserait, par soudure de ses bords en un point déterminé de son étendue, en deux orifices, dont l'un, plus petit, ferait partie de l'embryon et resterait ouvert pour constituer l'anus (fig. 146 B, *a*), tandis que l'autre, plus grand, finirait par se fermer et mériterait le nom de blastopore vitellin. Mais il est possible que chez les sélaciens il existe des dispositions semblables à celles que présentent les œufs des reptiles et des oiseaux, dont nous allons nous occuper. Dans ce cas, le nom de « blastopore vitellin » serait inexact et devrait donc être abandonné.

3e Groupe. — Reptiles et Oiseaux.

Bien que les œufs des reptiles et des oiseaux ressemblent beaucoup à ceux des poissons parce qu'ils sont abondamment pourvus de vitellus, cependant il existe entre les deux groupes des différences fondamentales en ce qui concerne la marche des processus de développement dont nous nous occupons ici. Tandis que chez les poissons le bord du disque germinatif devient le bord du blastopore et que le corps de l'embryon se développe, comme nous l'avons vu, en relation intime avec le bord du disque germinatif, de façon qu'il occupe une situation marginale par rapport à lui, chez les reptiles et les oiseaux, dès le début ou tout au moins à partir d'un stade reculé du développement, le blastopore et l'embryon ne présentent aucune connexion intime avec le bord du disque germinatif. *Au lieu d'occuper une situation marginale, l'embryon occupe une situation centrale dans le disque germinatif.*

D'après les recherches de Duval, sur lesquelles je me suis fondé dans les premières éditions de cet ouvrage pour faire ma description, on pourrait encore avoir du doute sur la question de savoir si le bord du disque germinatif n'intervient pas dans la toute première formation du blastopore. Cependant divers auteurs ont élevé, et non sans raison, des doutes sur le bien-fondé des observations de Duval. Dans l'état actuel de la question, il me paraît préférable d'en revenir à l'opinion plus ancienne selon laquelle, dès le début de sa formation, le blastopore apparaît à quelque distance du bord du disque germinatif, chez les reptiles et les oiseaux. Le blastopore est donc entouré de toutes parts par des cellules. Le bord du disque germinatif est, par conséquent, tout entier formé exclusivement par le bord d'enveloppement, chez les représentants de notre troisième groupe (fig. 147 uw^3 et uw^4). Les seuls processus qui s'accomplissent dans son étendue sont ceux qui déterminent la formation d'un revêtement cellulaire à la surface de la masse

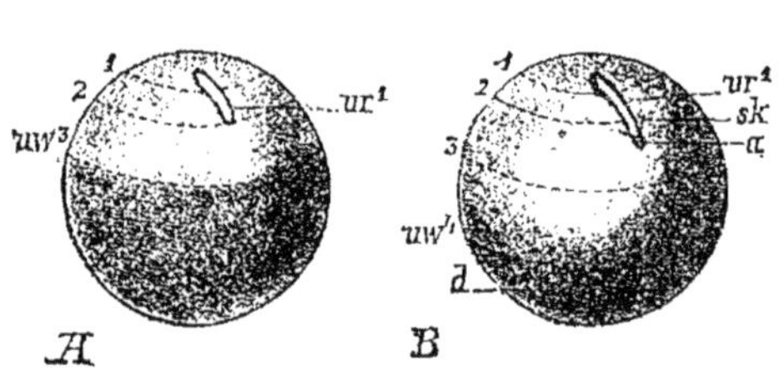

Fig. 147. — *Deux schémas destinés à faire comprendre les relations qui existent entre le bord du blastopore et le bord d'enveloppement chez les reptiles et les oiseaux.* Les lettres ont la même signification que dans la figure 145.

indivise du vitellus. (Comparer à ce propos ce que nous disons p. 179.) Le nom de blastopore vitellin, que lui ont donné divers auteurs, ne lui convient donc nullement et doit être abandonné. Chez les reptiles et les oiseaux, le blastopore est exclusivement représenté par le sillon du croissant et le sillon primitif et, plus tard, dans le cours du développement, ses derniers vestiges sont le canal neurentérique et l'anus. Ce n'est pas chez les poissons, mais chez les amphibiens qu'il faut chercher les termes de comparaison pour la formation du blastopore des reptiles et des oiseaux.

En ce qui concerne l'interprétation qu'il faut attribuer au sillon du croissant et au sillon primitif, je me range absolument à l'avis de ces

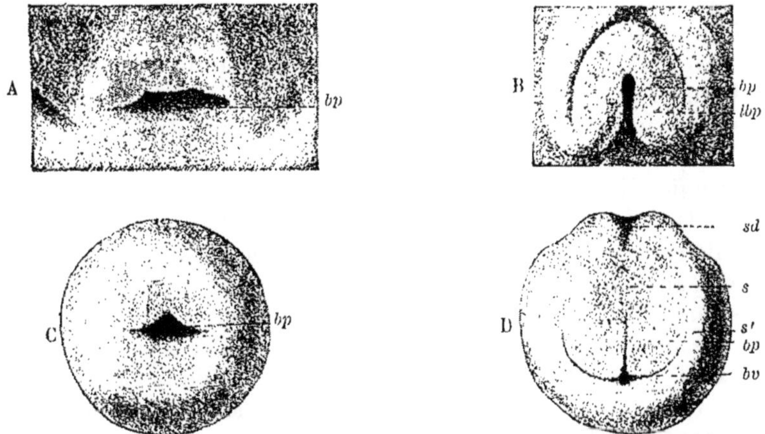

Fig. 148, A et B. — *Fragments de deux aires embryonnaires d'Emys europaca, d'âges différents et montrant le prostome ou blastopore*, d'après Kupffer. — *bp*, blastopore; *lbp*, lèvre du blastopore.
C et D. — *Œufs de Triton tæniatus, l'un 30 heures et l'autre 53 heures après la fécondation. Ces œufs sont vus, le blastopore dirigé vers l'observateur.*
bp, blastopore; *s*, saillie entre le blastopore et le sillon dorsal (*sd*); *s'*, sillon semi-circulaire qui entoure le champ du blastopore; *bv*, bouchon vitellin.

auteurs qui, comme Balfour, Hatschek, Kupffer, Hoffmann, van Beneden, L. Gerlach, Rabl, Duval, Rückert, etc., les tiennent pour une formation légèrement modifiée, mais homologue du blastopore des vertébrés inférieurs et qui comparent les replis primitifs aux lèvres latérales, simplement accolées, du blastopore.

Lorsque nous considérons le sillon du croissant qui se forme en premier lieu (fig. 110 A) et le sillon primitif qui apparaît plus tard (fig. 110 B) comme représentant le blastopore, il peut, à première vue, paraître surprenant que l'un est placé dans l'axe transversal et l'autre, dans l'axe longitudinal du corps du vertébré. Cette contradiction apparente peut aisément s'expliquer. En effet, on peut constater que l'une de ces formations se transforme progressivement en l'autre, en changeant peu à peu de position et de forme : *la fente, d'abord transversale, devient longitudinale*. C'est un fait que KUPFFER a pu établir avec certitude pour les reptiles. D'après ses figures, chez Emys europæa par exemple, la dépression transversale représentée dans la figure 148, A (*bp*) prend ultérieurement la forme indiquée dans la figure 148, B (*bp*). En ce qui concerne les oiseaux, il nous suffira de renvoyer aux études de KOLLER et de DUVAL, que nous avons exposées plus haut (p. 150, fig. 110). Nous ajouterons que, chez les amphibiens déjà, le blastopore subit une transformation absolument semblable. Comme nous l'avons vu plus haut (p. 174) et comme le montrent les figures 148, C et D ainsi que la figure 136, lorsqu'il commence à apparaître, le blastopore des amphibiens constitue une fente transversale (fig. 148 C, *bp*). Il devient ensuite circulaire et ses lèvres entourent un reste de la masse vitelline, visible à la surface de l'œuf : le bouchon vitellin; il se rétrécit et se prolonge en avant en un sillon longitudinal. Finalement il apparaît (fig. 148, D, *bp*) sous la forme d'un sillon profond, situé à l'extrémité du sillon médullaire et pourvu d'un orifice arrondi, rempli par le bouchon vitellin.

Trois faits importants tendent, en outre, à démontrer que le sillon primitif représente bien le blastopore.

En premier lieu, le sillon primitif, même lorsqu'il n'existe pas de canal ouvert, est le seul endroit du disque germinatif, où tous les feuillets germinatifs se trouvent en continuité les uns avec les autres, tout comme c'est le cas au niveau du blastopore chez les amphibiens.

En second lieu, chez les vertébrés supérieurs, les organes principaux, tels que la corde dorsale, le tube médullaire, les segments primordiaux, se forment en avant du sillon primitif, de la même manière qu'ils se forment en avant du blastopore chez l'Amphioxus et les amphibiens. Le sillon primitif et le blastopore occupent toujours l'extrémité postérieure du corps. Le soi-disant prolongement céphalique de la ligne primitive n'est autre chose que la première ébauche de la corde dorsale.

En troisième lieu, la présence des orifices qui, chez les oiseaux, les reptiles et les mammifères, siègent dans la ligne primitive à un stade plus ou moins reculé du développement et que l'on a prouvé être des canaux neurentériques (p. 156), démontre qu'à ce niveau il existait, au début, une continuité entre le feuillet interne et le feuillet externe, que cette continuité a cessé d'exister par suite du fusionnement des lèvres du blastopore, mais qu'elle peut se reproduire partiellement lorsque les phénomènes de croissance sont favorables. En même temps, lorsqu'il réapparaît dans la ligne primitive, le canal neurentérique, tout comme le blastopore de l'Amphioxus, des amphibiens et des sélaciens, établit une union caractéristique entre l'extrémité postérieure du tube médullaire et le tube digestif (voir fig. 108 et 116 *ne*).

Il nous reste encore à discuter les relations qui existent entre le sillon primitif et la formation du corps de l'embryon; nous devons rechercher si les idées que nous avons émises au sujet du premier et du second groupe peuvent aussi s'appliquer au troisième groupe qui nous occupe en ce moment.

Si l'on examine la position qu'occupe le sillon primitif dans des disques germinatifs de reptiles ou d'oiseaux de plus en plus avancés, on constate qu'elle change constamment. Au début, le sillon primitif (fig. 114 *pr*) est situé immédiatement en arrière du point où les bourrelets médullaires commencent à apparaître et s'unissent l'un avec l'autre par l'intermédiaire du bourrelet cérébral transversal. Il siège donc dans la région céphalique de l'ébauche de l'embryon. Au fur et à mesure que l'on étudie un stade plus avancé, la distance qui sépare le bourrelet cérébral transversal de l'extrémité antérieure du sillon primitif devient plus considérable et si l'on observe un embryon de poulet déjà assez avancé (fig. 115 *sp*), pourvu de six paires de segments primordiaux et montrant plusieurs vésicules cérébrales, on constate que le sillon primitif occupe l'extrémité postérieure de l'embryon et finit par se trouver placé dans la région où se forment la queue et l'anus.

La plupart des auteurs, Balfour notamment, ont cherché à expliquer ces rapports en admettant qu'il existe *en avant du sillon primitif une zone d'accroissement spéciale*, qui fournit constamment de nouveaux éléments qui s'adjoignent continuellement en arrière de la région céphalique de l'embryon, formée la première, et qui par conséquent éloignent progressivement cette région du sillon primitif. Cette hypothèse, qui vient tout d'abord à l'esprit de l'observateur, n'est pourtant pas d'accord avec les faits. L'observation des faits nous apprend plutôt que la zone d'accroissement n'est nullement située entre l'extrémité antérieure de l'embryon et le blastopore, mais bien dans la région même du blastopore, à l'extrémité postérieure de l'ébauche de l'embryon. Les choses se passent comme chez les amphibiens.

Si l'on étudie d'arrière en avant des coupes transversales sériées pratiquées à travers des embryons d'amphibiens pourvus de 10, 11, 12 protovertèbres ou même davantage encore, on constate d'abord que le blastopore est ouvert; on voit ensuite ses bords se rapprocher, se juxtaposer, puis se fusionner en un cordon cellulaire, qui finit par se séparer en la corde dorsale et la plaque médullaire. Ces faits successifs que l'on observe d'arrière en avant sur un seul et même embryon, correspondent en réalité à une série d'états successifs du développement, dont chaque stade serait d'autant plus avancé qu'il est plus rapproché de l'extrémité antérieure de l'embryon. Si donc, lors de la formation du dixième segment primordial, une petite partie du blastopore se ferme et qu'il en soit de même lors de la formation du onzième, du douzième, etc., segment primordial, comme nous constatons en même temps qu'en arrière du dernier segment formé, quel qu'il soit, la partie ouverte du blastopore conserve cependant toujours sensiblement la même longueur, nous devons fatalement être amené à en conclure que la partie postérieure du blastopore doit continuer à s'accroître au fur et à mesure qu'elle se ferme en avant. Or, si l'on étudie des coupes transversales sériées pratiquées à travers le sillon primitif et l'extrémité postérieure d'embryons de reptiles et d'oiseaux d'âges différents, on observe absolument les mêmes faits successifs.

En résumé, ce que l'on désigne aux différents stades du développement sous le nom de blastopore ne constitue pas un seul et même organe qui reste sans se modifier; ce ne sont que des parties différentes d'un organe qui se complète et continue à se développer par accroissement, à son extrémité postérieure, au fur et à mesure que sa partie antérieure se soude et se différencie progressivement en divers organes.

Les différents stades du développement d'un embryon de vertébré ne nous montrent jamais ouverte qu'une petite partie du blastopore; c'est la partie qui correspond au stade en question. Pour nous faire idée de l'étendue totale du blastopore, nous devons supposer ouvertes toutes les parties de l'organe où s'est accomplie, depuis le début de l'invagination, la soudure de ses bords. Cela revient à dire que le blastopore s'étend depuis l'extrémité antérieure de l'ébauche du système nerveux et de la corde dorsale jusqu'à l'anus, c'est-à-dire dans toute l'étendue de la région dorsale de l'embryon.

Par contre, nous trouvons chez les anthozoaires un blastopore ouvert ainsi constitué et entouré en outre par un anneau nerveux. On le rencontre aussi, pendant les premiers stades du développement, chez une foule d'invertébrés, chez les annélides, le Péripate et les arthropodes, et il s'y trouve aussi entouré par le système nerveux central qui est disposé en un anneau. Chez le Péripate, le blastopore occupe toute la longueur du dos de l'embryon et il est encore ouvert à un stade du développement où se sont déjà formés le long de ses bords latéraux un certain nombre de segments primordiaux.

4e Groupe. — Mammifères.

Les mammifères occupent une place spéciale. Néanmoins nous devrons nous borner à n'en parler que très brièvement parce que, chez eux, il est extrêmement difficile d'étudier la première ébauche du blastopore et qu'elle se produit dans une région fort restreinte du disque germinatif. Dans la suite du développement, les dispositions sont semblables à celles qui se trouvent réalisées chez les reptiles et les oiseaux : à l'extrémité postérieure de l'ébauche de l'embryon, il existe aux différents stades successifs un sillon primitif, au niveau duquel on constate les dispositions que nous avons indiquées plus haut.

Nous avons dit, au début de ce paragraphe intitulé « théorie du blastopore », que le blastopore est un organe qui joue un rôle extrêmement important dans l'histoire du développement des vertébrés, parce qu'il s'accomplit sur son pourtour immédiat de nombreux processus qui ont une valeur fondamentale au point de vue de la conformation générale du corps du vertébré. L'exposé que nous venons de faire montre combien cette assertion est fondée. Il convient cependant d'ajouter qu'actuellement on n'est pas encore parvenu à élucider toutes les questions relatives au rôle que le blastopore joue dans l'organogenèse. Nous exposerons encore en détail quelques-uns de ces points dans le chapitre que nous consacrerons ultérieurement à la formation de la queue et de l'anus.

En ce qui concerne l'historique de la théorie de la concrescence et de la théorie du blastopore, le lecteur le trouvera dans mon travail intitulé : « Urmund und Spina bifida ».

RÉSUMÉ

A. — BLASTULA

1. Aux dépens d'une masse cellulaire pleine, formée par les blastomères et appelée morula, se développe, chez tous les vertébrés, une blastula, creusée d'une cavité de segmentation ou blastocèle.

2. Il existe, chez les vertébrés, quatre espèces de blastula, selon la quantité de vitellus que renferme l'œuf et selon son mode de répartition dans l'œuf.

a. Chez l'Amphioxus, la cavité de segmentation est très développée et sa paroi consiste en une seule assise de cellules cylindriques, à peu près de même volume.

b. Chez les cyclostomes et les amphibiens, la cavité de segmentation ou blastocèle est étroite : une moitié de sa paroi est mince et formée par une ou plusieurs assises de petites cellules; l'autre moitié est épaisse et formée par de grosses cellules vitellines, disposées en plusieurs assises superposées.

c. Chez les poissons, les reptiles et les oiseaux (œufs méroblastiques), le blastocèle est extrêmement réduit et fissiforme. Sa voûte seule (sa paroi dorsale) est formée par des cellules (disque germinatif). Son plancher (sa paroi ventrale), au contraire, est formé par la masse vitelline non segmentée et renfermant des noyaux vitellins au voisinage du bord du disque germinatif.

d. Chez les mammifères, le blastocèle ou cavité blastodermique est très étendu et rempli d'un liquide albuminoïde. Sa paroi est formée par une seule couche de cellules hexagonales fortement aplaties, sauf en un point de son étendue, où elle est plus épaisse et formée par des cellules plus volumineuses, disposées en plusieurs assises superposées. Cette partie épaissie de la paroi de la blastula fait saillie à l'intérieur du blastocèle.

B. — GASTRULA A DEUX FEUILLETS

1. Aux dépens de la blastula se développe, par invagination d'une partie de sa paroi, une larve à deux feuillets, appelée gastrula.

2. Les feuillets de la gastrula sont le feuillet externe et le feuillet interne (ectoderme ou ectoblaste, endoderme ou endoblaste). La fente qui les sépare représente la cavité de segmentation oblitérée. La cavité résultant de l'invagination, c'est la cavité de l'intestin primitif ou du cœlentéron : son orifice de communication avec l'extérieur constitue la bouche primitive (blastopore, prostome, gouttière ou sillon du croissant, sillon primitif).

3. Aux quatre espèces de blastula correspondent quatre espèces de gastrula.

a. Chez l'Amphioxus, la cavité du cœlentéron est large et les deux feuillets germinatifs consistent, l'un et l'autre, en une seule assise de cellules cylindriques.

b. Chez les cyclostomes et les amphibiens, la masse des cellules vitellines s'accumule au plancher du cœlentéron dans le feuillet interne. Il en résulte la formation d'une saillie, qui réduit la cavité du cœlentéron à l'état d'une fente.

c. Chez les poissons, les reptiles et les oiseaux, le processus d'invagination reste limité au disque germinatif, le vitellus non segmenté ne s'invaginant pas à cause de son volume considérable. Cette invagination s'effectue au niveau du sillon du croissant (blastopore). A la suite de ce processus, le *disque germinatif* devient constitué par deux feuillets. Le vitellus n'est recouvert d'un revêtement cellulaire que très lentement et tardivement; cette couche d'enveloppement procède du bord du disque germinatif.

C'est l'ectoderme qui se développe le plus rapidement autour du vitellus; puis vient le mésoderme.

d. Chez les mammifères, le feuillet interne prend son origine dans la partie épaissie de la blastula, probablement par invagination. En effet, à un stade ultérieur du développement, on observe, dans l'aire embryonnaire, un orifice d'invagination ou blastopore, comparable au sillon primitif des oiseaux. Au début de son développement, le feuillet interne se termine en arrière par un bord libre, de sorte que le cœlentéron n'est délimité, pendant un certain temps, du côté ventral, que par l'ectoderme seulement. Cette particularité se rattache parfaitement aux dispositions réalisées chez les reptiles et les oiseaux, si nous supposons que, chez les mammifères, le vitellus a disparu avant d'être complètement enveloppé par le feuillet interne.

4. Chez les vertébrés la gastrula montre une symétrie bilatérale bien nette. On peut donc facilement y distinguer ce qui deviendra l'extrémité céphalique, l'extrémité caudale, la face ventrale et la face dorsale de l'animal futur. Le blastopore (sillon du croissant ou sillon primitif) correspond à l'extrémité caudale future. La face ventrale correspond à la situation occupée par le vitellus segmenté ou non segmenté.

C. — EMBRYON FORMÉ DE QUATRE FEUILLETS GERMINATIFS ET POURVU D'UNE CAVITÉ CŒLOMIQUE

1. Chez tous les vertébrés, il se forme, à la voûte du cœlentéron, deux évaginations latérales du feuillet interne. Il en résulte la subdivision du cœlentéron en trois parties : une médiane, qui constitue la cavité du tube digestif secondaire et deux latérales, qui sont les deux sacs cœlomiques.

2. Le feuillet interne ou endoderme primordial, à la suite de ce processus, se trouve divisé en trois parties :

a. L'épithélium du tube digestif, encore appelé endoderme secondaire ou feuillet glandulaire de l'intestin.

b. L'épithélium du cœlome ou feuillet moyen (mésoderme) auquel il y a lieu de distinguer un feuillet pariétal (mésoderme pariétal) et un feuillet viscéral (mésoderme viscéral).

c. L'ébauche de la corde dorsale, qui se forme, à la voûte du cœlentéron, aux dépens de la partie médiane de l'endoderme primordial, comprise entre les deux évaginations latérales ou cœlomiques.

3. La formation des évaginations latérales s'accomplit de deux manières différentes chez les vertébrés :

a. Chez l'Amphioxus, elles sont petites, nombreuses et disposées métamériquement. Dès le début, elles sont pourvues d'une cavité et se développent progressivement d'avant en arrière à partir du fond du cœlentéron jusqu'à la partie restée ouverte du blastopore.

b. Chez les autres vertébrés, au lieu de sacs creux, il se forme deux ébauches cellulaires pleines, aux dépens de l'endoderme primordial :

1° L'une, impaire, se développe au pourtour de la partie ouverte du blastopore (mésoblaste péristomal).

2° L'autre, paire, se développe en avant de la partie ouverte du blastopore, à la voûte du cœlentéron, à quelque distance de la ligne médiane, à droite et à gauche de l'ébauche de la corde dorsale (mésoblaste gastral).

Les deux moitiés de l'ébauche paire se développent ensuite d'arrière en avant et en même temps de la face dorsale vers la face ventrale, entre les deux feuillets primordiaux.

4. Les trois organes dérivés de l'endoderme primordial (mésoderme, ébauche de la corde dorsale et feuillet glandulaire de l'intestin) se séparent les uns des autres par étranglement.

Ce sont d'abord les sacs cœlomiques qui se séparent de l'ébauche de la corde dorsale et du feuillet glandulaire de l'intestin; les bords, devenus libres, du mésoderme pariétal et du mésoderme viscéral se soudent alors l'un avec l'autre.

En second lieu, l'ébauche de la corde dorsale se recourbe de façon à former une gouttière cordale, qui se transforme ensuite en un cordon cellulaire plein. Ce dernier s'isole complètement du feuillet glandulaire de l'intestin.

Enfin, les deux moitiés latérales du feuillet glandulaire de l'intestin se soudent sur la ligne médio-dorsale, au-dessous de la corde dorsale.

5. La corde dorsale, les segments primordiaux et le tube digestif définitif commencent à se développer dans la région céphalique de l'aire embryonnaire; ils progressent peu à peu, d'avant en arrière, jusqu'au niveau du blastopore. Là, continue à se produire, pendant une longue période du développement, une néoformation d'éléments cellulaires, qui contribuent à l'allongement du corps.

6. Pendant la formation du feuillet moyen, le blastopore, chez les amphibiens, les poissons, les reptiles, les oiseaux et les mammifères, se transforme en une gouttière longitudinale et médiane (sillon primitif des vertébrés supérieurs).

7. La fente blastoporale occupe primitivement toute la face dorsale de l'ébauche de l'embryon; mais, à une période déjà très reculée du développement, elle commence à se fermer d'avant en arrière suivant une suture longitudinale, pendant qu'elle continue à s'accroître en arrière. Il en résulte que la distance entre l'extrémité céphalique et la partie restée ouverte du blastopore devient de plus en plus grande, au fur et à mesure que l'embryon se développe.

8. Plus tard, dans le cours du développement, le blastopore (sillon primitif) disparaît par soudure de ses lèvres et il ne fournit que l'anus parmi les organes de l'adulte (nous y reviendrons dans la deuxième partie de ce traité).

9. Avant de disparaître, le blastopore (sillon primitif) se trouve enveloppé par les bourrelets médullaires et il est reçu dans la partie postérieure du tube médullaire, où il met directement en continuité le tube médullaire avec le tube digestif : il constitue alors le canal neurentérique. A la suite de la fermeture du canal neurentérique, le tube médullaire et le tube digestif cessent de communiquer l'un avec l'autre et se séparent.

CHAPITRE SEPTIÈME

HISTOIRE DE LA THÉORIE DES FEUILLETS

Nous avons exposé dans les deux chapitres précédents les faits fondamentaux établissant que le corps des vertébrés est composé de plusieurs feuillets germinatifs. La théorie des feuillets ayant une importance capitale, égale à la théorie cellulaire, au point de vue de l'interprétation du développement des animaux, j'ai cru devoir consacrer un chapitre spécial à son historique.

Les premières bases de cette théorie ont été fondées par les embryologistes les plus célèbres, Caspar Friedrich Wolff, Pander et C. E. von Baer.

Wolff, qui découvrit la métamorphose des végétaux, qui avant Goethe avait déjà clairement et nettement exprimé cette idée que les divers organes de la plante, comme les diverses parties de la fleur, se développent par transformation d'ébauches lamellaires, fut aussi le fondateur de la métamorphose des animaux. Il chercha à démontrer que le développement des animaux s'accomplit d'après une loi semblable à celle qui régit celui des végétaux.

Dans sa belle étude sur la formation du canal digestif chez le poulet, il prouva que cet organe constitue, au début, dans l'œuf, une membrane qui s'infléchit ensuite en une gouttière, pour finir par se transformer en un tube.

Il émit l'hypothèse que les autres systèmes d'organes se formeraient de la même manière. Voici comment il s'exprimait : « Il semble que les divers systèmes d'organes, dont l'ensemble constitue un animal, se forment successivement d'après un seul et même type. Tout différents qu'ils deviennent, ils seraient semblables à leur origine. C'est le système nerveux qui apparaît le premier; c'est lui aussi qui, le premier, prend une forme particulière qui lui est propre. Aussitôt qu'il a acquis ses caractères principaux, on voit apparaître, de la même façon, le système musculaire qui caractérise l'embryon. Vient ensuite le système vasculaire, qui certainement ne diffère pas des deux précédents au point qu'on ne puisse facilement y reconnaître les mêmes caractères morphologiques généraux. Enfin, se développe le canal digestif, absolument comme les trois autres systèmes. »

Rédigée en latin, cette publication de Wolff n'impressionna pas ses contemporains. Ce fut Meckel qui en fit ressortir toute la valeur, lorsqu'en 1812 il en publia la traduction en allemand. Peu de temps après, Pander, sous l'instigation et la conduite de son éminent maître Döllinger, développait la théorie contenue en germe dans cet écrit de Wolff.

En 1817, Pander, dans son mémoire sur le développement du poulet, distinguait déjà dans la membrane germinative (disque germinatif), douze heures après le début de l'incubation, deux minces lamelles pouvant être isolées l'une de l'autre. Il leur donna respectivement les noms de *feuillet séreux* et de *feuillet muqueux*. Plus tard, il s'en forme, dit-il, un troisième entre les deux précédents : c'est le *feuillet vasculaire*. « Tous les phénomènes essentiels qui s'accomplissent ultérieurement, ajoute Pander, ne doivent être considérés que comme une métamorphose des *feuillets de la membrane germinative*, doués d'un pouvoir générateur considérable. » Quelques années plus tard, un autre élève de Döllinger, C. E. von Baer, qui dans sa jeunesse avait assisté, à Würzbourg, aux recherches de Pander, établit plus solidement encore la *théorie des feuillets*. Par des études assidues, qui durèrent plusieurs années, Baer poursuivit, avec un soin admirable, le mode d'origine des feuillets germinatifs et leur transformation en les différents organes de l'adulte. Il s'occupa principalement du poulet, mais aussi cependant de quelques autres vertébrés. Il consigna les résultats de ses recherches dans son ouvrage classique, aussi riche en observations qu'en considérations générales : « Ueber Entwicklungsgeschichte der Thiere, Beobachtung und Reflexion. »

Baer s'écarte de Pander en ce qu'il admet que chacun des *deux feuillets germinatifs primordiaux*, qu'il appelle respectivement le *feuillet animal* et le *feuillet végétatif*, se scinde ultérieurement en deux couches. Le feuillet animal se divise en une *couche cutanée* et une *couche musculaire;* le feuillet végétatif, en une *couche muqueuse* et une *couche vasculaire*. A ce moment, il existe *quatre feuillets germinatifs secondaires*. C'est à leurs dépens que se développent les différents organes, par différenciation morphologique et histologique.

Après von Baer, la théorie des feuillets ne put faire de progrès marquant jusqu'à l'époque où fut fondée la théorie cellulaire. Alors des idées nouvelles surgirent dans le domaine de la morphologie. En même temps, se produisit un perfectionnement dans les méthodes d'investigation, à la suite des améliorations apportées dans la construction du microscope. C'est à Remak et à Kölliker que revient surtout l'honneur d'avoir poussé dans cette voie la théorie des feuillets.

REMAK notamment, par ses remarquables recherches sur le développement des vertébrés, commença à s'occuper avec succès de la question de savoir comment les cellules, primitivement identiques, des feuillets germinatifs, se transforment en les divers tissus des organes. Il montra que le plus inférieur des quatre feuillets germinatifs ne donne naissance qu'à l'épithélium et aux glandes du tube digestif et de ses annexes; que le feuillet superficiel fournit, au contraire, l'épiderme, la partie épithéliale des organes des sens et le tissu nerveux; qu'enfin, les deux feuillets moyens produisent les tissus conjonctifs, le sang, le tissu musculaire, les organes urinaires et les organes génitaux.

En ce qui concerne le mode de formation des quatre feuillets germinatifs secondaires, REMAK diffère de VON BAER. Il admet qu'après les deux feuillets primordiaux se développe d'abord un troisième feuillet, le feuillet moyen, provenant exclusivement du feuillet inférieur, par délamination. Il désigne le feuillet supérieur sous le nom de *feuillet sensorio-cutané;* le feuillet moyen sous le nom de *feuillet germinativo-moteur* et le feuillet inférieur sous le nom de *feuillet trophique.* Quant aux quatre feuillets germinatifs secondaires de VON BAER, ils n'existent que plus tard, lorsque le feuillet moyen s'est divisé à son tour, du moins dans ses deux régions latérales (plaques latérales), en un *feuillet fibreux pariétal* et en un *feuillet fibreux intestinal*, entre lesquels ont apparu la cavité thoracique et la cavité abdominale.

Les idées de REMAK se rapprochent, plus que celles de VON BAER, de la réalité des faits. Cependant ces deux savants embryologistes commettent la même erreur, en admettant, l'un comme l'autre, que les feuillets germinatifs se forment toujours par délamination. C'est d'ailleurs aussi le même écueil que n'ont pu éviter les nombreux auteurs qui, immédiatement après REMAK, se sont occupés de l'importante question de la formation des feuillets germinatifs. La question était du reste difficile à résoudre chez les vertébrés supérieurs, qui firent principalement l'objet de ces études. De même, on émit alors les opinions les plus contradictoires sur la question de savoir si le feuillet moyen procède du feuillet inférieur seulement (REMAK), ou bien du feuillet supérieur seulement, ou bien encore des deux feuillets primordiaux à la fois.

Pour faire la lumière sur ces questions, il fallait que des idées générales nouvelles fussent émises. Or, on ne pouvait y arriver que *par la méthode comparative, par l'étude des vertébrés inférieurs et des invertébrés.*

Deux phénomènes fondamentaux devaient être examinés de plus près :

1° *Comment se développent les deux feuillets germinatifs primordiaux?*

2° *Comment se développent les deux feuillets moyens ?*

Les réponses à ces deux questions devaient être apportées par la méthode comparative. L'une trouva sa solution dans la théorie de la gastrula; l'autre, dans la théorie du cœlome.

La première de ces deux questions a été surtout résolue par les beaux travaux de HUXLEY, de KOWALEVSKY, de HAECKEL et de RAY LANKESTER.

Leurs études, en partie anatomiques et en partie embryologiques, démontrèrent que tous les invertébrés, à l'exception des protozoaires, sont formés de feuillets cellulaires, comparables aux feuillets germinatifs primordiaux des vertébrés.

Le célèbre zoologue anglais HUXLEY distingua, dès 1849 déjà, chez les méduses, deux membranes : un feuillet externe et un feuillet interne, constituant à elles seules la paroi du corps. Il exprima l'idée que ces feuillets, au point de vue physiologique, avaient la même valeur que le feuillet séreux et le feuillet muqueux de VON BAER. Très peu de temps après, en 1853, ALLMAN proposait de désigner les deux feuillets des cœlentérés sous les noms d'*ectoderme* et d'*endoderme*. Plus tard, on se servit des mêmes dénominations pour désigner les deux feuillets germinatifs primordiaux.

Mais la théorie des feuillets fut bien plus solidement établie encore par le savant russe, KOWALEVSKY, qui nous fit connaître, dans une série de superbes publications, une foule de faits importants concernant l'embryogénie des vers, des cœlentérés, des mollusques, des brachiopodes, des tuniciers et des arthropodes. Il prouva que, chez tous les invertébrés qu'il avait étudiés, au début du développement se forment deux feuillets germinatifs; que chez presque tous, à la suite de la segmentation, l'œuf se trouve transformé en une vésicule cellulaire (vésicule blastodermique ou blastula); que plus tard, après qu'une partie de sa paroi s'est invaginée, cette vésicule prend la forme d'une coupe, dont la cavité (cavité d'invagination), délimitée par deux feuillets germinatifs, communique avec l'extérieur par un orifice. KOWALEVSKY démontra que cette forme larvaire, si importante, se rencontre dans une foule d'embranchements du règne animal.

Ajoutons, à ce propos, que quelques autres embryologistes avaient, déjà avant KOWALEVSKY, observé, dans quelques cas spéciaux, *cette larve en forme de coupe ainsi que son mode de développement par invagination*. RUSCONI et REMAK avaient signalé ce fait chez des amphibiens, GEGENBAUR, chez le Sagitta, et M. SCHULTZE, chez le Petromyzon.

Tandis que KOWALEVSKY enrichit la science de ces faits nombreux, fruits de ses investigations, c'est à HAECKEL que revient l'honneur d'avoir tenté pour la première fois de les réunir en une *théorie générale*, et montré les liens morphologiques qui rattachent les uns aux autres tous ces faits sans connexions en apparence. Prenant pour point de départ l'embryogénie et l'anatomie des éponges, il compara la structure lamellaire des embryons de tous les animaux à la structure lamellaire des cœlentérés et fonda la célèbre *théorie de la gastrula*. Battue en brèche lors de sa publication, cette théorie est aujourd'hui généralement admise dans ses traits essentiels. Elle a eu, en outre, le mérite de provoquer de nombreuses recherches. HAECKEL montra que, dans le cours du développement des animaux appartenant aux différentes classes du règne, depuis les éponges jusqu'à l'homme inclusivement, l'embryon affecte, momentanément, une forme spéciale, la *gastrula*, consistant en deux feuillets cellulaires. Il montra, en outre, que ces deux feuillets cellulaires primordiaux sont homologues dans les différents groupes du règne animal. Sous sa forme la plus simple, la gastrula constitue une coupe à double paroi, pourvue d'une cavité (la cavité de l'intestin primitif), s'ouvrant à l'extérieur par un orifice (bouche primitive). Toutefois, par suite de l'accumulation de matière vitelline dans l'œuf, comme c'est le cas chez la plupart des vertébrés, la gastrula peut subir des modifications telles que c'est à peine s'il est encore possible d'y reconnaître la forme primordiale. Se basant sur le mode de transformation de la gastrula, HAECKEL distinguait *diverses formes : la gastrula campanuliforme, la gastrula en forme de calotte, la gastrula discoïdale et la gastrula vésiculeuse*. Ces diverses gastrula, il admettait qu'elles procèdent par invagination d'une forme larvaire plus simple encore, représentant le terme final de la segmentation de l'œuf : la *blastula* (1).

HAECKEL publia sa remarquable théorie de la gastrula dans deux mémoires, parus dans l'*Ienaische Zeitschrift*, et intitulés : 1° *La théorie de la gastrula, classification phylogénique du règne animal et homologie des feuillets germinatifs;* 2° *Supplément à la théorie de la gastrula.*

En même temps que HAECKEL, RAY LANKESTER, en Angleterre, émettait une théorie semblable dans une publication de grande valeur, intitulée : *Les feuillets primordiaux de l'embryon, pris comme base d'une classification généalogique du règne animal.*

Cependant ni HAECKEL, ni LANKESTER ne fournissaient de renseignements sur la façon dont se forme la gastrula dans certains groupes de vertébrés : chez les poissons, les reptiles, les oiseaux et les mammifères. BALFOUR, VAN BENEDEN, GERLACH, GÖTTE, HOFFMANN, KOLLER, RAUBER, RÜCKERT, SELENKA, DUVAL, RABL et autres eurent le mérite de compléter la théorie de la gastrula et d'expliquer une foule de questions secondaires, dont elle ne fournissait pas la solution.

Grâce à la théorie de HAECKEL la lumière se fit peu à peu sur les différents points suivants : 1° Les deux feuillets germinatifs primordiaux, qui forment la base fondamentale du développement des invertébrés et

(1) Il convient de faire remarquer ici que déjà OKEN et VON BAER avaient fait ressortir, bien que d'une façon très vague encore, l'importance de la *forme vésiculeuse* qu'affecte tout animal dans le cours de son développement. OKEN était un adversaire de la théorie des feuillets émise par WOLFF. Dans une critique des recherches de PANDER, il s'écrie avec emphase, mais non sans certaine raison : « Les choses ne peuvent se passer ainsi. Le corps se forme aux dépens d'une vésicule ; mais jamais aux dépens de feuillets. » Et il ajoute cette observation très judicieuse : « Il nous semble que l'on oublie que le vitellus et la membrane vitelline, qui est une vésicule, *font essentiellement partie du corps* du germe; que l'embryon ne nage pas sur le vitellus comme le poisson dans l'eau, pas plus qu'il ne repose sur lui comme l'entonnoir sur le tonneau. »

De même VON BAER fait la remarque suivante, sans cependant s'expliquer sur les relations existant entre la forme vésiculeuse du germe et les feuillets germinatifs : « Le germe étant en réalité l'animal non développé, ce n'est pas sans raison que l'on peut soutenir que la forme vésiculeuse simple constitue la forme larvaire primordiale, aux dépens de laquelle se développent, en fait, tous les animaux. »

des vertébrés, ne naissent pas par délamination, mais par invagination d'une couche cellulaire, primitivement simple (1); 2° ces feuillets sont homologues chez tous les animaux, car ils se forment d'après le même principe, et deviennent les deux organes fondamentaux : l'ectoderme, qui revêt toute la surface du corps, et l'endoderme, qui tapisse la cavité digestive ; 3° le tube digestif de tous les animaux se forme par invagination.

Quant à la question du développement des feuillets moyens, HAECKEL se montrait disposé à admettre avec C. E. VON BAER que le feuillet fibreux pariétal se forme par délamination aux dépens de l'ectoderme et le feuillet fibreux intestinal, par le même processus, aux dépens de l'endoderme. Par contre, la plupart des embryologistes, qui s'étaient occupés du développement des vertébrés, adoptaient la manière de voir de REMAK et soutenaient que le mésoderme tout entier provient, par délamination, de l'endoderme ou feuillet interne.

Ils considéraient la cavité générale du corps comme une fente formée dans le mésoderme et semblable aux espaces lymphatiques, qui apparaissent dans le tissu conjonctif en divers points du corps.

De différents côtés à la fois, on entreprit aussi de résoudre cette question. A la suite d'une étude minutieuse sur la formation des feuillets germinatifs chez le poulet et les mammifères, KÖLLIKER découvrit que le mésoderme ne se développe pas par simple délamination du feuillet interne, mais qu'il naît dans une région limitée de l'aire embryonnaire, au niveau du sillon primitif, où les deux feuillets primordiaux se continuent l'un avec l'autre. Il constata que, procédant de ce sillon, il pénètre entre les deux feuillets primordiaux, sous la forme d'une masse cellulaire pleine, dans laquelle apparaît plus tard la cavité générale du corps. A ce moment le mésoderme se trouve divisé en deux feuillets. Ces résultats marquèrent un progrès important dans l'étude de la question.

Mais ces phénomènes qui se passent chez les vertébrés ne purent être bien compris que par l'étude comparative de ce qui se réalise chez les invertébrés. Les découvertes importantes de METSCHNIKOFF et de KOWALEVSKY concernant la formation de la cavité générale du corps chez les échinodermes, chez Balanoglossus, les chœtognathes, les brachiopodes et l'Amphioxus, y contribuèrent beaucoup. METSCHNIKOFF constata que chez les larves des échinodermes et chez Tornaria, la larve du Balanoglossus, les parois de la cavité générale du corps se forment par évagination du canal digestif. Mais une découverte qui fit plus de bruit encore, c'est celle que relata KOWALEVSKY, en 1871, lorsqu'il publia l'embryogénie du Sagitta. Il montra que l'intestin primitif de la gastrula se divise, à la suite de la formation de deux replis, en trois cavités : la cavité digestive secondaire et les deux cavités cœlomiques. Cette découverte fut, plus tard, confirmée par BÜTSCHLI et par moi-même. Peu

(1) Pour ce qui regarde certains invertébrés, divers auteurs admettent encore actuellement que l'endoderme ne se forme pas par invagination, mais par délamination du feuillet externe.

de temps après sa publication de l'embryogénie du Sagitta, KOWALEVSKY produisit son mémoire sur les brachiopodes. Il y enrichissait de nouveau la science d'un fait important : il démontrait que, dans cette classe du règne animal, la cavité générale du corps se développe de la même façon que chez les chætognathes. Enfin, parut son beau travail sur l'Amphioxus.

Grâce à ces découvertes importantes faites chez des invertébrés, des considérations théoriques sur l'origine du cœlome et du mésoderme dans le règne animal purent être émises par HUXLEY, LANKESTER, BALFOUR, mon frère et moi.

HUXLEY distinguait trois espèces de cavités générales du corps, différant par leur mode de formation : 1° un *entérocèle*, provenant, comme chez le Sagitta par exemple, d'évaginations de l'intestin primitif; 2° un *schizocèle*, qui se développe par formation d'une fente dans le tissu conjonctif mésodermique situé entre l'épiderme et l'intestin; 3° un *épicèle*, dérivant d'une évagination de la surface du corps, comme la cavité péribranchiale des tuniciers. HUXLEY pensait que la cavité pleuro-péritonéale des vertébrés dérivait peut-être d'un épicèle.

Après HUXLEY, LANKESTER s'occupa de la question. Comme on n'avait pas de preuves absolument certaines que la cavité générale du corps se forme de diverses façons, LANKESTER préférait admettre par hypothèse que son origine est la même chez tous les animaux. Pour lui, le schizocèle dérive de l'entérocèle : voici comment. Des évaginations du cœlentéron ont perdu leur cavité et ont ensuite apparu sous la forme d'amas cellulaires pleins; ce n'est qu'ultérieurement qu'il s'y est reformé une cavité. Pendant que LANKESTER s'efforçait de ramener à une seule forme les diverses variations que nous offre le cœlome dans le règne animal, BALFOUR conformait plus rigoureusement ses spéculations aux faits bien établis et se bornait à chercher l'explication des dispositions réalisées chez les vertébrés. Dans le cours de ses recherches sur le développement des sélaciens, il fit cette découverte importante que le mésoderme procède des lèvres du blastopore et constitue au début deux masses cellulaires distinctes, qui pénètrent en avant et sur les côtés entre les deux feuillets primordiaux. Comme il apparaît bientôt, dans chacune de ces deux masses, une cavité distincte, il considéra la cavité générale du corps comme une formation primitivement paire, qu'il compara aux sacs cœlomiques formés chez les invertébrés par évagination du cœlentéron. BALFOUR soutint avec raison que le fait que les deux ébauches primitives du mésoderme sont des amas cellulaires pleins, n'est nullement en opposition avec sa manière de voir, attendu qu'une foule d'organes, qui devraient être creusés d'une cavité dès leur origine, se forment aux dépens d'une ébauche pleine, qui ne se creuse d'une cavité que dans la suite du développement. C'est ainsi, notamment, que chez certaines espèces d'échinodermes, les évaginations du cœlentéron, au lieu d'être creuses, comme c'est le cas chez d'autres espèces du même groupe, sont au contraire, à leur origine, des masses cellulaires pleines.

Partant des mêmes idées théoriques, qui avaient guidé les morphologistes anglais, mon frère et moi, nous cherchâmes à résoudre la question à l'ordre du jour, le mode de formation du cœlome et du mésoderme, par des recherches poursuivies à la fois chez les invertébrés et chez les vertébrés. Nous comparâmes les relations qui existent entre le mode de développement de ces organes et la texture des organismes. Nos résultats furent publiés dans deux mémoires intitulés : 1° *Théorie du cœlome, essai d'une interprétation du mésoderme;* 2° *Développement du mésoderme chez les vertébrés.*

Dans le premier de ces deux mémoires, nous avons cru nécessaire de donner *une acception plus nette du terme feuillet germinatif.* Nous réservions ce nom à *toute couche de cellules embryonnaires, disposées à la façon d'un épithélium et servant à délimiter, soit la surface, soit une grande cavité du corps.* A la fin de la segmentation *il n'existe qu'un seul feuillet germinatif; c'est l'épithélium de la blastula. Il donne naissance aux autres feuillets par invagination et par évagination. Le feuillet interne se forme à la suite de la gastrulation; les deux feuillets moyens à la suite du développement du cœlome : du cœlentéron procèdent par invagination deux sacs cœlomiques, qui pénètrent entre les deux feuillets primordiaux.* Il y a d'abord des animaux, chez lesquels il ne se développe que deux feuillets germinatifs et une seule cavité par invagination : ces animaux (cœlentérés et pseudocéliens) ne possèdent qu'*une seule* cavité : le cœlentéron. Les autres animaux sont formés par quatre feuillets germinatifs; ils possèdent une cavité digestive secondaire et un cœlome, provenant d'un cœlentéron, c'est-à-dire un entérocèle. Les animaux à deux feuillets comprennent les cœlentérés et les pseudocéliens; tous les animaux à quatre feuillets sont entérocéliens.

Partant de là, nous cherchions à prouver que l'on confondait précédemment, sous le nom de *mésoderme ou feuillet moyen*, deux choses absolument différentes, tant au point de vue génésique qu'au point de vue morphologique et au point de vue histologique.

Indépendamment des couches cellulaires nées par évagination de l'endoderme, on comprenait, sous le nom de mésoderme, des cellules qui se détachent isolément des feuillets primordiaux et engendrent, entre les couches épithéliales du corps, la substance conjonctive et le sang, lorsque ce dernier existe. Ces cellules embryonnaires, qui se forment par émigration dans l'espace compris entre les feuillets germinatifs, nous les désignons sous le nom de *germes du mésenchyme*, réservant le nom de *mésenchyme* au tissu qu'elles engendrent. Il existe du mésenchyme aussi bien chez les animaux à deux feuillets que chez ceux à quatre feuillets. Dans notre opinion, si l'on veut donner toute la netteté désirable à la théorie des feuillets et l'appuyer sur un principe unique, la formation du mésenchyme doit être distinguée nettement d'avec la formation d'un feuillet germinatif, cette dernière étant en relation intime avec la différenciation morphologique du corps. Nous nous occuperons ultérieurement de la formation du mésenchyme.

Notre second mémoire fut consacré à démontrer que, chez les vertébrés, le mésoderme se forme par évagination de l'endoderme primordial. Pour cela nous avons comparé au développement de l'Amphioxus, celui des amphibiens, des poissons, des reptiles, des oiseaux et des mammifères. Nous avons fait connaître les résultats de cette comparaison dans le chapitre précédent.

Après la publication de nos deux mémoires, de nombreux travaux ont paru sur cette question. Van Beneden, Duval, Heape, Hoffman, Kölliker, Kollman, Rabl, Rückert, Strahl, Waldeyer, Bonnet, Hubrecht, Keibel et autres se sont occupés de la formation du mésoderme dans les diverses classes des vertébrés; ils nous ont fait connaître une foule de faits importants. Quelques-uns de ces auteurs, tout en confirmant les points essentiels de la théorie du cœlome, ont cherché à en modifier un, le mode de formation du mésenchyme chez les vertébrés. Cette question est encore vivement discutée.

Le principe mécanique qui préside à la formation des feuillets germinatifs et à celle des différents organes aux dépens de ces feuillets, on n'en a compris toute l'importance que plus tard.

Parmi les fondateurs de la théorie des feuillets, c'est Pander qui a présenté cette question de la façon la plus nette : « La membrane germinative, dit-il, donne naissance à la paroi du corps et aux viscères de l'animal par le simple mécanisme du plissement. Un filament délicat se montre dans le germe et représente la moelle épinière. A peine ce filament est-il formé, qu'apparaissent au-dessus de lui les premiers replis, constituant la première ébauche de la paroi du corps. Puis, le germe se plisse de nouveau; mais ces nouveaux replis se dirigent en sens inverse des premiers et donnent lieu à la formation de la cavité abdominale et de la cavité thoracique avec leur contenu. Enfin, le germe se plisse une troisième fois, pour produire les enveloppes du fœtus. Personne ne sera donc étonné si, dans le cours de notre mémoire, il est souvent question de plissements et de replis. » Et afin d'éviter d'être mal compris, Pander revient encore, plus loin, sur ce point important. « Quand je parle de plissements de membranes, je n'entends nullement dire par là qu'il s'agisse de membranes inanimées, dont les plis formés mécaniquement s'étendraient fatalement sur toute la surface, sans se limiter à une région déterminée. Les replis engendrés par la métamorphose de la membrane germinative sont d'origine organique et se forment en des points bien déterminés, soit par accroissement des sphérules (cellules) qui existaient auparavant, soit par formation de nouvelles sphérules, et cela sans qu'il en résulte des modifications dans les autres parties de la membrane germinative. »

Les auteurs qui, après Pander, se sont occupés d'études embryologiques, se sont exprimés bien moins nettement que lui sur le mécanisme du plissement; la plupart même n'en ont fait aucune mention. Cette théorie, Rudolph Wagner la condamna même, comme étant absolument erronée. « Il ne viendra à l'idée de personne, dit Wagner dans son *Traité de physiologie*, de se représenter les trois feuillets germinatifs comme les feuillets d'un livre. Personne n'admettra ce mode de formation mécanique, d'après lequel l'embryon se développerait par plissement des trois feuillets. »

Après Pander, ce fut Lotze qui le premier reprit l'étude du « mécanisme de la formation de l'embryon ». C'est du moins ce qu'a prouvé Rauber dans l'historique remarquable, qu'il a publié, de la question qui nous occupe. Il considère « l'accroissement inégal » ou « la végétation inégale », comme la cause des transformations subies par l'embryon dans le cours de son développement. Ces transformations qui n'apparaissent, d'après Lotze, que comme des déplacements, des évaginations, des invaginations ou des extensions de membranes, certaines d'entre elles seraient, en réalité, produites par traction ou par pression mécanique.

Si nous passons à des travaux plus récents, nous arrivons aux études de His sur le mécanisme physiologique du développement. His s'est occupé de cette question d'une façon plus active que tous ses prédécesseurs. Il a de nouveau appuyé énergiquement sur le rôle important que joue le processus du plissement dans la formation de l'embryon. Les deux principaux mémoires de His, dont nous voulons parler, sont intitulés : *Recherches sur la première ébauche du corps des vertébrés* (1868) et *La forme de notre corps et le problème physiologique de son développement* (1874). Bien que je doive me borner, en ce qui concerne les détails, à renvoyer le lecteur à ces mémoires, je ferai toutefois observer que, tout en admettant un grand nombre des idées émises par His, il est cependant certains points importants, sur lesquels je ne puis approuver sa manière de voir. Lorsque, par exemple, His (p. 52) veut ramener le mécanisme de la formation de l'embryon au simple problème des changements de forme d'une lame élastique qui serait inégalement tendue, il oublie, à mon avis, qu'une lame formée de cellules, bien qu'elle possède une certaine élasticité, constitue cependant un organe beaucoup plus complexe; il oublie aussi que les processus du plissement et de l'évagination sont, en toute première ligne, déterminés par le pouvoir d'accroissement de groupes spéciaux de cellules : on ne peut donc les comparer aux inflexions et aux extensions d'une lame élastique. Comme Pander déjà l'a fait observer, on ne doit pas s'imaginer qu'il s'agisse du plissement de membranes inorganisées ; mais les plis sont plutôt eux-mêmes d'origine organique, c'est-à-dire engendrés, en certains points déterminés, par une multiplication cellulaire locale. Haeckel, dans sa dissertation intitulée *But et moyens de l'embryo-*

logie actuelle, s'est d'ailleurs déjà élevé contre l'opinion émise par His.

Que la différenciation morphologique repose, en toute première ligne, sur un processus de plissement de lamelles épithéliales, c'est ce que, mon frère et moi, nous avons cherché à démontrer plus complètement encore que nos prédécesseurs, en nous appuyant sur de nombreux matériaux de recherches. Dans nos études sur la théorie des feuillets, nous avons d'abord attiré l'attention sur les cœlentérés, parce que c'est chez ces organismes que le principe de la formation des replis se manifeste de la façon la plus nette dans l'ensemble de l'organisation. En second lieu, nous avons cherché à établir, pour les vertébrés, que des organes, tels que le cœlome, la corde dorsale, les segments primordiaux, que l'on considérait comme se formant par délamination de couches cellulaires, se forment en réalité par plissement et par étranglement.

Enfin nous avons, en outre, cherché à démontrer que l'accroissement inégal d'une membrane cellulaire est dû à une cause physiologique, qui réside, chez les cœlentérés, dans le fonctionnement inégal de ses diverses parties. Certaines parties d'une membrane devront s'accroître davantage et se plisser si, en vertu de la position qu'elles occupent, elles fonctionnent plus activement que les parties avoisinantes.

En terminant cette esquisse historique, j'ajouterai que von Baer, dans sa discussion générale des processus embryogéniques, a établi pour la première fois une distinction bien nette entre les phénomènes de différenciation morphologique, qui s'accomplissent dans les premières phases du développement, et les phénomènes de différenciation histologique, qui ne se produisent que plus tard.

BIBLIOGRAPHIE

RELATIVE A LA FORMATION ET A L'HISTOIRE DES FEUILLETS GERMINATIFS

Balfour. *A comparison of the early stages in the development of the Vertebrates.* Quarterly Journal of Microscopical Science. Vol. XV. Nouvelle série, 1875.

— *On the early development of the Lacertilia together with some observations on the nature and relations of the primitive streak.* Quarterly Journal of Microscopical Science. Vol. XIX. Nouvelle série, 1879.

— *On the structure and homologies of the germinal layers of the embryo.* Quarterly Journal of Microscopical Science. Vol. XX. Nouvelle série, 1880.

Balfour et Deigthon. *A renewed study of the germinal layers of the Chick.* Quarterly Journal of Microscopical Science. Vol. XXII. Nouvelle série, 1882.

Ed. van Beneden. *Recherches sur l'embryologie des Mammifères. La formation des feuillets chez le lapin.* Archives de biologie. T. I. 1880.

— *Untersuchungen über die Blätterbildung, den Chordacanal und die Gastrulation bei den Säugethieren.* Anat. Anzeiger 1888, pag. 709.

— *Erste Entwicklungsstudien von Säugethieren.* Tageblatt der 59. Versammlung deutscher Naturforscher und Aerzte zu Berlin. 1886.

R. Bonnet. *Beiträge zur Embryologie der Wiederkäuer, gewonnen am Schafei.* Archiv f. Anatomie u. Physiologie. Anat. Abth. 1884 et 1889.

— *Ueber die Entwicklung der Allantois und die Bildung des Afters bei den Wiederkäuern und über die Bedeutung der Primitivrinne und des Primitivstreifens bei den Embryonen der Säugethiere.* Anat. Anzeiger, 3e année, 1888.

R. Bonnet. *Beiträge zur Embryologie des Hundes.* Merkel-Bonnet's Anatomische Hefte. Vol. IX. 1897.

Born. *Erste Entwicklungsvorgänge (Furchung, Gastrulation und die sich daran anschliessenden Processe).* Merkel et Bonnet : Ergebnisse der Anatomie u. Entwicklungsgeschichte. 1892.

Braun. *Die Entwicklung des Wellenpapageies.* Arbeiten aus dem zool.-zoot. Institut Würzburg. Vol. V. 1882.

— *Entwicklungsvorgänge am Schwanzende bei einigen Säugethieren mit Berücksichtigung der Verhältnisse beim Menschen.* Arch. f. Anat. u. Physiol. 1882. Anat. Abtheilung.

Brook. *The formation of the germinal layers in Teleostei.* Transactions of the Royal Society of Edinburgh. Vol. XXXIII.

Bütschli. *Bemerkungen zur Gastraeatheorie.* Morphol. Jahrb. Vol. IX.

M. von Davidoff. *Die Urmundtheorie.* Anat. Anz. 1893, p. 397.

Disse. *Die Entwicklung des mittleren Keimblattes im Hühnerei.* Arch. f. mikrosk. Anat. Vol. XV. 1878.

M. Duval. *Etudes sur la ligne primitive de l'embryon du poulet.* Annales des sciences naturelles. T. VII. 1880.

— *De la formation du blastoderme dans l'œuf d'oiseau.* Annales des sciences nat. Zoologie. T. XVIII. 1884.

Von Erlanger. *Ueber den Blastoporus der Anuren Amphibien, sein Schicksal und seine Beziehungen zum bleibenden After.* Zool. Jahrb. Vol. IV. 1890.

A. Fleischmann. *Zur Entwicklungsgeschichte der Raubthiere.* Biologisches Centralblatt. Vol. VII. 1887.

— *Mittelblatt und Amnion der Katze.* Habilitationsschrift.

Gasser. *Der Primitivstreifen bei Vogelembryonen.* Schriften der Gesellsch. z. Beförderung der gesammten Naturw. in Marburg. Vol. XI. 1878.

— *Beiträge zur Kenntniss der Vogelkeimscheibe.* Arch. f. Anat. u. Physiol., Anat. Abth. 1882.

Leo Gerlach. *Ueber die entodermale Entstehungsweise der Chorda dorsalis.* Biol. Centralbl. 1re année, 1881.

Goette. *Beiträge zur Entwicklungsgeschichte der Wirbelthiere.* Schultze's Archiv. Vol. X. 1874.

— *Entwicklungsgeschichte des Flussneunauges.* 1re partie. 1890.

B. Hatschek. *Studien über die Entwicklung des Amphioxus.* Arbeiten a. d. zool. Inst. zu Wien und Triest. Vol. IV. 1881.

— *Ueber den gegenwärtigen Stand der Keimblättertheorie.* Verhandl. d. deutsch. Zool. Gesellsch. 1893.

W. Heape. *The development of the mole (Talpa europaea).* Quarterly Journal of Microscopical Science. 1883.

Oscar Hertwig. *Die Entwicklung des mittleren Keimblattes der Wirbelthiere.* Iéna, 1863.

— *Urmund und Spina bifida. Eine vergleichend-morphologische, teratologische Studie an missgebildeten Froscheiern.* Arch. f. mikroskop. Anatomie. Vol. 39. 1892.

His. *Ueber die Bildung von Haifischembryonen.* Zeitschr. f. Anat. u. Entwicklungsgesch. Vol. II. 1877.

— *Neue Untersuchungen über die Bildung des Hühnerembryo.* Arch. f. Anat. und Entwicklungsgeschichte. 1877.

— *Untersuchungen über die Entwicklung des Knochenfischembryo.* Arch. f. Anatomie und Physiologie. Anat. Abth. 1878.

— *Zur Frage der Längsverwachsung von Wirbelthierembryonen.* Verhandl. der Anat. Gesellsch. 1891.

C. K. Hoffmann. *Sur l'origine du feuillet blastodermique moyen chez les poissons cartilagineux.* Archives Néerlandaises. T. XVIII.

— *Ueber die Entwicklungsgeschichte der Chorda dorsalis.* Festschrift für Henle. 1882.

— *Die Bildung des Mesoderms, die Anlage der Chorda dorsalis und die Entwicklung des Canalis neurentericus bei Vogelembryonen.* Verhandl. d. Kgl. Akad. d. Wissenschaften. Amsterdam, 1883.

— *Beiträge zur Entwicklungsgeschichte der Reptilien.* Zeitschr. f. wissensch. Zool. Vol. XL. 1844.

— *Weitere Untersuchungen zur Entwicklungsgeschichte der Reptilien.* Morphol. Jahrbuch. Vol. XI.

Houssay. *Etudes d'embryologie sur les Vertébrés.* Archives de zoologie expérimentale. 1890.

W. Hubrecht. *Studies in Mammalian embryology. I. The placentation of Erinaceus europaeus. II. The development of the germinal layers of Sorex vulgaris.* Quarterly Journal of Microscopical Science. Vol. XXX et XXXI.

Alice Johnson. *On the fate of the blastopore and the presence of a primitive streak in the newt.* Quarterly Journ. of Micr. Science. 1884.

Kastschenko. *Zur Entwicklungsgeschichte des Selachierembryos.* Anat. Anz. 1888.

Fr. Keibel. *Zur Entwicklungsgeschichte der Chorda bei Säugern.* Archiv für Anat. und Physiologie. 1889.

— *Die Entwicklung des Mesoblast beim Schaf.* Verhandl. der anatom. Gesellsch. 1894, p. 157.

— *Studien zur Entwicklungsgeschichte des Schweins.* Morpholog. Arbeiten von Schwalbe. Vol. 3.

Kölliker. *Die Entwicklung der Keimblätter des Kaninchens.* Festschrift zur Feier des 300 jährigen Bestehens der Julius-Maximilians-Universität zu Würzburg. Leipzig, 1882.

— *Ueber die Chordahöhle und die Bildung der Chorda beim Kaninchen.* Sitzungsberichte der Würzb. phys.-med Gesellschaft. 1883.

— *Die embryonalen Keimblätter und die Gewebe.* Zeitschrift für wissensch. Zool. Vol. XL. 1884.

C. Koller. *Beiträge zur Kentniss des Hühnerkeims im Beginne der Bebrütung.* Sitzungsberichte der K. Akad. d. Wissensch. Wien., 1879, III Abth.

— *Untersuchungen über die Blätterbildung im Hühnerei.* Arch. f. mikr. Anat. Vol. XX. 1881.

Fr. Kopsch. *Experimentelle Untersuchungen über den Keimhautrand der Salmoniden.* Ergänzungsheft zum XII. Band des anat. Anzeigers. Verhandl. der anat. Gesellsch. in Berlin. 1896.

— *Bildung u. Bedeutung des Canalis neurentericus.* Sitzungsber. der Gesellsch. naturforsch. Freunde zu Berlin. 1896, 1897.

Kupffer et Benecke. *Die ersten Entwicklungsvorgänge am Ei der Reptilien.* Königsberg, 1878.

Kupffer. *Die Gastrulation an den meroblastischen Eiern der Wirbelthiere und die Bedeutung des Primitivstreifs.* Archiv f. Anatomie und Physiologie. Anat. Abth. 1882 et 1884.

— *Ueber den Canalis neurentericus der Wirbelthiere.* Sitzungsber. d. Gesellsch. f. Morphologie u. Physiologie zu München. 1887.

— *Die Entwicklung von Petromyzon Planeri.* Archiv f. mikroskop. Anat. Vol. XXXV.

Lereboullet. *Recherches sur les monstruosités du brochet.* Annales des sc. natur. 1863. IV. Sér. Vol. XX.

Lieberkühn. *Ueber die Keimblätter der Säugethiere.* Zur 50jährigen Doctor-Jubelfeier des Herrn Hermann Nasse. 1879.

— *Ueber die Chorda bei Säugethieren.* Archiv f. Anat. u. Physiol. Anat. Abth. 1882 et 1884.

B. Lwoff. *Die Bildung der primären Keimblätter und die Entstehung der Chorda und des Mesoderms bei den Wirbelthieren.* Soc. impér. Natural. Moscou.

Mehnert. *Gastrulation und Keimblätterbildung der Emys lutaria taurica.* Morphol. Arb. herausgegeben von G. Schwalbe. Vol. I. fasc. 3. Iéna, 1891.

Minot Sedgwick. *The concrescence theory of the vertebrate embryo.* American Naturalist. 1889.

Mitsukuri et Ishikawa. *On the formation of the germinal layers of Chelonia.* Quarterly Journal of Microscopical Science. Londres, 1886. Vol. XXVII.

Mitsukuri. *On the paired origin of the mesoblast in Vertebrata.* Anat. Anz. 6e année, 1891. N° 7.

— *On mesoblast formation in Gecko.* Anat. Anz. 1893, p. 431.

— *On the process of Gastrulation in Chelonia.* J. Coll. Sc. Imp. Univ. Japan. Vol. V. p. 227.

Oellacher. *Untersuchungen über die Furchung und Blätterbildung im Hühnerei.* Stricker's Studien. Vol. I. 1870.

— *Terata mesodidyma von Salmo Salvelinus.* Sitzungsber. der Wiener Akad. der Wissensch. 1873.

Albert Oppel. *Vergleichung des Entwicklungsgrades der Organe zu verschiedenen Entwicklungszeiten bei Wirbelthieren.* 1891.

Pander. *Beiträge zur Entwicklung des Hühnchens im Ei.* Würzburg. 1817.

Perényi. *Die Entstehung des Mesoderms.* Mathematische u. naturwissenschaftl. Berichte aus Ungarn. Vol. III. 1891.

Rabl. *Theorie des Mesoderms.* Morpholog. Jahrbuch. Vol. XV.
Rauber. *Die erste Entwicklung des Kaninchens.* Sitzungsber. d. Naturforsch.-Gesellsch. zu Leipzig. 1875.
— *Primitivrinne und Urmund. Beitrag zur Entwicklungsgeschichte des Hühnchens* Morphol. Jahrbuch. Vol. II. 1876.
— *Ueber die Stellung des Hühnchens im Entwicklungsplan.* Leipzig, 1876.
— *Primitivstreifen u. Neurula der Wirbelthiere.* Leipzig, 1877.
— *Die Lage der Keimpforte.* Zoologischer Anzeiger 1879, pag. 499-503.
— *Thier und Pflanze.* Zoologischer Anzeiger, 1881.
— *Noch ein Blastoporus.* Zoologischer Anzeiger 1883. N°s 134 et 135.
— *Die Theorien der excessiven Monstra.* Virchow's Archiv. Vol. LXXI. 1877. Vol. LXXIII et LXXIV. 1878.
— *Giebt es Stockbildungen bei den Vertebraten?* Morphol. Jahrbuch. Vol. V. 1879.
— *Formbildung und Formstörung in der Entwicklung von Wirbelthieren.* Morpholog. Jahrbuch. Vol. V et VI. 1879, 1880.
Romiti. *De l'extrémité antérieure de la corde dorsale et de son rapport avec la poche hypophysaire ou de Rathke chez l'embryon du poulet.* Archives italiennes de biologie. T. VII.
Roux. *Beiträge zur Entwicklungsmechanik des Embryo.* Zeitschrift für Biologie. Vol. XXI. 1885.
— *Ueber die Lagerung des Materials des Medullarrohrs im gefurchten Froschei.* Verhandl. der Anat. Gesellsch. 1888.
— *Ueber die küntsliche Hervorbringung halber Embryonen durch die Zerstörung einer der beiden ersten Furchungskugeln.* Virchow's Archiv. Vol. CXIV. 1888.
J. Rückert. *Zur Keimblattbildung bei Selachiern.* Munich, 1885.
— *Ueber die Anlage des mittleren Keimblattes und die erste Blutbildung bei Torpedo.* Anat. Anz. 1887. 2e année. N° 4 et N° 6.
— *Weitere Beiträge zur Keimblattbildung bei Selachiern.* Anat. Anzeiger 1889. 4e année, N° 12.
P. et Fr. Sarasin. *Zur Entwicklungsgeschichte und Anatomie der ceylonesischen Blindwühle. Ichthyophis glutinosus.* Wiesbaden, 1887 et 1889.
Schauinsland. *Erneute Untersuchungen über die ersten Entwicklungsvorgänge am Vogelei.* Verhandlungen der Gesellschaft deutscher Naturforscher und Aerzte zu Bremen. Leipzig, 1891.
O. Schultze. *Zur ersten Entwicklung des braunen Grasfrosches.* Gratulationsschrift für Geh. Rath von Kölliker. Leipzig, 1887.
— *Die Entwicklung der Keimblätter und der Chorda dorsalis von Rana fusca.* Zeitschrift f. wissenschaftl. Zoologie. 1888. Vol. 47.
— *Ueber die Entwicklung der Medullarplatte des Froscheies.* Verh. der Physikal. med. Gesellsch. zu Würzburg. Vol. XXIII. 1890.
F. Schwink. *Ueber die Entwicklung des mittleren Keimblattes und der Chorda dorsalis der Amphibien.* Munich, 1889.
W. B. Scott et H. F. Osborn. *On some points in the early development of the common newt.* Studies from the morpholog. laboratory in the University of Cambridge. 1880. Publié aussi dans : Quarterly Journal of Microscop. Science. Vol. XIX. 1879.
Emil Selenka. *Studien über Entwicklungsgeschichte der Thiere.* Wiesbaden.
— *Keimblätter und Primitivorgane der Maus.* Wiesbaden, 1883.
— *Die Blätterumkehrung im Ei der Nagethiere.* Wiesbaden, 1884.
Solger. *Studien zur Entwicklungsgeschichte des Coeloms und des Coelomepithels der Amphibien.* Morphol. Jahrb. Vol. X.
Comte F. Spee. *Beitrag zur Entwicklungsgeschichte der früheren Stadien des Meerschweinchens bis zur Vollendung der Keimblase.* Arch. f. Anat. u. Physiol. Anat. Abth. 1883.
— *Ueber die Entwicklungsvorgänge vom Knoten aus in Säugethierkeimscheiben.* Anat. Anz. 1888.
— *Beobachtungen an einer menschlichen Keimscheibe mit offener Medullarrinne und Canalis neurentericus.* Arch. f. Anat. u. Physiol. Anat. Abth. 1889.
W. Spencer. *On the fate of the blastopore in Rana temporaria.* Zool. Anz. 1885.
— *Some notes on the early development of the Rana temporaria.* Quart. Journal of Micr. Science. 1885. Supplément.
H. Strahl. *Ueber die Entwicklung des Canalis myeloentericus und der Allantois der Eidechse.*
— *Beiträge zur Entwicklung von Lacerta agilis.* Arch. f. Anat. u. Physiolog. Anat. Abth. 1881 et 1882.

H. Strahl. *Beiträge zur Entwicklung der Reptilien.* Arch. f. Anat. u. Physiolog. Anat. Abth. 1883.
— *Ueber Canalis neurentericus und Allantois bei Lacerta viridis.* Arch. f. Anat. u. Physiol. Anat. Abth. 1883.
— *Ueber Entwicklungsvorgänge am Vorderende des Embryo von Lacerta agilis.* Arch. f. Anat. u. Physiol. Anat. Abth. 1884.
— *Ueber Wachsthumsvorgänge an Embryonen von Lacerta agilis.* Abhandlungen der Senckenbergischen naturforsch. Gesellsch. Francfort, 1884.
A. Swaen. *Étude sur le développement des feuillets et des premiers îlots sanguins dans le blastoderme de la Torpille.* Extraits des Bull. de l'Acad. roy. de Belg. 3e sér. T. IX. 1885.
— *Études sur le développement de la Torpille.* Archives de biologie. 1886. T. VII.
H. Virchow. *Ueber das Dottersyncytium und den Keimhautrand der Salmoniden.* Verhandl. der anat. Gesellsch. zu Strassburg. 1894.
— *Ueber den Keimhautrand der Salmoniden.* Verhandl. der anat. Gesellsch. zu Basel. 1895.
— *Dottersyncytium-, Keimhautrand- u. Concrescenzlehre.* Merkel-Bonnet's Ergebnisse. 1897.
Waldeyer. *Bemerkungen über die Keimblätter und den Primitivstreifen bei der Entwicklung des Hühnerembryo.* Zeitschr. f. rationelle Medicin. 1869.
— *Die neueren Forschungen im Gebiet der Keimblattlehre.* Berliner klinische Wochenschrift. Nos 17, 18. 1885.
Wenkebach. *Der Gastrulationsprocess bei Lacerta agilis.* Anat. Anz. 6e année. 1891. Nos 2 et 3.
Will. *Bericht über Studien zur Entwicklungsgeschichte von Platydactylus mauritianus.* Sitzungsbericht der Berl. Akademie. 12 déc. 1889.
— *Zur Entwicklungsgeschichte des Geckos.* Biolog. Centralblatt. Vol. X. Nos 19 et 20.
— *Zur Frage nach der Entstehung des gastralen Mesoderms bei Reptilien.* Anat. Anz. 1893, p. 677.
— *Ueber die Gastrulation von Cistudo und Chelonia.* Anatom. Anz. 1893, p. 653.
— *Beiträge zur Entwicklungsgeschichte der Reptilien. I. Anlage der Keimblätter beim Gecko.* Zool. Jahrb. 1893. *II. bei der Sumpfschildkröte.* Vol. VI.
— *Die neuesten Arbeiten über die Keimblattbildung der Amnioten.* Zoolog. Centralblatt. 1re année, p. 129 et 297.
Henry V. Wilson. *The embryology of the Sea Bass (Serranus atrarius).* From the Bulletin of the United States Fish Commission for 1889. Washington, 1891.
H. E. Ziegler et Fr. Ziegler. *Beiträge zur Entwicklungsgeschichte von Torpedo.* Arch. f. mikroskop. Anat. Vol. XXXIX.

Haeckel. *Die Gastraeatheorie, die phylogenetische Classification des Thierreichs und die Homologie der Keimblätter.* Jenaische Zeitschrift. Vol. VIII.
— *Die Gastrula und die Eifurchung der Thiere.* Jenaische Zeitschr. Vol. IX.
— *Nachträge zur Gastraeatheorie.* Jenaische Zeitschr. Vol. XI.
— *Ursprung und Entwicklung der thierischen Gewebe. Ein histogenetischer Beitrag zur Gastraeatheorie.* Jenaische Zeitschr. f. Naturw. Vol. XVIII. Nouvelle série. Vol. XI. 1884.
Oscar Hertwig et Richard Hertwig. *Studien zur Blättertheorie.* Fasc. I—V. 1879 à 1883.
Oscar Hertwig. *Die Chaetognathen. Ihre Anatomie, Systematik u. Entwicklungsgeschichte.* Eine Monographie. Iéna, 1880.
Oscar Hertwig et Richard Hertwig. *Die Coelomtheorie. Versuch einer Erklärung des mittleren Keimblattes.* Iéna, 1881.
Huxley. *On the classification of the animal kingdom.* Quarterly Journal of Microscopical Science. Vol. XV. 1875.
— *The anatomy of invertebrated animals.* 1877. Edition allemande de Spengel. *Grundzüge der Anatomie der Wirbelthiere.* 1878.
E. Ray Lankester. *On the primitive cell-layers of the embryo as the basis of genealogical classification of animals and on the origin of vascular and lymph systems.* Annals and Mag. N. Hist. Vol. XI. 1873.
— *Notes on the embryology and classification of the animal kingdom : comprising a revision of speculations relative to the origin and significance of the germ-layers.* Quarterly Journal of Microscop. Science. Vol. XVII. 1877.

R. Leuckart. *Ueber die Morphologie und Verwandtschaftsverhältnisse der wirbellosen Thiere.* Brunswick, 1848.

Kowalevsky. *Entwicklungsgeschichte der Sagitta.* Mémoires de l'Académie impériale des sciences de St-Pétersbourg. 7e sér. T. XVI. 1871.

— *Untersuchungen über die Entwicklung der Brachiopoden.* Nachrichten der Kaiserl. Gesellschaft der Freunde der Naturerkenntniss, etc. Vol. XIV. Moscou, 1875. (En russe.)

— *Weitere Studien über die Entwicklungsgeschichte des Amphioxus lanceolatus, nebst einem Beitrage zur Homologie des Nervensystems der Würmer und Wirbelthiere.* Arch. f. mikr. Anat. Vol. XIII. 1877.

Metschnikoff. *Studien über die Entwicklung der Echinodermen und Nemertinen.* Mémoires de l'Académie impériale des sciences de St-Pétersbourg. 7e sér. T. XIV. N° 8. 1869.

— *Untersuchungen über die Metamorphose einiger Seethiere.* Zeitschr. f. wissenschaftl. Zoologie. Vol. XX. 1870.

— *Studien über die Entwicklung der Medusen und Siphonophoren.* Zeitschrift für wissenschaftl. Zoologie. Vol. XXIV. 1874.

Casp. Fr. Wolff. *Ueber die Bildung des Darmcanals im bebrüteten Hühnchen.* Traduit en allemand par Fr. Meckel. Halle, 1812.

Haeckel. *Ziele und Wege der heutigen Entwicklungsgeschichte.* Iéna, 1875.

His. *Untersuchungen über die erste Anlage des Wirbelthierleibes.* 1868.

— *Unsere Körperform und das physiol. Problem ihrer Entstehung.* 1871.

Lotze. *Allgemeine Physiologie.* 1851.

Oken. *Kritik der Dissertation von Pander.* Isis, 1817. Vol. II, pag. 1529.

Pander. *Entwicklungsgeschichte des Küchels.* Oken's Isis. Année 1818. Vol. I, p. 512 à 524.

Rauber. *Formbildung und Formstörung in der Entwicklung von Wirbelthieren.* Chap. IV. (*Formbildung und Cellularmechanik.*) Morphol. Jahrb. Vol. VI, 1880.

Roux. *Die Entwicklungsmechanik der Organismen. Eine anatomische Wissenschaft der Zukunft.* 1890.

Rudolph Wagner. *Lehrbuch der Physiologie.* 3e édition.

CHAPITRE HUITIÈME

DÉVELOPPEMENT DES SEGMENTS PRIMORDIAUX

Chez les vertébrés, les modifications qui se manifestent simultanément dans les différents points de l'embryon sont d'autant plus nombreuses que le stade du développement est plus avancé. Aussi ne pouvons-nous plus décrire en même temps tous les phénomènes qui s'accomplissent simultanément; si nous agissions de la sorte, notre description serait décousue et difficile à comprendre. Il y a donc intérêt à examiner séparément chacun des processus du développement et à en poursuivre l'étude jusqu'au bout.

Après que l'ébauche du mésoderme se trouve formée, il s'accomplit dans l'aire embryonnaire deux phénomènes importants. L'un d'entre eux a pour résultat la division des deux feuillets moyens, de chaque côté de la ligne médiane, en deux parties : en une *plaque latérale* et, d'autre part, en une série d'organes cubiques, situés sur le côté de la corde dorsale. Ces organes, que l'on désigne encore fréquemment sous le nom impropre de *protovertèbres*, méritent d'être appelés *segments primordiaux*.

L'autre phénomène, qui se passe presque en même temps, du moins chez les vertébrés supérieurs, conduit à la formation d'ébauches, aux dépens desquelles se développent les tissus de la substance conjonctive et le sang.

Nous nous occuperons, dans ce chapitre, de la *formation des segments primordiaux*. Nous l'étudierons d'abord chez l'Amphioxus et les amphibiens; puis chez les poissons, les oiseaux et les mammifères.

Chez l'Amphioxus, la formation des segments primordiaux coïncide mieux que chez les autres vertébrés avec le début du développement du mésoderme. Aussitôt qu'à l'extrémité antérieure de l'embryon, les deux sacs cœlomiques commencent à s'accroître sur les côtés du cœlentéron, ils se divisent, d'avant en arrière, en une série de petits sacs, placés les uns derrière les autres (fig. 149, A et B, *sp*). Ce phénomène consiste encore en un processus de plissement du feuillet moyen.

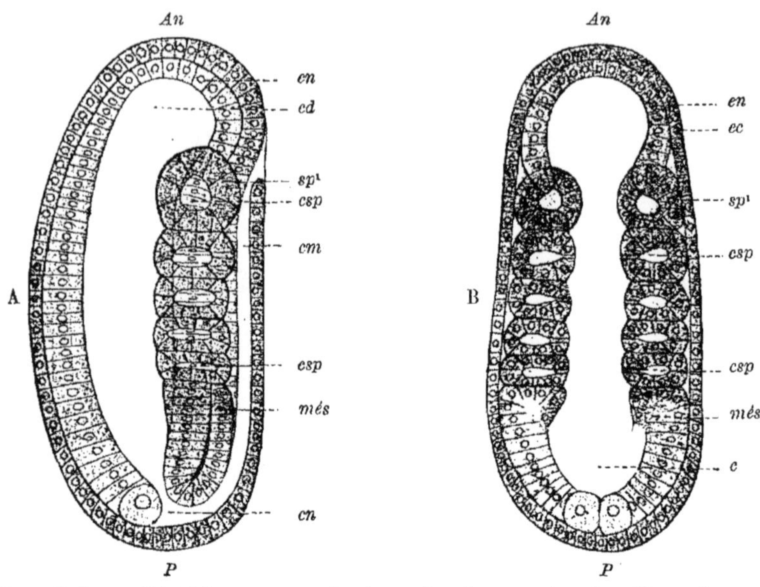

Fig. 149. — *Embryon d'Amphioxus, pourvu de cinq paires de segments primordiaux. Coupes optiques.* D'après HATSCHEK.

A, vu de profil; B, vu par sa face dorsale.

Dans la figure B, on voit la trace des orifices qui, sur un plan plus profond, font communiquer les cavités des segments primordiaux avec la cavité digestive. *An*, extrémité antérieure; *P*, extrémité postérieure; *ec*, feuillet externe; *en*, feuillet interne; *més*, feuillet moyen; *cd*, cavité digestive; *cm*, canal médullaire; *cn*, canal neurentérique; *sp*[1]. premier segment primordial; *csp*, cavité d'un segment primordial; *c*, cœlentéron.

A quelque distance de l'extrémité antérieure du diverticule cœlomique, la paroi de ce dernier, consistant en un épithélium cylindrique, forme un repli transversal par rapport à l'axe longitudinal de l'embryon. Ce repli s'accroît de haut en bas et de dehors en dedans, à l'intérieur de la cavité cœlomique. Bientôt après, à quelque distance en arrière du premier repli, il s'en forme de la même manière un deuxième, à droite et à gauche de la ligne médiane; puis, un troisième, en arrière du précédent; puis, un quatrième et ainsi de suite, au fur et à mesure que l'embryon s'allonge et que la formation du mésoderme, par invagination, progresse vers le blastopore.

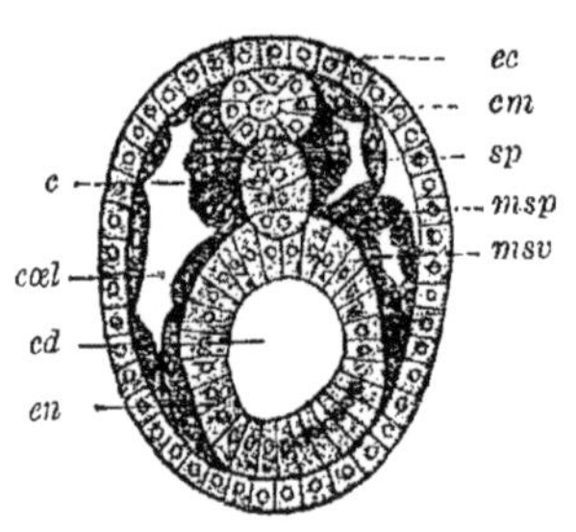

Fig. 150. — *Coupe transversale pratiquée, vers le milieu de la longueur du corps, chez un embryon d'Amphioxus pourvu de 11 segments primordiaux*, d'après HATSCHEK. *ec*, ectoderme; *en*, endoderme (feuillet glandulaire de l'intestin); *msp* et *msv*, feuillet pariétal et feuillet viscéral du mésoderme; *sp*, segment primordial; *cm*, canal médullaire; *c*, corde dorsale; *cœl*, cœlome; *cd*, cavité digestive.

La figure 149 représente, à la coupe optique, un embryon pourvu, de chaque côté de la ligne médiane, de cinq petits sacs.

L'évagination mésodermique s'étend jusqu'au point marqué *més*. Au fur et à mesure qu'elle progresse d'avant en arrière, elle continue à se diviser, au moyen de plis transversaux, en de nouveaux segments primordiaux. C'est ainsi que la larve âgée de vingt-quatre heures seulement en possède environ dix-sept paires. Chaque segment primordial présente, au début, un orifice qui fait communiquer sa cavité (*csp*) avec le canal digestif. Mais bientôt ces orifices commencent à se fermer; leurs bords se juxtaposent, puis se soudent. Cette fermeture s'accomplit d'abord pour le premier segment, puis pour le suivant, et ainsi de suite, c'est-à-dire d'avant en arrière. En même temps, les segments primordiaux (fig. 150) s'étendent progressivement du côté dorsal et du côté ventral, par suite de la multiplication et du changement de forme des cellules de leurs parois. Vers le haut, ils gagnent de plus en plus les faces latérales du canal médullaire, lequel, sur ces entrefaites, s'est complètement séparé de l'ectoderme, dont il dérive. Vers le bas, ils s'interposent de plus en plus entre le tube digestif et l'ectoderme.

Enfin, ajoutons qu'à un stade encore plus avancé, ainsi que le montre à droite la figure 150, la partie dorsale de chaque segment se sépare, par étranglement, de sa partie ventrale. La cavité de la partie dorsale se réduit de plus en plus, au fur et à mesure que les cellules de sa paroi interne se transforment en les éléments musculaires striés du segment du corps correspondant. Aux dépens des cavités des parties ventrales de tous les segments primordiaux se forme plus tard la cavité générale du corps, indivise, de l'adulte (splanchnocèle). Voici comment. Les parois en contact de ces parties ventrales des segments primordiaux s'amincissent, puis se résorbent et disparaissent.

Des phénomènes semblables s'accomplissent, quoique un peu différemment, chez les autres vertébrés.

Chez le triton, le mésoderme (fig. 151, A et B) s'épaissit aux deux côtés de la corde dorsale (*c*) et de l'ébauche du système nerveux central (*pm*, *cm*). Dans cette partie épaissie apparaît une cavité (*csp*), à la suite de l'écartement des feuillets pariétal et viscéral du mésoderme. Cet épaississement du mésoderme n'est pas le résultat de l'augmentation du nombre des assises de cellules qui le constituent, mais il est exclusivement dû à ce que les cellules deviennent beaucoup plus élevées, cylindriques : elles se disposent autour de la cavité à la façon d'un épithélium. Le mésoderme se trouve, de la sorte, subdivisé, de chaque côté de la ligne médiane, en deux parties dont l'une, épaissie et située sur le côté de la corde dorsale et du système nerveux central, constitue la *plaque protovertébrale* ou *plaque des segments primordiaux*, tandis que l'autre, plus externe, prend le nom de *plaque latérale*. Les cellules des plaques latérales sont moins élevées et, habituellement, il n'existe pas encore de cavité bien nette entre leur feuillet viscéral (splanchnopleure) et leur feuillet pariétal (somatopleure).

Tandis que chez l'Amphioxus le processus de métamérisation intéresse le mésoderme tout entier, chez les amphibiens et chez tous les autres vertébrés, il ne se produit que dans la partie de ce feuillet qui avoisine la corde dorsale et le canal médullaire ; par contre, les plaques latérales ne se segmentent pas. La métamérisation commence à l'extrémité antérieure et progresse lentement, d'avant en arrière, vers le

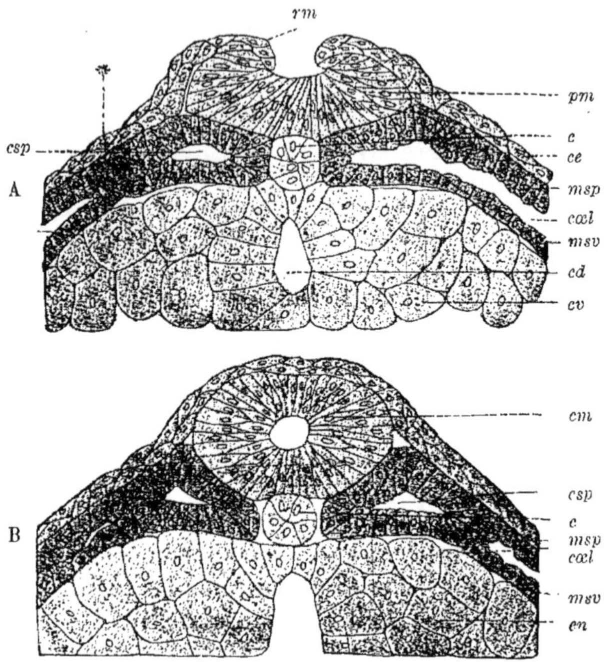

Fig. 151. — *Coupes transversales d'un embryon de triton.*

A, coupe pratiquée dans la partie du tronc où le système nerveux central constitue encore une gouttière : les segments primordiaux commencent à se séparer, par étranglement, des plaques latérales.
B, coupe pratiquée dans la partie du tronc où le canal médullaire et les segments primordiaux sont formés.
rm, repli médullaire ; *pm*, plaque médullaire (gouttière médullaire) ; *cm*, canal ou tube médullaire ; *c*, corde dorsale ; *ec*, ectoderme ; *en*, endoderme ; *msp* et *msv*, feuillet pariétal et feuillet viscéral du mésoderme ; *cd*, cavité digestive ; *cœl*, cœlome ; *csp*, cavité d'un segment primordial ; *cv*, cellules vitellines.

blastopore. Elle s'accomplit par plissement et étranglement. La plaque épithéliale, à cellules cylindriques, située au voisinage du canal médullaire et de la corde dorsale, forme de petits replis transversaux, qui se développent à égale distance les uns des autres, proéminent dans la cavité de la plaque des segments primordiaux et donnent ainsi naissance à de petits sacs placés les uns derrière les autres (fig. 152).

Peu de temps après, chaque petit sac se sépare de la plaque latérale (fig. 151, A et B). Sur des coupes transversales aussi bien que sur des coupes frontales, on trouve alors, à droite et à gauche de la corde dorsale et du canal médullaire, de petites vésicules, plus ou moins cubiques, dont la paroi est formée par un épithélium cylindrique. Elles sont séparées par une fente et présentent à leur intérieur une petite cavité, dérivant du cœlome. La paroi antérieure du repli mésodermique qui délimite en arrière le dernier segment primordial formé, devient la paroi postérieure de ce segment, tandis que la paroi postérieure de ce repli constitue la paroi antérieure du restant de la plaque des segments primordiaux ou du futur segment primordial suivant.

Parmi les vertébrés dont les œufs sont méroblastiques, ce sont les sélaciens qui nous montrent le plus nettement le processus primitif de la formation des segments primordiaux. Lorsque le feuillet pariétal s'est écarté du feuillet viscéral du mésoderme, il existe à droite et à gauche une cavité cœlomique bien nette (fig. 156). La partie dorsale de cette cavité, située sur le côté du canal médullaire, présente des parois épaissies (*pm*) et correspond à la plaque des segments primordiaux des amphibiens. En même temps que la cavité cœlomique devient nettement marquée, cette plaque commence à se diviser en segments primordiaux. Dans la partie antérieure de l'embryon vu par transparence, on distingue, à droite et à gauche, une série de lignes de séparation transversales, dont le nombre augmente constamment d'avant en arrière. Très longtemps chacune des cavités des segments primordiaux communique encore, du côté ventral, par un orifice étroit, avec la cavité cœlomique commune. On peut se représenter cette disposition comme si le cœlome était pourvu, du côté du dos de l'embryon, d'une série de petites évaginations en culs-de-sac, placées les unes derrière les autres. Plus tard, les segments primordiaux se séparent complètement, par étranglement, de la cavité cœlomique (fig. 157) : ensuite leurs parois épaissies s'appliquent l'une contre l'autre, ce qui détermine la disparition de la cavité qu'elles délimitaient.

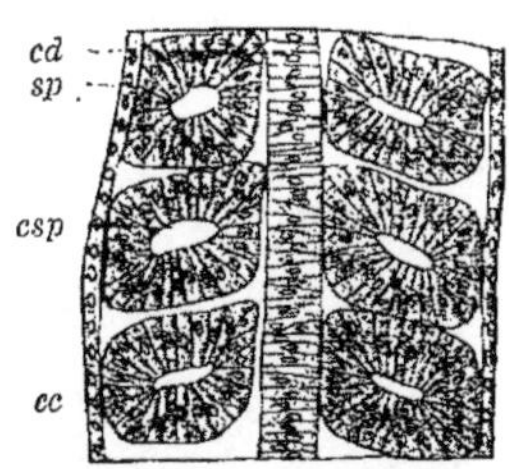

Fig. 152. — *Coupe frontale intéressant la région dorsale d'un embryon de triton, dont les segments primordiaux sont formés.*
On voit à droite et à gauche de la corde dorsale (*cd*) les segments primordiaux (*sp*), pourvus chacun d'une cavité (*csp*) ; *ec*, ectoderme.

Tandis que chez les sélaciens il est encore facile de constater que les segments primordiaux se forment par plissement et par étranglement, chez les reptiles, les oiseaux et les mammifères, ce processus est masqué au point d'être rendu méconnaissable. Cela provient uniquement de ce que les feuillets pariétal et viscéral du mésoderme restent très longtemps accolés l'un contre l'autre; qu'ils ne commencent à s'écarter que très tardivement, et, enfin, qu'ils sont composés de plusieurs assises de petites cellules. *Le processus de plissement et d'étranglement apparaît alors comme la division d'une plaque cellulaire pleine en petites pièces cubiques.*

La partie du mésoderme en rapport immédiat avec la corde dorsale et le canal médullaire forme, sur une coupe pratiquée chez un embryon de poulet (fig. 153) une masse compacte (*P. v*) de petites cellules, disposées en plusieurs assises superposées. Cette masse, aussi longtemps qu'elle n'est pas segmentée, porte le nom de plaque des segments primordiaux. Dans la figure 153, elle est encore unie latéralement, par l'intermédiaire d'un mince pont de cellules, à la plaque latérale du même côté. Le mésoderme de la plaque latérale est moins épais et il est divisé, par une fente cœlomique (splanchnocèle), en deux feuillets.

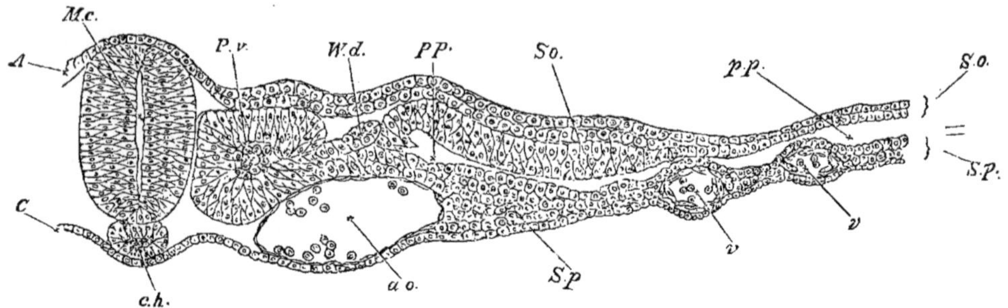

Fig. 153. — *Coupe transversale à travers la région dorsale d'un embryon de poulet de 45 heures*, d'après BALFOUR.

Cette figure nous montre le feuillet moyen en partie divisé en un segment primordial (*P. v*) et en la plaque latérale. Entre les deux feuillets de cette dernière (*S. o* et *S. p*), on voit le cœlome ou cavité pleuro-péritonéale (*pp*).

M.c, canal médullaire; *P.v*, segment primordial; *S.o*, somatopleure; *S.p*, splanchnopleure; *p.p*, cavité pleuro-péritonéale; *c.h*, corde dorsale; *A*, ectoderme ou épiblaste; *C*, endoderme; *a.o*, aorte primitive; *v*, vaisseaux sanguins; *W.d*, canal de Wolff.

Si l'on examine de face l'aire embryonnaire d'un œuf de lapin, à la fin du 9e jour (fig. 154), on constate que la région des plaques des segments primordiaux est plus opaque, plus foncée, que la région des plaques latérales. Pour les distinguer, on a donné à la première le nom de *zone rachidienne* (*stz*) et à la seconde, le nom de *zone pariétale* (*pz*).

La formation des segments primordiaux débute chez le poulet au commencement du 2e jour de l'incubation; chez le lapin, au 8e jour environ après la fécondation. Dans la zone rachidienne, à quelque distance en avant du sillon primitif, vers le milieu de l'aire embryonnaire, apparaissent, à droite et à gauche de la corde dorsale et du canal médullaire, des lignes transversales claires (fig. 115, 119, 154). Elles correspondent aux fentes qui divisent les plaques en les petits segments primordiaux, cubiques et pleins (*uw*). Chez l'embryon de neuf jours représenté figure 154, les plaques des segments primordiaux sont, en avant, divisées en huit paires de segments primordiaux (*uw*), tandis qu'à l'extrémité postérieure de l'aire embryonnaire, elles constituent encore une seule masse cellulaire, qui apparaît plus foncée que les parties avoisinantes (zone rachidienne, *stz*).

A un stade un peu plus avancé, il se forme à l'intérieur de chaque segment primordial, probablement à la suite de la sécrétion d'un liquide, une petite cavité semblable à celle que l'on observe chez les amphibiens et les sélaciens. Autour de cette cavité les cellules se groupent radiairement (fig. 162). La cavité du segment primordial se continue aussi primitivement, en dehors avec le cœlome, comme cela existe chez les sélaciens. Plus tard cette communication cesse, en même temps que le segment primordial se sépare complètement du restant du mésoderme.

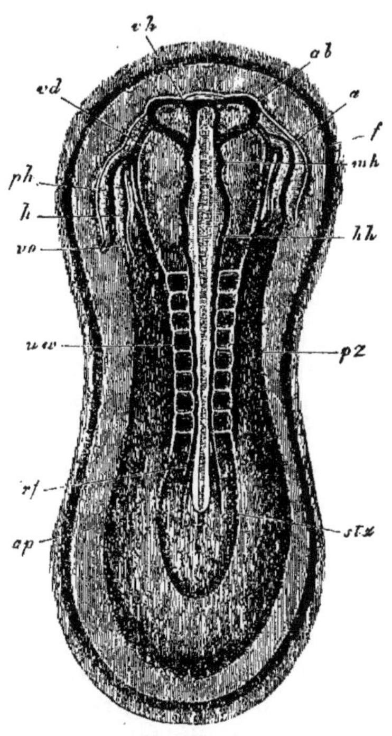

Fig. 154. — *Embryon de lapin de 9 jours, vu par sa face dorsale*, d'après KÖLLIKER. Grossissement : 21 diamètres.

On distingue la zone rachidienne (*stz*) et la zone pariétale (*pz*). Dans la première, existent, sur les côtés de la corde dorsale et du système nerveux central, les ébauches de 8 paires de segments primordiaux.

ap, aire transparente; *rf*, sillon dorsal; *vh*, cerveau antérieur; *ab*, vésicules optiques primaires; *mh*, cerveau moyen; *hh*, cerveau postérieur; *uw*, segment primordial; *stz*, zone rachidienne; *pz*, zone pariétale; *h*, cœur; *ph*, portion péricardique du cœlome; *vd*, bord de l'orifice intestinal antérieur, vu par transparence; *af*, repli amniotique; *vo*, veine omphalo-mésentérique.

Chez les vertébrés, le processus de métamérisation que nous venons d'étudier n'intéresse pas seulement la région du tronc, mais aussi une partie de la région céphalique de l'aire embryonnaire. Il y a donc lieu de distinguer, d'une part, des segments céphaliques et, d'autre part, des segments du tronc. Il est difficile de déterminer avec exactitude le nombre et la constitution des segments céphaliques. (Voir chapitre XVII.) En tout cas, l'étude de la métamérisation du corps de l'embryon en un grand nombre de segments consécutifs a conduit à ce résultat, important au point de vue de la morphologie générale des vertébrés, que *la tête, tout comme le tronc, est formée de plusieurs métamères, et ne s'est nullement formée aux dépens d'un seul segment primordial.*

RÉSUMÉ

1. Chez les vertébrés, les feuillets moyens se divisent immédiatement, après qu'ils se sont formés, en plusieurs ébauches. Cette division se fait par plissement et étranglement.

2. La segmentation ou métamérisation du mésoderme s'accomplit de deux manières.

a. Chez l'Amphioxus, les deux feuillets moyens se divisent *complètement*, aussitôt après leur première apparition, en segments primordiaux placés les uns derrière les autres.

Ce n'est qu'ultérieurement que chaque segment primordial se

subdivise en une portion dorsale (segment primordial proprement dit) et en une portion ventrale.

Les segments primordiaux dorsaux ou proprement dits fournissent les muscles striés du tronc.

Les segments ventraux donnent naissance au cœlome (splanchnocèle) qui, primitivement segmenté, se transforme plus tard en une cavité unique, à la suite de la résorption des cloisons qui le divisaient.

b. Chez tous les autres vertébrés, les ébauches des feuillets moyens se divisent d'abord en une portion dorsale et en une portion ventrale. La première constitue la plaque des segments primordiaux et la seconde, la plaque latérale.

Les deux *plaques latérales* ne se segmentent jamais. La cavité cœlomique (splanchnocèle), qui devient visible lorsque le feuillet pariétal (somatopleure) s'est écarté du feuillet viscéral (splanchnopleure) des plaques latérales, constitue primitivement une cavité unique dans chacune des deux moitiés du corps.

Les deux *plaques des segments primordiaux* seules se métamérisent et donnent naissance aux segments primordiaux, disposés les uns derrière les autres.

3. La métamérisation des feuillets moyens intéresse également la région céphalique future de l'embryon. Il y a donc lieu de distinguer :

a Des *segments céphaliques*, dont le nombre n'est pas encore parfaitement établi pour les différentes classes de vertébrés;

b. Des *segments du tronc*, dont le nombre augmente constamment, dans le cours du développement, aux dépens de l'extrémité postérieure du tronc.

CHAPITRE NEUVIÈME

DÉVELOPPEMENT DE LA SUBSTANCE CONJONCTIVE ET DU SANG

(THÉORIE DU MÉSENCHYME)

Le mode de développement de la substance conjonctive et du sang est une question très difficile, dont bien des points sont encore mal connus. Aussi, avant d'exposer les dispositions complexes que l'on rencontre chez les vertébrés, croyons-nous devoir dire quelques mots d'une disposition plus simple, réalisée chez les invertébrés.

Chez les cœlentérés et les échinodermes, il se forme, entre les feuillets germinatifs épithéliaux, un tissu de soutien. Il consiste en une substance gélatineuse, homogène, dans laquelle se trouvent disséminées des cellules isolées, sphériques ou étoilées, capables de se déplacer à l'aide de mouvements amœboïdes.

Ce tissu se forme généralement à une période reculée du développement. C'est ainsi que chez les échinodermes il commence à se montrer au stade blastula (fig. 155).

Dans la cavité de segmentation (fig. 155, A) apparaît d'abord une substance molle, homogène, sécrétée par les cellules épithéliales : elle forme le noyau gélatineux (*sc*). Dans cette substance pénètrent ensuite des cellules (*ms*), qui se détachent d'une région déterminée, de cette partie de la blastula qui s'est invaginée pour donner naissance au feuillet interne de la gastrula (fig. 155, B, *hy*). Ces cellules perdent leur caractère épithélial et présentent des prolongements semblables à ceux des cellules lymphatiques. Elles ne tardent pas à se répandre partout dans le noyau gélatineux, sous la forme de cellules migratrices.

A partir du stade gastrula, ce tissu muqueux constitue une troisième couche, interposée entre le feuillet externe et le feuillet interne. Elle se distingue, au point de vue histologique, des deux feuillets primordiaux, qui sont de nature épithéliale. D'après la définition que nous avons donnée précédemment du feuillet germinatif, on ne peut désigner la couche de tissu muqueux dont nous parlons, sous le nom de feuillet germinatif moyen ou mésoderme. En effet, nous avons établi que tout feuillet germinatif doit constituer un épithélium, formé de cellules embryonnaires. La *couche muqueuse* qui nous occupe est un *produit des feuillets germinatifs*. Pour la distinguer de ces derniers, nous lui donnerons le nom de *mésenchyme* ou de *feuillet intermédiaire*.

Une fois formé, le mésenchyme continue à s'accroître par lui-même : les cellules qui, à un stade déterminé du développement, ont émigré dans le noyau gélatineux, cellules que nous pouvons appeler *germes du mésenchyme*, se multiplient par division, d'une façon continue. En même temps qu'il s'accroît, le mésenchyme pénètre dans toutes les lacunes

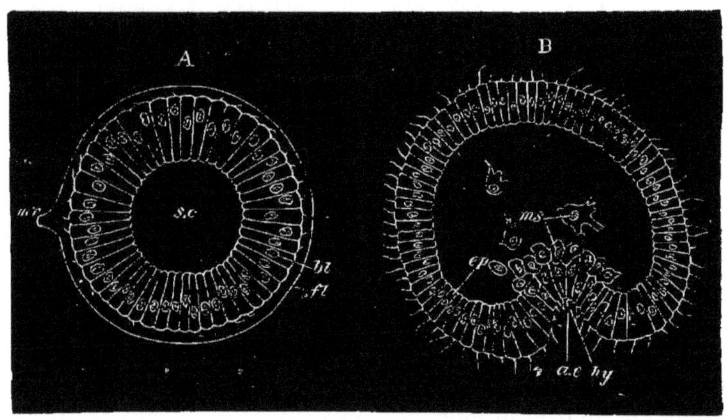

Fig. 155. — *Deux stades du développement de Holothuria tubulosa, vus en coupe optique*, d'après SELENKA. Figure empruntée à BALFOUR.

A, blastula à la fin de la segmentation. B, stade gastrula.

mr, micropyle ; *fl*, chorion ; *sc*, cavité de segmentation, dans laquelle s'accumule bientôt le noyau gélatineux *bl*, paroi de la blastula (blastoderme) ; *ep*, feuillet externe ; *hy*, feuillet interne ; *ms*, cellules amœboïdes dérivées du feuillet interne ; *ac*, cœlentéron.

qui apparaissent entre les organes formés par invagination ou plissement des deux feuillets primordiaux. Il constitue donc pour ces organes ou feuillets épithéliaux une charpente de soutien. En outre, certaines cellules du mésenchyme peuvent changer de caractère histologique et cesser de constituer de simples cellules servant à nourrir la substance intermédiaire. C'est ainsi qu'un certain nombre d'entre elles se différencient à leur surface en substance contractile et deviennent, comme c'est le cas chez les cténophores et les échinodermes, des cellules musculaires lisses. Celles-ci, ou bien se prolongent à chacune de leurs extrémités en *une* pointe effilée, ou bien présentent de *nombreux* prolongements délicats, comme c'est fréquemment le cas chez les invertébrés.

Un processus identique semble aussi se produire chez les vertébrés, après que les deux feuillets germinatifs primordiaux se sont formés, et donner lieu à la formation du tissu conjonctif et du sang. Ces deux tissus correspondent, tant morphologiquement que physiologiquement, au mésenchyme des invertébrés.

Dans les deux premières éditions allemandes de ce traité, je disais que la question du mésenchyme des vertébrés était encore tout entière à résoudre; que, par conséquent, l'exposé que j'en faisais n'était, à maints points de vue, que *provisoire*. Depuis l'époque où j'écrivais ces lignes, cette question a fait de grands progrès. Grâce aux recherches de Hatschek, de Rabl, de Rückert, de Ziegler, de Van Wijhe et de Schwinck, l'histoire de la formation de la substance conjonctive a reçu des éclaircissements sérieux; mais, par contre, l'origine du sang et de l'endothélium des vaisseaux est restée plus obscure. C'est ce qui me détermine à examiner séparément ces deux questions.

A. — Formation de la substance conjonctive.

Les embryons des sélaciens semblent constituer le meilleur sujet d'étude pour la formation de la substance conjonctive. Chez eux, le mésenchyme apparaît en grande abondance et à une période très reculée du développement. Il se forme en différents points.

C'est ainsi que dans le chapitre sixième déjà (p. 182) nous avons signalé la présence d'une couche cellulaire, que l'on observe dans la région antérieure de très jeunes disques germinatifs. Cette couche de cellules a été décrite sous le nom d'*endoderme vitellin* (Ziegler) (fig. 143). Elle semble fournir, au bord antérieur du disque germinatif, les éléments cellulaires destinés à l'accroissement du blastoderme, pendant qu'il enveloppe de plus en plus le vitellus. D'après Ziegler, une partie de l'endoderme vitellin se transformerait en un réseau de cellules ramifiées, en une sorte de mésenchyme. Malheureusement l'on n'a pas encore fait jusqu'à ce jour des recherches comparatives complètes sur le développement et la différenciation des tissus dans la région du disque germinatif située en avant de l'embryon.

Ce qui n'est pas contesté, c'est que parmi les feuillets germinatifs, c'est surtout le *feuillet moyen* qui donne naissance au mésenchyme. Au moment où les segments primordiaux sont encore en continuité, par leur extrémité inférieure, avec les plaques latérales, en même temps que le cœlome apparaît dans ces dernières, on constate, à l'extrémité inférieure de chaque segment primordial, une prolifération cellulaire du feuillet viscéral du mésoderme. C'est ce que l'on désigne généralement sous le nom de *sclérotome*. Au début, il s'y engage un petit diverticule du cœlome.

En ce point, qui se distingue nettement des parties avoisinantes (et le même phénomène se produit dans chaque segment primordial), des cellules se détachent, en grand nombre et isolément, de la couche épithéliale (fig. 156 *sc*). Grâce à leurs mouvements actifs elles s'éloignent de leur lieu d'origine, tout comme les cellules du mésenchyme des invertébrés. Elles se répandent entre la paroi interne (*pm*) du segment pri-

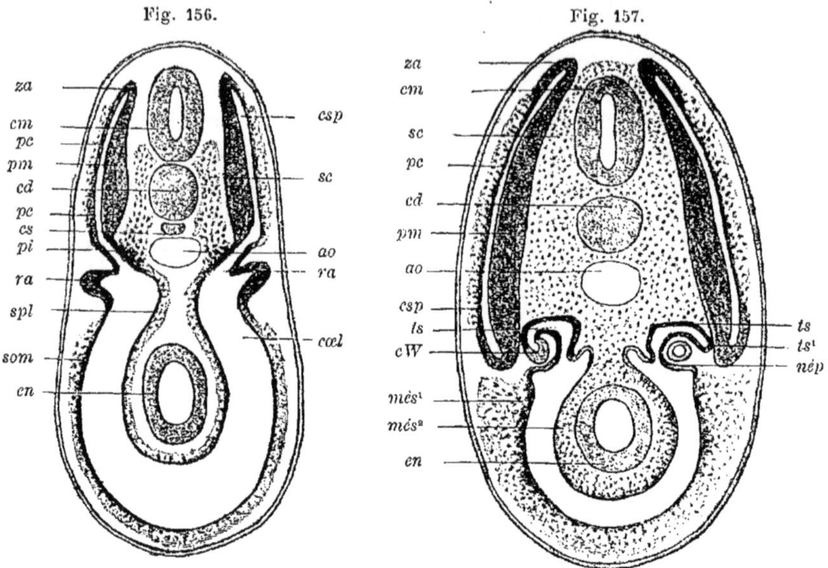

Fig. 156 et 157. — *Coupes transversales (figures schématiques) pratiquées dans deux embryons de sélaciens d'âges différents, et montrant la formation des principaux produits du feuillet moyen.* Figures modifiées d'après VAN WIJHE.

Fig. 156. — *Coupe passant par la région du rein antérieur d'un embryon dont les segments musculaires (pm) commencent à se séparer.*

Fig. 157. — *Coupe d'un embryon un peu plus avancé, dont les segments musculaires viennent de se séparer.*

cm, canal médullaire; *cd*, corde dorsale; *ao*, aorte; *cs*, cordon subnotocordal; *pm*, plaque musculaire du segment primordial; *za*, zone d'accroissement, au niveau de laquelle la plaque musculaire se continue avec la plaque cutanée (*pc*); *pc*, plaque cutanée; *pi*, pièce intermédiaire unissant le segment primordial à la paroi du cœlome : c'est aux dépens de cette pièce intermédiaire que se développent notamment les canalicules du rein primordial (fig. 157, *ts*); *sc*, tissu squelettogène, formé aux dépens de la paroi interne de la pièce intermédiaire (*pi*); *ra*, rein antérieur ou pronéphros; du mésenchyme se forme également aux dépens de la somatopleure (*som*) et de la splanchnopleure (*spl*); *cœl*, cœlome (cavité pleuro-péritonéale); *en*, feuillet glandulaire de l'intestin; *csp*, cavité du segment primordial; *ts*, canalicule du rein primordial, formé aux dépens de la pièce intermédiaire (*pi*) du schéma 156; *ts'*, point où le canalicule du rein primordial s'est détaché, par étranglement, du segment primordial; *cW*, canal du mésonéphros en continuité, à gauche, avec le canalicule du mésonéphros (*ts*); *nép*, néphrostome ou orifice infundibuliforme mettant le canalicule du mésonéphros en communication avec le cœlome; *més*¹ et *més*², mésenchyme provenant de la somatopleure et de la splanchnopleure.

mordial, d'une part, et la corde dorsale (*cd*) ainsi que le canal médullaire (*cm*), d'autre part.

Dès leur origine, ces cellules amœboïdes sont séparées les unes des autres par un peu de substance fondamentale ou intermédiaire. Leur nombre s'accroît rapidement et bientôt on constate que la corde dorsale, le canal médullaire et les segments primordiaux sont plus écartés les uns des autres et séparés par ce tissu (fig. 157). La disposition métamérique que les sclérotomes manifestaient au moment de leur première origine (fig. 257 *Vr*), disparaît très tôt et le tissu dérivé de ces organes forme bientôt une couche continue.

Le mésenchyme, ainsi formé aux dépens du mésoderme, à droite et à gauche de la corde dorsale, fournit l'*ébauche de tout le squelette axial.* Il forme le tissu squelettogène : les deux masses droite et gauche se développent l'une vers l'autre et se fusionnent en une masse unique. Comme le montre la figure 157, le mésenchyme (*sc*) entoure de toutes parts la corde dorsale (*cd*) et lui forme une gaine de tissu conjonctif, qui devient de plus en plus épaisse. De même elle enveloppe le canal médullaire (*cm*) et forme la membrane réunissante supérieure des anciens embryologistes, c'est-à-dire l'ébauche des enveloppes conjonctives du système nerveux central (méninges) et celle des arcs vertébraux avec leurs ligaments.

Des dispositions semblables s'observent aussi, bien que moins nettement, chez les reptiles, les oiseaux et les mammifères. Elles ont déjà été décrites par Remak, Kölliker et autres, et ont été considérées comme se trouvant en relation avec la formation de la colonne vertébrale. Les segments primordiaux, qui primitivement sont des organes pleins, présentent bientôt une petite cavité (fig. 162), autour de laquelle les cellules sont disposées en un épithélium complet. Puis, la partie inférieure de la paroi interne du segment primordial se met à proliférer d'une façon très active et se transforme en une masse de tissu conjonctif embryonnaire, qui se répand, comme nous l'avons dit précédemment, autour de la corde dorsale et du canal médullaire. Aux dépens de la partie dorsale de la paroi interne et de la paroi externe de chaque segment primordial, c'est-à-dire aux dépens des parties de ce segment qui n'ont pas proliféré, se forme, après la disparition de la cavité du segment une *plaque ou segment musculaire* (fig. 162, *ms*). Les plaques musculaires constituent les ébauches des muscles du tronc.

Il se forme, en outre, du mésenchyme en *trois* autres points du mésoderme : aux dépens de la splanchnopleure, aux dépens de la somatopleure et enfin aux dépens de la paroi externe du segment primordial sous-jacente à l'épiderme et que Rabl a appelée la plaque cutanée. C'est encore chez les sélaciens que l'on peut le mieux observer ces transformations.

De la splanchnopleure, qui, dans les premiers stades du développement, est formée en partie par des cellules cubiques et en partie par des cellules cylindriques (fig. 156, *spl*), se détachent des cellules isolées, qui se répandent autour du feuillet glandulaire de l'intestin. On les rencontre là où il n'existe pas de vaisseaux. Elles donnent naissance au mésenchyme intestinal, qui devient de plus en plus abondant et qui fournit plus tard le tissu conjonctif et les cellules musculaires lisses (tunique musculaire) de l'intestin (fig. 157, *més*^{2}).

Un phénomène semblable s'accomplit dans la somatopleure. Il s'en détache des cellules migratrices, qui se répandent entre l'épithélium du cœlome et l'épiderme, où elles forment une couche intermédiaire de cellules mésenchymatiques (fig. 156, *som;* fig. 157, *més*^{1}).

Enfin, la plaque cutanée, c'est-à-dire la couche épithéliale du segment primordial qui est appliquée contre l'épiderme (fig. 156, *pc*), constitue encore un important foyer de production de tissu conjonctif. Là le processus s'accomplit plus tard : il débute par une prolifération cellulaire, qui aboutit à la disparition complète de la plaque cutanée, épithéliale. « Les cellules, qui jusqu'à ce moment présentaient tous les carac- « tères de cellules épithéliales, dit RABL, se séparent les unes des autres « et perdent ces caractères. » C'est aux dépens de cette partie du mésenchyme que se développe probablement le derme cutané.

L'étude des embryons transparents des poissons osseux démontre de la façon la plus évidente que les cellules mésenchymatiques répandues entre les couches épithéliales peuvent changer de place à la façon des cellules migratrices. « On voit nettement, dit WENKEBACH, que ces cel- « lules se meuvent librement à l'intérieur de l'embryon, à la façon des « amibes : souvent même leurs prolongements protoplasmiques sont « extraordinairement longs. On les voit aussi se mouvoir de la même « manière à la surface du vitellus qui n'est pas recouverte par l'hypo- « blaste; elles rampent en se dirigeant vers certains points déterminés, « comme si elles agissaient volontairement et d'une façon consciente. » Grâce à ces mouvements, les cellules du mésenchyme pénètrent dans tous les interstices compris entre les feuillets germinatifs et les organes qui en dérivent. Elles forment ainsi partout, entre ces organes, un tissu conjonctif de remplissage, qui devient encore plus important plus tard, parce qu'il amène aux organes les vaisseaux sanguins et lymphatiques ainsi que les nerfs.

La description que je viens de faire du développement du mésenchyme diffère essentiellement de celle que j'en ai donnée dans les deux premières éditions allemandes de ce traité. M'appuyant sur les recherches faites par HIS, WALDEYER, KOLLMANN et autres, et relatives aux œufs méroblastiques, je pensais à cette époque que le mésenchyme prenait essentiellement son origine dans une région restreinte du disque germinatif, dans l'aire opaque, et s'y formait par délamination aux dépens de l'endoderme, tout spécialement aux dépens du rempart vitellin. J'admets, au contraire, aujourd'hui, que les lieux de formation du mésenchyme sont multiples et que ce tissu se développe à des époques diverses de l'ontogenèse. Avec KÖLLIKER, RABL, ZIEGLER et autres, je considère comme un fait bien établi que le mésenchyme se forme aux dépens du feuillet moyen et qu'il procède de différents points de ce feuillet. J'en reviens donc à une manière de voir que j'exposais déjà hypothétiquement dans la *théorie du cœlome* (p. 80) et dans mon mémoire *sur le feuillet moyen* (p. 122). J'admettais alors que, chez les vertébrés, il existe probablement plusieurs foyers de formation du mésenchyme et que les germes du mésenchyme se forment par émigration de cellules. D'ailleurs, il importait peu pour ma théorie que le mésenchyme procédât d'un ou de plusieurs foyers, attendu qu'elle reposait essentiellement sur ce fait qu'il existe, dès le début du développement des tissus, une antithèse entre les feuillets germinatifs épithéliaux et un tissu de remplissage dont les éléments, après s'être détachés d'un épithélium, se répandent entre les feuillets germinatifs épithéliaux, pour constituer une formation spéciale.

Il n'était nullement contraire à cette théorie que *le mésenchyme ne procédât pas uniquement du feuillet moyen, mais que le feuillet interne (endoderme vitellin) y participât également.*

B. — Formation du sang et de l'endothélium des vaisseaux.

La question, dont nous allons nous occuper, est l'une des plus obscures de l'embryogénie comparée. Même les auteurs qui, dans ces dernières années, ont cherché à élucider ce sujet en employant les méthodes les plus perfectionnées, n'hésitent pas à reconnaître combien d'incertitude règne concernant la signification des faits qu'ils ont observés. Le plus inférieur des vertébrés lui-même, qui se caractérise par la grande simplicité de sa structure et dont il est facile d'interpréter le mode de développement, l'Amphioxus, n'a pu servir à résoudre cette question. Hatschek, qui a le mieux étudié l'embryogénie de cet animal, avoue que ses vaisseaux sanguins constituent le seul système d'organes dont il n'a pu élucider l'origine.

Aussi émet-on sur ce sujet les idées les plus contradictoires : les observations elles-mêmes sont bien loin d'être concordantes. Pour pouvoir exposer ce qu'on en connaît actuellement, il me faudrait sortir du cadre que je me suis tracé en abordant la rédaction de cet ouvrage. Je me limiterai donc. Après avoir fait connaître succinctement les diverses possibilités, selon lesquelles pourrait s'accomplir le développement des vaisseaux et du sang, j'exposerai une série d'observations faites chez les sélaciens, les amphibiens, les oiseaux et les mammifères. Toutefois il ne faudra pas perdre de vue que bien des points sont encore douteux et que l'avenir modifiera peut-être complètement notre manière de voir.

D'après certains auteurs, les espaces vasculaires se forment aux dépens de lacunes, qui restent libres entre les feuillets germinatifs, lors de la formation du mésenchyme. Ces espaces commencent ensuite à être entourés par des cellules mésenchymatiques, qui se disposent de façon à leur former un endothélium. « Le système des vaisseaux sanguins et le système des vaisseaux lymphatiques, dit Ziegler, trouvent leur première ébauche dans les restes de la cavité générale du corps primordiale (c'est-à-dire dans l'espace compris entre les feuillets germinatifs primordiaux). Lorsque le tissu de formation (mésenchyme) s'est répandu partout, ces restes persistent sous la forme de vaisseaux, lacunes ou interstices, logés dans ce tissu même. » Quant aux éléments figurés du sang, ils naissent en différents points du trajet des vaisseaux par prolifération de cellules du mésenchyme qui s'isolent ensuite.

D'après une autre manière de voir, les vaisseaux se forment de la façon suivante : des cellules du mésenchyme se disposent en séries, de façon à former des cordons cellulaires, qui se creusent ensuite à leur intérieur. Les cellules les plus superficielles donnent lieu à la formation de la paroi endothéliale, tandis que les autres cellules deviennent des corpuscules du sang. Les vaisseaux sanguins ne sont donc autre chose que des cavités, qui se forment dans le mésenchyme, à la suite d'un arrangement déterminé des cellules de ce tissu.

Ces deux opinions sont d'accord sur un point : dans l'une comme dans l'autre, on admet une connexion génésique entre les tissus de la substance conjonctive et le sang, ce dernier n'étant qu'un produit de transformation du mésenchyme.

D'ailleurs, elles peuvent toutes deux offrir des variations, selon qu'on admet tel ou tel mode d'origine du mésenchyme; selon qu'on le fait dériver du mésoderme ou de l'endoderme ou que l'on admet que de ces deux feuillets germinatifs se détachent des cellules qui s'unissent ensuite en une ébauche unique. D'autres variations résultent encore de l'opinion que l'on se fait du lieu de formation des premiers vaisseaux, selon que l'on admet qu'ils apparaissent dans une partie déterminée du germe, ou bien en plusieurs points distincts. C'est ainsi que, pour certains auteurs, en ce qui concerne les œufs méroblastiques des oiseaux, l'aire opaque est le seul lieu de formation des premiers vaisseaux et du sang. De là, ils pénétreraient secondairement à l'intérieur du corps de l'embryon proprement dit. Le contraire est enseigné pour les poissons osseux. Chez eux, les premiers vaisseaux, le cœur, l'aorte, la veine caudale et la veine sous-intestinale, avec les corpuscules du sang se forment à l'intérieur de l'embryon, à une période même très reculée du développement, tandis que ce n'est que plus tard que des vaisseaux et du sang apparaissent à la surface du vitellus. Pour les sélaciens enfin, on prétend que les vaisseaux se forment en certains points déterminés, à la fois dans l'aire opaque et dans l'embryon proprement dit.

Contrairement aux deux opinions que nous venons de faire connaître, il en existe une troisième, d'après laquelle la substance conjonctive n'aurait nullement la même origine que le sang et l'endothélium des vaisseaux. Tandis que la substance conjonctive se formerait par émigration de cellules provenant du mésoderme, l'endothélium des vaisseaux dériverait des cellules du feuillet glandulaire de l'intestin (endoderme). Il se formerait, probablement par étranglement, un petit sac endothélial de nature endodermique, aux dépens duquel se développerait par bourgeonnement le système vasculaire tout entier.

Maintenant que nous avons fait connaître succinctement les différents modes possibles du développement des vaisseaux, passons à la description de quelques faits, sur la signification desquels il règne d'ailleurs aussi des vues très divergentes. En ce qui concerne les amphibiens, Götte, Schwinck et Maurer prétendent qu'il est certain qu'à la face ventrale de la masse des cellules vitellines logée dans le cœlentéron, un certain nombre de ces cellules se multiplient par division et donnent naissance à des groupes de petites cellules, qui se transforment en vaisseaux sanguins et en cellules du sang.

L'*aire opaque des œufs méroblastiques* joue un rôle prépondérant dans l'étude de l'origine du sang.

Chez le poulet, dont nous nous occuperons plus spécialement, l'aire opaque, au moment où le mésoderme se forme par évagination au niveau du blastopore, n'est encore constituée que par les deux feuillets primordiaux.

Comme nous l'avons vu dans le chapitre cinquième, l'ectoderme consiste, d'une façon générale, en une assise unique de petites cellules cubiques. Le feuillet interne (fig. 84 et 158), au contraire, change de structure, au fur et à mesure qu'il se rapproche du bord du disque germinatif. Dans l'aire transparente, ainsi que dans la partie avoisinante de l'aire opaque, il consiste en une assise unique de cellules fortement aplaties, séparée de la masse vitelline sous-jacente par un espace rempli d'un liquide albuminoïde. Dans l'aire opaque, le feuillet interne repose immédiatement sur le vitellus : ses cellules deviennent plus élevées, cubiques ou polyédriques. Enfin, il s'arrête le long d'une zone marginale très épaisse, appelée, comme nous l'avons vu, *rempart vitellin* (*rv*). C'est de cette région importante du germe que nous devons maintenant nous occuper spécialement.

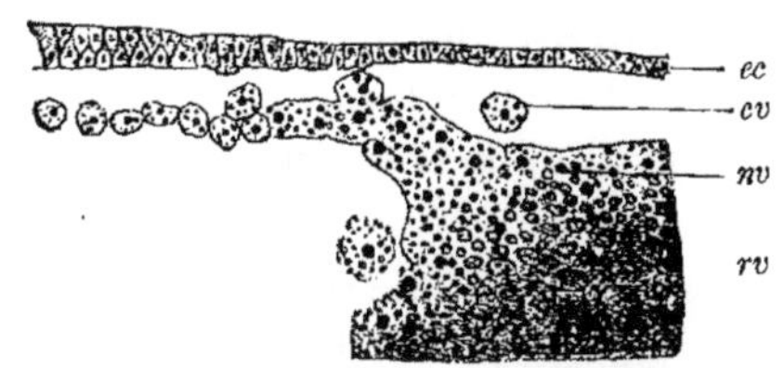

Fig. 158. — *Coupe pratiquée à travers le bord du disque germinatif d'un œuf de poule, 6 heures après le début de l'incubation*, d'après DUVAL. *ec*, ectoderme ; *cv*, cellule vitelline ; *nv*, noyau vitellin ; *rv*, rempart vitellin.

Chez le poulet, le rempart vitellin est formé, en partie par des cellules embryonnaires nettement délimitées et, en partie, par du vitellus dans lequel se trouvent logés de nombreux noyaux (mérocytes), plus ou moins volumineux et entourés de protoplasme. Cette disposition est identique à celle qui se trouve réalisée à la fin de la segmentation.

On a démontré (KUPFFER, HOFFMANN, RÜCKERT, STRAHL, SWAEN) que des noyaux libres semblables existent, pendant la formation des feuillets, dans la zone marginale du vitellus, chez les sélaciens, les téléostéens et les reptiles. D'après H. VIRCHOW, ces noyaux constituent un organe spécial du vitellus, le syncytium marginal, qui joue un rôle dans la résorption du vitellus. Qu'il me soit permis de revenir encore ici sur la description de VIRCHOW.

Dans les œufs méroblastiques — et nous prendrons spécialement comme base de notre description ce qui se passe chez les sélaciens — dans la partie marginale du disque germinatif il existe de très nombreux noyaux logés à l'intérieur du vitellus. Ils sont caractérisés par leur grande taille, qui peut atteindre le décuple du diamètre d'un noyau ordinaire (fig. 159, k^1, k^*). Du manteau protoplasmique entourant le noyau (k^*) part un réseau, très ramifié, de prolongements. Les mailles de ce réseau sont occupées par un très grand nombre d'éléments vitellins (*d*), dont le volume varie entre celui des lamelles ou plaques vitellines ordinaires et celui des granulations les plus ténues. Les lamelles vitellines sont généralement fragmentées. De ce fait, ainsi que de quelques autres considérations encore, on peut conclure que le long du bord du disque germinatif s'accomplit une résorption active de matières de réserve. Ces dernières sont absorbées par le réseau protoplasmique qui entoure le noyau vitellin : elles servent à son accroissement par un phénomène de digestion intracellulaire. Cette absorption du vitellus a pour conséquence la multiplication des noyaux du syncytium. En ce qui concerne la part que prend le syncytium marginal à la formation de certains organes qui se forment au niveau du bord du disque germinatif, les avis sont si contradictoires qu'il est difficile de discerner ce qu'ils contiennent d'exact.

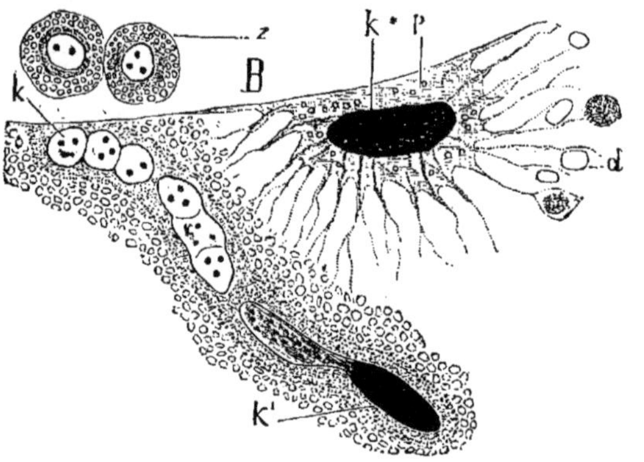

Fig. 159. — *Syncytium marginal de Pristiurus, sous-jacent à la cavité de segmentation B*, d'après Rückert.

z, cellules embryonnaires ; *k*, noyaux clairs superficiels ; *k'*, noyau profond ; *k**, noyau marginal, dans lequel abonde la chromatine ; on n'a pas représenté le vitellus qui l'entoure, afin de montrer les prolongements du corps protoplasmique ; *d*, lamelle vitelline.

Divers auteurs font intervenir le syncytium marginal dans la formation des feuillets germinatifs; d'autres prétendent qu'il participe à la formation du sang. Ainsi que le dit Rückert, les grands noyaux vitellins profondément situés donnent ainsi naissance à des amas de petits noyaux, qui gagnent la surface du vitellus (fig. 159, *k*). Finalement ces noyaux superficiels se transforment en de véritables cellules embryonnaires (*z*). Voici comment. Ils s'entourent d'une couche de protoplasme et se séparent ensuite, avec elle, du vitellus. Ce phénomène constitue, en quelque sorte, un acte de segmentation tardive. « *Comme les mérocytes, d'une part, reçoivent constamment des matières nutritives fournies par le vitellus, et, d'autre part, fournissent continuellement des cellules nouvelles aux feuillets germinatifs de l'embryon futur, il en résulte qu'ils constituent entre l'embryon et le vitellus un trait d'union intime et important.* » (Rückert.)

D'autre part His, Disse, Rauber, Kollmann, Rückert, Swaen, Gensch, Hoffmann et autres soutiennent que le syncytium marginal participerait à la formation du sang pendant un stade restreint du développement, chez les sélaciens, les téléostéens, les reptiles et les oiseaux.

Chez les sélaciens, c'est le bord antérieur du disque germinatif qui se transforme le premier en l'aire vasculaire. Rückert et Hoffmann ont produit des preuves certaines que là, les éléments cellulaires du vitellus, que nous avons décrits précédemment et qui sont pourvus de noyaux énormes (mérocytes), contribuent à former des îlots sanguins. Ils se divisent en amas de petites cellules qui se séparent de la partie de l'endoderme riche en matières vitellines : puis, parmi ces cellules, les unes deviennent les parois des premiers vaisseaux, tandis que les autres se transforment en corpuscules du sang. Rückert admet, en outre, que *le sang ne se forme pas seulement aux dépens de ces éléments, mais aussi aux dépens de cellules provenant du vitellus, mais de formation plus récente.*

De même Swaen dit : « Les premiers îlots sanguins se développent *aux dépens des éléments de l'hypoblaste.* Ces derniers constituent, à la fin de ce développement, les parois des cavités vasculaires et les cellules sanguines qui les remplissent. » En ce qui concerne les poissons osseux, Gensch soutient aussi que les grandes cellules du vitellus donnent naissance au sang. Et Hoffmann affirme que, chez les reptiles, le sang, les parois endothéliales des vaisseaux et les cellules fusiformes situées entre les vaisseaux sont un produit de l'endoderme ; il ajoute que ces éléments apparaissent déjà en certains points du disque germinatif, à un moment où le mésoderme n'est pas encore formé.

Enfin, en ce qui concerne le poulet, nous ajouterons qu'à la fin du premier jour de l'incubation, le rempart vitellin, par suite de la prolifération des noyaux qu'il renferme, contient de nombreuses cellules, ce qui contribue encore à augmenter le nombre des éléments cellulaires du disque germinatif. Une partie de ces cellules s'engagent entre l'ectoderme et l'endoderme et y constituent une troisième couche distincte qui devient de plus en plus puissante; les autres se transforment en un épithélium formé par de grandes cellules cylindriques, renfermant des granulations vitellines. Cette couche intermédiaire a été considérée par plusieurs auteurs comme représentant une ébauche spéciale du germe. C'est ainsi qu'elle a été décrite : par His sous le nom de parablaste; par Disse et autres, sous le nom de feuillet vasculaire; par Rauber, sous le nom de desmo-hœmoblaste, et par Kollmann, sous le nom de germe marginal ou acroblaste.

Toutes ces données et d'autres semblables ont été, en ces derniers temps, et non sans raison peut-être, mises en doute par divers observateurs. C'est ainsi que Kölliker a toujours soutenu que les tissus de la substance conjonctive, aussi bien que les vaisseaux et le sang dérivent des parties périphériques du mésoderme. Par ses études sur les sélaciens, Katschenko n'a pu se convaincre que les mérocytes interviennent réellement dans la formation du sang et des vaisseaux; il convient d'ajouter cependant que cet auteur ne conteste pas ce fait. Wenkebach, Ziegler, H. Virchow et autres, se fondant sur des recherches qu'ils ont faites chez les poissons osseux, s'élèvent énergiquement contre la manière de voir de Gensch sur le mode de formation du sang. D'après Ziegler, les corpuscules du sang se développent dans les vaisseaux de l'embryon lui-même. Les noyaux libres du vitellus, les mérocytes, n'interviendraient nullement dans la formation des tissus de l'embryon; ils subiraient des modifications spéciales en rapport avec la résorption du vitellus, modifications « qui ne permettent nullement d'admettre, comme on l'a soutenu maintes fois, sans jamais le prouver, que les mérocytes donnent naissance aux corpuscules du sang ».

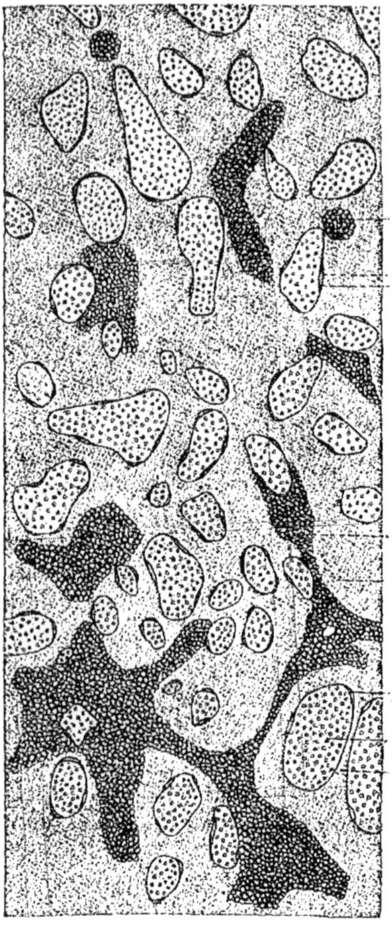

H. Virchow, qui a étudié avec les plus grands soins l'organe vitellin dans toutes les classes des vertébrés et qui, par conséquent, possède la plus grande expérience sur cette question, considère le syncytium comme une formation toute spéciale du vitellus, qui n'offre aucun rapport avec le développement d'autres organes.

Dans cet état des choses, je dois tenir comme n'étant pas encore une question résolue l'origine de la couche cellulaire dans laquelle s'accomplit la formation du sang, dans la région du bord du disque germinatif, c'est-à-dire dans la région de l'aire opaque des reptiles et des oiseaux.

Quant à ce qui concerne spécialement les modifications ultérieures que subit, chez le poulet, la couche cellulaire en question pour se transformer en substance conjonctive et en sang, je me rallie complètement sur cette question également difficile à la description qu'en donne Kölliker.

A la fin du premier jour de l'incubation, les amas de cellules situés entre le feuillet glandulaire de l'intestin et l'ectoderme se disposent en cordons cylindriques ou irréguliers, réunis en un réseau à mailles étroites. Ce réseau constitue la première ébauche, aux dépens de laquelle se forment à la fois les vaisseaux et leur contenu, le sang. Dans les mailles se trouvent des groupes de cellules, qui

Fig. 160. — *Fragment de l'aire vasculaire d'un embryon de poulet, pourvu de douze paires de segments primordiaux*, d'après Disse.

On voit un réseau, à mailles très étroites, de vaisseaux sanguins (*vs*) (teinté en gris). Dans ce réseau se trouvent des îlots sanguins (*is*), foyers de formation des corpuscules du sang. Les mailles (plus claires) du réseau sanguin forment ce que l'on appelle les îlots de substance (*isu*) : ces îlots sont délimités par une assise de cellules endothéliales plates, constituant la paroi des vaisseaux (*pv*).

fournissent ultérieurement le tissu conjonctif de l'embryon et qui constituent les *îlots de substance* des auteurs (fig. 160).

Au début du deuxième jour de l'incubation, les ébauches pleines des vaisseaux deviennent plus nettes encore, parce qu'elles sont délimitées extérieurement par une paroi propre et qu'à leur intérieur apparaît une cavité. La paroi vasculaire se développe aux dépens des cellules superficielles des cordons : elle se compose, dès les premiers jours de l'incubation, d'une simple couche de cellules polygonales, très aplaties. De là le nom de *tubes endothéliaux* que l'on a souvent donné aux premiers vaisseaux de l'embryon (fig. 160 et 161, *pv*).

Voici comment se forme probablement la cavité du vaisseau. Dans le cordon cellulaire plein pénètre un liquide, provenant des tissus voisins, et constituant le plasma sanguin. A la suite de la pénétration de ce liquide, les cellules du cordon s'écartent les unes des autres et sont

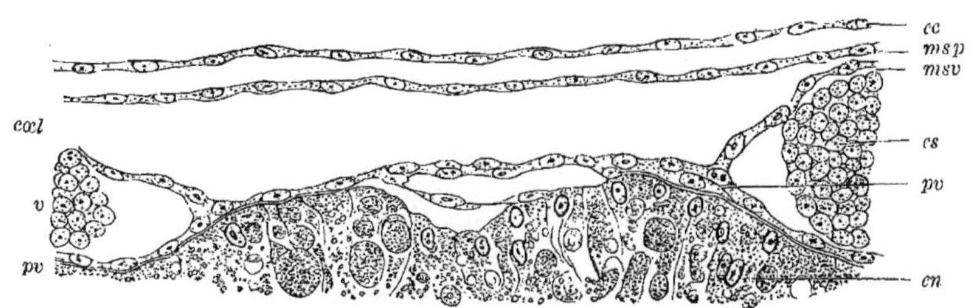

Fig. 161. — *Coupe transversale intéressant une partie de l'aire vasculaire*, d'après DISSE.
cc, ectoderme; *en*, feuillet interne; *msp* et *msv*, feuillet pariétal et feuillet viscéral du mésoderme *cœl*, portion extra-embryonnaire du cœlome; *pv*, paroi vasculaire, formée par des cellules endothéliales; *cs*, cellules rouges du sang; *v*, vaisseau.

reportées latéralement. Elles forment çà et là des épaississements de la paroi, qui font saillie dans la cavité vasculaire; ces épaississements consistent en cellules sphériques, lâchement unies les unes aux autres (fig. 160, *is*). A ce moment, les vaisseaux sont très irréguliers : ils présentent des dilatations alternant avec des rétrécissements (fig. 160). Tantôt ils sont complètement creux et constituent des tubes épithéliaux remplis de liquide, tantôt ils sont plus ou moins obstrués par les amas de cellules accolés à la face interne de leur paroi.

Ces amas de cellules eux-mêmes ne sont autre chose que les *foyers de formation des éléments figurés du sang*. Les petites cellules nucléées et sphériques qui les constituent renferment encore des granulations vitellines opaques. Lorsque ces granulations se résolvent, les cellules deviennent homogènes; puis, il se forme de l'hémoglobine à leur intérieur, ce qui leur donne une légère coloration jaunâtre qui devient progressivement plus intense.

Si, à ce moment du développement, l'on étudie par transparence un disque germinatif détaché du vitellus, la zone, dans laquelle se forme le sang, présente des taches plus ou moins colorées en rouge. Ces taches sont les unes arrondies, les autres allongées, d'autres, enfin, ramifiées. On les désigne sous le nom d'*îlots sanguins* (fig. 160). Ce sont des foyers de formation du sang. Les cellules superficielles de ces îlots se détachent et s'isolent dans le plasma sanguin : elles deviennent ainsi des cellules rouges du sang. Elles continuent à se multiplier par division, tout comme elles le faisaient dans les îlots sanguins, et leurs noyaux montrent alors successivement les diverses figures de la division mitosique.

Ainsi que Remak l'a constaté le premier, chez le poulet *les cellules sanguines se divisent* en très grand nombre jusqu'au 6e jour de l'incu-

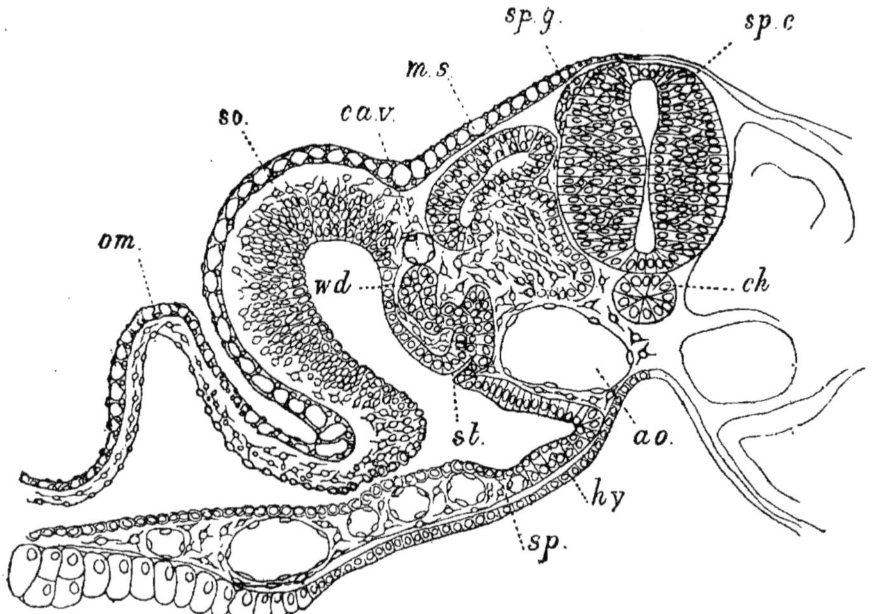

Fig. 162. — *Coupe transversale pratiquée à travers le tronc d'un embryon de canard, pourvu d'environ 24 segments primordiaux*, d'après Balfour.

On voit les quatre feuillets germinatifs primitifs et les organes formés à leurs dépens séparés les uns des autres par de la substance conjonctive, renfermant un petit nombre de cellules embryonnaires étoilées. Dans la substance conjonctive se trouvent des vaisseaux sanguins.

om, amnios ; *so*, lame somatique ; *sp*, lame splanchnique ; *wd*, canal de Wolff ; *st*, canalicule du mésonéphros ; *cav*, veine cardinale ; *ms*, plaque ou segment musculaire ; *sp.g*, ganglion spinal ; *sp.c*, moelle épinière ; *ch*, corde dorsale ; *ao*, aorte ; *hy*, endoderme.

bation. Plus tard cette division devient moins active et finit même par cesser. *Chez les mammifères et chez l'homme* (Fol), *les premiers corpuscules du sang de l'embryon, pourvus d'un vrai noyau cellulaire tout comme chez les autres vertébrés, se multiplient aussi par division.*

Au fur et à mesure que les îlots sanguins fournissent des cellules du sang, ils deviennent de plus en plus petits et finissent même par disparaître complètement. Les vaisseaux renferment alors, au lieu d'un liquide clair, du sang abondamment pourvu d'éléments figurés (fig. 161, *cs*).

En même temps, dans les *îlots de substance* (fig. 160) s'accomplissent des modifications qui conduisent à la formation *du tissu conjonctif embryonnaire*. Les cellules embryonnaires, primitivement sphériques, s'écartent les unes des autres en sécrétant une substance fondamentale homogène. Elles prennent une forme étoilée (fig. 162, *sp*) et présentent des prolongements à l'aide desquels elles s'unissent en un réseau répandu dans la substance fondamentale. D'autres cellules s'appliquent contre les tubes endothéliaux des vaisseaux.

Après que la formation des vaisseaux et du sang est achevée, l'aire

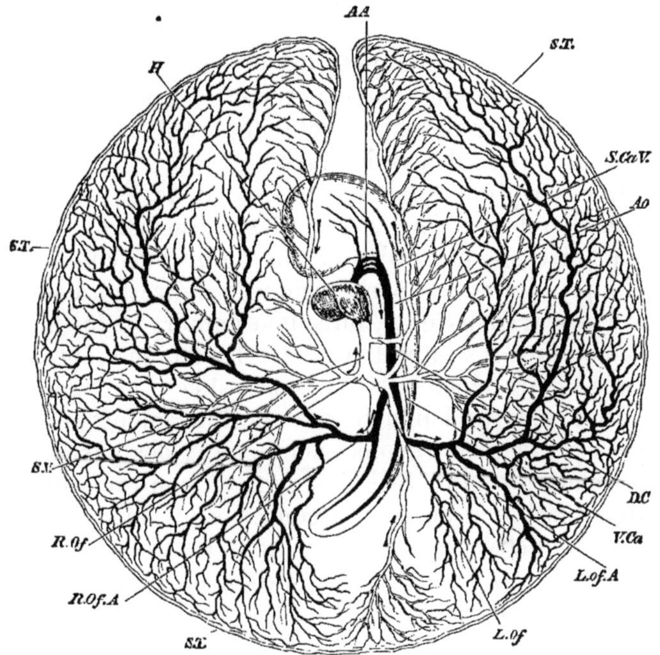

Fig. 163. — *Schema montrant la disposition du système vasculaire du sac vitellin, à la fin du troisième jour de l'incubation*, d'après Balfour.

Le disque germinatif tout entier a été détaché de l'œuf : il est vu par sa face inférieure. Il en résulte que la moitié droite de la figure représente en réalité la moitié gauche du disque et réciproquement. La partie de l'aire opaque, dans laquelle s'est formé le riche réseau vasculaire, est nettement délimitée en dehors par le sinus terminal; elle constitue l'aire vasculaire. Immédiatement en dehors du sinus terminal commence l'aire vitelline. La partie du disque germinatif qui entoure immédiatement l'embryon ne renferme pas de réseau vasculaire : elle constitue comme précédemment l'aire transparente.

H, cœur; *AA*, arcs aortiques; *Ao*, aorte dorsale; *L.Of.A*, artère vitelline gauche; *R.Of.A*, artère vitelline droite; *S.T*, sinus terminal; *L.Of*, veine vitelline gauche; *R.Of*, veine vitelline droite; *S.V*, sinus veineux; *D.C*, canal de Cuvier; *S.Ca.V*, veine cardinale supérieure; *V.Ca*, veine cardinale inférieure. Les veines sont indiquées par leurs contours; les artères sont figurées en noir.

opaque, dans laquelle se sont passés les phénomènes que nous venons de faire connaître, acquiert des limites très nettes, tant dans les œufs méroblastiques que dans ceux des mammifères (fig. 163). Le réseau des vaisseaux sanguins est nettement délimité en dehors par un large *sinus terminal* (*S. T*) circulaire.

En dehors de ce sinus terminal, il ne se forme plus, à la surface du vitellus, ni sang ni vaisseaux sanguins. Toutefois les deux feuillets germinatifs continuent à se développer au delà, à la surface du vitellus qu'ils finissent par envelopper complètement.

Nous devons donc maintenant distinguer dans l'aire opaque (pl. I, fig. 2, p. 264) deux zones circulaires : l'une est l'*aire vasculaire* (*gh*), l'autre l'*aire vitelline* (*dh*). L'aire transparente étant bien nettement délimitée tout comme précédemment, parce qu'elle n'est parcourue que par un très petit nombre de gros troncs vasculaires qui se rendent à l'embryon, le corps de l'embryon se trouve, par conséquent, entouré par trois zones ou aires formées par la partie extra-embryonnaire des feuillets germinatifs.

Nous avons étudié jusqu'ici la formation du sang dans l'aire opaque. Comment se développent les vaisseaux dans l'embryon lui-même? Sur cette question nos connaissances actuelles sont aussi bien obscures encore et les opinions sont très diverses.

D'après la description ancienne de His, il ne se formerait pas de vaisseaux dans l'embryon même, mais les vaisseaux de l'embryon procéderaient de l'aire opaque. D'après His, le germe conjonctivo-vasculaire, ébauche primitivement périphérique, pénétrerait d'abord de l'aire opaque dans l'aire transparente, puis dans l'embryon lui-même. Il remplirait peu à peu tous les interstices entre les feuillets épithéliaux et les organes formés à leurs dépens. Dans ces interstices s'engageraient d'abord des cellules amœboïdes, à l'aide de leurs prolongements; elles y seraient suivies de près par des bourgeons endothéliaux des parois vasculaires.

Les recherches les plus récentes sont en contradiction avec cette théorie de His, aussi bien en ce qui concerne les origines des tissus de la substance conjonctive, origines que nous avons exposées plus haut, qu'en ce qui regarde la formation des vaisseaux et de l'endocarde dans l'embryon lui-même (Rückert, Ziegler, Mayer, Rabl, Kastchenko, Schwinck, Hoffmann, von Davidoff et autres).

Comme le fait remarquer Rückert, pour ce qui est des embryons des sélaciens, la question de savoir si la couche germinative, aux dépens de laquelle se développent les vaisseaux de l'embryon, prend naissance dans le vitellus de nutrition, doit être à coup sûr résolue négativement. Les vaisseaux se forment dans l'embryon lui-même, au sein du mésenchyme, aux dépens de colonnes de cellules plus ou moins comprimées les unes contre les autres (Rückert, Mayer). Les colonnes, primitivement pleines, se creusent à leur intérieur et se transforment ensuite en l'endothélium vasculaire.

Rückert fait dériver les cellules vaso-formatrices de deux sources différentes : d'une part, de l'endoderme du tube digestif, et, d'autre part, du mésoblaste qui l'environne. Cette double origine lui paraît d'autant plus naturelle que les deux feuillets qui entourent les premiers vaisseaux fournissent aussi les éléments qui en forment les parois.

La première ébauche de l'endocarde aurait une origine semblable. Elle consiste, au début, en un amas assez irrégulier de cellules, dans lequel apparaissent ensuite des cavités, qui peu à peu se confondent en une cavité unique, la cavité cardiaque. Les cellules constituant l'ébauche du cœur se développent (Rückert, Ziegler, Mayer, Rabl, et, parmi les auteurs plus anciens, Götte, Balfour, Hoffmann) sur place, aux dépens de la paroi des feuillets germinatifs avoisinants. Toutefois on ne sait pas encore positivement si elles procèdent du feuillet interne ou du mésoderme seulement, ou bien si ces deux feuillets à la fois participent à la formation de leur ébauche; on ne sait pas plus si les éléments qui constituent leur ébauche se forment par migration de cellules isolées ou par étranglement d'une partie du feuillet interne. D'après Hoffmann, chez les sélaciens, l'endocarde et l'aorte se forment de la manière suivante. En des points déterminés, les cellules épithéliales de la paroi du cœlentéron s'aplatissent fortement et prennent l'aspect de cellules endothéliales très minces; plus tard, ces parties de la paroi du cœlentéron se séparent par étranglement et se transforment directement en l'endothélium vasculaire. Il convient de dire cependant que ces observations n'ont pas encore été confirmées en ce qui concerne les sélaciens; mais au contraire, dans une publication toute récente, von Davidoff a établi avec certitude que, chez l'embryon des reptiles, des cellules se détachent de la splanchnopleure pour constituer l'ébauche de l'endocarde.

Une fois leur première ébauche formée, les premiers vaisseaux s'accroissent par formation de bourgeons, procédant de leur paroi et donnant lieu à de nouvelles branches de division.

On observe que, de la paroi des vaisseaux déjà creux, partent des bourgeons pleins, délicats, formés par des cellules fusiformes qui s'unissent à d'autres bourgeons par des ramifications étalées en un réseau. Les plus jeunes et les plus délicats de ces bourgeons consistent exclusivement en un petit nombre de cellules juxtaposées, ou même en une seule cellule, appliquée sur le tube endothélial et pourvue d'un long prolongement protoplasmique. A l'intérieur de chacun de ces bourgeons pleins, pénètre ensuite un petit diverticule creux dépendant de la cavité vasculaire voisine. Ce diverticule s'allonge progressivement; puis, il se transforme en un tube, dont la paroi est constituée par les cellules du bourgeon. Aucune cellule du bourgeon ne donne naisance à des corpuscules du sang. Toutes sont employées à la formation de l'endothélium vasculaire. Ce processus de bourgeonnement des vaisseaux formés continuant à s'accomplir, les vaisseaux se répandent finalement dans tous les interstices compris entre les feuillets germinatifs et les organes qui en sont dérivés.

Pour ce qui concerne le mode de formation de ces bourgeons, il règne encore deux manières de voir différentes. Leurs ébauches pleines se développent-elles exclusivement par prolifération des cellules de la paroi du tube endothélial, ou bien les cellules du tissu conjonctif avoisinant participent-elles à leur formation ? Tandis que Rabl prétend que les nouveaux endothéliums vasculaires procèdent toujours exclusivement des endothéliums vasculaires préexistants, KÖLLIKER, MAYER et RÜCKERT prétendent qu'en même temps qu'il y a prolifération de ces endothéliums, les cellules du tissu conjonctif ambiant prennent part à l'allongement des nouveaux vaisseaux.

Comme on le sait, la constitution du sang se modifie dans le cours du développement chez tous les vertébrés. Cette question ainsi que l'origine et la transformation des éléments figurés du sang ont fait l'objet de publications très nombreuses, dont les résultats ont soulevé de nombreuses controverses. Nous nous bornerons à insister sur quelques points seulement.

Au début du développement, le plasma sanguin ne contient, chez tous les vertébrés, comme éléments figurés, que des *cellules rouges nucléées*. Partout où on les a étudiés avec soin, par exemple chez les amphibiens, les oiseaux et les mammifères (MINOT, ENGEL) ces éléments sont, dans leur forme, essentiellement différents des cellules rouges du sang de l'adulte. Ils sont très volumineux, sphériques, riches en hémoglobine et contiennent un gros noyau, que l'on trouve souvent en voie de segmentation selon le processus habituel (division mitosique). Chez le poulet, pendant les quatre premiers jours de l'incubation, ce sont les seuls éléments figurés (métrocytes de première génération) qui existent dans le sang. A partir du cinquième jour de l'incubation, ils commencent à devenir de moins en moins nombreux, en même temps qu'il se montre des formes intermédiaires (métrocytes de seconde génération) et finalement, ils sont remplacés par les corpuscules sanguins ovalaires et nucléés que l'on rencontre chez l'animal adulte. C'est ainsi qu'au dix-huitième jour de l'incubation, les grosses cellules rouges sphériques sont beaucoup moins nombreuses déjà que les cellules rouges ordinaires et normales (fig. 164). On trouve aussi, par-ci par-là, dans le sang, des corpuscules dépourvus de noyau et contenant de l'hémoglobine. ENGEL admet que ces éléments se sont formés aux dépens de métrocytes, dont le noyau, avec la mince couche protoplasmique qui l'entoure, se serait séparé, détaché. Ces éléments dépourvus de noyau se détruisent progressivement.

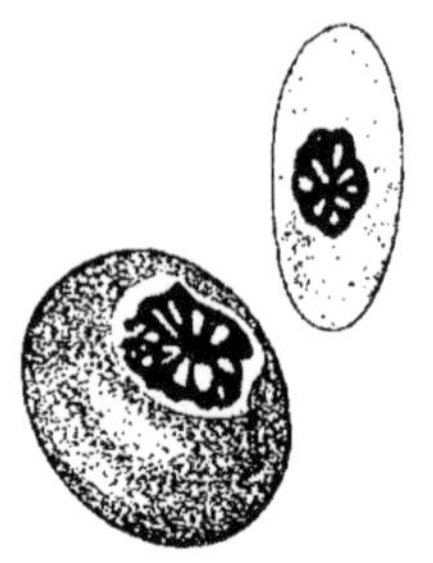

Fig. 164. — *Cellules rouges du sang d'un embryon de poulet de 18 jours :* la grande forme et la forme ordinaire, d'après ENGEL.

Dans les premiers temps du développement, le sang de l'embryon ne contient pas de leucocytes. Les leucocytes apparaissent ensuite, rares d'abord et plus abondants plus tard, lorsque les ganglions lymphatiques se sont formés. Leur première origine est encore inconnue pour le moment.

Chez les mammifères et chez l'homme, au début du développement, tous les corpuscules rouges du sang sont des cellules rouges nucléées. Ils ne sont remplacés par les hématies biconcaves et dépourvues de noyau, qu'à partir de la fin du second mois de la vie fœtale chez l'homme et même seulement après la naissance chez une foule de mammifères. Pour ce qui regarde leur origine, les opinions des auteurs sont très diverses.

La plupart cependant admettent que les hématies dérivent directement des cellules sanguines nucléées : le noyau de ces cellules, avec la mince couche de protoplasme qui l'entoure, sortirait de la couche corticale de la cellule imprégnée d'hémoglobine et s'en détacherait. Cette couche corticale de la cellule, entraînée dans le courant sanguin, prendrait la forme d'un disque biconcave (hématie), dont le centre aminci représenterait encore la place qui était précédemment occupée par le noyau. D'autres auteurs (SCHÄFER, S. MINOT, NIKOLAIDES) contestent cette corrélation génésique entre les cellules rouges du sang (nucléées) et les hématies (non nucléées). D'après eux, les hématies prennent naissance dans le protoplasma de cellules vaso-formatives spéciales ; les hématies apparaîtraient dans ces cellules sous la forme de petits corpuscules contenant de l'hémoglobine, qui s'accroîtraient progressivement jusqu'à atteindre le volume des corpuscules discoïdaux. Les hématies seraient donc des produits du protoplasme, comparables aux corps chlorophylliens de la cellule végétale, et mériteraient le nom de plastides. D'après cette manière de voir les éléments figurés du sang du mammifère adulte seraient des formations qui, morphologiquement et histogéniquement, seraient tout à fait différentes des éléments figurés du sang de l'embryon du mammifère et de tous les autres vertébrés adultes.

Spuler a soulevé, contre l'origine intracellulaire des hématies et leur interprétation en tant que plastides, des objections qui me paraissent légitimes. Il a exprimé l'idée que les corpuscules contenant de l'hémoglobine qui siègent dans les soi-disant cellules vaso-formatives ne sont pas de jeunes stades du développement, mais des produits de fragmentation de corpuscules rouges du sang, qui ont achevé leur rôle dans la circulation.

Pour ce qui concerne une foule d'autres questions qui se rapportent à la formation du sang (hématogenèse, hématoblastes), je dois renvoyer le lecteur aux traités de physiologie et d'histologie, ainsi qu'aux travaux spéciaux publiés sur ce sujet.

Dans les pages précédentes nous avons cherché à décrire comment, chez les vertébrés, les éléments cellulaires résultant de la segmentation de l'œuf se différencient en les divers organes fondamentaux ou primordiaux. Sous cette dénomination nous désignons le feuillet externe, le feuillet interne, les deux feuillets moyens et le mésenchyme ou feuillet intermédiaire.

Afin de bien apprécier *l'importance de ces organes primordiaux*, nous allons énumérer, dès maintenant, les organes et les tissus auxquels chacun des feuillets germinatifs et le mésenchyme donnent naissance dans le cours du développement. Il n'y a de doute que pour un petit nombre d'entre eux, sur lesquels les auteurs ne sont pas encore d'accord. Ceux-là, nous les ferons suivre d'un point d'interrogation.

Aux dépens du feuillet externe ou ectoderme se développent : l'épiderme; les organes épidermiques, comme les poils et les ongles; les épithéliums des glandes cutanées; le système nerveux central tout entier avec les ganglions spinaux; le système nerveux périphérique (?); les épithéliums des organes des sens (organes visuel, auditif et olfactif) et, enfin, le cristallin.

Le feuillet interne ou endoderme primordial se différencie en :

1° L'endoderme secondaire ou feuillet glandulaire de l'intestin;

2° Les deux feuillets moyens;

3° L'ébauche de la corde dorsale;

4° Les germes du mésenchyme qui ne proviennent pas des feuillets moyens.

Le *feuillet glandulaire de l'intestin* fournit l'épithélium du tube digestif et de ses glandes annexes (poumons, foie, pancréas); l'épithélium de la vessie et, enfin, les bourgeons gustatifs.

Les *deux feuillets moyens* subissent des transformations très diverses, après qu'ils ont donné naissance aux segments primordiaux et aux plaques latérales.

Aux dépens des segments primordiaux se forment les muscles striés (muscles volontaires) et une partie du mésenchyme.

Aux dépens des plaques latérales se développent: l'épithélium de la cavité pleuro-péritonéale; l'épithélium des ovaires et celui des testicules (ovules primordiaux et spermatomères) et, d'une façon générale, les parties épithéliales des glandes génitales et de leurs conduits excréteurs; les reins, les uretères, et, enfin, une partie du mésenchyme.

L'*ébauche de la corde dorsale* donne naissance à cet organe, dont il ne persiste, à la fin du développement, chez les vertébrés supérieurs, que des vestiges insignifiants.

Les *germes du mésenchyme*, qui fournissent le *feuillet intermédiaire*, ont une origine multiple et subissent des différenciations très diverses, en se répandant partout, dans l'embryon, entre les organes épithéliaux. A leurs dépens se forment : les différents tissus de la substance conjonctive (tissu muqueux, tissu conjonctif fibrillaire, tissu cartilagineux et tissu osseux); les vaisseaux (?); le sang (?); les organes lymphoïdes; les éléments musculaires lisses ou involontaires de la paroi des vaisseaux, du tube digestif et de différents autres organes.

HISTOIRE DE LA THÉORIE DU PARABLASTE ET DE LA THÉORIE DU MÉSENCHYME

Les anciens auteurs, comme Remak, comprenaient sous le nom général de feuillet germinatif moyen toutes les cellules embryonnaires intercalées entre les deux feuillets primordiaux : ils admettaient pour ce feuillet une origine unique. En 1868, dans son « Développement du poulet », His s'éleva contre cette manière de voir et émit sa « Théorie du parablaste ». Se plaçant surtout à un point de vue histogénique, il distinguait deux ébauches d'origine différente : l'une *archiblastique* et l'autre *parablastique*.

Sous le nom d'ébauche archiblastique il désignait la partie du feuillet moyen située dans le corps même de l'embryon, le cordon axial, les muscles striés et lisses. Il admettait qu'elle se forme par délamination aux dépens des deux feuillets primordiaux et qu'elle dérive, en dernière analyse, comme ces feuillets eux-mêmes, des blastomères du germe.

Sous le nom de parablaste il désignait une ébauche périphérique, primitivement située en dehors de l'embryon et qui donnerait naissance à tous les tissus de la substance conjonctive, au sang et aux endothéliums vasculaires. Pour lui, le parablaste pénétrerait, dans le cours du développement, de l'aire opaque dans l'embryon proprement dit, entre les tissus archiblastiques.

La division du feuillet moyen, proposée par His, en archiblaste ou germe principal et parablaste ou germe secondaire, ne fut guère admise à l'époque où elle fut émise. Elle fut notamment contestée énergiquement et avec succès par Haeckel, parce que les données exactes que renfermait cette théorie s'y trouvaient mêlées à des idées singulières sur l'origine du parablaste. Le parablaste ne proviendrait pas de la cellule-œuf, mais du vitellus blanc, produit de formation des cellules granuleuses du follicule, qui, d'après la théorie de His, pénétraient dans l'ovule primordial et donnaient naissance aux cellules du vitellus blanc ainsi qu'aux sphères vitellines jaunes. Les cellules granuleuses provenant du tissu conjonctif maternel (leucocytes) ne pouvaient, après leur pénétration dans l'œuf, qu'engendrer de nouveau du tissu conjonctif et du sang.

His croyait pouvoir établir une distinction fondamentale entre le *germe principal* et le *germe secondaire*. Seul le premier, qui dérivait des blastomères, devait avoir subi l'influence de la fécondation, tandis que le second, issu du vitellus blanc (c'est-à-dire descendant du tissu conjonctif maternel), était « d'origine purement maternelle ».

A l'exemple de His, Rauber admit, dans une courte notice, que le sang et la substance conjonctive possèdent une ébauche spéciale et unique, qu'il appela *hæmo-desmoblaste*. Par contre, l'opinion de Rauber différait de celle de His, en ce que cet auteur soutenait que l'hœmo-desmoblaste dérivait des cellules de segmentation (blastomères).

Citons encore ici Götte (1874) qui admettait que, chez les amphibiens et les oiseaux, le sang dérive des cellules vitellines, divisées en amas de petites cellules.

Partant d'un tout autre point de vue et nous appuyant sur des observations faites chez des invertébrés, mon frère et moi, dans notre *Théorie du cœlome* (1881), nous arrivâmes à une conclusion semblable à celle de His, à savoir que, sous le nom de feuillet moyen, on avait confondu jusqu'alors deux formations absolument différentes et qu'il était nécessaire de remplacer cette dénomination ancienne et indécise par deux termes nouveaux, nettement définis, *le feuillet moyen dans le sens restreint du mot* et *le germe du mésenchyme*. Toutefois, bien qu'elle eût plusieurs points de contact avec la théorie de His, notre théorie en différait beaucoup.

Pour nous, toutes les ébauches du corps d'un animal dérivent des cellules embryonnaires, provenant de la segmentation de la cellule-œuf. La différence entre le feuillet moyen et le germe du mésenchyme est tout autre que His ne le supposait. *Les feuillets moyens sont des couches épithéliales de cellules embryonnaires, formées par invagination du feuillet interne, tout comme ce dernier provient, par invagination, de la blastula.* (Voir la partie historique du chapitre VII.) *Au contraire, le germe du mésenchyme se compose de cellules qui se sont détachées isolément des feuillets germinatifs épithéliaux, et qui, se répandant dans les interstices existant entre ces feuillets épithéliaux, constituent l'ébauche de la substance conjonctive et du sang.*

Après la publication de notre théorie du cœlome, His remit en discussion sa théorie du parablaste, qu'il modifia dans son mémoire intitulé : *La théorie de l'origine de la substance conjonctive.* Dans cette publication, His n'attache plus d'importance à la question de savoir si l'ébauche des tissus de la substance conjonctive procède ou ne procède pas du germe segmenté ou du germe non segmenté.

La *théorie de la double origine du mésoderme*, fondée sur des bases différentes par His et par nous-mêmes, fut combattue par Kölliker, qui en revint à l'ancienne manière de voir. Toutefois, elle fut admise, étendue et modifiée par Kupffer, Disse, Waldeyer, Kollmann, Heape et autres, qui tous furent d'avis que la substance conjonctive dérive d'un germe spécial.

D'après les observations plus récentes de Rabl, de Ziegler, de Van Wijhe, de Rückert, etc., le mésenchyme prend naissance en différents points déterminés et aux dépens du mésoderme. Quant à la question de la formation du sang, elle mériterait d'être reprise sur des objets bien appropriés.

RÉSUMÉ

1. Indépendamment des quatre feuillets germinatifs, qui constituent des lames épithéliales, il se développe encore, chez les vertébrés, des germes spéciaux, les germes du mésenchyme, qui dans leur ensemble fournissent le feuillet intermédiaire. Ces germes donnent naissance aux tissus de la substance conjonctive et au sang.

2. Les germes du mésenchyme se forment de la manière suivante : des cellules se détachent isolément des feuillets germinatifs épithéliaux; elles pénètrent ensuite, sous la forme de cellules migratrices, dans les interstices existant entre les quatre feuillets germinatifs, interstices qui représentent des vestiges de la cavité de la blastula. Enfin elles s'y développent et y subissent diverses transformations.

3. Les feuillets germinatifs diffèrent, par leur origine, des germes du mésenchyme (feuillet intermédiaire). Tandis que les premiers se forment par plissements de la paroi de la blastula, le feuillet intermédiaire est le résultat de l'émigration de cellules isolées, qui se détachent en certains points déterminés des feuillets germinatifs.

4. Les germes du mésenchyme se forment aux dépens de la paroi des segments primordiaux, aux dépens des plaques cutanées, aux dépens de certaines parties des feuillets viscéral et pariétal du mésoderme; enfin, probablement aussi en d'autres points du germe à deux et à trois

feuillets, tels que, par exemple, aux dépens du bord antérieur du disque germinatif.

5. Il se forme des vaisseaux sanguins aussi bien à l'intérieur de l'embryon lui-même que dans l'aire opaque des œufs méroblastiques. Le mode de formation des vaisseaux sanguins dans l'embryon proprement dit n'est pas encore absolument connu.

6. L'origine des cellules, aux dépens desquelles se forment les vaisseaux et le sang dans l'aire opaque, est encore controversée pour le moment.

7. Lors de la formation des vaisseaux dans l'aire opaque, on observe les phénomènes suivants :

a. Les cellules embryonnaires du feuillet intermédiaire se disposent d'abord en un réseau de cordons cellulaires et, ensuite, en îlots de substance.

b. Aux dépens des cordons cellulaires se forment, à la suite d'une sécrétion de plasma sanguin, l'endothélium des premiers vaisseaux et le contenu cellulaire de ces vaisseaux, c'est-à-dire les corpuscules du sang (îlots sanguins).

c. Les îlots de substance donnent naissance à la substance conjonctive embryonnaire.

d. La zone de l'aire opaque, dans laquelle apparaissent les premiers vaisseaux sanguins et la substance conjonctive (aire vasculaire), est nettement délimitée en dehors par un vaisseau annulaire appelé sinus terminal.

e. Comme, après la formation du feuillet intermédiaire, le feuillet externe et le feuillet interne continuent à se développer de haut en bas à la surface du vitellus, il en résulte que l'embryon proprement dit se trouve entouré par trois zones distinctes :

1° L'*aire transparente;*

2° L'*aire vasculaire*, comprise entre la précédente et le sinus terminal;

3° L'*aire vitelline*, comprise entre l'aire vasculaire et le bord d'enveloppement du disque germinatif.

8. Les corpuscules rouges du sang de tous les vertébrés possèdent, dans les premiers stades du développement, la propriété de se multiplier par division. A ce moment, chez les mammifères, ils possèdent un noyau : de là le nom de *cellules rouges du sang* qu'on leur donne souvent.

9. Le tableau suivant indique quels sont les organes et les tissus que fournissent les feuillets germinatifs primordiaux.

I. — Feuillet externe ou ectoderme.

Épiderme, poils, ongles, épithélium des glandes cutanées, système nerveux central, système nerveux périphérique, épithélium des organes des sens, cristallin.

II. — Feuillet interne ou endoderme primordial.

1. *Endoderme secondaire ou feuillet glandulaire de l'intestin.*
Épithélium du tube digestif et de ses glandes;
Épithélium de la vessie.
2. *Ébauche de la corde dorsale.*
3. *Feuillets moyens.*

3 *a*. Segments primordiaux.

Muscles striés ou volontaires; partie du mésenchyme.

3 *b*. Plaques latérales.

Épithélium de la cavité pleuro-péritonéale; cellules sexuelles et épithélium des glandes génitales ainsi que de leurs conduits excréteurs; épithélium des reins et des uretères; partie du mésenchyme.

3 *c*. Germes du mésenchyme.

Tissus de la substance conjonctive; vaisseaux et sang; organes lymphoïdes; muscles lisses ou involontaires.

BIBLIOGRAPHIE

Afanasieff. *Ueber die Entwicklung der ersten Blutbahnen im Hühnerembryo.* Wiener Sitzungsberichte. Vol. LIII. 1866

Balfour. *The development of the bloodvessels of the chick.* Quarterly Journal of Microscopical Science. 1873.

V. Davidoff. *Ueber die Entstehung des Endocardepithels bei den Reptilien.* Festschrift für Carl Gegenbaur. 1896.

Disse. *Die Entstehung des Blutes und der ersten Gefässe im Hühnerei.* Arch. f. mikr. Anat. Vol. XVI. 1879.

Gasser. *Der Parablast und der Keimwall der Vogelkeimscheibe.* Sitzungsber. d. Naturw. Gesellsch. zu Marburg. 1883.

Gensch. *Die Blutbildung auf dem Dottersack bei Knochenfischen.* Archiv. f. mikroskop. Anat. Vol. XIX. 1881.

— *Das secundäre Entoderm und die Blutbildung beim Ei der Knochenfische.* Dissertation inaugurale. Königsberg, 1882.

Hatschek. *Ueber den Schichtenbau von Amphioxus.* Anat. Anz. 1888.

W. His. *Der Keimwall des Hühnereies und die Entstehung der parablastischen Zellen.* Zeitschrift f. Anat. u. Entwicklungsgesch. Anat. Abth. 1876.

— *Die Lehre vom Bindesubstanzkeim (Parablast). Rückblick nebst kritischer Besprechung einiger neuer entwicklungsgeschichtlicher Arbeiten.* Arch. f. Anat. u. Physiol. Anat. Abth. 1882.

C. K. Hoffmann. *Ueber die Entstehung der endothelialen Anlage des Herzens und der Gefässe bei Hai-Embryonen.* Anat. Anz. 1892. N°s 9 et 10.

— *Untersuchungen über den Ursprung des Blutes und der blutbereitenden Organe.* Verhandl. d. K. Acad. d. Vetensch. te Amsterdam. Sect. 2. 3^e partie, p. 4.

— *Zur Entwicklungsgeschichte des Herzens und der Blutgefässe bei Selachiern, etc.* Morphol. Jahrb. 1893.

Klein. *Das mittlere Keimblatt in seinen Beziehungen zur Entwicklung der ersten Blutgefässe und Blutkörperchen im Hühner-Embryo.* Wiener Sitzungsberichte. Vol. LXIII. 1871.

A. Kölliker. *Ueber die Nichtexistenz eines embryonalen Bindegewebskeims (Parablast).* Sitzungsberichte der Phys.-med. Gesellsch. zu Würzburg, 1884.

— *Kollmann's Akroblast.* Zeitschr. f. wissensch. Zool. Vol. XLI.

— *Die embryonalen Keimblätter und die Gewebe.* Zeitschr. f. wissenschaftl. Zoolog. Vol. XL.

J. Kollmann. *Der Randwulst u. der Ursprung der Stützsubstanz.* W. His u. W. Braune. Arch. f. Anat. u. Phisiol. Anat. Abth. 1884.

— *Ein Nachwort.* Arch. f. Anat. u. Physiol. Anat. Abth. 1884.

J. Kollmann. *Der Mesoblast und die Entwicklung der Gewebe bei Wirbelthieren*. Biologisches Centralblatt. Vol. III, N° 24.

— *Gemeinsame Entwicklungsbahnen der Wirbelthiere*. Arch. f. Anat. u. Physiol. Anat. Abth. 1885.

Kupffer. *Ueber Laichen und Entwicklung des Ostseeherings*. Jahresbericht der Comm. für wissensch. Unters. der deutschen Meere. 1878.

Ray Lankester. *Connective and vasifactive tissues of the Leech*. Quarterly Journal of Microscopical Science. Vol. XX. 1880.

Milnes Marshall et Bles. *The development of the bloodvessels in the frog*. Studies from the biolog. Laboratories of the Owens College. Vol. II. 1890.

Maurer. *Die Entwicklung des Bindegewebes bei Siredon pisciformis und die Herkunft des Bindegewebes im Muskel*. Morphol. Jahrb. Vol. XVIII.

P. Mayer. *Ueber die Entwicklung des Herzens und der grossen Gefässstämme bei den Selachiern*. Mittheil. aus der Zool. Station zu Neapel. Vol. VII.

— *Ueber die ersten Stadien der Gefässe bei den Selachiern*. Anat. Anz. 1894, p. 185.

C. Rabl. *Ueber die Bildung des Herzens der Amphibien*. Morphol. Jahrb. Vol. XII. 1886.

— *Theorie des Mesoderms*. Morph. Jahrb. Vol. XV. 1889.

Rauber. *Ueber den Ursprung des Blutes und der Bindesubstanzen*. Sitzungsber. der Naturforsch. Gesellsch. zu Leipzig. 1877.

J. Rückert. *Ueber den Ursprung des Herzendothels*. Anat. Anz. IIe année. N° 12. 1887.

— *Ueber die Entstehung der endothelialen Anlagen des Herzens und der ersten Gefässstämme bei Selachier-Embryonen*. Biolog. Centralbl. Vol. VIII. 1888.

Schwink. *Untersuchungen über die Entwicklung des Endothels und der Blutkörperchen der Amphibien*. Morpholog. Jahrb. Vol. XVII. 1891.

Strahl. *Die Anlage des Gefässsystems in der Keimscheibe von Lacerta agilis*. Marburger Sitzungsber. 1883.

— *Die Dottersackwand und der Parablast der Eidechsen*. Zeitschr. f. wissenschaftl. Zool. Vol. XLV. 1887.

Uskow. *Die Blutgefässkeime und deren Entwicklung bei einem Hühnerei*. Mémoires de l'Académie impér. d. sciences de St-Pétersbourg. Sér. VII. T. XXXV.

Vialleton. *Sur l'origine des germes vasculaires dans l'embryon du poulet*. Anatomischer Anzeiger. 1892.

Hans Virchow. *Dottersyncytium, Keimhautrand und Beziehungen zur Concrescenzlehre*. Merkel-Bonnet's Ergebnisse. 1897.

Waldeyer. *Archiblast und Parablast*. Arch. f. mikr. Anat. 1883.

Wenckebach. *Beiträge zur Entwicklungsgeschichte der Knochenfische*. Arch. f. mikr. Anat. Vol. XXVIII.

Ziegler. *Der Ursprung der mesenchymatischen Gewebe bei den Selachiern*. Arch. f. mikr. Anat. Vol. XXXII. 1888.

— *Die Entstehung des Blutes bei Knochenfisch-Embryonen*. Archiv für mikroskop. Anat. Vol. XXX. 1887.

— *Die Entstehung des Blutes der Wirbelthiere*. Berichte der Naturforschenden Gesellschaft zu Freiburg. 1889.

— *Ueber die embryonale Anlage des Blutes bei den Wirbelthieren*. Verhandl. der deutschen Zool. Gesellsch. 1892.

G. S. Engel. *Die Blutkörperchen im bebrüteten Hühnerei*. Arch. f. mikroskop. Anatomie. Vol. XLIV. 1895.

G. Hayem. *Du sang et de ses altérations organiques*. Paris, 1889.

Kuborn. *Du développement des vaisseaux et du sang dans le foie de l'embryon*. Anat. Anz. Vol. V.

Ch. Sedg. Minot. *Zur Morphologie der Blutkörperchen*. Anat. Anz. Vol. V.

L. Ranvier. *Traité technique d'histologie*. Paris, 1888.

Schäfer. *Monthly microsc. Journal*. Vol. XI.

A. Spuler. *Ueber die intracelluläre Entstehung rother Blutkörperchen*. Archiv. f. mikroskop. Anat. Vol. XL. 1892.

CHAPITRE DIXIÈME

DÉVELOPPEMENT DE LA FORME EXTÉRIEURE DU CORPS

Nous avons exposé dans les chapitres qui précèdent la formation des feuillets germinatifs des vertébrés, celle du canal médullaire, de la corde dorsale et des segments primordiaux, qui se développent à leurs dépens ; enfin, l'origine du sang et des tissus de la substance conjonctive. Nous étudierons maintenant le *développement de la forme extérieure du corps* ainsi que la *formation des annexes de l'embryon*, ces deux questions présentant des connexions très intimes.

Sur ce sujet il existe une différence remarquable entre les vertébrés supérieurs et les vertébrés inférieurs. Lorsque l'embryon d'un Amphioxus a subi les premiers phénomènes du développement, il s'allonge, s'effile à ses deux extrémités et prend immédiatement la forme de l'animal adulte, c'est-à-dire la forme d'un poisson. Mais, plus nous nous élevons dans la série des vertébrés, plus nous constatons de différences entre la forme des embryons et celle de l'adulte, si nous comparons des stades embryonnaires aux stades correspondants du développement de l'Amphioxus. Nous voyons se former autour de l'embryon des enveloppes spéciales, en même temps qu'apparaissent des annexes destinées à disparaître plus tard, ce qui donne aux embryons des formes toutes particulières.

Ces différences sont dues, en toute première ligne, à la présence, dans l'œuf, d'une quantité plus ou moins considérable de vitellus de nutrition. Le rôle que joue le vitellus de nutrition vis-à-vis de l'organisme futur est double.

Au point de vue physiologique, il permet aux processus du développement de s'accomplir d'une façon ininterrompue, de telle sorte qu'au moment de sa naissance l'animal possède déjà une organisation relativement élevée.

Au point de vue morphologique, le vitellus, au contraire, entrave le développement direct et libre des organes chargés de son absorption.

Nous avons vu que, déjà au début de l'ontogenèse, la présence du vitellus ralentit la segmentation et la formation des feuillets germinatifs, en même temps qu'elle modifie et trouble jusqu'à un certain point ces phénomènes. Nous constaterons aussi dans la suite que, grâce à sa présence, le canal digestif et le corps tout entier n'acquièrent leur forme définitive que progressivement et par des voies détournées.

En second lieu, le milieu, dans lequel se développent les œufs, exerce aussi une grande influence sur la forme que prennent les embryons des vertébrés. Les œufs qui sont pondus dans l'eau, comme c'est le cas pour les vertébrés aquatiques, se développent d'une façon plus simple et plus directe que ceux qui, pourvus de coques résistantes, sont déposés sur le sol ou que ceux qui séjournent dans l'utérus maternel jusqu'au moment de la naissance de l'embryon.

Dans ces deux derniers cas, l'organisme en voie de développement n'acquiert sa forme définitive que d'une façon très détournée. En même temps que les *organes permanents*, se forment des organes qui n'ont de valeur que pendant la vie fœtale. Ces organes, ou bien servent à *protéger* l'embryon délicat et mou, ou bien ils jouent un rôle important dans la *respiration* et la *nutrition* de l'embryon. A la fin de la vie fœtale, ou bien ils sont atrophiés, ou bien ils sont expulsés avec le fœtus lors de la mise-bas. Toutefois, étant donné qu'ils se développent aux dépens des feuillets germinatifs, ils doivent être considérés comme des *organes embryonnaires* et décrits en même temps que le développement de la forme extérieure du corps.

Nous diviserons le sujet, si vaste, qui nous occupe, en *deux parties*.

Dans la première partie, nous examinerons de quelle façon l'embryon parvient à vaincre l'obstacle dû à la présence du vitellus et acquiert sa forme définitive.

Dans la seconde partie, nous nous occuperons spécialement des diverses enveloppes et annexes fœtales, dont le rôle est très divers.

C'est chez les amphibiens que la présence du vitellus de nutrition dans l'œuf provoque le moins de perturbations dans la marche du développement. On peut dire, à ce point de vue, que les amphibiens établissent une transition entre l'Amphioxus, dont le développement est direct, et les autres vertébrés. Chez les amphibiens, le vitellus prend part à la segmentation. A la fin de la segmentation, il se trouve principalement accumulé dans les grandes cellules vitellines qui constituent le plancher de la blastula (fig. 73). Après la formation de la gastrula (fig. 76), il remplit presque complètement la cavité du cœlentéron. Lorsque les sacs cœlomiques se sont séparés du cœlentéron, les grandes cellules vitellines sont logées de même, dans la paroi ventrale (plancher) du tube digestif proprement dit (fig. 165, *yk*). Dans la suite du développement, une partie d'entre elles sont absorbées et servent ainsi à l'accroissement des divers organes, tandis que les autres se transforment directement en la portion ventrale de l'épithélium du tube digestif.

Grâce à la présence de cet amas considérable de cellules vitellines, l'embryon des amphibiens affecte, à un stade où la larve de l'Amphioxus est déjà très allongée et ressemble à l'adulte, une forme absolument différente. L'œuf, qui au stade gastrula était sphérique, s'allonge ensuite légèrement et devient ovoïde. Puis, à chacun de ses deux pôles, commence à se montrer une petite saillie ou tubérosité, correspondant respectivement à l'extrémité céphalique et à l'extrémité caudale de la larve (fig. 165 et 108). La partie moyenne ou troncale de l'embryon, comprise entre les deux saillies dont nous venons de parler, se déprime légèrement sur sa face dorsale, où se sont développés le canal médullaire, la corde dorsale et les segments primordiaux. Il en résulte que la tubérosité céphalique est unie, du côté du dos, à la tubérosité caudale par une région concave. Au contraire, la face ventrale du tronc est fortement convexe en bas et en dehors : ce renflement correspond à la présence des cellules vitellines. On le désigne sous le nom de *sac vitellin*.

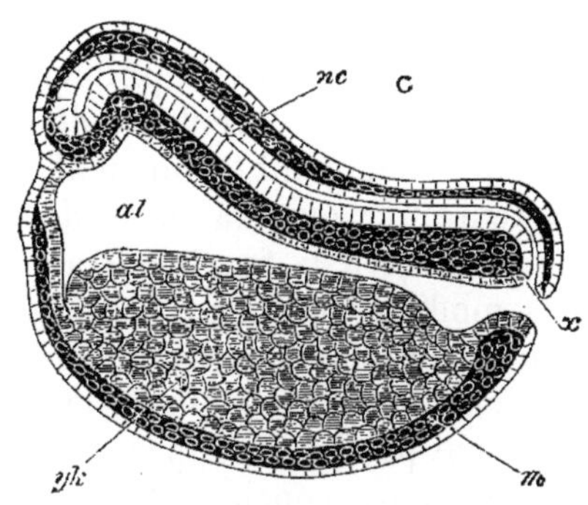

Fig. 165. — *Coupe longitudinale et médiane d'un embryon de grenouille. Figure schématique.* D'après Götte. Empruntée à Balfour.

nc, canal médullaire; *x*, communication entre le canal médullaire d'une part et le tube digestif (*al*) ainsi que le blastopore, d'autre part; *yk*, cellules vitellines; *m*, feuillet moyen. Pour simplifier, l'ectoderme a été représenté comme formé par une seule assise de cellules.

Au fur et à mesure qu'il se développe davantage, l'embryon devient de plus en plus allongé, pisciforme. Son extrémité antérieure et surtout son extrémité postérieure s'allongent beaucoup. En même temps le milieu du tronc s'amincit et le sac vitellin devient de moins en moins volumineux, par suite de l'absorption de la substance vitelline. Il finit même par disparaître complètement : ses parois forment alors l'épithélium ventral du tube digestif et la paroi abdominale.

Les perturbations amenées dans le développement normal sont d'autant plus grandes que la masse vitelline de l'œuf est plus considérable : c'est ce que l'on observe dans les œufs méroblastiques des poissons, des reptiles et des oiseaux. Dans les œufs méroblastiques, le vitellus ne se segmente plus en un amas de cellules vitellines, comme chez les amphibiens. Il ne participe au processus de la segmentation que dans une faible mesure : des noyaux pénètrent dans la couche du vitellus en contact avec le disque germinatif; ils s'entourent de protoplasme et se multiplient par division. La forme gastrula est modifiée au point d'être rendue méconnaissable; seule une petite partie de sa face dorsale est formée de cellules, disposées de façon à constituer les deux feuillets germinatifs primordiaux. Par contre, toute sa face ventrale consiste en une masse vitelline, non segmentée, correspondant aux cellules vitellines des amphibiens.

Nous voyons alors, si nous ne considérons pas le vitellus comme faisant partie du corps de l'embryon, que ce dernier, chez les vertébrés dont les œufs sont méroblastiques, affecte une forme aplatie au lieu d'être cupuliforme (fig. 1, pl. I, p. 264). En outre, nous constatons, plus encore que chez les amphibiens, un contraste bien marqué entre la face dorsale et la face ventrale de l'œuf en voie de développement. A la face dorsale seulement se forment, au début, tous les organes importants, le système nerveux, la corde dorsale et les segments primordiaux (pl. I, fig. 1 à 8). A la face ventrale nous ne constatons, au contraire, que des modifications peu nombreuses et insignifiantes. Ces modifications consistent principalement en ce que les feuillets germinatifs se développent de plus en plus à la surface du vitellus (fig. 2 à 5, pl. I). Ils finissent par l'envelopper complètement et par constituer un sac formé de plusieurs couches. Ce phénomène d'enveloppement progressif du vitellus non segmenté par les feuillets germinatifs, s'accomplit très lentement. Il exige d'autant plus de temps que la masse vitelline est plus volumineuse. C'est ainsi que chez les oiseaux il n'est achevé qu'à un stade très avancé du développement, alors que l'embryon atteint déjà un haut degré d'organisation (pl. I, fig. 5).

Dans les œufs méroblastiques, on désigne sous le nom d'*aire embryonnaire*, cette partie des feuillets germinatifs, dans laquelle apparaissent les premiers organes (canal médullaire, corde dorsale, segments primordiaux, etc.); tandis que l'on donne au reste des feuillets germinatifs le nom d'*aire extra-embryonnaire*. Cette distinction est nécessaire, bien qu'il convienne de remarquer que l'aire extra-embryonnaire provient de la cellule-œuf, tout comme l'aire embryonnaire, et fait par conséquent partie de l'embryon.

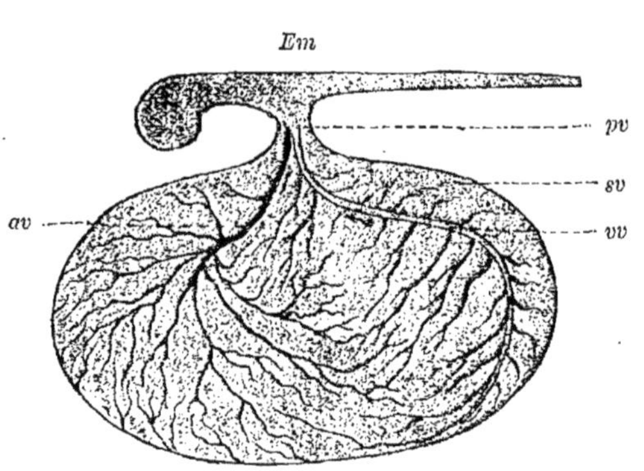

Fig. 166. — *Embryon de requin (Pristiurus)*, d'après BALFOUR.
Em, embryon; *sv*, sac vitellin; *pv*, pédicule vitellin; *av*, artère vitelline; *vv*, veine vitelline.

Dans la suite du développement, l'aire embryonnaire se sépare plus nettement encore de l'aire extra-embryonnaire (fig. 166). Seule, l'aire embryonnaire prend la forme allongée, pisciforme, caractéristique pour tous les vertébrés, les feuillets germinatifs, primitivement étalés en surface, s'étant transformés en tubes. Au contraire, l'aire extra-embryonnaire se transforme en un sac (*sv*), rempli de vitellus, réuni à la face ventrale de l'embryon (*Em*) par l'intermédiaire d'un pédicule (*pv*). Ce sac, qui est volumineux lorsque l'embryon est

Fig. 167.

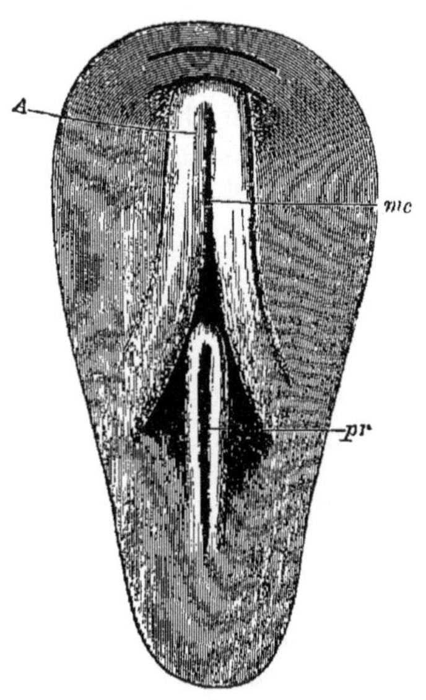

Fig. 167. — *Aire transparente d'un blastoderme du poulet, de 18 heures. Vu par sa surface.* D'après BALFOUR.

En avant du sillon primitif (*pr*) se trouve la gouttière médullaire (*mc*) et les bourrelets médullaires (*A*). Ces bourrelets s'écartent l'un de l'autre dans leur partie postérieure et se perdent aux deux côtés du sillon primitif. Ils sont au contraire en continuité par leur extrémité antérieure, où ils forment un arc situé en arrière d'une ligne courbe, qui représente le sillon marginal antérieur. La seconde ligne courbe, située en avant de ce sillon et parallèle à la première, constitue l'ébauche du repli amniotique.

Fig. 168.

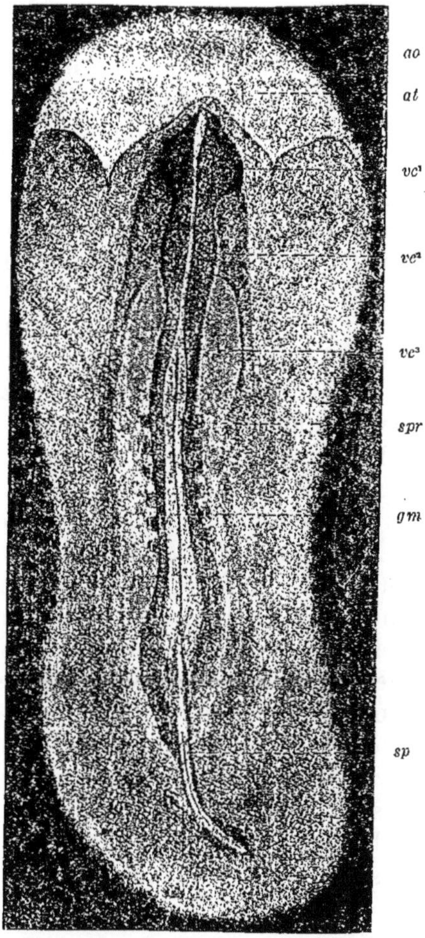

Fig. 168. — *Aire embryonnaire du poulet, 33 heures après le début de l'incubation,* d'après M. DUVAL.

L'aire transparente (*at*) est entourée d'une partie de l'aire opaque (*ao*). L'ébauche du système nerveux central est à peu près fermée, dans sa partie antérieure : elle est divisée en les trois vésicules cérébrales (*vc*¹, *vc*² et *vc*³), plus la gouttière médullaire (*gm*), encore largement ouverte. A droite et à gauche de cette gouttière, on observe six segments primordiaux (*spr*). L'extrémité postérieure de l'ébauche de l'embryon est occupée par la ligne primitive et le sillon primitif (*sp*).

petit, se réduit de plus en plus, au fur et à mesure que l'embryon s'accroît.

Examinons maintenant, d'une façon plus détaillée, les phénomènes dont nous venons de parler : d'une part, la transformation de l'aire embryonnaire aplatie en l'embryon pisciforme, et, d'autre part, la formation du sac vitellin.

Dans la description qui va suivre, nous aurons principalement en vue l'œuf du poulet, mais nous ne tiendrons pas compte des enveloppes et annexes fœtales.

Voici comment se forme le corps du poulet: les feuillets germinatifs, primitivement aplatis, étalés, s'invaginent, se plissent, pour donner naissance à des organes tubulaires, qui se séparent ensuite de l'aire transparente par étranglement. Si l'on examine de face le disque germinatif, au moment où les feuillets germinatifs commencent à se plisser, on observe, autour de l'aire embryonnaire, l'existence de sillons, que His a appelés *sillons marginaux*. Ils apparaissent plus vite dans la région antérieure que dans la région postérieure de l'aire embryonnaire. Ce fait est conforme à cette loi, que nous avons déjà mentionnée plus haut, d'après laquelle l'extrémité antérieure du corps est plus précoce dans son développement que son extrémité postérieure.

Tout d'abord la partie de l'aire embryonnaire destinée à former la tête de l'embryon se montre circonscrite par un sillon semi-circulaire (fig. 167) : c'est le *sillon marginal antérieur*. Ce sillon, chez le poulet, est déjà indiqué à la fin du premier jour de l'incubation, c'est-à-dire au moment où apparaît la première ébauche du système nerveux central. Il est situé immédiatement en avant de l'extrémité antérieure recourbée des bourrelets médullaires. Sa concavité est dirigée en arrière.

A un stade plus avancé du développement, le corps de l'embryon se trouve aussi délimité latéralement. Chez l'embryon représenté de face dans la figure 168, embryon dont la partie antérieure de la gouttière médullaire est déjà fermée et nous montre les ébauches des trois vésicules cérébrales, embryon qui possède six paires de segments primordiaux, on observe à quelque distance de ces derniers, à droite et à gauche, une ligne plus foncée : ce sont les deux *sillons marginaux latéraux*. Ils vont en s'atténuant d'avant en arrière et cessent à l'extrémité du sillon primitif.

Plus tard, l'extrémité caudale de l'embryon est aussi marquée par un *sillon marginal postérieur*, semi-circulaire comme le sillon marginal antérieur, mais disposé de telle sorte que sa concavité regarde en avant.

Il résulte de ce qui précède que la petite partie des feuillets germinatifs, qui seule donne naissance au corps de l'animal futur, est séparée de l'aire extra-embryonnaire, beaucoup plus étendue, sur tout son pourtour, par une dépression marginale. L'aire extra-embryonnaire fournit des organes transitoires : le sac vitellin et les enveloppes fœtales.

Voici comment se forment les sillons marginaux. L'ectoderme accolé à la somatopleure, c'est-à-dire ce que l'on appelle la *lame somatique*, se déprime, s'invagine de telle sorte que le fond de la dépression est dirigé vers le bas, contre le vitellus (pl. I, fig. 8, *sf*). Cette dépression, délimitée par la lame somatique, constitue le sillon marginal (*gr*). De même que nous avons distingué à ce sillon plusieurs parties (sillon antérieur, sillon postérieur et sillons latéraux) qui se développent successivement dans le cours de l'ontogenèse, de même on donne au repli qui délimite chacun des sillons marginaux un nom spécial. Le sillon antérieur est délimité par le *repli céphalique;* le sillon postérieur, par le *repli caudal*, et les sillons latéraux, par les *replis latéraux.*

Le *repli céphalique* se montre le premier : il apparaît à la fin du premier jour de l'incubation et il est déjà très marqué au deuxième jour. Grâce à la formation de ce repli, l'extrémité céphalique de l'embryon se sépare nettement de l'aire extra-embryonnaire. Au fur et à mesure que le repli céphalique s'accroît, le sillon marginal antérieur s'approfondit de plus en plus en un cul-de-sac, dont le fond est reporté de plus en plus en arrière.

Pour faire comprendre ce processus, nous nous servirons de deux coupes schématiques, menées longitudinalement par l'axe de l'embryon.

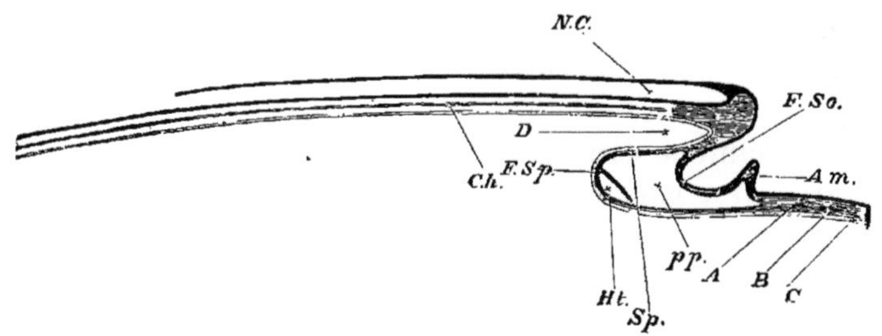

Fig. 169. — *Coupe longitudinale, schématique, passant par l'axe d'un embryon d'oiseau,* d'après Balfour.

Cette coupe montre la disposition réalisée au moment où le repli céphalique commence à se former, mais avant l'apparition du repli caudal.

F.So, repli céphalique de la lame somatique : *F.Sp*, repli céphalique de la lame splanchnique, formant en *Sp*, la paroi inférieure du cul-de-sac antérieur du tube digestif; *D*, cavité de l'intestin céphalique; *pp*, cœlome; *Am*, ébauche du repli amniotique antérieur; *N.C*, canal médullaire; *Ch*, corde dorsale; *A, B, C*, feuillet externe, feuillet moyen et feuillet interne : ces trois feuillets sont représentés chacun par une teinte différente; *Ht*, cœur.

L'une de ces coupes est représentée par la figure 169; l'autre, par la figure 11 de la planche I.

Examinons d'abord la figure 169. A la suite du développement du repli *F.So*, il s'est formé, au-dessus du sillon antérieur, aux dépens des feuillets germinatifs jusqu'alors aplatis, une tubérosité, qui renferme l'extrémité antérieure du canal médullaire (*N.C*) et l'extrémité antérieure du tube digestif en voie de formation (*D*). La partie supérieure du repli céphalique est dirigée d'avant en arrière et forme la paroi ventrale de la tubérosité céphalique; la partie inférieure du repli constitue le plancher du sillon marginal antérieur.

Dans la seconde figure (pl. I, fig. 11), qui représente une coupe longitudinale et médiane d'un embryon plus avancé, le repli céphalique (*kf'*) s'est développé davantage en arrière. Il en résulte que la tête de l'embryon est devenue plus longue, sa paroi ventrale ou inférieure s'étant allongée par suite du développement du repli céphalique.

Si l'on veut comprendre plus clairement encore le phénomène que nous venons de décrire et qui est de la plus haute importance au point de vue du développement de la forme extérieure du corps, on peut se servir d'un modèle très facile à exécuter. On étale, sur le dos de la main gauche placée en extension sur une table, une serviette destinée à représenter le disque germinatif; puis, à l'aide de la main droite, on plisse la serviette de façon qu'elle entoure légèrement d'avant en arrière les extrémités des doigts de la main gauche. Les extrémités de ces doigts, dont la face palmaire se trouve recouverte, sur une petite étendue, par la serviette, en même temps que toute leur face dorsale, représentent bien la tubérosité céphalique de l'embryon. Pour nous figurer ce qui se passe lorsque le sillon marginal antérieur prend plus de développement, il suffit de recouvrir, à l'aide de la serviette, une partie plus importante de la face palmaire des doigts, en approfondissant le repli formé vers la paume de la main.

L'extrémité postérieure de l'embryon se développe de la même manière que son extrémité antérieure, mais un peu plus tard (comparer les deux extrémités, dans la fig. 11, pl. I). Le *repli caudal*, délimitant le sillon marginal postérieur (*gr*) s'accroît d'arrière en avant, c'est-à-dire en sens inverse et à la rencontre du repli céphalique.

Nous avons vu (fig. 168) comment se présentent les sillons marginaux latéraux, quand on examine de face le disque germinatif. Pour étudier la façon dont se comportent les *replis latéraux*, observons des coupes transversales (fig. 8, *sf*, pl. I.). Au début, ils se développent directement de haut en bas, ce qui donne lieu à la formation des parois latérales du tronc de l'embryon. Plus tard, le fond des sillons latéraux droit et gauche se rapproche légèrement de la ligne médiane (pl. I, fig. 9, *sf*). Ce phénomène s'accentuant de plus en plus, le tronc de l'animal finit par constituer une sorte de tube (pl. I, fig. 10). Ainsi se forme la paroi ventrale du tronc.

Afin d'éviter tout malentendu, faisons remarquer que les replis céphalique, caudal et latéraux ne sont guère distincts les uns des autres qu'au début de leur développement. Au contraire, dès qu'ils sont un peu mieux marqués, ils se confondent en un repli unique, entourant de toutes parts l'aire embryonnaire. Il en résulte qu'en réalité ces différents replis ne sont que des *parties d'un seul repli*, de même que les sillons marginaux antérieur, postérieur et latéraux ne sont que des *parties d'un seul sillon marginal.*

Ils se développent d'avant en arrière (repli céphalique), d'arrière en avant (repli caudal), et de dehors en dedans (replis latéraux). Finalement, le fond du sillon marginal commun délimite une petite région, correspondant à peu près au milieu de la face ventrale de l'embryon.

C'est la coupe transversale de cette région qui est représentée par l'anneau ponctué (*hn*) dans la figure 10, planche I.

A ce moment, le corps de l'embryon affecte la forme d'un tube (pl. I, fig. 3) reposant sur l'aire extra-embryonnaire et réunie à cette dernière par un pédicule creux (*hn*). Ce pédicule, entouré par le fond du sillon marginal commun, représente l'anneau suivant lequel les différents replis marginaux se continuent les uns avec les autres. L'aire embryonnaire ne se sépare donc pas complètement de l'aire extra-embryonnaire.

Reprenons le modèle de la serviette, dont nous parlions tout à l'heure, et complétons la suite du phénomène. Pour cela il suffira de plisser la serviette, non seulement autour de l'extrémité des doigts, comme précédemment, mais aussi autour des bords latéraux de la main et autour du carpe, de façon à former un repli annulaire complet autour du centre de la paume de la main. Là, la gaine entourant la main se continuera avec le restant, étalé, de la serviette, au moyen d'un pédicule, correspondant au fond du repli annulaire.

Pendant que la lame somatique se plisse, comme nous venons de l'indiquer, dans la région du tronc, afin de donner naissance aux parois latérales et à la paroi ventrale du corps de l'embryon, la lame splanchnique, c'est-à-dire le feuillet glandulaire de l'intestin accolé à la splanchnopleure, se comporte de la même manière à l'intérieur de l'embryon. Elle forme, comme la lame somatique, un repli antérieur, un repli postérieur et deux replis latéraux.

Au moment où la tête de l'embryon se différencie (fig. 169), la partie correspondante de la lame splanchnique (*F. Sp*) se transforme en un tube, terminé en cul-de-sac en avant, et appelé *intestin céphalique* ou *cul-de-sac antérieur du tube digestif* (*D*).

Le même phénomène s'accomplit, au troisième jour de l'incubation, à l'extrémité postérieure de l'aire embryonnaire, au moment où commence à se montrer la région caudale de l'embryon (pl. I, fig. 11). Ainsi se forme, par plissement de la lame splanchnique, le *cul-de-sac postérieur du tube digestif* encore appelé intestin terminal.

Comme nous venons de le dire, ces deux parties du tube digestif sont primitivement fermées en culs-de-sac. Ni l'orifice buccal ni l'orifice anal ne sont encore formés. Si l'on détache du vitellus l'aire embryonnaire avec l'embryon en voie de développement et qu'on examine par sa face inférieure l'aire embryonnaire, on observe que l'intestin céphalique et le cul-de-sac postérieur du tube digestif présentent, l'un comme l'autre, un orifice qui conduit dans leurs cavités respectives. L'orifice par lequel on peut pénétrer dans la cavité de l'intestin céphalique porte le nom d'*orifice intestinal antérieur* (pl. I, fig. 11, *vdpf*); celui qui conduit dans le cul-de-sac postérieur du tube digestif est appelé *orifice intestinal postérieur* (*hdpf*).

La partie du tube digestif comprise entre ces deux orifices reste longtemps sous forme d'une simple lame aplatie. Plus tard, elle s'infléchit légèrement de haut en bas (pl. I, fig. 9 et fig. 2), de façon à former une *gouttière intestinale* (*dr*), située sous la corde dorsale et réunissant l'intestin céphalique au cul-de-sac postérieur du tube digestif. Ces replis latéraux de la lame splanchnique (*df*) se rapprochant de plus en plus, la gouttière intestinale devient de plus en plus profonde, et elle finit, à la suite du rapprochement, puis de la soudure de ses lèvres, par se fermer en un tube, tout comme la lame somatique. Toutefois, en une petite région, représentée par l'anneau ponctué *dn* dans les figures 3 et 10 de la planche I, la gouttière intestinale ne se ferme pas, et là, la paroi du tube digestif reste en continuité par l'intermédiaire d'un pédicule creux, avec la partie extra-embryonnaire de la lame splanchnique qui recouvre le vitellus.

La partie des feuillets germinatifs qui n'est pas employée à l'édification de l'embryon, fournit, chez les reptiles et les oiseaux, le sac vitellin et quelques enveloppes fœtales. Nous examinerons le mode de développement de ces organes, dans le chapitre suivant.

Chez les poissons, le sort de l'aire extra-embryonnaire est plus simple. Il donne uniquement naissance à un sac vitellin.

La figure 170 nous montre un embryon de sélacien (*Em*), qui s'est développé par invagination d'une petite partie du blastoderme, de la manière que nous venons de décrire pour le poulet. Tout le reste de l'œuf constitue un sac vitellin volumineux (*sv*), réuni au milieu de la face ventrale de l'embryon par un pédicule assez étroit (*pv*).

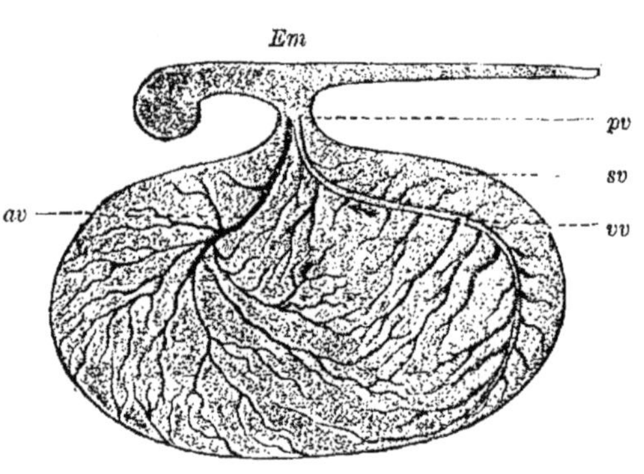

Fig. 170. — *Embryon de requin* (*Pristiurus*), d'après Balfour.
Em, embryon; *sv*, sac vitellin; *pv*, pédicule vitellin; *av*, artère vitelline; *vv*, veine vitelline.

Chez les téléostéens (pl. I, fig. 6) nous trouvons des transitions entre ce qui se réalise chez les sélaciens et une disposition caractérisée en ce que le sac vitellin n'est pas réuni par un pédicule avec l'intestin moyen, mais qu'il constitue, comme chez les amphibiens, la paroi ventrale d'une large dilatation de l'intestin.

Examinons maintenant la *structure du sac vitellin*. Comme nous l'avons dit précédemment, dans les œufs méroblastiques, les quatre feuillets germinatifs finissent par envelopper la masse vitelline, non segmentée (fig. 6 et 7, pl. I). A ce moment, la somatopleure et la splanchnopleure sont séparées l'une de l'autre par le cœlome, non seulement dans l'embryon, mais aussi dans l'aire extra-embryonnaire. Il règne ainsi, tout autour du vitellus, entre la somatopleure et la splanchnopleure, une fente étroite, appelée *cœlome extra-embryonnaire*. Elle divise la paroi du sac vitellin en deux lames, dont l'une, interne, n'est que la continuation de la lame splanchnique formant la paroi du tube digestif de l'embryon, tandis que l'autre, externe, se continue avec la lame somatique, c'est-à-dire avec la paroi du tronc de l'embryon. Il existe donc autour du vitellus un double sac : l'un de ces sacs peut être désigné sous le nom de *paroi splanchnique du sac vitellin;* l'autre, sous le nom de *paroi somatique du sac vitellin.* La paroi splanchnique du sac vitellin n'est autre chose qu'une évagination de la paroi du tube digestif. Elle se compose de trois couches :

1. Du feuillet glandulaire de l'intestin (*ik*, fig. 6) entourant immédiatement le vitellus;

2. De la splanchnopleure, c'est-à-dire de l'épithélium pleuro-péritonéal (mk^2);

3. Du feuillet intermédiaire, compris entre les deux couches précédentes. Dans ce mésenchyme se sont développés des vaisseaux sanguins : ce sont eux qui amènent les matières nutritives, liquéfiées, contenues dans le sac vitellin, aux différents points du corps de l'embryon, pour leur permettre de s'accroître.

La paroi somatique du sac vitellin se compose également de trois couches, tout comme la paroi du tronc de l'embryon avec laquelle elle est en continuité. Ces trois couches sont : 1° l'épiderme (*ak*) ; 2° la somatopleure (mk^1); 3° entre les deux couches précédentes, du mésenchyme.

Mentionnons encore que le sac vitellin peut être plus ou moins complètement séparé du corps de l'embryon. Lorsque cette séparation est très marquée, ils ne sont réunis que par un mince pédicule. Dans ce cas, le pédicule vitellin (pl. I, fig. 7) se compose de deux tubes emboîtés. Le tube externe, appelé *paroi somatique du pédicule vitellin*, réunit la paroi somatique du sac vitellin (*hs*) à la paroi abdominale de l'embryon. Le tube interne, appelé *paroi splanchnique du pédicule vitellin* ou *canal vitello-intestinal* ou, enfin, plus communément et plus simplement, *canal vitellin*, unit la paroi splanchnique du sac vitellin à la paroi du tube digestif de l'embryon. L'union entre la paroi somatique du pédicule vitellin et la paroi abdominale de l'embryon, se fait, vers le milieu de cette dernière, suivant une ligne circulaire, appelée *ombilic abdominal* (*hn*). Le canal vitellin se continue avec l'intestin de l'embryon, suivant une autre ligne circulaire, appelée *ombilic intestinal* (*dn*). C'est entre les deux ombilics que le cœlome extra-embryonnaire (lh^2) se continue avec le cœlome embryonnaire (lh^1).

Enfin, chez les poissons, en général, le sort final du sac vitellin est le même que chez les amphibiens. Chez les sélaciens, il contribue même à la formation de la paroi du tube digestif et à celle de la paroi du corps. Le sac vitellin se rétracte, au fur et à mesure que son contenu est absorbé. Lorsqu'il est devenu très petit, sa paroi splanchnique rentre dans la cavité abdominale et finit par fermer l'ombilic intestinal; de la même manière sa paroi somatique ferme, en dernière analyse, l'ombilic abdominal. Chez les vertébrés inférieurs, les organes embryonnaires ne sont nullement rejetés, expulsés. Nous examinerons dans le chapitre suivant ce que devient le sac vitellin chez les reptiles et les oiseaux.

RÉSUMÉ

1. Chez les vertébrés dont l'œuf renferme peu de vitellus, l'embryon prend une forme allongée, pisciforme, aussitôt après que les feuillets germinatifs sont formés.

2. Dans les œufs richement pourvus de vitellus, le corps de l'animal ne se développe qu'aux dépens d'une petite partie des feuillets germinatifs (aire embryonnaire). L'aire extra-embryonnaire, beaucoup plus étendue, sert à former un sac vitellin, ainsi que des enveloppes fœtales (ce dernier cas chez les reptiles et les oiseaux seulement).

3. Les différents feuillets de l'aire embryonnaire se séparent nettement de l'aire extra-embryonnaire; puis ils se plissent de façon à former deux tubes creux : la lame somatique donne naissance à la paroi du tronc, et la lame splanchnique, à la paroi du tube digestif (repli céphalique, repli caudal, replis latéraux, gouttière intestinale, replis de la lame splanchnique).

4. Les deux tubes creux restent réunis par l'intermédiaire de deux pédicules creux avec l'aire extra-embryonnaire.

5. Chez les poissons, l'aire extra-embryonnaire se transforme en un sac vitellin. Ce dernier est composé de deux sacs emboîtés, appelés respectivement paroi splanchnique et paroi somatique du sac vitellin. Ils sont séparés l'un de l'autre par un prolongement du cœlome de l'embryon (cœlome extra-embryonnaire).

6. La paroi somatique du pédicule vitellin se continue avec la paroi abdominale de l'embryon, suivant une ligne circulaire constituant l'ombilic abdominal. La continuité entre la paroi splanchnique du pédicule vitellin (canal vitellin) et la paroi du tube digestif, porte le nom d'ombilic intestinal.

7. Chez les poissons, après la résorption du vitellus, les parois du sac vitellin se rétractent. Elles servent à fermer : l'une, l'ombilic intestinal, et l'autre, l'ombilic abdominal.

8. Chez les reptiles et les oiseaux, l'aire extra-embryonnaire fournit non seulement le sac vitellin, mais encore plusieurs enveloppes fœtales qui compliquent le développement.

CHAPITRE ONZIÈME

ENVELOPPES FŒTALES DES REPTILES ET DES OISEAUX

Chez tous les vertébrés qui ne pondent pas leurs œufs dans l'eau, c'est-à-dire chez les reptiles, les oiseaux et les mammifères, le processus du développement se complique beaucoup par suite de la formation d'enveloppes fœtales toutes spéciales.

Ils possèdent, non seulement un sac vitellin, comme les amphibiens et les poissons, mais encore trois autres annexes fœtales : l'*amnios*, la *séreuse de* von Baer et l'*allantoïde*. L'amnios et la séreuse de von Baer appartiennent, par leur origine, à la portion extra-embryonnaire des feuillets germinatifs; ils se développent aux dépens de cette région de la portion extra-embryonnaire du disque germinatif qui, chez les poissons, devient la paroi somatique du sac vitellin. Ces annexes doivent leur origine à des replis, qui se développent autour de l'embryon lorsqu'il est encore de petite taille et lui constituent une double enveloppe.

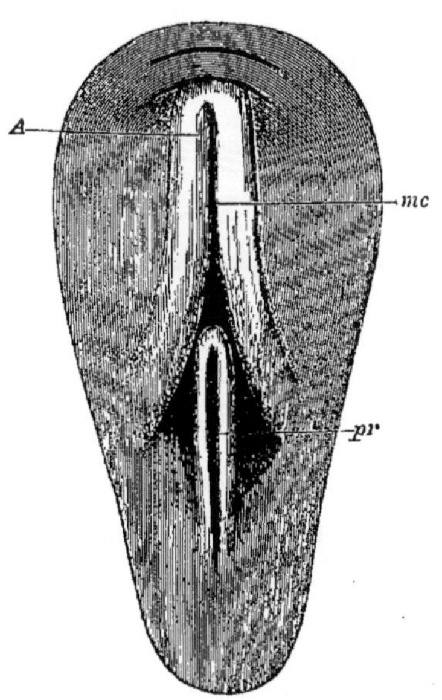

Fig. 171. — *Aire transparente d'un blastoderme du poulet, de 18 heures, vu par la surface*, d'après Balfour.

En avant du sillon primitif (*pr*), on voit la gouttière médullaire (*mc*), délimitée par les bourrelets médullaires A. Immédiatement en avant de l'extrémité antérieure de ces derniers, on distingue une ligne courbe : c'est le repli céphalique (sillon marginal antérieur). Une seconde ligne, parallèle à la précédente, et située en avant, représente le repli amniotique antérieur.

L'allantoïde, au contraire, se forme aux dépens d'une évagination vésiculeuse de l'endoderme. La première ébauche de ces trois enveloppes apparaît à une période reculée du développement, à l'époque où le corps de l'embryon prend, par plissement des feuillets germinatifs, une forme tubuleuse, en même temps qu'il se sépare, par étranglement, du sac vitellin.

Chez les reptiles et les oiseaux, les enveloppes fœtales affectent à peu près les mêmes dispositions. Elles sont encore moins compliquées que chez les mammifères. C'est pourquoi nous les décrirons en premier lieu. Dans notre description, nous prendrons spécialement pour base ce qui se passe chez le poulet.

1. — Amnios, séreuse de von Baer et sac vitellin.

L'*amnios* apparaît, chez le poulet, à un stade très reculé du développement. Au moment où commence à se montrer, à l'extrémité antérieure de l'aire embryonnaire (fig. 171), le repli céphalique semi-circulaire, dont l'accroissement déterminera la formation de la tête de l'embryon, il existe déjà, à quelque distance en avant de ce repli, un second repli, parallèle au précédent. On le désigne sous le nom de *repli amniotique antérieur*. Il est formé par la partie extra-embryonnaire du feuillet corné (ectoderme) accolée à la partie extra-embryonnaire de la

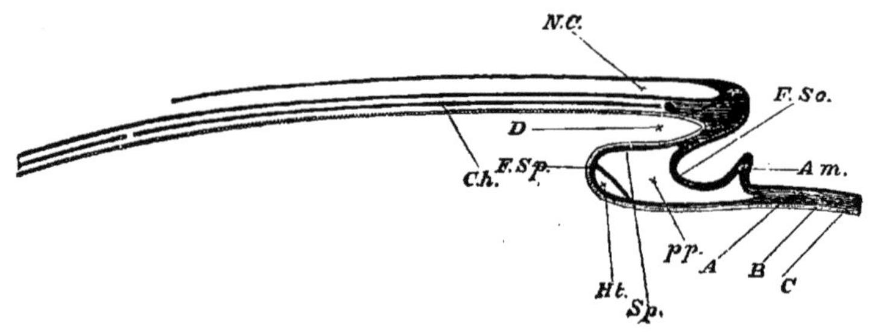

Fig. 172. — *Coupe longitudinale, schématique, passant par l'axe d'un embryon d'oiseau,* d'après BALFOUR.

Cette coupe montre la disposition réalisée au moment où le repli céphalique commence à se former, mais avant l'apparition du repli caudal.

F.So, repli céphalique de la lame somatique; *F.Sp*, repli céphalique de la lame splanchnique, formant en *Sp*, la paroi inférieure du cul-de-sac antérieur du tube digestif; *D*, cavité de l'intestin céphalique; *pp*, cœlome; *Am*, ébauche du repli amniotique antérieur; *N.C*, canal médullaire: *Ch*, corde dorsale; *A*, *B*, *C*, feuillet externe, feuillet moyen et feuillet interne; ces trois feuillets sont représentés chacun par une teinte différente; *Ht*, cœur.

somatopleure. On donne à ces deux feuillets réunis le nom de *lame somatique*.

Le repli céphalique et le repli amniotique antérieur sont dirigés en sens inverse (fig. 172). Tandis que le premier (*F. So*) s'infléchit de haut en bas, de telle sorte que son fond est dirigé vers le vitellus, le second, au contraire, est dirigé de bas en haut (*Am*) et proémine à la surface du disque germinatif. Pendant que la tête de l'embryon se forme, le repli amniotique antérieur s'accroît rapidement (pl. I, fig. 11, *vaf*) d'avant en arrière, et coiffe la tête de l'embryon, sous la forme d'un capuchon. A la fin du deuxième jour d'incubation, le *capuchon céphalique* (c'est le nom qu'on lui donne) recouvre déjà la partie antérieure de la tête de l'embryon : il est mince et transparent.

Un peu plus tard, se développent, de la même façon, autour de l'extrémité caudale et sur les faces latérales de l'embryon, les *replis amniotiques postérieur* et *latéraux*. Le *repli amniotique postérieur* n'est encore que peu marqué au moment où la tête de l'embryon se trouve déjà coiffée du capuchon céphalique (pl. I, fig. 11, *haf*). Il se développe lentement en recouvrant l'extrémité caudale de l'embryon et constitue alors le *capuchon caudal* (fig. 173, *am*).

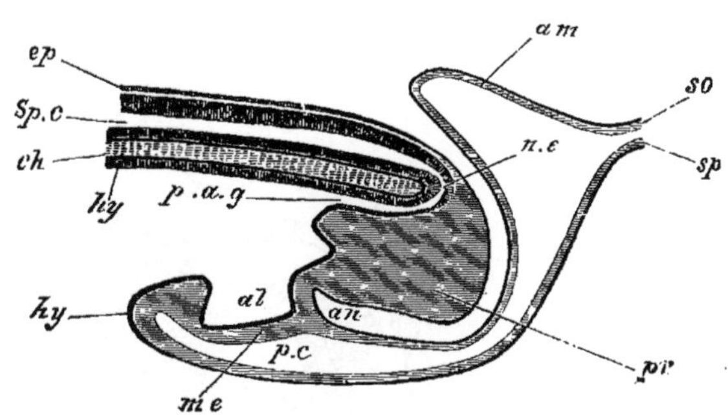

Fig. 173. — *Coupe longitudinale et médiane de l'extrémité postérieure d'un embryon de poulet, au moment de la formation de l'allantoïde. Figure schématique.* D'après BALFOUR.

ep, feuillet externe; *hy*, feuillet interne; *me*, feuillet moyen; *ch*, corde dorsale; *Sp.c*, canal médullaire; *ne*, canal neurentérique; *p.a.g*, intestin post-anal; *pr*, dernier vestige de la ligne primitive, reporté vers la face ventrale; *al*, allantoïde; *an*, point où se formera l'anus; *pc*, cœlome; *am*, amnios; *so*, lame somatique; *sp*, lame splanchnique.

Quant aux *replis amniotiques latéraux*, ils se soulèvent en dehors des sillons marginaux latéraux (fig. 174, *om*) et en sens inverse des replis marginaux latéraux, qui, comme nous l'avons vu, donnent naissance aux parois latérales et ventrale de l'embryon. Leur sommet s'écarte donc de plus en plus de la lame splanchnique (*sp*), laquelle reste étalée à la surface du vitellus. Il en résulte que la partie extra-embryonnaire du cœlome se développe tout autour de l'embryon. Lorsque les replis amniotiques latéraux ont atteint la face dorsale de l'embryon (pl. I, fig. 9, *saf*), ils commencent à s'infléchir, au-dessus de l'embryon, vers le plan médian et forment alors les *capuchons latéraux*.

Les différents replis amniotiques, que nous venons de signaler, se continuant les uns avec les autres lorsqu'ils sont arrivés à leur complet développement, ne sont donc, en réalité, que des parties d'un *repli annulaire* unique, qui entoure finalement l'embryon, sur tout son pourtour, d'une sorte de rempart creux. Les capuchons amniotiques s'accroissent de plus en plus d'avant en arrière (capuchon céphalique), d'arrière en avant (capuchon caudal) et de dehors en dedans (capuchons latéraux) (pl. I, fig. 2, 3 et 10, *af*, *vaf*, *haf*). Ils finissent par se toucher dans le plan médian et se soudent suivant une ligne appelée *suture amniotique*. Cette soudure se fait d'avant en arrière (pl. I, fig. 10). Cependant, longtemps il persiste, au niveau de l'extrémité caudale de l'embryon, un point où la soudure ne s'est pas encore effectuée, c'est-à-dire un petit orifice.

La soudure des replis amniotiques se fait suivant le processus que nous avons exposé pour la fermeture du canal médullaire (p. 108). Chaque repli (pl. I, fig. 3 et 10) consiste en deux lames, en continuité l'une avec l'autre le long du fond du repli. Ces deux lames, dont l'une est interne et l'autre externe, sont séparées par une fente, qui n'est autre chose qu'une partie du cœlome extra-embryonnaire. Le long de la suture amniotique, les lames de même nom, appartenant aux différents replis, se soudent : les lames internes soudées les unes aux autres se séparent

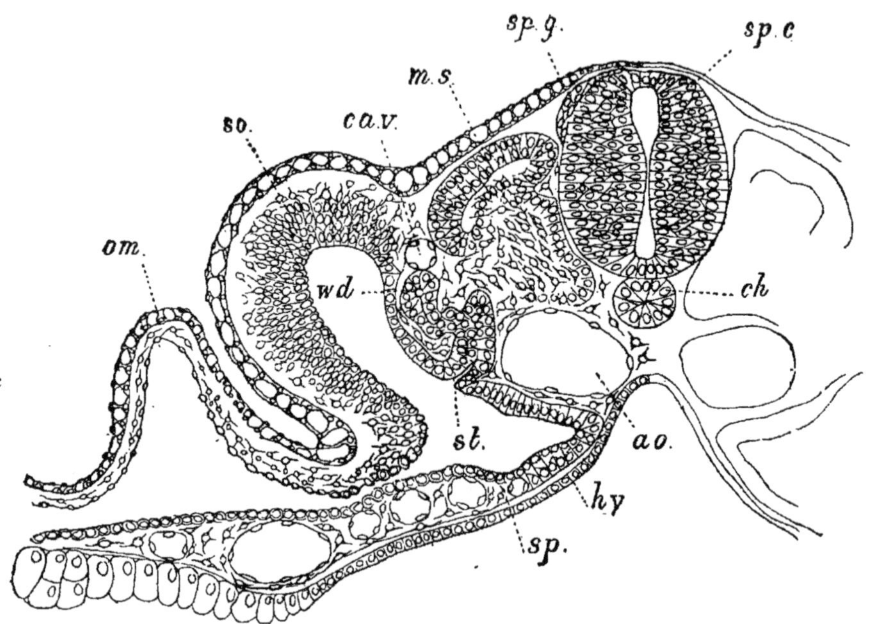

Fig. 174. — *Coupe transversale d'un embryon de canard, pourvu d'environ 24 segments primordiaux,* d'après BALFOUR.
om, amnios; *so*, lame somatique; *sp*, lame splanchnique; *wd*, canal de Wolff; *st*, canalicule de mésonéphros; *cav*, veine cardinale; *ms*, plaque ou segment musculaire; *sp.g*, ganglion spinal; *sp.c*, moelle épinière; *ch*, corde dorsale; *ao*, aorte; *hy*, feuillet glandulaire du tube digestif (endoderme secondaire).

des lames externes, également soudées les unes aux autres (pl. I, fig. 4). Il en résulte que la face dorsale de l'embryon se trouve maintenant tapissée par *deux enveloppes, dont l'une, interne, constitue l'amnios* (*A*), *et l'autre, externe, la membrane séreuse de von Baer* (*S*).

L'amnios est le résultat de la soudure des lames internes des divers replis amniotiques (pl. I, fig. 10, *ifb*). Il forme autour de l'embryon un sac qui n'est d'abord séparé de l'embryon que par un espace (*cavité amniotique*) très restreint et rempli d'un liquide (*liquide amniotique*).

La séreuse de von Baer, qui est le résultat de la soudure des lames externes des divers replis amniotiques (pl. I, fig. 10, *afb*), constitue une membrane mince et transparente, appliquée à la surface de l'amnios.

Si nous jetons maintenant un coup d'œil rétrospectif sur les dispositions que nous avons décrites dans le chapitre précédent, et que nous comparions le développement des poissons avec celui des reptiles et des oiseaux, nous constatons l'apparition, chez ces derniers, d'une complication très importante. Tandis que, chez les poissons, la partie extra-embryonnaire de la lame somatique ne donne naissance qu'à la paroi somatique du sac vitellin, chez les reptiles et les oiseaux, elle fournit deux sacs, à la suite d'un processus de plissement.

Il est facile de découvrir les causes de ces nouvelles complications. L'œuf étant entouré d'une coque résistante, le corps de l'embryon, après s'être formé par plissement des feuillets germinatifs, ne peut se séparer du sac vitellin. Il s'affaisse alors sur ce dernier et se trouve reçu dans une dépression du sac vitellin. Ce phénomène se produira à une période du développement d'autant plus reculée que l'embryon, à son origine, sera plus petit par rapport à la masse vitelline et que, partant, les couches de vitellus, situées immédiatement au-dessous de lui, se liquéfieront et seront absorbées plus tôt, afin de contribuer à son développement. Or, la formation des replis amniotiques n'est qu'une conséquence de la descente de l'embryon dans le vitellus (pl. I, fig. 2 et 3). En effet, c'est grâce à cet affaissement de l'embryon que les parties avoisinantes du disque germinatif, qui, chez les poissons, forment uniquement la paroi somatique du sac vitellin (pl. I, fig. 6 et 7), se plissent autour de l'embryon et se transforment en replis amniotiques, qui l'enveloppent de plus en plus, au fur et à mesure qu'il s'affaisse davantage dans le vitellus.

L'exposé, que nous venons de faire, de la formation de l'amnios, est un peu schématisé. Voici comment. Le repli amniotique antérieur se forme à une période tellement reculée du développement, que le feuillet moyen n'est pas encore, en ce moment, développé dans la partie antérieure de l'aire embryonnaire. Il en résulte que, lorsqu'il commence à se former, le capuchon céphalique est constitué par l'endoderme et l'ectoderme intimement accolés l'un à l'autre (proamnios). Ce n'est que plus tard que cette disposition change, lorsque le feuillet moyen a pénétré entre l'ectoderme et l'endoderme, dans le repli amniotique antérieur, et qu'il s'y est divisé en somatopleure et splanchnopleure. A partir de ce moment, le repli amniotique antérieur, qui sur ces entrefaites a pris plus de développement, se trouve constitué par l'ectoderme et la somatopleure accolés, comme c'est le cas, dès le début de leur développement, pour les replis amniotiques postérieur et latéraux, lorsque, plus tard, ils commencent à se former.

Il nous reste encore à toucher quelques points relatifs au développement ultérieur de l'amnios et de la séreuse de von Baer.

Le *sac amniotique* reste, jusqu'à la fin du développement embryonnaire, uni à la paroi abdominale de l'embryon, suivant une ligne circulaire désignée sous le nom d'*ombilic abdominal*. Dans les figures 3, 4, 5 et 10 de la planche I, l'ombilic abdominal est représenté par la ligne *hn*. A ce niveau, les couches primitives de la paroi du tronc de l'embryon se continuent avec les couches correspondantes de l'amnios : c'est ainsi, par exemple, que l'épiderme de l'embryon se continue avec une couche épithéliale délimitant la cavité amniotique. L'ombilic abdominal des reptiles et des oiseaux correspond, par conséquent, à l'organe de même nom de l'embryon des poissons (pl. I, fig. 7, *hn*), c'est-à-dire à la continuité entre la paroi somatique du sac vitellin et la paroi abdominale de l'embryon. Comme chez les poissons, l'ombilic abdominal (pl. I, fig. 7 et 5, *hn*) délimite un orifice circulaire. A travers cet orifice passe le canal vitellin, c'est-à-dire la paroi splanchnique du pédicule vitellin. Le petit anneau (*dn*) suivant lequel la lame splanchnique de l'embryon se continue avec le canal vitellin constitue l'*ombilic intestinal.* Entre l'ombilic abdominal et l'ombilic intestinal règne une fente, qui fait communiquer le cœlome de l'embryon (lh^1) avec le cœlome extra-embryonnaire (lh^2) situé entre les enveloppes fœtales.

La présence du sac amniotique assure encore à l'embryon des reptiles et des oiseaux un avantage particulier : sa cavité est remplie par un liquide albuminoïde tenant en solution des sels minéraux. Dans ce liquide amniotique plonge et se meut l'embryon, dont les tissus mous et délicats se trouvent ainsi soustraits, jusqu'à un certain point, aux lésions mécaniques que pourraient déterminer les agents extérieurs.

A son origine, le sac amniotique est petit, il s'agrandit de jour en jour et finit par renfermer une grande quantité de liquide amniotique.

En même temps sa paroi devient contractile. Dans sa couche somatopleurale, des cellules se transforment en fibres musculaires, qui, chez le poulet, dès le cinquième jour de l'incubation, exécutent des mouvements rythmiques. Ces mouvements, on peut les observer sans rompre l'écaille de l'œuf, si l'on place l'œuf dans une source vive de lumière et qu'on l'observe à l'aide de l'ooscope de Preyer. On constate alors que l'amnios exécute à peu près dix contractions à la minute; qu'elles commencent à se manifester à l'un des pôles pour se propager ensuite progressivement vers le pôle opposé, à la façon des mouvements péristaltiques de l'intestin. Il en résulte que le liquide amniotique circule dans le sac amniotique, en même temps que l'embryon se balance régulièrement d'une extrémité de ce sac à l'autre extrémité. Ces mouvements de l'embryon, d'après Preyer, s'accentuent de jour en jour jusqu'à une certaine période du développement, en même temps que les contractions de l'amnios deviennent plus énergiques.

La *séreuse de von Baer* (*S*) est une membrane complètement transparente et très délicate, intimement accolée à la membrane vitelline. Elle est formée par deux minces couches cellulaires, dont l'une provient de l'ectoderme et l'autre de la somatopleure; elles sont représentées respectivement par la ligne bleue et par la ligne rouge, dans nos figures de la planche I. La séreuse de von Baer n'existe primitivement (pl. I, fig. 4) qu'au voisinage de l'amnios et de l'embryon : elle s'étend jusqu'à la limite du cœlome extra-embryonnaire. Au fur et à mesure que le feuillet moyen se propage à la surface du vitellus et que, par conséquent, l'aire vasculaire se rapproche du pôle inférieur de l'œuf, la séreuse de von Baer se développe de plus en plus à la surface de l'œuf. Finalement, la somatopleure et la splanchnopleure se trouvent séparées

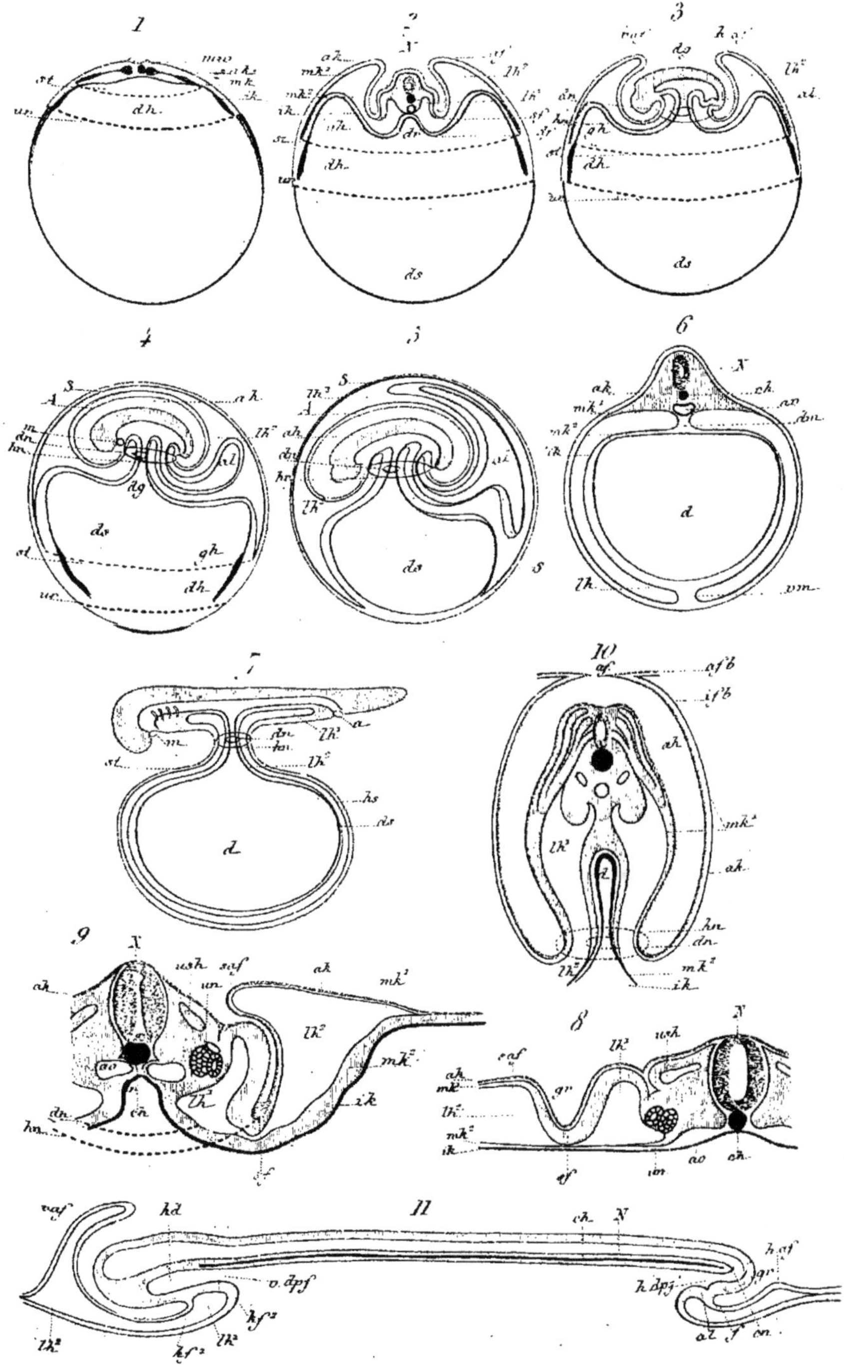

O. Hertwig del. Impᵉʳⁱᵉ Lemercier, Paris J. Dujbus sc.

l'une de l'autre sur toute la surface du vitellus. Chez le poulet, cette disposition ne se réalise que vers la fin de l'incubation. Les figures 3, 4 et 5 de la planche I nous montrent des stades successifs de ce phénomène. Dans la dernière figure, qui représente un œuf au septième jour de l'incubation, le cœlome extra-embryonnaire est déjà très étendu et la séreuse de von Baer revêt toute la surface de l'œuf, sauf au voisinage immédiat du pôle végétatif.

En même temps que s'accomplit ce processus, la paroi du sac vitellin se modifie. Tandis qu'auparavant elle était formée dans une partie de son étendue par tous les feuillets germinatifs, lorsque la séreuse de von Baer est complètement développée et séparée, la paroi du sac vitellin n'est plus constituée que par l'endoderme secondaire accolé à la splanchnopleure.

Explication des figures de la planche 1.

Les figures 1 à 5 représentent les diagrammes de coupes transversales et longitudinales pratiquées à travers des œufs de poule, à diverses époques de l'incubation. Elles sont destinées à montrer comment se forme le corps du poulet aux dépens de l'aire embryonnaire et comment, aux dépens de l'aire extra-embryonnaire, se développent le sac vitellin, l'amnios, la séreuse de von Baer et l'allantoïde.

Dans toutes ces images, l'aire embryonnaire ou l'embryon se trouve toujours figuré dans des proportions plus grandes que celles qu'il possède réellement par rapport au diamètre du vitellus. Nous l'avons fait avec intention, afin de rendre plus nette la compréhension des phénomènes.

Pour faciliter la distinction des divers organes, nous leur avons donné des teintes diverses. Le jaune désigne le vitellus; le vert, le feuillet glandulaire de l'intestin, c'est-à-dire l'endoderme secondaire; le bleu, l'ectoderme, et le rouge, enfin, les feuillets moyens ainsi que le mésenchyme. Les lignes noires ponctuées indiquent les limites jusqu'où s'étendent, aux différents stades, l'ectoderme et l'endoderme, à la surface du vitellus (bord d'enveloppement). Les lignes rouges ponctuées montrent les mêmes limites d'extension du feuillet moyen : elles correspondent aussi au sinus terminal de l'aire vasculaire.

Abréviations générales.

ak, ectoderme (bleu).
mw, bourrelets médullaires.
N, canal médullaire.
af, repli amniotique.
vaf, repli amniotique antérieur (capuchon céphalique).
haf, repli amniotique postérieur (capuchon caudal).
saf, replis amniotiques latéraux (capuchons latéraux).
A, amnios.
ah, cavité amniotique.
S, séreuse de von Baer.
hn, ombilic abdominal.
sf, replis marginaux latéraux.
*kf*¹, *kf*², repli marginal céphalique.
afb, lame externe du repli amniotique.
ifb, lame interne du repli amniotique.
ik, endoderme (vert).
ur, bord d'enveloppement.
dr, gouttière intestinale.
dg, canal vitellin.
al, allantoïde.
ds, sac vitellin.
d, vitellus.
dn, ombilic intestinal.
mk, feuillet moyen.
*mk*¹, somatopleure.
*mk*², splanchnopleure.
st, sinus terminal ou limite du feuillet moyen.
dm, mésentère dorsal.
vm, mésentère ventral.
lh, cœlome.
*lh*¹, cœlome de l'embryon.
*lh*², cœlome extra-embryonnaire.

Fig. 1. — *Coupe transversale d'un œuf de poule, au deuxième jour de l'incubation.*

Les feuillets germinatifs constituent des lames cellulaires aplaties, étalées sur le vitellus; le feuillet moyen est moins étendu que les deux autres feuillets germinatifs. Les premiers vaisseaux sont formés; l'aire vasculaire est délimitée extérieurement par le sinus terminal (*st*), situé à la limite du feuillet moyen; le mésoderme s'étend, par conséquent, jusqu'à la ligne rouge ponctuée. En dehors, on distingue l'aire vitelline (*dh*) qui s'étend jusqu'à la ligne noire ponctuée (*ur*), représentant le bord d'enveloppement de l'ectoderme et de l'endoderme.

Fig. 2. — *Coupe transversale d'un œuf de poule, au troisième jour de l'incubation.*

L'ectoderme et l'endoderme recouvrent environ la moitié de la surface du vitellus. La limite extrême de l'aire vitelline (*dh*) est indiquée par la ligne noire ponctuée *ur* (bord d'enveloppement).

Le feuillet moyen avec l'aire vasculaire, qui est maintenant complètement transformée, enveloppe le vitellus jusqu'à la ligne *st* (sinus terminal). Le feuillet moyen est divisé en somatopleure (mk^1), et en splanchnopleure (mk^2), à l'intérieur de l'embryon ainsi que dans la partie avoisinante de l'aire extra-embryonnaire. Il y a donc lieu déjà de distinguer le cœlome de l'embryon (lh^1) et le cœlome extra-embryonnaire, encore peu étendu (lh^2).

L'aire embryonnaire commence à se séparer, par plissement des feuillets, d'avec l'aire extra-embryonnaire, pour former le tronc de l'embryon. Les replis marginaux latéraux (*sf*) se sont déjà développés vers le bas, sur une certaine étendue, ce qui a donné naissance aux parois latérales du tronc. A sa face ventrale, le corps est encore largement ouvert. La lame splanchnique a commencé aussi à former des replis latéraux (*df*), qui délimitent la gouttière intestinale (*dr*).

L'embryon se trouve affaissé dans une dépression du vitellus, devenu plus liquide. Il est partiellement enveloppé par la lame somatique de l'aire extra-embryonnaire, c'est-à-dire que les replis amniotiques latéraux (*af*) enveloppent déjà les faces latérales du corps de l'embryon.

Fig. 3. — *Coupe longitudinale et médiane d'un œuf de poule au même stade du développement que celui dont la figure 2 représente la coupe transversale* (*troisième jour de l'incubation*).

L'extrémité céphalique de l'embryon s'est complètement séparée du disque germinatif. Elle renferme le cul-de-sac antérieur du tube digestif. L'extrémité caudale de l'embryon n'est encore que peu séparée du disque germinatif. La tête est enveloppée par le repli amniotique antérieur (*vaf*), et la queue, par le repli amniotique postérieur (*haf*) (capuchon céphalique et capuchon caudal).

Le tronc est encore largement ouvert, au milieu de sa face ventrale. Les replis amniotiques se continuent avec la paroi abdominale de l'embryon suivant l'anneau (*hn*), appelé ombilic abdominal.

La lame splanchnique est fermée en cul-de-sac en avant et en arrière (cul-de-sac antérieur et cul-de-sac postérieur du tube digestif). Entre ces deux culs-de-sac, le tube digestif est ouvert à sa face ventrale et sa paroi (lame splanchnique de l'embryon) se continue avec la paroi du sac vitellin (*ds*), par l'intermédiaire du canal vitellin (*dg*). Cette continuité se fait suivant une ligne annulaire (*dn*), appelée ombilic intestinal. De la paroi ventrale du cul-de-sac postérieur du tube digestif s'évagine une petite vésicule, l'allantoïde (*al*) qui proémine dans la portion embryonnaire du cœlome.

Fig. 4. — *Coupe longitudinale et médiane d'un œuf de poule, au début du cinquième jour de l'incubation.*

A la suite de la soudure des replis amniotiques, l'embryon se trouve logé dans le sac amniotique, dont il est séparé par la cavité amniotique (*ah*). Aux dépens de la lame externe des replis amniotiques s'est formée la séreuse de von Baer (*S*). La partie extra-embryonnaire du cœlome (lh^2) s'est agrandie. L'allantoïde (*al*) s'y trouve engagée.

Le vitellus est enveloppé, sur plus des deux tiers de la surface, par l'ectoderme et l'endoderme. Ces deux feuillets s'arrêtent le long du bord d'enveloppement *ur*. L'aire vasculaire s'étend jusqu'à la ligne *st*. Le cul-de-sac antérieur du tube digestif s'ouvre dans la cavité amniotique par l'intermédiaire de l'orifice buccal (*m*), qui vient de se former.

FIG. 5. — *Coupe longitudinale et médiane d'un œuf de poule, au septième jour de l'incubation.*

A la suite de l'extension prise par le cœlome extra-embryonnaire, la séreuse de von Baer est presque entièrement séparée du sac vitellin. L'ectoderme et l'endoderme enveloppent maintenant le pôle inférieur du vitellus. Le feuillet moyen et l'aire vasculaire s'étendent très loin vers le bas. La cavité amniotique, dans laquelle plonge l'embryon, est largement dilatée par l'accumulation du liquide amniotique. L'allantoïde s'est considérablement développée et constitue un sac, relié à l'intestin terminal par un pédicule étroit (ouraque). Le sac allantoïdien s'étale sur le côté droit de l'embryon, entre l'amnios, le sac vitellin et la séreuse de von Baer, à l'intérieur du cœlome extra-embryonnaire.

FIG. 6. — *Coupe transversale d'un embryon de poisson.*

La région dorsale est déjà bien développée et présente le canal médullaire (*N*), la corde dorsale (*ch*), l'aorte (*ao*) et les segments primordiaux. La face ventrale est fortement distendue par la masse vitelline (*d*). Cette dernière se trouve renfermée dans une dilatation de la paroi du tube digestif, constituant la paroi splanchnique du sac vitellin; cette dernière est séparée par une fente étroite (le cœlome, *lh*), d'avec la paroi abdominale de l'embryon, c'est-à-dire d'avec la paroi somatique du sac vitellin.

FIG. 7. — *Coupe longitudinale, schématique, d'un embryon de sélacien.*

Le sac vitellin est presque entièrement séparé du corps de l'embryon. Il est réuni à la face ventrale de ce dernier par un pédicule étroit (*st*), formé par deux tubes emboîtés : le canal vitellin (tube interne) et la paroi somatique du pédicule (tube externe). La paroi splanchnique du sac vitellin se continue avec la paroi de l'intestin de l'embryon par l'intermédiaire du canal vitellin. On donne le nom d'ombilic intestinal (*dn*) à l'anneau étroit, suivant lequel ces deux organes se continuent l'un avec l'autre. La paroi somatique du pédicule vitellin se continue avec la paroi abdomidale de l'embryon suivant un anneau, appelé ombilic abdominal (*hn*). Le cœlome de l'embryon (lh^1), se continue, enfin, avec l'espace cœlomique (lh^2), compris entre les parois somatique (*hs*) et splanchnique (*ds*) du sac vitellin, par l'intermédiaire d'une fente cœlomique annulaire comprise entre l'ombilic abdominal et l'ombilic intestinal.

Les figures 8, 9, 10 et 11 représentent des coupes schématiques transversales et longitudinales, d'embryons de poulet d'âges différents.

FIG. 8. — *Moitié d'une coupe transversale d'un embryon de poulet de deux jours.* D'après KÖLLIKER.

Le corps de l'embryon, qui nous montre le canal médullaire (*N*), la corde dorsale (*ch*), un segment primordial et sa cavité (*ush*), l'aorte primitive (*ao*) et l'ébauche du corps de Wolff (*un*), est séparé de l'aire extra-embryonnaire par le sillon marginal latéral (*gr*). La paroi du tronc commence à se développer : la lame somatique a donné naissance au repli marginal latéral (*sf*), dont le fond est appliqué contre le vitellus. En dehors du repli marginal latéral, s'élève, en sens inverse, le repli amniotique latéral (*saf*).

FIG. 9. — *Coupe transversale d'un embryon de poulet, au début du troisième jour.* D'après KÖLLIKER.

Les replis marginaux latéraux (*sf*) se sont accrûs davantage vers le bas; ils ont donné naissance à la paroi du tronc. En même temps, les replis amniotiques latéraux (*saf*) sont soulevés davantage vers la ligne médio-dorsale. La lame splanchnique s'est invaginée et délimite latéralement la gouttière intestinale (*dr*). La ligne ponctuée *hn* désigne l'ombilic abdominal, encore large; la ligne *dn* désigne l'ombilic intestinal.

FIG. 10. — *Coupe transversale à travers le tronc d'un embryon de poulet de cinq jours dans la région ombilicale.* D'après REMAK.

A la suite du rapprochement des replis marginaux latéraux, la paroi du tronc est fermée sauf selon une région circulaire, indiquée par la ligne *hn*, et représentant l'ombilic abdominal. A ce niveau la paroi du tronc de l'embryon se continue avec les replis amniotiques *af*. Ces derniers enveloppent toute la face dorsale de l'embryon et sont sur le point de se souder sur la ligne médio-dorsale. La paroi du tube digestif (*d*) se continue avec le sac vitellin, sectionné, au niveau de l'ombilic intestinal (*dn*). Entre l'ombilic abdominal et l'ombilic intestinal règne une fente qui met le cœlome extra-embryonnaire (lh^2) en communication avec le cœlome de l'embryon (lh^1).

FIG. 11. — *Coupe longitudinale, schématique, d'un embryon de poulet.*

La tête est déjà complètement séparée du disque germinatif; la région caudale est moins isolée. La tête renferme le cul-de-sac antérieur du tube digestif (*kd*), qui communique avec le sac vitellin par l'intermédiaire de l'orifice intestinal antérieur (*vdpf*). Le cul-de-sac postérieur du tube digestif, qui nous montre la première ébauche de l'allantoïde (*al*), communique : en arrière et en haut, avec le canal médullaire, par l'intermédiaire du canal neurentérique (*cn*); en avant, avec le sac vitellin, par l'intermédiaire de l'orifice intestinal postérieur (*hdpf*). La tête de l'embryon est en partie enveloppée par le repli amniotique antérieur (*vaf*), tandis qu'à l'extrémité caudale commence seulement à apparaître le premier indice du repli amniotique postérieur (*haf*).

2. — Allantoïde.

Pendant que l'amnios se développe, il se forme chez les reptiles et les oiseaux un organe embryonnaire, qui n'a pas moins d'importance : cet organe c'est l'*allantoïde*. Il est destiné à remplir deux fonctions à la fois. D'abord il sert à recevoir les produits excréteurs, fournis par les reins et les corps de Wolff (mésonéphros) pendant la vie fœtale. En second lieu, il constitue le principal organe respiratoire de l'embryon : il est, en effet, superficiellement placé et pourvu d'un riche réseau sanguin.

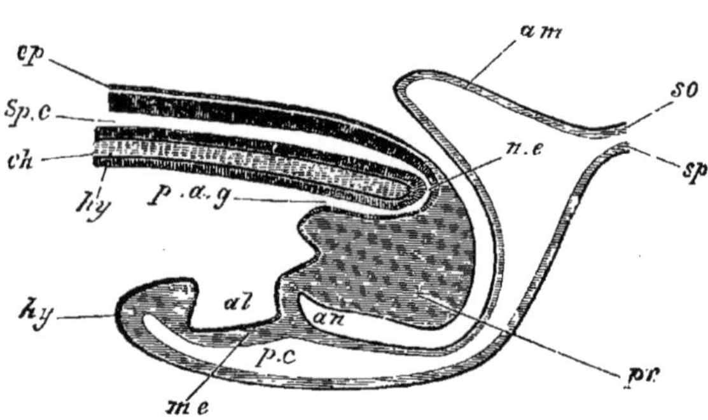

Fig. 175. — *Coupe longitudinale et médiane de l'extrémité postérieure d'un embryon de poulet, au moment de la formation de l'allantoïde. Figure schématique.* D'après BALFOUR.

Cette coupe montre la continuité de l'extrémité postérieure du canal médullaire (*Sp.c*) avec l'intestin post-anal (*p.a.g*), par l'intermédiaire d'un canal neurentérique (*ne*). Ce dernier traverse ce qui reste de la ligne primitive (*pr*), qui se trouve reporté vers la face ventrale; *ep*, ectoderme; *ch*, corde dorsale; *hy*, feuillet glandulaire de l'intestin; *al*, allantoïde; *me*, mésoderme; *an*, point où se formera l'anus; *am*, amnios; *so*, lame somatique; *sp*, lame splanchnique.

L'allantoïde se forme aux dépens de la partie la plus reculée du cul-de-sac postérieur du tube digestif, c'est-à-dire aux dépens de ce que l'on appelle plus tard le cloaque. Chez le poulet, on voit apparaître sa première ébauche à la fin du deuxième jour, à un moment où les parois du cul-de-sac postérieur du tube digestif sont encore en voie de développement. Elle se présente sous la forme d'une petite évagination (fig. 175, *al*) de la paroi antérieure de la lame splanchnique (*hy*, *me*) (fig. 3, *al*, pl. I).

Elle est donc délimitée par l'endoderme secondaire (*hy*) tapissé extérieurement par la splanchnopleure (*me*). L'allantoïde ne tarde pas à s'agrandir et à prendre la forme d'une vésicule qui proémine dans le cœlome extra-embryonnaire (pl. I, fig. 4, *al*). Ensuite son extrémité aveugle s'élargit, tandis que sa partie initiale, avoisinant le tube digestif de l'embryon, se rétrécit et se transforme en un long pédicule, appelé *ouraque*.

Au quatrième jour, l'allantoïde a pris un tel développement qu'elle ne trouve plus de place dans le cœlome de l'embryon. Elle s'engage alors dans le cœlome extra-embryonnaire entre l'ombilic abdominal et l'ombilic intestinal (pl. I, fig. 5, *al*). Elle se trouve logée dans l'espace compris entre le sac vitellin (*ds*) et l'amnios (*S*) : elle s'étale ensuite à la face interne de la séreuse de von Baer (*A*), sur une certaine étendue et à la face latérale droite de l'embryon.

Examinons maintenant succinctement *ce que deviennent plus tard les enveloppes fœtales, chez le poulet*. Du cinquième au onzième jour, c'est-à-dire jusque vers le milieu de la durée de l'incubation, le sac vitellin, l'amnios et l'allantoïde subissent les transformations suivantes.

L'aire vasculaire s'étend progressivement sur une partie plus considérable de la paroi du sac vitellin. C'est ainsi qu'au septième jour, elle en intéresse à peu près les deux tiers (pl. I, fig. 5) et, au dixième jour, les trois quarts. Le sinus terminal devient alors moins nettement marqué et l'on n'observe plus de limite nette entre l'aire vasculaire et la partie de la paroi du sac vitellin qui est dépourvue de vaisseaux.

Le vitellus subit des transformations chimiques : ses éléments se liquéfient. La séreuse de von Baer (*S*), à la suite de l'accroissement du cœlome extra-embryonnaire, se sépare de la surface du sac vitellin, jusqu'à la limite de l'aire vasculaire. Pendant ce temps, l'allantoïde (pl. I, fig. 5, *al*) s'insinue entre la séreuse de von Baer et le sac vitellin. Au deuxième jour, l'allantoïde a pris un tel développement qu'elle recouvre presque complètement le sac vitellin et l'amnios. En même temps elle n'affecte plus la forme d'un sac. Entre sa paroi externe, étalée à la face interne de la séreuse de von Baer, et sa paroi interne appliquée à la surface de l'amnios et du sac vitellin, n'existe plus qu'une fente étroite remplie d'urine.

A ce moment l'allantoïde est richement vascularisée : ses vaisseaux sont des branches des vaisseaux ombilicaux, dont nous aurons à nous occuper plus spécialement lorsque nous parlerons du système vasculaire. C'est dans la paroi externe de cet organe, c'est-à-dire dans la paroi étalée à la surface de l'œuf, que le réseau vasculaire est le plus serré. Il sert à la respiration de l'embryon. Le sang qui y circule abandonne de l'acide carbonique et fixe de l'oxygène. Une partie de cet oxygène a traversé directement la coque de l'œuf; une autre partie provient de la chambre à air (fig. 11, *a. ch*), avec laquelle l'allantoïde se trouve en rapport immédiat, sur une grande étendue.

Enfin, l'allantoïde sert encore à l'*absorption de l'albumen*. Pendant l'incubation, l'albumen devient de plus en plus dense et il finit par se trouver accumulé en une masse unique au pôle aigu de l'œuf. Cette masse est finalement enveloppée dans un sac dont la paroi est formée, d'une part, par la séreuse de von Baer et, d'autre part, par l'allantoïde. A la face interne de ce sac de l'albumen (H. Virchow) se développent des villosités très vascularisées, qui pénètrent à l'intérieur de l'albumen. C'est ce que Duval, qui a découvert ces dispositions, a désigné sous le nom de *sac placentoïde*.

La *chambre à air* éprouve aussi des modifications, pendant l'incubation : les deux lames de la membrane coquillière s'écartent de plus en plus, et la chambre à air qu'elles délimitent (fig. 11, p. 16) s'accroît notablement.

L'*amnios*, enfin, qui au début de son développement se trouve appliqué assez intimement contre l'embryon, se transforme en un sac distendu et rempli de liquide amniotique (pl. I, fig. 5, *A*). Les contractions rythmiques qu'il exécute atteignent leur maximum de fréquence et d'énergie au huitième jour. A partir de là, elles vont en diminuant progressivement jusqu'à la fin de l'incubation.

Lorsque tous ces phénomènes d'accroissement se sont accomplis, l'embryon avec ses annexes exige, pour se loger, un espace beaucoup plus considérable qu'au début de l'incubation. Il l'obtient grâce à la réduction de l'albumen, qui s'opère d'un côté par évaporation de ses parties liquides et, d'un autre côté, par son absorption au profit de l'embryon. Quant à la membrane vitelline, elle se rompt dans le cours du développement.

Pendant la seconde période de l'incubation, c'est-à-dire à partir du onzième jour jusqu'au vingt-unième, jour de l'éclosion, le *sac vitellin*, à la suite de l'absorption progressive de son contenu, devient de plus en plus flasque et sa paroi commence à se rider. Il est maintenant complètement séparé de la séreuse de von Baer, par le cœlome extra-embryonnaire; en outre, le canal vitellin s'est raccourci et rapproché de la paroi abdominale de l'embryon. Au dix-neuvième jour de l'incubation, il commence même à rentrer dans la cavité abdominale. L'ombilic abdominal s'étant rétréci, le sac vitellin affecte alors la forme d'une clepsydre, dont le rétrécissement correspond à l'ombilic abdominal. Enfin, il s'engage de plus en plus à l'intérieur de la cavité abdominale et finit par former l'ombilic intestinal : à ce moment l'intestin est complètement clos.

L'amnios s'atrophie également; le liquide amniotique diminue; puis il disparaît complètement, en même temps que le sac amniotique s'applique, de nouveau, intimement contre l'embryon. Pendant ce temps, l'albumen a aussi presque entièrement été absorbé. Seule, l'allantoïde continue à se développer et elle s'étend sur toute la face interne de la séreuse de von Baer; à ce moment ses bords se touchent et se soudent de façon à constituer un sac, qui enveloppe complètement l'embryon et l'amnios. Elle s'accole si intimement à la séreuse de von Baer qu'il n'est plus possible de les séparer l'une de l'autre.

La quantité d'*urine* diminue également vers la fin de l'incubation et, finalement, elle a complètement disparu, tout comme le liquide amniotique. Ce phénomène donne lieu à la formation, dans la cavité allantoïdienne, d'un précipité composé des sels uriques.

L'amnios et l'allantoïde s'atrophient, enfin, complètement. Peu de temps avant l'éclosion, le poulet rompt, à l'aide de son bec, les enveloppes qui le recouvrent : il commence alors à respirer directement l'air contenu dans la chambre à air considérablement distendue. Une conséquence de ce fait, c'est que la circulation du sang dans l'allantoïde se ralentit, puis cesse complètement. Les artères ombilicales s'oblitèrent. L'amnios et l'allantoïde se dessèchent, puis, se détachent de l'ombilic abdominal. Ce dernier s'est fermé dans le courant de la dernière journée de l'incubation, avant l'éclosion. En même temps que le jeune poulet sort de la coquille de l'œuf, il se débarrasse des restes de ses enveloppes fœtales.

RÉSUMÉ

1. Chez les reptiles et les oiseaux, l'embryon, dans le cours de son développement, s'affaisse dans le vitellus sous-jacent, devenu plus liquide. Il s'enveloppe alors de replis formés aux dépens de la partie extra-embryonnaire de la lame somatique. Ces replis sont appelés : replis amniotiques antérieur, postérieur et latéraux (capuchons céphalique, caudal et latéraux).

2. Ce processus de plissement donne lieu à la formation de deux sacs, qui enveloppent le corps de l'embryon : l'amnios et la séreuse de von Baer.

3. L'amnios se continue avec la paroi abdominale de l'embryon, au niveau de l'ombilic abdominal.

4. L'ombilic abdominal circonscrit un orifice annulaire, qui fait communiquer le cœlome de l'embryon avec le cœlome extra-embryonnaire.

5. Le pédicule du sac vitellin passe à travers l'ombilic abdominal pour se continuer avec la paroi de l'intestin (lame splanchnique), au niveau de l'ombilic intestinal.

6. Aux dépens de la paroi ventrale de la dernière partie du cul-de-sac postérieur du tube digestif (cloaque), se forme, par évagination, l'allantoïde, qui se transforme ensuite en une vésicule pédiculée.

L'allantoïde proémine d'abord dans le cœlome de l'embryon; puis elle passe à travers l'ombilic abdominal, et s'engage dans le cœlome extra-embryonnaire. Elle s'y étale entre l'amnios et la séreuse de von Baer, et, grâce à sa riche vascularisation, elle fonctionne comme organe respiratoire.

7. A la fin du développement embryonnaire, le sac vitellin, devenu de plus en plus petit à la suite de l'absorption du vitellus, s'engage progressivement, au travers de l'ombilic abdominal, dans la cavité abdominale de l'embryon. Il finit par fermer l'ombilic intestinal.

8. L'amnios, la séreuse de von Baer et la partie extra-embryonnaire de l'allantoïde finissent par se détacher au niveau de l'ombilic abdominal, au moment où ce dernier s'est fermé. Ils sont rejetés, comme étant des organes désormais inutiles.

CHAPITRE DOUZIÈME

ENVELOPPES FŒTALES DES MAMMIFÈRES

Pendant les premières phases de leur développement, les enveloppes fœtales des mammifères présentent une identité remarquable avec celles des reptiles et des oiseaux (fig. 176). Elles se composent d'un *sac vitellin* (UV), encore appelé *vésicule ombilicale*, d'un *amnios* (*am*), d'une *séreuse de von Baer* (*sz*) et d'une *allantoïde* (ALC). De plus, comme chez les reptiles et les oiseaux, l'embryon des mammifères ne se forme qu'aux dépens d'une petite partie de la paroi de la vésicule blastodermique. Enfin, comme chez les reptiles et les oiseaux, l'aire embryonnaire se sépare de l'aire extra-embryonnaire, avec laquelle elle reste réunie par un pédicule vitellin, constitué par deux tubes emboîtés, dont l'un, interne, est le canal vitellin et l'autre, externe, correspond à la paroi somatique du pédicule vitellin.

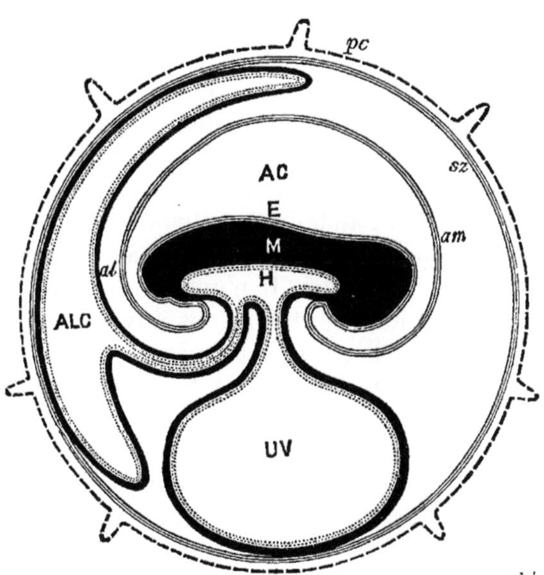

Fig. 176. — *Enveloppes fœtales d'un mammifère. Figure schématique.* D'après Turner.

pc, zone pellucide avec ses villosités (prochorion); *sz*, membrane séreuse de von Baer; E, ectoderme de l'embryon; *am*, amnios; AC, cavité amniotique; M, feuillet moyen de l'embryon; H, endoderme de l'embryon; UV, sac vitellin ou vésicule ombilicale; ALC, cavité allantoïdienne; *al*, allantoïde.

Cette disposition devient tout à fait remarquable et digne d'attirer la plus grande attention, si nous considérons, d'une part, que la formation des enveloppes fœtales chez les reptiles et les oiseaux est la conséquence de l'accumulation dans l'œuf d'une grande quantité de vitellus, et, d'autre part, que l'œuf des mammifères est, en général, tellement dépourvu de vitellus, qu'il est très petit, qu'il subit la segmentation totale et que, par tous ces caractères, il ressemble plus à l'œuf des amphibiens qu'à celui des reptiles et des oiseaux.

Pourquoi donc s'accomplit-il dans l'œuf des mammifères des phénomènes qui ailleurs ne sont que des conséquences de l'abondance du vitellus? Pourquoi se forme-t-il chez les mammifères un sac vitellin qui ne renferme cependant pas de vitellus et qui est pourvu d'un réseau de vaisseaux sanguins, dont la fonction consiste, dans les œufs méroblastiques, à absorber les matières vitellines?

Pour expliquer ces phénomènes, nous devons avoir recours à une hypothèse dont nous avons déjà brièvement parlé lorsque nous nous sommes occupé de la formation des feuillets germinatifs. Nous la formulerons de la manière suivante :

Les mammifères doivent dériver d'animaux ovipares, dont les œufs étaient abondamment pourvus de vitellus, et chez lesquels, à cause de ce fait, se développaient des enveloppes fœtales comme chez les reptiles et les oiseaux. Les œufs de ces ancêtres des mammifères doivent avoir secondairement perdu leur vitellus, à partir du moment où ils ont cessé d'être pondus, pour se développer à l'intérieur de l'utérus maternel. Dès ce moment, l'embryon en voie de développement a trouvé une source nouvelle et indéfinie d'éléments nutritifs dans des substances élaborées, qui lui sont fournies par le sang circulant dans les parois de l'utérus maternel. Il n'avait donc plus besoin de renfermer du vitellus de nutrition. Toutefois, les enveloppes fœtales, dont la formation avait été originellement déterminée par la présence du vitellus dans l'œuf, se sont maintenues, parce qu'elles étaient encore nécessaires à l'embryon, mais dans un tout autre but : elles ont changé de fonction, ont intervenu dans les phénomènes de la *nutrition intra-utérine* et, en même temps, ont subi des transformations morphologiques en rapport avec leur changement de fonction.

Cette hypothèse s'appuie sur les trois faits que nous allons examiner.

En premier lieu, chez les mammifères inférieurs, les monotrèmes et les marsupiaux, les œufs sont plus volumineux que chez les mammifères placentaires. Ils renferment une plus grande quantité de vitellus qui, chez Ornithorhynchus par exemple, consiste en sphères de divers diamètres, réfringentes et serrées les unes contre les autres. Ils représentent, sous ce rapport, une forme de transition entre les œufs des autres mammifères et ceux des reptiles et des oiseaux.

En deuxième lieu, on a observé que les monotrèmes, qui représentent, dans la nature actuelle, les mammifères les plus inférieurs, sont ovipares. Haacke et Caldwell ont fait récemment cette intéressante découverte que l'Echidna et l'Ornithorhynchus, au lieu de mettre au monde des jeunes tout formés, comme on l'admettait jusqu'ici, pondent de gros œufs, de 2 centimètres de diamètre, contenus dans une coquille ayant l'aspect du parchemin et qui sont ensuite déposés dans la poche mammaire ou marsupiale de la mère.

En troisième lieu, les œufs des marsupiaux, ordre de mammifères très voisin de celui des monotrèmes, bien qu'ils accomplissent tout leur développement embryonnaire dans l'utérus maternel, présentent des enveloppes fœtales qui, jusqu'à la fin de la vie intra-utérine, conservent la même disposition que celles des oiseaux et des reptiles. Owen et Selenka nous ont appris que l'embryon des marsupiaux, logé dans un large amnios, possède un sac vitellin très volumineux, riche en vaisseaux sanguins et en contact avec la membrane séreuse de von Baer, tandis que leur allantoïde est peu développée. La séreuse de von Baer est appliquée, dans toute son étendue, contre la muqueuse utérine, mais cependant sans lui être soudée. Lorsque le vitellus de l'œuf a été utilisé, absorbé par l'embryon, ce dernier s'accroît vraisemblablement aux dépens de substances nutritives qui proviennent de l'utérus et passent dans les vaisseaux sanguins du sac vitellin. On voit donc commencer à s'accomplir une sorte de nutrition intra-utérine chez les marsupiaux; mais cependant l'embryon se comporte morphologiquement avec ses enveloppes fœtales vis-à-vis de la cavité utérine, comme l'embryon des reptiles et des oiseaux le fait avec ses enveloppes vis-à-vis de la coquille de l'œuf.

Maintenant que nous avons exposé les faits, sur lesquels repose l'hypothèse défendue par plusieurs auteurs (Rabl, etc.), d'après laquelle les œufs des mammifères doivent primitivement avoir renfermé un vitellus abondant, passons à la description des enveloppes fœtales de ces animaux.

Pour ce qui concerne les premières phases de leur développement, nous décrirons ce qui se passe chez le lapin, attendu que c'est là que les phénomènes sont le mieux connus. Puis, en vue de faciliter l'étude de la structure du placenta humain, nous examinerons brièvement comment, dans les différents ordres de la classe des mammifères, s'établissent les diverses relations anatomiques et physiologiques entre la muqueuse utérine et les enveloppes fœtales. Enfin, nous traiterons, dans un chapitre spécial, des enveloppes fœtales de l'homme.

Lorsque, chez le lapin, l'œuf, arrivé dans l'utérus, s'y est transformé en la vésicule blastodermique que nous avons décrite précédemment, il est encore entouré de sa zone pellucide. Toutefois cette dernière s'est transformée en une mince lamelle, qui disparaît plus tard (*prochorion*).

La vésicule blastodermique augmente rapidement de diamètre : au cinquième jour, il était de 1,5 millimètre; au septième jour, il atteint 5 millimètres. A la suite de cet accroissement, au septième et au huitième jour, le *prochorion* s'applique si intimement contre la face interne de la muqueuse utérine, qu'il devient de plus en plus difficile et, finalement, impossible de le séparer de l'utérus, sans le rompre. Dans ce cas, la rupture du prochorion accolé à la muqueuse utérine est généralement accompagnée de la rupture de la vésicule blastodermique elle-même, qui se rétracte et se ratatine, à la suite de l'expulsion du liquide contenu dans sa vaste cavité. Ce liquide lui-même a subi des modifications qui rendent les recherches plus difficiles : il est devenu

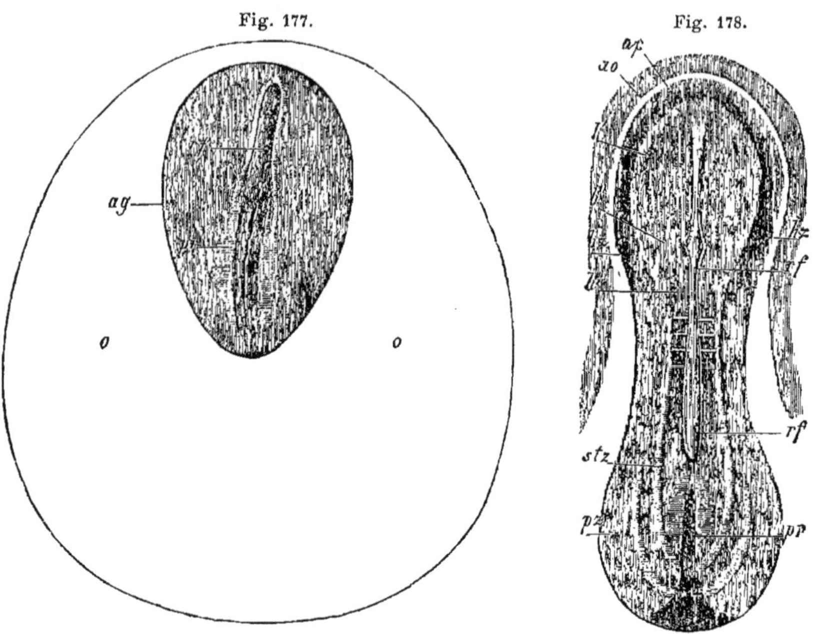

Fig. 177. — *Vésicule blastodermique du lapin, de 7 jours*, d'après Kölliker.
o, aire vasculaire; *ag*, aire embryonnaire; *pr*, sillon primitif; *rf*, sillon dorsal ou gouttière médullaire.

Fig. 178. — *Aire embryonnaire du lapin, de 9 jours, avec une partie de l'aire transparente*, d'après Kölliker.
ap, aire transparente; *ao*, aire opaque; *h'*, *h''* et *h'''*, plaque médullaire dans la région de la première, de la deuxième et de la troisième vésicule cérébrale; *stz*, zone rachidienne; *pz*, zone pariétale; *rf*, gouttière médullaire; *pr*, ligne primitive; *hz*, ébauche du cœur.

plus dense, plus consistant, presque aussi consistant même que l'albumine de l'œuf de la poule.

Pendant que la vésicule blastodermique se fixe à la muqueuse utérine, l'aire embryonnaire s'agrandit : en même temps, de circulaire qu'elle était primitivement, elle devient de plus en plus allongée. Au septième jour (fig. 177, *ag*), elle est ovalaire; puis elle devient piriforme et affecte, au huitième jour, la forme d'un biscuit ou d'une semelle, longue d'environ 3,5 millimètres (fig. 178).

Comme nous l'avons dit dans les chapitres précédents, sur ces entrefaites le feuillet moyen s'est propagé dans l'aire embryonnaire; la

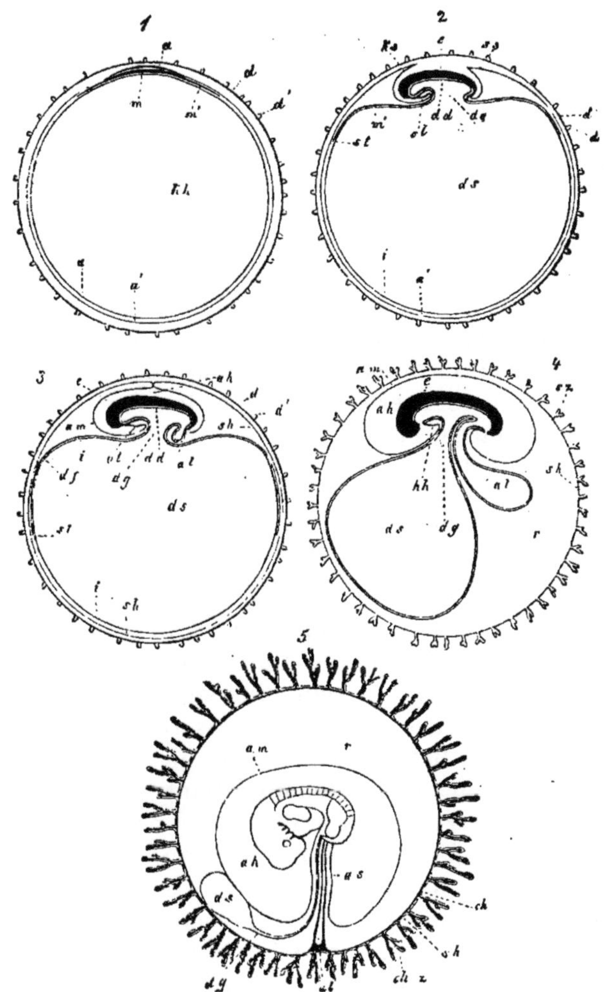

Fig. 179. — *Cinq figures schématiques destinées à montrer le mode de développement des enveloppes fœtales d'un mammifère,* d'après Kölliker.

Dans les figures 1 à 4, l'embryon est représenté en coupe longitudinale.

1. Œuf entouré de la zone pellucide : vésicule blastodermique avec son aire embryonnaire.
2. Œuf montrant le début de la formation du sac vitellin et de l'amnios.
3. Le sac amniotique et la séreuse de von Baer sont sur le point de se séparer; l'allantoïde commence à se former.
4. La séreuse de von Baer est complètement formée et pourvue de villosités; l'allantoïde est bien développée et l'embryon possède un orifice buccal et un orifice anal.
5. Figure schématique d'un œuf humain encore jeune : la couche vasculaire de l'allantoïde s'est appliquée intimement contre la séreuse de von Baer et s'est engagée à l'intérieur des villosités de la séreuse. On donne alors à cette dernière le nom de chorion. La cavité de l'allantoïde est tout à fait réduite; le sac vitellin est devenu très petit et la cavité amniotique commence à prendre une grande extension.

d, membrane vitelline (zone pellucide); *d'*, villosités de la zone pellucide; *sh*, séreuse de von Baer; *ch*, chorion; *chz*, villosités du chorion; *am*, amnios; *ks*, repli céphalique et *ss*, repli caudal de l'amnios; *a*, ectoderme de l'aire embryonnaire; *a'*, ectoderme de l'aire extra-embryonnaire; *m*, feuillet moyen de l'aire embryonnaire; *m'*, feuillet moyen de l'aire extra-embryonnaire; *dd*, endoderme de l'embryon; *i*, endoderme de l'aire extra-embryonnaire; *df*, aire vasculaire; *st*, sinus terminal; *kh*, cavité de la vésicule blastodermique, qui dévient plus tard la cavité du sac vitellin *ds*; *dg*, pédicule vitellin (canal vitellin); *al*, allantoïde; *c*, embryon; *r*, espace compris entre l'amnios et le chorion : cet espace représente le cœlome extra-embryonnaire, il est rempli d'un liquide albuminoïde; *vl*, paroi abdominale de l'embryon; *hh*, cavité péricardique.

gouttière médullaire (fig. 177 et 178, *rf*), la corde dorsale et un certain nombre de segments primordiaux ont apparu. Enfin, au huitième jour, on constate la présence des premiers vaisseaux et du sang, dans l'aire vasculaire (*o*). Pendant le neuvième et le dixième jour, l'aire embryonnaire se plisse pour donner naissance au corps de l'embryon, qui se sépare nettement de la partie extra-embryonnaire de la vésicule blastodermique, aux dépens de laquelle commencent, en même temps, à se développer les diverses enveloppes fœtales. Tous ces phénomènes sont, dans leurs premiers stades, identiquement les mêmes que chez les reptiles et les oiseaux. Nous pouvons donc être très bref pour en faire l'exposé. Nous nous bornerons à décrire les figures schématiques que Kölliker en a données, et que l'on retrouve dans la plupart des traités généraux (fig. 179, 1 à 5).

Le schéma 1 nous montre une vésicule blastodermique, correspondant au septième ou au huitième jour du développement du lapin. Elle est encore entourée extérieurement par une très mince zone pellucide (*d*), appelée maintenant *prochorion*. Le prochorion, chez une foule de mammifères, présente à sa surface de petits flocons ou de petites villosités d'albumine résultant de la précipitation d'un liquide excrété par la muqueuse utérine. L'endoderme (*i*), qui, dans une vésicule blastodermique un peu plus jeune, telle que celle que nous avons représentée figure 90, B, ne s'étend que jusqu'à la ligne *ge*, c'est-à-dire ne recouvre que les deux tiers environ de la vésicule, a maintenant atteint le pôle végétatif de l'œuf. Le feuillet moyen (*m*) est bien développé et occupe à peu près le quart de la surface de la vésicule. L'aire embryonnaire comprend une partie de cette région à trois feuillets. Elle affecte, en ce moment, la forme et la constitution de l'aire embryonnaire représentée de face par la figure 177. Elle est ovalaire et montre, dans sa moitié postérieure le sillon primitif (*pr*) et, dans sa moitié antérieure, un profond sillon dorsal ou gouttière médullaire (*rf*). La partie extra-embryonnaire du feuillet peut être désignée sous le nom d'aire vasculaire (fig. 177, *o*; fig. 179, 1, *m'*). C'est, en effet, dans son étendue que se forment les premiers vaisseaux et le sang.

Dans le schéma 2, l'embryon est beaucoup plus développé : il correspond, à peu près, au neuvième jour de la gestation chez le lapin. Le feuillet moyen s'étend sur le tiers environ de la vésicule blastodermique. Il renferme maintenant un cœlome, et s'est divisé en un feuillet pariétal (somatopleure) et en un feuillet viscéral (splanchnopleure), tant dans l'aire embryonnaire que dans l'aire extra-embryonnaire. Il s'étend jusqu'en *st*, c'est-à-dire jusqu'au sinus terminal, qui représente la limite externe, nettement marquée, de l'aire vasculaire.

L'aire embryonnaire a commencé à se séparer du restant de la vésicule blastodermique. Les extrémités céphalique et caudale de l'embryon se sont séparées de l'aire transparente, par plissement des feuillets germinatifs, de la même manière que chez le poulet. Comme chez ce dernier, il s'est formé un intestin céphalique et un intestin terminal, qui s'ouvrent dans la cavité de la vésicule blastodermique respectivement par un orifice intestinal antérieur et par un orifice intestinal postérieur.

En même temps s'accomplit la formation de l'amnios, que von Baer et Bischoff ont les premiers observée. Sur la coupe schématique, on constate que le cœlome extra-embryonnaire est devenu très large, l'ectoderme et la somatopleure accolés s'étant soulevés autour de l'embryon, sous la forme de deux replis (*ks* et *ss*). Le repli amniotique antérieur (*ks*) se réfléchit sur la tête de l'embryon, et le repli amniotique postérieur (*ss*), sur la queue. Ces deux capuchons céphalique et caudal sont si intimement appliqués contre l'embryon et en même temps ils sont tellement transparents, chez les mammifères, que, lorsqu'on examine l'embryon de face, on a quelque peine à les distinguer.

Le schéma 3 nous montre les replis amniotiques développés au point qu'ils se touchent par leurs bords sur le dos de l'embryon. La fermeture du sac amniotique a lieu, chez les mammifères, d'une façon un peu différente que chez le poulet. Au lieu d'une suture amniotique longitudinale, nous trouvons, du moins chez le lapin, vers le milieu de la face dorsale, un petit orifice circulaire, qui persiste assez longtemps. La paroi externe du repli amniotique, qui, dans la figure 3, se continue encore avec sa paroi interne, au niveau de la suture, s'en sépare complètement plus tard et constitue, comme chez le poulet, la membrane séreuse de von Baer, tandis que la paroi interne devient le sac amniotique. La séreuse de von Baer n'est d'abord formée qu'au voisinage immédiat de l'embryon, tandis que plus bas elle est encore intimement unie à l'endoderme et se continue avec l'hémisphère inférieur de la vésicule blastodermique, qui n'est encore formé que par deux feuillets (ectoderme et endoderme).

Le schéma 3 nous montre, en outre, la première ébauche de l'allantoïde (*al*). Elle se forme, ainsi que nous l'avons dit précédemment (p. 266), comme une évagination du plancher de l'intestin terminal. Chez le lapin, au neuvième jour, elle constitue déjà une petite vésicule pédiculée, très riche en vaisseaux sanguins.

Dans le schéma 4, les enveloppes fœtales sont beaucoup plus avancées dans leur développement. Le prochorion a disparu, à la suite de l'extension prise par la vésicule blastodermique tout entière; elle ne constitue donc plus une enveloppe particulière. La paroi externe de la vésicule blastodermique est formée par la séreuse de von Baer, qui a subi de profondes transformations. D'abord, elle s'est complètement séparée de l'amnios : toutefois, il convient de remarquer que chez certains mammifères, et notamment chez l'homme, il persiste longtemps un pédicule d'union entre ces deux enveloppes, au niveau de la suture amniotique. En second lieu, la séreuse de von Baer s'est séparée, dans toute son étendue, du sac vitellin, et elle entoure de toutes parts, sous forme d'une mince vésicule, l'embryon et toutes ses autres annexes. Cette disposition résulte de ce que le feuillet moyen, qui, dans la figure 3, ne s'étendait que sur un des hémisphères de la vésicule blastodermique, s'est aussi développé sur l'autre hémisphère jusqu'au pôle végétatif, en même temps qu'il se divisait en somatopleure et en splanchnopleure. Il en résulte que la partie extra-embryonnaire de la vésicule blastodermique se trouve maintenant divisée, complètement, tout comme chez le poulet, en un sac externe, la séreuse de von Baer, et en un sac vitellin, séparé de la séreuse par le cœlome.

D'ailleurs il existe aussi, sur ce point, des différences entre les différents groupes de mammifères, en ce sens que chez certains mammifères la séreuse de von Baer reste unie, sur une étendue plus ou moins considérable, avec le sac vitellin, jusqu'à la fin du développement. C'est notamment le cas chez le lapin.

Chez le lapin, le feuillet moyen ne s'étend que dans la moitié du sac vitellin dirigée vers l'embryon, et le sac vitellin remplit primitivement la majeure partie de la vésicule blastodermique. Dans sa paroi se développe un réseau de vaisseaux sanguins, nettement délimité, en dehors, par un sinus terminal (fig. 180, *st*). L'autre moitié du sac est dépourvue de vaisseaux et se trouve soudée à la séreuse de von Baer. Lorsque, plus tard, à la suite de la résorption de son contenu, le sac vitellin commence à se rétracter, à s'atrophier, il prend la forme d'un chapeau de champignon (fig. 180, *ds*) : sa moitié vascularisée (*fd*) s'invagine contre l'autre moitié, non vascularisée (*ed''*) et soudée à la séreuse de von Baer (*sh*). Elle reste unie à l'ombilic intestinal de l'embryon, par l'intermédiaire d'un long canal vitellin, comparable au pédicule du champignon.

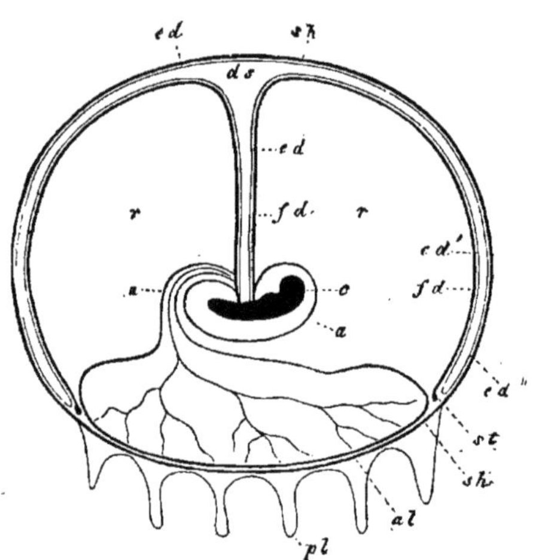

Fig. 180. — *Coupe longitudinale d'un œuf du lapin à un stade avancé de la gestation*, d'après Bischoff. *c*, embryon; *a*, amnios; *u*, ouraque; *al*, allantoïde avec ses vaisseaux sanguins; *sh*, séreuse de von Baer; *pl*, villosités placentaires; *fd*, couche vasculaire du sac vitellin; *ed* endoderme du pédicule vitellin; *ed'*, *ed''*, endoderme de la paroi interne et endoderme de la paroi externe du sac vitellin : le sac vitellin s'est étalé et aplati; *ds*, cavité du sac vitellin; *st*, sinus terminal; *r*, cavité remplie de liquide et séparant l'amnios, l'allantoïde et le sac vitellin.

Le grand espace (*r*) compris alors entre le sac vitellin, l'amnios (*a*) et l'allantoïde (*al*) est rempli par un liquide. Cet espace n'est autre chose que la partie extra-embryonnaire du cœlome, qui, chez le lapin, se développe beaucoup plus que chez tous les autres mammifères. Il est traversé par l'allantoïde (*al*), constituant une vésicule pédiculée, dont une partie de la surface s'est soudée à la portion de la séreuse de von Baer (*sh*) qui n'est pas unie au sac vitellin et qui se trouve délimitée par le sinus terminal (*st*). L'allantoïde, avec la partie de la séreuse de von Baer qui lui est unie, s'est ainsi progressivement transformée en un organe, qui sert à la nutrition de l'embryon, et que l'on désigne sous le nom de placenta (*pl*) : les vaisseaux allantoïdiens, c'est-à-dire les vaisseaux ombilicaux, amènent, en effet, dans le placenta une grande quantité de sang.

Plus tard, le restant de la surface de la vésicule blastodermique, qui ne reçoit pas de branches des vaisseaux ombilicaux, renferme également des vaisseaux sanguins. Voici comment cela se produit. Le liquide albuminoïde, que contenait jusqu'ici le sac vitellin étalé, se résorbe complètement; puis, la paroi interne, vascularisée, du sac vitellin, s'accole et, finalement, se soude en une membrane unique avec la paroi externe, non vascularisée, de ce sac. De cette façon, chez le lapin, la paroi de la vésicule blastodermique reçoit du sang de deux sources différentes: sa portion placentaire en reçoit des vaisseaux ombilicaux, c'est-à-dire des vaisseaux de l'allantoïde, tandis que tout le restant de la paroi de la vésicule blastodermique reçoit, au contraire, du sang des vaisseaux vitellins ou omphalo-mésentériques, qui sont en voie d'atrophie.

En ce qui concerne la formation de l'amnios chez le lapin, qui a fait l'objet des recherches très détaillées de Van Beneden et Julin, nous devons signaler que le feuillet moyen fait encore plus défaut que chez le poulet, dans le repli amniotique antérieur. Le capuchon céphalique se trouve, très longtemps, formé uniquement par l'ectoderme et l'endoderme accolés. Van Beneden et Julin ont donné le nom de *proamnios* au capuchon céphalique du lapin, aussi longtemps que l'endoderme intervient dans sa constitution. Toutefois, chez le lapin, à un stade ultérieur du développement, l'amnios se trouve également, dans la région de la tête, complètement séparé de l'endoderme du sac vitellin.

Enfin, dans notre schéma 5, la séreuse de von Baer a subi une troisième modification. Par prolifération de son épithélium, il s'est formé à sa surface un grand nombre de petites évaginations ou villosités. Lorsqu'elle se trouve ainsi transformée, la séreuse de von Baer prend le nom de *chorion* ou de *membrane villeuse*. Nous devons signaler ici qu'il existe des différences notables, en ce qui concerne le développement des villosités du chorion, entre les différents groupes de mammifères. Chez les monotrèmes et les marsupiaux, la surface de la vésicule blastodermique reste à peu près lisse, comme chez les oiseaux et les reptiles. Chez ces mammifères inférieurs, la séreuse de von Baer persiste donc comme telle pendant toute la durée de la vie fœtale, tandis qu'elle se transforme en chorion chez tous les autres mammifères. C'est en se basant sur cette particularité, que Kölliker a proposé de diviser les mammifères en *mammalia achoria* et *mammalia choriata*.

Pour ce qui regarde les autres enveloppes fœtales, le schéma 5 (fig. 179) nous montre qu'elles n'ont éprouvé que des changements de volume. Le sac vitellin (*ds*), sur toute la surface duquel se sont maintenant répandus les vaisseaux vitellins, est devenu plus petit; il se continue avec l'intestin de l'embryon par l'intermédiaire d'un canal vitellin (*dg*), très rétréci. Le sac amniotique (*am*) s'est distendu; il est rempli de liquide amniotique. L'allantoïde s'est transformée en une vésicule piriforme, richement vascularisée, qui pénètre dans le cœlome extra-embryonnaire, en passant entre le canal vitellin et l'ombilic abdominal, pour se diriger vers la face interne de la séreuse de von Baer.

La figure 181, qui représente une image réelle d'un embryon de chien de vingt-cinq jours, nous montre, mieux que le schéma 5, les rapports des deux sacs vascularisés, l'allantoïde et le sac vitellin, avec le canal digestif.

L'embryon a été débarrassé du chorion et de l'amnios. La paroi abdominale a été partiellement enlevée, ce qui fait que l'ombilic abdominal ne se voit pas : à ce moment, il était déjà assez étroit. Le canal digestif, que l'on observe dans toute son étendue, s'est déjà transformé partout en un tube (*d*); vers le milieu de sa longueur, il se continue avec le sac vitellin (*ds*) par l'intermédiaire d'un canal vitellin court.

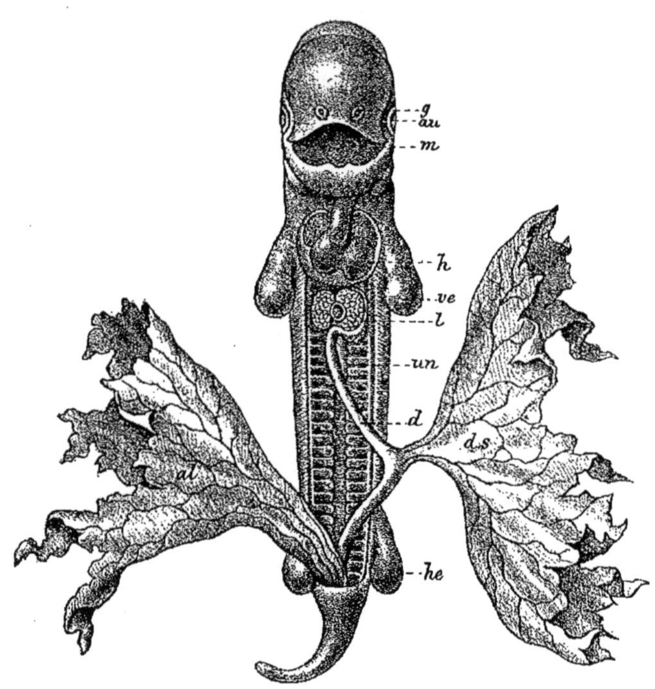

Fig. 181. — *Embryon du chien, de 25 jours, grossi 5 fois : il est étalé et vu par sa face ventrale.* D'après BISCHOFF.

d, tube digestif; *ds*, sac vitellin; *al*, allantoïde; *un*, rein primordial ou mésonéphros; *l*, les deux lobes du foie, entre lesquels on voit la coupe de la veine omphalo-mésentérique; *ve*, membre antérieur; *he*, membre postérieur; *h*, cœur; *au*, œil; *g*, fossette olfactive; *m*, bouche.

Dans la préparation, le sac vitellin a été sectionné. Enfin, à l'extrémité du tube digestif se trouve fixée l'allantoïde (*al*), par un rétrécissement pédiculiforme, qui est l'ouraque.

Jusqu'à ce stade, il existe une identité complète entre le développement des enveloppes fœtales des mammifères et celui des mêmes organes des reptiles et des oiseaux. A partir de là, le processus du développement chez les mammifères devient de plus en plus différent. *Une partie des enveloppes fœtales se met en relation intime avec la muqueuse utérine et se transforme en un organe servant à la nutrition de l'embryon.* Ainsi s'établit une compensation à l'absence de vitellus.

Les organes intéressants, qui servent à la nutrition intra-utérine, et qui ont principalement été étudiés par l'anatomiste anglais, TURNER, ainsi que, plus récemment, par Strahl et Duval, dans une série de travaux comparatifs, offrent de très grandes différences dans les divers ordres de la classe des mammifères. Tantôt leur disposition est très simple; tantôt, au contraire, elle est très complexe. On leur a donné le nom de *placenta*. Comme il est nécessaire, pour que nous puissions comprendre la disposition du placenta chez l'homme, que nous connaissions au préalable ce qui se réalise chez les autres mammifères, nous entrerons dans quelques détails sur ce sujet.

Dans la façon dont la surface de la vésicule blastodermique se met en relation avec la muqueuse utérine, il y a lieu de distinguer trois modifications principales, à chacune desquelles correspond un groupe de mammifères.

Dans un premier groupe, la séreuse de von Baer conserve à peu près sa structure simple primitive.

Dans le deuxième groupe, elle se transforme en un chorion.

Enfin, dans un troisième groupe, il se développe un placenta, aux dépens d'une ou de plusieurs parties du chorion.

Au *premier groupe* appartiennent, parmi les mammifères, les monotrèmes et les marsupiaux, dont les enveloppes fœtales sont, d'une façon générale, constituées comme chez les reptiles et les oiseaux. Habituellement, chez les marsupiaux, la séreuse de von Baer est dépourvue de villosités vascularisées. Comme elle est intimement appliquée contre la muqueuse utérine, qui est richement vascularisée, sans cependant qu'elle soit soudée avec elle, elle peut, à l'aide de grandes cellules vésiculeuses (Selenka), puiser dans les vaisseaux de la muqueuse utérine des substances nutritives, qui sont ensuite distribuées à tous les organes de l'embryon.

Dans le *deuxième groupe* de mammifères, la nutrition intra-utérine est plus parfaite, parce que la séreuse de von Baer a subi dans son organisation des modifications profondes, efficaces; elle s'est transformée en un chorion ou membrane villeuse.

En premier lieu, la séreuse de von Baer renferme des vaisseaux sanguins; en effet, l'allantoïde s'est étalée à sa face interne et sa couche conjonctive, renfermant les vaisseaux ombilicaux, s'est fusionnée avec elle.

En second lieu, l'épithélium de la séreuse de von Baer s'est évaginé par prolifération; il a donné naissance à des replis et à des villosités, à l'intérieur desquels pénètrent des prolongements, vascularisés, de tissu conjonctif. Grâce à ce processus, se trouve établie une très grande surface d'absorption.

En troisième lieu, la muqueuse utérine et le chorion se trouvent plus intimement unis; en effet, la surface de la muqueuse utérine s'est aussi agrandie en formant des dépressions dans lesquelles s'engagent les saillies et villosités du chorion.

Toutes ces transformations n'ont d'autre but que de faciliter et d'augmenter les échanges nutritifs entre les tissus maternels et les tissus fœtaux.

Nous rencontrons des enveloppes fœtales ainsi constituées, chez les Suidés (Artiodactyles pachydermes), chez les Périssodactyles, les Hippopotamides, les Tylopodes, les Tragulides, les Siréniens et les Cétacés. Chez le porc, qui peut nous servir d'exemple, la vésicule blastodermique, s'adaptant à la forme de l'utérus maternel, s'est transformée en un tube fusiforme. Les annexes fœtales, comme le sac vitellin et l'allantoïde, constituent également des organes étirés en deux longues pointes, en fuseaux.

Sauf aux deux extrémités effilées du tube, le chorion présente, sur toute sa surface, des séries de bourrelets très vascularisés, qui vont en rayonnant autour de taches lisses, arrondies, de la membrane, et qui sont recouverts, sur leur bord, de papilles simples, encore plus délicates. A ces saillies et à ces dépressions du chorion correspondent des dépressions et des saillies de la muqueuse utérine. Celle-ci présente aussi de petits cercles lisses, qui se distinguent encore par cette particularité que là seulement siègent les orifices excréteurs des glandes utérines. Au moment de la mise-bas, les surfaces en contact se séparent l'une de l'autre, sans que la muqueuse utérine perde de substance. Les bourrelets et les petites papilles du chorion se laissent facilement détacher des dépressions dans lesquelles ils sont reçus.

Dans le *troisième groupe* de mammifères, enfin, il se développe, en vue de la nutrition intra-utérine, un organe spécial, le *placenta.* On peut dire qu'il doit son origine à ce fait que les villosités du chorion ne sont plus uniformément réparties à sa surface; qu'en certains points elles prennent un grand développement, tandis qu'en d'autres points elles sont plus ou moins atrophiées.

Une partie du chorion se montre ou bien dépourvue de villosités, ou bien garnie de villosités très rudimentaires, ce qui lui donne un aspect plus ou moins lisse, glabre; en même temps, on constate que les vaisseaux sanguins y sont peu ou point développés.

Une autre partie, au contraire, est pourvue de villosités très nombreuses, extraordinairement longues et ramifiées. On y trouve, en outre, de gros vaisseaux sanguins, qui pénètrent dans les touffes de villosités et se résolvent en capillaires dans leurs dernières ramifications. Enfin, cette partie du chorion contracte avec la muqueuse utérine des rapports très intimes. Là où elle est en contact avec les touffes de villosités choriales, la muqueuse utérine s'épaissit fortement et renferme un riche réseau de vaisseaux sanguins. Elle montre, enfin, des dépressions nombreuses, ramifiées, plus ou moins considérables, dans lesquelles s'engagent les villosités.

Le placenta comprend donc deux parties: l'une, qui n'est que la portion villeuse du chorion, porte le nom de placenta fœtal; l'autre, qui est constituée par la portion de la muqueuse utérine en relation directe avec le placenta fœtal, mérite le nom de placenta maternel ou utérin. Ces deux parties du placenta forment ensemble un organe, destiné à la nutrition de l'embryon.

On a souvent aussi donné le nom de placenta au chorion des Suidés, etc., dont la surface tout entière est recouverte de petites villosités, et on l'appelait alors, pour le distinguer, *placenta diffus*. Afin de donner une signification plus nette au mot placenta, il convient de ne l'employer que dans l'acception, plus restreinte, que nous venons de définir, et de remplacer l'expression de placenta diffus par celle de chorion ou de membrane villeuse.

La formation du placenta offre des modifications importantes dans les différents groupes de mammifères placentaires.

Nous trouvons un type tout spécial chez les *ruminants* (fig. 182, *a*), dont la vésicule blastodermique est effilée à ses deux extrémités, tout comme chez le porc. Le chorion (*Ch*) a donné naissance à un grand nombre de petits placentas fœtaux (C^2), que l'on désigne sous le nom de *cotylédons fœtaux*. Leur nombre varie beaucoup d'une espèce à une autre : il est de 60 à 100 chez le mouton et la vache, de 5 à 6 seulement chez le chevreuil. Ils sont unis à des épaississements correspondants de la muqueuse utérine, appelés *cotylédons maternels* ou *utérins* (C^1). Toutefois, cette union est encore assez lâche; c'est ainsi qu'il suffit d'une traction relativement faible pour séparer les cotylédons fœtaux des cotylédons utérins; les villosités du chorion s'enlèvent alors des dépressions de la muqueuse utérine qui les logent, comme nous enlevons nos doigts hors d'un gant. Aussi, dans la préparation qui a servi de modèle à notre figure 182 *a*, certains cotylédons fœtaux sont détachés des cotylédons maternels correspondants (C^2 et C^1), tout comme l'utérus (*u*), que l'on a ouvert à l'aide d'une incision, se trouve partiellement écarté du chorion (*Ch*).

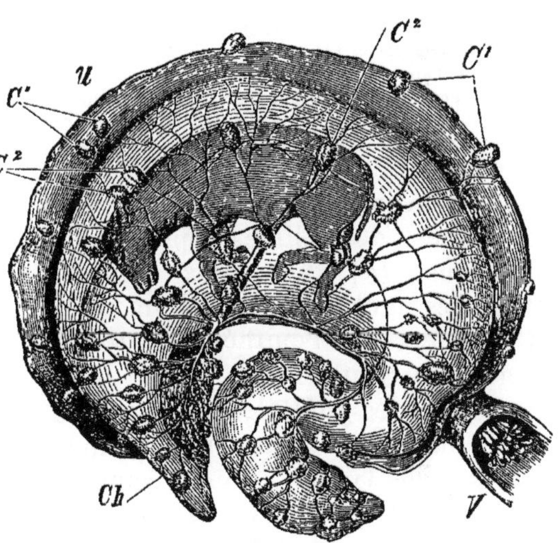

Fig. 182 *a*. — *Utérus de vache, au milieu de la gestation*, d'après COLIN. Figure empruntée à BALFOUR.
V, vagin; *U*, utérus; *Ch*, chorion; C^1, cotylédons utérins; C^2, cotylédons fœtaux.

La figure 182 *b* nous montre un cotylédon, représenté un peu plus que grandeur naturelle. La paroi utérine (*u*) a été légèrement écartée du chorion (*Ch*). Ce fait a suffi pour détacher aussi partiellement le cotylédon utérin (C^1) du cotylédon fœtal (C^2). Le cotylédon ou placenta utérin (C^1) montre de nombreuses dépressions, peu profondes, dans lesquelles se trouvaient logées des villosités choriales ramifiées, arborescentes, du cotylédon ou placenta fœtal (C^2).

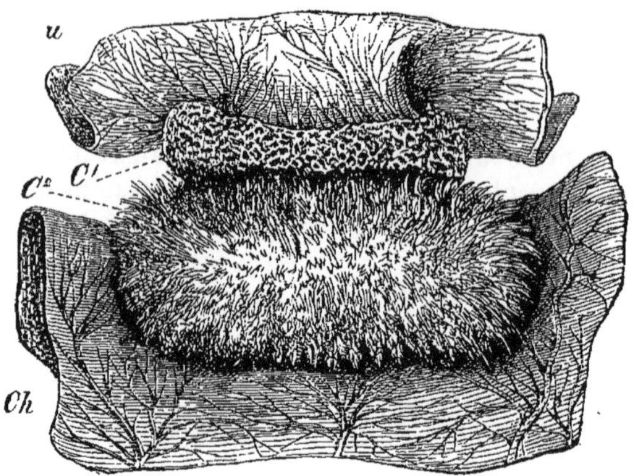

Fig. 182 *b*. — *Cotylédon de la vache; sa portion fœtale et sa portion maternelle ou utérine sont partiellement séparées l'une de l'autre.* D'après COLIN. Figure empruntée à BALFOUR.

u, paroi de l'utérus; C^1, portion utérine du cotylédon (placenta maternel); *Ch*, chorion de l'embryon; C^2, portion fœtale du cotylédon (chorion frondosum ou placenta fœtal).

Comme nous l'apprend la coupe schématique représentée par la figure 183, le tissu fœtal et le tissu utérin sont en contact immédiat dans le placenta. Les villosités choriales sont revêtues d'une couche de cellules épithéliales très aplaties (*e*), tandis que les dépressions de la muqueuse utérine sont tapissées superficiellement par une rangée de cellules épithéliales cylindriques (*e'*). Ces deux couches épithéliales sont en contact immédiat. Les cellules de l'épithélium utérin (cylindrique) renferment, à leur intérieur, de petites gouttelettes de graisse et d'albumine, qui donnent naissance à un liquide laiteux, connu sous le nom de *lait utérin*. Ce liquide est éliminé du placenta utérin et sert à nourrir le fœtus. Il est à remarquer aussi que, chez les ruminants, les glandes utérines ne s'ouvrent à la surface de la muqueuse qu'entre les cotylédons.

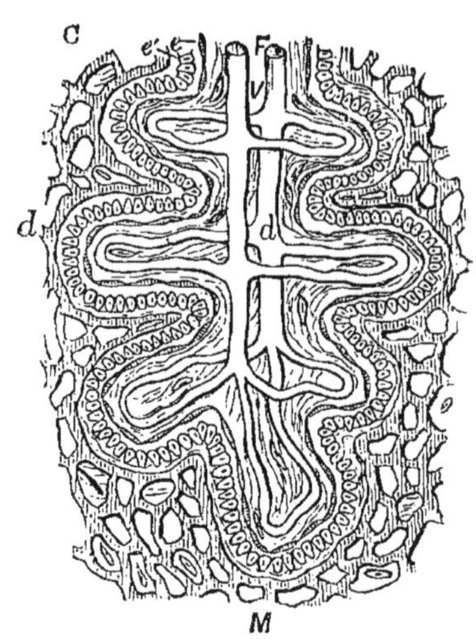

Fig. 183. — *Structure du placenta de la vache. Figure schématique.* D'après TURNER.

F, placenta fœtal; *M*, placenta maternel; *V*, villosité du chorion; *e*, son épithélium; *c'*, épithélium du placenta maternel; *d*, vaisseaux fœtaux; *d'*, vaisseaux utérins.

Chez tous les autres mammifères placentaires, l'enchevêtrement des tissus maternel et fœtal du placenta est bien plus intime encore. L'union, ainsi effectuée, est telle qu'*il n'est plus possible de détacher le chorion sans arracher en même temps des fragments de la muqueuse utérine. Il en résulte, qu'au moment de la mise-bas, il se détache une couche superficielle, plus ou moins épaisse, de la muqueuse utérine.* C'est cette partie de la muqueuse que l'on désigne sous le nom de *membrane caduque* ou, plus simplement, de *caduque*.

On réunit, comme HUXLEY l'a proposé, tous les mammifères qui rejettent une caduque au moment de la mise-bas, sous le nom de *mammalia deciduata*, ou, plus brièvement, de *deciduata*, pour les distinguer des autres mammifères placentaires, dont nous avons parlé précédemment, et que l'on appelle *indeciduata*.

Chez les mammalia deciduata, nous avons aussi à distinguer deux formes de placenta : les uns possèdent un placenta zonaire (placenta zonaria) et les autres, un placenta discoïdal (placenta discoïdea).

Le *placenta zonaire* est caractéristique des carnassiers. La vésicule blastodermique affecte habituellement, chez eux, la forme d'un tonneau. Sauf à ses deux pôles aplatis, où sa surface est lisse, le chorion est recouvert, dans tout le restant de sa surface, par de nombreuses villosités arborescentes, disposées suivant une zone annulaire.

Les villosités choriales, ramifiées, pénètrent en tous sens à l'intérieur de la muqueuse utérine épaissie; il en résulte que, sur une coupe, le placenta nous montre un *enchevêtrement irrégulier* des tissus maternel et fœtal (fig. 184). D'après les observations de TURNER et d'ERCOLANI et, contrairement à l'opinion soutenue par divers auteurs, les villosités du chorion ne s'engagent pas à l'intérieur des glandes utérines. Toutefois, il semble, d'après les recherches les plus récentes, que la vérité réside dans un moyen terme entre ces deux opinions extrêmes. En effet, si l'on s'en réfère aux études de HEINRICIUS et de STRAHL sur le placenta des carnassiers, « il est « vrai que la plupart des glandes « hypertrophiées se ferment vers la surface de la cavité et que les « villosités, pour pénétrer dans la muqueuse, doivent surtout se frayer « des voies nouvelles, lorsque l'œuf commence à s'unir intimement à « la muqueuse utérine; mais un petit nombre de villosités s'engagent « aussi dans des glandes restées ouvertes ». C'est pourquoi LÜSEBRINK distingue, dans le placenta du chien, des villosités primaires, qui pénètrent dans des glandes utérines, et des villosités secondaires, qui se frayent leur voie propre dans la muqueuse utérine.

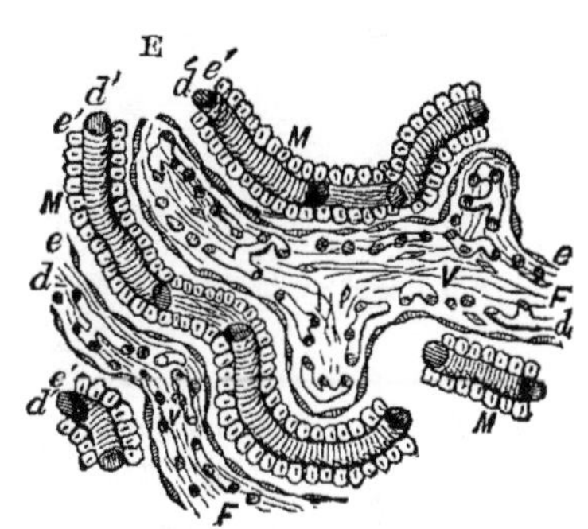

Fig. 184. — *Structure du placenta du chat. Figure schématique.* D'après TURNER. Les lettres ont la même signification que dans la figure 183.

En ce qui concerne le sort que subit l'épithélium de la paroi utérine, il règne également diverses manières de voir. Tandis que HEINRICIUS, DUVAL, etc., prétendent qu'il disparaît complètement, pour TURNER, au contraire, cet épithélium persiste tout entier et, d'après STRAHL, il persiste, tout au moins, partiellement, *ses cellules se fusionnant en un syncytium contenant de nombreux noyaux*. Il forme une limite (fig. 184, é) entre les villosités (v) et *les vaisseaux utérins* (*d'*), *qui se sont dilatés au point d'être trois ou quatre fois plus larges que les vaisseaux fœtaux* (*d*). Cette dilatation des vaisseaux utérins est caractéristique du placenta des deciduata; elle n'a pas lieu chez les indeciduata.

La seconde forme, le *placenta discoïdal*, est caractéristique des rongeurs, des insectivores, des cheiroptères, des lémuriens, des primates et de l'homme. Ici, la partie de la surface du chorion, qui intervient dans la formation du placenta, est minime. Par contre, les arborescences des villosités (fig. 185, *F*) sont extrêmement développées. L'union entre le placenta maternel (*M*) et le placenta fœtal (*F*) est des plus intimes. Les espaces sanguins utérins (*d'*) sont énormément dilatés, au moins chez les primates et chez l'homme; il en résulte que les villosités choriales (*F*) s'y trouvent directement plongées et semblent baigner immédiatement dans le sang maternel ou utérin.

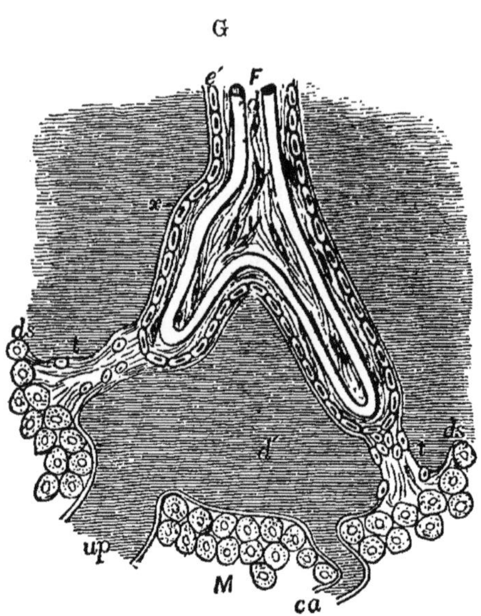

Fig. 185. — *Figure schématique montrant la structure du placenta humain*, d'après l'hypothèse de Turner.

F, placenta fœtal ; *M*, placenta maternel ; *é*, épithélium du placenta maternel ; *d*, vaisseaux fœtaux ; *d'*, vaisseaux utérins ; *V*, villosité ; *ds*, caduque sérotine ; *tt*, trabécules de la caduque sérotine, étendus jusqu'aux villosités fœtales ; *ca*, artériole utérine en continuité avec l'espace sanguin *d'* ; *up*, veinule utérine, en continuité avec l'espace sanguin *d'* ; *x*, prolongement du tissu utérin sur lequel repose l'épithélium *é* du placenta maternel : il recouvre la surface de la villosité et représente ou bien l'endothélium des vaisseaux utérins, ou bien une mince couche de tissu conjonctif dépendant de la caduque sérotine, ou bien ces deux éléments à la fois. Quant à la couche épithéliale *é*, elle est, comme dans l'autre cas, formée de cellules dérivant de la caduque sérotine, c'est-à-dire de cellules du placenta maternel.

Comme nous examinerons en détail, dans le chapitre suivant, le développement et la structure du placenta humain, qui appartient au type discoïdal, nous pouvons, pour le moment, nous borner aux renseignements qui précèdent.

Terminons ce chapitre en indiquant la grande valeur que présente, au point de vue de la systématique des vertébrés, la constitution des annexes fœtales. Les différences qu'elles offrent dans les diverses classes sont si grandes et si importantes qu'elles peuvent aisément servir de base à la classification, ainsi que Milne Edwards, Owen et Huxley l'ont indiqué.

Tous les vertébrés inférieurs, Amphioxus, cyclostomes, poissons, dipnoïdes et amphibiens, ne possèdent pas d'annexe fœtale ou bien ils n'ont, comme annexe, qu'une évagination du tube digestif, un sac vitellin. Au contraire, les embryons des reptiles, des oiseaux et des mammifères sont enveloppés par deux membranes transitoires, qui n'existent que pendant la vie fœtale : l'amnios et la séreuse de von Baer. On les réunit sous le nom de *vertébrés amniotes*, par opposition aux autres classes citées plus haut, et auxquelles on réserve le nom de *vertébrés anamniotes*.

Les amniotes se divisent eux-mêmes en deux groupes : d'une part, les *sauropsides* (Huxley) comprenant les reptiles et les oiseaux, caractérisés en ce qu'ils pondent leurs œufs; d'autre part, les *mammifères* (à l'exception des monotrèmes), dont les œufs se développent dans l'utérus maternel et dont les jeunes, après la mise-bas, sont nourris par le produit de sécrétion des glandes mammaires.

Chez les mammifères, les enveloppes fœtales, en s'unissant à la muqueuse utérine pour former un organe de nutrition, acquièrent une structure plus complexe encore et présentent des modifications, qui permettent de les diviser systématiquement en plusieurs sous-groupes.

Chez les monotrèmes et les marsupiaux, la séreuse de von Baer reste à peu près lisse, à sa surface, comme chez les reptiles et les oiseaux : chez tous les autres, il se forme à la surface de la séreuse de von Baer des villosités, qui s'engagent à l'intérieur de la muqueuse utérine. Owen a proposé de désigner les premiers sous le nom de *implacentalia* ou *mammifères aplacentaires* et les seconds, sous le nom de *placentalia* ou *mammifères placentaires*. Ces dénominations doivent être avantageusement remplacées par celles de *achoria* et de *choriata*, proposées par Kölliker.

Chez les choriata, l'union des villosités choriales avec la muqueuse utérine est lâche ou bien intime. Dans le premier cas, au moment de la mise-bas, il ne se détache pas de caduque. Dans le second cas, il s'en détache une, à la suite de l'enchevêtrement plus profond du placenta utérin et du placenta fœtal. Les choriata se subdivisent donc en *mammalia indeciduata* et en *mammalia deciduata*. Chacun de ces sous-groupes comprend lui-même deux sous-types. Chez les indeciduata, les villosités ou bien sont réparties uniformément sur toute la surface du chorion, ou bien elles sont réunies par groupes plus ou moins nombreux (*cotylédons*), séparés les uns des autres par des parties lisses du chorion. Parmi les deciduata, enfin, les uns possèdent un *placenta zonaire* et les autres un *placenta discoïdal*.

RÉSUMÉ

1. Chez les mammifères, il se forme, de la même façon que chez les reptiles et les oiseaux : un sac vitellin, un amnios, une séreuse de von Baer et une allantoïde.

2. Sauf chez les monotrèmes et les marsupiaux, la séreuse de von Baer se transforme, chez les mammifères, en un chorion; la séreuse

développe à sa surface des villosités ; à leur face interne s'étale la couche conjonctive de l'allantoïde, renfermant les vaisseaux ombilicaux; cette couche de l'allantoïde pénètre enfin dans l'intéreur des villosités choriales.

3. Dans un groupe de mammifères, en certains points de la séreuse de von Baer, les villosités prennent un très grand développement, se ramifient et s'engagent dans des dépressions correspondantes de la muqueuse utérine, pour constituer un placenta. Lorsque le chorion donne naissance à plusieurs placentas, on désigne ces derniers sous le nom de cotylédons.

4. On distingue au placenta :

a. Une portion fœtale, encore appelée placenta fœtal : c'est la partie du chorion qui s'est développée en des touffes de villosités;

b. Une portion maternelle ou utérine, encore appelée placenta maternel ou utérin : c'est la partie de la muqueuse utérine, qui a proliféré et qui présente des dépressions destinées à loger les villosités du placenta fœtal.

5. Le placenta fœtal et le placenta utérin peuvent s'unir d'une façon tellement intime, qu'au moment de la mise-bas, une partie plus ou moins considérable de la muqueuse utérine, à laquelle on donne le nom de caduque, se trouve rejetée en même temps que les enveloppes fœtales.

6. En se basant sur la constitution des enveloppes fœtales, on peut classer les vertébrés de la manière suivante :

I. Anamniotes, vertébrés dépourvus d'amnios.
(Amphioxus, cyclostomes, poissons, amphibiens.)

II. Amniotes, vertébrés pourvus d'un sac vitellin, d'une séreuse de von Baer et d'une allantoïde.

A. *Sauropsides*. Amniotes qui pondent leurs œufs.
Reptiles et oiseaux.

B. *Mammifères*. Amniotes dont les œufs se développent dans l'utérus maternel, sauf en ce qui concerne les monotrèmes.

a. *Achoria*. La séreuse de von Baer ne fournit que peu ou point de villosités.
Marsupiaux.

b. *Choriata*. La séreuse de von Baer se transforme en un chorion.

Mammalia indeciduata.

1. Les villosités sont uniformément réparties sur toute la surface du chorion.
Périssodactyles, Suidés, Hippopotamides, Tylopodes, Tragulides, Cétacés, etc.

2. Placentalia. La séreuse de von Baer s'est transformée, en certains points, en un placenta.

α. Cotylédons nombreux.
Ruminants.

Mammalia deciduata.
β. Placenta zonaire.
Carnassiers.
γ. Placenta discoïdal.
Primates, rongeurs, insectivores, cheiroptères.

BIBLIOGRAPHIE

Van Beneden et Charles Julin. *Recherches sur la formation des annexes fœtales chez les Mammifères (Lapins et Cheiroptères)*. Archives de Biologie. T. V. 1884.

W. H. Caldwell. *Eierlegen der Monotremen*. Analysé dans Schwalbe's Jahresbericht. 1886.

— *On the arrangement of the embryonic membranes in Marsupial animals*. Quart. Journ. of Microsc. Science. 1884.

Duval. *Le placenta des Rongeurs*. Journ. de l'anatomie et de la physiologie. 1890 et 91.

— *Le placenta des Carnassiers*. Journ. de l'anat. et de la physiologie. 30e année.

Eschricht. *De organis, quae nutritioni et respirationi fœtus mammalium inserviunt*. Hafniæ, 1837.

Fleischmann. *Embryologische Untersuchungen*. Fascicule II. 1891. 1893.

Giacomini. *Materiali per la storia dello sviluppo del Seps chalcides*. Monitore zoologico italiano. 1891. Anatom. Anz. 1891.

Godet. *Recherches sur la structure intime du placenta du lapin*. Dissertation inaugurale. Neuveville, 1877.

W. Haacke. *Meine Entdeckung des Eierlegens der Echidna hystrix*. Zoolog. Anzeiger 1884.

Heinricius. *Ueber die Entwicklung und Structur der Placenta bei der Katze*. Archiv für mikrosk. Anat. Vol. XXXVII. 1891.

C. K. Hoffmann. *Ueber das Amnion des zweiblätterigen Keimes*. Archiv f. mikr. Anat. Vol. XXIII.

Hubrecht. *The placentation of Erinaceus europaeus with remarks on the phylogeny of the placenta*. Studies zool. labor. Utrecht. Vol. I.

Kölliker. *Entwicklungsgeschichte des Menschen und der höheren Thiere*. 1879. P. 261-263 et p. 360-361.

Lüsebrink. *Die erste Entwicklung der Zotten in der Hundeplacenta*. Anatom. Hefte von Merkel u. Bonnet. Vol. I.

Milne Edwards. *Leçons sur la physiologie et l'anatomie comparée de l'homme et des animaux*. Paris 1870.

Julius Mauthner. *Ueber den mütterlichen Kreislauf in der Kaninchenplacenta mit Rücksicht auf die in der Menschenplacenta bis jetzt vorgefundenen anatomischen Verhältnisse*. Sitzungsberichte der Kaiserlichen Akademie der Wissenschaften. Math.-naturw. Classe. Vol. LXVII. 3e partie. 1873.

Mitsukuri. *On the fœtal membranes of Chelonia*. Journ. of the College of sciences, imperial university Japan. Vol. IV. 1891.

H. F. Osborn. *Observations upon the fœtal membranes of the Opossum and other Marsupials*. Quart. Journal of Microsc. Science. Vol. XVIII. 1883.

— *The fœtal membranes of the Marsupials*. Journal of Morphology. Vol. I. 1887.

R. Owen. *Description of an impregnated uterus and of the uterine ova of Echidna hystrix*. Annals an Magaz. of nat. hist. 1884.

Rävn. *Ueber das Proamnion, besonders bei der Maus*. Archiv. f. Anatomie u. Physiologie. Anat. Abth. 1895.

Selenka. *Studien über Entwicklungsgeschichte der Thiere. Das Opossum*. 1887.

Slavjansky. *Die regressiven Veränderungen der Epithelialzellen in der serösen Hülle des Kaninchencies*. Berichte über die Verhandlungen der Königl. Sächsischen Gesellschaft der Wissenschaften zu Leipzig. Math.-phys. Classe. 1872. P. 247-252.

H. Strahl. *Die Dottersackwand u. der Parablast der Eidechse*. Zeitschr. f. wissenschaftliche Zoologie. Vol. XLV.

— *Untersuchungen über den Bau der Placenta*. V. Die Placenta von Talpa europaea. Anatomische Hefte von Merkel. Vol. I.

— *Placenta und Eihäute*. Ergebnisse der Anatomie u. Entwicklungsgeschichte von Merkel u. Bonnet. 1892.

— *Neues über den Bau der Placenta*. Merkel u. Bonnet's Ergebnisse. Vol. VI. 1896.

Turner. *On the placentation of the apes with a comparison of the structure of their placenta with that of the human female.* Philosophical Transactions of the Royal Society of London. 1878. Vol. CLXIX. 1re partie.

— *Some general observations on the placenta with especial reference to the theory of evolution.* The Journal of Anatomie and Physiology. 1877.

Hans Virchow. *Ueber das Epithel des Dottersackes im Hühnerei.* Dissertation. Berlin. 1875.

— *Der Dottersack des Huhnes.* Internationale Beiträge zur wissenschaftlichen Medicin. Vol. I. 1891.

W. Waldeyer. *Die Placenta von Inuus nemestrinus.* Sitzungsberichte der Königl. Preuss. Akad. d. Wissensch. zu Berlin. 1889.

Hoffmann a renseigné de nombreux travaux concernant les enveloppes fœtales des mammifères dans : *Grondtrekken der vergelijkende ontwikkelingsgeschiedenis, etc.* 1884. Le lecteur trouvera la bibliographie récente de cette question dans le compte-rendu fait par Strahl dans les *Ergebnisse de Merkel et Bonnet.*

CHAPITRE TREIZIÈME

ENVELOPPES FŒTALES DE L'HOMME

L'étude des premiers stades du développement de l'homme, qui s'accomplissent pendant les quatre premières semaines de la grossesse, est entourée de difficultés extraordinaires. Ce n'est que tout à fait exceptionnellement qu'il est donné à un embryologiste de disposer d'un jeune œuf humain, soit qu'il provienne d'une autopsie, soit qu'il soit le résultat d'une fausse couche, d'un avortement. Dans ce dernier cas, il arrive le plus souvent que l'œuf a macéré dans la cavité utérine et qu'il est, par conséquent, en voie de destruction. Enfin, il convient d'ajouter que, pour bien conserver et préparer ces objets si petits, si délicats, il faut une grande habileté.

Toutes ces circonstances expliquent pourquoi nous ne possédons aucune donnée spéciale sur les phénomènes de la fécondation, de la segmentation et de la formation des feuillets germinatifs, pas plus que sur les premières phases du développement de la forme extérieure du corps, des enveloppes fœtales et d'une foule d'autres organes, chez l'homme. Pour décrire cette première période de l'ontogenèse, nous avons dû nous en rapporter à ce que l'on connaît concernant d'autres mammifères. C'est ainsi que nous admettons que la fécondation s'accomplit normalement dans la partie initiale, élargie, des trompes utérines, que c'est là que les spermatozoïdes, qui restent peut-être vivants pendant plusieurs jours ou même plusieurs semaines à l'intérieur des organes génitaux de la femme, attendent, pour le féconder, l'œuf, qui se détache de l'ovaire. Nous admettons que l'œuf arrive, déjà segmenté, dans la cavité de la matrice, qu'il s'y fixe à la muqueuse utérine, et que, dans les premières semaines de la grossesse, se développent successivement, de la même façon que chez les autres mammifères, les feuillets germinatifs, la forme extérieure du corps de l'embryon et les enveloppes fœtales.

Les premières données positives que nous possédions sur le développement de l'œuf humain se rapportent à la fin de la deuxième semaine de la grossesse. Encore sont-elles bien peu complètes. Dans la bibliographie nous ne trouvons décrits qu'un très petit nombre d'œufs humains jeunes. Ils proviennent, pour la plupart, d'avortements, que l'on estime s'être produits douze à quinze jours après la conception. Parmi ces œufs, deux ont été décrits par Allen Thompson et les autres par Schröder v. d. Kolk, Hennig, Reichert, Breuss, Beigel et Löwe, Ahlfeld, Kollmann, Fol, Spee, Mall, Siegenbeek Van Heukelom et autres. Ces vésicules blastodermiques mesuraient de 5 à 6 millimètres de diamètre.

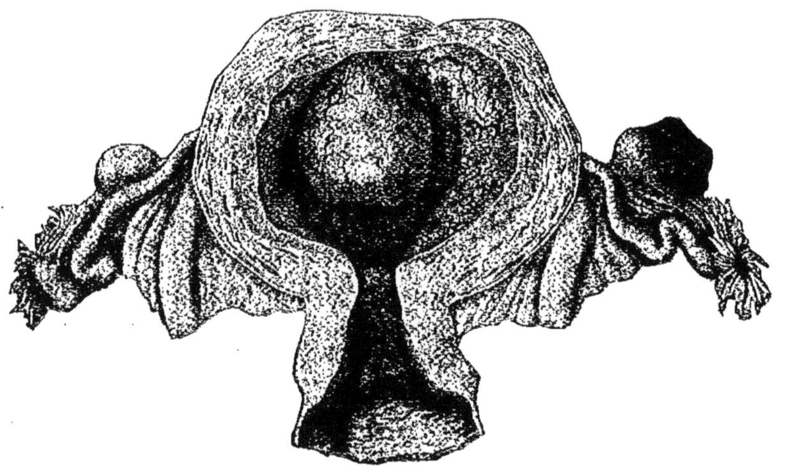

Fig. 186. — *Utérus gravide d'une femme multipare, qui s'est tuée au 40e jour de la grossesse*, d'après Coste.

On a ouvert la paroi antérieure de la matrice et l'on voit la capsule proéminer dans la cavité utérine. L'œuf en voie de développement provient d'un follicule de de Graaff, de l'ovaire gauche. Ce qui l'indique, c'est que cet ovaire, par suite de la formation d'un vrai corps jaune (corpus luteum verum), est beaucoup plus volumineux que l'ovaire droit.

De la comparaison critique des descriptions, dont ces œufs ont fait l'objet, nous pouvons conclure que les deux faits suivants sont bien établis.

1er *point*. A la fin de la deuxième semaine de la grossesse, la vésicule blastodermique n'est plus libre dans la cavité utérine; mais elle est enfermée dans une capsule vésiculeuse, formée par prolifération de la muqueuse utérine. Malheureusement on n'a pu, jusqu'à ce jour, faire d'observation sur le mode de développement de cette capsule. D'après une hypothèse émise par Sharpey, légèrement modifiée par Reichert, et généralement admise aujourd'hui, l'œuf, après avoir pénétré dans l'utérus, se loge dans une dépression de la muqueuse hypertrophiée et en voie de transformation en la membrane caduque. Les bords de cette dépression prolifèrent bientôt autour de la vésicule blastodermique, se rejoignent et finissent par se souder, de façon à former une capsule vésiculeuse close. Ce fusionnement a lieu en un point opposé à celui où l'œuf s'est fixé primitivement à la muqueuse. Ce point de fusionnement se présente sous la forme d'une cicatrice; les vaisseaux y font défaut, tandis qu'ils existent, en même temps que les glandes utérines, dans tout le restant de la muqueuse hypertrophiée. La vésicule blastodermique reste très lâchement unie, jusqu'au commencement du deuxième mois de la gestation, à cette capsule close qui l'entoure et qui s'est formée aux dépens de la muqueuse utérine. C'est ainsi que, jusqu'à cette époque, on peut aisément l'en extraire, sans la léser.

La figure 186, qui a été donnée par l'embryologiste français Coste,

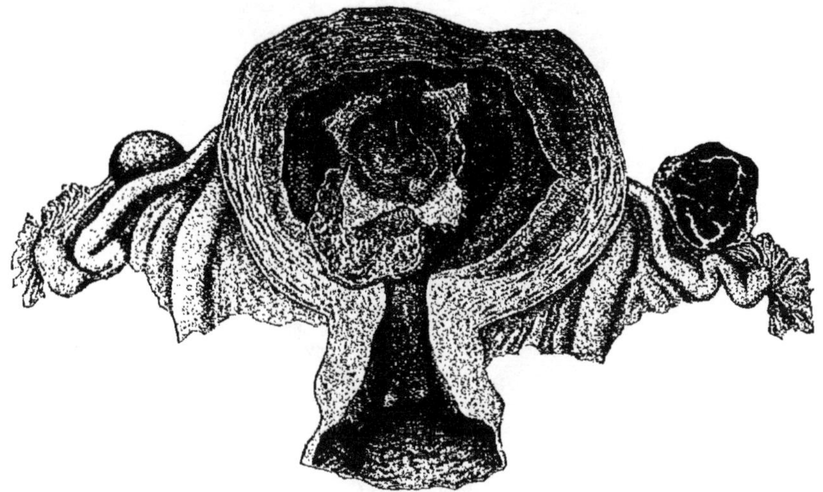

Fig. 187. — *L'utérus représenté par la figure 186, après que l'on eut ouvert la capsule*, d'après Coste. On voit l'embryon avec ses enveloppes, logé dans la capsule; le chorion a été sectionné par une incision cruciale et ses quatre lambeaux ont été rejetés sur le côté. L'ovaire gauche avec son corps jaune a été coupé par une section longitudinale et ses deux moitiés ont été écartées l'une de l'autre. On voit la cavité du follicule de de Graaff comblée par des proliférations de sa paroi.

nous fournit une bonne image de l'aspect que présente la capsule à un stade déjà plus avancé du développement. Elle représente la matrice d'une pluripare, qui s'est suicidée vers le quarantième jour de la grossesse. L'utérus a été largement ouvert, suivant sa paroi antérieure, par une incision longitudinale, dont les lèvres ont été fortement étirées à droite et à gauche. Sur la paroi postérieure, dans la région du fond de la matrice, proémine un embryon de quarante jours. Sur le côté, on voit l'orifice utérin de la trompe gauche, tandis que celui de la trompe droite est recouvert et caché par suite du développement de la capsule.

La muqueuse utérine est parcourue par de nombreux et larges vaisseaux sanguins, qui se continuent à la surface de la capsule; seule une petite partie de sa paroi antérieure en est dépourvue : elle correspond à la cicatrice, dont nous avons parlé plus haut.

L'embryon avec ses enveloppes est logé dans la capsule, ainsi que le montre la figure 187, qui est la reproduction d'une préparation du même utérus, telle qu'il se présentait après que l'on eut ouvert la paroi antérieure de la capsule par une incision circulaire, dont on avait écarté les lèvres vers le canal cervical de l'utérus. Nous reviendrons plus loin sur la constitution des enveloppes de l'œuf.

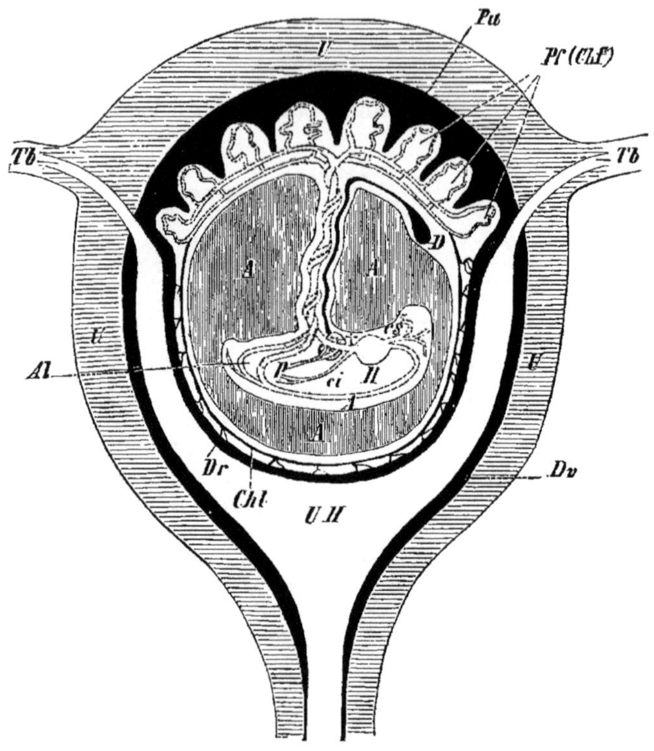

Fig. 188. — *Coupe schématique de la matrice gravide, chez la femme*, d'après WIEDERSHEIM.
U, matrice; *UH*, cavité utérine; *Tb*, trompe; *Dv*, caduque vraie; *Dr*, caduque réfléchie; *Pu*, placenta maternel (caduque sérotine); *Pf*, placenta fœtal ou chorion frondosum (*Chf*); *Chl*, chorion læve; *A*, cavité amniotique, remplie de liquide amniotique; *D*, vésicule vitelline ou ombilicale; dans l'embryon, on voit les vaisseaux ombilicaux (*Al*); +, foie traversé par la veine ombilicale; *H*, cœur; *A*, aorte; *ci* et *cs*, veines caves inférieure et supérieure; *p*, veine porte.

Tandis que chez les autres mammifères, seule la partie de la muqueuse utérine qui intervient dans la formation du placenta se détache au moment de la mise-bas, chez la femme, la couche superficielle de la muqueuse de la matrice tout entière est rejetée au moment de la délivrance et constitue la *caduque*. Il y a lieu de distinguer à la caduque (fig. 188) trois parties. L'une, qui enveloppe la surface de la vésicule blastodermique, est appelée *caduque réfléchie* (*Dr*). Une autre partie forme le fond de la dépression dans laquelle s'est fixé primitivement l'œuf : c'est la *caduque sérotine* (*Pu*). Enfin le restant constitue la *caduque vraie* (*Dv*).

La caduque réfléchie n'est complète que chez l'homme et les primates. Toutefois il en existe déjà des rudiments dans d'autres ordres de mammifères, notamment chez les carnassiers. La capsule, formée par elle, ne remplissant pas complètement, dès le début, la cavité utérine, il reste entre la caduque réfléchie et la caduque vraie un espace, rempli de mucus (bouchon muqueux).

2e *point*. Un autre fait, important à maints points de vue, c'est que les vésicules blastodermiques, très jeunes et très petites, sont déjà pourvues d'un chorion *bien développé et garni de nombreuses villosités.* Toutes les observations sont d'accord sur ce point.

Les villosités choriales, ou bien sont réparties sur toute la surface de l'œuf, ou bien elles manquent en deux régions opposées de la vésicule blastodermique : c'était le cas pour l'œuf décrit par Reichert (fig. 189, A et B). Elles atteignent une longueur de 1 millimètre : les unes sont de

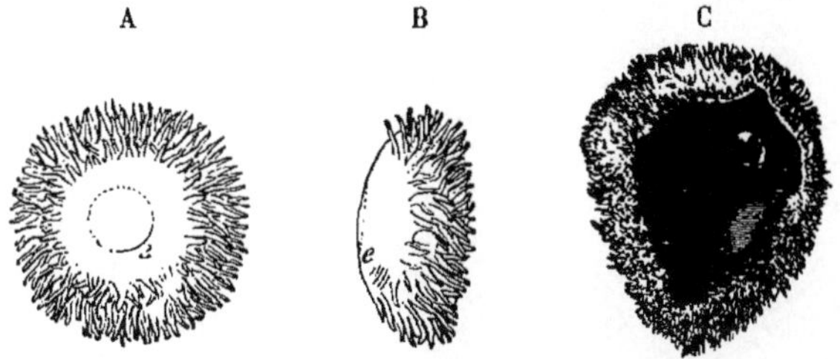

Fig. 189. — *Œufs humains à des stades reculés du développement.* Figures empruntées à l'*Anatomie de* Quain.
A et B représentent un œuf de 12 à 13 jours, figuré par Reichert. A, l'œuf vu de face; B, l'œuf vu de profil; *e*, partie que Reichert considère comme la tache embryonnaire.
La figure C représente le chorion d'un œuf humain de 4 à 5 semaines, avant la formation du placenta. Une partie de la paroi de l'œuf a été sectionnée, afin de montrer l'embryon in situ, d'après Allen Thompson.

simples saillies cylindriques, tandis que d'autres sont déjà ramifiées. Elles ne sont pas encore adhérentes à la caduque. Comme le chorion lui-même, les villosités sont formées par deux couches : un épithélium superficiel et une couche de tissu muqueux embryonnaire. L'épithélium, qui a fait l'objet des études d'Ahlfeld et de Kollmann, dérive de la séreuse de von Baer. La couche de tissu muqueux, qui occupe l'axe de la villosité, renferme déjà par-ci par-là des vaisseaux sanguins.

L'étude des plus jeunes œufs humains que l'on ait eu l'occasion d'examiner, ne nous a malheureusement rien ou presque rien fourni concernant le contenu du chorion, c'est-à-dire relativement à l'embryon lui-même et à ses autres enveloppes fœtales. Tous ces œufs étaient plus ou moins pathologiques, ou bien leur contenu était fortement détérioré, soit à cause de leur mauvaise conservation, soit en raison même du mode de préparation. Toutefois je crois, comme l'ont fait d'autres auteurs, pouvoir conclure de la constitution du chorion que l'embryon se trouvait déjà à un stade assez avancé, que les feuillets germinatifs étaient complètement formés, ainsi que le sac vitellin et l'amnios.

Cette opinion repose sur ce fait que des vésicules blastodermiques, ne mesurant que quelques millimètres de diamètre et décrites par Coste, Allen Thompson, His, Spee, etc., renfermaient des embryons déjà bien développés. L'embryon humain que Coste (fig. 190) a décrit et dont il a donné d'excellentes figures, nous permettra de nous rendre compte de l'aspect que présentent les vésicules dont nous nous occupons en ce moment. Certes, depuis l'époque où Coste a décrit cet embryon, on en a observé et étudié d'autres plus jeunes encore et en bon état de conservation. Mais l'embryon de Coste nous paraît, à maints points de vue, apte à servir de base à une description, telle qu'on doit la faire dans un Traité.

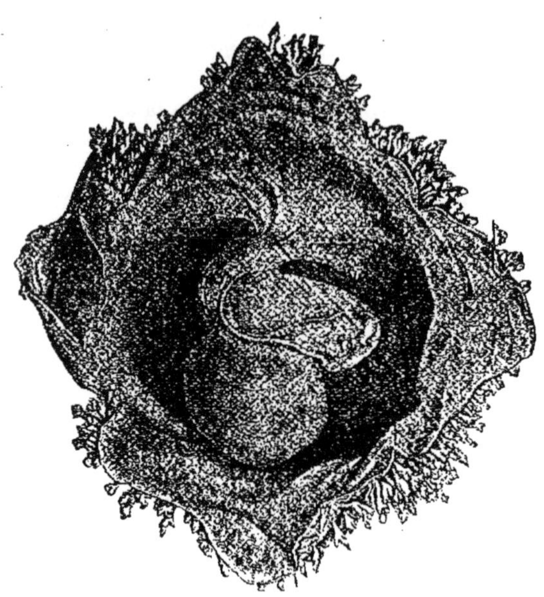

Fig. 190. — *Embryon humain de 15 à 18 jours logé dans ses enveloppes*, d'après Coste.
Le chorion a été ouvert par une incision cruciale et ses quatre lambeaux ont été écartés les uns des autres.

Cet embryon avec ses enveloppes a été complètement détaché de la capsule, après avoir sectionné la caduque réfléchie. Le chorion, enveloppe fœtale la plus externe, est appliqué contre la caduque réfléchie; mais, à cette époque du développement, il ne lui est que lâchement uni. On l'a ouvert par une incision cruciale et ses quatre lambeaux ont été écartés latéralement. Sa surface tout entière est couverte de petites villosités, serrées les unes contre les autres et présentant déjà de nombreuses ramifications latérales. A la face interne du chorion, on distingue les origines des villosités, sous la forme de petits points plus foncés.

Le chorion, en ce moment, circonscrit encore une cavité relativement spacieuse, le cœlome extra-embryonnaire (voir p. 255), qui n'est que partiellement remplie par l'embryon, son amnios et son sac vitellin. Cette préparation nous montre une disposition très remarquable et absolument caractéristique des embryons humains : c'est un cordon épais, le *pédicule abdominal* (His), qui unit au chorion l'extrémité postérieure de l'embryon.

La figure 191 montre, plus fortement grossi, le même embryon avec son pédicule abdominal, que l'on a sectionné au niveau de son insertion au chorion. Le canal médullaire est fermé; le corps nettement segmenté (*sp*) ; la tête montre les arcs viscéraux (*av*) ; en arrière de ces arcs, dans la région cervicale, se trouve le cœur contourné en S; l'ébauche du tube digestif, dans la majeure partie de son étendue, n'a pas encore pris la forme d'un tube; elle est ouverte et se continue largement avec le sac vitellin (*sv*) volumineux, dans la paroi duquel se distribuent plusieurs vaisseaux omphalo-mésentériques.

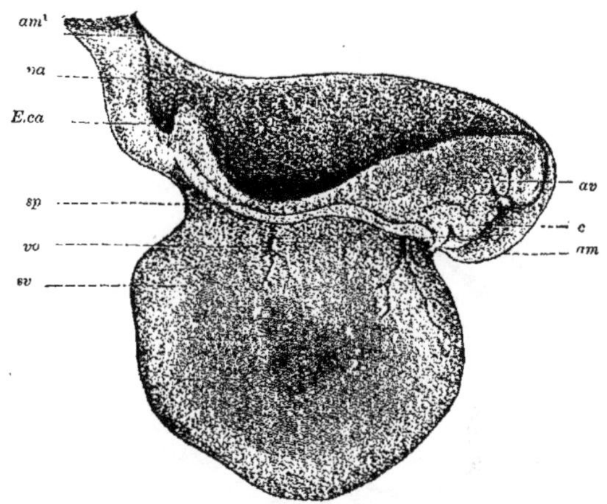

Fig. 191. — *Embryon humain, de 15 à 18 jours, avec son sac vitellin, son amnios et son pédicule abdominal.* Cette figure représente, plus fortement grossi, l'embryon de la figure 190, que l'on a détaché du chorion. Figure empruntée à His (Menschliche Embryonen), d'après Coste.

His a légèrement modifié la figure originale de Coste : il a tordu l'extrémité inférieure du corps de l'embryon, qui, dans la figure de Coste, se voyait par sa face latérale gauche.

Le chorion est sectionné en *am*¹ ; *am*, amnios ; *am*¹, point de fixation de l'amnios au chorion : cette partie de l'amnios est étirée en une pointe ; *pa*, pédicule abdominal ; *E.ca*, extrémité caudale de l'embryon ; *sp*, segments primordiaux ; *vo*, vaisseaux vitellins ou omphalo-mésentériques ; *sv*, sac vitellin ; *c*, cœur ; *av*, arcs viscéraux ou branchiaux.

Le *pédicule abdominal* (*pa*) prend naissance à la face ventrale, un peu en avant de l'extrémité caudale de l'embryon (*E, ca*). Il est constitué : 1° par un cordon de tissu muqueux, qui part de la paroi de l'intestin terminal; 2° par un court canal épithélial, qui est un diverticule du feuillet glandulaire de l'intestin et qui correspond à l'allantoïde vésiculeuse et plus volumineuse des autres mammifères; 3° par les vaisseaux allantoïdiens ou ombilicaux qui, en se rendant de l'embryon au chorion, fournissent de nombreuses petites branches au pédicule; 4° enfin, la surface du pédicule abdominal est revêtue par l'amnios, qui se prolonge en arrière en une pointe (*am'*) et s'étend ainsi immédiatement jusqu'à la face interne du chorion.

Le *pédicule abdominal* est une formation caractéristique de l'embryon humain, dont on peut, à mon avis, expliquer l'origine de la manière suivante :

Ainsi que semble nous l'apprendre l'embryon de Coste, *l'origine du pédicule abdominal est, avant tout, en connexion avec un mode de formation un peu spécial de l'amnios.* De cette circonstance que l'amnios se termine en pointe, en arrière (fig. 191, *am*¹) et que cette pointe s'étend jusqu'au chorion, il résulte que, chez l'embryon humain, la fermeture de l'amnios se produit tout à fait à l'extrémité postérieure du corps et qu'en même temps il persiste au point de fermeture une union entre cette enveloppe et le chorion.

En second lieu, l'allantoïde, dont le mode de développement, un peu différent chez l'homme de ce qu'il est chez les autres mammifères, résulte peut-être de la particularité qu'offre l'amnios dans son mode de formation, l'allantoïde, dis-je, intervient dans la constitution du pédicule abdominal. Il nous semble que c'est ici qu'il convient d'entrer dans quelques considérations sur la *question de l'allantoïde* de l'homme, question dont on s'est beaucoup occupé dans ces dernières années.

L'allantoïde, chez les mammifères (fig. 192, *al*), constituant une grosse vésicule pédiculée, qui traverse l'ombilic abdominal, pour aller s'appliquer contre la séreuse de von Baer (*sz*) et y amener du tissu conjonctif avec les vaisseaux ombilicaux, on a toujours tenté de trouver une disposition semblable chez les embryons humains. La preuve de son existence chez l'homme semblait avoir été fournie par un embryon très jeune, auquel Krause a attribué une allantoïde affectant la forme d'un sac vésiculeux.

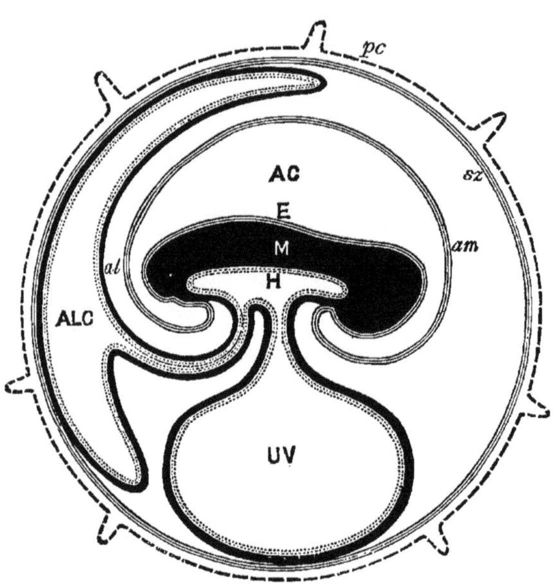

Fig. 192. — *Enveloppes fœtales d'un mammifère. Figure schématique.* D'après Turner.

pe, zone pellucide avec ses villosités (prochorion); *sz*, membrane séreuse de von Baer; E, ectoderme de l'embryon; *am*, amnios; AC, cavité amniotique; M, feuillet moyen de l'embryon; H, endoderme de l'embryon; UV, sac vitellin ou vésicule ombilicale; ALC, cavité allantoïdienne; *al*, allantoïde.

Mais l'embryon de Krause présente, à divers points de vue, de telles différences avec les autres embryons humains connus du même stade, que divers auteurs n'ont accepté que bien dubitativement les données fournies par Krause, et que His a même exprimé l'idée que cet embryon n'était nullement un embryon humain.

Après avoir soumis à la critique tous les renseignements que nous possédons sur cette question, on ne peut pas douter que *chez l'homme il ne se forme pas de vésicule allantoïdienne proéminant librement hors du cœlome.*

Il résulte des belles recherches faites par His sur les embryons humains que, sur les coupes transversales, le pédicule abdominal se montre composé :

1° D'un prolongement effilé de l'amnios;

2° D'une couche sous-jacente de tissu conjonctif embryonnaire, bien développée;

3° De l'ébauche de l'allantoïde, représentée seulement par un canal très étroit, tapissé par un épithélium ;

4° Des vaisseaux ombilicaux, les artères se trouvant en rapport immédiat avec le canal allantoïdien, tandis que les veines sont rapprochées de la couche superficielle formée par l'amnios.

Quant à savoir d'où proviennent ces divers éléments, il me semble que l'interprétation la plus naturelle est celle qui se rapproche le plus des faits connus chez les autres mammifères. Voici quelle est cette interprétation.

A une période très reculée du développement, lorsque le cul-de-sac postérieur du tube digestif (intestin terminal) commence à se former, il se développe, aux dépens de sa paroi ventrale, une saillie cellulaire, renfermant une petite évagination de l'endoderme secondaire. Cette saillie allantoïdienne ne pénètre pas librement dans le cœlome, comme chez les autres mammifères (fig. 192, *al*), mais elle prolifère au plancher du cul-de-sac postérieur du tube digestif entre l'extrémité postérieure de ce dernier et son point de continuité avec l'amnios. Elle se trouve ainsi unie à l'amnios (fig. 191, am^1), jusqu'au point d'union de ce dernier avec le chorion. L'évagination endodermique que renferme la saillie allantoïdienne s'allonge ensuite et se transforme en un canal allantoïdien étroit. Une prolifération puissante du tissu conjonctif amène les vaisseaux ombilicaux jusqu'au chorion, s'étale ensuite à la face interne de ce dernier, suivant le processus connu, et s'engage dans les villosités de la séreuse de von Baer.

L'allantoïde, au lieu de se développer *librement* pour atteindre la séreuse de von Baer, utilise, pour y arriver, l'union qui existe déjà entre cette séreuse et l'embryon, c'est-à-dire le prolongement effilé de l'amnios (am^1). Ce mode de développement de l'allantoïde provient donc peut-être de ce que l'extrémité postérieure de l'embryon, chez l'homme, ainsi que le montrent les figures 190 et 191, est fixée à la séreuse de von Baer par la suture amniotique, ce qui fait que, pour atteindre la séreuse, l'allantoïde n'a à parcourir qu'un espace très restreint.

Quant à la formation si précoce de l'allantoïde, elle n'est que la conséquence de ce principe général que les organes physiologiquement importants ont une tendance à se développer de plus en plus vite. Et à ce sujet, nous ne devons pas oublier que nous constatons dans la série des mammifères des dispositions rendant de plus en plus parfaite la nutrition de l'embryon par le placenta.

S'il est vrai que les données que nous possédons sur les débuts de l'ontogenèse de l'homme sont encore bien obscures, nous connaissons très bien, par contre, les modifications que subissent les enveloppes fœtales, à partir de la troisième semaine de la grossesse.

Examinons maintenant l'une après l'autre les diverses enveloppes et annexes fœtales. Nous étudierons d'abord celles qui se forment aux dépens de la vésicule blastodermique : 1° le chorion ; 2° l'amnios ; 3° le sac vitellin; puis, 4° les caduques, qui proviennent de la muqueuse utérine; enfin, 5° le placenta et le cordon ombilical.

1. Chorion.

Pendant les premières semaines de la gestation, le *chorion* est recouvert, sur toute sa surface (fig. 179, [5], 189 et 190), de villosités, dans lesquelles sont épanouies les branches terminales des vaisseaux ombilicaux. Ces villosités se développent d'abord uniformément; mais au début du troisième mois, commencent à se manifester des différences entre la partie du chorion qui se trouve directement en rapport avec la caduque sérotine, et celle qui est enveloppée par la caduque réfléchie (fig. 193). Les villosités (z') de la partie du chorion en rapport avec la caduque réfléchie cessent de se développer. Au contraire, celles de la partie appliquée contre la caduque sérotine s'allongent considérablement et se transforment en organes (z) ramifiés, arborescents, à base très épaisse; leurs ramifications constituent des touffes saillantes, qui se logent dans des dépressions de la muqueuse utérine (*ds*). Cette partie du chorion, dont nous aurons à nous occuper d'une façon détaillée lorsque nous parlerons du placenta, on la désigne sous le nom de *chorion frondosum*, pour la distinguer du restant de cette enveloppe fœtale, auquel on donne le nom de *chorion læve*.

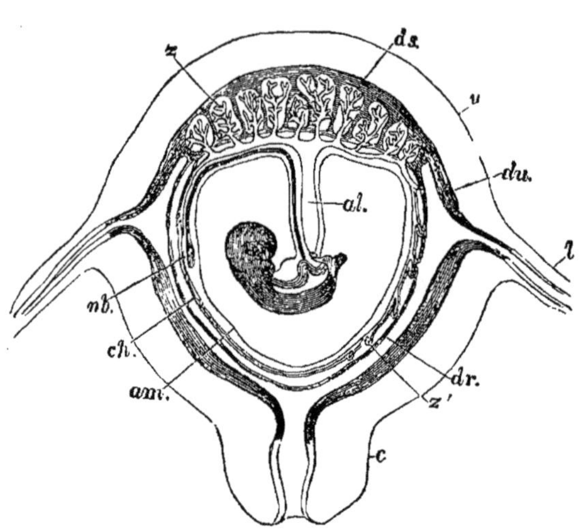

Fig. 193. — *Coupe schématique de l'utérus gravide de la femme*, d'après LONGET. Figure empruntée à BALFOUR.
al, pédicule allantoïdien; *nb*, vésicule ombilicale; *am*, amnios; *ch*, chorion; *ds*, caduque sérotine; *du*, caduque vraie; *dr*, caduque réfléchie; *l*, trompe utérine; *c*, col de la matrice; *z*, villosités du placenta fœtal; *z'*, villosités du chorion læve.

L'expression chorion læve (chorion lisse) ne doit cependant pas être prise au pied de la lettre. En effet, il persiste toujours, dans son étendue, quelques-unes des villosités dont elle est garnie sur toute sa surface, au début du développement. C'est le cas notamment au voisinage du placenta. Ces villosités s'engagent à l'intérieur de la caduque réfléchie, qui se trouve de la sorte plus intimement unie au chorion læve (fig. 193, z').

En même temps, s'est manifestée une seconde différence entre le chorion frondosum et le chorion læve. Dans l'étendue de ce dernier, les branches des artères ombilicales s'atrophient de plus en plus, tandis qu'elles deviennent de plus en plus nombreuses dans le chorion frondosum. Finalement, le chorion frondosum seul renferme les branches terminales des artères ombilicales. Il en résulte que le chorion finit par être formé d'une partie dépourvue de vaisseaux sanguins (chorion læve) et d'une autre partie extrêmement vascularisée (chorion frondosum), constituant un organe de nutrition pour l'embryon.

Quant à sa texture, le chorion læve, qui, vu par sa surface, est mince et transparent, se compose : 1° d'une couche de tissu conjonctif; 2° d'un épithélium de revêtement, identique à celui de la séreuse de von Baer primitive.

La *couche de tissu conjonctif* possède d'abord les caractères du tissu muqueux embryonnaire; elle consiste en une substance fondamentale homogène, dans laquelle se trouvent disséminées des cellules étoilées, ramifiées. Plus tard, ce tissu muqueux se transforme en tissu fibreux.

L'*épithélium* du chorion læve est formé, d'après Kastschenko, S. Minot, Kupffer, Selenka, Keibel, Kossmann, Strahl et autres, pendant les premiers mois de la gestation, par deux couches : une couche superficielle, dans laquelle on ne peut distinguer les limites des cellules (protoplasmic layer syncytium) et une couche profonde de cellules bien délimitées. Lorsque nous étudierons le placenta, nous entrerons dans des considérations plus étendues au sujet de l'origine et de la signification de ces deux couches.

Quant aux enveloppes fœtales qui sont entourées par le chorion, c'est-à-dire l'amnios et le sac vitellin, voici quelles sont les transformations qu'elles subissent dans le cours du développement chez l'homme.

2. Amnios.

L'*amnios* (*am*), au moment de sa formation, se trouve appliqué immédiatement contre la surface du corps de l'embryon (fig. 190 et 191). Cependant il ne tarde pas à se distendre, le liquide amniotique s'accumulant dans sa cavité (fig. 179, 5 et fig. 187). Le sac amniotique, chez l'homme, prend un développement beaucoup plus considérable que chez les autres mammifères, où souvent il reste plus petit que la vésicule allantoïdienne. (Comparer avec les enveloppes fœtales du lapin, fig. 180.) *Finalement, chez l'homme, le sac amniotique remplit complètement la vésicule blastodermique et adhère, dans toute son étendue, à la paroi interne du chorion* (*ch*, fig. 193).

Sa paroi est assez mince et transparente. Elle consiste, comme le chorion, en un épithélium et une couche de tissu conjonctif.

L'épithélium, qui dérive de l'ectoderme, tapisse la face interne de la cavité amniotique et se continue, au niveau de l'ombilic abdominal, avec l'épiderme de l'embryon. Au voisinage de l'ombilic il est stratifié, tandis que, dans tout le restant de son étendue, il est pavimenteux simple.

Quant à la couche de tissu conjonctif, elle est mince et se continue, au niveau de l'ombilic abdominal, avec le derme cutané de l'embryon.

Le *liquide amniotique* est légèrement alcalin et renferme environ 1 0/0 de matières fixes, notamment de l'albumine, de l'urée et de la glucose. C'est au sixième mois de la grossesse qu'il est le plus abondant : son poids atteint souvent alors un kilogramme. Plus tard il diminue au fur et à mesure que l'embryon exige plus d'espace. Au moment de la naissance, il s'est réduit de moitié. Cependant, dans des circonstances anormales, le liquide amniotique peut devenir beaucoup plus abondant : dans ce cas, l'amnios est fortement distendu. On a affaire alors à ce que l'on nomme une *hydropisie de l'amnios* ou *hydramnios*.

3. Sac vitellin.

Le *sac vitellin*, encore appelé *vésicule ombilicale*, présente, chez l'homme, un développement inverse de celui de l'amnios : tandis que l'amnios s'accroît de plus en plus, le sac vitellin se réduit progressivement en un organe qui finit par échapper facilement à l'observation.

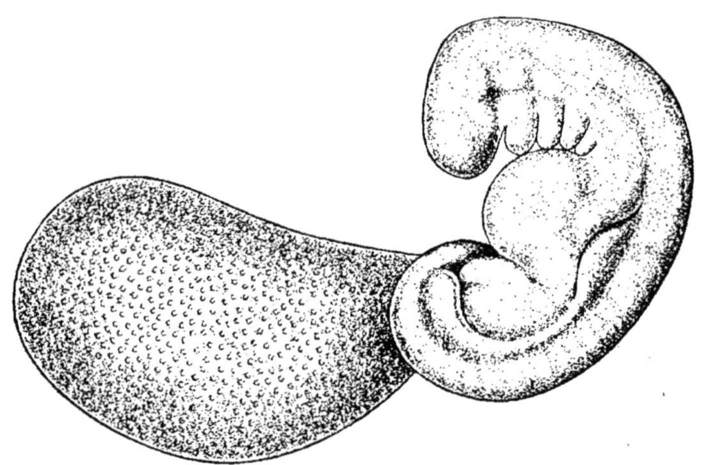

Fig. 194. — *Embryon humain de la quatrième semaine.* Figure communiquée par M. le Prof. Veit.

Dans les œufs humains âgés de deux ou trois semaines (fig. 190 et 191), le sac vitellin (*sv*) remplit un peu plus de la moitié de la vésicule blastodermique; il n'est pas encore séparé de l'intestin, lequel se présente sous la forme d'une gouttière.

Un peu plus tard (fig. 194), il constitue une vésicule ovalaire assez volumineuse, rattachée par un *pédicule ou canal vitellin*, épais et court, au milieu de la longueur de l'ébauche, devenue tubuleuse, de l'intestin. Dans sa paroi se trouvent épanouis les vaisseaux omphalo-mésentériques, qui y amènent le sang.

Chez l'embryon de six semaines (fig. 187), le canal vitellin, encore appelé canal omphalo-entérique, est transformé en un long tube étroit, qui s'oblitère plus ou moins et se transforme en un cordon épithélial plein, auquel est fixée une petite vésicule ombilicale, ovoïde (fig. 188, *D*, et 193, *nb*), qui, à partir de ce moment, devient de plus en plus petite relativement aux dimensions acquises par l'embryon. L'amnios, qui remplit maintenant toute la cavité blastodermique (fig. 193), parce qu'il s'y est accumulé une grande quantité de liquide amniotique, enveloppe à la fois le canal vitellin et le pédicule allantoïdien (*al*) et leur forme une gaine commune (gaine amniotique du cordon ombilical). L'organe ainsi formé, le cordon ombilical, unit maintenant, à lui seul, l'embryon, plongé dans le liquide amniotique, à la paroi de la vésicule blastodermique. Son insertion à cette paroi correspond toujours à la région dans laquelle se développe le placenta.

A la suite du développement pris par l'amnios, la vésicule ombilicale se trouve reportée à la surface de la vésicule blastodermique, où elle est située entre l'amnios (*am*) et le chorion (*ch*), à quelque distance du point d'union du cordon ombilical avec le placenta. C'est là qu'elle persiste, devenue tout à fait rudimentaire, jusqu'au moment de la délivrance. Ce n'est qu'en la recherchant attentivement qu'on l'y découvre et cela, généralement, à quelques centimètres du bord du placenta. Son plus grand diamètre atteint alors de 3 à 10 millimètres. Sa présence, qui est constante d'après B. Schultze, est assez difficile à déceler, pour que l'on trouve écrit, dans les anciens ouvrages d'anatomie, de physiologie et d'embryologie, que chez l'homme, la vésicule ombilicale disparaît complètement, comme organe inutile.

4. Caduques.

Les caduques se forment aux dépens de la muqueuse utérine, dont la texture se modifie beaucoup pendant la grossesse.

A l'état de repos, la muqueuse utérine est molle et atteint à peu près 1 millimètre d'épaisseur. Elle repose *immédiatement* sur la tunique musculaire (*M*), sans interposition de couche sous-muqueuse (fig. 195). Elle est traversée par de nombreuses *glandes tubuleuses*, les *glandes utérines* (*Gl. u*), qui s'ouvrent, à la surface de la muqueuse, par de petits orifices excréteurs. Les tubes glandulaires décrivent un trajet ondulé, mais leur direction générale est perpendiculaire à la surface de la muqueuse. Les glandes sont serrées les unes contre les autres et s'étendent jusqu'à la tunique musculaire (*M*), au voisinage de laquelle elles se divisent souvent par voie dichotomique.

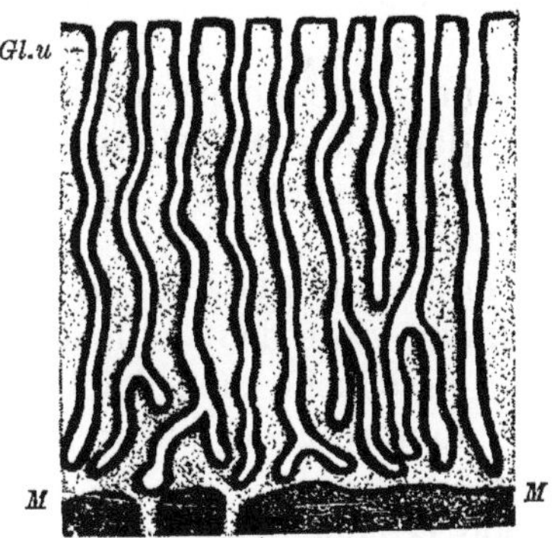

Fig. 195. — *Coupe transversale de la muqueuse utérine*, d'après Kundrat et Engelmann. *Gl.u*, glandes utérines; *M*, tunique musculaire de la matrice.

La surface de la muqueuse et les glandes utérines sont tapissées par un épithélium cylindrique vibratile. Le tissu conjonctif qui sépare les glandes, c'est-à-dire le derme de la muqueuse, renferme de très nombreuses cellules, dont les unes sont fusiformes et les autres arrondies.

Dès le début de la grossesse, la muqueuse utérine éprouve des transformations très profondes, dans ses diverses parties. Nous possédons, à ce sujet, de bonnes observations de KUNDRAT et ENGELMANN, ainsi que de LEOPOLD et de S. MINOT. Ces auteurs ont étudié les modifications subies par la muqueuse utérine, aux différents mois de la gestation.

Nous examinerons successivement : 1° la caduque vraie ; 2° la caduque réfléchie ; 3° enfin, la partie de la muqueuse qui intervient dans la formation du placenta, c'est-à-dire la caduque sérotine ou placentaire.

1. CADUQUE VRAIE. Ainsi que le font remarquer LEOPOLD et MINOT, dès le début de la grossesse la muqueuse commence à s'épaissir ; elle atteint une épaisseur de 1 centimètre, et même davantage, au moment où l'œuf se trouve en contact intime avec la muqueuse utérine tout entière, c'est-à-dire vers la fin du cinquième mois. A partir de ce moment commence, en quelque sorte, une *seconde phase*, pendant laquelle la muqueuse, sous la pression exercée par l'œuf en voie de développement, s'amincit de nouveau, jusqu'à ce qu'enfin elle n'atteigne plus que 1 à 2 millimètres d'épaisseur. Pendant ces deux phases, les glandes et le derme de la muqueuse éprouvent des transformations importantes.

Pendant la première phase, les glandes utérines prennent un grand développement. Elles constituaient, primitivement, des tubes ayant sensiblement le même diamètre dans toute leur longueur. Ces tubes se dilatent, pendant les premiers mois de la grossesse, dans leur partie moyenne ainsi que dans leur partie profonde (fig. 196). Tandis que dans leur partie superficielle, au voisinage de leur orifice excréteur, les tubes glandulaires restent droits et s'allongent, plus profondément ils se contournent en spirale et présentent des dilatations et des évaginations.

Il en résulte que, sur une coupe, on peut maintenant distinguer à la caduque vraie deux couches distinctes :

1° Une couche superficielle (*C*), plus compacte et renfermant un plus grand nombre de cellules ; 2° une couche profonde (*Sp*,) ampullaire, spongieuse.

Dans la couche superficielle, les glandes se présentent sous la forme de tubes droits, parallèles les uns aux autres. Le tissu conjonctif qui les sépare a proliféré, ce qui a écarté les uns des autres les tubes glandulaires. Chacun de ces derniers s'ouvre à la surface de la muqueuse par un *orifice infundibuliforme dilaté* (*oi*). Il en résulte que, si l'on détache la muqueuse de la tunique musculaire sous-jacente, elle apparaît comme criblée de petits trous, qui ne sont que les orifices excréteurs, dilatés, des glandes utérines (KÖLLIKER).

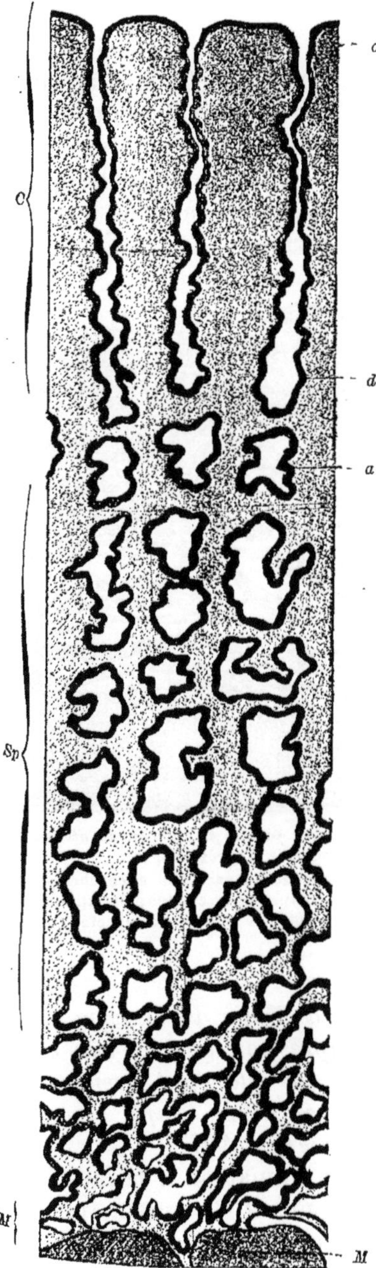

Dans la *couche spongieuse* (*Sp*), on trouve de nombreux espaces superposés, irréguliers, en forme d'ampoules (*a*), dont la largeur va en augmentant jusque vers le milieu de la grossesse; ils ne sont plus, alors, séparés les uns des autres que par de minces septa et des travées de tissu conjonctif. Cet aspect provient de ce que les glandes, dans leur partie moyenne, sont devenues très sinueuses et se sont dilatées en culs-de-sac.

L'*épithélium cylindrique vibratile* de la surface de la muqueuse utérine disparaît peu à peu; à la fin du premier mois de la grossesse, il commence déjà à faire défaut. L'épithélium glandulaire subit aussi des transformations profondes. Pendant les premiers mois, toutes les cavités glandulaires sont encore délimitées par un épithélium cylindrique vibratile, dont les éléments se multiplient très activement, pendant que les cavités glandulaires s'accroissent. Plus tard, les longues cellules cylindriques deviennent, les unes, cubiques, et les autres, aplaties, sauf dans la région de la glande qui avoisine immédiatement la tunique musculaire. Là, les cellules conservent plus ou moins leur forme normale jusqu'à la fin de la grossesse, et ce sont elles qui, plus tard, servent à régénérer l'épithélium de revêtement de la muqueuse.

Pendant le quatrième et le cinquième mois, on trouve toutes les cavités glandulaires, jusqu'aux ori-

Fig. 196. — *Coupe transversale de la muqueuse utérine, au début de la grossesse,* d'après Kundrat et Engelmann.

C, couche compacte; *Sp*, couche spongieuse; *M*, tunique musculaire de la matrice; *oi*, orifice infundibuliforme des glandes utérines; *d*, partie dilatée des glandes; *a*, ampoules résultant des sinuosités et des évaginations formées par les glandes hypertrophiées.

fices excréteurs, tapissées par une mince assise de cellules épithéliales cubiques ou aplaties.

Dans le tissu conjonctif intermédiaire s'accomplit également une prolifération active, surtout dans la couche compacte. Il y apparaît de grandes cellules sphériques de 30 à 40 μ, que FRIEDLÄNDER a désignées sous le nom de *cellules de la caduque*. En certains points, elles sont tellement nombreuses, qu'elles semblent former un épithélium. On en trouve également dans la couche spongieuse; mais là, dans les septa et les travées, elles sont plus allongées, fusiformes.

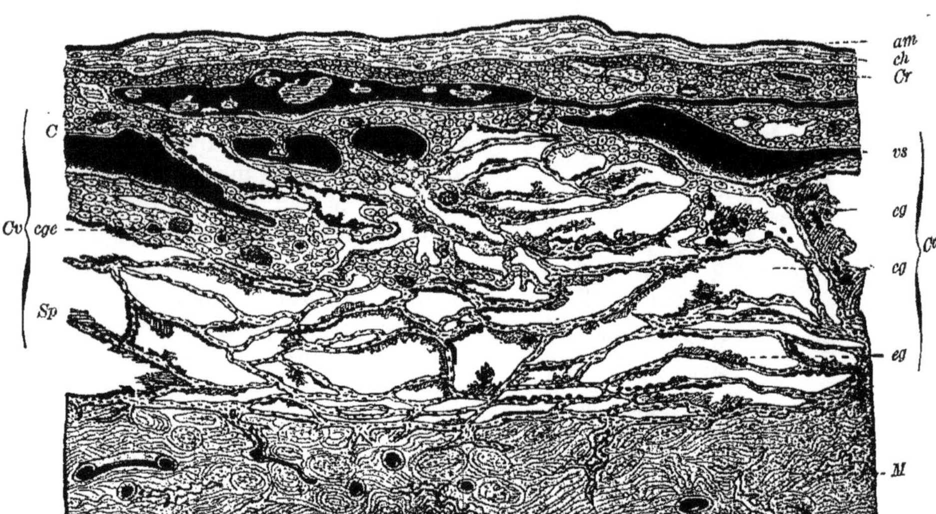

Fig. 197. — *Coupe transversale pratiquée à travers les enveloppes fœtales et l'utérus, au niveau du bord du placenta, pendant le sixième mois de la grossesse*, d'après LÉOPOLD.

M, tunique musculaire de la matrice; *Cv*, caduque vraie; *C*, sa couche compacte; *Sp*, sa couche spongieuse *ch*, chorion; *am*, amnios; *vs*, vaisseaux sanguins de la couche compacte; *cg*, cavités glandulaires dilatées; *cg*, épithélium glandulaire en voie d'atrophie; *ege*, cellules géantes de la couche compacte; *Cr*, caduque réfléchie.

Pendant la seconde phase, c'est-à-dire à partir du sixième mois, la caduque vraie s'amincit, grâce à la compression exercée sur elle par l'embryon et ses enveloppes; son épaisseur, qui atteignait 1 centimètre, se réduit progressivement à 2 millimètres et, en même temps, ses diverses parties manifestent des phénomènes d'atrophie (fig. 197).

Les *orifices excréteurs des glandes*, qui donnaient à la face interne de la caduque l'aspect d'un crible, deviennent de moins en moins distincts et finissent même par disparaître complètement.

La *couche compacte* (*C*) prend l'aspect d'une lamelle dense, ce qui est dû à ce que, par compression, les espaces glandulaires qu'elle renfermait s'aplatissent complètement et que leur épithélium disparaît.

Dans la *couche spongieuse* (*Sp*), les cavités glandulaires persistent (*cg*) : mais elles se transforment, par compression, en des fentes parallèles à la surface de la muqueuse et séparées par des cloisons de tissu conjonctif, plus délicates encore que pendant les premiers mois de la grossesse. L'*épithélium* des espaces glandulaires les plus rapprochés de la couche compacte *disparaît*, ou bien on trouve, dans ces espaces, de petits amas de cellules (*eg*) et une masse de mucus parsemée de fines granulations. Les espaces glandulaires les plus rapprochés de la tunique

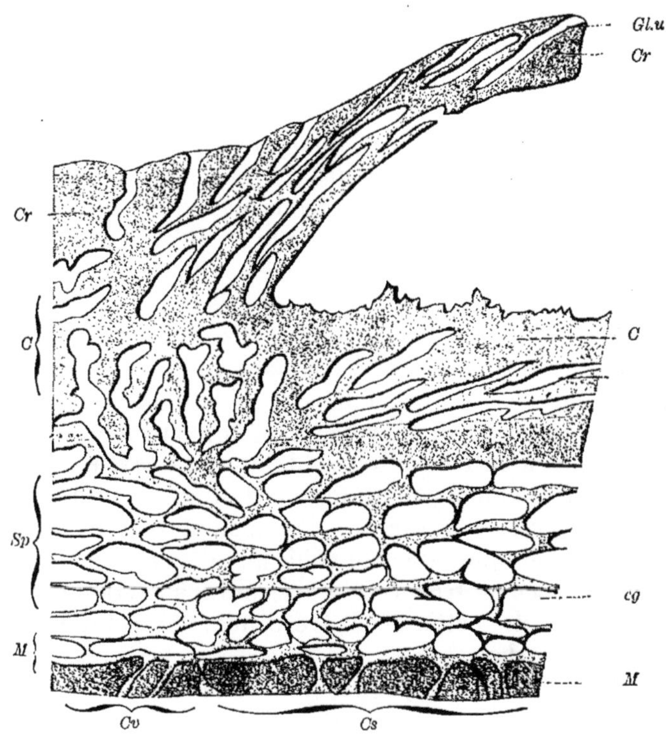

Fig. 198. — *Coupe pratiquée à travers la caduque serotine* (*Cs*), *au niveau de sa continuité avec la caduque vraie* (*Cv*) *et la caduque réfléchie* (*Cr*), d'après KUNDRAT et ENGELMANN.
M, tunique musculaire de la matrice; *Sp*, couche spongieuse de la caduque vraie et de la caduque sérotine; *C*, leur couche compacte; *Gl.u*, glandes utérines; *f*, fentes existant dans la caduque sérotine par suite de l'hypertrophie des glandes utérines; *cg*, cavités glandulaires, renflées en ampoules et provenant de l'hypertrophie des glandes utérines dans la couche spongieuse.

musculaire de l'utérus ont, au contraire, conservé un épithélium complet de cellules cylindriques surbaissées ou cubiques.

2. CADUQUE RÉFLÉCHIE. *La caduque réfléchie* (fig. 198, *Cr*) *présente une texture très semblable à celle de la caduque vraie*. Nous avons dit qu'elle n'est que le résultat d'un *plissement* de la caduque vraie. C'est ce que prouve notamment, ainsi que KUNDRAT l'a fait remarquer, cette circonstance que, pendant les premiers mois de la grossesse, les orifices excréteurs des glandes utérines (*Gl. u*) se rencontrent sur les deux faces de la caduque réfléchie, tout au moins au voisinage de sa continuité

avec la caduque vraie. Les cavités glandulaires se présentent sous la forme de fentes (*Gl. u*), parallèles à la surface de la caduque et délimitées par un épithélium cubique. Dans le tissu conjonctif interglandulaire, on constate, comme dans la caduque vraie, de grandes *cellules de la caduque*, arrondies.

On n'est pas d'accord sur la question de savoir ce qui advient de la caduque vraie pendant la seconde moitié de la grossesse. D'après l'ancienne opinion de Leopold, à partir du cinquième mois, l'espace compris entre la caduque vraie et la caduque réfléchie, espace qui était rempli par le bouchon muqueux, commence à disparaître; les deux caduques s'accolent progressivement l'une contre l'autre, après que leur épithélium s'est atrophié et, finalement, elles se soudent (fig. 197). Ensuite, la caduque réfléchie, dont les espaces glandulaires ont disparu, sauf au niveau de sa continuité avec la caduque vraie, s'amincit tellement qu'elle n'atteint plus qu'un demi-millimètre d'épaisseur.

A la fin de la grossesse, il est très difficile de séparer les deux caduques; cependant, on peut encore parfois le faire, en certains points.

D'autre part, pendant les derniers mois de la grossesse, la caduque réfléchie s'accole intimement, par sa face interne, au chorion. Comme le chorion lui-même est alors adhérent à l'amnios (fig. 197, *ch* et *am*), il en résulte que la paroi utérine, avec les enveloppes fœtales qui se trouvent accolées à sa face interne, délimite la cavité amniotique dans laquelle est plongé l'embryon au milieu du liquide amniotique.

S. Minot est arrivé à une autre conclusion. Il trouve qu'à partir du second mois, la caduque réfléchie subit une dégénérescence hyaline, qui est déjà très avancée au troisième mois; enfin, au sixième et au septième mois, à la suite de cette dégénérescence, la caduque réfléchie est complètement résorbée.

3. Caduque sérotine. La troisième partie de la muqueuse utérine, c'est-à-dire la *caduque sérotine* (fig. 198, *Cs*), est cette partie de la muqueuse qui forme, avec le chorion frondosum, le placenta, organe servant à la nutrition de l'embryon.

D'après les observations de Kundrat et de Leopold, la caduque sérotine subit des transformations semblables à celles qu'éprouve la caduque vraie. Les glandes utérines (fig. 198) s'hypertrophient également dans leur région profonde ; elles se transforment en des espaces irréguliers (*cg*), qui, dès le début, sont étalés en largeur. Plus tard, à la suite de la compression exercée par l'embryon et ses enveloppes et à la suite du développement pris par le placenta, ces espaces glandulaires s'aplatissent encore davantage et se transforment en des fentes étroites, parallèles à la surface de la muqueuse utérine.

L'épithélium glandulaire s'atrophie plus encore que dans la caduque vraie; il se fragmente et se détache des travées de tissu conjonctif. Seules, les parties des glandes en contact avec la tunique musculaire (*M*) conservent leur épithélium cylindrique.

L'exposé que nous venons de faire, et qui est conforme à la description de Kundrat et de Leopold, diffère de la manière de voir exprimée par Kölliker et par Turner, qui considèrent la plupart des grandes cavités de la couche profonde de la sérotine comme représentant des vaisseaux sanguins fortement élargis. Si cette opinion était exacte, il existerait alors une grande différence entre la caduque sérotine et la caduque vraie.

Dans son récent mémoire, Hofmeyer s'est aussi rallié à cette manière de voir. L'examen de ses préparations l'a convaincu que les espaces glandulaires n'existent que jusqu'au cinquième mois. Plus tard, et surtout dans les placentas complètement développés et unis à la paroi utérine, Hofmeyer n'est plus parvenu à retrouver la moindre trace de ces espaces, qui ont disparu par compression de la caduque sérotine. « Les fentes, tapissées par un endothélium, qui existent sous le placenta, « sont certainement, dit-il, des espaces sanguins. A la fin de la grossesse, il ne reste plus de trace de cette couche spongieuse de la « sérotine, que Leopold représente dans son schéma du placenta de « cinq mois et à laquelle beaucoup d'auteurs ont attribué un rôle très « important dans le décollement du placenta. » Le décollement du placenta, d'après Ruge et Hofmeyer, est déterminé par des déplacements et des relâchements qui s'effectuent dans les couches cellulaires de la sérotine.

Dans la couche superficielle, les conduits excréteurs des glandes disparaissent très tôt, par compression. Enfin, dans le tissu conjonctif intermédiaire, s'accomplit une prolifération cellulaire très active.

La caduque sérotine (fig. 198, *Cs*) se compose donc, seulement jusqu'au milieu de la grossesse, de deux couches bien nettes :

1° Une couche spongieuse (*Sp*), profonde;

2° Une couche superficielle, plus compacte (*C*). Cette dernière intervient dans la constitution du placenta ; elle est souvent désignée, pour ce motif, sous le nom de *placenta utérin* ou *maternel*. Dès le deuxième mois de la grossesse, il s'y produit des transformations profondes.

Nous décrirons ces transformations en étudiant le placenta. C'est là le sujet qui va nous occuper.

5. Placenta.

Le *placenta* est un organe discoïde, très abondamment pourvu de vaisseaux sanguins, d'aspect spongieux et onctueux au toucher. Quand il est complètement développé, son diamètre est de 15 à 20 centimètres, et son épaisseur, de 3 à 4 centimètres. Il pèse environ 500 grammes. Sa face dirigée vers l'embryon est concave (fig. 188 et 193) ; comme elle est revêtue par l'amnios (*am*), elle est complètement lisse. Sa face opposée, en rapport avec la paroi de la matrice, est convexe. Lorsque, au moment de la délivrance, le placenta se détache de la paroi utérine, sa face convexe, profonde, est rugueuse et subdivisée par des sillons profonds en différents lobes ou cotylédons.

Dans la plupart des cas, et c'est là sa position normale, le placenta est fixé au fond de la matrice, où il empiète tantôt plus à droite, tantôt plus à gauche. Il en résulte qu'il peut recouvrir et obstruer l'un ou l'autre des deux orifices utérins des trompes (voir fig. 186).

Plus rarement, le placenta, au lieu d'être inséré au fond de la matrice, l'est plus bas, c'est-à-dire plus près de l'orifice interne du col. Cela a lieu lorsque l'œuf fécondé, arrivé dans la cavité utérine, se fixe en un point de la muqueuse plus rapproché de l'orifice interne du col, ce qui est dû souvent à une constitution anormale de la muqueuse utérine.

Parfois même le placenta se trouve inséré au voisinage immédiat de l'orifice interne du col. Dans ce cas, il ferme plus ou moins complètement cet orifice. Cette anomalie est connue sous le nom de *placenta prævia* (lateralis ou centralis) et elle constitue une circonstance dangereuse, parce qu'elle trouble la marche régulière de l'accouchement.

Lorsque le placenta se trouve inséré près de l'orifice interne du col, il se produit souvent, soit pendant la grossesse, soit au moment des premières douleurs de l'enfantement, des hémorragies dangereuses pour la vie de la mère, parce que le placenta se détache prématurément de la paroi utérine, ce qui détermine la rupture de gros vaisseaux sanguins.

L'étude de la texture intime du placenta offre de grandes difficultés, parce que cet organe est très mou et parcouru par de nombreux espaces sanguins, très larges. C'est pour ce motif qu'il règne encore, sur plusieurs points importants, des opinions très différentes. Aussi, pour le moment, n'est-il guère possible de donner un avis définitif sur ces points contestés.

Dans notre description, nous partons de ce fait signalé déjà précédemment, que le placenta se compose de deux parties : l'une, fournie par l'embryon, et l'autre, par la mère. On leur donne respectivement le nom de placenta fœtal et de placenta utérin ou maternel (pl. II, p. 311).

Le *placenta fœtal* est la partie du chorion couverte de villosités très ramifiées, et connue sous le nom de chorion frondosum. Les villosités (*v*), réunies en grosses touffes ou cotylédons, partent d'une membrane dense, la *membrana chorii* (*m*), qui est parcourue par les branches principales, volumineuses, des artères et des veines ombilicales. Les villosités se composent : 1° de gros troncs principaux (*v*), dirigés perpendiculairement à la membrana chorii : par leurs extrémités (h^1) ils s'enfoncent et se fixent dans le placenta maternel ; 2° de nombreuses branches secondaires (*f*), dirigées en tous sens ; elles partent à angle droit ou à angle aigu, d'un tronc principal, et émettent elles-mêmes des rameaux plus délicats. Un petit nombre de ces rameaux (h^2) se soudent aussi par leur extrémité au tissu du placenta maternel (Langhans). C'est ce qui fait que l'on ne peut séparer le placenta maternel du placenta fœtal sans produire

Placenta et utérus.
au milieu de la gestation.
(demi-schéma)

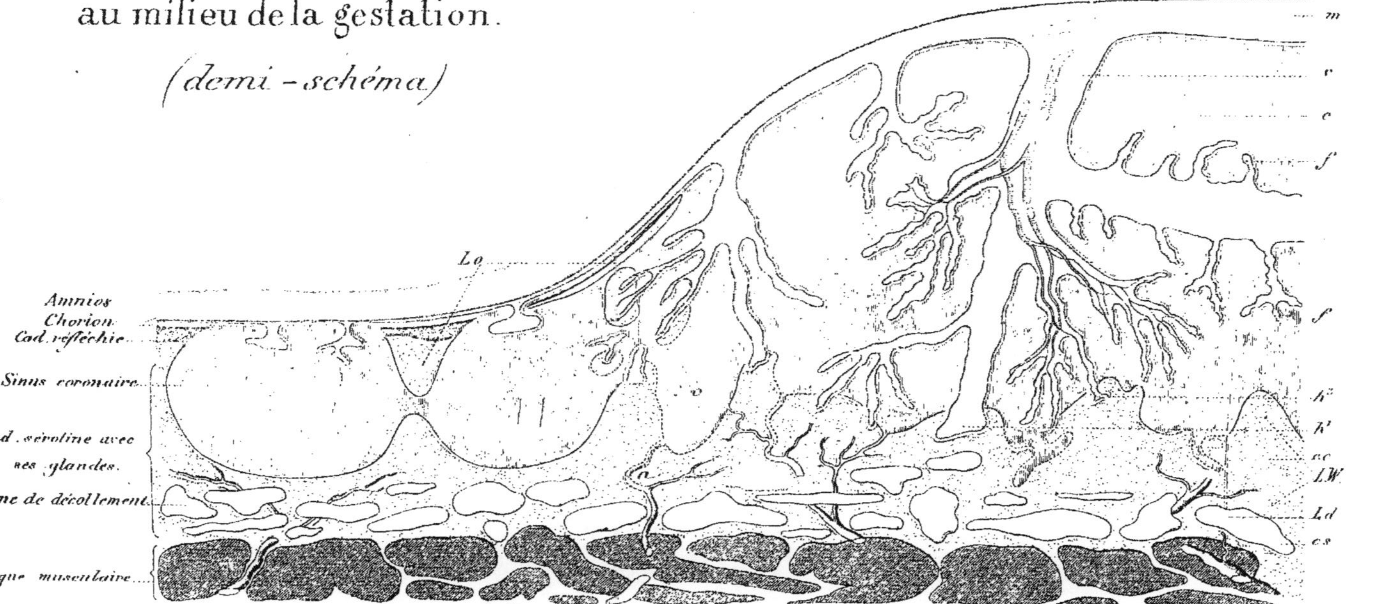

D'après le Dr. Léopold.

Impie Lemercier, Paris

J. Dufour, sc.

des déchirures violentes. KÖLLIKER, se basant sur ce fait, a proposé de diviser les ramifications des villosités choriales en *prolongements fixés* (h^1, h^2) et en *prolongements libres* (f).

Chaque *arbuscule chorial* reçoit une forte branche d'une artère ombilicale, qui se résout en branches plus délicates, correspondant aux ramifications de l'arbuscule. Les réseaux capillaires qui émanent des dernières branchioles de l'artère ombilicale sont situées superficiellement, au-dessous de l'épithélium de la villosité. Après avoir traversé ces réseaux capillaires, le sang passe dans des vaisseaux efférents (veines) qui se réunissent en un seul tronc pour chaque arbuscule.

Comme on le voit, *le système vasculaire du placenta fœtal est complètement clos*. Il ne peut nullement se produire de mélange direct entre le sang fœtal et le sang maternel. Par contre, la position absolument superficielle des capillaires très larges et dont la paroi est très mince, constitue une condition excellente pour faciliter l'échange des éléments liquides et gazeux du sang.

PLANCHE II

Coupe transversale, schématique, du placenta humain, vers le milieu du cinquième mois de la grossesse. D'après LEOPOLD.

Sur la *tunique musculaire* de la matrice, repose la couche spongieuse de la caduque sérotine (*cs*), dans laquelle s'opère, au moment de la délivrance, le décollement du placenta, suivant la ligne marquée à gauche par *Ligne de décollement* et, à droite, par *Ld*. Sur la couche spongieuse de la sérotine repose la couche compacte (*cc*) de cette caduque, c'est-à-dire le placenta maternel, qui se détache au moment de la délivrance. Le placenta maternel se compose : de la lame basale de WINKLER (*L. W*) ; de la lame obturante (*L. o*) ; d'espaces sanguins caverneux (*c*) ; d'artères afférentes (*a*) et du *sinus coronaire*. Dans le placenta maternel se trouve engagé le placenta fœtal. Il comprend : la membrana chorii (*m*) et les villosités qui en partent (*v*) ; les ramifications des villosités se distinguent en prolongements fixés (h^1, h^2) et en prolongements libres (f). Le *chorion* est tapissé en outre, sur sa face interne, par l'*amnios*.

Le *tissu conjonctif* qui forme la charpente des *arbuscules choriaux* consiste, dans les fines ramifications, en un tissu muqueux renfermant des cellules étoilées ou fusiformes; dans les branches plus fortes, il renferme des faisceaux de fibrilles.

Quant à l'épithélium de la membrana chorii et des villosités, les auteurs ne sont pas d'accord sur son origine. Dérive-t-il du chorion ou bien de l'épithélium utérin? Sur cette question controversée, les recherches de LANGHANS, de KASTSCHENKO, de SEDGWICK MINOT, de WALDEYER, de KUPFFER, de SPEE, de KEIBEL, de STRAHL, de MERTTENS, de SIEGENBEEK VAN HEUKELOM et autres nous fournissent divers éclaircissements.

En général, tous les auteurs qui ont étudié avec le plus de soin l'épithélium du chorion frondosum, pendant les différents mois de la grossesse, sont d'accord pour admettre que l'on peut y distinguer nettement deux assises (fig. 199) : 1° une assise de cellules reposant immédiatement sur le tissu muqueux des villosités et sur le tissu conjonctif de la membrana chorii (LANGHANS); nous la désignerons exclusivement sous le nom d'*épithélium du chorion* et d'*épithélium des villosités* (*che*) ; 2° une couche protoplasmique multinucléée (*sy*), dans laquelle on n'observe pas de limites de cellules. Nous pouvons donc lui donner le nom de *syncytium du chorion* et de *syncytium des villosités*. Ce syncytium jouit de la propriété de se colorer plus vivement que l'épithélium, quand on fait agir l'acide osmique et les matières colorantes. On y trouve des noyaux plus petits et plus granuleux que dans l'épithélium ; on y constate, en outre, la présence de vacuoles. Par ces caractères, le syncytium des villosités ressemble étonnamment à la couche protoplasmique multinucléée qui, chez une foule de mammifères, résulte de la transformation de l'épithélium de la muqueuse utérine, lorsqu'il vient de s'y fixer une vésicule blastodermique et que le chorion s'est soudé avec lui (Strahl, Lüsebrink, Selenka, etc., etc.). Chez l'homme comme chez les mammifères, les deux couches épithéliales sont assez nettement distinctes l'une de l'autre.

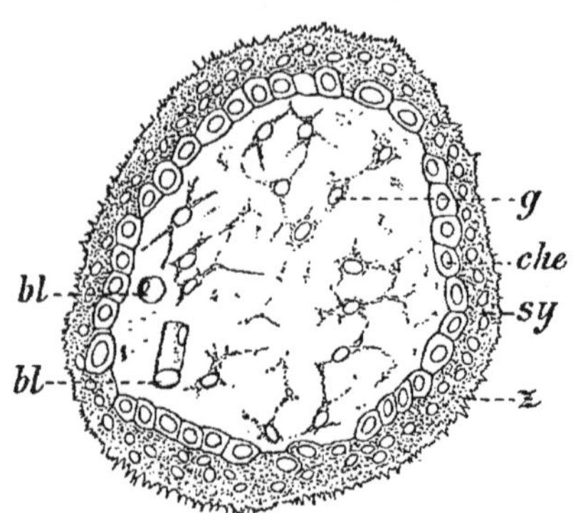

Fig 199. — *Coupe transversale d'une villosité choriale de l'embryon humain, représenté par la figure 194.*
g, tissu muqueux ; *che*, épithélium du chorion ; *sy*, syncytium ; *z*, dentelures superficielles du syncytium ; *bl*, capillaires sanguins.

Dans les œufs humains de quatre semaines, cette double couche de revêtement du chorion et de ses villosités existe déjà nettement, ainsi que l'ont constaté Kupffer, Spee, Keibel, Kossmann et Strahl. Ses deux assises constitutives montrent déjà les caractères distinctifs que nous avons signalés plus haut. Plus tard il s'y accomplit des transformations remarquables, qui diffèrent dans les diverses parties de son étendue : dans la lame basale du chorion frondosum, dans le chorion læve et dans les villosités.

En ce qui concerne tout d'abord la couche profonde, c'est-à-dire l'*épithélium du chorion*, elle s'épaissit en certains points de la lame basale du chorion frondosum et ces épaississements constituent des foyers irréguliers et distincts. Entre ces foyers, l'épithélium reste formé par une simple assise de cellules. « Dans les villosités, la couche épithéliale devient de moins en moins apparente, à partir du premier mois et, après le quatrième mois, elle n'existe plus qu'en certains points isolés (foyers), qui constituent ces nodules cellulaires que Langhans et Kastschenko ont parfaitement décrits. » (Minot). Dans toute l'étendue du chorion læve enfin, l'épithélium se maintient et est formé par deux ou trois assises de cellules superposées.

Quant à la couche superficielle, c'est-à-dire le *syncytium*, sa distribution topographique est, d'une façon générale, inverse de celle de l'épithélium. Là où l'épithélium est le mieux développé, le syncytium est atrophié et réciproquement. C'est ainsi qu'à partir du septième mois, il n'existe plus de trace de syncytium dans l'étendue du chorion læve; par contre, il forme aux villosités un revêtement continu, qui présente çà et là des épaississements particuliers, appelés îlots de prolifération. En beaucoup de points de son étendue, le syncytium subit une métamorphose remarquable : il se transforme en une substance hyaline, particulièrement réfringente, qui est parcourue par de nombreuses fentes et

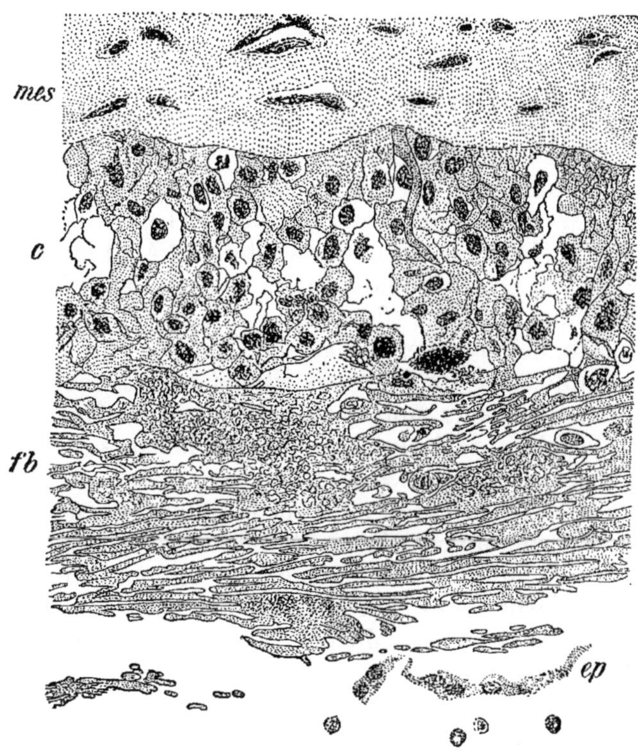

Fig. 200. — *Chorion placentaire d'un fœtus de sept mois.* — Coupe transversale pratiquée à travers l'ectoderme et la partie avoisinante du stroma. Grossissement : 445 diamètres. D'après Sedg. Minot. *mes*, stroma mésodermique; *c*, couche cellulaire; *fb*, couche de fibrine; *ep*, restes de l'épithélium.

lacunes, ce qui lui a fait donner par Langhans le nom de « fibrine canalisée ». Son épaisseur augmente avec l'âge du placenta.

Cette fibrine canalisée, dont divers auteurs attribuent l'origine à un précipité de fibrine provenant du sang des espaces intervilleux, forme des couches, tant à la surface des villosités que dans l'étendue de la lame basale du chorion frondosum. La figure 200, qui est empruntée au *Traité d'Embryologie* de S. Minot, nous permet de nous rendre compte de cette formation particulière, qui ne me semble pas encore expliquée au point de vue histologique.

Avant de nous occuper de l'origine et de la signification des deux assises constituant la couche de revêtement du chorion, je crois qu'il est nécessaire que nous décrivions la structure de la seconde partie du placenta, c'est-à-dire du placenta maternel, qui est fourni par la paroi de la matrice. L'étude de sa texture présente aussi de grandes difficultés et elle a, par conséquent, été diversement interprétée.

Le *placenta maternel* ou *utérin* se développe aux dépens de la partie de la muqueuse utérine que l'on désigne sous le nom de caduque sérotine (fig. 198, *Cs*). Il se détache de la matrice au moment de la délivrance, en même temps que la partie correspondante de la caduque vraie. Ce décollement, qui s'effectue au niveau indiqué sur la planche II par les mots *Ligne de décollement* (*Ld*), est la conséquence de la rupture, au moment de la délivrance, des minces septa de tissu conjonctif de la couche spongieuse sous-jacente. Le placenta maternel constitue alors une mince membrane de 0,5 à 1 millimètre d'épaisseur, la *lame basale* de WINKLER (L. W.), qui tapisse complètement la face profonde du placenta fœtal, lorsque le placenta tout entier s'est détaché, au moment de la délivrance. Le bord du placenta maternel se continue avec la caduque vraie et avec la caduque réfléchie (fig. 198).

La face profonde du placenta maternel, tournée vers la paroi utérine, présente des sillons profonds. A ces sillons correspondent des cloisons de tissu conjonctif plus ou moins épaisses, les *septa placentaires* (fig. 188 et 193), qui, partant de la face opposée de la lame basale, pénètrent entre les arbuscules choriaux (fig. 193, *z*).

Ces septa sont disposés de telle sorte qu'ils divisent l'ensemble des villosités choriales en un certain nombre de touffes, appelées *cotylédons*. Chaque cotylédon, ainsi formé, se compose toujours d'un petit nombre de villosités et d'arbuscules choriaux. Si donc nous supposions les cotylédons complètement enlevés du placenta, le placenta maternel serait alors divisé en un nombre de compartiments irréguliers correspondant au nombre des cotylédons. Ces compartiments sont eux-mêmes subdivisés par des cloisons de tissu conjonctif plus délicates procédant de la lame basale et des septa placentaires.

Au milieu du placenta, les bords libres des septa n'atteignent pas l'origine des troncs principaux des arbuscules choriaux. Mais ils les atteignent près du bord du placenta : là, les septa s'étendent jusqu'à la membrana chorii (pl. II, *m*) et s'unissent en une mince membrane, appliquée contre la membrana chorii, et traversée par la partie initiale des troncs principaux des villosités. Cette mince membrane a été appelée, par WINKLER, *lame obturante* (*Lo*), et par KÖLLIKER, *caduque placentaire sous-choriale*. WALDEYER l'appelle *anneau obturant sous-chorial*, expression qui convient peut-être mieux, parce qu'elle indique que la membrane en question n'existe qu'au bord du placenta.

La charpente conjonctive du placenta maternel possède, d'une façon générale, les mêmes caractères que celle de la couche compacte de la caduque vraie et de la caduque réfléchie. Elle en diffère cependant en ce qu'elle renferme des cellules spéciales, appelées *cellules géantes*. Ce sont de grands amas protoplasmiques, d'un aspect gris jaunâtre, renfermant de 10 à 40 noyaux de cellules. Elles commencent à se développer au cinquième mois de la grossesse et existent en très grand nombre dans l'arrière-faix. On les y trouve, d'une part, dans la lame basale et, d'autre part, dans les septa, habituellement au voisinage immédiat des gros vaisseaux. On en rencontre en outre, par-ci par-là, dans la couche spongieuse de la caduque sérotine et même entre les faisceaux musculaires les plus superficiels de la matrice.

Les plus grandes difficultés que présente l'étude du placenta maternel ont trait à ses espaces sanguins. De nombreux troncs artériels (pl. II, *a*) traversent la tunique musculaire de la muqueuse utérine, puis la couche spongieuse, et arrivent dans la lame basale. Ces artères perdent alors leur couche musculaire et consistent en de larges tubes endothéliaux. De la lame basale, ils pénètrent dans les septa placentaires en décrivant un trajet spiraloïde. A partir de là, on ne peut les poursuivre plus loin sous la forme de vaisseaux clos : *nulle part ils ne se continuent avec des capillaires*. Par contre, il est prouvé qu'ils déversent le sang qu'ils contiennent, à travers des orifices des septa, dans un système de lacunes, qui siègent entre les arbuscules choriaux et que l'on désigne sous le nom d'*espaces intervilleux* ou *intraplacentaires* (*c*). Ces espaces sont délimités, d'une part, par la membrana chorii (*m*) avec ses villosités (*v*), et, d'autre part, par la lame basale (*L. W*) avec ses septa.

De ce système caverneux, le sang passe dans de larges troncs veineux, constituant de simples tubes endothéliaux. Ces troncs veineux sont disposés en un réseau dans la lame basale du placenta utérin, et spécialement au milieu du cotylédon; ils communiquent directement avec les espaces intervilleux, au moyen d'orifices. Au bord du placenta, ils se réunissent en un *sinus coronaire* (pl. II). Ce sinus ne doit pourtant pas être considéré comme un large vaisseau ayant partout le même calibre, mais plutôt comme un système de cavités irrégulières réunies les unes aux autres.

Il résulte de la disposition que nous avons décrite, que les villosités choriales plongent directement dans le sang maternel. En raison de l'élargissement considérable des espaces sanguins, le sang y circule lentement; de même cette circulation est irrégulière à cause de la forme même des espaces intraplacentaires. D'une façon générale, ainsi que Bumm l'a démontré, chaque cotylédon constitue un district vasculaire spécial du sang maternel. Le nombre de ces districts est égal au nombre des cotylédons du placenta. Les districts vasculaires des différents cotylédons ne communiquent les uns avec les autres qu'inférieurement, contre la membrana chorii.

La question de savoir quelle est la signification et l'*origine des espaces intervilleux* constitue le point essentiel, capable de nous fournir l'explication de la texture du placenta.

D'après une *première manière de voir*, qui fut longtemps admise en Allemagne, et que défendirent Kölliker, Langhans, Hofmeyer, Minot et autres, les espaces intraplacentaires ne font pas primitivement partie du système vasculaire de la mère. Ils constituent des lacunes entre le chorion et la muqueuse utérine et proviennent de ce que ces deux membranes ne se touchent pas dans toute leur étendue, mais ne sont intimement unies que par les extrémités des villosités. Ces fentes seraient donc, dans les premières phases du développement, délimitées, d'une part, par l'épithélium des villosités, et, d'autre part, par l'épithélium de la muqueuse utérine. Langhans les désigne, en conséquence, sous le nom d'*espace placentaire*. Ce n'est que plus tard que l'espace placentaire renfermerait du sang. Voici comment s'exprime Kölliker à ce sujet : « Les villosités du chorion en s'hypertrophiant rongent et détruisent partiellement le tissu du placenta maternel, ce qui détermine une rupture des vaisseaux utérins, qui finissent ainsi par amener progressivement le sang utérin dans les espaces intervilleux. »

Cette manière de voir a été modifiée encore par divers auteurs (Braxton Hicks, Ahlfeld, Ruge, etc.), qui admettaient que les espaces intervilleux ne renferment pas normalement du sang, mais sont en relation avec les vaisseaux utérins. Les idées généralement reçues concernant la nutrition placentaire étaient donc mises en question. On supposa alors que les espaces intervilleux étaient remplis, comme chez les ruminants, par un *lait utérin*, sécrété par les cellules de la caduque sérotine et absorbé par les villosités du chorion.

D'après une *autre opinion absolument opposée*, et défendue par Virchow, Turner, Ercolani, Leopold, Waldeyer, Keibel, Selenka, Strahl, Merttens, etc., *les espaces intraplacentaires ne sont que les capillaires de la muqueuse utérine, colossalement dilatés*. Le chorion et la caduque sérotine s'accolent, dans toute leur étendue, de la façon la plus intime, à une période reculée du développement, de sorte qu'il n'existe entre elles aucune fente. Les villosités, en se développant, pénètrent à l'intérieur de la muqueuse utérine, dont les capillaires superficiels s'élargissent et se transforment en des espaces énormes.

Si cette manière de voir est exacte, les villosités du chorion doivent être entourées, sur toute leur surface, par une mince gaine de tissu utérin. Bien que dans le cours du développement du placenta cette gaine puisse subir une atrophie plus ou moins complète, il doit cependant exister tout au moins un stade, pendant lequel on doit pouvoir en démontrer l'existence.

Il est très difficile de dire quels sont les rapports réels : on n'y arrivera que lorsque l'on pourra étudier les stades préalables du développement. Cependant il me paraît très probable que les espaces intervilleux sont réellement les capillaires utérins dilatés, parce que cette hypothèse est la plus naturelle et que les considérations suivantes me paraissent plaider en sa faveur.

1° Si nous nous plaçons au point de vue comparatif, nous constatons que, chez tous les mammifères où se développe un organe spécial destiné à la nutrition intra-utérine, l'épithélium du chorion s'applique immédiatement contre l'épithélium de la muqueuse utérine; de plus, quand ces organes s'enchevêtrent, leur surface s'accroît par formation de replis. Nulle part, chez aucun mammifère, nous ne voyons se former de fente intraplacentaire, comme l'admettent LANGHANS et KÖLLIKER pour l'homme. Nous voyons, en outre, chez certains mammifères (rongeurs, carnassiers, etc.), les capillaires de la muqueuse utérine s'élargir notablement, tout en conservant cependant des parois amincies, de telle sorte que les villosités fœtales sont presque immédiatement plongées dans le sang maternel. Il en résulte que *la dilatation énorme des espaces sanguins ne serait, telle qu'on l'observe chez l'homme, qu'une expression plus accentuée d'une disposition déjà réalisée chez d'autres mammifères.*

2° Les capillaires se transforment aussi en un système caverneux, en d'autres points du corps chez l'homme, par exemple dans les corps caverneux des organes génitaux, tandis qu'*il serait sans analogie, nulle part, que des espaces situés en dehors de vaisseaux sanguins se transformassent en un système vasculaire.*

3° Dans la muqueuse utérine au repos, il existe des capillaires interposés entre les artères et les veines. Or, si les espaces intervilleux ne représentaient par les capillaires transformés, il en résulterait que ces derniers disparaîtraient, ce qu'il faudrait prouver.

4° Enfin, les données fournies par LEOPOLD, SELENKA, WALDEYER, KEIBEL et MERTTENS plaident encore en faveur de l'hypothèse que nous admettons.

Voici comment s'exprime LEOPOLD lorsqu'il parle du développement du placenta au deuxième mois de la grossesse. « Les villosités et le tissu « de la caduque s'enchevêtrent réciproquement, comme nous pouvons « enchevêtrer les doigts de nos deux mains. Si l'on poursuit les vais« seaux sanguins de la sérotine, on reconnaît encore le réseau capillaire, « très dilaté, à la surface de la caduque, sur laquelle vient s'appliquer « l'œuf. Les nombreux vaisseaux superficiels de la sérotine s'accroissent « manifestement dans le même sens que les prolongements de la « caduque, c'est-à-dire en sens inverse des villosités; en même temps « ils s'élargissent. D'autre part, les villosités se développent très rapi« dement et l'on comprend ainsi aisément que les nouvelles ramifi« cations, dont les troncs se sont pour ainsi dire fixés par leur sommet « dans la caduque, atteignent d'abord les énormes capillaires superfi« ciels et pénètrent, en quelque sorte, à leur intérieur en les refou« lant. »

Les résultats des recherches faites par SELENKA sur le développement du placenta des singes ont, à mon avis, une très grande importance. Ainsi que l'auteur le dit dans une note préliminaire, il est parvenu « à « établir aisément, par l'étude des coupes sériées, pratiquées à travers

« des vésicules blastodermiques appartenant à des stades très différents, « que l'épithélium du chorion s'applique toujours très intimement « contre l'épithélium de la muqueuse et des glandes utérines, auquel il « reste soudé d'une façon permanente. On ne peut parvenir à séparer « l'un de l'autre, l'épithélium du chorion et l'épithélium des glandes « utérines, ni en produisant une rétraction des tissus, ni en essayant « de les détacher mécaniquement, par traction. » Lorsque les villosités du chorion se forment, elles pénètrent, par les orifices excréteurs, à l'intérieur des glandes utérines, qui se dilatent et émettent des branches latérales, dans lesquelles s'engagent les rameaux latéraux des villosités.

« Pendant que les tubes glandulaires s'agrandissent et se ramifient, « la matrice subit une transformation histologique remarquable. Dans « sa région placentaire, le tissu conjonctif interglandulaire disparaît « presque entièrement et, à sa place, apparaît une vaste lacune san- « guine qui, dans les jeunes placentas des singes, possède un volume « triple de celui des glandes utérines. Le fond des diverses glandes reste « toujours directement uni à la lame basale par des cordons de tissu « conjonctif; parfois aussi de longues branches latérales des glandes « restent fixées de la même manière, tandis que la plupart des branches « latérales de ces glandes flottent librement dans la lacune sanguine. « Bien que les arbuscules de villosités continuent à s'accroître pendant « les stades consécutifs du développement, la disposition que nous « venons de faire connaître reste essentiellement la même jusqu'au « moment de la mise-bas et *l'épithélium des glandes utérines qui entoure « les villosités de l'embryon ne disparaît jamais*.

« La disparition presque complète du tissu conjonctif sous-épithélial « ainsi que la formation de la lacune sanguine puissante autour des « tubes glandulaires entraînent cette conséquence, que si l'on exerce « une traction, même très légère, sur la vésicule blastodermique, on « détache en même temps, du restant du tissu utérin, le revêtement « épithélial des glandes utérines! On peut toujours, très facilement et « sans éprouver le moindre obstacle, détacher des vésicules blastoder- « miques du singe, dont le diamètre est de 1/2 à 5 centimètres..... « Ces vésicules, lorsqu'elles sont énucléées de la sorte, ressemblent « alors complètement aux jeunes vésicules humaines, abstraction faite, « bien entendu, de la forme du placenta. » Selenka en conclut que le mode de formation doit être, chez l'homme, le même que chez le singe.

Pour démontrer que les espaces intervilleux sont bien des vaisseaux sanguins, dilatés, de la muqueuse utérine, il serait naturellement très important de prouver qu'ils sont délimités par un endothélium. Turner et Leopold ont déjà signalé naguère qu'ils ont trouvé un endothélium en certains points des espaces intervilleux.

Mais ce qui me paraît plus concluant encore, ce sont d'une part, les importantes recherches publiées récemment par Waldeyer sur la circulation placentaire, et, d'autre part, la communication préliminaire, très remarquable, faite par Keibel relativement au développement du placenta humain.

Waldeyer a injecté les vaisseaux utérins, chez des femmes mortes enceintes, en laissant les placentas dans leur insertion normale. Après avoir durci convenablement ces organes injectés, il les a débités en coupes. Il a constaté ainsi que les espaces intervilleux ne sont que des vaisseaux utérins extraordinairement dilatés, et qu'en beaucoup de points, il existait, en dehors de l'épithélium des villosités, une couche de cellules plates, qu'il considère comme représentant l'endothélium vasculaire (1). Il compare la manière d'être des villosités du chorion vis-à-vis des espaces intervilleux, à la façon dont les villosités arachnoïdiennes se comportent vis-à-vis des sinus sanguins de la dure-mère :

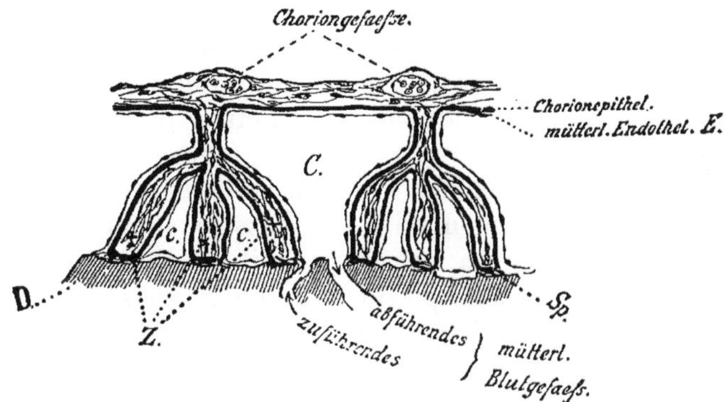

Fig. 201. — *Figure schématique montrant la structure du placenta d'un œuf humain de quatre semaines, d'après* Keibel.

Z, villosités du chorion; *Sp*, extrémités des villosités fixées dans la caduque sérotine (*D*) (*prolongements fixés*); *c*, capillaires utérins dilatés; *Choriongefässe*, vaisseaux des villosités du chorion (branches des vaisseaux allantoïdiens ou ombilicaux); *Chorion epithel.*, épithélium des villosités du chorion; *mütterl. Endothel. E.*, endothélium des capillaires utérins dilatés; *zuführendes mütterl. Blutgefäss*, vaisseau utérin afférent (branche artérielle); *abführendes mütterl. Blutgefäss*, vaisseau utérin efférent (branche veineuse).

on sait que les villosités arachnoïdiennes repoussent devant elles l'endothélium de ces sinus.

Keibel a étudié sur des coupes un œuf humain bien conservé, arrivé au milieu de la quatrième semaine de la grossesse. Il a vu les villosités (fig. 201, *z*) qui étaient pourvues de nombreuses branches secondaires et revêtues par un épithélium formé de deux couches de cellules, fixées déjà par leur sommet dans le tissu utérin (prolongements fixés) et il a

(1) Dans leurs publications plus récentes, Hofmeyer et Gottschalk ont révoqué en doute l'existence d'une couche endothéliale propre. Hofmeyer notamment s'exprime nettement à ce sujet : il dit que, d'après ses observations « il n'est pas parvenu, en dépit de recherches minutieuses faites sur « des objets bien conservés, à constater, à aucune époque de la grossesse, la présence d'un revêtement endothélial à la surface de l'épithélium simple des villosités. » Merttens est arrivé récemment à la même conclusion. Il semble donc que, pendant les stades ultérieurs du développement du placenta, il se produise une destruction de l'endothélium des vaisseaux maternels.

trouvé les *espaces intervilleux remplis de sang maternel. Or, ces espaces étaient séparés du revêtement épithélial des villosités par une mince membrane cellulaire, spéciale* (*E*). Cette membrane consistait en des cellules endothéliales très minces, qui souvent se trouvaient plus ou moins écartées de la surface des villosités, circonstance dépendant, sans doute, du mode de préparation employé. La présence de cet endothélium prouve, comme Keibel le fait observer à juste titre, que *les espaces intervilleux représentent les capillaires utérins fortement dilatés.*

Maintenant que nous avons pris position dans la question de l'origine des espaces intervilleux, nous sommes mieux à même de répondre à une autre question, qui est en relation intime avec la précédente : quelle est la signification et quelle est l'origine des deux assises d'éléments qui constituent le revêtement cellulaire du chorion?

Les auteurs qui pensent que les espaces intervilleux représentent une cavité dont l'existence est due à cette circonstance que, dès le début, le placenta fœtal et le placenta maternel ne sont que très lâchement en contact et que ce n'est que secondairement que cette cavité se remplit de sang, sont par là-même amenés à admettre que le revêtement cellulaire tout entier des villosités dérive de la séreuse de von Baer. Sedgwick Minot, qui a récemment encore défendu cette manière de voir dans son *Traité d'Embryologie*, est d'avis que l'assise superficielle, que nous avons appelée le syncytium, est un produit de différenciation de l'épithélium des villosités sous-jacent. Ces deux assises constitueraient, dans leur ensemble, l'ectoderme du chorion, qui se trouverait divisé en deux couches superposées, tout comme l'épiderme est subdivisé en deux couches superposées, la couche cornée et le corps muqueux de Malpighi.

Par contre, les auteurs qui considèrent les espaces intervilleux comme représentant les capillaires, extrêmement dilatés, de la muqueuse utérine, doivent rechercher à la surface des villosités une mince gaine de tissu utérin ou, tout au moins, des traces de cette gaine. C'est ainsi que Ercolani, Romiti et Turner, dont la manière de voir a été admise par Balfour dans son *Embryologie*, ont prétendu plus ou moins implicitement que la couche de cellules épithéliales qui revêt l'axe conjonctif des villosités n'est probablement pas l'épithélium primitif du chorion, dérivant de la séreuse de von Baer, mais bien une couche de revêtement provenant de la caduque placentaire. Ils admettaient que l'épithélium primitif du chorion s'atrophie très tôt.

Dans le schéma qu'a publié Turner pour faire comprendre ses idées sur la structure du placenta chez l'homme (fig. 185), l'épithélium primitif des villosités est supposé avoir disparu. L'assise cellulaire *e'* représente l'épithélium de la muqueuse utérine, dans laquelle ont proliféré les villosités (F), qui sont partout en contact très intime avec elle. En dehors de cet épithélium il existe encore, d'après Turner, une fine membrane (*x*), qu'il considère comme une couche extrêmement mince de tissu conjonctif, à la surface de laquelle s'applique probablement un revêtement endothélial délimitant l'espace sanguin. Les trabécules, désignés par la lettre *t*, sont des faisceaux de tissu conjonctif de la muqueuse utérine, qui unissent les extrémités des villosités fœtales aux septa placentaires (*ds*), ce qui explique l'origine des soi-disant prolongements fixés.

Il nous semble que les faits observés sont mieux interprétés par les auteurs qui admettent une troisième manière de voir, d'après laquelle *les deux assises du revêtement des villosités ont une origine différente*. D'après ces auteurs, seule l'assise de cellules nettement délimitées, qui revêt la surface du tissu conjonctif du chorion et de ses villosités, est d'origine fœtale et dérive de la séreuse de von Baer. La seconde assise, superposée à la précédente, le syncytium, provient au contraire directement de la muqueuse utérine. Le syncytium représente l'épithélium de cette muqueuse, qui a subi une transformation spéciale sous l'influence de l'action exercée par la surface du chorion qui s'est intimement accolée à lui. Pour se convaincre du bien-fondé de cette manière de voir, il faut songer que la même controverse qui s'est élevée au sujet de l'origine de l'épithélium et du syncytium des villosités chez l'homme, s'est produite aussi pour les autres mammifères (p. 285).

Il semble que dans les tout premiers stades de la formation du placenta chez l'homme, l'épithélium utérin, transformé en syncytium, est encore revêtu à sa surface par une fine membrane endothéliale, qui représente la tunique interne des vaisseaux dilatés. Plus tard, cette membrane s'atrophie complètement, ou bien il n'en persiste que des vestiges (Waldeyer).

Des deux assises, d'origine différente, qui constituent le revêtement des villosités, tantôt l'une, tantôt l'autre est plus fortement développée dans le placenta complètement formé; c'est ce que nous avons déjà dit plus haut. On peut même constater, par places, une atrophie complète, soit de l'épithélium du chorion et des villosités, soit du syncytium maternel.

6. — Cordon ombilical.

L'embryon est rattaché au placenta par l'intermédiaire du *cordon ombilical* (fig. 193). C'est un organe qui possède à peu près le diamètre du petit doigt (11 à 13 millimètres) et qui est long de 50 à 60 centimètres. Presque toujours il présente une *torsion spirale* bien nette, qui, considérée en partant de l'embryon, va généralement de gauche à droite.

Fréquemment le cordon ombilical offre des renflements noduleux, qui peuvent avoir une double origine. Le plus souvent ils sont dus au développement plus considérable pris en certains points du cordon par le tissu conjonctif de cet organe. C'est ce que l'on désigne sous le nom de *faux nœuds*. Plus rarement ils constituent de véritables nœuds, qui se forment de la façon suivante. L'embryon en se mouvant dans le liquide amniotique s'insinue par hasard dans une des anses du cordon ombilical, et par son propre poids il la serre progressivement et la noue. C'est ce qu'on appelle alors un *vrai nœud*.

Le cordon ombilical s'insère généralement au milieu ou près du milieu du placenta : on dit alors que l'*insertion* est *centrale*. Cependant les exceptions à cette règle ne sont pas rares, et il y a lieu de distinguer encore l'*insertion marginale* et l'*insertio velamentosa*. Dans le cas d'insertion marginale, le cordon ombilical s'insère au bord du placenta. Dans l'insertio velamentosa, au lieu d'être inséré au placenta, il est fixé aux enveloppes fœtales elles-mêmes, à quelque distance du bord du placenta. De son point d'insertion partent alors des vaisseaux allongés, qui se rendent au placenta.

L'homme se distingue de presque tous les autres mammifères par l'existence d'un cordon ombilical long et mince, qui doit son origine à l'extension considérable que prend le sac amniotique. Primitivement accolé, pour ainsi dire, au corps de l'embryon, le sac amniotique se distend plus tard, au point qu'il remplit toute la cavité de la vésicule et s'accole partout à la face interne du chorion. (Comparer les fig. 191 et 193.) Il en résulte que les autres organes, qui passent par l'ombilic abdominal pour se rendre au chorion, c'est-à-dire le sac vitellin avec ses vaisseaux, le mince canal allantoïdien avec sa gaine conjonctive et les vaisseaux ombilicaux, se trouvent alors enveloppés par l'amnios et, finalement, réunis en un mince cordon.

Court, au début, et tendu en ligne droite entre l'ombilic abdominal de l'embryon et le chorion, il s'allonge beaucoup, plus tard, et décrit des tours de spire dans le liquide amniotique.

Sa texture varie aux différentes époques de la gestation, ce qui dépend des modifications que subissent le sac vitellin et l'allantoïde ainsi que leurs vaisseaux.

Je me bornerai à dire quelques mots de la texture qu'il possède à la fin de la grossesse, et j'ai surtout en vue : 1° la gelée de Wharton; 2° les vaisseaux ombilicaux; 3° les restes de l'allantoïde, du canal vitellin et des vaisseaux omphalo-mésentériques; 4° la gaine amniotique.

1. La *gelée de Wharton* forme la masse principale, dans laquelle se trouvent logées les autres parties du cordon. Elle constitue un tissu muqueux, gélatineux. Dans une substance fondamentale, molle, gélatineuse, courent des faisceaux de fibrilles et des fibres élastiques, qui sont d'autant moins nombreux que le cordon est plus jeune. Ces éléments sont réunis en un réseau dont les mailles sont plus étroites en certains points qu'en d'autres points. Les cellules de ce tissu muqueux sont les unes fusiformes et les autres étoilées, ces dernières étant pourvues de prolongements ramifiés.

2. Les *vaisseaux ombilicaux* sont au nombre de trois : deux fortes *artères ombilicales* qui amènent le sang de l'embryon au placenta, et une

large *veine ombilicale* qui ramène à l'embryon le sang qui a passé par la circulation placentaire. Les deux artères sont contournées en spirale comme le cordon ombilical lui-même, enroulées l'une autour de l'autre et réunies l'une à l'autre par une anastomose, à leur entrée dans le placenta. Elles sont très contractiles et possèdent une tunique musculaire épaisse, composée de fibres circulaires et de fibres longitudinales.

3. Le *canal allantoïdien* et le *canal vitellin*, qui, pendant les premiers mois de la grossesse, constituent les parties principales du cordon ombilical, s'atrophient plus tard et sont réduits, à la fin de la gestation, à l'état de restes insignifiants, ainsi que l'ont démontré Kölliker, Ahlfeld et Ruge. Ils ont perdu leur lumière et forment des cordons, pleins, de cellules épithéliales, logés dans la gelée de Wharton : ces cordons disparaissent même partiellement et ne sont plus représentés que par des traînées ou de petits nids de cellules épithéliales, disséminés çà et là dans la gelée de Wharton. Quant aux *vaisseaux vitellins* ou *omphalo-mésentériques*, qui jouent un rôle au début du développement, ils deviennent bientôt insignifiants et s'atrophient au fur et à mesure que les vaisseaux ombilicaux s'accroissent et se développent. Il est très rare que l'on en retrouve encore des traces dans le cordon ombilical, au moment de la délivrance (Ahlfeld) ; habituellement ils sont alors complètement atrophiés.

4. Au début du développement, l'*amnios* forme, autour du canal allantoïdien et du canal vitellin, une gaine distincte que l'on peut isoler, détacher. Plus tard, cette gaine se soude à la gelée de Wharton, excepté au niveau de l'ombilic, où elle constitue encore, sur une petite étendue, une membrane spéciale que l'on peut isoler.

LES ENVELOPPES FŒTALES PENDANT ET APRÈS LA DÉLIVRANCE

Il nous reste à dire quelques mots sur le sort réservé aux enveloppes fœtales pendant et après la délivrance.

A la fin de la grossesse, au moment où commencent les douleurs de l'enfantement, les enveloppes fœtales forment, autour de l'embryon, une poche vésiculeuse remplie de liquide amniotique. Elle se déchire lorsque les contractions musculaires de la matrice ont atteint une certaine énergie. Cette déchirure se produit généralement au point où la paroi de la poche se trouve comprimée de dedans en dehors contre l'orifice utérin (rupture de la poche). A ce moment, le liquide amniotique s'écoule par le vagin.

Les contractions utérines devenant ensuite plus longues et plus violentes, l'enfant est lui-même expulsé de la matrice et passe à travers la déchirure des enveloppes fœtales. A ce moment, il est né. Mais le placenta et les enveloppes restent généralement encore peu de temps à l'intérieur de la cavité utérine. Dès que l'enfant se trouve expulsé, il faut couper le cordon ombilical qui l'unit à ses annexes. Il convient de lier d'abord, puis de sectionner le cordon à quelques centimètres de l'ombilic.

Finalement, les enveloppes fœtales et le placenta se détachent aussi de la face interne de la matrice et sont expulsés à la suite d'une ou de plusieurs contractions utérines. Ces organes constituent l'*arrière-faix*. Le décollement des caduques vraie et sérotine se produit dans la couche spongieuse, à peu près suivant la ligne indiquée par LEOPOLD, dans le schéma de notre planche II, sous la dénomination de *Ligne de décollement*. L'arrière-faix se compose à la fois des enveloppes fœtales et des enveloppes maternelles, assez intimement unies les unes aux autres. Il comprend : 1° l'amnios ; 2° le chorion ; 3° la caduque réfléchie ; 4° la caduque vraie ; 5° le placenta (placenta maternel et placenta fœtal). Bien que ces divers organes soient plus ou moins fusionnés, on peut cependant les séparer partiellement les uns des autres.

Après la délivrance, la face interne de la matrice forme une sorte d'écorchure très étendue ; à la suite du décollement du placenta et des caduques, de nombreux vaisseaux sanguins sont rompus. Aussi, pendant les premiers jours des couches, il s'en détache encore des lambeaux de la couche spongieuse des caduques vraie et sérotine, qui étaient restés au moment de la délivrance. Seule, la couche la plus profonde de la muqueuse persiste, immédiatement appliquée contre la tunique musculaire de la matrice. Elle renferme des restes de l'épithélium cylindrique des glandes utérines, ainsi que nous l'avons déjà dit précédemment. Dans le cours des premières semaines qui suivent l'accouchement, les éléments de la couche profonde de la muqueuse prolifèrent d'une façon active et il se régénère une muqueuse normale. Il est probable que l'épithélium superficiel se régénère aux dépens des restes de l'épithélium glandulaire.

RÉSUMÉ

1. L'œuf humain se fixe habituellement au fond de la matrice, entre les deux orifices utérins des trompes. Il s'entoure de replis de la muqueuse et se trouve alors logé dans une capsule formée par elle.

2. La muqueuse utérine se transforme en les enveloppes maternelles de l'œuf, appelées membranes caduques ou, plus simplement, caduques. Il y a lieu de distinguer une caduque sérotine, une caduque réfléchie et une caduque vraie.

a. La caduque sérotine est cette partie de la muqueuse sur laquelle s'applique directement l'œuf au moment où il pénètre dans la cavité utérine ; elle donne ultérieurement naissance au placenta maternel.

b. La caduque réfléchie est la partie de la muqueuse qui se développe autour de l'œuf.

c. La caduque vraie se forme aux dépens du restant de la muqueuse, tapissant la cavité utérine.

3. Lors de la formation des caduques, la muqueuse utérine subit des transformations profondes dans sa structure. Elle se divise, à la suite de l'hypertrophie considérable des glandes utérines et de l'atrophie partielle de son épithélium, en une couche interne, compacte, et en une couche externe, spongieuse.

4. Aux dépens de cette partie de la paroi de la vésicule blastodermique qui ne donne pas naissance à l'embryon proprement dit, se développent les enveloppes fœtales. Ces enveloppes se forment, d'une façon générale, comme celles des autres mammifères. Cependant elles offrent quelques caractères spéciaux, dont les principaux sont les suivants :

a. L'amnios se ferme d'avant en arrière et reste uni, à l'extrémité postérieure de l'embryon, à la séreuse de von Baer (chorion futur), par l'intermédiaire d'un court pédicule effilé; il contribue ainsi à la formation du soi-disant pédicule abdominal, caractéristique de l'embryon humain.

b. L'allantoïde ne pénètre pas dans la partie extra-embryonnaire du cœlome sous la forme d'une vésicule libre; mais elle s'engage, sous forme d'un canal étroit, contre la face inférieure de la portion effilée de l'amnios et arrive jusqu'au chorion. Elle constitue, de la sorte, la partie principale du pédicule abdominal.

c. Le sac vitellin se transforme en une vésicule extrêmement petite, réunie à l'intestin de l'embryon par un long pédicule filamenteux (canal vitellin).

d. A la suite de l'accroissement énorme pris par le sac amniotique, qui finit par remplir toute la vésicule blastodermique, accroissement qui est dû à la formation d'un liquide amniotique fort abondant, le canal allantoïdien, le canal vitellin, les vaisseaux ombilicaux et les vaisseaux vitellins ou omphalo-mésentériques se trouvent complètement enveloppés et réunis par une gaine amniotique. L'organe ainsi formé constitue le cordon ombilical : il unit la face interne du placenta fœtal à l'ombilic abdominal de l'embryon.

e. La séreuse de von Baer forme, à une période très reculée du développement (2e semaine), des villosités sur toute sa surface. Lorsque la couche conjonctive de l'allantoïde a pénétré à l'intérieur de ces villosités, la séreuse de von Baer se trouve transformée en chorion ou membrane villeuse.

f. Le chorion se divise en chorion frondosum et chorion læve :

α. Le chorion læve est cette partie du chorion qui se trouve appliquée contre la caduque réfléchie; elle s'unit intimement avec elle, en même temps que ses villosités s'atrophient ou cessent de se développer.

β. Le chorion frondosum est cette partie du chorion qui se trouve appliquée contre la caduque sérotine; ses villosités se développent en arbuscules très volumineux et fort ramifiés.

5. Les arbuscules choriaux du chorion frondosum pénètrent à l'intérieur de la caduque sérotine et s'unissent intimement avec elle. Il en résulte la formation d'un organe destiné à la nutrition de l'embryon et appelé placenta.

6. Le placenta comprend une portion fœtale et une portion maternelle ou utérine. On les désigne respectivement sous le nom de placenta fœtal et de placenta utérin ou maternel.

a. Le placenta fœtal comprend : *d'abord*, la membrana chorii, dans laquelle passent les branches principales des vaisseaux ombilicaux, et à laquelle s'insère le cordon ombilical, généralement en son milieu (insertion centrale), plus rarement sur son bord (insertion marginale) et, plus rarement encore, à une certaine distance de son bord (insertio velamentosa); *en second lieu*, les arbuscules choriaux, dont les prolongements fixés sont soudés, par leur extrémité, à la muqueuse utérine, tandis que leurs prolongements libres plongent dans les espaces sanguins caverneux (espaces intervilleux ou intraplacentaires) du placenta maternel.

b. Le placenta maternel se compose, comme la caduque vraie, d'une couche compacte qui se détache au moment de la délivrance (portion caduque) et d'une couche spongieuse, dans laquelle s'opère le décollement; une partie de la couche spongieuse reste, après la délivrance, appliquée sur la tunique musculaire de la matrice (portion fixe).

La couche compacte (lame basale de Winkler) envoie, entre les villosités choriales, des cloisons (septa placentaires) qui les groupent en des touffes ou cotylédons.

Entre les artères et les veines, qui courent dans la lame basale et les septa, sont interposés des espaces sanguins, extraordinairement larges, dans lesquels les villosités semblent plonger librement. Ces espaces sanguins (espaces intervilleux ou intraplacentaires) sont très probablement les capillaires utérins, extrêmement dilatés. Si cette opinion est exacte, il faut s'attendre à ce que les villosités choriales soient revêtues, sur toute leur surface, par une couche très mince de tissu utérin.

7. Au moment de la délivrance, les caduques se détachent de la paroi utérine et ce décollement s'effectue dans la couche spongieuse. Elles forment, avec les enveloppes fœtales et le placenta, l'arrière-faix.

8. Dans les premières semaines qui suivent l'accouchement, une muqueuse utérine normale se régénère aux dépens de la partie de la couche spongieuse reste appliquée sur la tunique musculaire, ainsi qu'aux dépens des restes des glandes utérines qu'elle renferme. Enfin, il est probable que l'épithélium superficiel de la muqueuse se régénère aux dépens de l'épithélium de ces restes des glandes utérines.

BIBLIOGRAPHIE

Friedr. Ahlfeld. *Beschreibung eines sehr kleinen menschlichen Eies.* Archiv. f. Gynäkologie. Vol. XIII. 1878.

Herm. Beigel et Ludw. Loewe. *Beschreibung eines menschlichen Eichens aus der 2. bis 3. Woche der Schwangerschaft.* Archiv f. Gynäkologie. Vol. XII. 1877.

Beigel. *Der drittkleinste bis jetzt bekannte menschliche Embryo.* Archiv für Gynäkologie. Vol. XIII. 1878.

G. Braun. *Ein Abortivei aus dem 3. Schwangerschaftsmonat.* Centralblatt für Gynäkologie. Année XIII. 1889.

K. Breus. *Ueber ein menschliches Ei aus der 2. Woche der Gravidität.* Wiener medicin. Wochenschr. 1877.

Bumm. *Ueber die Entwicklung des mütterlichen Blutkreislaufs in der menschlichen Placenta.* Archiv f. Gynäkologie. Vol. XLIII.

Chiarugi. *Anatomie d'un embryon humain de la longueur de mm 2,6 en ligne droite.* Archives italiennes de biologie. T. VI. 1889.

M. Coste. *Histoire générale et particulière du développement des corps organisés.* 1847 à 1859.

A. Ecker. *Icones Physiologicae.* Leipzig, 1852-59.

— *Beiträge zur Kenntniss der äusseren Form jüngster menschlicher Embryonen.* Archiv f. Anat. u. Physiol. Anat. Abth. 1880.

H. Fol. *Description d'un embryon humain de cinq millimètres et six dixièmes.* Recueil zool. Suisse. T. I.

Gottschalk. *Ein Uterus gravidus aus der 5. Woche der Lebenden entnommen.* Archiv für Gynäkologie. Vol. XXIX.

— *Weitere Studien über die Entwicklung der menschlichen Placenta.* Archiv für Gynäkologie, 1891. Vol. XL.

Heinricius. *Ueber die Entwicklung und Structur der Placenta beim Hunde.* Archiv für mikrosk. Anat. Vol. XXXIII. 1889.

Heinz. *Untersuchungen über den Bau und die Entwicklung der menschlichen Placenta.* Archiv f. Gynäkologie. Vol. XXXIII. 1888.

Hofmeier. *Zur Anatomie der Placenta.* Archiv f. Gynäkologie. Vol. XXXV. 1889.

— *Die menschliche Placenta.* Wiesbaden, 1890.

His. *Zur Kritik jüngerer menschlicher Embryonen.* Archiv f. Anat. und Entwicklungsgesch. Année 1880.

— *Anatomie menschlicher Embryonen.* Leipzig, 1880-82.

Kastschenko. *Das menschliche Chorionepithel und dessen Rolle bei der Histogenese der Placenta.* Archiv f. Anat. u. Physiol. Anat. Abth. 1885.

Keibel. *Zur Entwicklungsgeschichte der menschlichen Placenta.* Anatomischer Anzeiger. IVe année. 1889.

A. Kölliker. *Der W. Krause'sche menschliche Embryo mit einer Allantois.* Ein Schreiben an Herrn Prof. His. Archiv f. Anat. u. Physiol. Anat. Abth. 1882.

K. Köster. *Ueber die feinere Structur der menschlichen Nabelschnur.* Dissert. inaugurale. Würzburg, 1868.

Kollmann. *Die menschlichen Eier von 6 mm Grösse.* Archiv für Anat. u. Physiol. Anat. Abth. Année 1879.

— *Die Körperform menschlicher normaler und pathologischer Embryonen.* Archiv für Anat. u. Physiol. Anat. Abth. 1889. Volume supplémentaire.

Hans Kundrat u. G. J. Engelmann. *Untersuchungen über die Uterusschleimhaut.* Medicin. Jahrbücher. Vienne, 1873.

Kupffer. *Decidua und Ei des Menschen am Ende des ersten Monats.* Münchener medicin. Wochenschr. 1888.

W. Krause. *Ueber die Allantois des Menschen.* Arch. f. Anat. u. Physiol. 1875.

— *Ueber zwei frühzeitige menschliche Embryonen.* Zeitschr. für wissenschaftl. Zool. Vol. XXXV. 1880.

— *Ueber die Allantois des Menschen.* Zeitschr. f. wissensch. Zool. Vol. XXXVI. 1881.

Kossmann. *Zur Histologie der Chorionzotten des Menschen.* Festschrift z. siebenzigsten Geburtstage Rudolf Leuckarts, 1892.

Th. Langhans. *Zur Kenntniss der menschlichen Placenta.* Archiv für Gynäkologie. Vol. I.

Th. Langhaus. *Die Lösung der mütterlichen Eihäute.* Archiv f. Gynäkologie. Vol. VIII. 1875.
— *Untersuchungen über die menschliche Placenta.* Archiv für Anatomie und Entwicklungsgeschichte. Année 1877.
— *Ueber die Zellschicht des menschlichen Chorion.* Beiträge zur Anatomie u. Embryologie. Festgabe für Jacob Henle. 1882.
G. Leopold. *Studien über die Uterusschleimhaut während der Menstruation, Schwangerschaft und Wochenbett.* Archiv f. Gynäkologie. Vol. XI et XII. 1877.
— *Die Uterusschleimhaut während der Schwangerschaft und der Bau der Placenta.* Archiv f. Gynäkologie. Vol. XI. 1877.
— *Ueber den Bau der Placenta.* Archiv f. Gynäkologie. Vol. XXXV. 1889.
— *Uterus und Kind von der ersten Woche der Schwangerschaft bis zum Beginn der Geburt und der Aufbau der Placenta.* Avec atlas. Leipzig, 1897.
L. Lœwe. *In Sachen der Eihäute jüngster menschlicher Eier.* Archiv für Gynäkologie. Vol. XIV. 1879.
F. Mall. *A human embryo twenty-six days old.* Journal of Morphology. Vol. V.
— *A human embryo of the second week.* Anat. Anz. 1893, p. 630.
Merttens. *Beiträge zur normalen und pathol. Anatomie der menschlichen Placenta.* Zeitschr. f. Geburtsh. u. Gynäkologie. Vol. XXX. 1894.
Charles S. Minot. *Uterus and embryo. I. Rabbit. II. Man.* Journal of Morphology. Vol. II. 1889.
— *A theory of the structure of the placenta.* Anat. Anz. 1891.
Osborn. *The fœtal membrans of the Marsupials.* Journal of Morphology. Vol. I. 1887.
Phisalix. *Etude d'un embryon humain de 10 millimètres.* Archives de zoologie expérimentale. Sér. II. T. VI. 1888.
Reichert. *Beschreibung einer frühzeitigen menschlichen Frucht im bläschenförmigen Bildungszustande, nebst vergleichenden Untersuchungen über die bläschenförmigen Früchte der Säugethiere und des Menschen.* Abhandl. der Königl. Akademie der Wissensch. zu Berlin. 1873.
Rohr. *Die Beziehungen der mütterlichen Gefässe zu den intervillösen Räumen.* Virchow's Archiv. Vol. CXV. 1889.
Romiti. *Ueber die Structur der menschlichen Placenta.* Atti della R. Academia dei Filocritici di Siena. Vol. III. Compte-rendu dans Schwalbe's Jahresbericht. 1879.
Carl Ruge. *Die Eihüllen des in der Geburt befindlichen Uterus.* P. 113-151 dans Karl Schröder. *Der schwangere und kreisende Uterus.* Bonn, 1886.
B. S. Schultze. *Die genetische Bedeutung der velamentalen Insertion des Nabelstranges.* Jenaische Zeitschrift. Vol. III. 1867.
— *Das Nabelbläschen, ein constantes Gebilde in der Nachgeburt des ausgetragenen Kindes.* Leipzig, 1861.
— *Ueber velamentale und placentale Insertion der Nabelschnur.* Archiv für Gynäkologie. Vol. XXX.
Selenka. *Zur Entstehung der Placenta des Menschen.* Biolog. Centralblatt. Vol. X. 1891.
Siegenbeek van Heukelom. *Sur la placentation chez l'homme.* Archiv für Anat. und Physio. Anat. Abth. 1898 et Recueil des travaux anatomo-pathologiques du Laboratoire Bœrhaave. Vol. II. Leide 1899.
Ferdinand Graf Spee. *Beobachtungen an einer menschlichen Keimscheibe mit offener Medullarrinne und Canalis neurentericus.* Arch. f. Anat. u. Physiol. Anat. Abth. 1889.
H. Strahl. *Untersuchungen über den Bau der Placenta.* Archiv f. Anat. u. Physiol. Anat. Abth. 1889.
— *Die menschliche Placenta.* Merkel et Bonnet's Ergebnisse der Anatomie und Entwicklungsgeschichte. Vol. II. 1892.
— *Neues über den Bau der Placenta.* Ergebnisse der Anat. u. Entwicklungsgesch. Vol. VI. 1897. Ce travail est accompagné d'une liste bibliographique des publications modernes sur le sujet.
Allen Thomson. *Contributions to the history of the structure of the human ovum and embryo before the third week after conception, with a description of some early ova.* Edinburgh Med. Surg. Journal. Vol. LII. 1839.
Turner. *Observations on the structure of the human placenta.* The Journal of Anatomy and Physiology. Vol. VII. 1873.
— *Some general observations on the placenta with especial reference to the theory of evolution.* The Journal of Anatomy and Physiology. Vol. XI. 1877.

— *On the placentation of the Apes with a comparison of the structure of their placenta with that of the human female.* Philosophical Transactions of the Royal Society of London. 1878. Vol. CLXIX. 2e partie.
Virchow. *Gesammelte Abhandlungen zur wissenschaftl. Medicin.* Francfort-sur-Mein. 1856.
Waldeyer. *Ueber den Placentarkreislauf des Menschen.* Sitzungsberichte der Königl. Preuss. Akad. der Wissensch. zu Berlin. Fascicule VI. 3 février 1887.
A. Walker. *Der Bau der Eihäute bei Graviditas abdominalis.* Virchow's Archiv. Vol. CVII.
Winkler. *Zur Kenntniss der menschlichen Placenta.* Archiv f. Gynäkologie. Vol. IV. 1872.

SECONDE PARTIE

La première partie de ce traité a été consacrée à l'étude des phénomènes préalables au développement de l'embryon ainsi qu'aux premières phases de l'ontogenèse. Nous avons vu comment les cellules embryonnaires, résultant de la segmentation de l'œuf fécondé, se disposent pour donner naissance aux feuillets germinatifs externe, moyen et interne; comment se forme le feuillet intermédiaire ou mésenchyme, dans les interstices existant entre les trois feuillets germinatifs. Dans la suite du développement, chacun de ces feuillets, que von Baer appelait organes primordiaux, subit toute une série de transformations, qui déterminent progressivement la formation des divers organes du corps.

Nous consacrerons la seconde partie de notre ouvrage à l'étude du développement des organes.

Le meilleur ordre à suivre, dans cet exposé, consiste à examiner successivement les différents organes auxquels donne naissance chacun des feuillets germinatifs. C'est ainsi que procéda Remak dans son œuvre fondamentale « sur le développement des vertébrés ».

Il convient toutefois de faire remarquer que ce n'est pas sans restriction qu'il est possible *de grouper ainsi les matières*. En effet, la plupart des organes dérivent, non pas d'un seul, mais de deux, ou même de trois feuillets germinatifs. Par exemple, les muscles se forment aux dépens de cellules du feuillet moyen et du mésenchyme. Les dents procèdent à la fois de l'ectoderme et du mésenchyme; le tube digestif, avec ses glandes annexes, dérive d'éléments de l'endoderme, du feuillet moyen et du mésenchyme. Toutefois, si l'on tient compte de ce fait que les différents tissus qui entrent dans la constitution ou qui interviennent dans la fonction d'un organe quelconque, sont loin d'avoir la même importance; que, d'autre part, les parties essentielles de cet organe sont fournies par *un seul* feuillet germinatif, alors il est possible de rattacher à ce seul feuillet le développement de l'organe tout entier. Par exemple, les éléments principaux du foie ou du pancréas sont leurs cellules glandulaires, qui proviennent de l'endoderme, tandis que le tissu conjonctif, les vaisseaux sanguins, les nerfs et l'enveloppe séreuse de ces organes n'ont qu'une importance moindre, parce qu'ils n'en constituent pas les éléments caractéristiques. C'est ainsi, encore, qu'au double point de vue anatomique et physiologique, la partie essentielle du muscle est le tissu musculaire, tout comme celle des organes des sens est l'épithélium sensoriel.

En se fondant sur ces considérations, l'on est en droit de ranger les glandes annexes du tube digestif parmi les organes dérivant de l'endoderme; les muscles, les organes génitaux et les organes urinaires, parmi les organes provenant du feuillet moyen; le système nerveux et les organes des sens, parmi les organes formés aux dépens de l'ectoderme.

Nous diviserons, par conséquent, l'étude du développement des organes en quatre chapitres consacrés respectivement :

1° Aux organes dérivés du feuillet interne (endoderme);
2° Aux organes dérivés du feuillet moyen;
3° Aux organes dérivés du feuillet externe (ectoderme);
4° Aux organes dérivés du feuillet intermédiaire (mésenchyme).

CHAPITRE QUATORZIÈME

ORGANES DÉRIVÉS DU FEUILLET INTERNE

(ENDODERME)

Tube digestif et ses annexes.

Lorsque les feuillets germinatifs sont complètement formés et que l'embryon s'est séparé de la partie extra-embryonnaire de l'œuf, suivant le processus que nous avons décrit au chapitre dixième, le corps de l'embryon se compose de deux tubes emboîtés (pl. I, fig. 7 et 10). Le tube interne, plus grêle, constitue le tube digestif; le tube externe, plus volumineux et séparé du précédent par le cœlome (lh^1), est formé par la paroi du corps. L'un et l'autre se sont développés aux dépens de plusieurs feuillets germinatifs.

La paroi du *tube digestif*, dont nous allons nous occuper spécialement, se compose, en ce moment, de deux couches épithéliales séparées par une mince couche de mésenchyme. Les deux couches épithéliales dérivent : l'une du feuillet glandulaire de l'intestin (endoderme secondaire), et l'autre, du feuillet viscéral du mésoderme (splanchnopleure). La plus importante d'entre elles est, sans contredit, la couche endodermique. C'est elle, en effet, qui se différencie le plus et c'est à l'activité physiologique de ses éléments cellulaires que sont dues les fonctions du tube digestif.

Les modifications que cet organe éprouve, dans le cours de son développement, il convient de les répartir en trois groupes. Le premier comprend la formation d'un certain nombre d'orifices, qui font communiquer la cavité digestive avec l'extérieur : les fentes branchiales, la bouche et l'anus. Le second groupe comprend les changements qu'éprouve l'organe en s'allongeant : sa différenciation en œsophage, estomac, intestin grêle, gros intestin, et enfin le développement des mésentères et des épiploons. Le troisième groupe comprend la formation, aux dépens de la paroi du tube digestif, d'une foule d'organes qui interviennent, d'une façon générale, dans les phénomènes de la digestion.

I. — Formation des orifices du tube digestif.

A. — Développement de l'anus et de la queue.

Au début du développement, le tube digestif primitif, le cœlentéron, s'ouvre à l'extérieur par l'intermédiaire du *blastopore* (sillon primitif). Cette bouche primitive représente le point d'invagination du feuillet interne et du feuillet moyen, au stade blastula (voir chapitres V et VI, fig. 72, 75, 79, 81 et 106). *Cet orifice, qui existe à l'état permanent chez les Cœlentérés, n'est, en réalité, qu'une formation transitoire chez les vertébrés.*

Comme nous l'avons montré plus haut (p. 170), aussitôt que le blastopore s'est formé, ses bords commencent à se souder d'avant en arrière. Grâce à ce processus, le blastopore ne tarderait pas à être complètement disparu si, en même temps qu'il se ferme en avant, il ne continuait à s'accroître en arrière. C'est ce qui explique qu'à des stades très différents du développement, chez des embryons possédant 2, 10, 20, 25 segments primordiaux et même davantage, on trouve toujours, à leur extrémité postérieure, une partie encore ouverte du blastopore (sillon primitif). Aux dépens de ce reste du blastopore, se forment finalement, à un stade déterminé, deux organes différents : le canal neurentérique, dont nous avons souvent parlé et qui n'a lui-même qu'une existence temporaire, et l'anus, qui est la seule partie de l'adulte qui tire son origine de la région blastoporale de l'embryon.

C'est *chez les amphibiens* que l'on peut le mieux suivre le développement de l'anus. Les résultats fournis par les recherches de Schanz, de von Erlanger, de Götte, de Robinson, de Ziegler et mes recherches sur ce sujet, sont assez concordants.

Partons du stade où, dans l'œuf de la grenouille, la portion ouverte du blastopore affecte la forme d'un anneau, à travers lequel proémine

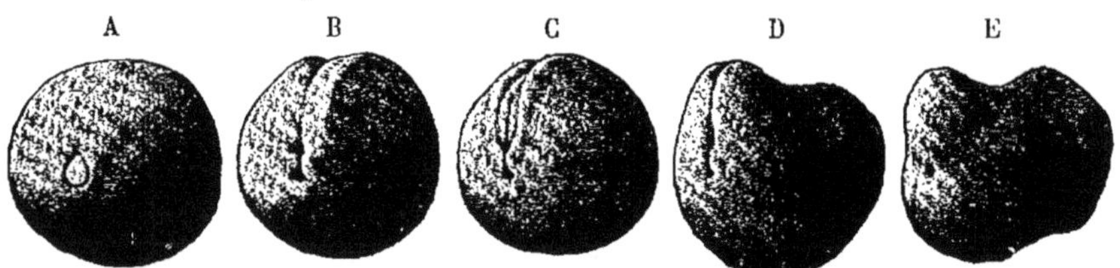

Fig. 202 *A — E*. — *Embryons de Rana temporaria, vus par leur surface*, d'après Ziegler. Figure empruntée à l'*Anatom. Anzeiger*, 1892.

extérieurement le bouchon vitellin, sous la forme d'une masse claire (fig. 202, A). Dans le cours de quelques heures, on peut observer facilement, sans interruption, sur un seul et même œuf, les transformations de l'orifice annulaire en une fente (sillon primitif), par rapprochement des bords droit et gauche du blastopore. Dans l'étendue de la partie moyenne du sillon, les deux lèvres du blastopore s'épaississent, puis se fusionnent et subdivisent par conséquent le sillon primitif en un orifice antérieur et un orifice postérieur plus petit. L'antérieur donnera le canal neurentérique, le postérieur deviendra l'anus (fig. 202, B et C). Le pont qui les sépare, et qui résulte du fusionnement des lèvres du blastopore, fournit l'ébauche de la queue, à la naissance de laquelle siège l'anus. On peut donc le désigner sous le nom de *bourgeon caudal*.

La masse cellulaire qui constitue le bourgeon caudal était originairement séparée par le blastopore en deux moitiés qui ne se sont réunies, par fusionnement, en un bourgeon unique et impair, que secondairement. Ainsi s'expliquent ces intéressantes malformations que peuvent parfois présenter des embryons de saumon et de grenouille, et qui consistent en la coexistence d'un dédoublement de la queue avec une fente blastoporale très large (voir p. 176).

Le développement ultérieur du canal neurentérique, de la queue et de l'anus s'accomplit de la manière suivante :

Comme les replis médullaires se développent d'avant en arrière, l'orifice antérieur du blastopore ou le canal neurentérique se trouve bientôt entouré par eux et, lorsqu'ils se réunissent pour former le tube médullaire, le canal neurentérique n'est plus visible extérieurement (fig. 202, D et E). Il en résulte alors la disposition décrite pour la première fois par Kowalewsky et Götte, dans laquelle le tube médullaire et le canal digestif constituent dans leur ensemble un tube en U, dont la branche recourbée est formée par le canal neurentérique (fig. 203).

A la surface de l'embryon, on ne trouve plus qu'un reste, très réduit, du blastopore, qui constitue une petite dépression : l'*anus* (fig. 202, E). Au-dessus de cette dépression proémine le bourgeon caudal, sous la forme d'une tubérosité, saillante vers le haut.

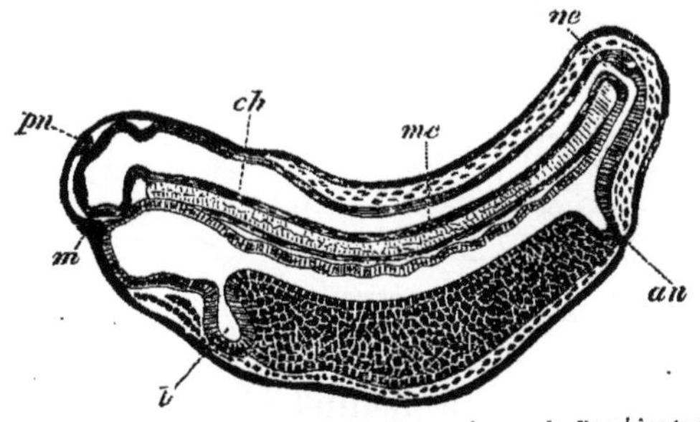

Fig. 203. — *Coupe longitudinale d'un embryon de Bombinator*, d'après Götte.

m, bouche; *an*, anus; *l*, foie; *nc*, canal neurentérique; *mc*, tube médullaire; *ch*, corde dorsale; *pn*, glande pinéale.

En raison de ce qu'il se forme par fusionnement d'une petite partie, épaissie, des lèvres du blastopore, située en avant de l'anus, le bourgeon caudal ne peut être considéré comme un prolongement direct du corps tout entier, mais plutôt comme un prolongement de la face dorsale du corps. La face de l'embryon, située ventralement au blastopore et à l'anus, ne participe nullement à sa formation. En cela, la queue se distingue donc nettement du tronc tout entier. Il en résulte aussi que, dans sa constitution, n'interviennent que les organes qui se forment au pourtour même du blastopore, c'est-à-dire le tube médullaire, la corde dorsale et les segments primordiaux; tandis que le cœlome, les organes sexuels et les reins ne s'y prolongent pas. Il se trouve, en outre, logé à l'intérieur de la queue, un petit cordon cellulaire provenant du feuillet interne. Ainsi que le montre la figure 203, qui représente, d'après GÖTTE, un embryon de Bombinator, ce cordon renferme longtemps une petite lumière. On lui donne habituellement le nom d'*intestin caudal* ou *post-anal*. Le cordon cellulaire disparaît, plus tard, après que sa lumière s'est oblitérée et les éléments cellulaires qui le constituent se transforment en un autre tissu.

L'allongement de la queue se fait de la même façon que l'allongement du corps tout entier. Comme, au bord du blastopore, les feuillets externe, moyen et interne se confondent et engendrent les organes médians (canal médullaire et corde dorsale) ainsi que les segments primordiaux, le bourgeon caudal contient aussi les ébauches de tous ces organes. Dans la zone d'accroissement, qui siège à la pointe de la queue, se développent successivement des segments primordiaux, comme cela se produit dans l'étendue du tronc.

Dans le *développement ultérieur de l'anus*, il y a lieu de distinguer plusieurs stades. Tout d'abord, l'orifice anal montre la même constitution que le blastopore, dont il provient du reste. Sur tout son pourtour, les trois feuillets germinatifs sont donc, pendant un certain temps, en continuité les uns avec les autres (fig. 204, A). Au niveau de la lèvre de l'anus, le feuillet externe s'infléchit pour se continuer avec le feuillet pariétal du mésoblaste

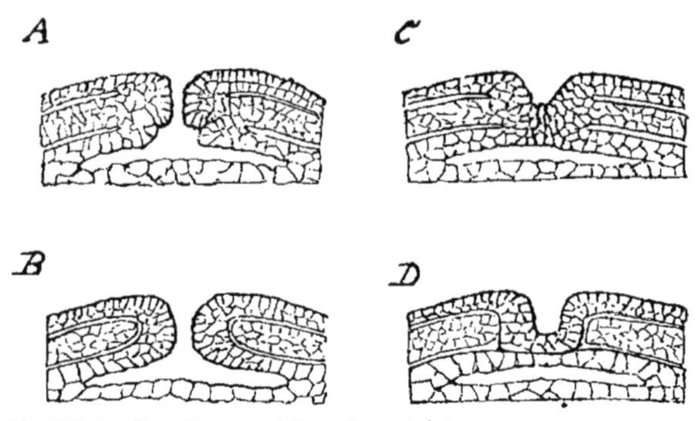

Fig. 204 A — D. — *Quatre schémas destinés à faire comprendre la transformation de la dernière partie du blastopore.*

et, en dedans, le feuillet viscéral du mésoblaste se continue à son tour avec le feuillet glandulaire de l'intestin au niveau de la lèvre intestinale. A ce stade, il n'existe donc pas encore, à proprement parler, d'union directe entre le feuillet externe et le feuillet interne; mais cette union se fait par l'intermédiaire du feuillet moyen.

Cette disposition se modifie au stade suivant, à la suite de ce fait que, dans la région anale, le feuillet moyen cesse de présenter les connexions que nous venons d'indiquer : il s'est séparé, d'une part, du feuillet externe au niveau de la lèvre anale et, d'autre part, du feuillet interne, au niveau de la lèvre intestinale (fig. 204, B). Les sacs cœlomiques se sont donc séparés et fermés de toutes parts. Il en résulte qu'actuellement le feuillet externe et le feuillet interne se continuent directement entre eux au niveau de l'orifice anal.

Ensuite, il semble pouvoir se produire chez les Amphibiens deux modifications, selon que le reste du blastopore, pendant qu'il se transformait en anus, possédait un orifice perméable, ou qu'il se trouvait fermé par soudure de ses bords. Dans le premier cas, l'orifice anal (fig. 204, B) est constamment ouvert et constitue un tube épithélial, qui, traversant le feuillet moyen, fait communiquer l'intestin terminal directement avec l'extérieur.

Dans le second cas (fig. 204, C et D), dans la région anale, le feuillet externe et le feuillet interne, par suite de la disparition du mésoderme à ce niveau, sont intimement unis et forment une fermeture épithéliale, la *membrane anale*. C'est une très mince membrane, consistant en une assise de cellules ectodermiques et en une assise de cellules endodermiques; elle est interposée entre la dépression anale et la cavité de l'intestin terminal, qu'elle sépare. L'anus ne devient perméable que quand la membrane anale s'est perforée en son milieu, par écartement des cellules qui la constituent.

Le développement de la queue et de l'anus chez les autres vertébrés, semble s'accomplir essentiellement de la même façon que chez les Amphibiens. Chez tous les vertébrés, il semble exister un intestin caudal ou, plus exactement, un cordon caudal de cellules endodermiques. Divers auteurs l'ont observé chez une foule de vertébrés très divers : Kowalevsky, chez l'Amphioxus d'abord, puis chez les Acipensérides, les Sélaciens, les Téléostéens; Götte, Bobretzky, Balfour, His, Kölliker, Gasser, Braun, Bonnet, etc., chez les Amphibiens, les Sélaciens, les Oiseaux (voir fig. 116, *p. a. g.*) et les Mammifères. Chez les Sélaciens (*Scyllium*), au moment où il atteint son développement maximum, il occupe à peu près le tiers de la longueur totale du tube digestif. Il est dilaté, à son extrémité, en un petit renflement vésiculeux, qui communique avec le canal médullaire par un étroit orifice. Il s'atrophie tôt ou tard chez tous les vertébrés; sa lumière disparaît lorsqu'elle existait et il se transforme en un cordon épithélial plein, qui se sépare ensuite de l'intestin anal et du canal médullaire, pour finir par s'atrophier complètement. En même temps disparaît le canal neurentérique, dernier vestige du blastopore.

Nous pouvons encore fournir quelques renseignements plus détaillés sur la formation de l'anus chez les Mammifères, en nous référant aux descriptions qu'en ont données Strahl, Kölliker, Bonnet, Keibel et Giacomini. La première ébauche de l'anus se montre déjà chez des embryons qui ne sont pourvus que d'un petit nombre de segments primordiaux. Tandis qu'à l'extrémité antérieure de la ligne primitive se trouve le canal neurentérique, à l'extrémité postérieure de cette ligne se forme la membrane anale. Là, le feuillet moyen disparaît sur une courte étendue; il en résulte que le feuillet glandulaire de l'intestin et l'épiderme s'accolent intimement, sans que, toutefois, la limite entre ces deux couches épithéliales cesse d'être très nette (fig. 205, *ma*).

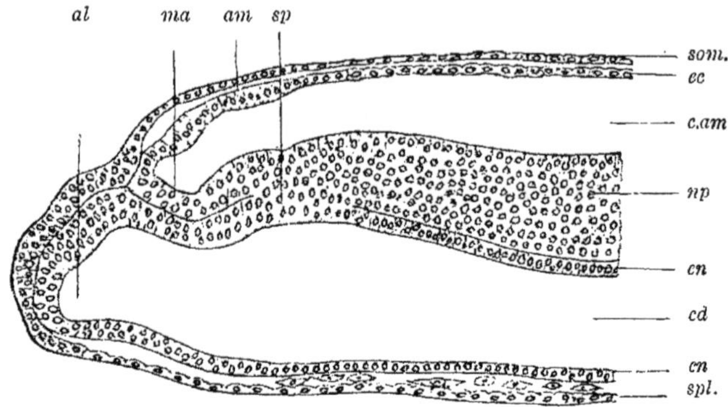

Fig. 205. — *Coupe longitudinale et médiane de l'extrémité postérieure d'un embryon de mouton de 16 jours, pourvu de cinq paires de segments primordiaux*, d'après BONNET.

al, allantoïde; *ma*, membrane anale; *am*, amnios; *c.am*, cavité amniotique; *ec*, ectoderme et *som*, mésoderme de l'amnios; *np*, plaque médullaire en continuité avec la ligne primitive; *sp*, sillon primitif dans la région du canal neurentérique; *cn*, feuillet glandulaire de l'intestin; *spl*, splanchnopleure; *cd*, cavité digestive.

L'ébauche de l'anus se trouve donc primitivement située dorsalement, à l'extrémité postérieure de l'embryon. La partie de la ligne primitive comprise entre la membrane anale et le canal neurentérique se transforme ensuite en un bourgeon caudal, comme chez les Amphibiens. Ce bourgeon apparaît à un stade un peu plus avancé que celui que représente la figure 205. Il constitue une petite saillie, qui proémine à l'extérieur et s'allonge peu à peu, de façon à donner naissance à la queue du Mammifère (fig. 206, *bc*). Le canal neurentérique, qui se trouve dans le bourgeon caudal est, à un moment donné, entouré par les bourrelets médullaires et, à la suite de la soudure de ces bourrelets, il se trouve intégré dans le canal médullaire. Il se forme, plus tard aussi, chez les Mammifères, un court cordon endodermique caudal, qui finit par s'atrophier. Plus le bourgeon caudal proémine au dehors (fig. 206, *bc*) et plus il est reporté au-dessus de la membrane anale (*m. an*), plus aussi la fossette anale, primitivement dorsale, devient ventrale. Dans la

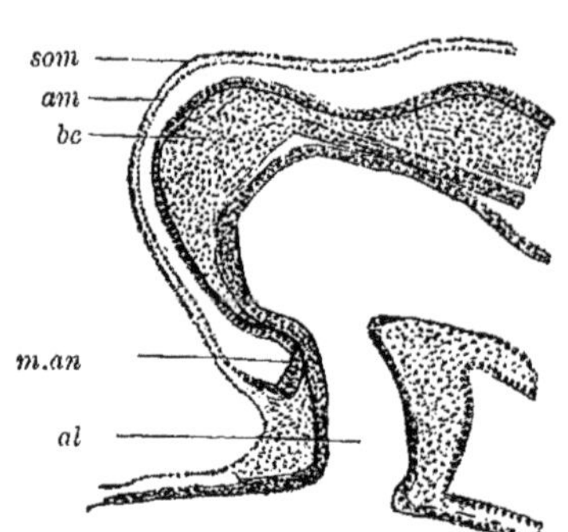

Fig. 206. — *Coupe longitudinale et médiane de l'extrémité caudale d'un embryon de mouton de 18 jours, pourvu de 23 segments primordiaux*, d'après BONNET.

bc, bourgeon caudal ou terminal; *am*, amnios; *som*, somatopleure de l'amnios; *m.an*, membrane anale située au-dessous et en avant du bourgeon caudal; *al*, allantoïde.

figure 206, elle se trouve entre la naissance de la queue (*bc*) et l'ébauche de l'allantoïde (*al*). La résorption de la membrane anale s'effectue relativement tard; chez les ruminants, par exemple, elle ne s'accomplit qu'après le vingt-quatrième jour de la gestation.

Le mode de formation de l'anus chez les oiseaux semble être le même que chez les mammifères. La perforation, par résorption, de la membrane anale, s'accomplit, chez le poulet, au quinzième jour de l'incubation, d'après les données de Gasser et de Kölliker.

Une grande confusion a longtemps régné sur la question du développement de l'anus. Trois opinions différentes ont été émises.

D'après la manière de voir la plus ancienne (Kölliker, Balfour et autres), l'anus, comme la bouche, serait une néoformation et proviendrait d'une dépression ou invagination de l'ectoderme, à l'extrémité postérieure du corps, cette dépression débouchant plus tard dans l'intestin terminal. D'autres auteurs, au contraire, Gasser, Kupffer, Johnson, Sedgwick, Spencer, se fondant sur des observations faites chez Petromyzon, Triton, Salamandra, Rana et Alytes, pensaient que le blastopore se transforme directement en l'anus. Enfin, un troisième groupe d'auteurs (Schanz, Götte, Erlanger, Robinson, Hertwig) admettent aussi qu'il y a une relation entre l'anus et le blastopore, mais seulement avec l'extrémité postérieure de ce dernier. D'après eux, le blastopore, ainsi que nous l'avons exposé en détail plus haut, se subdivise en deux orifices : l'un, antérieur, qui finit par se trouver incorporé dans l'extrémité postérieure du canal médullaire (canal neurentérique, blastopore notocordal), l'autre, postérieur, qui devient l'anus (blastopore anal, canal anal). Entre ces deux orifices se forme le bourgeon caudal.

Tandis que chez les Amphibiens, le bourgeon caudal est formé par un amas de petites cellules, dans lequel on ne peut tout d'abord distinguer nettement les unes des autres les ébauches destinées à donner naissance aux organes que contient la queue, au contraire, cette distinction est possible dans les lobes caudaux des Sélaciens. Lorsque ces lobes se sont soudés en un « bourgeon caudal » impair, on peut, chez les Sélaciens, étudier le processus dans tous ses détails. On peut suivre, déterminer, comment les ébauches, d'abord paires et symétriques, des organes se soudent de façon à donner naissance aux organes axiaux impairs. (Lire à ce sujet les publications de Schwarz, Ziegler, H. Virchow.)

B. — Développement de la bouche.

Chez tous les vertébrés, à la face inférieure de l'ébauche de la tête, qui constitue au début une tubérosité arrondie, le feuillet externe forme une petite fossette (pl. I, fig. 11 et fig. 207), dont le fond s'applique contre l'extrémité aveugle de l'intestin céphalique (*ic*). Au niveau de cette fossette, dès le début du développement, le feuillet moyen fait défaut (Keibel, Carius). L'ectoderme et l'endoderme accolés constituent une mince membrane, séparant la fossette (invagination buccale) de la cavité de l'intestin céphalique : Remak lui a donné le nom de *membrane pharyngienne* (fig. 207, *mp*). Il ne tarde pas à se montrer, en son milieu, un orifice délicat, délimité par un reste de la membrane pharyngienne, par une sorte d'anneau, connu sous le nom de *voile pharyngien primitif*. Ce voile, lui-même, s'atrophie bientôt et alors l'intestin céphalique communique largement avec l'extérieur par l'orifice buccal (pl. I, fig. 4 et 7, *m*).

Chez le poulet, l'invagination buccale apparaît déjà au deuxième jour de l'incubation, immédiatement après que la tubérosité céphalique s'est séparée de la portion extra-embryonnaire du disque germinatif. La membrane pharyngienne se résorbe pendant le quatrième jour de l'incubation. Chez l'embryon du lapin de neuf jours, cette membrane existe encore. En ce qui concerne l'homme, His a observé ce même stade chez un embryon que l'on estime âgé de douze jours. (Embryon, *Lg*, fig. 208.)

La forme de l'orifice buccal (fig. 208 et 209) est sensiblement la même chez tous les vertébrés amniotes. C'est un large orifice pentagonal, délimité par *cinq bourrelets*, que nous devons décrire afin de comprendre le mode de formation de la face.

L'un d'entre eux est impair : c'est le *prolongement frontal*, saillie large et arrondie, qui délimite l'invagination buccale vers le haut. Son

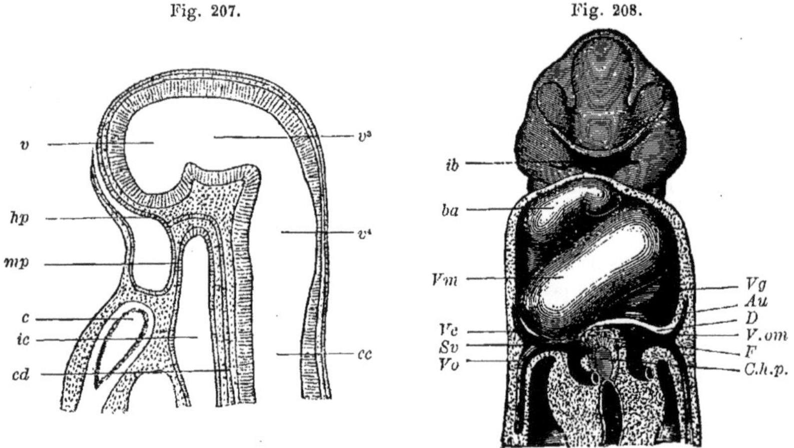

Fig. 207. — *Coupe médiane et antéro-postérieure de la tête d'un embryon de lapin de 6 mm. de longueur*, d'après Mihalcovics.

mp, membrane pharyngienne; *hp*, point d'où procédera l'ébauche de l'hypophyse; *c*, cœur; *ic*, cavité de l'intestin céphalique (cul de sac antérieur du tube digestif); *cd*, corde dorsale; *v*, cavité du cerveau antérieur; v^3, cavité du cerveau intermédiaire (3e ventricule); v^4, cavité du cerveau pénultième et du cerveau postérieur (4e ventricule); *cc*, canal central de la moelle épinière.

Fig. 208. — *Embryon humain* (embryon *Lg* de His), *mesurant 2,15 mm. depuis l'éminence coccygienne jusqu'à l'éminence nucale. Image reconstruite*, d'après His. Gross. 40 diamètres.

ib, invagination buccale; *ba*, bulbe aortique; *Vm*, partie moyenne du ventricule; *Vc*, veine cave supérieure ou canal de Cuvier; *Sv*, sinus veineux; *Vo*, veine ombilicale; *Vg*, partie gauche du ventricule; *Au*, auricule; *D*. diaphragme; *V.om*, veine omphalo-mésentérique; *F*, ébauche pleine du foie; *C.hp*, conduit hépatique.

origine est liée au développement du système nerveux central. Ce dernier s'étend jusqu'à l'extrémité antérieure de l'embryon, où il constitue maintenant les vésicules cérébrales (fig. 207, *v* et fig. 210, *Hc*, *ci*, *cm*). A ce stade, si on l'examine sur une coupe longitudinale, le prolongement frontal renferme une large cavité, qui fait partie du cerveau futur. Il forme donc une vésicule, dont la paroi se compose de trois couches : l'épiderme, une couche de mésenchyme, et, enfin, la paroi épaissie du cerveau futur. Au début du développement (fig. 207

et 208), la cavité buccale primordiale et l'ébauche du cerveau ne sont donc séparées que par une mince couche de tissu, *dans laquelle se formera, plus tard, entre autres choses, la base du crâne.*

Les quatre autres bourrelets qui délimitent l'orifice buccal en dehors et en bas (fig. 208 et 209), sont pairs. Ils se forment par prolifération du tissu conjonctif embryonnaire et renferment de gros vaisseaux sanguins. On les distingue, d'après leur situation, en *prolongements maxillaires supérieurs* (fig. 209, *pms*) et en *prolongements maxillaires inférieurs* (*pmi*). Les premiers délimitent latéralement l'orifice buccal; ils sont en rapports immédiats avec le prolongement frontal (*pf*), dont ils sont séparés par une gouttière. C'est la gouttière naso-lacrymale, dont nous nous occuperons spécialement dans un autre chapitre; elle est dirigée obliquement, en haut et en dehors, vers cette partie de la face, où l'œil se développe. Les prolongements maxillaires inférieurs, qui délimitent inférieurement l'orifice buccal, sont séparés des prolongements maxillaires supérieurs par une échancrure, qui correspond à la commissure des lèvres future. Les deux prolongements maxillaires d'un même côté forment ensemble l'*arc maxillaire*.

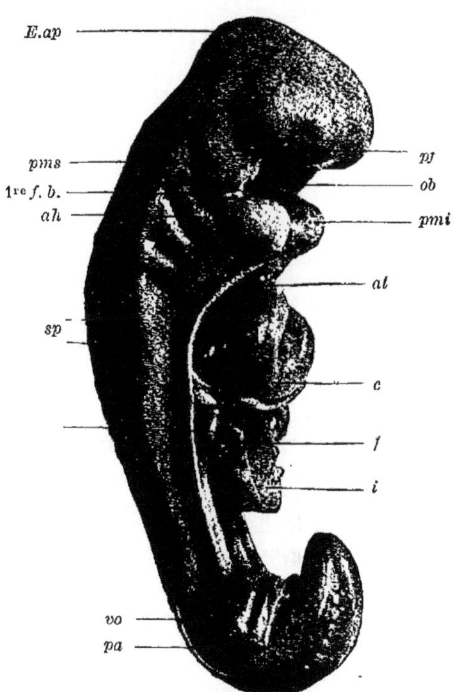

Fig. 209. — *Embryon humain de trois semaines*, d'après un modèle de His. On a enlevé la paroi abdominale antérieure et le sac vitellin.

E.ap, éminence apicale; *pf*, prolongement frontal; *ob*, invagination buccale; *pms*, prolongement maxillaire supérieur; *pmi*, prolongement maxillaire inférieur; *ah*, arc hyoïdien; *1re f.b.*, première fente branchiale; *sp*, segments primordiaux; *ta*, tronc artériel; *c*, cœur; *f*, foie; *i*, intestin sectionné au niveau de sa continuité avec le canal ombilical; *pa*, pédicule abdominal avec les vaisseaux ombilicaux (*vo*).

Avant que la membrane pharyngienne se résorbe, l'invagination buccale s'approfondit encore, mais seulement dans sa partie supérieure; elle reste, au contraire, peu profonde, dans sa partie inférieure, c'est-à-dire au voisinage des prolongements maxillaires inférieurs. Cette modification de l'invagination buccale est due à des courbures que décrit, tant chez les sélaciens que chez les vertébrés amniotes, la partie de la tête renfermant les vésicules cérébrales et située au-dessus du tube digestif. L'extrémité antérieure de la tête s'infléchit, se recourbe vers la face ventrale de l'embryon et finit par former un angle droit avec la moitié postérieure de la tête (fig. 210). On donne à cette inflexion le nom de *courbure céphalique antérieure* ou *faciale*. Le sommet de cette courbure, au niveau duquel se continuent l'une avec l'autre la moitié antérieure et la moitié postérieure de la tête, constitue une saillie, qui est l'*éminence du vertex* ou *éminence apicale* (*E. ap.*). Elle correspond à la vésicule cérébrale moyenne, c'est-à-dire au cerveau moyen futur (*cm*).

A la suite de la formation de la courbure faciale, le prolongement frontal qui regardait directement en avant, se trouve nécessairement infléchi de haut en bas et d'arrière en avant, au-dessus de l'invagination buccale; de là l'approfondissement de la partie supérieure de cette dernière.

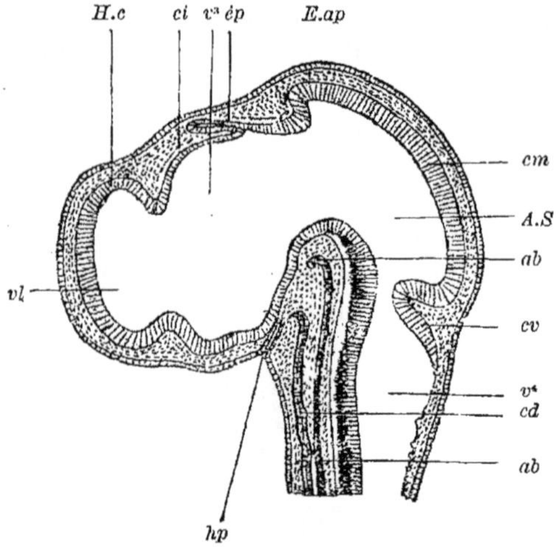

HIS a constaté que, chez le fœtus humain, la membrane pharyngienne, avant de se résorber, s'insère aux prolongements maxillaires inférieurs et, de là, se dirige en arrière et en haut pour aller se fixer au niveau du point (fig. 207, *hp*) où la partie antérieure de la tête se continue, à angle droit, avec sa partie postérieure, après la formation de la courbure faciale. C'est en avant de cette insertion supérieure de la membrane pharyngienne qu'il se forme, après la résorption de cette membrane, un petit diverticule épithélial, dirigé vers le haut, et constituant la *poche de* RATHKE ou *cul-de-sac hypophysaire* (fig. 210, *hp*).

Fig. 210. — *Coupe médiane et sagittale de la tête d'un embryon de poulet de 4 1/2 jours*, d'après MIHALCOVICS. *E.ap*, éminence apicale; *vl*, ventricule latéral; v^3, troisième ventricule; v^4, quatrième ventricule; *A.S.* aqueduc de Sylvius; *Hc*, paroi de l'hémisphère cérébral; *ci*, cerveau intermédiaire; *cm*, cerveau moyen; *cv*, cervelet; *ep*, épiphyse ou glande pinéale; *hp*, poche de RATHKE ou cul-de-sac hypophysaire; *cd*, corde dorsale; *ab*, artère basilaire.

Il convient de faire remarquer que l'invagination buccale, située en avant de la membrane pharyngienne, et l'extrémité antérieure de l'intestin céphalique, située en arrière de cette membrane, ne correspondent nullement à la cavité buccale et au pharynx de l'adulte.

En effet, la langue, que l'on décrit en Anatomie comme siégeant au plancher de la cavité buccale, se forme aux dépens de la partie de l'intestin céphalique de l'embryon, située en arrière de la membrane pharyngienne. D'autre part, la région correspondant à la poche de RATHKE et qui, chez l'embryon, fait partie de l'invagination buccale, se trouve, chez l'adulte, dans la région du pharynx.

En raison de la disparition précoce et complète de la membrane pharyngienne, il n'est plus possible de déterminer, chez l'adulte, où se fait la continuité de l'épiderme, tapissant l'invagination buccale primitive, avec l'épithélium, endodermique, du tube digestif.

C. Développement des fentes branchiales.

Pendant que s'accomplissent ces transformations de l'invagination buccale, apparaissent immédiatement en arrière des arcs maxillaires, à droite et à gauche de la ligne médiane, plusieurs *fentes branchiales* ou *viscérales*. Elles se forment à peu près de la même manière chez les sélaciens, les téléostéens, les ganoïdes, les amphibiens et les amniotes (fig, 209, 211 et 212). Il se développe des évaginations profondes (*fb*[1] à *fb*[6]) de l'épithélium de l'intestin céphalique; elles sont dirigées de haut en bas, parallèlement à l'arc maxillaire. Elles refoulent devant elles les feuillets moyens, qu'elles repoussent sur les côtés et se rapprochent ainsi de la surface du corps, où elles s'appliquent contre l'épiderme. En même temps l'épiderme forme des invaginations, dont le nombre et la position correspondent aux évaginations de l'épithélium de l'intestin céphalique (fig. 209 et 211). Il y a donc lieu de distinguer des *sillons branchiaux internes*, d'origines endodermique, et des *sillons branchiaux externes*, d'origine ectodermique. Les fonds des deux sillons interne et externe correspondants se mettent au contact immédiat. Il en résulte que ces sillons ne sont bientôt plus séparés que par une *membrane d'occlusion*, formée par l'accolement de deux couches épithéliales, dont l'une est épidermique, tandis que l'autre est constituée par l'épithélium de l'intestin céphalique.

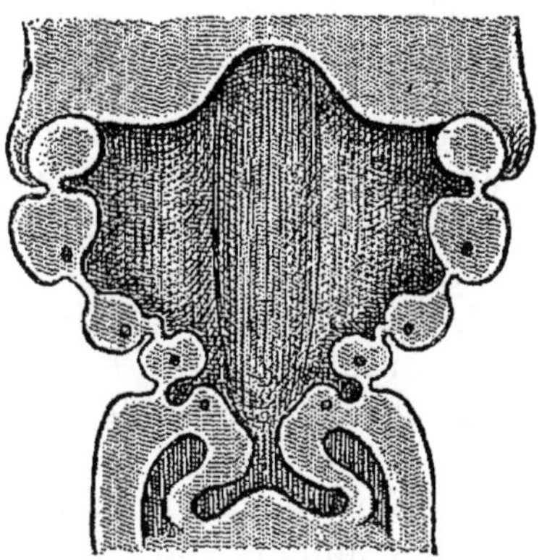

Fig. 211. — *Reconstruction, en coupe frontale, de la cavité bucco-pharyngienne d'un embryon humain* (embryon *Bl* de His), *mesurant 4,5 mm. depuis l'éminence coccygienne jusqu'à l'éminence nucale*, d'après His. Gross. 30 diam.

La figure montre quatre sillons branchiaux externes et quatre sillons branchiaux internes avec leurs membranes d'occlusion. Ces sillons séparent les cinq arcs branchiaux. Chacun des quatre derniers arcs nous montre, à la coupe transversale, le vaisseau qu'il renferme. A la suite du développement plus considérable pris par les deux premiers arcs branchiaux, les trois derniers sont déjà un peu reportés en dedans.

Ces sillons sont séparés de chaque côté de la ligne médiane par des *arcs branchiaux* ou *viscéraux membraneux* (fig. 209, 211, 214 et 191). Ces arcs consistent en un axe, formé par le feuillet moyen et par du mésenchyme, et tapissé par un épithélium. L'épithélium qui revêt la face interne des arcs branchiaux est endodermique, tandis que celui qui en tapisse la face externe est ectodermique. Le *premier arc branchial* est l'*arc maxillaire* : il est compris entre l'orifice buccal et les premiers sillons branchiaux interne et externe du côté droit ou du côté gauche ; le *deuxième arc branchial* ou *arc hyoïdien* est compris entre les premiers sillons branchiaux interne et externe et les deuxièmes sillons branchiaux interne et externe du même côté. Et ainsi de suite pour le *troisième arc*, pour le *quatrième*, etc.

Chez tous les vertébrés aquatiques, qui respirent à l'aide de branchies, les membranes d'occlusion ne tardent pas à se résorber et ce, dans l'ordre de formation des sillons branchiaux. Il en résulte que les deux sillons interne et externe correspondants se trouvent transformés en une *fente branchiale*, par laquelle l'eau peut pénétrer dans la cavité de l'intestin céphalique. En même temps, la muqueuse des arcs branchiaux a subi des modifications qui lui permettent de fonctionner comme organe respiratoire. Voici quelles sont ces modifications. Il se développe dans la muqueuse qui revêt les parois des fentes branchiales, c'est-à-dire dans la muqueuse des faces antérieure et postérieure des arcs branchiaux membraneux, un *réseau superficiel* de capillaires sanguins, dans lequel s'effectuent les échanges de l'oxygène et de l'acide carbonique, au contact de l'eau qui passe par les fentes branchiales. En outre, afin d'augmenter sa surface respiratoire, la muqueuse se plisse de façon à donner naissance à de nombreuses *lamelles branchiales*, parallèles les unes aux autres et renfermant un riche réseau de vaisseaux et de capillaires sanguins. Comme on le voit, la partie antérieure du tube digestif, celle qui fait immédiatement suite à la tête, se transforme en un organe de respiration aquatique.

Cette division importante du tube digestif en une portion antérieure, respiratoire, et en une portion postérieure, digestive, existe à la fois chez tous les vertébrés, chez l'Amphioxus et même chez certains invertébrés (Tuniciers et Balanoglossus).

Chez les vertébrés amniotes supérieurs, les sillons branchiaux externes et internes ainsi que les arcs branchiaux qui les séparent se forment dans le cours du développement, de la même façon que chez les anamniotes. Toutefois ils ne se transforment jamais en un organe respiratoire. Ils n'accomplissent jamais cette fonction et constituent des organes rudimentaires. Leur muqueuse ne produit pas de lamelles branchiales. De plus, les sillons ne se transforment pas partout et toujours en fentes branchiales; les membranes d'occlusion persistent fréquemment au fond des sillons branchiaux externes. Sur cette question, d'ailleurs, les auteurs qui, dans ces dernières années, se sont occupés de l'étude de la région branchiale chez les amniotes supérieurs, sont loin d'être d'accord. His, Born, Kölliker et S. Minot prétendent que les membranes d'occlusion ne se résorbent généralement pas. Pour Fol, de Meuron, Kastschenko, Liessner, etc., au contraire, elles se résorberaient tout au moins en ce qui concerne les deux ou trois premières fentes branchiales. Chez les reptiles, cette résorption est très étendue, tandis que chez les oiseaux et les mammifères elle reste limitée à une très petite partie de la membrane d'occlusion. Pour ce qui regarde les derniers sillons branchiaux, qui sont toujours peu profonds, leurs membranes d'occlusion persistent, parce qu'elles sont beaucoup plus épaisses; elles contiennent même une couche de tissu conjonctif. Ces différences que nous montrent dans leur degré de développement les fentes branchiales, non seulement d'un groupe de vertébrés amniotes à un autre, mais aussi chez le même individu; enfin, les variations que nous constatons, d'un groupe à l'autre, en ce qui concerne le nombre de ces organes, prouvent surabondamment que tout cet appareil est en voie d'atrophie chez les amniotes. Et nous pouvons suivre, dans la série des vertébrés, les différents stades successifs de sa rétrogradation.

Le nombre des fentes branchiales qui se forment dans le cours du développement varie dans les diverses classes des vertébrés. C'est chez les sélaciens qu'il est le plus élevé; certaines espèces en possèdent 6 (fig. 212); d'autres en ont même 7 et 8. Chez les poissons osseux, les amphibiens et les reptiles, il s'en forme 5; chez les oiseaux, les mammifères et l'homme (fig. 209, 211, 214 et 191), 4 seulement. *Nous pouvons donc dire, d'une façon générale, que plus on s'élève dans la série des vertébrés, plus est réduit le nombre des fentes branchiales qui apparaissent dans le cours du développement.* En se fondant sur ce fait et sur d'autres considérations relevant de l'anatomie comparée, plusieurs auteurs ont émis l'hypothèse que chez les ancêtres des vertébrés la cavité branchiale présentait un nombre de fentes branchiales supérieur à celui des sélaciens; qu'en outre on doit trouver dans la région de la tête et dans la région du cou, chez les vertébrés de la nature actuelle, des *restes atrophiés ou transformés* de ces fentes disparues dans le cours du développement phylogénique.

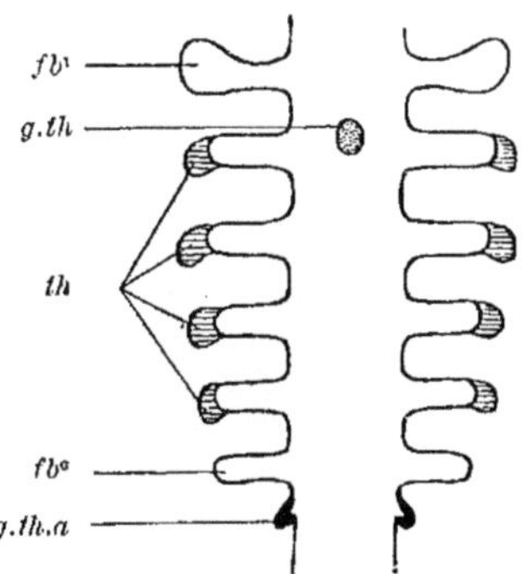

Fig. 212. — *Figure schématique montrant le mode de formation du thymus, de la glande thyroïde et des glandes thyroïdes accessoires chez un embryon de requin, ainsi que les rapports entre ces organes et les fentes branchiales,* d'après DE MEURON.

fb^1, fb^6, première et sixième fente branchiale; *th*, ébauches du thymus; *g.th*, glande thyroïde; *g.th.a*, glande thyroïde accessoire.

VAN BEMMELEN a observé, chez des embryons de requins et de raies, en arrière du dernier arc branchial, des évaginations en culs-de-sac de la paroi latérale de la cavité branchiale. Il les considère comme des fentes branchiales rudimentaires, qui ne s'ouvrent plus à l'extérieur (fig. 212 *gth. a*). Plus tard, aux dépens de ces évaginations, se forment, par prolifération de l'épithélium, des organes glandulaires, les *corps suprapéricardiques* (VAN BEMMELEN), dont la structure est semblable à celle de la glande thyroïde. On leur donne aussi le nom de *glandes thyroïdes accessoires.*

D'après certains auteurs, il s'est aussi produit dans la région de la tête, en avant de la première fente branchiale, une atrophie et une transformation de fentes branchiales. C'est ainsi que DOHRN a émis, à cet égard, diverses hypothèses, que je considère, je dois le dire, comme ne reposant nullement sur des bases certaines. Il admet : 1° que la bouche résulte du fusionnement d'une paire de fentes branchiales; 2° que l'organe olfactif représente aussi le produit de l'atrophie d'une autre paire de fentes branchiales, hypothèse que défendent également MARSHALL et plusieurs autres auteurs; 3° que dans la région des cavités orbitaires on doit admettre aussi la disparition de plusieurs fentes branchiales; les muscles moteurs de l'œil représenteraient les restes des muscles de ces arcs branchiaux qui délimitaient primitivement ces fentes disparues.

Chez le poulet, pendant le troisième jour de l'incubation, apparaissent les sillons branchiaux; au nombre de trois paires au début de cette journée, la quatrième paire se forme à la fin du même jour.

Chez l'embryon humain, les sillons branchiaux sont le plus marqués lorsqu'il atteint une longueur de 3 ou 4 millimètres (HIS) (fig. 191, 209, 214 et 211). Les sillons externes et internes sont alors assez profonds et séparés seulement par une mince membrane d'occlusion, de nature épithéliale. Ils sont d'autant plus longs qu'ils sont plus rapprochés de l'extrémité antérieure de la tête. Parmi les arcs branchiaux qui les séparent, le premier est le plus volumineux, et le dernier, le plus grêle. Vus en coupe frontale, ils sont disposés en deux séries latérales, qui convergent vers le bas, de telle sorte que la cavité bucco-pharyngienne constitue une sorte d'entonnoir, qui par son sommet se continue avec le tube digestif proprement dit.

A partir de la quatrième semaine de la gestation, les derniers arcs branchiaux des deux séries commencent à se rapprocher les uns des autres, ce qui résulte de ce que les premiers arcs se développent beaucoup plus qu'eux (fig. 213) : « Ils s'emboîtent, dit His, comme les différents tubes d'un télescope, de telle sorte que le quatrième arc se trouve d'abord entouré et recouvert par le troisième, puis, ce dernier, par le deuxième, en même temps qu'à la face interne du pharynx, le quatrième remonte plus haut que le troisième, et ce dernier, plus haut que le deuxième. » Il résulte de là que la longueur de la cavité bucco-pharyngienne est, chez les embryons plus âgés, relativement moindre que chez les plus jeunes. A la suite de cet accroissement inégal, qui s'accomplit d'ailleurs absolument de la même façon chez les oiseaux et chez les mammifères, il se forme une profonde fossette superficielle, à la limite postérieure de la région céphalo-cervicale. Cette fossette est désignée sous le nom de *sinus cervical* (Rabl) ou de *sinus précervical* (His) (fig. 213 et 215, *sc*). Le fond et la paroi antérieure de ce sinus sont constitués par le troisième et le quatrième arc branchial qui ne sont plus visibles extérieurement. L'entrée du sinus est délimitée en avant par le deuxième arc branchial, c'est-à-dire par l'arc hyoïdien (*ah*). L'arc hyoïdien donne progressivement naissance, en arrière, à un court prolongement, qui recouvre, en dehors, le sinus cervical, et que Rathke et Rabl, à juste titre, ont comparé à l'opercule branchial des poissons et des amphibiens. *Ce prolongement operculaire se soude finalement avec la paroi latérale du corps. Alors le sinus cervical, qui correspond à la cavité operculaire des poissons et des amphibiens et qui, comme cette dernière, est recouvert extérieurement par l'opercule en même temps qu'il renferme les derniers arcs branchiaux, le sinus cervical, dis-je, se trouve fermé extérieurement.*

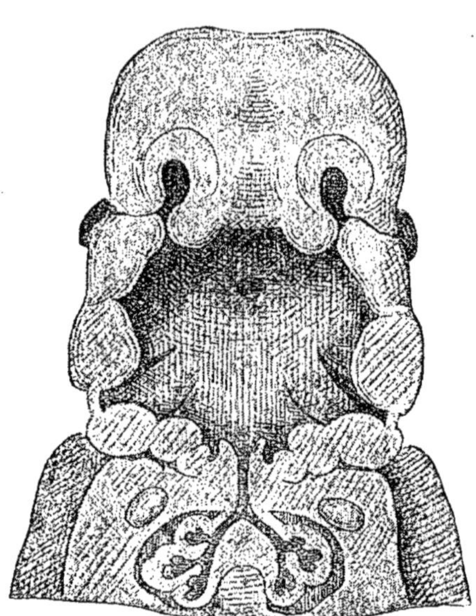

Fig. 213. — *Reconstruction frontale de la cavité bucco-pharyngienne d'un embryon humain* (embryon *Rg* de His), *mesurant 11,5 mm. depuis l'éminence coccygienne jusqu'à l'éminence nucale*, d'après His. Gross. 12 diamètres.

L'arc maxillaire supérieur est vu en perspective; l'arc maxillaire inférieur, à la coupe. Les derniers arcs branchiaux ne peuvent plus se voir qu'en coupe, parce qu'ils se trouvent reportés au fond du sinus cervical.

Il est facile de se rendre compte de tout ce processus, en comparant la figure 211 avec la figure 213 et les figures 194 et 214 avec la figure 215.

Le mode de développement des fentes branchiales et du sinus cervical présente également un intérêt pratique. Il existe parfois, chez l'homme, des fistules dans la région cervicale;

plus ou moins développées, elles se montrent à la surface du cou et s'engagent plus ou moins profondément; elles peuvent même s'ouvrir dans la cavité du pharynx. Ces dispositions sont dues à cette circonstance que le sinus cervical est resté partiellement ouvert extérieurement. Lorsque la fistule congénitale du cou s'ouvre, en outre, dans le pharynx, c'est qu'en même temps que le sinus cervical, la deuxième fente branchiale ne s'est pas fermée.

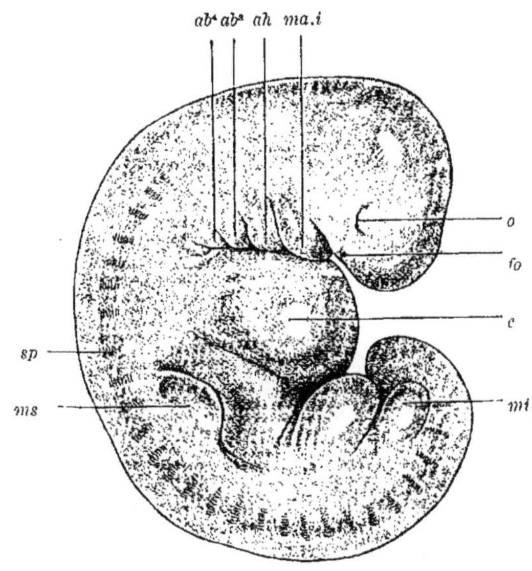

Fig. 214. — *Embryon humain de 4 semaines, extrait de la matrice d'une suicidée, 8 heures après la mort. Cet embryon mesurait 4 mm. de longueur depuis l'éminence coccygienne jusqu'à l'éminence nucale*, d'après RABL.

o, œil; *fo*, fossette olfactive; *ma.i*, prolongement maxillaire inférieur; *ah*, arc hyoïdien; *ab*[3] et *ab*[4], troisième et quatrième arc branchial ou viscéral; *c*, saillie de la paroi du corps, déterminée par le développement du cœur; *sp*, limite entre deux segments primordiaux; *ms*, membre supérieur; *mi*, membre inférieur.

II. — Différenciation des diverses parties du tube digestif et formation des mésentères (1)

Au début, le tube digestif est largement réuni à la paroi dorsale du corps (fig. 162). Il est uni à la corde dorsale (*ch*), au canal médullaire et aux segments primordiaux (*ms*) par une large bande de tissu conjonctif embryonnaire, dans laquelle sont logées les ébauches de deux gros vaisseaux sanguins, les deux aortes primitives (*ao*). Les cavités cœlomiques droite

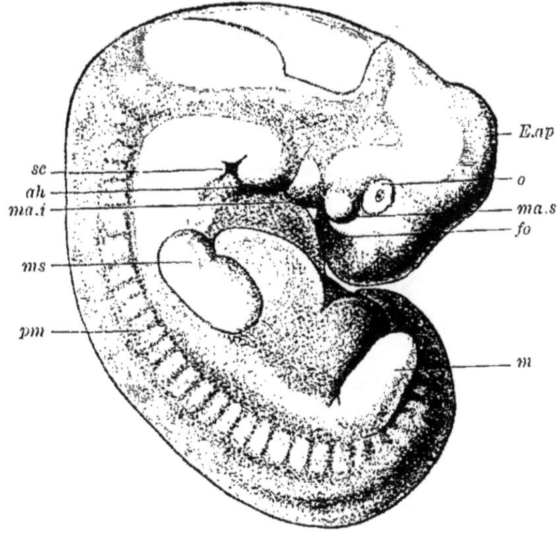

Fig. 215. — *Embryon humain de 5 semaines et mesurant 9 mm. depuis l'éminence nucale jusqu'à l'éminence coccygienne*, d'après RABL.

E.ap, éminence apicale; *o*, œil; *ma.s*, prolongement maxillaire supérieur; *ma.i*, prolongement maxillaire inférieur; *ah*, arc hyoïdien; *sc*, sinus servical; *fo*, fossette olfactive; *ms*, membre supérieur; *mi*, membre inférieur; *pm*, plaque ou segment musculaire.

(1) Avec l'autorisation de M. le Professeur O. HERTWIG, ce paragraphe a été complètement remanié par le traducteur, conformément à une note accompagnée de figures, qui lui a été remise par M. le Professeur SWAEN.

et gauche sont, par conséquent, séparées l'une de l'autre par un large espace. Cet espace se rétrécit au fur et à mesure que l'embryon se développe, en même temps que se forme un mésentère dans toute l'étendue du tube digestif, sauf dans sa partie antérieure. Voici comment se développe le mésentère (voir pl. I, fig. 8, 9 et 10). Le tube digestif s'éloigne de la corde dorsale, ce qui est dû à ce que la large bande de tissu dont nous avons parlé plus haut, et qui s'étendait transversalement, se rétrécit en s'allongeant dans le sens dorso-ventral (pl. I, fig. 10). Les

Fig. 216. Fig. 217.

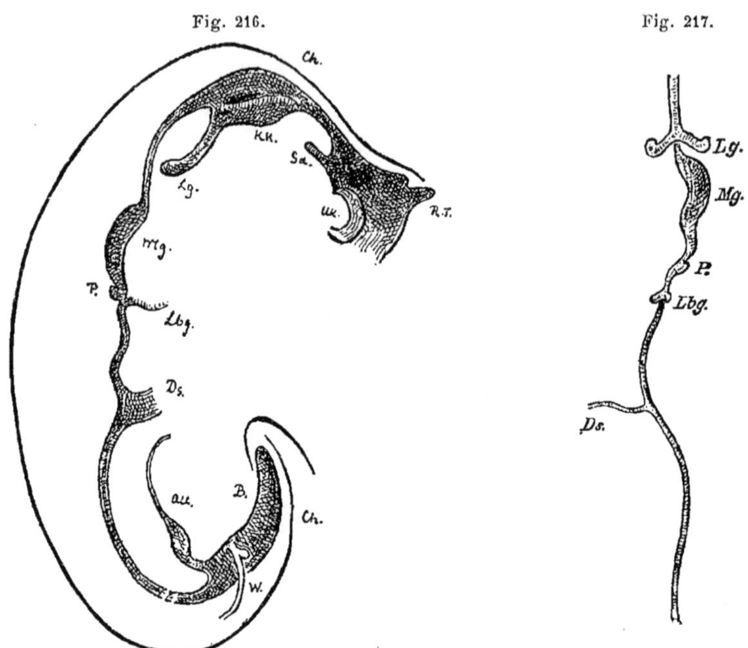

Fig. 216. — *Tube digestif d'un embryon humain* (embryon *R* de His), *mesurant 5 mm. de l'éminence coccygienne à l'éminence nucale*, d'après His. Gross. 20 diam.

R.T, poche de Rathke ou cul-de-sac hypophysaire; *Uk*, prolongement maxillaire inférieur; *Sd*, glande thyroïde; *Ch*, corde dorsale; *Kk*, entrée du larynx; *Lg*, poumon; *Mg*, estomac; *P*, pancréas; *Lbg*, conduit hépatique; *Ds*, canal vitellin; *All*, canal allantoïdien; *W*, canal de Wolff avec l'ébauche de l'uretère.

Fig. 217. — *Tube digestif d'un embryon humain* (embryon *Bl* de His), *mesurant 4,25 mm. de l'éminence coccygienne à l'éminence nucale*, d'après His. Gross. 39 diam.

Lg, poumons; *Mg*, estomac; *p*, pancréas; *Lbg*, conduits hépatiques; *Ds*, canal vitellin.

deux aortes qu'elle renfermait se rapprochent de la ligne médiane, s'accolent, puis se fusionnent dans le plan médian en un seul vaisseau (aorte), interposé entre la corde dorsale et l'intestin. A la suite de ce processus, le tube digestif et la corde dorsale finissent par n'être plus unis que par une mince lame, étendue dans le plan médian du corps, de l'extrémité antérieure à l'extrémité postérieure de l'embryon. Cette lame, le mésentère, s'est formée aux dépens du tissu conjonctif qui entoure la corde dorsale. Le long de son insertion à la paroi dorsale du corps, le mésentère loge l'aorte. Enfin, il se compose de trois couches :

une couche de tissu conjonctif, dans laquelle courent les vaisseaux sanguins qui se rendent au tube digestif, et deux couches épithéliales, qui revêtent la couche précédente et qui dérivent du feuillet moyen. Ces épithéliums sont formés par des cellules fortement aplaties.

La différenciation du tube digestif en diverses parties placées les unes derrière les autres débute par la formation de l'estomac. Il apparaît, tout d'abord, à quelque distance en arrière de la portion respiratoire du tube digestif, caractérisée par la présence des fentes branchiales, sous l'aspect d'une petite dilatation fusiforme, dont le grand axe correspond à l'axe longitudinal du corps (fig. 216 et 217, *Mg*). C'est ce qui se trouve réalisé chez l'embryon humain de quatre semaines. Le tube digestif dans son ensemble présente à considérer, à ce moment, cinq parties, placées les unes derrière les autres. Ce sont : la cavité buccale, le pharynx, l'œsophage, l'estomac et l'intestin. Le pharynx, caractérisé par la présence des fentes branchiales, se continue par son extrémité postérieure ou inférieure, rétrécie, avec l'œsophage. Ce dernier est un canal étroit qui se continue avec l'estomac. L'intestin est plus ou moins largement uni avec le sac vitellin (*Ds*).

Chez une foule de poissons et d'amphibiens, la disposition que nous venons de faire connaître persiste pendant toute la durée de la vie. Chez l'adulte, le tube digestif traverse le cœlome presque en ligne droite, depuis la bouche jusqu'à l'anus. Quant à l'estomac, il constitue une simple dilatation fusiforme.

Chez les vertébrés supérieurs, cette disposition s'est modifiée, parce que l'intestin s'allonge notablement, sans que le tronc de l'animal le fasse dans la même mesure. Il en résulte que, pour arriver à se loger dans la cavité abdominale, l'intestin a dû décrire des sinuosités, former des anses. Certaines parties de l'organe restent appliquées contre la colonne vertébrale, tandis que d'autres s'en éloignent en se plissant. Les premières sont fixées par un mésentère court et sont, par conséquent, moins mobiles; le mésentère des autres parties s'est, au contraire, allongé en une mince lame parfois très étendue. Ces parties de l'intestin ont ainsi acquis une mobilité plus grande.

Les phénomènes du développement du tube digestif sont assez complexes. Ils ont été mis en lumière, en ce qui concerne les embryons humains, par les travaux de Meckel, de J. Müller, de Toldt, de His, de Klaatsch, de Broman, de Ravn, de Swaen, etc.

Chez les embryons humains de vingt-quatre à vingt-cinq jours, longs de 5 millimètres (fig. 216), l'estomac est caractérisé par sa dilatation fusiforme; le duodénum est indiqué par les origines des conduits hépatique (*Lbg*) et pancréatique; l'anse intestinale, qui lui fait suite, très peu développée encore, est mise en relation avec le sac vitellin par l'intermédiaire d'un canal omphalo-entérique (*Ds*) assez large. L'estomac est déjà refoulé dans la moitié gauche de la cavité abdominale (fig. 217, *Mg*), tandis que la partie inférieure du duodénum est, au contraire, reportée vers la droite du plan médian (*Lbg*). La partie supérieure ou antérieure du tube digestif, en rapport en avant avec le sinus veineux et la face dorsale du foie, à savoir l'extrémité inférieure de l'œsophage, l'estomac et le duodénum, se trouve logée dans une cloison mésentérique complète tendue, dans le plan médian sagittal, de la paroi abdominale postérieure à la face dorsale du sinus veineux et du foie.

Cette cloison est une large bande de tissu conjonctif embryonnaire,

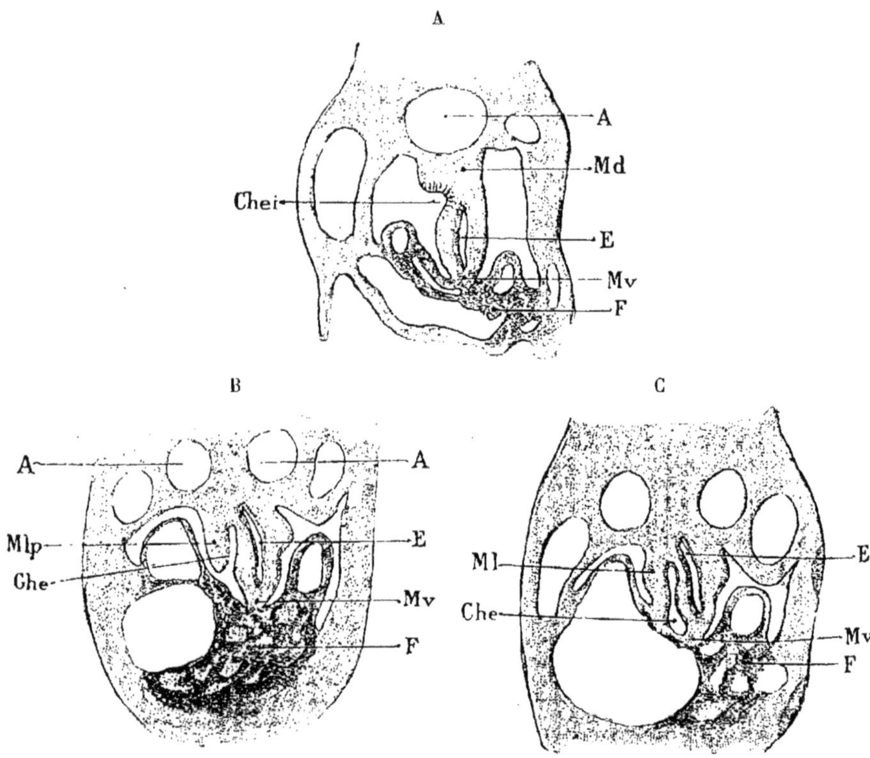

Fig. 218 A, B et C. — *Trois coupes transversales d'un embryon de lapin de 10 1/2 jours, d'après* SWAEN.

A, coupe passant par le cul-de-sac inférieur de la cavité hépato-entérique; B, coupe passant par la gouttière hépato-entérique; C, coupe passant par la cavité hépato-entérique,

Che, cavité hépato-entérique; *Ghe*, gouttière hépato-entérique; *Chei*, cul-de-sac inférieur hépato-entérique; *A*, aorte; *E*, estomac; *F*, foie; *Md*, portion dorsale de la cloison mésentérique; *Mv*, portion ventrale de la cloison mésentérique; *Ml*, méso latéral; *Mlp*, prolongement caudal du méso latéral.

tapissée sur ses deux faces latérales par l'épithélium du cœlome. Grâce à la présence du tube digestif qu'elle enveloppe, on peut la subdiviser en une partie dorsale, une partie moyenne et une partie ventrale.

La partie moyenne enveloppe le tube digestif épithélial; la partie dorsale relie son bord postérieur ou dorsal à la paroi abdominale postérieure; la partie ventrale, enfin, unit le bord antérieur du tube digestif à la face dorsale du sinus veineux et du foie.

Or, dans cette *cloison mésentérique*, déjà chez les embryons humains de 3 millimètres de long, pénètre, de droite à gauche, un cul-de-sac du cœlome, dont la formation est déterminée par la prolifération de l'épithélium cœlomique. Ce cul-de-sac s'engage dans la cloison mésentérique au niveau de l'extrémité supérieure du duodénum et se prolonge vers le haut, en se modifiant, le long de la face latérale droite de l'estomac et de l'œsophage.

Chez un embryon humain de 5 millimètres de long (et il en est de même chez l'embryon du lapin de dix jours et demi, voir fig. 218), à son extrémité inférieure ce cul-de-sac s'engage transversalement, de droite à gauche, dans la portion dorsale de la cloison mésentérique (fig. 218, A, *Chei*); puis, au fur et à mesure qu'on le suit vers le haut, on le voit s'engager, d'arrière en avant au contraire, dans les portions moyenne et dorsale de la cloison (fig. 218, B, *Ghe*) sous la forme d'une gouttière longitudinale, qui se trouve ainsi délimitée : d'une part, à gauche par la paroi latérale droite de l'estomac; d'autre part, à droite, par une crête longitudinale (*Mlp*), dont le bord antérieur est libre. Le bord postérieur de cette crête se continue dans la portion dorsale de la cloison mésentérique. Cette gouttière, à son tour, se prolonge vers le haut dans une fente (fig. 218, C, *Che*), qui longe la face latérale droite de l'extrémité supérieure de l'estomac et de la partie inférieure de l'œsophage. Cette fente pénètre, en avant, dans la portion ventrale de la cloison mésentérique. Elle se termine par une extrémité supérieure aveugle, au voisinage du tube pulmonaire. Cette fente divise la cloison mésentérique en deux feuillets, dont l'un, situé à droite, constitue le *méso latéral* (*Ml*), tandis que l'autre, médian, est la *cloison mésentérique sensu strictiori*. Le méso latéral, suivant son bord dorsal, se confond avec l'insertion dorsale de la cloison mésentérique; suivant son bord ventral, il s'insère, à droite de cette cloison, au sinus veineux et à la face dorsale du foie.

Le prolongement du cœlome que nous venons de décrire comprend donc trois parties : une inférieure, le cul-de-sac transversal inférieur (fig. 218, A, *Chei*); une moyenne, la gouttière (fig. 218, B, *Ghe*) et, enfin, une supérieure, la cavité complète ou fente (fig. 218, C, *Che*). Comme cette cavité présente des relations avec le foie et le tube digestif, on peut lui donner le nom de *cavité hépato-entérique*. Elle est comprise, comme nous l'avons vu, entre la cloison mésentérique s.s. et le méso latéral. Vers le bas, elle se continue dans la *gouttière hépato-entérique*, le méso latéral se prolongeant dans la crête qui forme la paroi droite de cette gouttière : d'où le nom de *prolongement caudal du méso latéral* (Swaen), que l'on peut donner à cette crête, qui est aussi connue sous le nom de *plica venæ cavæ*.

Si l'on suppose que le bord inférieur du méso latéral s'accroisse vers le bas et relie peu à peu le bord libre de son prolongement caudal à la face dorsale du foie; si l'on suppose, en outre, que le prolongement caudal s'étende vers le bas, peu à peu, jusqu'en regard du cul-de-sac transversal inférieur de la cavité hépato-entérique, il résultera de ce double processus que la cavité hépato-entérique se complètera de haut en bas et longera, dans toute leur étendue, l'estomac et la partie supérieure du duodénum. Or, c'est en réalité ce qui se produit par suite de la pénétration du tissu hépatique dans le méso latéral et dans son prolongement caudal. Ce processus amène l'union du foie avec la paroi

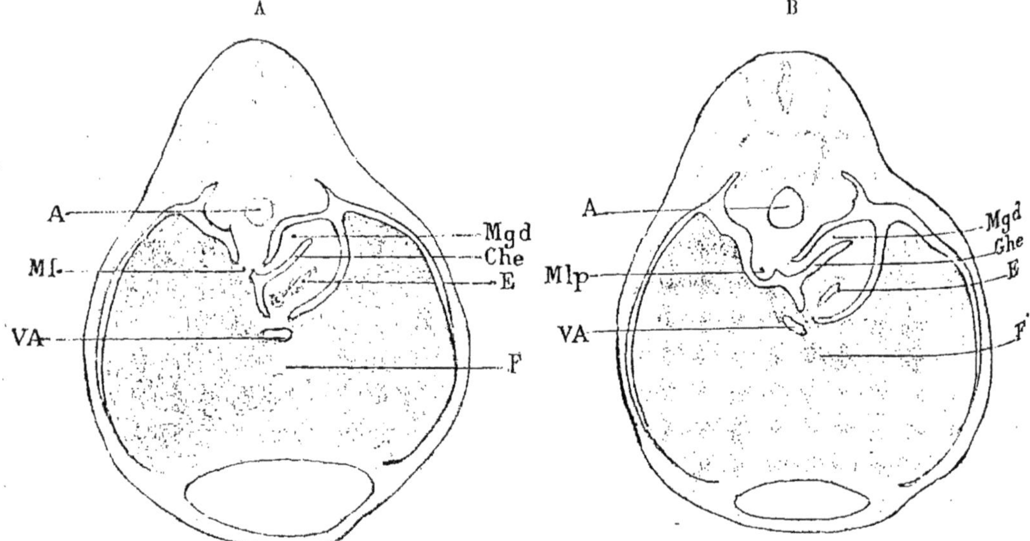

Fig. 219 A et B. — *Coupes transversales d'un embryon humain, dont la longueur nucale est de* $7^{m}/^{m}$, d'après SWAEN.

A, coupe passant par l'extrémité supérieure de l'estomac et la cavité hépato-entérique; B, coupe passant par l'extrémité inférieure de l'estomac et par la gouttière hépato-entérique.

A, aorte; *E*, estomac; *F*, foie; *Che*, cavité hépato-entérique; *Ghe*, gouttière hépato-entérique; *Mgd*, mésogastre dorsal; *Ml*, méso latéral; *Mlp*, prolongement caudal du méso latéral; *VA*, canal veineux d'ARANTIUS.

abdominale postérieure le long de la veine cave inférieure, cette dernière se développant dans le méso latéral et dans son prolongement caudal (voir fig. 221, A et B, *Vc* et *Ml*).

Mais pendant que ces modifications s'accomplissent dans le méso latéral, les changements survenus dans l'estomac et le duodénum ont considérablement modifié les parties primitivement formées de la cavité hépato-entérique et les ont tranformées en *arrière-cavité du péritoine*.

Avant d'aborder l'étude de ces transformations, il est nécessaire de bien préciser la disposition et les rapports du *mésoduodénum*. Dans la partie supérieure de son étendue, le mésoduodénum se trouve dans des conditions particulières, en raison même des rapports intimes qu'il présente avec le foie. Non seulement les conduits biliaires, qui parcourent la portion ventrale de la cloison mésentérique, unissent le tube digestif au foie et à la vésicule biliaire, mais il y a plus : la partie inférieure du lobe latéral droit du foie (fig. 220, A), développée dans la cloison mésentérique, longe la face latérale droite du duodénum et des conduits biliaires (*Cch*); la veine porte (*Vp*), montant dans le mésoduodénum (*Md*) derrière le tube intestinal, passe ensuite le long de sa face latérale droite, pour s'engager dans la face interne de cette partie inférieure du lobe hépatique. Il résulte de ces rapports que, dans cette région assez limitée du mésoduodénum, il existe une union intime entre lui et le foie. Le mésoduodénum présente donc beaucoup plus de fixité dans cette partie de son étendue que le restant de la cloison mésentérique. Aussi, tandis que tout le reste de la cloison mésentérique ne tarde pas à se modifier profondément, cette partie du mésoduodénum restera sans grand changement, étendue de la paroi abdominale postérieure à la face voisine du foie.

Cela dit, voyons quels changements subit la cloison mésentérique par suite du développement de l'estomac et de la première portion du duodénum.

Mésogastre et grand épiploon. — L'*estomac*, en devenant plus volumineux, gagne un grand cul-de-sac et se développe surtout le long de son bord postérieur ou grande courbure; il est forcé de se reporter de plus en plus dans la moitié gauche de la cavité abdominale et, pour cela, d'exécuter en même temps, autour d'un axe longitudinal médian, un mouvement de rotation, qui porte sa grande courbure vers la gauche (fig. 219, A et B). Cette rotation de l'estomac (E) a pour effet de tourner en arrière sa face latérale droite, de rendre sa face latérale gauche en même temps antérieure et de tourner son bord antérieur ou petite courbure en avant et à droite. Ces changements de position de l'estomac entraînent nécessairement des changements de position de l'œsophage. Cet organe éprouve une torsion spirale et sa face latérale gauche primitive devient antérieure.

Ces phénomènes nous expliquent la position asymétrique des deux nerfs pneumogastriques. Ils nous font comprendre pourquoi le nerf pneumogastrique gauche fournit à la face antérieure de l'œsophage et de l'estomac, tandis que le nerf pneumogastrique droit se distribue à la face postérieure de ces mêmes organes. Si, par hypothèse, la rotation de l'œsophage et de l'estomac autour de leur axe longitudinal n'avait pas lieu, le trajet et la distribution des deux pneumogastriques seraient absolument symétriques.

Le transfert de l'estomac dans la moitié gauche de la cavité abdominale a forcé l'extrémité supérieure du duodénum à l'y suivre et actuellement ce dernier, pour regagner le plan médian sagittal, doit se diriger très obliquement en bas et à droite. Ces changements de position de l'estomac et du duodénum ont peu d'influence sur la portion ventrale de la cloison mésentérique, mais ils n'ont pu s'effectuer que grâce au développement considérable qu'a pris, au contraire, sa portion dorsale (fig. 219, A et B). Cette dernière a suivi et même précédé l'estomac et le duodénum dans leur évolution. Elle s'est notablement développée vers la gauche derrière ces parties du tube digestif et tout naturellement, en même temps que la portion dorsale de la cloison se modifiait ainsi, la

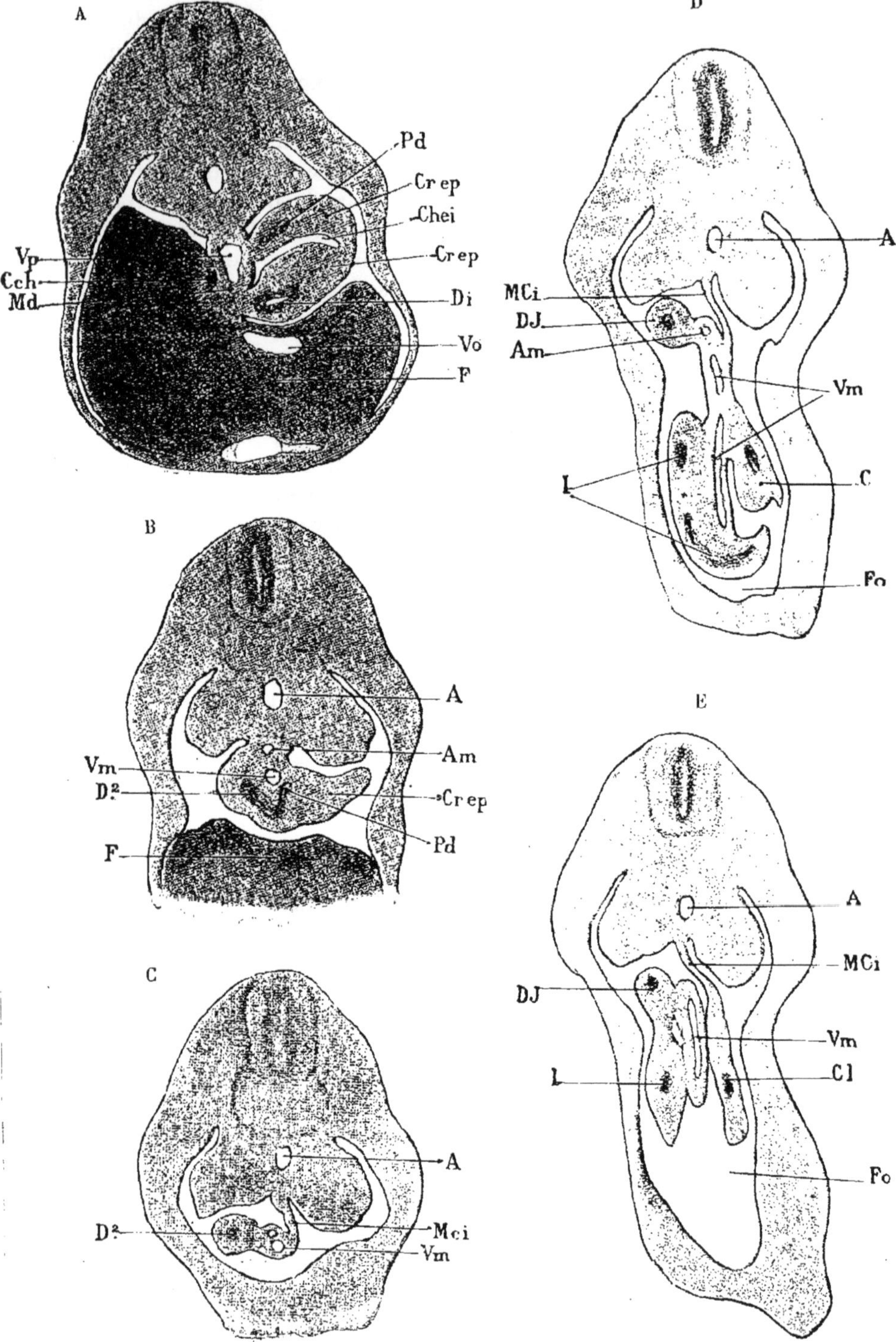
A
Pd
Cr ep
Chei
Cr ep
Vp
Cch
Md
Di
Vo
F
B
A
Am
Vm
D2
Cr ep
Pd
F
C
A
D2
Mci
Vm
D
A
MCi
DJ
Am
Vm
L
C
Fo
E
A
MCi
DJ
Vm
L
Cl
Fo

Fig. 220 A, B, C, D et E. — *Coupes transversales d'un embryon humain mesurant 10m/m de longueur nucale, d'après* Swaen.

A, coupe passant par la partie supérieure du mésoduodénum; B, coupe passant par la partie moyenne du mésoduodénum; C, coupe passant par la partie inférieure du mésoduodénum; D et E, coupes passant par l'anse intestinale.

A, aorte; *Am*, artère mésentérique; *Chei*, cul-de-sac inférieur hépato-entérique; *Crep*, crête épiploïque; *C*, cæcum; *Cl*, colon; *Cch*, canal cholédoque; *Di*, première portion du duodénum; *D²*, seconde portion du duodénum; *DJ*, courbe duodéno-jéjunale; *F*, foie; *Fo*, fossette ombilicale; *I*, intestin grêle; *Md*, mésoduodénum; *Mci*, mésocolon initial, portion sagittale inférieure du mésoduodénum; *Pd*, pancréas dorsal; *Vm*, veine mésentérique; *Vo*, veine ombilicale; *Vp*, veine porte.

cavité et la gouttière hépato-entériques se sont développées avec elle et longent actuellement la face latérale droite, devenue postérieure, de l'estomac, jusqu'au niveau de sa grande courbure. De là une modification importante de la portion dorsale de la cloison mésentérique. Celle-ci, partant de la ligne médiane, où elle s'insère à la paroi abdominale postérieure, se dirige maintenant vers la gauche, longe sans y adhérer la face latérale droite de l'estomac et ne se continue avec le revêtement péritonéal de ce dernier que le long de sa grande courbure. C'est de cette façon que se constitue le *mésogastre postérieur ou dorsal* (fig. 219, A et B, *Mgd*).

Au niveau de l'extrémité inférieure de l'estomac, le processus a été plus simple. La portion dorsale de la cloison, se développant considérablement vers la gauche, forme à ce niveau une crête très saillante, dans laquelle le cul-de-sac transversal inférieur de la cavité hépato-entérique, qui s'est développé en même temps, pénètre profondément sous forme d'une fente transversale. Cette fente divise ainsi la crête en deux feuillets, dont l'un, postérieur, prolonge vers le bas le mésogastre postérieur, tandis que l'autre, antérieur, se continue dans le revêtement de l'estomac, le long de sa grande courbure (fig. 219, B).

Au niveau de la première portion du duodénum, primitivement engagée dans la partie supérieure du mésoduodénum, le processus est plus compliqué. Entraîné fortement vers la gauche par l'extrémité inférieure de l'estomac, le duodénum a été forcé de se séparer de la veine porte et du lobe droit du foie et de sortir, pour ainsi dire, de la portion supérieure du méso, fixe et médiane. Il n'y pénètre plus qu'un peu plus bas et cela par sa face latérale gauche, pour s'y continuer dans la seconde portion du duodénum (fig. 220, A, *Di* et 220, B, *D²*).

Ce processus a entraîné dans la partie supérieure du mésoduodénum (*Md*) une modification importante : sa portion moyenne se continue maintenant, à gauche, dans le revêtement du duodénum au moment où il y pénètre, ou plutôt, cette partie du méso a dû se développer vers la gauche pour suivre le duodénum dans son inclinaison (fig. 220, A). D'autre part, en arrière et au-dessous du duodénum, le méso s'est développé en une crête saillante, prolongeant vers le bas celle qui s'est formée derrière l'extrémité inférieure de l'estomac. C'est la *crête épiploïque* (fig. 220, A et B, *Crep*).

Le cul-de-sac inférieur de la cavité hépato-entérique (*Chei*) s'est engagé dans la crête épiploïque qu'elle subdivise (fig. 220, A) en deux feuillets, dont l'un, postérieur, prolonge vers le bas le mésogastre dorsal, tandis que l'autre, antérieur, se continue dans le revêtement péritonéal du duodénum, le long de son pourtour inférieur. Seulement le cul-de-sac hépato-entérique n'a pu s'avancer dans le plan médian, au-dessous du point où la veine porte (*Vp*), sortant du mésoduodénum, pénètre dans le foie. A ce niveau, il a été arrêté dans sa progression vers le bas et ce n'est qu'à gauche de la portion médiane, fixe, du méso qu'il a pu s'engager dans la crête épiploïque (fig. 220, A).

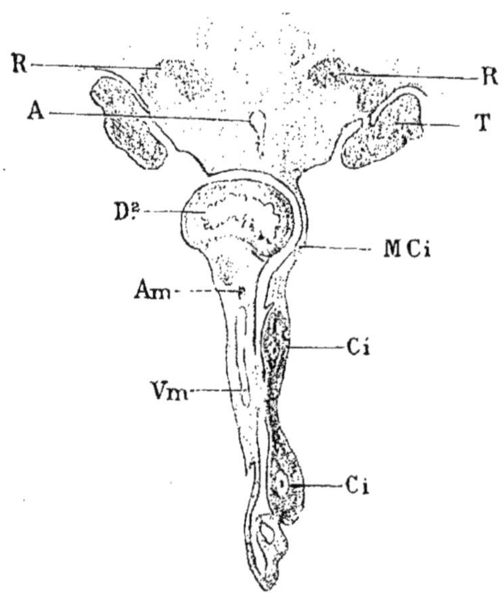

Fig. 220 *bis*. — *Coupe transversale d'un embryon humain, mesurant 23m/m du vertex au coccyx*. Gross. : 10 diamètres. D'après Swaen.

A, aorte; *Am*, artère mésentérique; *Ci*, colon initial; *D²*, portion transversale inférieure du duodénum; *MCi*, portion sagittale du mésoduodénum, mésocolon initial; *R*, rein; *T*, testicule; *Vm*, veine mésentérique.

La portion médiane du mésoduodénum présente donc maintenant un bord supérieur libre et sa face latérale gauche se continue : d'une part, dans les deux feuillets de la crête épiploïque et, d'autre part, dans le revêtement de la première portion du duodénum. Or, dans la portion médiane du mésoduodénum, les pancréas se sont développés et le pancréas dorsal commence à s'engager, de droite à gauche, dans le feuillet postérieur de la crête épiploïque (fig. 220, A, *Pd*). Cette partie du pancréas est destinée à devenir le corps et la queue de l'organe.

Ces dispositions sont réalisées chez les embryons humains de vingt-sept à trente jours et ne subiront plus, dans la suite du développement, que des modifications de détail faciles à expliquer. Ce sont ces modifications que nous allons faire connaître.

Le mésogastre postérieur et les deux feuillets de la crête épiploïque dans lesquels il se continue vers le bas s'accroissent considérablement chez les embryons plus âgés (fig. 221 *bis*, A). Le corps et la queue du pancréas se développent dans le feuillet postérieur de la crête épiploïque et forment ainsi la limite entre le mésogastre postérieur, qui se trouve au-dessus (fig. 221 *bis*, A, *Mgd*) et le grand épiploon (*GEP*), qui se trouve au-dessous d'eux.

Dans l'épaisseur du mésogastre postérieur, le long de la grande courbure de l'estomac, se développe la rate (fig. 221, A et 221 *bis*, A, *Rt*).

Les deux feuillets de la crête épiploïque, au-dessous du pancréas,

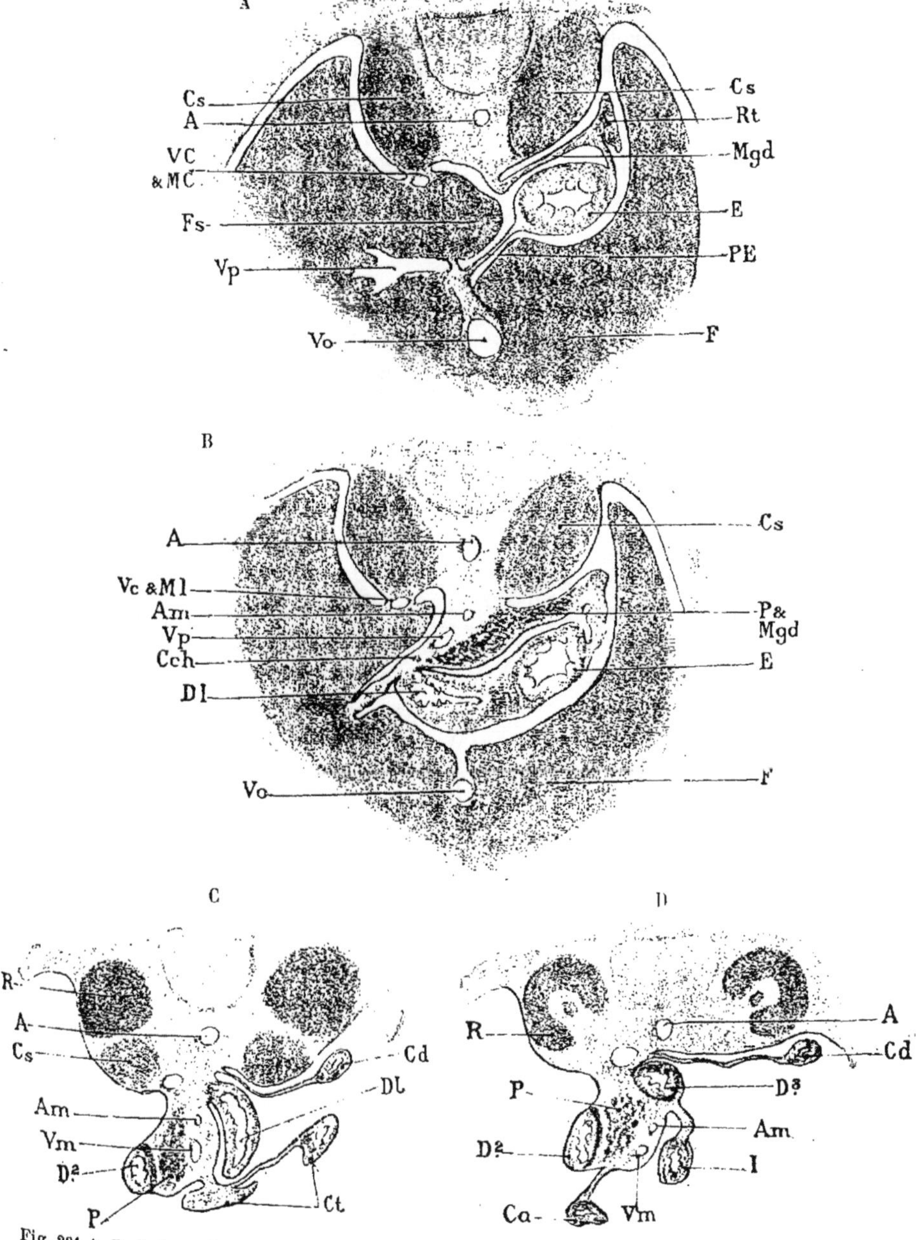

Fig. 221 A, B, C, D. — *Coupes transversales d'un embryon humain, mesurant 45m/m du vertex au coccyx.* Gross. : 7 diamètres. D'après SWAEN.

A, aorte; *Am*, artère mésentérique; *Cs*, capsule surrénale; *Ca*, colon ascendant; *Ct*, colon transverse; *Cd*, colon descendant; *Cch*, canal cholédoque; *DI*, *D*² et *D*³, première, seconde et troisième portions du duodénum; *DJ*, courbe duodéno-jéjunale; *E*, estomac; *F*, foie; *Fs*, lobule de SPIGEL du foie; *I*, intestin grêle; *Mgd*, mésogastre dorsal; *Ml* ou *MC*, méso latéral; *P*, pancréas; *PE*, petit épiploon; *R*, rein; *Rt*, rate; *Vm*, veine mésentérique; *Vo*, veine ombilicale; *Vp*, veine porte; *Vc* ou *VC*, veine cave inférieure.

s'allongent et s'étendent vers le bas (fig. 221 *bis*, A et B, *GEa*, *GEP*) au-devant des viscères situés au-dessous de l'estomac (le colon transverse, *Ctr*, puis l'intestin grêle, *I*). Ils sont séparés l'un de l'autre par une fente étroite, qui constitue la partie inférieure de l'arrière-cavité du péritoine et se continuent l'un avec l'autre, le long des bords inférieur et latéraux du *grand épiploon*, qu'ils constituent ainsi.

Vers le haut, le feuillet antérieur du grand épiploon aboutit à la

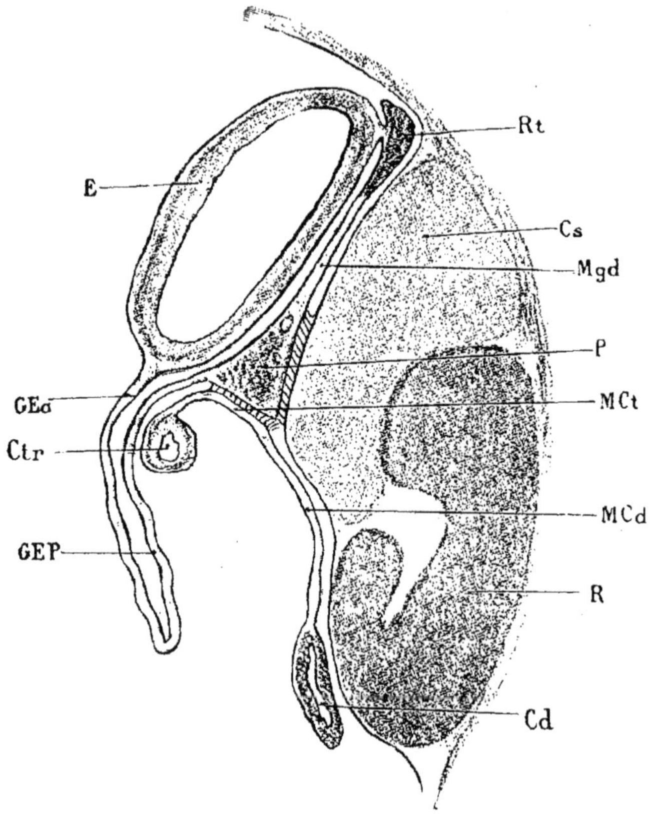

Fig. 221 *bis* A. — *Coupe sagittale latérale d'un embryon humain mesurant 6 1/2 centimètres du vertex au coccyx*. Gross. : 7 diamètres. D'après Swaen.
Pour la légende, se reporter à la figure 221 *bis* B.

grande courbure de l'estomac et au pourtour inférieur de la première portion du duodénum (fig. 221 *bis*, A et B, *GEa*). Le feuillet postérieur du grand épiploon (fig. 221 *bis*, A, *GEP*), arrive à la face inférieure du corps du pancréas (*P*), l'enveloppe et se continue dans le mésogastre postérieur (*Mgd*) ; il s'insère, d'autre part, en dedans, sur la face latérale gauche (future face antérieure) du mésoduodénum, suivant une ligne que nous indiquerons ultérieurement (voir fig. 221 *bis*, B).

Les dispositions principales sont réalisées chez les embryons humains d'une longueur totale de 37 millimètres; d'après les indications de Minot, ces embryons auraient de 64 à 67 jours. Elles persisteront, quels que soient plus tard les changements de position du mésoduodénum.

Seulement, chez les embryons humains de 6,5 centimètres, la

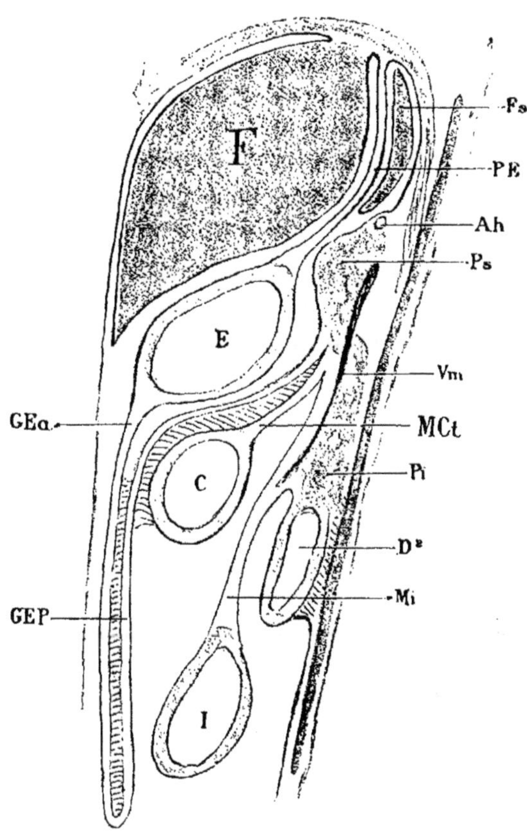

Fig. 221 *bis* B. — *Coupe sagittale médiane d'un adulte.* Cette figure, demi-schématique, a été constituée en combinant une coupe sagittale de la collection de l'Institut d'Anatomie de Liège avec la coupe de l'atlas de Braun.

Ah, artère hépatique; *Cs*, colon; *C*, capsule surrénale; *Cd*, colon descendant; *Ct*, colon transverse; *D²*, duodénum (courbe inférieure); *E*, estomac; *F*, foie; *Fs*, lobule de Spigel du foie; *Gea* et *GEP*, feuillet antérieur et feuillet postérieur du grand épiploon; *I*, intestin grêle; *MCd*, mésocolon descendant; *MCt*, mésocolon transverse; *Mgd*, mésogastre dorsal; *Mi*, mésentère; *P*, pancréas; *Pi*, partie inférieure, et *Ps*, partie supérieure de la tête du pancréas; *PE*, petit épiploon; *R*, rein; *Rt*, rate; *Vm*, veine mésentérique supérieure.

Les hachures indiquent les soudures entre feuillets péritonéaux.

face postérieure du mésogastre, là où il contient le corps et la queue du pancréas, se soude au péritoine pariétal (fig. 221 *bis*, A) et donne ainsi une insertion fixe au bord supérieur du feuillet postérieur du grand épiploon. Plus tard encore, au-dessus du pancréas, le mésogastre postérieur tout entier, en dedans de la rate, se soude au péritoine pariétal de la paroi postérieure gauche de l'abdomen. De cette façon, dans cette région, la paroi postérieure de l'arrière-cavité du péritoine semble constituée par le péritoine pariétal.

Depuis longtemps chez ces embryons, la cavité hépato-entérique s'est étendue vers le bas, par suite de la progression dans ce sens du méso latéral (voir plus haut) et cette cavité, sa gouttière et son cul-de-sac inférieur, qui, au début, s'ouvraient si largement, à droite, dans la cavité abdominale (fig. 218 et 219 B), ne communiquent plus maintenant avec cette dernière que par un orifice très rétréci (fig. 221, B). Cet orifice est délimité : à gauche, par le bord supérieur du mésoduodénum ; à droite, par une partie du foie comprise entre la veine cave inférieure, d'une part, et l'insertion du mésoduodénum au hile du foie, d'autre part.

Mésentère et mésocolon. — Le développement du mésentère et du mésocolon est en relation si intime avec celui du mésoduodénum, et les dispositions de ces organes chez les embryons de 10 millimètres de longueur nucale sont si importantes pour la compréhension de ce processus, qu'il est indispensable d'en faire précéder l'étude par la description exacte de ces organes chez un embryon de cet âge.

Nous avons dit plus haut que la partie inférieure du duodénum était reportée dans la moitié droite de la cavité abdominale et que l'anse intestinale, encore peu développée, se continuait, au sommet de sa convexité antérieure, dans un canal omphalo-entérique assez large encore (fig. 217, 220, C et D). La convexité antérieure de cette anse augmente tandis que le canal omphalo-entérique diminue de calibre. Engagé dans le cordon ombilical, ce dernier y attire le sommet de la courbe intestinale, qui ne tarde pas à se trouver engagé dans la fossette ombilicale du cordon. La branche supérieure de l'anse s'y range à droite de l'origine de la branche inférieure (fig. 221 *ter*, schéma A).

Chez un embryon de 10 millimètres, la branche supérieure de l'anse intestinale, plus développée, se trouve tout entière dans la moitié droite de la cavité abdominale (fig. 220, D et E, I), le long des vaisseaux mésentériques (*Vm*), qui occupent le plan médian sagittal.

Voici quel est le trajet de toute la partie inférieure du tube intestinal (fig. 221 *ter*, schéma A et fig. 220, A, B et C).

Quand la première portion du duodénum (fig. 220, A, *Di*) pénètre dans le mésoduodénum par sa face latérale gauche, la seconde portion de cette partie de l'intestin continue, comme la première, à se diriger en bas et à droite et se porte en même temps en arrière (comparer les figures 220, A, B et C). De cette façon, le duodénum décrit, dans son ensemble, une courbe à convexité antérieure, dans un plan oblique en bas et à droite. Il arrive ainsi, au bas de cette courbe, à l'extrémité inférieure du méso, au voisinage de la paroi abdominale postérieure, et se recourbe brusquement en avant, en décrivant maintenant, dans la moitié droite de la cavité abdominale, une nouvelle courbe à convexité

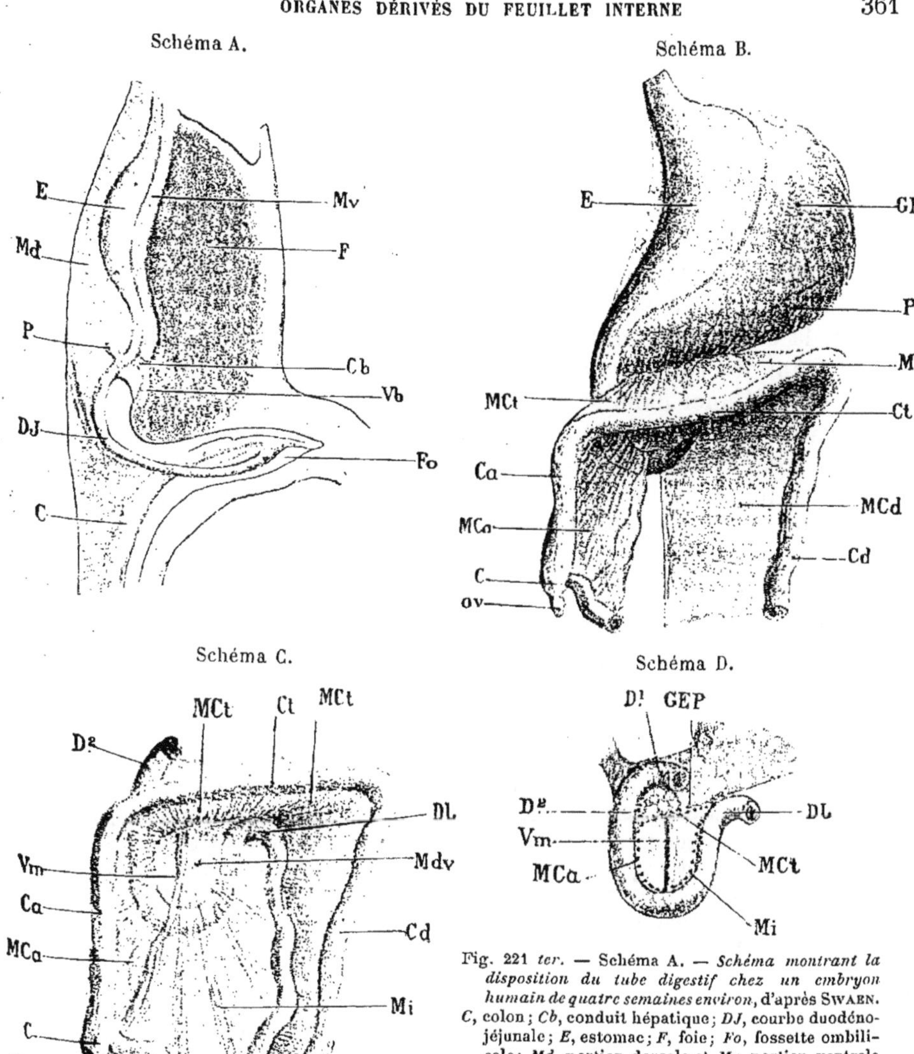

Fig. 221 *ter*. — Schéma A. — *Schéma montrant la disposition du tube digestif chez un embryon humain de quatre semaines environ*, d'après SWAEN.
C, colon; *Cb*, conduit hépatique; *DJ*, courbe duodéno-jéjunale; *E*, estomac; *F*, foie; *Fo*, fossette ombilicale; *Md*, portion dorsale et *Mv*, portion ventrale de la cloison mésentérique; *P*, pancréas; *Vb*, vésicule biliaire.

Schéma B. — *Schéma représentant les rapports des mésocolons et du grand épiploon avec le mésoduodénum chez un embryon humain long de 45 m/m*, d'après SWAEN.

Le colon transverse est abaissé, afin de montrer le mésocolon transverse par sa face supérieure; l'estomac est fortement reporté en haut et vers la gauche; le grand épiploon est déplié et relevé, de façon à montrer l'insertion supérieure de son feuillet postérieur.
C, cœcum avec appendice vermiculaire (*av*); *Ca*, colon ascendant; *Ct*, colon transverse; *Cd*, colon descendant; *E*, estomac; *GE*, grand épiploon; *MCa*, mésocolon ascendant; *MCd*, mésocolon descendant; *MCt*, mésocolon transverse; *P*, pancréas, vu par transparence à travers l'épiploon.

Schéma C. — *Schéma destiné à montrer les insertions du mésentère et du mésocolon sur la portion vasculaire inférieure du mésoduodénum*, d'après SWAEN.
C, cœcum avec appendice vermiculaire (*av*); *Ca*, *Cd* et *Ct*, colons ascendant, descendant et transverse; *D²*, seconde portion du duodénum; *DJ*, courbe duodéno-jéjunale; *I*, intestin grêle; *MCa*, *MCd* et *MCt*,

mésocolons ascendant, descendant et transverse; *Mdv*, portion vasculaire inférieure du mésoduodénum; *Mi*, mésentère s. s.; *Vm*, veine mésentérique.

Schéma D. — *Schéma destiné à montrer les insertions du mésentère et des mésocolons ascendant et transverse, ainsi que du grand épiploon à la périphérie de la portion vasculaire inférieure et gauche du mésoduodénum*, d'après SWAEN.

D[1] et *D*[2], première et seconde portion du duodénum; *DJ*, courbe duodéno-jujénale; *GEP*, insertion du feuillet postérieur du grand épiploon; *MCt*, *MCa* et *Mi*, insertions respectives du mésocolon transverse, du mésocolon ascendant et du mésentère; *Vm*, veine mésentérique.

postérieure et inférieure, la *courbe duodéno-jéjunale* (fig. 220, D et E, *D J* et fig. 221 *ter*, schéma A, *DJ*). Le duodénum se continue de la sorte avec l'intestin grêle, c'est-à-dire avec la moitié droite de l'anse intestinale. Celle-ci, accolée à la face inférieure du foie, parcourt, d'arrière en avant, la cavité abdominale, pénètre dans la fossette ombilicale et, s'y recourbant de droite à gauche, forme la convexité antérieure de l'anse, pour se continuer dans sa branche gauche (fig. 220, D et E, fig. 221 *ter*, schéma A). L'intestin rentre ainsi, d'avant en arrière, dans la cavité abdominale, à gauche du plan médian sagittal et des vaisseaux mésentériques, et aboutit bientôt au *cœcum* (fig. 220 D). Le cœcum (*C*), déjà bien reconnaissable, situé à gauche des vaisseaux mésentériques, se continue dans le *colon* (fig. 220, E, *Cl*) qui, s'écartant de ces vaisseaux, descend dans la moitié gauche de la cavité abdominale, en y décrivant une longue courbe à convexité postérieure et supérieure (fig. 221 *ter*, schéma A, *C*). Il se continue ainsi dans l'extrémité inférieure du tube intestinal, qui gagne peu à peu le plan médian sagittal.

Plus tard le *cœcum* s'est allongé; vers la fin de la gestation, il constitue une annexe assez considérable de l'intestin, située au point où l'intestin grêle se continue avec le gros intestin (fig. 221 *ter*, schémas B et C, *C*). L'*appendice vermiculaire* (*av*), au début, représente souvent plus de la moitié de la longueur totale de l'organe; mais, plus tard, il cesse de se développer autant que la partie initiale, qui devient le cœcum proprement dit. Chez le nouveau-né, il se continue encore, sans ligne de démarcation bien tranchée, avec le cœcum. Quelques années plus tard, cette limite est très nette et l'appendice vermiculaire, dont le diamètre ne dépasse pas celui d'une plume d'oie, atteint de 6 à 8 centimètres de longueur.

Le trajet du duodénum et d'une bonne portion de l'anse intestinale, tel que nous venons de le décrire, est déterminé en grande partie par le développement qu'ont pris les vaisseaux mésentériques dans toute leur étendue. Leur accroissement, le volume notable de la veine porte, la grande quantité de tissu conjonctif qui les entoure ont surtout donné une conformation particulière au mésoduodénum (les pancréas, au début, y ont peu de part). Dans la partie supérieure du méso, ce développement des vaisseaux et du tissu conjonctif, se produisant derrière le duodénum, a pour effet de refouler ce dernier en avant; de là sa courbe à convexité antérieure (fig. 220 A et B et fig. 221 *ter*, schéma A). Dans la partie inférieure du méso, il a refoulé le duodénum vers la droite (fig. 220, C); de là le transport de la courbe duodéno-jéjunale dans la moitié droite de la cavité abdominale; de là aussi, dans sa partie inférieure, au voisinage de cette courbe, une disposition toute spéciale du mésoduodénum (fig. 220, C).

La masse vasculaire et conjonctive du mésoduodénum se trouve, dans la zone médiane, assez bien développée en largeur et libre sur ses deux faces antérieure et postérieure, au-devant de la paroi abdominale postérieure. Elle se continue à droite, dans l'enveloppe du duodénum; à gauche, avec une portion membraneuse, amincie, sagittale, qui la réunit à la paroi abdominale postérieure (fig. 220, C, *Mci*). Cette disposition est due à ce que, dans la partie inférieure du mésoduodénum, les vaisseaux et le tissu conjonctif qui les enveloppe se sont surtout développés à une certaine distance de son insertion dorsale. Cette dernière n'a pris aucune part à ce développement et, vers le bas, elle n'est plus représentée que par une membrane assez mince, tendue de la paroi abdominale postérieure, sur la ligne médiane de laquelle elle s'insère, à l'extrémité gauche de la portion vasculaire du méso.

A son extrémité inférieure, le mésoduodénum se divise donc en deux parties : une antérieure, épaisse, médiane, libre sur ses deux faces antérieure et postérieure, contenant les vaisseaux sanguins; l'autre, postérieure, sagittale, membraneuse, qui se continue avec l'extrémité gauche de la précédente (fig. 220, C, *Mci*).

Si l'on suit ces deux parties du mésoduodénum vers le bas, on voit la partie épaisse, vasculaire, longer la courbe duodéno-jéjunale et l'intestin grêle dans tout son trajet, et aboutir en avant, dans la fossette ombilicale, dans la concavité de l'anse, où elle se termine (fig. 220, D et E). Les vaisseaux mésentériques et le tissu conjonctif qui les enveloppe se comportent donc vis-à-vis de la branche droite de l'anse intestinale comme ils le font vis-à-vis de l'extrémité inférieure du duodénum et de la courbe duodéno-jéjunale.

Quant à la portion postérieure, membraneuse, du mésoduodénum, au fur et à mesure que les vaisseaux mésentériques s'écartent de la paroi abdominale postérieure pour accompagner l'intestin grêle dans son trajet, elle s'allonge, d'arrière en avant, pour rester insérée le long de la face latérale gauche des vaisseaux mésentériques (fig. 220, D). Elle s'étend ainsi en avant jusqu'au voisinage du cœcum (*C*) et, arrivée en ce point, elle s'insère, d'une part, sur la face latérale gauche des vaisseaux mésentériques et, d'autre part, sur la face dorsale du cœcum, dans l'enveloppe duquel elle se continue.

Plus bas, cette partie du mésoduodénum (fig. 220, E, *Mci*) se continue naturellement dans le méso de la courbe du colon et dans celui de la portion descendante du colon (*Cl*).

La portion membraneuse sagittale du mésoduodénum s'étend donc très rapidement vers le bas, dans le sens dorso-ventral et forme ainsi une membrane triangulaire, tendue dans le plan sagittal. Des trois côtés de cette membrane l'un, constituant son bord postérieur, est inséré, dans le plan médian, à la paroi abdominale postérieure; le second, constituant son bord antérieur et supérieur, est un peu courbe et oblique en avant et en bas, et s'insère sur la face latérale gauche des vaisseaux mésentériques; enfin, le troisième, qui est le bord antérieur et inférieur de la membrane, s'insère sur le cœcum et sur la courbe à convexité supérieure et postérieure du colon (fig. 221 *ter*, schéma A).

L'angle antérieur et supérieur de cette membrane est engagé entre le cœcum et les vaisseaux mésentériques. Au voisinage de son angle supérieur et postérieur, cette membrane est tendue à gauche d'une profonde gouttière comprise entre la portion vasculaire du mésoduodénum et la paroi abdominale postérieure (fig. 220, C, *Mci*). Prolongeant vers le bas la portion dorsale de la cloison mésentérique, cette membrane constitue en réalité le méso de la portion initiale du colon, c'est-à-dire le méso du cœcum et de la courbe colique qui lui fait suite. Elle les unit à la face latérale gauche des vaisseaux mésentériques, d'une part, à la paroi abdominale postérieure, d'autre part, et se continue vers le bas dans le mésocolon descendant. Nous la désignerons sous le nom de *mésocolon initial* et dès maintenant nous dirons qu'elle est destinée à devenir le mésocolon ascendant, le mésocolon transverse, le méso de l'angle splénique du colon et la partie supérieure du mésocolon descendant.

Chez les embryons plus âgés, les deux portions de l'anse intestinale et les mésos qui s'insèrent sur elles se développent d'une façon très différente, selon qu'on considère la partie qui devient l'intestin grêle ou la portion colique.

Colon. — Au fur et à mesure que la cavité abdominale grandit, que la paroi abdominale antérieure et la fossette ombilicale s'écartent de la paroi abdominale postérieure, les vaisseaux mésentériques s'allongent pour continuer à s'étendre du mésoduodénum à la fossette ombilicale, en restant dans ce trajet accolés à la face postéro-inférieure du foie. Le colon s'allonge de même, mais seulement suffisamment pour suivre les vaisseaux mésentériques dans leur accroissement et rendre plus brusque la courbe à convexité postérieure et supérieure qu'il décrivait au début.

Chez un embryon de 18 à 20 millimètres, cette courbe est devenue plus anguleuse et reportée plus près de la paroi abdominale postérieure, à gauche et au-dessous de l'extrémité inférieure du mésoduodénum. A partir de la fossette ombilicale, le colon se dirige en arrière, le long du foie, à gauche des vaisseaux mésentériques; il est relié à ces vaisseaux par un méso très court (fig. 220 *bis*) et ne s'écarte d'eux qu'au voisinage de son angle, pour se recourber, à son niveau, vers le bas et se continuer ainsi dans le colon descendant. L'angle du colon et la partie voisine de sa portion initiale présentent avec le mésoduodénum les mêmes rapports que ceux qu'affectait la courbe chez les embryons de 10 millimètres. C'est donc surtout l'angle antérieur du mésocolon initial qui s'est allongé, pour unir le colon aux vaisseaux mésentériques dans la partie antérieure de son parcours, et le méso reprend sa disposition primitive au voisinage du mésoduodénum (fig. 220 *bis*).

Plus tard encore, le colon continuant à s'allonger, l'angle qu'il décrit s'écarte du plan médian et est reporté à gauche, en haut et en arrière, au contact de la paroi abdominale postérieure, dans la moitié gauche de son étendue (fig. 221 *ter*, schémas B et C). L'angle splénique du colon est maintenant bien caractérisé. La portion initiale du colon, refoulée vers la droite, le long de la face dorsale du foie, vient alors se placer au-devant des vaisseaux mésentériques; elle longe toujours ces vaisseaux, auxquels elle est reliée par un méso toujours assez court, et monte ainsi dans le plan médian jusqu'au-devant de la face antérieure du mésoduodénum (fig. 221, D *Ca*); puis, elle se dirige vers la gauche pour gagner l'angle splénique (fig. 221 C et fig. 221 *ter*, schémas B et C).

Dans le colon initial, on distingue donc maintenant une portion ascendante et une portion horizontale ou transversale (fig. 221 *ter*, schéma, B et C). Il n'y a pas encore entre elles d'angle de délimitation, mais on peut déjà reconnaître, dans une partie de leur trajet, le *colon ascendant* (*Ca*) et le *colon transverse* (*Ct*).

Le colon ascendant est uni par un méso peu étendu à la face antérieure des vaisseaux mésentériques, dans leur trajet à travers la cavité abdominale et à l'intérieur du mésoduodénum (fig. 221, D). Le colon transverse et l'angle splénique sont unis au mésoduodénum par un méso beaucoup plus étendu, qui s'est développé avec le colon, a permis à l'angle splénique de s'écarter d'autant du plan médian et continue à le relier à la face latérale gauche du mésoduodénum (fig. 221 *ter*, schémas B et C). On verra plus loin comment se fait cette insertion du mésocolon transverse sur le mésoduodénum et l'on comprendra aisément comment le mésocolon initial s'est modifié pour présenter ces nouvelles dispositions.

Intestin grêle. — Les portions de l'anse intestinale destinées à devenir l'intestin grêle (branche droite et courbure de l'anse) s'accroissent beaucoup plus rapidement et s'allongent beaucoup plus que la portion colique. Cet accroissement amène la formation de circonvolutions intestinales nombreuses et il a pour conséquence le développement d'une membrane étendue entre elles et les vaisseaux mésentériques. Cette membrane est le *mésentère s. s.* Son insertion aux vaisseaux mésentériques est assez courte; son insertion aux circonvolutions intestinales est, au contraire, très étendue. De là un plissement de cette membrane, que l'on peut comparer à un jabot. Au début, elle ne contient pas de vaisseaux; plus tard s'y engagent les branches collatérales intestinales des vaisseaux mésentériques. A son origine, elle s'insère sur le côté droit de ces vaisseaux; plus tard, ce rapport se modifie, comme nous le verrons.

Les circonvolutions intestinales développées, aux dépens de la courbe intestinale primitive, dans la fossette ombilicale y maintiennent l'extrémité terminale antérieure des vaisseaux mésentériques. D'autre part, à leur extrémité postérieure, c'est-à-dire à l'intérieur du mésoduodénum, ces vaisseaux sont fixés au voisinage de la paroi abdominale postérieure. Comme ils ne se développent que proportionnellement à l'accroissement de la cavité abdominale, ces vaisseaux, longeant la face postéro-inférieure du foie, présentent une assez grande fixité dans toute leur étendue et c'est autour d'eux que les différentes parties du tube digestif et leurs mésos vont être entraînés dans un véritable mouvement de translation. Ce mouvement est surtout déterminé par l'accroissement de l'extrémité inférieure du duodénum, entraînant la courbe duodéno-jéjunale d'abord de droite à gauche, derrière les vaisseaux mésentériques, puis vers le haut, le long de la face latérale gauche du mésoduodénum (fig. 221 *ter*, schéma C).

Dans une première phase de ce processus, l'accroissement du duodénum force son extrémité terminale à s'engager derrière la portion vasculaire du mésoduodénum et à se diriger ainsi de droite à gauche, derrière les vaisseaux mésentériques (fig. **220** *bis*, D^2). La courbe duodéno-jéjunale devra donc passer sous les vaisseaux mésentériques et s'accolera à la face latérale droite du mésocolon initial. Elle le refoulera devant elle vers la gauche et l'écartera ainsi du plan médian.

Dans une seconde phase, le mésoduodénum se développant dans toute son étendue par suite de l'accroissement des pancréas à son intérieur, l'insertion dorsale de sa partie supérieure va s'étendre vers le bas, à droite de la portion sagittale inférieure (mésocolon initial), refoulée vers la gauche (fig. **221**, C et D). L'extrémité terminale du duodénum continuant à croître va maintenant remonter le long de cette insertion dorsale, mais à sa gauche (fig. **221**, D). La convexité de la courbe duodéno-jéjunale, tournée maintenant vers le haut, remonte le long de la face latérale gauche du mésoduodénum (fig. **221**, C), en refoulant dans cette direction le mésocolon initial, qu'elle avait d'abord repoussé vers la gauche. La courbe duodéno-jéjunale repousse vers le haut le mésocolon, jusqu'à ce qu'ils soient arrêtés dans ce mouvement ascensionnel par la face inférieure du corps du pancréas, contre lequel ils viennent butter.

Nous étudierons successivement quelles sont les conséquences qu'exerce cet accroissement du duodénum sur l'intestin grêle et le mésentère s.s., d'une part, sur le colon et le mésocolon, d'autre part.

1° *Sur les circonvolutions intestinales et le mésentère s.s.* Quand l'extrémité inférieure du duodénum passe de droite à gauche derrière les vaisseaux mésentériques et que la courbe duodéno-jéjunale s'accole à la face latérale droite du mésocolon et le refoule vers la gauche (fig. 220 *bis*), les circonvolutions intestinales, qui commencent à se développer, suivent la courbe duodéno-jéjunale dans ce mouvement de translation et passent, dans la cavité abdominale, au-dessous des vaisseaux mésentériques, à la face inférieure desquels les rattache maintenant le mésentère.

Dans le mésoduodénum, derrière les vaisseaux mésentériques, se développe notablement le tissu conjonctif qui, les refoulant, descend derrière eux, au-devant de l'extrémité transversale inférieure du duodénum (fig. 220 *bis*), pour se continuer dans le mésentère s.s.

Lorsque, chez un embryon plus âgé, la courbe duodéno-jéjunale remonte à gauche du mésoduodénum jusqu'à la face inférieure du corps du pancréas (voir fig. 221 *ter*, schémas, B, C et D), les circonvolutions intestinales, qui ont continué à croître, sont entraînées, à gauche des vaisseaux mésentériques, dans la moitié gauche de la cavité abdominale et leur mésentère s.s. s'insère alors sur la face latérale gauche des vaisseaux. Dans le mésoduodénum, le mouvement de translation s'est transmis au tissu conjonctif accumulé derrière les vaisseaux mésentériques. Ce tissu est maintenant passé à gauche de ces vaisseaux et se prolonge au-devant des portions terminales du duodénum, dans le mésentère des anses intestinales voisines.

Quand la fossette ombilicale se confond peu à peu avec la cavité abdominale, les circonvolutions intestinales qui s'y sont développées suivent les autres dans la moitié gauche de la cavité abdominale.

2° *Sur le colon et le mésocolon.* Le transport des circonvolutions de l'intestin grêle dans la moitié gauche de la cavité abdominale a entraîné diverses modifications dans la disposition du colon et du mésocolon. Et d'abord, elles ont refoulé vers la gauche, puis en arrière, contre la moitié gauche de la paroi abdominale postérieure, le colon descendant, son mésocolon et l'angle splénique du colon (fig. 221, C et D et fig. 221 *ter*, schémas B et C). Elles ont refoulé vers le haut le colon transverse en voie d'accroissement, l'ont accolé à la face inférieure du grand épiploon, l'ont amené dans la situation décrite plus haut et ont en même temps appliqué son méso contre le feuillet postérieur du grand épiploon et contre la face inférieure du corps du pancréas (fig. 221 *bis*, A et fig. 221 *ter*, schéma B). Enfin, transportées à gauche du colon initial, c'est-à-dire actuellement du colon ascendant, et s'y développant, les circonvolutions intestinales refoulent ce dernier vers la droite et, tout en le maintenant accolé à la face postérieure du foie, l'ont reporté dans le plan médian, au-devant des vaisseaux mésentériques (fig. 221, D, *Ca*).

La courbe duodéno-jéjunale elle-même a une influence plus directe encore sur les relations du mésocolon avec le mésoduodénum. Elle a refoulé vers le haut l'insertion du mésocolon (portion sagittale inférieure du mésoduodénum) sur la face latérale gauche de la portion vasculaire du méso, l'a rapprochée de l'insertion du feuillet postérieur du grand épiploon sur cette même face et, les soulevant l'une et l'autre, les a rendues complètement parallèles dans une bonne partie de leur étendue (fig. 221 *ter*, schémas B et D et fig. 221 *bis*, B).

Pour avoir une idée exacte des rapports du mésoduodénum avec le mésentère, les mésocolons et le grand épiploon, nous devons entrer dans quelques détails sur sa constitution actuelle.

Développé en tous sens, contenant dans son épaisseur la tête du pancréas qui s'est considérablement accrue, circonscrit suivant tout son pourtour inférieur par la seconde et la troisième portion du duodénum (fig. 221 *ter*, schémas C et D), le mésoduodénum s'avance actuellement, sous la forme d'une lame épaisse, aplatie latéralement, d'avant en arrière, dans la cavité abdominale; il s'incline cependant vers la droite, de telle sorte que ses deux faces latérales sont en même temps l'une, la droite, postérieure, l'autre, la gauche, antérieure (fig. 221, B, C et D). Son insertion dorsale à la colonne vertébrale s'est étendue vers le bas, à droite de l'insertion du mésocolon descendant. Son bord antérieur, inséré supérieurement sur le foie (fig. 221, B), se continue plus bas dans l'enveloppe de la seconde portion du duodénum (fig. 221, C et D); son pourtour inférieur, arrondi, se continue dans le revêtement péritonéal de la portion transversale inférieure du même duodénum. Enfin, le long de son insertion dorsale, mais à sa gauche, il se continue dans le revêtement de la troisième portion, ascendante, de cette même partie de l'intestin (fig. 221, D). Sa face latérale droite est complètement libre; sa face latérale gauche est plus compliquée et, pour la décrire, nous devons exposer les modifications amenées dans le méso par le pancréas.

La tête du pancréas, en s'y développant, a déterminé une distribution particulière des vaisseaux et du tissu conjonctif abondant qui les enveloppe et a amené dans le mésoduodénum une division assez nette en une *portion glandulaire* et une *portion conjonctivo-vasculaire*. Ces deux portions du mésoduodénum y sont distribuées d'une façon toute différente dans la partie supérieure du méso et dans sa partie inférieure.

Dans la première (fig. 221, B), la portion glandulaire occupe la gauche du méso et se continue, à gauche, dans le corps du pancréas. A ce niveau, la face latérale gauche du mésoduodénum se continue donc, au voisinage de son insertion dorsale, dans l'enveloppe du corps du pancréas, c'est-à-dire dans la partie inférieure du mésogastre dorsal (feuillet postérieur de la crête épiploïque) (fig. 221, B, *P* et *Mgd*). En avant, cette même face se continue, comme auparavant, dans le revêtement de la première portion du duodénum et, actuellement, on constate que la première courbe du duodénum se trouve réellement accolée et unie à cette face latérale gauche du mésoduodénum (fig. 221, B, D^1). Dans cette région, la portion conjonctivo-vasculaire constitue la partie droite du mésoduodénum et contient : l'origine de la veine porte (*Vp*), les extrémités terminales des veines mésentérique supérieure et splénique, l'origine de l'artère mésentérique (*Am*) et le canal cholédoque (*Cch*). L'artère hépatique longe le bord supérieur du méso.

Dans la partie inférieure du mésoduodénum (fig. 221, C et D et fig. 221 *bis*, B), partie circonscrite par la seconde et la troisième portion du duodénum, le pancréas occupe la partie droite et postérieure du méso. La portion conjonctivo-vasculaire est, au contraire, à gauche et un peu en avant; c'est elle qui forme la face latérale gauche du mésoduodénum. Circonscrite par le duodénum en avant, en bas et en arrière, elle est nettement délimitée vers le haut, par le bord inférieur de la portion glandulaire supérieure (fig. 221 *bis* et fig. 221 *ter*, schéma D). Or, ce bord prolonge sur le mésoduodénum le bord inférieur du corps du pancréas, engagé dans le mésogastre; il s'étend donc presque horizontalement de l'insertion dorsale du méso jusqu'à la seconde portion du duodénum, qui en occupe le bord antérieur.

La portion conjonctivo-vasculaire inférieure du mésoduodénum, ainsi circonscrite, se continue maintenant, sur toute sa périphérie, dans les différentes parties du mésentère, des mésocolons et du grand épiploon, que nous allons énumérer. Vers le bas, les vaisseaux mésentériques passent au-devant du duodénum pour descendre dans la cavité abdominale, parallèlement au colon ascendant (fig. 221 *ter*, schéma C et fig. 221 *bis*, B) ; à leur gauche, la portion conjonctivo-vasculaire du mésoduodénum se prolonge au-devant du duodénum, sans y adhérer, et se continue dans le mésentère s.s. (fig. 221 *ter*, schémas C et D, *Mi*, et fig. 221 *bis* B) ; à droite des vaisseaux mésentériques, elle descend de même pour se continuer dans le mésocolon ascendant (fig. 221 *ter*, schémas C et D, *MCa*). En arrière, au-devant de la troisième portion du duodénum, la portion conjonctive du mésoduodénum se prolonge dans le méso de la courbe duodéno-jéjunale et des anses intestinales voisines (fig. 221, D et fig. 221 *ter*, schémas C et D). Enfin, en avant, suivant son pourtour antérieur, elle se continue, à gauche de la seconde portion du duodénum, dans la partie supérieure du mésocolon ascendant (fig. 221, D et fig. 221 *ter*, schémas C et D, *MCa*).

Quant à son pourtour supérieur (le long du bord inférieur de la portion supérieure de la tête du pancréas), il se continue dans deux mésos superposés. Sur ce pourtour supérieur, en effet, s'insèrent l'un au-dessus de l'autre : le feuillet postérieur du grand épiploon et le méso du colon transverse et de l'angle splénique du colon (fig. 221 *bis*, B et fig. 221 *ter*, schémas B, C et D, *GE*, *GEP*, *MCt*). Ces deux insertions sont juxtaposées ; ce n'est qu'à leur extrémité antérieure qu'elles se séparent. Arrivée au bord antérieur du méso, c'est-à-dire à la seconde portion du duodénum, l'insertion mésocolique se continue, vers le bas, dans celle du mésocolon ascendant (fig. 221, C et D et fig. 221 *ter*, schémas C et D, *MCt*, *MCa*) ; l'insertion épiploïque remonte, au contraire, le long du duodénum et, cette fois, sur la portion glandulaire du méso, pour arriver ainsi au pourtour inférieur de la première courbe du duodénum, où elle se continue dans l'insertion du feuillet antérieur du grand épiploon (fig. 221 *ter*, schéma D, *GEP* et schéma B, *GE*).

Ces dispositions essentielles sont réalisées chez un embryon de 45 millimètres de longueur, âgé au maximum de dix semaines.

Jusqu'à ce moment le développement des circonvolutions intestinales n'a pu avoir d'influence sur la situation du mésoduodénum, parce que le foie, fort développé dans la moitié droite de la cavité abdominale, y descend le long de la face latérale droite du méso.

Plus tard, la cavité abdominale continue à devenir plus considérable, tandis que le foie s'accroît en réalité moins qu'elle. Dans ces conditions, le mésoduodénum avec le colon ascendant et son méso s'inclinent peu à peu vers la droite et finissent par être refoulés contre la paroi abdominale postérieure, à droite du plan médian.

Ce processus, amené par l'allongement continu des circonvolutions intestinales, débute par l'accolement et la soudure du colon transverse à la face latérale gauche de la seconde portion du duodénum. Cette union s'établit au point où le colon ascendant se continuait primitivement, sans ligne de démarcation, dans le colon transverse. Dès qu'elle s'est établie, l'angle hépatique du colon se marque nettement à droite et en avant de cette soudure (TOLDT).

Beaucoup plus tard seulement, les faces latérales droites du méso-duodénum et de la seconde portion du duodénum, devenues postérieures et accolées au péritoine pariétal, se soudent avec ce dernier; la seconde portion du duodénum est ainsi unie à la face antérieure de la veine cave inférieure ou bien, un peu en dehors d'elle, à la face antérieure du bord interne du rein droit. L'angle hépatique du colon s'unit alors à la face antérieure du rein.

Le colon ascendant, reporté à droite de la seconde portion du duodénum, est également uni à la face antérieure du rein et son méso, passant au-devant du duodénum, se soude à la face latérale gauche, devenue antérieure, de ce dernier. Au-dessous de la seconde portion du duodénum, le cœcum, le colon ascendant et le mésocolon ascendant se comportent de même et s'unissent au péritoine pariétal.

Cette union s'établit de même entre la face postérieure de la courbe duodénale inférieure et la troisième portion du duodénum, d'une part, et le péritoine pariétal auquel elles sont accolées, d'autre part (fig. 221 *bis*, B). Enfin, il en est de même encore pour l'angle splénique du colon, pour le colon descendant et son mésocolon, qui contractent des soudures plus ou moins étendues avec le péritoine de la paroi abdominale postérieure, à gauche. C'est ce qui fait que, chez l'adulte, les parties de l'intestin que nous venons de citer sont, ou bien largement unies par leur paroi postérieure avec la paroi abdominale, ou bien y sont fixées par un mésentère plus ou moins court.

Reste le mésocolon tranverse, qui se soude au feuillet postérieur du grand épiploon. Cette soudure se produit d'abord au niveau de la face inférieure du corps du pancréas et cela très probablement au moment où la face postérieure du corps du pancréas se soude à la paroi abdominale postérieure. C'est du moins le cas chez les embryons humains de 6,5 centimètres de longueur (fig. 221 *bis*, A).

Ultérieurement le feuillet postérieur du grand épiploon s'unit à la face supérieure du mésocolon transverse et même au pourtour supérieur du colon lui-même. Au moment de la naissance, les deux feuillets du grand épiploon sont encore séparés par une fente étroite, dans la partie de l'organe qui recouvre le colon transverse et l'intestin grêle, tout comme cela existe, pendant toute la durée de la vie, chez une foule de mammifères. Ce n'est que dans le courant de la première ou de la seconde année de la vie extra-utérine qu'ils se soudent en une lame, dans laquelle se déposent de petits amas de graisse (fig. 221 *bis*, B).

III. — Développement des organes dépendants du tube digestif.

L'allongement, qui détermine la production des anses intestinales, n'est nullement le *seul* processus qui entraîne l'accroissement en surface de la muqueuse du tube digestif. Ce même résultat est atteint d'une façon bien plus efficace par la formation d'évaginations et d'invaginations aux dépens de l'épithélium primitivement lisse. Par invagination, se développent des replis nombreux, de petites papilles et des villosités, qui proéminent dans la cavité du tube digestif et donnent souvent à la surface de la muqueuse un aspect velouté. Par évagination, se développent des glandes de tailles très diverses, qui proéminent dans la cavité abdominale.

Ce simple mécanisme du plissement, dont nous avons déjà fait connaître l'importance capitale dans le chapitre quatrième, procure à la muqueuse du tube digestif le pouvoir : 1° de sécréter les sucs digestifs; 2° d'absorber les substances nutritives transformées mécaniquement et chimiquement dans l'intestin et de les amener dans les chylifères.

Nous étudierons successivement les organes nombreux que, par le mécanisme du plissement, chaque partie du tube digestif a formés. Nous commencerons par les organes de la cavité buccale.

A. — Organes dépendant de la cavité buccale. Dents, langue, amygdales et glandes salivaires.

1. Les DENTS sont, au point de vue morphologique, les plus intéressants des organes dépendant de la cavité buccale. Leur développement chez l'homme et les mammifères est loin d'être simple et facile à comprendre. Par contre, il est beaucoup plus simple chez les vertébrés inférieurs. C'est donc par là que nous commencerons cette étude.

Les dents qui, chez les mammifères, ne sont insérées que sur les bords des mâchoires et ne délimitent que l'entrée de la cavité buccale, existent en beaucoup d'autres endroits de la surface du corps, chez les vertébrés inférieurs. Chez une foule d'espèces, en effet, elles ne se rencontrent pas seulement en grand nombre à la voûte et au plancher de la cavité buccale, ainsi qu'à la face interne des arcs branchiaux (dents palatines, hyoïdiennes et pharyngiennes), mais aussi sur toute la surface de la peau, où elles sont serrées les unes contre les autres et constituent, comme chez les sélaciens par exemple, une cuirasse puissante et en même temps flexible.

Les dents ne sont originellement que des papilles ossifiées de la peau et de la muqueuse buccale. C'est ce que prouve à l'évidence *le développement des dents cutanées* des sélaciens.

Chez de jeunes embryons de requins, se développent à la surface, jusqu'alors lisse, du derme cutané, dérivant du mésenchyme, de petites papilles cellulaires (fig. 222, *pd*). Ces papilles soulèvent l'épiderme qui, en même temps, subit des transformations. Les cellules de la couche profonde de l'épiderme, à la surface de ces papilles dermiques, s'allongent, deviennent cylindriques et constituent un organe, qui donne naissance à l'émail des dents : c'est la *membrane adamantine* (fig. 222, *ma*). L'ébauche, ainsi constituée, continue à s'accroître et prend une forme semblable à celle de la dent cutanée future (fig. 223).

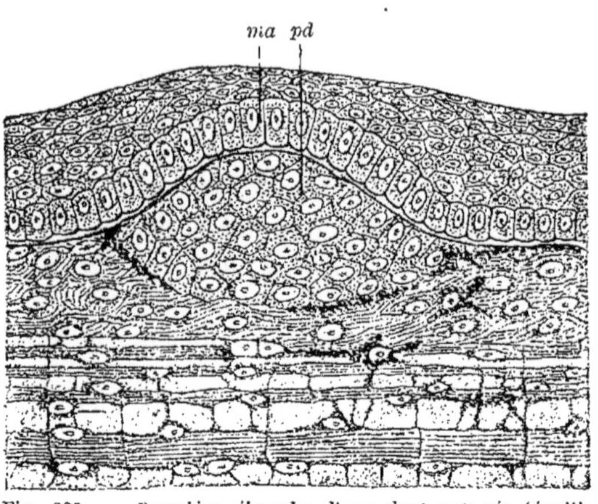

Fig. 222. — *Première ébauche d'une dent cutanée (écaille placoïde) d'un embryon de sélacien.*
pd, papille dentaire; *ma*, membrane adamantine.

C'est alors que commence le processus d'ossification. Les cellules les plus superficielles de la papille se disposent en une *couche des odontoblastes* ou *membrane de l'ivoire* (*o*), qui fournit une mince lame de *dentine* (*d*), formant une sorte de coiffe à la surface de la papille. En même temps la membrane adamantine (*ma*) commence à sécréter, à la face externe de la lame de dentine, une mince

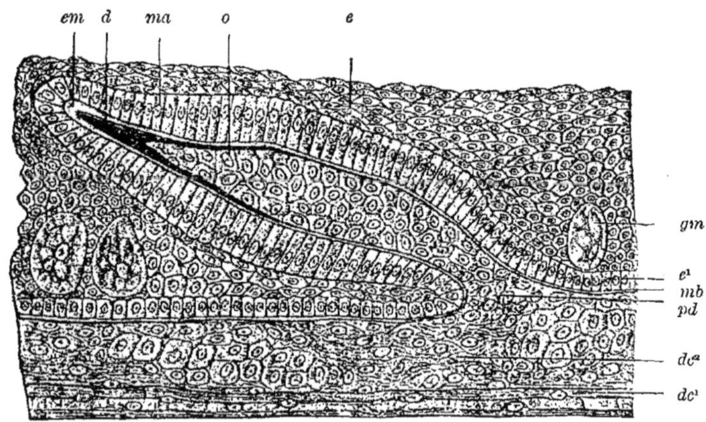

Fig. 223. — *Coupe longitudinale d'une dent cutanée de sélacien, plus avancée dans son développement.*
e, épiderme; *e'*, couche profonde de l'épiderme, formée par des cellules cubiques; *gm*, cellules mucipares de l'épiderme; *dc*¹, couche profonde du derme cutané, formée par des cellules de tissu conjonctif; *dc*², couche superficielle du derme cutané; *pd*, papille dentaire; *o*, odontoblastes; *d*, dentine ou ivoire; *em*, émail; *ma*, membrane adamantine; *mb*, membrane basilaire.

couche d'*émail* (*em*). Puis, de nouvelles couches d'émail sont déposées par la membrane adamantine à la surface de la première, pendant que les odontoblastes fournissent, à la face interne de la première lame de dentine, de nouvelles lames d'ivoire. L'épine dentaire devient ainsi de plus en plus résistante et de plus en plus épaisse, en même temps qu'elle proémine davantage à la surface de la peau ; sa pointe finit par traverser l'épiderme. La dent devient, en outre, mieux fixée dans le derme cutané, parce que, dans les couches superficielles de ce dernier (dc^2), en contact avec l'extrémité profonde de la dent, se déposent des sels calcaires, qui forment une sorte de *cément.*

La dent cutanée, lorsqu'elle est complètement formée, se compose donc de trois tissus calcifiés, provenant chacun d'une ébauche spéciale. *La couche des odontoblastes de la papille dentaire* (mésenchyme) *fournit l'ivoire, la dentine; la membrane adamantine* (ectoderme) *fournit l'émail et, enfin, le tissu conjonctif ambiant fournit le cément par ossification directe.* En outre, la dent cutanée présente à son intérieur une cavité,

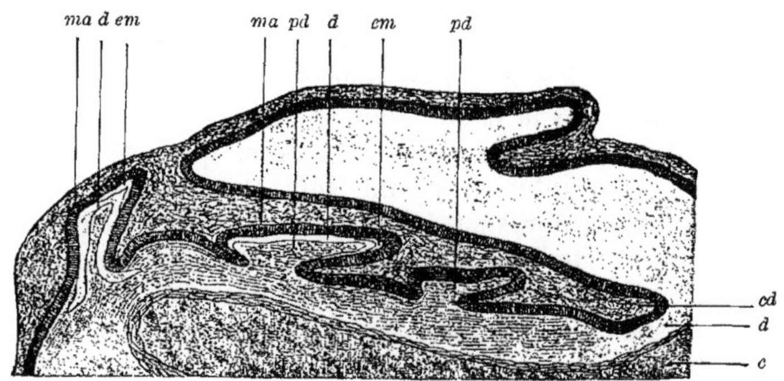

Fig. 224. — *Coupe transversale du maxillaire inférieur d'un embryon de sélacien, montrant des dents en voie de développement.*

c, maxillaire inférieur cartilagineux; *cd*, crête dentaire; *pd*, papille dentaire; *d*, dentine ou ivoire; *em*, émail; *ma*, membrane adamantine; *d*, derme de la muqueuse.

remplie d'un tissu conjonctif très vascularisé : c'est la *pulpe dentaire*, reste de la papille. La membrane adamantine disparaît, lorsque son rôle est achevé : ses cellules cylindriques s'aplatissent progressivement pour se transformer en lamelles aplaties, qui finissent par se désquamer.

Chez les sélaciens, les dents insérées sur les bords des maxillaires et servant à la trituration des substances alimentaires ne se développent pas absolument comme les dents cutanées. Elles ne prennent pas naissance à la surface libre, mais dans la profondeur de la muqueuse buccale (fig. 224). *La partie de l'épithélium de la muqueuse qui intervient dans la formation des dents maxillaires s'engage, au préalable, sous forme d'une* CRÊTE DENTAIRE *(cd), à l'intérieur du tissu conjonctif sous-jacent et constitue alors un organe distinct du restant de l'épithélium.* Cette différence essentielle résulte de ce que, dans la formation des dents maxillaires, les phénomènes de prolifération sont plus actifs, parce que ces dents sont beaucoup plus volumineuses et qu'ensuite elles sont plus vite usées, ce qui fait qu'elles doivent être plus fréquemment remplacées par de nouvelles dents. Or, nous avons eu déjà l'occasion de le faire remarquer quand nous avons étudié le développement de la forme extérieure du corps de l'embryon, lorsque certaines parties d'un épithélium prolifèrent plus que les autres, elles se plissent en s'évaginant ou en s'invaginant. C'est le même phénomène général que nous observons encore ici.

Les dents qui procèdent de la crête dentaire se forment alors de la même manière que les dents cutanées. Le derme de la muqueuse émet, à sa surface, de nombreuses papilles (*pd*) qui s'engagent à l'intérieur de l'épithélium de la crête dentaire. Il en résulte la formation, dans l'épaisseur de la muqueuse, de plusieurs séries de dents. Les plus superficielles sont les plus avancées dans leur développement ; ce sont elles qui, les premières, sortent de la muqueuse, font éruption, pour entrer en fonction. Lorsqu'elles sont usées, elles sont remplacées par les suivantes, qui, dans l'intervalle, ont continué à se développer. On donne à ces remplacements successifs des dents usées par de nouvelles dents, le nom de *dentitions*.

Chez les sélaciens et, en général, chez tous les vertébrés inférieurs, le *nombre des dentitions* qui se succèdent pendant toute la durée de la vie est *illimité :* dans la profondeur de la crête dentaire se forment continuellement de nouvelles papilles. C'est ce que l'on exprime en disant que les vertébrés inférieurs sont *polyphyodontes*. Il n'en est pas de même chez les vertébrés supérieurs, où le nombre des dentitions est au contraire *limité :* les mammifères n'ont que *deux dentitions;* ils sont *diphyodontes*. *Aux dépens de la crête dentaire et du derme de la muqueuse se forment deux séries successives de dents : les dents de lait, d'abord; puis, les dents permanentes.*

Chez l'homme, les dents commencent à se développer au deuxième mois de la vie fœtale. Tout comme chez les autres mammifères (fig. 225), l'épithélium de la muqueuse buccale tapissant les arcs maxillaires proli-

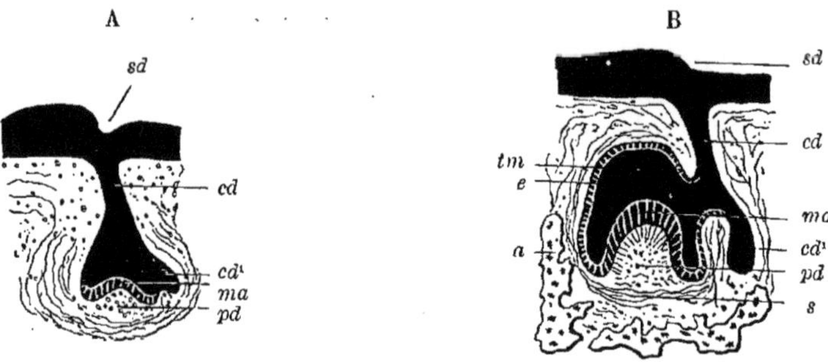

Fig. 225 A et B. — *Deux stades du développement des dents chez les mammifères. Coupes schématiques.* *sd*, sillon dentaire ; *cd*, crête dentaire ; *cd*[1], partie profonde de la crête dentaire, d'où procèdent les ébauches des dents définitives ; *pd*, papille dentaire ; *ma*, membrane adamantine ; *tm*, tissu muqueux de l'organe de l'émail ; *e*, épithélium superficiel de l'organe de l'émail ; *s*, sac dentaire ; *a*, alvéole ossifié.

fère, dans le tissu conjonctif embryonnaire sous-jacent, sous la forme d'une *crête dentaire* (*cd*) (*germe de l'émail* des anciens auteurs). A la surface des arcs maxillaires, le long de la ligne d'où part la crête dentaire pour s'engager dans la profondeur, règne une légère gouttière, appelée *sillon dentaire* (fig. 225, A et B, *sd*).

Au début, la crête dentaire présente la même épaisseur partout et ses faces sont lisses : il n'existe pas encore, en ce moment, d'ébauches de dents. Plus tard, en certains points de sa face externe, les cellules épithéliales commencent à proliférer. Ces épaississements épithéliaux, situés à égale distance les uns des autres, sont en nombre égal au nombre des dents de lait futures (fig. 225, A). Chez l'homme, où il se forme vingt dents de lait, il apparaît dix épaississements de la crête dentaire au maxillaire supérieur et dix autres au maxillaire inférieur. Ces épaississements prennent la forme d'une massue (fig. 225, B); ils proéminent à la face externe de la crête (*cd*), avec laquelle ils ne restent unis que par un rétrécissement, le col de la massue, situé à quelque distance du bord inférieur, libre, de la crête dentaire. Ce processus commence à s'accomplir chez l'embryon humain de quatorze semaines. Ces proliférations épithéliales donnent naissance à l'émail de la dent : on les désigne sous le nom d'*organes de l'émail.*

Pendant que ces phénomènes s'accomplissent, le derme de la muqueuse, en contact avec les organes de l'émail, subit aussi des transformations (fig. 225, A et B). Les cellules de tissu conjonctif en rapport avec la base de chacun des organes de l'émail se multiplient rapidement et se transforment en une papille (*pd*), dont la forme correspond à celle de la dent future. Comme les papilles des dents cutanées des sélaciens, la papille dentaire de chacune des dents maxillaires des mammifères pénètre à l'intérieur de l'organe de l'émail correspondant, qui lui forme alors une sorte de coiffe. D'après Röse, qui a étudié le développement des dents chez l'homme, à l'aide de la méthode des coupes sériées, les papilles se forment chez des embryons de dix semaines, longs de 3,2 centimètres; elles ne s'engagent pas dans la partie la plus profonde des organes de l'émail, mais plutôt latéralement.

Ensuite, l'organe de l'émail et la papille dentaire se différencient de façon à donner naissance à l'émail et à la dentine de la dent. Les cellules superficielles de la papille (fig. 225, B, *pd*) deviennent fusiformes et se disposent en une sorte d'épithélium, la *couche des odontoblastes* ou *membrane de l'ivoire*. En même temps, les cellules de la couche profonde de l'organe de l'émail, au contact immédiat avec la papille, deviennent cylindriques et constituent la *membrane adamantine* (*ma*). Cette membrane s'amincit progressivement vers la base de la papille et se continue avec la couche superficielle de l'organe de l'émail, formée par des cellules cubiques (*e*) et entourée par du tissu conjonctif. Entre la membrane adamantine et la couche superficielle de l'organe (épithélium interne et épithélium externe de Kölliker), les autres cellules épithéliales de cet organe subissent une métamorphose toute spéciale. Elles se transforment en une sorte de tissu muqueux, appelé *tissu muqueux de l'organe de l'émail* (*tm*); elles sécrètent un liquide muqueux et riche en matières albuminoïdes, qui se dépose entre elles; en même temps elles prennent une forme étoilée et s'anastomosent, à l'aide de leurs prolongements, en un réseau délicat. C'est au cinquième et au sixième mois de la vie fœtale que le tissu muqueux de l'organe de l'émail atteint son maximum de développement; il diminue ensuite jusqu'au moment de la naissance, au fur et à mesure que la dent se développe davantage.

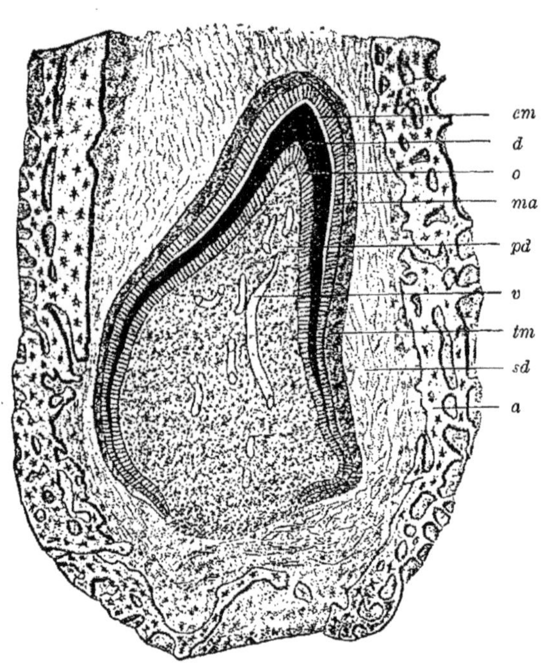

Fig. 226. — *Coupe d'une dent de chien, en voie de développement.* *a*, alvéole ossifié; *pd*, papille dentaire; *v*, vaisseau sanguin; *o*, couche des odontoblastes (membrane de l'ivoire); *d*, ivoire ou dentine; *em*, émail; *ma*, membrane adamantine; *sd*, sac dentaire; *tm*, tissu muqueux de l'organe de l'émail.

Quant au tissu conjonctif qui entoure l'ébauche de la dent tout entière, il renferme de nombreux vaisseaux sanguins, qui envoient des branches dans la papille dentaire. En outre, il se délimite plus ou moins nettement à la surface et constitue le *sac dentaire* (fig. 225, B, *sd*).

Les ébauches molles des dents, ainsi constituées, s'accroissent jusqu'au cinquième mois de la vie fœtale et prennent en même temps la forme définitive des dents, qu'elles sont destinées à former : incisives, canines et molaires. C'est alors seulement que commencent à se développer l'émail, l'ivoire et le cément, et ce, suivant le même processus que dans les dents cutanées des sélaciens (fig. 226). Aux dépens des odontoblastes (*o*) se forme une première lamelle de dentine (*d*), en même temps que la membrane adamantine (*ma*) fournit une mince couche d'émail (*em*). De nouvelles couches de dentine et d'émail se forment ensuite, au contact des précédentes, jusqu'à ce que la couronne de la dent soit complète. Pendant ce temps, le tissu muqueux de l'organe de l'émail (*tm*) s'atrophie; chez le nouveau-né il constitue encore une mince couche. La papille dentaire (*pd*) se transforme en un tissu conjonctif muqueux, renfermant des vaisseaux sanguins (*v*) et les nerfs : c'est la *pulpe dentaire*. Au fur et à mesure que l'ébauche de la dent s'accroît, la gencive qui revêt la surface du maxillaire se soulève et s'amincit. Finalement la dent, coiffée par le reste, atrophié, de l'organe de l'émail, traverse la gencive et fait éruption à la surface du maxillaire.

Alors se forme le *cément*, qui entoure la racine de la dent. Là où la surface de l'ivoire n'est pas recouverte par de l'émail, le tissu conjonctif du sac dentaire (*sd*), après l'éruption de la dent, s'ossifie en un tissu osseux renfermant de nombreuses fibres de Sharpey. Ce tissu, le cément, unit d'une façon plus intime la racine de la dent avec le maxillaire qui l'entoure.

L'*éruption des dents* de lait commence habituellement pendant les six derniers mois de la première année de la vie. Elle se fait dans un ordre assez constant. Ce sont d'abord les incisives internes du maxillaire inférieur qui apparaissent, et ce, vers l'âge de six à huit mois; puis, quelques semaines plus tard, les incisives internes du maxillaire supérieur. Les incisives externes font éruption vers l'âge de sept à neuf mois, celles du maxillaire inférieur précédant de quelques semaines encore celles du maxillaire supérieur. En général, au commencement de la deuxième année de la vie, font éruption les molaires antérieures, au maxillaire inférieur d'abord. Puis, vers le milieu de la même année, c'est le tour des canines. Enfin, vers l'âge de trois ans, font éruption les molaires postérieures.

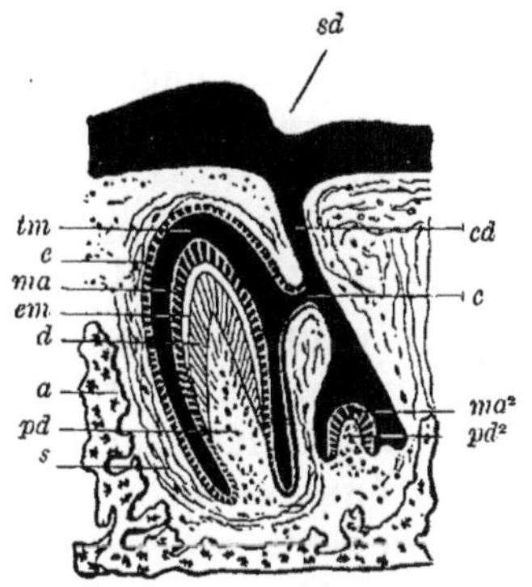

Fig. 227. — *Coupe schématique, destinée à montrer le développement des dents de lait et des dents permanentes chez les mammifères. Stade plus avancé que celui représenté par la figure* 225 B.

sd, sillon dentaire; *cd*, crête dentaire; *a*, alvéole ossifié; *c*, col ou pédicule reliant l'organe de l'émail de la dent de lait à la crête dentaire; *pd*, papille de la dent de lait; *pd²*, papille de la dent permanente; *d*, dentine de la dent de lait; *em*, émail de la dent de lait; *ma*, membrane adamantine de la dent de lait; *ma²*, membrane adamantine de la dent permanente; *tm*, tissu muqueux de l'organe de l'émail de la dent de lait; *e*, son épithélium superficiel; *s*, sac dentaire de la dent de lait.

Les premières ébauches des dents permanentes apparaissent, à une période très reculée du développement, *presque en même temps que celles des dents de lait*. Elles procèdent également de la crête dentaire à partir de la dix-septième semaine, d'après les observations de Röse. Nous avons vu (fig. 225, A et B) que la partie de la crête, comprise entre le col de l'organe de l'émail de la dent de lait et le bord libre de la crête dentaire (cd^1) s'engage plus profondément à l'intérieur du maxillaire. C'est là, au voisinage du bord libre de la crête (fig. 227, ma^2 pd^2) que se forment l'organe de l'émail et la papille de la dent permanente, en dedans du sac de la dent de lait. En outre, se développent près des extrémités droite et gauche de la crête dentaire, les organes de l'émail des vraies molaires, qui ne sont pas précédées par des dents de lait.

Dans le courant de la dix-septième semaine, apparaît l'ébauche de la première molaire; celle de la seconde molaire se montre au cours du sixième mois de la vie extra-utérine. Enfin, la première ébauche de la dent de sagesse se forme par pénétration d'une papille à l'intérieur de l'extrémité épaissie de la crête dentaire; ce processus s'accomplit généralement chez l'enfant de cinq ans (Röse).

La crête épithéliale, aux dépens de laquelle se forment successivement les dents de lait et les dents permanentes, est traversée, çà et là, dès la dix-septième semaine, par des proliférations de tissu conjonctif, dont les premières apparaissent au niveau des incisives; il en résulte qu'elle se transforme peu à peu en une lame criblée (Röse).

La formation de l'émail et de l'ivoire des dents permanentes commence peu de temps avant la naissance. Elle s'accomplit d'abord dans la première grosse molaire; puis, pendant les deux premières années de la vie, dans les incisives, les canines, etc. Chez l'enfant de six ans, quarante-huit dents sont pourvues d'émail et d'ivoire : les vingt dents de lait, puis les couronnes de vingt-huit dents permanentes. En outre les maxillaires supérieur et inférieur renferment encore les ébauches cellulaires des quatre dents de sagesse.

Vers l'âge de sept ans commence la *seconde dentition*. Elle est due à ce que, sous l'action de la pression exercée par les couronnes des dents permanentes sur les racines des dents de lait, ces racines se résorbent. D'après les recherches de Kölliker, ces phénomènes de résorption sont identiques à ceux qui se manifestent lorsque du tissu osseux se résorbe. Il se forme, dans les racines des dents de lait, des cavités, connues sous le nom de *fossettes de* Howship, dans lesquelles se trouvent logées de grandes cellules, plurinucléées, appelées *ostéoclastes*. A la suite de la résorption des racines des dents, les couronnes cessent d'être réunies aux alvéoles. Enfin elles tombent, poussées par les dents permanentes.

Les dents permanentes font habituellement éruption dans l'ordre suivant. D'abord, vers l'âge de sept ans, apparaissent les premières vraies molaires; un an plus tard, les incisives internes inférieures, suivies de près par les incisives internes supérieures. A l'âge de neuf ans, font éruption les incisives externes; à dix ans, les premières prémolaires ou fausses molaires, et, à onze ans, les secondes prémolaires. Viennent ensuite, vers l'âge de douze à treize ans, les canines et les deuxièmes molaires. Quant aux troisièmes molaires, les dents de sagesse comme on les appelle, leur éruption présente de grandes variations : elle peut s'accomplir à dix-sept ans, mais elle peut aussi n'avoir lieu qu'à trente ans. Parfois même elles s'arrêtent dans leur développement et ne font pas éruption.

2. D'après les recherches de His, la langue procède, chez l'embryon humain, d'une *ébauche antérieure* et d'une *ébauche postérieure* (fig. 228).

L'*ébauche antérieure* apparaît, très tôt, sous la forme d'un petit *tubercule impair* (His), au plancher de la cavité buccale, dans l'espace délimité par les bourrelets maxillaires inférieurs. Il donne naissance à la base et à la pointe de la langue : pour cela, il s'élargit considérablement et son bord antérieur proémine librement au-dessus du maxillaire inférieur. Au début du troisième mois de la vie intra-utérine (His, Kölliker, Hintze), on y constate déjà la présence de papilles superficielles.

L'*ébauche postérieure* fournit la racine de la langue, qui est dépourvue de papilles, mais présente de nombreuses glandes folliculleuses. Elle se développe sous la forme de deux bourrelets, dans la région où les deuxième et troisième arcs branchiaux s'unissent sur la ligne médiane.

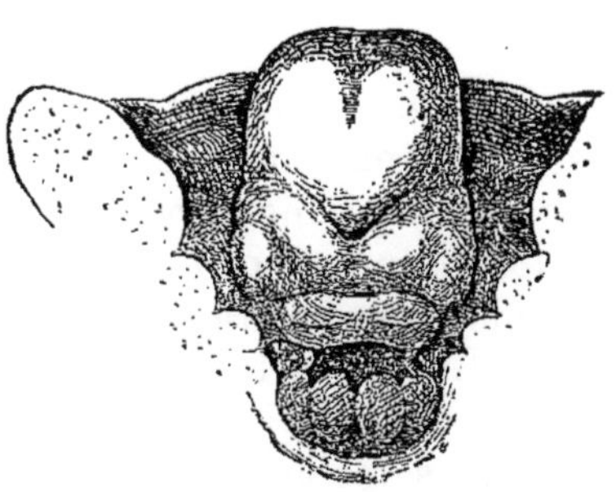

Fig. 228. — *Langue d'un embryon humain, mesurant environ 20 mm. de l'éminence nucale à l'éminence coccygienne*, d'après His.

L'ébauche antérieure et l'ébauche postérieure se soudent suivant un sillon, en forme de V ouvert en avant et qui persiste longtemps. Le long de ce sillon, sur la base de la langue, se forment les papilles caliciformes. Au niveau du point de jonction des deux branches du V, existe une dépression profonde, le foramen cœcum, que His a démontré se trouver en connexion intime avec le développement de la glande thyroïde. Nous en reparlerons ultérieurement.

Les glandes folliculeuses de la langue se développent au cours du huitième mois, chez l'embryon humain. Tout autour des conduits excréteurs des différentes glandes muqueuses, des leucocytes, émigrés des veines, s'accumulent en nombre de plus en plus considérable dans le tissu conjonctif fibrillaire, qu'ils transforment en tissu conjonctif réticulé (Stöhr).

3. L'ébauche de chacune des deux amygdales se montre déjà chez des embryons humains très jeunes, sous la forme d'une petite dépression, qui siège entre le deuxième et le troisième arc branchial; elle est tapissée par un prolongement de la muqueuse buccale et correspond au deuxième sillon branchial interne. A partir du quatrième mois, l'épithélium commence à pousser, dans le tissu conjonctif fibrillaire sous-jacent, des bourgeons creux d'abord, puis plus tard des bourgeons pleins qui ne se creusent que secondairement. En même temps, des leucocytes émigrent des vaisseaux sanguins dans ce tissu conjonctif, qu'ils infiltrent d'une façon diffuse, tout autour des diverticules épithéliaux. Ce n'est qu'après la naissance, au cours de la première année de la vie, qu'il se forme de véritables amas distincts et plus denses de leucocytes, qui constituent de véritables follicules (Stöhr).

D'après Retterer, qui a donné de ce développement une description toute différente de celle de Stöhr, certaines parties des bourgeons épithéliaux s'isolent, puis ces amas épithéliaux isolés sont envahis par des leucocytes, comme cela se passe dans le développement du thymus. Il en résulte la formation d'un tissu mixte (tissu angiothélial) constitué par des éléments, dont les uns sont d'origine épithéliale et les autres, d'origine conjonctive.

4. Les GLANDES SALIVAIRES existent déjà au deuxième mois. La première ébauche de la glande sous-maxillaire apparaît chez l'embryon humain de six semaines (CHIEVITZ); pendant la huitième semaine se forme la parotide. Quant à la glande sublinguale, elle se développe un peu plus tard.

B. — Organes dépendant du pharynx : thymus, glande thyroïde, larynx et poumons.

Chez les vertébrés à respiration branchiale, les fentes branchiales persistent pendant toute la durée de la vie. Chez les amniotes et chez certains amphibiens, au contraire, elles disparaissent, à l'exception d'une seule, comprise entre l'arc maxillaire et l'arc hyoïdien. Cette fente hyomandibulaire se transforme en la caisse du tympan et la trompe d'EUSTACHE. Elle se met donc en relation avec l'organe auditif. Nous nous en occuperons ultérieurement.

Toutes les autres fentes branchiales ne disparaissent pourtant pas sans laisser de traces. Certaines parties de leur épithélium donnent naissance à deux organes glandulaires, dont la fonction est encore énigmatique. Ces organes, situés dans la région cervicale, sont le *thymus*, dont la morphologie a fait, en ces derniers temps, l'objet d'études très importantes, et la *glande thyroïde.*

1. Thymus.

Depuis que STIEDA et KÖLLIKER ont découvert que chez les mammifères le thymus se forme aux dépens de l'épithélium d'une fente branchiale, cet organe a été le sujet de nombreuses recherches embryologiques. Cette intéressante découverte a été confirmée et complétée en ce sens que l'on a trouvé que, chez les vertébrés à respiration branchiale, le thymus se développe aux dépens de certaines parties de l'épithélium des fentes branchiales en activité physiologique.

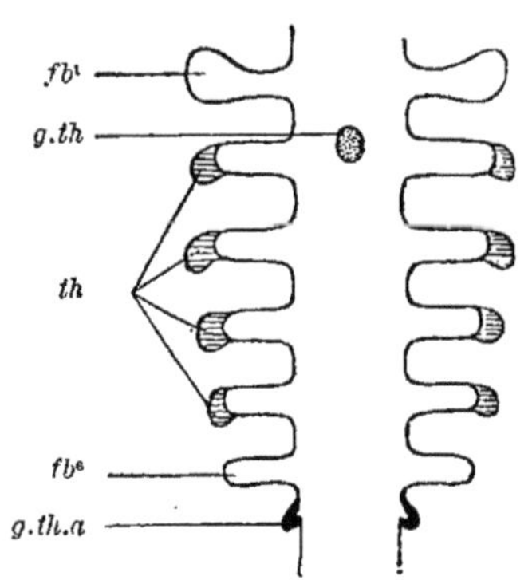

Fig. 229. — *Figure schématique montrant le mode de formation du thymus, de la glande thyroïde et des glandes thyroïdes accessoires, ainsi que les rapports de ces organes avec les fentes branchiales, chez un embryon de requin*, d'après DE MEURON.

fb¹, *fb⁶*, première et sixième fente branchiale; *th*, ébauches du thymus; *g.th*, glande thyroïde; *g.th.a*, glande thyroïde accessoire.

Examinons, tout d'abord, ce qui se trouve réalisé chez les poissons. Ainsi que DOHRN, MAURER et DE MEURON l'ont établi, le thymus (*th*) des sélaciens (fig. 229) et des poissons osseux possède une origine multiple. Il se forme aux dépens de plusieurs bourgeons épithéliaux, pleins, procédant des extrémités dorsales de *toutes* les fentes branchiales. Ces bourgeons sont d'autant plus volumineux qu'ils appartiennent à une fente branchiale plus rapprochée de la tête de l'embryon. Chez les poissons osseux les divers bourgeons se fusionnent très tôt, avant même de s'être détachés de leurs lieux de formation. Ils s'unissent en un organe fusiforme qui se sépare ensuite des fentes branchiales, comme chez les sélaciens, et qui est situé au-dessus des extrémités dorsales des arcs branchiaux. Cet organe est primitivement épithélial; mais il ne tarde pas à être parcouru par du tissu conjonctif. En premier lieu, des cellules lymphatiques immigrent, en grand nombre, entre les cellules épithéliales, suivant le processus que Stöhr a décrit pour les membranes muqueuses en général. En second lieu, dans la masse épithéliale, pénètre, en tous sens, du tissu conjonctif, qui la divise en de petits amas. Dans le tissu conjonctif se forment des follicules lymphatiques. Il en résulte que le thymus prend l'aspect d'un organe lymphoïde, renfermant des restes épithéliaux disposés en corpuscules sphériques, très petits, et connus sous le nom de *corpuscules de* Hassal. A un stade du développement plus avancé encore, apparaissent, à l'intérieur de l'organe, des lacunes irrégulières, remplies de granulations. Cette disposition est le résultat de la destruction de cellules lymphatiques et de la disparition, en certains points, du tissu conjonctif réticulé.

Chez les vertébrés supérieurs, à respiration pulmonaire, le thymus se forme aux dépens de l'épithélium de deux ou de trois paires de fentes branchiales, ou bien seulement aux dépens de l'épithélium de la troi-

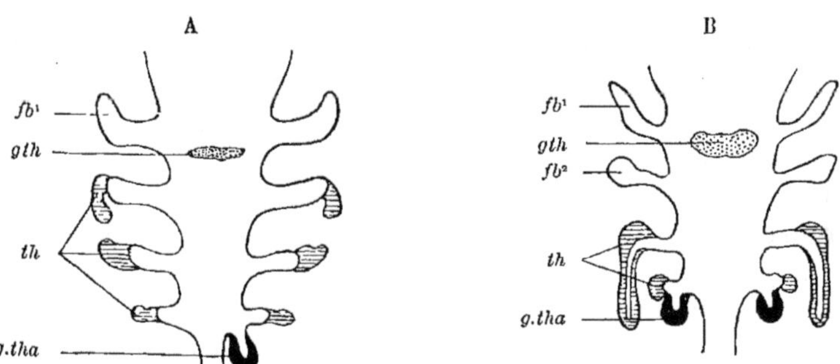

Fig. 230. — *Figures schématiques montrant le développement du thymus, de la glande thyroïde et des glandes thyroïdes accessoires, ainsi que les rapports de ces organes avec les fentes branchiales :* A, *chez un embryon de lézard;* B, *chez un embryon de poulet,* d'après de Meuron.
*fb*¹, *fb*², première et deuxième fente branchiale; *gth*, glande thyroïde; *g.tha*, glande thyroïde accessoire; *th*, ébauches du thymus.

sième paire. Le premier de ces deux cas se rencontre chez les reptiles (fig. 230 A, *th*) et chez les oiseaux (fig. 230, B, *th*); le second, chez les mammifères. Chez les reptiles et les oiseaux, les ébauches d'un même côté se fusionnent à une période reculée du développement, à droite et à gauche de la trachée, en un organe à grand axe longitudinal, plus court chez les reptiles (fig. 231 A), très long, au contraire, chez les oiseaux (fig. 231, B).

Chez les mammifères, c'est l'épithélium de la troisième fente branchiale qui intervient principalement dans la formation du thymus. Pour Kölliker, Born, Rabl et Prenant, cet organe procède exclusivement de la troisième fente branchiale; les descriptions de de Meuron, Kastschenko

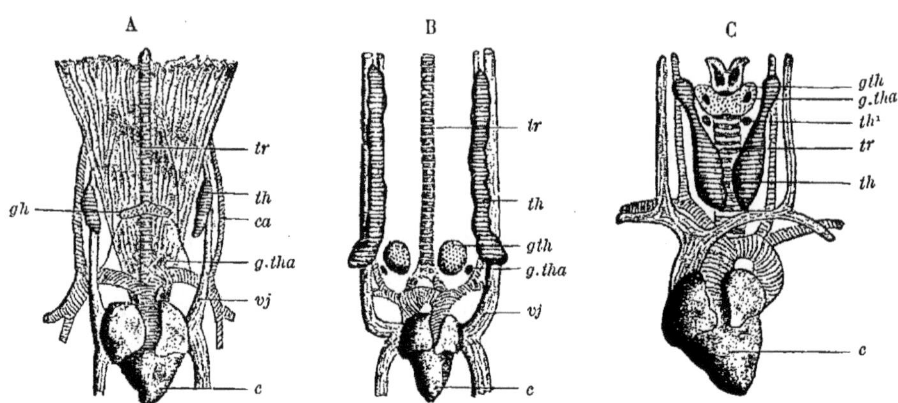

Fig. 231. — *Figures demi-schématiques, destinées à faire comprendre la disposition définitive du thymus, de la glande thyroïde et des glandes thyroïdes accessoires, dans la région cervicale :* A, *chez le lézard;* B, *chez le poulet;* C, *chez le veau,* d'après de Meuron.

gth, glande thyroïde; *g.tha,* glande thyroïde accessoire; *th,* thymus; *th*¹, thymus accessoire; *tr,* trachée; *c,* cœur; *vj,* veine jugulaire; *ca,* carotide.

et His ne diffèrent de celles des auteurs précédents que sur des questions de détails accessoires (1).

Nous pouvons résumer brièvement, de la manière suivante, les transformations qu'éprouve l'ébauche du thymus chez les mammifères et chez l'homme. Le tube épithélial primitif, dérivant du troisième sillon branchial interne, ne possède qu'une lumière fort étroite; par contre, sa paroi est assez épaisse et composée de cellules allongées et très nombreuses (fig. 232). Il se développe ensuite, de haut en bas, vers le péricarde : en même temps, son extrémité en rapport avec le péricarde, prend l'aspect d'une glande en grappe, pourvue de nombreuses branches secondaires, de forme arrondie (*c*) (Kölliker). Ces espèces d'acinus sont pleins dès leur origine, tandis que la partie antérieure de l'organe, située dans la région cervicale, est tubuleuse (*a*) et présente encore un canal très étroit.

Le bourgeonnement, qui a commencé à se manifester dans la partie postérieure du thymus, continue d'arrière en avant, de telle sorte qu'à un moment donné, le tube épithélial primitif se trouve transformé, tout entier, en une sorte de glande acineuse, toute spéciale. Pendant que ces phénomènes se produisent, des changements se manifestent égale-

(1) D'après les observations de Nicolas, de Groschuff et de Verdun, non seulement tous les mammifères possèdent un thymus provenant de l'épithélium du troisième sillon branchial interne (endodermique), mais certains mammifères (hérisson, veau, chat, mouton, cheval et chèvre) montrent, en outre, d'une façon plus ou moins constante, un thymus rudimentaire, qui se forme aux dépens de l'épithélium du quatrième sillon branchial interne *(note du traducteur)*.

ment dans la texture du thymus. Ces changements ont été diversement interprétés par les auteurs. Pour la plupart des observateurs, du tissu conjonctif lymphoïde et des vaisseaux sanguins s'engagent à l'intérieur des parois épithéliales; il en résulte que l'organe perd peu à peu son aspect de glande acineuse. Les éléments lymphoïdes occupent une partie de plus en plus importante de l'organe, tandis que les restes épithéliaux finissent par ne plus se trouver que dans les corpuscules de HASSALL. C'est ce que MAURER a démontré en ce qui concerne les poissons osseux. HIS admet avec raison que les mêmes phénomènes s'accomplissent chez les mammifères et chez l'homme. Le canal du tube primitif, qui doit son origine à l'invagination de l'épithélium branchial, disparaît. Plus tard, apparaissent à l'intérieur de l'organe de nouvelles lacunes irrégulières, résultant du relâchement des tissus. Par contre, quelques auteurs, et particulièrement en ces derniers temps PRENANT, ont admis qu'une partie des cellules épithéliales de l'ébauche du thymus se transforment directement, à la suite de divisions répétées, en cellules lymphoïdes et en tissu adénoïde.

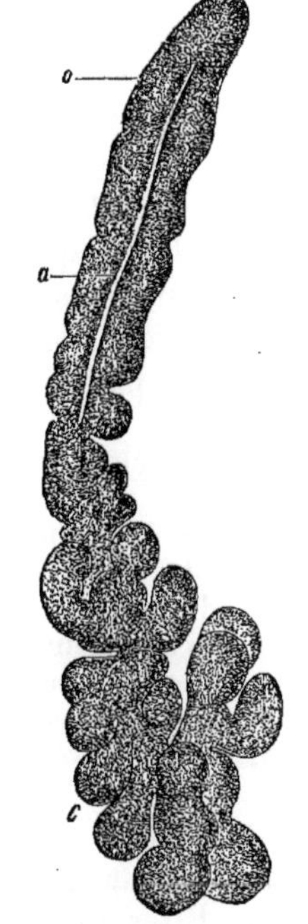

Fig. 232. — *Thymus d'un embryon de lapin, de 16 jours. Agrandi.* D'après KÖLLIKER.

a, canal du thymus ; *o*, extrémité supérieure ; *c*, extrémité inférieure de l'organe.

Chez l'homme, la suite du développement du thymus comprend deux périodes successives : une période d'accroissement, puis une période d'atrophie.

La première période s'étend jusque vers l'âge de deux ans. Le thymus droit et le thymus gauche s'accroissent en se rapprochant de la ligne médiane, où ils finissent par se fusionner en un organe impair, lobulé, dont on peut reconnaître encore la duplicité d'origine dans ce fait qu'il se compose habituellement de deux moitiés latérales séparées par du tissu conjonctif. L'organe est situé en avant du péricarde et des gros troncs vasculaires émanant du cœur et en arrière du sternum. Il se prolonge souvent en deux cornes latérales, dirigées vers le haut et étendues jusqu'à la glande thyroïde.

Pendant la seconde période, le thymus s'atrophie et, généralement, il disparaît complètement. Nous renvoyons aux traités d'histologie, pour la description de ces phénomènes de métamorphose régressive.

2. *Glande thyroïde.*

La glande thyroïde siège à la paroi antérieure du cou et semble se développer, dans presque toutes les classes des vertébrés, d'après le même processus, aux dépens d'une évagination médiane et de deux évaginations latérales de l'épithélium du pharynx. Il y a donc lieu de distinguer une *ébauche impaire* et deux *ébauches paires*.

L'*ébauche impaire* est connue depuis très longtemps. Comme l'ont surtout démontré les recherches de W. Müller, elle ne fait défaut dans aucune classe de vertébrés. Elle semble constituer un organe d'origine très ancienne, présentant des rapports génésiques très intimes avec la gouttière hypobranchiale de l'Amphioxus et des tuniciers.

La glande thyroïde impaire se développe sous la forme d'une petite évagination de l'épithélium de la paroi antérieure du pharynx, sur la ligne médiane, au niveau du deuxième arc branchial. Cette ébauche se détache ensuite de son lieu d'origine et se transforme, ou bien en un corps solide, sphérique (sélaciens, téléostéens, amphibiens, etc.), ou bien en une vésicule épithéliale, pourvue d'une cavité étroite (oiseaux, mammifères, homme, etc.). Dans ce dernier cas, la cavité de la vésicule finit aussi par disparaître ultérieurement.

Chez l'homme, le développement de la partie impaire de la glande thyroïde se trouve en connexion avec la formation de la racine de la langue. C'est ce qu'ont établi les études de His. Les deux bourrelets, décrits précédemment et situés au niveau du deuxième et du troisième arc branchial au plancher de la cavité buccale, bourrelets qui s'unissent sur la ligne médiane pour constituer la racine de la langue, entourent une dépression profonde, homologue à l'évagination impaire de la glande thyroïde des autres vertébrés. A la suite du fusionnement des deux bourrelets en question, la dépression se transforme en une vésicule épithéliale qui s'ouvre longtemps à la surface de la langue, par l'intermédiaire d'un canal étroit, le canal thyréo-glosse.

Quant aux *ébauches paires de la glande thyroïde*, elles ont été découvertes, il y a quelques années, par Stieda, chez l'embryon des mammifères. Elles ont fait l'objet des recherches minutieuses de Born, His, Kastschenko, de Meuron, Prenant, etc., chez tous les vertébrés, les cyclostomes exceptés. Elles dérivent, chez tous les vertébrés, *de l'épithélium de la quatrième fente branchiale*. Chez les amphibiens aussi bien que chez les oiseaux et les mammifères (fig. 230, B), quelque temps après l'apparition de l'ébauche impaire de l'organe, se forment deux évaginations creuses, une de chaque côté du plan médian; elles proviennent de la portion du feuillet interne qui tapisse la partie ventrale du quatrième sillon branchial interne. Elles s'étranglent ensuite et forment deux petites vésicules piriformes, qui viennent se placer tout contre l'entrée du larynx, à droite et à gauche. Chez une foule de reptiles (fig. 230, A, *g. tha*) nous constatons cette particularité intéressante que, seule, l'évagination gauche se développe, tandis que la droite reste rudimentaire. Même chez les sélaciens (fig. 229), ainsi que de Meuron semble l'admettre avec raison, existent les deux ébauches paires de la glande thyroïde. Ce sont les organes que Van Bemmelen a découverts et désignés sous le nom de *corps supra-péricardiques*. Ils naissent sous forme d'évaginations de l'épithélium de la cavité branchiale, en arrière de la dernière paire de fentes branchiales et au voisinage de l'extrémité antérieure du cœur. Dans tous les cas que nous venons de citer, ces évaginations épithéliales, après s'être séparées de leur lieu d'origine, s'entourent de tissu conjonctif et subissent ensuite les mêmes transformations que les ébauches impaires de la glande thyroïde des vertébrés supérieurs.

En ce qui concerne la situation définitive des glandes thyroïdes paires, il existe des différences entre les diverses classes des vertébrés. Chez les sélaciens, les corps supra-péricardiques restent très éloignés de la glande thyroïde impaire; ils sont situés au voisinage du cœur. Chez les amphibiens, les reptiles et les oiseaux, ils se rapprochent plus ou moins de la glande thyroïde impaire, ce qui leur a valu le nom de *glandes thyroïdes accessoires* (fig. 231, A et B, *g. tha*). Chez les mammifères et chez l'homme enfin, ainsi que Born l'a le premier établi, ce rapprochement est tel qu'elles se fusionnent complètement avec l'ébauche impaire (fig. 231, C). Ensemble elles constituent un organe en forme de fer à cheval, disposé autour du larynx. Il y a à remarquer, en outre, que les ébauches latérales sont très petites relativement à l'ébauche médiane, du moins au moment où elles se fusionnent avec elle.

Quant à la question de savoir quelle est la part que prennent les trois ébauches à la formation de l'organe unique complètement développé, des recherches précises sont encore nécessaires pour bien l'établir. Kastschenko pense que les ébauches latérales ne contribuent pas pour une part importante à la formation de la glande thyroïde tout entière; de même His admet actuellement que, chez l'homme, les lobes latéraux de la glande thyroïde ne proviennent qu'en partie des ébauches latérales et que l'ébauche médiane intervient aussi pour une part dans leur formation.

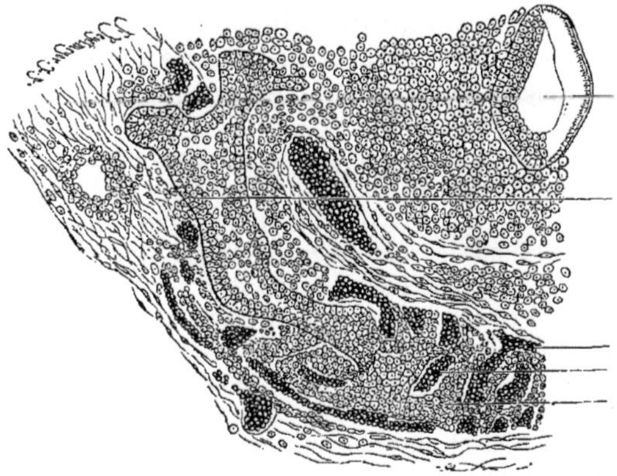

Fig. 233. — *Coupe transversale de la moitié droite de la glande thyroïde d'un embryon de porc, mesurant 21,5 mm. de longueur depuis l'éminence apicale jusqu'à l'éminence coccygienne,* d'après Born. Gross. : 80 diam.
Les lobes latéraux (*Ll*) et le lobe médian (isthme) (*T*) de l'organe sont fusionnés. *tr*, trachée; *v*, vaisseaux sanguins.

En ce qui concerne le développement ultérieur de l'organe, il s'accomplit de la même manière chez tous les vertébrés. Nous distinguons deux stades.

Pendant le premier stade, la masse épithéliale résultant du fusionnement des ébauches pousse de nombreux cordons cellulaires, cylindriques, qui à leur tour émettent des bourgeons latéraux (fig. 233). Ces bourgeons s'unissent ensuite en un réseau, dont les mailles se remplissent de tissu conjonctif embryonnaire renfermant des vaisseaux nombreux et relativement volumineux. Ce stade se trouve réalisé : chez le poulet, au neuvième jour de l'incubation ; chez le lapin, vers le seizième jour de la gestation, et, chez l'homme, pendant le deuxième mois de la vie intra-utérine.

Pendant le second stade, les travées épithéliales disposées en réseau se divisent en follicules, caractéristiques de la glande thyroïde. Elles sont formées par des cellules cylindriques, disposées d'une façon très régulière et délimitant un canal étroit. Puis, elles prennent bientôt un aspect moniliforme : elles présentent de nombreux renflements, très rapprochés les uns des autres et séparés par de légers rétrécissements (fig. 234). Ces étranglements s'accentuent ensuite et finalement tout le réseau se trouve transformé en de nombreuses vésicules épithéliales, petites et creuses : ce sont les follicules. Ils sont séparés par du tissu conjonctif très abondamment pourvu de vaisseaux sanguins. Plus tard, les follicules se dilatent, surtout chez l'homme, ce qui résulte de ce que les cellules épithéliales sécrètent une substance colloïde qui s'accumule dans la cavité du follicule.

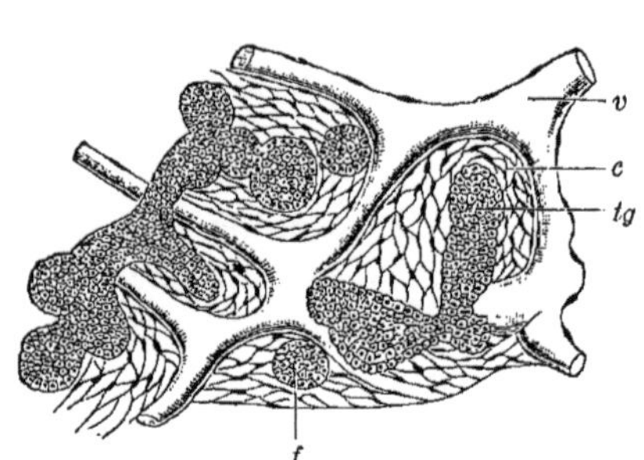

Fig. 234. — *Coupe de la glande thyroïde d'un embryon de mouton, mesurant 6 centimètres de long*, d'après W. Müller.
tg, tubes glandulaires ; *f*, follicule en voie de formation ; *c*, tissu conjonctif interstitiel avec vaisseaux sanguins (*v*).

Mentionnons encore quelques détails intéressants, que His nous a fait connaître en ce qui concerne spécialement la glande thyroïde de l'homme. L'étude du développement nous fournit notamment l'explication de certaines dispositions anatomiques que l'on rencontre parfois, telles que le canal lingual, le canal thyroïdien, les glandes supra-hyoïdiennes et préhyoïdiennes. Comme nous l'avons déjà dit, chez l'homme l'ébauche impaire de la glande thyroïde est en connexion avec la racine de la langue par l'intermédiaire du canal thyréo-glosse. Ce canal s'allonge au fur et à mesure que la glande thyroïde s'éloigne de son lieu de formation : il se transforme en un canalicule épithélial dont l'orifice persiste, pendant toute la durée de la vie, à la surface de la racine de la langue : cet orifice permanent est le foramen cœcum. Quant au canalicule lui-même, il s'atrophie généralement. Cependant certaines parties peuvent aussi parfois persister pendant toute la vie. C'est ainsi que le foramen cœcum peut se prolonger jusqu'au niveau du corps de l'os hyoïde en un *canal lingual*, long de 2,5 centimètres. Dans d'autres cas, l'isthme du corps thyroïde se prolonge vers le haut en une corne, qui se continue elle-même avec un *canal thyroïdien*, jusqu'à l'os hyoïde. Enfin, d'après His, les petites glandes thyroïdes accessoires que l'on observe parfois au voisinage de l'os hyoïde, telles que les glandes supra-hyoïdiennes et préhyoïdienne, constituent aussi des restes du canal thyréo-glosse.

3. *Poumons et larynx.*

Les poumons, ainsi que les conduits aérifères, c'est-à-dire le larynx et la trachée, se forment aux dépens de l'intestin céphalique. On peut comparer ces organes à une glande acineuse. Leur mode de développement est sensiblement le même chez tous les vertébrés amniotes. Immédiatement en arrière de l'ébauche impaire du corps thyroïde (fig. 235, *Sd*), naît, à la face ventrale de l'intestin céphalique, une gouttière (*kk*), qui se dilate légèrement à son extrémité proximale. Cette gouttière s'observe : chez le poulet, dès le début du troisième jour de l'incubation ; chez le lapin, au dixième jour après la fécondation ; chez l'homme, lorsque l'embryon atteint 3,2 millimètres de longueur. Bientôt, elle est délimitée latéralement par deux replis qui divisent incomplètement cette partie de l'intestin céphalique. C'est là le premier indice de la formation de l'œsophage et de la trachée (fig. 235). Peu de temps après, l'extrémité postérieure de la gouttière pousse deux bourgeons creux, deux petits tubes (*Lg*), qui représentent les ébauches des deux poumons (fig. 235 et 217). L'un de ces tubes est situé à droite, et l'autre, à gauche de la ligne médiane. Ce phénomène s'accomplit chez le poulet, pendant le troisième jour du développement. Entourés d'une couche épaisse de tissu conjonctif embryonnaire, ces tubes sont en contact, en arrière, avec l'ébauche du cœur ; sur les côtés, ils s'engagent dans le prolongement antérieur, fissiforme, du cœlome. Ainsi se trouvent ébauchées les parties essentielles de l'appareil pulmonaire. A ce stade du développement, chez les vertébrés amniotes, cet appareil consiste en de simples sacs, semblables aux poumons définitifs des amphibiens.

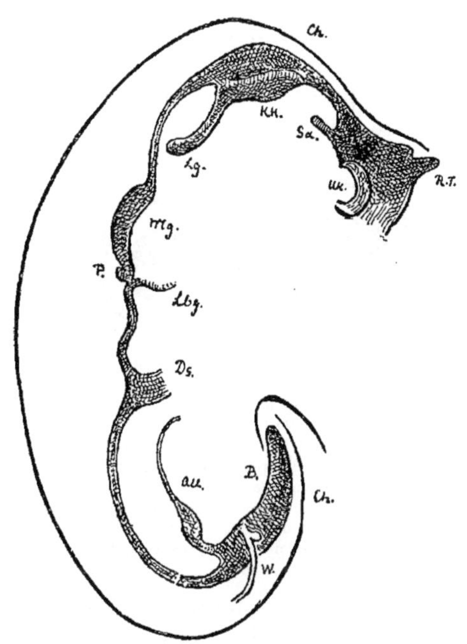

Fig. 235. — *Tube digestif d'un embryon humain* (embryon *R* de His), *mesurant 5 mm. de l'éminence coccygienne à l'éminence nucale*, d'après His. Gross. : 20 diam.
R.T, poche de Rathke ou cul-de-sac hypophysaire ; *Uk*, prolongement maxillaire inférieur ; *Sd*, glande thyroïde ; *Ch*, corde dorsale ; *Kk*, entrée du larynx ; *Lg*, poumon ; *Mg*, estomac ; *P*, pancréas ; *Lbg*. conduit hépatique ; *Ds*, canal vitellin ; *All*, canal allantoïdien ; *W*, canal de Wolff avec l'ébauche de l'uretère

Les ébauches de la trachée et de l'œsophage, telles que nous venons de les décrire, communiquent encore par une fente. Plus tard, cette fente se ferme progressivement d'arrière en avant, jusqu'au niveau de l'entrée du larynx futur. Chez l'embryon humain, à la fin de la cinquième semaine de la gestation, le larynx se présente sous forme d'un renflement de l'extrémité supérieure de l'ébauche de la trachée. Ses cartilages apparaissent vers la huitième ou la neuvième semaine. Le *cartilage thyroïde* se forme, d'après les observations comparatives de Dubois, par fusionnement des quatrièmes et cinquièmes arcs branchiaux, tandis que les cartilages cricoïde et aryténoïdes, ainsi que les demi-anneaux cartilagineux de la trachée résultent de la chondrification du derme de la muqueuse laryngienne. Transitoirement la cavité du larynx disparaît, parce que ses parois épithéliales, en s'accolant, l'obturent.

En ce qui concerne les transformations que subissent les deux tubes pulmonaires primitifs, il y a lieu de distinguer deux stades, chez l'homme et les mammifères.

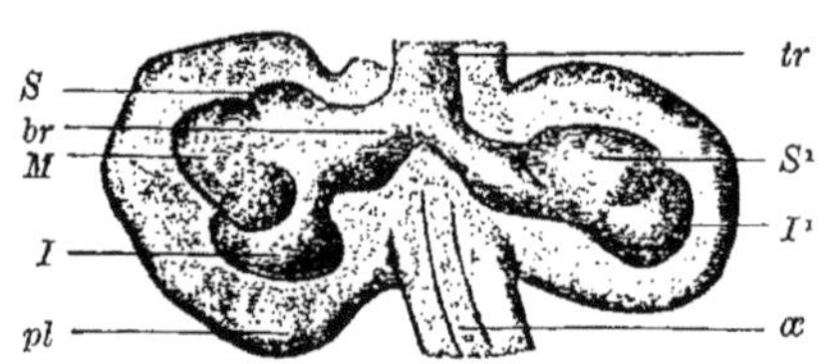

Fig. 236. — *Ébauche des poumons d'un embryon humain* (embryon *Pr* de His), *mesurant 10 mm. depuis l'éminence nucale jusqu'à l'éminence coccygienne.* Reconstruction d'après His.

tr, trachée; *br*, tronc bronchique droit; *S*, ébauche du lobe supérieur du poumon droit. *M*, ébauche du lobe moyen du même; *I*, ébauche du lobe inférieur du même; S^1 et I^1, ébauche des lobes supérieur et inférieur du poumon gauche; *pl*, enveloppe conjonctive et plèvre; *œ*, œsophage.

Au début du premier stade, chaque tube s'allonge et se rétrécit près de son origine à la trachée, tandis qu'il se dilate à l'autre extrémité. Là, il émet, à la façon des glandes acineuses (chez l'homme, vers la fin du premier mois, d'après His), des évaginations creuses, qui s'engagent dans le tissu conjonctif ambiant et qui se dilatent, à leur extrémité aveugle, en des vésicules. Dès leur origine, les premiers bourgeons de droite et de gauche sont *asymétriques* (fig. 236) : *le tube pulmonaire gauche ne forme que deux diverticules, tandis que le droit en émet trois.* Comme on le voit, la division du poumon droit en trois lobes, et celle du poumon gauche en deux lobes seulement se trouvent marquées dès le début du développement.

Les diverticules ultérieurement émis sont dichotomiques (fig. 213 et 237). Chaque vésicule terminale (vésicule pulmonaire primitive), sphérique à son origine, s'aplatit et se divise par une échancrure. Elle donne ainsi naissance à deux nouvelles vésicules pulmonaires, qui se différencient ensuite en un pédicule allongé (ramification bronchique) et en une vésicule sphérique. Ce processus se répète un grand nombre de fois, chez l'homme, jusqu'au sixième mois de la vie intra-utérine. De là, la formation d'un système de tubes très compliqué, appelé arbre bronchique, qui communique avec la trachée, à droite et à gauche, par l'intermédiaire d'un tronc bronchique principal. Les ramifications de cet arbre sont d'autant plus grêles qu'elles sont plus éloignées du tronc bronchique principal. Les dernières ramifications se continuent enfin avec des dilatations ampullaires : les vésicules pulmonaires. Ces dernières sont primitivement situées toutes à la surface du poumon, tandis que les ramifications bronchiques en occupent le centre.

Pendant qu'ils se développent, les poumons augmentent de volume et s'engagent, vers le bas, dans les deux moitiés de la cavité thoracique, à droite et à gauche du cœur. Ils repoussent devant soi (fig. 388, *cth*) la séreuse de cette cavité, la plèvre, et se trouvent ainsi tapissés par la plèvre pulmonaire, c'est-à-dire par le feuillet viscéral de la plèvre.

Pendant le *second stade* de leur développement, les poumons, qui jusqu'ici constituaient des espèces de glandes en grappe, prennent, enfin, leur structure caractéristique. Comme KÖLLIKER l'a indiqué, cette transformation commence, chez l'homme, pendant le sixième mois de la vie intra-utérine, et elle est achevée dans le courant du dernier mois. Les ramifications les plus délicates de l'arbre bronchique, les conduits alvéolaires, ainsi que leurs vésicules terminales, donnent naissance à

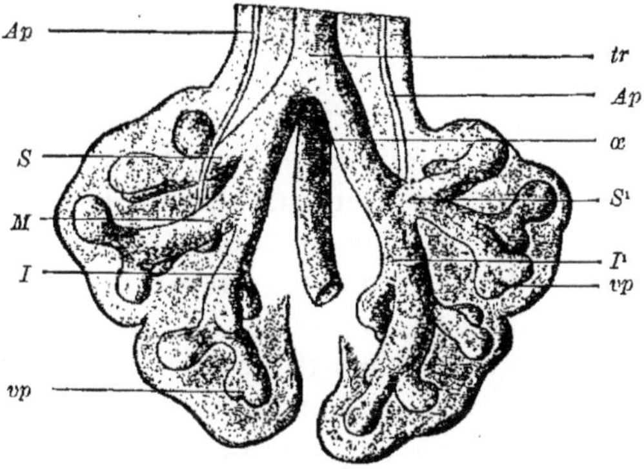

Fig. 237. — *Ébauche des poumons d'un embryon humain plus avancé* (embryon *N* de HIS). Reconstruction d'après HIS. Gross. : 50 diam.
Ap, artère pulmonaire; *tr*, trachée; *œ*, œsophage; *vp*, vésicule pulmonaire en voie de division; *S*, lobe supérieur du poumon droit avec la bronche épartérielle qui y aboutit; *M* et *I*, lobes moyen et inférieur du poumon droit; *S*¹, lobe supérieur du poumon gauche avec la bronche hypartérielle qui y aboutit; *I*¹, lobe inférieur du poumon gauche.

de très nombreuses évaginations, très petites, qui, contrairement à ce qui se produit pour les ramifications formées précédemment, ne s'étranglent plus au niveau de leur origine, mais communiquent avec les conduits alvéolaires par de larges orifices. On donne à ces évaginations le nom d'*alvéoles pulmonaires*. Chez le fœtus, ils sont trois ou quatre fois moins volumineux que chez l'adulte, ce qui a fait dire à KÖLLIKER que l'augmentation de volume des poumons à partir de la naissance jusqu'à l'état adulte est dû exclusivement à l'accroissement, mais non pas à la multiplication des éléments existant chez l'embryon.

L'*épithélium* du poumon subit, dans le cours du développement, des transformations différentes dans les diverses parties de l'organe. Dans toutes les ramifications bronchiques, les cellules épithéliales deviennent très allongées : en certains points, elles prennent une forme cylindrique, ailleurs une forme cubique, et, à partir du quatrième mois de la vie fœtale (KÖLLIKER), leur surface libre se couvre de cils vibratiles. Dans les alvéoles pulmonaires, au contraire, elles s'aplatissent de plus en plus, et forment un épithélium pavimenteux simple, qui, chez l'adulte, est si mince qu'on en a longtemps méconnu l'existence. Elles ressemblent alors à des cellules endothéliales. Comme pour ces dernières, on ne peut en faire ressortir les limites qu'en les traitant par les solutions étendues de nitrate d'argent.

C. — Organes provenant de la paroi de l'estomac et de l'intestin : foie et pancréas; glandes moins volumineuses; follicules et villosités.

1. Foie.

Nous ne pouvons nous borner à étudier ici le développement du parenchyme du foie, mais nous devons en même temps exposer celui des différents ligaments de cet organe, tels que le petit épiploon, le ligament suspenseur, etc. Nous commencerons même par là, parce qu'ils dérivent d'un organe qui, embryologiquement, est plus ancien que le foie : nous voulons parler du *mésentère ventral.* Étant donné que le cœlome est, à son origine, formé de deux moitiés séparées sur la ligne médiane, on devrait trouver le mésentère ventral dans toute la longueur du tube digestif, comme c'est le cas pour le mésentère dorsal. Mais il n'existe qu'au niveau de la partie antérieure du tube digestif depuis le pharynx jusqu'à l'extrémité du duodénum.

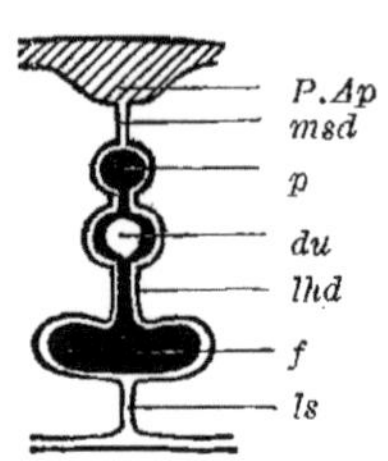

Fig. 238. — *Coupe transversale, schématique, destinée à montrer les rapports primitifs du duodénum, du pancréas, du foie et des ligaments de ce dernier.*
P.Ap, paroi abdominale postérieure; *du*, duodénum; *p*, pancréas; *f*, foie; *msd*, mésentère dorsal; *lhd*, ligament hépatico-duodénal; *ls*, ligament suspenseur du foie.

Cet organe acquiert encore une importance spéciale par ce fait que plusieurs organes volumineux se développent à son intérieur. Dans sa partie supérieure se forme le cœur avec les gros troncs vasculaires qui y aboutissent : l'extrémité des veines omphalo-mésentériques et de la veine ombilicale. Immédiatement au-dessous du cœur, se développe le foie avec son conduit excréteur et ses vaisseaux.

La partie supérieure du mésentère ventral, qui pendant une période du développement renferme le cœur, porte le nom de *mésocarde* et se divise en mésocarde antérieur ou ventral et mésocarde postérieur ou dorsal. Nous nous en occuperons d'une façon spéciale quand nous étudierons le développement du cœur. La partie inférieure (fig. 238) s'étend depuis la petite courbure de l'estomac et le duodénum (*du*) jusqu'à la paroi abdominale antérieure : elle constitue le *mésogastre antérieur* et le *mésoduodénum;* on l'appelle plus généralement *mésentère ventral* (sensu strictiori) (*lhd*, *ls*).

Dans ce mésentère, sur ses faces latérales, et dans la paroi ventrale du corps s'engagent les larges veines omphalo-mésentériques pour venir déboucher dans le sinus veineux. Elles déterminent la formation d'un repli fortement saillant dans la cavité générale du corps et dirigé perpendiculairement au mésentère ventral. Ce repli constitue une formation importante, le *septum transversum*, dont nous aurons à nous occuper de nouveau, au chapitre XVII, lorsque nous examinerons le développement du diaphragme. Il se forme de cette façon une masse de tissu, renfermant de nombreuses cellules et interposée entre la paroi ventrale du corps, d'une part, l'estomac et le duodénum, d'autre part.

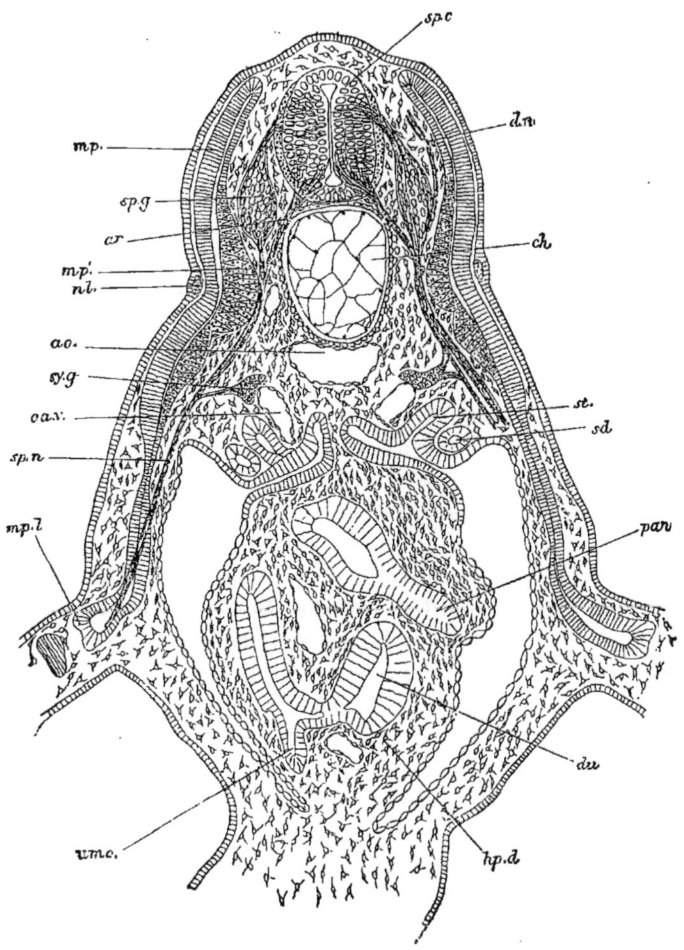

Fig. 239. — *Coupe transversale de la partie antérieure du tronc d'un embryon de Scyllium*, d'après BALFOUR.

Entre la paroi abdominale postérieure et la paroi abdominale antérieure, à laquelle est largement inséré le canal vitellin, s'étend un large mésentère, renfermant de nombreuses cellules et divisant complètement la cavité abdominale (cœlome) en une moitié gauche et en une moitié droite. A l'intérieur du mésentère, le duodénum (*du*) est coupé deux fois : l'une de ces coupes est en continuité avec l'ébauche du pancréas (*pan*); l'autre, avec l'ébauche du foie (*hpd*). On y voit, en outre, la continuité entre le duodénum et l'origine du canal vitellin (*umc*). *spc*, moelle épinière; *sp.g*, ganglion spinal, en rapport avec la racine postérieure du nerf spinal; *ar*, racine antérieure du même nerf spinal; *dn*, branche nerveuse provenant de la racine postérieure et dirigée du côté du dos; *mp*, plaque musculaire; *mp'*, partie de cette plaque déjà transformée en muscle; *mpl*, partie de la même plaque, d'où naissent les muscles des membres; *nl*, nerf latéral; *ao*, aorte; *ch*, corde dorsale; *sy.g*, ganglion sympathique; *cav*, veine cardinale; *spn*, nerf spinal; *sd*, canal du mésonéphros; *st*, canalicule du mésonéphros.

Kölliker, qui en a fait l'étude sur des coupes transversales d'embryons de lapin, lui a donné le nom de *bourrelet hépatique;* His l'appelle *foie primitif*. Là où, chez les vertébrés, il existe un mésentère ventral, *le cœlome, même plus tard, est divisé en deux cavités latérales.*

C'est ce que nous montre nettement une coupe transversale, pratiquée à ce niveau chez un embryon de sélacien (fig. 239). Au sein du tissu conjonctif du mésentère, tendu entre l'aorte (*ao*) et la paroi abdominale antérieure, se trouve logé le duodénum (*du*) en continuité, du côté dorsal, avec l'ébauche du pancréas (*pan*), et, du côté ventral, avec l'ébauche du foie (*hpd*).

Le foie commence à se former dans le mésentère ventral à une période très reculée du développement. Son mode de formation ne présente guère, dans toute la série des vertébrés, que quelques modifications peu importantes. Nos connaissances sur ce sujet sont très complètes, grâce aux anciens travaux de Remak, Götte, His, Hoffmann, Kölliker et aux observations publiées en ces dernières années par Felix, Hammar, Laguesse, Stöhr, Göppert et surtout par Brachet et Swaen. Chez tous les vertébrés, l'ébauche primitive du foie consiste en une évagination en forme de gouttière longitudinale, qui procède de la paroi ventrale du duodénum, pénètre dans le mésentère ventral et s'étend en avant jusqu'au sinus veineux du cœur (fig. 203). C'est cette forme très simple que conserve le foie pendant toute la durée de la vie chez l'Amphioxus lanceolatus; il constitue une annexe du tube digestif, immédiatement en arrière de la région branchiale.

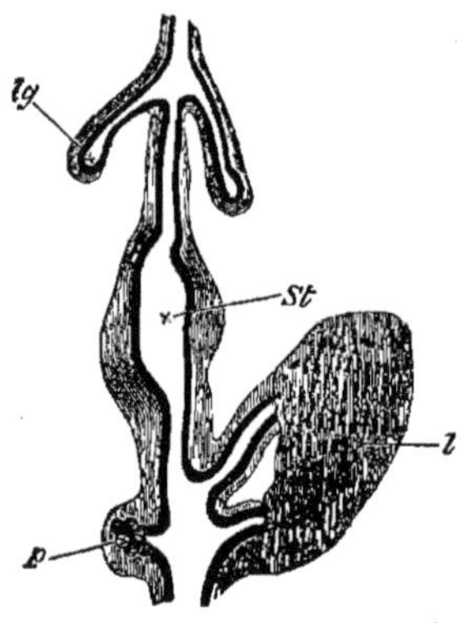

Fig. 240. — *Disposition du tube digestif chez un embryon de poulet de 4 jours. Schéma.* D'après Götte.
La ligne foncée, noire, représente l'endoderme secondaire; la partie hachurée qui l'entoure représente la splanchnopleure. *lg*, poumon; *St*, estomac; *p*, pancréas; *l*, foie.

A cette ébauche primitive du foie, on peut bientôt, comme l'ont montré les belles recherches de Brachet, distinguer une partie antérieure ou *ébauche hépatique* proprement dite et une partie postérieure ou *ébauche cystique*. La première fournit, par prolifération de sa paroi, le parenchyme des cellules hépatiques; la dernière donne naissance à la vésicule biliaire et à son conduit excréteur. Ces deux parties de l'ébauche primitive commencent à se séparer nettement l'une de l'autre et à se présenter comme des diverticules, saillant sur la gouttière primitive. Chez les oiseaux, les mammifères et l'homme, dont je veux surtout parler ici, on constate à ce processus quelques modifications peu importantes. Chez le poulet, au troisième jour de l'incubation, les deux diverticules (fig. 240 *l*,) sont situés à une assez grande distance l'un derrière l'autre (conduits hépatiques crânial et caudal de Felix); ils prolifèrent dans la masse cellulaire qui constitue le mésentère ventral, s'incurvent l'un en avant et à gauche, l'autre en arrière et à droite, et finissent par entourer la veine omphalo-mésentérique, qui se dirige vers le cœur. La marche des choses est un peu différente chez les mammifères. D'après Kölliker, c'est chez l'embryon du lapin de dix jours que se forme tout d'abord le diverticule hépatique primitif antérieur; un jour plus tard, il s'en forme un second, plus petit et postérieur (caudal). Chez un embryon humain de 4 millimètres, Swaen a reconnu comme ébauche primitive du foie, une gouttière de la paroi du tube digestif, aux dépens de laquelle se développent : d'abord l'ébauche hépatique proprement dite, sous la forme d'un assez long

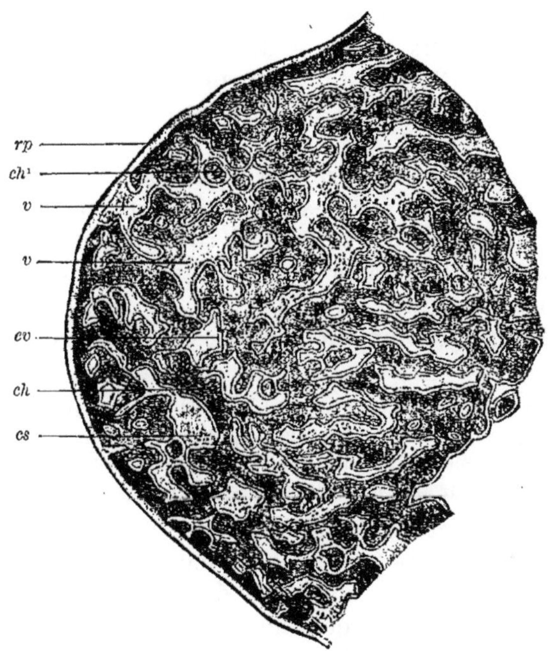

Fig. 241. — *Coupe de l'ébauche du foie chez un embryon de poulet de 6 jours.* Faible grossissement. *ch*, réseau des cylindres hépatiques; *ch'*, cylindre hépatique coupé transversalement; *v*, vaisseau sanguin; *ev*, endothélium vasculaire; *cs*, corpuscules du sang; *rp*, revêtement péritonéal du foie.

diverticule et, quelque temps après, l'ébauche cystique, qui apparaît comme une évagination plus petite (fig. 217, *Lbg*).

Dans le cours ultérieur du développement, la gouttière, que nous avons décrite plus haut sous le nom d'ébauche primitive du foie, se sépare d'avant en arrière, par étranglement, de la paroi du tube digestif et se transforme en un large et court pédicule, qui est le canal cholédoque. L'ébauche antérieure, qui donnera naissance au foie proprement dit (conduit hépatique crânial), reste unie à ce pédicule par l'intermédiaire du canal hépatique; l'ébauche postérieure, qui devient la vésicule biliaire, lui reste unie par l'intermédiaire du canal cystique. Lorsque, plus tard, le canal cholédoque s'est fortement allongé, le foie se trouve par conséquent éloigné de son lieu d'origine.

Le parenchyme hépatique se développe exclusivement aux dépens du diverticule hépatique antérieur ou crânial, sous la forme d'une glande tubuleuse ramifiée, qui présente ce caractère particulier que les tubes glandulaires s'anastomosent très tôt, de façon à former un réseau à mailles serrées. Sur la paroi du diverticule hépatique, se forment de nombreux bourgeons qui, chez certains vertébrés (sélaciens, amphibiens), sont creux dès le début, tandis que chez d'autres (oiseaux, mammifères, homme), ils sont d'abord pleins.

Logés dans le tissu conjonctif embryonnaire du mésentère ventral, ils se transforment : chez les uns, en des tubes creux; chez les autres, en des cylindres pleins. Ces tubes ou cylindres forment, à leur tour, des bourgeons latéraux et ainsi de suite. Ils se mettent en contact, puis se fusionnent (fig. 241, (*ch*) en un réseau de canalicules glandulaires creux, ou de cylindres hépatiques pleins, logés dans une charpente de tissu conjonctif.

En même temps que ce réseau épithélial, se développe, dans les mailles qu'il délimite, un réseau de vaisseaux sanguins (*v*). La veine omphalo-mésentérique, qui se trouve, comme nous l'avons dit, en rapport immédiat avec le diverticule hépatique, pousse des branches collatérales nombreuses qui s'anastomosent et envoient à leur tour des rameaux latéraux, absolument comme les cylindres hépatiques eux-mêmes.

Sedwick Minot et Brachet sont fortement tentés d'admettre avec Shore que le réseau de cylindres hépatiques résulte de ce fait que l'épithélium du diverticule hépatique primitif s'épaissit considérablement par prolifération et que cette masse épithéliale pleine se découpe en quelque sorte par pénétration des vaisseaux sanguins.

Telle est la structure du foie chez le poulet au sixième jour. Il constitue déjà un organe assez volumineux qui, comme chez les mammifères et chez l'homme, engendre dans le mésentère ventral deux fortes saillies, dont l'une proémine dans la moitié gauche et l'autre, dans la moitié droite du cœlome (cavité abdominale) (fig. 238).

Le volume du foie continue à augmenter par formation, aux dépens des cylindres hépatiques réunis en réseau, de travées épithéliales nouvelles qui s'anastomosent à leur tour et augmentent, par conséquent, le nombre des mailles du réseau.

Les éléments essentiels du foie se trouvent alors ébauchés. Ce sont : 1° les cellules hépatiques et les canaux biliaires et hépatiques; 2° le revêtement péritonéal et les ligaments de l'organe, qui dérivent du mésentère ventral.

Il nous reste à examiner quelles sont les modifications qu'éprouvent ces éléments pour acquérir leur disposition définitive.

Le réseau des cylindres hépatiques, creux ou pleins, se modifie d'une double façon.

Une partie des cylindres se transforment en *canaux biliaires*. Lorsqu'ils sont pleins, ils commencent par se creuser d'une petite cavité centrale, autour de laquelle les cellules se disposent en un épithélium cubique ou cylindrique. En même temps, certaines travées du réseau s'atrophient. En effet, tandis que primitivement tous les cylindres hépatiques sont réunis par des anastomoses, chez l'adulte, d'après les observations de Kölliker, il n'en est plus de même, sauf au niveau du hile du foie, où les canaux biliaires forment encore un réseau complet.

Les autres cylindres hépatiques se transforment en *parenchyme*, c'est-à-dire en *canalicules biliaires*, délimités par les *cellules hépatiques*.

Nous avons vu que, dès les premières phases de son développement, le foie constitue une glande tubuleuse réticulée : ce caractère, il le conserve constamment chez les vertébrés inférieurs, notamment chez les amphibiens et les reptiles. Les canalicules biliaires, qui sont creux dès leur origine, ne possèdent encore plus tard qu'une cavité extrêmement étroite : on ne peut en démontrer l'existence qu'au moyen d'injections artificielles. Sur une coupe transversale, la paroi des canalicules n'est formée que par un très petit nombre de cellules hépatiques (3 à 5). Ils forment un réseau, dont les mailles très serrées et très étroites sont parcourues par un réseau de capillaires sanguins, et par de très minces trabécules de tissu conjonctif.

Chez les vertébrés supérieurs (oiseaux, mammifères, homme), le foie, qui constitue aussi, au début, une glande tubuleuse réticulée, finit par prendre une texture très complexe, que le lecteur trouvera exposée en détail dans les traités d'histologie.

Au point de vue embryogénique, trois points ne doivent pas être perdus de vue. Le premier, c'est que les canalicules biliaires se forment aux dépens des cylindres hépatiques primitifs ; le deuxième, c'est que leur paroi n'est constituée, à la coupe, que par deux cellules hépatiques très volumineuses ; le troisième, c'est que les canalicules biliaires envoient des diverticules, des branches, entre les cellules hépatiques et même à leur intérieur. De là résulte dans la disposition des canalicules biliaires et des cellules hépatiques une complication très grande, à laquelle correspond aussi une très grande complication dans la distribution des capillaires sanguins. Telles sont les causes qui modifient si profondément la texture du foie dans le cours du développement. Chez l'adulte le parenchyme hépatique est subdivisé en de petits lobules par des cloisons de tissu conjonctif. Au début du développement il n'en est pas ainsi, tous les cylindres hépatiques étant unis en un réseau. Les lobules n'apparaissent chez l'embryon humain qu'au début du quatrième mois. Toldt et Zuckerkandl ont fait de cette question une étude détaillée.

Quelques mots encore concernant les ligaments du foie et les modifications que le foie subit, dans sa forme et son volume, jusqu'au moment de la naissance.

Les *ligaments du foie* consistent primitivement en un *mésentère ventral*, nous l'avons dit précédemment. Lorsque les deux lobes droit et gauche du foie se sont formés par bourgeonnement du diverticule hépatique primitif (fig. 238, 239 et 242), le mésentère ventral se trouve divisé en trois parties. Une partie moyenne forme le *revêtement péritonéal* des deux lobes de l'organe. Une partie antérieure constitue un ligament qui, partant de la face antérieure, convexe, du foie, se dirige d'arrière en avant et gagne la paroi abdominale antérieure : il s'étend là jusqu'à l'ombilic et loge, le long de son bord libre, la veine ombilicale qui, plus tard, s'oblitère (*ligament suspenseur et ligament rond du foie*) (fig. 238 et 242, *ls*). Une troisième partie constitue un ligament qui, partant de la face concave, du hile du foie, se dirige en arrière et gagne le duodénum et la petite courbure de l'estomac; il loge le canal cholédoque et les vaisseaux qui se rendent au foie : ce ligament est le *petit épiploon*, qui se divise en un *ligament gastro-hépatique* et en un *ligament hépatico-duodénal* (fig. 238, *lhd;* fig. 242, *p. ép*).

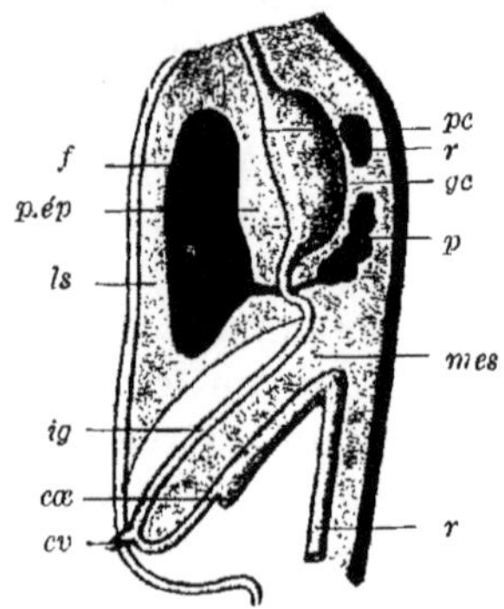

Fig. 242. — *Schéma montrant les rapports primitifs du foie, de l'estomac, du duodénum, du pancréas, de la rate et du mésentère.* Les organes sont vus en coupe longitudinale.

f, foie; *r*, rate; *p*, pancréas; *ig*, intestin grêle; *cv*, canal vitellin; *cœ*, cœcum; *pc*, petite courbure et *gc*, grande courbure de l'estomac; *mes*, mésentère; *p.ép*, petit épiploon (ligaments gastro-hépatique et hépatico-duodénal); *ls*, ligament suspenseur du foie.

A la suite des mouvements de rotation qu'il subit dans le cours du développement, l'estomac se trouve reporté dans la moitié gauche de la cavité abdominale, tandis que le foie se développe surtout dans la moitié droite. Il en résulte que le *petit épiploon*, d'abord placé dans le sens antéro-postérieur, se transforme en une mince membrane (fig. 220, *p. ép*), tendue de gauche à droite. La formation du foie et du petit épiploon entraîne la formation d'une *arrière-cavité du petit épiploon*, qui vient s'ajouter à l'arrière-cavité du grand épiploon, dont l'origine est, nous le savons, due à la rotation de l'estomac. L'arrière-cavité du petit épiploon est cette partie de la cavité abdominale qui se trouve située en arrière du foie et du petit épiploon. Elle forme avec l'arrière-cavité du grand épiploon un diverticule de la cavité abdominale, désigné, en anatomie humaine, sous le nom d'*arrière-cavité des épiploons*. Chez l'adulte, l'arrière-cavité des épiploons communique avec la cavité abdominale par l'intermédiaire d'un orifice étroit, l'*hiatus* de Winslow, délimité en haut par le foie, en bas par le duodénum et en avant par le ligament hépatico-duodénal.

Nous nous occuperons du développement du ligament coronaire du foie, lorsque nous étudierons celui du diaphragme.

En ce qui concerne les modifications que le foie éprouve dans sa forme et son volume jusqu'au moment de la naissance, nous ferons ressortir les deux points suivants. D'abord cet organe atteint, à une période reculée du développement, un volume extraordinaire; en second lieu, ses deux lobes sont, au début, tout à fait symétriques. Au troisième mois de la vie intra-utérine, il remplit à peu près toute la cavité abdominale. Son bord libre, aigu, qui présente une échancrure profonde séparant les deux lobes, descend jusqu'au voisinage de la région inguinale. Ce n'est qu'au niveau de cette échancrure qu'apparaissent les anses intestinales, lorsqu'on enlève la paroi abdominale antérieure de l'embryon. Le foie renferme de nombreux vaisseaux sanguins, qui ramènent au cœur une grande partie du sang du placenta. A cette époque, il commence aussi à sécréter de la bile, mais en petite quantité. Pendant la seconde moitié de la grossesse, la sécrétion biliaire devient plus abondante. La bile s'accumule peu à peu dans l'intestin, où elle forme une masse brun noirâtre, appelée *méconium*. C'est un mélange de bile, de mucus sécrété par les cellules épithéliales de l'intestin et, enfin, de liquide amniotique, avalé par l'embryon et renfermant des lamelles épidermiques et des poils du lanugo. Après la naissance, le méconium se trouve amassé dans le gros intestin, d'où il ne tarde pas à être expulsé.

Pendant la seconde moitié de la grossesse, les deux lobes du foie ne continuent pas à se développer également; le lobe gauche devient progressivement moins volumineux que le droit. Au moment de la naissance, le bord inférieur du foie s'étend encore depuis les cartilages costaux jusqu'au niveau de l'ombilic. Après la naissance, son volume et son poids diminuent rapidement, la circulation du sang se trouvant modifiée par la respiration pulmonaire. Le foie ne reçoit plus, en effet, le courant sanguin que lui amenait la veine ombilicale. Enfin, plus tard, il se développe relativement moins que les autres organes du corps, de sorte que son poids relatif diminue de plus en plus.

2. *Pancréas.*

Le développement du pancréas a fait l'objet d'un grand nombre de recherches dans ces dernières années. Ces recherches, qui ont porté sur toutes les classes des vertébrés, ont fourni des résultats en général concordants. Comme l'ont démontré Göppert, Stöhr, Laguesse et Kupffer, pour les poissons, Göppert pour les amphibiens, Félix pour les oiseaux, Stoss, Hamburger, Brachet et Jankelowitz pour les mammifères et l'homme, le corps de la glande avec ses conduits excréteurs provient de trois ébauches distinctes, qui naissent sous la forme de trois évaginations du feuillet glandulaire de l'intestin. L'une d'elles se forme aux dépens de la paroi dorsale du duodénum; les deux autres, aux dépens de sa paroi ventrale. Ces trois diverticules pénètrent dans le mésentère dorsal, où ils émettent une série de diverticules secondaires, ramifiés et creux (fig. 238 et 242).

Chez les mammifères, le développement du pancréas présente les particularités suivantes. Le diverticule qui procède de la paroi dorsale du duodénum primitif apparaît chez l'embryon du mouton qui est long de 4 millimètres; pendant qu'il continue à s'accroître, il reste rattaché à son lieu d'origine par un conduit excréteur, qui correspond au canal de Santorini de l'homme. Un peu plus tard, chez des embryons de 4,5 millimètres de longueur, apparaissent sur la paroi ventrale du duodénum, tout près de l'ébauche primitive du foie, à droite et à gauche de cette dernière, deux nouvelles évaginations, qui sont les ébauches du pancréas ventral. Elles se séparent peu à peu du tube digestif, jusqu'à ce qu'elles n'y soient plus réunies que par un canal, qui devient le canal de Wirsung. A la suite d'un mouvement de rotation du duodénum autour de son grand axe, les ébauches ventrales et dorsale du pancréas se rapprochent, puis se fusionnent en un organe glandulaire unique. Il en résulte que les conduits excréteurs dorsal et ventral, le canal de Santorini et le canal de Wirsung, se mettent en communication. Cette disposition primitive explique les trois combinaisons différentes, que peuvent présenter dans leur disposition définitive les conduits excréteurs du pancréas.

1) Les deux conduits excréteurs dorsal et ventral persistent (cheval, chien).

2) Le conduit dorsal s'atrophie, et le produit de sécrétion du tissu glandulaire provenant de l'ébauche dorsale s'écoule par le conduit excréteur ventral, en raison du fusionnement qui s'est effectué entre les glandes dorsale et ventrale. Cette disposition se trouve réalisée chez le mouton et habituellement aussi chez l'homme. Ce n'est qu'exceptionnellement que l'on trouve chez l'homme, à côté du canal de Wirsung, un conduit excréteur accessoire, le canal de Santorini.

3) Le conduit excréteur ventral s'atrophie (bœuf, porc). Le pancréas débouche alors dans le duodénum séparément et loin du canal cholédoque.

Les faits embryologiques que nous venons d'exposer permettent d'expliquer comment il se fait que, bien que le pancréas provienne, pour la majeure partie, de la paroi dorsale du duodénum, il vient cependant déboucher ventralement avec le canal cholédoque, au niveau de l'ampoule de Vater, par l'intermédiaire du canal de Wirsung.

Chez les poissons, les amphibiens et les oiseaux, le pancréas se développe de la même façon que chez les mammifères. Chez le poulet (fig. 240), l'ébauche dorsale existe déjà au quatrième jour de l'incubation. Chez les urodèles, les deux conduits excréteurs persistent, tandis que chez les anoures, le conduit excréteur dorsal s'atrophie.

Les recherches de Hambürger chez l'embryon humain concordent parfaitement avec celles de Stoss chez le mouton. Hambürger a trouvé, chez un embryon de cinq semaines, indépendamment d'une volumineuse ébauche dorsale du pancréas, une autre ébauche, ventrale, plus petite, qui débouche, unie au canal cholédoque, dans le duodénum (fig. 243, A). Chez un embryon de six semaines, les deux ébauches s'étaient réunies (fig. 243, B). (Voir aussi les fig. 216 et 217) (1).

Il se forme ainsi un petit corps glandulaire allongé (fig. 243 B, 220 et 221, B) qui, par son extrémité opposée aux voies d'excrétion, s'engage

(1) Swaen a fait aussi des observations semblables chez l'embryon humain *(note du traducteur)*.

de bas en haut dans le mésogastre et vient se placer entre la grande courbure de l'estomac et la colonne vertébrale. Il en résulte que le pancréas doit aussi subir les changements de position que subissent l'estomac et le mésogastre. Chez l'embryon de six semaines, la direction de son grand axe est à peu près celle du grand axe du corps. Il éprouve ensuite peu à peu un mouvement de rotation, à la suite duquel son extrémité terminale vient se placer de plus en plus dans la moitié gauche du corps, jusqu'à ce que finalement son grand axe corresponde à l'axe

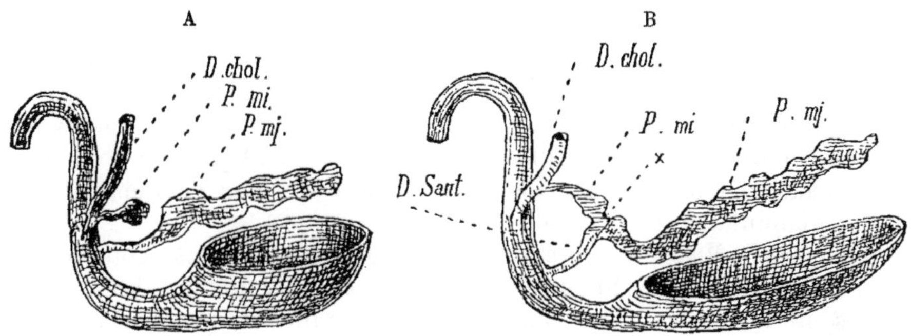

Fig. 243. — *Reconstruction du duodénum et des ébauches du pancréas*, d'après HAMBURGER. A, *chez un embryon de cinq semaines;* B, *chez un embryon de six semaines.* *D.chol*, canal cholédoque; *P.mi*, petite ébauche du pancréas; *P.mj*, grande ébauche du pancréas; *D.Sant.*, canal de SANTORINI; *x*, point de fusionnement des deux ébauches du pancréas.

transversal du corps (fig. 221, B). C'est cette disposition qu'il présente chez l'adulte, où la tête du pancréas se loge dans la courbure en fer-à-cheval du duodénum, tandis que la queue de l'organe se trouve en rapport avec la rate et le rein gauche.

Le pancréas se développe à l'intérieur du mésogastre (fig. 242); il possède donc pendant la première moitié de la vie, ainsi que TOLDT l'a démontré, un méso, un repli du péritoine qui le rattache à la paroi abdominale postérieure et qui subit le mouvement de rotation que nous avons décrit plus haut. Tant que ce repli existe, la glande jouit d'une certaine mobilité. Il commence à disparaître à partir du cinquième mois. Voici comment. En même temps que la glande prend une position transversale, son revêtement péritonéal et son méso se soudent avec la partie du péritoine sur laquelle ils reposent : elle se fixe ainsi intimement à la paroi abdominale postérieure et perd sa mobilité (fig. 221 *bis*, A et B). A la suite de ce processus, le pancréas, qui à son origine constituait, comme le foie, un organe intra-abdominal, devient ainsi un organe extra-péritonéal. En même temps, l'insertion du mésogastre à la paroi abdominale postérieure est déplacée vers la gauche.

3. *Glandes moins volumineuses, follicules et villosités.*

Les *glandes à pepsine*, dont le développement nous est connu depuis les recherches importantes de TOLDT, commencent à apparaître chez l'embryon humain, au cours de la dixième semaine. Les cellules se disposent, dans l'épithélium, de telle sorte qu'elles délimitent de petites évaginations, dont procèdent, un peu plus tard, de nombreux petits tubes, qui s'engagent dans le tissu conjonctif sous-jacent. Les évaginations donnent naissance aux conduits excréteurs, qui sont délimités par un épithélium cylindrique; les tubes constituent les portions sécrétantes de ces glandes : ils sont délimités par un épithélium cubique.

C'est seulement vers la fin du quatrième mois, que l'on trouve des cellules de recouvrement dans l'épithélium glandulaire. Le nombre des tubes glandulaires qui débouchent dans un même conduit excréteur est plus grand pendant la vie embryonnaire qu'après la naissance. Au septième mois de la vie fœtale, chaque conduit excréteur d'une glande de l'estomac reçoit environ sept tubes glandulaires; après la naissance, le nombre de ces derniers diminue progressivement jusqu'à la puberté; chez l'adulte, enfin, dans chaque conduit excréteur débouchent trois tubes glandulaires seulement.

D'après S. Minot, les *glandes de* Lieberkühn et les *villosités* commencent à se former vers la fin du second mois chez l'embryon humain. Au cours du troisième mois déjà, les petites villosités cylindriques sont tapissées par un épithélium cylindrique. Les glandes de Lieberkühn, qui apparaissent à ce moment à la base des villosités, sont de courtes évaginations creuses du feuillet glandulaire de l'intestin; « longtemps leur longueur est insignifiante si on la compare à celle des villosités ». Plus tard, dans le cours du développement, on ne trouve plus de figures de division nucléaire qu'au fond de ces glandes, de sorte que c'est là que se trouvent les centres de croissance principaux pour les glandes et, en général, pour l'épithélium intestinal (Flemming, Bizzozero).

Pendant la vie fœtale, des villosités se développent aussi à la surface de la muqueuse du gros intestin; mais elles commencent à s'atrophier pendant les derniers mois de la gestation.

Patzelt a fait des études détaillées sur le mode de formation des glandes dans la paroi du gros intestin, chez les embryons du lapin.

Les *follicules clos* de l'intestin se montrent déjà très nettement chez l'embryon humain de cinq mois. D'après les recherches de Stöhr, il se forme dans le derme de la muqueuse des amas, bien délimités, de leucocytes, entre les éléments du tissu conjonctif. Par leur sommet, ces amas touchent à l'épithélium de la muqueuse intestinale, mais sans qu'il y ait toutefois de relations très étroites entre ces follicules et les glandes intestinales. Contrairement aux affirmations de Retterer, Stöhr conclut de ses recherches qu'il n'existe aucune relation génésique entre l'épithélium intestinal et les éléments des follicules lymphatiques.

Chez le cobaye, les follicules naissent dans les couches profondes du derme de la muqueuse, ou plus exactement dans le tissu sous-muqueux. Ensuite, des prolongements des glandes intestinales se développent, plus ou moins tôt, vers ces follicules; ils s'élargissent à leur extrémité profonde et émettent un certain nombre de bourgeons, qui se creusent plus tard.

En ce qui concerne le développement de la *rate*, je renverrai le lecteur au chapitre XVII.

RÉSUMÉ

A. — Orifices du tube digestif.

1. L'orifice d'invagination primitif du feuillet interne, c'est-à-dire le blastopore, se ferme complètement sauf en deux points, qui constituent le canal neurentérique et l'anus.

2. Le canal neurentérique établit pendant un certain temps, à l'extrémité postérieure de l'embryon, une continuité entre le canal médullaire et le cœlentéron. Il disparaît aussi plus tard, par soudure de ses parois.

3. L'anus est un reste du blastopore. Il procède d'une petite portion de ce dernier, située en arrière du canal neurentérique (dépression anale, membrane anale).

4. Le tube digestif se met ensuite en communication avec l'extérieur par une série d'autres orifices (fentes branchiales, bouche). En certains points de son étendue, sa paroi s'accole à la paroi du corps; puis la cloison, ainsi formée, s'amincit et finalement se résorbe.

5. Les fentes branchiales se forment, à droite et à gauche, dans la région cervicale future. Chez les vertébrés inférieurs, elles sont généralement au nombre de cinq à six paires. Chez les oiseaux, les mammifères et l'homme, il s'en forme quatre paires (formation des sillons branchiaux internes et externes et résorption des membranes d'occlusion).

6. Chez les vertébrés aquatiques, les fentes branchiales servent à la respiration branchiale (développement des lamelles branchiales par plissement de la muqueuse). Chez les reptiles, les oiseaux et les mammifères, elles se ferment et disparaissent, à l'exception de la partie supérieure de la première fente, qui intervient dans la formation de l'organe auditif (conduit auditif externe, caisse du tympan et trompe d'Eustache).

7. La bouche se développe, à l'extrémité de la tête de l'embryon, sous la forme d'une invagination impaire de l'épiderme (invagination buccale), qui s'applique contre l'extrémité antérieure, en cul-de-sac, de l'intestin céphalique. Il se forme ainsi une membrane pharyngienne, qui se résorbe ensuite (voile pharyngien primitif). La cavité de l'invagination buccale et celle de l'intestin céphalique se trouvent alors mises en communication l'une avec l'autre.

8. L'intestin caudal, compris entre l'anus et l'extrémité postérieure du corps, s'atrophie plus tard; puis, il disparaît complètement. Alors l'anus se trouve situé à l'extrémité postérieure du tube digestif, tout comme la bouche en occupe l'extrémité antérieure.

B. — Différenciation du tube digestif et de son mésentère en diverses parties.

1. Le tube digestif s'étend primitivement en ligne droite depuis la bouche jusqu'à l'anus : vers le milieu de sa longueur il se continue avec le sac vitellin (vésicule ombilicale) par l'intermédiaire du canal vitellin.

2. Il est uni : d'une part, à la colonne vertébrale, par un mince mésentère dorsal et cela dans toute son étendue; d'autre part, à la paroi antérieure du corps, jusqu'à la région ombilicale, par un mésentère ventral (mésocarde antérieur, mésocarde postérieur, mésogastre antérieur et méso-duodénum, foie primitif).

3. A quelque distance en arrière de la dernière fente branchiale, le tube digestif se dilate. Ce renflement, fusiforme, constitue l'ébauche de l'estomac : elle est unie à la paroi abdominale postérieure par le mésogastre (mésogastre postérieur).

4. La partie du tube digestif qui fait suite à l'estomac s'allonge plus que le tronc de l'embryon : elle forme, dans la cavité abdominale, une anse intestinale primitive. La branche supérieure ou droite de l'anse donne naissance à l'intestin grêle; tandis que la branche inférieure ou gauche fournit le cœcum et le colon.

5. L'estomac prend la forme d'un sac. Il subit un mouvement de torsion ; à la suite de ce phénomène, l'axe longitudinal de l'organe se place transversalement. En même temps, la grande courbure de l'estomac, correspondant à l'insertion du mésogastre et primitivement dirigée en arrière, vient se placer vers le bas, c'est-à-dire qu'elle regarde vers l'extrémité caudale de l'embryon.

6. L'anse intestinale primitive subit également un mouvement de torsion. A la suite de ce phénomène, la branche gauche (colon) se place au-dessus de la branche droite (intestin grêle) et se dirige transversalement : elle croise ainsi le duodénum près de son point de continuité avec l'estomac.

7. La torsion de l'anse intestinale primitive est le résultat de l'accroissement du duodénum, qui transporte la courbe duodéno-jéjunale, de la face latérale droite des vaisseaux mésentériques et du méso-duodénum à leur face latérale gauche. Elle explique pourquoi, chez l'adulte, le duodénum, pour se continuer avec le jéjunum, passe au-dessous du colon transverse et du mésocolon transverse.

8. La torsion de l'anse intestinale primitive a pour conséquence de faire prendre à la branche gauche la forme d'un fer à cheval et de la diviser en cœcum, colon ascendant, colon transverse et colon descendant.

9. Dans l'espace délimité par le fer à cheval, la branche droite de l'anse primitive se plisse pour donner naissance aux anses intestinales.

10. Le mésentère dorsal, qui affecte primitivement les mêmes

rapports avec le tube digestif tout entier, se différencie ensuite en plusieurs parties. Cette différenciation est la conséquense de l'adaptation de cet organe aux plissements et aux changements de position des diverses parties du tube digestif. En certains points de son étendue il se soude avec le péritoine : il en résulte, d'une part, qu'il contracte de nouvelles insertions à la paroi abdominale et, d'autre part, qu'il disparaît complètement en certains points.

11. La partie du mésentère insérée au duodénum (mésoduodénum) se soude avec la paroi abdominale postérieure : il en est de même aussi pour certaines parties du mésentère insérées au colon ascendant et au colon descendant (portions extra-péritonéales de l'intestin).

12. Le mésentère du colon transverse acquiert, dans le cours du développement, une insertion nouvelle et transversale à la paroi abdominale postérieure ; il constitue alors le mésocolon.

13. Le mésogastre dorsal subit des modifications en rapport avec la torsion de l'estomac ; il se transforme en le grand épiploon. Ce dernier part de la grande courbure de l'estomac et recouvre l'intestin tout entier.

14. Le grand épiploon contracte des soudures avec certaines parties du péritoine : 1° il se soude au péritoine de la paroi abdominale postérieure, dans la moitié gauche du corps ; 2° il se soude au mésocolon et au colon transverse ; 3° dans la partie de son étendue où il recouvre l'intestin et où primitivement il est constitué par un feuillet antérieur et par un feuillet postérieur séparés par une fente, ces deux feuillets se soudent en une seule membrane.

C. — **Formation des organes dérivant de la paroi du tube digestif.**

1. La surface de la muqueuse du tube digestif s'accroît, d'une part, par formation de replis et de villosités qui proéminent dans la cavité intestinale, et, d'autre part, par formation d'évaginations glandulaires.

2. Les organes dépendant de la cavité buccale sont la langue, les glandes salivaires et les dents.

3. Les dents, qui chez les vertébrés supérieurs n'existent qu'au pourtour de l'orifice buccal, sont distribuées chez les vertébrés inférieurs (sélaciens, etc.), non seulement dans toute l'étendue de la cavité buccale et de la cavité branchiale, mais aussi sur toute la surface du corps (dents cutanées).

4. Les dents cutanées sont en quelque sorte des papilles de la peau ossifiées. Elles se forment : d'une part, aux dépens de la couche superficielle du derme cutané, et, d'autre part, aux dépens de la couche profonde de l'épiderme.

a. Le derme cutané fournit les papilles dentaires ; la couche superficielle des cellules de la papille constitue la couche des odontoblastes et donne naissance à la dentine (ivoire).

b. La couche profonde des cellules épidermiques se transforme en une rangée de longues cellules cylindriques, appelée membrane adamantine, qui donne naissance à une mince couche d'émail recouvrant la surface de l'ivoire.

c. La base de l'épine dentaire s'unit d'une façon plus intime avec le derme cutané : ce dernier s'ossifie sur son pourtour et se transforme ainsi en cément.

5. Sur le bord libre des maxillaires, l'épithélium de la muqueuse prolifère et se transforme en une crête dentaire qui s'engage profondément. C'est le long de la crête dentaire que se développent les dents maxillaires, selon le même processus que les dents cutanées.

6. Voici comment se forment les dents maxillaires. De distance en distance, la crête dentaire s'hypertrophie et se transforme en un organe de l'émail, à l'intérieur duquel pénètre une papille du derme de la muqueuse. La papille dentaire, d'origine mésenchymatique, donne naissance à la dentine ; l'organe de l'émail, d'origine épithéliale, après avoir fourni une membrane adamantine, donne naissance à l'émail de la dent. Enfin, le sac dentaire, d'origine mésenchymatique, s'ossifie et devient le cément.

7. En arrière des dents de lait se forment les ébauches des dents permanentes : chez l'homme et les mammifères, elles se développent, à une période reculée de l'ontogenèse, aux dépens du bord libre, profond, de la crête dentaire.

8. Aux dépens de l'épithélium du pharynx se forment le thymus, la glande thyroïde, les glandes thyroïdes accessoires et le poumon.

9. Le thymus naît par épaississement et transformation spéciale de l'épithélium de plusieurs paires (sélaciens, téléostéens, amphibiens et reptiles) ou d'une seule paire de fentes branchiales.

a. Chez les sélaciens et les téléostéens l'épithélium des extrémités dorsales de toutes les fentes branchiales prolifère et se trouve ensuite parcouru par du tissu conjonctif et des vaisseaux.

b. Chez les mammifères et chez l'homme, il se forme aux dépens de la troisième paire de fentes branchiales une paire de tubes épithéliaux, qui poussent ensuite des bourgeons latéraux et subissent des transformations histologiques toutes spéciales.

c. Chez l'homme, les deux tubes épithéliaux constituant les ébauches du thymus, s'unissent sur la ligne médiane en un organe impair, qui commence à s'atrophier pendant les premières années de la vie.

10. La glande thyroïde est un organe impair, qui se développe au voisinage du corps de l'os hyoïde, sous la forme d'une évagination, creuse ou pleine, de l'épithélium du plancher de la cavité pharyngienne.

a. La masse épithéliale se sépare de son lieu d'origine et pousse des bourgeons latéraux.

b. Les cordons épithéliaux, ainsi formés, se divisent ultérieurement en de petites vésicules épithéliales ou follicules. Les cellules des follicules sécrètent ensuite une substance colloïdale, qui s'accumule à l'intérieur. Les follicules sont clos de toutes parts : ils constituent des espèces d'acinus glandulaires entourés d'une capsule de tissu conjonctif, renfermant de nombreux vaisseaux sanguins.

11. Les glandes thyroïdes accessoires sont des organes pairs. Elles se développent par évagination de l'épithélium de la dernière paire de fentes branchiales et subissent ensuite les mêmes transformations que la glande thyroïde impaire.

12. Les glandes thyroïdes accessoires, chez la plupart des vertébrés, restent séparées de la glande thyroïde impaire par un espace, tantôt assez considérable (reptiles), tantôt très minime (oiseaux). Chez les mammifères, elles se fusionnent avec elle et semblent constituer *un seul* organe.

13. Les poumons se forment, en arrière de la glande thyroïde impaire, aux dépens du plancher de l'intestin céphalique.

a. Le larynx et la trachée se forment aux dépens d'une gouttière qui se sépare de l'intestin céphalique jusqu'à son extrémité antérieure (entrée du larynx).

b. Aux dépens de l'extrémité postérieure de cette gouttière se forment deux tubes, qui se dilatent à leur extrémité : ils constituent les ébauches des bronches droite et gauche ainsi que des poumons.

c. Il se manifeste très tôt une asymétrie entre le poumon droit et le poumon gauche. Le tube primitif droit forme trois vésicules latérales, représentant les ébauches des trois lobes pulmonaires droits ; tandis que le tube primitif gauche n'émet que deux vésicules latérales, correspondant aux deux lobes du poumon gauche.

d. En ce qui concerne le développement ultérieur des poumons, il y a lieu de distinguer deux stades, dont le premier présente les plus grandes analogies avec la formation d'une glande acineuse. Pendant le premier stade, les vésicules pulmonaires primitives se multiplient par formation d'étranglements; puis chaque vésicule se différencie en une portion rétrécie (rameau bronchique) et une vésicule terminale. Pendant le second stade se forment les alvéoles pulmonaires, aux dépens des dernières ramifications bronchiques (conduits alvéolaires) et des vésicules terminales.

14. Deux glandes volumineuses, le foie et le pancréas, se forment aux dépens du duodénum.

15. Le foie se développe comme une glande tubuleuse réticulée.

a. Sur la paroi ventrale du duodénum se forme une gouttière longitudinale, qui fait saillie dans le mésentère ventral (foie primitif) : c'est l'ébauche primitive du foie, à laquelle on peut distinguer une partie antérieure (crâniale) qui est l'ébauche hépatique proprement dite, et une partie postérieure (caudale), plus petite, qui est l'ébauche cystique.

b. Ces deux parties s'accroissent et deviennent des diverticules creux, tandis que plus tard la gouttière longitudinale se sépare partiellement, en avant (crânialement) et en arrière (caudalement), du tube digestif et devient le canal cholédoque.

c. Le diverticule antérieur (conduit hépatique crânial) fournit le parenchyme glandulaire. De ses parois naissent des branches collatérales creuses ou pleines, qui sont les cylindres hépatiques. Ces cylindres s'anastomosent de façon à former un réseau. Une partie d'entre eux donnent naissance aux canaux biliaires; les autres, à la portion sécrétante du parenchyme hépatique avec les capillaires biliaires.

d. Le diverticule postérieur ou caudal (ébauche cystique) devient la vésicule biliaire.

16. Aux dépens du mésentère ventral, dans lequel pénètrent les conduits hépatiques primitifs, se forment : d'une part le revêtement séreux du foie et, d'autre part, une partie des ligaments de l'organe : le petit épiploon (ligaments gastro-hépatique et hépatico-duodénal) et le ligament suspenseur du foie.

17. Le pancréas se forme aux dépens de l'épithélium de la paroi dorsale du duodénum : il s'engage dans le mésentère dorsal et dans le mésogastre.

18. Le mésentère, qui rattache primitivement le pancréas à la paroi abdominale postérieure, disparaît plus tard : il se soude avec la paroi abdominale postérieure. En outre, à la suite du mouvement de torsion subi par l'estomac, l'axe longitudinal du pancréas finit par se placer transversalement.

BIBLIOGRAPHIE

Afanassiew. *Weitere Untersuchungen über den Bau und die Entwicklung der Thymus und der Winterschlafdrüse der Säugethiere.* Archiv f. mikroskop. Anatomie. Vol. XIV. 1877.

Antipa. *Ueber die Beziehungen der Thymus zu den sogenannten Kiemenspaltorganen bei Selachiern.* Anatomischer Anzeiger, 1892.

Van Bemmelen. *Die Visceraltaschen und Aortenbogen bei Reptilien und Vögeln.* Zoolog. Anzeiger. N° 231. 232. 1886.

— *Ueber die Suprapericardialkörper.* Anatom. Anzeiger. Année IV. 1889. N° 13.

— *Die Halsgegend der Reptilien.* Zoologischer Anzeiger. Année X. N° 244. 1887.

Bonnet. *Ueber die Entwicklung der Allantois und die Bildung des Afters bei den Wiederkäuern und über die Bedeutung der Primitivrinne und des Primitivstreifs bei den Embryonen der Säugethiere.* Anatomischer Anzeiger, 1888.

G. Born. *Ueber die Derivate der embryonalen Schlundbogen und Schlundspalten bei Säugethieren.* Archiv f. mikroskopische Anatomie. Vol. XXII.

Brachet. *Recherches sur le développement du pancréas et du foie (Sélaciens, Reptiles, Mammifères).* Journ. de l'anat. et de la phys. 1896.

Brachet. *Développement du diaphragme et du foie chez le lapin.* Journal de l'anatomie et de la physiol. 1895.
— *Die Entwicklung und Histogenese der Leber und des Pankreas.* Merkel-Bonnet's Ergebnisse der Anatomie u. Entw. Vol. VI. 1897.
Braun. *Entwicklungsvorgänge am Schwanzende bei Säugethieren.* Archiv f. Anatomie und Physiol. 1882.
J. C. Chievitz. *Beiträge zur Entwicklungsgeschichte der Speicheldrüsen.* Archiv f. Anat. u. Physiol. Anat. Abth. 1885.
Dohrn. *Studien zur Urgeschichte des Wirbelthierkörpers. Die Thyreoidea bei Petromyzon, Amphioxus und Tunicaten.* Mittheilungen aus der Zoologischen Station zu Neapel. Vol. VI. 1886.
— *Studien zur Urgeschichte des Wirbelthierkörpers. N° 12. Thyreoidea und Hypobranchialrinne, etc.* Mittheil. aus der Zoolog. Station zu Neapel. Vol. VII. 1887.
Dubois. *Zur Morphologie des Larynx.* Anatom. Anzeiger. 1re année. Nos 7 et 9. 1886.
Endres. *Beiträge zur Entwicklungsgeschichte und Anatomie des Darmes, des Darmgekröses u. der Bauchspeicheldrüse.* Archiv f. mikrosk. Anatomie. Vol. XL. 1892.
Von Erlanger. *Ueber den Blastoporus der anuren Amphibien, sein Schicksal und seine Beziehungen zum bleibenden After.* Zool. Jahrb. Vol. IV. 1890.
— *Zur Blastoporusfrage bei den anuren Amphibien.* Anatom. Anzeiger. Année VI. 1891.
Félix, W. *Zur Leber- und Pankreasentwicklung.* Archiv f. Anat. u. Physiologie. Anatom. Abth. 1892.
Fischelis. *Beiträge zur Kenntniss der Entwicklungsgeschichte der Gl. thyreoidea und Gl. thymus.* Archiv f. mikrosk. Anatomie. Vol. XXV.
Fol. *Ueber die Schleimdrüse oder den Endostyl der Tunicaten.* Morpholog. Jahrbuch. Vol. I.
Franklin Mall. *Entwicklung der Branchialbogen und Spalten des Hühnchens.* Archiv für Anat. u. Physiol. Anat. Abth. 1887.
Gasser. *Die Entstehung der Cloakenöffnung bei Hühner-Embryonen.* Archiv f. Anatomie und Entwicklungsgesch. 1880.
Gegenbaur. *Die Epiglottis.* Leipzig, 1892.
Giacomini. *Sul canale neurenterico e sul canale anale nelle vesicole blastodermiche di coniglio.* Turin, 1888.
E. Göppert. *Die Entwicklung und das spätere Verhalten des Pankreas der Amphibien.* Morphol. Jahrb. Vol. XVII.
— *Die Entwicklung des Pankreas der Teleostier.* Morphol. Jahrb. Vol. XX. 1893.
Götte. *Beiträge zur Entwicklungsgeschichte des Darmcanals im Hühnchen.* Tübingen, 1867.
— *Abhandlung zur Entwicklungsgeschichte der Thiere.* Fasc. 5. 1890.
Hamburger. *Zur Entwicklung der Bauchspeicheldrüse des Menschen.* Anat. Anzeiger. 1892.
Hannover. *Ueber die Entwicklung und den Bau des Säugethierzahns.* Nova acta academ. Caes. Leop. Natur. curiosorum. Breslau et Bonn, 1856. Vol. XXV. 2e partie.
Oscar Hertwig. *Ueber Bau und Entwicklung der Placoidschuppen und der Zähne der Selachier.* Jenaische Zeitschr. Vol. VIII. 1874.
— *Ueber das Zahnsystem der Amphibien und seine Bedeutung für die Genese des Skeletts der Mundhöhle.* Archiv f. mikrosk. Anatomie. Vol. XI. Supplément, 1874.
— *Urmund und Spina bifida.* Archiv f. mikrosk. Anatomie. Vol. XXXIX. 1892.
Hintze. *Ueber die Entwicklung der Zungenpapillen beim Menschen.* Diss. Strasbourg. 1890.
Wilhelm His. *Mittheilungen zur Embryologie der Säugethiere und des Menschen.* Archiv f. Anat. u. Physiologie. Anat. Abth. 1881.
— *Ueber den Sinus praecervicalis und über die Thymusanlage.* Archiv f. Anatomie und Physiologie. Anat. Abth. 1886.
— *Zur Bildungsgeschichte der Lungen beim menschlichen Embryo.* Archiv f. Anat. und Physiologie. Anat. Abtheil. 1887.
— *Schlundspalten u. Thymusanlagen.* Archiv. f. Anat. u. Physiologie. Anat. Abth. 1889.
— *Der Tractus thyreoglossus und seine Beziehungen zum Zungenbein.* Archiv f. Anat. u. Physiologie. Anat. Abth. 1891.
M. Jacoby. *Studien zur Entwicklungsgeschichte der Halsorgane der Säugethiere u. des Menschen.* Dissert. Berlin, 1895. Ce travail contient un exposé bibliographique complet.
— *Ueber die mediane Schilddrüsenanlage bei Säugern.* Anatom. Anzeiger. X.
H. Kadyi. *Ueber accessorische Schilddrüsenläppchen in der Zungenbeingegend. (Gland. praehyoides et suprahyoides.)* Archiv. f. Anat. u. Physiol. Anat. Abtheil. 1879.
Kastschenko. *Das Schicksal der embryonalen Schlundspalten bei Säugethieren.* Archiv für mikrosk. Anatomie. Vol. XXX.

Kastschenko. *Das Schlundspaltengebiet des Hühnchens.* Archiv f. Anatomie u. Physiol. Anat. Abth. 1887.
Keibel. *Die Entwicklungsvorgänge am hinteren Ende des Meerschweinchen-Embryo.* Archiv f. Anatomie u. Physiologie. Anat. Abth. 1888.
— *Ueber den Schwanz des menschlichen Embryo.* Archiv für Anatomie und Entwicklungsgesch 1891.
Klaatsch. *Zur Morphologie der Mesenterialbildungen am Darmcanal der Wirbelthiere.* Morpholog. Jahrbuch. Vol. XVIII.
V. Kölliker. *Die Entwicklung des Zahnsäckchens der Wiederkäuer.* Zeitschr. f. wissenschaftl. Zoologie. Vol. XII. 1863.
J. Kollmann. *Entwicklung der Milch- und Ersatzzähne beim Menschen.* Zeitschr. f. wissenschaftl. Zoologie. Vol. XX. 1870.
C. Kupffer. *Ueber den Canalis neurentericus der Wirbelthiere.* Sitzungsber. der Gesellschaft für Morphologie und Physiologie zu München. 1887.
Laguesse. *Recherches sur le développement de la rate chez les poissons.* Journal de l'anatomie et de la physiologie. T. XXVI. 1890.
— *Structure et développement du pancréas d'après les travaux récents.* Journal de l'anat. et de physiol. Année XXX.
Liessner. *Ein Beitrag zur Kenntniss der Kiemenspalten und ihrer Anlagen bei amnioten. Wirbelthieren.* Morph. Jahrb. Vol. XIII.
Mall. *The branchial clefts of the dog, with special reference to the origin of the thymus gland.* Studies from the Biolog. Laboratory of John Hopkins University. Vol. IV.
Maurer. *Schilddrüse und Thymus der Teleostier.* Morphologisches Jahrbuch. Vol. XI.
— *Die erste Anlage der Milz und das erste Auftreten von lymphatischen Zellen bei Amphibien.* Morph. Jahrb. Vol. XVI.
Merten. *Historisches über die Entdeckung der Glandula suprahyoidea.* Archiv für Anatomie und Physiologie. Anat. Abtheil. 1879.
Pierre de Meuron. *Recherches sur le développement du thymus et de la glande thyroïde.* Dissertation. Genève, 1886.
Johannes Müller. *Ueber den Ursprung der Netze und ihr Verhältniss zum Peritonealsacke beim Menschen, aus anatomischen Untersuchungen an Embryonen.* Archiv für Anatomie und Physiologie. 1830.
W. Müller. *Ueber die Entwicklung der Schilddrüse.* Jenaische Zeitschrift. Vol. VI. 1871.
— *Die Hypobranchialrinne der Tunicaten.* Jenaische Zeitschr. Vol. VII. 1872.
Ostroumoff. *Ueber den Blastoporus und den Schwanzdarm bei Eidechsen und Selachiern.* Zoolog. Anzeiger. 1889.
R. Owen. *Odontography.* Londres, 1840-1845.
Patzelt. *Ueber die Entwickl. d. Dickdarmschleimhaut.* Wiener Sitzungsber. Vol. LXXXVI. 1883.
Perenyi. *Blastoporus bei den Fröschen.* Berichte der Akad. der Wissensch. zu Budapest. Vol. V, p. 254-58.
Piersol. *Ueber die Entwicklung der embryonalen Schlundspalten und ihrer Derivate.* Zeitschr. für wissenschaftl. Zoologie. Vol. XLVII. 1888.
Prenant. *Annotations sur le développement du tube digestif chez les mammifères.* Journal de l'anat. et de la phys. par Pouchet et Duval. 1891.
— *Contribution à l'étude du développement organique et histologique du thymus, de la glande thyroïde et de la glande carotidienne.* La cellule. Publié par Carnoy, etc. T. X.
Karl Rabl. *Ueber das Gebiet des Nervus facialis.* Anat. Anzeiger. Année II. N° 8. 1887.
— *Zur Bildungsgeschichte des Halses.* Prager medicinische Wochenschrift. 1886, n° 52, et 1887, n° 1.
Retterer. *Origine et évolution des amygdales chez les mammifères.* Journ. de l'anat. et de la physiol. Année XXIV.
— *Sur l'origine des follicules clos du tube digestif.* Verhandl. der anat. Gesellsch. in Basel. 1895.
Robin et Magitot. *Journal de la physiologie.* Tomes III et IV. 1860. 1861.
Röse. *Ueber die Entwicklung der Zähne des Menschen.* Arch. f. mikrosk. Anat. Vol. XXVIII.
— *Ueber die Zahnentwicklung der Krokodile.* Verhandl. der Anat. Gesellsch. 1892.
Schanz. *Das Schicksal des Blastoporus bei den Amphibien.* Jenaische Zeitschr. f. Naturwissenschaft. Vol. XXI.
D. Schwarz. *Untersuchungen des Schwanzendes bei den Embryonen der Wirbelthiere.* Zeitschrift f. wissenschaftl. Zoologie. Vol. XLVIII.

Seessel. *Zur Entwicklungsgeschichte des Vorderarms*. Archiv f. Anatomie und Entwicklungsgeschichte. Année 1877.

Graf Spee. *Ueber die ersten Vorgänge der Ablagerung des Zahnschmelzes*. Anatomischer Anzeiger. Année II. N° 4. 1887.

Stieda. *Einiges über Bau und Entwicklung der Säugethierlungen*. Zeitschr. f. wissenschaftl. Zoologie. Vol. XXX. Suppl.

— *Untersuchungen über die Entwicklung der Glandula thymus, Glandula thyreoidea und Glandula carotica*. Leipzig, 1881.

Stöhr. *Die Entwicklung des adenoiden Gewebes, der Zungenbälge und der Mandeln des Menschen*. Festschrift zur Feier des 50-jährigen Doctorjubil. der Herren v. Nägeli und v. Kölliker. 1891.

— *Die Entwicklung von Leber und Pankreas der Forelle*. Anat. Anzeiger. 1893.

— *Ueber die Entwicklung der Lymphknötchen des Darms*. Archiv f. mikrosk. Anat. Vol. XXXIII.

— *Ueber die Entwicklung der Darmlymphknötchen und über die Rückbildung von Darmdrüsen*. Archiv f. Mikrosk. Anat. und Entwicklungsgesch. Vol. LI. 1898.

Ant. Stoss. *Untersuchungen über die Entwicklung der Verdauungsorgane, vorgenommen an Schafs-Embryonen*. Diss. 1892.

H. Strahl. *Zur Bildung der Cloake des Kaninchen-Embryo*. Archiv f. Anatomie u. Physiol. Anat. Abth. 1886.

Swaen. *Recherches sur le développement du foie, du tube digestif, de l'arrière-cavité du péritoine et du mésentère*. Journal de l'anat. et de la phys. 1896. 1897.

Toldt et Zuckerkandl. *Ueber die Form- und Texturveränderungen der menschlichen Leber während des Wachsthums*. Wiener Sitzungsberichte. Math.-naturw. Abth. Vol. LXXII. Année 1875.

C. Toldt. *Bau- und Wachsthumsveränderungen der Gekröse des menschlichen Darmcanales*. Denkschriften der Math.-naturw. Classe der Kais. Akad. d. Wissenschaften zu Wien. 1879.

— *Die Entwicklung und Ausbildung der Drüsen des Magens*. Sitzungsber. der Kais. Akad. d. Wissensch. Vol. LXXXII. 1880.

— *Die Darmgekröse u. Netze*. Denkschriften der Math.-naturw. Classe der Kaiserl. Akad. d. Wissensch. Vol. LVI. 1889.

Charles Thomes. *Manual of dental anatomy human and comparative*. Traduction allemande par Holländer. Berlin, 1877.

N. Uskow. *Bemerkungen zur Entwicklungsgeschichte der Leber und der Lungen*. Archiv für mikrosk. Anatomie. Vol. XXII. 1883.

P. Verdun. *Dérivés branchiaux chez les vertébrés supérieurs*. Toulouse, 1898.

Hans Virchow. *Das Dotterorgan der Wirbelthiere*. Zeitschrift für wissenschaftl. Zoologie. Vol. LIII.

Waldeyer. *Bau und Entwicklung der Zähne*. Stricker's Handbuch der Lehre von den Geweben. Leipzig, 1871.

— *Untersuchungen über die Entwicklung der Zähne*. Danzig, 1864.

Wilder. *Studies in the phylogenesis of the larynx*. Anatomischer Anzeiger. 1892.

Wlassow. *Zur Entwicklung des Pankreas beim Schwein*. Morpholog. Arbeiten. Vol. IV.

Anton Wölfler. *Ueber die Entwicklung und den Bau der Schilddrüse*. Berlin, 1880.

Caspar Friedr. Wolff. *Ueber die Bildung des Darmcanals im bebrüteten Hühnchen*. Traduit par Fr. Meckel. Halle, 1812.

Fr. Ziegler. *Zur Kenntniss der Oberflächenbilder der Rana-Embryonen*. Anat. Anzeiger. 1882. Nos 7 et 8.

CHAPITRE QUINZIÈME

ORGANES DÉRIVÉS DU FEUILLET MOYEN

Muscles volontaires, organes génito-urinaires.

Les organes qui se forment aux dépens du mésoderme présentent les rapports génésiques les plus étroits avec les produits de transformation du feuillet interne. En effet, nous l'avons établi dans la première partie de cet ouvrage, le feuillet moyen se développe par évagination de l'endoderme et il constitue, comme lui, un épithélium délimitant une cavité. Est-il dès lors étonnant qu'on le voie donner naissance également à des organes glandulaires?

Depuis Remak jusqu'en ces dernières années, on prétendait que le feuillet moyen, contrairement aux autres feuillets germinatifs, ne constitue pas un épithélium. Aussi était-il impossible d'admettre, alors, que ce feuillet pût produire des organes glandulaires. Maintes tentatives furent donc faites pour dériver ces organes de l'ectoderme. La théorie du cœlome une fois établie, il n'existait plus aucun obstacle pour que le mésoderme pût donner naissance à des glandes.

Aux dépens du feuillet moyen ou, en d'autres termes, aux dépens de la paroi épithéliale des sacs cœlomiques de l'embryon, se forment, outre le mésenchyme, dont nous avons fait connaître l'origine dans le chapitre neuvième : d'abord, tous les muscles volontaires; puis, les organes génito-urinaires et, enfin, l'épithélium des grandes cavités séreuses.

1. — **Développement des muscles volontaires.**

Pour bien comprendre les faits exposés dans le présent chapitre, il est nécessaire que nous fassions connaître certains points généraux, fondamentaux, que nous fournissent l'anatomie comparée et l'embryogénie des invertébrés.

Chez les cœlentérés, qui sont si instructifs au point de vue de l'origine des diverses formes de tissus, les éléments musculaires sont, d'une façon presque générale, des parties constitutives d'un épithélium, non seulement dans le cours du développement, mais aussi chez l'animal adulte. Ils méritent donc le nom de *cellules épithélio-musculaires* qu'on leur a donné. Leur trait caractéristique consiste en ce qu'ils sont de simples cellules épithéliales, cubiques, cylindriques ou allongées (fig. 244). L'une des extrémités de ces cellules atteint généralement la surface de l'épithélium et est très souvent garnie d'un fouet vibratile, tandis que l'autre extrémité, l'extrémité basale, repose sur la lamelle fondamentale du corps et présente une ou plusieurs fibrilles musculaires, lisses ou

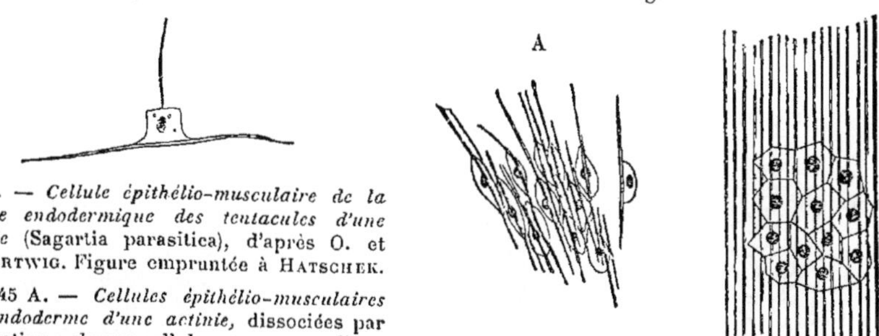

Fig. 244. — *Cellule épithélio-musculaire de la couche endodermique des tentacules d'une actinie* (Sagartia parasitica), d'après O. et R. HERTWIG. Figure empruntée à HATSCHEK.

Figure 245 A. — *Cellules épithélio-musculaires de l'endoderme d'une actinie,* dissociées par macération : chaque cellule est pourvue d'une fibrille musculaire. — B. *Épithélium musculaire d'une méduse.* Les fibrilles constituent une formation commune à toutes les cellules de l'épithélium. Figure schématique. D'après O. et R. HERTWIG. Figures empruntées à HATSCHEK.

striées transversalement. A la face profonde de l'épithélium, toutes les fibrilles musculaires sont généralement disposées parallèlement et serrées les unes contre les autres (fig. 245). Elles constituent ainsi, dans leur ensemble, une *lame musculaire*, dont l'action physiologique engendre l'allongement ou le raccourcissement du corps de l'animal dans une direction.

Chez les cœlentérés, le feuillet interne et le feuillet externe peuvent donner naissance à des cellules musculaires. Ce n'est déjà plus le cas chez les vers. Chez eux, le feuillet interne a engendré, par plissement, une cavité cœlomique (entérocèle), dont la paroi pariétale, c'est-à-dire le feuillet pariétal du mésoderme, donne seule naissance à la musculature du tronc. Chez les vers, par exemple les Chœtognathes, les cellules épithéliales de ce feuillet se sont différenciées, à leur extrémité basale tournée vers la surface du corps, en une lame de fibrilles musculaires, tandis que, par leur autre extrémité, elles délimitent la cavité cœlomique. *On peut, de la même façon, constater chez les invertébrés, en passant successivement des formes inférieures vers les formes supérieures, qu'au fur et à mesure que l'organisation se différencie davantage, le pouvoir de formation du tissu musculaire se localise dans une région de plus en plus restreinte du revêtement épithélial du corps.*

C'est chez les vertébrés que ce processus de localisation atteint son maximum. Chez les vertébrés, la musculature du tronc ne se forme plus aux dépens du feuillet pariétal du mésoderme tout entier, mais seulement aux dépens d'une petite partie isolée de ce feuillet, dans les segments primordiaux. A la suite de ce processus, chez les vertébrés, la musculature, d'abord restreinte à son lieu d'origine, se propage ensuite dans toute l'étendue du tronc, pour pénétrer enfin dans les membres.

Au point de vue histogénique, la forme la plus simple de la musculature volontaire consiste en la *lame musculaire*, formée par les cellules épithéliales et étalée sous l'épithélium. Comme le montrent l'étude des cœlentérés et l'embryogénie des animaux, cette forme primitive a donné naissance : 1° *aux lamelles musculaires* ; 2° *aux cases musculaires ;* 3° *aux faisceaux musculaires primitifs*. Dans leur développement le processus de plissement joue un rôle, que nous avons déjà appris

Fig. 246. Fig. 247. Fig. 248

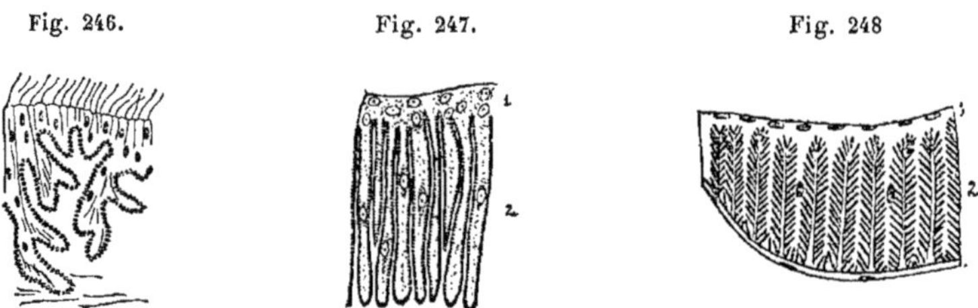

Fig. 246. — *Plissement de l'épithélium musculaire de l'endoderme d'une actinie*, d'après HERTWIG. Figure empruntée à HATSCHEK.

Fig. 247. — *Coupe transversale de l'épithélium musculaire d'une méduse.* — *1*, couche de revêtement (superficielle) ; *2*, lame musculaire plissée.

Fig. 248. — *Coupe transversale de la musculature longitudinale de Sagitta*, d'après HERTWIG. Figure empruntée à HATSCHEK. *1*, couche de revêtement (épithélium du cœlome) ; *2*, lame musculaire plissée en lamelles et sous laquelle se trouve l'épiderme.

à connaître en diverses circonstances, comme constituant la cause de la formation de la plupart des organes.

Lorsque certaines parties d'une lame musculaire doivent accomplir un travail plus considérable, elles ne le peuvent qu'à la condition que le nombre des fibrilles parallèles augmente. Or l'augmentation du nombre des fibrilles dans un espace limité peut être obtenu de deux façons : soit qu'elles se superposent en plusieurs couches, soit qu'elles restent disposées côte à côte en une seule couche mais que la lamelle se plisse. Ce plissement peut s'effectuer plus ou moins régulièrement.

S'il s'effectue irrégulièrement, il se forme des plis diversement accentués, qui peuvent porter à leur tour des plis secondaires de plus petite taille : dans ce cas, l'aspect que l'on obtient à la coupe transversale est celui que présente une arborisation (fig. 246). L'axe de chaque pli est formé par une minime quantité de substance fondamentale, dont la surface est recouverte par les fibrilles musculaires disposées parallèlement les unes aux autres. Les dépressions qui siègent entre les plis sont comblées par l'épithélium, qui nivelle les irrégularités et dont la face superficielle est lisse.

Lorsque le plissement s'effectue régulièrement (fig. 247 et 248), il peut se former des plis très réguliers et parfois assez élevés, dont la direction est perpendiculaire à celle de la lame primitive qui leur a donné naissance en se plissant; ces plis sont serrés les uns contre les autres à la façon des feuillets d'un livre. Les étroits espaces interposés entre eux sont occupés par les cellules auxquelles les fibrilles appartiennent ainsi que par leurs noyaux, c'est-à-dire par les corpuscules musculaires. Sur la face libre des lamelles s'étale, en outre, une couche d'épithélium de revêtement.

Dans les cas que nous venons de décrire, la musculature volontaire reste unie à la couche épithéliale dont elle constitue un produit de différenciation : c'est ce qui se présente généralement chez les cœlentérés. Chez d'autres invertébrés, cette union cesse d'exister. Les bords des plis tournés vers la surface libre de l'épithélium se soudent. Il en résulte que les deux couches de fibrilles musculaires qui revêtaient les surfaces adjacentes de deux lamelles voisines s'unissent de façon à former une entité, qui se trouve entourée par une mince couche de substance fondamentale, et se sépare ainsi de la couche épithéliale.

Il se forme de la sorte deux espèces de tissus musculaires : la *case musculaire* et le *faisceau musculaire primitif*. Il se forme des *cases musculaires* lorsque deux longues lamelles musculaires adjacentes se soudent par leurs bords libres, ainsi que le montre la coupe transversale de la musculature longitudinale d'un lombric (fig. 249). Il se forme, au

Fig. 249.

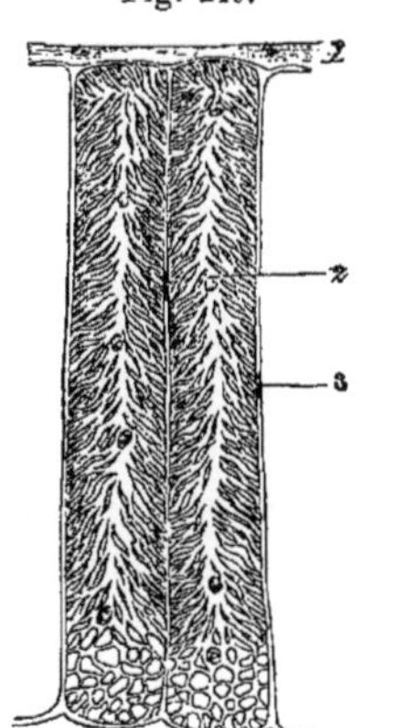

Fig. 250.

A

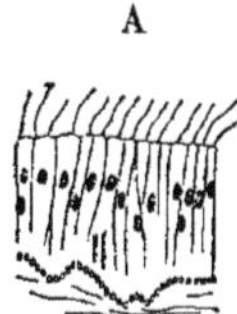

B

Fig. 249. — *Coupe transversale de la couche musculaire longitudinale d'un lombric.*

1, couche de revêtement (épithélium péritonéal); *2*, case musculaire avec noyaux de cellules arrondis (corpuscules musculaires) interposés entre les fibrilles musculaires; *3*, gaine de tissu conjonctif de la case musculaire, pourvue de noyaux aplatis.

Fig. 250. — *Coupes de l'épithélium musculaire de l'endoderme d'une actinie.*

A, Plissement léger et irrégulier. B, Des parties de plis se sont séparées sous la forme de cordons ou de faisceaux de fibrilles musculaires, entourés de toutes parts par de la substance fondamentale.

contraire, des *faisceaux musculaires primitifs*, lorsque les plis de la lame musculaire restent plus irréguliers et courts (fig. 250, A), qu'ils se séparent très tôt et que leur contenu, formé par des corpuscules musculaires et des fibrilles, vient se loger sous la forme d'un cordon ou d'un faisceau, dans la substance fondamentale sous-jacente à l'épithélium (fig. 250, B). Si ce processus de plissement et de séparation se répète plusieurs fois consécutivement, une zone épithéliale capable d'engendrer du tissu musculaire peut alors produire une couche de plus en plus épaisse de faisceaux musculaires primitifs superposés. Le nombre des cases musculaires et des faisceaux primitifs peut encore augmenter si, après s'être accrûs à la suite de l'augmentation de la masse de leurs fibrilles, ils se divisent suivant leur longueur en deux parties qui se séparent.

Maintenant que nous connaissons ces faits relatifs à l'histogenèse du tissu musculaire, nous comprendrons plus aisément le développement des muscles volontaires chez les vertébrés.

Chez les vertébrés, tous les muscles striés, tous les muscles qui se contractent sous la dépendance de la volonté, se forment, à l'exception de certains muscles de la tête, aux dépens de ces parties du mésoderme que l'on désigne sous le nom de segments primordiaux et dont l'apparition détermine la première et la plus importante métamérisation du corps (voir chapitre VIII). Cette métamérisation intéresse, comme nous l'avons dit précédemment, non seulement le tronc, mais aussi la tête de l'embryon. Il y a donc lieu de distinguer des segments du tronc et des segments céphaliques. Les segments de la tête se distinguent des segments du tronc, à plus d'un point de vue, tant en ce qui concerne leur mode de formation que leur transformation. Nous pourrons donc les étudier séparément. Nous commencerons par examiner ce que deviennent les segments primordiaux du tronc. Pour cela, nous verrons ce qui se passe d'abord chez l'Amphioxus et les Cyclostomes, qui nous montrent les dispositions les plus simples et les plus facilement compréhensibles ; nous les étudierons ensuite chez les amphibiens et, enfin, chez les vertébrés supérieurs.

A. — Segments primordiaux du tronc.

Chez l'Amphioxus, les segments primordiaux constituent de petits sacs creux (fig. 149, *csp*), dont la paroi consiste en une simple couche de cellules épithéliales. Ces cellules ne se transforment pas toutes de la même manière. Hatschek nous a fourni sur cette question des données très précises. Celles qui sont en contact avec la corde dorsale (fig. 251, *c*) et avec le canal médullaire (*cm*) sont destinées à devenir des fibres musculaires. Elles s'accroissent considérablement, font fortement saillie à l'intérieur de la cavité du segment primordial et prennent la forme de lamelles. Elles se disposent parallèlement les unes aux autres et au grand axe de la larve, c'est-à-dire qu'un de leurs bords, que nous considérons comme leur base, est placé perpendiculairement à la surface de la corde dorsale. A une période reculée du développement, lorsque la larve ne possède encore que 10 segments primordiaux, ces cellules lamellaires commencent à montrer, au niveau de leur base, de fines fibrilles musculaires striées. Dès ce moment la larve peut exécuter de légers mouvements. De nouvelles fibrilles continuent à se former à la base des cellules, puis il en apparaît le long de leurs faces en contact. Il en résulte la formation des *lamelles musculaires* striées, caractéristiques de l'Amphioxus. Elles sont disposées, à la façon des feuillets d'un livre, à droite et à gauche de la corde dorsale. Plus les fibrilles musculaires deviennent nombreuses, plus se réduit le protoplasme des cellules formatrices qui les sépare : le noyau, entouré d'un reste du protoplasme primitif, finit par se trouver reporté à l'extrémité de la cellule en rapport avec la cavité du segment primordial.

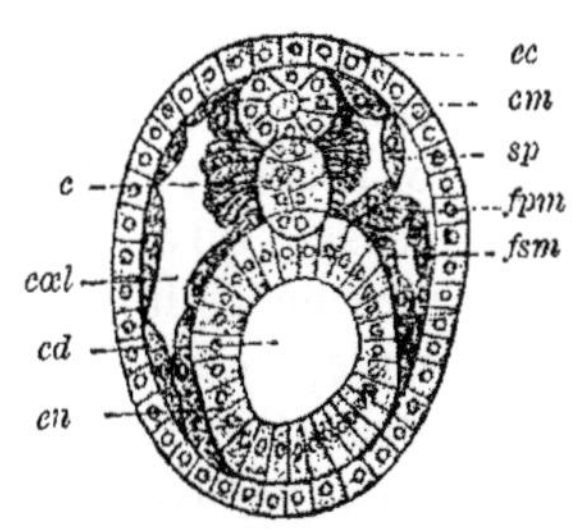

Fig. 251. — *Coupe transversale pratiquée, vers le milieu de la longueur du corps, chez un embryon d'Amphioxus pourvu de onze segments primordiaux*, d'après Hatschek. *ec*, ectoderme; *en*, endoderme; *fpm*, feuillet pariétal du mésoderme; *fsm*, feuillet viscéral du mésoderme; *sp*, segment primordial; *cm*, canal médullaire; *c*, corde dorsale; *cœl*, cœlome; *cd*, cavité digestive.

Quant aux autres cellules du segment primordial, elles se transforment en un épithélium pavimenteux simple, qui n'intervient jamais dans la formation des muscles. C'est le *feuillet cutané* de Hatschek.

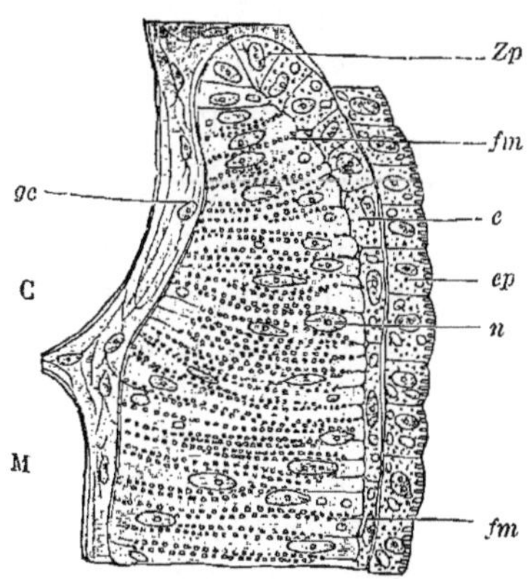

Fig. 252. — *Coupe transversale d'un segment primordial chez une larve de Petromyzon Planeri, âgée de 14 jours*. Grossissement : 500 diamètres.
M et C représentent les parties de la coupe correspondant respectivement à la moelle épinière et à la corde dorsale; *gc*, gaine squelettogène de la corde dorsale; *ep*, épiderme; *c*, épithélium externe du segment primordial; *n*, noyaux des cellules musculaires; *fm*, fibrilles musculaires coupées transversalement; *Zp*, zone de prolifération, établissant la transition entre l'épithélium externe (*e*) et l'épithélium interne (plaque musculaire) du segment primordial.

Après avoir pris naissance au niveau de la corde dorsale, la couche musculaire se développe plus tard tant du côté dorsal que du côté ventral. Ainsi se forme une musculature puissante, qui, à l'exemple des segments primordiaux dont elle dérive, est subdivisée en segments (myomères) placés les uns derrière les autres.

Le développement des muscles chez les cyclostomes (fig. 252) se fait, d'une façon générale, comme chez l'Amphioxus. Chaque segment primordial présente aussi à considérer un épithélium interne aux dépens duquel se forment les éléments musculaires (*fm*), et un épithélium externe (*e*), indifférent. Le premier est en rapport avec la corde dorsale (C) et le canal médullaire (M); le second est appliqué contre l'épiderme (*ep*). L'épithélium externe (*e*) consiste en des cellules surbaissées ou aplaties; l'épithélium interne, en cellules lamellaires, très allongées et, comme chez l'Amphioxus, dirigées perpendiculairement à la surface de la corde dorsale et du canal médullaire. Chez le Petromyzon, les segments primordiaux n'étant pas pourvus d'une cavité, il en résulte que les deux couches épithéliales dont nous venons de parler sont intimement appliquées l'une contre l'autre. Elles se continuent, en outre, l'une avec l'autre, tant à l'extrémité dorsale qu'à l'extrémité ventrale du segment primordial, par l'intermédiaire de cellules de transition (*Zp*). Cette continuité est tout à fait semblable à celle qui existe dans l'ébauche du cristallin, entre l'épithélium cristallinien et les fibres de cet organe. Il se forme alors des fibrilles musculaires (*fm*) sur les deux faces des cellules lamellaires. Ainsi se trouvent constituées des lamelles musculaires, disposées perpendiculairement à la corde dorsale. Elles sont comparables aux lamelles musculaires des invertébrés (fig. 247). Elles se composent de deux couches de fibrilles très délicates, parallèles et séparées par une mince lame de substance unissante : l'une de ces couches provient d'une cellule formatrice; l'autre, de la cellule formatrice sous-jacente.

Dans la suite du développement, les segments primordiaux se développent tant du côté dorsal que du côté ventral, ce qui est dû à ce qu'il se forme progressivement de nouvelles lamelles musculaires, aux dépens des cellules de transition (*Zp*), dont nous parlions plus haut. Les deux bords supérieur et inférieur du segment primordial constituent donc une *zone de prolifération ou d'accroissement*, aux dépens de laquelle les muscles du tronc se développent de plus en plus, vers la ligne médio-dorsale et vers la ligne médio-ventrale.

Plus tard encore, lorsque la larve est âgée de six semaines (fig. 253), les lamelles musculaires se transforment en cases musculaires (*cm*). C'est le nom que Schneider a donné aux éléments musculaires définitifs, propres aux cyclostomes. Les deux couches de fibrilles dérivant d'une même cellule lamellaire et qui faisaient, au stade précédent, partie de deux lamelles musculaires contiguës, s'unissent par leurs bords, de telle sorte que chaque cellule formatrice se trouve, en ce moment, enveloppée de tous côtés par une sorte de manteau de fibrilles, formées à ses dépens. Il se forme ainsi des éléments semblables à ceux qui constituent la musculature longitudinale du lombric (fig. 249).

Enfin, les cases musculaires subissent encore trois modifications. La substance unissante, homogène, qui précédemment ne constituait qu'une très mince lame séparant les deux couches de fibrilles d'une même lamelle musculaire, devient plus abondante et forme une cloison de séparation entre les cases musculaires. Dans cette cloison, on observe plus tard des cellules de tissu conjonctif et des vaisseaux sanguins. En second lieu, le protoplasme des cellules formatrices se transforme progressivement en de nombreuses fibrilles délicates, qui finissent par remplir toute la case musculaire. Parmi ces fibrilles, les unes sont centrales et les autres périphériques; ces dernières sont en rapport immédiat avec les cloisons de séparation. En troisième lieu, entre les fibrilles, on trouve de nombreux petits noyaux, résultant d'une série de divisions successives du noyau primitivement unique de la cellule formatrice.

Chez les autres vertébrés, le développement des segments musculaires a lieu un peu différemment que chez l'Amphioxus et les cyclostomes. Les amphibiens urodèles nous fournissent pour cette étude un excellent matériel. Les segments primordiaux du triton (fig. 151 et

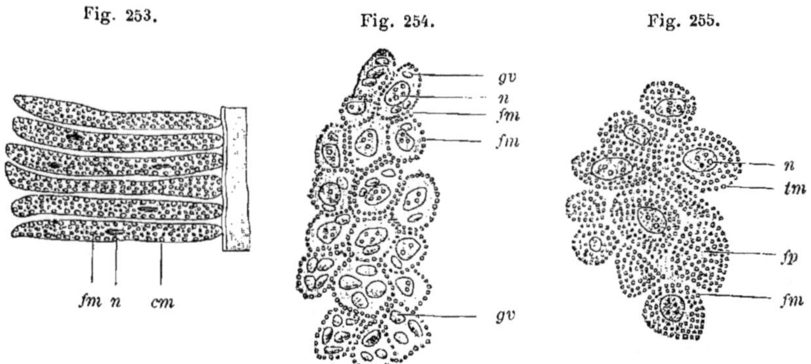

Fig. 253. — *Coupe transversale d'un fragment de myomère, chez une larve de Petromyzon Planeri, âgée de 6 semaines.* Grossissement : 500 diamètres.
cm, case musculaire; *n*, noyaux de la cellule; *fm*. fibrilles musculaires coupées transversalement.

Fig. 254. — *Coupe transversale d'un fragment de myomère, chez une larve de Triton tæniatus, âgée de 5 jours.* Grossissement : 500 diamètres.
n, noyau de la cellule musculaire; *fm*, fibrilles musculaires coupées transversalement; *gv*, granulations vitellines.

Fig. 255. — *Coupe transversale d'un fragment de myomère, chez une larve de Triton tæniatus, âgée de 10 jours.* Grossissement : 500 diamètres.
fp, faisceau musculaire primitif; *fm* et *n*, comme dans la figure précédente.

152, *csp*) possèdent une cavité, délimitée de toutes parts par un épithélium formé par de grandes cellules cylindriques. Chez les embryons un peu plus âgés, dans la partie de l'épithélium en contact avec le canal médullaire et la corde dorsale, c'est-à-dire dans la partie du segment primordial correspondant à celle qui, chez l'Amphioxus et les cyclostomes, donne naissance aux muscles, les cellules se multiplient activement et finissent par obstruer complètement la cavité du segment primordial. En même temps, elles se transforment en des cylindres à grand axe longitudinal. Chacun de ces éléments occupe toute la longueur du segment primordial. Ils sont situés à droite et à gauche de la moelle épinière et de la corde dorsale, et placés les uns à côté des autres et les uns au-dessus des autres (fig. 254). Chaque cylindre, qui primitivement ne présente qu'un seul noyau (*n*), s'entoure d'une couche périphérique de fibrilles très délicates, striées transversalement (*fm*); il correspond alors à une case musculaire du Petromyzon (fig. 253). Puis, il subit une série de transformations semblables à celles qu'éprouve la case musculaire du Petromyzon. C'est ainsi que les fibrilles deviennent de plus en plus nombreuses (fig. 255) et finissent par occuper toute l'épaisseur du cylindre. Dans l'axe seulement il reste, en certains points, un peu de protoplasme, qui contient de petits noyaux (*n*) résultant de la division du noyau unique de la cellule formatrice primitive. En outre, entre ces fibres musculaires ou faisceaux primitifs (*fp*) ainsi formés, pénètre du tissu conjonctif avec des vaisseaux sanguins.

Chez l'Amphioxus, les cyclostomes et les amphibiens, le rôle principal des segments primordiaux est de constituer l'ébauche des muscles striés, dépendant de la volonté.

Par contre, on est moins frappé de la part qu'ils prennent à la formation du mésenchyme (p. 224). En effet, chez certains vertébrés inférieurs, surtout pendant la vie larvaire, les tissus de la substance conjonctive sont très peu abondants et constituent par conséquent une partie très minime du corps.

Il n'en est plus de même chez les sélaciens, les reptiles, les oiseaux et les mammifères. Non seulement, chez eux, le mésenchyme atteint chez l'adulte un développement important et un très haut degré de différenciation; mais il se forme très tôt et en grande quantité à une période reculée de l'ontogenèse. Il en résulte que les segments primordiaux offrent des caractères particuliers, lors de leur transformation. En même temps que le tissu musculaire se différencie et même un peu auparavant, le mésenchyme apparaît. Dès le début, le segment primordial (fig. 256) se divise en deux ébauches de même importance : l'une est le *sclérotome* ou tissu squelettogène (*sc*); l'autre, la plaque musculaire (*pm*), encore appelée *myotome*. J'ajouterai quelques données à celles que j'ai exposées dans le chapitre neuvième.

Chez les sélaciens, le tissu squelettogène, dont nous avons indiqué précédemment l'origine, se développe de bas en haut sur les côtés de la corde dorsale (fig. 256, *sc* et 257, *Vr*). Immédiatement en dehors, se trouve la partie du segment primordial qui sert à la formation des muscles. Elle se compose d'une couche interne (fig. 256, *pm* et 257 mp^1) et d'une couche externe (fig. 256, *pc* et 257 *mp*), séparées l'une de l'autre par un restant de la cavité du segment primordial (fig. 256, *csp*). La couche interne est en contact avec le tissu squelettogène (fig. 256, *sc* et 257, *Vr*) et se compose de cellules allongées, fusiformes et superposées, présentant des fibrilles musculaires striées transversalement. Cette couche correspond à la paroi interne du segment primordial des larves d'Amphioxus (fig. 251) et des cyclostomes. La couche externe est en contact avec l'épiderme et se compose, longtemps encore, de cellules épithéliales cubiques. Aux extrémités dorsale et ventrale du segment primordial, elle se continue avec la couche interne. Ces zones de prolifération ou d'accroissement (fig. 256, *za*) contribuent, tout comme chez l'Amphioxus et les cyclostomes, à l'accroissement des myotomes; les cellules qui les constituent s'allongent et se transforment ensuite en fibres musculaires (fig. 239). Il en résulte que la plaque musculaire s'allonge, tant vers le haut que vers le bas, dans la paroi du tronc (fig. 230 et 270). La cavité qu'elle délimite (myocèle) disparaît ensuite progressivement. La couche génératrice du tissu musculaire (fig. 239,

Fig. 256.

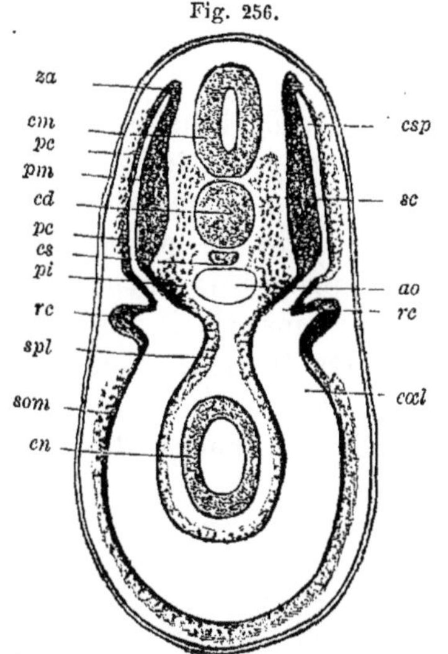

Fig. 257.

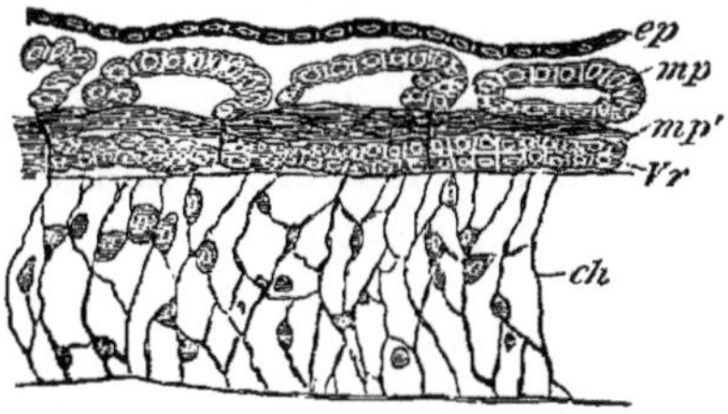

Fig. 257. — *Coupe horizontale pratiquée à travers le tronc d'un embryon de Scyllium*, d'après BALFOUR.

Cette coupe, menée au niveau de la corde dorsale, montre la limite entre les plaques musculaires et les cellules qui donneront naissance aux corps des vertèbres.

ch, corde dorsale; *ep*, épiderme; *Vr*, ébauche des corps des vertèbres; *mp*, épithélium externe du segment primordial; *mp'*, partie du segment primordial, déjà différenciée en muscle longitudinal (plaque musculaire).

Fig. 256. — *Coupe transversale pratiquée dans la région du rein antérieur (pronéphros) chez un embryon de sélacien, au moment où les segments primordiaux commencent à se séparer.* Schéma, d'après VAN WIJHE.

cm, canal médullaire; *cd*, corde dorsale; *ao*, aorte; *cs*, cordon sub-notocordal; *pm*, plaque musculaire du segment primordial; *za*, zone de prolifération ou d'accroissement, au niveau de la continuité entre la plaque musculaire et la plaque cutanée (*pc*); *pi*, pièce intermédiaire du segment primordial; elle unit ce dernier à la paroi du cœlome (splanchnocèle) et se transformera notamment en un canalicule du mésonéphros (fig. 270, *ts*); *sc*, sclérotome ou tissu squelettogène, formé par prolifération de la paroi interne de la pièce intermédiaire *pi*; *rc*, rein antérieur; *som* et *spl*, somatopleure et splanchnopleure, dont certaines cellules épithéliales donnent naissance à du mésenchyme; *csp*, cavité du segment primordial ou myocœle; *cœl*, cœlome (splanchnocèle); *cn*, endoderme secondaire (épithélium du tube digestif).

mp[1]) s'épaissit de plus en plus, le nombre des fibres musculaires devenant plus considérable. Quant à la couche externe, elle perd, mais assez tard, son caractère épithélial et contribue à la formation du derme cutané (fig. 270, *pc*).

BALFOUR a prétendu que chez les Sélaciens la couche externe (plaque cutanée) fournirait aussi, plus tard, une mince lame musculaire. Cette manière de voir, confirmée par VAN WIJHE, a été très souvent contestée par différents auteurs et tout récemment encore par MAURER.

Chez les reptiles, les oiseaux et les mammifères, la partie du segment primordial, qui se transforme en tissu squelettogène, est plus importante encore que chez les sélaciens. La partie principale, interne et ventrale, du segment primordial se transforme peu à peu en tissu muqueux, qui se répand autour de la corde dorsale et du canal médullaire; sa partie dorsale et externe, qui est plus réduite et se trouve plus éloignée de la corde dorsale, dont elle est séparée par la couche squelettogène, devient la plaque musculaire (fig. 267 *ms*). La couche interne de la plaque musculaire se transforme en fibres musculaires longitudinales, tandis que sa couche externe contribue à la formation du derme cutané. Les cellules épithéliales qui se trouvent situées au point où la couche externe de la plaque musculaire se continue avec sa couche interne, se multiplient par division, et c'est à leurs dépens que l'ébauche musculaire se développe de plus en plus, tant du côté dorsal que du côté ventral.

Maurer, qui a publié un excellent travail sur l'histogenèse du tissu musculaire, a cherché à démontrer que, chez les vertébrés supérieurs, les fibres musculaires se forment aussi, aux dépens de l'ébauche épithéliale, par une sorte de plissement, c'est-à-dire par un processus fort semblable à celui que nous avons décrit, au début de ce chapitre, pour les éléments musculaires des invertébrés. Il a donné notamment une figure (fig. 258) qui représente, à la coupe

Fig. 258.

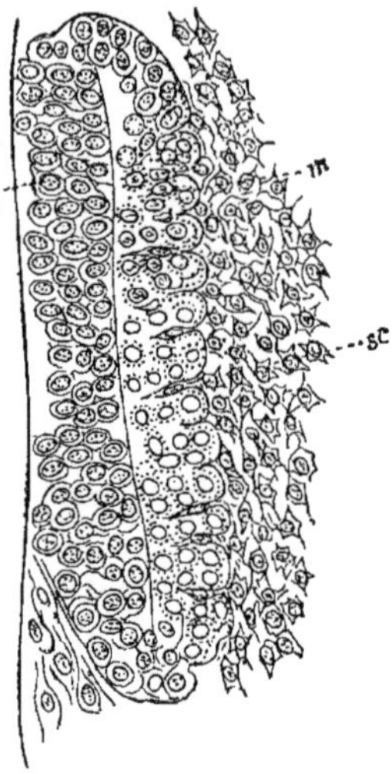

Fig. 259.

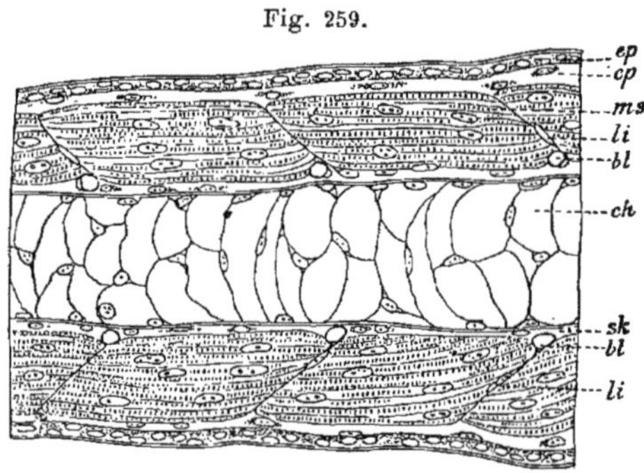

Fig. 258. — *Coupe transversale passant par le septième segment primordial d'un embryon de lapin mesurant 5,6 mm. de la nuque au coccyx.* Des prolongements de tissu conjonctif s'engagent dans le feuillet musculaire. D'après Maurer.

c, feuillet cutané; *m*, feuillet musculaire du segment plimordial; *sc*, sclérotome.

Fig. 259. — *Coupe frontale passant par le milieu du tronc d'une larve de Triton éclose depuis longtemps.* Cette figure est destinée à montrer la disposition des segments musculaires.

ch, corde dorsale; *ep*, épiderme; *cp*, plaque cutanée, tissu muqueux embryonnaire; *ms*, segment musculaire; *li*, ligament intermusculaire; *bl*, vaisseau sanguin; *sk*, gaine squelettogène de la corde dorsale.

transversale, chez le lapin, l'épithélium aux dépens duquel se forme le tissu musculaire strié. La figure montre que cet épithélium est plissé et subdivisé de la sorte en un grand nombre de parties, séparées par des fentes, dans lesquelles s'engagent de fines cloisons du tissu conjonctif voisin. Ces parties se séparent plus tard par étranglement et c'est ainsi que se forment les faisceaux musculaires primitifs. Maurer a donc confirmé une idée que j'avais émise antérieurement, à savoir que la case musculaire ou le faisceau primitif des vertébrés n'est qu'une petite partie de l'épithélium musculaire, entourée par le sarcolemme ou la membrane basale de cet épithélium.

En ce qui concerne la formation de la musculature du tronc chez les vertébrés, on peut donc formuler les deux propositions suivantes :

1. *Les éléments musculaires se développent aux dépens de cellules épithéliales, qui dérivent de cette partie de l'épithélium du cœlome qui se sépare pour constituer les segments primordiaux.*

2. *Ces éléments épithéliaux, tout comme les parties épithéliales des glandes (conduits excréteurs et épithéliums sécrétants), finissent par être enveloppés de toutes parts par du tissu conjonctif.*

Examinons maintenant d'un peu plus près *la disposition primitive des muscles fournis par les segments primordiaux*. Au début, dans toutes les classes des vertébrés, elle est complètement la même. Partout nous trouvons un système très simple de fibres contractiles, longitudinales, qui apparaissent d'abord aux côtés de la corde dorsale et du canal médullaire, et qui se développent ensuite, tant du côté dorsal que du côté ventral, c'est-à-dire dans la paroi abdominale. L'ensemble de la musculature du corps (fig. 259) est divisé en segments ou myomères distincts, séparés les uns des autres par des cloisons de tissu conjonctif, appelées ligaments intermusculaires. Ces cloisons sont obliquement dirigées par rapport à l'axe de la colonne vertébrale. Cette disposition persiste comme telle chez les vertébrés inférieurs, tandis que chez les vertébrés supérieurs elle se complique beaucoup.

De quelle façon se forment, aux dépens de ce système primitif, les différents groupes de muscles, dont la situation et la forme présentent de si grandes variations chez les vertébrés supérieurs? Cette question n'a pas été suffisamment étudiée dans ses détails. Nous ne pouvons que faire ressortir les deux points suivants, en ce qui concerne la différenciation des groupes de muscles.

En premier lieu, un facteur très important qui intervient dans ce processus est le perfectionnement du squelette, dont les apophyses servent d'insertions à certains groupes de fibres musculaires, qui peuvent alors se séparer de la masse musculaire commune.

En second lieu, le développement des membres entraîne une différenciation plus profonde de la musculature. Les membres se développent sous la forme de tubérosités, sur les côtés du tronc (fig. 214 et 215). Leurs muscles, disposés d'une façon si complexe chez les vertébrés supérieurs, dérivent aussi des segments primordiaux, ainsi que l'ont établi les recherches de Kleinenberg et de Balfour et celles, plus récentes, de Dohrn, Rabl, etc.

Chez les sélaciens, où ces phénomènes peuvent s'étudier le plus facilement, *deux bourgeons cellulaires, dont l'un est antérieur et l'autre postérieur, procèdent des segments primordiaux, encore creux, s'engagent à l'intérieur des ébauches des nageoires paires et s'y transforment en fibres musculaires.* Bien *remarquable* est ce fait que chaque nageoire reçoit toujours des bourgeons d'un grand nombre de segments primordiaux; car il prouve que tout membre constitue une dépendance de plusieurs segments du corps.

Les bourgeons musculaires destinés aux membres ne tardent pas à se séparer complètement des segments primordiaux. Ils constituent alors de petits sacs creux, dont la cavité, très réduite, est délimitée par une seule couche de cellules cylindriques surbaissées. Dans la suite du développement ils se subdivisent en une moitié dorsale et en une moitié ventrale, aux dépens desquelles se forment respectivement les muscles de la face dorsale et ceux de la face ventrale des nageoires.

B. Segments céphaliques.

L'étude du développement de la tête a fait, dans ces dernières années, l'objet de travaux importants, publiés par GÖTTE, BALFOUR, MARSHALL, VAN WIJHE, FRORIEP, RABL, KUPFFER, KILLIAN, PLATT et autres. Ils concluent que le cœlome se prolonge jusque dans la tête et que, là aussi, il se divise en un certain nombre de segments. C'est chez les sélaciens que les faits sont le plus nets.

Chez les sélaciens, lorsque les deux feuillets moyens ont apparu dans l'ébauche de la tête, ils s'écartent bientôt l'un de l'autre, comme cela se passe dans la région du tronc : ainsi se forme, entre eux, de chaque côté de la ligne médiane, une fente, appelée cavité céphalique. Elle se continue en arrière avec le cœlome général. Comme nous le voyons, *chez l'embryon, les deux sacs cœlomiques primitifs sont plus étendus qu'ils ne le sont plus tard, puisqu'ils se prolongent jusque dans la partie la plus antérieure du corps, jusque dans la tête.*

Chez les sélaciens, le mésoblaste céphalique se segmente. Les auteurs ne sont pas d'accord sur la nature et la signification de cette métamérisation.

D'après VAN WIJHE, dont la description concorde, dans ses traits essentiels, avec la théorie du crâne de GEGENBAUR et a été pleinement confirmée par HOFFMANN, les parois de la cavité céphalique, comme celles du cœlome du tronc, se divisent en une partie ventrale et en une partie dorsale, qui fournit les segments primordiaux. Cependant il existe entre la tête et le tronc, une différence importante. Dans le tronc, seule la partie dorsale du mésoderme se segmente; dans la tête, la métamérisation se produit à la fois dans la partie dorsale et dans la partie ventrale du feuillet moyen, mais suivant un processus particulier pour chacune d'elles.

La partie ventrale du mésoderme de la tête se divise, à la suite du développement des fentes branchiales, en plusieurs segments ou branchiomères (AHLBORN), dont le premier est situé en avant de la première fente branchiale, et chacun des suivants, entre deux fentes branchiales consécutives. Chaque branchiomère (fig. 260) est formé par un épithélium cylindrique, délimitant une cavité étroite, qui n'est qu'un produit de division de la cavité céphalique. Avec le tissu conjonctif qui l'entoure, le branchiomère forme un arc branchial ou viscéral : de là le nom de *cavités des arcs viscéraux* que Van Wijhe propose de donner aux cavités des branchiomères. Elles communiquent longtemps, au-dessous des fentes branchiales, avec la cavité péricardique; puis, elles commencent à se fermer par soudure de leurs parois. Aux dépens de l'épithélium cylindrique qui les délimitait se forment des fibres musculaires striées *qui donnent naissance aux muscles des mâchoires et aux muscles branchiaux.*

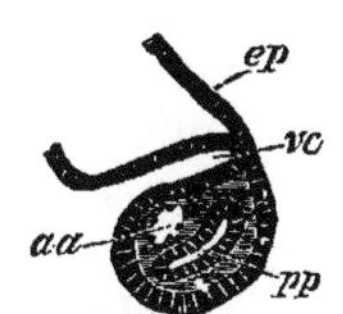

Fig. 260. — *Coupe transversale pratiquée à travers l'avant-dernier arc branchial d'un embryon de Pristiurus*, d'après Balfour.

ep, épiderme; *vc*, sillon branchial interne; *pp*, segment du cœlome logé dans l'arc branchial; *aa*, vaisseau branchial (arc aortique).

Nous pouvons donc dire : *les muscles de la tête se développent non seulement aux dépens des segments primordiaux, mais aussi aux dépens d'une partie de l'épithélium de la cavité céphalique correspondant aux plaques latérales du tronc, lesquelles, comme on le sait, ne contribuent pas à former les muscles du tronc.*

Quant à la partie dorsale du mésoderme de la tête, elle se divise, comme dans la région du tronc, en segments primordiaux. Chez les sélaciens, ces segments, au nombre de neuf, sont pourvus d'une cavité, sauf le plus antérieur qui est plein. Le premier qui apparaît se forme dans la région occipitale : la cavité céphalique se segmente ensuite d'arrière en avant. *La métamérisation du corps de l'embryon dans son ensemble s'accomplit donc, chez les sélaciens (et il en est de même chez tous les autres vertébrés), de telle sorte qu'elle débute dans la région de la nuque : de là, elle progresse peu à peu, d'avant en arrière, dans la région du tronc, et, au contraire, d'arrière en avant, dans la région de la tête.*

La paroi épithéliale de certains segments primordiaux de la tête se transforme en muscles; celle des autres s'atrophie. D'après les observations de Marshall et de Van Wijhe, les trois premières paires de segments céphaliques donnent naissance aux muscles moteurs des yeux. Le premier segment entoure, comme d'une coupe, le globe de l'œil et se transforme ensuite en les muscles droit supérieur, droit inférieur et oblique inférieur. Le deuxième segment fournit le muscle oblique supérieur, et le troisième, le muscle droit externe. La quatrième, la cinquième et la sixième paire de segments céphaliques s'atrophient et enfin les trois dernières donnent naissance à des muscles qui s'insèrent d'une part au crâne et, d'autre part, à la ceinture de l'épaule.

Les descriptions de Dohrn, Killian et Julia Platt diffèrent de celle de Van Wijhe, surtout en ce que ces auteurs trouvent dans le mésoblaste de la tête un nombre de segments beaucoup plus considérable. Au lieu d'y voir neuf segments primordiaux comme Van Wijhe, Dohrn signale, chez de jeunes embryons de sélaciens, la présence de dix-neuf segments céphaliques; Killian en signale dix-sept et Julia Platt, douze.

Rabl s'est livré contre la théorie des segments primordiaux de la tête à une critique serrée, que Hoffmann tient pour mal fondée. Dans toute la partie antérieure de la tête, Rabl ne peut trouver aucune formation comparable à un segment primordial. « Assurément, dit-il, le « feuillet moyen s'y subdivise en plusieurs parties; mais cette subdivi- « sion est de tout autre nature que celle du mésoderme du tronc. Je « ne parle pas seulement de la façon dont apparaissent les sillons qui « séparent les différentes parties du mésoderme et qui se font de telle « sorte qu'elles ne sont jamais aussi complètement séparées les unes « des autres que les segments primordiaux du tronc, mais encore de « toute l'évolution ultérieure et de la différenciation de ces *prétendus* « *segments*. »

Il n'y a, d'après Rabl, que dans la constitution de la partie postérieure de la tête que prennent part quelques segments; et à son avis, le nombre de ces segments ne serait pas supérieur à trois, peut-être même ne serait-il que de deux.

Rabl résume de la manière suivante le résultat assez négatif de sa critique : « Nous ignorons encore actuellement combien de segments « participent à la formation de la tête. »

Chez les autres vertébrés, la transformation du mésoderme de la tête n'est pas aussi complètement connue que chez les sélaciens. Il semble que les cavités céphaliques ne se forment pas, c'est-à-dire que les deux feuillets moyens restent constamment accolés l'un à l'autre. Nous croyons cependant qu'il se forme des segments céphaliques, mais que leur nombre est plus restreint. Götte en a décrit quatre paires chez le crapaud. Froriep a trouvé, chez des mammifères, dans la région occipitale, quatre paires de segments musculaires, placés les uns derrière les autres et d'autant moins volumineux qu'ils sont plus rapprochés de l'extrémité antérieure de la tête : les deux premiers s'atrophieraient ultérieurement. En tout cas cette question mériterait de faire encore l'objet de nouvelles recherches.

2. — Développement des organes génito-urinaires et des organes surrénaux.

Les organes urinaires et les organes génitaux offrent, dans leurs rapports génésiques et dans leur rapports anatomiques, des connexions tellement intimes qu'il n'est pas possible d'exposer dans deux chapitres distincts l'histoire de leur développement.

D'abord, ils prennent naissance dans une seule et même partie de l'épithélium du cœlome; en outre, certains organes du système urinaire deviennent ultérieurement des parties de l'appareil génital et servent alors à l'élimination des œufs et des spermatozoïdes. C'est donc à juste titre qu'en anatomie on réunit ces deux systèmes d'organes en un seul : le système uro-génital.

C'est encore un des chapitres les plus intéressants de l'embryologie. Au point de vue morphologique cet intérêt réside en ce que, pendant la vie fœtale, le système uro-génital subit un grand nombre de transformations importantes. Chez les vertébrés supérieurs il se forme d'abord, de chaque côté de la ligne médiane, un rein antérieur et un rein primordial, organes transitoires, qui disparaissent partiellement pour être remplacés plus tard par le rein définitif, et dont il ne persiste que les conduits excréteurs. Ces organes transitoires des vertébrés supérieurs correspondent cependant à des organes qui, chez les vertébrés inférieurs, fonctionnent pendant toute la durée de la vie.

Depuis un certain nombre d'années, les organes génito-urinaires ont fait l'objet de nombreuses études importantes dans les diverses classes des vertébrés. Ces recherches ont été provoquées par les résultats nouveaux et inattendus que WALDEYER et SEMPER avaient publiés sur ce sujet. Bien des points ont été élucidés surtout par les travaux de SEDGWICK, VAN WIJHE, RÜCKERT, BOVERI, FÜRBRINGER, MIHALKOVICS, RABL et FÉLIX. Et pourtant on ne doit pas dissimuler que les opinions sont encore controversées en ce qui concerne maintes questions fondamentales.

Comme dans plusieurs autres chapitres qui précèdent, notre description sera forcément un peu longue, parce que nous devons souvent entrer dans des considérations sur ce qui se passe chez les vertébrés inférieurs.

a. — Rein antérieur ou pronéphros et canal du pronéphros.

Le premier rudiment de l'appareil uro-génital est l'ébauche du rein antérieur, encore appelé pronéphros. Cette formation, dont l'existence est aujourd'hui démontrée chez les embryons de tous les vertébrés, joue chez les uns un rôle important et, chez les autres, un rôle secondaire. Chez *Myxine*, *Bdellostoma* et les poissons osseux, le rein antérieur persiste pendant toute la vie. Chez les amphibiens, il atteint, pendant la vie larvaire, un volume très considérable; mais il s'atrophie ensuite pendant la métamorphose de la larve. Chez les sélaciens et les amniotes enfin, son ébauche n'est jamais que très rudimentaire. Dans ce cas, on l'a considéré naguère comme constituant simplement l'extrémité antérieure du canal du mésonéphros, opinion qu'ont modifiée les données fournies par l'embryologie comparée.

Nous étudierons le développement de cet organe chez les sélaciens, les amphibiens et les oiseaux.

Chez un embryon de sélacien pourvu d'environ vingt-sept segments primordiaux, le pronéphros commence à se former au niveau du troisième ou du quatrième segment du tronc. Au point où la partie segmentée (segments primordiaux) se continue avec la partie non segmentée du mésoderme, le feuillet pariétal du mésoderme fournit un certain nombre de cordons cellulaires, disposés métamériquement les uns derrière les autres (fig. 261, *rc*). Chez *Torpedo*, il apparaît six cordons; chez *Pristiurus*, quatre seulement. Ils se recourbent en arrière et en dehors, et s'unissent ensuite en un cordon cellulaire longitudinal. Peu de temps après, les cellules constituant ces ébauches s'écartent les unes des autres, ce qui donne lieu à la formation de petites cavités à leur intérieur. De cette façon, il apparaît finalement, entre l'épiderme et la somatopleure, un canal longitudinal, le canal du pronéphros (fig. 262, *cp*) dans l'étendue de plusieurs segments primordiaux du tronc. Ce canal s'ouvre dans le cœlome par plusieurs orifices (entonnoirs ou néphrostomes du pronéphros), placés les uns derrière les autres (fig. 256, *rc*) et correspondant aux points d'origine des divers cordons primordiaux.

Fig. 261.

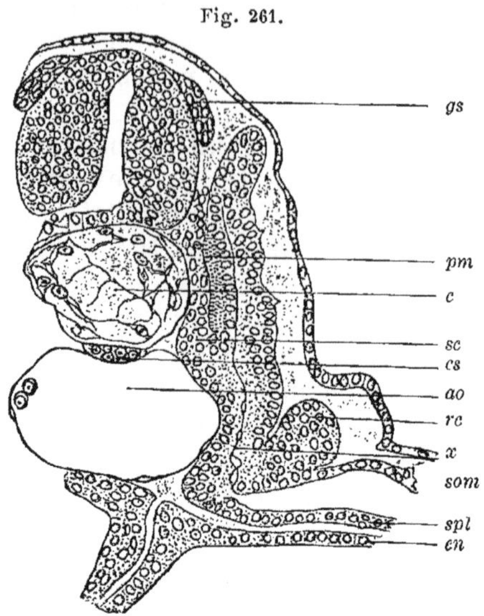

Fig. 262.

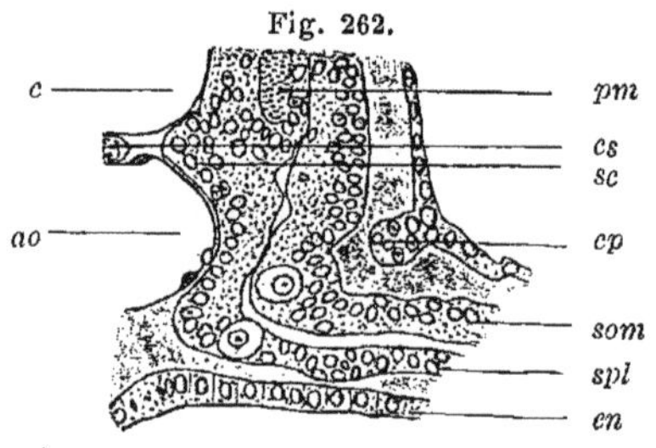

Fig. 261 et 262. — *Deux coupes transversales d'un embryon de Pristiurus*, d'après RABL. La coupe 262 passe un peu en arrière de 261.

c, corde dorsale; *gs*, ganglion spinal; *pm*, plaque musculaire du segment primordial; *sc*, sclérotome ou tissu squelettogène, formé par prolifération d'une partie de la paroi interne du segment primordial; *cs*, cordon subnotocordal; *ao*, aorte; *en*, endoderme secondaire; *som*, somatopleure; *spl*, splanchnopleure; *rc*, rein antérieur ou pronéphros; *cp*, canal du pronéphros; *x*, fente existant dans le segment primordial encore en continuité avec la cavité générale du corps (splanchnocèle).

Peu de temps après qu'elle s'est formée, l'ébauche du pronéphros s'atrophie complètement dans sa moitié antérieure. Par contre, sa moitié postérieure continue à se développer, s'élargit, mais ne reste cependant en communication avec le cœlome (splanchnocèle) que par l'intermédiaire d'un seul entonnoir (fig. 256, *rc*). Cela est dû, ou bien, comme le pense VAN WIJHE, à ce que les entonnoirs multiples se fusionnent en un seul, ou bien, comme l'admet RÜCKERT, à ce que tous les entonnoirs primitifs se ferment et s'atrophient, à l'exception d'un seul qui persiste.

Chez les amphibiens également, l'ébauche du pronéphros se forme à la limite entre les segments primordiaux et les plaques latérales; elle apparaît sous la forme de quelques épaississements pleins du feuillet pariétal des plaques latérales, disposés métamériquement (MOLLIER, FIELD). Ces épaississements se creusent plus tard (fig. 263, *u*) et leurs extrémités tournées vers l'ectoderme s'unissent pour constituer un canal longitudinal. Le canal du pronéphros ainsi formé (fig. 263, *u*) s'ouvre dans le cœlome par l'intermédiaire de trois orifices infundibuliformes chez *Rana* et *Bombinator*, de deux entonnoirs seulement chez

Triton et *Salamandra*. Au niveau de ces entonnoirs, le cœlome se dilate quelque peu et cette dilatation constitue la « chambre pronéphrétique ». Toute cette ébauche ne tarde pas à se modifier pendant la vie larvaire : chacun des entonnoirs se transforme en un long tube, souvent ondulé, appelé canalicule du rein antérieur ou du pronéphros (FÜRBRINGER, GÖTTE).

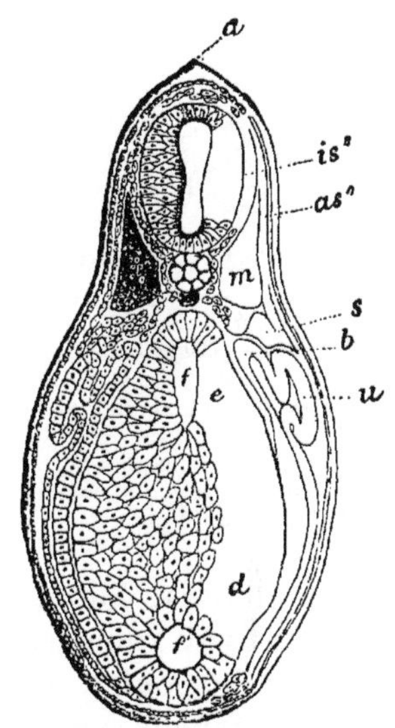

Fig. 263. — *Coupe transversale, pratiquée au niveau de l'extrémité antérieure du sac vitellin, chez un très jeune têtard de Bombinator*, d'après GÖTTE.

a, repli de l'ectoderme, en continuité avec la nageoire dorsale; *is*, moelle épinière; *m*, muscle latéral; *as*, épithélium externe de la plaque musculaire; *s*, cellules du mésenchyme; *b*, point de continuité entre la somatopleure et la splanchnopleure; *u*, rein antérieur ou pronéphros; *f*, canal digestif; *e*, endoderme secondaire en continuité avec la masse des cellules vitellines (*d*); *f'*, cul-de-sac ventral de l'intestin constituant l'ébauche du foie.

Chez les oiseaux, et il en est de même chez les reptiles et les mammifères (RABL), le pronéphros apparaît comme chez les sélaciens, sous une forme plus ou moins rudimentaire (SEDGWICK, GASSER, RENSON, SIEMERLING, WELDON, MIHALKOVICS, FÉLIX). La première ébauche se montre chez l'embryon du poulet pourvu de huit segments primordiaux. Elle apparaît au niveau du cinquième jusqu'au septième segment primordial et se développe ensuite en arrière jusqu'au niveau du douzième segment (SEDGWICK) ou du quinzième (FÉLIX). Après leur formation, les segments primordiaux restent encore un certain temps unis aux plaques latérales par des cordons cellulaires, disposés métamériquement et dans lesquels on peut parfois distinguer une étroite lumière. Dans leur ensemble, ces cordons constituent la plaque intermédiaire, encore appelée masse intermédiaire. Cette masse cellulaire est très nette dans la figure 264. D'après les recherches les plus récentes, de FÉLIX, il se forme aussi chez le poulet des épaississements métamériques de la plaque intermédiaire. Ils sont dirigés vers le feuillet externe de l'embryon, apparaissent d'abord dans l'étendue du quatrième au huitième segment primordial, puis, progressivement, en arrière jusqu'au quinzième segment primordial. Ils se recourbent aussi en arrière et s'unissent de façon à former un canal longitudinal, interposé entre le feuillet externe et le feuillet moyen (fig. 264, *wd*); c'est le canal du pronéphros. Plus tard, les segments primordiaux se séparent complètement des plaques latérales. Les cordons cellulaires du pronéphros, d'abord pleins, se creusent ensuite et débouchent dans le cœlome par des entonnoirs.

Enfin, le pronéphros acquiert, plus tard encore, probablement chez tous les vertébrés, une structure spéciale : au voisinage de ses entonnoirs, il se forme des épaississements de la paroi du cœlome, à droite et à gauche de l'insertion du mésentère. Dans chacun de ces épaississements pénètre une branche de l'aorte, qui s'y ramifie en un bouquet

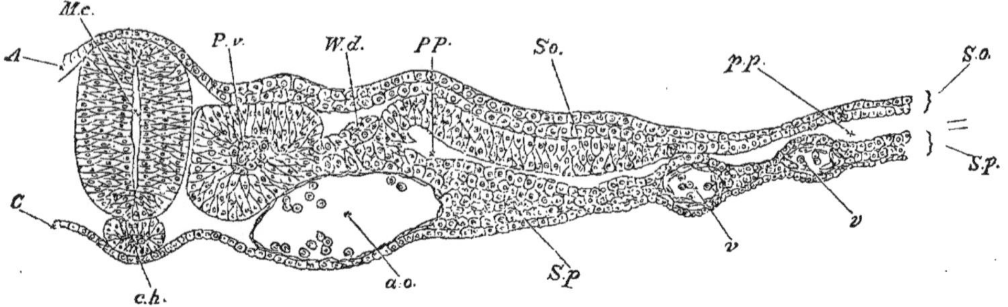

Fig. 264. — *Coupe transversale à travers la région dorsale d'un embryon de poulet, âgé de 45 heures,* d'après Balfour.

La coupe montre le mésoderme partiellement divisé en le segment primordial (*Pv*) et la plaque latérale avec le cœlome (*pp*) qu'elle renferme.

M.c, canal médullaire ; *P.v*, segment primordial ; *S.o*, lame somatique ; *S.p*, lame splanchnique ; *p,p*, cœlome ; *c.h*, corde dorsale ; *A*, ectoderme ; *C*, endoderme secondaire ; *a.o*, aorte primitive ; *v*, vaisseau sanguin ; *W.d*, canal de Wolff.

de capillaires, comme dans les corpuscules de Malpighi du rein ; ces capillaires se réunissent à leur tour en un vaisseau efférent.

Chez le poulet, par exemple (fig. 266), où les deux reins antérieurs droit et gauche ne sont séparés que par le mésentère (*me*), le tissu

Fig. 265. Fig. 266.

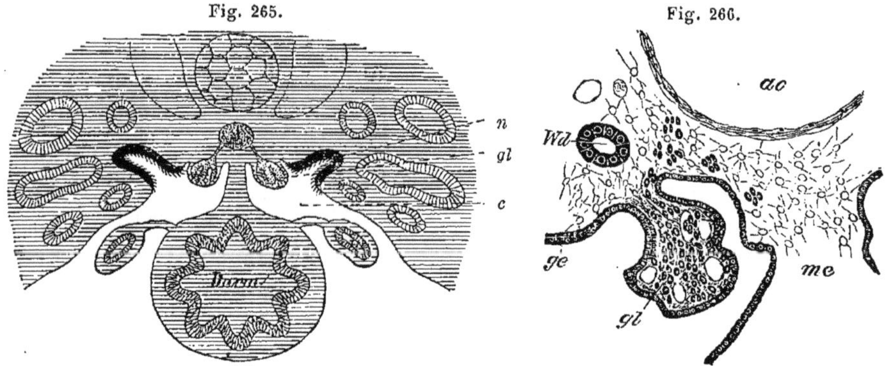

Fig. 265. — *Coupe transversale du pronéphros du Triton tæniatus* (6 mm.), d'après Semon.

n, entonnoir péritonéal ou néphrostome ; *gl*, glomérule ; *c*, cœlome (splanchnocèle).

Fig. 266. — *Coupe transversale du glomérule externe d'un canalicule du rein antérieur, chez un embryon de poulet, âgé de 100 heures environ,* d'après Balfour.

gl, glomérule ; *ge*, épithélium péritonéal ; *Wd*, canal du mésonéphros ; *ao*, aorte ; *me*, mésentère. Ni le canalicule du pronéphros, ni ses rapports avec le glomérule ne peuvent se voir sur cette image.

conjonctif avoisinant immédiatement la racine du mésentère prolifère au niveau des segments 11, 12, 13, 14 et 15, et proémine, sous forme d'un corps sphérique (*gl*), à l'intérieur du cœlome.

Plus tard, aux dépens de ces proliférations métamériques du péritoine, dans lesquelles les dispositions vasculaires sont caractéristiques, il se forme généralement un organe unique, volumineux, connu sous le nom de *glomérule du pronéphros* (fig. 265, *gl*). Sa situation par rapport au mésentère et aux entonnoirs du pronéphros (*n*) est nettement indiquée dans la figure schématique 265, qui représente la coupe transversale du pronéphros d'une larve de triton, longue de 6 millimètres.

Ce n'est que chez les vertébrés dont le rein antérieur fonctionne, chez les larves des amphibiens, chez les cyclostomes et les téléostéens, que le glomérule prend un développement important : chez les sélaciens et les amniotes, au contraire, il reste rudimentaire et finit même par s'atrophier complètement (fig. 266, *gl*). Dans le premier cas, il est probable que, grâce à cette disposition, il se produit une sécrétion d'un liquide urinaire qui passe ensuite par les orifices des canalicules du pronéphros et est enfin éliminé à l'extérieur par le canal de l'organe. Un fait digne de remarque, parce qu'il est caractéristique du rein antérieur, c'est que le glomérule ne se développe pas dans la paroi du canalicule lui-même, comme c'est le cas pour les glomérules du rein primordial, mais bien dans la paroi du cœlome. Il en résulte que le liquide urinaire ne peut être éliminé à l'extérieur qu'après s'être accumulé dans le cœlome. C'est pour cela que chez une foule de vertébrés, la partie antérieure du cœlome, qui contient le glomérule vasculaire et les entonnoirs du pronéphros, se sépare plus ou moins complètement du restant du cœlome : il se produit secondairement des soudures entre le feuillet viscéral et le feuillet pariétal du péritoine, d'où résulte la formation d'une espèce de *chambre pronéphrétique*. Chez les téléostéens, cette chambre est complètement close; elle ne l'est que partiellement au contraire, chez Lepidosteus, Ichthyophis, les Crocodiliens et les Chéloniens.

De quelle façon le pronéphros communique-t-il avec l'extérieur?

C'est par l'intermédiaire d'un canal, le canal du pronéphros, dont nous avons décrit plus haut le mode de formation. Ce canal s'accroît progressivement d'avant en arrière jusqu'au niveau de l'intestin terminal : il vient déboucher dans le cloaque. On le trouve chez tous les vertébrés, à la limite entre les segments primordiaux et la plaque latérale.

Au moment où il commence à se former, il est toujours situé immédiatement au-dessous de l'ectoderme (fig. 264, *Wd*); mais plus tard, il s'en écarte de plus en plus, s'engage dans le tissu conjonctif embryonnaire sous-jacent et devient, par conséquent, plus profondément placé (fig. 267 *Wd*, et fig. 270, *Wc*). Ce canal a reçu différents noms : on l'appelle *canal du rein antérieur ou du pronéphros, canal du rein primordial ou du mésonéphros, canal de Wolff* ou encore *canal segmentaire*. Ces diverses appellations s'expliquent par ce fait que, dans le cours du développement du système urinaire, ce canal change de fonction : il sert d'abord de canal excréteur pour le rein antérieur (pronéphros); puis, plus tard, pour le rein primordial (mésonéphros) ou corps de Wolff.

Sur l'origine de ce canal les avis ont été longtemps partagés. Des nombreuses recherches dont les résultats sont souvent contradictoires, il me semble que l'on peut résumer de la manière suivante l'état actuel de la question. C'est aussi de cette façon que l'expose Rückert dans l'article général qu'il a publié sur le développement des organes urinaires.

Chez tous les vertébrés, l'Amphioxus excepté, la *partie antérieure* du canal du pronéphros se développe aux dépens du feuillet moyen, de la façon que nous avons décrite précédemment : les extrémités libres d'un petit nombre de canalicules, métamériques, du pronéphros se recourbent en arrière et s'unissent en un canal longitudinal commun. Quant aux parties moyenne et postérieure du canal, elles offrent, dans les diverses classes de vertébrés, l'un ou l'autre des deux modes de formation suivants.

Chez les téléostéens, les amphibiens, les reptiles et les oiseaux, le canal du pronéphros, lorsque sa partie antérieure vient de se former aux dépens du feuillet moyen, se termine en arrière par un petit renflement, qui proémine librement dans l'espace compris entre le feuillet externe et le feuillet moyen. Les cellules constitutives de ce renflement se multiplient et c'est à leurs dépens que le canal s'allonge progressivement; le renflement terminal finit ainsi par atteindre l'intestin terminal, à la paroi duquel il se soude (Mollier, Field et des auteurs plus anciens). Les parties moyenne et postérieure du canal du pronéphros ne proviennent donc, en réalité, ni du feuillet externe, ni du feuillet moyen; mais le canal s'allonge aux dépens de ses propres matériaux cellulaires.

Le second mode de formation se présente chez les sélaciens (Van Wijhe, Rabl, Beard, Rückert) et chez les mammifères (Hensen, Flemming, Spee, Keibel). Chez ces vertébrés, lorsque le pronéphros vient de se former par des épaississements du feuillet moyen, l'extrémité postérieure du canal du pronéphros, au lieu de se terminer librement en arrière sous la forme d'un épaississement, s'unit intimement au feuillet externe de l'embryon.

Chez un embryon de sélacien, à la disposition représentée par la fig. 261, succède bientôt, si l'on suit la série des coupes transversales, une autre disposition (fig. 262), dans laquelle le canal du pronéphros apparaît comme un épaississement du feuillet externe. Si l'on étudie des embryons de plus en plus âgés, on peut observer que cet épaississement de l'ectoderme siège de plus en plus en arrière, en même temps qu'en avant de ce point le canal s'est détaché de l'ectoderme et est devenu libre. On ne trouve donc jamais que l'extrémité postérieure du canal en voie d'accroissement unie intimement au feuillet externe. Ainsi que Rückert le fait judicieusement remarquer, on n'a pas encore tranché la question de savoir si, au point d'union du canal avec l'ectoderme, ce feuillet fournit des matériaux cellulaires qui interviennent dans l'allongement du canal, ou bien si ces matériaux proviennent de l'ébauche mésoblastique du pronéphros lui-même, qui s'accroîtrait simplement en arrière. D'après des recherches toutes récentes de Rabl, qui a spécialement porté son attention sur ce point, l'ectoderme ne participe en aucune façon à l'accroissement du canal du pronéphros; ce canal s'allonge d'avant en arrière, uniquement par multiplication de ses propres cellules constitutives.

Les mammifères présentent des dispositions semblables à celles que l'on trouve réalisées chez les sélaciens (HENSEN, FLEMMING, SPEE, KEIBEL).

Après cet exposé des faits, nous devons chercher à expliquer comment on peut rapprocher les dispositions si différentes que l'on observe, d'une part, chez les sélaciens et les mammifères et, d'autre part, chez les autres vertébrés, et nous devons nous demander quelle idée générale nous devons nous faire de l'origine, tant ontogénique que phylogénique, du canal du pronéphros. Les trois faits essentiels suivants doivent encore entrer ici en ligne de compte.

1) Grâce aux recherches de BOVERI et de WEISS (1890), on est enfin parvenu à découvrir l'*organe urinaire de l'Amphioxus*, que l'on avait toujours vainement cherché. Il est situé dans la région branchiale et est constitué par de nombreux canalicules glandulaires, ciliés, disposés métamériquement.

Chacun de ces canalicules s'ouvre, par plusieurs entonnoirs ciliés, dans la partie du cœlome en rapport avec l'intestin branchial (cœlome épibranchial). De là, il traverse obliquement la paroi branchiale pour déboucher, après un court trajet, dans la cavité péribranchiale, à l'aide d'un orifice unique. Étant donné que la cavité péribranchiale de l'Amphioxus se forme par plissement du feuillet externe de l'embryon, il en résulte que les orifices externes des différents canalicules rénaux siègent, les uns derrière les autres, à la surface primitive du corps et que ce n'est que secondairement qu'ils débouchent dans une cavité commune spéciale.

2) Le pronéphros des vertébrés crâniotes présente certains points de relation avec l'organe urinaire de l'Amphioxus, ainsi qu'il résulte des observations de RÜCKERT, FELIX et autres. RÜCKERT chez les sélaciens et FELIX chez le poulet ont observé que les différents canalicules du pronéphros, métamériquement disposés, sont transitoirement, pendant un certain temps, unis directement au feuillet externe. Ces deux auteurs les comparent donc aux canalicules rénaux de l'Amphioxus et pensent que « phylogéniquement, le pronéphros était primitivement composé de « canalicules segmentaires, qui faisaient communiquer directement le « cœlome avec la surface du corps. » Cette comparaison n'est cependant encore que très hypothétique. C'est ainsi, par exemple, que RABL, se fondant sur ses recherches chez le poulet, nie toute relation entre l'ébauche du pronéphros et l'ectoderme.

Le fait de l'existence de communications entre des cavités du corps et sa surface libre n'a rien qui doive nous surprendre. Je rappellerai à ce sujet le tube digestif, où se forment, en différents points, des orifices, tels que l'orifice buccal et les fentes branchiales. Chez les invertébrés les perforations de la paroi du corps sont bien plus fréquentes encore. C'est de cette façon que se forment les orifices qui se trouvent au sommet des tentacules creux des Actinies, les orifices du vaisseau circulaire des Méduses, les canaux (organes segmentaires) qui, chez les vers, font communiquer avec l'extérieur la cavité générale du corps et servent à l'élimination des produits sexuels et des produits d'excrétion.

3) En se fondant sur certaines observations, notamment sur celles de Semon chez *Ichthyophis* et celles de Wiedersheim chez les crocodiliens, on a conclu que le pronéphros s'étendait primitivement beaucoup plus loin en arrière, peut-être même dans toute la longueur du tronc. D'après une hypothèse, particulièrement défendue par Rückert, il est probable que les crâniotes possédaient « dans toute l'étendue du tronc un système « pronéphrétique, formé par des diverticules segmentaires du méso- « blaste, unis à l'ectoderme (stade Amphioxus). Cette disposition appa- « raît encore, mais d'une façon transitoire, dans la partie antérieure du « système chez certains crâniotes (sélaciens, poulet). »

C'est en se basant sur tout cet ensemble de circonstances, que Rückert a émis l'idée suivante concernant l'origine probable du canal du pronéphros.

Il s'est formé un canal longitudinal servant à l'élimination du liquide urinaire parce que les différents canalicules segmentaires du pronéphros, dirigés transversalement et isolés les uns des autres se sont unis vers le milieu de leur longueur. Hatschek a démontré un processus semblable chez les Annélides. Chez tous les vertébrés, l'endroit où se forme le canal du pronéphros est donc aussi l'espace intermédiaire entre le feuillet externe et le feuillet moyen de l'embryon. *Le canal collecteur a cessé plus tard de communiquer avec l'extérieur, sauf à son extrémité postérieure, par suite de la disparition des parties externes des canalicules transversaux; de même il a cessé de communiquer avec le cœlome, sauf dans sa partie antérieure où il s'ouvre encore dans le cœlome par l'intermédiaire des parties internes des canalicules transverses.*

La différence que présente le canal du pronéphros dans son mode de développement chez les sélaciens et les mammifères, d'une part, et chez les autres vertébrés, d'autre part, s'explique alors en admettant que, chez les premiers, s'est maintenu un témoignage des relations qui existaient primitivement entre le canal collecteur et la surface de la peau, tandis que ce n'est pas le cas chez les autres vertébrés. Il faut donc abandonner l'hypothèse émise par certains auteurs que, chez les sélaciens et les mammifères, l'ébauche du canal du pronéphros se présente sous la forme d'une gouttière de l'ectoderme, qui se transforme ensuite en un tube qui s'en détache. En effet cette hypothèse ne permet nullement d'expliquer le fait que chez les autres vertébrés, le canal du pronéphros se forme sans offrir la moindre relation avec l'ectoderme.

L'hypothèse que le canal du pronéphros apparaîtrait sous la forme d'une gouttière longitudinale, à la surface de la peau, a été émise par HADDON et BEARD.

BOVERI compare le canal du pronéphros à la cavité péribranchiale de l'Amphioxus. Indépendamment d'autres difficultés encore, cette comparaison ne permet pas d'expliquer comment il se fait que chez les vertébrés, le canal du pronéphros ne procède probablement pas, d'une façon générale, du feuillet externe.

b. — Rein primordial ou mésonéphros (corps de Wolff). Canal du rein primordial ou du mésonéphros (canal de Wolff).

La formation du rein antérieur est suivie, chez tous les vertébrés, après un délai plus ou moins long, de la formation d'une glande plus volumineuse, servant à la sécrétion urinaire. Cet organe est le rein primordial, encore appelé mésonéphros ou corps de Wolff. Il se développe très tôt chez les vertébrés dont l'ébauche du pronéphros est rudimentaire dès son origine, comme c'est le cas chez les sélaciens et les

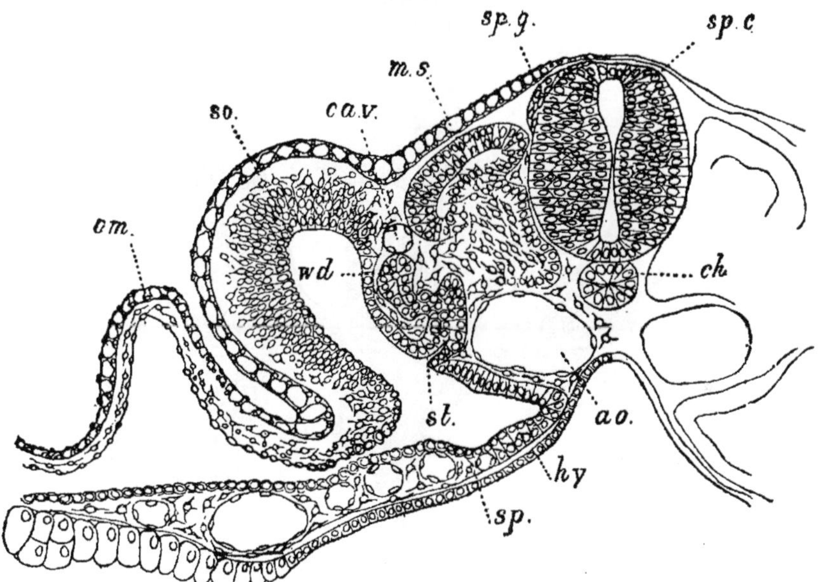

Fig. 267. — *Coupe transversale du tronc d'un embryon de canard, pourvu de 24 segments primordiaux environ*, d'après BALFOUR.

On voit les quatre feuillets germinatifs primordiaux et les organes formés à leurs dépens, séparés les uns des autres par du tissu conjonctif embryonnaire renfermant des cellules étoilées. Dans ce tissu, on constate en même temps la présence de vaisseaux sanguins en voie de développement.

om, repli amniotique; *so*, somatopleure; *sp*, splanchnopleure; *wd*, canal de Wolff; *st*, canalicule du mésonéphros; *cav*, veine cardinale; *ms*, plaque musculaire; *sp.g*, ganglion spinal; *sp.c*, moelle épinière; *ch*, corde dorsale; *ao*, aorte; *hy*, endoderme secondaire.

amniotes; au contraire, il se forme relativement tard chez ceux dont le pronéphros fonctionne pendant un certain temps, comme c'est le cas chez les amphibiens et les téléostéens.

Le mésonéphros commence à se former immédiatement en arrière des canalicules du pronéphros. Comme il se met bientôt en rapport avec le prolongement du canal du pronéphros, qui lui sert alors de conduit excréteur, on désigne ce prolongement sous le nom de canal du rein primordial, canal du mésonéphros ou canal de Wolff.

Le corps de Wolff étant une glande, on pourrait croire qu'il se forme, comme toutes les glandes, aux dépens de bourgeons latéraux de son conduit excréteur, le canal de Wolff. Il n'en est rien cependant. Tous les observateurs, à l'exception de quelques auteurs anciens et d'Oscar Schultze récemment, sont d'accord pour admettre que les canalicules glandulaires du rein primordial ne se développent nullement aux dépens du canal de Wolff. Ils dérivent, directement ou indirectement,

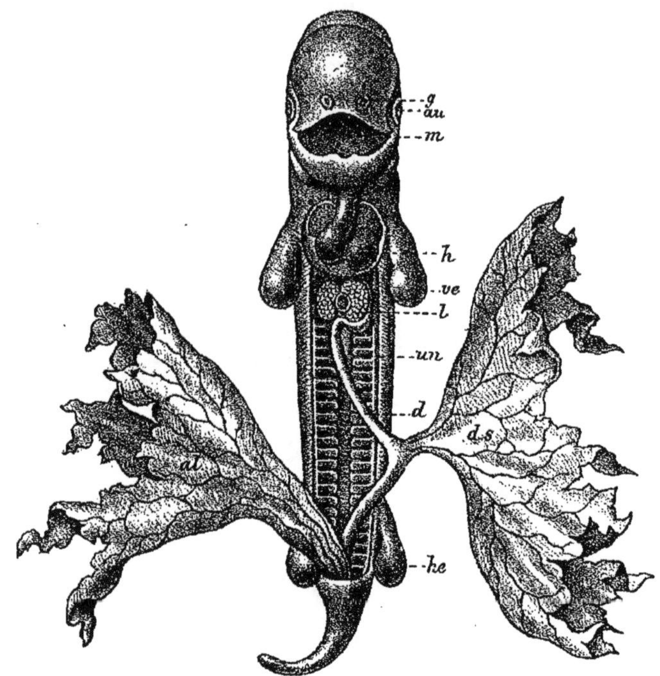

Fig. 268. — *Embryon du chien, de 25 jours, grossi 5 fois : il est étalé et vu par sa face ventrale*, d'après Bischoff.

d, tube digestif; *ds*, sac vitellin; *al*, alantoïde; *un*, corps de Wolff; *l*, les deux lobes du foie, entre lesquels on voit la coupe de la veine omphalo-mésentérique; *ve*, membre antérieur; *he*, membre postérieur; *h*, cœur; *au*, œil; *g*, fossette olfactive.

de l'épithélium du cœlome, ainsi que l'ont prouvé les études entreprises chez les cyclostomes, les sélaciens, les amphibiens et les amniotes.

Il se forme, les uns à la suite des autres, de courts canalicules transversaux (fig. 267, *st*), en continuité avec l'épithélium du cœlome par une de leurs extrémités. L'autre extrémité, qui est longtemps fermée en cul-de-sac, se met en contact immédiat, puis se soude avec le canal de Wolff (*Wd*), situé un peu plus en dehors. Le mésonéphros s'accroît progressivement d'avant en arrière et finit par s'étendre, à la voûte de la cavité abdominale, immédiatement en dehors du mésentère, depuis la région du foie jusqu'au voisinage de l'extrémité postérieure de la cavité abdominale. Il constitue alors un organe, de forme élégante en raison de la régularité de sa structure, tel que nous le montre la figure 268 (*un*) chez un embryon de chien de vingt-cinq jours. On peut le désigner sous le nom de glande *pectiniforme*, car il se compose d'un canal excréteur, longitudinal, dans lequel s'ouvrent de courts canalicules transversaux. Le canal excréteur est le canal de Wolff; il court latéralement à quelque distance du mésentère. Les canalicules transversaux, situés en dedans du canal de Wolff, sont appelés canalicules du rein primordial ou du mésonéphros.

Tout le monde admet que les canalicules du mésonéphros procèdent du mésoderme, et cependant il règne diverses opinions sur la façon dont ils se développent. A la suite des recherches de Semper, on pensait que ces canalicules commencent à apparaître métamériquement sous la forme de diverticules creux ou de bourgeons pleins de l'épithélium de la paroi dorsale du cœlome, c'est-à-dire à la façon des tubes glandulaires qui procèdent de l'ectoderme ou de l'endoderme.

Mais d'après les observations plus récentes de Segdwick, Van Wijhe, Rückert et autres, portant sur les sélaciens et les amniotes, les choses ne se passent pas ainsi. Le développement des canalicules du mésonéphros est en connexion intime avec celui des segments primordiaux. Lorsque ces derniers commencent à se séparer nettement des plaques latérales, il se forme dans chaque segment, au point où se produit cette séparation, un mince pédicule, qui longtemps encore maintient une union entre ces organes (fig. 269, *pi*). C'est ce que Rabl et Félix ont appelé « communication du segment primordial » (Ursegmentcommunication). Chez les sélaciens cette pièce intermédiaire, comme on l'appelle encore, renferme une mince fente, qui fait communiquer la cavité du segment primordial avec le cœlome de la plaque latérale (splanchnocèle). Chez les amniotes, ce pédicule est plein (fig. 264). Or, comme ces cordons pleins sont disposés les uns derrière les autres et qu'ils sont serrés les uns contre les autres, ils semblent former une masse cellulaire unique interposée entre les segments primordiaux et la plaque latérale. On lui a donné naguère le nom de plaque intermédiaire ou de masse cellulaire intermédiaire. En raison de ses relations avec la formation des canalicules du mésonéphros, on la désigne aussi sous le nom de blastème du mésonéphros. Quant au canal du mésonéphros, dont nous avons déjà parlé plus haut, il est appliqué contre la face externe des pédicules intermédiaires. Chaque pédicule intermédiaire se transforme ultérieurement en un canalicule du mésonéphros. C'est pourquoi Rückert a proposé de lui donner le nom de *néphrotome* par opposition au restant du segment primordial, qui fournit la plaque musculaire (*myotome*) et l'ébauche du tissu squelettogène (*sclérotome*). Par l'une de ses extrémités, le néphrotome ou canalicule du mésonéphros en voie de formation reste uni avec le cœlome, tandis que, par son extrémité opposée, il se détache du segment primordial (fig. 270, ts^1), s'applique intimement contre le canal de Wolff, puis se soude avec lui. A ce moment le canalicule du mésonéphros s'ouvre d'une part, dans le cœlome, et, d'autre part, dans le canal de Wolff. C'est ce que nous

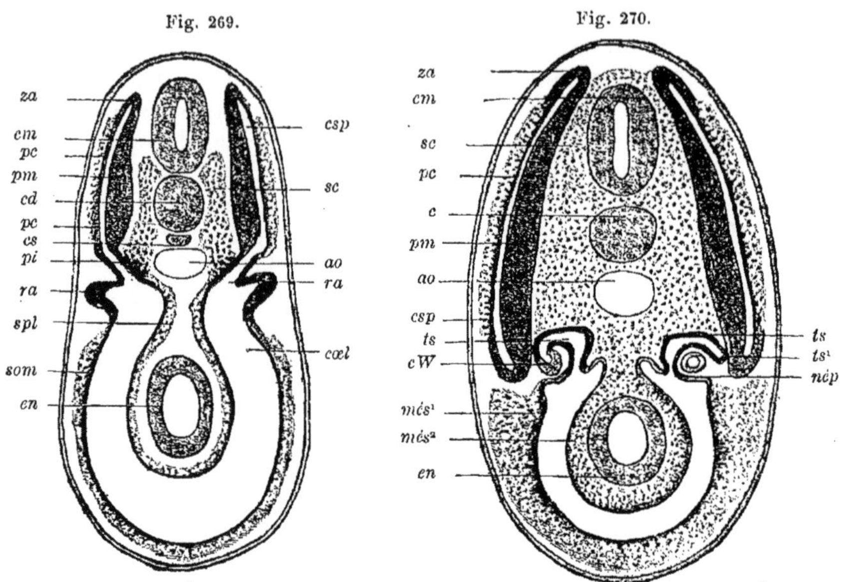

Fig. 269 et 270. — *Coupes transversales schématiques, pratiquées chez deux embryons de sélaciens d'âges différents et destinées à montrer la formation des principaux organes dérivés du mésoderme.* Figures modifiées, d'après VAN WIJHE.

Fig. 269. — *Coupe transversale pratiquée dans la région du pronéphros chez un embryon, au moment où les segments musculaires commencent à se séparer.*

Fig. 270. — *Coupe transversale d'un embryon plus âgé, dont les segments musculaires viennent de se séparer.*

cm, canal médullaire; *c*, corde dorsale; *ao*, aorte; *cs*, cordon sub-notocordal; *pm*, plaque musculaire du segment primordial; *za*, zone de prolifération ou d'accroissement, au niveau de la continuité entre la plaque musculaire et la plaque cutanée (*pc*); *pi*, pièce intermédiaire du segment primordial; elle unit ce dernier à la paroi du cœlome (splanchnocèle) et se transforme notamment en un canalicule du mésonéphros (fig. 270, *ts*); *sc*, sclérotome ou tissu squelettogène, formé par prolifération de la paroi interne de la pièce intermédiaire *pi*; *ra*, pronéphros; *som* et *spl*, somatopleure et splanchnopleure, dont certaines cellules épithéliales donnent naissance à du mésenchyme; *csp*, cavité du segment primordial; *cœl*, cœlome (splanchnocèle); *en*, endoderme secondaire; *ts*, canalicule du mésonéphros, formé aux dépens de la pièce intermédiaire (*pi*) de la figure 269; ts^1, point où ce canalicule s'est séparé du segment primordial; *cW*, canal de Wolff : à gauche, il est en continuité avec le canalicule du mésonéphros; *nép*, orifice infundibuliforme (néphrostome) qui fait communiquer le canalicule du mésonéphros avec le cœlome; *més*¹ et *més*², mésenchyme dérivé de la somatopleure et de la splanchnopleure.

montre, à gauche, la figure 270, tandis qu'à droite, nous voyons simplement l'extrémité du canalicule ou du pédicule intermédiaire séparée du segment primordial. Une conséquence de ce mode de formation du rein primordial, c'est qu'il constitue dès son origine un organe segmenté, métamérique. Dans chaque segment du corps se développe un canalicule du mésonéphros chez les sélaciens, où l'on en a fait l'étude la plus complète.

Chez les reptiles, les oiseaux et les mammifères, nous avons vu que les pédicules intermédiaires entre les segments primordiaux et les plaques latérales constituent des cordons cellulaires pleins (néphrotomes ou cordons du mésonéphros). Ils commencent par se détacher des segments primordiaux et s'unissent ensuite par cette extrémité avec le canal de Wolff (fig. 267). A ce moment ils présentent déjà une fine lumière. Plus tard, ils constituent des canalicules très nets, distants les uns des autres et séparés par du tissu conjonctif embryonnaire.

Si l'on dit fréquemment, en ce qui concerne les amniotes, que les canalicules du mésonéphros sont des *produits de différenciation* de la plaque intermédiaire ou d'un blastème du rein primordial, il ne faut pas oublier qu'il ne s'agit nullement là d'une néo-formation aux dépens d'une masse cellulaire indifférente. La soi-disant plaque intermédiaire n'est nullement, en fait, un organe indivis, dès son origine; mais elle est formée par la juxtaposition de toute une série de cordons cellulaires distincts, disposés métamériquement les uns derrière les autres, et qui se transforment ultérieurement en les canalicules segmentaires. Dans ce cas encore, comme dans la plupart des cas où l'on parle d'une différenciation aux dépens d'un blastème, il s'agit en réalité de la manifestation bien nette d'organes qui se trouvaient déjà ébauchés, mais qui formaient une masse cellulaire, qui nous apparaissait indivise parce que nos moyens d'investigation sont insuffisants. Chez certains vertébrés (Ichthyophis, Lacerta, etc.), les néphrotomes se séparent des plaques latérales avant de se séparer des segments primordiaux, de sorte qu'ils apparaissent comme des dépendances de ces derniers (Semon, Strahl). Lorsque ensuite ils se sont aussi séparés des segments primordiaux, ils constituent transitoirement de petits sacs, qui finissent par s'unir au canal du pronéphros.

Dès qu'ils se sont unis au canal de Wolff, les canalicules du mésonéphros commencent à s'allonger : ils se recourbent en S et se différencient en trois parties. Leur partie moyenne se dilate en une vésicule et se transforme ensuite en une capsule de Bowman. Au niveau de cette dilatation de chacun des canalicules, l'aorte primitive, qui court non loin du rein primordial, envoie une branche transversale, qui se divise subitement en un bouquet de capillaires. Ce glomérule vasculaire s'applique contre la dilatation du canalicule du mésonéphros, qui s'invagine pour le recevoir. La dilatation se trouve ainsi convertie en une cupule à double paroi enveloppant le glomérule vasculaire presque de toutes parts. C'est la capsule de Bowman. Sa paroi interne, invaginée, se transforme en un épithélium très aplati, tandis que sa paroi externe reste à l'état d'épithélium cubique. Un tel organe, formé d'une capsule de Bowman et d'un glomérule vasculaire, constitue ce que nous appelons un *corpuscule de Malpighi*. Les corpuscules de Malpighi sont des formations caractéristiques du rein primordial et du rein définitif des vertébrés.

Indépendamment de cette partie moyenne, dilatée, chaque canalicule du mésonéphros présente encore à distinguer une partie rétrécie plus ou moins longue, qui s'unit au canal de Wolff, et, enfin, une partie plus courte, qui s'unit au cœlome. Cette dernière partie du canalicule subit des transformations différentes dans les diverses classes des vertébrés. Chez certains vertébrés, et c'est le cas chez la plupart des sélaciens, elle conserve chez l'adulte son union primitive avec le cœlome :

elle s'ouvre dans le cœlome au moyen d'un orifice, délimité par des cellules vibratiles. Cet orifice, que SEMPER a découvert, a été appelé *entonnoir segmentaire* ou *néphrostome :* il rappelle, à plus d'un point de vue, les formations semblables que nous montrent les organes segmentaires des annélides. Cependant, chez la grande majorité des vertébrés, il ne se forme plus de néphrostomes : les canalicules du mésonéphros, après s'être formés, se détachent complètement de l'épithélium du cœlome, tout comme ils se séparent des segments primordiaux ; ils cessent ainsi d'être unis au cœlome.

Bdellostoma, un représentant du groupe des cyclostomes, est le seul vertébré chez lequel le rein primordial se maintienne pendant toute la vie, sous la forme simple qu'il possède au début du développement chez les autres vertébrés. J. MÜLLER a le premier fait connaître que, chez cet animal, le rein primordial se compose d'un canal longitudinal (fig. 271 A et B, *a*), dans lequel débouchent, à peu de distance les uns des autres, de courts canalicules transversaux (*b*). Ces derniers ne s'ouvrent plus dans le cœlome ; ils n'ont plus de néphrostomes. Leur extrémité aveugle, séparée par un rétrécissement d'avec le restant du canalicule, renferme un glomérule vasculaire (fig. 271, B, *c*).

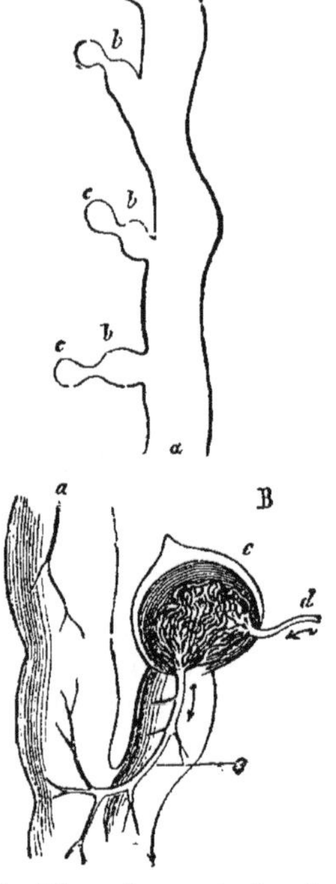

Fig. 271. — *Fragments du mésonéphros de Bdellostoma*, d'après J. MÜLLER.
a, canal de Wolff ; *b*, canalicule du mésonéphros ; *c*, glomérule ; *d*, artère afférente ; *e*, artère efférente.
a figure B représente, à un plus fort grossissement, une partie de la figure A.

Chez tous les autres vertébrés, le rein primordial se transforme en un organe plus volumineux et de structure plus complexe. Les canalicules, primitivement courts et dirigés transversalement, s'allongent beaucoup et décrivent de nombreuses sinuosités (fig. 272, *st*). Il se forme, en outre, de nouveaux canalicules de second et de troisième ordre. Ces nouveaux canalicules ne procèdent pas non plus du canal de Wolff ; ils se développent au-dessus (dorsalement) des canalicules de premier ordre ; puis ils se rapprochent par leur extrémité aveugle du canalicule de premier ordre et finissent par se souder à son extrémité terminale, qui se trouve ainsi transformée en un tube collecteur ou canal terminal. En même temps il se forme aussi un corpuscule de MALPIGHI à chaque canalicule de second et de troisième ordre.

Pour ce qui regarde le mode de formation des canalicules de second et de troisième ordre, il nous semble désirable, au moins pour les vertébrés supérieurs, que de nouvelles recherches soient poursuivies. Chez les sélaciens, d'après BALFOUR et d'autres auteurs, ils procéderaient de l'épithélium des corpuscules de MALPIGHI des canalicules précédemment formés (de premier ou de second ordre). Cet épithélium formerait des bourgeons cellulaires, qui s'allongeraient, puis se fusionneraient avec les canalicules préexistants. Enfin, après que cette fusion s'est opérée, les nouveaux canalicules formés se sépareraient, à l'autre extrémité, d'avec leur point d'origine.

A la suite de ce développement de *canalicules urinifères complexes*, dont les diverses branches sont pourvues d'un corpuscule de MALPIGHI, le corps de Wolff présente une structure très compliquée qui n'est pourtant pas la même dans toute l'étendue de l'organe. C'est ainsi

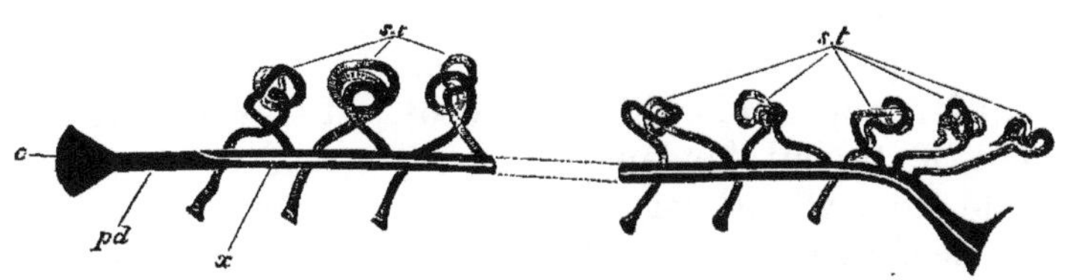

Fig. 272. — *Schéma de la disposition primitive du rein chez un embryon de sélacien.*
pd, partie antérieure du canal de Wolff primitif, qui s'ouvre en *o*, dans le cœlome, et à son autre extrémité, dans le cloaque; *x*, ligne suivant laquelle le canal de MÜLLER se sépare du canal de WOLFF : le canal de MÜLLER est situé au-dessous de cette ligne; *st*, canalicules du mésonéphros, en communication d'une part avec le cœlome et, d'autre part, avec le canal de WOLFF.

qu'habituellement, chez la plupart des vertébrés, la partie antérieure du corps de Wolff, celle qui plus tard se met en relation avec les glandes génitales, conserve des canalicules simples et non pas ramifiés; seule la partie postérieure de l'organe se complique par formation de canalicules secondaires et tertiaires.

Plus le rein primordial augmente de volume, ce qui est déterminé par l'allongement et la différenciation de ses canalicules, plus aussi il se distingue nettement des organes voisins. Il fait alors saillie dans la cavité abdominale, à la voûte de cette cavité, à droite ou à gauche du mésentère (fig. 275, *WK*).

Sur une coupe transversale, on peut aussi, chez l'embryon humain (NAGEL), distinguer nettement, à chaque canalicule du mésonéphros, deux parties bien séparées : 1° l'une, plus large, commence à la capsule de BOWMAN et son épithélium est formé par de grandes cellules, riches en protoplasme; 2° l'autre, plus étroite, est délimitée par un épithélium cubique. Cette dernière est le canal terminal. Il s'unit à d'autres canaux terminaux avant de déboucher dans le canal de Wolff. La première partie seule fonctionne comme organe de sécrétion; elle atteint son plus haut degré de perfectionnement à l'époque où le corps de Wolff est le plus développé. C'est à cette époque aussi que les corpuscules de MALPIGHI sont le plus volumineux chez l'embryon humain (NAGEL).

Que devient ultérieurement le corps de Wolff? Le sort de cet organe est très variable dans les différentes classes de vertébrés. Chez les anamniotes, c'est-à-dire les poissons et les amphibiens, il devient l'organe urinaire définitif et il acquiert, en outre, certaines relations avec l'appareil sexuel : nous y reviendrons plus loin. Chez les oiseaux et les mammifères, le rein primordial ne fonctionne que pendant une courte période de la vie embryonnaire. Il ne tarde pas à subir une régression profonde et, finalement, il n'en persiste que certaines parties qui se mettent en rapport avec l'appareil génital et qui, nous le verrons plus loin, servent à l'élimination des produits sexuels.

c. — Rein définitif.

Chez les vertébrés supérieurs, la sécrétion de l'urine est produite par une troisième glande, le *rein définitif*, qui se forme à l'extrémité postérieure du canal du mésonéphros. Son mode de formation, qui semble différer de celui du mésonéphros, est très difficile à étudier.

Depuis le travail fondamental de KUPFFER, il est paru un grand nombre de publications, parmi lesquelles nous signalerons surtout celles de BRAUN, de RIEDEL et de SEDGWICK et celles d'EMERY, de RIEDE et de WIEDERSHEIM.

Tous les observateurs sont d'accord sur ce fait qu'il se forme tout d'abord, suivant le processus découvert par KUPFFER, une évagination de la paroi dorsale du canal du mésonéphros, au niveau de son extrémité postérieure. Ce diverticule, c'est l'ébauche de l'*uretère*. Chez le poulet, l'ébauche de l'uretère apparaît au début du troisième jour de l'incubation (SEDGWICK). Elle s'allonge ensuite d'arrière en avant, au sein d'un tissu spécial, très riche en cellules, et qui fournit la partie conjonctive du rein (WIEDERSHEIM). Le nom de blastème rénal qu'on lui a souvent donné doit donc être remplacé par la dénomination plus exacte de *mésenchyme rénal*.

L'uretère se dilate quelque peu à son extrémité aveugle. Aux dépens de cette dilatation se forme le bassinet chez les mammifères. Des diverticules de ce dernier donnent naissance aux calices et, enfin, les parois des calices continuent à bourgeonner et à se subdiviser, pour fournir, par ce processus, les canaux papillaires et les canaux collecteurs.

Il règne, au sujet du cours ultérieur du développement du rein, deux manières de voir différentes. D'après l'une, plus ancienne, qui a récemment encore trouvé des défenseurs dans GOLGI et S. MINOT (voir le traité d'Embryologie de ce dernier auteur, p. 526), tout le système des canaux du rein se développe aux dépens de l'uretère, suivant le mode ordinaire de formation des glandes. Les tubes collecteurs fourniraient donc, par bourgeonnement, les anses de HENLE, les tubes contournés, etc.

« Les faits sont tellement nets, dit S. MINOT, qu'il est incompréhensible que l'on ait pu s'arrêter à l'idée que les tubes contournés se forment aux dépens du blastème et non par ramifications des tubes collecteurs. »

Dans l'autre manière de voir, défendue par KUPFFER, SEMPER, BRAUN,

Fürbringer, Sedgwick et Balfour, *le rein définitif se développe aux dépens de deux ébauches distinctes qui ne s'unissent que secondairement*. La substance médullaire avec ses canaux collecteurs procède de l'uretère; la substance corticale, au contraire, avec les tubes ou canalicules contournés et les anses de Henle, dérive d'une ébauche particulière. Il y aurait alors similitude entre le développement du rein définitif et celui du mésonéphros, en ce sens que, dans ce dernier, le canal du mésonéphros a aussi une autre origine que les canalicules, qui ne se soudent que secondairement avec lui. Cette similitude de développement, je la considère comme ayant une importance suffisante pour faire préférer la seconde opinion à la première, d'autant plus d'ailleurs que les récentes recherches d'Emery, de Riede, de Hoffmann et de Wiedersheim ont fourni des résultats qui plaident en sa faveur.

Voici ce qui se passe chez le poulet, d'après les recherches de Sedgwick, confirmées par Balfour. L'uretère, formé aux dépens de l'évagination de l'extrémité du canal du mésonéphros, pénètre à l'intérieur de la plaque intermédiaire, immédiatement en arrière du corps de Wolff, c'est-à-dire au niveau des segments primordiaux 31 à 34. Là, la plaque intermédiaire prolifère beaucoup et donne naissance à une masse de petites cellules que l'on peut appeler l'ébauche du rein. Cette ébauche ne se transforme pas en le rein là où elle a pris origine; mais, au préalable, elle change de situation, après que l'uretère a pénétré à son intérieur. Elle se développe, en même temps que l'uretère, d'arrière en avant, sur la face dorsale du mésonéphros. Elle s'accroît ainsi peu à peu et ne commence à montrer ses différenciations internes que lorsqu'elle a pris sa nouvelle position. On voit alors apparaître de plus en plus nettement, dans la masse des petites cellules, des canalicules contournés, en même temps que dans leur paroi se forment des corpuscules de Malpighi. Les canalicules de la substance corticale, qui se sont ainsi formés d'une façon indépendante, s'unissent peu à peu aux tubes collecteurs, qui proviennent par bourgeonnement de l'extrémité de l'uretère.

De même, chez les reptiles, d'après Hoffman et Wiedersheim, et chez les mammifères, d'après Emery et Riede, on observe des cordons épithéliaux et des « vésicules rénales » qui, logés dans le mésenchyme rénal, sont nettement distincts des tubes collecteurs, lesquels ne sont que des dépendances de l'uretère.

D'où dérivent ces canalicules glandulaires, isolés au moment de leur apparition? Proviennent-ils de la partie la plus postérieure du mésonéphros (Wiedersheim) ou bien de cordons cellulaires du feuillet moyen, situés en arrière du mésonéphros et qui, plus en avant, se sont transformés en canalicules du mésonéphros? En d'autres termes, le rein définitif n'est-il qu'une génération nouvelle, très puissante, de canalicules du mésonéphros? Ou bien les canalicules contournés sont-ils simplement des bourgeons des tubes droits du rein?

Pour trancher cette question controversée, de nouvelles recherches,

portant sur un grand nombre de types de mammifères, sont encore nécessaires.

D'après Riede, dans l'ébauche du rein du mouton, il apparaît, bien séparés des extrémités en T des tubes collecteurs, dans les angles formés par l'union de la branche verticale du T avec sa branche horizontale, des amas de cellules épithéliales, qui se creusent, se dilatent prennent la forme de vésicules et constituent les ébauches des ampoules ou capsules de Bowmann. La paroi de la vésicule opposée à la branche verticale du T s'épaissit par stratification de son épithélium et s'invagine, de sorte que la vésicule prend la forme d'un croissant. Contre la face concave du croissant apparaît le glomérule, sous la forme d'un amas de cellules rondes. L'union de cette ébauche avec le tube collecteur se fait par l'intermédiaire d'un diverticule creux de l'ampoule, qui s'accroît, en se recourbant, vers l'extrémité aveugle de la branche horizontale du T, puis finalement vient s'y aboucher. C'est aux dépens de ce diverticule creux de l'ampoule, qui deviendra elle-même la capsule de Bowman, que se forme toute l'ébauche du canalicule contourné.

Le rein ne tarde pas à devenir plus volumineux que le mésonéphros. Au début, il se montre formé par différents lobes, séparés par des sillons profonds (fig. 273). Cette lobulation du rein persiste pendant toute la vie chez les reptiles, les oiseaux et certains mammifères (cétacés). Mais chez la plupart des mammifères elle disparaît : c'est le cas aussi chez l'homme, où ce phénomène s'accomplit peu de temps après la naissance. La surface de l'organe devient alors absolument lisse. Toutefois, dans sa structure intime (pyramides de Malpighi), on retrouve encore la preuve de sa composition lobée, primitivement marquée aussi à sa surface.

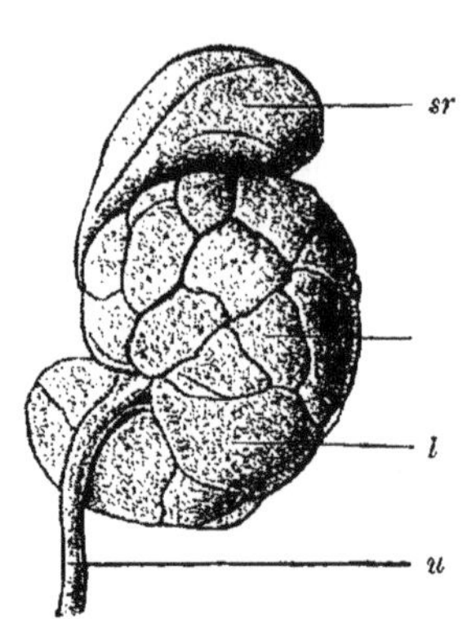

Fig. 273. — *Rein et organe surrénal d'un embryon humain, à la fin de la gestation.*
sr, organe surrénal; *r*, rein; *l*, lobes du rein; *u*, uretère.

Nous avons examiné jusqu'ici comment se forment le pronéphros, le mésonéphros et le rein définitif, et nous avons montré quelles relations existent entre eux. Nous nous occuperons maintenant d'autres phénomènes, que nous avons passés sous silence, bien qu'ils s'accomplissent simultanément, au voisinage immédiat du mésonéphros. Nous voulons parler de la formation du canal de Müller, des organes sexuels et des organes surrénaux.

d. — Canal de Müller.

Le canal de Müller, chez l'embryon de la plupart des vertébrés (sélaciens, amphibiens, reptiles, oiseaux et mammifères) est primitivement parallèle au canal du mésonéphros et situé tout à côté de lui. C'est un canal, qui se forme de la même manière dans les deux sexes, mais qui plus tard exerce une fonction différente chez le mâle et chez la femelle. Il se développe, chez les vertébrés inférieurs, aux dépens du canal du mésonéphros, ainsi qu'on peut très facilement s'en assurer chez les sélaciens

(SEMPER, BALFOUR, HOFFMANN, RABL). Le canal du mésonéphros s'élargit et prend une forme ovalaire à la coupe transversale (fig. 274, 4). En même temps sa moitié dorsale (*sd*) ne présente plus la même texture que sa moitié ventrale (*od*), laquelle repose immédiatement contre l'épithélium péritonéal. Dans sa moitié dorsale s'ouvrent les canalicules du mésonéphros, tandis que la paroi de sa moitié ventrale s'épaissit notablement. Ensuite ces deux parties du canal se séparent. Cette division commence à quelque distance de l'extrémité antérieure du canal du mésonéphros (fig. 274, 3, 2 et 1) et progresse peu à peu, d'avant en arrière, jusqu'à son extrémité postérieure, c'est-à-dire jusqu'au débouché du canal du mésonéphros dans l'intestin terminal. La partie dorsale ainsi séparée constitue le canal du mésonéphros définitif (*wd*). Il présente, dès le début, une large lumière et reçoit les canalicules du mésonéphros (fig. 272, *st*). Le long de sa face ventrale, entre lui et l'épithélium du cœlome, se trouve placé le canal de MÜLLER (fig. 274, *od*, et fig. 272). Au début, le canal de MÜLLER est à peine pourvu d'une lumière; mais plus tard il se dilate notablement. La division du canal primitif se fait de telle sorte (fig. 272) que sa partie antérieure (*pd*), que nous avons décrite (p. 425) comme canal du pronéphros, appartient au canal de MÜLLER, lequel, par conséquent, s'ouvre dans le cœlome, à son extrémité antérieure, par un entonnoir délimité par un épithélium vibratile (*o*). Cet entonnoir vibratile devient l'orifice abdominal de la trompe utérine.

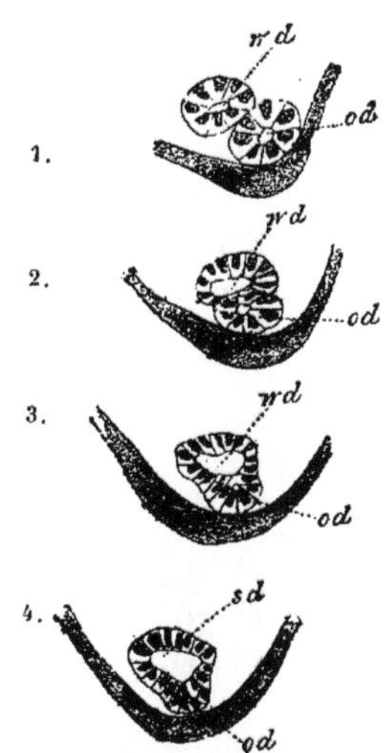

Fig. 274. — *Coupes transversales de la partie antérieure du canal du mésonéphros, chez un embryon femelle de Scyllium canicula,* d'après BALFOUR. Ces figures sont destinées à montrer comment le canal de MÜLLER (*od*) se forme aux dépens du canal du mésonéphros (*sd* et *wd*).

Chez les amphibiens, d'après FÜRBRINGER et HOFFMANN, le canal de MÜLLER se forme également par division du canal de WOLFF primitif, à l'exception de son extrémité antérieure, qui est pourvue de l'orifice de communication avec le cœlome. Cette extrémité antérieure du canal de MÜLLER se développe aux dépens d'une petite partie de l'épithélium du cœlome, en rapports immédiats avec le pronéphros. Les cellules de cette région de l'épithélium du cœlome s'allongent et deviennent cylindriques. Puis, cet épithélium épaissi s'invagine en une gouttière, qui se sépare ensuite du tissu ambiant, se transforme, à son extrémité antérieure, en un large orifice en communication avec le cœlome et s'unit en arrière avec la partie du canal de MÜLLER, résultant de la division du canal primitif du mésonéphros. Enfin, plus tard, les canalicules du pronéphros et le glomérule s'atrophient.

La formation du canal de MÜLLER par cloisonnement du canal du mésonéphros ne peut encore être considérée comme absolument démontrée pour les Amphibiens. En effet, en ce qui concerne Ichthyophis, SEMON, dans son dernier et important travail sur le développement de l'appareil uro-génital, dit que chez cet amphibien le canal de MÜLLER « se développe sans présenter aucune relation d'origine avec le pronéphros ou le canal du pronéphros. Il prend naissance, dorsalement à ces organes, sous la forme d'un repli saillant du péritoine ».

Cette subdivision du canal primitif du mésonéphros en deux canaux accolés ne peut s'expliquer qu'en admettant que cet organe accomplissait une double fonction. Il est probable qu'il servait primitivement à éliminer à la fois le produit de sécrétion des canalicules du mésonéphros et les produits sexuels. Les œufs et les spermatozoïdes, arrivés à maturité, tombaient dans le cœlome, passaient ensuite par l'entonnoir du pronéphros et étaient enfin rejetés à l'extérieur par le canal primitif du mésonéphros. On observe d'ailleurs quelque chose de semblable chez une foule d'invertébrés, par exemple dans divers ordres de vers, dont les canaux segmentaires, qui traversent la paroi du corps, éliminent à la fois les produits excréteurs et les produits sexuels. Chez les vertébrés, chacune de ces deux fonctions s'est accomplie par un canal spécial. L'un de ces deux canaux a cessé de communiquer avec le cœlome, mais est resté uni aux canalicules du mésonéphros, tandis que l'autre a conservé l'entonnoir vibratile du pronéphros et s'est adapté spécialement à l'excrétion des produits sexuels chez la femelle.

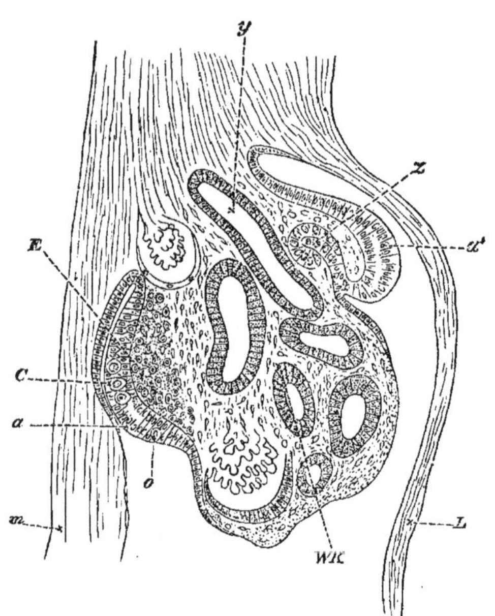

Fig. 275. — *Coupe transversale pratiquée à travers le mésonéphros, l'ébauche du canal de* Müller *et la glande sexuelle, chez un embryon de poulet de 4 jours*, d'après Waldeyer. 160 diam.

m, mésentère; *L*, lame somatique; *a'*, région de l'épithélium germinatif, d'où procède par invagination l'extrémité antérieure du canal de Müller (*z*); *a*, région de l'épithélium germinatif, dans laquelle siègent les cellules germinatives primordiales; *E*, mésenchyme transformé, qui donne naissance au stroma de la glande génitale; *WK*, corps de Wolff ou mésonéphros; *y*, canal de Wolff ou du mésonéphros.

La formation du canal de Müller chez les reptiles, les oiseaux et les mammifères est encore bien controversée. Les meilleurs observateurs (Waldeyer, Braun, Gasser, Janosik, Mihalkovics et autres) déclarent n'avoir jamais constaté, à aucune phase du développement, une division par cloisonnement du canal du mésonéphros. D'après eux, et le fait a été confirmé par les recherches récentes de Wiedersheim et de Hoffmann, chez les reptiles, les oiseaux et les mammifères, le canal de Müller est une formation absolument indépendante du canal du mésonéphros. C'est une néoformation qui apparaît à un moment où le rein primordial est déjà très développé, alors qu'il constitue un organe allongé proéminant dans le cœlome (repli du rein primordial) (fig. 275). On constate alors, au niveau de la partie antérieure de cet organe, sur sa face externe, une petite région, dans laquelle l'épithélium du cœlome est considérablement épaissi (a') et formé par des cellules cylindriques, tandis qu'ailleurs il constitue un épithélium aplati. Cette partie épaissie de l'épithélium du cœlome s'invagine profondément, sous forme d'un entonnoir et s'applique contre le canal du mésonéphros situé dans son voisinage (y). A partir de ce point, l'extrémité aveugle de l'entonnoir prolifère, d'avant en arrière, et donne naissance à un cordon plein, qui s'interpose entre le canal du mésonéphros et l'épithélium du péritoine, légèrement épaissi en cette région. L'invagination infundibuliforme devient ensuite l'orifice abdominal de la trompe utérine; quant au cordon plein, il se creuse bientôt, s'ouvre finalement dans le cloaque par son extrémité postérieure, et devient le canal de Müller.

Si cette description est en tous points exacte, alors les canaux de Müller des amniotes ne sont pas homologues à ceux des anamniotes, bien qu'ils possèdent la même situation, la même forme et la même

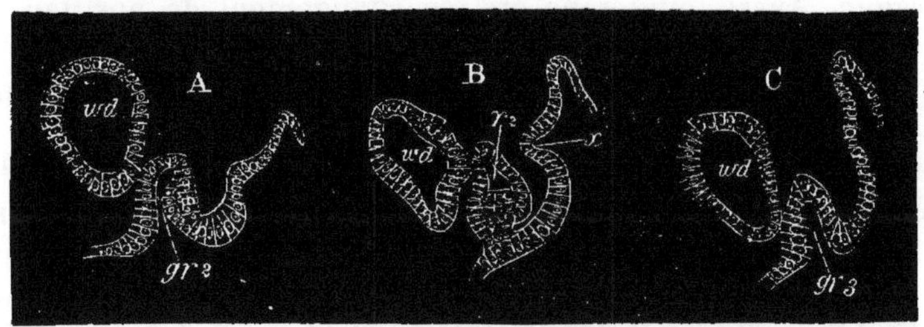

Fig. 276. — *Coupes transversales intéressant deux des invaginations de l'épithélium péritonéal, aux dépens desquelles se forment, chez le poulet, le partie antérieure du canal de Müller (le pronéphros)*, d'après Balfour et Sedgwick.

A, représente la 11e coupe de toute la série; B, la 15e, et C, la 18e.

gr^2, deuxième invagination; gr^3, troisième invagination; r^2, deuxième crête; *wd*, canal de Wolff.

fonction, attendu qu'ils se développent d'une autre manière. Le canal de Müller des anamniotes se formerait par division du canal primitif du mésonéphros, tandis que celui des amniotes serait une néo-formation, dérivant par invagination de l'épithélium péritonéal.

Une conséquence aussi surprenante nous paraît très invraisemblable et il est probable que, soit la théorie de la subdivision du canal primitif du mésonéphros, soit celle de la néo-formation du canal de Müller par invagination, sera modifiée dans l'avenir.

Cet état de choses explique les efforts qu'ont faits divers auteurs pour rattacher les faits observés chez les amniotes à ceux qui s'accomplissent chez les anamniotes. On les expliquerait si l'opinion défendue par Balfour et Sedgwick, mais contestée par d'autres auteurs, notamment par Janosik, était exacte. Voici ce que disent Balfour et Sedgwick.

Comme nous l'avons vu, il y a lieu de distinguer au canal de Müller, chez les sélaciens, deux parties différentes : l'une, antérieure, qui n'est que le pronéphros atrophié et qui présente l'orifice abdominal de la trompe utérine; l'autre, postérieure, qui se forme par division du canal primitif du mésonéphros. Cette double origine, le canal de MÜLLER la posséderait aussi chez le poulet. La partie formée par invagination de l'épithélium péritonéal (fig. 275, *z*) BALFOUR et SEDGWICK la considèrent comme le pronéphros. Elle offre d'ailleurs, d'après ces observateurs, une similitude remarquable avec le pronéphros, en ce sens qu'elle ne se forme pas aux dépens d'une simple invagination de l'épithélium péritonéal, mais aux dépens de trois invaginations creuses, placées les unes derrière les autres et réunies par des épaississements ou crêtes épithéliales qui se creusent plus tard (fig. 276, gr^2, gr^3, r^2).

Ainsi se développe un court canal, légèrement ondulé et communiquant avec le cœlome par trois orifices.

Si cette opinion est exacte, l'ébauche antérieure du système excréteur du poulet, que nous avons décrite (p. 427) comme constituant le pronéphros, doit subir un changement de situation et, lors de la formation du mésonéphros, elle doit se reporter un peu en arrière, contre cet organe. Aussi longtemps que ce changement de position du pronéphros n'aura pas été prouvé par une étude des stades intermédiaires, la manière de voir, exprimée par BALFOUR et SEDGWICK, si vraisemblable qu'elle nous paraisse, manquera de base effective.

Quant à ce qui regarde la partie postérieure, plus longue, du canal de MÜLLER, SEDGWICK, contrairement à ce que nous avons décrit plus haut, prétend qu'elle se forme par division du canal primitif du mésonéphros. D'après ses observations, on trouve toujours la partie antérieure du canal de MÜLLER, celle qui provient du pronéphros, unie, à son extrémité postérieure, avec la paroi ventrale du canal du mésonéphros. La partie postérieure du canal de MÜLLER s'allongerait progressivement aux dépens de la paroi ventrale du canal du mésonéphros. Les coupes A et B de la figure 277 sont destinées à faire comprendre ce rapport. La figure B nous montre le point où la paroi ventrale du canal du mésonéphros s'épaissit par multiplication de ses cellules épithéliales et se transforme en une crête (*md*). Sur une coupe (A), pratiquée en avant de la précédente, cet épaississement s'est séparé sous forme d'un cordon (*md*), qui s'isole davantage encore plus tard et devient creux. Or, ces figures rappellent manifestement celles que nous donnent les

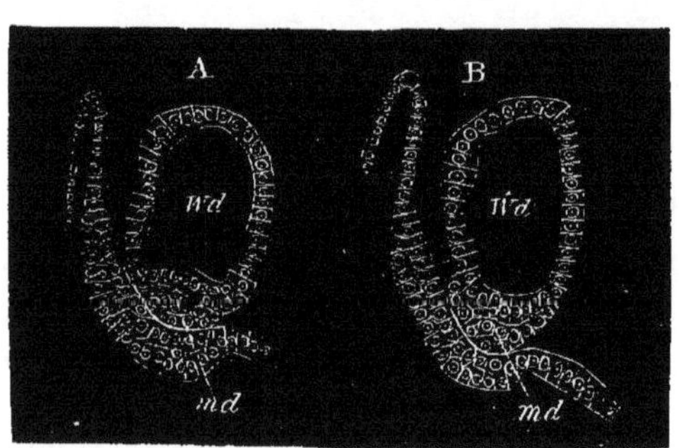

Fig. 277. — *Deux coupes destinées à montrer l'union de l'extrémité pleine du canal de* MÜLLER *avec le canal du mésonéphros, chez le poulet.*

En A, l'extrémité du canal de MÜLLER est encore nettement séparée du canal du mésonéphros; en B, elle est unie intimement à sa paroi.

md, canal de MÜLLER; *Wd*, canal de WOLFF ou du mésonéphros.

coupes transversales pratiquées chez l'embryon d'un sélacien (fig. 274).

Il résulterait donc des études de SEDGWICK, chez le poulet, que l'extrémité antérieure du canal de MÜLLER dérive du pronéphros, tandis que sa partie postérieure se forme par délamination aux dépens des éléments de la paroi ventrale du canal du mésonéphros. Les choses se passeraient donc comme chez les anamniotes. HOFFMANN s'est récemment élevé contre la manière de voir de SEDGWICK.

Ajoutons encore que, chez l'embryon humain, les canaux de MÜLLER (fig. 278, *cM*), pendant qu'ils se développent, sont fusionnés à leur

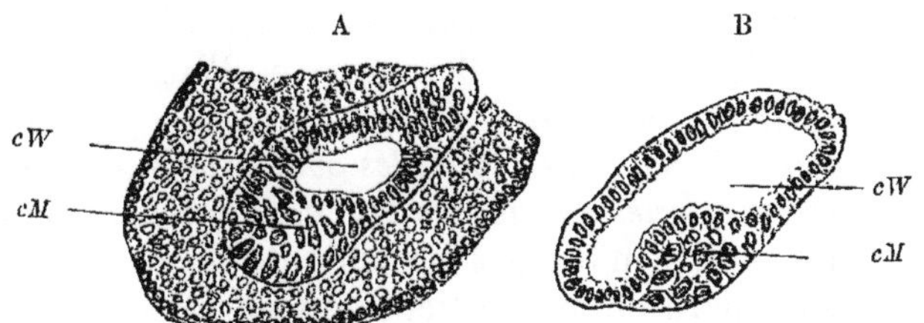

Fig. 278. — *Coupes transversales intéressant les canaux du mésonéphros et de* MÜLLER, *chez deux embryons humains*, d'après NAGEL.

A, embryon humain, long de 21 mm.

B, embryon humain, long de 22 mm.

cW, canal du mésonéphros; *cM*, extrémité du canal de MÜLLER en voie de développement.

extrémité postérieure, sur une courte étendue, avec le canal du mésonéphros (*c W*). Toutefois, NAGEL, qui nous a fourni ces belles observations, n'admet pas que le canal de MÜLLER se forme par division du canal du mésonéphros, et cependant on ne peut contester qu'il y ait identité complète avec ce qui existe chez le poulet et chez les anamniotes. Cette identité, d'ailleurs, NAGEL la fait aussi ressortir.

Dans une publication récente, TAALMAN TIP a défendu une opinion intermédiaire. Il admet que l'extrémité antérieure du canal de MÜLLER se forme, comme chez les sélaciens, par division du canal du mésonéphros, tout au moins chez certaines espèces de mammifères; chez d'autres espèces, au contraire, il se formerait par le même processus que chez les reptiles. L'orifice abdominal de la trompe utérine et la portion antérieure du canal seraient aussi, chez les mammifères et les oiseaux, d'après TAALMAN TIP, une partie du pronéphros.

Ainsi qu'il ressort de notre exposé, la question du développement du canal de MÜLLER, surtout chez les amniotes, et de ses relations avec le pronéphros, en dépit des nombreuses études dont elle a fait l'objet, n'est pas encore élucidée d'une façon satisfaisante.

e. — Épithélium germinatif.

Au moment où le canal de MÜLLER commence à se former, apparaissent aussi, chez les vertébrés, les premières traces des glandes génitales. C'est également aux dépens de l'épithélium du cœlome qu'elles se développent. Cet épithélium présente un aspect spécial dans les diverses régions de la cavité abdominale (fig. 275). Chez le poulet, qui fait l'objet spécial de notre description, il est extrêmement aplati dans la majeure partie de son étendue et affecte l'aspect de l' « endothélium » futur. A la surface des reins primordiaux, qui se présentent en ce moment sous forme de saillies épaisses, richement vascularisées et proéminant dans la cavité abdominale, l'épithélium du péritoine est aussi dans la majeure partie de son étendue, fortement aplati. Par contre, il a conservé sa texture primitive : 1° sur la face externe du rein primordial, le long d'une bande (a^1), correspondant au lieu de formation du canal de Müller ; 2° *sur la face interne du rein primordial, le long d'une bande* (*a*) *tendue d'avant en arrière*. Cette bande, dont l'importance a été bien établie par Bornhaupt et Waldeyer, est connue sous le nom d'*épithélium germinatif*. *C'est à ses dépens que se forment les cellules germinatives : chez la femelle, les ovules primordiaux; chez le mâle, les cellules spermatiques primordiales*. Pendant les premiers stades de son développement, il n'est pas possible de dire si l'épithélium germinatif se transformera en un testicule ou en un ovaire. Mais bientôt il manifeste des différences qui permettent de l'établir avec sûreté. Nous examinerons d'abord le développement de l'ovaire; ensuite celui du testicule.

f. — **Ovaire.**

Le développement de l'ovaire, sauf en ce qui concerne quelques points controversés, est assez bien connu, tant chez les vertébrés inférieurs que chez les vertébrés supérieurs. Je pourrai donc me borner à décrire ce qui se passe chez le poulet et chez les mammifères.

Chez le poulet, vers le cinquième jour de l'incubation, l'épithélium germinatif s'épaissit considérablement et se compose de deux ou trois couches de cellules superposées. Parmi ces éléments, il en est qui se distinguent par l'abondance de leur protoplasme et par le volume de leur noyau, qui est sphérique (fig. 275, *C* et *o*). Ces cellules étant en relation très intime avec la formation des œufs, Waldeyer, qui le premier les a étudiées avec soin, leur a donné le nom d'*ovules primordiaux*.

Sous l'épithélium germinatif se trouve déjà, en ce moment, du tissu conjonctif embryonnaire, renfermant des cellules étoilées (*E*), en voie de multiplication active. De cette façon se forme à la face interne du mésonéphros un bourrelet sexuel, qui est séparé des canalicules du mésonéphros par une minime quantité de tissu conjonctif embryonnaire.

Des phénomènes semblables se passent chez les mammifères, avec cette différence pourtant que l'épithélium germinatif semble atteindre une épaisseur beaucoup plus considérable.

Plus tard, on constate que l'épithélium germinatif prolifère plus activement encore et montre de nombreux noyaux en voie de division mitosique. En même temps, les limites entre cet épithélium et le tissu sous-jacent deviennent de moins en moins nettes. Ce fait est dû exclusivement à ce qu'il se produit maintenant un véritable *enchevêtrement de l'épithélium et du tissu conjonctif embryonnaire* (fig. 279). Je dis avec intention un « enchevêtrement », parce que je laisse indécise la question de savoir si c'est plutôt l'épithélium germinatif qui pénètre dans le tissu conjonctif embryonnaire sous la forme de cordons ou de petits amas cellulaires isolés, ou bien si c'est le tissu conjonctif qui envoie des trabécules à l'intérieur de l'épithélium. Il est probable que l'un et l'autre tissu interviennent d'une façon active dans ce processus.

Pendant ce processus d'enchevêtrement, qui se continue durant une longue période du développement, on distingue deux stades principaux.

D'abord, aux dépens de l'épithélium germinatif se forment des cordons et des amas, plus ou moins volumineux, de cellules (fig. 279 et 280),

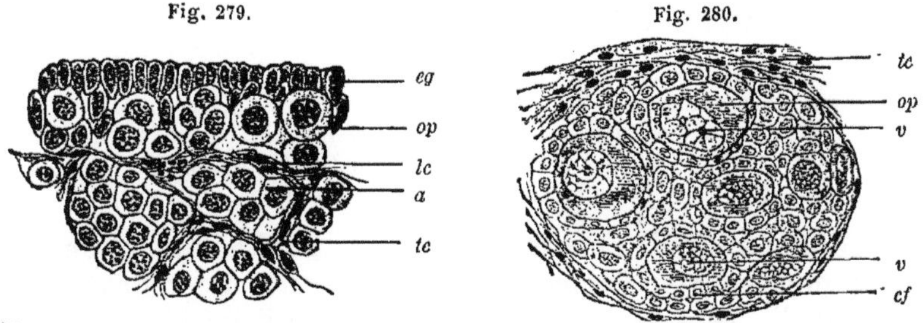

Fig. 279. — *Coupe transversale de l'ovaire d'un lapin de 5 jours.* Fortement grossi. D'après BALFOUR. *eg*, épithélium germinatif; *op*, ovule primordial; *a*, amas ou nids d'ovules primordiaux; *tc*, tissu conjonctif.

Fig. 280. — *Coupe d'un amas d'ovules primordiaux, chez un lapin de 7 jours*, d'après BALFOUR. *op*, ovule primordial, dont la vésicule germinative (*v*) montre un réseau nucléaire; *tc*, stroma conjonctif; *cf*, cellules folliculeuses.

que l'on désigne sous le nom de *tubes de* PFLÜGER. C'est PFLÜGER qui les a découverts. Parfois, ils s'unissent par des branches latérales. Ces tubes forment, avec le stroma de tissu conjonctif qui les sépare, la partie essentielle de la couche corticale de l'ovaire. Plus tard, ils sont séparés de l'épithélium germinatif, qui revêt la surface de l'ovaire (fig. 281, *eg*), par une couche assez épaisse de tissu conjonctf, qui devient l'albuginée de l'ovaire. Plus tard encore, l'épithélium germinatif constitue une couche de cellules cubiques, reposant sur l'albuginée.

Les tubes de PFLÜGER renferment deux espèces de cellules : des *cellules folliculeuses* et des *ovules primordiaux* (fig. 280, *cf*, *op*). L'origine des cellules folliculeuses est encore controversée (p. 455). Dans mon opinion, elles dérivent de l'épithélium germinatif, tout comme les ovules primordiaux.

Tandis que les cellules folliculeuses continuent à se diviser et deviennent par conséquent plus nombreuses et plus petites, les ovules primordiaux ne se divisent pas, mais ils augmentent progressivement de volume : ils renferment un gros noyau vésiculeux (vésicule germinative), montrant un réseau nucléaire très net (*v*). Ils sont rarement isolés dans les tubes de PFLÜGER ou dans les amas : le plus souvent on les trouve réunis par groupes, appelés *nids d'ovules*. Dans ces nids il n'est pas rare de constater, ainsi que BALFOUR et VAN BENEDEN l'ont signalé, que plusieurs ovules primordiaux sont fusionnés en un syncytium, c'est-à dire en une masse protoplasmique commune, plurinucléée. Toutefois, généralement, il ne se développe qu'un seul œuf dans un syncytium. On voit bientôt l'un de ses noyaux devenir beaucoup plus volumineux que les autres : c'est lui qui donnera naissance à la vésicule germinative de l'œuf, tandis que les autres noyaux se fragmentent et disparaissent. De ce fait il ne faut pourtant pas conclure que l'œuf ainsi formé représente plusieurs cellules, mais plutôt *qu'un seul* des ovules primordiaux entrant dans la constitution du nid continue à se développer et exploite les autres à son profit : il les utilise comme substance nutritive et s'accroît à leurs dépens.

Ce phénomène est très important chez les invertébrés : WEISMANN en a fait notamment une étude très minutieuse chez les arthropodes. Chez les crustacés inférieurs et chez les insectes, parmi les nombreux ovules primordiaux que renferme primitivement chaque chambre ovulaire d'un tube ovarique, un seul devient un œuf, tandis que les autres cessent de se développer et se résolvent ensuite en fragments qui sont absorbés par lui.

Le second stade de l'enchevêtrement de l'épithélium et du stroma de l'ovaire, nous pouvons l'appeler *stade de formation des follicules* (fig. 281) : il s'accomplit pendant que les ovules primordiaux s'accroissent. A la limite entre la zone corticale et la zone médullaire de l'ovaire, le tissu conjonctif vascularisé s'engage à l'intérieur des tubes de PFLÜGER (*t'*) et des nids d'ovules (*a*) : il les subdivise en follicules primordiaux (*f*). Chaque follicule primordial comprend un seul ovule entouré d'une couche de cellules folliculeuses. Le tissu conjonctif vascularisé qui l'entoure devient la *theca folliculi*.

La division des tubes de PFLÜGER en follicules primordiaux a lieu progressivement de la profondeur vers la surface de l'ovaire. Longtemps il persiste, au-dessous de l'épithélium germinatif, des tubes de PFLÜGER qui restent encore en continuité avec lui par l'intermédiaire de minces cordons épithéliaux (*t*) et qui renferment des ovules en voie de développement.

La formation des tubes de PFLÜGER et des ovules s'accomplit pendant toute la vie chez les vertébrés inférieurs. Il n'en est pas de même chez les vertébrés supérieurs, où elle ne se prolonge pas au delà des premières années de la vie ou même n'a lieu que pendant la période du développement embryonnaire. Lorsqu'elle est illimitée, on trouve chez l'adulte des ovules en voie de développement, soit dans toutes les régions de l'ovaire, soit en des points déterminés seulement. Lorsque, au contraire, la formation des ovules primordiaux est limitée, l'épithélium germinatif cesse d'en former à une période d'autant plus reculée que le nombre des œufs éliminés dans le cours de la vie est moindre.

Waldeyer admet que, pour l'espèce humaine, dès la deuxième année de la vie, il ne se forme plus de nouveaux ovules primordiaux.

Néanmoins le nombre des ovules que renferme chaque ovaire, chez la femme, est extraordinaire. C'est ainsi qu'on l'estime à 36,000 chez une jeune fille pubère.

Chez d'autres mammifères, la formation des ovules semble durer plus longtemps. Chez de jeunes chiens et de jeunes lapins, on a notamment observé la présence de tubes de Pflüger, réunis à l'épithélium

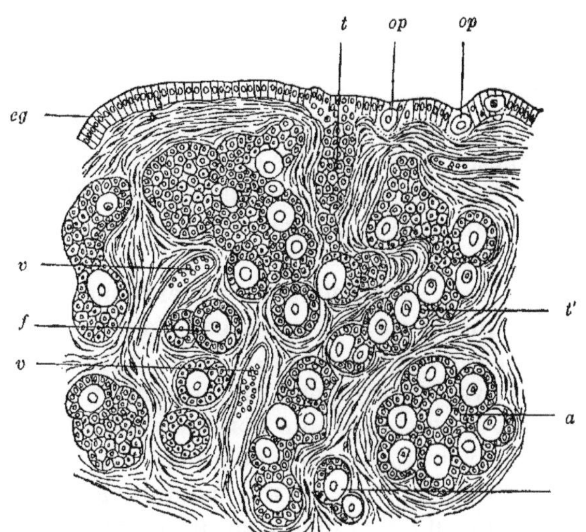

Fig. 281. — *Fragment d'une coupe sagittale de l'ovaire d'un enfant nouveau-né.* Fortement grossi. D'après Waldeyer.

cg, épithélium germinatif; *t*, tube de Pflüger; *t'*, tube de Pflüger plus long en train de se diviser en follicules primordiaux; *op*, ovule primordial situé dans l'épithélium germinatif; *a*, amas d'ovules qui est également en train de se diviser en follicules primordiaux; *f*, follicule primordial très jeune, déjà isolé; *v*, vaisseau.

Dans les tubes de Pflüger ainsi que dans les amas d'ovules, on distingue nettement les ovules primordiaux d'avec les futures cellules folliculeuses, qui sont beaucoup plus petites.

germinatif et renfermant de petits ovules primordiaux. Il convient de dire cependant que l'on doute si l'on avait affaire à des ovules récemment formés ou bien à des ovules arrêtés dans leur développement. Chez quelques mammifères seulement, la chauve-souris par exemple, d'après Van Beneden, il continue encore à se former, même chez l'adulte, des tubes de Pflüger et des ovules primordiaux, aux dépens de l'épithélium germinatif.

Quelques mots maintenant sur les transformations que subissent les follicules, dont nous venons d'indiquer la première origine. Elles sont presque identiques chez tous les vertébrés, autres que les mammifères.

Chez la plupart des vertébrés, le follicule (fig. 281, *f*) se compose, au début, d'un ovule central entouré d'une seule assise de petites cellules folliculeuses. Bientôt il apparaît, autour de l'ovule, une membrane vitelline ou zone pellucide, qui le sépare plus nettement de l'épithélium folliculeux. Dans la suite du développement, les cellules folliculeuses prennent le plus souvent une forme cylindrique très allongée : en même temps elles semblent jouer un rôle important dans la nutrition de l'ovule, qui devient de plus en plus volumineux. Chez certains vertébrés, par exemple chez les requins et les dipnoïdes, on a constaté à l'intérieur des cellules folliculeuses, tout comme à l'intérieur de l'ovule, la présence de granulations vitellines. De ce fait et d'autres circonstances encore, on a conclu que les cellules folliculeuses puisent des substances nutritives dans la capsule vascularisée du follicule et les transportent ensuite à l'intérieur de l'ovule. Ce mode de nutrition est facilité par cette circonstance que la zone pellucide (fig. 7, *zp*) est traversée par de très fins canalicules, dans lesquels se trouvent engagés des prolongements protoplasmiques des cellules folliculeuses (*cf*). Ces prolongements mettent ces cellules en relation avec l'ovule. Lorsque ce dernier a atteint son complet développement, l'épithélium folliculeux cesse de fonctionner comme organe de nutrition et s'aplatit de plus en plus.

Les vertébrés inférieurs pondent généralement un grand nombre d'œufs mûrs en une seule fois, souvent dans un espace de quelques jours ou même de quelques heures. Voici ce qui se passe alors. Les capsules conjonctives se rompent et les œufs tombent dans la cavité abdominale : c'est le cas chez une foule de poissons et d'amphibiens. Après la ponte, l'ovaire, qui précédemment était très volumineux et proéminait fortement dans la cavité abdominale, se réduit considérablement. Il ne renferme plus alors que de jeunes ovules, dont un certain nombre arriveront à maturité et seront pondus l'année suivante.

Un peu différent est le mode de formation du follicule chez les mammifères. Comme chez les autres vertébrés, il se compose primitivement (follicule primordial) d'un petit ovule, entouré par une simple assise de cellules folliculeuses. Ces dernières, aplaties au début, deviennent ensuite cubiques, puis cylindriques (fig. 281, *f*). Longtemps elles sont disposées en une seule assise autour de l'ovule; plus tard, elles se multiplient par division et se transforment en un épithélium stratifié et épais. De plus, elles sécrètent un liquide, le liquor folliculi, qui s'accumule à l'intérieur du follicule, dans une cavité d'abord peu étendue (fig. 282, A, *l*).

Ce liquide devenant de plus en plus abondant, le follicule, primitivement plein, finit par se transformer en une vésicule plus ou moins volumineuse (fig. 282, B), qu'a découverte, il y a deux cents ans, le Hollandais Regnier de Graaf. Cet observateur a considéré, chez l'homme, la vésicule en question comme représentant l'œuf. On lui donne le nom de *vésicule ou follicule de* Graaf. Il y a lieu de distinguer au follicule de Graaf (fig. 282, B) : 1° une enveloppe externe, formée par du tissu conjonctif vascularisé : c'est la theca folliculi (*th*); 2° un épithélium stratifié, formé par de petites cellules folliculeuses (*cf*) et appliqué contre la face interne de la theca : c'est la membrane granuleuse; 3° le liquor folliculi (l); 4° l'ovule (ov) qui, primitivement placé au centre du follicule, se trouve maintenant reporté à la périphérie. Il est enveloppé par un grand nombre de cellules folliculeuses (cf^1), constituant le disque proligère et faisant saillie à l'intérieur de la cavité du follicule,

Lorsque l'ovule est complètement mûr, le follicule de Graaf se rompt en un point de son étendue. L'ovule se trouve ainsi éliminé. Au moment de sa rupture, le diamètre du follicule est d'environ 5 millimètres

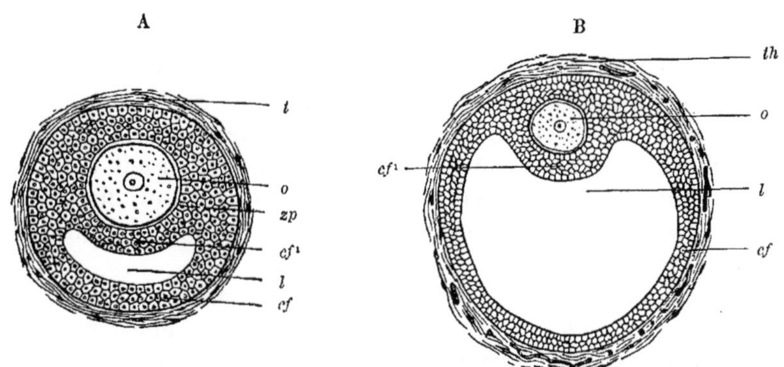

Fig. 282, A et B. — *Deux stades du développement d'un follicule de Graaf.*
A, le liquor folliculi commence à se former; B, il est déjà très abondant.
o, ovule; cf, cellules folliculeuses; cf^1, cellules folliculeuses entourant l'ovule et formant le disque proligère; l, liquor folliculi; th, theca folliculi; zp, zone pellucide.

chez l'homme et il fait saillie à la surface de l'ovaire. Lorsqu'il se rompt, le liquor folliculi s'épanche et avec lui l'ovule, détaché du disque proligère. L'ovule, encore entouré par quelques cellules du disque proligère, fixées à la zone pellucide (fig. 7), tombe dans la cavité abdominale et de là passe dans la trompe utérine.

A l'intérieur de la cavité formée à la suite de l'expulsion du liquor folliculi et de l'ovule, se produit une extravasation sanguine résultant de la déchirure des vaisseaux de la theca. Le sang extravasé se coagule, le tissu qui l'entoure prolifère et il se forme un *corps jaune*, à la place occupée antérieurement par le follicule de Graaf. Les corps jaunes sont des organes caractéristiques de l'ovaire des mammifères. A leur formation participent à la fois la membrane granuleuse et la theca folliculi. Les cellules folliculeuses de la membrane granuleuse se multiplient, s'engagent à l'intérieur du caillot sanguin, puis elles commencent à se fragmenter et se résolvent en une masse granuleuse. De plus, des bourgeons de tissu conjonctif vascularisé provenant de la theca pénètrent dans le corps jaune en voie de formation; en même temps se produit une migration active de corpuscules blancs du sang (leucocytes), qui finissent par subir la dégénérescence graisseuse et se fragmentent aussi en de nombreuses granulations.

Les modifications qu'éprouve ensuite le corps jaune varient selon que l'œuf éliminé est fécondé ou ne l'est pas. Dans le premier cas, on a affaire à un *vrai* corps jaune; dans le second cas, à un *faux* corps jaune. Le vrai corps jaune prend un volume beaucoup plus considérable, dont le maximum est atteint pendant le quatrième mois de la grossesse. Il constitue alors une masse rougeâtre, d'aspect charnu. Puis, il commence à s'atrophier. Les produits de fragmentation des cellules de la membrane granuleuse et des leucocytes ainsi que les produits de transformation du caillot sanguin sont absorbés par les vaisseaux sanguins. Aux dépens de l'hémoglobine décomposée se forment des cristaux d'hématoïdine, qui donnent alors au corps jaune une coloration rouge-orangé. Le tissu conjonctif, qui primitivement renfermait de nombreuses cellules, commence à se rétracter comme dans le phénomène pathologique de la cicatrisation. A la suite de tout ce processus de métamorphose régressive, le corps jaune qui proéminait à la surface de l'ovaire commence à devenir beaucoup plus petit et, finalement, il se transforme en un cal de tissu conjonctif, qui détermine une dépression à la surface de l'ovaire.

Lorsque la rupture du follicule n'est pas suivie de la fécondation de l'ovule, les mêmes phénomènes de prolifération et de régression s'accomplissent, mais le faux corps jaune reste beaucoup plus petit. Ce fait dépend probablement de ce que la congestion des organes génitaux est beaucoup moindre lorsque l'ovule n'est pas fécondé que lorsque la gestation commence.

Indépendamment des tubes de Pflüger, qui se forment aux dépens de l'épithélium germinatif et produisent les ovules primordiaux, il intervient encore, chez la plupart des mammifères, *dans la constitution de l'ovaire, d'autres cordons épithéliaux qui ont une origine différente*. Ainsi qu'on l'a observé chez les amphibiens, les reptiles, les oiseaux et les mammifères, des bourgeons épithéliaux se développent aux dépens du corps de Wolff, situé dans le voisinage immédiat de l'ovaire. Ces *cordons génitaux du corps de Wolff ou du mésonéphros* pénètrent à l'intérieur de l'ovaire en voie de formation, dès le moment où commence à s'accomplir l'enchevêtrement de l'épithélium germinatif et du tissu conjonctif sous-jacent. Braun chez les reptiles, Hoffmann, chez les amphibiens, Semon et Hoffmann chez les oiseaux ont démontré qu'ils procèdent de l'épithélium des corpuscules de Malpighi. Chez les mammifères, où l'on a le mieux étudié ce que deviennent ces cordons, on constate qu'ils apparaissent à la base de la saillie formée par l'ébauche de l'ovaire. Ils s'unissent bientôt en un réseau, décrivent des sinuosités et s'allongent en se rapprochant des tubes de Pflüger. Chez les mammifères, tandis que les tubes de Pflüger donnent naissance à la couche corticale de l'ovaire, les cordons génitaux du mésonéphros interviennent dans la formation de la substance médullaire. De là le nom de *cordons médullaires* qu'on leur a donné. Au voisinage des follicules, ils restent pleins, tandis qu'ils deviennent creux près du mésonéphros. Ces tubes creux sont délimités par un épithélium cylindrique.

D'après les études comparatives de HARZ, les cordons médullaires sont loin d'offrir le même degré de développement chez tous les mammifères. C'est ainsi que chez le porc et le mouton, par exemple, ils ne s'engagent que jusqu'à la racine de l'ovaire et restent, par conséquent, à une grande distance des tubes de PFLÜGER. Chez d'autres espèces, ils pénètrent jusqu'au voisinage de ces derniers : un certain nombre d'entre eux s'appliquent contre les tubes de PFLÜGER (chat, cochon d'Inde, souris, etc.) et constituent la partie principale de la substance médullaire de l'ovaire.

Pour ce qui concerne *le rôle que jouent les cordons médullaires dans la formation des ovules*, il règne deux opinions contraires. D'après KÖLLIKER et ROUGET, les cordons médullaires se fusionnent avec les tubes de PFLÜGER à une période très reculée du développement : ils donnent naissance aux éléments qui deviennent les cellules folliculeuses. Il en résulterait donc que les cellules qui interviennent dans la composition d'un follicule primordial auraient une double origine : les cellules folliculeuses proviendraient du mésonéphros et l'ovule, de l'épithélium germinatif. Mais la plupart des embryologistes contestent cette manière de voir. D'après leurs observations, ce n'est que tout à fait exceptionnellement que les cordons médullaires se mettent en contact intime avec un follicule. Chez une foule de mammifères cela n'arrive jamais. Il n'y a donc pas seulement que les ovules primordiaux qui dérivent de l'épithélium germinatif, mais aussi les cellules folliculeuses. Je me rallie à cette opinion, qui me semble plus conforme aux faits connus. Mais alors quelle est la signification des cordons médullaires ? C'est ce qui sera plus facile à comprendre, lorsque nous aurons exposé le développement du testicule, dont nous allons nous occuper.

g. — **Testicule.**

Nos connaissances relatives au développement du testicule sont moins complètes que pour l'ovaire.

Ce sont les *anamniotes* qui nous fournissent, sur ce sujet, les données les mieux établies. SEMPER et BALFOUR chez les sélaciens et HOFFMANN chez les amphibiens ont obtenu des résultats importants. D'après leurs observations, les produits sexuels mâles dérivent, comme les produits femelles, de l'épithélium germinatif du cœlome. Dans la région du mésonéphros, il apparaît une bandelette épaisse, formée par des cellules épithéliales cylindriques. Parmi ces cellules, il en est qui deviennent plus volumineuses que les autres : elles renferment un noyau vésiculeux. Ce sont les *cellules spermatiques primordiales*. Elles s'engagent ensuite dans le tissu conjonctif sous-jacent, où elles forment, chez le requin, des cordons cellulaires irréguliers : les cordons germinatifs primordiaux de SEMPER (fig. 283, A). Ces cordons sont bientôt subdivisés, par des cloisons de tissu conjonctif, en de petits organes sphériques qui ressemblent aux follicules primordiaux de l'ovaire (fig. 283, B).

Jusqu'ici, comme on le voit, il y a identité entre le développement du testicule et celui de l'ovaire. Il n'en est bientôt plus de même. Nous avons dit que, dans chaque follicule de l'ovaire, une seule cellule continue à se développer et se transforme en un œuf. Chaque organe folliculaire du testicule devient creux à son intérieur : il se transforme en une *ampoule spermatique*, dont les cellules épithéliales s'allongent pro-

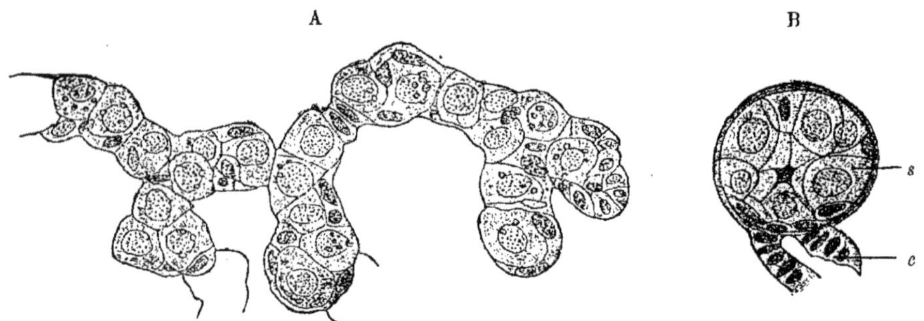

Fig. 283. — A. *Cordons germinatifs primordiaux d'un embryon d'Acanthias de 17 centimètres de long.* 330 diam. D'après SEMPER.
On y distingue d'une part des cellules pourvues d'un noyau peu volumineux, d'autre part, des cellules spermatiques primordiales, qui ressemblent beaucoup à des ovules primordiaux.
B. *Ampoule spermatique provenant d'un embryon d'Acanthias, long de 25 centimètres.* 330 diam.
s, cellule spermatique primordiale; *c*, canal excréteur dont l'extrémité aveugle se trouve appliquée contre l'ampoule.

gressivement et prennent une forme cylindrique. La plupart d'entre elles deviennent des spermatomères. Chaque spermatomère se divise plusieurs fois de suite et donne naissance à une soixantaine de spermatides et chaque spermatide se transforme en un spermatozoïde. Tous les spermatozoïdes dérivant d'un même spermatomère se disposent parallèlement les uns à côté des autres : c'est pour ce motif que peu de temps avant leur maturité complète on les trouve réunis en un faisceau.

Les éléments spécifiques du testicule dérivent donc directement de l'épithélium germinatif, tout comme ceux de l'ovaire; quant à ses conduits excréteurs, ils proviennent du mésonéphros. Comme nous l'avons signalé chez la femelle, il se forme aussi, chez le mâle, des bourgeons épithéliaux du mésonéphros, qui s'engagent à l'intérieur du testicule. On les appelle cordons génitaux ou canaux génitaux (HOFFMANN). Chez les amphibiens ils se forment par prolifération des cellules des capsules de BOWMAN du mésonéphros; chez les sélaciens, au contraire, ils procèdent des entonnoirs vibratiles. Arrivés à la base de la saillie formée par le testicule en voie de développement, les cordons génitaux s'unissent les uns aux autres en un canal longitudinal, d'où partent de fins canalicules qui pénètrent plus loin encore à l'intérieur du testicule et s'unissent aux ampoules spermatiques. Ainsi que le montre la figure 283, B, chez les sélaciens, ces canalicules excréteurs (*c*) sont primitivement fermés en cul-de-sac à leur extrémité en contact avec les ampoules. Ce n'est que plus tard, au moment où commence la maturation des spermatozoïdes, que le fond de chaque cul-de-sac se trouve résorbé et que le canalicule excréteur se continue directement avec l'ampoule.

Le développement du testicule chez les vertébrés supérieurs est encore bien controversé. Il est vrai que WALDEYER et d'autres auteurs ont démontré l'existence d'un épithélium germinatif à la surface du mésonéphros, chez le mâle; mais on n'est nullement d'accord sur la question de savoir s'il intervient dans la formation de l'ébauche du testicule. D'après l'opinon primitive de WALDEYER, à laquelle se sont ralliés une foule d'auteurs et notamment KÖLLIKER, les canalicules séminifères dériveraient du mésonéphros. Cependant des études plus récentes, mais qui ne concordent pas sur tous les points, tendent à prouver que le développement du testicule des reptiles, des oiseaux et des mammifères s'accomplit essentiellement de la même manière que chez les anamniotes. D'accord avec les idées plus anciennes exprimées par BORNHAUPT et EGLI, qui ne s'étaient servi pour leurs recherches que de méthodes imparfaites, récemment BRAUN chez les reptiles, SEMON et HOFFMANN chez les oiseaux, MIHALKOVICS et JANOSIK chez les mammifères, ont soutenu que l'épithélium germinatif mâle prolifère, s'engage dans le tissu conjonctif sous-jacent et fournit les cellules spermatiques primordiales. Les canalicules, que WALDEYER et KÖLLIKER ont vu se former aux dépens du rein primordial et pénétrer à l'intérieur de l'ébauche du testicule, seraient les cordons génitaux et ne donneraient naissance qu'aux *conduits excréteurs* de l'organe. D'après BRAUN et SEMON, chez les reptiles et les oiseaux, ces cordons procéderaient des capsules de BOWMAN du mésonéphros comme chez les amphibiens.

S'il est vrai que ces études ne permettent plus de douter que, chez les vertébrés supérieurs aussi, *le parenchyme du testicule ait une double origine, qu'il dérive en partie de l'épithélium germinatif et en partie du mésonéphros*, cependant une foule de questions de détail mériteraient d'être étudiées à nouveau. Quelle est la part exacte que prennent respectivement l'épithélium germinatif et le mésonéphros à la formation du parenchyme du testicule? Les canalicules séminifères se forment-ils exclusivement aux dépens de l'épithélium germinatif, ou bien ce dernier ne fournit-il que les spermatomères, tandis que les cordons génitaux du mésonéphros leur fourniraient aussi des cellules indifférentes?

Je crois qu'il est très probable que *les canalicules séminifères dérivent de l'épithélium germinatif, tandis que les tubes droits et le réseau de Haller proviennent du corps de Wolff.*

NAGEL a étudié la formation du testicule chez l'embryon humain. D'après ses observations, l'épithélium germinatif prolifère activement et donne naissance à de nombreux cordons cellulaires, renfermant les volumineuses cellules spermatiques primordiales. Ces cordons se transforment plus tard en les canalicules séminifères. Chez l'homme, d'après NAGEL, il existe, dès le début, une si grande différence de forme entre les bourrelets germinatifs dans les deux sexes, que l'on pourrait distinguer, dès les premières phases du développement, si l'on a affaire à un embryon du sexe masculin ou du sexe féminin, en se basant sur cette différence de la texture des glandes sexuelles.

h. — Transformation des diverses ébauches du système uro-génital.

Nous avons examiné, dans les pages précédentes, les premiers stades du développement des divers organes du système uro-génital. Ce sont d'abord trois paires de canaux : les canaux du mésonéphros (fig. 284, *cW*), les canaux de MÜLLER (*cM*) et les uretères (*u*); puis plusieurs organes glandulaires : les pronéphros, les mésonéphros ou reins primordiaux (*rp*), les reins définitifs (*r*) et les glandes génitales (*g*), ovaires ou testicules.

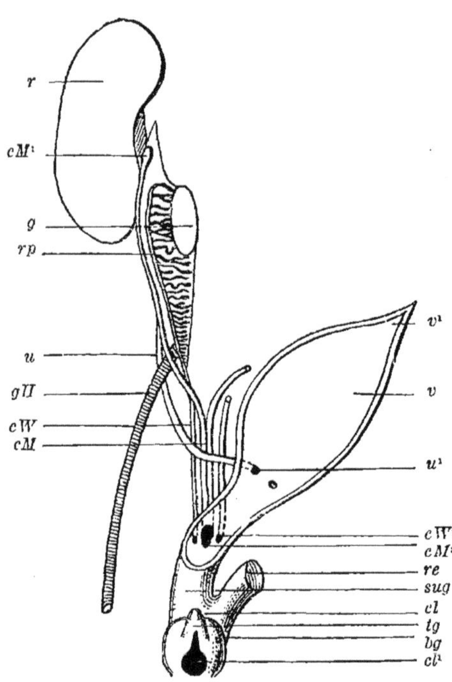

Fig. 284. — *Schéma de l'ébauche indifférente du système uro-génital chez un mammifère, à un stade reculé du développement.*

r, rein; *g*, glande génitale; *rp*, rein primordial ou mésonéphros; *cW*, canal du mésonéphros; *cM*, canal de MÜLLER; *cM¹* son extrémité antérieure; *gH*, gubernaculum de Hunter (ligament inguinal du rein primordial); *u*, uretère; *u¹*, son point de débouché dans la vessie; *cW²* et *cM²*, points de débouché des canaux des deux mésonéphros et de MÜLLER dans le sinus uro-génital (*sug*); *re*, rectum; *cl*, cloaque; *tg*, tubercule génital; *bg*, bourrelet génital; *cl¹*, orifice du cloaque *v*, vessie; *v¹*, sommet de la vessie en continuité avec l'ouraque, qui devient plus tard le ligament vésico-ombilical médian.

Nous allons étudier maintenant ce qu'ils deviennent ultérieurement. Nous ne nous occuperons que de ce qui se passe chez l'homme, où ces transformations sont bien connues.

Chez un fœtus humain de huit semaines (fig. 285), nous ne pouvons encore distinguer le sexe, à moins que nous ne nous aidions du microscope.

Tous les organes glandulaires sont situés, à droite et à gauche, dans la région lombaire. Le plus antérieur d'entre eux est le rein définitif (*r*); c'est un petit organe, en forme de haricot, qui se trouve, en ce moment, enveloppé par l'organe surrénal (*sr*). Dans la figure 285, l'organe surrénal n'a été laissé que d'un côté de la ligne médiane.

Un peu en dehors, on voit le mésonéphros (*rp*), étroit et allongé. Il est réuni à la paroi abdominale postérieure par un repli du péritoine, appelé mésentère du rein primordial. Ce méso, assez large vers le milieu de la longueur de la glande, se prolonge, au contraire, dans sa partie supérieure, jusqu'au diaphragme, sous la forme d'un mince ligament, que Kölliker a appelé *ligament diaphragmatique du rein primordial.* On observe, en outre, à l'extrémité inférieure du rein primordial, un second repli du péritoine, qui s'étend jusqu'à la région inguinale (fig. 284 et 285, *gH*). Ce repli renferme un cordon fibreux, résistant, une sorte de ligament, qui joue un rôle dans le développement des organes sexuels, chez le mâle comme chez la femelle. C'est le *ligament inguinal du rein primordial* qui devient, dans le sexe mâle, le *gubernaculum de Hunter*, et dans le sexe femelle, le *ligament rond de l'utérus.*

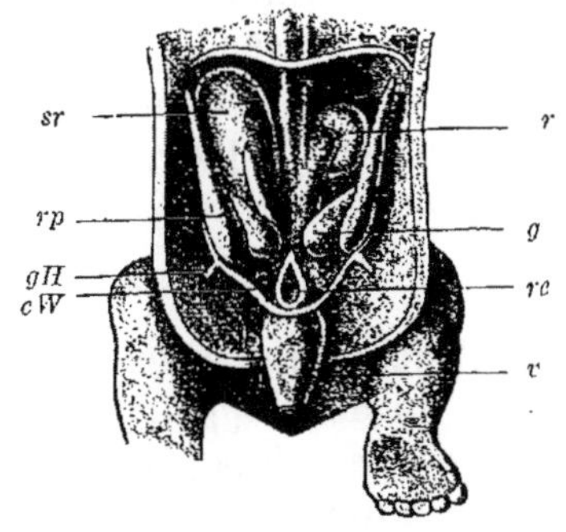

Fig. 285. — *Organes génito-urinaires d'un embryon humain de 8 semaines,* d'après Kölliker. 3 fois grossis.
sr, organe surrénal droit; *rp*, rein primordial ou mésonéphros; *r*, rein gauche; *cW*, canal du mésonéphros; *gH*, ligament inguinal du rein primordial (gubernaculum de Hunter ou ligament rond de l'utérus); *rc*, rectum; *v*, vessie; *g*, glande génitale.

En dedans du rein primordial se trouve la glande génitale (testicule ou ovaire) (*g*), constituant, en ce moment, un petit organe ovoïde. Elle est fixée à la racine du mésonéphros, par un repli du péritoine, appelé *mésorchium* ou *mésovarium*, selon le sexe. Aussi longtemps que les glandes génitales sont situées dans la région lombaire, leurs vaisseaux nourriciers courent transversalement. Les vaisseaux de l'ovaire sont : une branche de l'aorte, l'artère utéro-ovarienne, et une veine de même nom, qui se rend à la veine cave inférieure. Ceux du testicule sont : une branche de l'aorte, l'artère spermatique interne, et une veine de même nom, qui se rend à la veine cave inférieure.

Quant aux conduits excréteurs, ils sont situés, en ce moment, le long du bord du rein primordial (fig. 284), le canal de Müller s'étendant plus loin en avant que les autres (*cM'*). En arrière, vers le bassin, les deux canaux de Müller se rapprochent, l'un et l'autre, de la ligne médiane (fig. 284) et s'accolent sur une certaine étendue. Là, ils sont placés en dedans et en même temps en arrière des canaux des mésonéphros (*c W*), qu'ils contournent pour ainsi dire en spirale. Arrivés dans le petit bassin, les quatre canaux se réunissent, en arrière de la vessie (*v*), en un faisceau, le *cordon génital*. Là, ils sont entourés et réunis par les artères ombilicales, déjà volumineuses, qui, partant de l'aorte, longent la vessie à droite et à gauche pour se rendre, de bas en haut, à l'ombilic. Sur une coupe transversale du cordon génital (fig. 293) nous trouvons les deux canaux des reins primordiaux (*c W*) assez écartés l'un de l'autre, et un peu en arrière des deux canaux de Müller (*c M*) qui sont tout à fait accolés dans le plan médian.

Chez les embryons plus âgés, les différents organes du système uro-génital subissent des modifications différentes dans les deux sexes, modifications qui s'accentuent de mois en mois et qui se manifestent même extérieurement. Certains organes, primitivement volumineux, s'atrophient presque entièrement; d'autres persistent dans l'un ou l'autre sexe seulement. Enfin, les organes sexuels, d'abord situés dans la région lombaire, descendent dans la cavité du bassin.

Examinons d'abord les modifications qui s'accomplissent dans le sexe masculin; puis, nous étudierons celles qui se passent dans le sexe féminin.

A. — Transformation dans le sexe masculin. Descente des testicules.

Pendant que le testicule (fig. 289 et 287, *t*) devient volumineux à la suite du développement pris par les canalicules séminifères, le mésonéphros (*ép.* + *pa*) ne continue pas à s'accroître; mais il se transforme différemment dans sa partie antérieure et dans sa partie postérieure.

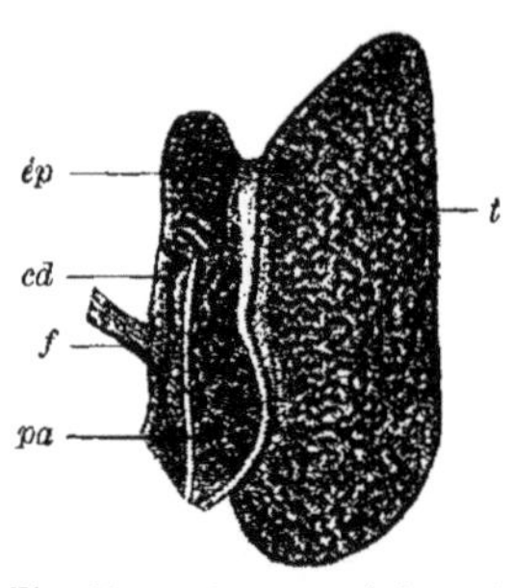

Fig. 286. — *Organes génitaux internes d'un embryon humain, du sexe masculin et mesurant 9 cent. de longueur*, d'après WALDEYER. 8 fois grossis.
t, testicule; *ép*, épididyme ou portion génitale du rein primordial; *pa*, paradidyme ou organe de GIRALDÈS (reste du rein primordial); *cd*, canal déférent (canal du mésonéphros); *f*, faisceau de tissu conjonctif, amenant les vaisseaux sanguins aux organes.

Sa partie antérieure ou *génitale* (*ép*), qui, comme nous l'avons vu, s'était déjà précédemment mise en relation avec les canalicules séminifères pour fournir les tubes droits et le réseau de Haller, fournit la tête de l'épididyme. Cet organe consiste, chez le fœtus de dix à douze semaines, en un certain nombre (10 à 20) de canalicules courts, transversalement placés, que nous pouvons dès maintenant appeler canaux efférents du testicule. Ils s'unissent à la partie initiale du canal du mésonéphros qui court encore en ligne droite (fig. 289) et qui est devenu le canal déférent (*cd*). Vers le quatrième ou le cinquième mois, les canaux efférents s'allongent et se pelotonnent : ils constituent les cônes vasculaires; quant à la partie initiale du canal déférent, elle s'allonge aussi en se pelotonnant, pour former la queue de l'épididyme (canal de l'épididyme).

Mentionnons encore qu'au voisinage de son extrémité inférieure, là où il est en rapport avec la face postérieure de la vessie, le canal déférent émet, dans le courant du troisième mois, une petite évagination qui deviendra la vésicule séminale (*vs*).

La partie postérieure du mésonéphros (*pa*) s'atrophie presque complètement. Vers la fin de la vie fœtale, elle n'est plus représentée que par de petits canalicules sinueux, généralement fermés en cul-de-sac aux deux extrémités et situés entre le canal déférent et le testicule. Au milieu de ces canalicules, on trouve encore des corpuscules de MALPIGHI atrophiés. Le tout forme un petit organe jaunâtre. Chez l'adulte, ces restes sont encore plus réduits : ils constituent, d'une part, les *canaux aberrants de l'épididyme*, et, d'autre part, le *paradidyme* ou *organe de Giraldès*. Ce dernier consiste, comme HENLE l'a décrit, en un petit nombre de corpuscules aplatis, blanchâtres, appliqués contre les vaisseaux sanguins du cordon spermatique. Chacun de ces corpuscules est un canalicule grêle, pelotonné sur lui-même et fermé en cul-de-sac à ses extrémités, lesquelles sont renflées en une vésicule irrégulière. L'épithélium du canalicule renferme des globules de graisse.

Les canaux de MÜLLER (fig. 287, *cM*) n'ont aucune fonction dans le sexe masculin. Leur partie moyenne s'atrophie complètement, après avoir longtemps, pendant la vie fœtale, constitué un cordon épithélial. GASSER l'a cependant retrouvée, chez un enfant nouveau-né, sous la forme d'un canal rudimentaire, au voisinage du canal déférent. Quant aux deux extrémités du canal de MÜLLER, il en persiste des vestiges même chez l'adulte. Ce sont l'*utérus mâle* (*um*) et l'*hydatide non pédiculée de l'épididyme* (*hy*).

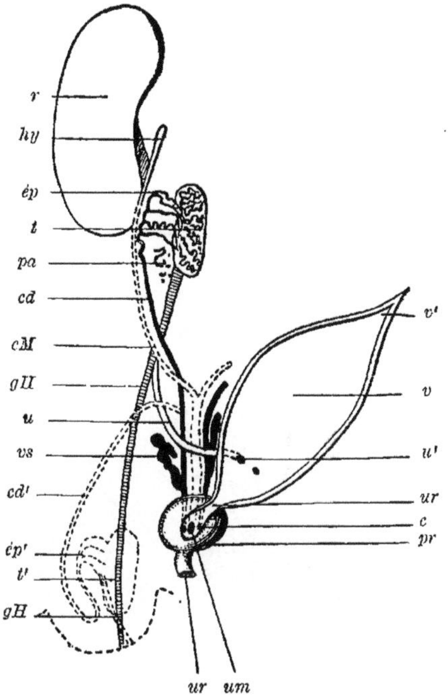

L'*utérus mâle* (*um*) se forme aux dépens des extrémités inférieures des deux canaux de MÜLLER, logées dans le cordon génital. Nous avons vu que là les deux canaux de MÜLLER sont d'abord juxtaposés. La cloison médiane qui les sépare se résorbe ensuite, de sorte qu'il se forme à leurs dépens un petit tube médian, situé contre la prostate, entre les orifices des deux canaux déférents. C'est l'utérus mâle encore appelé utricule prostatique. Chez l'homme, cet organe est très peu apparent; mais il prend un volume important chez certains mammifères, chez les carnassiers et les ruminants (WEBER) et se divise, comme chez la femelle, en une portion vaginale et une

Fig. 287. — *Schéma du développement des organes génitaux mâles d'un mammifère aux dépens de l'ébauche indifférente du système urino-génital, représentée fig. 284.*

Les parties permanentes de l'ébauche primitive sont représentées par des traits noirs; celles qui s'atrophient, par des lignes ponctuées. Enfin, des traits ponctués indiquent, en outre, la position occupée par les organes sexuels, lorsque leur descente est accomplie.

r, rein; *t*, testicule; *ép*, épididyme; *pa*, paradidyme; *hy*, hydatide non pédiculée de l'épididyme; *cd*, canal déférent; *cM*, partie atrophiée du canal de MÜLLER; *um*, utérus mâle, reste du canal de MÜLLER; *gH*, gubernaculum de HUNTER; *u*, uretère; *u'*, son point de débouché dans la vessie; *vs*, vésicule séminale; *v*, vessie; *v'*, sommet de la vessie qui se continue avec le ligament vésico-ombilical médian (ouraque); *ur*, canal de l'urèthre; *pr*, prostate; *c*, orifice du canal éjaculateur.

Les lettres *ép'*, *t'*, *cd'*, indiquent la position occupée par l'épididyme, le testicule et le canal déférent, lorsque la descente des organes sexuels est accomplie.

portion utérine. Chez l'homme, il correspond surtout au vagin (TOURNEUX).

L'*hydatide non pédiculée* (*hy*) se développe aux dépens de l'autre extrémité du canal de MÜLLER. C'est une petite vésicule, en rapport avec l'épididyme. Sa paroi consiste en un épithélium cylindrique vibratile. Elle se prolonge en un petit canal vibratile. En un point de son étendue elle possède un orifice infundibuliforme, que WALDEYER compare à un pavillon de la trompe utérine, en miniature.

Pour compléter la description du développement des organes sexuels, il nous reste à parler des *changements de position* qu'éprouvent le testicule et les organes rudimentaires qui lui sont unis. C'est ce que l'on désigne depuis longtemps sous le nom de *descente des testicules*.

Primitivement, les testicules (fig. 287, *t*. et 285, *g*) sont situés, comme nous l'avons dit, à la voûte de la cavité abdominale, dans la région lombaire. Au troisième mois, nous les trouvons déjà dans la cavité du grand bassin; au cinquième et au sixième mois, à la face interne de la paroi abdominale antérieure, contre l'anneau inguinal interne (fig. 288). A la suite de ces changements de position, les vaisseaux nourriciers, qui couraient transversalement, changent aussi de direction, et comme leurs points de continuité primitifs avec l'aorte abdominale et la veine cave inférieure ne changent pas, il en résulte qu'ils se dirigent obliquement. Comment s'explique ce changement de position?

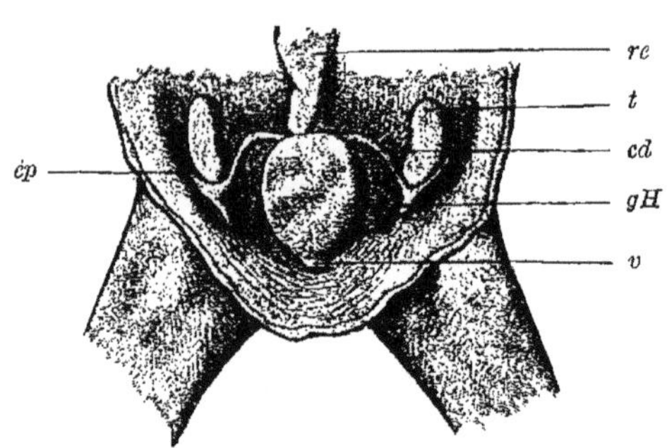

Fig. 288. — *Embryon humain de 5 mois*. Grandeur naturelle. D'après BRAMANN.
re, rectum; *t*, testicule; *ép*, épididyme; *cd*, canal déférent; *gH*, gubernaculum de HUNTER, avec le diverticule vaginal du péritoine; *v*, vessie avec le ligament vésico-ombilical médian.

Nous avons déjà parlé du ligament inguinal du rein primordial, c'est-à-dire du gubernaculum de HUNTER (fig. 287 et 288, *gH*), qui unit le mésonéphros ou bien, lorsque ce dernier a disparu, le testicule à la région inguinale. Sur ces entrefaites, ce ligament s'est transformé en un cordon fibreux puissant, renfermant aussi des fibres musculaires lisses. Par son extrémité supérieure, il est uni à la tête de l'épididyme (*ep*); par son extrémité inférieure, il se continue avec le derme cutané de la région inguinale, après avoir traversé la paroi abdominale. Or, ce ligament joue manifestement un rôle dans les changements de position des testicules. On croyait naguère qu'il exerce une traction sur le testicule, soit à la suite de la rétraction des fibres musculaires lisses qu'il renferme, soit à la suite d'un raccourcissement progressif de ses faisceaux conjonctifs. Aujourd'hui on cherche avec raison à expliquer d'une autre manière l'action qu'exerce ce ligament sur le testicule. Il s'agit tout simplement d'un phénomène d'accroissement inégal. Lorsque, parmi les organes primitivement situés les uns à côté des autres dans une seule et même région du corps, les uns s'accroissent ultérieurement beaucoup plus rapidement que les autres, il en résulte nécessairement qu'ils semblent s'éloigner d'eux. Or, si, dans le cas qui nous occupe, les parties du squelette de la région lombaire et du bassin avec les muscles qui s'y insèrent se développent beaucoup, tandis que le gubernaculum de Hunter ne le fait que peu ou point et reste par conséquent petit, il faut nécessairement, puisque le gubernaculum est fixé par une de ses extrémités au testicule et par l'autre à la peau de la région inguinale, que le testicule se déplace de haut en bas par rapport au squelette. Il arrive donc progressivement à se trouver logé dans la cavité du bassin d'abord. Puis, le squelette et ses muscles continuant à se développer en même temps que la paroi abdominale s'épaissit, le testicule finit par se trouver au voisinage de l'anneau inguinal interne (fig. 288).

Un autre phénomène, qui commence déjà à se manifester au troisième mois, exerce une influence plus importante encore sur la descente

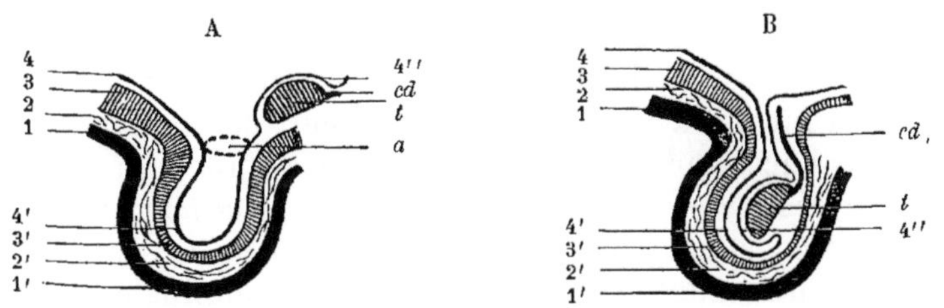

Fig. 289. — *Deux figures schématiques, destinées à faire comprendre la descente du testicule et la formation de ses enveloppes.*

A, le testicule se trouve au voisinage de l'anneau inguinal interne.

B, le testicule est engagé dans le sac scrotal.

1, peau de la paroi abdominale; 1', scrotum et dartos; 2, fascia abdominal superficiel; 2' fascia de Cooper; 3, couche musculaire et fascia transversalis; 3', tunique vaginale commune et muscle crémaster; 4, péritoine; 4', feuillet pariétal de la tunique vaginale propre; 4'', revêtement péritonéal du testicule ou feuillet viscéral de la tunique vaginale propre.

a, anneau inguinal interne; *t*, testicule; *cd*, canal déférent.

du testicule. Au point où le gubernaculum de Hunter traverse la paroi abdominale, il se forme une évagination du péritoine, appelée *diverticule vaginal du péritoine* (fig. 289, A). Ce diverticule refoule progressivement la paroi abdominale, en s'engageant à l'intérieur d'une saillie formée par elle, dans la région pubienne (fig. 298, M, *bg*). L'orifice qui fait communiquer la cavité de ce diverticule herniaire avec la cavité abdominale est appelé anneau inguinal interne (fig. 289, A, *a*); la partie rétrécie du diverticule qui lui fait suite et qui traverse la musculature de l'abdomen constitue le canal inguinal (fig. 289, B); enfin la partie terminale renflée en cul-de-sac est logée dans la saillie formée par la paroi abdominale, c'est-à-dire dans le sac scrotal.

Le testicule (fig. 289, B) s'engage aussi dans ce diverticule du péritoine; mais l'on ne sait si le gubernaculum de Hunter intervient dans ce phénomène. Vers le huitième mois, il commence à pénétrer dans le canal inguinal et, au neuvième mois, dans le sac scrotal, de sorte qu'à la fin de la vie intra-utérine, la descente est généralement achevée. Ensuite le canal inguinal se ferme par soudure de ses parois et le testicule se trouve alors logé dans une bourse péritonéale séparée de la cavité abdominale.

La description que nous venons de faire permettra de comprendre la disposition des *enveloppes du testicule.* La cavité dans laquelle cet organe se trouve logé n'étant qu'une partie séparée de la cavité abdominale, on conçoit qu'elle se trouve délimitée par le péritoine (fig. 289, B). Cette première enveloppe du testicule dérivant du cul-de-sac terminal du diverticule vaginal, est la *tunique vaginale propre :* elle présente à considérer, comme toutes les membranes séreuses, un feuillet pariétal (4') et un feuillet viscéral (4''), ce dernier revêtant la surface du testicule. En dehors de la tunique vaginale propre, se trouve la *tunique vaginale commune* (3') : c'est la partie évaginée de la couche musculaire et du fascia transversalis (3) de la paroi abdominale. On y trouve des fibres musculaires, provenant du muscle petit oblique, et constituant le muscle suspenseur du testicule ou muscle crémaster.

La descente des testicules, qui normalement est achevée, chez l'homme, à la fin de la vie intra-utérine, peut, dans certaines circonstances, ne pas s'accomplir normalement. Il en résulte alors une position anormale du testicule, connue sous le nom de *crytorchisme.* Dans ce cas, la descente est incomplète. Les testicules se trouvent alors, au moment de la naissance, soit dans la cavité abdominale, soit dans le canal inguinal : alors le sac scrotal est petit, flasque et mou.

Ces anomalies sont des *arrêts de développement :* elles sont dues, en effet, à ce que les phénomènes du développement ne se sont pas achevés normalement.

B. — Transformation dans le sexe féminin. Descente des ovaires.

La transformation des organes uro-génitaux primitifs dans le sexe femelle est, à maints points de vue, l'inverse de ce qui se passe dans le sexe masculin, en ce sens du moins que certains organes qui persistent ici s'atrophient là et réciproquement. (Comparer les fig. 284, 287 et 290.) Tandis que, dans le sexe masculin, le canal du mésonéphros devient le canal déférent, chez la femelle il s'atrophie (*c W*) ainsi que le rein primordial (*ep*, *pa*) et c'est le canal de Müller (*t. ut*, *va*) qui sert à l'élimination des œufs.

Chez un embryon humain du sexe féminin, très avancé dans son développement, le *canal du mésonéphros* constitue encore un organe insignifiant, logé dans le ligament large, sur le côté de l'utérus. Chez l'adulte il est, en général, complètement disparu, sauf à son extrémité inférieure, où il est représenté par un canalicule, extraordinairement étroit, logé dans la paroi du col de la matrice et que l'on ne peut distinguer que sur des coupes transversales (BEIGEL, DOHRN). Chez une foule de mammifères, comme les ruminants et les suidés, les canaux de WOLFF persistent; mais ils sont fortement réduits. Ils constituent les *canaux de* GARTNER.

Le mésonéphros atrophié offre à distinguer, comme dans le sexe masculin, une partie antérieure et une partie postérieure (WALDEYER).

La *partie antérieure* (fig. 290, *ep*, 291, *ep*), c'est-à-dire la *portion génitale du rein primordial*, qui dans le sexe masculin devient la tête de l'épididyme, se maintient aussi dans le sexe féminin où elle constitue un organe sans fonction, appelé *parovarium* ou *epoophoron* (*ep*) (KOBELT, WALDEYER). Il est situé dans le ligament large (fig. 291), entre l'ovaire (*ov*) et le canal de MÜLLER (*t*). Il consiste en un canal longitudinal (*cW*), reste de l'extrémité supérieure du canal du mésonéphros, et en 10 à 15 canalicules transversaux (*ep*). Primitivement droits, ils se pelotonnent plus tard (fig. 292, *ep*), comme le font, dans le sexe masculin, les canalicules qui deviennent les cônes vasculaires. Mais la comparaison entre l'époophoron et l'épididyme peut aller plus loin encore. De même que les cônes vasculaires de l'épididyme se continuent avec des canalicules logés à l'intérieur du testicule et constituent le réseau de HALLER et les tubes droits, de même nous voyons, dans le sexe féminin, le parovarium en continuité avec des canaux qui pénètrent dans la substance médullaire de l'ovaire et constituent ces cordons médullaires, dont nous avons parlé précédemment, si fortement développés chez certains mammifères (*p*).

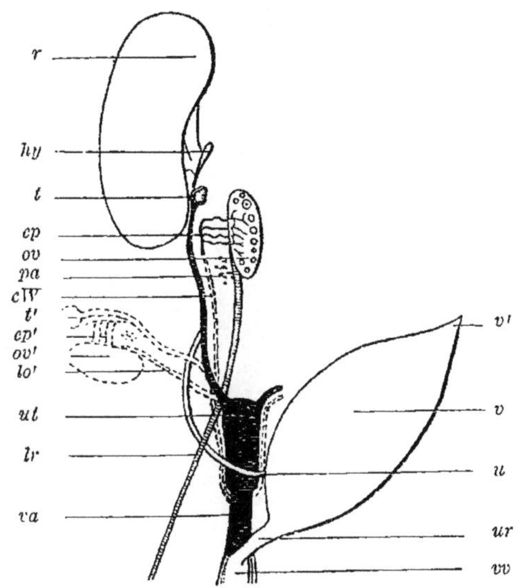

Fig. 290. — *Schéma du développement des organes génitaux femelles d'un mammifère, aux dépens de l'ébauche indifférente du système uro-génital, représentée figure 284.*
Les parties permanentes de l'ébauche primitive sont représentées par des traits noirs; celles qui s'atrophient, par des lignes ponctuées. Enfin, des traits ponctués indiquent, en outre, la position occupée par les organes sexuels, lorsque leur descente est accomplie.
r, rein; *ov*, ovaire; *ep*, époophoron; *pa*, paroophoron; *hy*, hydatide de MORGAGNI; *t*, trompe utérine (oviducte); *cW*, canal du mésonéphros; *ut*, utérus; *va*, vagin; *u*, uretère; *v*, vessie; *v'*, son sommet, qui se continue avec le ligament vésico-ombilical médian (ouraque); *ur*, uretère; *vv*, vestibule du vagin; *lr*, ligament rond de l'utérus (ligament inguinal du rein primordial); *lo'*, ligament de l'ovaire.
Les lettres *t'*, *ep'*, *ov'*, *lo'* indiquent la position occupée par la trompe utérine, l'époophoron, l'ovaire et le ligament de l'ovaire, lorsque la descente des organes sexuels est accomplie.

La partie postérieure du rein primordial qui, dans le sexe masculin (fig. 286 et 287, *pa*), devient le paradidyme et les canaux aberrants de l'épididyme, s'atrophie absolument de la même manière dans le sexe féminin et se transforme en le *paroophoron* (fig. 290, *pa*). C'est un organe qui, chez l'embryon, se présente longtemps sous la forme d'un corps jaunâtre (fig. 291, *pa*), et est situé en dedans de l'ovaire (*ov*), dans le ligament large. Il se compose alors de petits canalicules vibratiles, contournés (*pa*) et de quelques glomérules vasculaires (*c*) en voie d'atrophie. Chez l'adulte, le paroophoron est représenté par un petit nombre de canalicules et de corpuscules kystiformes, souvent appliqués contre l'utérus.

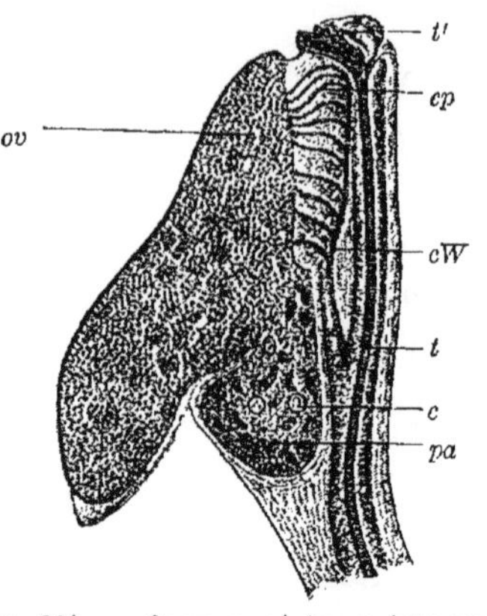

Fig. 291. — *Organes génitaux internes d'un embryon humain, du sexe féminin, et mesurant 9 cent. de longueur.* 10 fois grossi. D'après WALDEYER.

ov, ovaire; *t*, canal de MÜLLER ou trompe utérine (oviducte); *t'*, orifice abdominal de la trompe utérine; *cp*, epoophoron (homologue à l'épididyme du sexe masculin, c'est-à-dire à la portion génitale du rein primordial); *cW*, canal du mésonéphros (homologue au canal déférent du sexe masculin); *pa*, paoophoron (homologue au paradidyme du sexe masculin, reste du mésonéphros); *c*, corpuscule de MALPIGHI.

Très importantes sont les transformations que subissent les canaux de MÜLLER (fig. 284, *cM*). Ils sont primitivement logés le long de l'insertion de ce repli du péritoine, auquel est fixé l'ovaire et qui plus tard donne naissance au ligament large de l'utérus. Nous avons dit déjà qu'à leur entrée dans le petit bassin, ils se rapprochent l'un de l'autre, s'accolent dans le plan médian et s'unissent dans le cordon génital. Nous pouvons donc les diviser en deux parties : l'une, contenue dans le cordon génital, et l'autre, située le long du bord du ligament large. Cette dernière partie donne naissance à la trompe utérine avec son pavillon (trompe de FALLOPE) (fig. 290, *t*; fig. 291 et 292, *t*, t^1). Il semble que l'extrémité antérieure du canal de MÜLLER, qui chez l'embryon est située loin en avant et se trouve logée dans le ligament diaphragmatique du mésonéphros, s'atrophie plus tard : le pavillon de la trompe utérine (fig. 290, *t*), est probablement une formation entièrement nouvelle. Peut-être (mais ce point n'est pas encore absolument établi) cette partie antérieure, atrophiée, du canal de MÜLLER donne-t-elle naissance à l'*hytatide de* MORGAGNI (fig. 290, *hy*). Cet organe est une petite vésicule qui est réunie par un pédicule, plus ou moins allongé, avec une frange du pavillon de la trompe.

Aux dépens de la partie du canal située dans le cordon génital (fig. 284, *cM*) se forment, par fusionnement, l'*utérus* et le *vagin* (fig. 290, *ut*, *va*). THIERSCH et KÖLLIKER l'ont démontré pour plusieurs mammifères et plus tard DOHRN, TOURNEUX et LEGAY, pour l'homme. Chez l'embryon humain, ce processus commence pendant le deuxième mois. Lorsque les deux canaux de MÜLLER se sont intimement unis (fig. 293, *cM*), la cloison qui les sépare s'amincit, puis se perfore, d'abord vers le milieu du cordon génital. Ce processus se continue et ainsi se forme un simple tube, le sinus génital, qui reste rudimentaire dans le sexe masculin (utricule prostatique ou utérus mâle) (fig. 287, *um*).

Chez le fœtus du sexe féminin on peut bientôt, d'après les observations de NAGEL, distinguer au sinus uro-génital une partie proximale, plus considérable, et une partie distale, plus petite. La partie proximale montre une cavité, qui est de forme ovalaire à la coupe transversale et

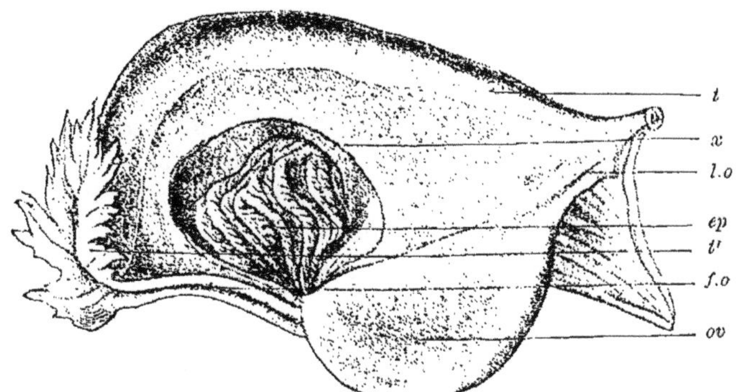

Fig. 292. — *Ligament large avec l'ovaire et la trompe utérine, chez l'adulte. Ces organes sont vus par le haut.*

ov, ovaire; *t*, trompe utérine; *t'*, orifice abdominal de la trompe avec les franges du pavillon; *f.o*, frange ovarique; *l.o*, ligament de l'ovaire; *x*, une partie du péritoine a été enlevée pour montrer l'époophoron (*ep*).

délimitée par un épithélium cylindrique formé de cellules longues et étroites. La partie distale est pleine et complètement remplie de cellules épithéliales volumineuses, riches en protoplasme. L'une devient l'utérus; l'autre, le vagin. Au sixième mois, ces deux organes commencent à se différencier plus nettement. La partie supérieure, en continuité avec les trompes utérines, acquiert une paroi musculaire puissante et sa cavité reste étroite. Elle est séparée de la partie inférieure, le vagin, par un bourrelet circulaire, saillant, destiné à former la portion vaginale de l'utérus. La cavité du vagin reste large et sa paroi plus mince.

Les ovaires subissent, comme les testicules, un changement de position important. C'est ce phénomène que l'on appelle la *descente des ovaires* (fig. 290, *ov'*, *t'*) et qui correspond à la descente des testicules. Au moment où les reins primordiaux commencent à s'atrophier, c'est-à-dire dans le courant du troisième mois de la vie fœtale, les ovaires descendent de la région lombaire dans le grand bassin, où on les trouve en dedans du muscle psoas. Il est probable que le *ligament inguinal du rein primordial* (fig. 290, *lr*) intervient dans la descente de l'ovaire, comme le fait le gubernaculum de HUNTER dans la descente du testicule. WIEGER a démontré que ce ligament se divise en trois parties, par suite de cette circonstance qu'il s'unit très intimement aux canaux de Müller, au point où ces derniers se trouvent accolés dans le cordon génital. La partie supérieure du ligament se transforme en un faisceau de fibres musculaires lisses qui, partant du parovarium, va se loger dans le hile de l'ovaire. La deuxième partie, en continuité avec la première, devient le ligament de l'ovaire (*lo'*) et la troisième, qui est la plus puissante, le ligament rond de l'utérus (*lr*). Ce dernier s'étend de l'extrémité supérieure du cordon génital jusqu'à la région inguinale. Ici on trouve habituellement, comme dans l'autre sexe, un petit diverticule vaginal du péritoine, qui se maintient parfois chez l'adulte, où on lui donne le nom de diverticule de Nück. Cette disposition peut déterminer la formation de hernies inguinales. En ce point le ligament rond traverse la paroi abdominale et va se terminer dans la peau des grandes lèvres.

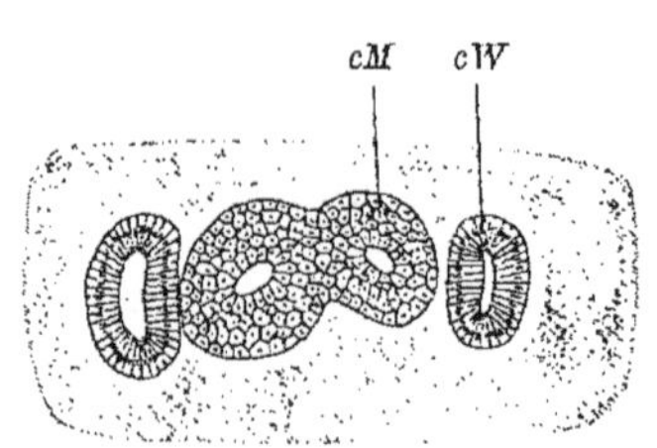

Fig. 293. — *Coupe transversale du cordon génital*, d'après Tourneux et Legay. Cette coupe montre le fusionnement des deux canaux de Müller (*cM*); *cW*, canal du mésonéphros.

Les derniers stades de la descente des ovaires diffèrent de ceux de la descente des testicules. Au lieu de s'arrêter dans la région inguinale, comme le font les testicules, les ovaires descendent normalement dans le petit bassin. Ce phénomène s'accomplit pendant le dernier mois de la gestation. Dans le petit bassin, les ovaires, logés dans le ligament large, sont situés entre la vessie et le rectum. Quant au ligament large, il se développe aux dépens des replis du péritoine, dans lesquels se trouvent primitivement logés les reins primordiaux, les ovaires et les canaux de Müller.

Le ligament rond ne peut naturellement exercer aucune influence sur ce dernier stade de la descente des ovaires, attendu qu'il ne pourrait les tirer que vers la région inguinale, où il prend insertion. La descente dans le petit bassin semble plutôt déterminée par ce fait que la partie inférieure des canaux de Müller se transforme en l'utérus. Chaque ovaire est, en effet, réuni à l'utérus par un cordon fibreux, résistant, le ligament de l'ovaire.

Dans certains cas exceptionnels, les ovaires peuvent se comporter comme les testicules. Ils viennent alors s'appliquer dans la région inguinale contre l'entrée du diverticule de Nück (diverticule vaginal du péritoine). Parfois ils s'arrêtent là; mais ils peuvent aussi s'engager à l'intérieur de la paroi abdominale, à travers le canal inguinal. On a même observé des cas où ils avaient traversé complètement la paroi abdominale et étaient venus se loger dans les grandes lèvres qui alors présentaient les plus grandes analogies avec le sac scrotal du sexe masculin.

i. — Développement des organes génitaux externes.

C'est bien ici qu'il convient le mieux de décrire le développement des organes génitaux externes, quoiqu'ils ne se forment pas aux dépens du feuillet moyen, mais aux dépens des feuillets externe et interne de l'embryon. Pour rendre cette description complète, nous devons remonter à des stades assez reculés de l'ontogenèse, au moment où commencent à se former les canaux de Wolff et de Müller. Ces canaux, qui commencent à se former dans la partie antérieure de l'embryon, s'accroissent d'avant en arrière et viennent finalement déboucher dans le cloaque, au voisinage de la membrane anale et de l'allantoïde. Le cloaque, à ce stade du développement, est encore extérieurement fermé par la membrane anale (fig. 294), dont nous avons déjà parlé précédemment (p. 338).

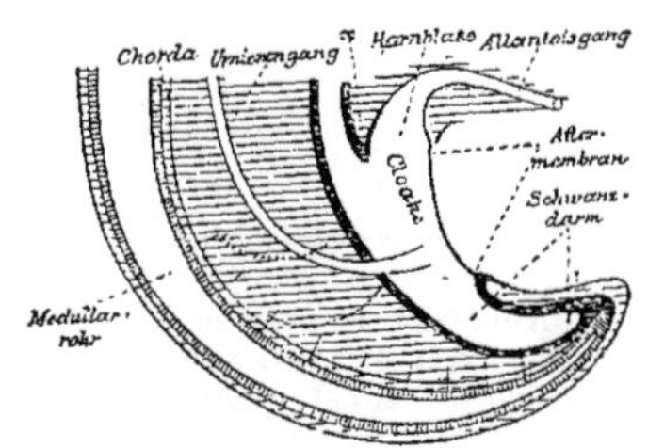

Fig. 294. — *Vue de profil (reconstruction) d'après un modèle en cire d'un embryon humain, long de 4 mm.*, figure de Keibel.
*** indique la limite caudale du cœlome; - - - indique la limite caudale des membres inférieurs.
Medullarrohr, canal médullaire; *chorda*, corde dorsale; *Urnierengang*, canal du mésonéphros; *Harnblase*, vessie; *Allantoisgang*, canal allantoïdien; *Aftermembran*, membrane anale; *Schwanzdarm*, intestin caudal; *Cloake*, cloaque.

Sous le nom de cloaque, nous désignons cet espace commun, situé derrière la membrane anale ou, comme l'appelle Retterer, la *membrane cloacale*, et dans lequel débouchent l'intestin terminal, l'intestin caudal et l'allantoïde. Après un certain temps, la membrane cloacale, qui présente une petite dépression (fossette anale) sur sa face externe, se résorbe, de sorte qu'il se forme, sous la racine de la queue, un orifice qui persiste comme tel pendant toute la vie chez les vertébrés inférieurs, tels que les amphibiens, les reptiles et les oiseaux. C'est par cet orifice que sont éliminés à l'extérieur les produits d'excrétion les plus divers : les matières fécales de l'intestin terminal, l'urine des reins et les produits sexuels des deux sexes. Chez les mammifères les plus inférieurs, les monotrèmes, l'orifice cloacal persiste également pendant toute la vie. Chez les autres mammifères, ce n'est le cas qu'au début du développement; plus tard ce « stade monotrème » fait place à une autre disposition, le cloaque se subdivisant, suivant le processus que nous allons décrire, en deux cavités situées l'une derrière l'autre et pourvues, l'une et l'autre, d'un orifice distinct.

Cette subdivision du cloaque en une cavité dorsale et une cavité ventrale s'accomplit peu à peu dans le cours du développement; elle est due à ce fait que le pont de substance qui sépare l'allantoïde de l'intestin, à leur embouchure dans le cloaque, s'accroît progressivement vers le bas. En outre, à cette subdivision participent encore deux replis longitudinaux (Keibel) qui prolongent, en se dirigeant de haut en bas, le pont de substance sus-mentionné, sur les parois latérales gauche et droite du cloaque. Ces replis s'accroissent progressivement de dehors en dedans et complètent la cloison frontale (fig. 295). De ces deux parties du cloaque, l'antérieure contribue à agrandir l'allantoïde et la postérieure à agrandir le rectum. Ainsi que le fait remarquer Keibel, elles se dis-

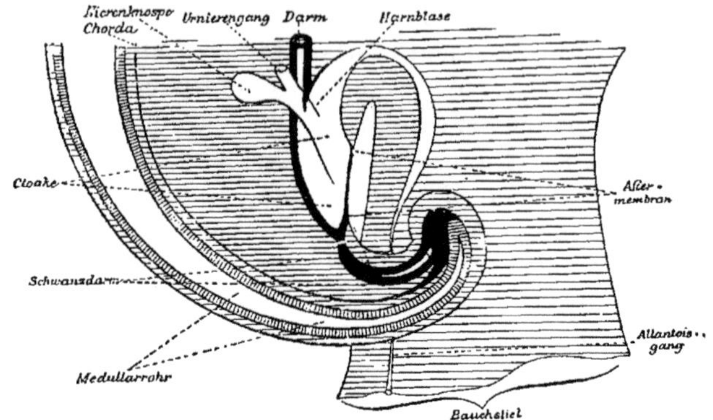

Fig. 295. — *Vue de profil (reconstruction) d'après des coupes en série pratiquées à travers un embryon humain de 8 mm. de longueur*, figure de Keibel.
Chorda, corde dorsale; *Nierenknospe*, bourgeon rénal; *Urnierengang*, canal du mésonéphros; *Darm*, intestin; *Harnblase*, vessie; *Aftermembran*, membrane anale; *Allantoisgang*, canal allantoïdien; *Bauchstiel*, pédicule abdominal; *Medullarrohr*, canal médullaire; *Schwanzdarm*, intestin caudal; *Cloake*, cloaque.

tinguent d'ailleurs, même avant leur séparation complète, par la texture de leur épithélium, qui est surbaissé dans la partie ventrale et cylindrique, au contraire, dans la partie dorsale.

Ce processus a en outre pour conséquence d'entraîner des modifications importantes dans le débouché des canaux des mésonéphros. Comme ces orifices débouchent, dès le début, dans la portion ventrale du cloaque, au voisinage de l'allantoïde, ils doivent nécessairement plus tard, lorsque la cloison de séparation est devenue plus complète, s'ouvrir dans la partie inférieure de l'allantoïde, qui s'est formée aux dépens du cloaque.

Mais la situation des canaux du mésonéphros ne tarde pas à subir une seconde modification importante. Ainsi que nous l'avons dit p. 440, l'uretère (bourgeon rénal) se forme aux dépens de l'extrémité terminale du canal du mésonéphros, tout près de son débouché dans l'allantoïde. Il en résulte que transitoirement le canal du mésonéphros et l'uretère s'ouvrent dans l'allantoïde par un court tronc commun. Dans la suite du développement, ils se séparent et débouchent isolément dans l'allantoïde; en effet, leur courte portion terminale commune disparaît, soit qu'elle se subdivise en deux parties distinctes, par une cloison, soit que sa paroi se confonde, en s'étalant, avec la paroi de l'allantoïde. Plus tard, les deux orifices ainsi séparés s'écartent notablement l'un de l'autre, ce qui doit s'expliquer par le fait que la partie de la paroi de l'allantoïde qui se trouve interposée entre eux subit un accroissement relatif plus rapide (fig. 296). De cette façon, les uretères viennent déboucher dans la paroi postérieure de l'allantoïde beaucoup plus haut que les canaux du mésonéphros. En même temps les canaux de MÜLLER se sont développés en arrière, le long des canaux des mésonéphros : ils débouchent dans l'allantoïde, entre ces derniers (p. 442). Les deux canaux de MÜLLER avec les deux canaux des mésonéphros et le tissu conjonctif qui les unit constituent le cordon génital (p. 459).

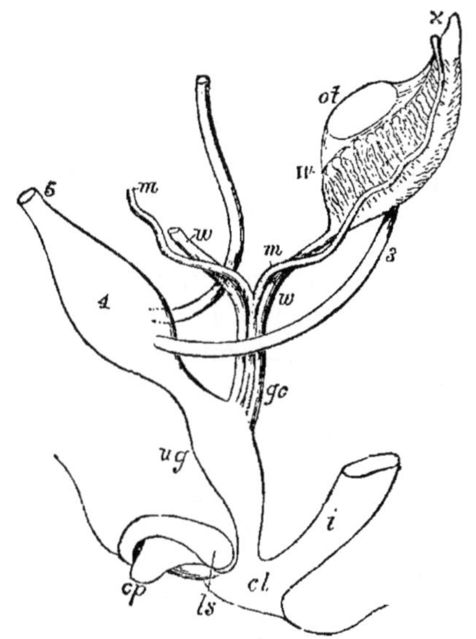

Fig. 296. — *Schéma des organes uro-génitaux d'un mammifère. Stade reculé du développement*, d'après ALLEN THOMPSON. Figure empruntée à BALFOUR.

Les organes sont vus de profil, sauf les canaux de MÜLLER et des mésonéphros, qui se montrent par leur face antérieure.

3, uretère gauche; 4, vessie; 5 ouraque; *ot*, glande génitale (ovaire ou testicule); W, mésonéphros gauche; *x*, ligament diaphragmatique du rein primordial; *w*, canal du mésonéphros; *m*, canal de MÜLLER; *gc*, cordon génital, formé par les canaux des mésonéphros et de MÜLLER enveloppés d'une gaine commune; *i*, rectum; *ug*, sinus uro-génital; *cp*, tubercule génital, qui deviendra le clitoris ou le pénis; *ls*, bourrelet génital, aux dépens duquel se formeront les grandes lèvres ou le sac scrotal.

Lorsque ces transformations se sont effectuées, on peut distinguer à la portion intra-embryonnaire de l'allantoïde, logée dans la paroi abdominale antérieure jusqu'à l'ombilic, trois parties bien distinctes (fig. 296): 1° le sinus uro-génital (*ug*); 2° la vessie proprement dite (4) et 3° l'ouraque (5).

Sous le nom de *sinus uro-génital* (JOH. MÜLLER) on désigne la partie inférieure, un peu rétrécie dans laquelle débouchent les canaux des mésonéphros et les canaux de MÜLLER. C'est elle qui s'est séparée du cloaque primitif, à la suite de la formation d'une cloison, que nous avons décrite plus haut. Le sinus uro-génital débouche, en avant de l'intestin terminal, dans ce qui reste du cloaque qui, après la disparition de la membrane anale, s'est ouvert à l'extérieur.

La *vessie* proprement dite est cette partie de l'allantoïde dans la paroi postérieure de laquelle débouchent les deux uretères. Chez l'homme, où l'allantoïde constitue au début un canal étroit qui, à partir de l'ombilic, pénètre sur une certaine étendue à l'intérieur du cordon ombilical, ce canal, au cours du second mois de la vie fœtale, se dilate quelque peu et se transforme en un organe fusiforme qui, se rétrécissant vers le haut, s'y prolonge en un canal très étroit. Ce canal est l'*ouraque*; il s'étend jusqu'à l'ombilic, où il se continue avec la portion extra-embryonnaire du canal allantoïdien, qui s'atrophie très tôt chez l'homme (p. 298). Chez l'homme, l'ouraque lui-même commence à s'atrophier vers la fin de la vie fœtale; il forme, avec le tissu conjonctif qui l'entoure, un cordon, qui est le ligament vésico-ombilical médian. Ce cordon s'étend du sommet de la vessie (fig. 284, v^1) jusqu'à l'ombilic. Pendant la première année de la vie extra-utérine, on y trouve fréquemment encore une traînée épithéliale, vestige du tube épithélial primitif.

Le développement des *organes génitaux externes* commence à s'effectuer, au pourtour du cloaque, à une période déjà très reculée de l'ontogenèse. Chez les embryons humains longs de 11 à 13 millimètres (NAGEL), au bord antérieur du cloaque, qui à ce stade est encore fermé par une membrane cloacale déprimée en gouttière, il se forme, par prolifération du tissu conjonctif, une petite saillie, proéminant au dehors; c'est le tubercule génital (fig. 297 B, *tg*). Sur la face inférieure du tubercule se trouve un léger sillon, le sillon génital (*sg*), qui vers le bas s'étend jusqu'à la membrane cloacale. De ce sillon, une crête épithéliale (plaque ectodermique uro-génitale) pénètre assez profondément dans le tubercule génital, depuis sa base jusqu'à son sommet.

Pendant les semaines suivantes du développement, le tubercule génital fait de plus en plus saillie au dehors et donne naissance à un organe (clitoris ou pénis), qui primitivement est identique dans les deux sexes. La crête épithéliale, dont nous avons parlé plus haut, se divise, pendant ce temps, dans toute sa longueur, en deux lamelles épithéliales. Il en résulte que le sillon génital, primitivement léger, qui siège à la face inférieure du tube génital, se transforme en une fente profonde, qui se trouve délimitée à droite et à gauche par le bord saillant des replis génitaux (*rg*).

Autour du cloaque et du tubercule génital qui fait saillie à son bord antérieur, on distingue encore en ce moment, un repli annulaire, le bourrelet génital (*bg*), qui devient de plus en plus marqué.

Enfin, il faut aussi signaler les transformations qui déterminent la subdivision du cloaque en deux canaux distincts, transformations que nous avons décrites précédemment (p. 469). La cloison frontale et les replis saillants des parois latérales du cloaque s'accroissent en bas et en dedans et finissent par atteindre la membrane cloacale ; ils se soudent alors entre eux ainsi qu'avec cette membrane. Dès lors, le cloaque s'est complètement subdivisé en une partie ventrale, le sinus uro-génital, et en le rectum. Ces deux canaux ne tardent pas à s'ouvrir à l'extérieur, les cellules épithéliales des plaques obturantes s'étant écartées les unes des autres. On observe alors dans la région génitale (fig. 298 M et F) un orifice postérieur, l'anus (*a*) séparé par une étroite membrane (*p*) de l'entrée du sinus uro-génital (*ug*) qui se continue à la face inférieure du tubercule génital avec le profond sillon génital. La membrane primitivement étroite (*p*) interposée entre l'anus et l'entrée du sinus uro-génital s'épaissit de plus en plus jusqu'à la fin de la vie intra-utérine. En même temps les deux orifices qu'elle sépare s'écartent progressivement l'un de l'autre. C'est elle qui constitue le *périnée* (fig. 298 M*, F*, *p*). L'anus (*a*) finit de la sorte par ne plus faire partie de la région délimitée par les bourrelets génitaux (fig. 297, B, *bg*).

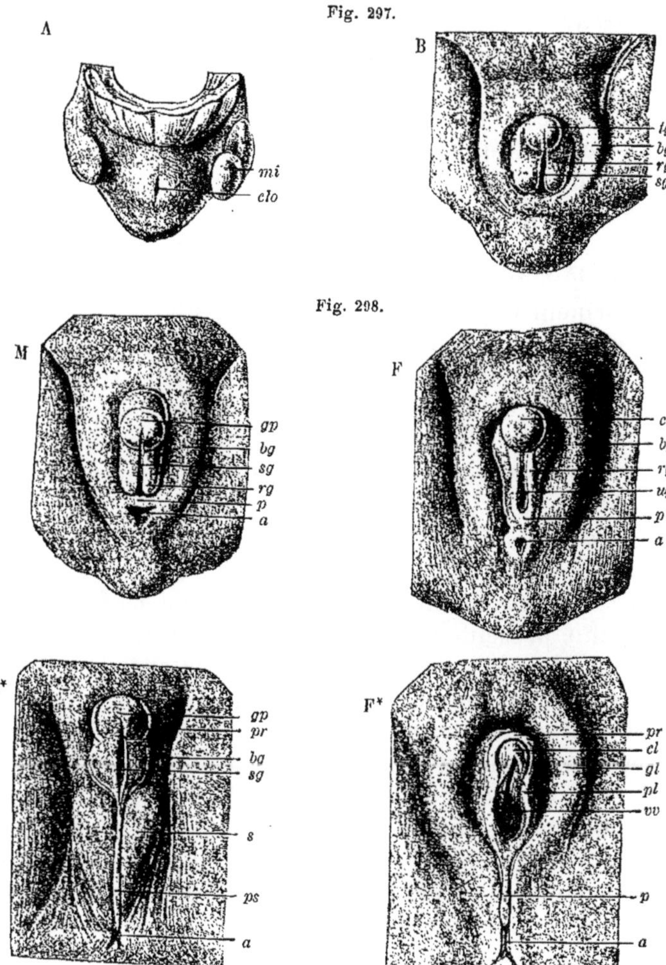

Fig. 297 et 298. — *Six stades du développement des organes génitaux externes dans les deux sexes,* d'après les modèles en cire de ECKER-ZIEGLER.

Bien que l'on trouve dans des publications plus récentes des figures qui représentent plus exactement les dispositions qui nous occupent, j'ai cependant conservé les figures plus anciennes des modèles de ECKER-ZIEGLER, parce qu'on se sert généralement de ces modèles dans l'enseignement pour faire comprendre le développement des organes génitaux externes et qu'ils répondent d'une manière satisfaisante à ce but.

Fig. 297, A et B. — Deux stades, pendant lesquels il n'est pas encore possible de distinguer les sexes. B, chez un embryon de 8 semaines.

Fig. 298. — Les deux stades M et M* montrent, chez des embryons âgés respectivement de 2 mois 1/2 et de 3 mois, la transformation de l'ébauche primitive dans le sexe masculin. Les stades F et F* montrent, chez des embryons âgés respectivement de 2 mois 1/2 et de 4 mois 1/2, la transformation de l'ébauche primitive, dans le sexe féminin.

Les lettres ont la même signification dans toutes ces figures : *mi*, membre inférieur ; *clo*, cloaque ; *tg*, tubercule génital ; *rg*, repli génital ; *sg*, sillon génital ; *bg*, bourrelet génital ; *gp*, gland du pénis ; *cl*, clitoris ; *p*, périnée ; *a*, anus ; *ug*, entrée du sinus uro-génital ou vestibule du vagin ; *vv*, vestibule du vagin ; *pr*, prépuce du pénis ou du clitoris ; *s*, sac scrotal ; *ps*, raphé du périnée et du scrotum ; *gl*, grande lèvre ; *pl*, petite lèvre.

A partir du quatrième mois, il se manifeste de grandes différences entre les deux sexes, en ce qui concerne le développement des organes génitaux externes.

Dans le *sexe féminin* (fig. 298, F, F*) les transformations de la disposition embryonnaire commune que nous venons de faire connaître sont peu profondes. Le tubercule génital se développe peu : il devient le *clitoris* (*cl*). Son extrémité antérieure s'épaissit et constitue le *gland du clitoris*. Il se forme autour du gland un repli cutané qui devient le *prépuce du clitoris* (fig. 298, F*, *pr*). Les deux replis génitaux (F, *rg*), qui délimitent le sillon génital à la face inférieure du tubercule génital, prennent chez la femme un plus grand développement que chez l'homme et se transforment en les *petites lèvres* (F*, *pl*). L'espace qu'elles délimitent, et son prolongement, le sinus uro-génital, dans lequel s'ouvrent le canal excréteur de la vessie (urèthre) et le vagin résultant du fusionnement des canaux de Müller, prend le nom de *vestibule du vagin* (F*, *vv*). Enfin, les bourrelets génitaux (F, *bg*) deviennent très volumineux et renferment du tissu graisseux; ils donnent naissance aux *grandes lèvres* (F*, *gl*).

Dans le *sexe masculin*, ces transformations sont beaucoup plus profondes (fig. 298, M, M*). Le tubercule génital s'allonge considérablement pour former le *pénis*, homologue du clitoris de la femme. Comme le clitoris, le pénis présente à son extrémité antérieure un renflement, le *gland du pénis* (M, *gp*), entouré par un repli cutané, le *prépuce du pénis* (M, *pr*). Le sinus uro-génital, qui chez la femme reste court et large et constitue le vestibule du vagin, se transforme chez l'homme, par soudure de ses lèvres, en un long canal étroit, le *canal de l'urèthre*. Ce phénomène est dû à ce que le sillon génital, qui existe à la face inférieure du tubercule génital (M, *sg*), s'allonge en même temps que ce dernier, puis s'approfondit; les replis génitaux qui l'entourent (*rg*) se juxtaposent ensuite par leurs bords (M*) et commencent à se souder au quatrième mois : finalement il ne reste plus qu'un petit orifice au sommet du gland.

La partie initiale de l'urèthre éprouve à partir du deuxième mois des modifications, qui ont pour conséquence la formation de la *prostate* (fig. 287, *pr*). Ses parois s'épaississent beaucoup; en même temps il y apparaît du tissu musculaire lisse. Elles constituent alors un bourrelet annulaire, à l'intérieur duquel s'engagent des évaginations de l'épithélium de l'urèthre. Ces diverticules épithéliaux se ramifient et ainsi se trouve formée la portion glandulaire ou prostatique de l'urèthre. C'est à la face postérieure de cet organe que s'ouvrent les deux canaux éjaculateurs (*c*), c'est-à-dire les extrémités inférieures des canaux déférents. Entre eux, s'est formé l'utricule prostatique ou utérus mâle (*um*) aux dépens des extrémités inférieures des canaux de Müller (p. 461).

Quant aux bourrelets génitaux (fig. 298, M, *bg*), qui chez la femme donnent naissance aux grandes lèvres, ils entourent chez l'homme la racine du pénis. Puis, ils se soudent sur la ligne médiane, en arrière du pénis, pour former le *sac scrotal* (M*, *s*), dans lequel s'engagent les deux testicules à la fin de la vie embryonnaire. La suture constitue chez l'adulte le *raphé du scrotum* (M*, *ps*).

Le fait que primitivement les organes génitaux externes présentent la même constitution dans les deux sexes, nous explique pourquoi, dans certains cas où le développement ne suit pas la marche normale, il est difficile de dire si l'on a affaire à l'un ou à l'autre sexe. Ces cas, on les considérait anciennement, mais bien à tort, comme de l'*hermaphroditisme*. Leur origine peut être double. Ou bien ils sont dus à ce que dans le sexe féminin le processus du développement se continue, plus que normalement, de la même façon que dans le sexe masculin; ou bien à ce que, dans le sexe masculin, le processus du développement subit un arrêt et conduit à une disposition semblable à celle qui existe dans l'autre sexe.

Dans le premier cas, nous voyons parfois, chez la femme, le clitoris devenir volumineux et ressembler au pénis de l'homme. La ressemblance avec la disposition réalisée chez l'homme est plus grande encore si, en même temps, les ovaires, au lieu de descendre dans le petit bassin, traversent la paroi abdominale dans la région inguinale et viennent se loger dans les grandes lèvres. Dans ce cas, les grandes lèvres forment, au voisinage du clitoris volumineux, une espèce de sac scrotal.

Les anomalies désignées sous le nom d'hermaphroditisme sont plus fréquentes dans le sexe masculin. Elles résultent d'un arrêt de développement du processus normal. C'est ainsi que le pénis peut être peu développé et présenter, au lieu de l'urèthre, un simple sillon à sa face inférieure. Cette disposition est connue sous le nom d'*hypospadie*. En même temps, la descente des testicules peut ne s'être pas accomplie normalement. Les testicules se trouvent alors restés dans la cavité abdominale, et le sac scrotal, peu développé, présente les plus grandes analogies avec les grandes lèvres de la femme.

Retterer et Tourneux ont étudié avec soin le développement des corps caverneux du pénis et du corps spongieux de l'urèthre.

« Les glandes de Cooper chez l'homme, les glandes de Bartholin chez la femme, procèdent « de deux diverticules symétriques de la partie inférieure du sinus uro-génital. D'après Van « Ackeren, le développement de ces glandes chez l'homme commence vers la fin du quatrième « mois; au cours du cinquième mois, le nombre des branches collatérales (acinus) augmente « et ces branches se séparent les unes des autres par une quantité considérable de mésen- « chyme ». (Sedgwick Minot).

III. — Développement des organes surrénaux.

C'est à la suite du développement du système uro-génital qu'il convient le mieux d'exposer celui des organes surrénaux. En effet, indépendamment de ce fait que les organes surrénaux sont situés, chez tous les vertébrés, au voisinage immédiat des organes génito-urinaires, ils offrent, en outre, dans le cours de leur développement, des relations très intimes avec eux. C'est ce que montrent les recherches récentes de WELDON, JANOSIK, MIHALKOVICS, SEMON, HOFFMANN et autres, recherches qui peuvent aussi indiquer à la physiologie la voie à suivre pour arriver à expliquer la fonction, encore énigmatique, des organes surrénaux. Néanmoins, actuellement encore tous les travaux relatifs au développement des organes surrénaux nous paraissent, selon l'expression de RABL, « bien peu satisfaisants. »

Comme on le sait, ces organes sont formés de deux substances, que l'on désigne chez les mammifères, d'après la position qu'elles occupent l'une vis-à-vis de l'autre, sous les dénominations de substance médullaire et de substance corticale. La plupart des auteurs admettent que leur origine est différente.

BALFOUR, BRAUN, KÖLLIKER, MITSUKURI, etc., soutiennent que la substance médullaire se forme aux dépens de ganglions du cordon sympathique. C'est pour ce motif que les organes surrénaux sont décrits, dans certains traités, en même temps que le grand sympathique.

Quant au *développement de la substance corticale*, des opinions différentes règnent sur cette question. BALFOUR, BRAUN, BRUNN et MITSUKURI prétendent qu'elle se forme aux dépens d'amas de cellules du tissu conjonctif, qui se développent, dans la partie antérieure du mésonéphros, sur le trajet des veines cave inférieure et cardinale. S. MINOT, qui partage cette manière de voir, considère donc la substance corticale comme étant d'origine mésenchymatique, et la substance médullaire, comme d'origine sympathique. Pour JANOSIK, WELDON, MIHALKOVICS, SEMON, HOFFMANN, HANS RABL, au contraire, les amas cellulaires qui donnent naissance à la substance corticale sont d'origine épithéliale. D'après JANOSIK et MIHALKOVICS, c'est l'extrémité antérieure de l'épithélium germinatif qui fournirait par prolifération les éléments de l'organe surrénal. MIHALKOVICS les considère comme « une partie, séparée, de la glande génitale, qui ne se différencie pas en produits sexuels, mais qui s'arrête dans son développement ». Pour WELDON, l'organe surrénal est en relation avec la partie antérieure du mésonéphros. D'après sa description, qui récemment a été pleinement confirmée par les recherches importantes de SEMON et de HOFFMANN chez les Amphibiens et les Oiseaux, mais que RABL considère comme inexacte en beaucoup de points, *les cordons génitaux du rein primordial participent à la formation de l'organe surrénal.* Lorsqu'ils se forment par bourgeonnement de la capsule de BOWMAN des corpuscules de MALPIGHI, suivant le processus que nous avons fait connaître (p. 454 et 456), les cordons génitaux du mésonéphros se divisent en deux branches, dans la partie antérieure de cet organe. L'une de ces branches se développe du côté ventral pour pénétrer dans l'ébauche de la glande génitale; l'autre (cordons surrénaux de SEMON, cordons rénaux de HOFFMANN) s'accroît du côté dorsal et s'étale au voisinage de la veine cave.

D'ailleurs Mihalkovics dit également qu'en certains points il existe une union entre les cordons génitaux et l'ébauche de l'organe surrénal; mais il admet que ces éléments dérivent tous, par prolifération, de l'épithélium du cœlome. L'union en question ne serait que secondaire et déterminée par les vaisseaux sanguins interposés.

Pendant la vie fœtale, l'organe surrénal est longtemps très volumineux. Chez les mammifères, il recouvre le rein, qui est beaucoup plus petit que lui. C'est ce dont on peut s'assurer en examinant la figure 285, qui nous représente un embryon humain de huit semaines: dans la partie gauche de la figure (*sr*), l'organe surrénal est laissé en place; dans la partie droite, au contraire, on l'a enlevé, afin de montrer le rein seulement (*r*). Plus tard, il se développe beaucoup moins que le rein et, au moment de la naissance (fig. 273), il constitue un organe semi-lunaire (*sr*) appliqué sur l'extrémité supérieure du rein (*r*). Chez l'adulte il est encore relativement moins volumineux.

Dans le cours du développement il se détache parfois de petits fragments de l'ébauche de la substance corticale. Ces fragments restent dans le voisinage des organes sexuels, qu'ils accompagnent dans leurs changements de position. Ainsi s'explique la présence dans le ligament large de l'utérus de ces *organes surrénaux accessoires*, que Marchand a observés.

RÉSUMÉ

1. Les produits de tranformation du feuillet moyen sont : l'épithélium du cœlome (du péricarde, des plèvres, du péritoine et de la tunique vaginale propre du testicule); les muscles striés, qui se trouvent sous la dépendance de la volonté; les produits sexuels (œufs et spermatozoïdes); l'épithélium des glandes génitales et des reins ainsi que de leurs conduits excréteurs; les cordons de la substance corticale des organes surrénaux.

Développement du système musculaire.

2. Les muscles du tronc se forment exclusivement aux dépens des segments primordiaux. Ils dérivent de la couche cellulaire qui est en rapport immédiat avec la corde dorsale et le canal médullaire, et qui se transforme en une plaque musculaire, en donnant naissance à des fibrilles musculaires.

3. La plaque musculaire s'accroît tant du côté dorsal que du côté ventral, où elle se continue avec l'épithélium externe du segment primordial, (zone d'accroissement ou de prolifération). Elle s'étend ainsi, d'une part, au-dessus de la moelle épinière, et, d'autre part, dans la paroi abdominale.

4. Le système musculaire primordial consiste en des segments (myomères), dont les fibres ont une direction longitudinale et qui sont

séparés les uns des autres par des cloisons de tissu conjonctif (ligaments intermusculaires).

5. Cette disposition de la musculature est la première manifestation de la segmentation du corps des vertébrés en une série de métamères identiques et placés les uns derrière les autres.

6. Aux dépens des plaques musculaires se forment des bourgeons (sélaciens) qui pénètrent à l'intérieur des ébauches des membres et donnent naissance aux muscles des membres.

7. Les muscles de la tête se forment non seulement aux dépens des segments primordiaux céphaliques, mais aussi aux dépens d'une partie du feuillet moyen, qui correspond aux plaques latérales du tronc et qui, à la suite du développement des fentes branchiales, se divise en plusieurs branchiomères. Chez les sélaciens, les branchiomères sont creux. Les auteurs ne sont pas encore d'accord sur le nombre des segments primordiaux céphaliques.

8. Aux dépens des segments céphaliques se forment les muscles moteurs du globe oculaire. Aux dépens des branchiomères, les muscles de la mastication, ceux de l'arc hyoïdien et ceux des osselets de l'oreille moyenne (?).

Développement du système uro-génital.

9. La première ébauche du système uro-génital est la même dans les deux sexes. Elle consiste en : 1° trois canaux pairs, le canal du pronéphros ou du mésonéphros, le canal de Müller et l'uretère; 2° quatre glandes paires, le rein antérieur ou pronéphros, le mésonéphros ou rein primordial, le rein définitif et la glande génitale, indifférente à son origine.

10. Le pronéphros et le canal du pronéphros dérivent de plusieurs bourgeons métamériques (bourrelet du rein antérieur de Félix) du feuillet pariétal du mésoderme, qui s'unissent en un cordon longitudinal; ce cordon devient ultérieurement creux.

11. Les cordons cellulaires, métamériques à leur origine et dirigés transversalement, se creusent ensuite et deviennent les canalicules du pronéphros. Ils restent en communication avec le cœlome (splanchnocèle) par l'intermédiaire d'entonnoirs ciliés (néphrostomes). Dans le voisinage immédiat des entonnoirs ciliés, se développe, sur le côté du mésentère, un glomérule de Malpighi (glomerulus, glomus) qui, plus tard, chez une foule de vertébrés (téléostéens), se trouve logé dans une partie séparée du cœlome, désignée sous le nom de chambre pronéphrétique.

12. Le cordon longitudinal, dont la formation est en relation avec celle des canalicules du pronéphros qu'il réunit, devient l'extrémité antérieure du canal du pronéphros ou du mésonéphros. Il s'allonge progressivement d'avant en arrière jusqu'à atteindre le cloaque (dernière partie de l'intestin terminal), se soude à la paroi du cloaque et cette

union constitue son orifice postérieur. Son accroissement antéro-postérieur s'effectue selon l'un ou l'autre des deux processus suivants :

a. Chez les sélaciens et les mammifères, l'extrémité postérieure de la courte portion antérieure du canal longitudinal s'unit au feuillet externe de l'embryon et s'accroît, le long de ce feuillet, d'avant en arrière jusqu'à atteindre le cloaque.

b. Chez les autres vertébrés, l'extrémité postérieure de la portion antérieure du canal du pronéphros fait librement saillie, sous forme d'un tubercule arrondi, dans l'espace compris entre le feuillet moyen et le feuillet externe de l'embryon; elle s'accroît librement d'avant en arrière jusqu'à ce qu'elle se trouve unie à la paroi du cloaque.

13. Le mésonéphros se forme en arrière du pronéphros. Au moment où les segments primordiaux se séparent des plaques latérales, se forment des tubes (communications des segments primordiaux de Rabl) ou des cordons cellulaires (néphrotomes), disposés métamériquement. Par une de ses extrémités, chacun de ces organes reste uni au cœlome, tandis que, par l'autre extrémité, il s'unit au canal du mésonéphros, situé en dehors, et se transforme en un canalicule du mésonéphros. (Formation des corpuscules de Malpighi, des canalicules secondaires et tertiaires du mésonéphros.)

14. Chez les vertébrés supérieurs, le développement du mésonéphros est en quelque sorte raccourci. Les cordons cellulaires distincts qui se forment au moment où les segments primordiaux se séparent des plaques latérales, s'appliquent intimement les uns derrière les autres et forment une masse cellulaire, en apparence indivise, appelée plaque intermédiaire ou blastème du mésonéphros. C'est à ses dépens que les canalicules du mésonéphros semblent s'être différenciés lorsque plus tard ils deviennent distincts.

15. Chez certains anamniotes (sélaciens et amphibiens) le mésonéphros reste en communication avec le cœlome par l'intermédiaire d'entonnoirs vibratiles nombreux (néphrostomes). Chez tous les amniotes, les canalicules du mésonéphros perdent leur union primitive avec le cœlome, les entonnoirs vibratiles disparaissant à une période reculée du développement.

16. Le rein définitif se forme plus tard, au niveau de la partie postérieure du canal du mésonéphros. Deux opinions existent quant à son mode de développement.

A. D'après une manière de voir, le rein définitif procède de deux ébauches différentes :

a. Une évagination de l'extrémité du canal du mésonéphros donne naissance à l'uretère, aux bassinets et aux tubes droits, c'est-à-dire à tout l'appareil excréteur;

b. Un prolongement postérieur du blastème du mésonéphros constitue le blastème du rein; son origine est la même que celle du blastème du mésonéphros : il donne naissance aux canalicules contournés et aux corpuscules de MALPIGHI, c'est-à-dire à toute la partie sécrétoire du rein.

B. D'après une autre manière de voir, les canalicules glandulaires, tant de la substance médullaire que de la substance corticale, proviennent de bourgeons qui procèdent du bassinet et se développent selon le schéma ordinaire de la formation des glandes.

17. Les ébauches des reins, qui se sont formées en arrière, se développent rapidement d'arrière en avant et cheminent le long de la face dorsale des reins primordiaux. En même temps les uretères se séparent complètement des canaux des mésonéphros et viennent s'ouvrir à la face dorsale de l'allantoïde, c'est-à-dire à la face dorsale de la vessie future.

18. Chez les anamniotes, le canal de MÜLLER se forme par division longitudinale du canal du mésonéphros.

19. Chez les amniotes, les rapports du canal de MÜLLER avec le canal du mésonéphros ne sont pas encore bien connus. L'extrémité antérieure du canal de MÜLLER se développe sous la forme d'une évagination en gouttière de l'épithélium qui revêt la face externe du rein primordial. Quant au restant du canal, on ne sait pas encore bien positivement s'il se forme par prolifération de l'extrémité postérieure de ce diverticule cœlomique, ou bien s'il procède du canal du mésonéphros.

20. Les glandes génitales procèdent de deux ébauches distinctes :

a. D'un épithélium germinatif situé contre la face interne du mésonéphros et constituant une partie différenciée de l'épithélium du péritoine;

b. De cordons génitaux, qui proviennent de la partie avoisinante du rein primordial et qui vont à la rencontre de l'épithélium germinatif. Chez les reptiles et les oiseaux, les cordons génitaux se forment aux dépens de l'épithélium des corpuscules de MALPIGHI (capsules de BOWMAN).

21. L'épithélium germinatif (avec ses ovules primordiaux et ses cellules spermatiques primordiales) fournit les élément spécifiques des glandes sexuelles, c'est-à-dire les œufs et les spermatozoïdes.

22. Chez la femelle, à la suite d'un enchevêtrement de l'épithélium germinatif et du stroma conjonctif sous-jacent, se forment des tubes de PFLÜGER et des nids d'ovules, qui se subdivisent eux-mêmes en un grand nombre de follicules primordiaux renfermant chacun un seul ovule primordial. Chez le mâle, à la suite d'un processus semblable, se forment des ampoules spermatiques (sélaciens et quelques amphibiens) ou bien des canalicules séminifères, renfermant un certain nombre de spermatomères.

23. Les cordons génitaux du rein primordial interviennent dans la constitution de la substance médullaire de l'ovaire : ils forment les cordons médullaires. Dans le testicule, ils s'unissent aux ampoules

spermatiques ou aux canalicules séminifères et donnent naissance aux canalicules droits ainsi qu'au réseau de HALLER, c'est-à-dire à la partie initiale du conduit excréteur du testicule.

24. Les follicules primordiaux de l'ovaire se composent : d'une cellule centrale plus volumineuse, l'ovule primordial; d'une couche de cellules folliculeuses et, enfin, d'une enveloppe conjonctive vascularisée (theca folliculi).

25. Chez les mammifères ces follicules primordiaux subissent plus tard des modifications : les cellules folliculeuses se multiplient, deviennent beaucoup plus nombreuses et sécrètent un liquide qui s'accumule entre elles. Ainsi se trouvent constitués les follicules de GRAAF (disque proligère, membrane granuleuse).

26. Le follicule de GRAAF se rompt à la surface de l'ovaire lorsque l'œuf est arrivé à maturité. L'œuf est éliminé dans la cavité abdominale. Puis, le follicule se transforme en un corps jaune : sa cavité se remplit de sang provenant des vaisseaux, rompus, de la theca. A l'intérieur du caillot ainsi formé prolifèrent les cellules de la membrane granuleuse et le tissu conjonctif de la theca : il y pénètre également des corpuscules blancs du sang (vrais et faux corps jaunes).

27. Les corps jaunes subissent ensuite une atrophie, une sorte de cicatrisation. Ils laissent des cicatrices et des cals à la surface de l'ovaire : de là l'aspect particulier qu'offrent les ovaires d'un certain âge.

28. Les canaux et les glandes du système uro-génital, qui se forment primitivement de la même manière dans les deux sexes, se différencient ensuite différemment chez le mâle et chez la femelle. Ils s'atrophient partiellement.

29. Chez le mâle, le canal du mésonéphros devient le canal déférent; chez la femelle, il s'atrophie (canaux de GARTNER de certains mammifères).

30. Les canaux de MÜLLER n'accomplissent aucune fonction chez le mâle : il n'en persiste que des restes insignifiants à leurs extrémités (hydatide de l'épididyme et utricule prostatique ou utérus mâle). Chez la femelle ils se transforment en l'appareil excréteur de l'ovaire : leurs parties supérieures deviennent les trompes utérines (oviductes); leurs parties inférieures, logées dans le cordon génital, se fusionnent en un seul canal, pour donner naissance à l'utérus et au vagin.

31. La partie antérieure du mésonéphros qui, par l'intermédiaire des cordons génitaux formés à ses dépens s'unit aux canalicules séminifères, se maintient chez le mâle et constitue l'épididyme. Le reste de l'organe s'atrophie et devient le paradidyme. Chez la femelle, ces deux parties du mésonéphros s'atrophient et se transforment en l'époophoron, homologue à l'épididyme, et en le paroophoron, homologue au paradidyme.

32. Les glandes génitales, qui se forment primitivement dans la

région lombaire, descendent progressivement dans la cavité du bassin, entraînant avec elles leurs conduits excréteurs (descente des testicules; descente des ovaires; trajet oblique des artères et des veines spermatiques internes et utéro-ovariennes).

33. Dans ce phénomène de la descente des glandes génitales, le ligament inguinal du mésonéphros semble jouer un certain rôle. Ce ligament est tendu, au-dessous du péritoine, entre le rein primordial et la région inguinale, où il traverse la paroi abdominale et va se terminer dans la peau des bourrelets génitaux qui entourent le cloaque (gubernaculum de Hunter, chez le mâle; ligament rond de l'utérus et ligament de l'ovaire, chez la femelle).

34. Quelque temps avant la naissance, le testicule s'engage dans une évagination du péritoine (diverticule vaginal du péritoine), qui traverse la paroi abdominale et pénètre à l'intérieur du bourrelet génital, dépendance de la paroi abdominale (sac scrotal). Puis le canal inguinal, ainsi formé, se ferme, et le diverticule vaginal, qui enveloppe le testicule (tunique vaginale propre), se sépare complètement de la cavité abdominale.

35. Les diverses couches du sac scrotal, encore appelées enveloppes du testicule, correspondent aux différentes couches de la paroi abdominale. Cela est conforme à leur mode de développement.

Le tableau suivant rend compte de ces homologies :

Enveloppes du testicule.	*Paroi abdominale.*
Scrotum et dartos.	Peau.
Fascia de Cooper.	Fascia abdominal superficiel.
Tunique vaginale commune et muscle crémaster.	Couche musculaire et fascia transversalis.
Tunique vaginale propre (feuillet pariétal et feuillet viscéral).	Péritoine.

36. Les organes génitaux externes se développent chez le mâle comme chez la femelle aux dépens d'une ébauche identique, au pourtour du cloaque.

37. Sous le nom de cloaque on désigne une fossette située à l'extrémité postérieure de l'embryon et dans laquelle débouchent l'intestin terminal (rectum) et l'extrémité rétrécie de l'allantoïde, c'est-à-dire le sinus uro-génital. Dans le sinus uro-génital s'ouvrent côte à côte les canaux de Müller et les canaux des mésonéphros.

38. Des replis saillants, qui s'unissent pour constituer le périnée, subdivisent le cloaque en une partie antérieure en continuité avec le sinus uro-génital et en une partie postérieure en continuité avec le rectum (anus).

39. Au bord antérieur du cloaque ou, ce qui revient au même, lorsque le cloaque s'est divisé, au bord antérieur du sinus uro-génital, se forme, dans les deux sexes, un tubercule génital, dont la face inférieure

présente un sillon génital médian, délimité à droite et à gauche par un repli génital. Ce tubercule ainsi que l'orifice situé en arrière de lui (orifice du cloaque ou du sinus uro-génital) sont entourés par les bourrelets génitaux.

40. Chez la femelle, le tubercule génital reste petit et devient le clitoris; les replis génitaux deviennent les petites lèvres; les bourrelets génitaux, les grandes lèvres; le sinus uro-génital reste court et large et forme le vestibule du vagin. C'est dans cet organe que débouchent le vagin (extrémité des canaux de Müller) et l'extrémité de l'allantoïde, c'est-à-dire le canal de l'urèthre.

41. Chez le mâle, le tubercule génital s'allonge considérablement pour former le pénis; les replis génitaux se soudent à sa face inférieure et transforment le sillon génital en un canal étroit, qui apparaît comme un prolongement du sinus uro-génital, lequel reste étroit. Ce canal et le sinus uro-génital, avec lequel il se continue, constituent le canal de l'urèthre du mâle. Dans sa partie initiale débouchent les canaux déférents et l'utérus mâle. Les deux bourrelets génitaux, qui se sont développés à la suite de la descente des testicules, entourent la racine du pénis et s'unissent pour former le sac scrotal.

42. Le tableau suivant est destiné à montrer : 1° les parties homologues des organes génitaux internes et externes dans les deux sexes; 2° leurs relations avec les divers organes constituant chez les mammifères l'ébauche indifférente du système uro-génital.

ORGANES GÉNITAUX MALES	ORGANES DE L'ÉBAUCHE COMMUNE	ORGANES GÉNITAUX FEMELLES
Ampoules spermatiques et canalicules séminifères.	Epithélium germinatif.	Follicules primordiaux, follicules de Graaf.
	Mésonéphros.	
a. Epididyme, réseau de Haller et canalicules droits.	a. Partie antérieure avec les cordons génitaux (portion génitale).	a. Epoophoron et cordons médullaires de l'ovaire.
b. Paradidyme.	b. Partie postérieure (rein primordial proprement dit).	b. Paroophoron.
Canal déférent et vésicule séminale.	Canal du mésonéphros.	Canal de Gartner de certains mammifères.
Rein et uretère.	Rein définitif et uretère.	Rein et uretère.
Hydatide de l'épididyme. Utricule prostatique (utérus mâle).	Canal de Müller.	Trompe utérine et franges. Utérus et vagin.
Gubernaculum de Hunter.	Ligament inguinal du rein primordial.	Ligament rond de l'utérus et ligament de l'ovaire.
Urèthre (portion prostatique et portion membraneuse).	Sinus uro-génital.	Vestibule du vagin.
Pénis.	Tubercule génital.	Clitoris.
Portion caverneuse de l'urèthre.	Replis génitaux.	Petites lèvres.
Sac scrotal.	Bourrelets génitaux.	Grandes lèvres.

Développement des organes surrénaux.

43. Pour un certain nombre d'auteurs, l'extrémité antérieure du mésonéphros participe à la formation de l'organe surrénal. Les cordons génitaux du mésonéphros émettent des branches latérales (cordons surré-

naux) qui se séparent ensuite et se transforment chez les mammifères en les cordons cellulaires de la substance corticale de l'organe surrénal.

44. Chez les mammifères, la substance médullaire des organes surrénaux provient probablement de cellules des cordons du sympathique. Les organes surrénaux sont longtemps plus volumineux que les reins, chez l'embryon.

BIBLIOGRAPHIE

1) DÉVELOPPEMENT DE LA MUSCULATURE

Ahlborn. *Ueber die Segmentation des Wirbelthierkörpers.* Zeitschr. f. wissenschaftl. Zoologie. Vol. XL. 1884.

Chiarugi. *Sur les myotomes et sur les nerfs de la tête postérieure et de la région proximale du tronc dans les embryons des Amphibiens anoures.* Arch. ital. de biologie. T. XV.

Dohrn. *Neue Grundlagen zur Beurtheilung der Metamerie des Kopfes.* Mittheil. d. Zool. Station zu Neapel. Vol. IX. 1890.

A. Froriep. *Entwicklungsgeschichte des Kopfes.* Ergebnisse der Anatomie und Entwicklungsgeschichte de Merkel et Bonnet. 1892 et 1894.

Grenacher. *Muskulatur der Cyclostomen und Leptocardier.* Zeitschr. f. wissenschaftl. Zoologie. Vol. XVII.

Hatschek. *Die Metamerie des Amphioxus und des Ammocoetes.* Verhandl. der anat. Gesellschaft. 1892.

Oscar Hertwig. *Ueber die Muskulatur der Coelenteraten.* Sitzungsberichte der Gesellschaft für Medicin und Naturwissenschaft zu Jena. Année 1879.

Hoffmann. *Zur Entwicklungsgeschichte des Selachierkopfes.* Anat. Anzeiger. 1894.

Killian. *Zur Metamerie des Selachierkopfes.* Verhandl. der Anatom. Gesellschaft. 1891.

Kästner. *Ueber die Bildung von animalen Muskelfasern aus dem Urwirbel.* Arch. f. Anat. u. Physiologie. Anat. Abth. 1890. Suppl.

Kollmann. *Die Rumpfsegmente menschlicher Embryonen von 13-35 Urwirbeln.* Archiv für Anatomie und Physiologie. Anat. Abtheil. 1891.

A. Milnes Marshall. *On the head cavities and associated nerves of Elasmobranchs.* Quarterly Journ. of Microscop. Science. 1881.

Maurer. *Die Elemente der Rumpfmuskulatur bei Cyclostomen und höheren Wirbelthieren.* Morphol. Jahrb. Vol. XXI.

Oppel. *Ueber Vorderkopfsomiten und die Kopfhöhle von Anguis fragilis.* Archiv f. mikrosk. Anatomie. Vol. XXXVI.

Julia B. Platt. *The anterior head cavities of Acanthias.* Zool. Anz. N° 334.

— *Contribution to the morphology of the vertebrate head.* Journ. of Morph. Vol. V. 1891, et Anat. Anz. Vol. VI.

Carl Rabl. *Ueber die Metamerie des Wirbelthierkopfes.* Verhandl. der Anatom. Gesellschaft. 1892.

Anton Schneider. *Beiträge zur vergleichenden Anatomie und Entwicklungsgeschichte der Wirbelthiere.* Berlin, 1879.

— *Zur frühesten Entwicklung besonders der Muskeln der Elasmobranchier.* Zoolog. Beiträge. Vol. II. Fasc. 3. 1890.

Sedgwick. *On the origin of metameric segmentation and some other morphological questions.* Quarterly Journal of Microscop. Science. N° 5. Vol. XXIV. 1884.

Wijhe. *Ueber die Mesodermsegmente und die Entwicklung der Nerven des Selachierkopfes.* Verhandelingen der Koninklijke Akademie van Wetenschappen. Amsterdam, 1883.

— *Ueber Somiten und Nerven im Kopfe von Vögel- und Reptilienembryonen.* Zool. Anzeiger. Année IX. N° 237.

— *Ueber die Kopfsegmente und die Phylogenie des Geruchsorgans der Wirbelthiere.* Zool. Anz. Année IX. N° 238. 1886.

Zimmermann. *Ueber die Metamerie des Wirbelthierkopfes.* Verhandl. der Anatom. Gesellschaft. 1891.

2) DÉVELOPPEMENT DU SYSTÈME URINO-GÉNITAL.

Balbiani. *Leçons sur la génération des vertébrés.* Paris, 1879.

F. M. Balfour. *On the origin and history of the urogenital organs of vertebrates.* Journal of Anat. and Physiol. Vol. X. 1876.

F. M. Balfour. *On the structure and development of the vertebrate ovary.* Quart. Journ. of Micr. Science. Vol. XVIII. 1878.
— *Ueber die Entwicklung und die Morphologie der Suprarenalkörper (Nebennieren).* Biolog. Centralbl. 1881. N° 5.
F. M. Balfour et Adam Sedgwick. *On the existence of a head-kidney in the embryo chick and on certain points in the development of the Müllerian duct.* Quart. Journ. of Microscopical Science. Vol. XIX. Nouvelle série.
J. Beard. *The origin of the segmental duct in Elasmobranchs.* Anat. Anzeiger. IIe année. N° 21. 1887.
van Beneden. *Contribution à la connaissance de l'ovaire des mammifères.* Archives de Biol. Vol. I. 1880.
Boveri. *Ueber die Bildungsstätte der Geschlechtsdrüsen und die Entstehung der Genitalkammern beim Amphioxus.* Anat. Anzeiger. 1892.
— *Die Nierencanälchen des Amphioxus.* Zoologische Jahrbücher. Vol. V. 1892.
Born. *Ueber die Entwicklung des Eierstocks des Pferdes.* Archiv f. Anatomie und Physiologie. 1874.
— *Entwicklung der Ableitungswege des Urogenitalapparates und des Dammes bei den Säugethieren.* Ergebn. d. Anatomie und Entwicklungsgesch. Vol. III. 1893.
T. Bornhaupt. *Untersuchungen über die Entwicklung des Urogenitalsystems beim Hühnchen.* Dissertation. Dorpat. 1867.
F. Bramann. *Beitrag zur Lehre von dem Descensus testiculorum und dem Gubernaculum Hunteri des Menschen.* Archiv f. Anatomie u. Physiologie. Anat. Abth. Année 1884.
Braun. *Bau und Entwicklung der Nebennieren bei Reptilien.* Arbeiten aus dem zoolog.-zootom. Institut in Würzburg. Vol. V. 1879.
— *Das Urogenitalsystem der einheimischen Reptilien.* Arbeiten aus dem zoolog.-zootom. Institut in Würzburg. Vol. IV. 1877.
G. Brook. *Note on the epiblastic origin of the segmental duct in Teleostean fishes and in birds.* Proceedings of the Royal Society of Edinburgh. Vol. XIV. 1888.
A. von Brunn. *Ein Beitrag zur Kenntniss des feineren Baues und der Entwicklung der Nebennieren.* Archiv f. mikr. Anat. Vol. VIII. 1872.
H. Burger. *De ontwikkeling van de Müller'sche Gang bij de eend en de bergeend.* Tijdschr. Ned. Dierk. Vereen. IV. 3. p. 185.
Cadiat. *Mémoire sur l'utérus et les trompes.* Journal. de l'anat. et de la phys. 1884.
— *Du développement du canal de l'urèthre et des organes génitaux de l'embryon.* Journ. de l'anat. et de la phys. 1884.
S. P. Clarke. *The early development of the Wolffian body in Amblystoma punctatum.* Studies Biol. Laborat. John's Hopk. Univ. Vol. II.
Dansky et Kostenitsch. *Ueber die Entwicklung der Keimblätter und des Wolff'schen Ganges im Hühnerei.* Mémoires de l'Acad. des sciences de St. Pétersbourg. Sér. VII. T. XXVII. 1880.
Dohrn. *Ueber die Gartner'schen Canäle beim Weibe.* Archiv f. Gynäkologie. Vol. XXI. 1883.
C. Emery. *Recherches embryologiques sur le rein des mammifères.* Archives italiennes de biologie. T. IV. 1883.
Egly. *Beiträge zur Anatomie und Entwicklungsgeschichte der Geschlechtsorgane. Zur Entwicklung des Urogenitalsystems beim Kaninchen.* Dissertation de l'Université de Bâle. 1876.
W. Felix. *Die erste Anlage des Excretionssystems des Hühnchens.* Zürich, 1891.
— *Beiträge zur Entwicklungsgeschichte der Salmoniden.* Merkel-Bonnet's anat. Hefte. Vol. VIII. 1897.
Field. *The development of the pronephros and segmental duct in Amphibia.* Bull. of the Museum of Comp. Zool. at Harvard College. Vol. XXI. 1889.
W. Flemming. *Die ectoblastische Anlage des Urogenitalsystems beim Kaninchen.* Archiv für Anatomie und Physiologie. Anat. Abth. 1886.
Foulis. *The development of the ova.* Transactions of the Royal Society of Edinburgh. Vol. XXVII.
Max Fürbringer. *Zur vergl. Anatomie und Entwicklungsgeschichte der Excretionsorgane der Vertebraten.* Morph. Jahrbuch. Vol. IV. 1878.
Gasser. *Beiträge zur Entwicklungsgeschichte der Allantois, der Müller'schen Gänge und des Afters.* Dissertation inaugurale. 1874.
— *Beobachtungen über die Entstehung des Wolff'schen Ganges bei Embryonen von Hühnern und Gänsen.* Archiv f. mikrosk. Anatom. Vol. XIV. 1877.

Gasser. *Embryonalreste am männlichen Genitalapparat.* Sitzungsberichte der Marburger naturforsch. Gesellschaft. 1882.

— *Einige Entwicklungszustände der männlichen Sexualorgane beim Menschen.* Sitzungsberichte der Marburger naturforsch. Gesellschaft. 1884.

— *Zur Entwicklung von Alytes obstetricans.* Sitzungsber. der Marburger naturf. Gesellschaft. 1882.

M. Gottschau. *Structur und embryonale Entwicklung der Nebennieren bei Säugethieren.* Archiv f. Anatomie und Physiologie. Anat. Abth. 1883.

Haddon. *Suggestion respecting the epiblastic origin of the segmental duct.* Scientific Proceedings of the Royal Dublin Society. N. S. Vol. V.

N. Harz. *Beiträge zur Histologie des Ovariums der Säugethiere.* Archiv. für mikroskopische Anatomie. Vol. XXII.

Hensen. *Beobachtungen über die Befruchtung und Entwicklung des Meerschweinchens und Kaninchens.* Archiv f. Anatomie und Physiologie. 1875.

C. K. Hoffmann. *Zur Entwicklungsgeschichte der Urogenitalorgane bei den Anamnia.* Zeitschrift f. wissenschaftl. Zoologie. Vol. XLIV. 1886.

— *Étude sur le développement de l'appareil uro-génital des oiseaux.* Verhandelingen der Koninklijke Academie van Wetenschappen. Amsterdam, 1892.

— *Zur Entwicklungsgeschichte der Urogenitalorgane bei den Reptilien.* Zeitschrift für wissenschaftl. Zoologie. Vol. XLVIII. 1889.

Janosik. *Histologisch-embryologische Untersuchungen über das Urogenitalsystem.* Sitzungsber. d. Kaiserl. Akad. d. Wissenschaften zu Wien. Math.-naturw. Cl. Vol. XCI. 1885.

— *Bemerkungen über die Entwicklung der Nebenniere.* Archiv f. mikroskop. Anat. Vol. XXII. 1883.

Kaestner. *Ueber die allgemeine Entwicklung der Rumpf- u. Schwanzmuskulatur bei Wirbelthieren etc.* Archiv f. Anat. u. Physiol. Anat. Abth. 1892.

Kapff. *Untersuchungen über das Ovarium und dessen Beziehungen zum Peritoneum.* Archiv f. Anatomie und Physiologie. Anat. Abth. 1872.

Keibel. *Ueber die Harnblase und die Allantois des Meerschweinchens nebst einer Bemerkung über Entstehung des Nierenganges bei Säugern.* Anat. Anzeiger. 1893. p. 545.

Kocks. *Ueber die Gartner'schen Gänge beim Weibe.* Archiv f. Gynäkologie. XX. 1882.

Kollmann. *Ueber die Verbindung zwischen Coelom u. Nephridium.* Festschrift zur Feier des 300jährigen Bestehens der Universität Würzburg, gewidmet von der Universität Basel, 1882.

Kupffer. *Untersuchungen über die Entwicklung des Harn- und Geschlechtssystems.* Archiv f. mikroskop. Anatomie. Vol. I et II. 1865. 1866.

E. Laguesse. *Sur le développement du mésenchyme et du pronéphros chez les Sélaciens.* Compt. rendus de la société de biologie. Série IX. T. III. 1891.

M. Jules Mac Leod. *Contributions à l'étude de la structure de l'ovaire des mammifères.* Archives de biologie. Vol. I. 1880.

Marchand. *Ueber accessorische Nebennieren im Ligamentum latum.* Archiv. f. pathologische Anatomie. Vol. XCII. Berlin, 1883.

Martin. *Ueber die Anlage der Urniere beim Kaninchen.* Archiv f. Anatomie u. Physiologie. Anat. Abth. 1888.

Meyer. *Die Entwicklung der Urniere beim Menschen.* Archiv für mikroskopische Anatomie. Vol. XXXVI. 1890.

G. von Mihálkovics. *Untersuchungen über die Entwicklung des Harn- und Geschlechtsapparates der Amnioten.* Internat. Monatsschr. f. Anatomie u. Histologie. Vol. II. 1885.

Mitsukuri. *On the development of the suprarenal bodies in Mammalia.* Quarterly Journal of Microscop. Science. Vol. XXII. Publié aussi dans Studies from the morphological laboratory in the university of Cambridge. T. II. 1882.

— *The ectoblastic origin of the Wolffian duct in Chelonia.* Zoologischer Anzeiger. Année XI. 1888.

Mollier. *Ueber die Entstehung des Vornierensystems bei Amphibien.* Archiv für Anat. und Physiol. Anat. Abth. 1890.

Johannes Müller. *Bildungsgeschichte der Genitalien.* Düsseldorf, 1830.

Wilhelm Müller. *Ueber das Urogenitalsystem des Amphioxus u. der Cyclostomen.* Jenaische Zeitschrift für Naturwissenschaft. Vol. IX. Nouvelle série. Vol. II. 1875.

W. Nagel. *Ueber die Entwicklung des Urogenitalsystems des Menschen.* Archiv f. mikrosk. Anatomie. Vol. XXXIV.

— *Ueber die Entwicklung der Urethra und des Dammes beim Menschen.* Archiv für mikrosk. Anatomie. Vol. XL. 1892.

W. Nagel. *Ueber die Entwicklung des Uterus und der Vagina beim Menschen.* Archiv für mikrosk. Anatomie. Vol. XXXVII. 1891.

Neumann. *Die Beziehungen des Flimmerepithels der Bauchhöhle zum Eileiterepithel.* Archiv für mikroskop. Anatomie. Vol. XI. 1875.

J. Perenyi. *Die ectoblastische Anlage des Urogenitalsystems bei Rana esculenta und Lacerta viridis.* Zoolog. Anzeiger. Année X. 1887. N° 243.

— *Amnion und Wolff'scher Gang der Eidechsen.* Mathem. und naturwissenschaftl. Berichte aus Ungarn. Vol. VI. 1887-88. Berlin et Budapest, 1889, et Zoolog. Anz. Année XI. 1888.

E. Pflüger. *Die Eierstöcke der Säugethiere und des Menschen.* Leipzig, 1863.

Carl Rabl. *Ueber die Entwicklung des Urogenitalsystems der Selachier.* Morphol. Jahrbuch. Vol. XXIV. 1896.

H. Rabl. *Die Entwicklung und Structur der Nebennieren bei den Vögeln.* Archiv f. mikrosk. Anat. Vol. XXXVIII. 1891.

H. Rathke. *Beobachtungen und Betrachtungen über die Entwicklung der Geschlechtswerkzeuge bei den Wirbelthieren.* Neue Schriften der Naturforsch. Gesellschaft in Danzig. Vol. I. 1825.

Renson. *Contributions à l'embryologie des organes d'excrétion des oiseaux et des mammifères.* Thèse. Bruxelles, 1883. Compte-rendu dans Archiv f. mikrosk. Anat. Vol. XXII. 1883.

Riede. *Untersuchungen zur Entwicklung der bleibenden Niere.* Dissertation inaugurale. Munich, 1887.

Riedel. *Entwicklung der Säugethierniere.* Untersuchungen aus dem anatomischen Institut zu Rostock. 1874.

W. Romiti. *Ueber Bau und Entwicklung des Eierstockes und des Wolff'schen Ganges.* Archiv f. mikrosk. Anat. Vol. X. 1874.

Roth. *Ueber einige Urnierenreste beim Menschen.* Baseler Festschrift zum Würzburger Jubiläum. 1882.

A. Rosenberg. *Untersuch. über die Entwickl. der Teleostierniere.* Dissertation. Dorpat. 1867.

Rouget. *Evolution comparée des glandes génitales mâle et femelle chez les embryons des mammifères.* Compt. rend. T. LXXXVIII. 1879.

Rückert. *Entstehung des Vornierensystems.* Münchener medic. Wochenschrift. Année XXXVI. 1889.

— *Ueber die Entstehung der Excretionsorgane bei Selachiern.* Archiv f. Anatomie u. Entwicklungsgeschichte. 1888.

— *Entwicklung der Excretionsorgane.* Ergebnisse der Anatomie und Entwicklungsgeschichte de Merkel et Bonnet. 1892.

Adam Sedgwick. *Development of the kidney in its relations to the Wolffian body in the chick.* Quarterly Journal of Microscopical Science. Vol. XX. Nouvelle série. 1880.

— *On the development of the structure known as the « Glomerulus of the headkidney » in the chick.* Quarterly Journal of Microscopical Science. Vol. XX, n. s. 1880.

— *On the early development of the anterior part of the Wolffian duct and body in the chick, together with some remarks on the excretory system of the vertebrata.* Studies from the morphol. laboratory in the univers. of Cambridge. 1882. Publié aussi dans Quarterly Journal, 1881. Vol. XXI.

Richard Semon. *Die indifferente Anlage der Keimdrüsen beim Hühnchen und ihre Differenzirung zum Hoden.* Dissertation inaugurale. Iéna, 1887.

— *Studien über den Bauplan des Urogenitalsystems der Wirbelthiere.* Jenaische Zeitschrift. f. Naturw. Vol. XIX. 1891.

C. Semper. *Das Urogenitalsystem der Plagiostomen und seine Bedeutung für das der übrigen Wirbelthiere.* Würzburg, 1875.

E. A. Schäfer. *On the structure of the immature ovarian ovum in the common fowl and in the rabbit etc.* Proceedings of the Royal Society. 1880. N° 202.

E. Schmiegelow. *Studier over Testis og Epididymis Udviklings-historie.* Afhandling for Doctorsgraden. Copenhague, 1881.

— *Studien über die Entwicklung des Hodens und Nebenhodens.* Archiv f. Anatomie und Physiologie. Anat. Abth. 1882.

Siemerling. *Beiträge zur Embryologie der Excretionsorgane des Vogels.* Diss. inaug. Marburg, 1882.

Graf Ferdinand Spee. *Ueber directe Betheiligung des Ektoderms an der Bildung der Urnierenanlage des Meerschweinchens.* Archiv f. Anat. u. Physiol. Anat. Abth. 1884.

Spengel. *Das Urogenitalsystem der Amphibien.* Arbeiten aus dem zool.-zoot. Institut zu Würzburg. Vol. III. 1876.

Strahl. *Ueber den Wolff'schen Gang und die Segmentalbläschen bei Lacerta.* Sitzungsbericht d. Ges. z. Bef. d. ges. Naturw. zu Marburg. 1886.

van Erp Taalman Kip. *De ontwikkeling der Müller'sche Gang bij Zoogdieren.* Proefschrift. Leyde, 1893.

Toldt. *Untersuchungen über Wachsthum der Nieren des Menschen und der Säugethiere.* Sitzungsber. d. k. Akad. d. Wissensch. in Wien. 1874.

Tourneux et Legay. *Mémoire sur le développement de l'utérus et du vagin.* Robin et Pouchet. Journal de l'anat. et de la physiol. 1884.

— *Sur les premiers développements du cloaque, du tubercule génital et de l'anus chez l'embryon de mouton.* Journal de l'anatomie. XXIV. 1888.

Tourneux. *Sur le développement et l'évolution du tubercule génital chez le fœtus humain dans les deux sexes.* Journal de l'anatomie et de la physiologie. XXV. Paris, 1889.

— *Atlas d'embryologie. Développement des organes génito-urinaires chez l'homme.* V. I. 1894. Lille. (Trav. et mémoir. des facultés de Lille.)

Vialleton. *Développement postembryonnaire du rein de l'Ammocète.* Compt. rend. T. CXI.

Waldeyer. *Ueber die sogenannte ungestielte Hydatide der Hoden.* Archiv f. mikrosk. Anat. Vol. XIII. 1877.

— *Eierstock und Ei. Ein Beitrag zur Anatomie u. Entwicklungsgeschichte der Sexualorgane.* Leipzig, 1870.

Weiss. *Excretory tubules in Amphioxus lanceolatus.* Quart. Journ. of Microsc. Science. Vol XXXI. 1890.

Weldon. *On the head kidney of Bdellostoma with a suggestion as to the origin of the suprarenal bodies.* Quarterly Journal of Microsc. Science. Vol. XXIV. 1884.

— *Note on the origin of the suprarenal bodies of vertebrates.* Proceed. of the royal society. Vol. XXXVII.

— *On the suprarenal bodies of vertebrata.* Quarterly Journal of Microsc. Science. Vol. XXV. 1885.

— *Note on the early development of Lacerta muralis.* Quarterly Journal of Microsc. Science. 1883.

Wiedersheim. *Ueber die Entwicklung des Urogenitalapparates bei Krokodilen und Schildkröten.* Archiv f. mikroskopische Anatomie. Vol. XXXVI.

G. Wieger. *Ueber die Entstehung und Entwicklung der Bänder des weiblichen Genitalapparates beim Menschen.* Ein Beitrag zur Lehre des Descensus ovariorum. Archiv f. Anatomie u. Physiologie. Anat. Abth. 1885.

J. W. van Wijhe. *Die Betheiligung des Ektoderms an der Entwicklung des Vornierenganges.* Zoologischer Anzeiger. N° 236. 1886.

— *Ueber die Mesodermsegmente des Rumpfes und die Entwicklung des Excretionssystems bei Selachiern.* Archiv f. mikrosk. Anatomie. Vol. XXXIII.

CHAPITRE SEIZIÈME

ORGANES DÉRIVÉS DU FEUILLET EXTERNE

Le feuillet externe de l'embryon (ectoderme) a longtemps été appelé feuillet sensorio-cutané. Cette dénomination indiquait ses deux fonctions essentielles. C'est, en effet, à ses dépens, que se forment, d'une part, l'épiderme et ses nombreux produits : poils, ongles, écailles, cornes, plumes, glandes sébacées, sudoripares et mammaires. C'est lui, d'autre part, qui donne naissance au système nerveux ainsi qu'aux parties essentielles des organes des sens : aux cellules visuelles, auditives et olfactives.

Nous nous occuperons d'abord des formations ectodermiques dont la fonction est la plus importante, c'est-à-dire du système nerveux; puis, des organes des sens (œil, organe auditif et organe olfactif). Enfin nous étudierons le développement de la peau et des organes épidermiques.

1. — Développement du système nerveux.

A. — Système nerveux central.

Le système nerveux central des vertébrés est un des organes qui commencent à se former dès que les quatre feuillets primordiaux se trouvent différenciés. Comme nous l'avons dit déjà, il se développe aux dépens d'une large bandelette de l'ectoderme (fig. 69, A), la plaque médullaire (*pm*), étendue de l'extrémité antérieure à l'extrémité postérieure de l'ébauche de l'embryon, dans le plan médian, au-dessus de la corde dorsale (*cd*). Dans l'étendue de la plaque médullaire, les cellules de l'ectoderme deviennent cylindriques ou fusiformes, tandis qu'au voisinage elles s'aplatissent (*ep*) et même, dans certains cas, deviennent pavimenteuses. L'ectoderme se trouve ainsi divisé en un *feuillet corné* (*ep*), mince, et en une *plaque médullaire* ou *neurale* (*pm*), plus épaisse.

Les limites entre ces deux régions de l'ectoderme ne tardent pas à devenir très nettes, ce qui est dû à ce que les bords de la plaque médullaire se recourbent légèrement vers la face dorsale de l'embryon (fig. 69, B). Ainsi se forment deux *bourrelets* ou *replis médullaires* (*rm*), qui délimitent latéralement une *gouttière médullaire* (sillon dorsal), large et peu profonde au début. Ce sont donc de simples replis de l'ectoderme, qui apparaissent au point où la plaque médullaire se continue avec le feuillet corné. Ils se composent d'une couche externe, qui fait partie du feuillet corné, et d'une couche interne, qui appartient à la portion marginale de la plaque médullaire.

Chez tous les vertébrés, la gouttière médullaire se transforme en un *tube* ou *canal médullaire*, à une période reculée du développement. Ce phénomène peut s'accomplir de trois manières. Chez la plupart des vertébrés, chez tous les amniotes notamment, le canal médullaire se forme par un processus de plissement typique. Les bourrelets médullaires se soulèvent à la surface de l'ébauche de l'embryon; puis ils s'infléchissent vers la ligne médiane, se rapprochent l'un de l'autre et finissent par se toucher par leur bord. Ils commencent alors à se souder dans le plan médian. Le canal ainsi formé se trouve encore réuni, le long de la suture médiane, au feuillet corné sus-jacent. Mais cette union ne tarde pas à disparaître, les cellules qui la réalisaient se séparant les unes des autres (fig. 69, C). La fermeture du canal médullaire commence, chez tous les vertébrés, au point correspondant au cerveau moyen futur. Chez le poulet (fig. 115, vc^2), ce phénomène s'accomplit au deuxième jour de l'incubation; chez le lapin, au neuvième jour après la fécondation. De ce point, la fermeture progresse lentement à la fois d'arrière en avant et d'avant en arrière. En arrière, il persiste longtemps une région où le canal reste ouvert. Enfin, nous avons dit précédemment (p. 154) qu'à son extrémité postérieure le canal médullaire communique avec le tube digestif, par l'intermédiaire du canal neurentérique, lorsque le blastopore s'est fermé.

Le *deuxième mode* de formation du système nerveux central se présente chez les cyclostomes et les poissons osseux. La plaque médullaire, au lieu de se transformer en un tube creux, se transforme en un cordon cellulaire plein. Cela revient à dire que les deux moitiés droite et gauche de la plaque s'appliquent l'une contre l'autre, sans laisser d'espace entre elles. Ce n'est que plus tard, lorsque le cordon cellulaire s'est détaché complètement du feuillet corné, que ses deux moitiés latérales s'écartent l'une de l'autre, ce qui donne naissance à une petite cavité, à un canal central. Il est probable que cette modification du processus est due à ce que la membrane vitelline est très intimement accolée à la surface de l'œuf, ce qui ne permet pas aux bourrelets médullaires de se soulever.

Le *troisième mode* de formation du système nerveux central se rencontre chez Amphioxus lanceolatus. Nous l'avons décrit précédemment (p. 138).

Le canal médullaire ne reste indivis que chez l'Amphioxus. Chez tous les autres vertébrés il se divise en deux parties : la moelle épinière et le cerveau.

1. Moelle épinière.

La partie du tube neural qui se transforme en la moelle épinière offre, à la coupe transversale, une forme ovalaire (fig. 264). Elle se montre, dès le début, divisée en une moitié gauche et en une moitié droite (fig. 299 et 300). En effet, en ce moment, ses parois latérales sont

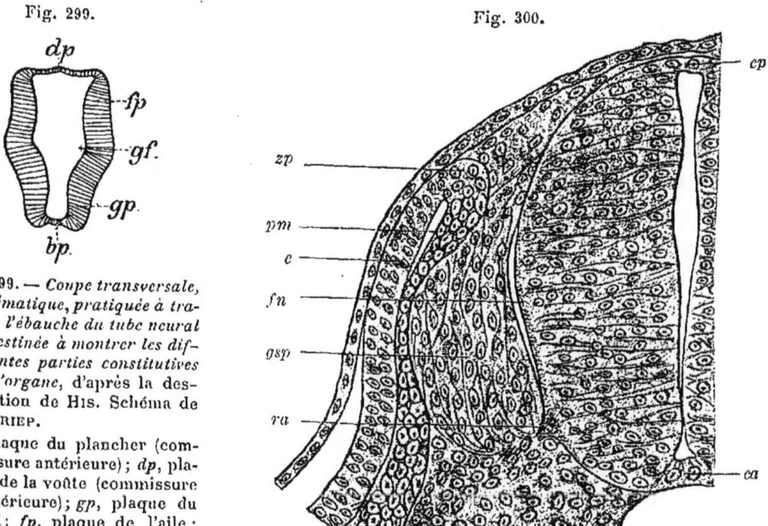

Fig. 299. — *Coupe transversale, schématique, pratiquée à travers l'ébauche du tube neural et destinée à montrer les différentes parties constitutives de l'organe*, d'après la description de His. Schéma de Froriep.

bp, plaque du plancher (commissure antérieure) ; *dp*, plaque de la voûte (commissure postérieure) ; *gp*, plaque du fond ; *fp*, plaque de l'aile ; *gf*, sillon délimitant.

Fig. 300. — *Coupe transversale d'un embryon de lézard, dont le tube digestif est complètement fermé*, d'après Sagemehl.

cp, commissure postérieure de la moelle épinière ; *ca*, commissure antérieure ; *ra*, racine antérieure d'un nerf spinal ; *fn*, fibrilles nerveuses ; *gsp*, ganglion spinal ; *pm*, plaque musculaire ; *c*, couche externe du segment primordial ; *zp*, zone de prolifération de la plaque musculaire.

fort épaisses et consistent en plusieurs assises de cellules cylindriques, tandis que ses parois supérieure ou dorsale et inférieure ou ventrale sont minces et peuvent être considérées comme constituant respectivement une commissure postérieure (plaque de la voûte, Deckplatte de His) et une commissure antérieure (plaque du plancher, Bodenplatte de His) (fig. 299, *cp*, *ca*).

La paroi du tube neural est donc formée par deux bandes épaisses et par deux bandes plus minces, comme c'est encore d'ailleurs le cas lorsque la moelle épinière a acquis sa structure définitive. On peut par conséquent encore, dans la structure définitive de l'organe, reconnaître très nettement l'origine paire et symétrique du tube médullaire, qui s'est formé aux dépens de deux plaques neurales longitudinales, qui délimitaient primitivement le blastopore, lorsque ce dernier constituait une fente longitudinale. La commissure antérieure, dans l'étendue de laquelle il ne se forme pas de cellules ganglionnaires, mais dont les cellules épithéliales primitives se transforment uniquement en une substance de soutien de nature épithéliale, représente la ligne de fusionnement des lèvres du blastopore. La commissure postérieure, au contraire, représente la ligne de suture, de formation plus tardive, suivant laquelle la gouttière médullaire s'est fermée, pour se transformer en tube médullaire.

Les deux moitiés latérales épaissies (fig. 299) se subdivisent encore ultérieurement en une zone longitudinale dorsale (*fp*) et en une zone longitudinale ventrale (*gp*), auxquelles His a donné respectivement les noms de plaque de l'aile (Flügelplatte) et de plaque du fond (Grundplatte). Ces deux zones sont séparées l'une de l'autre par un sillon, d'ailleurs peu marqué, le sillon délimitant (Grenzfurche de His). Cette subdivision est en relation avec la formation distincte des couches ganglionnaires sensible et motrice.

Avec His, dont la manière de voir a été admise par S. Minot et autres auteurs, nous pouvons donc distinguer, dans la moelle épinière embryonnaire aussi bien que dans la moelle complètement développée, quatre bandes longitudinales, deux d'entre elles pouvant, à leur tour, se diviser en deux zones distinctes :

1° La plaque médullaire gauche;

2° La plaque médullaire droite, chacune de ces plaques se composant :

a. D'une zone longitudinale dorsale, sensible;

b. D'une zone longitudinale ventrale, motrice;

3° La commissure antérieure ou plaque du plancher, qui représente la ligne de suture des lèvres du blastopore;

4° La commissure postérieure ou plaque de la voûte, qui représente la ligne de suture du tube médullaire.

Dans la suite du développement, dont nous n'indiquerons que les traits essentiels, les plaques médullaires droite et gauche s'épaississent rapidement et considérablement. Leurs cellules constitutives se multiplient très activement, dès les premiers stades du développement. On y constate aisément ce fait intéressant, sur lequel Altmann a le premier attiré l'attention, que toutes les figures de division nucléaire, qui sont parfois très nombreuses, siègent toujours vers la face interne du tube neural, autour du canal central. Ce fait se constate également dans le développement des vésicules cérébrales. Cela est surtout intéressant si l'on considère que les plaques médullaires proviennent du feuillet externe de l'embryon, c'est-à-dire qu'elles faisaient primitivement partie de l'épiderme. Si l'on compare alors le mode de multiplication des éléments dans les deux produits différents du feuillet externe, dans l'épiderme et le tube neural, on observe qu'il est exactement inverse. En effet, la multiplication des cellules dans ces deux organes, qui constituent l'un comme l'autre un épithélium stratifié, s'effectue dans des couches opposées. Dans l'épiderme, elle se fait dans la couche profonde du corps muqueux de Malpighi, adjacente au tissu conjonctif, tandis que dans le tube neural, elle a lieu dans la couche qui délimite le canal central, laquelle correspond à la couche cornée de l'épiderme. Le tube neural et l'épiderme ont donc, en raison des conditions différentes dans lesquelles s'accomplit le processus de leur développement, des faces d'accroissement ou de multiplication de leurs parties élémentaires, orientées d'une façon différente.

Les cellules du tube neural se différencient bientôt en deux groupes, différents au point de vue histologique : 1° certains éléments se transforment de façon à constituer la charpente de soutien : l'épithélium du canal central et la névroglie (spongioblastes de His); 2° les autres se transforment en cellules ganglionnaires et en fibres nerveuses (neuroblastes de His).

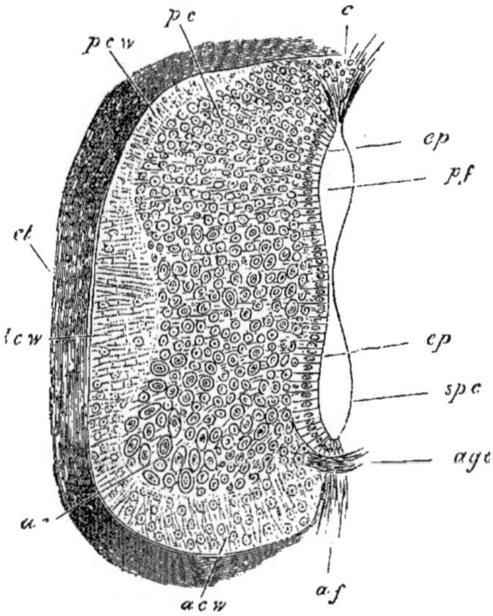

Lors de ce dernier processus il se produit encore une séparation. Les fibres nerveuses, dont le nombre augmente progressivement, se disposent en dehors de la masse des cellules ganglionnaires et se groupent peu à peu dans les cordons antérieurs, latéraux et postérieurs de la moelle (fig. 301, *acw*, *lcw*, *pcw*). Au début les fibres nerveuses sont dépourvues d'une gaine de myéline (fig. 300, *fn*); elles s'entourent d'une gaine de myéline, les unes plus tôt, les autres plus tard. De cette façon, les deux moitiés, déjà fortement épaissies, de la moelle épinière se trouvent subdivisées en une substance grise centrale, contenant les cellules ganglionnaires, et en une substance blanche superficielle, qui forme une sorte de manteau à la substance grise.

Fig. 301. — *Coupe transversale de la moelle épinière d'un embryon de poulet de 7 jours*, d'après Balfour.
pcw, cordon postérieur; *lcw*, cordon latéral; *acw*, cordon antérieur; *c*, tissu remplissant l'espace où se développera le sillon médian postérieur; *pc*, corne postérieure; *ac*, corne antérieure; *ep*, cellules épithéliales; *agc*, commissure grise antérieure; *pf*, partie postérieure du canal neural; *af*, sillon médian antérieur.

Pendant que ces phénomènes se passent, les deux commissures, qui n'y participent nullement, se développent peu : elles ne se différencient pas en cellules ganglionnaires. Elles arrivent ainsi à se trouver de plus en plus profondément placées, au fond d'un *sillon médian antérieur* et d'un *sillon médian postérieur* (fig. 301, *af*, *c*). Finalement, la moelle épinière, arrivée à son complet développement, se compose de deux moitiés latérales volumineuses, séparées l'une de l'autre par les deux sillons médians devenus très profonds; elles ne sont plus unies que par un mince pont de substance compris entre les fonds des deux sillons. Ce pont de substance dérive des deux commissures, qui ont cessé de se développer : il est traversé, en son milieu, par le *canal central*, resté très petit.

Au début, la moelle épinière occupe toute la longueur du tronc. Chez l'homme il en est encore ainsi au quatrième mois de la vie fœtale. Au moment où le squelette axial s'est divisé en vertèbres, elle s'étend donc depuis la première vertèbre cervicale jusqu'à la dernière coccygienne. Cependant l'extrémité postérieure de l'organe ne forme pas de cellules ganglionnaires, ni de fibres nerveuses : elle persiste pendant toute la vie sous la forme d'un tube épithélial étroit. La partie antérieure, la plus longue, de la moelle, transformée comme nous l'avons dit plus haut, en substance blanche et en substance grise, se continue avec ce tube épithélial par l'intermédiaire d'une portion conique amincie, connue en anatomie descriptive sous le nom de *cône terminal.*

Aussi longtemps que la moelle épinière s'accroît dans la même mesure que la colonne vertébrale, les nerfs spinaux en partent à angle droit pour gagner directement les trous intervertébraux et sortir du canal rachidien. Chez l'homme, cette disposition change à partir du quatrième mois de la vie intra-utérine. Dès ce moment, la moelle épinière ne s'accroît plus autant que la colonne vertébrale; elle ne peut donc plus occuper toute la longueur du canal rachidien. Or, comme à son extrémité supérieure elle est fixée à la moelle allongée, laquelle est fixée avec le cerveau à l'intérieur du crâne, il en résulte qu'elle doit remonter dans le canal rachidien. Au sixième mois, le cône terminal se trouve, en effet, au niveau de l'extrémité supérieure du canal sacré; au moment de la naissance, au niveau de la troisième vertèbre lombaire et enfin, un an plus tard, au niveau du bord inférieur de la première vertèbre lombaire. C'est là aussi qu'on le trouve chez l'adulte.

Pendant que s'accomplit cette espèce d'ascension de la moelle épinière, l'extrémité de l'organe, c'est-à-dire le mince tube épithélial qui est fixé au coccyx s'étire en un long filament, qui persiste chez l'adulte où il porte le nom de *filum terminale.* A son extrémité supérieure, le filum terminale renferme encore une petite cavité, délimitée par un épithélium cylindrique vibratile : c'est un prolongement du canal central de la moelle. Plus bas, il se présente sous la forme d'un cordon de tissu conjonctif qui s'étend jusqu'au coccyx.

L'ascension de la moelle entraîne encore une autre conséquence : *un changement dans le trajet intra-rachidien des nerfs spinaux.* Leurs racines s'étant rapprochées de la tête en même temps que la moelle épinière, à l'intérieur du canal rachidien, tandis que les trous intervertébraux, par lesquels ils sortent, n'ont pas changé de place, il en résulte que leur trajet intra-rachidien est d'autant plus oblique qu'ils naissent d'un point plus rapproché de l'extrémité inférieure de la moelle. C'est ainsi que leur trajet dans la région cervicale est encore transversal;

dans la région thoracique, il devient de plus en plus oblique ; enfin dans la région lombaire et surtout dans la région sacrée, il est presque parallèle à la direction de la moelle. Aussi les troncs nerveux qui naissent de la dernière partie de la moelle décrivent un assez long trajet à l'intérieur du canal rachidien avant d'arriver aux trous sacrés, qu'ils doivent traverser. Dans leur trajet intra-rachidien ils entourent le cône terminal et le filum terminale et constituent la queue de cheval.

Enfin, la moelle épinière éprouve aussi quelques modifications dans sa forme. Déjà, pendant le troisième et le quatrième mois, apparaissent des différences d'épaisseur entre les diverses régions de l'organe. Au niveau des points d'émergence des nerfs périphériques destinés aux membres supérieurs et aux membres inférieurs, c'est-à-dire dans la région cervicale et dans la région lombaire, la moelle épinière s'épaissit, parce qu'elle renferme un plus grand nombre de cellules ganglionnaires. Ainsi se forment le *renflement cervical* et le *renflement lombaire*, qui deviennent de plus en plus prononcés.

2. Cerveau.

L'étude du développement du cerveau a contribué beaucoup à perfectionner nos connaissances sur l'anatomie de cet organe. Aussi est-ce à bon droit que dans les traités d'anatomie modernes on prend comme base de la description les données embryologiques. On cherche ainsi à expliquer les dispositions plus complexes réalisées chez l'adulte en les rattachant aux dispositions embryonnaires beaucoup plus simples.

Comme la moelle épinière, le cerveau consiste primitivement en un tube simple. Bientôt cependant, avant même qu'il soit complètement fermé, ce tube se divise en plusieurs parties. Ce phénomène est dû à ce qu'en certains points de son étendue il se développe plus rapidement qu'en d'autres points. Les parois latérales du tube cérébral présentent deux rétrécissements qui le divisent en *trois vésicules cérébrales primaires* (fig. 115, vc^1, v^2, v^3), communiquant largement entre elles. On les désigne respectivement sous les noms de *vésicule cérébrale antérieure*, *vésicule cérébrale moyenne* et *vésicule cérébrale postérieure*. Cette dernière est la plus allongée : elle se rétrécit progressivement et se continue avec la moelle épinière.

Beaucoup d'auteurs, tels par exemple que Kupffer dans ses études récentes sur l'embryologie comparée de la tête des crâniotes, His, S. Minot, etc., ont tenté d'introduire des modifications dans la subdivision du cerveau embryonnaire en trois ou cinq vésicules. Mais tant que tout le monde n'est pas d'accord sur cette question, il convient, dans un Traité destiné à l'enseignement, de modifier le moins possible la terminologie généralement adoptée. Toutefois, me fondant sur des considérations d'un autre ordre je n'emploierai le terme « vésicule cérébrale » que pour désigner les trois vésicules primaires, formées par un double étranglement du tube neural, et je réserverai le nom d' « ébauches » pour désigner les diverses parties du cerveau qui se forment aux dépens des trois vésicules primaires. C'est ainsi, par exemple, que je ne dirai plus la « vésicule cérébelleuse » mais l'ébauche du cervelet.

Les trois vésicules cérébrales primaires, et tout spécialement la première, subissent bientôt des modifications. Les parois latérales de la vésicule cérébrale antérieure s'accroissent rapidement et s'évaginent latéralement : ces deux évaginations constituent les deux vésicules optiques primaires (fig. 302, *vop*). Peu de temps après, ces vésicules optiques commencent à se séparer plus nettement et elles finissent par n'être plus rattachées à la vésicule cérébrale antérieure que par un mince pédicule creux (fig. 303, *vop*). Ces pédicules sont en continuité avec la base (plancher) de la vésicule cérébrale antérieure, parce que l'étranglement se fait surtout de haut en bas. Ensuite, la paroi antérieure de la vésicule cérébrale antérieure s'évagine, à son tour, en avant et se sépare par un sillon latéral, dirigé obliquement de haut en bas et d'arrière en avant (fig. 303). De cette façon, la vésicule cérébrale antérieure primaire se trouve subdivisée en deux parties, qui sont les ébauches du cerveau antérieur (*ca*) et du cerveau intermédiaire (*ci*). Les deux nerfs optiques (pédicules optiques) sont alors en continuité avec le plancher du cerveau intermédiaire.

Fig. 302.

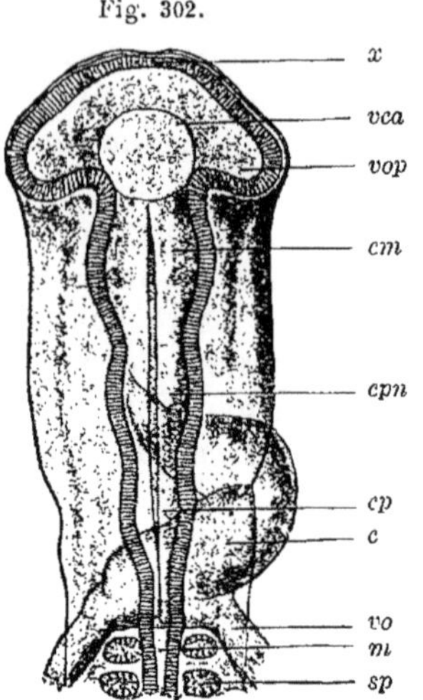

Fig. 302. — *Tête d'un embryon de poulet de 58 heures, vue par sa face dorsale, à la lumière réfléchie.* 40 diam. D'après MIHALKOVICS.

x, paroi antérieure de la vésicule cérébrale antérieure : elle s'évaginera plus tard pour former le cerveau antérieur; *vca*, vésicule cérébrale antérieure; *vop*, vésicule optique primaire; *cm*, vésicule cérébrale moyenne; *cpn*, ébauche du cervelet; *cp*, cerveau postérieur; *c*, cœur; *vo*, veine omphalo-mésentérique; *m*, moelle épinière; *sp*, segment primordial.

Fig. 303.

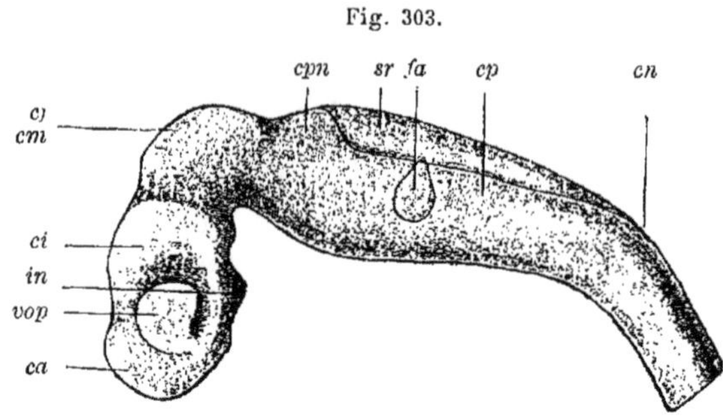

Fig. 303. — *Cerveau d'un embryon humain de 3 semaines.* Reconstruction de HIS (embryon *Lg*).

ca, ébauche du cerveau antérieur; *ci*, ébauche du cerveau intermédiaire; *cm*, vésicule cérébrale moyenne; *cpn*, ébauche du cervelet; *cp*, cerveau postérieur; *vop*, vésicule optique primaire; *in*, infundibulum; *sr*, voûte du sinus rhomboïdal; *cf*, courbure faciale; *cn*, courbure nucale; *fa*, vésicule auditive.

Ce qui caractérise l'ébauche du cerveau antérieur, c'est qu'elle augmente rapidement de volume et ne tarde pas à l'emporter sur toutes les autres parties du cerveau. Mais, auparavant, elle se divise encore en une moitié gauche et une moitié droite. Voici comment. Le tissu conjonctif qui l'entoure envoie une lame médiane, la future faux du cerveau, qui se développe d'avant en arrière et de haut en bas, c'est-à-dire en sens inverse du cerveau antérieur, dont elle repousse vers le bas la paroi supérieure. Cette cloison finit par s'engager profondément et divise le cerveau antérieur en deux moitiés latérales, appelées *vésicules hémisphériques* parce qu'elles deviennent plus tard les hémisphères cérébraux (fig. 304, *hg*). Elles sont séparées l'une de l'autre par une scissure médiane profonde, la *scissure interhémisphérique* (*si*), et sont en continuité, par leur base, au fond de cette scissure. Chaque vésicule hémisphérique présente par conséquent une face interne, plane, et une face externe, convexe.

Quant à la troisième vésicule cérébrale, qui au début constituait la partie la plus longue de l'ensemble du tube cérébral, sa paroi supérieure ou dorsale s'amincit notablement dans la majeure partie de son étendue (fig. 303, *sr*), sauf toutefois dans l'étendue d'une petite zone (*cpn*), située immédiatement en arrière de l'étranglement qui sépare la vésicule cérébrale postérieure de la vésicule cérébrale moyenne (*cm*). On peut donc déjà distinguer dès maintenant dans la vésicule cérébrale postérieure deux parties du cerveau qui sont nettement séparées

Fig. 304.

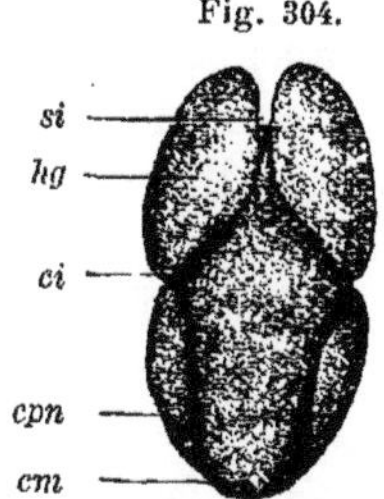

Fig. 305.

Fig. 304. — *Cerveau d'un embryon humain de 7 semaines, vu par le vertex,* d'après Mihalkovics.
si, scissure interhémisphérique, au fond de laquelle se voit la lame terminale; *hg*, hémisphère cérébral gauche; *ci*, cerveau intermédiaire; *cm*, cerveau moyen; *cpn*, cerveau pénultième et cerveau postérieur.

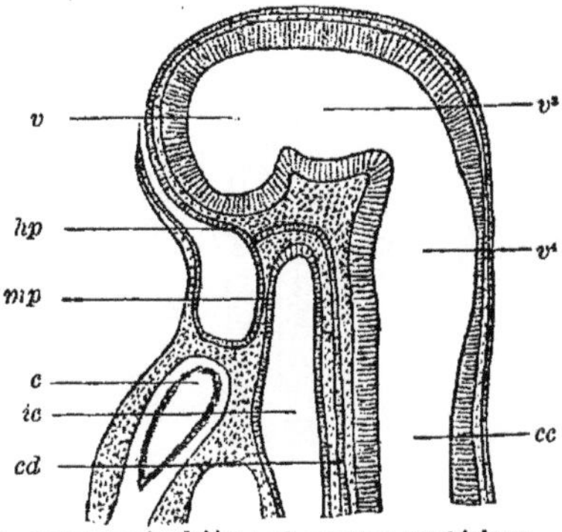

Fig. 305. — *Coupe verticale et médiane de la tête d'un embryon de lapin, long de 6 mm.,* d'après Mihalkovics.
mp, membrane pharyngienne; *hp*, point d'où procédera la poche de Rathke (poche hypophysaire); *c*, cœur; *ic*, intestin céphalique; *cd*, corde dorsale; *v*, cavité du cerveau antérieur; v^3, cavité du cerveau intermédiaire (3e ventricule); v^4, cavité des cerveaux penultième et postérieur (4e ventricule); *cc*, canal central de la moelle épinière.

plus tard : 1° l'ébauche du cervelet (cerveau pénultième ou epencéphalon) (fig. 303 *cpn*) et 2° l'ébauche de la moelle allongée (cerveau postérieur ou métencéphalon) (*cp*).

Ces diverses parties du cerveau, qui résultent de la formation d'invaginations et d'évaginations ou d'épaississement inégal du tube cérébral primitif, se séparent ensuite plus nettement encore, parce qu'elles éprouvent des changements dans leur situation réciproque.

Au début, les trois vésicules cérébrales primaires sont placées en ligne droite, les unes derrière les autres (fig. 103) au-dessus de la corde dorsale, qui se termine en pointe au niveau de l'extrémité antérieure de la vésicule moyenne. A partir du moment où commencent à apparaître les vésicules optiques primaires, l'axe longitudinal du cerveau décrit des inflexions caractéristiques, appelées *courbure faciale*, *courbure du pont* et *courbure nucale* (fig. 303, *cf*, *cn*.)

La formation des inflexions, importante au point de vue de l'anatomie du cerveau, est due principalement à ce fait que l'organe tout entier, et surtout sa paroi dorsale, s'allonge beaucoup plus que les organes voisins. Il résulte, en effet, des mensurations faites par His que, pendant que l'ébauche du cerveau double de longueur, la moelle épinière ne s'allonge que d'un sixième de sa longueur totale.

C'est la *courbure faciale* (fig. 303, *cf*) qui se montre la première. Le plancher du cerveau antérieur s'infléchit légèrement autour de l'extrémité antérieure de la corde dorsale (fig. 305, *cd*) et forme d'abord un angle droit, puis plus tard un angle aigu (fig. 303 et 306) avec le plancher de la partie postérieure du cerveau. Il en résulte que le *cerveau moyen* (fig. 303, *cm*) correspond alors au sommet de la tête, c'est-à-dire à une saillie de la surface de l'embryon, que l'on désigne sous le nom d'*éminence apicale* (fig. 215, *Eap*).

Fig. 306.

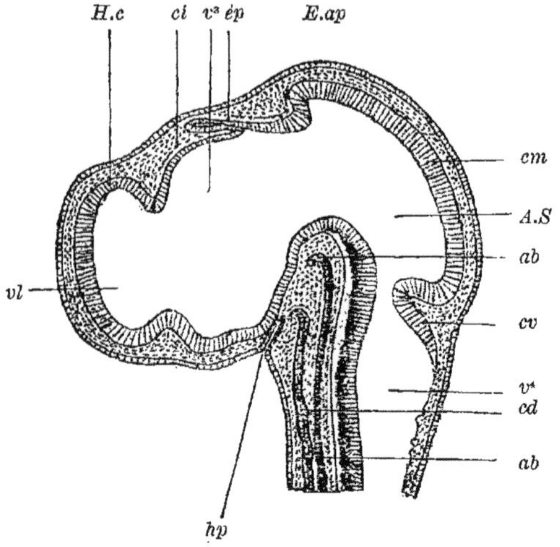

Fig. 307.

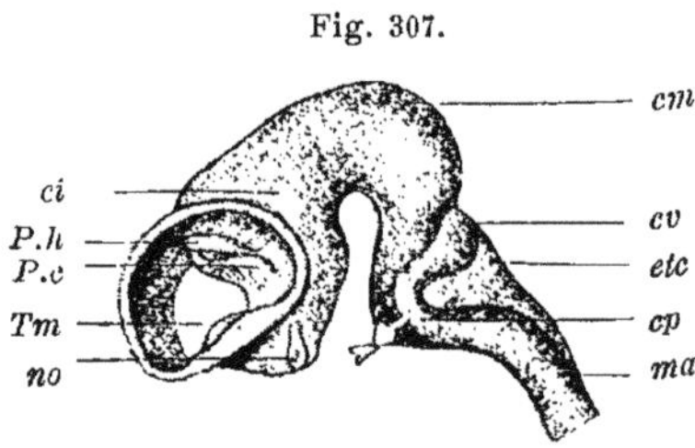

Fig. 306. — *Coupe médiane et sagittale de la tête d'un embryon de poulet de 4 1/2 jours,* d'après MIHALKOVICS.

E.ap, éminence apicale; *vl*, ventricule latéral; v^3, troisième ventricule; v^4, quatrième ventricule (sinus rhomboïdal); *H.C*, vésicule hémisphérique (hémisphère cérébral); *ci*, cerveau intermédiaire; *cm*, cerveau moyen; *cv*, cervelet; *ep*, diverticule épiphysaire; *hp*, poche hypophysaire ou de RATHKE; *cd*, corde dorsale; *ab*, artère basilaire; *A.S*, aqueduc de SYLVIUS.

Fig. 307. — *Cerveau d'un embryon de lapin de 16 mm., vu par sa face latérale gauche. La paroi externe de l'hémisphère cérébral gauche a été sectionnée.* D'après MIHALKOVICS.

no, nerf optique; *TM*, trou de MONRÔ; *Pc*, pli choroïdien; *Ph*, pli d'Ammon ou du grand hippocampe; *ci*, cerveau intermédiaire; *cm*, cerveau moyen (courbure faciale); *cv*, cervelet; *etc*, épithélium de la toile choroïdienne du quatrième ventricule; *cp*, courbure du pont; *ma*, moelle allongée.

La *courbure nucale*, qui correspond à la limite entre le cerveau postérieur et la moelle épinière (fig. 303, *cn*) est moins marquée. Elle détermine, chez l'embryon des vertébrés supérieurs, la formation d'une saillie superficielle, appelée *éminence nucale* (fig. 215).

La troisième inflexion du cerveau, appelée par KÖLLIKER *courbure du pont* (fig. 307, *cp*) parce qu'elle se forme dans la région où se développe plus tard le pont de VAROLE, est très prononcée. Elle se distingue des deux autres, par ce fait que sa convexité au lieu d'être tournée vers la face dorsale de l'embryon, est dirigée vers sa face ventrale. Elle se forme entre le plancher de l'ébauche du cervelet et celui de la moelle allongée. Elle constitue une saillie ventrale importante, dans laquelle apparaissent ultérieurement les fibres transverses du pont de VAROLE.

L'importance de ces courbures varie beaucoup dans les diverses classes des vertébrés. C'est ainsi que, chez les vertébrés inférieurs (cyclostomes, poissons, amphibiens), la courbure faciale est très peu prononcée, tandis qu'elle est très marquée chez les amniotes. Chez l'homme, qui possède le cerveau le plus volumineux, toutes les courbures sont très accentuées.

Les trois vésicules cérébrales primaires constituent une base morphologique naturelle pour une description rationnelle de l'organe. On peut, en effet, y rattacher les diverses parties du cerveau. L'étude du développement nous apprend que la vésicule cérébrale postérieure donne naissance à la moelle allongée, au vermis, aux deux hémisphères du cervelet et au pont de VAROLE ou protubérance annulaire; la vésicule cérébrale moyenne, aux pédoncules cérébraux et aux tubercules quadrijumeaux; la vésicule cérébrale antérieure, au cerveau intermédiaire avec l'infundibulum, la glande pinéale et les couches optiques ainsi qu'aux deux hémisphères cérébraux.

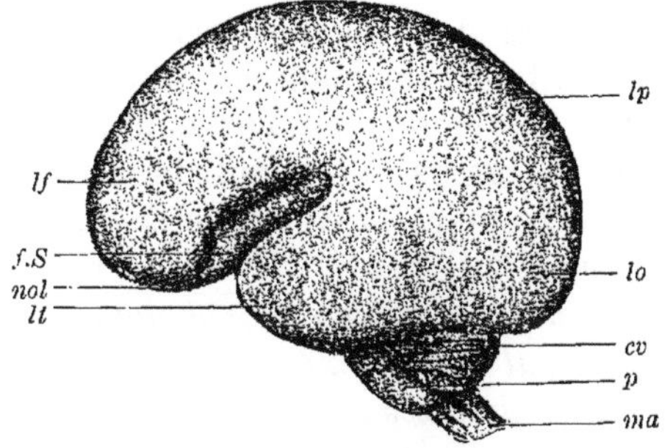

Fig. 308. — *Cerveau d'un embryon humain de 4 1/2 mois, vu par sa face externe.* Grandeur naturelle. D'après MIHALKOVICS.

lf, lobe frontal; *lp*, lobe pariétal; *lo*, lobe occipital; *lt*, lobe temporal; *fS*, fosse ou scissure de SYLVIUS; *nol*, nerf olfactif; *cv*, cervelet; *p*, protubérance annulaire ou pont de VAROLE; *ma*, moelle allongée.

Pendant que s'opèrent ces transformations des parois, la cavité du tube cérébral primitif se subdivise de façon à former les ventricules du cerveau. La cavité de la vésicule cérébrale postérieure (3me vésicule primaire) devient le quatrième ventricule, encore appelé sinus rhomboïdal; la cavité de la vésicule cérébrale moyenne (2me vésicule primaire) devient l'aqueduc de SYLVIUS; enfin, aux dépens de la cavité de la vésicule cérébrale antérieure (1re vésicule primaire), se forment le troisième ventricule et les deux ventricules latéraux, que l'on appelle encore premier et second ventricules.

Quelques mots suffiront pour faire comprendre comment les parties essentielles du cerveau se forment aux dépens des trois ébauches vésiculeuses primaires de l'organe et comment elles subissent, en outre, des différenciations histologiques et morphologiques les plus variées.

Au point de vue histologique, les parois des vésicules cérébrales sont primitivement formées, comme celles de la moelle épinière, exclusivement par des cellules fusiformes serrées les unes contre les autres et dont la multiplication active s'effectue à la face interne de la paroi de la vésicule, c'est-à-dire du côté de la cavité ventriculaire (voir p. 492). Les modifications que subissent ces cellules sont variables. En certains points elles conservent leur caractère épithélial et constituent : 1° à la voûte du cerveau intermédiaire et du cerveau postérieur, l'épithélium des plexus choroïdes; 2° l'épendyme qui délimite immédiatement les ventricules du cerveau; 3° des organes folliculaires, comme l'épiphyse (fig. 315). Dans la majeure partie des parois des vésicules cérébrales, les cellules se multiplient d'une manière extraordinaire et se transforment en des couches plus ou moins épaisses de cellules ganglionnaires et de fibres nerveuses. La répartition de la substance grise et de la substance blanche, ainsi formées, n'affecte pas la régularité qu'elle nous offre dans la moelle épinière. Toutefois, dans chaque partie du cerveau se trouvent des noyaux gris qui, comme les cornes grises antérieures et postérieures de la moelle, sont entourés par un manteau de substance blanche. En outre, les deux parties du cerveau qui prennent le plus grand développement, les hémisphères cérébraux et le cervelet, présentent des couches grises renfermant des cellules ganglionnaires et constituant un manteau superficiel, l'écorce grise. Il en résulte qu'en certaines régions du cerveau, le noyau central consiste en substance blanche, tandis que la substance grise est superficielle, disposition qui est précisément l'inverse de ce que nous trouvons réalisé dans la moelle épinière.

La différenciation morphologique du cerveau est due à l'accroissement très inégal que prennent non seulement les trois vésicules cérébrales, mais aussi les diverses parties de leur paroi. C'est ainsi, par exemple, que le cerveau antérieur prend, par rapport aux autres parties du cerveau, un développement tel que ces dernières ne constituent relativement qu'une petite partie de la masse totale du cerveau (fig. 308 et 309). Il les recouvre, comme d'un manteau, dans toute l'étendue de leur face supérieure et de leurs faces latérales; leur face inférieure seule n'est pas recouverte par lui, de sorte qu'on ne les voit qu'en regardant le cerveau par sa base. Elles forment ainsi, avec une minime partie du cerveau antérieur, située à la base de l'organe, le *tronc du cerveau*, tandis que la majeure partie du cerveau antérieur, les hémisphères cérébraux, constitue le *manteau du cerveau.*

Quant à l'*accroissement inégal des parois du cerveau*, il s'exprime par la formation d'épaississements et d'amincissements, par le développement que prennent certains cordons nerveux (pédoncules cérébraux, pédoncules cérébelleux, etc.) et certaines couches plus ou moins volumineuses de cellules ganglionnaires (couches optiques, corps strié). En outre, nous voyons intervenir nettement le *principe du plissement*, dont nous avons fait ressortir toute la portée dans le quatrième chapitre. Il agit d'une façon toute spéciale dans la formation des hémisphères cérébraux, des hémisphères du cervelet et du vermis, c'est-à-dire dans le développement des parties du cerveau dont la surface est revêtue d'une écorce grise. Un grand nombre d'observations ont démontré que l'importance physiologique des hémisphères cérébraux et du cervelet est en connexion avec le développement de leur écorce grise et des cellules ganglionnaires qui s'y trouvent groupées régulièrement. Ainsi s'explique l'accroissement considérable que prennent en surface les hémisphères cérébraux et le cervelet, accroissement qui est déterminé par des phénomènes de plissement. Ces phénomènes sont cependant un peu différents de part et d'autre. Dans les hémisphères cérébraux, de la couche médullaire (centre semi-ovale ou de Vieussens) partent de *larges* circonvolutions (gyri), qui forment des *méandres* et donnent à la surface du cerveau son relief caractéristique (fig. 325). Dans le cervelet, du noyau médullaire partent de nombreuses *lames médullaires, étroites et parallèles* les unes aux autres, qui émettent à leur tour des *lamelles médullaires plus petites*, de second et de troisième ordre, ce qui donne à l'organe vu en coupe transversale, un aspect tout particulier (arbre de vie).

Dans la description, que nous allons faire, des transformations qu'éprouve chacune de trois vésicules cérébrales, nous distinguerons, comme Mihalkovics, quatre parties : la *base* ou *plancher*, la *voûte* et les *parois latérales*. Nous commencerons par l'étude de la vésicule cérébrale postérieure, parce qu'elle se rapproche le plus de la moelle épinière par sa structure. On peut en outre distinguer, dans ses parois latérales, une zone longitudinale dorsale et une zone longitudinale ventrale, comme dans les parois latérales de la moelle épinière (His, S. Minot).

a. — Transformation de la vésicule cérébrale postérieure primaire.

La *vésicule cérébrale postérieure* montre, au début de son développement (pendant le 2e et le 3e jour chez le poulet), des replis tout à fait caractéristiques de ses parois latérales : ces replis sont très régulièrement disposés les uns derrière les autres. Comme ils disparaissent plus tard, probablement sans laisser de trace, les anciens auteurs (Remak) ne leur attribuaient pas une aussi grande importance qu'on y a attachée dans ces derniers temps. Rabl, Béranek, Zimmermann, Kupffer, Orr, Mac Clure et autres y voient une *segmentation du tube cérébral*, en relation avec les origines de certains nerfs craniens, et importante, par conséquent, pour la question de la métamérisation de la tête.

Ce qui est remarquable, c'est la grande régularité avec laquelle ces replis, à ce qu'il semble, apparaissent à une période déterminée du développement du cerveau, dans toutes les classes de vertébrés. On les a observés d'une façon identique chez les embryons des poissons, des amphibiens, des reptiles, des oiseaux et des mammifères et, parmi ces derniers, chez l'embryon humain.

Ils se voient nettement dans la figure 309, qui représente une coupe frontale de la vésicule cérébrale postérieure d'un embryon de poulet. Le contour interne de la paroi cérébrale, tourné vers le quatrième ventricule, montre cinq dépressions, affectant la forme de segments de circonférence et séparées les unes des autres par des crêtes saillantes (*c*). Chaque partie de la paroi cérébrale, comprise entre deux crêtes consécutives, est aujourd'hui habituellement appelée un *neuromère*, du nom que lui a donné Orr.

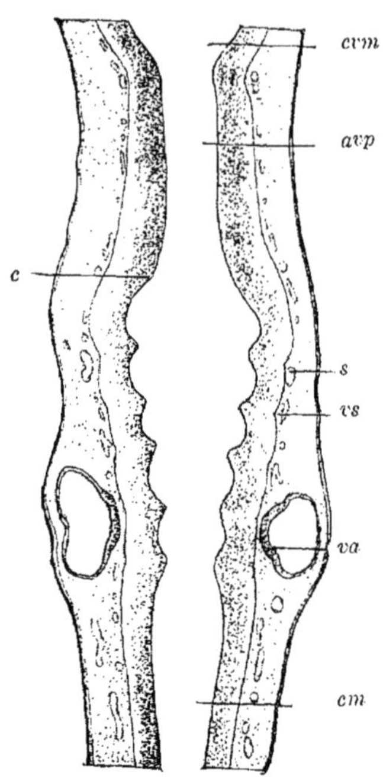

Fig. 309. — *Coupe frontale de la partie postérieure du tube cérébral d'un jeune embryon de poulet.*

cvm, cavité de la vésicule cérébrale moyenne; *avp*, partie antérieure rétrécie de la cavité de la vésicule cérébrale postérieure, dont la partie postérieure, plus large, montre la neuromérie; *c*, crête qui sépare deux neuromères consécutifs, à la face interne de la paroi cérébrale; *s*, sillon qui sépare deux neuromères consécutifs, à la face externe de la paroi cérébrale et d'où part une ligne claire, tendue entre ce sillon et la crête interne correspondante; *va*, vésicule auditive; *vs*, vaisseau sanguin; *cm*, point de continuité entre le quatrième ventricule et le canal central de la moelle épinière.

A la surface, les neuromères ne sont que très peu séparés les uns des autres par de petits sillons (*s*), situés en regard des crêtes internes. Dans l'épaisseur de la paroi cérébrale même, on observe que les neuromères sont, jusqu'à un certain point, délimités par de fines lignes claires qui, partant des sillons externes, s'étendent souvent jusqu'au voisinage des crêtes internes correspondantes. Ces lignes claires sont dues à cette circonstance qu'à leur niveau, les noyaux ovalaires, serrés les uns contre les autres et régulièrement disposés dans chaque segment, font défaut. Cette segmentation n'existe que sur les parois latérales; elle fait défaut au plancher et à la voûte du tube cérébral.

Une coupe frontale de la vésicule cérébrale postérieure d'un très jeune embryon humain (voir fig. 349) montre le même aspect que la coupe du poulet que nous venons de décrire.

D'après Orr et Mac Clure, de chaque neuromère part une paire de nerfs. Si ce fait était confirmé, la neuromérie, que l'on peut observer au début du développement, aurait une grande importance morphologique; elle correspondrait à la métamérisation du feuillet moyen et le nombre des neuromères serait égal au nombre des segments primordiaux.

Ces observations faites sur la vésicule cérébrale postérieure ont déterminé certains auteurs à rechercher si les deux autres vésicules cérébrales ne possèdent pas aussi une structure segmentaire. On a décrit deux neuromères à la vésicule cérébrale antérieure et deux ou trois neuromères à la vésicule cérébrale moyenne (Mac Clure, Kupffer, Osc. Schultze). Il me semble pourtant que toute la question de la neuromérie du tube cérébral n'est pas encore suffisamment connue. En effet, ce n'est pas seulement sur le nombre des segments que les avis diffèrent, mais leurs transformations ultérieures et leurs relations avec les origines des nerfs craniens ainsi qu'avec les segments du mésoderme, ne sont pas encore suffisamment établies (voir à ce sujet les recherches récentes de NEAL).

Aux dépens de la vésicule cérébrale postérieure se forment, dans le cours du développement, la moelle allongée et le cervelet, avec le pont de VAROLE.

α. *Moelle allongée.*

La moelle allongée se développe aux dépens de la partie postérieure de la vésicule cérébrale postérieure, qui est notablement plus longue que sa partie antérieure. A une période très reculée du développement, on constate un contraste frappant entre le plancher et les parois latérales d'une part, la voûte d'autre part. Le plancher et les parois latérales (fig. 310 et 311) s'épaississent notablement par suite du développement du tissu nerveux et, du troisième au sixième mois chez l'embryon humain, ils se différencient, de chaque côté du plan médian, en des cordons que l'on peut distinguer extérieurement parce qu'ils sont séparés par des sillons. Ces cordons de la moelle allongée constituent des prolongements modifiés des trois cordons blancs de la moelle épinière. A la voûte de la vésicule (fig. 303 *sr*, et 312, *etc.*) il ne se forme pas de substance nerveuse. Là, la paroi conserve sa structure épithéliale et s'amincit même pour constituer chez l'adulte une simple couche de cellules plates, qui ferme le quatrième ventricule.

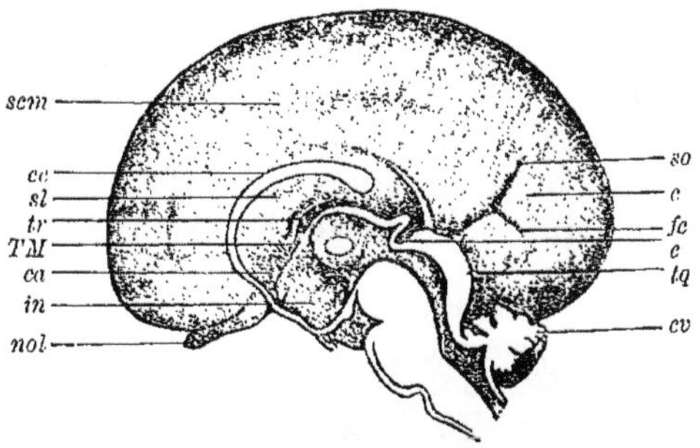

Fig. 310. — *Cerveau d'un embryon humain de 4 1/2 mois, sectionné dans le plan médian. Vue de la moitié droite.* Grandeur naturelle. D'après MIHALKOVICS.

nol, nerf olfactif; *in*, infundibulum; *ca*, commissure antérieure; *TM*, trou de MONRO; *tr*, trigone; *sl*, septum lucidum ou cloison transparente; *cc*, corps calleux, dont le genou se continue vers le bas avec la lame terminale embryonnaire; *scm*, sillon calloso-marginal; *so*, scissure occipitale; *c*, coin; *fc*, fissura calcarina (scissure du petit hippocampe); *e*, épiphyse ou glande pinéale; *tq*, tubercules quadrijumeaux; *cv*, cervelet.

Le quatrième ventricule ou sinus rhomboïdal est la cavité de la vésicule cérébrale postérieure, cavité qui est aplatie de haut en bas. Sa voûte épithéliale s'unit intimement à la face inférieure de la pie-mère pour former avec elle le *plexus choroïde postérieur* ou *toile choroïdienne du quatrième ventricule*. Le nom de plexus choroïde lui a été donné parce qu'en cette région la pie-mère renferme de très nombreux vaisseaux sanguins et pénètre à l'intérieur du sinus rhomboïdal en formant deux séries de villosités ramifiées, qui repoussent devant soi, en la plissant, la voûte épithéliale du sinus.

Latéralement cette voûte, devenue l'épithélium du plexus choroïde, se continue avec les masses nerveuses provenant de la transformation des parois latérales de cette partie de la vésicule cérébrale postérieure. Cette continuité s'effectue par l'intermédiaire de minces lamelles de substance blanche, qui forment le bord du sinus rhomboïdal et que l'on désigne sous les noms de verrou, tœnia, velum medullare posterius et pédoncules des lobules du pneumogastrique. Si l'on enlève le plexus choroïde postérieur, on ouvre le sinus rhomboïdal (fente cérébrale postérieure des anciens auteurs) et l'on peut, par conséquent, pénétrer par là à l'intérieur des cavités du cerveau et de la moelle épinière.

β. *Cervelet.*

Le cervelet procède de la partie antérieure, plus petite, de la vésicule cérébrale postérieure (fig. 303, *cpn*). Dans cette région, les parois latérales s'épaississent d'une façon extraordinaire; elles se confondent, tant du côté dorsal que du côté ventral, ce qui détermine une disparition réelle de la plaque du plancher et de la plaque de la voûte. Elles forment ainsi un anneau épais de substance nerveuse, délimitant une petite cavité, qui représente l'extrémité antérieure du sinus rhomboïdal

Fig. 311. Fig. 312.

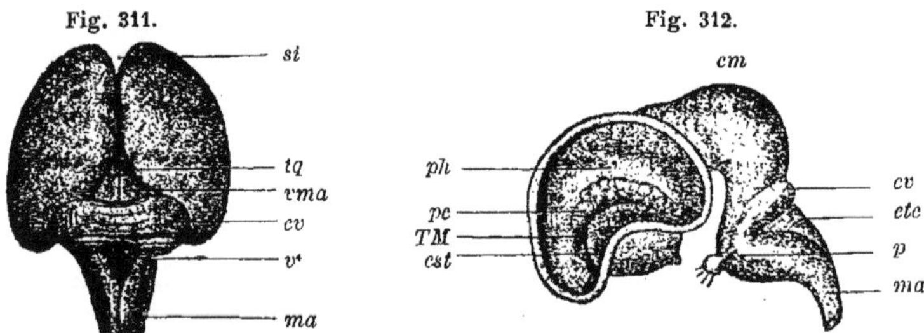

Fig. 311. — *Cerveau d'un embryon humain de la seconde moitié du troisième mois, vu par sa face postérieure.* Grandeur naturelle. D'après Mihalkovics.

si, scissure interhémisphérique; *tq*, tubercules quadrijumeaux; *vma*, velum medullare anterius; *cq*, hémisphère droit du cervelet; *v*⁴, quatrième ventricule; *ma*, moelle allongée.

Fig. 312. — *Cerveau d'un embryon de veau long de 5 centimètres, vu par sa face externe. La paroi externe de l'hémisphère gauche a été enlevée.* Grossissement : 3/4. D'après Mihalkovics.

cst, corps strié; *TM*, trou de Monrô; *pc*, pli choroïdien (plexus choroïde du ventricule latéral); *ph*, pli d'Ammon ou du grand hippocampe; *cm*, cerveau moyen (courbure faciale); *cv*, cervelet; *etc*, épithélium de la toile choroïdienne du quatrième ventricule; *p*, pont de Varole (courbure du pont); *ma*, moelle allongée.

(fig. 311, 312). Le cervelet se développe donc (Schaper) aux dépens d'une ébauche présentant une symétrie bilatérale. Le plancher de l'anneau devient le *pont de* Varole (fig. 312, *p*), dont les fibres transverses apparaissent nettement au quatrième mois.

La moitié supérieure de l'anneau prend un développement extraordinaire et donne au cervelet son aspect particulier. Au début elle apparaît comme un *bourrelet transversal* épais (fig. 311, 312, *cv*), qui recouvre en arrière la voûte amincie de la moelle allongée. Pendant le troisième mois, il se montre, sur la partie médiane de ce bourrelet, quatre sillons transversaux profonds (fig. 311), qui sont dus à ce que la pie-mère, en cette région, forme à sa face profonde quatre replis transversaux qui s'engagent en quelque sorte à l'intérieur de cette partie du cervelet. Telle est la première ébauche du *vermis :* elle se continue, à droite et à gauche, avec les parties latérales du cervelet (fig. 311, *cv*) qui sont encore absolument lisses. Bientôt cependant ces parties latérales de la voûte prennent un développement beaucoup plus important que le vermis; elles font saillie sur les côtés, montrent, à partir du quatrième mois, des sillons transversaux et se transforment en les *hémisphères du cervelet.*

Là où le vermis et les hémisphères du cervelet se continuent avec la voûte de la moelle allongée et de la vésicule cérébrale moyenne, il ne se forme que peu de substance nerveuse. Ainsi prennent naissance deux minces lamelles médullaires, dont l'une, le *velum medullare posterius*, unit le cervelet au plexus choroïde postérieur, et l'autre, le *velum medullare anterius*, l'unit à la lame quadrijumelle (*tq*).

b. Transformation de la vésicule cérébrale moyenne primaire (fig. 303, 310, 311, 312).

La vésicule cérébrale moyenne est la partie du tube cérébral embryonnaire qui éprouve le moins de modifications dans le cours du développement. Elle ne fournit chez l'homme qu'une minime partie du cerveau. Ses parois s'épaississent assez régulièrement autour de sa cavité centrale, qui se rétrécit pour constituer l'*aqueduc de* Sylvius. Sa base et la moitié inférieure de ses parois latérales (plaque du fond de His) se transforment en les *pédoncules cérébraux* et en la *substance perforée postérieure.* Sa voûte et la moitié supérieure de ses parois latérales (plaques de l'aile de His, fig. 311, *tq*) donnent naissance aux tubercules quadrijumeaux. On y constate, au troisième mois, un sillon médian; dans le courant du cinquième mois, apparaît un second sillon, transversal, qui croise le premier à angles droits. Ainsi se forment les *tubercules quadrijumeaux.*

Au début du développement, à la suite des courbures décrites par le tube neural (fig. 303 et 312, *cm*), la vésicule cérébrale moyenne est la partie la plus élevée du cerveau. Elle correspond à l'*éminence apicale* (fig. 215, *Eap*). Plus tard, elle est recouverte par le cervelet et les hémisphères cérébraux et reportée plus profondément, à la base du cerveau. (Comparer la fig. 303, *cm* avec la fig. 310, *tq*).

c. Transformation de la vésicule cérébrale antérieure primaire.

A la suite des métamorphoses qui se produisent déjà à une période reculée du développement et que nous avons décrites (p. 496), la vésicule cérébrale antérieure primaire se trouve subdivisée en les vésicules optiques et les ébauches du cerveau intermédiaire et du cerveau antérieur. Nous nous occuperons spécialement, dans ce chapitre, des modifications que subissent le cerveau intermédiaire et le cerveau antérieur, tandis que nous exposerons le développement des vésicules optiques dans le chapitre qui sera consacré à l'étude des organes des sens.

α. Cerveau intermédiaire.

La partie de la vésicule cérébrale antérieure primaire dont les parois latérales ont fourni, par évaginations, les vésicules optiques, donne naissance au cerveau intermédiaire. Comme la vésicule cérébrale moyenne, le cerveau intermédiaire ne fournit qu'une partie relativement minime du cerveau; mais il subit une série de transformations intéressantes. En effet, c'est lui qui donne naissance à deux organes, dont la signification est encore énigmatique : l'*épiphyse* et l'*hypophyse*.

Seules ses parois latérales forment une quantité importante de substance nerveuse. Elles s'épaississent pour constituer les *couches optiques* avec leur masse ganglionnaire. Entre les couches optiques, la cavité du cerveau intermédiaire forme une fente, verticale, étroite, connue sous le nom de *troisième ventricule*, qui communique avec le sinus rhomboïdal par l'intermédiaire de l'aqueduc de Sylvius. Le plancher reste mince et s'évagine vers le bas à une phase reculée du développement; il prend ainsi la forme d'un court *infundibulum* (fig. 303 et 310, *in*), dont le sommet s'unit à l'hypophyse.

La voûte se transforme très sensiblement de la même manière que la voûte de la vésicule cérébrale postérieure (fig. 310). Elle se maintient sous forme d'une mince couche épithéliale, qui s'unit avec la face profonde de la pie-mère pour constituer avec elle le *plexus choroïde antérieur* ou *toile choroïdienne du troisième ventricule*. A ce niveau la pie-mère, qui renferme de nombreux vaisseaux sanguins, envoie des villosités, pourvues d'anses vasculaires, à l'intérieur du troisième ventricule. Si l'on enlève le plexus choroïde, on ouvre le troisième ventricule (*grande fente cérébrale antérieure*) et l'on peut pénétrer par là comme par la fente cérébrale postérieure, à l'intérieur des cavités du cerveau.

Le cerveau intermédiaire offre encore une autre similitude avec la moelle allongée. De même que l'épithélium du plexus choroïde postérieur se transforme le long du bord externe du sinus rhomboïdal en de minces lamelles ou cordons médullaires, qui se continuent avec les parois latérales du cerveau postérieur, de même aussi l'épithélium du plexus choroïde antérieur se continue avec les couches optiques par l'intermédiaire de deux minces cordons de fibres nerveuses sans myéline (*tœnias médullaires* ou *tœnias des couches optiques*).

Aux dépens de l'extrémité postérieure de la voûte du cerveau intermédiaire se développe, enfin, un organe particulier, la *glande pinéale* encore appelée *épiphyse* (fig. 310, *e*). Cet organe se forme à une période très reculée du développement, dans le courant du deuxième mois chez l'homme. Dans ces dernières années il a fait l'objet de plusieurs publications intéressantes : il présente chez les sélaciens, et surtout chez les reptiles, une structure tellement curieuse que nous en donnerons une description plus spéciale.

Développement de l'épiphyse.

Disons tout d'abord que cet organe ne fait défaut chez aucun vertébré, l'Amphioxus lanceolatus excepté. Partout son ébauche se développe de la même manière. Au point où elle se continue avec la voûte du cerveau

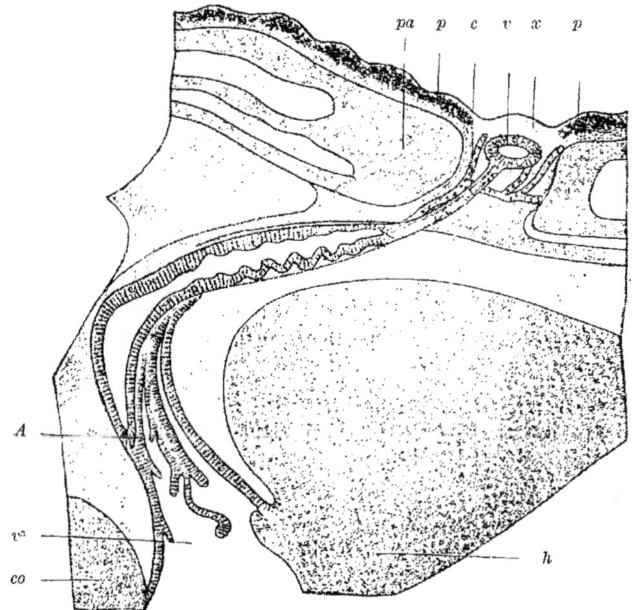

Fig. 313. — *Coupe longitudinale, schématique, de l'épiphyse et des parties avoisinantes du cerveau, chez Chamœleo vulgaris.*

L'épiphyse comprend trois parties : une partie initiale, tubuleuse; une partie moyenne constituant un cordon plein et, enfin, une partie terminale, vésiculeuse, d'après BALDWIN SPENCER.

pa, os pariétal avec le trou pariétal; *p*, pigment de la peau; *x*, région transparente de la peau, au niveau du trou pariétal; *h*, hémisphère cérébral; *co*, couche optique; v^3, troisième ventricule en continuité avec la partie tubuleuse (*A*) de l'épiphyse; *c*, partie moyenne de l'organe; *v*, sa partie terminale vésiculeuse.

moyen, c'est-à-dire avec la lame quadrijumelle, la voûte du cerveau intermédiaire forme une évagination (fig. 306, *ep*, et 310, *e*). Ce *diverticule épiphysaire*, en forme de doigt de gant, a son sommet dirigé d'abord en avant, puis, plus tard, en arrière. Les transformations qu'il éprouve ultérieurement diffèrent beaucoup d'un groupe à l'autre, si nous nous en rapportons, du moins, à ce que nous connaissons actuellement.

D'après les recherches d'EHLERS, chez les *sélaciens* adultes, le diverticule épiphysaire atteint une longueur considérable. A son extrémité aveugle, il se renfle en une vésicule située immédiatement au-dessous de la peau. Chez une foule de sélaciens, comme Acanthias et Raja, cette vésicule terminale se trouve logée dans un canal qui traverse la capsule cranienne; chez d'autres, elle est placée en dehors du crâne, sous le derme cutané. Dans l'un comme dans l'autre cas, elle est reliée au cerveau intermédiaire par un long canal ou pédicule étroit.

Chez les *reptiles*, la constitution de l'épiphyse offre de grandes variations, ainsi que l'ont établi les études de Spencer. Ici aussi son pédicule est très long et son extrémité terminale est située sous l'épiderme. Il passe à travers un orifice qui existe à la voûte du crâne dans l'os pariétal, et que l'on désigne sous le nom de *trou pariétal*. Il est souvent facile de constater sur l'animal vivant la position occupée par le trou pariétal, parce qu'à son niveau les écailles cornées de la peau offrent une forme et une structure particulières et sont transparentes.

L'épiphyse des reptiles présente, dans sa structure, *trois types* principaux.

Chez une foule d'espèces, par exemple chez le Platydactylus, elle est semblable à celle des requins : une petite vésicule périphérique, logée dans le trou pariétal et tapissée par un épithélium vibratile, est rattachée à la voûte du cerveau intermédiaire par un long pédicule creux.

Chez d'autres espèces, et c'est notamment le cas chez le caméléon, l'organe est différencié en trois parties (fig. 313). La partie terminale, périphérique, consiste en une petite vésicule close (v), logée dans le trou pariétal, au-dessous d'une écaille cornée transparente (x) : elle est tapissée par un épithélium vibratile. Elle se continue avec un cordon plein (c), formé par des fibres et des cellules fusiformes et présentant une certaine analogie avec le nerf optique de l'embryon : c'est la partie moyenne de l'organe. Enfin, la partie initiale, en continuité avec le cordon plein, constitue une évagination infundibuliforme (A) de la voûte du cerveau intermédiaire et présente çà et là des dilatations en culs-de-sac.

Chez d'autres espèces encore, chez le Hatteria, le Monitor, l'orvet et le lézard, la partie terminale vésiculeuse présente une texture remarquable, qui lui donne une certaine ressemblance avec l'œil d'une foule d'invertébrés. C'est ainsi que chez Hatteria (fig. 314), la partie de sa paroi qui est la plus rapprochée de la surface du corps, est transformée en un cristallin (cr), et la partie opposée, en une rétine (r), qui se continue avec un cordon fibreux (pédicule de l'organe) (p). Voici comment s'est formé le cristallin. Les cellules de l'hémisphère distal de la vésicule terminale se sont allongées, ont pris une forme cylindrique et ont fini par constituer de longues fibres uninucléées. A la suite de ces modifications, la face profonde du cristallin est convexe et proémine à l'intérieur de la cavité de la vésicule. Les cellules de l'hémisphère proximal se sont différenciées en plusieurs couches, dont la plus interne se caractérise par la présence d'un pigment abondant. Entre ces cellules pigmentées s'en trouvent logées d'autres, que l'on peut comparer aux bâtonnets des cellules visuelles de la rétine des yeux pairs des vertébrés. Ces cellules semblent être en continuité avec des fibres nerveuses du pédicule.

Une foule d'auteurs qui se sont occupés de cet organe, RABL-RÜCKHARD, AHLBORN, SPENCER, BÉRANECK, etc., sont d'avis que *l'épiphyse doit être considérée comme un œil pariétal impair, qui s'est partiellement maintenu dans certaines classes, chez les reptiles par exemple, tandis qu'il s'est atrophié chez la plupart des vertébrés.*

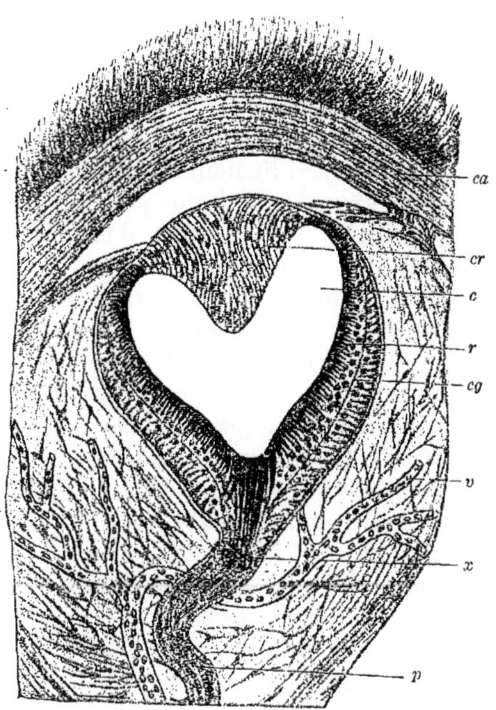

Fig. 314. — *Coupe longitudinale de l'œil pinéal de Hatteria punctata.* Faible grossissement. D'après BALDWIN SPENCER. — La partie antérieure de la capsule conjonctive de l'organe comble le trou pariétal.

ca, capsule conjonctive; *cr*, cristallin; *c*, cavité de l'œil pinéal, remplie d'un liquide; *r*, portion rétinienne de la vésicule oculaire; *cg*, couche moléculaire de la rétine; *v*, vaisseau sanguin; *x*, groupe de cellules logé dans le pédicule (*p*) de l'œil pinéal; *p*, pédicule comparable au nerf optique.

Comme chez les reptiles cet organe est capable d'être impressionné par la lumière, il n'est pas invraisemblable d'admettre qu'en raison de la transparence des écailles cornées au niveau du trou pariétal, les rayons lumineux puissent traverser la peau. Cette hypothèse est confirmée par la présence du cristallin et du pigment rétinien. Cependant on ne sait pas encore positivement s'il fonctionne comme organe visuel ou bien s'il sert seulement à percevoir des sensations calorifiques, auquel cas il serait un *organe du sens thermique.* D'autre part, on ignore si cet organe du sens thermique est une disposition particulière qu'aurait prise l'épiphyse chez les reptiles, comme par exemple la vésicule auditive de la queue des mysis (crustacés), ou bien si c'est une disposition primitive, commune à tous les vertébrés. Dans ce dernier cas, on devrait trouver chez différents vertébrés de nombreux stades d'atrophie de cet organe primitif. Or, jusqu'à ce jour, on n'a constaté dans aucune autre classe de vertébrés supérieurs rien de semblable à l'œil pinéal des reptiles.

Chez les oiseaux et les mammifères, le diverticule épiphysaire se transforme en un *organe d'apparence glandulaire ou folliculaire.*

Chez l'orvet et le lézard, BÉRANECK et FRANCOTTE admettent qu'il se forme deux diverticules, situés immédiatement l'un derrière l'autre, aux dépens de la voûte du cerveau intermédiaire de l'embryon.

Le diverticule antérieur devient l'œil pariétal vésiculeux, qui passagèrement se trouve uni par un nerf avec son lieu de formation. Le diverticule postérieur fournit l'épiphyse. S'il en est ainsi, l'œil pariétal et l'épiphyse seraient deux formations différentes et indépendantes du cerveau intermédiaire.

Chez les oiseaux (fig. 315) il ne devient pas aussi long que chez les sélaciens et les reptiles. A un stade déterminé, il émet à son extrémité terminale des bourgeons cellulaires, qui s'engagent dans le tissu conjonctif vascularisé qui l'entoure. Ces bourgeons en émettent, à leur tour, de nouveaux, et, finalement, tous se transforment en de nombreux petits follicules (fig. 315, *f*). La paroi d'un follicule consiste en plusieurs assises de cellules, dont les plus externes sont formées par des éléments sphériques et de petite taille, tandis que la plus interne est formée par des cellules cylindriques vibratiles. Quant à la partie initiale du diverticule épiphysaire, elle ne se transforme pas en follicules, mais persiste à l'état d'une simple évagination infundibuliforme de la voûte du cerveau intermédiaire. Son sommet est rattaché aux follicules terminaux par du tissu conjonctif.

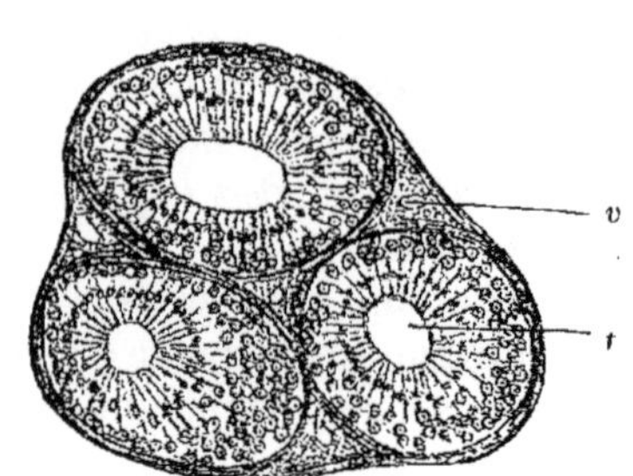

Fig. 315. — *Coupe de l'épiphyse du coq d'Inde.* 180 diam. D'après MIHALKOVICS. *f*, follicule avec sa cavité; *v*, tissu conjonctif avec vaisseaux sanguins.

Chez les *mammifères*, le développement de l'épiphyse a lieu comme chez le poulet. Chez le lapin, il se forme aussi des follicules : d'abord creux, ils deviennent ensuite pleins. Ils sont alors entièrement remplis de cellules sphériques qui ont une certaine analogie avec des corpuscules lymphatiques. C'est pourquoi certains auteurs, HENLE notamment, ont exprimé l'idée que l'épiphyse constitue un organe lymphoïde. Cette manière de voir ne peut être admise, attendu que les follicules de l'épiphyse sont des organes exclusivement épithéliaux, comme le montre l'étude de leur développement.

Chez l'adulte, il existe à l'intérieur des follicules des concrétions appelées *acervule*.

Chez l'homme, l'épiphyse, qui commence à se former pendant la cinquième semaine (HIS), offre encore une particularité en ce qui concerne sa situation. Tandis que primitivement l'extrémité terminale du diverticule est dirigée en avant, position qui se maintient chez tous les autres vertébrés, chez l'homme elle se place ensuite en sens inverse : l'organe est alors dirigé d'avant en arrière à la surface de la lame quadrijumelle. Il est probable que cette particularité est due au développement considérable que prend le corps calleux, qui reporterait en arrière la glande pinéale.

La signification de l'épiphyse est donc encore énigmatique. Il en est de même pour l'*hypophyse* ou *glande pituitaire* qui, comme nous l'avons dit, est unie au sommet de l'infundibulum.

Développement de l'hypophyse.

L'hypophyse a une double origine. C'est ce que montre encore d'ailleurs sa structure chez l'adulte : elle se compose, en effet, d'un lobe antérieur plus volumineux et d'un lobe postérieur, plus petit, qui diffèrent l'un de l'autre par leur texture.

Pour observer la première ébauche de cet organe, il est nécessaire de se reporter à un stade très reculé (fig. 305), au moment où l'invagination buccale vient de se former et se trouve encore séparée de l'intestin céphalique par la membrane pharyngienne (*mp*). En ce moment, la courbure faciale est déjà formée et l'extrémité antérieure, recourbée, de la corde dorsale (*cd*), arrive immédiatement en arrière de l'insertion de la membrane pharyngienne. C'est immédiatement en avant de cette membrane que se trouve, à la voûte de l'invagination buccale, sur la ligne médiane, le point d'où procède l'hypophyse, ainsi que l'ont établi pour la première fois Götte et Mihalkovics. *La première ébauche de l'hypophyse est donc un produit de l'ectoderme* et non pas de l'intestin céphalique, comme on l'admettait anciennement.

La première apparition de cette ébauche a lieu peu de temps après que la membrane pharyngienne a commencé à se résorber (fig. 306 et 316). Nous avons vu précédemment qu'il persiste, pendant un certain temps, à la base du crâne, un reste insignifiant de cette membrane, constituant le *voile pharyngien primitif*. En avant de ce voile se développe alors (chez le poulet, au quatrième jour; chez l'homme, pendant la quatrième semaine d'après His) une petite évagination ectodermique : c'est la *poche de Rathke* ou *poche hypophysaire* (*hy*). Elle se développe en se dirigeant vers le plancher du cerveau intermédiaire (*in*), s'approfondit ensuite, commence à se séparer de son lieu d'origine et se transforme en un sac dont la paroi est formée par plusieurs assises de cellules cylindriques (fig. 317).

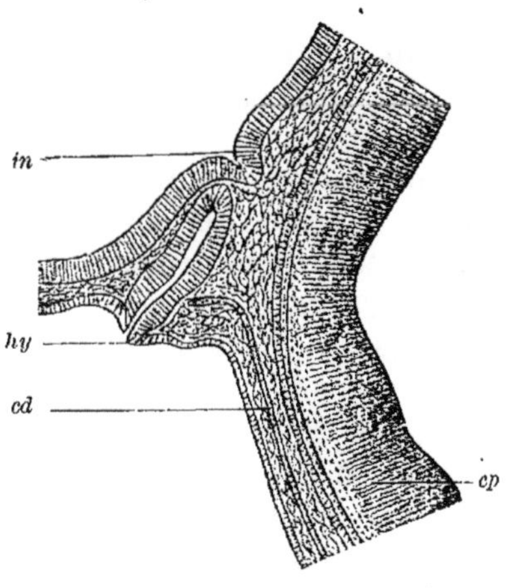

Fig. 316. — *Coupe médiane et sagittale à travers l'hypophyse d'un embryon de lapin, long de 12 mm.* 50 diam. D'après Mihalkovics.
in, plancher du cerveau intermédiaire avec l'infundibulum; *cp*, plancher du cerveau postérieur; *cd*, corde dorsale; *hy*, poche hypophysaire.

Le *sac hypophysaire* (*hy*) reste longtemps réuni avec la cavité buccale par un canal étroit (*chy*). Plus tard, chez les vertébrés supérieurs, cette union cesse : le tissu conjonctif embryonnaire qui forme l'ébauche du squelette de la base du crâne s'épaissit et finit par séparer le sac d'avec la cavité buccale (fig. 317 et 318). Lorsque, plus tard encore, ce tissu conjonctif s'est chondrifié, le sac hypophysaire (*hy*) est situé au-dessus du cartilage de la base du crâne (*b*), contre la face inférieure du cerveau intermédiaire (*in*). Alors, le canal hypophysaire (*chy*), qui dans l'intervalle s'est transformé en un cordon plein, commence à s'atrophier (fig. 318). Cependant, chez une foule de vertébrés, et notamment chez les sélaciens, il persiste pendant toute la vie, reste creux et traverse la base cartilagineuse du crâne : il se continue avec l'épithélium de la muqueuse buccale. Dans certains cas très rares on trouve aussi, chez l'homme, un canal qui traverse le corps du sphénoïde et s'étend depuis la fosse pituitaire jusqu'à la base du crâne. Dans ce canal est alors logé un prolongement de l'hypophyse (SUCHANNEK).

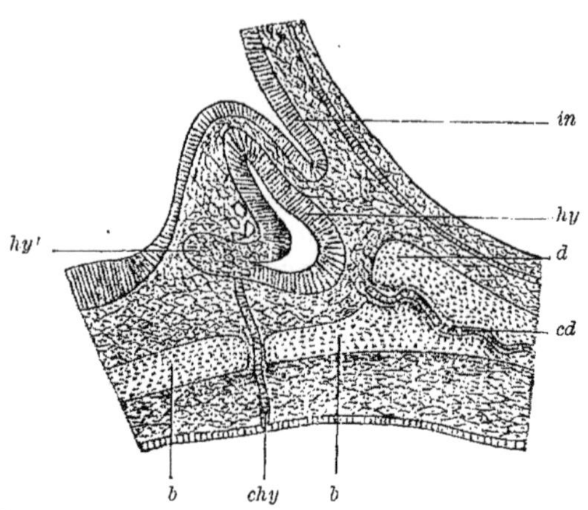

Fig. 317. — *Coupe sagittale de l'hypophyse chez un embryon de lapin long de 20 mm.* 55 diam., d'après MIHALKOVICS.
in, plancher du cerveau intermédiaire avec l'infundibulum; *hy*, hypophyse; *hy'*, partie de l'hypophyse qui commence à se transformer en tubes hypophysaires; *chy*, canal hypophysaire; *b*, base du crâne; *d*, dos de la selle turcique; *cd*, corde dorsale.

A une période reculée du développement (fig. 316 et 318), une évagination du plancher du cerveau intermédiaire, appelée infundibulum (*in*), s'accroît vers le sac hypophysaire. Elle s'applique contre la paroi postérieure de ce dernier. En même temps la paroi antérieure du sac hypophysaire s'évagine en sens inverse.

A ce premier stade en succède bientôt un second, pendant lequel le sac hypophysaire et l'extrémité de l'infundibulum se transforment respectivement en le lobe antérieur et le lobe postérieur de l'hypophyse.

Le sac hypophysaire commence (chez l'homme, vers la fin du deuxième mois, HIS) à émettre toute une série de *tubes hypophysaires* creux, qui s'engagent dans le tissu conjonctif très vascularisé, qui entoure l'organe (fig 317 et 318, *hy'*). Ils se séparent ensuite de la paroi du sac et sont entourés par du tissu conjonctif vascularisé. Sous ce rapport, le mode de développement de l'hypophyse ressemble absolument à celui de la glande thyroïde, avec cette seule différence qu'au lieu de follicules sphériques il se forme des tubes épithéliaux. Après que le sac tout entier s'est transformé en un grand nombre de petits tubes contournés et pourvus d'une lumière étroite, le lobe antérieur, ainsi constitué, s'unit par du tissu conjonctif avec l'extrémité inférieure de l'infundibulum.

Chez les vertébrés inférieurs, l'extrémité de l'infundibulum se transforme en un petit *lobe cérébral*, renfermant des cellules ganglionnaires et des fibres nerveuses. Chez les vertébrés supérieurs par contre, on ne trouve pas de cellules ganglionnaires ni de fibres nerveuses dans le lobe postérieur de l'hypophyse : il est plutôt formé par des cellules fusiformes, serrées les unes contre les autres, ce qui lui donne une grande ressemblance avec un sarcome à cellules fusiformes.

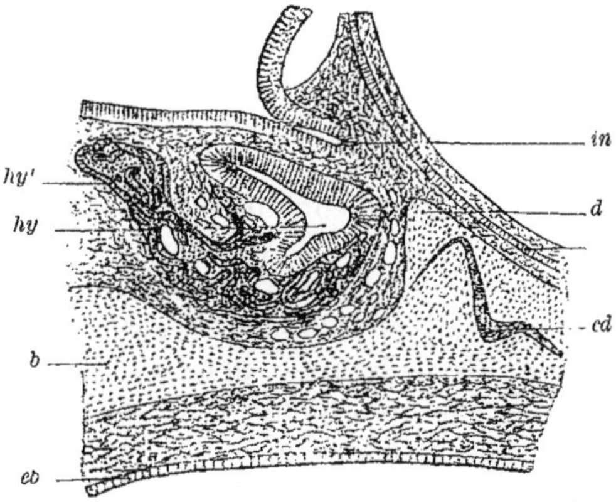

Fig. 318. — *Coupe sagittale de l'hypophyse chez un embryon de lapin, long de 30 mm.* 40 diam., d'après MIHALKOVICS. *in*, plancher du cerveau intermédiaire avec l'infundibulum; *hy*, partie vésiculeuse de l'hypophyse; *hy'*, tubes hypophysaires, formés aux dépens d'une partie de la poche hypophysaire; *d*, dos de la selle turcique; *cd*, corde dorsale; *b*, base du crâne (cartilagineuse); *eb*, épithélium de la cavité buccale.

β) *Cerveau antérieur.*

C'est la partie de la vésicule cérébrale antérieure primaire qui donne naissance au cerveau antérieur qui subit les transformations les plus importantes dans le cours du développement. L'étude de ces tranformations est même entourée de grandes difficultés. Dès le début (fig. 319),

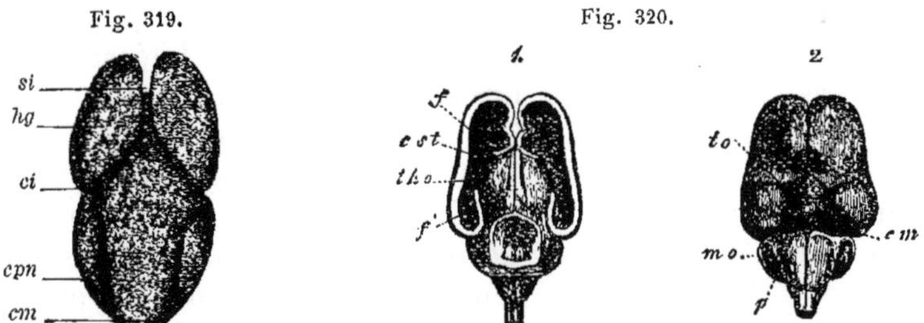

Fig. 319. — *Cerveau d'un embryon humain de 7 semaines, vu par le vertex*, d'après MIHALKOVICS. *si*, scissure interhémisphérique, au fond de laquelle on voit la lame terminale; *hg*, hémisphère gauche; *ci*, cerveau intermédiaire; *cm*, cerveau moyen; *cpn*, cerveau pénultième et cerveau postérieur.

Fig. 320. — *Cerveau d'un embryon humain de 3 mois, en grandeur naturelle*, d'après KÖLLIKER. 1. Vu par sa voûte, les hémisphères étant sectionnés et le cerveau moyen ouvert. 2. Vu par sa base. *f*, partie antérieure, sectionnée, de l'arc marginal; *f'*, partie postérieure de l'arc marginal (corne d'Ammon); *tho*, couche optique; *cst*, corps strié; *to*, bandelette optique; *cm*, corps mamillaires; *p*, pont de VAROLE.

nous l'avons dit, le cerveau antérieur se divise en deux *vésicules hémisphériques*, symétriques. Sa paroi est refoulée d'avant en arrière et de haut en bas, dans le plan médian, par un prolongement vertical des enveloppes du cerveau, c'est-à-dire par la faux primitive du cerveau. Les deux vésicules hémisphériques (*hg*) ne sont séparées, suivant leur face interne, que par une scissure interhémisphérique étroite (*si*), remplie par la faux primitive. Il en résulte que leur face interne est plane, tandis que leur face externe est convexe; elles se continuent le long d'un bord net (bord supérieur de l'hémisphère cérébral).

Les parois (fig. 320, 1) des vésicules hémisphériques sont minces au début et formées par plusieurs assises de cellules fusiformes. Chaque vésicule renferme une large cavité, en continuité avec le canal central du tube neural et constituant un *ventricule latéral* (fig. 320). Les anciens auteurs ayant appelé ces cavités les deux premiers ventricules, il en résulte que la cavité du cerveau intermédiaire et celle de la moelle allongée ont été appelées respectivement troisième et quatrième ventricule. Chez l'homme, pendant les premiers mois, les deux ventricules latéraux communiquent, à droite et à gauche, avec le troisième ventricule, par l'intermédiaire d'un large orifice, le *trou de* MONRÔ *primitif* (fig. 307, *TM*; fig. 323, *m*).

Les trous de MONRÔ sont délimités en avant par la partie de la paroi du cerveau antérieur, qui s'est invaginée lors de la formation de la scissure interhémisphérique. Elle réunit ainsi en avant les deux vésicules hémisphériques, en même temps qu'elle ferme en avant le troisième ventricule; de là les noms de lame obturante antérieure, de lame terminale ou de lame unissante qu'on lui donne. Inférieurement la lame terminale se continue avec la paroi antérieure de l'infundibulum du cerveau intermédiaire.

Dans la suite du développement, il s'accomplit, dans chacune des vésicules hémisphériques, quatre processus distincts : 1° un accroissement extraordinaire en tous sens; 2° des plissements de la paroi, qui déterminent la formation de scissures superficielles profondes et de saillies internes qui proéminent dans le ventricule latéral; 3° la formation d'un système de commissures, qui établit une union plus intime entre les deux hémisphères (corps calleux, trigone); 4° la formation de sillons corticaux, qui n'intéressent que l'écorce de l'hémisphère, sans déterminer la production de saillies internes dans la cavité du ventricule.

1. En ce qui concerne leur accroissement, on peut dire d'une façon générale, que les vésicules hémisphériques se développent surtout d'avant en arrière. Au troisième mois, les lobes postérieurs ou occipitaux recouvrent déjà complètement les couches optiques (fig. 311). Dans le courant du cinquième mois, ils commencent à s'étendre au-dessus des tubercules quadrijumaux (fig. 310), qu'ils recouvrent entièrement au sixième mois. Ils finissent même par recouvrir le cervelet (fig. 325). L'accroissement des hémisphères n'est pas chez tous les mammifères aussi important que chez l'homme. L'anatomie comparée nous apprend que les différents stades successifs de leur développement chez l'homme correspondent à des dispositions permanentes réalisées chez d'autres mammifères.

Chez certains mammifères, les hémisphères ne s'étendent en arrière que jusqu'aux tubercules quadrijumeaux; chez d'autres ils les recouvrent partiellement ou complètement; chez d'autres enfin, ils s'étendent encore plus ou moins loin au-dessus du cervelet. D'une façon générale on peut dire que le développement des hémisphères est proportionnel au degré d'intelligence de l'animal.

2. Les vésicules hémisphériques se différencient surtout par *plissement* de leurs parois. Ce processus commence chez l'homme dans le courant du deuxième et du troisième mois. Il en résulte la formation de profonds sillons superficiels, désignés par His sous le nom de *sillons totaux* ou *scissures*. Ils divisent l'hémisphère en plusieurs régions importantes. Pour bien comprendre la structure du cerveau il est intéressant de les étudier. A ces scissures correspondent, en effet, des saillies plus ou moins considérables, qui proéminent à l'intérieur du ventricule latéral et rétrécissent, réduisent cette cavité. Ces scissures sont: 1° la fosse ou scissure de Sylvius; 2° la scissure arciforme ou d'Ammon; 3° la scissure choroïdienne; 4° la fissura calcarina ou scissure du petit hippocampe, et enfin 5° la scissure occipitale ou pariéto-occipitale. Les saillies qui y correspondent s'appellent : 1° le corps strié; 2° le trigone et la corne d'Ammon ou grand hippocampe; 3° le plexus choroïde; 4° l'ergot de Morand ou petit hippocampe. Enfin, 5° une saillie, qui correspond chez l'embryon à la scissure occipitale, disparaît chez l'adulte à la suite d'un épaississement considérable de la paroi du cerveau, de sorte qu'elle ne constitue pas une formation permanente.

C'est la *fosse de* Sylvius qui se forme en premier lieu (fig. 321, *f. S*). Elle apparaît d'abord comme une légère dépression, à la face externe, convexe, de l'hémisphère, à peu près au milieu de la longueur du bord inférieur. La partie de la paroi qu'elle repousse dans la profondeur s'épaissit beaucoup (fig. 312 et 320, *cst;* fig. 323, *st*) et constitue à la base de chacun des hémisphères une saillie, appelée *corps strié*, qui proémine à l'intérieur du ventricule latéral. Dans cette saillie se développent plusieurs noyaux de substance grise : le *noyau caudé*, le *noyau lenticulaire* et l'*avant-mur*. Comme le corps strié est situé à la base du cerveau et qu'il forme le prolongement immédiat, en avant et sur le côté, de la couche optique, on le rattache au tronc du cerveau (axe du cerveau) et on lui donne le nom de *portion axiale ou basale de l'hémisphère*, par opposition au restant de l'hémisphère que l'on appelle la *portion palliale ou manteau de l'hémisphère*. La surface externe de la portion axiale peut se voir extérieurement chez l'embryon aussi longtemps que la fosse de Sylvius est peu profonde (fig. 321, *f. S*). Mais plus tard, lorsque cette fosse s'est approfondie et que ses bords se sont rapprochés, elle est complètement cachée. Il s'y forme plus tard plusieurs sillons corticaux et elle constitue l'*insula de* Reil, encore appellée *lobe central* ou *lobule du corps strié*.

La *portion palliale* s'accroît pour ainsi dire autour de l'insula, comme autour d'un point fixe : elle se recourbe sous la forme d'un demi-anneau ouvert inférieurement (fig. 321), ce qui lui a valu le nom de *lobe annulaire*. On y distingue déjà, bien qu'ils ne soient pas encore nettement délimités, les quatre lobes principaux, qui divisent plus tard la face convexe de chaque hémisphère. L'extrémité du lobe annulaire dirigée en avant et au-dessus de la fosse de Sylvius (*f. S*) est le *lobe frontal* (*lf*); l'extrémité opposée qui entoure la fosse en bas et en arrière est le *lobe*

Fig. 321. Fig. 322.

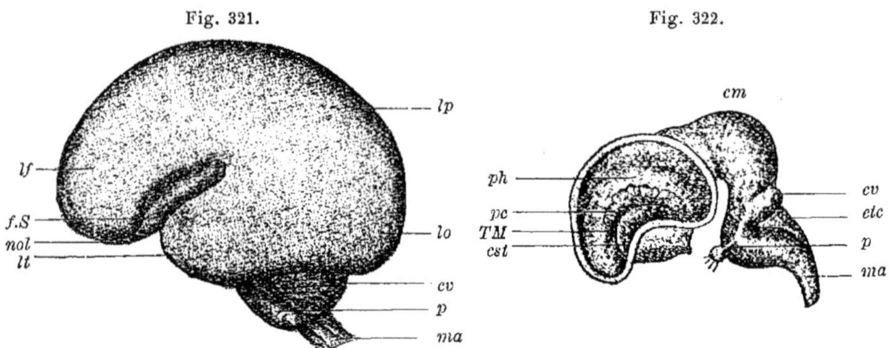

Fig. 321. — *Cerveau d'un embryon humain de 4 mois 1/2, vu par sa face externe.* Grandeur naturelle. D'après Mihalkovics.

lf, lobe frontal; *lp*, lobe pariétal; *lo*, lobe occipital; *lt*, lobe temporal; *fS*, fosse ou scissure de Sylvius; *nol*, nerf olfactif; *cv*, cervelet; *p*, protubérance annulaire ou pont de Varole; *ma*, moelle allongée.

Fig. 322. — *Cerveau d'un embryon de veau long de 5 centimètres, vu par sa face externe. La paroi externe de l'hémisphère gauche a été enlevée.* Grossissement : 3 diam. D'après Mihalkovics.

cst, corps strié; *TM*, trou de Monrô; *pc*, pli choroïdien (plexus choroïde du ventricule latéral); *ph*, pli d'Ammon ou du grand hippocampe; *cm*, cerveau moyen (courbure faciale); *cv*, cervelet; *etc*, épithélium de la toile choroïdienne du quatrième ventricule; *p*, pont de Varole (courbure du pont); *ma*, moelle allongée.

temporal (*lt*). La partie du lobe annulaire qui réunit, au-dessus de la fosse de Sylvius, les lobes frontal et temporal constitue le *lobe pariétal* (*lp*.). Enfin, le *lobe occipital* (*lo*) forme une saillie qui se développe en arrière aux dépens du lobe annulaire.

Le ventricule latéral s'est aussi modifié, en même temps que la forme extérieure de l'hémisphère (fig. 322). Il est devenu semi-lunaire et contourne supérieurement le corps strié (*cst*), c'est-à-dire la saillie interne déterminée par la formation de la fosse de Sylvius.

Plus tard, lorsque les différents lobes de l'hémisphère sont plus nettement séparés les uns des autres, le ventricule latéral montre aussi une division correspondant aux lobes. C'est ainsi qu'à ses deux extrémités il se renfle légèrement et forme : en avant une *corne antérieure*, située à l'intérieur du lobe frontal; en arrière et en bas, une *corne inférieure*, à l'intérieur du lobe temporal. Enfin cette cavité semi-lunaire émet ensuite, en arrière, un petit diverticule qui s'engage à l'intérieur du lobe occipital : c'est la *corne postérieure*. Quant à la partie du ventricule comprise entre les trois cornes, elle se rétrécit et devient la *cella media*.

Les scissures ou sillons totaux autres que la fosse de Sylvius se développent à la face interne, plane, de la vésicule hémisphérique.

A une période très reculée du développement, pendant la cinquième semaine chez l'homme (His), il se forme, à la face interne de la vésicule hémisphérique, deux scissures à peu près parallèles au bord supérieur. L'une est la *scissure arciforme ou d'*Ammon ; l'autre, la *scissure choroïdienne*. Toutes deux ont comme le lobe annulaire une forme semi-lunaire et sont parallèles au corps strié. Elles commencent au trou de Monrô et s'étendent, de là, jusqu'à l'extrémité du lobe temporal. Entre elles se trouve compris, à la face interne de l'hémisphère, un bourrelet, que l'on désigne sous le nom d'*arc marginal* et qui joue un rôle important dans le développement du système des commissures. A chacune de ces scissures correspond une évagination de la paroi interne du ventricule : la scissure arciforme détermine la formation du *repli d'*Ammon, encore appelé *pli ou circonvolution du grand hippocampe;* la scissure choroïdienne détermine la formation du *pli choroïdien*. Pour bien voir ces plis, il faut, chez l'embryon, enlever la paroi externe de l'hémisphère : on peut alors très bien examiner la paroi interne du ventricule latéral, lequel se présente sous la forme d'un demi-anneau très large (fig. 322). On constate que la cavité du ventricule est partiellement remplie par un repli rougeâtre, ondulé (*pc*), recourbé en demi-lune et situé le long du bord supérieur du corps strié (*cst*). Dans l'étendue de ce repli, la paroi du cerveau subit les mêmes transformations (fig. 323 *pl*; 324, *pc*) qu'à la voûte de la moelle allongée et du cerveau intermédiaire. Au lieu de s'épaissir et de former de la substance nerveuse, elle s'amincit et se transforme en une simple couche de cellules épithéliales aplaties, qui s'unit à la pie-mère. Celle-ci devient ensuite très vascularisée le long du repli et envoie à l'intérieur du ventricule latéral des villosités qui repoussent devant soi l'épithélium. Ainsi se forme le *plexus choroïde du ventricule latéral* (fig. 323, *pl*), qui plus tard, chez l'adulte, remplit une

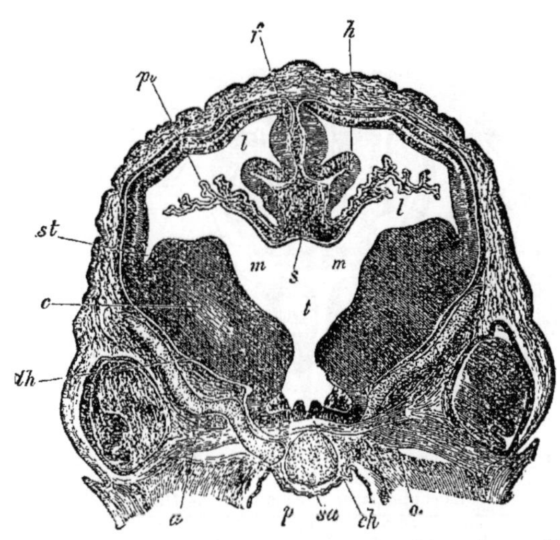

Fig. 323. — *Coupe transversale du cerveau d'un embryon de mouton, long de 2,7 centimètres,* d'après Kölliker.
La coupe passe par les trous de Monrô.
st, corps strié; *m*, trou de Monrô; *t*, troisième ventricule; *pl*, plexus choroïde du ventricule latéral; *f*, grande faux du cerveau; *th*, partie antérieure, la plus profonde, de la couche optique; *ch*, chiasma; *o*, nerf optique; *c*, fibres du pédoncule cérébral; *h*, pli d'Ammon; *p*, pharynx; *sa*, présphénoïde ou sphénoïde basilaire antérieur; *a*, orbito-sphénoïde ou petite aile du sphénoïde; *s*, partie de la voûte du cerveau correspondant à l'union de la voûte du troisième ventricule avec la lame terminale; *l*, ventricule latéral.

partie de la cella media et de la corne inférieure. Partant du trou de Monrô (fig. 322 *TM*), le plexus choroïde du ventricule latéral s'unit à ce niveau avec le plexus choroïde du troisième ventricule, formé aux dépens de la voûte du cerveau intermédiaire. Lorsqu'on enlève la pie-mère hors de la scissure choroïdienne, on détache en même temps l'épithélium du plexus choroïde et l'on produit à la face interne de l'hémisphère une fente béante, qui s'étend du trou de Monrô à l'extrémité du lobe temporal. Par cette fente on peut alors pénétrer à l'intérieur du ventricule latéral. Cette fente, c'est la *fente transversale du cerveau*, encore appelée *grande fente de* Bichat.

Parallèlement au plexus choroïde et à quelque distance au-dessus de lui, on voit le *pli d'*Ammon (fig. 322 et 324, *ph*; fig. 323, *h*). Il devient plus volumineux vers l'extrémité de la corne inférieure et fournit la *corne d'*Ammon ou *grand hippocampe* de l'adulte. La partie du ventricule latéral logée à l'intérieur du lobe temporal se rétrécit, par conséquent, à la suite du double plissement de sa paroi interne, c'est-à-dire à la suite de la formation du plexus choroïde et de la corne d'Ammon. L'épithélium du plexus choroïde se continue avec la corne d'Ammon, par l'intermédiaire d'une mince lame médullaire, connue en anatomie sous le nom de *corps bordant*. Nous avons vu que des dispositions semblables existent au cerveau intermédiaire et à la moelle allongée.

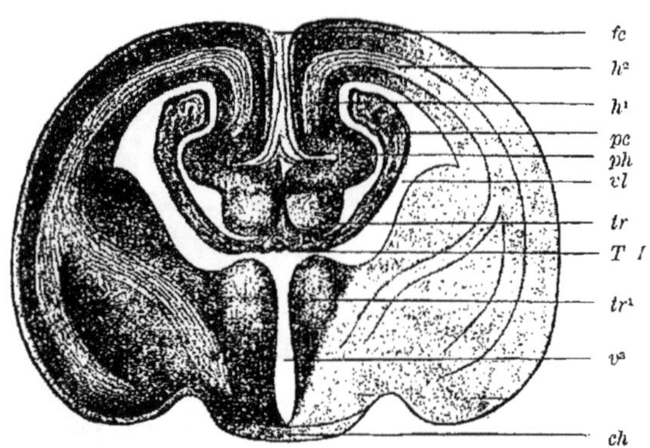

Fig. 324. — *Coupe transversale du cerveau d'un embryon de lapin*, long de 3,8 centim. 9 diam., d'après Milhalkovics. La coupe passe par les trous de Monrô.

fc, grande faux du cerveau, remplissant la scissure interhémisphérique; h^1 et h^2, paroi interne plane et paroi externe convexe de l'hémisphère cérébral; *pc*, pli choroïdien (plexus choroïde du ventricule latéral); *ph*, pli d'Ammon ou du grand hippocampe; *tr*, trigone; *vl*, ventricule latéral; *TM*, trou de Monrô; v^3, troisième ventricule; *ch*, chiasma des nerfs optiques; tr^1, pilier antérieur du trigone.

Le lobe occipital avec sa cavité se développant comme une évagination du lobe annulaire, il en résulte que la fissura calcarina ou *scissure du petit hippocampe* qui se forme sur sa paroi interne, n'apparaît qu'après la scissure arciforme (fig. 310, *fc*). Elle se montre, à la fin du troisième mois, comme une branche de la scissure arciforme : elle se dirige horizontalement jusqu'au voisinage de l'extrémité du lobe occipital. Elle détermine la formation d'une saillie interne, l'*ergot de* Morand ou *petit hippocampe*, qui rétrécit la corne postérieure du ventricule, de la même façon que la corne d'Ammon en rétrécit la corne inférieure. Au début du quatrième mois, apparaît la *scissure occipitale* (fig. 310, *so*). Elle part de l'extrémité antérieure de la fissura calcarina, se dirige verticalement vers le bord supérieur de l'hémisphère et sépare nettement l'un de l'autre le lobe occipital et le lobe pariétal.

3. Un *troisième processus* important qui intervient dans le développement du cerveau antérieur consiste dans la *formation d'un système de commissures*, qui vient s'ajouter à la commissure primitive formée par la lame terminale. Les auteurs qui ont étudié cette question difficile admettent que, pendant le troisième mois de la vie fœtale, il se produit des soudures entre certaines parties des faces internes des deux hémisphères. Elles commencent dans une région triangulaire, en avant du trou de Monrô. Toutefois la soudure ne s'accomplit que le long des bords du triangle, tandis qu'au centre de l'aire du triangle, les deux faces internes restent séparées par une fente. Ainsi se forment : en avant, le *genou du corps calleux;* en arrière, les *piliers du trigone*, et entre eux le *septum lucidum* avec sa cavité fissiforme, c'est-à-dire le *ventricule de la cloison*. Dans l'étendue du septum lucidum la paroi de l'hémisphère est fortement amincie. Le ventricule de la cloison n'a donc pas la même valeur morphologique que les autres ventricules cérébraux. Ceux-ci dérivent du canal central du tube neural embryonnaire, tandis que celui-là est une néo-formation et représente une partie de la scissure interhémisphérique primitive.

Dans le courant du cinquième et du sixième mois, le système des commissures s'agrandit. La soudure des parois internes des hémisphères progresse d'avant en arrière et intéresse bientôt l'arc marginal (circonvolution arquée), c'est-à-dire la région comprise entre la scissure arciforme et la scissure choroïdienne. Les deux arcs marginaux se soudent dans leur partie antérieure, jusqu'à l'extrémité postérieure du cerveau intermédiaire : ainsi se forment *le corps et le bourrelet du corps calleux* ainsi que le *trigone* situé au-dessous d'eux. Le *sillon du corps calleux*, au fond duquel se trouve la face supérieure de cet organe, constitue donc la partie antérieure de la scissure arciforme, tandis que la partie postérieure de la scissure arciforme est désignée plus tard sous le nom de *sillon du grand hippocampe*.

4. Enfin, la formation de *sillons corticaux nombreux* achève de donner aux hémisphères leur aspect particulier. Ce qui les distingue des sillons totaux ou scissures, que nous venons de faire connaître, c'est qu'ils n'intéressent que l'écorce cérébrale, sans déterminer la production de saillies à l'intérieur des ventricules. Ils commencent à apparaître aussitôt que la paroi des hémisphères prend une certaine épaisseur à la suite du développement de la substance blanche (cinquième mois). Ils doivent leur origine à ce fait que l'écorce grise avec ses cellules ganglionnaires s'accroît en surface beaucoup plus rapidement que la substance blanche. Il en résulte qu'elle se soulève sous forme de replis, appelés *circonvolutions cérébrales* ou *gyri*, à l'intérieur desquels pénètrent de minces lames de substance blanche. Au début, les sillons corticaux

sont peu profonds : ils le deviennent de plus en plus, au fur et à mesure que la paroi de l'hémisphère s'épaissit et que, par conséquent, les circonvolutions deviennent plus saillantes à la surface.

Parmi les sillons nombreux que nous montre la surface des hémisphères chez l'adulte, les uns se forment avant les autres. On peut dire que, *plus un sillon est précoce, plus il devient profond; plus il est tardif, moins il s'approfondit* (PANSCH). *Les premiers formés sont donc les plus importants et les plus constants : on leur donne le nom de sillons primaires pour les distinguer de ceux qui n'apparaissent que plus tard et que l'on appelle sillons secondaires et tertiaires. Ces derniers sont plus variables que les sillons primaires.* Les sillons primaires commencent à se montrer dès le début du sixième mois. Le plus précoce est l'un des plus importants : le *sillon central ou de* ROLANDO (fig. 325, *sc*), qui sépare le lobe frontal du lobe pariétal. « Au neuvième mois, tous les sillons primaires et toutes les circonvolutions sont formées; or, comme à cette époque les sillons secondaires font encore défaut, il en résulte que le cerveau de l'embryon de neuf mois montre la disposition typique des sillons et des circonvolutions. » (MIHALKOVICS.)

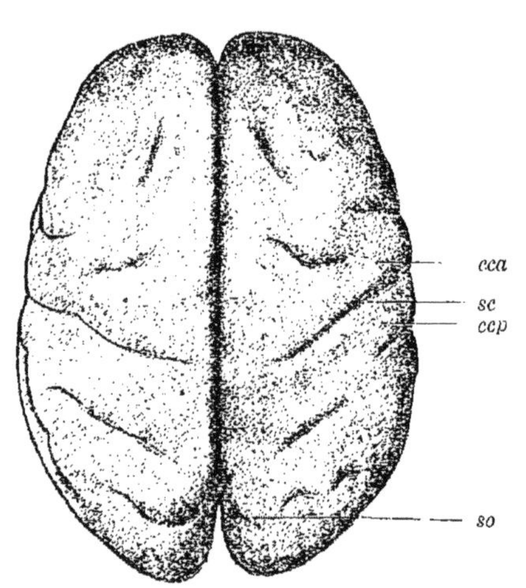

Fig. 325. — *Cerveau d'un embryon humain, au commencement du huitième mois.* 3/4 grandeur naturelle. D'après MIHALKOVICS.

sc, sillon central; *cca*, circonvolution centrale antérieure; *ccp*, circonvolution centrale postérieure; *so*, scissure occipitale.

Nous constatons de très grandes différences entre les différents groupes de mammifères, en ce qui concerne le développement des sillons de leurs hémisphères cérébraux. Chez les monotrèmes, les insectivores et une foule de rongeurs, les hémisphères, peu développés, sont lisses à leur surface; ils restent donc pendant toute la durée de la vie sous la forme qu'ils affectent au début du développement chez l'homme. D'autre part, chez les carnassiers et les primates, les sillons et les circonvolutions se rapprochent beaucoup, par leur nombre et leur disposition, de l'état réalisé chez l'homme.

Pour compléter l'étude du développement des hémisphères cérébraux, il nous reste à parler des *nerfs olfactifs*, qui en sont une dépendance. Par leur mode de formation, les nerfs olfactifs, tout comme les nerfs optiques, se distinguent complètement des nerfs périphériques. On doit les considérer comme une partie modifiée de la paroi des vésicules hémisphériques. Aussi l'expression ancienne de nerf olfactif est-elle souvent remplacée aujourd'hui par celle de *lobe olfactif*, qui est plus correcte. Au septième jour chez le poulet, pendant la cinquième semaine (HIS) chez l'homme, il se forme au plancher du lobe frontal et à son extrémité antérieure, une petite évagination dirigée en avant (fig. 308, 310, *nol*). Elle prend peu à peu la forme d'une massue; sa partie renflée repose sur la lame criblée de l'ethmoïde et porte le nom de *bulbe olfactif*, tandis que son pédicule est appelé *bandelette olfactive*. Cette massue est creuse à l'intérieur et sa cavité se continue avec le ventricule latéral.

Pendant les premiers mois de la vie fœtale, les lobes olfactifs, chez l'homme, sont aussi relativement volumineux et pourvus d'une cavité centrale. Plus tard, ils commencent pour ainsi dire à s'atrophier, en même temps que le sens de l'olfaction ne se développe que peu. Ils cessent de s'accroître et leur cavité disparaît. Par contre, chez la plupart des mammifères, dont le sens olfactif est beaucoup plus perfectionné que chez l'homme, les lobes olfactifs atteignent un très grand volume chez l'adulte et montrent beaucoup plus nettement encore qu'ils constituent réellement une partie du cerveau. Le bulbe, en effet, est creux pendant toute la vie et souvent même (cheval) la bandelette olfactive renferme un canal étroit qui fait communiquer la cavité du bulbe avec la corne antérieure du ventricule latéral.

Les lobes olfactifs prennent un développement extraordinaire chez les requins (fig. 326, *Lol* + *Tro*) : ils sont plus volumineux que le cerveau intermédiaire (*ZH*) et le cerveau moyen (*MH*). De l'extrémité antérieure du cerveau antérieur qui est peu développé, partent deux prolongements creux (bandelettes olfactives, *Tro*) qui se terminent, à quelque distance du cerveau antérieur, par un renflement volumineux (*Lol*) divisé en deux lobes creux.

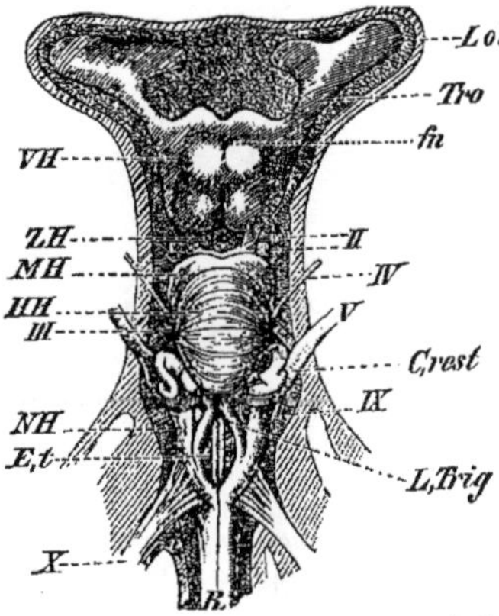

Fig. 326. — *Cerveau de Galeus canis in situ, vu par la face dorsale*, d'après Rohon.
Lol, bulbe olfactif; *Tro*, bandelette olfactive; *VH*, cerveau antérieur, pourvu d'un trou nourricier *fn*, destiné au passage d'un vaisseau; *ZH*, cerveau intermédiaire; *MH*, cerveau moyen; *HH*, cervelet (cerveau pénultième); *NH*, cerveau postérieur; *R*, moelle épinière; *II*, nerf optique; *III*, nerf oculo-moteur commun; IV, nerf pathétique; *V*, nerf trijumeau; *L.Trig*, lobe du trijumeau; *C.rest*, corps restiforme; *IX*, nerf glosso-pharyngien; *X*, nerf vague; *E,t*, pyramides postérieures (eminentiæ teretes).

B. — Système nerveux périphérique.

L'étude des origines du système nerveux périphérique est entourée des plus grandes difficultés. Il s'agit, en effet, de phénomènes histologiques extrêmement délicats : la formation de fibrilles nerveuses sans myéline et leur mode de terminaison chez des embryons composés encore de cellules plus ou moins indifférentes. Si l'on considère combien il est déjà difficile de poursuivre chez l'animal adulte les fibres nerveuses sans myéline dans les couches épithéliales ou dans le tissu musculaire lisse et d'étudier leurs terminaisons, on comprend pourquoi maintes questions relatives au développement des nerfs périphériques ne sont pas encore résolues. Un point cependant est bien établi. Nous voulons parler de la formation des ganglions spinaux, dont l'étude a été faite, en premier lieu, par HIS chez le poulet et par BALFOUR chez les sélaciens. De nombreuses recherches ont été entreprises ensuite chez une foule de vertébrés par HENSEN, MILNES MARSHALL, KÖLLIKER, SAGEMEHL, VAN WIJHE, BEDOT, ONODI, BERANECK, RABL, BEARD, KASTSCHENKO, LENHOSSEK et autres.

1. — *Développement des ganglions spinaux.*

Chez une foule de vertébrés (poulet, homme, etc.), on peut déjà distinguer l'ébauche des ganglions spinaux à une phase du développement où la plaque médullaire vient de commencer à se déprimer pour constituer la gouttière médullaire. On peut alors constater, au point où la plaque médullaire s'infléchit pour se continuer avec le feuillet corné, la présence de groupes de cellules, qui se caractérisent par leur forme plus arrondie et qui, d'après BEARD, sont au début disposées métamériquement.

Plus tard, lorsque les replis médullaires se juxtaposent dans le plan médian pour se souder, les deux « bandes ganglionnaires » viennent se

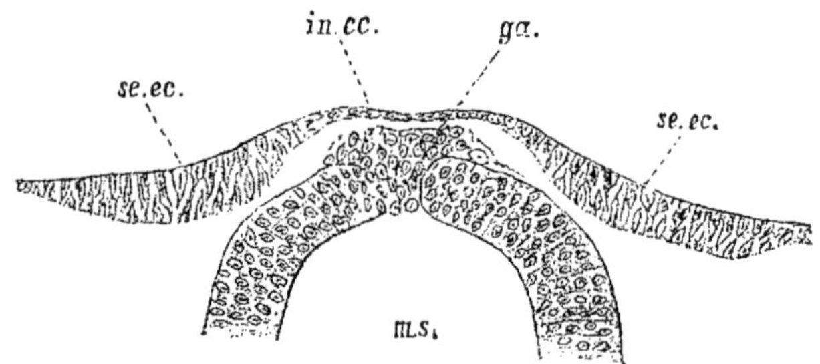

Fig. 327. — *Coupe d'un embryon de poulet, 29 heures après le début de l'incubation*, d'après GOLOWINE. La coupe passe à travers le troisième segment primordial. *ga*, crête ganglionnaire; *ms*, moelle épinière; *in.ec*, partie amincie et *se.ec*, partie épaissie de l'ectoderme.

placer au sommet des replis. Elles s'unissent alors, pendant un certain temps, en un cordon cellulaire unique (LENHOSSEK) et se séparent, avec le tube neural, du feuillet corné.

C'est ce stade que nous montre la fig. 327, qui représente l'ébauche des ganglions spinaux, telle qu'elle se présente sur la coupe transversale d'un embryon du poulet, 29 heures après le début de l'incubation. Cette ébauche se trouve intercalée, à la façon d'un coin, au point de fermeture du tube neural. « Mais cette situation n'est pas définitive ; bientôt, « la multiplication active des éléments de l'ébauche ganglionnaire cesse; « elle cède à l'effort que font les plaques médullaires pour se souder « dans le plan médian, ce qui entraîne la séparation progressive des « éléments de l'ébauche ganglionnaire, qui reprennent leur disposition « bilatérale primitive » (LENHOSSEK).

En ce moment, une mince crête cellulaire, composée d'une ou de deux assises de cellules, part, à droite et à gauche, de la ligne de suture du tube neural et s'insinue vers le bas entre ce tube et le feuillet corné sus-jacent (fig. 328 A et B, *gsp*, *gsp'*). Cette crête est continue, ainsi que le démontre l'étude des coupes transversales sériées. Elle s'étend jusqu'au bord dorsal des segments primordiaux (fig. 328, B, *sp*), qui à ce moment sont bien développés. En même temps qu'elle s'accroît de

A

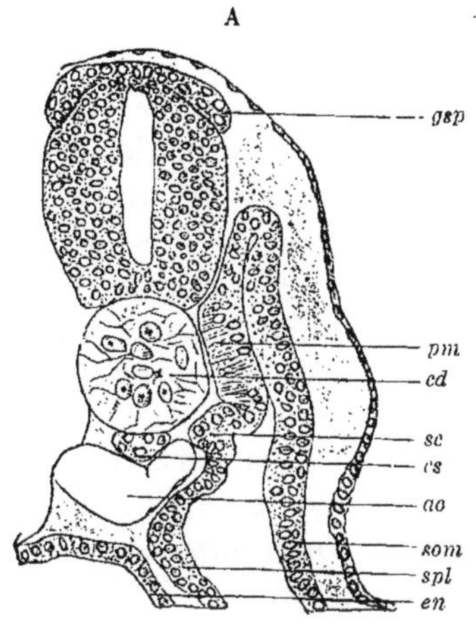

B

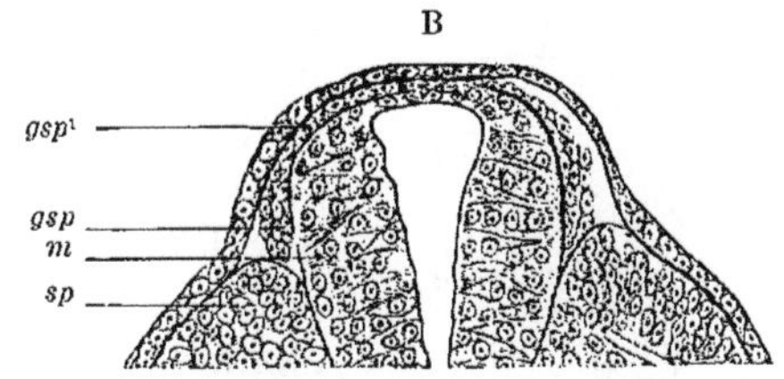

Fig. 328. — A. *Coupe transversale d'un embryon de Pristiurus*, d'après RABL.

Les segments primordiaux sont encore en continuité avec le restant du mésoderme. Là où la plaque musculaire (*pm*) se continue avec le feuillet viscéral du mésoderme (*spl*), on voit un petit diverticule (*sc*) : c'est le sclérotome, aux dépens duquel se forme le tissu squelettogène. *cd*, corde dorsale; *gsp*, ébauche du ganglion spinal; *cs*, cordon subnotocordal; *ao*, aorte; *en*, endoderme secondaire; *som*, feuillet pariétal et *spl*, feuillet viscéral du mésoderme.

B. *Coupe transversale d'un embryon de lézard*, d'après SAGEMEHL.

m, moelle épinière; *gsp*, partie inférieure, épaissie, de la crête neurale; *gsp'*, partie supérieure, amincie, de la crête neurale, en continuité avec la voûte de la moelle épinière; *sp*, segment primordial.

haut en bas, la *crête neurale*, comme l'appelle BALFOUR, ou la *crête ganglionnaire*, comme l'appelle SAGEMEHL, se subdivise de plus en plus nettement en plusieurs parties, placées les unes derrière les autres.

Les parties de la crête situées entre les segments primordiaux consécutifs cessent de se développer, tandis que celles qui correspondent au milieu des segments primordiaux, prolifèrent, s'épaississent et se développent de haut en bas en s'engageant entre le tube neural et les segments primordiaux.

C'est ce que nous montre nettement une coupe frontale et longitudinale d'un embryon arrivé à ce stade du développement. La figure 329 est empruntée au mémoire de SAGEMEHL. L'embryon de lézard, dont cette image représente une coupe, était fortement recourbé suivant son axe longitudinal. Il en résulte que les cinq segments primordiaux figurés sont coupés à différents niveaux. Le segment du milieu est coupé plus bas que les deux précédents et que les deux suivants : son ganglion (*g*) est séparé des autres, en avant et en arrière, par des vaisseaux sanguins, tandis que les autres ganglions, coupés plus haut, c'est-à-dire plus près de leur origine au tube neural, sont encore réunis les uns aux autres par une commissure longitudinale, qui chez les sélaciens prend un grand développement et persiste très longtemps (BALFOUR). En dehors des ganglions on voit les segments primordiaux (*pm*, *e*), encore pourvus d'une mince fente à leur intérieur.

Les ganglions situés dans la région de la tête se distinguent des ganglions spinaux par quelques particularités, en ce qui concerne leur mode de développement. La différence essentielle consiste en ce que, à un moment où l'ébauche du cerveau ne s'est pas encore fermée de façon à constituer le tube cérébral, les ébauches des ganglions, qui siègent aux bords des replis médullaires, prolifèrent fortement, se séparent de la plaque médullaire et commencent déjà à s'accroître de haut en bas, entre la paroi cérébrale et l'épiderme (fig. 332, *vg*). Il est probable que ce développement plus précoce est dû au volume plus considérable que possèdent les diverses ébauches des ganglions dans la région de la tête.

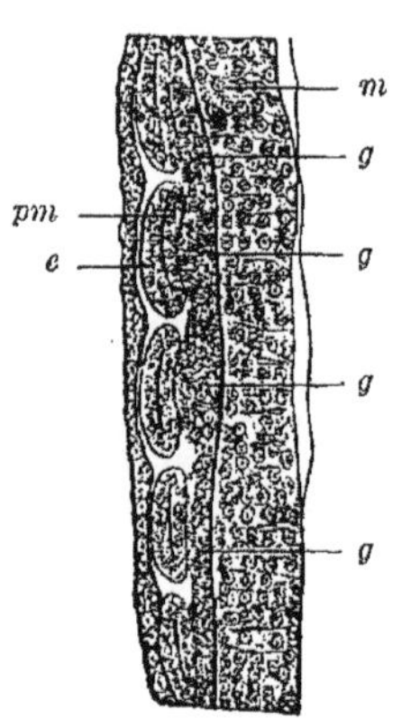

Fig. 329. — *Coupe frontale d'un embryon de lézard.* *m*, moelle épinière; *g*, épaississements de la crête neurale qui se transforment en ganglions spinaux; *e*, paroi externe du segment primordial; *pm*, plaque musculaire.

En ce qui concerne les modifications que subissent ultérieurement les ébauches des ganglions spinaux, il règne diverses opinions.

D'après His, Sagemehl et Lenhossek, les différents ganglions se sépareraient complètement du tube neural et resteraient longtemps à ses côtés sans lui être unis. Ce n'est que plus tard qu'il se rétablirait secondairement entre eux une union, par suite du développement des racines postérieures : des fibres nerveuses sortant de la moelle épinière se dirigeraient vers le ganglion spinal, ou bien en sens inverse du ganglion vers la moelle épinière, ou bien encore dans les deux sens à la fois. Sagemehl admet plutôt la première alternative; His et Lenhossek, la dernière. D'autres auteurs sont d'avis que les ganglions spinaux restent, dès leur origine, réunis à la moelle épinière : ils s'épaississent, deviennent fusiformes; mais chacun d'entre eux reste uni à la moelle par un mince cordon cellulaire, qui devient sa racine postérieure. Si cette opinion est exacte, le point d'émergence de la racine postérieure hors de la moelle épinière doit changer de place dans le cours du développement : il doit cheminer progressivement de haut en bas, le long de la face externe de la moelle.

Les divergences d'opinion que nous venons de faire connaître, nous les retrouvons en ce qui concerne le développement des nerfs périphériques.

2. — *Développement des nerfs périphériques.*

Deux opinions contradictoires règnent actuellement sur le développement des nerfs périphériques.

La plupart des auteurs sont d'avis que le système nerveux périphérique se forme aux dépens du système nerveux central; que *les nerfs sont des excroissances du cerveau, de la moelle épinière et des ganglions, qui s'étendent sans interruption jusqu'à la périphérie, où ils s'unissent ensuite avec leurs organes terminaux.* En ce qui concerne les nerfs spinaux, cette idée a été exprimée pour la première fois par BIDDER et KUPFFER, à la fois pour leurs racines antérieures et pour leurs racines postérieures. KÖLLIKER, HIS, BALFOUR, MARSHALL, SAGEMEHL, etc., se sont ensuite ralliés à cette théorie. Toutefois ces auteurs n'ont pas tous la même opinion sur le mode de formation des fibres nerveuses.

D'après HIS, KÖLLIKER, SAGEMEHL, LENHOSSEK, etc., *les fibres nerveuses ne sont que les prolongements des cellules ganglionnaires situées dans le centre nerveux.* Ces prolongements deviennent extraordinairement longs et finissent par atteindre leur appareil terminal. Entre eux n'existent primitivement ni noyaux, ni cellules. Ces cellules leur sont fournies secondairement par le tissu conjonctif ambiant. D'après KÖLLIKER et HIS, les fibres nerveuses sont réunies en faisceaux par des cellules du mésenchyme qui les environnent et qui pénètrent ensuite, de plus en plus nombreuses, à l'intérieur du tronc nerveux pour former, autour des cylindres d'axe, la gaine de SCHWANN.

D'autre part, BALFOUR soutient avec énergie que lors du développement des nerfs, des cellules provenant de la moelle épinière interviennent dans leur formation. Dans son *Traité d'embryologie et d'organogénie comparées*, il dit : « La structure cellulaire des nerfs embryonnaires est un point sur lequel j'aurais supposé qu'une divergence d'opinion fût impossible, n'eût été la circonstance que HIS et KÖLLIKER, à la suite de REMAK et d'autres embryologistes anciens, contestent absolument ce fait. Je suis convaincu que quiconque étudie le développement des nerfs chez les sélaciens sur des embryons bien conservés, ne peut tenir un seul instant ce point comme douteux. » Parmi les auteurs plus récents, VAN WIJHE, DOHRN et BEARD se rangent à l'avis de BALFOUR.

Une manière de voir absolument contraire à celle de KUPFFER, de HIS, de KÖLLIKER et de BALFOUR a été émise par HENSEN, en ce qui concerne l'origine du système nerveux périphérique. HENSEN oppose surtout des considérations physiologiques à la théorie de la formation des fibres nerveuses par excroissance. Il n'y a aucune raison, dit-il, pour que les nerfs, s'ils constituaient des excroissances du centre nerveux, aboutissent toujours exactement à une terminaison bien déterminée. « Pourquoi les racines antérieures des nerfs spinaux se termineraient-elles toujours dans les muscles et les racines postérieures dans des organes non musculaires? Pourquoi n'y aurait-il jamais de confusion, d'échange de fibres nerveuses, entre les nerfs de l'iris et ceux des muscles de l'œil, entre les branches du trijumeau, entre le nerf auditif et le facial? » Partant de ces considérations théoriques, HENSEN admet qu'il est indispensable que « *les nerfs soient unis à leurs organes terminaux dès le début de leur développement* ». D'après cet auteur, — et il a cherché à étayer sa manière de voir sur des observations, — les cellules embryonnaires sont, pour la plupart, réunies les unes aux autres par des filaments délicats. Lorsqu'une cellule se divise, ces filaments doivent aussi se diviser; de cette façon il se forme un « réseau infini de fibres ». Parmi les fibres de ce réseau, les unes se transforment en fibres nerveuses, tandis que les autres s'atrophient.

Les idées émises par Hensen méritent à coup sûr d'être prises en considération. En effet, si les nerfs se développent par excroissance pour atteindre leurs organes terminaux, pourquoi ne cherchent-ils donc pas à y arriver directement? Pourquoi décrivent-ils si souvent des trajets si détournés; pourquoi voyons-nous se former ces plexus compliqués; d'où proviennent les cellules ganglionnaires qui se trouvent développées dans le système nerveux périphérique lui-même, dans les organes les plus divers et en particulier dans le grand sympathique? Pour arriver à résoudre ces questions si difficiles, il conviendrait d'étudier, mieux qu'on ne l'a fait jusqu'ici, le *système nerveux périphérique des invertébrés*. Il faudrait non seulement examiner avec soin des embryons coupés en séries, mais employer en outre d'autres méthodes de recherche; étudier, par exemple, des objets convenables, par transparence après coloration des fibres nerveuses, ou bien après avoir isolé les éléments par macération.

Bien qu'en ces derniers temps de nombreux travaux aient été publiés sur le développement du système nerveux, cependant les questions brûlantes qui s'y rattachent ne sont pas encore résolues. On défend toujours actuellement les manières de voir les plus contradictoires, en ce qui concerne le mode de formation des fibres nerveuses et souvent même il arrive que l'on veuille nier à ses contradicteurs le droit de défendre une autre manière de voir ou de changer d'opinion.

Je citerai quelques exemples à l'appui de ce que je viens dire. « Il « est étrange, dit Lenhossek, qu'en ces tout derniers temps encore (notam- « ment dans les deux travaux de Beard), par ignorance complète des « publications récentes sur l'histologie du système nerveux, on ait remis « en honneur les idées défendues par les anciens auteurs, qui admettaient « que le cylindre-axe se forme aux dépens d'une chaîne de cellules « disposées longitudinalement, etc. »

Kölliker croit pouvoir conclure d'un grand nombre de faits « que la « seule opinion qui soit exacte est celle qui a été soutenue par Remak, « Bidder, Kupffer et lui-même, il y a de nombreuses années, en ce qui « concerne les fibres nerveuses motrices, et plus récemment par lui- « même et His, en ce qui concerne les fibres sensibles, à savoir que « chacun de ces éléments n'est que le prolongement, extrêmement long « et ramifié, d'une cellule ganglionnaire ».

De même S. Minot tient pour insoutenable l'opinion de Hensen, attendu que l'on a, en fait, observé que les fibres nerveuses s'accroissent (p. 642).

Il convient certainement d'opposer à ces opinions si arrêtées, ce qu'a écrit KUPFFER en 1891 : « Pas une de mes observations (chez l'Ammocète) « ne s'oppose, je dirai même que tout porte plutôt à nous faire admettre « que les fibrilles nerveuses naissent sous la forme de prolongements « de cellules; toutefois ce ne sont pas seulement des prolongements de « cellules des ganglions et de l'organe nerveux central, *mais aussi des « prolongements des cellules qui, disposées en chaînes les unes à la suite « des autres, constituent la première ébauche des nerfs périphériques.* Ceci « étant admis, il me semble extrêmement probable que la croissance « des fibrilles dans les nerfs dorsaux s'accomplit aussi bien dans la « direction centripète que dans la direction centrifuge. Lorsque l'ébauche « d'un nerf a acquis un état de développement tel qu'elle est formée par « des cellules et des fibrilles, les cellules paraissent écartées les unes « des autres et leurs extrémités, tant centrale que périphérique, se « continuent en un fin prolongement, etc. Aussi je crois pouvoir soutenir « avec raison que *les ébauches des nerfs dorsaux, aussi bien dans la « première phase de leur développement, lorsqu'elles consistent en des « chaînes de cellules, que plus tard, lorsqu'il y a apparu des fibrilles, « restent toujours en continuité avec l'organe central.* »

C'est ce qui fait dire à STRASSER (1892) qu'en raison de l'importance de ces faits, l'opinion, dont les principaux défenseurs sont KÖLLIKER et HIS, est fortement ébranlée dans ses fondements mêmes.

APATHY, qui a acquis une grande compétence en la question par ses recherches sur l'histologie du système nerveux des invertébrés, défend aussi avec énergie, dans son ouvrage paru en 1897 (p. 507) qu' « avant « l'apparition des fibrilles primitives conductrices de l'excitation, les « voies existent déjà, par lesquelles les fibrilles primitives, en se « développant, gagnent d'une part les cellules ganglionnaires et, d'autre « part, les cellules sensorielles. Ces voies sont les ponts intercellulaires, « prolongements protoplasmiques qui, dès la première segmentation de « l'œuf, unissent constamment, soit directement, soit indirectement, les « cellules de l'organisme, absolument comme l'a prétendu HENSEN il y a « longtemps. Cette manière de voir, à laquelle s'est tout récemment « rallié SEDGWICK notamment, j'ai démontré, il y a sept ans déjà, qu'elle « était inévitable, en me fondant sur mes recherches concernant l'his- « tologie et l'histogenèse du système nerveux, spécialement chez les « vers et les mollusques ».

Maintenant que j'ai caractérisé les diverses positions que prennent actuellement encore les auteurs dans la question de l'origine du système nerveux périphérique, je rendrai compte d'un certain nombre de faits acquis relatifs au développement de certains nerfs. Ces faits concernent : 1° la formation des racines antérieures et postérieures des nerfs spinaux; 2° le développement de certains troncs nerveux périphériques plus volumineux, tels que le nerf latéral; 3° la formation des nerfs chez Petromyzon; 4° le développement des nerfs craniens et leur signification morphologique vis-à-vis des nerfs spinaux.

a. — DÉVELOPPEMENT DES RACINES DES NERFS SPINAUX

Les *racines antérieures des nerfs spinaux* apparaissent avant leurs racines postérieures. Leur développement comporte trois stades.

Le premier stade a été observé par DOHRN et VAN WIJHE chez les embryons de sélaciens. Au moment où le tube neural ne possède pas encore de manteau de substance blanche, il se forme un cordon protoplasmique, très court, qui l'unit au segment musculaire, avec lequel il est en contact immédiat. Il en résulte, ainsi que le fait observer VAN WIJHE, que, dès l'origine, l'ébauche du nerf se trouve unie à la masse musculaire qu'il est destiné à innerver et dont il ne se séparera jamais. Peu de temps après, le segment musculaire s'écartant du tube neural, le cordon s'allonge : il s'épaissit et renferme alors de nombreux noyaux de cellules. Il a donc, en ce moment, une texture cellulaire, qui est caractérisque du deuxième stade.

Quelle est l'origine des cellules qui apparaissent dans cette ébauche du nerf? Les opinions diffèrent. KÖLLIKER, HIS et SAGEMEHL admettent que ce sont des éléments du tissu conjonctif qui y ont pénétré secondairement et qui sont destinés à former uniquement les gaines d'enveloppe du nerf. BALFOUR, MARSHALL, VAN WIJHE, DOHRN et BEARD les considèrent au contraire, comme provenant de la moelle épinière et ils pensent qu'ils participent à la formation du nerf lui-même. BEARD admet que ces cellules donnent aussi naissance aux plaques terminales motrices. A ces cellules nerveuses provenant de la moelle épinière s'adjoindraient bientôt des cellules du tissu conjonctif, dérivant du mésenchyme, et dont il n'est bientôt plus possible de les distinguer.

Au troisième stade enfin, l'ébauche cellulaire de la racine motrice prend une texture fibrillaire et l'on réussit maintenant à poursuivre les fibrilles nerveuses à l'intérieur de la moelle, jusqu'à des groupes de cellules ganglionnaires embryonnaires (neuroblastes de HIS), d'où elles émanent.

Mais comment se forment les fibrilles nerveuses? C'est une question très controversée, nous l'avons déjà dit. D'après la plupart des auteurs, les fibrilles nerveuses, c'est-à-dire les cylindres d'axe futurs, se développent sous la forme de prolongements de cellules ganglionnaires de la moelle épinière : elles émergent de la surface de la moelle par leur extrémité libre et s'accroissent, s'allongent jusqu'à ce qu'elles atteignent leurs organes terminaux (KÖLLIKER, HIS, SAGEMEHL, LENHOSSEK). C'est ainsi que se formeraient, chez les vertébrés supérieurs, les racines motrices des nerfs spinaux.

D'après DOHRN, VAN WIJHE et BEARD, au contraire, les fibrilles nerveuses se forment sur place comme produit de différenciation du protoplasme du cordon cellulaire, qui unit dès le début le segment musculaire à la moelle épinière. Elles n'ont donc pas à aller à la recherche de leur organe terminal, attendu qu'il existe déjà entre eux une union protoplasmique. Les fibrilles nerveuses se développent, par conséquent, par un processus semblable au mode de formation des fibrilles musculaires aux dépens du plasma des cellules musculaires.

J'attache une importance particulière aux faits mentionnés par DOHRN et VAN WIJHE, parce qu'ils sont en parfaite harmonie avec les idées théoriques que j'ai émises sur l'origine du système nerveux, en me fondant sur des recherches faites chez les invertébrés. Ainsi que j'ai cherché à l'établir, les fibrilles nerveuses se forment aux dépens de prolongements protoplasmiques qui unissent les cellules. La formation d'un système nerveux spécialisé est précédée de l'existence d'une union protoplasmique entre les cellules; cette union apparaît à un moment où les organes terminaux sont encore très rapprochés les uns des autres.

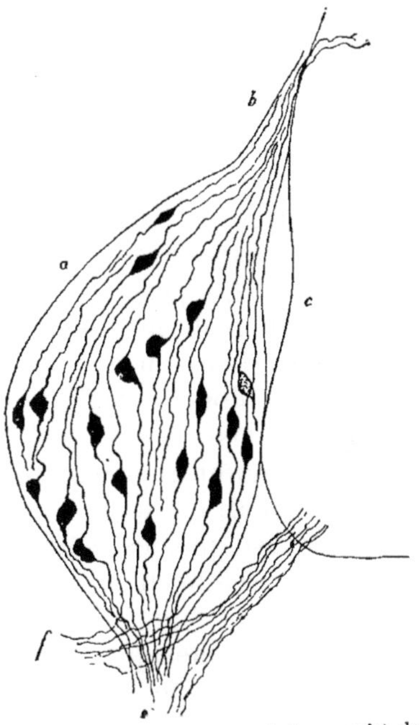

Fig. 330. — *Ganglion spinal d'un poulet de 7 jours* (méthode de GOLGI), d'après LENHOSSEK.
a, ganglion avec cellules nerveuses bipolaires; *b*, racine postérieure; *c*, moelle épinière; *d*, racine antérieure; *e*, branche dorsale, et *f*, branche ventrale du nerf spinal.

Les *racines postérieures ou dorsales des nerfs spinaux* apparaissent peu de temps après les racines antérieures. Il se forme des fibrilles qui unissent l'extrémité supérieure du ganglion spinal à la face externe de la moelle épinière.

Toutes les fibrilles se montrent d'abord aux deux extrémités opposées du ganglion spinal (fig. 330, *b* et *e*). D'après les idées régnantes, ce sont les prolongements de cellules nerveuses bipolaires du ganglion spinal. L'un de ces prolongements s'accroît vers la moelle épinière, à laquelle il s'unit, tandis que l'autre s'accroît progressivement vers la périphérie, pour se terminer dans un organe de sens périphérique.

b. — DÉVELOPPEMENT DE CERTAINS TRONCS NERVEUX PÉRIPHÉRIQUES.

GÖTTE, SEMPER, VAN WIJHE, HOFFMANN, BEARD et récemment KUPFFER ont signalé ce fait remarquable, contesté pourtant par BALFOUR et SAGEMEHL, que l'épiderme intervient dans la formation de certains nerfs. D'après ces auteurs, chez la larve des amphibiens et l'embryon des sélaciens, *l'extrémité postérieure du nerf latéral en voie de développement est complètement fusionnée avec l'épiderme épaissi de la ligne latérale* (fig. 333, *nl*). Un peu plus en avant, le nerf est séparé de l'épiderme, mais il est encore en contact avec lui; enfin, au fur et à mesure qu'on l'examine en un point plus rapproché de la tête, on le trouve de plus en plus profondément situé, entre les muscles. Cependant, là où il est éloigné de l'épiderme, il reste encore uni avec les ébauches des organes latéraux par l'intermédiaire de filets nerveux très délicats. La même disposition a été observée en ce qui concerne diverses branches provenant d'autres nerfs craniens, chez l'embryon des sélaciens. C'est ainsi que Van Wijhe a vu, près du point d'émergence du nerf facial hors du cerveau, une courte branche de ce nerf fusionnée avec un épaississement de l'épiderme formé par des cellules cylindriques. Ce fusionnement était tel qu'il n'était pas possible de distinguer, à ce niveau, si les noyaux des cellules appartenaient au nerf ou bien à son organe terminal. A un stade plus avancé, cette branche du nerf, au voisinage du cerveau, était séparée de l'organe terminal, plus profondément située et réunie à ce dernier par de fins filets nerveux qui traversaient le tissu conjonctif interposé. Quant à l'extrémité du nerf en voie d'accroissement, elle était encore fusionnée avec l'épiderme épaissi.

Beard, Froriep et Kastschenko ont observé des faits identiques chez les vertébrés supérieurs. Ils ont constaté notamment que les ébauches des ganglions du nerf facial, du glosso-pharyngien et du nerf vague sont longtemps fusionnées, sur une large étendue, avec l'épithélium de l'extrémité dorsale des fentes branchiales correspondantes. Cet épithélium est épaissi et invaginé en une fossette. Ces auteurs considèrent ces organes comme représentant les ébauches d'organes de sens de l'appareil branchial, qui n'arrivent plus à leur complet développement. Froriep admet aussi que les cellules épidermiques fusionnées avec le nerf en voie de développement interviennent dans la formation du nerf. Beard prétend même que toutes les fibres nerveuses sensibles du système nerveux périphérique sont des différenciations de l'épiderme et ne procèdent nullement du système nerveux central.

Les faits que nous venons d'exposer et qui prouvent qu'il existe, à un stade du développement, une union entre certains troncs nerveux et l'épiderme, me paraissent plaider en faveur de l'hypothèse que mon frère et moi nous avons avancée, et d'après laquelle tous les nerfs sensibles des vertébrés proviendraient d'un plexus nerveux sous-épithélial, semblable à celui qui existe dans l'épiderme d'une foule d'invertébrés.

c. — DÉVELOPPEMENT DES NERFS CHEZ LE PETROMYZON

Les jeunes larves du Petromyzon constituent, pour l'étude de l'origine des nerfs périphériques, un objet important, parce que le mésenchyme ne s'y développe que relativement tard, à une époque où les premiers troncs nerveux sont déjà ébauchés. D'après les observations de Kupffer, ces troncs nerveux sont, au début, formés par des chaînes de cellules (fig. 331, *l*, *ns*, *nb*), qui dérivent, les unes du tube neural, les autres de l'épiderme, et qui s'unissent çà et là avec des épaississements de ce dernier (ébauches ganglionnaires spéciales). Ces observations plaident beaucoup en faveur de la manière de voir, d'après laquelle les fibres nerveuses sont des produits de différenciation de cellules disposées en traînées, absolument comme les fibrilles musculaires se forment aux dépens du protoplasme d'un grand nombre de corpuscules musculaires et les faisceaux de fibrilles du tissu conjonctif, aux dépens des cellules conjonctives.

d. — DÉVELOPPEMENT DES NERFS CRANIENS

Les recherches entreprises dans ces dernières années par BALFOUR, MARSHALL, KÖLLIKER, VAN WIJHE, FRORIEP, RABL, KASTSCHENKO et HIS ont fourni des résultats importants sur le développement des nerfs craniens,

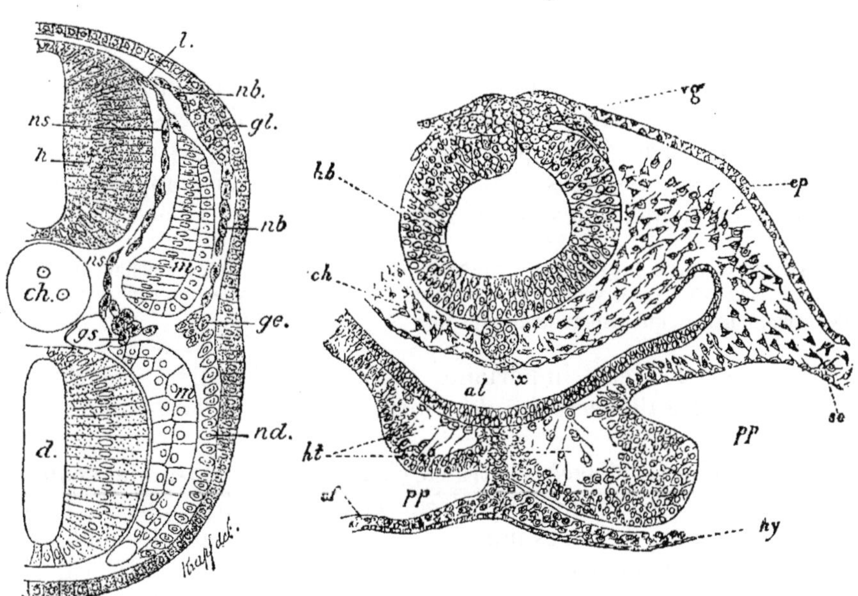

Fig. 331. — *Coupe transversale de la tête d'une larve de Petromyzon, au niveau du cerveau postérieur,* d'après KUPFFER.

h, cerveau postérieur; *ch*, corde dorsale; *d*, tube digestif; *m*, mésoblaste; *ns*, nerf spinal dorsal; *nb*, nerf spinal branchial; *gl*, extrémité postérieure du ganglion latéral du nerf vague; *ge*, ganglion épibranchial; *nd*, neuroderme.

Fig. 332. — *Coupe transversale de la partie postérieure de la tête d'un embryon de poulet de 30 heures,* d'après BALFOUR.

hb, cerveau postérieur; *vg*, nerf vague; *ep*, épiblaste; *ch*, corde dorsale; *x*, épaississement de l'hypoblaste, constituant peut-être un rudiment du cordon subnotocordal; *al*, pharynx; *ht*, cœur; *pp*, cavité pleuro-péricardique (cœlome); *so*, somatopleure; *sf*, splanchnopleure; *hy*, hypoblaste.

notamment sur leurs rapports avec les segments céphaliques et sur leurs relations morphologiques avec les nerfs spinaux. Il se forme au cerveau, comme à la moelle épinière, des racines dorsales et des racines ventrales. Déjà au moment où la gouttière cérébrale n'est pas encore entièrement fermée (fig. 332), il apparaît, à droite et à gauche, au niveau de la continuité entre la paroi du tube cérébral et l'épiderme, une crête neurale (*vg*), qui commence assez loin en avant et que l'on peut poursuivre en arrière jusqu'à la crête neurale de la moelle épinière, avec laquelle elle se continue. Lorsque plus tard le tube cérébral s'est fermé et que les vésicules cérébrales se sont séparées de l'épiderme susjacent, la crête neurale est appliquée contre la voûte du cerveau et fusionnée avec elle sur la ligne médiane. C'est aux dépens de cette ébauche que se forment ensuite un certain nombre de nerfs craniens, à la façon des racines dorsales des nerfs spinaux : tel est notamment le cas pour le trijumeau avec le ganglion de Gasser, pour le nerf auditif et le facial avec le ganglion acoustique et le ganglion géniculé; enfin, pour le glosso-pharyngien et le nerf vague avec leur ganglion jugulaire et leur plexus gangliforme. Ces nerfs qui sortent primitivement de la voûte du cerveau, en émergent plus tard de la paroi externe, c'est-à-dire plus près de la base.

Tous les autres nerfs craniens, l'oculo-moteur commun, le pathétique, l'oculo-moteur externe, le grand hypoglosse et l'accessoire de Willis, ne se forment pas aux dépens de la crête neurale. Ils se développent comme des excroissances distinctes du cerveau, plus rapprochées de sa base et sont comparables aux racines antérieures des nerfs spinaux.

En ce qui concerne le grand hypoglosse des mammifères, Froriep a constaté qu'il possède non seulement des racines ventrales, mais aussi des racines dorsales pourvues de petites cellules ganglionnaires, qui disparaissent plus tard.

En dépit de cette importante similitude, il existe *une différence importante entre l'innervation des segments de la tête et celle des segments du tronc.*

1. Les racines motrices, ventrales, c'est-à-dire l'oculo-moteur commun, le pathétique, l'oculo-moteur externe et le grand hypoglosse, ne fournissent qu'à une partie des muscles de la tête : aux muscles moteurs des yeux et à certains muscles tendus entre le crâne et la ceinture scapulaire, c'est-à-dire qu'elles innervent les muscles qui, comme nous l'avons vu plus haut, se forment aux dépens des segments céphaliques. D'autres groupes de muscles, qui dérivent des plaques latérales de la tête, sont innervés par le trijumeau et le facial, c'est-à-dire par des racines dorsales. Il en résulte que les racines nerveuses dorsales de la tête se distinguent de celles du tronc en ce qu'elles renferment à la fois des fibres sensibles et des fibres motrices. La loi de Bell devrait être modifiée pour la région céphalique des vertébrés et elle devrait être remplacée par la loi suivante, formulée par Van Wijhe et admise par Hatschek :

« Dans la tête, les racines nerveuses dorsales ne sont pas exclusivement sensibles; elles innervent encore les muscles qui dérivent des plaques latérales, mais pas ceux qui dérivent des segments primordiaux (somites).

« Les racines ventrales sont purement motrices; mais elles n'innervent que les muscles des segments primordiaux (somites) et nullement ceux des plaques latérales. »

Les importantes observations de His sur le développement des nerfs craniens chez les embryons humains nous fournissent une explication de cette disposition remarquable. D'après les résultats auxquels His est arrivé et que S. Minot a nettement résumés en peu de mots « *les nerfs « craniens possèdent trois séries de racines*, dont l'une provient des gan- « glions sensibles et les deux autres, du cerveau. Les racines provenant « des ganglions appartiennent à la même série que les racines sensibles « des nerfs spinaux. Les deux séries de racines qui dérivent du cer- « veau représentent les racines motrices disposées en une seule série, « des nerfs spinaux. Ce qui est donc caractéristique du cerveau, c'est « que ses racines nerveuses motrices partent, de chaque côté, en deux « séries longitudinales. Ces deux séries appartiennent à la zone longi- « tudinale ventrale de His (voir p. 492) : l'une siège au voisinage de la « plaque du fond et constitue le prolongement de la ligne qui unit les « racines motrices des nerfs spinaux; l'autre siège tout près de la limite « de la zone longitudinale dorsale de His, c'est-à-dire immédiatement « au-dessous de la ligne qui unit les racines provenant des ganglions.

« On est donc autorisé à supposer que chaque segment céphalique « possédait primitivement son nerf segmentaire, qui se composait de « trois racines, dont une sensible et deux motrices : l'une des racines « motrices était *latérale* et l'autre, *ventrale*. La racine latérale constitue « la caractéristique d'un nerf cranien typique. On l'a longtemps mécon- « nue, parce qu'elle est si étroitement unie à la racine dorsale, qui pro- « vient du ganglion, qu'on l'a généralement considérée comme une « partie de cette dernière. »

2. Dans la région de la tête, indépendamment du « système nerveux spinal » qui existe aussi dans la région du tronc, il y a des branches nerveuses et des ganglions, que Kupffer réunit sous le nom de système branchial, pour le distinguer du système spinal. Chez le Petromyzon, où Kupffer l'a bien étudié, le système branchial est bien développé. Il semble d'ailleurs exister aussi chez tous les autres vertébrés.

D'après Kupffer, chez le Petromyzon, l'ébauche des nerfs, qui se développe sous la forme d'une crête saillante du bord dorsal du tube cérébral, se divise bientôt en deux branches bien distinctes (fig. 331) : 1° l'une (*ns*) descend ventralement entre le cerveau et le mésoblaste, se termine dans un ganglion spinal (*gs*) et est comparable à la racine dorsale d'un nerf spinal; 2° l'autre se dirige en dehors du mésoblaste, sous l'épiderme, et représente le rameau branchial (*nb*), qui fait défaut dans les nerfs spinaux typiques. A cette branche sont unies un certain nombre d'ébauches ganglionnaires spéciales, qui n'existent que dans la région de la tête et que l'on peut désigner sous les noms de ganglions latéraux (*gl*) et de ganglions épibranchiaux (*ge*).

3. Tandis que dans l'étendue du tronc, les paires de nerfs qui émanent de la moelle épinière présentent une disposition métamérique parfaite, ce n'est pas sans de grandes difficultés que l'on arrive à

retrouver cette disposition métamérique pour les nerfs craniens. Depuis l'époque où GEGENBAUR a publié ses recherches sur le squelette de la tête chez les sélaciens, on a souvent discuté la question de savoir *si les nerfs craniens se distribuent dans les différents segments céphaliques comme le font les nerfs spinaux dans les différents segments du tronc.*

Etant donné que les auteurs, nous l'avons dit plus haut, sont loin d'être d'accord sur la question des segments mésodermiques de la tête, il n'est pas surprenant que la question de la distribution des nerfs dans ces segments ait été résolue de façons très diverses.

D'après VAN WIJHE, il faut distinguer, dans la tête des sélaciens, neuf segments primordiaux. Le premier segment reçoit comme racine dorsale, la branche ophtalmique du trijumeau et comme racine ventrale, l'oculo-moteur commun. Le deuxième segment reçoit comme racine dorsale le reste du trijumeau et comme racine ventrale, le pathétique. Les racines dorsales du troisième et du quatrième (?) segment sont représentées par l'acoustico-facial, l'oculo-moteur externe représentant leurs racines ventrales. Le cinquième segment ne reçoit qu'un nerf, purement sensible, qui naît de la crête neurale : c'est le glosso-pharyngien. Les sixième, septième, huitième et neuvième segments sont innervés par le nerf vague et le grand hypoglosse : le premier représentant une série de racines dorsales, le dernier, une série de racines ventrales. HATSCHEK a publié un tableau de la métamérie de l'Ammocète dans l'*Anatomischer Anzeiger*, 1893, p. 91. Cette question est longuement exposée dans le Traité d'embryologie de S. MINOT. Le lecteur trouvera aussi dans cet ouvrage une description complète du développement et de l'origine des nerfs craniens de l'homme, basée sur les recherches de HIS.

Ainsi qu'il ressort de l'exposé succinct que nous venons de faire, nous ne possédons guère encore la solution de tous les problèmes que soulève la question difficile du développement du système nerveux périphérique. Sans vouloir entrer ici dans une discussion sérieuse des diverses opinions qui sont défendues, je terminerai ce chapitre par quelques considérations anatomo-comparatives, qui me paraissent fournir l'*explication morphologique de la loi de* BELL, *c'est-à-dire de ce fait que les fibres des racines sensibles et celles des racines motrices sont séparées à leur origine.*

Chez l'Amphioxus et chez les cyclostomes, les fibres nerveuses motrices et les fibres nerveuses sensibles sont séparées les unes des autres, non seulement à leur origine à la moelle épinière, mais aussi dans toute l'étendue de leur trajet périphérique. Les unes se rendent directement de la moelle épinière aux segments musculaires, les autres gagnent la surface du corps pour se distribuer partout dans la peau (où elles se mettent en relation avec les cellules sensorielles) et dans les organes des sens. *La division du système nerveux périphérique en une partie sensible et en une partie motrice, division qui est encore nettement marquée chez l'Amphioxus et chez les cyclostomes, trouve son explication dans ce fait que les organes terminaux auxquels aboutissent les fibres sensibles d'une part et les fibres motrices d'autre part ont une origine différente.* Les cellules sensorielles se forment, en effet, aux dépens de l'ectoderme, et les muscles volontaires aux dépens d'une partie du mésoderme. C'est pourquoi *les fibres nerveuses sensibles se sont développées aux dépens de la partie de la moelle épinière la plus rapprochée de l'ectoderme et les fibres nerveuses motrices, aux dépens de la partie de la moelle épinière la plus rapprochée des segments musculaires.*

Je pense que les fibres nerveuses sensibles devaient se trouver primitivement situées immédiatement au-dessous de l'épiderme, comme nous voyons encore chez une foule d'invertébrés tout le système nerveux périphérique sensible constituer un plexus dans la couche la plus profonde de l'épiderme. Que ce soit bien là la situation primitive des nerfs sensibles chez les vertébrés, c'est ce que me semblent prouver certains faits importants que nous avons cités plus haut. Nous avons vu, en effet, que plusieurs nerfs sensibles de la peau (nerf latéral, etc., fig. 333, *nl*) sont, à leur origine, soudés avec l'épiderme, dont ils ne se séparent que secondairement pour pénétrer plus profondément à l'intérieur du mésenchyme sous-jacent.

Si, à l'exception de l'Amphioxus et des cyclostomes, chez tous les autres vertébrés les fibres nerveuses sensibles et les fibres nerveuses motrices se réunissent, à peu de distance de leur sortie de la moelle, pour constituer des troncs nerveux mixtes, je ne vois dans ce fait qu'une disposition secondaire, déterminée par des circonstances qui ne se sont manifestées que plus tard dans la phylogenèse : par les changements de position qu'a éprouvés la moelle épinière vis-à-vis des muscles et de la peau, à la suite du développement pris par le mésenchyme.

La moelle épinière s'écartant de son lieu d'origine pour s'engager plus profondément à l'intérieur du corps, les nerfs cutanés ont dû nécessairement la suivre : leur extrémité centrale s'est ainsi écartée de leur extrémité périphérique. Mais, comme d'autre part les plaques musculaires se développent de bas en haut autour du tube neural, les cordons nerveux moteurs et les cordons nerveux sensibles se sont rapprochés les uns des autres avant de gagner leurs organes terminaux. Ce phénomène s'est principalement réalisé là où les organes terminaux sensibles et moteurs sont très éloignés de la moelle épinière, comme c'est le cas pour les membres. Ce rapprochement des faisceaux nerveux sensibles et moteurs a fini par déterminer la formation de nerfs mixtes. C'est à ce même principe de la simplification de l'organisation qu'il faut rattacher ce fait que les vaisseaux qui suivent le même trajet que les nerfs se mettent en rapports intimes avec eux.

3. — *Développement du sympathique.*

Le développement du système nerveux grand sympathique a fait aussi l'objet de nombreuses études. Balfour démontra pour la première fois qu'il est, à son origine, en relation avec les nerfs craniens et avec les nerfs spinaux et qu'il dérive, par conséquent, comme eux, de l'ectoderme. Chez les sélaciens, Balfour constata que les ganglions sympathiques (fig. 333, *syg*) constituent de légers renflements des troncs principaux des nerfs spinaux (*spn*) et situés un peu au-dessous des ganglions spinaux (*sp. g*). Chez les embryons plus âgés, ils s'éloignent des ganglions spinaux et s'unissent secondairement les uns aux autres en un cordon sympathique, grâce à la formation de commissures longitudinales.

Onodi s'est occupé du développement du sympathique dans plusieurs

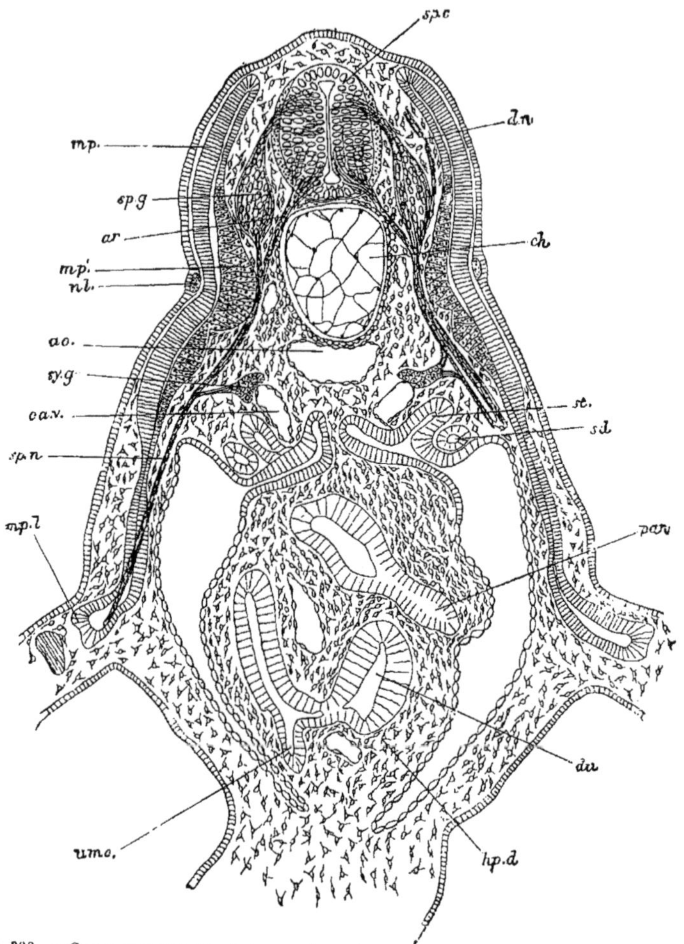

Fig. 333. — *Coupe transversale de la partie antérieure du tronc d'un embryon de Scyllium, d'après* Balfour.

Entre la paroi abdominale postérieure et la paroi abdominale antérieure, à laquelle est largement inséré le canal vitellin, s'étend un large mésentère, renfermant de nombreuses cellules et divisant complètement la cavité abdominale (cœlome) en une moitié gauche et en une moitié droite. A l'intérieur du mésentère, le duodénum (*du*) est coupé deux fois : l'une de ces coupes est en continuité avec l'ébauche du pancréas (*pan*); l'autre avec l'ébauche du foie (*hp.d*). On voit, en outre, la continuité entre le duodénum et l'origine du canal vitellin (*umc*). *sp.c*, moelle épinière; *sp.g*, ganglion spinal, en rapport avec la racine postérieure du nerf spinal; *ar*, racine antérieure du même nerf spinal; *dn*, branche nerveuse provenant de la racine postérieure et dirigée du côté du dos; *mp*, plaque musculaire; *mp'*, partie de cette plaque déjà transformée en muscle; *mp.l*, partie de la même plaque, d'où naissent les muscles des membres; *nl*, nerf latéral; *ao*, aorte; *ch*, corde dorsale; *sy.g*, ganglion sympathique; *ca.v*, veine cardinale; *sp.n*, nerf spinal; *sd*, canal du mésonéphros; *st*, canalicule du mésonéphros.

classes de vertébrés. Ses études sont les plus complètes que nous possédions sur cette question. D'après cet auteur, les ganglions sympathiques dérivent directement des ganglions spinaux, ainsi que BALFOUR le supposait et comme BEARD ainsi que HIS père et fils l'ont établi plus récemment. Chez les poissons, où cette étude peut se faire le plus facilement, les ganglions spinaux se mettent à proliférer à leur extrémité ventrale. Ainsi se forme un petit renflement, qui se sépare du ganglion spinal et constitue l'ébauche d'un ganglion sympathique. Au début, les ganglions des divers segments du corps sont isolés les uns des autres. Le cordon sympathique est une formation secondaire; il résulte de ce que les divers ganglions d'un même côté émettent des excroissances qui se dirigent les unes vers les autres et finissent par s'unir. C'est aux dépens de ce cordon que se forment ensuite les divers plexus des cavités thoracique et péritonéale avec leurs ganglions. C'est ainsi que HIS fils admet que des groupes de cellules ganglionnaires provenant de la chaîne ganglionnaire du sympathique s'engagent dans l'ébauche du cœur, pour y former les ganglions cardiaques (HIS, *Entwickelung des Herznervensystems bei Wirbelthieren*).

RÉSUMÉ

Système nerveux central.

1. Le système nerveux central se développe aux dépens d'une partie épaissie de l'ectoderme, connue sous le nom de plaque médullaire.

2. La plaque médullaire s'invagine et se transforme en un tube médullaire (bourrelets médullaires, gouttière médullaire).

3. La formation du tube médullaire ou neural s'accomplit de trois manières différentes : *a*, chez Amphioxus; *b*, chez le Petromyzon et les téléostéens; *c*, chez les autres vertébrés.

4. Les parois latérales du tube neural s'épaississent; leur paroi dorsale et leur paroi ventrale restent minces, sont refoulées au fond des sillons médians postérieur et inférieur et se transforment en les commissures de la moelle épinière.

5. Primitivement la moelle épinière occupe toute la longueur du canal rachidien. Plus tard, elle s'accroît plus lentement que lui et se termine au niveau de la deuxième vertèbre lombaire (explication du trajet oblique des nerfs lombaires et sacrés).

6. La partie du tube neural qui donne naissance au cerveau (tube cérébral) se divise en trois vésicules cérébrales primaires (vésicule cérébrale antérieure, moyenne et postérieure).

7. Les parois latérales de la vésicule cérébrale antérieure primaire s'évaginent pour donner naissance aux deux vésicules optiques primaires; sa paroi antérieure s'évagine pour constituer l'ébauche du cerveau antérieur.

8. La vésicule cérébrale postérieure primaire se divise par un étran-

glement en deux parties, dont l'une constitue l'ébauche du cervelet, et l'autre, l'ébauche de la moelle allongée.

9. L'axe des trois vésicules cérébrales primaires, d'abord rectiligne, s'infléchit ensuite en plusieurs points de son étendue (courbure faciale, courbure du pont, courbure nucale). La courbure faciale et la courbure nucale correspondent à des saillies superficielles du corps de l'embryon, appelées respectivement éminence apicale et éminence nucale.

10. On peut rattacher aux trois vésicules cérébrales primaires les diverses parties du cerveau, comme le montre le tableau de la page 539. (MIHALKOVICS, SCHWALBE.)

11. Les processus suivants déterminent la transformation des vésicules : *a*, certaines parties des parois s'épaississent plus ou moins, tandis que d'autres s'amincissent et ne donnent pas naissance à de la substance nerveuse (épithélium des plexus choroïdes du 3ᵉ et du 4ᵉ ventricule) ; *b*, les parois des vésicules se plissent; *c*, certaines vésicules (cerveau antérieur et cerveau pénultième) se développent beaucoup plus que les autres (cerveau intermédiaire, cerveau moyen, cerveau postérieur).

12. Aux dépens des cavités des vésicules cérébrales se forment les quatre ventricules et l'aqueduc de SYLVIUS.

13. La vésicule cérébrale moyenne, qui fournit les tubercules quadrijumeaux, est celle qui subit le moins de modifications.

14. Les vésicules cérébrales antérieure et postérieure primaires présentent une certaine analogie, en ce sens qu'une grande partie de leur voûte s'amincit considérablement et se réduit en une simple assise de cellules épithéliales, qui s'unit à la pie-mère hyperplasiée pour constituer les plexus choroïdes (plexus choroïdes antérieur, latéraux et postérieur; fentes cérébrales antérieure et postérieure).

15. A la suite du développement de la scissure interhémisphérique et de la grande faux du cerveau, l'ébauche du cerveau antérieur se divise en deux moitiés latérales, appelées vésicules hémisphériques.

16. Les vésicules hémisphériques finissent, chez l'homme, par l'emporter sur toutes les autres parties du cerveau. Elles s'accroissent d'avant en arrière et de dedans en dehors et constituent le manteau du cerveau (pallium). Elles recouvrent ainsi les autres parties du tube cérébral, qui forment le tronc ou l'axe du cerveau.

17. La paroi des hémisphères se plisse de deux façons différentes. De là la distinction entre les scissures et les sillons corticaux.

18. Si le plissement intéresse la paroi du cerveau dans toute son épaisseur, alors il se forme à la surface de l'hémisphère une incision profonde (scissure ou sillon total), à laquelle correspond une saillie interne, proéminant dans la cavité du ventricule latéral. Les scissures sont : la fosse de SYLVIUS; la scissure arciforme ou d'AMMON, la scissure choroïdienne; la fissura calcarina ou scissure du petit hippocampe; la scissure occipitale. Les saillies internes qui y correspondent sont : le corps strié; le pli d'AMMON; le pli choroïdien et l'ergot de MORAND.

VÉSICULES CÉRÉBRALES		BASE OU PLANCHER	VOUTE	PAROIS LATÉRALES	CAVITÉS	
I. Vésicule cérébrale postérieure	1. Cerveau postérieur.	Moelle allongée.	Épithélium de la toile choroïdienne du 4e ventricule (verrou, ligule).	Pédoncules cérébelleux inférieurs.	4e ventricule.	A. Tronc ou axe du cerveau
	2. Cervelet.	Pont de Varole ou protubérance annulaire.	Velum medullare posterius. Cervelet. Velum medullare anterius.	Pédoncules cérébelleux moyens et antérieurs.		
II. Vésicule cérébrale moyenne ou 3. Cerveau moyen.		Pédoncules cérébraux. Substance perforée postérieure.	Tubercules quadrijumeaux.	Ruban de Reil. Bras des tubercules quadrijumeaux. Corps géniculés internes.	Aqueduc de Sylvius.	
III. Vésicule cérébrale antérieure	4. Cerveau intermédiaire.	Tubercules mamillaires. Tuber cinereum et infundibulum. Chiasma des nerfs optiques.	Commissure postérieure. Épiphyse. Épithélium de la toile choroïdienne du 3e ventricule (tœnias des couches optiques).	Couches optiques.	3e ventricule	
	5. Cerveau antérieur.	Substance perforée antérieure. Lobe olfactif. Insula de Reil (avec noyau caudé et noyau lenticulaire). L'insula fait partie de l'axe du cerveau.	Portion palliale des hémisphères. Corps calleux; commissure antérieure; trigone; septum lucidum.		Ventricules latéraux.	B. Manteau du cerveau

19. Les sillons corticaux sont des dépressions superficielles qui n'intéressent que l'écorce de l'hémisphère. Selon qu'ils se forment à une période plus ou moins reculée du développement, ils sont plus ou moins profonds (sillons primaires, secondaires et tertiaires).

20. Les scissures ou sillons totaux apparaissent en général avant les sillons corticaux.

21. Le nerf olfactif n'est pas comparable à un nerf périphérique. Comme la vésicule optique primaire et le nerf optique, il constitue une évagination de l'hémisphère cérébral. C'est un diverticule du lobe frontal : il fait donc partie intégrante du cerveau. — Lobe olfactif, bulbe olfactif, bandelette olfactive. — Développement puissant des lobes olfactifs chez les vertébrés inférieurs (sélaciens); leur atrophie chez l'homme.

Système nerveux périphérique.

22. Les ganglions spinaux se forment aux dépens d'une crête neurale, qui apparaît à droite et à gauche de la suture du tube neural, entre ce dernier et le feuillet corné sus-jacent. La crête neurale se développe de haut en bas et se renfle en un ganglion, au milieu de chaque segment primordial.

23. Les ganglions spinaux dérivent donc de l'ectoderme, comme le tube neural lui-même.

25. Les ganglions du cordon sympathique sont probablement des parties séparées des ganglions spinaux.

26. Diverses hypothèses ont été émises sur le développement des fibres nerveuses périphériques.

1re *hypothèse.* Les fibres nerveuses périphériques sont des excroissances du système nerveux central : elles s'unissent secondairement avec leur appareil terminal.

2e *hypothèse.* Les ébauches de l'appareil terminal périphérique (muscles, organes des sens) sont réunies, dès le début du développement, avec le système nerveux central par des filaments et par des cellules disposées en chaînes. C'est aux dépens de ces éléments que se développent les fibres nerveuses (Hensen).

26. Les racines antérieures et les racines postérieures des nerfs spinaux se développent, dès le début, en des points différents de la moelle épinière: les unes, du côté ventral; les autres, du côté dorsal.

27. Les nerfs craniens naissent de trois séries de racines, dont l'une provient des ganglions sensibles, tandis que les deux autres proviennent du cerveau et sont motrices.

28. Les racines motrices des nerfs craniens se subdivisent en une série ventrale et en une série latérale; cette dernière, dès sa sortie du cerveau, s'accole généralement d'une façon si intime à une racine sensible, qu'il devient difficile de l'en distinguer.

29. Les nerfs craniens que nous allons énumérer, ainsi que leurs ganglions, qui sont comparables aux ganglions spinaux, se forment aux

dépens d'une crête neurale, située contre la suture du tube cérébral. En certains points, des racines motrices latérales sont réunies à cette crête neurale. Ces nerfs sont : le trijumeau avec le ganglion de GASSER; le nerf auditif et le facial avec le ganglion acoustique et le ganglion géniculé; le glosso-pharyngien et le nerf vague avec le ganglion jugulaire et le plexus gangliforme.

30. L'oculo-moteur commun, le pathétique, l'oculo-moteur externe, le grand hypoglosse et l'accessoire de Willis se développent comme les racines ventrales des nerfs spinaux.

31. Les nerfs olfactif et optique sont des parties du cerveau transformées.

II. — Développement des organes des sens. Œil, organe auditif et organe olfactif.

C'est également aux dépens de l'ectoderme que se forment les organes des sens d'ordre supérieur : l'œil, l'organe auditif et l'organe olfactif. L'ectoderme leur fournit, en effet, l'épithélium sensoriel, c'est-à-dire la partie la plus importante, tant au point de vue physiologique qu'au point de vue morphologique. La charpente de ces organes

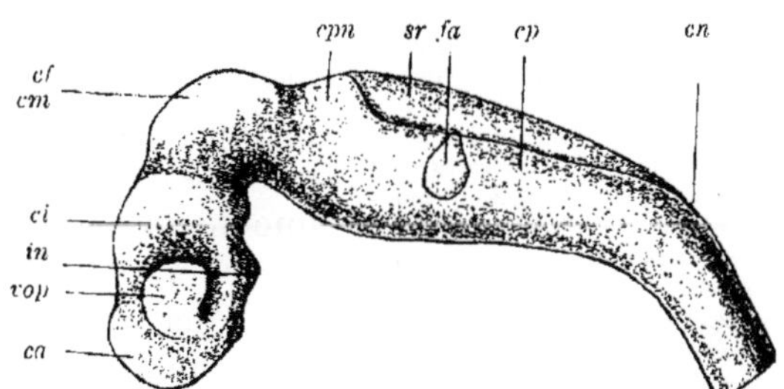

Fig. 334. — *Cerveau d'un embryon humain de trois semaines*. Reconstruction de HIS (embryon *Lg*). *ca*, ébauche du cerveau antérieur; *ci*, ébauche du cerveau intermédiaire; *cm*, vésicule cérébrale moyenne ; *cpn*, ébauche du cervelet; *cp*, ébauche du cerveau postérieur; *vop*, vésicule optique primaire; *in*, infundibulum; *sr*, voûte du sinus rhomboïdal ; *cf*, courbure faciale; *cn*, courbure nucale.

dérive du mésenchyme : elle est plus volumineuse, mais moins importante que l'épithélium sensoriel. C'est, en effet, au caractère de cet épithélium qu'est due la nature de la sensation. L'organe est affecté à la sensation visuelle, auditive ou olfactive, selon que les cellules de son épithélium sont des cellules visuelles, acoustiques ou olfactives. D'autre part, au point de vue morphologique, l'épithélium sensoriel constitue encore la partie la plus importante de l'organe. C'est à la forme qu'il prend dans le cours du développement qu'est due la *forme de l'organe de sens*. Il représente une sorte de point fixe, autour duquel se disposent les autres parties, c'est-à-dire les parties accessoires de l'organe. Les liens génésiques qui existent entre les organes des sens et l'ectoderme sont surtout très manifestes chez une foule d'invertébrés. Là, les organes des sens restent pendant toute la vie logés dans l'épiderme, tandis que chez les vertébrés ils s'engagent plus profondément, afin d'être mieux protégés.

A. — Développement de l'œil.

Nous l'avons dit déjà, les parois latérales de la vésicule cérébrale antérieure primaire (fig. 334, 336) s'évaginent pour donner naissance aux vésicules optiques primaires (*vop*). Ces dernières s'étranglent de plus en plus au niveau de leur continuité avec la vésicule cérébrale et elles finissent par n'être plus réunies au cerveau intermédiaire qu'à l'aide d'un pédicule étroit (fig. 335 et 336, A, *po*). La cavité de la vésicule optique communique alors avec les cavités du cerveau par l'intermédiaire du canal du pédicule optique. Chez les vertébrés dont l'ébauche du système nerveux central, au lieu d'être creuse, est pleine au début du développement (cyclostomes, poissons osseux), les vésicules optiques primaires sont aussi pleines ; elles ne deviennent creuses qu'un peu plus tard, lorsque le système nerveux central lui-même devient creux.

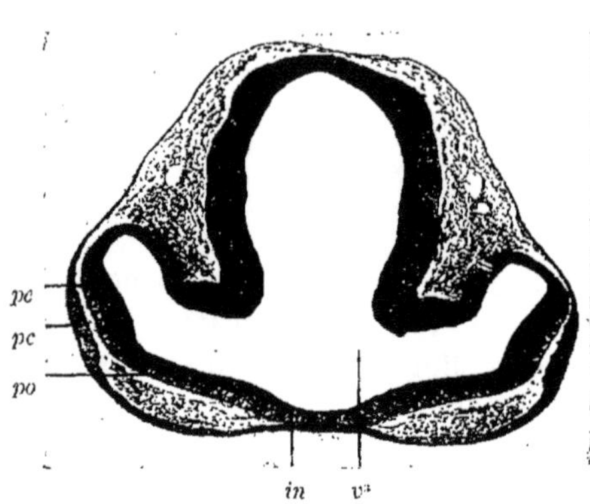

Fig. 335. — *Coupe transversale pratiquée à travers l'extrémité antérieure de la tête de l'embryon humain du début de la quatrième semaine, représenté fig. 194.* La coupe passe par la vésicule cérébrale antérieure primaire, dont les parois latérales sont évaginées pour constituer les vésicules optiques primaires.

pe, paroi externe de la vésicule optique; *po*, sa paroi inférieure, qui se transforme en le pédicule optique (*po*); *pc*, plaque cristallinienne; v^3, cavité de la vésicule cérébrale antérieure (troisième ventricule) ; elle se continue avec la cavité de la vésicule optique par l'intermédiaire de la cavité du pédicule optique (*po*); *in*, plancher de la vésicule cérébrale antérieure; dans la suite du développement, il s'évagine vers le bas pour constituer l'infundibulum, entre les deux pédicules optiques. A ce niveau, il n'existe pas de mésenchyme : le plancher du cerveau est immédiatement appliqué contre le feuillet externe, qui fournira plus tard la poche de RATHKE.

Nous avons vu que le cerveau n'est longtemps séparé de l'épiderme (couche cornée) que par une couche extrêmement mince de tissu conjonctif. Il en est de même pour la vésicule optique primaire des mammifères : chez le poulet même, elle est immédiatement appliquée contre l'épiderme sans interposition de tissu conjonctif.

Nous pouvons distinguer à chaque vésicule optique (fig. 335), une face externe (*pe*), une face interne, une face supérieure et une face inférieure (*po*). La face externe est celle qui est en rapport avec l'épiderme; la face interne est la face opposée, c'est-à-dire celle qui est unie au pédicule optique. Quant à la face inférieure (*po*), c'est celle qui se continue avec la base du cerveau intermédiaire (*in*). Cette distinction facilite la description des modifications que subit la vésicule optique. *Sa face externe et sa face inférieure ne tardent pas à s'invaginer. L'une de ces invaginations est déterminée par la formation du cristallin; l'autre, par la formation du corps vitré.*

La *première ébauche du cristallin* apparaît chez le poulet pendant le deuxième jour de l'incubation; chez le lapin, vers le dixième jour après la fécondation; chez l'homme, au début de la quatrième semaine (fig. 335). Au point où il repose sur la surface de la vésicule optique, l'épiderme s'épaissit un peu; puis il s'invagine en une petite fossette (*fossette cristallinienne*) (fig. 336, A, *fc*). Cette fossette s'approfondit; ses bords s'infléchissent, se touchent, puis se soudent. Elle se transforme ainsi en une *vésicule cristallinienne* (fig. 336, B, *vc*), qui reste encore unie, pendant un certain temps, avec l'épiderme par l'intermédiaire d'un pédicule épithélial plein (*pédicule cristallinien*) (*pc*). En s'invaginant, la fossette cristallinienne repousse devant soi la face externe de la vésicule optique, qui s'invagine, par conséquent, vers sa face interne.

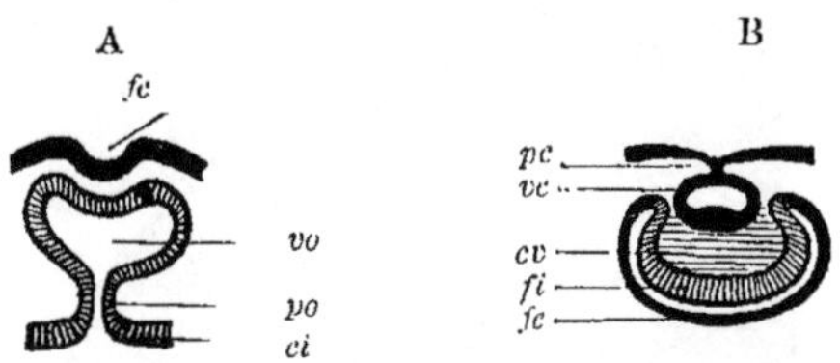

Fig. 336. — *Deux figures schématiques destinées à montrer les premières phases du développement de l'œil.*

A. La vésicule optique primaire (*vo*) est réunie au cerveau intermédiaire (*ci*) par le pédicule optique (*po*). Sa paroi externe est déprimée par la fossette cristallinienne (*fc*).

B. La fossette cristallinienne s'est transformée en la vésicule cristallinienne (*vc*), encore réunie à l'épiblaste par le pédicule cristallinien (*pc*). La vésicule optique primaire est transformée en une cupule (cupule optique) à double paroi. *fi*, paroi ou feuillet interne de la cupule; *fc*, son feuillet externe; *cv*, corps vitré.

En même temps que la vésicule cristallienne se forme, la face inférieure de la vésicule optique primaire s'invagine le long d'une ligne étendue depuis la plaque cristallinienne (fig. 335, *pc*) jusqu'au pédicule optique (*po*) : cette invagination se prolonge même sur une certaine étendue, à la face inférieure du pédicule optique. A l'intérieur de l'invagination qui nous occupe s'engage un prolongement du tissu conjonctif embryonnaire ambiant : c'est un tissu muqueux, mou (fig. 336, *cv*), dans lequel se trouve logée une anse vasculaire provenant aussi du tissu conjonctif ambiant.

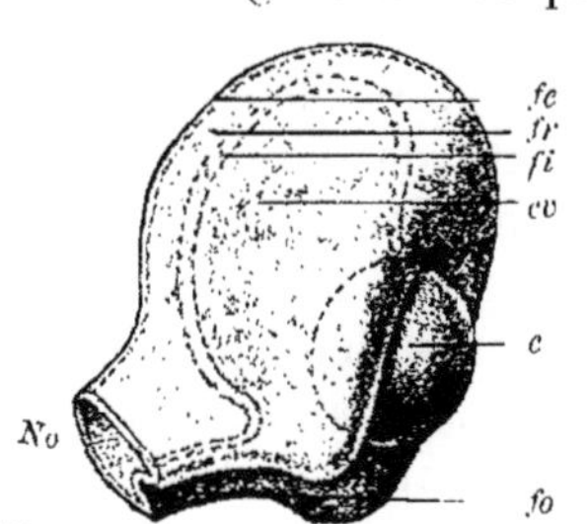

Fig. 337. — *Cupule optique, corps vitré et cristallin.*

fc, feuillet ou paroi externe de la cupule optique; *fi*, feuillet ou paroi interne de la cupule optique; *fr*, fente rétinienne, comprise entre ces deux feuillets et destinée à disparaître plus tard; *No*, ébauche du nerf optique (pédicule optique); *fo*, fissure optique fœtale, qui se prolonge sous forme d'une gouttière à la face inférieure du pédicule optique; *cv*, corps vitré; *c*, cristallin.

A la suite de cette double invagination (fig. 336 et 337), la vésicule optique prend la forme d'une coupe, d'une cupule, dont le pied est représenté par le pédicule optique (*No*). La *cupule optique*, comme nous l'appellerons maintenant, présente deux particularités. D'abord sa paroi inférieure offre une solution de continuité (fig. 337, *fo*) : c'est une fente (*fo*), appelée *fissure optique fœtale* ou *inférieure*, qui s'étend depuis le bord du large orifice qui entoure le cristallin (*c*) jusqu'à l'insertion du pédicule optique (*No*). Cette fente est déterminée par le développement du corps vitré (*cv*). Elle est primitivement assez large; mais elle se rétrécit ensuite de plus en plus, ce qui est dû à ce que ses bords se rapprochent. Elle finit même par se fermer complètement. En second lieu, la cupule optique est pourvue d'une double paroi, à la façon des verres à double fond dont les enfants se servent comme jouet. Les deux parois se continuent l'une avec l'autre le long du bord de l'orifice antérieur et le long des lèvres de la fissure inférieure. On peut donc les distinguer respectivement sous le nom de feuillet interne (fig. 336, B; fig. 337, *fi*) et de feuillet externe (*fe*) de la cupule. Le premier représente la partie invaginée de la vésicule optique primaire; le second, sa partie non invaginée.

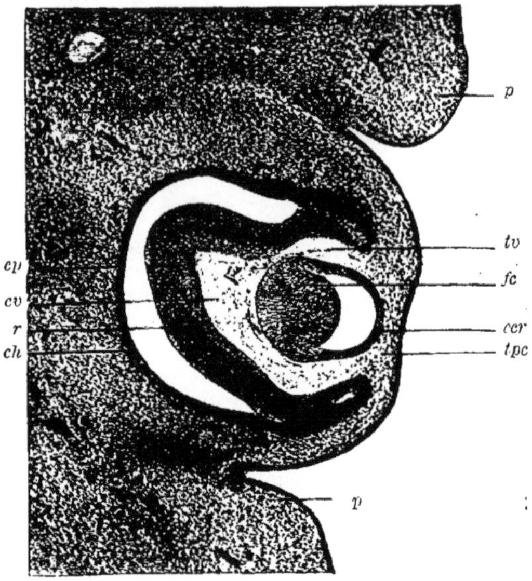

Fig. 338. — *Coupe de l'œil d'un embryon humain de deux mois.* *cp*, épithélium pigmenté (feuillet externe de la cupule optique); *r*, rétine proprement dite (feuillet interne de la cupule optique); entre les deux feuillets de la cupule existe encore une fente étroite (fente rétinienne); *cv*, ébauche du corps vitré avec ses vaisseaux; *ch*, mésenchyme, ébauche de la choroïde et de la sclérotique; *tv*, tunique vasculaire du cristallin; *fc*, fibres du cristallin (paroi postérieure épaissie de la vésicule cristallinienne); *ecr*, épithélium du cristallin (paroi antérieure de la vésicule); *tpc*, ébauche du tissu propre de la cornée; *p*, paupière.

Au début, les deux feuillets sont séparés par une large cavité, la fente rétinienne (*fr*), en communication avec le troisième ventricule cérébral par l'intermédiaire de la cavité du pédicule optique (*No*). Plus tard, la fente rétinienne se rétrécit au fur et à mesure que le corps vitré s'accroît à l'intérieur de la cupule optique. Sur la coupe transversale de l'œil d'un embryon humain (fig. 338), on voit encore une fente étroite entre les deux parois de la cupule. Finalement la fente cristallinienne disparaît et les deux feuillets de la cupule s'appliquent intimement l'un contre l'autre (fig. 339, *ep*, *r*). A l'intérieur de la cupule optique se trouvent l'ébauche du cristallin (*ecr*, *fc*) et celle du corps vitré (*cv*). Cette dernière occupe le fond de la cupule, tandis que le cristallin en obstrue l'orifice.

Ce processus d'invagination modifie également la forme du pédicule optique. Il constitue primitivement un tube étroit dont la paroi est épithéliale : plus tard il est transformé en un demi-canal à double paroi épithéliale, sa face inférieure s'étant invaginée, repoussée par le tissu conjonctif qui fournit en avant l'ébauche du corps vitré. Plus tard encore, les lèvres de ce demi-canal se soudent. Il en résulte qu'à l'intérieur du pédicule existe alors un cordon de tissu conjonctif renfermant

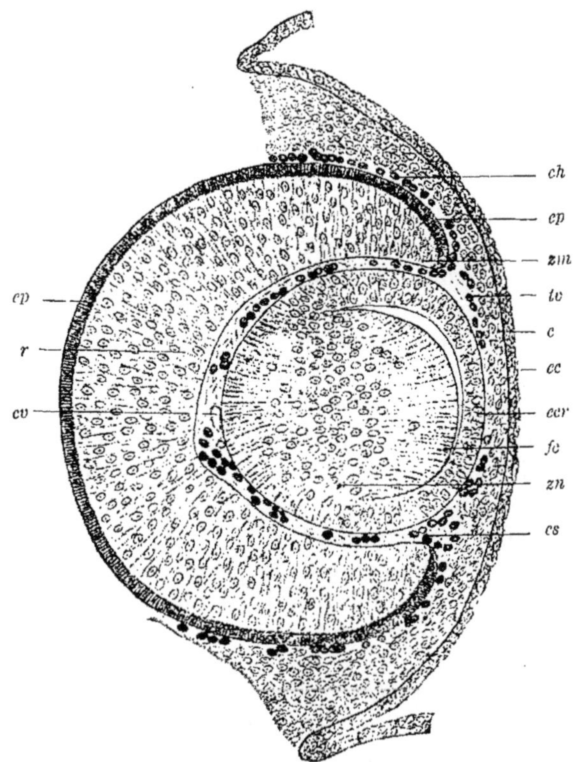

Fig. 339. — *Coupe de l'ébauche de l'œil d'un embryon de souris*, d'après KESSLER.
cp, épithélium pigmenté de la rétine (feuillet externe de la cupule optique); *r*, rétine proprement dite (feuillet interne de la cupule optique); *zm*, zone marginale de la cupule optique : c'est à ses dépens que se forment la portion ciliaire et la paroi iridienne de la rétine; *cv*, corps vitré avec vaisseaux sanguins; *tv*, tunique vasculaire du cristallin; *cs*, corpuscules du sang; *ch*, tunique vasculaire de l'œil (choroïde); *fc*, fibres du cristallin; *ecr*, épithélium du cristallin; *zn*, zone des noyaux des fibres du cristallin; *c*, ébauche du tissu propre de la cornée; *ec*, épithélium de la cornée.

l'artère centrale de la rétine. En ce moment, le pédicule optique constitue un organe plein.

Indépendamment du corps vitré, le feuillet intermédiaire fournit encore à l'œil deux enveloppes qui circonscrivent la cupule optique : l'une est la tunique vasculaire de l'œil (fig. 338, 339, *ch*); l'autre est sa tunique fibreuse.

Maintenant que nous avons exposé brièvement l'origine des parties principales de l'œil, nous étudierons d'une façon plus spéciale le développement de chacune d'elles. Nous commencerons par le cristallin et le corps vitré; puis nous passerons à la cupule optique, en même temps que nous examinerons la tunique vasculaire et la tunique fibreuse; nous étudierons ensuite le nerf optique. Enfin, nous nous occuperons des organes accessoires : les paupières, les glandes lacrymales et les voies lacrymales.

I. — Cristallin.

Lorsque la *vésicule cristallinienne* (fig. 336, B, *vc*) s'est complètement détachée de l'épiderme, sa paroi est épaisse et se compose de deux ou trois assises de cellules épithéliales. Sa cavité est remplie d'un liquide chez les oiseaux; chez les mammifères elle est partiellement occupée par un amas de petites cellules. Cet amas cellulaire provient d'une prolifération de la couche superficielle, pavimenteuse, du feuillet corné. Ces cellules ne jouent aucun rôle dans la suite du développement; elles ne tardent pas à se fragmenter et à se résorber lorsque se forment les fibres du cristallin (Arnold, Mihalkovics, Gottschau, Koranyi).

A sa surface, la vésicule cristallinienne est nettement délimitée par une mince membrane, qui s'épaissit plus tard pour constituer la *capsule du cristallin*. Deux opinions ont été émises sur son origine. D'après certains auteurs, la capsule du cristallin est une formation cuticulaire, c'est-à-dire un produit de transformation des extrémités basales des cellules du cristallin. Pour d'autres auteurs, elle est engendrée par cette couche de tissu conjonctif qui enveloppe la vésicule cristallinienne et dont nous parlerons ultérieurement.

Dans la suite du développement, la paroi antérieure de la vésicule cristallinienne ne se différencie pas de la même manière que sa paroi postérieure (fig. 338). L'épithélium de la paroi antérieure (*ecr*) s'aplatit de plus en plus : ses cellules cylindriques deviennent cubiques. Elles se disposent en une seule assise, qui persiste comme telle pendant toute la vie et constitue, chez l'adulte, l'*épithélium du cristallin* (fig. 338, *ecr*). Les cellules de la paroi postérieure, par contre, s'allongent considérablement (fig. 338 et 339, *fc*) et se transforment en de longues fibres, qui forment dans leur ensemble une saillie conique à l'intérieur de la cavité de l'organe. Les fibres sont dirigées perpendiculairement à la face postérieure de l'organe : les plus longues sont celles qui se trouvent au centre de cette face; vers l'équateur de l'organe (fig. 339 et 340, *c'*) elles deviennent plus courtes, prennent une forme cylindrique et se continuent progressivement avec les cellules cubiques de l'épithélium du cristallin (*ecr*). Il résulte de cette disposition qu'à l'équateur se trouve une zone de transition entre les fibres et l'épithélium de l'organe.

Plus tard, les fibres du cristallin s'allongent encore jusqu'à toucher l'épithélium par leur extrémité antérieure (fig. 340). Alors la vésicule cristallinienne est transformée en un organe plein qui devient le noyau du cristallin de l'œil complètement développé.

L'accroissement ultérieur de l'organe se réalise par apposition de nouveaux éléments. Autour du noyau du cristallin, dont nous venons d'étudier la formation, se déposent de nouvelles fibres, qui se disposent parallèlement à la surface de l'organe et s'unissent en lamelles. Ces lamelles superposées se détachent comme les pelures d'un oignon, lorsqu'on fait macérer l'organe. Toutes les fibres s'étendent de la face antérieure à la face postérieure du cristallin (fig. 341. f', f''). Les extrémités antérieures et les extrémités postérieures de toutes les fibres d'une même lamelle aboutissent respectivement sur la face antérieure et sur la face postérieure de l'organe, suivant des lignes régulières, disposées, chez l'embryon et chez le nouveau-né, de façon à former une étoile à trois branches. C'est ce que l'on appelle les *étoiles du cristallin* (fig. 341, *ea*, *ep*). Il en existe donc deux : une antérieure et une postérieure. Elles présentent cette particularité que les rayons de l'une alternent avec les rayons de l'autre.

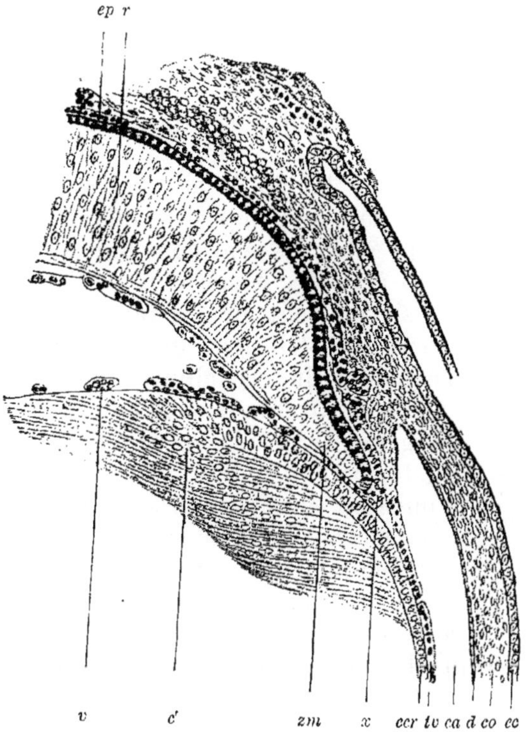

Fig. 340. — *Fragment d'une coupe de l'ébauche de l'œil chez un embryon de souris. Stade un peu plus avancé que celui représenté fig. 339*, d'après KESSLER.

On voit une partie du cristallin, le bord de la cupule optique, la cornée et la chambre antérieure de l'œil. *ep*, épithélium pigmenté de la rétine ; *r*, rétine proprement dite; *zm*, zone marginale de la cupule optique; *v*, vaisseau sanguin du corps vitré situé dans la tunique vasculaire du cristallin; *tv*, tunique vasculaire du cristallin : en *x*, elle est en continuité avec la tunique vasculaire de l'œil; *c'*, zone de transition entre l'épithélium du cristallin (*ccr*) et les fibres du cristallin; *ca*, chambre antérieure de l'œil; *d*, membrane de DESCEMET; *co*, tissu propre et *cc*, épithélium de la cornée.

Chez l'adulte, cette figure est plus compliquée, parce que chacun des trois rayons principaux émet des rayons secondaires.

Comment se forment les nouvelles fibres superficielles de l'organe? Elles procèdent, en dernière analyse, de l'épithélium du cristallin. Ce dernier montre fréquemment des cellules en voie de division caryocinétique. Les cellules provenant de ces divisions servent à remplacer celles qui se sont transformées en fibres et qui se sont disposées en de nouvelles couches à la surface des couches préexistantes. Cette néoformation ne s'accomplit qu'à l'équateur de l'organe (fig. 340). Là, dans la zone de transition (c'), chez l'adulte comme chez le nouveau-né, les cellules cubiques de l'épithélium se transforment progressivement en cellules cylindriques, puis en fibres.

Chez l'adulte il n'existe aucun appareil spécial affecté à la *nutrition du cristallin*. Aussi l'organe augmente très peu de volume. Il n'en est pas de même chez l'embryon, où l'organe s'accroît beaucoup et possède un appareil de nutrition qui lui est propre. Chez les mammifères, on lui donne le nom de *tunique vasculaire du cristallin* (fig. 338 et 340, *tv*). C'est une membrane de tissu conjonctif, pourvue d'un riche réseau vasculaire. Elle est située en dehors de la capsule du cristallin, qu'elle enveloppe de toutes parts. Chez l'homme elle est déjà très développée au deuxième mois de la vie fœtale. Ses vaisseaux sont des branches des vaisseaux du corps vitré. Ils sont donc plus volumineux à la face postérieure de l'organe. Ils s'y divisent en des rameaux nombreux et délicats, qui contournent l'équateur du cristallin et se dirigent vers le centre de la face antérieure de l'organe. Arrivés là, ils se réfléchissent en formant des anses terminales. Ils s'unissent aussi par des anastomoses avec les vaisseaux de la tunique vasculaire de l'œil (fig. 340, *x*).

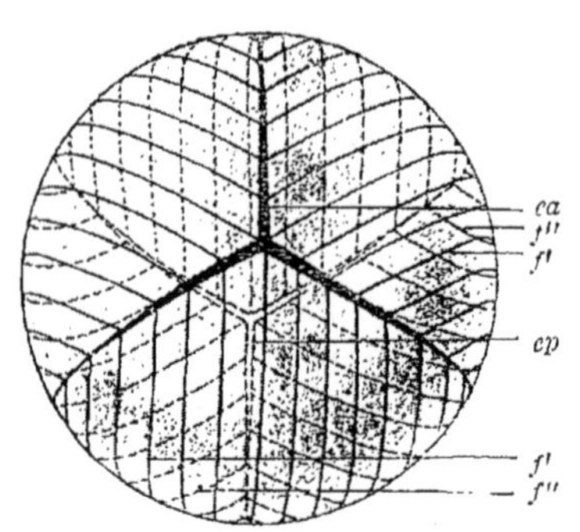

Fig. 341. — *Schéma destiné à montrer la disposition des fibres du cristallin.*
On voit la disposition alternante des branches de l'étoile antérieure (*ca*) et de l'étoile postérieure (*cp*). *f'*, trajet des fibres à la face antérieure du cristallin; *f''*, leur trajet à la face postérieure de l'organe. On voit comment chaque fibre se comporte vis-à-vis des deux étoiles.

On a donné des noms particuliers aux différentes parties de la tunique vasculaire du cristallin, parce qu'elles ont été découvertes à diverses époques par des auteurs différents. C'est ainsi qu'on a appelé *membrane pupillaire*, la partie de la tunique vasculaire qui siège en arrière de la pupille, au centre de la face antérieure du cristallin. C'est elle qui a été découverte en premier lieu, parce que parfois elle persiste au moment de la naissance sous la forme d'une mince membrane qui ferme la pupille (*atrésie pupillaire congénitale*). Plus tard, on a constaté que la membrane pupillaire se prolonge encore, en dehors de la pupille, sur le restant de la face antérieure du cristallin : on a donné alors à cette partie de la tunique vasculaire du cristallin le nom de *membrane capsulo-pupillaire*. Enfin, on a découvert la partie de la tunique qui revêt la face postérieure de l'organe et on l'a appelée *membrane capsulaire*. Il est inutile de conserver toutes ces dénominations. Il est préférable de dire que le cristallin est enveloppé par une *tunique ou membrane vasculaire*.

La tunique vasculaire du cristallin atteint son plus grand développement pendant le septième mois de la vie intra-utérine. A partir de cette époque elle commence à s'atrophier. D'habitude elle a complètement disparu avant la naissance. Ce n'est qu'exceptionnellement que certaines parties persistent. Vers la fin de la vie fœtale, le cristallin a d'ailleurs atteint lui-même toute sa croissance. Huschke a constaté que chez le nouveau-né son poids est de 123 milligrammes en moyenne : chez l'adulte il pèse 190 milligrammes, de sorte qu'il n'augmente pendant toute la vie que de 67 milligrammes.

2. — Corps vitré.

L'étude du développement de la tunique vasculaire du cristallin nous amène à nous occuper du développement du corps vitré. Comme nous l'avons dit plus haut, un prolongement du tissu conjonctif embryonnaire s'engage avec une anse vasculaire, par la fissure optique inférieure, à l'intérieur de la cupule optique en voie de formation et à l'intérieur de son pédicule (fig. 337). L'anse vasculaire commence alors à émettre des branches collatérales. En même temps le tissu conjonctif augmente de volume et sa consistance devient extrêmement faible parce qu'il contient beaucoup d'eau (fig. 338 et 340, *cv*). Dans la substance fondamentale gélatineuse, on trouve çà et là quelques cellules étoilées. Ces cellules disparaissent plus tard et, à leur place, on constate la présence de cellules migratrices (leucocytes) que l'on suppose être des corpuscules blancs du sang sortis des vaisseaux par diapédèse.

Deux opinions contradictoires ont été émises sur la nature et le développement du corps vitré. D'après KESSLER, nous n'avons pas affaire à du tissu conjonctif proprement dit, mais à un transsudat, à un liquide excrété par les vaisseaux sanguins : les cellules ne sont, dès le début, que des corpuscules blancs émigrés des vaisseaux. KÖLLIKER, SCHWALBE et d'autres auteurs considèrent, au contraire, le corps vitré comme formé par du tissu conjonctif véritable. D'après l'opinion de SCHWALBE, à laquelle je me rallie, cet organe consiste en un tissu conjonctif, extrêmement riche en eau et dont les cellules fixes s'atrophient très tôt. Sa substance fondamentale interfibrillaire, infiltrée d'eau, est ensuite parcourue par des cellules migratrices. A une période plus avancée du développement, le corps vitré est enveloppé extérieurement par une membrane sans structure, la *membrane hyaloïdienne*, que certains auteurs rattachent à la rétine, ce qui n'est pas admissible d'après SCHWALBE.

Le corps vitré qui, chez l'adulte, est entièrement dépourvu de vaisseaux sanguins, en renferme beaucoup chez l'embryon. Ce sont des rameaux de l'*artère centrale de la rétine*, branche de l'artère ophtalmique.

L'artère centrale de la rétine, qui occupe l'axe du nerf optique, arrivée à la papille de ce nerf, se continue, sous le nom d'artère hyaloïdienne, à l'intérieur du corps vitré. L'artère hyaloïdienne, divisée en plusieurs branches, traverse le corps vitré ; elle arrive à la face postérieure du cristallin, où ses nombreuses ramifications terminales s'étalent dans la tunique vasculaire de cet organe, en gagnent l'équateur et se continuent enfin sur sa face antérieure. Pendant le dernier mois de la vie fœtale, les vaisseaux du corps vitré s'atrophient en même temps que la tunique vasculaire du cristallin. Ils disparaissent complètement, sauf un rudiment du tronc principal de l'artère hyaloïdienne qui, partant de la papille du nerf optique, se dirige en avant jusqu'à la face postérieure du cristallin. Ce rudiment se trouve alors transformé en un canal, rempli de liquide : c'est le *canal hyaloïdien* ou *canal de* Cloquet.

3. — Transformation de la cupule optique et des tuniques de l'œil.

Les transformations de la cupule optique sont liées à celles du mésenchyme qui l'entoure et qui fournit la tunique moyenne ou vasculaire de l'œil ainsi que sa tunique externe ou fibreuse. Nous partirons du stade représenté par les figures 338, 339 et 342. En ce moment, la cupule optique possède encore un large orifice, dont le bord entoure le cristallin (*ecr*). Ce dernier, ou bien est séparé de l'épiderme par une très mince couche de tissu conjonctif, comme c'est le cas chez l'homme et chez les mammifères (fig. 339, 338), ou bien, comme chez le poulet, il est en contact immédiat avec l'épiderme, par sa face antérieure (fig. 342). Dans ce dernier cas, il n'existe entre le cristallin et l'épiderme ni ébauche du tissu propre de la cornée, ni chambre antérieure, ni iris.

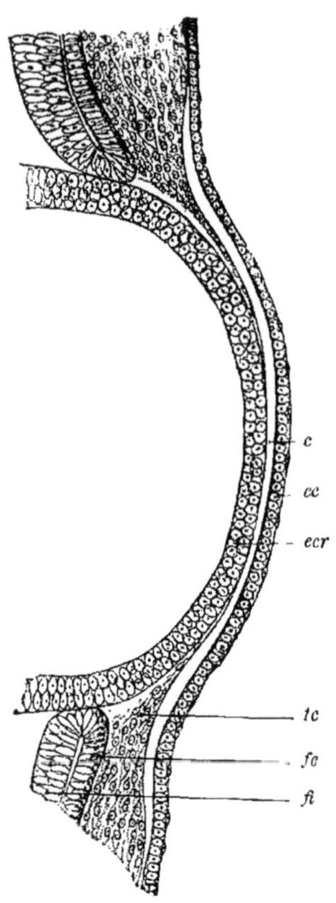

Fig. 342. — *Coupe de la partie antérieure de l'ébauche de l'œil, chez un embryon de poulet de 5 jours*, d'après Kessler.

ec, épithélium de la cornée; *ecr*, épithélium du cristallin; *c*, couche sans structure de la première ébauche du tissu propre de la cornée; *tc*, tissu conjonctif embryonnaire qui entoure la cupule optique et s'engage entre l'épithélium du cristallin et celui de la cornée pour donner naissance aux éléments figurés du tissu propre de la cornée; *fe* et *fi*, feuillet externe et feuillet interne de la cupule optique.

L'*ébauche du tissu propre de la cornée* procède du mésenchyme ambiant qui forme autour du globe de l'œil un tissu abondamment pourvu de cellules. Chez le poulet (fig. 342) il apparaît, pendant le quatrième jour, une mince couche (*c*) entre l'épiderme et la face antérieure du cristallin. Cette couche est d'abord *sans structure*. Il y pénètre ensuite, de la périphérie vers le centre, de nombreuses cellules du mésenchyme, qui deviennent les corpuscules ou cellules propres de la cornée. Ces cellules donnent naissance aux fibres de la cornée, de la même manière que les cellules du tissu conjonctif embryonnaire donnent naissance aux faisceaux de fibrilles du tissu conjonctif. Quant à la couche sans structure, d'une part elle fournit la substance unissante interfasciculaire du tissu propre de la cornée; d'autre part elle persiste, sur la face antérieure et sur la face postérieure de la cornée, sous la forme de deux minces membranes anhystes, dont la composition chimique se modifie et qui deviennent l'une la membrane basale ou membrane de BOWMAN, et l'autre, la membrane de DESCEMET.

L'endothélium interne de la cornée apparaît, chez le poulet, à une période très reculée du développement. En ce moment, la couche sans structure dont nous avons parlé (fig. 342, *c*) a atteint une certaine épaisseur. A sa face interne s'engagent, de la périphérie vers le centre, des cellules du mésenchyme qui se disposent en un mince endothélium. Ce phénomène prépare la *formation de la chambre antérieure de l'œil.* En effet, la mince ébauche du tissu propre de la cornée, qui se trouvait primitivement accolée à la face antérieure du cristallin, s'en détache un peu. Elle en est bientôt séparée par une fente, dans laquelle s'accumule un liquide (humeur aqueuse). Cette fente apparaît d'abord le long du bord de la cupule optique; puis, de là, elle gagne peu à peu le pôle antérieur du cristallin. La chambre antérieure de l'œil devient plus large et acquiert sa forme définitive, lorsque l'iris se développe.

Il règne deux opinions contraires sur l'origine de la couche sans structure, qui constitue la première ébauche du tissu propre de la cornée chez le poulet. D'après KESSLER, c'est un produit de sécrétion de l'épiderme, tandis que les corpuscules de la cornée proviennent, par émigration, du mésenchyme. Pour KESSLER, le tissu propre de la cornée a donc une double origine. KÖLLIKER soutient, au contraire, que tous ses éléments dérivent du mésenchyme : la substance fondamentale anhyste se répand seulement plus vite que les cellules entre l'épiderme et la face antérieure du cristallin.

Chez les mammifères (fig. 339) et *chez l'homme* (fig. 338), les choses se passent un peu autrement que chez le poulet. Dès que la vésicule cristallinienne s'est complètement séparée de l'épiderme, il s'interpose entre eux une mince couche de mésenchyme (*c*) renfermant quelques cellules disséminées. Ce tissu conjonctif s'épaissit rapidement et il y pénètre des cellules provenant de la périphérie. Il se divise alors en deux couches (fig. 340) : l'une est la membrane pupillaire (*tv*); l'autre est l'ébauche du tissu propre de la cornée (*co*). La première est une mince membrane, appliquée contre la face antérieure du cristallin : elle est abondamment pourvue de vaisseaux sanguins, dont le réseau se continue : d'une part, en arrière, avec les vaisseaux du corps vitré pour former avec eux la tunique vasculaire du cristallin, et, d'autre part, au niveau du bord de la cupule optique, avec le réseau vasculaire de cette dernière. L'ébauche du tissu propre de la cornée ne se sépare nettement de la membrane pupillaire, qu'à partir du moment où il s'est formé entre elles une fente étroite (*ca*), qui constitue la chambre antérieure et qui s'accroît progressivement au fur et à mesure que l'iris se développe.

Pendant que ces phénomènes s'accomplissent, la cupule optique change elle-même de structure. Son feuillet externe devient de plus en plus différent de son feuillet interne. Le premier (fig. 338 et 340, *ep*) reste mince et constitué par une seule assise de cellules cubiques. Dans ces cellules se déposent des granulations d'un pigment noir, qui deviennent de plus en plus abondantes. Finalement, tout le feuillet se montre, à la coupe, comme une ligne noire. Le feuillet interne (r) de la cupule optique reste, au contraire, absolument dépourvu de pigment, sauf en une partie de sa zone marginale. Il s'épaissit notablement : ses cellules, disposées en plusieurs assises, s'étirent et deviennent fusiformes.

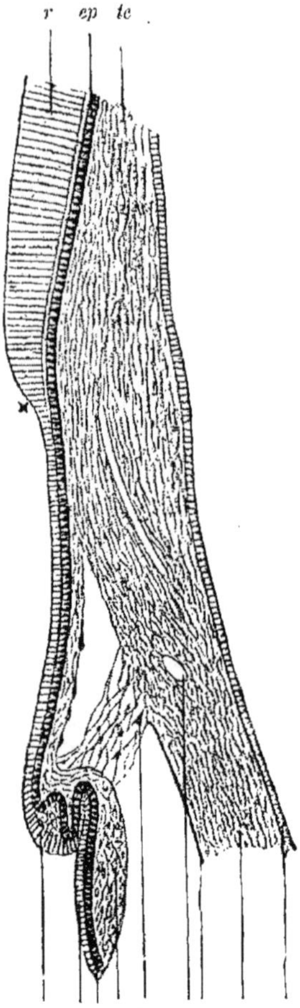

En outre, il s'établit un contraste entre le *fond* et le *bord de la cupule*. Le fond se

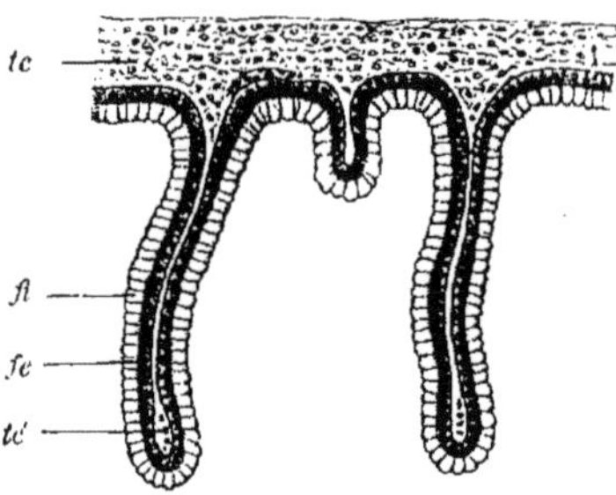

Fig. 344. — *Coupe du corps ciliaire d'un embryon de lapin, long de 10 centim.*, d'après KESSLER.

On voit trois procès ciliaires, formés par plissement de la cupule optique. *tc*, tissu conjonctif du corps ciliaire; *fi*, feuillet interne et *fe*, feuillet externe pigmenté de la portion ciliaire de la cupule optique; *tc'*, lame de tissu conjonctif constituant la charpente du procès ciliaire.

transforme de façon à constituer la *rétine*; le bord intervient dans la formation du *corps ciliaire* et de l'*iris*.

Le *bord de la cupule optique* (fig. 340, *zm*; fig. 343* et fig. 344) s'amincit considérablement : les cellules de son feuillet interne se disposent en une seule assise; elles restent longtemps encore cylindriques, puis prennent une forme cubique. Au fur et à mesure qu'il s'amincit, il s'étale en surface. Il en résulte qu'alors il s'engage à l'intérieur de la chambre antérieure, entre la cornée et la face antérieure du cristallin : il arrive ainsi à s'étendre jusqu'au voisinage du centre de cette cavité. Il circonscrit finalement un orifice étroit, qui est la *pupille*. C'est aux dépens de cette zone marginale, autour de la pupille, que se forme la

r ep tc

cc 1. 2. 3. lp c D co cc

Fig. 343. — *Coupe de la zone marginale de la cupule optique chez un embryon de grive commune* (*Turdus musicus*), d'après KESSLER.

r, rétine proprement dite; *ep*, épithélium pigmenté de la rétine (feuillet externe de la cupule optique); *tc*, enveloppe conjonctive de la cupule (choroïde et sclérotique); *, ora serrata (limite entre la zone marginale et le fond de la cupule optique); *cc*, corps ciliaire; 1, 2, 3, iris; 1 et 2 représentent respectivement le feuillet interne et le feuillet externe de la portion iridienne de la rétine; 3, stroma conjonctif de l'iris; *lp*, ligament pectiné de l'iris; *c*, canal de SCHLEMM; *D*, membrane de DESCEMET; *co*, tissu propre de la cornée; *cc*, épithélium de la cornée.

couche pigmentée de l'iris ou l'*uvée* (KESSLER) (fig. 343, 1 et 2). Il se dépose dans le feuillet interne des granulations de pigment, semblables à celles du feuillet externe. Bientôt il n'est plus possible de distinguer les deux feuillets.

En même temps que les deux feuillets du bord de la cupule s'étalent en surface, la couche du mésenchyme qui les revêt extérieurement en fait autant. Elle s'épaissit et devient le stroma de l'iris, dans lequel on trouve bientôt des fibres musculaires lisses et de nombreux vaisseaux (fig. 343, 3). Chez les mammifères (fig. 340, *x*) le stroma de l'iris se continue longtemps avec la tunique vasculaire du cristallin (*tv*) : il en résulte que la pupille est alors fermée, chez l'embryon, par une mince membrane de tissu conjonctif vascularisé. Nous en avons déjà fait mention précédemment.

La partie de la zone marginale, amincie, de la cupule optique, qui est située immédiatement en dehors de l'uvée et qui entoure l'équateur du cristallin, subit une transformation intéressante (fig. 343, *cc*). Avec le tissu conjonctif qui l'environne elle donne naissance au *corps ciliaire*. Ce phénomène commence, chez le poulet, pendant le neuvième et le dixième jour de l'incubation (KESSLER); chez l'homme, à la fin du deuxième ou au début du troisième mois (KÖLLIKER). A ce niveau la double paroi épithéliale, amincie, de la cupule, forme de nombreux replis courts, parallèles les uns aux autres et disposés radiairement autour de l'équateur du cristallin. La couche de mésenchyme qui l'entoure comme au niveau de l'iris, envoie de fins prolongements à l'intérieur de ces replis. Pour bien se rendre compte de ce processus, il suffit d'examiner une coupe transversale de cette portion ciliaire de la cupule optique, chez un embryon de lapin, long de 10 centimètres (fig. 344). Elle nous montre les différents replis très grêles (*procès ciliaires*); à leur intérieur s'engage une mince lame de tissu conjonctif embryonnaire (*tc'*), renfermant de fins capillaires. Les deux couches épithéliales se distinguent de l'uvée en ce que l'externe seule est pigmentée (*fe*), tandis que l'interne ne l'est jamais (*fi*) et consiste en de courtes cellules cylindriques.

Plus tard, les procès ciliaires s'épaississent, grâce au développement que prend leur charpente conjonctive vascularisée. De plus, ils s'unissent intimement à la capsule du cristallin, par l'intermédiaire de la *zone de* ZINN. D'après KÖLLIKER, la zone de ZINN se forme, chez l'homme, pendant le quatrième mois, par un processus qui n'est pas mieux connu que chez les autres mammifères.

LIEBERKÜHN a observé que la zone de ZINN est très visible lorsque l'œil a atteint la moitié de son volume définitif. Si d'un œil on fait sortir le corps vitré et qu'on en expulse le cristallin en ouvrant sa capsule par sa face antérieure, on constate que le bord de la capsule est entouré de vaisseaux qui se rendent de sa face postérieure à sa face antérieure.

Là où les procès ciliaires sont complètement écartés, on voit des faisceaux de fibres délicates sortir des dépressions qui séparent les procès ciliaires et se diriger vers l'équateur du cristallin. En outre, entre ces faisceaux, on en observe d'autres qui proviennent du sommet des procès ciliaires. LIEBERKÜHN ajoute que dans ce tissu fibrillaire se trouvent des cellules ayant le même aspect que celles qui existent plus tard à l'intérieur du corps vitré de l'embryon.

ANGELUCCI admet que la zone de ZINN se forme aux dépens de la partie antérieure du corps vitré. Au moment où se forment l'iris et les procès ciliaires, la partie antérieure du corps vitré serait traversée par des fibres délicates, qui s'étendent de l'ora serrata au bord du cristallin. Entre ces fibres se trouveraient disséminées des cellules migratrices, qui ne participent pourtant pas à leur formation.

Le *fond de la cupule optique* (fig. 338, 339 et 343) donne naissance à la partie la plus importante de l'œil, à la *rétine*. Son feuillet interne (*r*) s'épaissit notablement; il prend le même aspect que la paroi du cerveau de l'embryon : ses cellules, en effet, s'allongent, deviennent fusiformes et se disposent en plusieurs couches. Là où il se continue avec la zone marginale, amincie, c'est-à-dire un peu en deçà du corps ciliaire, règne une limite nette, qui se présente plus tard sous la forme d'une ligne en zigzags; c'est l'*ora serrata* (fig. 343*). Sur ses deux faces, le feuillet interne de la rétine est nettement délimité par une fine membrane anhyste, sécrétée par l'épithélium à une phase reculée du développement. La membrane qui le sépare du corps vitré est appelée membrane limitante interne; celle qui le sépare du feuillet externe, qui devient l'épithélium pigmenté de la rétine, est appelée membrane limitante externe.

Dans la suite du développement, les cellules du feuillet interne de la rétine se différencient de diverses façons et se disposent en plusieurs couches, que MAX SCHULTZE a distinguées et dénommées. Nous n'exposerons pas ici les détails de cette différenciation histologique; nous n'indiquerons que quelques points d'une importance générale.

Ainsi que W. MÜLLER l'a parfaitement dit, les cellules épithéliales de la rétine, primitivement toutes semblables, se différencient, chez les vertébrés, dans deux directions principales. Les unes donnent naissance aux cellules visuelles ainsi qu'aux organes spécifiques du système nerveux central, cellules ganglionnaires et fibres nerveuses. Les autres se transforment en éléments de soutien et d'isolement : fibres de MÜLLER et couches finement granulées, que l'on peut réunir sous le nom d'épithélium de soutien. Enfin, à tous ces éléments dérivés de l'épithélium primitif, s'ajoutent des éléments de tissu conjonctif. De même que les éléments conjonctifs du système nerveux central, ils dérivent du tissu conjonctif environnant et pénètrent à l'intérieur des couches épithéliales afin d'en améliorer la nutrition. Les éléments conjonctifs de la rétine sont des branches de l'artère centrale, entourées de leurs parois conjonctives délicates. Les Pétromyzontides font exception à cette règle : leur rétine est dépourvue de vaisseaux. Chez tous les autres vertébrés, ils n'existent que dans les couches internes de l'organe : la couche granuleuse externe et celle des cônes et bâtonnets n'en possèdent pas. Ces deux couches que nous venons de citer peuvent être désignées sous le nom d'épithélium sensoriel (visuel), par opposition aux autres couches, qui renferment les cellules ganglionnaires et les fibres nerveuses et que l'on peut considérer comme constituant la portion cérébrale de la rétine.

Parmi les couches de la rétine, *la couche des cônes et des bâtonnets* se développe en dernier lieu. D'après les recherches de Kölliker, Babuchin, Max Schultze et W. Müller, c'est un produit de transformation de la couche granuleuse externe, laquelle constitue le véritable épithélium visuel, composé de cellules fusiformes, délicates. Chez le poulet, les cônes et les bâtonnets se développent pendant le dixième jour de l'incubation. Chez les jeunes chats et les jeunes lapins, qui sont aveugles-nés, Max Schultze a démontré qu'ils ne commencent à se former que quelques jours après la naissance. Chez d'autres mammifères et chez l'homme, ils se développent avant la naissance.

Aussi longtemps que les cônes et les bâtonnets n'existent pas encore, le feuillet interne de la rétine est séparé de son feuillet externe par une ligne nette, due à la présence de la membrane limitante externe. Plus tard, on constate sur cette membrane de nombreuses petites saillies, qui dépendent des extrémités périphériques des cellules de la couche granuleuse externe, c'est-à-dire des cellules visuelles. Ces petites saillies brillantes, qui sont de nature protoplasmique et se colorent en rouge par le carmin, s'allongent et chacune d'elles prend la forme d'un membre interne. Enfin, à la surface du membre interne apparaît le membre externe, que Max Schultze et W. Müller comparent à une production cuticulaire, en raison de sa texture lamellaire.

Les cônes et les bâtonnets des cellules visuelles faisant saillie en dehors de la membrane limitante externe, ils pénètrent dans le feuillet externe de la rétine, qui devient l'épithélium pigmenté (fig. 343, *ep*). Leurs membres externes se trouvent placés dans de petites dépressions des grandes cellules pigmentées, hexagonales. Il en résulte que tous ces éléments sont entourés de toutes parts par une gaine pigmentée, qui les isole les uns des autres.

Quelques mots encore concernant le tissu conjonctif qui enveloppe le fond de la cupule optique. Il prend, comme au corps ciliaire et à l'iris, des caractères spéciaux. Il se différencie en une choroïde et une sclérotique, que l'on peut distinguer chez l'homme dès la sixième semaine (Kölliker). La choroïde se caractérise par sa riche vascularisation. Au contact immédiat de la rétine, elle forme une couche spéciale, renfermant un réseau capillaire à mailles étroites : c'est la membrane chorio-capillaire qui sert spécialement à la nutrition de l'épithélium pigmenté et de la couche des cônes et bâtonnets. Ce qui distingue encore du corps ciliaire la partie de la tunique vasculaire de l'œil qui est en relation avec la rétine, c'est qu'elle peut se détacher facilement des parties avoisinantes du globe de l'œil, tandis qu'au niveau du corps ciliaire cela n'est pas possible.

Si maintenant nous jetons un coup d'œil rétrospectif sur les derniers phénomènes que nous venons de décrire, nous constatons que les changements de forme que subit la cupule optique exercent une très grande influence sur le développement des diverses parties de l'œil. Grâce à des phénomènes d'accroissement inégal, la cupule optique se divise en trois parties. La rétine est le résultat de l'épaississement, suivi d'une différenciation histologique, du fond de l'organe. La zone marginale, au contraire, s'étale en surface et s'amincit : elle se divise ensuite en une portion lisse, qui délimite la pupille et en une portion plissée, qui entoure le cristallin. Aux dépens de la portion plissée, nettement séparée de la rétine par l'*ora serrata*, se forme l'épithélium interne du corps ciliaire (procès ciliaires). La portion lisse et mince qui délimite la pupille donne naissance à l'épithélium pigmenté (uvée) de l'iris. Il y a donc lieu de distinguer à la cupule optique trois parties : une portion rétinienne, une portion ciliaire et une portion iridienne. Le tissu conjonctif environnant, et tout particulièrement celui qui devient la tunique vasculaire de l'œil, prend des caractères spéciaux au niveau de chacune de ces trois portions de la cupule. Il forme ici le stroma de l'iris avec ses fibres musculaires lisses; là, la charpente conjonctive du corps ciliaire avec le muscle ciliaire; enfin, la choroïde avec ses nombreux vaisseaux, la membrane chorio-capillaire et la lamina fusca.

Nous avons vu que lors de sa formation la cupule optique présente à sa face inférieure, une fente désignée sous le nom de fissure optique fœtale ou inférieure (fig. 337, *fo*). Cette fente indiquait le point par lequel pénètre l'ébauche du corps vitré à l'intérieur de la cupule. Que devient cette fente que l'on a généralement désignée sous le nom de *fente choroïdienne?*

Pendant une longue période du développement, on peut encore la distinguer facilement, lorsqu'il s'est déposé du pigment dans le feuillet externe de la cupule optique. Elle apparaît, en effet, à la face inférieure du globe de l'œil comme une ligne claire, dépourvue de pigment, étendue entre la papille du nerf optique et le bord de la pupille.

Ce fait explique pourquoi on l'a appelée fente choroïdienne à une époque où l'on ne connaissait guère le mode de formation de la cupule optique, à une époque où l'on rattachait à la choroïde l'épithélium pigmenté de la rétine. On croyait alors que l'absence de pigment le long de cette ligne claire était due à une solution de continuité dans la choroïde, à une fente choroïdienne.

Plus tard cette ligne claire disparaît. La fissure optique se ferme par soudure de ses lèvres, et du pigment se dépose dans la suture. Chez le poulet, ce phénomène s'accomplit pendant le neuvième jour; chez l'homme, pendant la sixième ou la septième semaine.

La fissure optique est encore remarquable sous un autre rapport.

Chez une foule de vertébrés (poissons, reptiles, oiseaux) il s'y engage, avant qu'elle se ferme, un prolongement de la choroïde, abondamment pourvu de vaisseaux sanguins. Il pénètre à l'intérieur du corps vitré et forme une saillie lamelliforme, étendue entre la papille du nerf optique et le cristallin. Chez les oiseaux on donne à cet organe permanent le nom de peigne, parce qu'il présente de nombreux replis parallèles. Il est formé presque exclusivement par des vaisseaux, réunis par de minces travées de tissu conjonctif, renfermant du pigment noir.

Chez les mammifères, cet organe fait défaut. La fente choroïdienne se ferme complètement à une période reculée du développement.

Parfois, chez l'homme, on constate un arrêt de développement, les lèvres de la fissure optique ne se soudant pas. Cette circonstance a généralement alors pour conséquence un développement imparfait de la choroïde à ce niveau, ce qui est une preuve de l'influence qu'exerce la transformation des deux feuillets de la cupule optique, sur le développement des tuniques conjonctives de l'œil. Nous avons insisté plus haut sur ce point. Dans le cas qui nous occupe, le pigment rétinien et le pigment choroïdien font défaut le long d'une ligne qui part de la papille du nerf optique, de sorte que l'on peut alors, à l'aide de l'ophtalmoscope, voir la sclérotique brillante, à travers l'intérieur du globe de l'œil. Si ce défaut est complet, s'il s'étend jusqu'au bord de la pupille, il existe une fente dans l'iris, fente qu'il est facile d'observer par un simple examen extérieur. Ces deux arrêts de développement sont connus respectivement sous le nom de *colobome de la choroïde* et de *colobome de l'iris*.

4. — *Nerf optique.*

Le *pédicule optique*, qui unit la vésicule optique primaire au cerveau intermédiaire, se trouve mis en continuité directe *avec les deux feuillets* de la cupule optique, grâce à cette circonstance que l'ébauche du corps vitré détermine une invagination de la face inférieure de la vésicule optique (fig. 345). Sa paroi dorsale se continue avec le feuillet externe de la cupule, c'est-à-dire avec l'épithélium pigmenté de la rétine; sa paroi ventrale se continue avec le feuillet interne, sensoriel, de la rétine. *Comme on le voit, la formation de la fissure optique fœtale n'a pas seulement pour conséquence de permettre à l'ébauche du corps vitré d'arriver à l'intérieur de la cupule optique, mais aussi d'unir directement la rétine au nerf optique.* En effet, si la face externe de la vésicule optique seule s'invaginait pour recevoir le cristallin, la paroi du pédicule optique (nerf optique) ne serait en continuité qu'avec le feuillet externe de la rétine; elle ne se continuerait pas directement avec le feuillet interne, invaginé, de cet organe important.

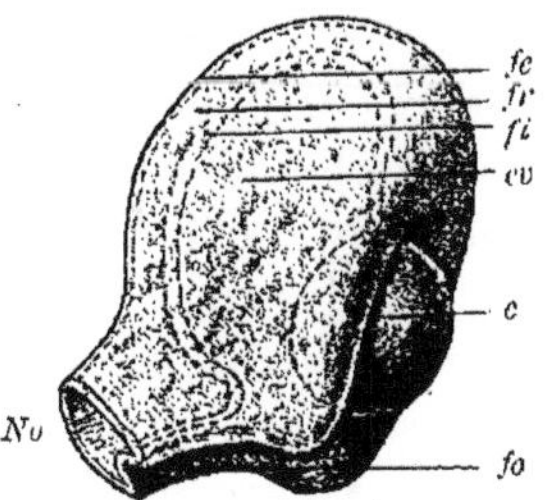

Fig. 345. — *Cupule optique, corps vitré et cristallin.*

fe, feuillet ou paroi externe de la cupule optique; *fi*, feuillet ou paroi interne de la cupule optique; *fr*, fente rétinienne, comprise entre ces deux feuillets et destinée à disparaître plus tard; *No*, ébauche du nerf optique (pédicule optique); *fo*, fissure optique fœtale, qui se prolonge sous forme d'une gouttière à la face inférieure du pédicule optique; *cv*, corps vitré; *c*, cristallin.

Primitivement le nerf optique constitue un tube possédant une lumière étroite, qui fait communiquer la cavité de la vésicule optique primaire avec le troisième ventricule cérébral (fig. 335). Peu à peu il se transforme en un cordon plein. Chez la plupart des vertébrés cette transformation est simplement déterminée par ce fait que la paroi cellulaire du pédicule optique prolifère, s'épaissit jusqu'à ce que sa lumière disparaisse. Chez les mammifères, il en est ainsi seulement pour la majeure partie du pédicule, pour celle qui avoisine le cerveau; l'autre partie, plus petite, du pédicule, celle qui est la plus rapprochée de la cupule optique, se comporte différemment. Sa paroi inférieure s'invagine vers sa paroi supérieure, ce qui est dû à ce que la fissure optique fœtale n'intéresse pas seulement la face inférieure de la vésicule optique, mais aussi la partie avoisinante du pédicule. Dans sa portion distale, le nerf optique prend donc la forme d'une gouttière et dans cette gouttière s'engage un cordon de tissu conjonctif renfermant une artère, qui devient l'artère centrale de la rétine. Plus tard les lèvres de la gouttière se soudent et l'artère se trouve par conséquent logée à l'intérieur de cette partie du nerf optique avec un peu de tissu conjonctif.

Longtemps le nerf optique est formé exclusivement par des cellules fusiformes, radiairement disposées en plusieurs assises : il ressemble alors, par sa texture, à la paroi du cerveau et de la vésicule optique. Comment se transforme-t-il ultérieurement? comment surtout se forment ses fibres nerveuses? Les avis diffèrent sur ce point, et nous constatons ici les mêmes divergences d'opinions que pour la formation des fibres nerveuses périphériques. Trois théories se trouvent en présence.

D'après les idées les plus anciennes, partagées aussi par Lieberkühn, les fibres du nerf optique se forment in loco par transformation des cellules fusiformes. D'après His, Kölliker et W. Müller, au contraire, la paroi du pédicule optique ne fournit qu'un tissu de soutien; les fibres nerveuses y pénètrent secondairement, *soit du cerveau vers la rétine, soit en sens inverse* (Müller, Keibel, Froriep). Le pédicule optique ne constituerait donc qu'une sorte d'organe de conduction, indiquant aux fibres nerveuses le trajet qu'elles doivent suivre. Lorsque la pénétration des fibres nerveuses à l'intérieur du pédicule est achevée, les cellules de soutien sont encore disposées radiairement; de plus, elles sont unies les unes aux autres de telle sorte qu'elles forment les parois de toute une série de compartiments délicats et longitudinaux. Dans ces compartiments passent les fins faisceaux de fibres nerveuses extrêmement délicates et sans noyaux, ainsi que de nombreuses cellules disposées en séries longitudinales, cellules qui font encore partie du tissu de soutien et qui servent à compléter la charpente du nerf.

Extérieurement, le nerf optique, chez l'embryon, est enveloppé par une gaine de tissu conjonctif qui se divise, comme celle du cerveau et de la cupule optique, en une couche interne, plus molle, plus richement pourvue de vaisseaux, et en une couche externe, plus résistante, plus fibreuse. La première, appelée gaine piale, se continue d'une part avec la pie-mère et d'autre part avec la choroïde; l'autre, appelée gaine durale, est un prolongement de la dure-mère et elle se continue avec la sclérotique. Plus tard, la structure du nerf optique se complique encore, parce que la gaine piale envoie, à l'intérieur du nerf, des prolongements vascularisés qui forment des gaines conjonctives aux faisceaux nerveux ainsi qu'à leurs cellules épithéliales de soutien.

Comme nous l'avons dit, on n'est pas d'accord sur la direction suivant laquelle les fibres du nerf optique pénètrent à l'intérieur du pédicule. His, Kölliker et Falchi admettent que ce sont des prolongements de certains groupes de cellules ganglionnaires du cerveau (couche optique, tubercules quadrijumeaux), qui finissent secondairement par atteindre la rétine. Ils appuient leur manière de voir d'une part sur ce fait que, selon eux, c'est de cette façon que se forment les autres nerfs périphériques et, d'autre part, sur cette circonstance que c'est au voisinage immédiat du cerveau que les fibres du nerf optique deviennent pour la première fois très apparentes dans le cours du développement.

W. Müller pense, au contraire, que les fibres du nerf optique sont des prolongements des cellules ganglionnaires de la rétine, et qu'elles ne se mettent que secondairement en rapport avec le centre nerveux. Il appuie sa manière de voir sur des observations faites chez le Petromyzon, qu'il considère comme un objet précieux pour résoudre la question. Récemment His s'est aussi rangé à l'opinion de W. Müller. Les observations de Keibel et de Froriep, d'après lesquelles les fibres du nerf optique commencent à se différencier à partir de la rétine, parlent aussi en faveur de cette manière de voir.

5. — *Organes accessoires de l'œil.*

Le globe de l'œil, et tout spécialement la cornée, est protégé par des organes accessoires de diverses natures : les paupières avec les glandes de Meibomius et les cils; la glande lacrymale et les voies lacrymales.

A une période reculée du développement se forment la *paupière supérieure* et la *paupière inférieure*. Ce sont deux replis de la peau, qui apparaissent à quelque distance du bord de la cornée. Ils se développent, en avant de la cornée, l'un de haut en bas, l'autre, en sens inverse. Ils finissent par se toucher par leurs bords et déterminent ainsi la formation, en avant du globe de l'œil, d'un sac conjonctival, qui communique avec l'extérieur par la fente palpébrale. Le nom de sac conjonctival a été donné parce que le feuillet interne de chaque paupière se réfléchit, au niveau du cul-de-sac conjonctival, sur la face antérieure du globe oculaire et présente la texture d'une muqueuse, appelée conjonctive.

Chez une foule de mammifères, et c'est le cas aussi chez l'homme, pendant la vie fœtale *le sac conjonctival se ferme passagèrement.* Les bords des paupières se soudent dans toute leur étendue : cette soudure n'intéresse que leur revêtement épithélial. Chez l'homme ce phénomène commence au troisième mois. Peu de temps avant la naissance, les paupières se séparent de nouveau. Chez une foule de reptiles (serpents) la fermeture des paupières persiste pendant toute la vie, ce qui fait qu'il existe, chez eux, en avant de la cornée, une mince membrane transparente.

Chez l'homme, pendant que les paupières se soudent, les *glandes de* Meibomius se forment sur leurs bords. Voici comment. Les cellules du corps muqueux de Malpighi commencent à proliférer et émettent des bourgeons pleins qui s'engagent à l'intérieur de la couche conjonctive de la paupière. Ces bourgeons émettent, à leur tour, plus tard, des bourgeons latéraux. Puis, ces glandes solides se creusent d'une cavité centrale, les cellules centrales subissant une dégénérescence graisseuse suivie d'une atrophie.

A peu près au moment où apparaissent les glandes de Meibomius, se montrent aussi les premiers rudiments des *cils*. Ils se développent de la même manière que les poils, dont nous parlerons plus loin.

Chez la plupart des vertébrés, indépendamment des deux paupières supérieure et inférieure, dont nous venons de faire connaître le développement, il s'en forme une troisième appelée *membrane nictitante*. C'est un repli vertical de la conjonctive de l'angle interne de l'œil. Chez l'homme, cet organe est rudimentaire et constitue le *repli semi-lunaire*. A son intérieur se développent quelques petites glandes, qui déterminent la formation d'une petite nodosité rougeâtre (*caroncule lacrymale*).

La *glande lacrymale* est un autre organe accessoire de l'œil, destiné à tenir constamment humides le sac conjonctival et la face antérieure de la cornée. Elle se développe, chez l'homme, pendant le troisième mois, par bourgeonnement de l'épithélium du sac conjonctival, dans l'angle externe de l'œil, là où la conjonctive de la paupière supérieure se continue avec la conjonctive bulbaire. Les premiers bourgeons formés se ramifient un grand nombre de fois. D'abord pleins, comme les glandes de Meibomius, ils se creusent ensuite d'une cavité. C'est d'abord leur conduit excréteur principal qui devient creux; puis le processus gagne peu à peu les dernières ramifications de la glande.

Afin d'éliminer à l'extérieur le produit de sécrétion de ces diverses glandes, qui s'accumule dans le sac conjonctival, et surtout le liquide lacrymal sécrété par la glande lacrymale, il se développe un appareil excréteur spécial, les *voies lacrymales*. Cet appareil s'étend de l'angle interne de l'œil à la cavité nasale. Il existe chez tous les vertébrés à partir des amphibiens. Son mode de développement a fait notamment l'objet de plusieurs publications de Born.

Chez les amphibiens, il commence à se former au moment où la capsule nasale membraneuse se chondrifie. Le corps muqueux de l'épiderme prolifère le long d'une ligne, étendue directement de l'angle interne de l'œil à la cavité nasale. Il en résulte la formation d'un *cordon plein*, qui s'enfonce dans le tissu conjonctif sous-jacent. Ce cordon se sépare ensuite de l'épiderme, en procédant progressivement de la cavité nasale vers l'angle de l'œil. Puis, il devient creux, se transforme en un canal épithélial et s'ouvre par un orifice dans la cavité nasale. Au voisinage de l'œil le cordon se divise en deux canalicules, qui s'ouvrent dans le sac conjonctival, où ils recueillent le liquide lacrymal.

Chez les oiseaux, les mammifères et l'homme (fig. 346), le lieu de formation du *canal lacrymal* (canal naso-lacrymal des anatomistes) est déjà nettement indiqué à une phase reculée du développement. C'est une gouttière (*gouttière lacrymale*) étendue entre l'angle interne de l'œil et la cavité nasale. Elle sépare nettement le prolongement maxillaire supérieur du prolongement nasal externe, organes qui jouent un rôle important dans la formation de la face, comme nous le verrons ultérieurement. D'après Coste et Kölliker, le canal lacrymal se forme simplement par rapprochement, suivi de soudure, des lèvres de la gouttière lacrymale. Born et Legal qui ont fait des recherches, l'un chez les reptiles et les oiseaux, l'autre, chez les mammifères, contestent cette opinion plus ancienne. Pour ces auteurs, aux dépens du fond de la gouttière lacrymale se forme, comme chez les amphibiens, par prolifération du corps muqueux de l'épiderme, un cordon épithélial, qui s'en sépare ensuite et se transforme assez tardivement en un canal. Si nous nous demandons comment le canal lacrymal a pu prendre naissance dans le cours de l'évolution phylogénique, nous devons admettre qu'il a dû se former aux dépens d'une gouttière, unissant le sac conjonctival à la cavité nasale. Si donc nous voyons cet organe, chez les amphibiens par exemple, constituer dès le début un cordon plein dérivant de l'épiderme, nous ne devons pas oublier qu'une foule d'organes, la moelle épinière, par exemple, dont l'ébauche originelle était une gouttière, apparaissent dans certaines circonstances comme des cordons pleins.

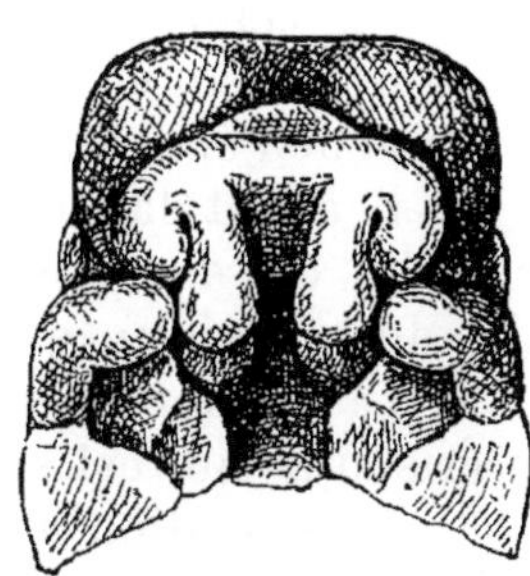

Fig. 346. — *Tête d'un embryon humain, dont les prolongements maxillaires inférieurs ont été enlevés afin de montrer la voûte de la cavité buccale primitive.*

Enfin, en ce qui concerne encore le mode de formation des *canalicules lacrymaux* (canaux lacrymaux des anatomistes) chez les oiseaux et les mammifères, Born et Legal admettent que le canalicule supérieur n'est que l'extrémité supérieure du cordon épithélial primitif, tandis que le canalicule inférieur se formerait aux dépens d'un bourgeon du canalicule supérieur. Pour Ewetsky, au contraire, l'extrémité supérieure du cordon épithélial s'élargit et se divise par une cloison de tissu conjonctif en deux canalicules. Si cette opinion est exacte, les deux canalicules lacrymaux dériveraient d'une ébauche commune.

RÉSUMÉ

1. Les parois latérales de la vésicule cérébrale antérieure primaire s'évaginent pour former les deux vésicules optiques primaires.

2. Chaque vésicule optique reste réunie à la partie de la vésicule cérébrale antérieure qui devient le cerveau intermédiaire par un pédicule, qui se transforme plus tard en le nerf optique.

3. La vésicule optique se transforme en une cupule optique. Ce

changement est dû à ce que ses parois externe et inférieure sont invaginées par l'ébauche du cristallin et par l'ébauche du corps vitré.

4. Au point où l'épiderme est en contact avec la paroi externe de la vésicule optique, il s'épaissit, se déprime en une fossette (fossette cristallinienne), qui finit par s'en séparer (vésicule cristallinienne).

5. Les cellules de la paroi postérieure de la vésicule cristallinienne se transforment en les fibres du cristallin; celles de la paroi antérieure deviennent l'épithélium du cristallin.

6. Pendant la période active de son accroissement, l'ébauche du cristallin est enveloppée par une capsule vascularisée (tunique vasculaire du cristallin), qui s'atrophie ensuite complètement.

7. La membrane pupillaire est cette partie de la tunique vasculaire du cristallin qui est située en arrière de la pupille.

8. La formation du corps vitré détermine la production de la fissure optique fœtale ou inférieure.

9. La cupule optique possède une double paroi. Elle se compose d'un feuillet épithélial externe et d'un feuillet épithélial interne. Les deux feuillets se continuent l'un avec l'autre au niveau de l'orifice de la cupule (bord de la cupule) ainsi que le long des lèvres de la fissure optique.

10. Entre le cristallin et l'épiderme pénètrent, de la périphérie vers le centre, des cellules du mésenchyme environnant. Elles donnent naissance au tissu propre de la cornée et à la membrane de Descemet. Cette dernière se trouve alors séparée de la tunique vasculaire du cristallin, par une fente qui devient la chambre antérieure de l'œil.

11. La cupule optique se différencie en une partie postérieure (fond de la cupule) et en une partie antérieure (bord de la cupule ou zone marginale). La limite entre ces deux parties constitue l'ora serrata. Le fond de la cupule donne naissance à la rétine : son feuillet interne s'épaissit beaucoup, tandis que son feuillet externe reste très mince (épithélium pigmenté). La zone marginale s'amincit et se développe en surface; elle se prolonge sur la face antérieure du cristallin et pénètre ainsi dans la chambre antérieure. L'orifice, primitivement large, de la cupule, se rétrécit de la sorte et constitue la pupille.

12. La zone marginale de la cupule se différencie en deux parties. Autour de l'équateur du cristallin, elle se plisse pour donner naissance aux procès ciliaires. En avant, elle reste lisse. Il en résulte qu'il y a lieu de distinguer à la cupule optique trois parties : une portion rétinienne, une portion ciliaire et une portion iridienne.

13. La couche de tissu conjonctif qui enveloppe la cupule se différencie différemment au niveau de chacune des trois parties de l'organe. Elle se transforme en la choroïde proprement dite, la charpente conjonctive du corps ciliaire et le stroma de l'iris.

14. Au pourtour de la cornée la peau se plisse pour former la paupière supérieure, la paupière inférieure et la membrane nictitante. Cette dernière est rudimentaire chez l'homme (repli semi-lunaire).

15. Les bords des deux paupières se soudent dans le cours du développement. Cette soudure qui intéresse leur épithélium seulement se résout avant la naissance.

16. Chez les mammifères, la gouttière lacrymale, comprise entre le prolongement maxillaire supérieur et le prolongement nasal externe, s'étend de l'angle interne de l'œil à la cavité nasale.

17. Au fond de la gouttière lacrymale se forme un cordon épithélial plein, qui s'engage dans le tissu conjonctif sous-jacent, se sépare de l'épiderme, devient creux et se transforme ainsi en un canal lacrymal (canal naso-lacrymal des anatomistes). Ce canal est destiné à éliminer le liquide lacrymal.

18. L'extrémité supérieure du cordon épithélial plein se divise en deux branches courtes, qui deviennent les deux canalicules lacrymaux (canaux lacrymaux des anatomistes).

B. — Développement de l'organe auditif.

Comme l'œil, l'organe auditif est un appareil très compliqué composé de parties nombreuses d'origines très diverses. Parmi elles, il en est une, le *labyrinthe membraneux*, qui est la plus importante. Elle exerce, en outre, une grande influence sur le développement de toutes les autres. C'est dans son épithélium acoustique que se distribuent les fibres du nerf auditif.

1. Transformation de la vésicule auditive en labyrinthe.

La partie essentielle du labyrinthe membraneux se forme aux dépens de l'ectoderme. Autant cet organe est compliqué chez l'adulte, ce qui lui a valu son nom, autant sa première ébauche est simple. Elle apparaît à la face dorsale de l'embryon, au niveau du cerveau postérieur (fig. 334, *fa*), au-dessus de la première fente branchiale et de l'extrémité supérieure de l'arc hyoïdien (fig. 347, au-dessus du chiffre 3). Là l'ectoderme s'épaissit de chaque côté de la ligne médiane, en une petite région circulaire qui bientôt s'invagine : c'est la *fossette auditive* (fig. 348). Ce phénomène s'accomplit chez le poulet à la fin du deuxième jour de l'incubation ; chez le lapin, vers le quinzième jour. La fossette auditive repose presque immédiatement contre la paroi de la moelle allongée ; le fond de la fossette est uni à cette paroi par un court cordon fibrillaire, qui contient aussi de nombreuses cellules. Ce

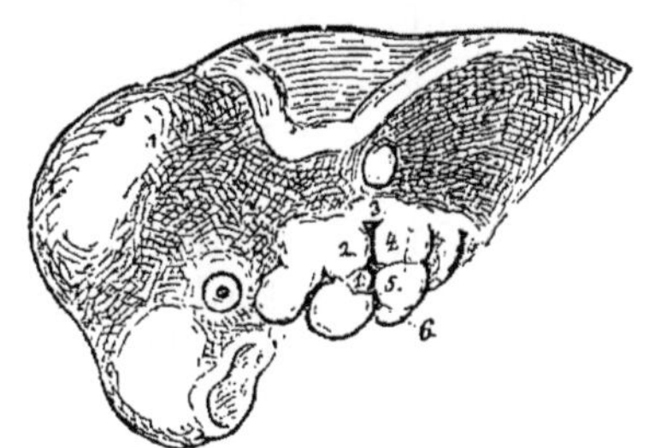

Fig. 347. — *Tête d'un embryon humain mesurant 7,5 mm. de l'éminence nucale à l'éminence coccygienne,* d'après His.
Au-dessus de la première fente branchiale se trouve la vésicule auditive. La fente branchiale est délimitée par 6 bourgeons (1 à 6), aux dépens desquels se forme le pavillon de l'oreille.

cordon (fig. 348, *na*) est l'ébauche bien nette du nerf auditif et du ganglion acoustique.

Les poissons osseux présentent une particularité. Nous avons vu

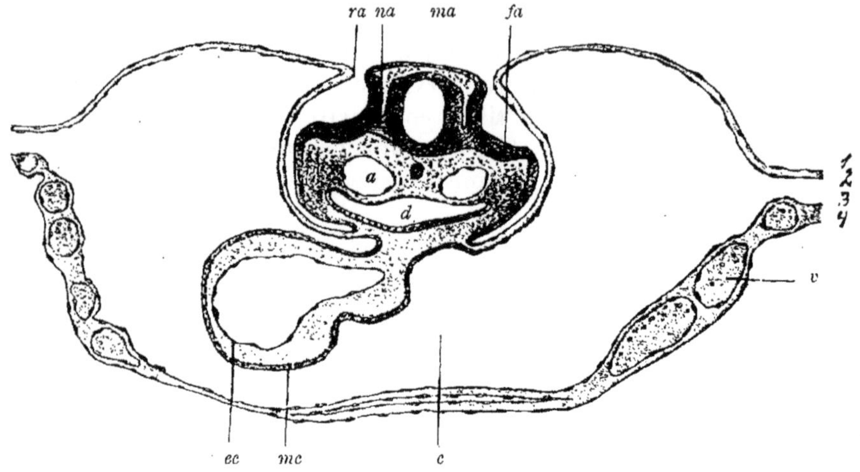

Fig. 348. — *Coupe transversale passant par les fossettes auditives chez un embryon de poulet du deuxième jour de l'incubation.*

fa, fossette auditive; *ma*, moelle allongée; *na*, ébauche du nerf auditif et du ganglion acoustique; elle unit la fossette auditive à la moelle allongée; *a*, aortes primitives; *d*, cavité de l'intestin céphalique; *ec*, endocarde; *mc*, ébauche du myocarde; *c*, cœlome extra-embryonnaire; *v*, vaisseau situé dans la paroi du sac vitellin; *ra*, repli amniotique; 1, feuillet externe; 2, somatopleure; 3, splanchnopleure; 4, feuillet interne.

que, chez eux, la première ébauche du système nerveux central n'est pas creuse, mais constitue un cordon plein; nous avons dit aussi qu'il en est de même de l'œil, qui au lieu de constituer, au début, une vésicule creuse, se présente sous la forme d'une sphère épithéliale pleine. Le même phénomène se manifeste pour la première ébauche de l'organe auditif. Au lieu de constituer une fossette, elle forme un disque épithélial plein, circulaire, résultant de la prolifération de l'ectoderme. Ce n'est que plus tard, lorsqu'il s'est complètement séparé de l'ectoderme, que ce disque devient creux et se présente sous la forme d'une vésicule.

La fossette auditive ne tarde pas à se transformer en une *vésicule auditive*. Chez le poulet, ce phénomène se réalise pendant le troisième jour. L'invagination ectodermique s'approfondit; ses lèvres se rapprochent, puis se soudent. Bientôt elle constitue une vésicule piriforme, qui se sépare complètement de l'épiderme.

Chez l'embryon humain de quatre semaines, dont nous avons décrit plus haut l'ébauche de l'œil (fig. 335), la vésicule auditive (fig. 349, *va*) est absolument close et entourée de toutes parts par du mésenchyme. Les deux vésicules auditives sont séparées de la moelle allongée, dont les parois montrent une neuromérie très nette, par une mince couche de mésenchyme, qui ne fait défaut qu'au niveau du point où l'ébauche du nerf auditif, qui consiste en un large cordon de fibres nerveuses et de cellules, réunit la vésicule auditive au système nerveux central.

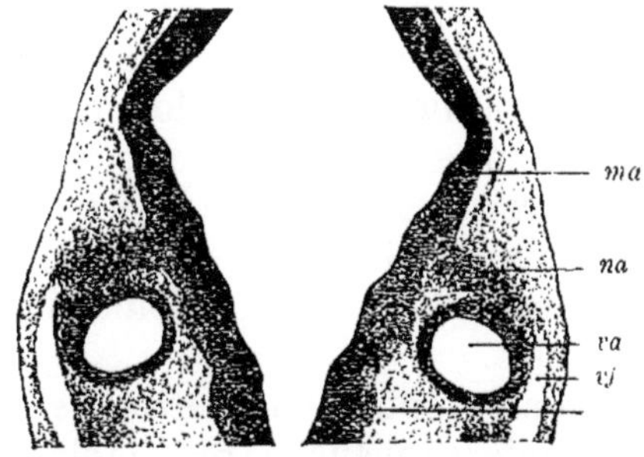

Fig. 349. — *Coupe frontale intéressant la moelle allongée et la vésicule auditive chez l'embryon humain, représenté par la fig. 194 et dont l'ébauche de l'œil a fourni la fig. 335.*

ma, moelle allongée montrant une neuromérie bien nette; *na*, nerf auditif; *va*, vésicule auditive; *vj*, veine jugulaire.

Chez presque tous les vertébrés, la vésicule auditive se sépare, par étranglement, de l'ectoderme.

Les sélaciens font cependant exception. Chez eux la vésicule auditive, même lorsqu'elle s'est transformée en labyrinthe, reste réunie pendant toute la vie avec la surface du corps, par l'intermédiare d'un long tube grêle, qui traverse le crâne primordial cartilagineux et s'ouvre à l'extérieur. Là sa paroi épithéliale se continue avec l'épiderme, à la face dorsale.

La première ébauche de l'organe auditif des vertébrés ressemble beaucoup aux organes auditifs de la plupart des invertébrés. Chez les invertébrés ce sont des vésicules, remplies d'endolymphe et situées sous la peau. Elles dérivent aussi de l'épiderme : ou bien elles s'en séparent complètement, ou bien elles lui restent unies par un long canal épithélial, vibratile, comme c'est le cas chez les céphalopodes. Dans l'un comme dans l'autre cas, ces vésicules sont délimitées par un épithélium, composé de deux espèces de cellules : les unes sont surbaissées, aplaties et généralement pourvues de cils vibratiles, qui mettent en mouvement l'endolymphe à l'intérieur de la vésicule; les autres sont des cellules acoustiques, allongées, cylindriques ou filamenteuses et pourvues de soies raides, qui plongent dans l'endolymphe. Les cellules acoustiques sont isolées ou réunies par groupes dans la paroi interne de la vésicule; dans d'autres cas, elles sont réunies, dans une région de la paroi, de façon à constituer un épithélium acoustique, qui se présente sous forme d'une tache ou d'une crête acoustique. La tache ou la crête acoustique peut être simple ou double. La vésicule reçoit en outre un nerf, dont les fibres délicates se terminent dans les cellules acoustiques. Enfin, on y trouve encore un organe caractéristique : c'est un corps dur, cristallin, appelé otolithe, qui est suspendu au milieu de l'endolymphe. Habituellement il est mis en vibration par les mouvements des cils vibratiles. L'otolithe consiste en des cristaux de phosphate ou de carbonate de chaux.

Tantôt il existe dans chaque organe auditif un seul otolithe sphérique, volumineux et formé de couches concentriques; tantôt il existe plusieurs cristaux plus petits, réunis par une substance molle, pulpeuse.

Il est très difficile de suivre la formation des otolithes à l'intérieur de la vésicule. Dans un cas observé par Fol, ils se développent aux dépens d'une cellule épithéliale de la paroi de la vésicule. Dans le protoplasme de cette cellule, Fol a vu apparaître de petites concrétions calcaires : à la suite de ce phénomène, la cellule devient plus volumineuse et fait saillie dans l'endolymphe. Puis, après s'être chargée d'une quantité plus considérable de sels calcaires, la cellule n'est plus réunie à la paroi de la vésicule que par un pédicule qui finit par se rompre. L'élément tombe alors dans l'endolymphe, où il se met à décrire des mouvements de rotation déterminés par l'agitation des cils des cellules vibratiles.

Mais revenons aux vertébrés. La vésicule auditive des vertébrés dont la première ébauche ressemble d'une façon si frappante à l'organe auditif des invertébrés, se transforme ensuite en un organe très compliqué, désigné généralement sous le nom de labyrinthe. Nous en

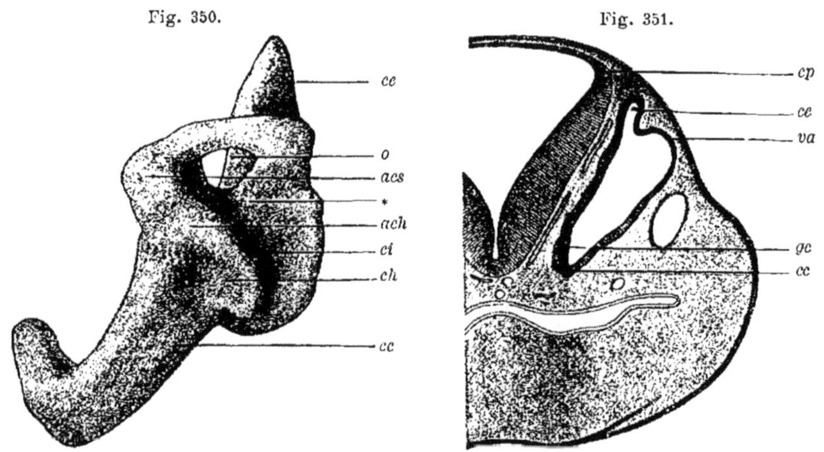

Fig. 350. — *Labyrinthe membraneux gauche d'un embryon de porc*, d'après le modele en cire de R. Krause. *ce*, canal endolymphatique ou aqueduc du vestibule; *cc*, canal cochléaire; *ch*, diverticule aux dépens duquel se forme le canal demi-circulaire horizontal ou externe; *ach*, dilatation de ce diverticule, qui deviendra l'ampoule du canal demi-circulaire horizontal; *acs*, *ci* et * représentent la majeure partie du diverticule commun, aux dépens duquel se forment les deux canaux demi-circulaires verticaux; une partie des parois de ce diverticule s'est déjà résorbée (*o*) entre le canal demi-circulaire supérieur ou antérieur et le sinus supérieur; *acs*, dilatation du diverticule commun, aux dépens de laquelle se forme l'ampoule du canal demi-circulaire supérieur; *, partie du diverticule commun, aux dépens de laquelle se formera le sinus supérieur, c'est-à-dire la branche commune aux deux canaux demi-circulaires verticaux; *ci*, partie du diverticule commun, aux dépens de laquelle se formera le canal demi-circulaire inférieur ou postérieur. A travers l'orifice *o*, on voit le canal endolymphatique.

Fig. 351. — *Coupe verticale de la vésicule auditive d'un embryon de mouton, long de 1,3 centim.* 30 diam., d'après Böttcher.

cp, paroi du cerveau postérieur; *ce*, ébauche du canal endolymphatique ; *va*, vésicule auditive; *gc*, ganglion cochléaire ou spiral, appliqué contre la partie de la vésicule qui donnera naissance au canal cochléaire (*cc*).

étudierons la formation chez les mammifères. La plupart des modifications qu'éprouve la vésicule sont dues à des *phénomènes de plissement et d'étranglement*. Elle prend bientôt la forme, dont la figure 350, qui représente un modèle en cire préparé par R. KRAUSE, nous donne une excellente image.

Lorsqu'elle s'est détachée de l'épiderme, la vésicule auditive se trouve placée sur le côté de la moelle allongée. Elle présente un petit diverticule, dirigé vers le haut et appelé *recessus du labyrinthe* ou *canal endolymphatique* (fig. 351, *ce*). Il est probable que ce n'est qu'un reste du pédicule primitif, qui rattachait la vésicule à l'épiderme. Pour certains auteurs cependant, le pédicule primitif disparaîtrait complète-

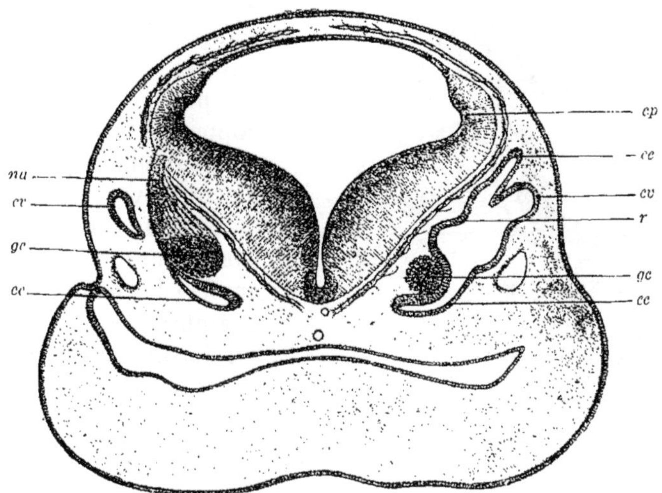

Fig. 352. — *Coupe transversale de la tête d'un embryon de mouton, long de 16 millim., dans la région de la vésicule auditive*, d'après BÖTTCHER.
A droite. la coupe passe par le milieu de la vésicule, tandis qu'à gauche elle passe un peu plus en avant. *na*, nerf auditif; *cv*, canal demi-circulaire vertical; *gc*, ganglion cochléaire ou spiral; *cc*, canal cochléaire; *r*, repli qui séparera l'utricule du saccule; *ce*, canal endolymphatique; *cp*, paroi du cerveau postérieur.

ment et le canal endolymphatique serait une néoformation, une évagination de la vésicule auditive. Ce qui plaide en faveur de la première opinion, c'est le fait, signalé plus haut, que chez les sélaciens il se maintient pendant toute la vie un canal qui réunit le labyrinthe à l'épiderme. Plus tard, le recessus du labyrinthe s'allonge beaucoup vers la face dorsale (*aqueduc du vestibule*) (fig. 350, 352, 353 et 354, *ce*) : ses parois s'accolent intimement, sauf à son extrémité aveugle, où le canal se renfle en une petite vésicule (*sac endolymphatique*) (fig. 354, *ce'*).

Avant même que le recessus du labyrinthe se soit fortement développé, la vésicule auditive commence à se transformer (fig. 350, 351 et 352). Son extrémité inférieure s'allonge en un prolongement conique (*cc*), qui représente la première *ébauche du canal cochléaire*. Ce diverticule s'infléchit légèrement vers le cerveau (fig. 352, *cp*) et sa face concave s'applique intimement contre le ganglion (*gc*) du nerf auditif (*na*), dont nous avons déjà parlé.

Pour faciliter la description, *nous distinguerons maintenant au labyrinthe une partie supérieure et une partie inférieure.* Elles ne sont pas encore nettement séparées ; mais elles le deviennent progressivement plus tard, grâce à la formation d'un repli qui fait saillie dans la cavité (fig. 352, 353 et 354, *r*).

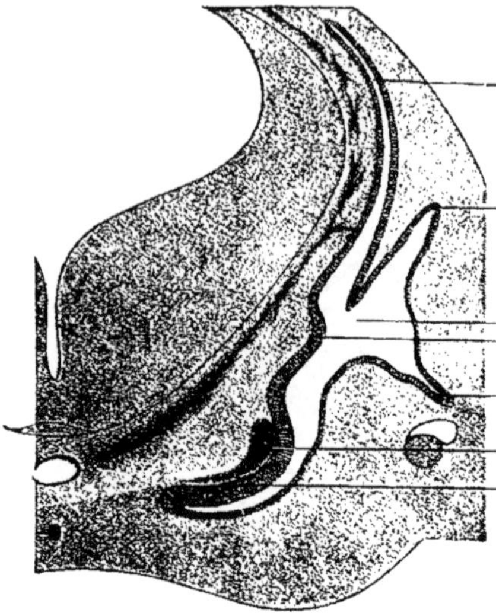

Fig. 353. — *Coupe transversale d'une moitié de la tête d'un embryon de mouton, long de 2 centim. dans la région de l'organe auditif*, 30 diam., d'après Böttcher.
ce, canal endolymphatique ; *cv*, canal demi-circulaire vertical ; *ch*, canal demi-circulaire horizontal ; *r*, repli qui sépare l'utricule du saccule ; *U*, utricule ; *cc*, canal cochléaire ; *gc*, ganglion cochléaire ou spiral.

La partie supérieure fournit l'utricule et les canaux demi-circulaires. Ce sont les deux canaux demi-circulaires verticaux qui apparaissent les premiers ; l'horizontal se forme un peu plus tard. Leur développement avait déjà été étudié anciennement par Rathke chez la couleuvre. Plus récemment, R. Krause et His fils ont fait très clairement comprendre leur mode de formation chez les mammifères et chez l'homme, en faisant construire des modèles en cire (fig. 350).

Voici comment ils se forment. La paroi de la vésicule auditive émet deux évaginations, ayant chacune la forme de minces disques semi-circulaires (*ch*, *ci*, *acs*). Seule, la partie marginale de chacun de ces disques creux se dilate, tandis que, dans le restant de son étendue, les deux couches épithéliales s'accolent, puis se soudent. Comme on le voit, le long du bord du disque la cavité persiste et se dilate, tandis qu'au centre elle disparaît par soudure de ses parois. Il en résulte la formation d'un canal semi-circulaire, qui communique par ses deux bouts avec la cavité primitive de la vésicule : l'une de ses extrémités se renfle même bientôt pour constituer l'ampoule (fig. 350, *acs*, *ach*). Peu de temps après, les feuillets soudés de la partie centrale se résorbent et il apparaît une solution de continuité qui est occupée par du tissu conjonctif (fig. 350, *o*).

Il existe, d'après Krause, une différence intéressante entre le développement du canal demi-circulaire horizontal et celui des canaux verticaux. Tandis que le premier possède une ébauche propre (fig. 350, *ch*), *les deux canaux demi-circulaires verticaux procèdent d'un diverticule discoïdal unique et plus volumineux* (fig. 350, *acs*, *, *ci*). En deux points de son étendue, ses parois épithéliales s'accolent ensuite, puis se soudent. La figure 350 nous montre, en l'un de ces points, un orifice, une solution de continuité (*o*), résultant de la résorption des parois épithéliales; en l'autre point, au contraire (*ci*), la résorption ne s'est pas encore produite. Entre ces deux points persiste une région, marquée d'un * dans la figure, où le diverticule est creux. Cette région, commune aux deux canaux verticaux, c'est l'ébauche du canal commun,

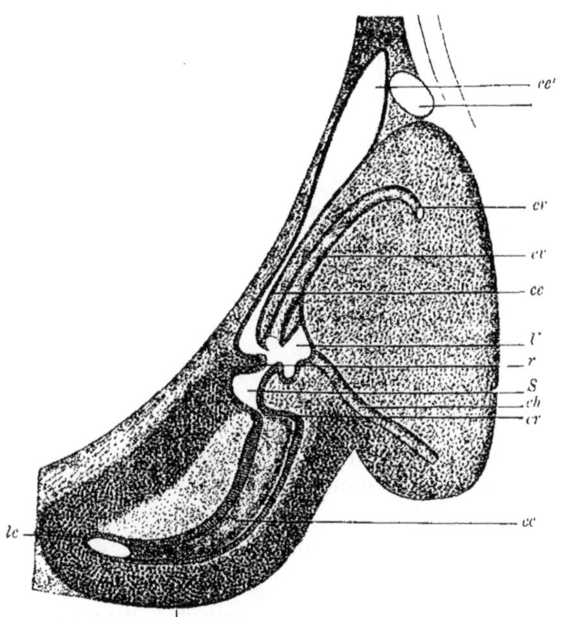

Fig. 354. — *Coupe de l'oreille interne d'un embryon de mouton, long de 28 mm.*, d'après BÖTTCHERT. *cc*, canal endolymphatique; *ce'*, sac endolymphatique; *cv*, canal demi-circulaire vertical; *ch*, canal demi-circulaire horizontal; *U*, utricule; *S*, saccule; *r*, repli qui sépare le saccule de l'utricule; *cr*, canal de réunion; *cc*, canal cochléaire; *lc*, capsule cartilagineuse du limaçon.

encore appelé *sinus supérieur*. Comme on le voit, le fait que chez l'adulte les deux canaux demi-circulaires verticaux présentent une branche commune s'explique aisément par l'étude de leur développement.

Le restant de la partie supérieure de la vésicule auditive constitue l'*utricule* (fig. 353, 355, *U*).

En même temps que s'accomplissent ces transformations, *la partie inférieure de la vésicule auditive subit aussi de grandes modifications*, qui déterminent la formation du *saccule* et du *canal cochléaire*.

Elle se sépare (fig. 354, *S*) de plus en plus de l'utricule (*U*) par un repli (*r*) et elle finit par n'être plus en communication avec elle que par l'intermédiaire d'un canalicule très étroit (*canal utriculo-sacculaire*) (fig. 355, *R*; fig. 357, *2*). Le repli se formant précisément au point d'où part le canal endolymphatique, il en résulte que plus tard ce dernier s'ouvre à peu près au milieu du canal utriculo-sacculaire (fig. 355, *R*; fig. 357, *2*). Il semble alors que le canal endolymphatique, à son origine, se divise en deux branches courtes, dont l'une communique avec le saccule et l'autre avec l'utricule.

Un second rétrécissement très marqué (fig. 354, 355 et 357) sépare le saccule (S) du canal cochléaire en voie de formation (cc). Ce rétrécissement persiste également sous la forme d'un canalicule très étroit (cr), que HENSEN a découvert et qu'il a appelé *canal de réunion*. Le canal cochléaire lui-même s'allonge considérablement et commence à s'enrouler en spirale au sein du tissu conjonctif embryonnaire. Chez l'homme, il décrit deux tours et demi de spire (fig. 355, C; fig. 357, *Con*). Le premier tour a le plus grand diamètre; les suivants deviennent de plus en plus courts. De là la ressemblance qu'affecte le canal cochléaire avec la coquille d'un limaçon.

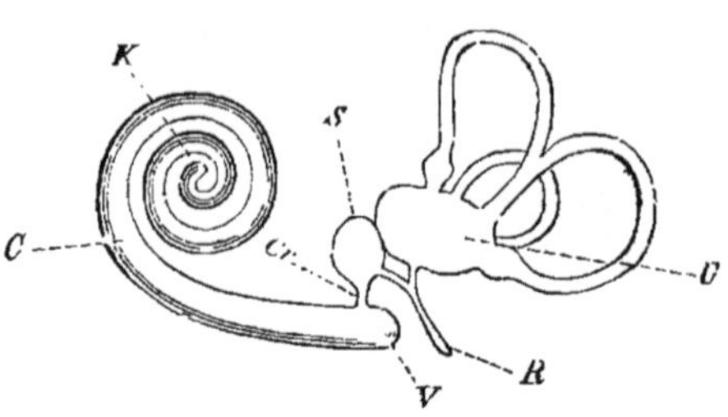

Fig. 355. — *Schéma du labyrinthe membraneux complètement formé.*

U, utricule; S, saccule; Cr, canal de réunion; R, canal endolymphatique (aqueduc du vestibule); K, coupole du canal cochléaire; c, canal cochléaire; V, cul-de-sac de l'extrémité initiale du canal cochléaire (cul-de-sac du vestibule).

Pendant que la vésicule auditive subit, dans sa forme extérieure, les changements que nous venons de faire connaître, la texture de sa paroi épithéliale se modifie aussi. Parmi ses cellules, les unes restent indifférentes, les autres deviennent des cellules acoustiques. Les premières s'aplatissent, deviennent cubiques ou pavimenteuses et revêtent la majeure partie des canaux demi-circulaires, du saccule, de l'utricule, du canal endolymphatique et du canal cochléaire. Par contre, les cellules acoustiques s'allongent, deviennent cylindriques et fusiformes, et présentent, sur leur face libre, des cils raides, qui plongent dans l'endolymphe. La vésicule s'étant subdivisée en plusieurs parties, l'épithélium acoustique se divise aussi en plusieurs taches distinctes, auxquelles le nerf auditif fournit des branches. Il forme une *tache acoustique* dans le saccule et une autre dans l'utricule; il forme une *crête acoustique* dans chacune des trois ampoules des canaux demi-circulaires et enfin il constitue dans le canal cochléaire un organe nerveux terminal particulièrement complexe. Là, l'épithélium acoustique s'allonge en une longue spirale, connue sous le nom d'*organe de* CORTI.

Sur l'histogenèse du canal cochléaire, il existe, indépendamment des anciennes publications de KÖLLIKER, BÖTTCHER, RETZIUS et GOTTSTEIN, un important travail de BAGINSKY. Tandis que l'épithélium des parois du canal s'aplatit dans tout le restant de son étendue, il reste épais dans la paroi du canal tournée vers la rampe tympanique future. Cet épithélium épaissi se subdivise, par un sillon, en deux bourrelets à trajet spirale, formés l'un et l'autre par de longues cellules cylindriques. C'est ce que l'on constate déjà chez un embryon de lapin de 3 1/2 cm. (fig. 358, C). L'un de ces bourrelets, le plus rapproché de l'axe du limaçon futur, est le plus grand et le plus large. Il s'en sépare bientôt une cuticule épaisse, striée radiairement; c'est l'ébauche de la membrana tectoria. L'autre bourrelet épithélial, plus petit, donne naissance à l'organe de Corti. Les éléments cellulaires qui le constituent, tous cylindriques au début, se différencient en quatre groupes de cellules, disposés sous la forme de rangées longitudinales à trajet spiral. L'un de ces groupes donne naissance aux cellules acoustiques internes; le second groupe, voisin du premier, fournit les piliers du canal de Corti (fibres de Corti), entre lesquels apparaît plus tard une cavité triangulaire, qui est le tunnel ou canal de Corti. Le troisième groupe fournit les cellules acoustiques externes, qui commencent à se différencier chez l'embryon du lapin, long de 5 1/2 cm. Aux dépens du quatrième groupe, enfin, se forment les cellules de soutien de Hensen. Pour les détails, je renvoie le lecteur au mémoire de Baginsky.

Le nerf auditif qui, primitivement, était simple et appliqué contre la vésicule auditive, se divise en plusieurs branches lorsque l'épithélium acoustique s'est subdivisé en taches, crêtes et organe de Corti. Il se divise en un *nerf cochléaire* et en un *nerf vestibulaire*, qui se subdivise lui-même en plusieurs branches destinées aux taches et crêtes acoustiques.

Le ganglion acoustique, primitivement simple, se divise également en deux parties distinctes. L'une, en rapport avec le nerf vestibulaire, se trouve, chez l'adulte, logée dans le trou auditif interne, à quelque distance, par conséquent, des organes terminaux : elle constitue le *renflement gangliforme de* Scarpa. L'autre, en rapport avec le nerf cochléaire, se trouve située au voisinage immédiat de l'organe terminal. Chez l'embryon, elle est en rapports intimes avec l'ébauche du canal cochléaire (fig. 352, 353, *gc*) : elle s'allonge ensuite en même temps que lui et constitue le *ganglion spiral* (fig. 358, *Gsp*).

2. — Développement du labyrinthe osseux et des espaces périlymphatiques.

Toutes les transformations que nous avons décrites jusqu'ici intéressent exclusivement la vésicule épithéliale, formée aux dépens de l'ectoderme. Nous parlerons maintenant des phénomènes qui s'accomplissent dans le mésenchyme qui entoure ces cavités épithéliales. Ils ont pour conséquence la formation : 1° du labyrinthe osseux; 2° des espaces périlymphatiques; 3° de couches de tissu conjonctif en relation très intime avec les organes épithéliaux que nous avons étudiés et avec lesquels on les réunit en anatomie descriptive sous la dénomination de labyrinthe membraneux. Il se passe ici quelque chose de semblable à ce que nous voyons se produire lors du développement du système nerveux central et de l'œil : le tissu conjonctif qui enveloppe immédiatement les parties épithéliales de l'organe se transforme d'une façon spéciale. Il en résulte la formation d'éléments comparables de part et d'autre, ainsi que l'ont fait observer Kölliker, Schwalbe, etc.

Cette comparaison peut même être poussée jusque dans les détails. Comme cela se produit autour du tube neural et de la cupule optique, le tissu conjonctif qui entoure immédiatement la vésicule auditive primitive lui forme une enveloppe molle, abondamment pourvue de vaisseaux sanguins. La pie-mère du cerveau correspond à la tunique vasculaire de l'œil et à la capsule membraneuse du labyrinthe, c'est-à-dire à la paroi conjonctive du labyrinthe membraneux. En dehors de cette première enveloppe, il s'en forme une seconde, résistante, dans les trois organes : c'est, pour le cerveau, la dure-mère avec la capsule cranienne; c'est, pour l'œil, la sclérotique ou tunique fibreuse; c'est enfin, pour l'organe auditif, le labyrinthe osseux avec son périoste. Nous trouvons encore une troisième similitude remarquable. Dans les trois cas, la tunique vasculaire et la tunique fibreuse sont séparées l'une de l'autre par des espaces lymphatiques plus ou moins larges. Pour le tube neural, c'est l'espace subdural et l'espace sous-arachnoïdien; pour l'œil, l'espace périchoroïdien; enfin, pour l'organe auditif, les espaces périlymphatiques, qui autour du canal cochléaire ont reçu le nom particulier de rampes du limaçon (fig. 358, *RT*, *RV*).

Voyons maintenant comment se forment les enveloppes de la vésicule auditive.

Dès qu'elle s'est détachée de l'épiderme, la vésicule auditive se trouve

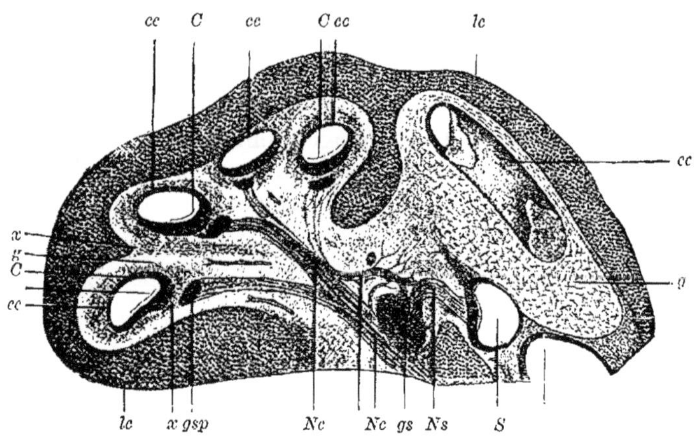

Fig. 356. — *Coupe du limaçon d'un embryon de mouton, long de 7 centim.* 39 diam. d'après Böttcher. *lc*, capsule cartilagineuse du limaçon; *S*, saccule; *Ns*, nerf sacculaire; *gs*, ganglion en relation avec le nerf cochléaire (*Nc*) et avec le nerf sacculaire (*Ns*); *gsp*, ganglion spiral; *cc*, canal cochléaire; *C*, organe de Corti; *g*, tissu muqueux qui entoure le canal cochléaire; *x*, faisceaux de tissu conjonctif fibreux.

logée au sein d'un mésenchyme renfermant de nombreuses cellules. Ces cellules sont séparées par une substance fondamentale, molle, homogène et très peu abondante; chacune d'elles possède un grand noyau, entouré d'une mince couche de protoplasme, et présente de courts prolongements. Peu à peu, cette masse de mésenchyme se divise en deux couches (354 et 356). Au voisinage immédiat des canaux épithéliaux, la substance fondamentale du mésenchyme devient beaucoup plus abondante. Les cellules qu'elle sépare deviennent les unes étoilées, les autres fusiformes. Les premières émettent, en tous sens, de longs prolongements. Ainsi se forme un *tissu muqueux* ou *gélatineux* (fig. 356 et 358, *g*), dans lequel pénètrent des vaisseaux sanguins. En dehors de ce tissu, les cellules du mésenchyme restent plus petites, plus serrées et elles sont séparées les unes des autres par de minces cloisons d'une substance fondamentale plus résistante. Enfin, cette substance fondamentale devient plus abondante et le tissu prend bientôt les caractères du cartilage embryonnaire (*lc*).

Les modifications qui s'accomplissent ultérieurement doivent être examinées séparément autour des canaux demi-circulaires, de l'utricule, du saccule et du canal cochléaire. Les trois canaux demi-circulaires ne sont nullement placés *au milieu* du tissu muqueux qui remplit l'espace entouré par le cartilage embryonnaire. Ils sont placés de telle sorte que leur bord convexe se trouve presque immédiatement appliqué contre le cartilage, tandis que leur face concave est séparée du cartilage par une masse épaisse de tissu muqueux. De plus, la masse de tissu muqueux se différencie en trois couches : en une couche moyenne, dans laquelle la substance fondamentale muqueuse s'accroît considérablement et devient par conséquent de plus en plus fluide; enfin, en deux couches minces, séparées par la précédente, et qui se transforment en un tissu conjonctif fibreux. L'une de ces deux couches fibreuses est appliquée intimement contre le canal épithélial, auquel elle sert d'organe de nutrition parce qu'elle renferme un riche réseau sanguin. L'autre couche fibreuse est appliquée contre la face interne du cartilage embryonnaire dont elle constitue le périchondre.

Le tissu muqueux de la couche moyenne ne persiste pas longtemps. Bientôt il manifeste tous les symptômes de l'atrophie. Le protoplasme et les prolongements de ses cellules étoilées se remplissent de granulations graisseuses; puis les cellules se fragmentent. La substance fondamentale se ramollit de plus en plus et il s'y forme des lacunes remplies d'un liquide. Ces lacunes s'agrandissent et se fusionnent les unes avec les autres, jusqu'à ce qu'enfin il apparaisse entre l'enveloppe conjonctive du canal demi-circulaire et le périchondre *un large espace, rempli de périlymphe, qui prend la place occupée précédemment par le tissu muqueux*. Dans la figure 357, cet espace périlymphatique est représenté en noir. Çà et là, entre la gaine conjonctive du canal demi-circulaire et le périchondre, se trouve tendue une forte travée de tissu conjonctif, qui sert à amener au canal demi-circulaire des nerfs et des vaisseaux sanguins.

Enfin, l'enveloppe cartilagineuse se transforme en tissu osseux, par ossification endochondrique. En ce moment, les canaux demi-circulaires membraneux sont logés à l'intérieur de *canaux demi-circulaires osseux* (fig. 357, *a*, *b*, *KL*), plus larges, mais ayant la même forme qu'eux.

Des modifications semblables s'accomplissent autour de l'utricule et du saccule (fig. 357, *S*). Elles ont pour conséquence : 1° de donner naissance à un espace périlymphatique (*Cp*), en communication avec les espaces périlymphatiques des canaux demi-circulaires; 2° de donner naissance à une paroi osseuse (*KL'*), le vestibule, qui représente la partie moyenne du labyrinthe osseux.

Plus complexes sont les transformations qui s'accomplissent autour du canal cochléaire et qui conduisent à la formation du limaçon et de

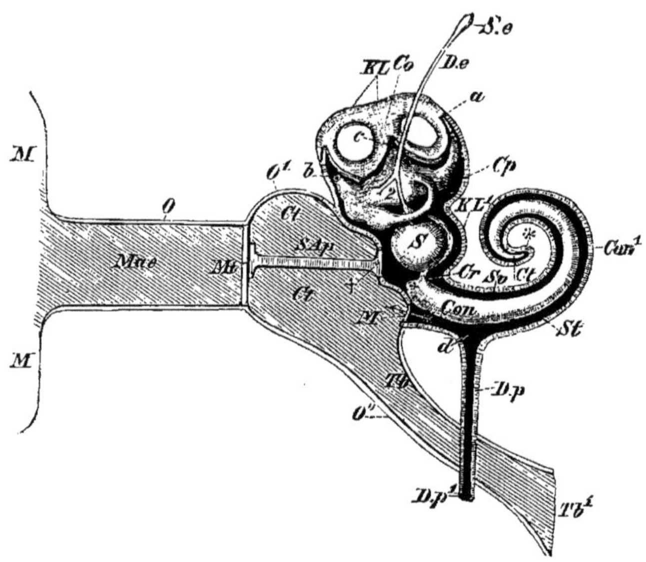

Fig. 357. — *Schéma de l'ensemble de l'organe auditif de l'homme*, d'après WIEDERSHEIM.

Oreille externe. *M*, *M*, pavillon de l'oreille; *Mac*, conduit auditif externe; *O*, sa paroi; *Mt*, membrane du tympan.

Oreille moyenne. *Ct*, *Ct*, caisse du tympan; *O'*, sa paroi; *SAp*, chaîne des osselets représentée par une simple tige; †, base de l'étrier qui ferme la fenêtre ovale; *M*, membrane tympanique secondaire qui ferme la fenêtre ronde; *Tb*, trompe d'Eustache; *Tb'*, son embouchure dans le pharynx; *O''*, sa paroi.

Oreille interne. La plus grande partie du labyrinthe osseux (*KL*, *KL'*) a été enlevée. *S*, saccule; *a*, *b*, les deux canaux demi-circulaires verticaux, dont l'un (*b*) est coupé; *c*, *Co*, sinus supérieur; *Sc*, sac endolymphatique; *De*, canal endolymphatique bifurqué en deux branches (2); *Cp*, espace périlymphatique; *Cr*, canal de réunion; *Con*, canal cochléaire, qui forme en † le cul-de-sac du vestibule; *Con'*, limaçon; *Sv*, rampe vestibulaire; *St*, rampe tympanique : les deux rampes communiquent l'une avec l'autre au niveau de la coupole terminale (*Ct*); *Dp*, canal périlymphatique ou aqueduc du limaçon : en *d* il part de la rampe tympanique; en *Dp'*, il débouche à la face inférieure de la pyramide du temporal. Le canal demi-circulaire horizontal n'est désigné par aucune lettre; mais il est facile à reconnaître.

ses deux rampes. Au moment où le canal cochléaire (fig. 354, *cc*) ne décrit encore qu'un demi-tour de spire, le mésenchyme qui l'entoure est déjà divisé en une couche interne, molle, et en une couche externe, plus résistante, qui se transforme en cartilage (*lc*). La capsule cartilagineuse (*lc*, fig. 356) qui est en continuité avec la paroi cartilagineuse des autres parties du labyrinthe avec lesquelles elle constitue une partie de l'ébauche de l'os pétreux (portion pétreuse du temporal), présente plus tard une cavité lenticulaire ouverte inférieurement par un large orifice, qui donne passage au nerf cochléaire (*Nc*). En ce moment, elle ne ressemble pas encore à la coquille d'un limaçon. Elle n'y arrive que progressivement, et cette disposition est déterminée par deux causes différentes : d'une part, par l'allongement du canal cochléaire, et, d'autre part, par la différenciation du tissu muqueux qui entoure ce canal en une partie liquide et en une partie résistante, solide.

En s'allongeant, le canal cochléaire décrit, à l'intérieur de sa capsule, les tours de spire dont nous avons parlé précédemment et qui sont représentés à la coupe transversale dans la figure 358 (*cc*). En même temps, il reste toujours intimement appliqué contre la face interne de la capsule (*lc*). Dans l'axe de la capsule, le nerf cochléaire (*Nc*) monte directement et envoie des rameaux latéraux vers la face concave du canal cochléaire (*cc*) : là ces rameaux aboutissent au ganglion (*Gsp*), disposé en spirale comme le canal cochléaire. Les rameaux du nerf sont accompagnés par les vaisseaux nourriciers.

Le mésenchyme mou qui remplit la cavité de la capsule cartilagineuse subit alors une différenciation histologique, qui détermine la formation de l'axe du limaçon (columelle et modiolus), de la lame spirale osseuse, de la rampe vestibulaire et de la rampe tympanique (fig. 358). Comme autour des canaux demi-circulaires du saccule et de l'utricule, le mésenchyme qui remplit la cavité de la capsule cartilagineuse se différencie, dans certains points, en un tissu conjonctif plus résistant, qui devient fibreux, et dans d'autres points, en un tissu gélatineux qui devient de plus en plus mou (*g*). Examinons d'abord où il se transforme en tissu fibreux. C'est, en premier lieu, autour du nerf cochléaire (*Nc*) et des vaisseaux qui pénètrent avec lui dans la capsule cartilagineuse : ainsi se forme l'ébauche de l'*axe du limaçon* (*M*). Il se forme, en second lieu, du tissu fibreux autour des faisceaux nerveux (*N*), des cellules ganglionnaires (*Gsp*) et des vaisseaux sanguins, qui partant de l'axe du limaçon se rendent au canal cochléaire : il constitue ainsi une lame qui s'ossifie plus tard et devient la *lame spirale osseuse*. En troisième lieu, du tissu fibreux se forme autour du canal cochléaire (épithélial) auquel il forme une mince couche de revêtement qui renferme les vaisseaux du canal cochléaire. Cette mince enveloppe constitue avec ce canal épithélial le *canal cochléaire membraneux*. Du tissu fibreux se forme, en quatrième lieu, à la face interne de la capsule cartilagineuse, dont il devient le *périchondre* (*P*). Enfin, il se forme une cloison de tissu fibreux (*Y*), tendue entre la capsule cartilagineuse et l'axe du limaçon. Cette cloison s'insère à la columelle au milieu de l'espace compris entre l'insertion des différents tours de spire de la lame spirale. Elle s'étend, par conséquent, entre les différents tours de spire du canal cochléaire membraneux. Il en résulte que ce dernier se trouve maintenant logé à l'intérieur d'un canal spiral, plus large que lui, et dont la paroi est en partie cartilagineuse et en partie fibreuse. Ce canal est l'ébauche du *canal spiral du limaçon*.

Quant au reste du mésenchyme, qui ne s'est pas transformé en tissu fibreux, il devient du tissu muqueux ou gélatineux (*g* et *g'*). Il forme

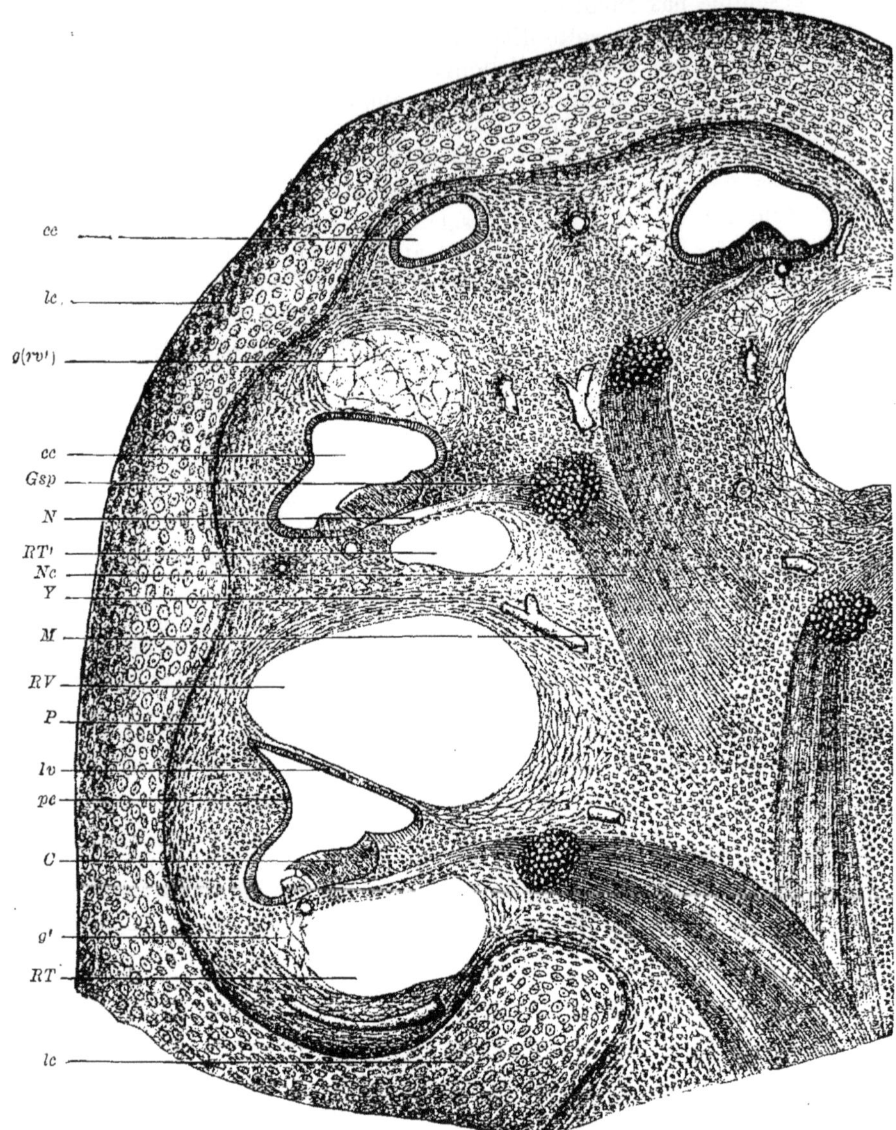

Fig. 358. — *Fragment d'une coupe du limaçon d'un embryon de chat. long de 9 centim.*, d'après Böttcher. *lc*, capsule cartilagineuse du limaçon, dans laquelle se trouve logé le canal cochléaire; *cc*, canal cochléaire contourné en spirale; *C*, les deux bourrelets épithéliaux de la paroi tympanique; aux dépens du plus large se forme la membrana tectoria; aux dépens du plus étroit, qui est le plus éloigné de l'axe du limaçon, se développe l'organe de Corti; *lv*, paroi vestibulaire ou membrane de Reissner; *pc*, paroi externe du canal cochléaire avec le ligament spiral; *RV*, rampe vestibulaire; *RT*, *RT'*, rampe tympanique; *g*, tissu muqueux qui, dans le dernier tour de spire, remplit encore la rampe vestibulaire (*rv'*); *g'*, un reste de tissu muqueux qui n'est pas encore disparu; *M*, tissu fibreux qui entoure le nerf cochléaire (*Nc*); *Gsp*, ganglion spiral; *N*, faisceau nerveux qui se rend du ganglion spiral à l'organe de Corti, en traversant la future lame spirale; *Y*, tissu conjonctif plus dense, qui s'ossifie plus tard pour contribuer à former la paroi du canal spiral osseux; *P*, périchondre.

entre les différents organes que nous venons d'examiner, deux cordons spiraux. L'un d'entre eux est situé au-dessus et l'autre au-dessous du canal cochléaire membraneux et de la lame spirale osseuse. Ils occupent donc respectivement la place de la *rampe vestibulaire* (*RV*) et de la *rampe tympanique* (*RT*). Les deux rampes se forment avant que le processus d'ossification ne commence, et cela de la même manière que les espaces périlymphatiques des canaux demi-circulaires et du vestibule. La substance fondamentale du tissu gélatineux devient de plus en plus fluide et ses cellules commencent à se fragmenter, après qu'il s'est formé aux dépens de leur protoplasme de nombreuses granulations graisseuses. Puis, il apparaît au sein de ce tissu de petites lacunes remplies d'un liquide. Elles se fusionnent et finalement tout le tissu gélatineux est remplacé par un espace rempli de périlymphe. Ce processus de résorption du tissu muqueux commence à la base du limaçon, dans l'étendue du premier tour de spire du canal spiral (*RV* et *RT*). Il se propage ensuite lentement jusqu'à la coupole. Là, les deux rampes communiquent l'une avec l'autre, après que le dernier vestige du tissu gélatineux a disparu. La figure 358 nous montre un stade, pendant lequel les espaces périlymphatiques (*RV*, *RT*) sont en voie de formation près de la base du limaçon, où il ne reste plus que des fragments de tissu gélatineux (*g'*); vers le sommet, au contraire, le tissu gélatineux (*g*) n'est pas encore transformé.

En même temps que se développent les rampes, le canal cochléaire membraneux change de forme. Tandis que précédemment il était ovale à la coupe transversale, il est maintenant triangulaire (*cc*). Ses deux parois, en contact respectivement avec la rampe vestibulaire (paroi vestibulaire ou membrane de Reissner) et avec la rampe tympanique (paroi tympanique ou membrane basilaire), s'aplatissent et s'étendent entre le bord libre de la lame spirale osseuse et la face interne de la capsule cartilagineuse. En outre, la paroi tympanique (*C*) se trouve dans le même plan que la lame spirale osseuse. Quant à la paroi vestibulaire (*lv*), elle forme avec la paroi tympanique un angle aigu. Enfin, la troisième paroi (paroi externe) du canal est intimement appliquée contre le périchondre de la capsule cartilagineuse.

L'épithélium du canal cochléaire prend une texture différente dans l'étendue de chacune des trois parois. Dans l'étendue de la paroi vestibulaire et de la paroi externe, ses cellules s'aplatissent : les unes deviennent cubiques, et les autres, tout à fait pavimenteuses. Dans l'étendue de la paroi tympanique, elles s'allongent, se mettent en continuité avec les fibres terminales du nerf cochléaire et forment un organe très complexe, appelé organe de Corti (*C*), qui renferme, comme les taches et les crêtes acoustiques du saccule, de l'utricule et des ampoules, les dernières terminaisons du nerf auditif (voir p. 571).

Enfin, le limaçon achève son développement en s'ossifiant. Son ossification s'accomplit de deux manières. En premier lieu, la capsule cartilagineuse s'ossifie par voie endochondrique, comme tout le restant de l'os pétreux, dont il n'est qu'une petite partie. Le tissu osseux, ainsi formé, est très longtemps spongieux et renferme de grands espaces médullaires. En second lieu, les cloisons du canal spiral, le modiolus et la columelle ainsi que la lame spirale, qui dérivent du tissu fibreux dont nous avons parlé plus haut, s'ossifient par voie directe. En même temps, il se dépose en dedans du tissu spongieux formé par ossification de la capsule cartilagineuse, des lamelles de tissu osseux compact; comme Böttcher l'a démontré, elles se forment aux dépens du périchondre primitif, devenu périoste. Une conséquence de ce phénomène, c'est que cette capsule du limaçon, ainsi formée par ossification périostique, se laisse facilement énucléer pendant les premières années de la vie, hors du tissu osseux spongieux d'origine endochondrique.

3. — *Développement des parties accessoires de l'organe auditif. (Oreille moyenne et oreille externe.)*

Le labyrinthe membraneux et le labyrinthe osseux, que l'on réunit sous le nom d'*oreille interne*, sont en relation avec quelques organes accessoires, tout comme le globe de l'œil se met en rapport avec ses muscles moteurs, avec les paupières, la glande lacrymale et les voies lacrymales. Les parties accessoires de l'organe auditif font défaut chez les vertébrés inférieurs (poissons). Elles ont apparu pour la première fois chez les amphibiens; puis elles se sont de plus en plus perfectionnées. Leur rôle physiologique est de propager les ondes sonores. On les distingue, d'après la situation qu'elles occupent, en *oreille moyenne* et en *oreille externe*.

L'oreille moyenne chez les mammifères (fig. 359), où elle atteint son plus haut degré de perfectionnement, comprend : la caisse du tympan (*Ct*), la trompe d'Eustache (*Tb*) et la chaîne des osselets (*S.Ap*). L'oreille externe comprend : la membrane tympanique (*Mt*), le conduit auditif externe (*Mae*) et le pavillon de l'oreille (*M*). Nous avons dit que ces organes font défaut chez les poissons; cela n'est cependant pas absolument exact. Chez les poissons ils n'existent pas en tant qu'organes conducteurs des ondes sonores; mais *ils fonctionnent d'une autre manière*, en même temps qu'ils se présentent sous une forme plus simple. En effet, *les différents organes accessoires de l'oreille se forment aux dépens de la première fente branchiale et de ses parois.*

Étudions donc d'abord la disposition qu'ils présentent chez les sélaciens.

Chez les sélaciens, la première fente branchiale, située entre l'arc maxillaire et l'arc hyoïdien et entre le nerf trijumeau et le nerf acoustico-facial, s'atrophie en grande partie dans le cours du développement. Elle s'oblitère sur le côté du pharynx et ne reste ouverte que dans sa partie supérieure, c'est-à-dire entre les deux extrémités supérieures de l'arc maxillaire et de l'arc hyoïdien. Elle constitue alors un canal court, possédant un orifice externe et un orifice interne, arrondis tous deux. Ce canal est situé contre la région auditive du crâne, dans laquelle se trouve logé l'organe auditif. Il porte le nom d'*évent* et ne joue plus

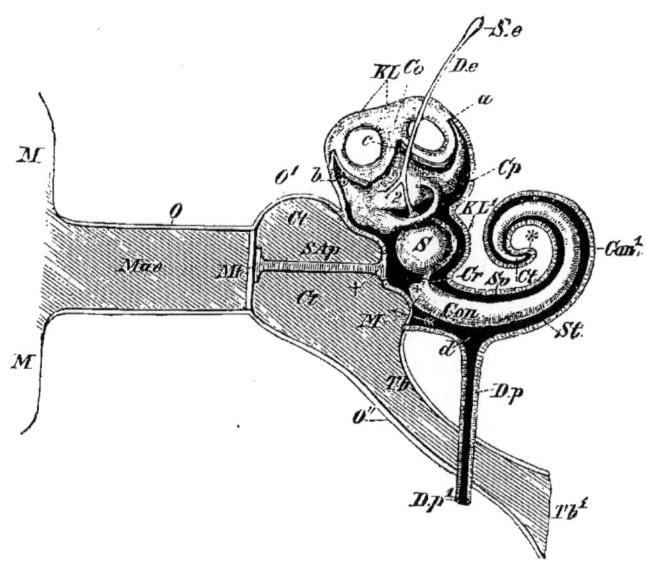

Fig. 359. — *Schéma de l'ensemble de l'organe auditif de l'homme*, d'après Wiedersheim.
Oreille externe. *M*, *M*, pavillon de l'oreille ; *Mae*, conduit auditif externe ; *O*, sa paroi ; *Mt*, membrane du tympan.
Oreille moyenne. *Ct*, *Ct*, caisse du tympan ; *O'*, sa paroi ; *SAp*, chaîne des osselets représentée par une simple tige ; †, base de l'étrier qui ferme la fenêtre ovale ; *M*, membrane tympanique secondaire qui ferme la fenêtre ronde ; *Tb*, trompe d'Eustache ; *Tb'*, son embouchure dans le pharynx ; *O''*, sa paroi.
Oreille interne. La plus grande partie du labyrinthe osseux (*KL*, *KL'*) a été enlevée. *S*, saccule ; *a*, *b*, les deux canaux demi-circulaires verticaux, dont l'un (*b*) est coupé ; *c*, *Co*, sinus supérieur ; *Se*, sac endolymphatique ; *De*, canal endolymphatique bifurqué en deux branches (2) ; *Cp*, espace périlymphatique ; *Cr*, canal de réunion ; *Con*, canal cochléaire, qui forme en † le cul-de-sac du vestibule ; *Con'*, limaçon ; *Sv*, rampe vestibulaire ; *St*, rampe tympanique : les deux rampes communiquent l'une avec l'autre au niveau de la coupole terminale (*Ct*) ; *Dp*, canal périlymphatique ou aqueduc du limaçon : en *d* il part de la rampe tympanique ; en *Dp'*, il débouche à la face inférieure de la pyramide du temporal. Le canal demi-circulaire horizontal n'est désigné par aucune lettre, mais il est facile à reconnaître.

aucun rôle dans la respiration, ses lamelles branchiales étant atrophiées. Grâce à sa situation au voisinage immédiat du labyrinthe, il semble déjà constituer, chez les sélaciens, la meilleure voie capable de conduire les ondes sonores à l'oreille interne. Chez les vertébrés supérieurs, il se met en relations directes avec l'oreille interne et sert à propager les ondes sonores.

A l'évent des sélaciens correspondent, chez les vertébrés supérieurs (fig. 359) : la caisse du tympan (*Ct*), la trompe d'Eustache (*Tb*) et le conduit auditif externe (*Mae*). Ces organes se développent, en effet, aux dépens de la partie supérieure de la première fente branchiale. Il est vrai que certains auteurs, comme Urbantschitsch, ont prétendu, dans ces derniers temps, que ces organes n'ont rien à voir avec la première fente branchiale, mais qu'ils se forment, d'une façon indépendante, aux dépens d'évaginations de la paroi du pharynx. Toutefois cette manière de voir est en contradiction non seulement avec toutes les données fournies par l'anatomie comparée, mais aussi avec les recherches embryologiques faites par Kölliker, Moldenhauer et Hoffmann chez les reptiles, les oiseaux et les mammifères.

Chez tous les amniotes, la première fente branchiale se ferme, même dans sa partie supérieure, contrairement à ce qui se passe chez les sélaciens.

Je renvoie, sur ce sujet, à ce que j'ai dit précédemment concernant la question de savoir si les fentes branchiales restent toujours fermées par leurs membranes d'occlusion ou bien si elles sont ouvertes au début du développement (p. 344).

Cette fermeture devient plus complète encore, grâce à cette circonstance qu'il s'engage du tissu conjonctif entre l'épithélium interne et l'épithélium externe de la membrane d'occlusion. En dedans et en dehors de cette membrane il persiste des restes de la première fente branchiale. Ce sont des cavités plus ou moins étendues : l'interne est dirigée vers le pharynx; l'externe est entourée par des saillies de l'arc maxillaire et de l'arc hyoïdien.

La cavité interne, qui est désignée sous le nom de canal pharyngo-tympanique, se trouve placée, comme l'évent des sélaciens, entre le trijumeau et le nerf acoustico-facial. Elle devient l'oreille moyenne. Sa partie initiale, en rapport avec la membrane d'occlusion, se dilate vers le haut, en dehors et en arrière. Cette dilatation, comprise entre la membrane d'occlusion et le labyrinthe, constitue une cavité aplatie latéralement : c'est la caisse du tympan. Quant au reste du canal pharyngo-tympanique, il conserve sa forme tubuleuse et constitue la trompe d'Eustache. La cavité de la caisse tympanique, même chez les embryons très avancés de l'homme et des mammifères, est très étroite, ses parois externe et interne se trouvant pour ainsi dire accolées. Ce fait est dû surtout à ce que, sous l'épithélium qui la tapisse, il existe un tissu muqueux très abondant. Ce tissu renferme encore en ce moment des organes qui plus tard sembleront libres à l'intérieur de la caisse du tympan : les osselets et la corde du tympan.

La structure de la membrane tympanique est loin d'être semblable à ce qu'elle sera plus tard. Son mode de formation n'est pas aussi simple qu'on le pensait naguère. En effet, elle ne se forme pas seulement aux dépens de la membrane d'occlusion de la première fente branchiale; mais en outre aux dépens de certaines parties membraneuses des arcs maxillaire et hyoïdien qui l'environnent. La membrane tympanique de l'embryon constitue donc primitivement une lame de tissu conjonctif épaisse, dans les bords de laquelle se trouvent logés les osselets de l'oreille moyenne, le muscle interne du marteau et la corde du tympan. Plus tard, elle s'amincit en même temps que la caisse tympanique se dilate. Ces deux phénomènes sont déterminés par l'atrophie du tissu muqueux dont nous avons parlé plus haut et par une prolifération simultanée de la muqueuse de la caisse tympanique. Cette muqueuse s'insinue entre les osselets et la corde du tympan, au fur et à mesure que le tissu muqueux disparaît. Il en résulte que les osselets et la corde du tympan semblent alors libres à l'intérieur de la caisse tympanique. En réalité, cependant, ils sont situés en dehors de cette cavité. Ils sont, en effet, revêtus sur toute leur surface par la muqueuse et sont en outre réunis à la paroi de la caisse tympanique par des replis de cette muqueuse (replis du marteau, de l'enclume, etc.), de la même façon que les organes de la cavité abdominale sont tapissés par le péritoine et réunis aux parois abdominales par des replis du péritoine.

En même temps que la membrane tympanique s'amincit, son tissu conjonctif se condense et se transforme en une membrane vibrante, élastique.

Nous nous occuperons spécialement de la formation des osselets de l'oreille moyenne lorsque nous étudierons le squelette. Il nous reste à ajouter quelques mots sur la *formation de l'oreille externe*, qui, comme nous l'avons dit, se développe aux dépens de la partie de la première fente branchiale située en dehors de la membrane d'occlusion. Moldenhauer l'a étudiée chez le poulet, et His, chez les embryons humains. Ainsi que le montre la figure 347, qui représente un très jeune embryon humain, la première fente branchiale est entourée par six saillies qui dépendent du premier et du second arc branchial. C'est à leurs dépens que se forme le pavillon de l'oreille, qui correspond, comme on le voit, à une région assez étendue de la tête de l'embryon (région auditive). La dépression délimitée par ces saillies devient le conduit auditif externe : son extrémité profonde est en rapport avec l'ébauche de la membrane tympanique. Il s'approfondit de plus en plus, ce qui est dû à ce que la partie de la face qui l'entoure s'épaissit progressivement. Finalement il constitue un long canal, dont la paroi est en partie osseuse et en partie cartilagineuse. Quant aux six saillies superficielles qui entourent l'orifice du conduit auditif externe, elles forment dans leur ensemble une sorte d'anneau. La figure 360 nous montre suffisamment comment elles donnent naissance au pavillon de l'oreille. Les saillies *1* et *5* deviennent le tragus et l'antitragus; *2* et *3* deviennent l'hélix; *4*, l'anthélix. Quant au lobule il reste longtemps trèsp etit et ne devient plus marqué que pendant le cinquième mois. Il se développe aux dépens de la saillie *6*. A la fin du second mois, toutes les parties essentielles du pavillon de

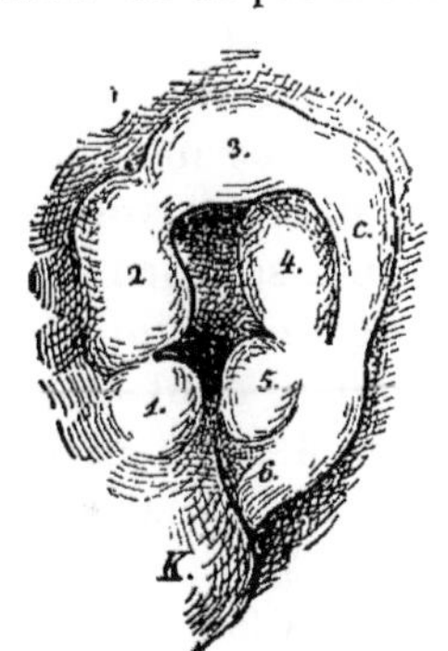

Fig. 360. — *Ébauche du pavillon de l'oreille d'un embryon humain*, d'après His.

La tubérosité *1* deviendra le tragus; *5*, l'antitragus. Les tubérosités *2* et *3* fourniront l'hélix; *4*, l'anthélix; *6*, le lobule. *K*, maxillaire inférieur.

l'oreille peuvent être facilement distinguées. A partir du troisième mois ses parties postérieure et antérieure proéminent à la surface de la tête : en même temps leur consistance augmente parce que le cartilage de l'oreille commence à se différencier à la fin du deuxième mois.

RÉSUMÉ

1. La partie essentielle de l'organe auditif, c'est-à-dire l'épithélium du labyrinthe membraneux, se forme sur le côté du cerveau postérieur, au-dessus de la première fente branchiale, aux dépens d'une dépression de l'ectoderme (fossette auditive).

2. La fossette auditive se transforme en une vésicule auditive, qui se détache de l'ectoderme et vient se loger de plus en plus profondément au milieu du tissu conjonctif embryonnaire, qui donne naissance plus tard à la capsule cranienne.

3. La paroi de la vésicule forme plusieurs évaginations. L'organe prend alors la forme complexe du labyrinthe membraneux. Il présente à distinguer : un utricule avec trois canaux demi-circulaires; un saccule et un canal cochléaire unis par un canal de réunion; enfin un canal endolymphatique, qui établit une union entre le saccule et l'utricule.

4. Le nerf auditif et l'épithélium acoustique, primitivement indivis, se divisent ensuite en plusieurs parties tout comme la vésicule auditive. Ainsi se forment : le nerf vestibulaire, le nerf cochléaire et plusieurs organes terminaux. Ces organes terminaux sont : trois crêtes acoustiques, dont une dans chaque ampoule; deux taches acoustiques, dont une dans le saccule et l'autre dans l'utricule; enfin, l'organe de Corti dans le canal cochléaire.

5. Le tissu conjonctif embryonnaire, au milieu duquel se trouvent placés la vésicule auditive et ses produits de transformation, se différencie en trois parties :

a. En une mince couche de tissu conjonctif qui s'applique intimement sur les organes épithéliaux et qui forme avec eux le labyrinthe membraneux;

b. En un tissu gélatineux, qui se liquéfie pendant la vie fœtale et fournit les espaces périlymphatiques (dans le limaçon, les rampes tympanique et vestibulaire);

c. En une capsule cartilagineuse, qui s'ossifie pour former la majeure partie du labyrinthe osseux.

6. L'oreille moyenne et l'oreille externe se forment aux dépens de la partie supérieure de la première fente branchiale (évent des sélaciens) ainsi que de ses parois.

7. Aux dépens de la membrane d'occlusion de la première fente branchiale et des parties voisines des arcs maxillaire et hyoïdien se développe la membrane tympanique. Elle est primitivement assez

épaisse; puis elle s'amincit progressivement et se transforme en une membrane élastique, vibrante.

8. Aux dépens du canal pharyngo-tympanique, c'est-à-dire aux dépens de la partie de la première fente branchiale située en dedans de la membrane d'occlusion, se forment la caisse du tympan et la trompe d'Eustache.

9. L'extrémité externe et supérieure du canal pharyngo-tympanique se dilate vers le haut, en dehors et en arrière, pour former la caisse du tympan. Cette cavité est d'abord très étroite, parce que dans la muqueuse qui la délimite il existe une couche épaisse de tissu muqueux.

10. Les osselets de l'oreille moyenne et la corde du tympan sont primitivement situés en dehors de la caisse tympanique, dans le tissu muqueux de sa paroi. Plus tard, lorsque ce tissu s'est atrophié, ils se trouvent placés dans des replis de la muqueuse, qui font saillie à l'intérieur de la cavité de la caisse tympanique élargie (replis du marteau et de l'enclume).

11. Le conduit auditif externe se forme aux dépens de la partie de la première fente branchiale située en dehors de la membrane d'occlusion. Le pavillon de l'oreille se forme aux dépens de six saillies, qui deviennent le tragus, l'antitragus, l'hélix, l'anthélix et le lobule.

C. — Développement de l'organe olfactif.

L'organe olfactif se forme également aux dépens de l'ectoderme, mais un peu plus tard que l'œil et l'organe auditif. Il se montre au début, à droite et à gauche du large prolongement frontal dont nous avons parlé précédemment, sous la forme d'un simple épaississement de l'ectoderme (fig. 347), que His a appelé *champ nasal* chez l'embryon humain. Les deux champs nasaux ne tardent pas à devenir plus nettement marqués, parce qu'ils se dépriment l'un et l'autre en une fossette dont les bords font saillie à l'extérieur (fig. 361). Contre chacune de ces fossettes se trouve appliqué le lobe olfactif correspondant qui, sur ces entrefaites, s'est formé par évagination de la vésicule hémisphérique.

Les deux *fossettes olfactives*, qui se forment de la même façon chez tous les vertébrés, sauf chez les cyclostomes où il n'en existe qu'une seule, médiane, sont très écartées l'une de l'autre. En ce moment l'organe olfactif est manifestement double, tandis que chez les vertébrés supérieurs adultes il est en apparence unique et médian.

L'étude du développement de l'organe olfactif devient très intéressante si l'on tient en même temps compte des données fournies par l'anatomie comparée. C'est ainsi que les différents stades successifs, par lesquels passe l'organe pendant la vie fœtale chez les mammifères, correspondent à des dispositions qui se sont maintenues d'une façon permanente dans les classes inférieures des vertébrés. Chez une foule de poissons, en effet, l'organe olfactif persiste sous la forme de deux fossettes symétriques.

Ce qui caractérise avant tout les phases ultérieures du développement de l'organe, c'est que les fossettes olfactives se mettent en rapport avec la cavité buccale. De chacune d'elles (fig. 361) part une *gouttière nasale*, qui se dirige de haut en bas jusqu'au bord supérieur de l'orifice buccal. Cette gouttière reçoit latéralement la gouttière lacrymale, dont nous avons parlé précédemment et qui vient obliquement de l'angle interne de l'œil. Chez les embryons plus avancés (fig. 362), la *fossette olfactive* et la *gouttière nasale* s'approfondissent : leurs lèvres deviennent beaucoup plus saillantes et

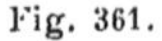
Fig. 361.

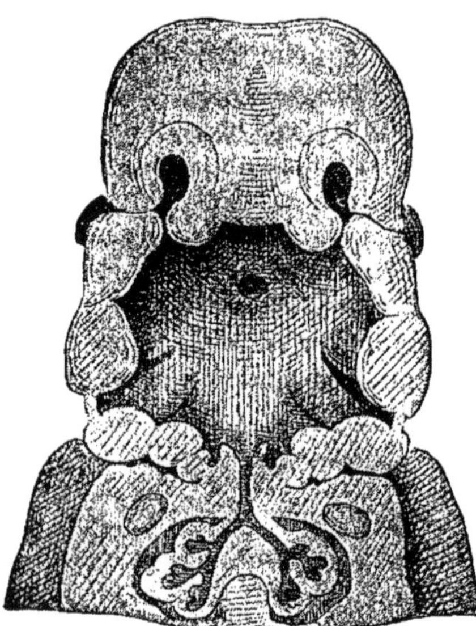

Fig. 362.

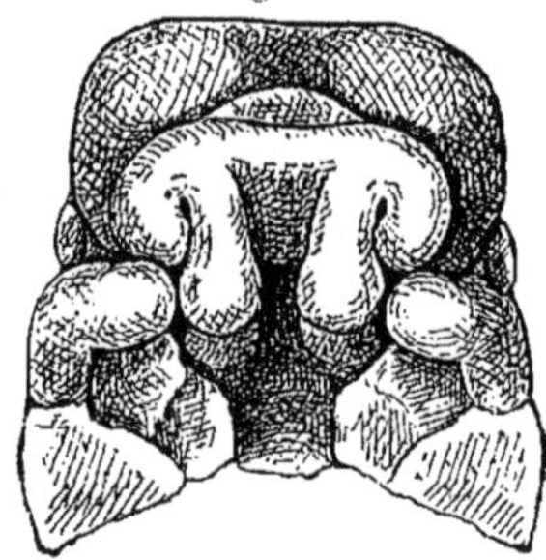

Fig. 361. — *Reconstruction frontale de la cavité bucco-pharyngienne d'un embryon humain* (embryon *Rg* de His), *mesurant 11,5 mm. depuis l'éminence coccygienne jusqu'à l'éminence nucale,* d'après His. Gross. 12 diam.

L'arc maxillaire supérieur est vu en perspective ; l'arc maxillaire inférieur, à la coupe. Les derniers arcs branchiaux ne peuvent plus se voir qu'en coupe, parce qu'ils se trouvent reportés au fond du sinus cervical.

Fig. 362. — *Ébauche du nez et voûte de la cavité buccale primitive d'un embryon humain. Le prolongement maxillaire inférieur a été sectionné.* D'après His. 12 diam.

constituent maintenant les *prolongements nasaux interne* et *externe*. Les deux prolongements nasaux internes sont séparés l'un de l'autre par un léger sillon dirigé de haut en bas. Ils forment ensemble une cloison médiane, large en ce moment, mais qui plus tard se rétrécit progressivement chez les vertébrés supérieurs. Cette cloison sépare les deux fossettes olfactives et forme la partie médiane du bord supérieur de la cavité buccale primordiale. Les prolongements nasaux externes (prolongements frontaux externes de His) forment, à droite et à gauche de la ligne médiane, un bourrelet saillant, situé entre l'œil et l'organe olfactif : ce sont eux qui fournissent ultérieurement les éléments destinés à former la paroi externe et l'aile du nez. Leur bord inférieur est en rapport avec l'extrémité antérieure du prolongement maxillaire supérieur, dont il est séparé extérieurement par la gouttière lacrymale.

Contre la cloison médiane existe encore, à droite et à gauche de la ligne médiane, une petite dépression ectodermique spéciale, que Dursy a le premier découverte chez l'embryon des mammifères. His en a aussi signalé la présence chez des embryons humains très jeunes. Ces dépressions sont les ébauches des *organes de* Jacobson, qui plus tard se trouvent logés à l'intérieur de la cloison médiane du nez. Chacun de ces deux organes reçoit une branche spéciale du nerf olfactif correspondant. Chez l'embryon, les nerfs de Jacobson sont même assez épais.

Le stade caractérisé par la présence de la gouttière nasale persiste, comme disposition définitive, chez une foule de sélaciens. Chez ces animaux, les fossettes olfactives, profondes, sont logées dans des capsules cartilagineuses à la face inférieure du museau, lequel est allongé en un rostre. Leur muqueuse forme une série de replis saillants et parallèlement disposés. De chaque fossette part une gouttière nasale, qui aboutit au bord antérieur de l'orifice buccal à quelque distance de l'angle de la bouche. Chaque gouttière nasale est délimitée par deux replis cutanés, pourvus de muscles, disposés comme des valvules et capables de la fermer.

Le stade suivant, qui chez l'embryon humain se trouve réalisé pendant la seconde moitié du deuxième mois, nous montre l'organe olfactif transformé en deux canaux, résultant de la soudure des lèvres des deux gouttières nasales et plus spécialement de la soudure du prolongement nasal interne avec l'extrémité interne du prolongement maxillaire supérieur. Chacun de ces canaux possède deux orifices : un *orifice nasal externe* et un *orifice nasal interne* (fig. 363). Les deux orifices nasaux externes sont placés un peu au-dessus de la lèvre supérieure. Les deux orifices nasaux internes sont situés à la voûte de la cavité buccale primordiale : de là le nom de *fentes palatines primitives* que leur donne aussi Dursy. Ils sont placés à très peu de distance de la lèvre supérieure, situation qu'ils conservent d'une façon permanente chez les dipnoïdes et les amphibiens. Primitivement arrondis, ils s'allongent plus tard et constituent deux fentes antéro-postérieures.

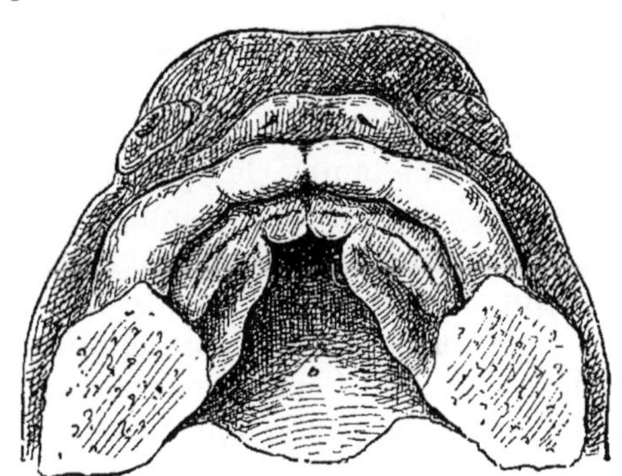

Fig. 363. — *Voûte de la cavité buccale d'un embryon humain avec l'ébauche des lames palatines.* 10 diam. d'après His.

Hochstetter, se fondant sur des recherches qu'il a faites chez le lapin, le chien et l'homme, a récemment donné une description du développement de l'organe olfactif, qui diffère par une foule de détails de celle que nous venons d'exposer. Cette différence consiste essentiellement en ce qu'au début, il n'existe pas de canal creux. A ce moment, les gouttières nasales ne se soudent pas uniquement par leurs bords, mais leurs surfaces épithéliales s'accolent dans toute leur étendue. Ce n'est que plus tard que, dans cette masse épithéliale, un canal commence à se creuser. Il se forme d'abord au voisinage de la fossette nasale externe et finit par venir s'ouvrir dans la cavité buccale. Le dernier vestige de cette masse épithéliale se trouve réduit à l'état d'une mince lamelle (membrane bucco-nasale) qui finit par se perforer, ce qui fait communiquer le canal avec la cavité buccale. L'ancienne description, qui schématise le processus, me paraît préférable au point de vue didactique, parce qu'elle est exacte dans ses traits essentiels et qu'elle est plus facile à comprendre : c'est là une circonstance qui a toujours son importance lorsqu'une description d'embryologie ne s'adresse pas à des spécialistes.

Grâce à cette transformation en deux canaux qui s'ouvrent dans la cavité buccale primordiale, transformation qu'il subit chez tous les vertébrés à respiration pulmonaire, l'organe olfactif accomplit *une seconde fonction.* Il ne sert plus seulement à la perception de l'odorat, mais en même temps à introduire de l'air dans la cavité buccale, dans le pharynx et dans les poumons, ainsi qu'à l'en expulser. Il constitue donc une sorte d'*antichambre respiratoire pour l'appareil pulmonaire.* Cette nouvelle fonction exerce une influence manifeste sur la suite de son développement. En effet, le développement ultérieur de l'organe olfactif est surtout déterminé par une tendance à augmenter notablement la surface des fosses nasales. Cet *accroissement en surface* n'intéresse pas la *portion olfactive* de la muqueuse, c'est-à-dire l'épithélium sensoriel dans lequel se termine le nerf olfactif. Il intéresse seulement la partie de la muqueuse dont l'épithélium est vibratile et qui mérite, comme nous allons le voir, le nom de *portion respiratoire.* En effet, grâce aux nombreux vaisseaux sanguins qui circulent dans cette partie de la muqueuse, l'air inspiré dans les fosses nasales augmente de température; en même temps, les poussières qu'il renferme restent adhérentes à la surface humide de la muqueuse. Nous pouvons donc distinguer à l'organe une *région olfactive* et une *région respiratoire.* La région olfactive, qui dérive de la fossette olfactive primitive, reste relativement petite et c'est dans son épithélium sensoriel que se terminent les filets du nerf olfactif. Chez l'homme, elle comprend la région du cornet supérieur et la partie correspondante de la cloison médiane. Quant à la région respiratoire, elle devient très étendue chez les vertébrés supérieurs.

L'accroissement en surface des fosses nasales est déterminé par trois processus : 1° par la formation de la voûte palatine et du voile du palais; 2° par le développement des cornets; 3° par la formation des cavités nasales accessoires.

Le premier processus débute chez l'homme vers la fin du deuxième mois. Il apparaît alors à la face interne de chacun des prolongements maxillaires supérieurs (fig. 363) une saillie qui proémine dans la cavité buccale primordiale et qui se développe en une lame horizontale. Il se forme ainsi une lame palatine droite et une lame palatine gauche. Entre les deux *lames palatines* il existe au début une large fente. Quand on regarde par cette fente, on aperçoit, à la voûte de la cavité buccale primordiale, les deux orifices nasaux internes, déjà plus ou moins transformés en deux fentes antéro-postérieures. Ils sont séparés par une saillie de la partie médiane du prolongement frontal, saillie que nous pouvons dès maintenant désigner sous le nom de cloison médiane du nez. Pendant le troisième mois, la *fente palatine embryonnaire*, c'est-à-dire l'espace compris entre les deux lames palatines, se rétrécit de plus en plus. Les deux lames palatines s'accroissent de dehors en dedans; leurs bords libres finissent par se toucher dans le plan médian. En même temps, ils se mettent en contact avec le bord inférieur de la cloison médiane du nez, qui sur ces entrefaites s'est développée de haut en bas. Ces organes se soudent ensuite d'avant en arrière.

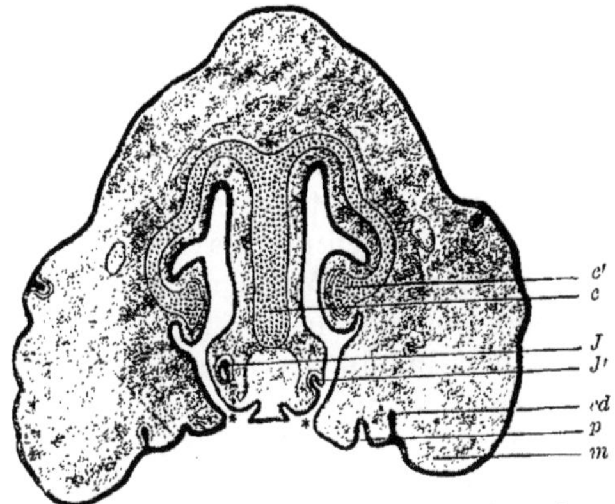

Fig. 364. — *Coupe transversale de la tête d'un embryon de porc, mesurant 3 centim. du vertex au coccyx.*
Les fosses nasales, séparées par la cloison médiane du nez, communiquent en * avec la cavité buccale définitive. *c*, cartilage de la cloison; *c'*, cartilage du cornet; *J*, organe de JACOBSON; *J'*, son embouchure dans la fosse nasale; *p*, lame palatine; *m*, prolongement maxillaire supérieur; *cd*, crête dentaire.

Les figures 364 et 365 nous montrent deux stades de ce processus : ce sont des coupes transversales passant par l'extrémité antérieure de la tête chez deux embryons de porc. Dans la figure 364, les deux lames palatines (*p*) des prolongements maxillaires supérieurs (*m*) sont presque en contact avec le bord inférieur de la cloison médiane du nez. Les fosses nasales et la cavité buccale définitive communiquent encore par les orifices nasaux internes ou fentes palatines primitives (*).

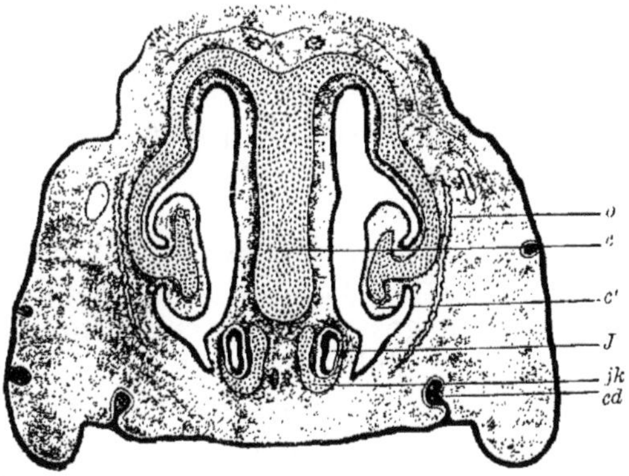

Fig. 365. — *Coupe transversale de la tête d'un embryon de porc, mesurant 5 centim. du vertex au coccyx.*
c, cartilage de la cloison; *c'*, cornet: *J*, organe de JACOBSON; *jk*, cartilage de JACOBSON; *cd*, crête dentaire; *o*, os de revêtement.

Dans la figure 365, ces organes sont soudés. La cavité buccale primordiale se trouve subdivisée en deux étages superposés et séparés l'un de l'autre. L'étage supérieur s'unit à l'organe olfactif, qu'il contribue à agrandir. Pour le distinguer de la partie de l'organe qui s'est formée aux dépens de la fossette olfactive primitive et qui constitue le *labyrinthe olfactif*, on lui donne le nom de *canal naso-pharyngien*. Le canal naso-pharyngien s'ouvre en arrière dans la cavité pharyngienne par un *orifice postérieur*. L'étage inférieur constitue la *cavité buccale définitive*. Elle est séparée des fosses nasales par une cloison horizontale, le *palais*, qui s'est formée aux dépens des deux lames palatines. Le palais s'ossifie plus tard dans sa région antérieure pour constituer la *voûte palatine;* sa partie postérieure ne s'ossifie pas et devient le *voile du palais*.

Chez la plupart des mammifères il persiste une petite partie des fentes palatines primitives (fig. 364*); elles constituent deux canalicules courts, qui traversent la voûte palatine et font communiquer la cavité buccale définitive avec les fosses nasales. On leur donne le nom de *canaux naso-palatins* ou de *canaux de* Stenson. Chez l'homme, ils se ferment pendant la vie fœtale; mais il persiste toutefois dans l'apophyse palatine du maxillaire supérieur osseux, au point correspondant à ces canaux, une solution de continuité, remplie par du tissu conjonctif, des vaisseaux et des nerfs et désignée sous le nom de *canal incisif*.

Au voisinage des canaux de Stenson se trouvent les *organes de* Jacobson, qui se développent, comme nous l'avons vu, à une période très reculée du développement, sous la forme de deux dépressions des deux fossettes olfactives. Chez l'homme, ces organes constituent, de chaque côté de la ligne médiane, un peu au-dessus du canal incisif, « un tube fin, fermé en cul-de-sac, logé dans la partie cartilagineuse de la cloison médiane du nez et dirigé d'avant en arrière et un peu de bas en haut » (Schwalbe). Chez les autres mammifères, les organes de Jacobson sont beaucoup mieux développés (fig. 364 et 365, *J*). Chacun d'entre eux est entouré par une capsule cartilagineuse propre (*j k*) et reçoit une branche spéciale du nerf olfactif correspondant. Ce rameau nerveux se termine dans un épithélium sensoriel, présentant la même texture que l'épithélium de la région olfactive des fosses nasales. Il communique souvent (chez les ruminants par exemple) avec la partie initiale du canal de Stenson correspondant, lequel établit une communication entre la fosse nasale et la cavité buccale définitive.

Chez l'embryon humain, les cartilages de Jacobson se développent aussi, mais ils se trouvent à une certaine distance des organes de Jacobson (Röse). Des vestiges de ces cartilages se retrouvent encore dans la charpente cartilagineuse du nez chez l'adulte (Spurgat).

Le second processus qui détermine l'accroissement de la face interne de l'organe olfactif, consiste dans la formation de replis de la muqueuse. Ces replis se développent chez les mammifères (fig. 364 et 365, *c'*) et chez l'homme, sur la paroi externe des fosses nasales. Ils sont dirigés d'avant en arrière, parallèlement les uns aux autres. Leur bord libre se recourbe vers le bas. Leur charpente constitue les trois *cornets*. Entre les cornets existent des gouttières, connues sous le nom de *méats nasaux supérieur*, *moyen et inférieur*. Chez l'homme, déjà dans le courant du second mois de la vie fœtale, ces replis de la muqueuse sont soutenus par une charpente cartilagineuse, qui dérive de la capsule cranienne cartilagineuse et qui s'ossifie plus tard. Chez la plupart des mammifères, les cornets prennent une forme très compliquée : sur les replis primitifs se forment de nombreux replis secondaires et tertiaires plus petits, qui s'enroulent et donnent à l'organe une forme très compliquée. C'est en raison de cette forme complexe, déterminée par la formation des cornets, que l'on a donné à l'organe olfactif le nom de *labyrinthe olfactif*.

Enfin, le troisième processus qui détermine l'accroissement en surface de la muqueuse nasale consiste dans la formation de diverticules qui s'engagent à l'intérieur de la région ethmoïdale du crâne cartilagineux ainsi qu'à l'intérieur de plusieurs os de revêtement. Ainsi se forment de nombreuses *cellules ethmoïdales* dans l'ethmoïde cartilagineux. Un peu plus tard (pendant le sixième mois chez l'homme) une évagination de la muqueuse nasale s'engage à l'intérieur du maxillaire supérieur : elle donne naissance au *sinus maxillaire* ou *antre d'*Highmore. Enfin, après la naissance, des diverticules de la muqueuse pénètrent à l'intérieur du corps du sphénoïde et de l'os frontal : ils deviennent les *sinus sphénoïdaux* et les *sinus frontaux*, qui n'atteignent leur complet développement qu'à l'âge de la puberté. Chez une foule de mammifères, les fosses nasales s'accroissent plus en arrière encore, à l'intérieur de l'occipital (*sinus occipitaux*). Toutes ces cavités nasales accessoires viennent se substituer à du tissu osseux; il en résulte nécessairement que leur formation entraîne une diminution du poids du squelette de la tête.

Il nous reste à dire quelques mots du *développement du nez*. Le nez se forme aux dépens du prolongement frontal et des prolongements nasaux (fig. 361,362, 363), qui proéminent de plus en plus. Large et massif au début, le nez s'amincit et s'allonge plus tard pour prendre sa forme caractéristique. Les orifices nasaux externes, primitivement très écartés l'un de l'autre, se rapprochent de la ligne médiane. His a constaté que, chez un embryon humain de cinq semaines, ils sont distants de 1,7 millimètre; chez le fœtus de sept semaines, ils ne sont plus distants que de 1,2 millimètre; enfin, chez un embryon un peu plus âgé, la distance qui les sépare n'est plus que de 0,8 millimètre. Ce rapprochement est dû à l'amincissement progressif de la partie médiane du prolongement frontal, qui fournit la cloison médiane du nez.

RÉSUMÉ

1. L'organe olfactif se forme aux dépens de deux fossettes ectodermiques, qui apparaissent sur le prolongement frontal, à une assez grande distance l'une de l'autre.

2. Les deux fossettes olfactives s'unissent ensuite avec les angles de l'orifice buccal, par l'intermédiaire des gouttières nasales.

3. Les lèvres internes et externes des deux fossettes olfactives et des deux gouttières nasales font saillie à la surface de la tête et constituent alors les prolongements nasaux internes et externes.

4. Les lèvres des gouttières nasales se soudent. Il en résulte que l'organe olfactif se transforme en deux canaux nasaux qui s'ouvrent : d'une part, par un orifice nasal externe, au niveau du prolongement frontal, et, d'autre part, par un orifice nasal interne, à la voûte de la cavité buccale primordiale, un peu en dedans de la lèvre supérieure.

5. Les orifices nasaux internes se transforment plus tard en des fentes (fentes palatines primitives). Ces fentes se rapprochent l'une de l'autre au fur et à mesure que la cloison médiane du nez s'amincit et qu'elle se développe, en même temps, de haut en bas, à l'intérieur de la cavité buccale primordiale.

6. La partie supérieure de la cavité buccale primordiale intervient ainsi dans la formation de l'organe olfactif. Elle sert à agrandir la région respiratoire des fosses nasales. Les deux prolongements maxillaires supérieurs émettent des saillies horizontales (lames palatines), qui se développent de dehors en dedans vers le bord inférieur de la cloison médiane du nez. Elles se soudent avec lui et forment la voûte palatine et le voile du palais.

7. Les fosses nasales s'accroissent en surface surtout dans leur région respiratoire. Ce phénomène s'accomplit :

a. Par plissement de la muqueuse (formation des cornets) ;

b. Par formation d'évaginations de la muqueuse, qui pénètrent à l'intérieur des parties avoisinantes du squelette cartilagineux et osseux (cellules ethmoïdales, sinus frontaux, sphénoïdaux et maxillaires).

8. Chez l'embryon humain, il se forme, à une période reculée du développement, au voisinage de la fossette olfactive, une dépression spéciale de l'ectoderme. C'est l'ébauche de l'organe de Jacobson, qui reçoit un rameau spécial du nerf olfactif.

9. L'organe de Jacobson finit par se trouver situé loin de la région olfactive, à l'extrémité inférieure de la cloison médiane du nez.

10. Un reste des fentes palatines primitives qui faisaient communiquer les fosses nasales avec la cavité buccale définitive, persiste chez une foule de mammifères (canaux de Stenson) et chez l'homme (canaux incisifs).

III. — Développement de la peau et des organes épidermiques.

Maintenant que nous avons étudié les organes principaux, physiologiquement parlant, qui dérivent de l'ectoderme, c'est-à-dire le système nerveux et les organes des sens, nous exposerons brièvement les modifications que subit le reste de l'ectoderme, ce que l'on appelle le feuillet corné. Le feuillet corné fournit l'épiderme qui revêt toute la surface du corps ainsi qu'une foule d'organes qui en dérivent : ongles, poils, glandes sébacées, glandes sudoripares et glandes mammaires.

1. — Peau.

D'après Kölliker, pendant les deux premiers mois de la vie fœtale, l'*épiderme* chez l'homme est très mince et consiste en deux couches de cellules épithéliales. La couche superficielle se compose de cellules hexagonales, aplaties et transparentes; la couche profonde, de cellules plus petites. Tel est le premier indice de la subdivision de l'épiderme en une couche cornée et en une couche muqueuse (corps muqueux de Malpighi). A cette époque commence déjà une desquamation de cellules épidermiques. En effet, on trouve bientôt les cellules de la couche superficielle en voie d'atrophie : leurs contours et leurs noyaux deviennent peu nets et en même temps il apparaît au-dessous d'elles une couche de remplacement. Chez une foule de mammifères, la couche superficielle se détache tout d'une pièce et forme alors, autour de l'embryon tout entier, une espèce d'enveloppe, que Welcker a appelée *epitrichium*, parce que c'est au-dessous d'elle qu'apparaissent les extrémités des premiers poils.

Dès le milieu de la vie fœtale, les deux couches de l'épiderme deviennent plus épaisses et la couche superficielle renferme des lamelles cornées, dont les noyaux sont atrophiés. A partir de ce moment il se produit à la surface de l'épiderme une desquamation plus active. En même temps les cellules du corps muqueux se multiplient par division et fournissent de nouveaux éléments à la couche cornée. Ce phénomène détermine la production, à la surface de l'embryon, d'un enduit blanc jaunâtre, onctueux, qui s'épaissit de plus en plus jusqu'à la naissance et que l'on désigne sous le nom de *smegma embryonum* ou *vernix caseosa*. Le smegma est formé par un grand nombre de lamelles épidermiques détachées, mélangées à du sébum cutané, produit de sécrétion des glandes cutanées qui se sont développées sur ces entrefaites. Le smegma est surtout abondant à la face de flexion des articulations, à la plante du pied, à la paume de la main et à la surface de la tête. On en trouve des fragments dans le liquide amniotique, dont ils troublent la transparence. Enfin, dans le liquide amniotique, tombent aussi des poils du lanugo. Comme l'embryon avale du liquide amniotique, il en résulte que l'on trouve à l'intérieur de son tube digestif, dans le méconium, des fragments de smegma et des poils du lanugo.

L'épiderme ne constitue qu'une partie de la peau; l'autre partie, beaucoup plus épaisse, est le *derme cutané*, qui se forme aux dépens du mésenchyme. Nous voyons donc se produire ici un processus que nous avons déjà constaté en d'autres organes. *Les épithéliums formés aux dépens des feuillets germinatifs primordiaux se mettent en relation intime avec le mésenchyme* qui leur fournit une charpente conjonctive destinée à les soutenir et à les nourrir. De même que le feuillet interne s'unit au mésenchyme pour former la muqueuse du tube digestif; que la vésicule auditive, épithéliale, s'unit au mésenchyme pour former le labyrinthe membraneux; que la vésicule optique s'unit à la choroïde et à la sclérotique pour constituer le globe de l'œil, de même aussi l'épiderme s'unit au derme cutané pour former la peau.

Pendant les premiers mois de la vie fœtale, le derme cutané constitue, chez l'homme, une couche de cellules fusiformes serrées les unes contre les autres. Il est séparé de l'épiderme par une mince membrane sans structure (membrane basale), lisse, disposition qui persiste pendant toute la vie chez les vertébrés inférieurs. Dans le courant du troisième mois, il se différencie en un derme cutané proprement dit et en un tissu conjonctif sous-cutané, plus lâche, dans lequel se développent bientôt de petits pelotons de graisse. Dès le milieu de la grossesse, ces petites masses de graisse deviennent plus abondantes, de sorte que le tissu conjonctif sous-cutané se transforme bientôt en une couche de graisse étendue sur toute la surface du corps (pannicule adipeux). En même temps, la limite entre l'épiderme et le derme cutané cesse d'être lisse, plane. A la surface du derme se développent de petites papilles, qui s'engagent à l'intérieur du corps muqueux de Malpighi et qui forment la *portion papillaire du derme cutané*. Parmi ces papilles, les unes renferment des anses capillaires : elles améliorent par conséquent la nutrition du corps muqueux de Malpighi; les autres renferment les terminaisons des nerfs tactiles (corpuscules du tact). Il y a donc lieu de diviser les papilles dermiques en papilles vasculaires et en papilles nerveuses ou tactiles.

La peau des vertébrés subit une différenciation plus importante encore, à la suite d'un processus semblable à celui que nous avons décrit lors de la formation du tube digestif. *La surface de l'épiderme s'accroît par formation d'évaginations et d'invaginations*. Comme les parties évaginées ou invaginées éprouvent en même temps des transformations histologiques, il en résulte la production d'un grand nombre d'organes divers, qui se développent différemment dans les différents groupes de vertébrés, et qui leur donnent leur aspect extérieur caractéristique.

Comme évaginations se forment les dents cutanées, les écailles, les plumes, les poils et les ongles. Comme invaginations de l'épiderme se développent les glandes sudoripares, sébacées et mammaires. Nous nous bornerons à étudier ceux de ces organes que l'on rencontre chez les mammifères.

2. — Poils.

Les organes épidermiques les plus caractéristiques des mammifères et de l'homme sont les *poils*. Leur mode de développement habituel est celui qui s'accomplit chez l'homme. A la fin du troisième mois de la vie fœtale, le corps muqueux de Malpighi prolifère en certains points (en premier lieu, au niveau du front et des sourcils). Il forme de petites saillies pleines, qui s'engagent à l'intérieur du derme cutané sous-jacent. Chacune d'elles constitue un *germe du poil* (fig. 366, B, *gp*). Le

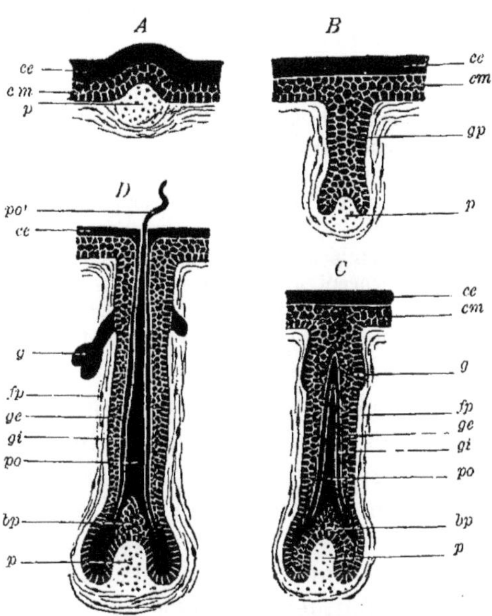

Fig. 366. — *Figures schématiques montrant le développement du poil.* A, *formation de la papille à la surface du derme cutané, comme cela a lieu, d'après* GÖTTE, *chez certains mammifères.* B, C, D, *trois stades différents du développement du poil chez l'embryon humain.*
ce, couche cornée de l'épiderme; *cm*, couche muqueuse de l'épiderme (corps muqueux de MALPIGHI); *p*, papille du poil; *gp*, germe du poil; *bp*, bulbe; *po*, poil jeune; *po'*, pointe libre du poil (tige); *ge*, *gi*, gaine externe et gaine interne de la racine du poil; *fp*, follicule pileux; *g*, glande sébacée.

germe du poil s'allonge et se renfle en bouteille à son extrémité profonde. Puis il se produit un phénomène semblable à celui qui se passe lors de la formation d'une dent. Contre le fond du germe, le derme cutané prolifère et forme une saillie presque exclusivement cellulaire (*p*), qui pénètre à l'intérieur du tissu épidermique. C'est l'ébauche de la *papille du poil*. De nature conjonctive, elle renferme bientôt des anses vasculaires. Autour du germe engagé dans la profondeur, les parties avoisinantes du derme cutané se différencient de plus en plus nettement en des faisceaux de fibrilles, dont les uns sont longitudinaux et les autres circulaires. Ces faisceaux forment une enveloppe spéciale, pourvue de réseaux de vaisseaux sanguins et appelée *follicule pileux* (fig. 366 C, D, *fp*).

REISSNER, GÖTTE, FEIERTAG, DAVIES et autres ont observé chez certains mammifères un mode de formation un peu différent.

Immédiatement au-dessous de l'épiderme, chez ces animaux, le derme cutané prolifère. Il forme une petite saillie qui proémine dans l'épiderme (fig. 366, A) et qui n'est autre que la papille du poil. A la suite de la multiplication des cellules épidermiques qui la recouvrent, la papille est refoulée dans la profondeur : elle finit par se trouver assez éloignée de son point d'origine et est alors coiffée par l'extrémité renflée d'une longue saillie épidermique (germe du poil).

Le résultat final est donc le même dans les deux cas : seul le moment où se forment les premières ébauches de la papille et du germe du poil est différent. Ici la papille se développe à la surface de la peau et est ensuite refoulée dans la profondeur par le germe du poil; là, le germe du poil pénètre d'abord dans la profondeur et la papille se développe ensuite par prolifération du derme cutané. MAURER a récemment combattu le premier mode de formation.

Lequel de ces deux modes de développement est le plus primitif? Selon moi, c'est la *formation de la papille à la surface de la peau*. En effet, c'est à coup sûr le mode le plus simple et le moins perfectionné : l'autre en est dérivé et peut s'expliquer. Si les poils se sont engagés dans la profondeur de la peau, ce n'est que pour être mieux nourris et mieux fixés. Nous trouvons le pendant de ce phénomène dans le développement des dents. Chez les sélaciens, les papilles des dents cutanées (écailles placoïdes) pénètrent à l'intérieur de l'épiderme. Chez les poissons osseux et les amphibiens, au contraire, les dents réparties un peu partout dans la muqueuse buccale commencent à se former dans la profondeur de la muqueuse : aux dépens de l'épithélium se forment des saillies qui s'engagent dans le tissu conjonctif sous-jacent et ce n'est qu'ensuite que se développent les papilles dentaires par prolifération du tissu conjonctif.

La suite du développement du poil s'accomplit de la façon suivante. Les cellules épithéliales qui coiffent la papille (fig. 366, C) prolifèrent et se divisent en deux groupes. D'une part, les cellules les plus éloignées de la papille deviennent fusiformes et s'unissent en un cône : elles se kératinisent et fournissent la première *tige du poil* (*po'*). D'autre part, les cellules qui revêtent immédiatement la surface de la papille restent protoplasmiques et constituent le *bulbe du poil* (*bp*). C'est par l'intermédiaire du bulbe que le poil s'accroît ultérieurement; les cellules du bulbe se multiplient par division, s'ajoutent de bas en haut à la première tige du poil, se kératinisent et déterminent l'allongement du poil.

Le poil se trouve primitivement logé à l'intérieur de la peau. Il est entouré par les cellules du germe qui ne se sont pas transformées en bulbe, et qui donnent naissance *à la gaine interne et à la gaine externe de la racine* (fig. 366, C et D, *gi* et *ge*). La gaine externe (*ge*) est composée de petites cellules protoplasmiques; elle se continue avec le corps muqueux de l'épiderme (*cm*) et avec le bulbe (*bp*). Les cellules de la gaine interne de la racine (*gi*) sont aplaties et kératinisées.

Les jeunes poils s'accroissent aux dépens du bulbe; ils gagnent peu à peu la surface de l'épiderme et commencent à se montrer à l'extérieur à la fin du cinquième mois chez l'homme (fig. 366 D, *po'*). Ils proéminent ensuite de plus en plus à la surface de la peau, même chez l'embryon, et constituent en certaines régions, notamment sur la tête, un duvet assez serré. A cause de leur ténuité et en raison de ce fait qu'ils ne tardent pas à tomber après la naissance, on leur a donné le nom de *poils follets* ou de *lanugo*.

Tout poil est un organe passager, de durée relativement courte. Il tombe après un certain temps et est remplacé par un nouveau poil. Ce processus commence déjà pendant la vie fœtale. Les poils qui tombent alors arrivent dans le liquide amniotique; ils sont avalés avec lui par l'embryon et constituent un des éléments du méconium. Chez l'homme il s'accomplit après la naissance un remplacement plus actif des poils. Le lanugo tombe et, en certains points du corps, il est remplacé par des poils plus épais. Chez les mammifères, la chute des poils et leur remplacement par de nouveaux éléments présentent une certaine périodicité, qui dépend de la température des époques de l'année. C'est ainsi qu'il se forme chez eux une fourrure d'été et une fourrure d'hiver. Chez l'homme, la chute et le remplacement des poils sont aussi influencés, bien qu'à un degré beaucoup moindre, par les époques de l'année.

La chute des poils est accompagnée de modifications profondes du bulbe pileux. La multiplication des cellules du bulbe, qui, comme nous l'avons dit, fournit de nouvelle substance cornée, s'arrête. Le poil se détache du bulbe et s'effile à son extrémité profonde; toutefois il est encore retenu dans le follicule par les gaines de la racine, jusqu'à ce qu'il soit arraché violemment ou bien poussé au dehors par le *poil de remplacement* qui se substitue à lui.

Comment se forment les poils de remplacement? Cette question est encore controversée. La controverse porte surtout sur le point de savoir si le nouveau poil se forme sur une papille absolument nouvelle (Stieda, Feiertag) ou bien sur l'ancienne (Langer, von Ebner), ou bien tantôt sur l'ancienne, tantôt sur une nouvelle papille (Kölliker, Unna). Je me rallie à la première alternative et je pense que la chute du poil est déterminée par l'*atrophie de sa papille*. La substitution se prépare pendant le processus d'atrophie qui s'accomplit lentement, et peut-être même avant qu'il ne commence : en un point de la gaine externe de la racine, qui, nous l'avons vu, est formée par des cellules protoplasmiques, se produit une multiplication cellulaire très active, qui donne lieu au développement d'un nouveau germe. Ce nouveau germe part du fond de l'ancien et s'engage plus profondément à l'intérieur du derme cutané. Contre l'extrémité profonde de ce *germe secondaire* se développe ensuite une nouvelle *papille*, aux dépens du derme cutané. A sa surface se forme un nouveau poil entouré de ses gaines. Le jeune poil se trouve donc situé au-dessous de l'ancien et il se développe de la même manière que lui. Lorsqu'il commence à s'allonger, il repousse devant lui l'ancien poil, le fait sortir hors de ses gaines et finalement prend sa place.

D'après ce que nous venons de dire, il y aurait une certaine analogie entre le remplacement des poils et celui des dents. Dans les deux cas, aux dépens de l'ébauche primaire se forme un bourgeon épithélial secondaire, contre lequel se développe la nouvelle papille du poil ou de la dent; de plus, l'organe nouvellement formé en s'accroissant déloge l'ancien.

A côté de poils qui se développent, de cette façon, aux dépens d'une partie de l'ancienne ébauche, on a prétendu (Götte, Kölliker) qu'il s'en trouverait d'autres qui se formeraient par un autre processus, que l'on pourrait appeler direct ou primaire. Après la naissance, chez l'homme aussi bien que chez d'autres mammifères, il se formerait des germes de poils de la même manière que chez l'embryon, c'est-à-dire directement aux dépens du corps muqueux de MALPIGHI. En quels points du corps et jusqu'à quel âge a lieu ce *développement direct des poils?* C'est ce qui mériterait d'être étudié avec soin.

3. — Ongles.

Un second organe qui se forme par kératinisation de l'épiderme, c'est l'*ongle*. Il correspond morphologiquement aux griffes et aux sabots qui existent chez d'autres mammifères. Chez l'embryon humain de sept semaines, on constate déjà à l'extrémité des doigts des proliférations de l'épiderme, caractérisées par leur peu d'étendue et par leur épaisseur. Il en est de même à l'extrémité des orteils; mais ici elles se forment toujours un peu plus tard qu'aux doigts. A la suite de cette hypertrophie, il apparaît un organe en forme de griffe, composé de cellules épidermiques plus lâches et que HENSEN a décrit sous le nom de *précurseur de l'ongle* ou d'*ongle primordial.*

Chez l'embryon un peu plus âgé (9 à 12 semaines), ZANDER a constaté que la prolifération épidermique est nettement délimitée sur son pourtour par une dépression annulaire. Elle consiste : en une assise profonde de cellules cylindriques pourvues d'un grand noyau; en deux ou trois assises de cellules polyédriques et, enfin, en une couche cornée superficielle. L'assise profonde correspond au corps muqueux de MALPIGHI et repose sur le derme cutané.

Cette ébauche ainsi constituée, ZANDER l'appelle l'*ébauche primaire de l'ongle.* Il la décrit comme située à l'extrémité de la dernière phalange et comme occupant une région beaucoup plus étendue de la face dorsale et une région beaucoup plus restreinte de la face palmaire ou plantaire de la dernière phalange. Il en conclut que primitivement l'ongle, chez l'homme, est *terminal*, comme c'est le cas pour la griffe chez les mammifères inférieurs, et que secondairement il est reporté peu à peu sur la face dorsale de la phalange unguéale. Cette circonstance expliquerait pourquoi la région unguéale des doigts et des orteils est innervée par des nerfs de la face palmaire de la main ou de la face plantaire du pied.

GEGENBAUR admet avec ZANDER que l'ébauche de l'ongle est terminale; mais il n'admet nullement, comme lui, qu'elle change peu à peu de position pour gagner la face dorsale (BOAS). GEGENBAUR distingue à l'ongle et à la griffe en voie de développement deux parties en continuité l'une avec l'autre (fig. 367) : l'une, dorsale, la *lame unguéale* (*lu*) et l'autre ventrale (palmaire ou plantaire), qu'il appelle la *lame cornée inférieure* (Sohlenhorn) (*lci*). La lame cornée inférieure se forme aux dépens de la partie de l'ébauche primaire de l'ongle qui siège à la face ventrale (palmaire ou plantaire) de la dernière phalange. Chez les vertébrés qui sont pourvus de griffes ou de sabots, la lame cornée inférieure prend une grande extension (fig. 368, *lci*); chez l'homme elle se réduit considérablement et n'est plus représentée chez l'adulte que par la *bordure unguéale*. Sous ce nom, on désigne un léger épaississement, en bordure, de l'épiderme correspondant au point où le lit de l'ongle se continue

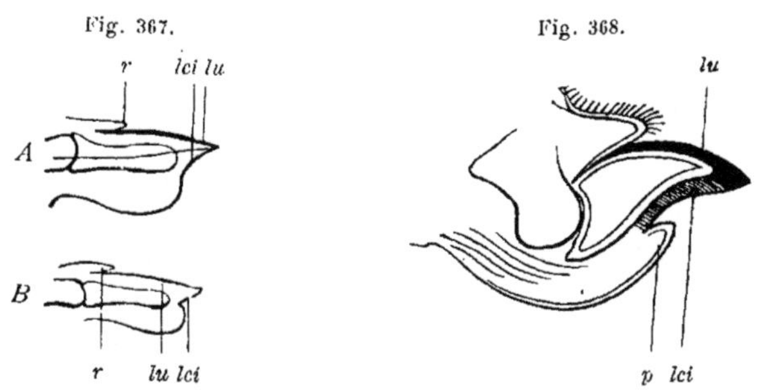

Fig. 367. — A, *coupe longitudinale de l'orteil d'un Cercopithecus*; B, *coupe longitudinale de l'index du Macacus niger*, d'après Gegenbaur.
lu, lame unguéale; *lci*, lame cornée inférieure (Sohlenhorn); *r*, repli sus-unguéal.

Fig. 368. — *Coupe de l'orteil d'un chien*, d'après Gegenbaur.
lu, lame unguéale; *lci*, lame cornée inférieure; *p*, pulpe de l'orteil.

avec le derme cutané de la pulpe du doigt, caractérisé par les crêtes dermiques. Quant à la lame unguéale, elle dérive exclusivement de la partie de l'ébauche primaire de l'ongle qui siège à la face dorsale de la dernière phalange. Il ne se produit donc, pas plus chez l'homme que chez aucun autre mammifère, aucun cheminement de l'ébauche primaire terminale vers la face dorsale, mais simplement une atrophie de sa partie ventrale, c'est-à-dire de cette partie qui chez les autres mammifères devient la lame cornée inférieure.

En ce qui concerne les détails du développement de la lame unguéale, Minot, se basant sur les observations de Bowen, attache une importance particulière à ce fait que l'ongle n'est qu'une partie modifiée de la couche transparente (stratum lucidum) de l'épiderme, mise à nu à la suite de la disparition de l'épitrichium. Déjà au début du quatrième mois, il apparaît dans les cellules les plus superficielles du corps muqueux de Malpighi, des grains d'éléidine ou de kératohyaline, d'où résulte la formation de la couche granuleuse (stratum granulosum). Aux dépens de cette dernière, se forme « une couche transparente, qui se montre « d'abord à l'extrémité distale du champ unguéal, s'étend ensuite pro« gressivement vers son extrémité proximale et finit par gagner la « racine de l'ongle. Ici aussi l'apparition de grains d'éléidine dans les « cellules prépare la formation d'une couche transparente. Vers le « milieu du quatrième mois, l'ongle tout entier présente une couche « transparente. » (Minot). La lame unguéale ainsi constituée s'épaissit lentement, par apposition, à sa face inférieure, où de nouvelles cellules se transforment en substance cornée, après qu'il s'y est formé des grains d'éléidine au préalable. Dans sa première ébauche, la lame unguéale est encore recouverte d'un épitrichium, qu'UNNA désigne du nom d'*éponychium*. L'éponychium ne disparaît qu'à la fin du cinquième mois. Cependant, en dépit de sa présence, quelques semaines avant qu'il tombe, on peut déjà distinguer nettement l'ongle, qui tranche par sa coloration blanchâtre sur la coloration rose de la peau qui l'entoure. Après la chute de l'éponychium, la lame unguéale en voie d'accroissement se développe, d'arrière en avant, sur le lit de l'ongle. A partir du septième mois, elle commence même à en dépasser le bord antérieur.

Alors l'ongle présente essentiellement le même aspect et la même texture que chez l'adulte. Au moment de la naissance, il possède un bord libre qui fait saillie sur la pulpe du doigt. Ce bord est beaucoup plus mince et plus étroit que le restant de la lame unguéale : il tombe peu de temps après la naissance.

4. — Glandes cutanées.

Les organes glandulaires qui se forment par invagination de l'épiderme sont : les glandes sébacées, les glandes sudoripares et les glandes mammaires. Elles se développent toutes par prolifération du corps muqueux de MALPIGHI. Ce sont des bourgeons pleins qui s'engagent dans le derme cutané et qui se transforment ensuite en glandes tubuleuses ou acineuses.

Les glandes *tubuleuses* de la peau sont les *glandes sudoripares* et les *glandes cérumineuses*. Elles commencent à pénétrer dans le derme cutané pendant le cinquième mois de la vie fœtale. Au septième mois, une petite cavité apparaît à leur intérieur. En vertu de leur allongement extraordinaire, elles se recourbent surtout à leur extrémité et se pelotonnent.

Les *glandes sébacées* sont *acineuses*. Elles se développent, soit directement aux dépens de l'épiderme, comme c'est le cas sur le bord rouge des lèvres, au prépuce et au gland du pénis, soit aux dépens de la gaine externe de la racine des poils. Dans ce cas, la glande sébacée apparaît comme un bourgeon plein de cette gaine, près de l'extrémité du follicule pileux, avant que le poil soit complètement développé (fig. 366, C, D, *g*). D'abord renflée en massue, elle émet ensuite des bourgeons latéraux, qui se dilatent à leur extrémité. Puis, les cellules centrales des bourgeons se transforment en graisse, se fragmentent et sont éliminées comme produit de sécrétion : ainsi se forme la cavité glandulaire.

Le *développement des glandes mammaires* est beaucoup plus intéressant, parce qu'il s'agit d'organes plus volumineux, chargés d'une fonction importante et caractéristiques de la classe des mammifères. Pour certains auteurs (GEGENBAUR), on doit les ranger parmi les glandes sébacées; pour d'autres (HEIDENHAIN, S. MINOT), parmi les glandes sudoripares.

Les résultats les plus importants nous ont été fournis par les recherches comparatives de GEGENBAUR. Parmi eux, il en est un que je considère comme ayant la plus grande portée pour faire comprendre le développement embryonnaire de l'organe, c'est que *chaque glande mammaire chez l'homme ne constitue nullement un organe unique pourvu d'un seul canal excréteur, comme la parotide ou la glande sous-maxillaire, mais une association de glandes distinctes.*

Chez l'embryon humain, sa première ébauche se montre à la fin du deuxième mois, sous la forme d'un fort épaississement de l'épiderme siégeant, à droite et à gauche, dans la région pectorale (fig. 369). Il procède surtout d'une prolifération du corps muqueux de MALPIGHI, qui devient à peu près hémisphérique (*cg*) et s'engage profondément dans le derme cutané. Cependant, le corps muqueux n'est pas seul à intervenir dans la formation de l'organe. Plus tard, il s'accomplit aussi des modifications dans la couche cornée : elle s'épaissit et pénètre, sous la forme d'un bouchon corné, à l'intérieur de la prolifération du corps muqueux. Habituellement il existe une petite dépression (*d*) au centre de toute cette ébauche épidermique.

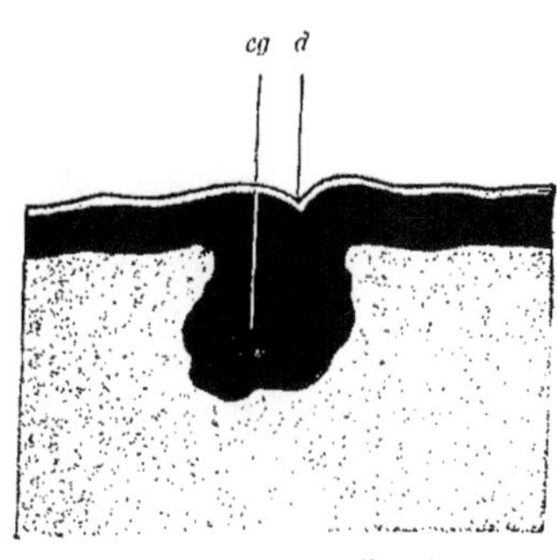

Fig. 369. — *Coupe de l'ébauche de la glande mammaire d'un embryon humain du sexe féminin, mesurant 10 centim. de long*, d'après HUSS.
cg, ébauche du champ glandulaire; *d*, petite dépression du champ glandulaire.

Chez un grand nombre de mammifères, qui possèdent, de chaque côté du plan médian du corps, plusieurs glandes mammaires disposées en série, les unes derrière les autres (porc, lapin, chat, etc.), il se forme, à droite et à gauche, à la face ventrale, une crête épidermique, dirigée d'avant en arrière. C'est la première ébauche épithéliale commune de toutes les glandes mammaires d'un même côté. Cette crête se subdivise plus tard en autant d'ébauches distinctes qu'il se forme de glandes mammaires. OSCAR SCHULTZE l'a appelée la *ligne mammaire*.

Cette première prolifération de l'épiderme ne représente nullement chez l'homme, comme REIN le suppose, la première ébauche du parenchyme glandulaire; elle ne correspond pas aux bourgeons qui, lors de la formation des glandes sudoripares et sébacées, pénètrent à l'intérieur du derme cutané. En effet, la suite du développement et surtout l'anatomie comparée nous apprennent que cet épaississement de l'épiderme devient plus tard l'aréole du sein avec le mamelon : les différentes glandes se forment par bourgeonnement de sa face profonde seulement.

C'est ce dont on peut s'assurer en étudiant les stades ultérieurs. Chez les embryons plus âgés, cette prolifération de l'épiderme s'élargit et s'aplatit (fig. 370, *cg*). Elle est nettement délimitée par un rebord cutané (*r*) déterminé par un épaississement du derme cutané.

Ainsi constituée, cette première ébauche, légèrement déprimée (*cg*), porte le nom de *champ glandulaire*. Bientôt son corps muqueux envoie des bourgeons pleins (*cga*) à l'intérieur du derme cutané. Ces bourgeons se forment de la même manière que les glandes sébacées des autres régions de la peau. A partir du septième mois, ils sont déjà très développés et émettent, à leur tour, des bourgeons latéraux. Leur nombre augmente jusqu'au moment de la naissance. Chaque bourgeon primaire

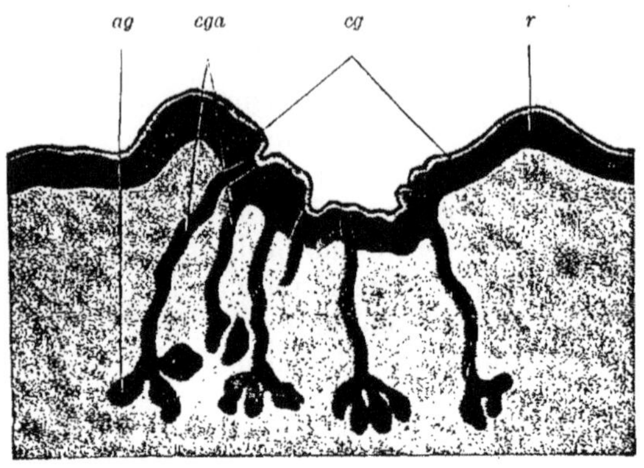

Fig. 370. — *Coupe de l'ébauche de la glande mammaire d'un embryon humain du sexe féminin, mesurant 32 centim. de long*, d'après Huss.
cg, champ glandulaire; *r*, rebord cutané; *cga*, conduit galactophore; *ag*, acinus glandulaire.

constitue l'ébauche d'une glande, qui s'ouvre à la surface du champ glandulaire (*cg*) par un orifice excréteur spécial. Chacune de ces glandes est morphologiquement homologue à une glande sébacée ou à une glande sudoripare (voir p. 598), bien que sa fonction soit différente.

La dénomination de « champ glandulaire » est correcte parce qu'elle rappelle la disposition primitive réalisée chez les monotrèmes. Chez ces animaux, en effet, nous ne trouvons pas, comme chez les autres mammifères, un amas de glandes unique, nettement délimité, mais une région de la peau, légèrement déprimée et même pourvue de poils courts, dans laquelle se trouvent disséminées de petites glandes isolées, dont le produit de sécrétion est léché par le jeune animal né avant d'avoir atteint son complet développement.

Chez les autres mammifères, les diverses glandes qui s'ouvrent isolément à la surface du champ glandulaire se réunissent en un appareil unique. De plus, il se forme à la surface du champ glandulaire un *mamelon* sur lequel aboutissent tous les conduits excréteurs et que le jeune animal saisit en bouche. Cette disposition est un perfectionnement. Chez l'homme, elle commence à se former avant la naissance (O. Schultze). Le champ glandulaire, délimité par le rebord cutané, reste longtemps déprimé; puis il s'aplatit, jusqu'à ce qu'il se trouve situé au même niveau que la peau qui l'environne. Il se distingue de la peau par sa coloration rosée, qu'il doit à l'abondance de ses vaisseaux et à la texture plus délicate de son épiderme. Pendant la première année de la vie extra-utérine, le centre du champ glandulaire fait saillie à la surface ainsi que les conduits galactophores qui y aboutissent : son derme cutané renferme un grand nombre de fibres musculaires lisses. Ainsi se forme le mamelon. Le reste du champ glandulaire, compris entre le mamelon et le rebord cutané, devient l'aréole du sein. Dans le sexe féminin, ces transformations s'accomplissent plus tôt que dans le sexe masculin.

Aussitôt après la naissance, le tissu glandulaire, jusqu'ici peu développé, subit des modifications. Les glandes gonflent momentanément parce qu'elles sont congestionnées et si l'on exerce une compression sur elles, on en fait sortir une petite quantité d'un liquide laiteux, appelé *lait du nouveau-né*. D'après KÖLLIKER, la formation de ce liquide serait due à ce que les conduits galactophores, jusqu'alors pleins, deviendraient creux : leurs cellules centrales se transformeraient en graisse, se détruiraient et seraient éliminées en suspension dans un liquide. D'après les recherches de BARFURTH, au contraire, le lait du nouveau-né serait un véritable produit de sécrétion des glandes mammaires, identique au lait de la femme, tant par ses caractères morphologiques que par sa composition chimique.

Après la naissance, de grandes différences se manifestent entre les deux sexes, dans la texture des glandes. Tandis que chez l'homme le parenchyme glandulaire s'arrête dans son développement, chez la femme il commence à proliférer, surtout à l'époque de la puberté et plus encore pendant la grossesse. Aux dépens des premiers conduits galactophores formés, se développent de nombreuses branches latérales qui se garnissent d'acinus glandulaires creux, dont la paroi est formée par une assise de cellules cylindriques. En même temps il se développe de nombreux amas de cellules graisseuses dans le tissu conjonctif qui sépare les différents lobules glandulaires. A la suite de ce processus la région correspondant à la glande mammaire devient plus ou moins saillante à la surface du corps (mamelle).

RÉSUMÉ

1. La toute première ébauche du poil apparaît, chez l'embryon humain, sous la forme d'une prolifération du corps muqueux de MALPIGHI, qui s'engage dans le derme cutané. On lui donne le nom de germe du poil.

2. Contre le fond du germe, le tissu conjonctif s'hypertrophie pour former la papille vascularisée du poil.

3. Le germe du poil se différencie :
   - *a*. En un jeune poil, par kératinisation d'une partie de ses cellules;
   - *b*. En un bulbe pileux, qui fournit les éléments nécessaires à l'accroissement ultérieur du poil, et consiste en une masse de cellules en voie de prolifération, située entre la racine du poil et la papille.

c. En une gaine externe et en une gaine interne de la racine du poil.

4. Le tissu conjonctif qui entoure le germe du poil se transforme en follicule pileux.

5. L'ongle chez l'homme, tout comme la griffe caractéristique d'autres mammifères, se développe aux dépens d'une ébauche terminale, comprenant une partie dorsale, la lame unguéale, et une partie ventrale, la lame cornée inférieure. La lame unguéale est une portion modifiée de la couche transparente.

6. La lame cornée inférieure s'atrophie chez l'homme et se réduit à la bordure unguéale.

7. La mince lame unguéale primitivement formée reste longtemps revêtue d'une couche de cellules kératinisées, l'éponychium, qui se détache, chez l'embryon humain, au cours du cinquième mois.

8. La glande mammaire est un amas de glandes acineuses.

9. Il se forme d'abord un épaississement du corps muqueux de Malpighi, qui se transforme plus tard en un champ glandulaire, légèrement déprimé et délimité par un rebord cutané.

10. Du fond du champ glandulaire procèdent des bourgeons épidermiques nombreux, qui sont les ébauches d'autant de glandes acineuses.

11. Après la naissance, le champ glandulaire, à la surface duquel s'ouvrent les conduits galactophores, proémine à la surface du corps et devient le mamelon.

12. Immédiatement après la naissance, l'organe sécrète passagèrement une petite quantité d'un liquide laiteux, appelé lait du nouveau-né.

BIBLIOGRAPHIE

1) DÉVELOPPEMENT DU SYSTÈME NERVEUX

Ahlborn. *Ueber die Bedeutung der Zirbeldrüse.* Zeitschrift für wissenschaftliche Zoologie. Vol. XL. 1884.

R. Altmann. *Bemerkungen zur Hensen'schen Hypothese von der Nervenentstehung.* Archiv für Anatomie und Physiologie. Physiolog. Abth. 1885.

Apáthy. *Das leitende Element des Nervensystems.* Mittheil. aus der Zool. Station zu Neapel. Vol. XII. 1897.

R. Assheton. *On the development of the optic nerve of Vertebrates etc.* Quart. Journ. of Microsc. Science. N. S. Vol. XXXIV. 1893.

Balfour. *On the development of the spinal nerves in Elasmobranch fishes.* Philosoph. Transact. Vol. CLXVI. 1876.

— *On the spinal nerves of Amphioxus.* Quart. Journ. of Microsc. Science. Vol. XX. 1880.

J. Beard. *The system of branchial sense organs and their associated ganglia in Ichthyopsida.* Quart. Journ. of Microsc. Science. 1885. Vol. XXVI.

— *A contribution to the morphology and development of the nervous system of Vertebrates.* Anat. Anz. 1888.

— *The development of the peripheral nervous system of Vertebrates.* Quart. Journ. of Microsc. Science. Vol. XXIX. 1888.

— *The transient ganglion cells and their nerves in Raja Batis.* Anatom. Anzeiger, 1892. Nos 7, 8, 9 et 10.

Bedot. *Recherches sur le développement des nerfs spinaux chez les Tritons.* Recueil Zool. Suisse, 1884. Dissertation Genève, 1884.

E. Béraneck. *Étude sur les replis médullaires du poulet.* Recueil Zoologique Suisse. T. IV.

L. Béraneck. *Recherches sur le développement des nerfs craniens chez les lézards.* Recueil Zool. Suisse. I.
— *Ueber das Parietalauge der Reptilien.* Jenaische Zeitschrift für Naturwissensch. Vol. XXI. 1888.
— *Sur le nerf pariétal et la morphologie du troisième œil des vertébrés.* Anatom. Anzeiger, 1892.
Broman. *Beschreibung eines menschlichen Embryo von beinahe 3 mm Länge mit specieller Bemerkung über die bei demselben befindlichen Hirnfalten.* Schwalbe's morphol. Arbeiten. Vol. V. 1896.
Burkhardt. *Der Bauplan des Wirbelthiergehirns.* Morphol. Arbeiten. Vol. IV.
G. Chiarugi. *Lo sviluppo dei nervi vago, accessorio, ipoglosso e primi cervicali nei sauropsidi e nei mammiferi.* Atti della Soc. Toscana di scienze natur. Pisa. Vol. X. 1889.
— *Observations sur les premières phases du développement des nerfs encéphaliques chez les mammifères et, en particulier, sur la formation du nerf olfactif.* Archives italiennes de Biologie. XV.
Disse. *Die erste Entwicklung des Riechnerven.* Arbeiten aus anat. Instituten. Vol. IX. 1897.
Dohrn. *Ueber die erste Anlage und Entwicklung der motorischen Rückenmarksnerven bei den Selachiern.* Mitth. a. d. Zool. Station zu Neapel. Vol. VIII. 1888.
— *Nervenfaser und Ganglienzelle.* Mittheil. aus der Zool. Station zu Neapel. Vol. X.
— *Die Schwann'schen Kerne der Selachier-Embryonen.* Anatomischer Anzeiger, 1892. N° 12.
A. Ecker. *Zur Entwicklungsgeschichte der Furchen und Windungen der Grosshirnhemisphären im Fötus des Menschen.* Archiv f. Anthropologie. Vol. III. 1868.
E. Ehlers. *Die Epiphyse am Gehirn der Plagiostomen.* Zeitschrift für wissensch. Zoologie. Vol. XXX. Suppl.
Flechsig. *Die Leitungsbahnen in Gehirn und Rückenmark des Menschen. Auf Grund entwicklungsgesch. Untersuchungen dargestellt.* Leipzig, 1876.
P. Francotte. *Contribution à l'étude du développement de l'épiphyse et du troisième œil chez les Reptiles.* Bullet. Acad. roy. de Belgique. 3e série. T. XIV.
— *Recherches sur le développement de l'épiphyse.* Archives de Biologie. T. VIII. 1888.
— *Note sur l'œil pariétal, etc.* Bullet. Acad. royale de Belgique. 3e série. T. XXVII. 1894.
— *Contribution à l'étude de l'œil pariétal, de l'épiphyse et de la paraphyse chez les Lacertiliens.* Mémoires Acad. royale de Belgique. T. LV. 1896.
August Froriep. *Ueber Anlagen von Sinnesorganen am Facialis, Glossopharyngeus und Vagus, etc.* Archiv für Anatomie und Physiologie. Anat. Abth. 1885.
— *Ueber ein Ganglion des Hypoglossus und Wirbelanlagen in der Occipitalregion.* Archiv für Anatomie und Physiologie. Anat. Abth. 1882.
— *Zur Entwicklungsgeschichte der Kopfnerven.* Verhandl. der Anatom. Gesellschaft München, 1891.
— *Ueber die Entwicklungsgeschichte des Sehnerven.* Anatom. Anzeiger. VI. 1891.
— *Entwicklungsgeschichte des Kopfes.* Ergebn. der Anatomie und Entwicklungsgesch. Vol III. 1893.
— *Zur Frage der sogenannten Neuromerie* Verhandl. der Anat. Gesellsch. zu Wien. 1892, page 162.
Gaupp. *Zirbel, Parietalorgan und Paraphysis.* Ergebnisse der Anat. und Entw. de Merkel et Bonnet. VII. 1897. (Bibliographie complète relative à ces organes.)
Goldberg. *Ueber die Entwicklung der Ganglien beim Hühnchen.* Archiv für mikrosk. Anat. Vol. XXXVII.
Golowine. *Sur le développement du système ganglionnaire chez le poulet.* Anatom. Anz. V. 1890.
Goronowitsch. *Studien über die Entwicklung des Medullarstranges bei Knochenfischen, nebst Beobachtungen über die erste Anlage der Keimblätter und der Chorda bei Salmoniden.* Morphol. Jahrb. Vol. X.
— *Untersuchungen über die Entwicklung der sogenannten Ganglienleisten im Kopfe der Vogel-Embryonen.* Morphol. Jahrb. Vol. XX.
V. Hensen. *Zur Entwicklung des Nervensystems.* Virchow's Archiv. Vol. XXX. 1864.
— *Ueber die Nerven im Schwanz der Froschlarven.* Archiv für mikroskop. Anatomie. Vol. IV.
— *Beitrag zur Morphologie der Körperformen und des Gehirns des menschl. Embryo.* Archiv für Anatomie und Entwicklungsgesch. 1877.
Oscar Hertwig et Richard Hertwig. *Das Nervensystem und die Sinnesorgane der Medusen. Monographisch dargestellt.* Leipzig, 1878.

His. *Zur Geschichte des menschlichen Rückenmarkes und der Nervenwurzeln.* Abh. d. math.-physik. Classe d. Kgl. Sächs. Ges. d. Wissensch. N° IV. Vol. XIII. 1886.
— *Ueber die Anfänge des peripherischen Nervensystems.* Archiv für Anatomie und Entwicklungsgesch. 1879.
— *Ueber das Auftreten der weissen Substanz und der Wurzelfasern am Rückenmark menschlicher Embryonen.* Archiv f. Anat. u. Physiol. Anat. Abth. 1883.
— *Die Neuroblasten und deren Entstehung im embryonalen Mark.* Abhandlung der math.-phys. Classe d. Kgl. Sächs. Gesellsch. d. Wissensch. N° IV. Vol. XV. 1889.
— *Die Formentwicklung des menschlichen Vorderhirns vom ersten bis zum Beginn des dritten Monats.* Abhandlung d. math.-phys. Classe d. Kgl. Sächs. Gesellsch. d. Wissensch. Vol. XV. 1889.
— *Die Entwicklung der ersten Nervenbahnen beim menschlichen Embryo.* Archiv für Anat. u. Phys. Anat. Abth. 1887.
— *Zur allgemeinen Morphologie des Gehirns.* Archiv für Anat. und Phys. Anat. Abth. 1892.
His jun. *Zur Entwicklungsgeschichte des Acustico-facialis-Gebietes beim Menschen.* Archiv für Anat. u. Phys. Anat. Abth. 1889. Suppl.
— *Ueber die Entwicklung des Sympathicus bei Wirbelthieren mit besonderer Berücksichtigung der Herzganglien.* Verhandl. der Anatom. Gesellschaft. 1892.
Ch. Julin. *De la signification morphologique de l'épiphyse des vertébrés.* Bulletin scient. du département du Nord. Sér. II. X. 1888.
A. de Klinckowström. *Le premier développement de l'œil pinéal, l'épiphyse et le nerf pariétal chez Iguana.* Anat. Anz. 1893, p. 289.
v. Kölliker. *Ueber die Entwicklung der Elemente des Nervensystems.* Verhandl. der Anat. Gesellschaft. 1892.
J. Kollmann. *Die Entwicklung der Adergeflechte. Ein Beitrag zur Entwicklungsgeschichte des Gehirns.* Leipzig, 1861.
W. Krause. *Ueber die Doppelnatur des Ganglion ciliare.* Morphol. Jahrb. Vol. VII.
Richard Kraushaar. *Die Entwicklung der Hypophysis und Epiphysis bei Nagethieren.* Zeitschr. f. wissensch. Zoologie. Vol. XLI. (Bibliographie complète.)
Kupffer. *Primäre Metamerie des Neuralrohrs der Vertebraten.* Sitzungsber. d. K. bair. Akademie. München. Vol. XV.
— *Die Entwicklung von Petromyzon Planeri.* Archiv f. mikrosk. Anat. Vol. XXXV. 1890.
— *Die Entwicklung der Kopfnerven der Vertebraten.* Verhandlung der Anat. Gesellschaft. 1891.
— *Studien zur vergleichenden Entwicklungsgeschichte des Kopfes der Kranioten.* 1893.
v. Lenhossék. *Zur ersten Entwicklung der Nervenzellen und Nervenfasern bei dem Vogel-Embryo.* Verhandl. der Naturf. Gesellsch. in Basel. 1890. Vol. IX.
— *Die Entwicklung der Ganglienanlagen bei dem menschlichen Embryo.* Archiv für Anatomie u. Physiol. Anat. Abth. 1891.
— *Beobachtungen an den Spinalganglien und dem Rückenmark von Pristiurus-Embryonen.* Anatomischer Anzeiger. 1892.
Leydig. *Das Parietalorgan der Reptilien und Amphibien.* Biolog. Centralblatt. Vol. VIII.
Locy. *Metameric segmentation in the medullary folds and embryonic rim.* Anatom. Anzeiger. Vol. IX. 1894, page 393.
L. Löwe. *Beiträge zur Anatomie und Entwicklung des Nervensystems der Säugethiere und des Menschen.* Berlin, 1880.
Marchand. *Ueber die Entwicklung des Balkens im menschlichen Gehirn.* Archiv f. mikrosk. Anatomie. Vol. XXXVII.
Mc. Clure. *The segmentation of the primitive vertebrate brain.* Journ. of morphol. Vol. IV. 1890.
Milnes Marshall. *The development of the cranial nerves in the Chick.* Quart. Journ. of Microsc. Science. Vol. XVIII. New Series. 1878.
— *On the early stages of development of the nerves in birds.* Journal of Anat. and Physiol. 1877. Vol. XI.
— *On the head cavities and associated nerves of Elasmobranchs.* Quart. Journ. of Microsc. Science. Vol. XXI. 1881.
v. Mihalkovics. *Wirbelsaite und Hirnanhang.* Archiv f. mikrosk. Anat. Vol. XI. 1875.
— *Entwicklungsgeschichte des Gehirns. Nach Untersuchungen an höheren Wirbelthieren und dem Menschen dargestellt.* Leipzig, 1877.
Charles Sedgwick Minot. *Die frühen Stadien und die Histogenese des Nervensystems.* Merkel-Bonnet's Ergebnisse der Anatomie und Entwicklungsgesch. Vol. VI. (Renseignements bibliographiques.)

W. Müller. *Ueber Entwicklung und Bau der Hypophysis und des Processus infundibuli cerebri.* Jen. Zeitschr. Vol. VI. 1871.
Neal. *A summary of studies on the segmentation of the nervous system in Squalus acanthias.* Anat. Anzeiger. Vol. XII. 1866, page 377.
— *The segmentation of the nervous system in Squalus acanthias.* Bulletin of the Museum of comparative zoology. Vol. XXXI. 1898.
Onodi. *Ueber die Entwicklung des sympath. Nervensystems.* Archiv f. mikrosk. Anatomie. Vol. XXVI. 1886.
— *Ueber die Entwicklung der Spinalganglien und der Nervenwurzeln.* Internat. Monatsschrift für Anat. u. Histologie. I.
H. F. Osborn. *The origin of the corpus callosum, a contribution upon the cerebral commissures of the Vertebrata.* Morphol. Jahrb. Vol. XII. 1887.
Rabl. *Bemerkung über die Segmentirung des Hirns.* Zoolog. Anzeiger. Année VIII. 1885, page 192.
— *Ueber die Metamerie des Wirbelthierkopfes.* Verhandl. d. Anat. Gesellsch. zu Wien. 1892, page 104.
Rabl-Rückhard. *Zur Deutung und Entwicklung des Gehirns der Knochenfische.* Archiv für Anatomie und Physiologie. Anat. Abth. 1882.
— *Das Grosshirn der Knochenfische und seine Anhangsgebilde.* Archiv für Anatomie und Physiologie. Anat. Abth. 1883.
— *Das gegenseitige Verhältnis der Chorda, Hypophysis und des mittleren Schädelbalkens bei Haifisch-Embryonen etc.* Morphol. Jahrb. Vol. VI. 1880.
Ramón y Cajal. *A quelle époque apparaissent les expansions des cellules nerveuses de la moëlle épinière du poulet?* Anatom. Anzeiger. 1890. V[e] année.
H. Rathke. *Ueber die Entstehung der Glandula pituitaria.* Archiv für Anat. u. Physiol. Vol. V. 1838.
Reichert. *Der Bau des menschlichen Gehirns.* Leipzig, 1859 et 1861.
Sagemehl. *Untersuchungen über die Entwicklung der Spinalnerven.* Dorpat, 1882.
Schaper. *Die morphologische und histologische Entwicklung des Kleinhirns der Teleostier.* Morphol. Jahrb. Vol. XXI.
F. Schmidt. *Beiträge zur Entwicklungsgeschichte des Gehirns.* Zeitschr. f. wissensch. Zool. Vol. XI. 1862.
O. Schultze. *Ueber die Entwicklung der Medullarplatte des Froscheies.* Verhandl. der Phys.-med. Gesellsch. zu Würzburg. N. F. Vol. XXIII. 1889.
G. Schwalbe. *Das Ganglion oculomotorii.* Jen. Zeitschr. für Naturw. Vol. XIII. 1879.
— *Lehrbuch der Neurologie.* Erlangen, 1880.
Sedgwick. *On the inadequacy of the cellular Theory of development and on the early development of nerves, particularly of the third nerv and of the sympathetic on Elasmobranchii.* Quarterly Journal of Microscopical Science. Vol. XXXVII. 1894.
Baldwin Spencer. *On the presence and structure of the pineal eye in Lacertilia.* Quart. Journ. of Microscopical Science. N. S. Vol. XXVII. 1886.
Strahl et Martin. *Die Entwicklung des Parietalauges.* Archiv f. Anat. u. Physiol. 1888.
Strasser. *Alte und neue Probleme der entwicklungsgeschichtlichen Forschung auf dem Gebiete des Nervensystems.* Ergebnisse der Anatomie u. Entwicklungsgesch. von Merkel u. Bonnet. Vol. I. 1892.
Suchannek. *Ein Fall von Persistenz des Hypophysenganges.* Anat. Anzeiger. IIe Année. N° 16. 1887.
Fr. Tiedemann. *Anatomie und Bildungsgeschichte des Gehirns im Fœtus des Menschen.* Nürnberg, 1816.
Vignal. *Développement des éléments du système nerveux cérébro-spinal.* Paris, 1889.
J. W. van Wijhe. *Ueber die Mesodermsegmente und die Entwicklung der Nerven des Selachierkopfes.* Amsterdam, 1882.
Zimmermann. *Ueber die Metamerie des Wirbelthierkopfes.* Verhandl. der Anat. Gesellsch. in München. 1891, page 107.

2) DÉVELOPPEMENT DE L'ŒIL

A. Angelucci. *Ueber Entwicklung und Bau des vorderen Uvealtractus der Vertebraten.* Archiv für mikrosk. Anatomie. Vol. XIX.
Jul. Arnold. *Beiträge zur Entwicklungsgeschichte des Auges.* Heidelberg, 1874.
Babuchin. *Beiträge zur Entwicklungsgesch. des Auges.* Würzburger Verhandl. Vol. IV.
Bambeke. *Contribution à l'histoire du développement de l'œil humain.* Annales de la Société de médecine de Gand. 1879.

v. Ewetsky. *Beiträge zur Entwicklungsgeschichte des Auges*. Archiv f. Augenheilkunde. Vol. VIII. 1879.

Falchi. *Ueber die Histogenese der Retina u. d. N. opticus*. Graefe's Archiv. Vol XXXIV.

Gottschau. *Zur Entwicklung der Säugethierlinse*. Anatomischer Anzeiger. Ire année. 1886.

Fr. Keibel. *Zur Entwicklung des Glaskörpers*. Archiv für Anatomie und Physiologie. Anat. Abth. 1886.

Kessler. *Untersuchungen über die Entwicklung des Auges, angestellt am Hühnchen und Triton*. Dissertation. Dorpat, 1871.

— *Zur Entwicklung des Auges der Wirbelthiere*. Leipzig, 1877.

Kölliker. *Ueber die Entwicklung der Linse*. Zeitschr. f. wissensch. Zool. Vol. VI. 1855.

— *Zur Entwicklung des Auges und Geruchsorganes menschlicher Embryonen*. Zum Jubiläum der Universität Zürich. Würzburg, 1883.

Alexander Korányi. *Beiträge zur Entwicklung der Krystalllinse bei den Wirbelthieren*. Internationale Monatsschrift f. Anatomie und Histologie. Vol. III. 1886.

Kupffer. *Untersuchungen über die Entwicklung des Augenstiels*. Sitzungsber. der Gesellsch. für Morphol. in München. I.

N. Lieberkühn. *Ueber das Auge des Wirbelthier-Embryo*. Schriften der Gesellschaft zur Beförderung der ges. Naturwissenschaften zu Marburg. Vol. X. 1872.

— *Zur Anatomie des embryonalen Auges*. Sitzungsberichte der Gesellschaft zur Beförderung der ges. Naturwissenschaften zu Marburg. 1877.

— *Beiträge zur Anatomie des embryonalen Auges*. Archiv für Anatomie und Entwicklungsgeschichte. Anat. Abth. 1879.

Manz. *Entwicklungsgeschichte des menschlichen Auges*. Graefe et Saemisch, Handbuch der Augenheilkunde. Vol. II.

v. Mihalkovics. *Ein Beitrag zur ersten Anlage der Augenlinse*. Archiv für mikroskop. Anatomie. Vol. XI. 1875.

W. Müller. *Ueber die Stammesentwicklung des Sehorgans der Wirbelthiere*. Festgabe an Carl Ludwig. Leipzig, 1874.

Rumschewitsch. *Zur Lehre von der Entwicklung des Auges*. Schriften der Gesellschaft der Naturf. in Kiew. Vol. V. Fasc. 2 (en russe).

A. Würzburg. *Zur Entwicklungsgeschichte des Säugethierauges*. Inaug.-Diss. der Berline Universität. 1876.

3) DÉVELOPPEMENT DE L'ORGANE AUDITIF

Baginsky. *Zur Entwicklung der Gehörschnecke*. Archiv für mikrosk. Anat. Vol. XXVIII.

A. Boettcher. *Ueber Entwicklung und Bau des Gehörlabyrinths. Nach Untersuchungen an Säugethieren*. Verhandl. d. Kaiserl. Leop.-Carol. Acad. Vol. XXXV.

Dreifuss. *Beiträge zur Entwicklungsgesch. des Mittelohrs und des Trommelfells des Menschen und der Säugethiere*. Morpholog. Arbeiten von Schwalbe. Vol. II.

W. His. *Anatomie menschlicher Embryonen*.

G. Gradenigo. *Die embryonale Anlage der Gehörknöchelchen und des tubo-tympanalen Raumes*. Centralbl. f. d. med. Wiss. 1886. N° 35.

— *Die embryonale Anlage des Mittelohres. Die morpholog. Bedeutung der Gehörknöchelchen*. Mitth. aus d. embryolog. Institute der Univ. Wien, 1887.

Hasse. *Die vergleich. Morphologie und Histologie des häutigen Gehörorgans der Wirbelthiere*. Leipzig, 1873.

Hensen. *Zur Morphologie der Schnecke*. Zeitschr. f. wissensch. Zoologie. Vol. XIII. 1863.

C. K. Hoffmann. *Ueber die Beziehung der ersten Kiementasche zu der Anlage der Tuba Eustachii und des Cavum tympani*. Archiv für mikrosk. Anat. Vol. XXIII. 1884.

Huschke. *Ueber die erste Bildungsgeschichte des Auges und Ohres beim bebrüteten Hühnchen*. Isis, von Oken, 1831, p. 950, et *Ueber die erste Entwicklung des Auges*. Meckel's Archiv. 1832.

Rud. Krause. *Entwicklungsgeschichte des häutigen Bogenganges*. Archiv f. mikrosk. Anat. Vol. XXXV. 1890.

Moldenhauer. *Zur Entwicklung des mittleren und äusseren Ohres*. Morpholog. Jahrbuch. Vol. III. 1877.

C. v. Noorden. *Die Entwicklung des Labyrinths bei Knochenfischen*. Archiv für Anat. und Physiol. Anat. Abth. 1883.

Rabl. *Ueber das Gebiet des Nerv. facialis*. Anat. Anzeiger. II. 1887.

Reissner. *De auris internæ formatione*. Dissertation. Dorpat, 1851.

E. Rosenberg. *Untersuchungen über die Entwickl. des Canalis cochlearis der Säugethiere*. Dorpat, 1868. Dissertation.

Rüdinger. *Zur Entwicklung der häutigen Bogengänge des inneren Ohres.* Sitzungsber. der mathem.-phys. Classe d. Acad. d. Wissensch. zu München. 1888.

Siebenmann. *Die ersten Anlagen vom Mittelohrraum und Gehörknöchelchen des menschlichen Embryo in der vierten bis sechsten Woche.* Archiv für Anatomie und Entwicklungsgesch. 1894.

Tuttle. *The relation of the external meatus, tympanum and Eustachian tube to the first visceral cleft.* Proc. American Acad. arts and sc. 1883/84.

Urbantschitsch. *Ueber die erste Anlage des Mittelohres und des Trommelfelles.* Mitth. a. d. embryol. Institut Wien. Fasc. I. 1877.

4) DÉVELOPPEMENT DE L'ORGANE OLFACTIF.

J. Blaue. *Untersuchungen über den Bau der Nasenschleimhaut bei Fischen u. Amphibien etc.* Archiv für Anat. und Phys. Anat Abth. 1884.

G. Born. *Die Nasenhöhlen und der Thränennasengang der Amphibien.* Morphol. Jahrbuch. Vol. II. 1876.

— *Die Nasenhöhle und der Thränennasengang der amnioten Wirbelthiere.* Morphol. Jahrb. Vol. V. 1879, et VIII. 1883.

Dürsy. *Zur Entwicklungsgeschichte des Kopfes.* Tübingen 1869.

R. Fleischer. *Beiträge zur Entwicklungsgeschichte des Jacobson'schen Organs und zur Anat. der Nase.* Sitzungsber. d. Physical.-med. Societät zu Erlangen. 1877.

Herzfeld. *Ueber das Jacobson'sche Organ des Menschen und der Säugethiere.* Zool. Jahrb. Vol. III.

F. Hochstetter. *Ueber die Bildung der inneren Nasengänge oder primitiven Choanen.* Verhandlungen der Anat. Gesellschaft. 1891.

— *Ueber die Bildung der primitiven Choanen beim Menschen.* Idem 1892.

Keibel. *Zur Entwicklungsgeschichte und vergleichenden Anatomie der Nase und des oberen Mundrandes bei Vertebraten.* Anat. Anzeiger, 1893, p. 473.

A. Kölliker. *Zur Entwicklung des Auges und Geruchsorgans menschlicher Embryonen.* Festschrift der Schweizerischen Universität Zürich zur Feier ihres 50jähr. Jubiläums gewidmet. Würzburg 1883.

— *Ueber die Jacobson'schen Organe des Menschen.* Gratulationsschrift der Würzb. medic. Facultät für Rinecker. 1877.

Th. Kölliker. *Ueber das Os intermaxillare des Menschen etc.* Nova acta. Halle 1882.

Legal. *Die Nasenhöhle und der Thränennasengang der amnioten Wirbelthiere.* Morpholog. Jahrb. Vol. VIII. 1883.

— *Zur Entwicklungsgeschichte des Thränennasenganges bei Säugethieren.* Dissertation. Breslau.

Milnes Marshall. *The morphology of the Vertebrate olfactory organ.* Quart. Journal of Microscopical science. Vol. XIX. New Series. 1879.

v. Mihalkovics. *Anatomie und Entwicklungsgeschichte der Nase und ihrer Nebenhöhlen.* Handbuch der Laryngologie und Rhinologie. Wien 1896.

Röse. *Ueber das rudimentäre Jacobson'sche Organ der Crocodile und des Menschen.* Anatom. Anzeiger. 1893. p. 458.

Spurgat. *Die regelmässigen Formen der Nasenknorpel des Menschen in vollständig ausgebildetem Zustande.* Anatomischer Anzeiger, 1893, p. 228.

— *Beiträge zur vergleich. Anat. d. Nasen- u. Schnauzenknorpel des Menschen und der Thiere.* Morphol. Arbeiten. Vol. V. 1896.

5) DÉVELOPPEMENT DE LA PEAU ET DES ORGANES ÉPIDERMIQUES.

Barfurth. *Zur Entwicklung der Milchdrüse.* Bonn, 1882.

J. E. V. Boas. *Ein Beitrag zur Morphol. der Nägel, Krallen, Hufe und Klauen der Säugethiere.* Morphol. Jahrb. Vol. IX. 1884.

Bonnet. *Die Mammarorgane im Lichte der Ontogenie und Phylogenie.* Ergebnisse der Anat. und Entwicklungsgesch. Vol. II. 1892.

J. J. Bowen. *The epitrichial layer of the human epidermis.* Anatom. Anzeiger. Vol. IV. 1889.

C. Creighton. *On the development of the mamma and of the mammary function.* Journal of Anat. and Phys. Vol. XI.

Feiertag. *Ueber die Bildung der Haare.* Dissertation. Dorpat, 1875.

C. Gegenbaur. *Zur Morphologie des Nagels.* Morphol. Jahrb. Vol. X. 1885.

— *Bemerkungen über die Milchdrüsenpapillen der Säugethiere.* Jen. Zeitschr. Vol. VII. 1873.

C. Gegenbaur. *Zur genaueren Kenntniss der Zitzen der Säugethiere.* Morphol. Jahrbuch. Vol. I. 1875.
Götte. *Zur Morphologie der Haare.* Archiv f. mikrosk. Anatomie. Vol. IV.
Hensen. *Beitrag zur Morphologie der Körperform und des Gehirns des menschl. Embryo.* Archiv für Anat. u. Entwicklungsgesch. Anat. Abth. Leipzig, 1877.
M. Huss. *Beiträge zur Entwicklung der Milchdrüsen bei Menschen und bei Wiederkäuern.* Jen. Zeitschr. Vol. VII. 1873.
Hermann Klaatsch. *Zur Morphologie der Säugethier-Zitzen.* Morphol. Jahrbuch. Vol. IX. 1884.
A. Kölliker. *Zur Entwicklungsgeschichte der äusseren Haut.* Zeitschrift für wissenschaftl. Zool. Vol. II.
Th. Kölliker. *Beiträge zur Kenntniss der Brustdrüse.* Würzburger Verhandlungen. N. F. Vol. XIV. 1879.
C. Langer. *Ueber den Bau und die Entwicklung der Milchdrüsen.* Denkschriften der K. Acad. d. Wiss. Wien. Vol. III. 1851.
Maurer. *Hautsinnesorgane, Feder- und Haaranlagen etc.* Morphol. Jahrb. Vol. XVIII.
G. Rein. *Untersuchungen über die embryonale Entwicklungsgeschichte der Milchdrüse.* Archiv für mikrosk. Anat. Vol. XX et XXI. 1882.
Reissner. *Beiträge zur Kenntniss der Haare des Menschen und der Thiere.* Breslau, 1854.
Oscar Schultze. *Beitrag zur Entwicklungsgeschichte der Milchdrüsen.* Verhandl. d. Phys.-med. Gesellschaft zu Würzburg. N. F. Vol. XXIV. 1893.
C. Toldt. *Ueber die Altersbestimmung menschlicher Embryonen.* Prager med. Wochenschr. 1879.
P. Z. Unna. *Beiträge zur Histologie und Entwicklungsgeschichte der menschlichen Oberhaut und ihrer Anhangsgebilde.* Archiv für mikrosk. Anat. Vol. XII. 1876.
R. Zander. *Die frühesten Stadien der Nagelentwicklung und ihre Beziehungen zu den Digitalnerven.* Archiv für Anat. und Entwicklungsgesch. Année 1884.

CHAPITRE DIX-SEPTIÈME

ORGANES DÉRIVÉS DU MÉSENCHYME

Dans la première partie de ce Traité nous avons déjà indiqué pour quels motifs il est nécessaire de distinguer, indépendamment des quatre feuillets germinatifs épithéliaux, un feuillet intermédiaire spécial, le mésenchyme. La suite du développement prouve aussi la légitimité de cette distinction. En effet, tous les tissus et organes qui dérivent du mésenchyme affectent, même chez l'adulte, des caractères communs qui témoignent de leur parenté originelle. En histologie, on réunit, depuis longtemps déjà, *en une même famille*, en une même catégorie, les diverses espèces de tissus de la substance conjonctive.

Afin de faire ressortir, mieux qu'on ne l'a fait jusqu'ici dans les traités, les liens de parenté que présentent les organes dérivés du feuillet intermédiaire ainsi que leur caractéristique au point de vue morphologique, je me suis décidé à les réunir dans un chapitre spécial.

Le rôle primitif du mésenchyme, rôle qui se manifeste le plus nettement chez les animaux inférieurs, les cœlentérés par exemple, consiste à former un tissu de remplissage et de soutien entre les feuillets épithéliaux. Son degré de développement est donc parallèle à celui des feuillets germinatifs épithéliaux. Lorsque ces feuillets s'évaginent pour former des replis externes, une couche de mésenchyme s'engage à l'intérieur de chacun de ces replis. Lorsqu'ils s'invaginent pour donner naissance, chez les vertébrés par exemple, au tube neural, aux muscles striés, à l'épithélium sécrétant des glandes, à la cupule optique ou à la vésicule auditive, le mésenchyme fournit à chacun de ces organes une enveloppe spéciale (enveloppes du cerveau et de la moelle épinière, périmysium, charpente conjonctive des glandes, etc.). Il en résulte que le feuillet intermédiaire se complique de plus en plus au fur et à mesure que les feuillets germinatifs se différencient, par formation d'invaginations ou d'évaginations, pour donner naissance aux différents organes.

La forme nouvelle que prend le mésenchyme est donc de nature secondaire, puisqu'elle dépend de la transformation des feuillets germinatifs, avec lesquels ce tissu est en relation intime. Mais, en outre, chez les animaux supérieurs et tout particulièrement chez les vertébrés, le mésenchyme se complique dans sa texture, grâce à son propre pouvoir de transformation : *il subit une différenciation histologique*. De cette façon, il donne naissance à un grand nombre d'organes différents : aux éléments cartilagineux et osseux du squelette, aux fascias, aux aponévroses, aux tendons, aux vaisseaux sanguins et lymphatiques, etc.

C'est donc ici qu'il convient le mieux de nous occuper du *principe de la différenciation histologique* et d'examiner plus spécialement quelle part il prend à la formation des organes qui dérivent du mésenchyme.

La forme la plus primitive et la plus simple du mésenchyme est le tissu muqueux. Non seulement il constitue la seule forme de tissu conjonctif qui existe chez les animaux inférieurs, mais c'est aussi lui qui, chez tous les vertébrés, se développe en tout premier lieu, aux dépens des cellules embryonnaires du feuillet intermédiaire. Le tissu muqueux est donc le précurseur et la souche de tous les autres tissus de la substance conjonctive. Voici quelle est sa texture. Dans une substance fondamentale homogène, molle, tout à fait transparente, qui renferme de la mucine et qui par conséquent ne se gonfle ni dans l'eau chaude, ni dans l'acide acétique, sont réparties régulièrement, à peu de distance les unes des autres, de nombreuses cellules anastomosées par des prolongements protoplasmiques ramifiés en tous sens.

Ce tissu muqueux persiste en de nombreux points du corps chez les vertébrés inférieurs, même adultes. Chez les mammifères et chez l'homme il disparaît très tôt et se transforme dans le cours du développement embryonnaire en deux formes plus élevées de tissus de la substance conjonctive : en *tissu fibrillaire* ou en *tissu cartilagineux*. Le tissu fibrillaire naît de la manière suivante. Dans la substance fondamentale homogène du tissu muqueux, se forment, aux dépens des cellules, des faisceaux de fibrilles conjonctives, consistant en une substance colloïdale qui, par la coction, fournit de la gélatine. Ces faisceaux de fibrilles, primitivement clairsemés, deviennent de plus en plus nombreux dans la suite du développement. Le tissu muqueux donne donc progressivement naissance à des formes de transition, désignées sous le nom de tissu conjonctif embryonnaire, qui finissent, à leur tour, par se transformer en un tissu conjonctif, consistant presque exclusivement en faisceaux de fibrilles et en cellules dont elles proviennent. Le rôle que joue ce tissu fibrillaire dans l'organisme varie beaucoup, selon que ses faisceaux de fibrilles s'entrecroisent irrégulièrement en tous sens, ou selon qu'ils sont disposés parallèlement les uns aux autres de façon à constituer des cordons ou des lamelles. De là la formation de tissus conjonctifs très divers, selon qu'ils sont en relation avec tel ou tel organe provenant des feuillets germinatifs. Ici apparaît une charpente conjonctive, sur laquelle reposent des couches épithéliales étalées en surface : c'est le cas pour le derme cutané, le tissu conjonctif sous-cutané, le derme des muqueuses et celui des séreuses. Là, le tissu conjonctif se continue avec des muscles striés : grâce à la traction que ces derniers exercent sur lui en se contractant, il constitue des fascicules fibreux résistants, parallèles, qui forment les tendons et les aponévroses. Ailleurs encore il donne naissance à des lamelles conjonctives, ligaments intermusculaires et tissu conjonctif intra-musculaire, qui servent à envelopper les muscles ou à les diviser en faisceaux musculaires.

Le second produit de transformation du mésenchyme primaire, le cartilage, se développe un peu différemment. En certains points du tissu muqueux embryonnaire, les cellules se mettent à proliférer et sécrètent de la chondrine, substance fondamentale du cartilage, qui se dépose entre elles. Le tissu cartilagineux, ainsi formé, est beaucoup plus résistant que le tissu muqueux et le tissu fibrillaire. Il se distingue nettement des tissus plus mous qui l'environnent et acquiert des fonctions spéciales, en raison de ses caractères physiques particuliers. Il sert à maintenir ouverts certains canaux (cartilages du larynx et de l'arbre bronchique); il fournit des organes de protection importants (capsule cranienne cartilagineuse, capsule du labyrinthe, paroi du canal rachidien, etc.); il sert de soutien à des dépendances de la surface du corps (squelette cartilagineux des membres, rayons branchiaux, etc.). Il donne en même temps insertion aux muscles logés à l'intérieur du mésenchyme. De cette façon, par différenciation histologique, naît un appareil squelettique spécial, qui se complique au fur et à mesure qu'il acquiert des relations plus nombreuses avec la musculature.

Le tissu cartilagineux et le tissu conjonctif peuvent enfin subir une nouvelle différenciation histologique. Ils peuvent sécréter des sels calcaires et se transformer en *tissu osseux*, dernière forme de la substance conjonctive. *Il y a donc des os qui procèdent d'une ébauche cartilagineuse et d'autres qui se forment aux dépens du tissu conjonctif.* Ces éléments donnent à l'appareil squelettique des vertébrés son ultime perfectionnement.

Mais les phénomènes de différenciation histologique que nous venons de faire connaître et qui déterminent déjà un polymorphisme si remarquable du mésenchyme, ne sont pas les seuls qui s'accomplissent dans ce tissu. Il se développe encore, dans la substance fondamentale du tissu muqueux ou du tissu conjonctif, des canaux et des lacunes dans lesquels circulent le sang et la lymphe. Le mésenchyme joue donc encore un rôle important dans la nutrition de l'organisme : il amène aux différents organes les sucs nutritifs, en même temps qu'il en élimine les produits de désassimilation des tissus et les éléments non assimilables. Ce système de canaux et de lacunes a donné lieu à la formation d'un appareil très complexe. Cet appareil consiste en des artères et des veines, qui deviennent de plus en plus volumineuses, et dont les parois, lorsqu'elles sont épaisses, présentent une texture spéciale, des fibres musculaires lisses et des fibres élastiques, et comprennent alors trois couches distinctes : une tunique interne, une tunique moyenne et une tunique externe ou adventice. Une petite partie de ce système vasculaire, caractérisée par l'abondance particulière de ses cellules musculaires, est devenue un organe spécial, le cœur, destiné à mettre en mouvement le sang contenu dans les vaisseaux. Les éléments figurés, globules du sang et cellules lymphatiques, tenus en suspension dans le sang et la lymphe, doivent nécessairement être renouvelés d'autant plus fréquemment que la nutrition est plus active. Cette circonstance a déterminé la formation d'organes spéciaux affectés au développement des corpuscules lymphatiques. En différents points du trajet des espaces et vaisseaux lymphatiques, il se produit dans le tissu conjonctif des proliférations cellulaires particulièrement intenses. Dans ces organes, la substance fondamentale du tissu conjonctif subit aussi une modification spéciale : il se transforme en tissu adénoïde ou réticulé. Quant aux cellules nombreuses qui s'y développent, elles passent progressivement dans les vaisseaux lymphatiques environnants. Selon que ces organes lymphoïdes prennent une texture plus simple ou plus complexe, ils constituent des follicules lymphatiques, des ganglions lymphatiques ou la rate.

Enfin, il se forme en des points très nombreux du feuillet intermédiaire, notamment dans toute l'étendue du tube digestif, du tissu musculaire lisse.

Maintenant que nous avons fait cette courte digression sur les processus de différenciation du mésenchyme, qui sont surtout de nature histologique, passons à l'étude du développement spécial des organes qui dérivent de ce feuillet : le système vasculaire et le système squelettique.

PREMIÈRE PARTIE

Développement du système vasculaire.

Nous avons parlé, dans la première partie de cet ouvrage, de la toute première ébauche des vaisseaux sanguins et du sang. Nous nous occuperons spécialement ici de la formation du cœur et des principaux troncs vasculaires, ainsi que de la façon dont s'accomplit la circulation pendant les diverses phases de l'ontogenèse, ce qui dépend de la disposition des enveloppes fœtales. Nous étudierons d'abord les premiers stades du développement du système vasculaire; puis, ses transformations ultérieures jusqu'à sa constitution chez l'adulte.

A. — Premiers stades du développement du système vasculaire.

1. — Cœur.

Le système vasculaire des vertébrés peut se ramener à une disposition très simple : à deux gros vaisseaux sanguins, qui courent parallèlement à l'axe longitudinal du corps, l'un au-dessus et l'autre au-dessous du tube digestif. Le vaisseau dorsal, l'aorte, est situé le long de l'insertion du mésentère dorsal. L'autre vaisseau, logé dans le mésentère ventral aussi longtemps que ce mésentère existe, se transforme presque entièrement en le cœur. Le cœur n'est, en effet, qu'une partie du gros vaisseau ventral, dont les parois musculaires prennent un développement spécial.

La première ébauche du cœur se forme suivant deux types différents, dont l'un se réalise chez les sélaciens, les ganoïdes, les amphibiens et les cyclostomes, tandis que l'autre se manifeste chez les poissons osseux et les amniotes.

Pour décrire le *premier type*, nous choisirons comme exemple le développement du cœur des amphibiens, dont RABL et SCHWINK nous ont fourni une description détaillée.

Chez les amphibiens, le cœur apparaît dans la partie antérieure du corps, au-dessous de l'intestin céphalique (fig. 371 et 372). Le cœlome

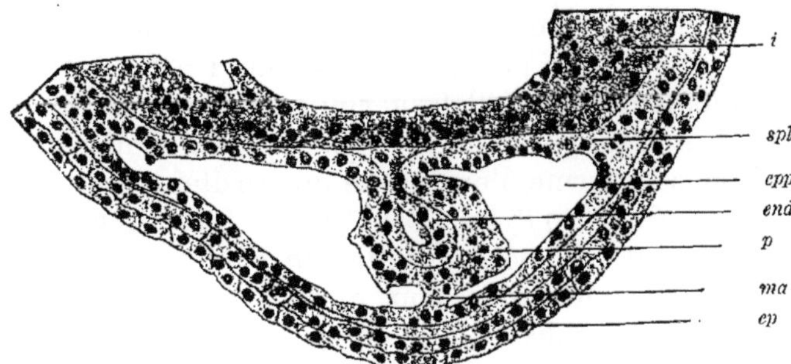

Fig. 371. — *Coupe transversale de la région du cœur, chez un embryon de Salamandra maculosa, dont le quatrième arc branchial est formé*, d'après RABL.
i, épithélium du tube digestif; *spl*, splanchnopleure; *ep*, épiderme; *cpp*, cavité pleuro-péricardique (partie antérieure du cœlome); *end*, endocarde; *p*, péricarde; *ma*, mésocarde antérieur.

de l'embryon (*cpp*) s'étend jusqu'en cette région et se présente à la coupe transversale, sous la forme d'une fente, à droite et à gauche du plan médian. Les deux moitiés du cœlome sont séparées par un mésentère ventral (*ma*), qui réunit la paroi inférieure de l'intestin céphalique (*i*) à la paroi du corps. Si nous examinons de plus près le mésentère ventral, nous constatons qu'en son milieu les deux feuillets moyens qui le constituent sont légèrement écartés l'un de l'autre et laissent apparaître une petite cavité (*cc*) : c'est la cavité cardiaque primitive. Cette cavité est délimitée par une simple rangée de cellules, qui deviendra plus tard l'endocarde, (*end*) (1). En dehors de l'endocarde, les cellules du feuillet moyen sont épaissies : c'est à leurs dépens que se formeront la couche musculaire du cœur (myocarde) et le feuillet viscéral du péricarde. L'ébauche du cœur est réunie : d'une part, à l'intestin céphalique (*i*) et, d'autre part, à la paroi du corps, par le restant du mésentère ventral. On donne à ces deux parties, amincies, du mésentère ventral, respectivement le nom de mésocarde postérieur ou dorsal (*mp*) et de mésocarde antérieur ou ventral (*ma*). A ce stade il ne peut être encore question d'une cavité péricardique, à moins que nous ne donnions ce nom à la partie antérieure du cœlome, qui effectivement donnera ultérieurement naissance à cette cavité.

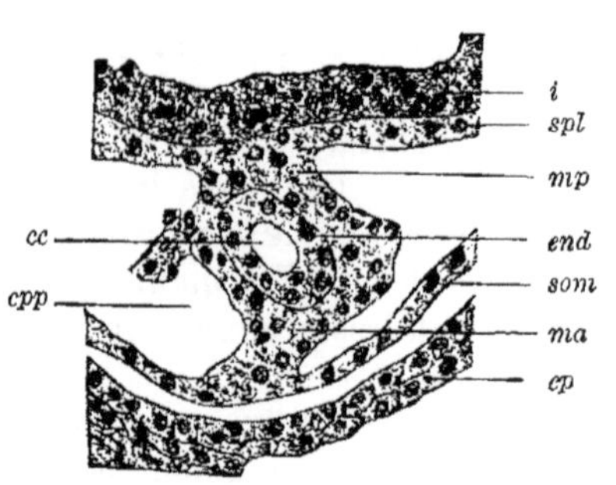

Fig. 372. — *Autre coupe transversale du même embryon*, d'après RABL.
i, *spl*, *ep*, *cpp*, *end*, *p* et *ma*, comme dans la fig. 371; *cc*, cavité cardiaque; *mp*, mésocarde postérieur.

Dans le *second type* de développement, le cœur se forme aux dépens de deux moitiés latérales, primitivement très distantes l'une de l'autre. C'est ce que nous constatons chez le poulet et le lapin par exemple.

Chez le poulet, les premières traces de l'ébauche du cœur se montrent déjà lorsque l'embryon ne possède encore que 4 à 6 segments primordiaux. A ce moment les feuillets germinatifs sont encore étalés sous forme de lamelles; seule l'extrémité céphalique de l'embryon commence à se séparer sous la forme d'une petite tubérosité. L'intestin céphalique n'est donc encore que tout au début de sa formation. Comme nous l'avons dit plus haut, la cavité digestive du poulet se forme par rapprochement suivi de soudure des deux moitiés de la lame splanchnique. Au sommet des deux replis de la lame splanchnique (fig. 373, A, *r*) on observe un léger épaississement de la splanchnopleure (*spl*), qui est dû à ce que les cellules épithéliales sont plus allongées en ce point. Entre cet épaississement et le feuillet glandulaire de l'intestin se trouve interposée une couche de tissu muqueux. Quelques cellules isolées de ce tissu prennent plus tard (*end*) un aspect endothélial et se transforment en la paroi d'une petite cavité, qui est la cavité cardiaque primitive. Pendant que les deux replis de la lame splanchnique se rapprochent l'un de l'autre, les deux tubes endothéliaux se dilatent et repoussent devant soi la partie épaissie de la splanchnopleure. Il en résulte la formation d'une légère saillie proéminant dans le cœlome primitif. Le cœlome s'étend, en effet, chez les vertébrés supérieurs comme chez les

(1) En ce qui concerne l'origine du tube endocardique, voir ce que nous en avons dit page 237.

amphibiens, jusqu'au dernier arc branchial. Dans cette partie de son étendue on lui donne le nom de cavité cervicale ou de cavité pariétale.

Chez un embryon plus avancé (fig. 373, B) les deux replis de la lame splanchnique sont juxtaposés par leur sommet dans le plan médian : il en résulte naturellement que les deux tubes cardiaques ou endocar-

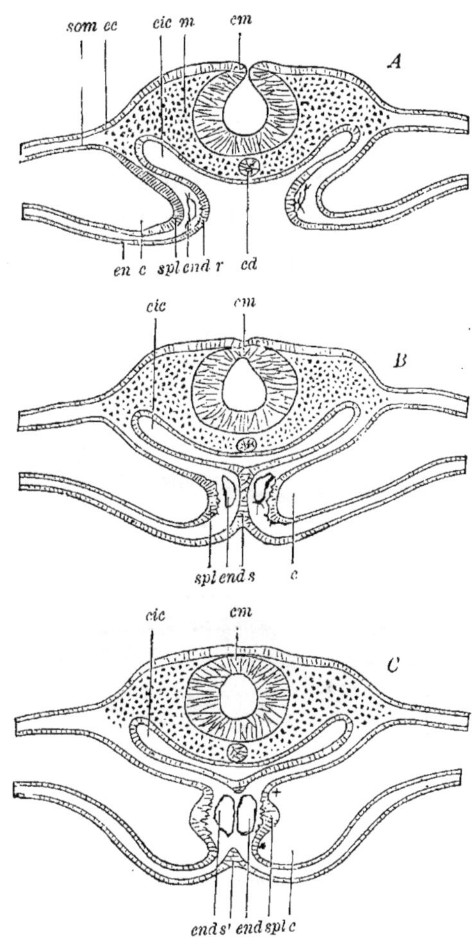

Fig. 373. — *Figures schématiques, destinées à faire comprendre le mode de formation du cœur chez le poulet.*

cm, canal médullaire ; *c*, cœlome ; *cic*, cavité de l'intestin céphalique ; *r*, repli de la lame splanchnique, à l'intérieur duquel se trouve logé le tube endocardique *end ; cd*, corde dorsale ; *m*, mésenchyme de la tête ; *ec*, ectoderme ; *en*, endoderme secondaire ; *som*, somatopleure ; *spl*, épaississement de la splanchnopleure, aux dépens duquel se forment le myocarde et le feuillet viscéral du péricarde ; *s*, suture résultant du fusionnement de l'endoderme secondaire des deux replis de la lame splanchnique ; *s'*, rudiment de la suture ; †, mésocarde postérieur ou dorsal ; *, mésocarde antérieur ou ventral.

A. Le premier stade nous montre le plissement de la lame splanchnique, qui donne naissance à la cavité de l'intestin céphalique. Au sommet des deux replis, on distingue les deux tubes endocardiques dans l'espace compris entre l'endoderme secondaire et la splanchnopleure.

B. Stade un peu plus avancé. L'endoderme secondaire des deux replis de la lame splanchnique (A, *r*) forme une suture médiane (*s*) : il en résulte que les deux tubes endocardiques se sont rapprochés de la ligne médiane, au-dessous de l'intestin céphalique.

C. Stade plus avancé encore. La suture endodermique (B, *s*) a disparu ; on n'en trouve plus que des rudiments (*s'*). Il en résulte que les deux tubes endocardiques sont juxtaposés dans le plan médian. Un peu plus tard ils se fusionneront en un tube unique. Ils sont logés à l'intérieur d'un mésocarde, qui comprend une partie dorsale (mésocarde dorsal †) et une partie ventrale (mésocarde ventral *). Le mésoderme divise, en ce moment, le cœlome en deux moitiés latérales.

diques sont aussi très rapprochés l'un de l'autre. Puis, il se produit une soudure des deux couches endodermiques en contact.

Ainsi se forme, dans le plan médian (fig. 373, B), sous la corde dorsale (*cd*), la cavité de l'intestin céphalique (*cic*). Elle se sépare ensuite du restant de l'endoderme secondaire (fig. 373, C, *s'*), qui reste appliqué à la surface du vitellus et contribue à former la paroi du sac vitellin. Sous la cavité de l'intestin céphalique, les deux tubes endocardiques finissent par être appliqués l'un contre l'autre dans le plan médian, en même temps qu'ils ne sont plus séparés que par leurs parois endothéliales accolées. Elles se résorbent plus tard, de sorte que les deux tubes se fusionnent alors en un seul. Ce tube cardiaque unique est extérieurement revêtu par la splanchnopleure (*spl*), dont les cellules, à ce niveau, se distinguent par leur longueur plus considérable et donneront naissance au myocarde et au feuillet viscéral du péricarde. L'endothélium du tube cardiaque ne fournit que l'endocarde.

Toute l'ébauche du cœur est logée, comme chez les amphibiens, à l'intérieur d'un mésentère ventral, dont la partie supérieure (fig. 373, C +), tendue entre le cœur et l'intestin céphalique, constitue le mésocarde postérieur ou dorsal, tandis que la partie inférieure (*) constitue le mésocarde antérieur ou ventral. Chez l'embryon du poulet, le mésocarde antérieur ne tarde pas à s'atrophier, lorsque le tube cardiaque commence à s'allonger et à prendre la forme d'un S recourbé.

Des dispositions semblables se réalisent chez l'embryon du lapin, pendant le huitième et le neuvième jour. Les deux ébauches primitives du cœur apparaissent même plus tôt encore que chez le poulet. On les trouve déjà formées au moment où le feuillet glandulaire de l'intestin

Fig. 374.

Fig. 375.

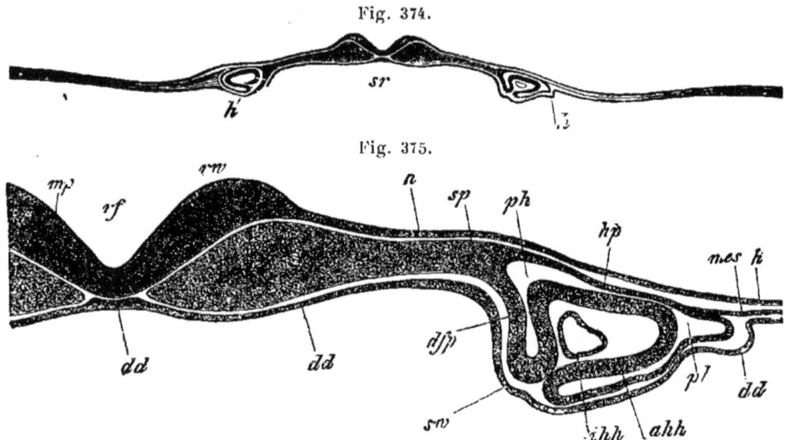

Fig. 374 et 375. — *Coupe transversale de la tête chez un embryon de lapin, arrivé au stade représenté par la fig. 376*, d'après Kölliker.

La fig. 375 n'est qu'une partie de la fig. 374, vue à un plus fort grossissement.

rf, gouttière médullaire ou sillon dorsal; *mp*, plaque médullaire; *rw*, bourrelet médullaire; *h*, ectoderme; *dd*, endoderme secondaire; *dd'*, épaississement de l'endoderme secondaire constituant l'ébauche de la corde dorsale; *sp*, partie indivise du mésoderme; *hp*, somatopleure; *dfp*, splanchnopleure; *ph*, portion péricardique du cœlome (cavité péricardique); *ahh*, myocarde; *ihh*, tube endocardique; *mes*, partie externe, indivise, du mésoderme; *sw*, repli de la lame splanchnique qui contribuera à former le plancher de l'intestin céphalique.

n'a pas encore commencé à se plisser. Sur une coupe transversale (fig. 375), on voit, à quelque distance du plan médian, la lame splanchnique séparée de la lame somatique, sur une petite étendue, par une mince fente (*ph*), qui n'est que l'extrémité antérieure du cœlome primitif. Là, la splanchnopleure (*ahh*) est aussi légèrement soulevée et séparée de l'endoderme secondaire (*sw*) : elle fait saillie à l'intérieur du cœlome (*ph*). Entre la splanchnopleure et l'endoderme secondaire se trouve une petite cavité, délimitée par un endothélium (*ihh*) : c'est le sac ou tube cardiaque primitif. Au moment où elles commencent à se former, les deux moitiés du cœur sont donc très éloignées l'une de l'autre. Elles sont désignées par la lettre *h*, dans la figure 374 (coupe transversale) et dans la figure 376 (vue de face). Plus tard, elles se rapprochent comme chez le poulet, à la suite du plissement des deux moitiés de la lame splanchnique, et viennent se placer au-dessous de l'intestin céphalique, où elles se fusionnent en un tube cardiaque unique et médian, rattaché au tube digestif et à la paroi du corps par un mésocarde dorsal et par un mésocarde ventral.

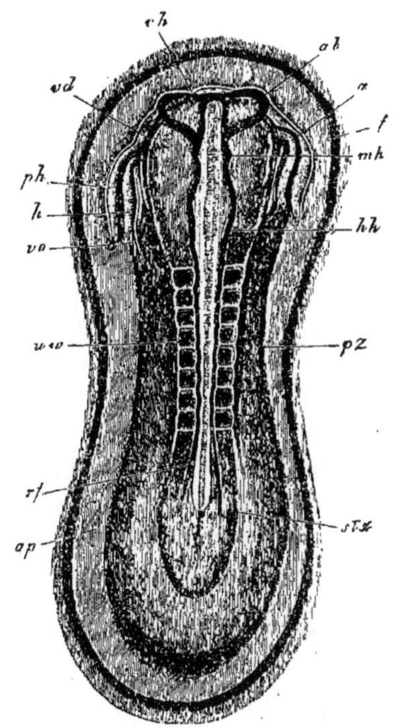

Fig. 376. — *Embryon de lapin de 9 jours, vu par sa face dorsale*, d'après Kölliker. Grossissement : 21 diamètres.

On distingue la zone rachidienne (*stz*) et la zone pariétale (*pz*). Dans la première, existent, sur les côtés de la corde dorsale et du système nerveux central, les ébauches de huit paires de segments primordiaux.

ap, aire transparente; *rf*, sillon dorsal; *vh*, cerveau antérieur; *ab*, vésicules optiques primaires; *mh*, cerveau moyen; *hh*, cerveau postérieur; *uw*, segment primordial; *stz*, zone rachidienne; *pz*, zone pariétale; *h*, cœur; *ph*, portion péricardique du cœlome; *vd*, bord de l'orifice intestinal antérieur vu par transparence; *af*, repli amniotique; *vo*, veine omphalo-mésentérique.

La question qui se pose maintenant est celle-ci : quelles sont les relations qui existent entre les deux modes de formation du cœur? *L'ébauche unique du cœur, que l'on trouve chez les vertébrés inférieurs, doit être considérée comme la forme primitive. Il est facile d'y rattacher le mode de formation aux dépens d'une ébauche double, bien qu'il semble, à première vue, en différer radicalement.*

Le tube cardiaque ne peut être simple, au début, chez les vertébrés supérieurs, parce que, lors de sa formation, l'intestin céphalique n'existe pas encore, l'ébauche de cet organe étant représentée par l'endoderme secondaire étalé en surface. Les éléments qui formeront plus tard le plancher de l'intestin céphalique, éléments dans lesquels se développe le cœur, sont encore séparés : ils sont situés, à droite et à gauche, à quelque distance du plan médian. Si donc le cœur doit se former à ce stade du développement, son ébauche doit nécessairement être double, composée de deux moitiés qui ne peuvent se réunir que lorsque l'intestin céphalique sera fermé à sa face ventrale. De là la nécessité d'une ébauche double primitive.

Quel que soit son mode de formation, dans l'un comme dans l'autre cas, le cœur constitue longtemps un organe rectiligne, situé au-dessous de l'intestin céphalique. Il se compose de deux tubes emboîtés, séparés par une couche de substance fondamentale muqueuse. Le tube endothélial interne devient l'endocarde; le tube externe, qui dérive de la splanchnopleure, forme le myocarde et le feuillet viscéral du péricarde.

2. — Premiers stades du développement des gros troncs vasculaires. Circulation vitelline, circulation allantoïdienne et placentaire.

Par son extrémité antérieure aussi bien que par son extrémité postérieure, le cœur se continue avec des troncs vasculaires, qui sont formés en même temps que lui. L'extrémité antérieure ou artérielle du tube cardiaque se continue avec un vaisseau impair, appelé *tronc artériel*, qui s'avance au-dessous de l'intestin céphalique. Au niveau du premier arc branchial, il se divise en deux branches, qui contournent les parois latérales de l'intestin céphalique, l'une à droite et l'autre à gauche. Arrivées à la face dorsale de l'embryon, elles se dirigent d'avant en arrière jusqu'à l'extrémité de la queue. Ces deux vaisseaux dorsaux sont les *aortes primitives* (fig. 153 et 162, *ao*). Elles courent entre les segments primordiaux, au-dessus du tube digestif, l'une à droite et l'autre à gauche de la corde dorsale. Les aortes primitives fournissent des branches collatérales, et notamment, chez les amniotes, les *artères omphalo-mésentériques*. Ces dernières, qui se distinguent par leur fort calibre, se distribuent dans la paroi du sac vitellin : elles amènent la majeure partie du sang provenant des deux aortes primitives dans l'aire vasculaire, où s'accomplit la circulation vitelline.

Chez le poulet, qui fait plus spécialement l'objet de cette description, les deux artères vitellines ou omphalo-mésentériques (fig. 377, *R. Of. A*, *L. of. A*) naissent de l'aorte à quelque distance de sa portion caudale. Elles sortent, entre l'endoderme secondaire et la splanchnopleure, hors de l'aire embryonnaire et pénètrent dans l'aire transparente, qu'elles traversent pour aller se ramifier dans l'aire vasculaire. Là, elles se résolvent en un réseau serré de petits vaisseaux qui, comme le montre la coupe représentée par la figure 162, se trouvent situés dans le mésenchyme entre l'endoderme secondaire et la splanchnopleure. Ce réseau est délimité extérieurement par un vaisseau circulaire très net, le sinus terminal (fig. 377, *ST*), situé à la limite entre l'aire vasculaire et l'aire vitelline. Le sinus terminal forme un anneau fermé de toutes parts, sauf en avant, là où s'est formé le capuchon céphalique de l'amnios.

Le sang amené par les artères vitellines dans l'aire vasculaire est recueilli par plusieurs troncs veineux assez volumineux qui le ramènent au cœur de l'embryon. De la partie antérieure du sinus terminal il passe dans les deux *veines vitellines antérieures*, qui courent directement d'avant en arrière, à droite et à gauche de l'aire embryonnaire, et qui reçoivent aussi des branches collatérales émanant du réseau vasculaire. De la partie postérieure du sinus terminal le sang passe dans les deux *veines vitellines postérieures*, dont la droite est plus développée que la gauche. La veine vitelline postérieure gauche s'atrophie ensuite

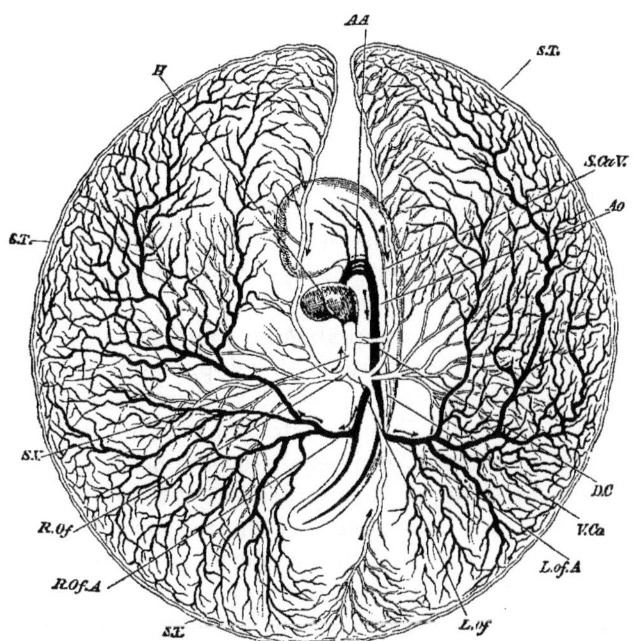

Fig. 377. — *Schéma montrant la disposition du système vasculaire du sac vitellin, à la fin du troisième jour de l'incubation chez le poulet*, d'après BALFOUR.

Le disque germinatif tout entier a été détaché de l'œuf : il est vu par sa face inférieure. Il en résulte que la moitié droite de la figure représente en réalité la moitié gauche du disque et réciproquement. La partie de l'aire opaque, dans laquelle s'est formé le riche vaisseau vasculaire, est nettement délimitée en dehors par le sinus terminal ; elle constitue l'aire vasculaire. Immédiatement en dehors du sinus terminal commence l'aire vitelline. La partie du disque germinatif qui entoure immédiatement l'embryon ne renferme pas de réseau vasculaire ; elle constitue comme précédemment l'aire transparente.

H, cœur ; *AA*, arcs aortiques ; *Ao*, aorte dorsale ; *L.of.A*, artère vitelline gauche ; *R.Of.A*, artère vitelline droite ; *S.T*, sinus terminal ; *L.of*, veine vitelline gauche ; *R.Of*, veine vitelline droite ; *S.V*, sinus veineux ; *D.C*, canal de Cuvier ; *S.Ca.V*, veine cardinale supérieure ; *V.ca*, veine cardinale inférieure. Les veines sont indiquées par leurs contours ; les artères sont figurées par de forts traits noirs.

de plus en plus. Enfin, il existe encore plusieurs *veines vitellines latérales*. Toutes les veines vitellines se réunissent au milieu du corps de l'embryon, de chaque côté de la ligne médiane, en un tronc volumineux, la *veine omphalo-mésentérique ou vitelline* (*R.Of* et *L.of*). Les deux veines vitellines, ainsi formées, se continuent enfin avec l'extrémité postérieure du cœur (*H*).

Chez le poulet, dès le second jour de l'incubation, on commence à constater une *circulation du sang* dans l'aire vasculaire. A ce moment, le sang consiste encore en un liquide clair, qui ne renferme qu'un petit nombre d'éléments figurés. En effet, la plupart des corpuscules du sang sont encore réunis en amas contre les parois des vaisseaux. Ils forment les *îlots sanguins* (fig. 160), dont nous avons parlé précédemment et qui se présentent dans l'aire vasculaire comme des taches rouges. Les *contractions du cœur*, qui mettent le sang en mouvement, sont au début très lentes; mais elles deviennent ensuite de plus en plus fréquentes. D'après Preyer on compte alors en moyenne 139 à 150 pulsations par minute. Leur fréquence varie d'ailleurs avec les circonstances extérieures. C'est ainsi qu'elle augmente quand la température du milieu d'incubation s'élève; elle diminue, au contraire, lorsque cette température s'abaisse, ou bien si l'on ouvre la coque de l'œuf pour observer l'embryon. Au moment où le cœur commence à pulser, il n'existe pas encore de fibrilles musculaires dans le myocarde. C'est là un fait intéressant parce qu'il prouve que des cellules exclusivement protoplasmiques et pas encore différenciées peuvent exécuter des contractions rythmiques, régulières.

A la fin du troisième et du quatrième jour chez le poulet, la circulation vitelline est à son maximum de développement et elle a subi encore quelques modifications peu importantes. C'est ainsi qu'au lieu d'un simple réseau vasculaire, il en existe deux : l'un, artériel, et l'autre, veineux. Le réseau artériel, qui reçoit le sang des artères vitellines, est plus profondément situé, plus rapproché du vitellus; le réseau veineux, au contraire, est plus superficiel et en rapports immédiats avec la splanchnopleure. La veine vitelline postérieure droite est beaucoup plus volumineuse que la gauche. Le sang qui circule se caractérise par sa richesse en corpuscules rouges, en même temps que les îlots sanguins ont complètement disparu.

Le rôle de la circulation vitelline est double. D'une part, elle sert à fournir de l'oxygène au sang, ce qui est facilité par cette circonstance que le réseau vasculaire est superficiellement étalé. D'autre part, elle amène à l'embryon des substances nutritives. Les éléments vitellins situés au-dessous de l'endoderme secondaire se désagrègent, se dissolvent et sont recueillis par les vaisseaux sanguins qui les amènent à l'embryon. Là ils servent à nourrir les cellules en voie de division. De cette façon, le corps de l'embryon peut s'accroître aux dépens du vitellus renfermé dans le sac vitellin.

Les vaisseaux de l'aire vasculaire des mammifères présentent, d'une façon générale, la même disposition que chez le poulet. Les différences ne sont que secondaires et nous croyons ne pas devoir les mentionner. Cependant il est une question qui surgit ici. Quelle peut être la signification d'une circulation vitelline chez les mammifères (fig. 181, *ds*) alors que leur œuf ne renferme que bien peu de vitellus?

Deux circonstances doivent être prises en considération. C'est d'abord que primitivement les œufs des mammifères renfermaient probablement autant de vitellus que ceux des reptiles (voir p. 272). C'est qu'ensuite la vésicule blastodermique résultant de la segmentation de l'œuf prend bientôt un volume important et que sa cavité se remplit d'un liquide albuminoïde, sécrété par les parois de la matrice. Les vaisseaux vitellins peuvent, par conséquent, y puiser des éléments nutritifs qu'ils ramènent à l'embryon jusqu'au moment où une nutrition plus favorable s'opère par le placenta.

Indépendamment des vaisseaux vitellins il se forme, chez les vertébrés supérieurs, *un second système vasculaire qui se développe en dehors de l'embryon dans les enveloppes fœtales.* Ces vaisseaux restent longtemps beaucoup plus développés que ceux de l'embryon proprement dit. Ils servent à la *circulation allantoïdienne* chez les oiseaux et les reptiles, à la *circulation placentaire* chez les mammifères.

Lorsque, chez le poulet, l'allantoïde (pl. I, fig. 5, *al*) s'est formée par évagination de la paroi inférieure de l'intestin terminal et qu'elle s'est transformée en une vésicule de plus en plus volumineuse, qui s'engage par l'ombilic abdominal à l'intérieur du cœlome extra-embryonnaire, entre la séreuse de von Baer et le sac vitellin, alors il apparaît dans sa paroi deux vaisseaux sanguins, provenant de l'extrémité des deux aortes primitives. Ce sont les *artères ombilicales*. Elles se résolvent en un réseau capillaire à mailles étroites. Le sang qui a circulé dans ce réseau est recueilli par les deux *veines ombilicales* qui, arrivées à l'ombilic, s'unissent aux deux canaux de Cuvier (p. 645). Des canaux de Cuvier le sang est amené dans le sinus veineux. Bientôt l'extrémité cardiaque de la veine ombilicale droite s'atrophie; ses branches collatérales s'unissent à la veine gauche, qui devient ainsi beaucoup plus volumineuse. En même temps la veine ombilicale gauche cesse de s'ouvrir dans le canal de Cuvier, parce qu'elle envoie à la veine hépatique efférente gauche, une anastomose, qui devient ensuite de plus en plus volumineuse et qui finit par recevoir le courant sanguin tout entier. Alors la veine ombilicale gauche s'ouvre directement dans le sinus veineux avec la veine hépatique efférente gauche, au niveau du bord postérieur du foie (Hochstetter).

Dans le cours du développement, le calibre des veines ombilicales est d'autant moindre que celui des veines vitellines est plus grand, et inversement. Tant que la circulation vitelline est bien développée, les veines ombilicales ne sont que des vaisseaux insignifiants; mais, plus tard, elles se développent en même temps que l'allantoïde, tandis que les veines omphalo-mésentériques s'atrophient de plus en plus, au fur et à mesure que le sac vitellin se réduit.

Chez les reptiles et les oiseaux, *la circulation allantoïdienne sert à la respiration*. Lorsque l'allantoïde a atteint son maximum de développement, elle s'accole, chez le poulet par exemple, à la séreuse de von Baer, s'étale au voisinage de la chambre à air et sous l'écaille, de telle sorte que le sang qui circule peut subir l'hématose au contact de l'air atmosphérique. Son rôle dans la respiration cesse au moment où le poulet, rompant avec son bec les enveloppes qui l'entourent, respire directement l'air contenu dans la chambre à air. Alors les phénomènes circulatoires changent : les poumons peuvent recevoir une plus grande quantité de sang, ce qui détermine l'atrophie des vaisseaux ombilicaux (voir p. 270).

La *circulation allantoïdienne ou placentaire* joue un rôle plus important encore *chez les mammifères* (fig. 188, *Al*). Les deux artères ombilicales amènent le sang au placenta. Là le sang se charge d'oxygène et de substances nutritives; puis il revient au cœur de l'embryon; au début il y est ramené par deux veines ombilicales; plus tard, par une seule (p. 651).

B. — Développement ultérieur du système vasculaire.

1. — Transformation du tube cardiaque.

Comme nous l'avons dit précédemment, le cœur des vertébrés constitue primitivement un tube droit. Il en est ainsi pendant une courte période du développement. Son extrémité antérieure se continue avec les deux arcs aortiques primitifs, tandis qu'à son extrémité postérieure il reçoit les deux veines omphalo-mésentériques. Le tube cardiaque est situé immédiatement en arrière de la tête, à la face ventrale de la région cervicale (fig. 378, *c*), à l'intérieur d'un prolongement du cœlome (cavité pariétale ou cervicale). Il est fixé dans la cavité pariétale par un méso qui ne persiste pas longtemps et qui se trouve tendu entre le tube digestif et la paroi antérieure du cou. Ce méso est divisé par le tube cardiaque lui-même en une partie dorsale (mésocarde postérieur) et en une partie ventrale (mésocarde antérieur).

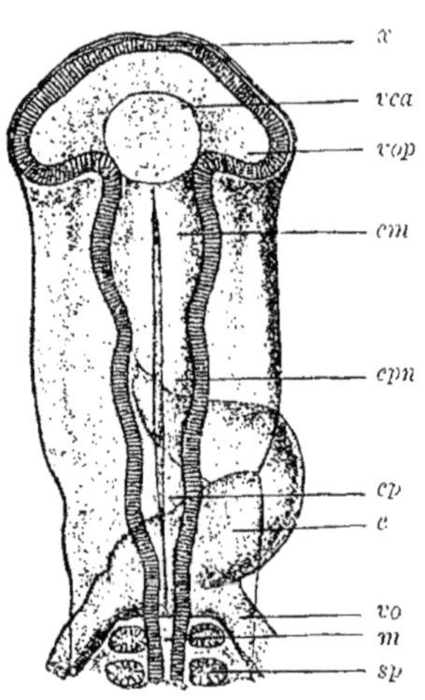

Fig. 378. — *Tête d'un embryon de poulet de 58 heures, vue par sa face dorsale, à la lumière réfléchie,* 40 diam., d'après Mihalkovics. Le cerveau est divisé en quatre vésicules.

x, paroi antérieure de la vésicule cérébrale antérieure : elle s'évaginera plus tard pour former le cerveau antérieur; *vca*, vésicule cérébrale antérieure; *vop*, vésicule optique primaire; *cm*, vésicule cérébrale moyenne; *cpn*, ébauche du cervelet; *cp*, cerveau postérieur; *c*, cœur; *vo*, veine omphalo-mésentérique; *m*, moelle épinière; *sp*, segment primordial. Le cœur se voit par transparence sous la dernière vésicule cérébrale.

Pendant les premiers stades du développement, le cœur s'allonge considérablement. Il en résulte qu'il ne trouve bientôt plus de place pour se loger en ligne droite dans la cavité pariétale. Il se contourne alors et prend la forme d'une *anse recourbée en* S (fig. 378). Il occupe, en ce moment, dans la région cervicale, une position telle que l'une des courbures de l'S, celle qui reçoit les veines vitellines et que nous désignerons plus brièvement sous le nom de portion veineuse, est située en arrière et à gauche, tandis que l'autre courbure de l'S, la portion artérielle, d'où partent les deux arcs aortiques primitifs, est placée en avant et à droite (fig. 379).

Bientôt cependant cette situation se modifie (fig. 379 et 387) : les deux courbures de l'S prennent une autre position l'une par rapport à l'autre. La portion veineuse se rapproche de la tête de l'embryon, tandis que la portion artérielle se meut en sens inverse : finalement, les deux

Fig. 379. Fig. 380.

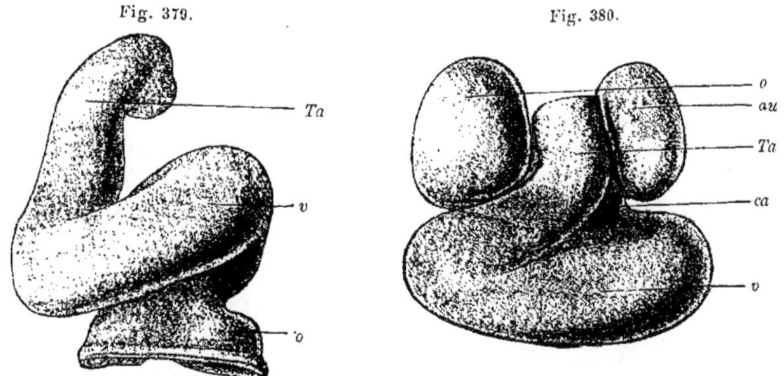

Fig. 379. — *Cœur d'un embryon humain de 2,15 mm.* (embryon *Lg* de His).
v, ventricule ; *Ta*, tronc artériel ; *o*, extrémité de la portion veineuse du tube cardiaque recourbé en S.

Fig. 380. — *Cœur d'un embryon humain de 4,3 mm.* (embryon *Bl* de His).
v, ventricule ; *Ta*, tronc artériel ; *ca*, canal auriculaire ; *o*, oreillette avec les auricules (*au*).

portions du cœur se trouvent à peu près dans un même plan transversal. En outre, elles se tordent pour ainsi dire autour de l'axe longitudinal de l'embryon, de telle sorte que la portion veineuse devient dorsale et la portion artérielle, ventrale. Il en résulte que, quand on examine le cœur par sa face antérieure ou ventrale, les deux parties de l'organe se recouvrent. Ce n'est qu'en le regardant de profil que le tube cardiaque montre nettement sa forme en S.

A la suite de l'accroissement du tube cardiaque, la partie antérieure du cœlome proémine fortement à la face ventrale du corps de l'embryon (fig. 214 et fig. 388). Comme le cœur la remplit complètement et qu'il n'est revêtu que par la peau du tronc, membrane mince, transparente et accolée intimement contre lui (membrane réunissante inférieure de Rathke), il en résulte qu'il semble être situé tout à fait en dehors du corps de l'embryon,

Lorsque le tube cardiaque a subi toutes ces torsions, il se différencie en plusieurs parties placées les unes derrière les autres (fig. 380 et 382). Entre la portion veineuse et la portion artérielle, que nous pouvons dès maintenant appeler respectivement l'*oreillette* (*o*) et le *ventricule* (*v*), se forme un rétrécissement profond (*ca*), que Haller a désigné sous le nom de *canal auriculaire*. L'oreillette affecte en outre une forme bizarre : ses parois latérales forment deux larges évaginations, qui sont les *auricules* (*au*). Leur bord libre, qui présente bientôt des crénelures, se recourbe en avant et entoure ensuite de plus en plus la portion artérielle du cœur, ou du moins le tronc artériel (*Ta*) et une partie de la surface du ventricule.

Le canal auriculaire (fig. 382) constitue une portion rétrécie, très distincte, du tube cardiaque. Son tube endothélial s'aplatit fortement dans le sens sagittal, jusqu'à ce que ses parois se mettent pour ainsi dire en contact. Il en résulte qu'il forme une fente transversale étroite qui fait communiquer l'oreillette avec le ventricule. C'est là que se developpent plus tard les *valvules auriculo-ventriculaires*.

L'ébauche du ventricule constitue, au début, un tube recourbé (fig. 379 et 380, *v*), qui ne tarde pas à changer de forme. En effet, il apparaît bientôt sur sa face antérieure et sur sa face postérieure un léger sillon dirigé de haut en bas : c'est le *sillon interventriculaire* (fig. 381, *si*), qui divise extérieurement le ventricule en une moitié droite et en une moitié gauche. La première est plus étroite que la seconde et se continue vers le haut avec le tronc artériel (*Ta*), dont la partie initiale, légèrement dilatée, porte le nom de *bulbe*. Entre le bulbe et le ventricule se trouve un léger rétrécissement, appelé *détroit de* Haller. Les anciens anatomistes l'avaient déjà distingué ; mais plus tard, il attira beaucoup moins l'attention, jusqu'à ce que His en eût fait ressortir la valeur. Le détroit de Haller répond, en effet, au point où se forment ultérieurement les valvules semi-lunaires ou sigmoïdes.

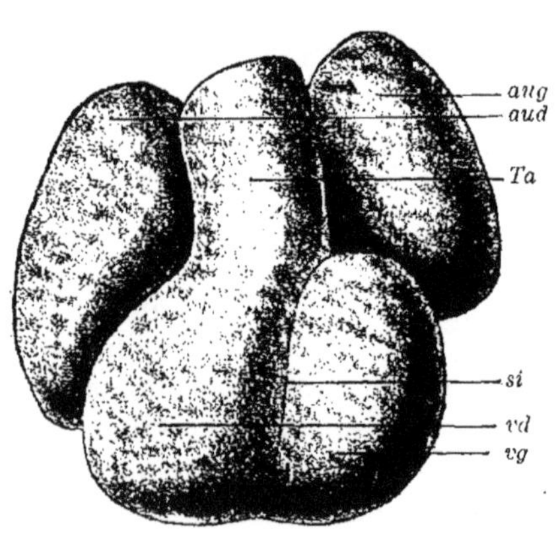

Fig. 381. — *Cœur d'un embryon humain de cinq semaines*, d'après His.
vd, ventricule droit; *vg*, ventricule gauche; *si*, sillon interventriculaire: *Ta*, tronc artériel; *aud*, auricule droite; *aug*, auricule gauche.

Pendant que s'accomplissent ces changements dans la forme extérieure du cœur, sa paroi subit aussi quelques modifications dans sa structure. Comme je l'ai dit plus haut, l'ébauche du cœur consiste au début en deux tubes emboîtés, l'un, endothélial et interne, consiste en une couche de cellules aplaties; l'autre, musculaire et externe, est formé par des cellules protoplasmiques et dérive du feuillet moyen. Ces deux tubes sont complètement séparés l'un de l'autre par un espace probablement rempli par de la substance fondamentale du tissu muqueux.

Le *tube endothélial ou endocardique* représente, d'une façon générale, l'image assez fidèle du tube musculaire : cependant les rétrécissements et les élargissements y sont plus nettement marqués. « Par sa forme il se comporte vis-à-vis du cœur tout entier, comme s'il en était le moule interne, fortement rétracté. » (His.)

Quant au *tube musculaire*, il montre déjà des faisceaux de fibrilles musculaires au moment où l'organe commence à se recourber en S. Plus tard, il se comporte différemment dans l'oreillette et dans le ventricule. La paroi musculaire de l'oreillette s'épaissit uniformément en une lame compacte appliquée immédiatement contre le tube endocardique. La paroi musculaire du ventricule est pour ainsi dire lâche. Elle consiste en de nombreuses petites travées de cellules musculaires, qui font saillie dans l'espace compris entre le tube endocardique et le tube externe, et qui s'unissent en un réseau à larges mailles (fig. 385, A). Bientôt le tube endocardique se met en relations intimes avec les travées musculaires; pour cela, il émet de nombreux petits diverticules qui s'engagent entre elles et qui tapissent chacune d'elles d'une gaine spéciale (His). Il en résulte la formation dans la paroi, devenue spongieuse, du ventricule, de nombreuses fentes tapissées par un endothélium et fermées en culs-de-sac vers la surface du cœur. Ces fentes communiquent avec la cavité centrale du ventricule et renferment, par conséquent, du sang.

Ainsi constitué, le cœur de l'embryon de l'homme et des mammifères ressemble au cœur définitif des vertébrés inférieurs, des poissons. De part et d'autre, il consiste en une oreillette, qui reçoit le sang veineux et en un ventricule, d'où partent les gros troncs artériels. A ce stade, tout comme chez les poissons, *la circulation est encore simple et unique*. Elle se modifie, tant dans la série des vertébrés que chez l'embryon des vertébrés supérieurs, avec *la formation des poumons, qui détermine un dédoublement du cœur et de la circulation.*

Cette transformation s'explique par la *situation des deux poumons* par rapport au cœur. Les poumons se développent au voisinage immédiat du cœur par évagination de l'intestin céphalique (fig. 388, *p.*) Ils reçoivent donc leur sang d'une artère située aussi au voisinage immédiat du cœur, du dernier arc aortique émanant du tronc artériel. De même le sang qui revient des poumons se rend directement au cœur par de courts vaisseaux, les veines pulmonaires, qui s'unissent primitivement, à gauche des gros troncs veineux du corps, en un tronc veineux commun (Born, Röse), lequel débouche dans l'oreillette. *Ainsi le sang qui se rend directement du cœur aux poumons revient aussi directement au cœur. Ce fait constitue la cause déterminante d'un dédoublement de la circulation. Ce dédoublement sera réalisé, lorsque le courant sanguin pulmonaire et le courant sanguin général seront séparés l'un de l'autre par des cloisons, dans la courte étendue du système vasculaire qu'ils traversent en commun, c'est-à-dire dans l'oreillette, le ventricule et le tronc artériel.*

Le dédoublement du cœur et de la circulation commence à se montrer pour la première fois, dans la série des vertébrés, chez les dipnoïdes et les amphibiens. Ce fait est dû à ce que c'est chez eux que pour la première fois aussi la respiration pulmonaire se substitue à la respiration branchiale. Chez les amniotes, ce phénomène se réalise dans le cours du développement embryonnaire. Nous avons donc maintenant à examiner de quelle façon s'accomplit, chez les mammifères et spécialement chez l'homme, d'après les récentes études de His, Born et Röse, la subdivision de l'oreillette et du ventricule en deux parties latérales ainsi que celle du tronc artériel en artère pulmonaire et en aorte. Nous étudierons de la sorte le processus qui donne au cœur sa forme définitive.

La formation des cloisons se produit séparément dans chacune des trois parties du cœur.

Voyons d'abord comment elle s'opère dans l'oreillette qui constitue longtemps la partie la plus volumineuse du cœur (fig. 382). Pendant la quatrième semaine, chez l'embryon humain, on constate un commencement de division de l'oreillette en une moitié gauche et en une moitié droite (*og*, *od*). Il apparaît à la face interne de sa paroi postérieure et de sa paroi supérieure une saillie verticale, qui constitue la première ébauche de la cloison interauriculaire (*cia*).

Les deux moitiés de l'oreillette se distinguent déjà par ce fait qu'elles reçoivent des troncs veineux différents. Le sang des veines vitellines

Fig. 382. Fig. 383.

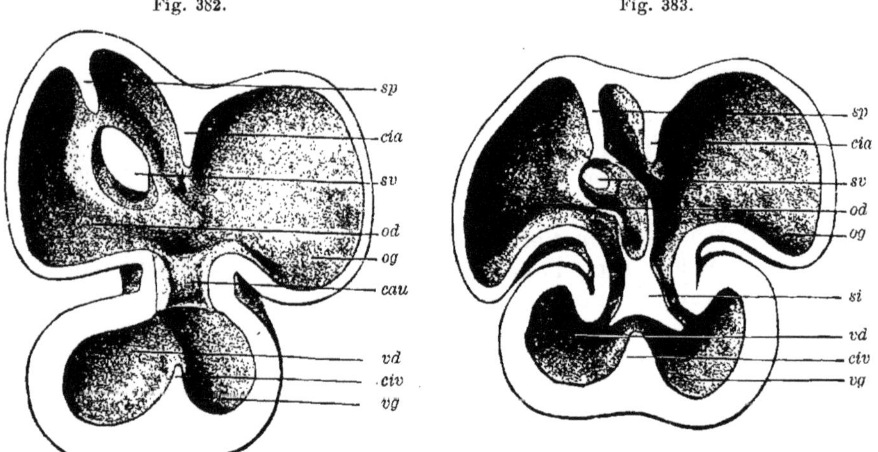

Fig. 382. — *Cœur d'un embryon humain de 10 mm. Moitié postérieure.* D'après His.
civ, cloison interventriculaire; *vg*, ventricule gauche; *vd*, ventricule droit; *cau*, canal auriculaire; *og*, oreillette gauche; *od*, oreillette droite; *sv*, orifice du sinus veineux; *cia*, cloison interauriculaire (croissant auriculaire de His, septum primum de Born); *, valvule d'Eustache; *sp*, septum spurium.

Fig. 383. — *Moitié postérieure du cœur d'un embryon humain de cinq semaines*, d'après His.
civ, cloison interventriculaire; *vg*, ventricule gauche; *vd*, ventricule droit; *si*, partie inférieure de la cloison interauriculaire (septum intermedium de His); *og*, oreillet gauche; *od*, oreillette droite; *sv*, orifice du sinus veineux; *cia*, cloison interauriculaire (croissant auriculaire de His, septum secundum de Born); *sp*, septum spurium; *, valvule d'Eustache.

et ombilicales ainsi que celui des canaux de Cuvier, dont nous parlerons plus loin, se déverse dans la moitié droite de l'oreillette. Cependant il n'y arrive pas directement, mais par l'intermédiaire d'un grand sinus veineux. Dans ce sinus, qui s'ouvre par un large orifice (*sv*) à la paroi postérieure de l'oreillette droite, s'abouchent les veines vitellines et ombilicales ainsi que les canaux de Cuvier. L'orifice du sinus veineux est délimité, à droite et à gauche, par une grande valvule (*). La moitié gauche de l'oreillette ne reçoit qu'un petit vaisseau, qui traverse obliquement la couche musculaire du cœur et s'ouvre au voisinage de la cloison interauriculaire. C'est le tronc commun des veines pulmonaires, dont nous avons fait mention précédemment. En dehors de l'oreillette, ce tronc veineux reçoit les quatre veines pulmonaires : deux d'entre elles se continuent avec un des poumons en voie de formation et les deux autres avec l'autre poumon.

Plus tard, la cloison interauriculaire se développe progressivement de haut en bas jusqu'au milieu du canal auriculaire (fig. 383, *si*). De cette façon, les deux oreillettes seraient, dès ce moment, séparées complètement l'une de l'autre, si, dans la partie supérieure de la cloison interauriculaire, il ne se formait, pendant qu'elle se développe de haut en bas, un orifice, le trou ovale futur, qui fait communiquer les deux oreillettes jusqu'au moment de la naissance (fig. 383). Cet orifice se forme ou bien parce que, dans un point de son étendue, la cloison interauriculaire s'amincit, puis se résorbe ; ou bien parce qu'elle reste incomplète dès le début, comme c'est le cas chez le poulet, par exemple, où elle est perforée de plusieurs petits trous. Plus tard, le trou ovale s'élargit encore en s'adaptant aux conditions dans lesquelles s'opère transitoirement la circulation.

Le développement de la cloison interauriculaire a encore pour conséquence immédiate la division du canal auriculaire en un orifice auriculo-ventriculaire gauche et en un orifice auriculo-ventriculaire droit. (Comparer la fig. 382, *cau*, avec la fig. 383.) Le canal auriculaire subit aussi, peu de temps après sa formation, des transformations externes et internes. D'abord visible à l'extérieur (fig. 382, *cau*), il ne tarde pas à se dérober à l'observation (fig. 383). Voici pourquoi. Le ventricule se dilate fortement vers le haut en même temps que sa couche musculaire s'épaissit beaucoup. Il en résulte que le canal auriculaire finit par se trouver pour ainsi dire entouré par lui et logé à son intérieur. L'orifice qui fait communiquer le canal auriculaire avec le ventricule, c'est-à-dire l'orifice auriculo-ventriculaire commun (fig. 384, A, *Oac*) constitue alors une fente dirigée de gauche à droite et délimitée par deux lèvres (*bes* et *bei*), appelées lèvres auriculo-ventriculaires (Linde) ou bourrelets endocardiques (Schmidt). Ces bourrelets sont produits par prolifération de l'endocarde et ils consistent en une charpente de tissu muqueux revêtue d'un endothélium. Lorsque la cloison interauriculaire s'est développée jusqu'à l'intérieur du canal auriculaire, elle se soude le long de son bord inférieur libre, avec les bourrelets endocardiques (fig. 383, *si*). Il en résulte que le canal auriculaire se trouve divisé en deux orifices auriculo-ventriculaires, dont l'un est droit et l'autre gauche (fig. 384 B, *Oavd* et *Oavg*) ; en même temps les bourrelets endocardiques supérieur et inférieur sont l'un et l'autre divisés en deux moitiés (*bes*, *bei*). Chacun des deux demi-bourrelets supérieurs ou dorsaux se fusionne alors avec le demi-bourrelet inférieur ou ventral correspondant, de telle sorte qu'il se forme, au bord inférieur de la cloison interauriculaire

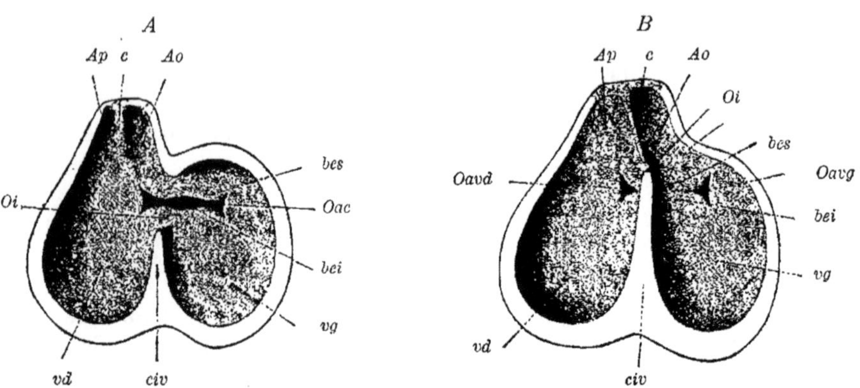

Fig. 384. — *Deux figures schématiques* (d'après BORN) *destinées à faire comprendre les changements de position de l'orifice auriculo-ventriculaire par rapport à l'orifice interventriculaire, ainsi que la division du ventricule et des gros troncs artériels.* Le ventricule est sectionné en deux; on en voit la moitié postérieure. Afin de simplifier la figure, les colonnes charnues n'ont pas été représentées.

A. *Cœur d'un embryon de lapin de 3,5 à 5,8 mm.* Le ventricule est incomplètement divisé par la cloison interventriculaire (*civ*) en une moitié droite et une moitié gauche. *Oi* représente l'orifice interventriculaire. L'orifice auriculo-ventriculaire commun (*Oac*), délimité par les bourrelets endocardiques, a son extrémité droite dans le ventricule droit et son extrémité gauche dans le ventricule gauche.

B. *Cœur d'un embryon de lapin de 7,5 mm.* Les bourrelets endocardiques sont fusionnés : il en résulte que l'orifice auriculo-ventriculaire commun est divisé en un orifice auriculo-ventriculaire droit (*Oavd*) et en un orifice auriculo-ventriculaire gauche (*Oavg*). La cloison interventriculaire (*civ*) est aussi soudée avec les bourrelets endocardiques et s'étend jusqu'à la cloison du tronc artériel (*c*). Le reste de l'orifice interventriculaire (*Oi*) forme, lorsqu'il s'est fermé, la cloison membraneuse (portion membraneuse de la cloison).

vd, ventricule droit; *vg*, ventricule gauche; *civ*, cloison interventriculaire; *Ap*, artère pulmonaire; *Ao*, aorte; *c*, cloison du tronc artériel; *Oi*, orifice interventriculaire; *Oac*, orifice auriculo-ventriculaire commun; *Oavd*, orifice auriculo-ventriculaire droit; *Oavg*, orifice auriculo-ventriculaire gauche; *bes*, bourrelet endocardique supérieur; *bei*, bourrelet endocardique inférieur.

(fig. 383, *si*), deux nouvelles saillies, dont l'une proémine dans l'orifice auriculo-ventriculaire droit, et l'autre, dans l'orifice auriculo-ventriculaire gauche. Ces saillies constituent les ébauches des deux valvules auriculo-ventriculaires.

Le développement de la cloison interauriculaire et la subdivision du canal auriculaire en deux orifices auriculo-ventriculaires sont donc deux phénomènes qui dépendent l'un de l'autre : le premier est la cause déterminante du second. C'est ce que démontrent manifestement des dispositions pathologiques réalisées par arrêt de développement du cœur. Chaque fois que la cloison interauriculaire n'a pas achevé de se développer et que sa partie inférieure fait défaut, il n'existe jamais qu'*un seul* orifice auriculo-ventriculaire (orifice veineux commun d'ARNOLD).

Avant de poursuivre plus loin l'histoire du développement de l'oreillette, examinons les transformations qui se sont accomplies sur ces entrefaites dans le ventricule et dans le tronc artériel.

La subdivision du ventricule commence peu de temps après celle de l'oreillette. A la fin du premier mois de la gestation, sa couche musculaire s'est fortement épaissie (fig. 385, A). Il s'est formé des travées musculaires qui font saillie à l'intérieur du ventricule; elles s'unissent en un tissu spongieux, dont les fentes nombreuses communiquent avec la cavité ventriculaire rétrécie. Dans ces fentes le sang peut pénétrer. En un point de la paroi, la couche musculaire s'épaissit tout particulièrement et forme un repli semi-lunaire, saillant dans la cavité ventriculaire : c'est l'ébauche de la *cloison interventriculaire* (fig. 382, 383 et 384, *civ*). Cette cloison prend naissance sur la paroi inférieure et sur la paroi postérieure du ventricule. Elle répond par sa situation au *sillon interventriculaire* (fig. 381, *si*), que nous avons dit précédemment se montrer à la surface de l'organe. Le bord libre de la cloison est dirigé vers le haut et l'organe se développe vers le bulbe artériel et l'orifice auriculo-ventriculaire commun. Ce dernier est primitivement situé de telle sorte que sa majeure partie se trouve dans la moitié gauche du ventricule (fig. 384, A, *Oac*). Peu à peu il se reporte de plus en plus vers la droite et il finit par occuper une position telle que la cloison interventriculaire, en se développant, le coupe en deux parties égales et se soude avec lui sur la face opposée à l'insertion de la cloison interauriculaire (fig. 383 et 384 B).

Chez l'homme, le ventricule est déjà complètement subdivisé en deux moitiés, au cours de la septième semaine. De l'oreillette, dont les deux moitiés, communiquent par le trou ovale, le sang passe par l'orifice auriculo-ventriculaire droit dans le ventricule droit, et par l'orifice auriculo-ventriculaire gauche, dans le ventricule gauche.

Les deux orifices auriculo-ventriculaires sont étroits au début : ils sont délimités d'une part, en dedans, par les deux saillies que nous avons vu se former aux dépens des bourrelets endocardiques et qui sont insérées maintenant sur la cloison interventriculaire et, d'autre part, en dehors, par des proliférations de l'endocarde. Ces saillies membraneuses sont comparables aux valvules sigmoïdes primitives qui se forment dans le bulbe artériel (Gegenbaur). Elles constituent le point de départ du développement des valvules auriculo-ventriculaires. Toutefois, Gegenbaur et Bernays ont démontré qu'elles ne donnent naissance qu'à une partie insignifiante de la valvule auriculo-ventriculaire définitive, qu'ils appellent la bordure marginale membraneuse (fig. 385, A, *bm*). Quant à la partie principale, fibreuse, de la valvule (fig. 385 B, *vav*), elle se forme aux dépens de cette partie de la couche musculaire du ventricule qui avoisine l'orifice auriculo-ventriculaire.

Comme nous l'avons fait remarquer précédemment, la paroi du ventricule se trouve formée, pendant le premier mois, chez l'homme, par un réseau spongieux de travées musculaires, tapissées par l'endocarde et séparées par de petites fentes en communication avec la cavité du ventricule (fig. 385, A). Chez les poissons et les amphibiens, la paroi du cœur conserve, pendant toute la vie, cette structure spongieuse. Par contre, chez les vertébrés supérieurs et chez l'homme, elle éprouve des transformations. Vers la surface, la couche musculaire devient plus compacte : les travées musculaires s'épaississent; les fentes qui les séparent se rétrécissent et finalement disparaissent (fig. 385, B). Le processus inverse s'accomplit en dedans. Au pourtour de l'orifice auriculo-ventriculaire les travées s'amincissent et les fentes qui les séparent

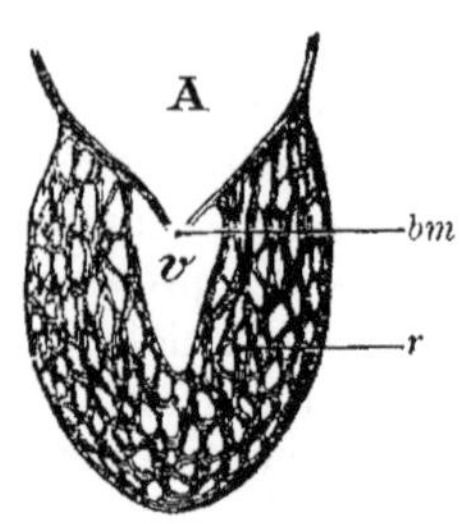

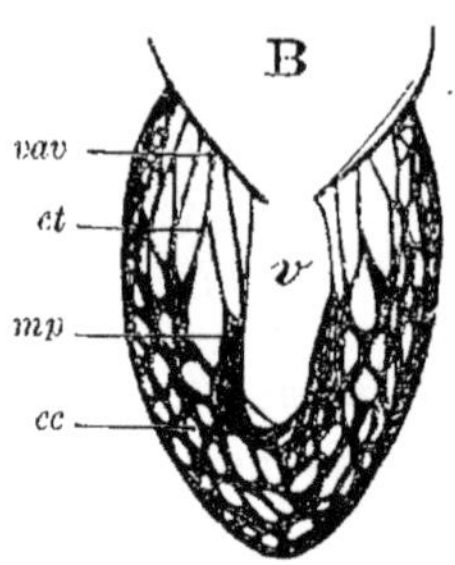

Fig. 385. — *Figures schématiques montrant la formation des valvules auriculo-ventriculaires. A, stade reculé; B, stade plus avancé*, d'après Gegenbaur.

vav, valvule auriculo-ventriculaire; *bm*, sa bordure marginale membraneuse; *ct*, cordes tendineuses; *v*, cavité du ventricule; *r*, réseau des travées musculaires; *mp*, muscles papillaires; *cc*, colonnes charnues.

s'élargissent. De cette façon, la partie de la paroi du ventricule qui avoisine l'oreillette et qui entoure l'orifice auriculo-ventriculaire est pour ainsi dire creusée, minée par le sang. Là, les fibres musculaires s'atrophient plus tard et se transforment en lamelles tendineuses qui forment, avec les bourrelets endocardiques fixés sur leur bord (bordure marginale membraneuse), la valvule auriculo-ventriculaire définitive (fig. 385, B, *vav*). Comme on le voit, les valvules auriculo-ventriculaires dérivent surtout d'une partie de la paroi musculaire spongieuse des ventricules.

Les travées musculaires qui restent fixées à la face inférieure des valvules s'atrophient davantage encore au voisinage de leur insertion : les fibres musculaires qu'elles renferment disparaissent dans cette partie de leur étendue, tandis que leur tissu conjonctif persiste et se transforme en cordons fibreux, connus sous le nom de *cordes tendineuses* (fig. 385, B, *ct*). Ces éléments servent à maintenir les valvules. Les travées situées à quelque distance des précédentes conservent leur nature musculaire et deviennent les *muscles papillaires* (*mp*). De leur sommet partent les cordes tendineuses. « Enfin, ce qui reste des travées primitives, à la face interne du ventricule, forme un réseau musculaire plus ou moins puissant, connu sous le nom de *colonnes charnues* (*cc*). »

A la suite de ces nombreuses transformations, la cavité primitivement étroite du ventricule s'est agrandie aux dépens d'une partie de la paroi spongieuse. En effet, tout l'espace situé, dans la figure 385, B, au-dessous des valvules, s'est formé, grâce à la métamorphose des travées musculaires en cordes tendineuses, aux dépens des mailles étroites du réseau primitif (fig. 385, A,). Ces mailles fusiformes nombreuses ont donc contribué à élargir la cavité ventriculaire.

Il nous reste à décrire le mode de subdivision du tronc artériel ainsi que les dernières transformations de l'oreillette.

A peu près au moment où s'accomplit la formation de la cloison interventriculaire, le tronc artériel s'aplatit légèrement et sa cavité devient fissiforme. A la face interne de ses deux parois aplaties apparaissent deux épaississements linéaires (fig. 384, A et B, *c*), qui se développent à la rencontre l'un de l'autre et se fusionnent. La cavité du tronc artériel se trouve alors divisée en deux canaux, triangulaires à la coupe transversale. Extérieurement cette subdivision interne se trouve indiquée par deux sillons longitudinaux, tout comme nous avons vu que, lors de la formation de la cloison interventriculaire, il apparaissait à la surface du ventricule un sillon interventriculaire. Les deux canaux résultant de la division du tronc artériel sont l'aorte (*Ao*) et l'artère pulmonaire (*Ap*). Ces deux vaisseaux sont longtemps encore enveloppés par une adventice commune. Plus tard, ils s'écartent complètement l'un de l'autre. La formation de la cloison du tronc artériel ne dépend nullement de celle de la cloison interventriculaire. Elle débute dans la partie supérieure de l'organe et chemine ensuite progressivement de haut en bas. Finalement elle pénètre même dans la cavité du ventricule (fig. 384, B, *c* et *civ*) et s'unit avec la cloison interventriculaire : l'orifice interventriculaire (*Oi*) se ferme, et c'est à cette fermeture que correspond la portion membraneuse de la cloison interventriculaire de l'adulte. A ce moment, les deux ventricules sont complètement séparés : le droit se continue avec l'artère pulmonaire, et le gauche, avec l'aorte.

La portion membraneuse de la cloison interventriculaire indique donc, chez l'adulte, le point où a fini de s'opérer, chez l'embryon, la division du cœur en une moitié droite et en une moitié gauche (fig. 384, B, *Oi*). « C'est pour ainsi dire la clef de voûte de la subdivision définitive du tube cardiaque primitif en les quatre cavités secondaires du cœur que nous constatons chez les oiseaux et les mammifères. » (Röse.) Au point de vue comparatif, ce point offre encore un intérêt particulier, parce qu'il est homologue à un orifice permanent chez les reptiles, le trou de Panizza, qui fait communiquer les deux ventricules.

Déjà avant la subdivision du tronc artériel se forment les *valvules semi-lunaires ou sigmoïdes*. Elles constituent, dans leur première ébauche, *quatre saillies*, formées par une charpente de tissu muqueux revêtue par un endothélium. Elles apparaissent au niveau du détroit de Haller. Deux d'entre elles se divisent par moitiés lors de la subdivision du tronc artériel en aorte et artère pulmonaire. Il en résulte que chacun de ces deux vaisseaux présente alors trois saillies, qui prennent la forme de poches à la suite de l'atrophie de leur tissu muqueux. Leur disposition, ainsi que le fait observer Gegenbaur, se comprend aisément si l'on s'en rapporte à leur développement. C'est ce que montre la figure 386. « Lorsque la division du bulbe artériel a lieu, la valvule antérieure et les deux moitiés antérieures des deux valvules externes primitives passent dans le tronc artériel antérieur, c'est-à-dire dans l'artère pulmonaire (B, *p*) ; tandis que la valvule postérieure ainsi que les deux moitiés postérieures des deux valvules externes passent dans le tronc artériel postérieur, c'est-à-dire dans l'aorte (B, *a*) (1). »

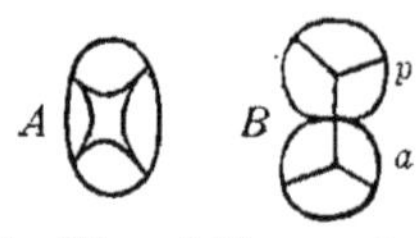

Fig. 386. — *Schéma montrant la disposition des valvules sigmoïdes*, d'après GEGENBAUR.
A, tronc artériel indivis pourvu de quatre valvules; B, sa division en artère pulmonaire (*p*) et aorte (*a*), ces deux vaisseaux possédant l'un et l'autre trois valvules.

Enfin, en ce qui concerne l'oreillette, il nous reste à dire quelles sont les transformations importantes que subissent le sinus veineux, le tronc commun des veines pulmonaires et le trou ovale.

Le sinus veineux disparaît en tant qu'organe distinct, en ce sens qu'il se confond progressivement avec la paroi de l'oreillette. Les gros troncs veineux, qui y amènent primitivement leur sang et qui, sur ces entrefaites, se sont transformés en la veine cave supérieure, en la veine cave inférieure et en le sinus coronaire du cœur, s'ouvrent alors directement dans l'oreillette droite et s'écartent ensuite progressivement les uns des autres à leur embouchure. Des deux valvules qui, comme nous l'avons dit précédemment, entouraient l'orifice du sinus veineux, l'une, la gauche, s'atrophie (fig. 382 et 383), tandis que la droite (*) se maintient près de l'orifice de la veine cave inférieure et du sinus coronaire. Elle se divise en deux parties, correspondant respectivement à chacune de ces deux dernières veines. L'une de ces parties, plus volumineuse, devient la valvule d'EUSTACHE; l'autre, plus réduite, la valvule de THÉBÉSIUS.

Les quatre veines pulmonaires s'unissent longtemps en un court tronc commun, qui s'ouvre dans l'oreillette gauche. Plus tard, ce tronc commun des veines pulmonaires se dilate considérablement et finit, comme le sinus veineux, par se confondre avec la paroi du cœur. A la suite de ce phénomène, les quatre veines pulmonaires débouchent isolément et directement dans l'oreillette gauche.

Quant au trou ovale, dont nous avons fait connaître l'origine, il maintient, pendant toute la vie de l'embryon, une large communication entre les deux oreillettes. Il est délimité en arrière et en bas par la partie inférieure de la cloison interauriculaire, membrane de tissu conjonctif qui prend plus tard le nom de valvule du trou ovale (fig. 383, *si*). En haut et en avant, il est aussi nettement délimité par une saillie musculaire de la paroi interne de l'oreillette, constituant le septum secundum de BORN, le croissant auriculaire antérieur de HIS (*cia*). Au troisième mois tous ces organes sont déjà très développés : la valvule du trou

(1) C. GEGENBAUR, *Traité d'anatomie humaine*, p. 750. Paris, 1889.

ovale s'étend jusqu'au voisinage du bord épaissi du septum secundum; mais elle s'en écarte obliquement à l'intérieur de l'oreillette gauche. Il en résulte qu'entre eux reste ouverte une large fente, par laquelle le sang amené par la veine cave inférieure dans l'oreillette droite peut passer dans l'oreillette gauche. Après la naissance, ces deux replis antérieur et postérieur se soudent par leurs bords, sauf dans des cas exceptionnels. Le repli postérieur, c'est-à-dire la valvule du trou ovale, devient la fosse ovale. Le repli antérieur avec son bord musculaire épaissi, c'est-à-dire le septum secundum, devient l'anneau de Vieussens. Alors le cœur présente sa structure définitive.

Pendant que le tube cardiaque subit ces transformations complexes, sa position dans le corps de l'embryon change et en même temps il est enveloppé par le péricarde. La formation du péricarde est liée à celle du diaphragme, cloison de séparation entre la cavité thoracique et la cavité abdominale. C'est donc ici qu'il convient le mieux de nous occuper de ces phénomènes importants et jusqu'à un certain point difficiles à comprendre. Les meilleurs renseignements que nous possédions sur ce sujet, nous les devons aux études de Cadiat, de His, de Balfour, d'Uskow, de Swaen, de Brachet, etc.

2. — Développement du péricarde et du diaphragme. Division du cœlome primitif en cavités péricardique, pleurale et abdominale (1).

Primitivement le cœlome de l'embryon est très étendu. Chez les vertébrés inférieurs, on peut le poursuivre jusque dans l'ébauche de la tête, où il forme les cavités des arcs viscéraux. Lorsque ces cavités ont disparu à la suite de la transformation des cellules de leurs parois en éléments musculaires, le cœlome s'étend en avant jusqu'à la dernière paire d'arcs branchiaux. Dans sa partie antérieure, il constitue une large cavité (fig. 387), dans laquelle se forme le cœur à l'intérieur du mésentère ventral (mésocarde antérieur et mésocarde postérieur). Remak et Kölliker appellent cette cavité la *cavité cervicale;* His lui donne le nom de *cavité pariétale*. Si l'on tient compte de ce fait qu'au début elle contient

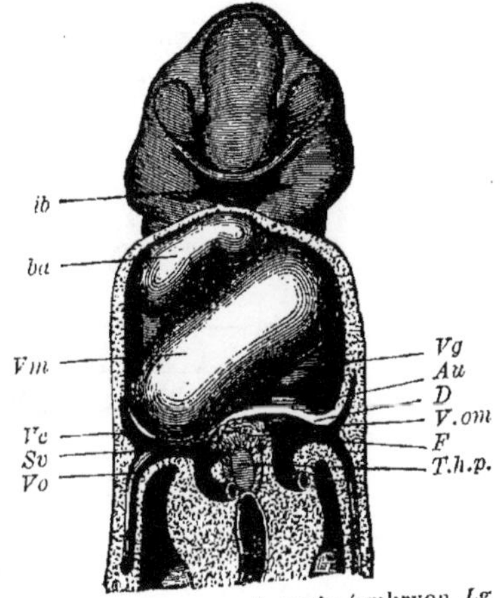

Fig. 387. — *Embryon humain* (embryon *Lg* de His), *mesurant 2,15 mm. depuis l'éminence coccygienne jusqu'à l'éminence nucale. Image reconstruite.* D'après His. Gross. 40 diamètres.
ib, invagination buccale; *ba*, bulbe aortique; *Vm*, partie moyenne du ventricule; *Vc*, veine cave supérieure ou canal de Cuvier; *Sv*, sinus veineux; *Vo*, veine ombilicale; *Vg*, partie gauche du ventricule; *Au*, auricule; *D*, diaphragme; *V. om*, veine omphalo-mésentérique; *F*, ébauche pleine du foie; *T.h.p*, conduit hépatique primitif.

(1) Ce paragraphe a été modifié par le traducteur avec l'autorisation de M. le Prof. O. Hertwig.

presque exclusivement le cœur et que la cavité péricardique en provient, tandis qu'elle n'intervient, en somme, que très peu dans la constitution des cavités pleurales, il convient de l'appeler *cavité péricardique primitive* (BRACHET). D'autre part, il faut réserver le nom de *cavité pleuro-péritonale primitive* à toute la partie du cœlome embryonnaire qui est caudalement située par rapport à la cavité péricardique primitive (BRACHET). Cette dernière s'élargit au fur et à mesure que le tube cardiaque se développe et bientôt elle atteint une capacité extraordinaire, relativement au reste de l'embryon. Il en résulte que sa paroi ventrale fait une saillie très considérable entre la tête et l'ombilic (fig. 388 et 214).

A une période très reculée du développement, la cavité péricardique primitive commence à se séparer de la cavité pleuro-péritonéale primitive, par une *cloison transversale* ou plutôt oblique dans le sens cranio-facial et dorso-ventral (fig. 387 et 388 $d+f$). Cette cloison part

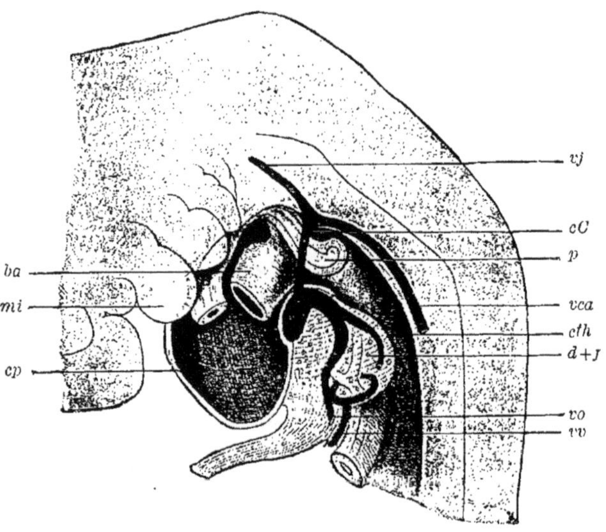

Fig. 388. — *Coupe sagittale (image reconstruite) d'un embryon humain, mesurant 5 mm. de l'éminence nucale à l'éminence coccygienne* (embryon R de HIS). Cette figure est destinée à faire comprendre le développement de la cavité pleuro-péricardique et du diaphragme. D'après HIS.

ba, bulbe aortique; *cth*, cavité pleurale (recessus parietalis de HIS); *cp*, cavité péricardique; *cC*, canal de CUVIER; *vv*, veine vitelline; *vo*, veine ombilicale; *vca*, veine cardinale; *vj*, veine jugulaire; *p*, poumon; *d + f*, ébauche du diaphragme et du foie; *mi*, maxillaire inférieur.

de la paroi ventrale (au niveau du pourtour cranial de l'ombilic) et des parois latérales du corps, se dirige dorsalement et cranialement, son bord libre faisant saillie dans le cœlome. C'est au pourtour de ce bord que la cavité péricardique primitive communique avec les cavités pleuro-péritonéales primitives.

Peu de temps après son apparition, cette cloison renferme dans son épaisseur *tous les troncs veineux qui débouchent dans le sinus veineux* (fig. 387 et 388), c'est-à-dire les veines vitellines et ombilicales ainsi que les canaux de CUVIER (*c C*), qui ramènent le sang des parois du corps. Cette cloison porte le nom de *septum transversum* (massa transversa de USKOW). Son origine et sa constitution, étudiées par HIS, KÖLLIKER, USKOW et plus récemment par RAVN, BRACHET et SWAEN, sont très complexes et leur étude ne peut rentrer dans le cadre de cet ouvrage. Disons seulement que *le développement du septum transversum est en connexion intime avec le développement des veines.*

La partie caudale du septum transversum (fig. 388, *d+f*) renferme beaucoup de tissu conjonctif embryonnaire et de vaisseaux sanguins, et constitue une masse que l'on appelle parfois *foie primitif* ou *bourrelet hépatique*. C'est dans cette masse que s'engage l'ébauche hépatique, formée aux dépens du duodénum, ainsi que le réseau des cylindres hépatiques (fig. 387, *F+ Thp*).

Enfin, sur la face dorsale du septum transversum, dans toute son étendue, vient s'insérer, dans le plan médian, la cloison mésentérique, qui contient le tube digestif et sur les parois latérales de laquelle font saillie les ébauches des poumons.

Bientôt, le foie se développant dans le septum transversum, on peut distinguer à ce dernier deux parties : l'une craniale, peu étendue, occupée par les canaux de CUVIER et une partie du sinus veineux; l'autre, beaucoup plus considérable, occupée par le foie, et sur la face dorsale de laquelle cet organe forme, à droite et à gauche, une forte saillie proéminant dans la cavité pleuro-péritonéale primitive.

Le septum transversum, ainsi constitué et occupé en bonne partie par le foie, forme donc une cloison de séparation incomplète entre la cavité péricardique primitive et la cavité pleuro-péritonéale primitive. Ces deux cavités communiquent encore entre elles, au niveau du bord cranial, libre, du septum, qui est occupé par une portion des canaux de CUVIER. Cette communication est effectuée par l'intermédiaire de deux canaux (fig. 388, *cth*), les diverticules thoraciques du cœlome de HIS, qui sont situés l'un à droite, et l'autre à gauche du tube digestif. Dans ces canaux s'engagent les portions craniales des ébauches des deux poumons (*p*), qui se forment aux dépens de la paroi ventrale de l'intestin céphalique. Ces canaux (*canaux et gouttières pleuro-péricardiques* de BRACHET) constitueront plus tard une partie des cavités pleurales (*cth*), tandis que la large cavité (*cp*) avec laquelle ils communiquent cranialement, et dans laquelle s'est développé le cœur, devient la cavité péricardique définitive.

Comment les cavités péricardique, pleurales et péritonéale, encore en continuité, se ferment-elles et comment acquièrent-elles leur situation et leurs rapports définitifs?

C'est le péricarde qui se sépare le premier, et la première impulsion du processus est donnée par les canaux de CUVIER (fig. 388, *cC*). Les modifications qui se produisent pour amener la fermeture de la cavité péricardique nous sont bien connues, grâce aux travaux de HIS, USKOW, RAVN et BRACHET. Dans une partie de son trajet, chacun des canaux de

Cuvier s'étend depuis la paroi postérieure ou dorsale du tronc, (où il prend naissance par la réunion de la veine jugulaire et de la veine cardinale du même côté), le long de la paroi latérale du tronc en se dirigeant de haut en bas jusqu'au septum transversum (fig. 388, *cC*). Il repousse ainsi la paroi du cœlome à l'intérieur de la cavité pleuro-péricardique et détermine la formation d'un repli pleuro-péritonéal ou péricardique. Les deux replis droit et gauche devenant de plus en plus saillants à l'intérieur de la cavité, la communication entre la cavité péricardique (*cp*) et les deux cavités pleurales (*cth*) se rétrécit de plus en plus. Finalement le bord libre de ces replis se met en contact avec le médiastin postérieur, dans lequel est situé l'œsophage, et se soude avec lui. Cette émigration des canaux de Cuvier explique aussi pourquoi, plus tard, les veines caves supérieures, qui dérivent des canaux de Cuvier, débouchent dans la paroi supérieure de l'oreillette droite. C'est que, primitivement situés dans la paroi latérale du tronc, les canaux de Cuvier se trouvent plus tard avoir leur extrémité logée dans le médiastin.

Après que la cavité péricardique s'est fermée de toutes parts, les deux cavités pleurales (fig. 388, *cth*) restent encore un certain temps en communication caudalement avec la cavité péritonéale. Les ébauches des poumons (*p*) se développent encore notablement dans le sens cranio-caudal. La séparation entre les deux systèmes de cavités est due, en grande partie, à la formation de replis (*piliers* de Uskow, *membranes pleuro-péritonéales* de Brachet et Swaen) qui, partant des parois latérales et dorsale du tronc, en dehors des poumons, s'unissent ventralement au septum transversum, caudalement et en dedans, au niveau de l'extrémité caudale des poumons, à la cloison mésentérique (mésentère proprement dit et mésolatéral de Ravn, Brachet et Swaen), qui est largement étalée dans le sens transversal. *On peut donc, à ce moment, distinguer au diaphragme une partie ventrale qui se forme plus tôt (septum transversum) et une partie dorsale (replis ou membranes pleuro-péritonéales surtout), qui se forme plus tard.*

Comme le fait remarquer Gegenbaur, ces faits expliquent le trajet du nerf phrénique, qui court en avant du cœur et des poumons et pénètre dans la partie antérieure du diaphragme.

Notons cependant que, chez l'adulte, ce sont les membranes pleuro-péritonéales qui forment encore les parties latérales de la portion ventrale du diaphragme, c'est-à-dire celles qui sont sur les côtés de la cavité péricardique.

Les processus qui amènent la formation du diaphragme complètement développé, comme ceux qui amènent la formation de la membrane pleuro-péricardique, sont, en réalité, extrêmement compliqués; mais leur description ne peut rentrer dans le cadre de ce Traité. Le développement du foie notamment joue dans la formation du diaphragme un rôle très important, d'après les recherches de Brachet, chez le lapin, et celles de Swaen, qui a fait de cette question une étude détaillée, chez les embryons humains.

Parfois il arrive que la soudure des membranes pleuro-péritonéales est incomplète. Il résulte alors de cet arrêt de développement une *hernie diaphragmatique;* c'est une communication entre la cavité abdominale et la cavité pleurale, une solution de continuité, par laquelle des anses intestinales peuvent s'engager à l'intérieur de la cavité pleurale.

Lorsque les quatre grandes cavités séreuses se sont complètement séparées les unes des autres, elles subissent des modifications avant de présenter les rapports qu'elles offrent chez l'adulte. C'est ainsi que la cavité péricardique occupe primitivement toute la région ventrale de la cavité thoracique et se trouve, sur une grande étendue, en rapport avec la paroi antérieure du thorax et la face supérieure du diaphragme. D'autre part, le diaphragme est uni au foie dans toute l'étendue de sa face inférieure. Quant aux poumons, ils sont logés contre la paroi postérieure du thorax, dans les deux tubes étroits qui représentent les cavités pleurales.

Deux facteurs interviennent pour modifier cette disposition (fig. 389). Avec le développement des poumons (*lg*), les cavités pleurales (*plp*) s'étendent de plus en plus vers la face ventrale et viennent s'interposer, d'une part, entre le péricarde et les parois latérales et antérieure du thorax et, d'autre part, entre le péricarde et la face supérieure du diaphragme. Le cœur et la cavité péricardique sont ainsi reportés progressivement dans le plan médian, où ils constituent avec les gros vaisseaux (*ao*), l'œsophage (*al*) et la trachée, une sorte de cloison médiane, le médiastin, interposée entre les deux cavités pleurales. Le péricarde n'est plus alors en contact, en avant, qu'avec une petite région de la paroi antérieure du thorax (*st*) et en bas, avec une partie seulement de la paroi supérieure du diaphragme.

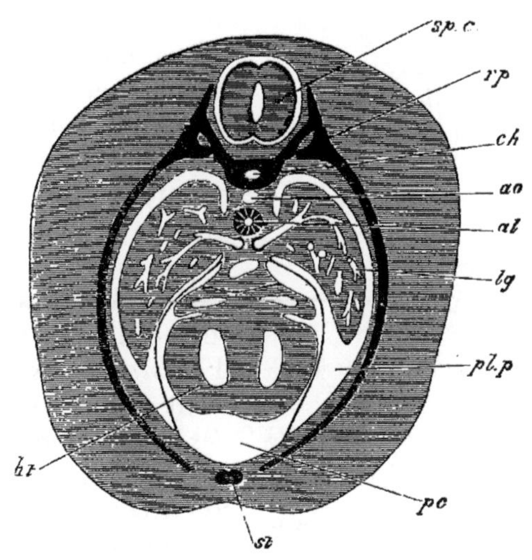

Fig. 389. — *Coupe transversale d'un embryon de lapin, destinée à montrer comment les cavités pleurales enveloppent la cavité péricardique*, d'après Balfour.

ht, cœur; *pc*, cavité péricardique; *pl.p*, cavité pleurale; *lg*, poumon; *al*, tube digestif; *ao*, aorte descendante; *ch*, corde dorsale; *rp*, côte; *st*, sternum; *sp.c*, moelle épinière.

Le second facteur consiste en ce que le foie se sépare du diaphragme. Le péritoine qui primitivement ne recouvrait que la face inférieure du foie et se continuait, au niveau du bord antérieur de cet organe, avec le diaphragme primitif, finit par tapisser la face supérieure du foie, qui ne reste réuni au diaphragme que par l'intermédiaire de deux ligaments. L'un de ces ligaments est le *ligament suspenseur* dont nous avons déjà parlé p. 396; l'autre est le *ligament coronaire*, situé au voisinage de la paroi postérieure du tronc et que nous n'avons pas signalé lorsque nous nous sommes occupés (p. 396) des ligaments du foie.

Enfin, le diaphragme acquiert sa structure définitive lorsque des muscles, provenant de deux myotomes cervicaux (Kollmann), ont pénétré dans sa charpente conjonctive, qu'ils subdivisent en feuillets : la plèvre diaphragmatique et le péritoine diaphragmatique.

3. — Transformations du système artériel.

Le développement des gros troncs artériels situés au voisinage du cœur offre un grand intérêt au point de vue de l'anatomie comparée. Chez tous les vertébrés, il se forme des arcs branchiaux sur les côtés du pharynx; ces organes sont permanents chez les vertébrés à respiration branchiale, poissons, dipnoïdes et amphibiens pérennibranches; ils sont transitoires chez les vertébrés supérieurs. Aux arcs branchiaux correspondent des arcs vasculaires, dont le nombre est de six paires, d'après des recherches récentes (fig. 390, 1 à 5). Ils émanent du tronc artériel, situé au-dessous de l'intestin céphalique (fig. 390 et 391). Ils longent ensuite les arcs branchiaux et, arrivés à la face dorsale de l'embryon, ils s'unissent, à droite et à gauche de la colonne vertébrale, en deux troncs longitudinaux, les aortes primitives (fig. 391, *ad*). De là le nom d'*arcs aortiques* ou d'*arcs artériels* qu'on leur a donné et qu'il vaudrait mieux remplacer par celui de *vaisseaux des arcs branchiaux*.

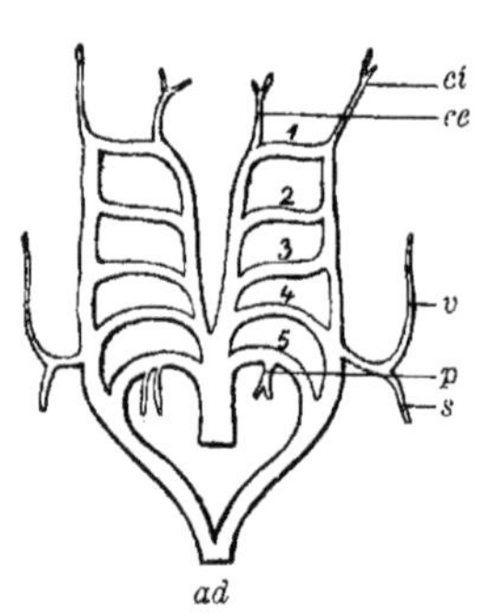

Fig. 390. — *Disposition schématique des arcs aortiques chez un embryon d'amniote.*

1 à 5, arcs aortiques. *ad*, aorte descendante; *ci*, carotide interne; *ce*, carotide externe; *v*, artère vertébrale; *s*, artère sous-clavière; *p*, artère pulmonaire.

D'après les recherches de Boas et de Zimmermann, confirmées par Hochstetter, il existe chez les amniotes, entre le quatrième et le cinquième arc du schéma de Rathke, tel que le représente la figure 390, un autre arc vasculaire, qui reste peu apparent et régresse très tôt. Il en résulte que le nombre total des vaisseaux des arcs branchiaux est de six chez les amniotes, comme chez les amphibiens. Le schéma figure 390 devrait donc être légèrement modifié.

Chez les vertébrés à respiration branchiale, les arcs artériels acquièrent une *importance spéciale dans le phénomène de la respiration*. Aussi perdent-ils bientôt leur disposition simple primitive. De leur partie initiale, ventrale, partent de nombreuses branches collatérales, qui se rendent aux lamelles branchiales et s'y résolvent en réseaux capillaires. Le sang amené dans ces réseaux est recueilli par de petits troncs veineux, qui s'unissent pour former la partie supérieure ou dorsale des vaisseaux des arcs branchiaux. Plus sont volumineuses les branches collatérales, moins est volumineux, dans la partie moyenne de son trajet, l'arc aortique dont elles émanent. En effet, cet arc se trouve alors divisé : 1° en un vaisseau initial, l'*artère branchiale*, d'où émanent les nombreuses branches collatérales distribuées dans les lamelles branchiales; 2° en une *veine branchiale*, partie supérieure de l'arc, qui recueille le sang des lamelles branchiales. L'artère et la veine branchiales d'un même arc sont unies par les réseaux capillaires des lamelles branchiales. En raison de la position superficielle qu'ils occupent dans l'épaisseur de la muqueuse, ces réseaux capillaires se trouvent dans d'excellentes conditions pour permettre l'hématose.

Chez les amniotes, les lamelles branchiales ne se développant plus, il ne se forme plus d'artères ni de veines branchiales; mais les arcs aortiques conservent leur constitution simple primitive. Cependant cette disposition ne persiste pas longtemps. La majeure partie des arcs artériels s'atrophie ou se modifie profondément. Ces métamorphoses ne s'accomplissent pas absolument de la même manière chez tous les amniotes. Nous n'examinerons ici que ce qui se passe chez l'homme.

Déjà chez l'embryon humain long de quelques millimètres seulement, le tronc artériel émanant du tube cardiaque simple se divise, au voisinage du premier arc branchial, en une branche droite et en une branche gauche, qui entourent, l'une et l'autre, l'intestin céphalique, et se continuent à la face dorsale avec les deux aortes primitives. Ces deux branches constituent la première paire d'arcs aortiques. Chez les embryons un peu plus âgés, le nombre des arcs aortiques augmente rapidement; il s'établit, en effet, des anastomoses entre le tronc artériel, ventral, et les deux aortes primitives, dorsales. Il apparaît ainsi bientôt une seconde, puis une troisième, une quatrième, et, enfin, une cinquième et une sixième paire d'arcs aortiques. Elles se forment successivement les unes derrière les autres, tout comme cela se produit chez les autres vertébrés, dans le même ordre que les arcs branchiaux correspondants.

Les cinq (ou plutôt six) paires d'arcs aortiques, ainsi formés, émettent bientôt des branches collatérales, qui vont se distribuer dans les organes voisins. Parmi ces branches il en est qui deviennent plus volumineuses que les autres : elles deviennent les carotides internes et externes, les artères vertébrales et sous-clavières ainsi que les artères pulmonaires. La carotide externe (fig. 390, *ce*; fig. 391 *c*) naît de la partie initiale du premier arc aortique et se rend à la région des maxillaires supérieur et inférieur. La carotide interne (fig. 390, *ci*; fig. 391 *c'*) naît du même arc aortique, mais plus dorsalement, au niveau de la continuité de cet arc avec l'origine de l'aorte. Elle amène le sang au cerveau de l'embryon ainsi qu'au globe de l'œil en voie de développement (artère ophtalmique). De l'extrémité dorsale du quatrième arc aortique (fig. 390, 4) part une branche qui se divise bientôt en deux rameaux. L'un de ces rameaux se rend en avant à la moelle allongée et au cerveau : c'est l'artère vertébrale (v); l'autre fournit au membre supérieur : c'est l'artère sous-clavière (s). Dans le cours du développement embryonnaire, ces deux artères changent de calibre. C'est ainsi que, chez l'embryon jeune,

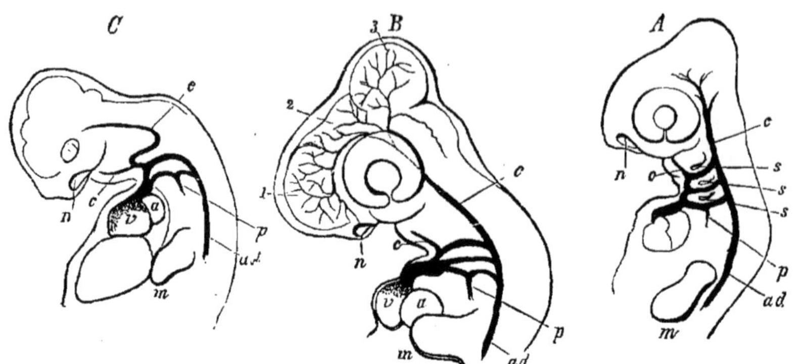

Fig. 391. — *Développement des gros troncs artériels* : A, *d'un lézard;* B, *d'un poulet;* C, *d'un porc,* d'après RATHKE.

Les deux premiers arcs artériels ont disparu. En A et en B, le 3ᵉ, le 4ᵉ et le 5ᵉ arc existent encore complètement; en C, les deux derniers seuls sont complets. p, artère pulmonaire : elle procède du cinquième arc, mais elle est encore unie à l'aorte dorsale par le canal de BOTAL; c, carotide externe; c', carotide interne; ad, aorte descendante ou dorsale; a, oreillette; v, ventricule; n, fossette olfactive; m, ébauche du membre antérieur.

l'artère vertébrale est beaucoup plus volumineuse que la sous-clavière, qui constitue alors un vaisseau insignifiant. Plus le membre supérieur devient volumineux, plus la sous-clavière augmente de calibre. Finalement, l'artère vertébrale n'est plus qu'une branche de division de la sous-clavière. Du dernier arc aortique, enfin, partent de petites branches qui se rendent au poumon en voie de formation : ce sont les artères pulmonaires (fig. 390 et 391, p).

Comme on le voit, l'ébauche des gros troncs artériels qui émanent du cœur est primitivement *symétrique*. Bientôt cependant certaines parties de ces vaisseaux s'atrophient et il en résulte une *asymétrie dans leur disposition*.

Le schéma représenté par la figure 392 fera facilement comprendre cette métamorphose. Dans cette figure, les parties des arcs aortiques qui s'atrophient sont représentées par un double contour; celles qui persistent sont, au contraire, marquées par une forte ligne noire.

Tout d'abord, dès la formation de la courbure nucale, les deux premiers arcs aortiques disparaissent, à l'exception de la branche qui les unit à leur origine et qui devient la carotide externe (b).

Le troisième arc persiste, mais il cesse d'être uni avec le quatrième arc à son extrémité dorsale. C'est lui qui amène alors tout le sang qui se rend à la tête : il forme la carotide interne (a).

Mais ce sont surtout la quatrième et la dernière (primitivement sixième) paire d'arcs aortiques (fig. 391, C) qui éprouvent les changements les plus importants. Elles deviennent beaucoup plus volumineuses que les autres et comme elles sont les plus rapprochées du cœur, elles constituent les deux artères principales qui en émanent : la crosse de l'aorte et l'artère pulmonaire. En même temps, le tronc artériel s'est divisé en deux parties, dans toute sa longueur, par une cloison. Alors la quatrième paire d'arcs aortiques (fig. 392, *e*) reste en continuité avec la partie du tronc artériel qui part du ventricule gauche (*d*) : il en résulte qu'elle reçoit tout le sang du ventricule gauche. La dernière paire d'arcs aortiques (*n*) forme, au contraire, le prolongement de la partie (*m*) du tronc artériel qui part du ventricule droit. Le dédoublement du courant sanguin n'a donc pas lieu seulement à l'intérieur du cœur; mais il intéresse aussi les vaisseaux qui émanent du tronc artériel. Toutefois il ne les intéresse encore que dans une petite partie de leur trajet. En effet, la quatrième et la dernière paire d'arcs aortiques (fig. 391) déversent encore leur sang dans l'aorte commune (*ad*), sauf cependant celui qui se rend à la tête (*c*, *c'*) aux membres supérieurs et aux poumons. *Peu à peu ce processus de différenciation se propage de plus en plus loin et les vaisseaux périphériques finissent par faire partie les uns d'une grande et les autres, d'une petite circulation. Ce résultat est obtenu : d'une part, par l'atrophie de certaines parties du système artériel primitif, et, d'autre part, par le développement que prennent certaines autres parties de ce système.*

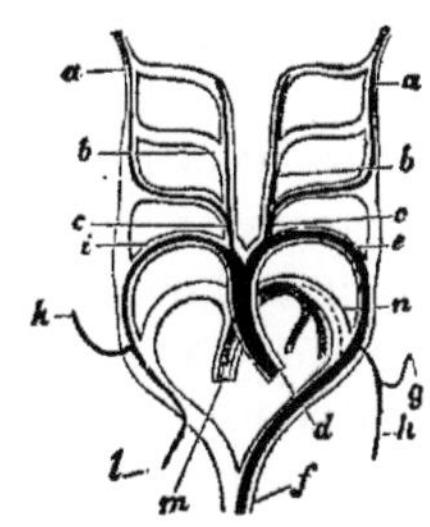

Fig. 392. — *Figure schématique montrant la transformation des arcs aortiques chez les mammifères*, d'après Rathke.

a, carotide interne; *b*, carotide externe; *c*, carotide commune; *d*, aorte ascendante; *e*, quatrième arc aortique gauche (crosse de l'aorte); *f*, aorte descendante ou dorsale; *g*, artère vertébrale gauche; *k*, artère vertébrale droite; *h*, artère sous-clavière gauche; *i*, artère sous-clavière droite (4ᵉ arc aortique droit); *l*, prolongement de l'artère sous-clavière droite; *m*, artère pulmonaire; *n*, canal de Botal.

C'est ainsi que l'on constate bientôt une prédominance marquée des arcs aortiques gauches sur ceux du côté droit (fig. 392). Les premiers deviennent plus larges et plus volumineux. Au contraire, les arcs droits restent peu développés et même s'atrophient partiellement. Du quatrième arc aortique droit il ne persiste qu'une partie, qui fournit la carotide commune droite (*c*) et la sous-clavière droite (*i*+*l*). Nous désignons alors sa partie initiale sous le nom de tronc brachio-céphalique. Ce reste du quatrième arc aortique droit semble donc constituer une simple branche de la crosse de l'aorte (*e*). La crosse de l'aorte représente le quatrième arc aortique gauche : elle émet la carotide commune gauche (*c*) et la sous-clavière gauche (*h*).

Le dernier (sixième) arc aortique droit s'atrophie à l'exception de sa partie initiale qui amène le sang au poumon droit. Le dernier arc aortique gauche persiste longtemps dans toute son étendue : il amène le sang, d'une part, au poumon gauche, et d'autre part, dans l'aorte par le canal artériel de Botal (*n*). Après la naissance, le canal de Botal s'oblitère. Ce phénomène est en connexion avec la respiration pulmonaire. En effet, lorsque sous l'action des premiers mouvements respiratoires les poumons se dilatent, ils peuvent recevoir une plus grande quantité de sang. Il en résulte qu'il ne s'écoule plus de sang par le canal de Botal, qui se transforme alors en un cordon fibreux, tendu entre l'aorte et l'artère pulmonaire.

Pendant qu'ils subissent les modifications que nous venons de faire connaître, les gros troncs vasculaires qui émanent du cœur, changent aussi de situation. Ils descendent, avec le cœur, de la région cervicale dans la cavité thoracique. Ainsi s'explique le trajet particulier que décrit le nerf laryngé inférieur ou récurrent. Au moment où le quatrième arc aortique est encore situé là où il a pris naissance, c'est-à-dire dans le quatrième arc branchial, le nerf vague envoie au larynx un petit rameau qui, pour atteindre l'organe auquel il se termine, contourne la face inférieure de l'arc aortique. Or, lorsque ce dernier descend plus tard dans la cavité thoracique, il y entraîne nécessairement le nerf laryngé, qui doit alors décrire une anse. L'une des branches de cette anse part du nerf vague dans la cavité thoracique; elle contourne : à gauche, la crosse de l'aorte; à droite, l'artère sous-clavière droite, pour se continuer avec l'autre branche de l'anse, laquelle décrit alors un trajet récurrent, c'est-à-dire qu'elle se dirige de bas en haut afin de gagner le larynx où elle se termine.

Les processus du développement que nous avons exposés nous fournissent encore l'explication de toute une série d'anomalies que présentent assez souvent les gros troncs artériels. Nous signalerons les principales.

Parfois la disposition primitive de la quatrième paire d'arcs aortiques persiste. Il existe alors chez l'adulte deux crosses de l'aorte, une droite et l'autre gauche, qui se réunissent pour former une aorte unique. De chaque crosse part alors, comme chez l'embryon, une carotide commune et une sous-clavière.

Une autre anomalie résulte de ce fait que la crosse de l'aorte, au lieu de se former aux dépens du quatrième arc aortique gauche, se développe aux dépens du quatrième arc aortique droit, comme c'est le cas normalement chez les oiseaux (fig. 393). Cette disposition est toujours accompagnée d'une inversion transversale des viscères. Une autre anomalie du système artériel dépend d'une transformation incomplète des deux aortes primitives. Comme chez tous les autres vertébrés (fig. 162, *ao*), il apparaît chez l'embryon humain deux aortes primitives, dont une droite et l'autre gauche. Plus tard, elles se rapprochent et se fusionnent sur la ligne médiane. Cette circonstance explique une anomalie que l'on a constatée, mais très rarement, chez l'homme : l'aorte se trouve divisée par une cloison longitudinale en une moitié droite et en une moitié gauche. Ce fait est dû à ce que le fusionnement des deux aortes primitives est resté incomplet.

Comme branches collatérales l'aorte fournit, à une période reculée du développement : les artères mésentériques supérieure et inférieure ainsi que les deux artères ombilicales (fig. 188, *Al*). Les artères mésentériques vont se distribuer au tube digestif. Quant aux artères ombilicales, elles naissent près de l'extrémité postérieure de l'aorte, dans la paroi abdominale postérieure. Elles se dirigent en avant, le long des parois latérales du bassin et gagnent l'allantoïde, qui donne naissance plus tard à la vessie et à l'ouraque. Puis, elles se recourbent à droite et à gauche dans la paroi abdominale antérieure pour atteindre l'ombilic. Elles pénètrent alors dans le cordon ombilical et vont se résoudre dans le placenta en un réseau capillaire, d'où le sang passe dans les veines ombilicales. Au début, pendant leur trajet dans les parois du bassin, les artères ombilicales émettent des branches insignifiantes : les artères iliaques internes, qui se distribuent aux viscères du bassin, et les artères iliaques externes, qui se distribuent dans les membres inférieurs encore peu développés. Plus tard, au fur et à mesure que les membres inférieurs de l'embryon deviennent plus volumineux, les artères iliaques externes augmentent aussi de volume.

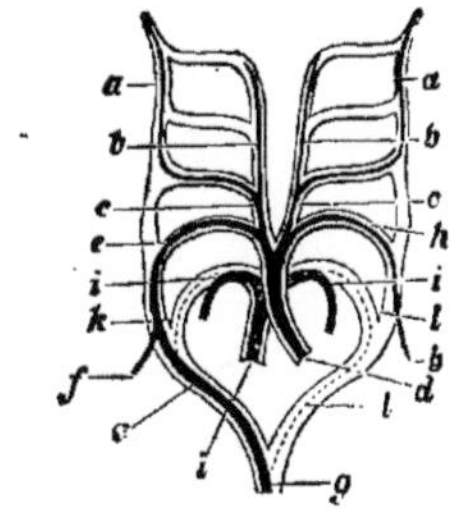

Fig. 393. — *Figure schématique montrant la transformation des arcs aortiques chez les oiseaux*, d'après Rathke.

a, carotide interne; *b*, carotide externe; *c*, carotide commune; *d*, aorte ascendante; *e*, quatrième arc aortique droit (crosse de l'aorte), *f*, artère sous-clavière droite; *g*, aorte descendante; *h*, artère sous-clavière gauche (4e arc aortique gauche); *i*, artère pulmonaire; *k*, canal de Botal droit et *l*, canal de Botal gauche.

Après avoir fourni les deux artères ombilicales, l'aorte, devenue très grêle, constitue un vaisseau délicat qui s'étend jusqu'à l'extrémité inférieure de la colonne vertébrale : c'est l'aorte caudale ou artère sacrée moyenne.

Au moment de la naissance, il s'accomplit aussi dans cette partie du système artériel un changement important. Après la section du cordon ombilical, les artères ombilicales ne peuvent plus renfermer de sang : elles s'atrophient à l'exception de leur partie initiale, comprise entre l'aorte et les artères iliaques. Ainsi se trouvent constituées les artères iliaques communes, aux dépens de ce qui persiste des deux artères ombilicales. Quant aux parties atrophiées de ces artères, elles se transforment en deux cordons fibreux, les ligaments vésico-ombilicaux externes, qui s'étendent, l'un à droite et l'autre à gauche, depuis la vessie jusqu'à l'ombilic.

4. — *Transformations du Système veineux.*

Les documents que nous possédons relativement à la question difficile dont nous allons nous occuper, nous les devons aux anciens et excellents travaux de Rathke ainsi qu'aux recherches importantes entreprises plus récemment par His et Hochstetter. Ces études nous montrent que *tous les principaux troncs veineux, à l'exception de la veine cave inférieure, sont primitivement pairs et symétriquement disposés.* Cela est vrai non seulement pour les veines qui ramènent au cœur le sang des parois du tronc et de la tête, mais aussi pour celles qui y ramènent le sang du tube digestif et des enveloppes fœtales.

Le sang veineux de la tête est recueilli en dernière analyse par les deux *veines jugulaires* (fig. 394, *vj*; fig. 395, A, *je*, *ji*). Ces veines courent de haut en bas, derrière les fentes branchiales, et s'unissent au niveau du cœur avec les *veines cardinales* (fig. 394, *vca*; fig. 395, A, *ca*). Les veines cardinales se dirigent en sens inverse, c'est-à-dire de bas en haut,

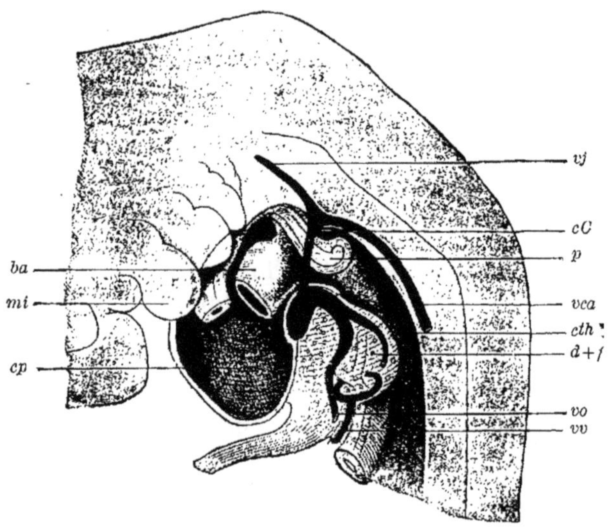

Fig. 394. — *Coupe sagittale (image reconstruite) d'un embryon humain, mesurant 5 mm. de l'éminence nucale à l'éminence coccygienne* (embryon R de His). Cette figure est destinée à faire comprendre le développement de la cavité pleuro-péricardique et du diaphragme. D'après His.

ba, bulbe aortique; *cth*, cavité pleurale (recessus parietalis de His); *cp*, cavité péricardique; *cC*, canal de Cuvier; *vv*, veine vitelline; *vo*, veine ombilicale; *vca*, veine cardinale; *vj*, veine jugulaire; *p*, poumon; *d + f*, ébauche du diaphragme et du foie; *mi*, maxillaire inférieur.

à l'intérieur de la paroi abdominale postérieure : elles recueillent spécialement le sang provenant des corps de Wolff. Au niveau du cœur, les veines jugulaire et cardinale d'un même côté s'unissent pour constituer un *canal de* Cuvier (fig. 394, 395, A, *cC*). C'est aux dépens des deux canaux de Cuvier que se forment plus tard les deux veines caves supérieures. Cette disposition symétrique des gros troncs veineux du tronc et de la tête persiste pendant toute la vie chez les poissons.

Pendant les premières phases du développement, les canaux de Cuvier courent, sur une certaine étendue, dans les parois latérales de la cavité pleuro-péricardique : ils y sont dirigés de haut en bas et d'arrière en avant, depuis la paroi postérieure jusqu'à la paroi antérieure du tronc (fig. 394). Arrivés là, ils s'engagent dans le septum transversum (mésocarde latéral de Kölliker) pour gagner l'oreillette du cœur. Le septum transversum constitue un organe important de l'embryon : il forme un lieu de réunion de tous les troncs veineux qui débouchent dans le cœur. En effet, on n'y trouve pas seulement les deux canaux de Cuvier, mais aussi les veines qui ramènent le sang des viscères, c'est-à-dire les deux veines vitellines et les deux veines ombilicales (fig. 387, *V. om* et *Vo;* fig. 394, *vv* et *vo*). Tous ces troncs veineux s'unissent dans un sinus

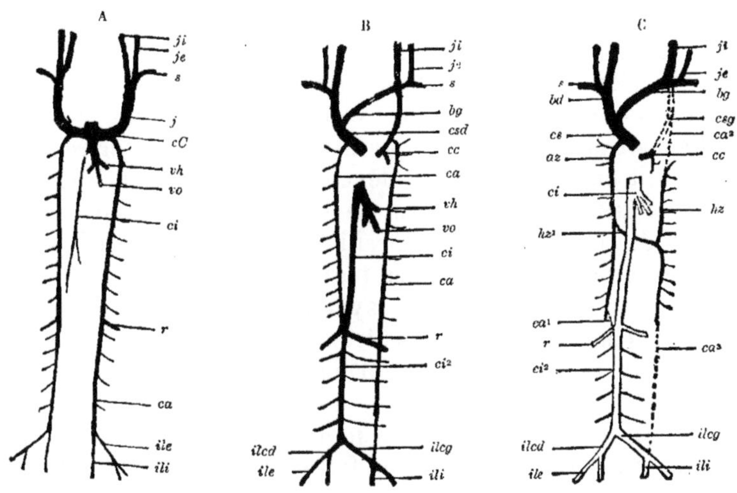

Fig. 395. — *Figures schématiques montrant le développement du système veineux.*
cC, canal de Cuvier; *je*, veine jugulaire externe; *ji*, veine jugulaire interne; *s*, veine sous-clavière; *vh*, veine hépatique efférente; *vo*, veine ombilicale; *ci* (*ci²*), veine cave inférieure; *ca* (*ca¹*, *ca²*, *ca³*), veine cardinale; *ilcd*, veine iliaque commune droite; *ilcg*, veine iliaque commune gauche; *cs*, veine cave supérieure; *csg*, tronc atrophié de la veine cave supérieure gauche; *cc*, veine coronaire du cœur; *az*, veine azygos; *hz* (*hz¹*), veine hémi-azygos; *ile*, veine iliaque externe; *ili*, veine iliaque interne; *r*, veine rénale.

veineux commun, dont nous avons déjà parlé lorsque nous avons étudié le mode de développement du cœur (p. 626). Le sinus veineux est interposé immédiatement entre l'oreillette et le septum transversum.

Les deux veines vitellines ou omphalo-mésentériques ramènent au cœur le sang du sac vitellin. Ce sont les deux veines les plus anciennes et les plus volumineuses de l'embryon, au début du développement. Elles se réduisent, au fur et à mesure que le sac vitellin s'atrophie pour constituer la vésicule ombilicale. Elles longent l'intestin, au voisinage l'une de l'autre, et viennent se placer enfin entre le duodénum et l'estomac, où elles s'unissent par des anastomoses transversales, dès les premiers stades du développement.

Les veines ombilicales sont aussi primitivement doubles. Très délicates au début, elles deviennent plus tard de plus en plus volumineuses, au fur et à mesure que les veines vitellines se réduisent. Leur développement est parallèle à celui du placenta, dont elles ramènent le sang à l'embryon. Dans l'embryon, les veines ombilicales sont primitivement situées dans l'épaisseur des parois latérales de l'abdomen (fig. 387, *Vo*) :

elles gagnent le septum transversum et vont se terminer dans le sinus veineux (*Sv*).

Ce n'est que plus tard que commence à se former la *veine cave inférieure* (fig. 395, A, *ci*). Elle constitue dès le début un vaisseau impair, délicat, qui apparaît chez le lapin pendant le douzième jour (Hochstetter). Située à droite de l'aorte entre les deux reins primordiaux, elle est unie, à son extrémité postérieure, avec les veines cardinales par des anastomoses transversales. Par son extrémité antérieure ou supérieure, elle s'ouvre dans le sinus veineux.

La disposition définitive des veines chez l'homme peut se déduire de la disposition primordiale que nous venons de décrire (fig. 395, A). Il se produit dans le cours du développement trois changements principaux : 1° les veines, au lieu de déboucher dans le sinus veineux, s'ouvrent directement dans l'oreillette; 2° la disposition symétrique des canaux de Cuvier, des veines jugulaires et des veines cardinales est remplacée par une disposition asymétrique, déterminée par l'atrophie partielle ou complète de certains troncs veineux principaux; 3° le développement du foie engendre la formation d'une circulation de la veine porte.

La première modification que nous venons de signaler est due à ce fait que le sinus veineux finit par faire partie de l'oreillette elle-même. Primitivement logé à l'intérieur du septum transversum, le sinus veineux s'élève ensuite au-dessus de cet organe; puis, il s'en sépare et vient se placer comme une annexe de l'oreillette à l'intérieur de la cavité péricardique. Il finit par se fusionner complètement avec le cœur et constitue la partie lisse de la paroi de l'oreillette droite, dans l'étendue de laquelle il ne se forme pas de muscles pectinés (His). C'est là que débouchent alors isolément les deux canaux de Cuvier, c'est-à-dire les deux veines caves supérieures futures, ainsi que la veine cave inférieure, résultant de l'union des veines viscérales.

Les transformations que subissent les deux canaux de Cuvier débutent par un changement dans leur situation. Ces vaisseaux se dirigent plus verticalement de haut en bas. Comme le sinus veineux, ils proéminent alors de dehors en dedans, hors du septum transversum et des parois latérales du tronc et soulèvent la séreuse qui les recouvre sous la forme de deux replis semi-lunaires, qui contribuent à la formation du péricarde et que nous avons décrits précédemment sous le nom de *replis pleuro-péricardiques*. Lorsque ces replis se sont soudés au médiastin, les canaux de Cuvier se trouvent logés dans le médiastin, où ils viennent se placer l'un contre l'autre dans le plan médian. Les veines jugulaires qui y aboutissent deviennent progressivement plus volumineuses que les veines cardinales. Cela est déterminé par trois causes différentes (fig. 395, B). D'abord, la partie supérieure ou antérieure du corps de l'embryon, et tout particulièrement le cerveau, se développe plus que sa partie inférieure ou postérieure. En second lieu, dans la partie inférieure du corps, les veines cardinales sont progressivement supplantées par la veine cave inférieure, qui recueille peu à peu une partie de plus en plus considérable du sang qu'amenaient au cœur les veines cardinales. Enfin, en troisième lieu, lorsque les membres supérieurs se développent, les veines sous-clavières (*s*) s'ouvrent dans les

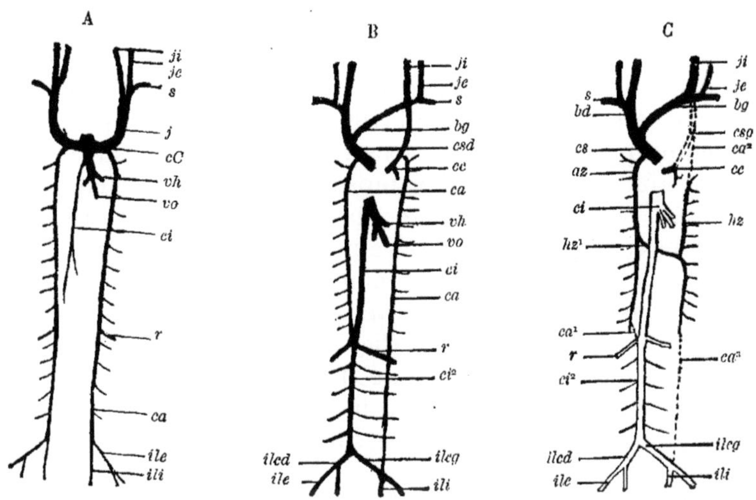

Fig. 396. — *Figures schématiques montrant le développement du système veineux.*
cC, canal de Cuvier; *je*, veine jugulaire externe; *ji*, veine jugulaire interne; *s*, veine sous-clavière; *vh*, veine hépatique efférente; *vo*, veine ombilicale; *ci* (ci^2), veine cave inférieure; *ca* (ca^1, ca^2, ca^3), veine cardinale; *ilcd*, veine iliaque commune droite; *ilcg*, veine iliaque commune gauche; *cs*, veine cave supérieure; *csg*, tronc atrophié de la veine cave supérieure gauche; *cc*, veine coronaire du cœur; *az*, veine azygos; *hz* (hz^1), veine hémi-azygos; *ile*, veine iliaque externe; *ili*, veine iliaque interne; *r*, veine rénale.

veines jugulaires. Il en résulte que la partie inférieure de la jugulaire, à partir de l'embouchure de la sous-clavière dans cette veine, constitue un prolongement immédiat du canal de Cuvier du même côté et forme avec lui un tronc veineux que l'on désigne sous le nom de veine cave supérieure (fig. B, *csd*).

En ce moment les deux veines caves supérieures gauche et droite ne suivent plus le même trajet. Cette différence dans le trajet des deux veines caves supérieures est la cause déterminante de l'asymétrie que montre plus tard chez l'homme cette partie supérieure du système veineux. C'est ce que Gegenbaur a mis en évidence. Tandis que la veine cave supérieure droite (fig. 395, B, *csd*) se rend plus directement, de haut en bas, au cœur, la veine cave supérieure gauche (*csg*) pour arriver au cœur doit décrire un trajet un peu plus long. Son extrémité inférieure doit contourner de gauche à droite la paroi postérieure de l'oreillette, où elle se loge dans le sillon coronaire et où elle reçoit encore le sang des veines coronaires du cœur (*cc*).

Chez les reptiles, chez les oiseaux et chez une foule de mammifères il persiste, pendant toute la vie, deux veines caves supérieures. Chez l'homme cette disposition n'existe que pendant les premiers mois de la vie embryonnaire. Plus tard, il se produit une atrophie partielle de la veine cave supérieure gauche. Cette atrophie est préparée par la formation d'une anastomose transversale (fig. 396, B, *bg*) entre les deux veines caves supérieures. Le sang provenant de la jugulaire externe, de la jugulaire interne et de la sous-clavière gauches arrive plus directement au cœur par cette anastomose, en évitant le circuit de la veine cave supérieure gauche. Il en résulte que l'extrémité inférieure de la veine cave supérieure droite, comprise entre l'embouchure de l'anastomose transversale et le cœur, devient beaucoup plus volumineuse, en même temps que l'extrémité inférieure de la veine cave supérieure gauche se réduit. Finalement cette dernière s'atrophie complètement (fig. 396, C, *csg*), sauf son extrémité logée dans le sillon coronaire (*cc*) laquelle continue à recevoir le sang des veines coronaires du cœur et constitue alors le sinus coronaire. En ce moment, il n'existe donc plus qu'une seule veine cave supérieure (*cs*), qui représente l'extrémité inférieure de la veine cave supérieure droite (fig. 396, B, *csd*). Elle reçoit d'une part la veine brachio-céphalique droite (fig. 396, C, *bd*) et la veine brachio-céphalique gauche (*bg*), cette dernière n'étant que l'anastomose transversale, dilatée, qui unissait précédemment (fig. 396, B, *bg*) les deux veines caves supérieures.

Un processus semblable s'accomplit pour les veines cardinales (fig. 396, A, *ca*). Ces veines recueillent le sang des reins primordiaux, de la paroi abdominale postérieure, du bassin et des membres inférieurs. Dans la région du bassin, elles reçoivent les veines hypogastriques (*il.i*) ainsi que les veines iliaques externes (*il.e*), prolongements des veines crurales, qui ramènent le sang des membres inférieurs. Primitivement les veines cardinales constituent donc, comme chez les poissons, les troncs veineux principaux de toute la partie inférieure du corps de l'embryon. Dans la suite du développement, elles deviennent de moins en moins importantes et sont remplacées progressivement par la veine cave inférieure.

La formation de la veine cave inférieure a été expliquée pour la première fois, dans ces dernières années, par Hochstetter. D'après cet auteur, il faut distinguer à cette veine deux parties, qui diffèrent par leur origine. L'une, plus courte, est antérieure ou supérieure; l'autre, plus longue, est postérieure ou inférieure. La partie antérieure de la veine cave inférieure apparaît, comme nous l'avons dit précédemment, sous la forme d'un vaisseau délicat, à droite de l'aorte, entre les deux reins primordiaux (fig. 396, A et B, *ci*). La partie postérieure de la veine se forme plus tard aux dépens de la partie postérieure de la veine cardinale droite (fig. 396, B, ci^2). Elle s'unit, peu de temps après s'être formée dans la région de la veine rénale (*r*), par des anastomoses transversales, avec les deux veines cardinales. Il en résulte qu'elle finit bientôt par augmenter notablement de volume, parce qu'elle permet au sang de la partie inférieure du corps de revenir au cœur plus directement que la partie supérieure des veines cardinales. Elle devient, par conséquent, peu à peu le tronc veineux principal de la partie inférieure du corps de l'embryon.

Si le stade que nous venons de décrire (fig. 396, B) représentait la disposition définitive, il existerait une veine cave inférieure qui, au niveau des veines rénales (*r*), se bifurquerait en deux troncs parallèles, courant aux deux côtés de l'aorte jusqu'au bassin. Or, c'est ce que l'on trouve parfois réalisé chez l'adulte : cette soi-disant anomalie n'est donc qu'un arrêt de développement. Toutefois cette disposition du système veineux est rare, parce que normalement il se produit, à une période reculée du développement, une asymétrie marquée entre les parties inférieures des deux veines cardinales, et cela à partir du moment où ces veines s'unissent par des anastomoses avec la partie initiale de la veine cave inférieure. La partie inférieure de la veine cardinale droite devient plus volumineuse que celle de la veine cardinale gauche : finalement elle persiste seule (fig. 396, B et C), tandis que la partie inférieure de la veine cardinale gauche cesse de se développer. Ce fait est dû à deux causes différentes. D'une part, la veine cardinale droite (ci^2) se trouve plus directement que la gauche dans le prolongement de la veine cave inférieure. D'autre part, il se forme dans la région du bassin, une anastomose (*il. c. g*) entre les deux veines cardinales, ce qui fait que le sang des deux veines iliaques gauches passe dans la veine cardinale droite. Grâce à cette anastomose, qui devient la veine iliaque commune gauche, la partie de la veine cardinale gauche (fig. 396, C, ca^3) comprise entre la veine rénale gauche et le bassin cesse de fonctionner, surtout lorsque le rein primordial s'est atrophié. Quant à la veine cardinale droite, elle se trouve alors dans le prolongement direct de la veine cave inférieure, dont elle constitue la partie comprise entre les veines rénales et la bifurcation des veines iliaques communes (fig. 396, B et C, ci^2).

Tandis que la portion abdominale de la veine cardinale gauche (fig 396, C, ca^3) disparaît et que la portion correspondante de la veine cardinale droite forme la partie inférieure de la veine cave inférieure (ci^2), leurs portions thoraciques persistent, mais sans prendre un grand développement : elles recueillent le sang des espaces intercostaux (fig. 396, B, *ca*). Dans cette région thoracique, il s'accomplit encore une dernière métamorphose, qui entraîne également une disposition asymétrique des veines. A la suite de l'atrophie de la veine cave supérieure gauche (fig. 396, C, *csg*), le sang de la veine cardinale gauche ne peut plus arriver directement à l'oreillette; alors la partie supérieure de cette veine (ca^2) s'atrophie complètement. Sur ces entrefaites il s'est formé une anastomose (hz^1), qui passe transversalement en avant de la colonne vertébrale et en arrière de l'aorte. Par cette anastomose le sang de la portion thoracique de la veine cardinale gauche est ramené au cœur par la portion thoracique de la veine cardinale droite. Ainsi se forme la veine hémi-azygos (*hz* et *hz'*), qui s'unit à la veine azygos (*az*) constituée par la portion thoracique de la veine cardinale droite.

C'est à la suite de toutes ces transformations que le système veineux symétrique se trouve remplacé par un système asymétrique, surtout développé du côté droit.

Nous devons encore nous occuper d'une troisième série de transformations que subit le système veineux primitif. Nous voulons parler de la *circulation dans le foie*.

Le foie ne reçoit pas son sang de la même source pendant toute la durée du développement. Longtemps il lui est amené par les veines vitellines ; puis, pendant une seconde période, par la veine ombilicale ; enfin, après la naissance, par la veine porte. *Ce triple changement s'explique par le développement du foie, du sac vitellin et du placenta.* Aussi longtemps que le foie est petit, le sang provenant du sac vitellin suffit à le nourrir. Mais lorsque plus tard il devient beaucoup plus volumineux, tandis que le sac vitellin s'atrophie, d'autres vaisseaux, les veines ombilicales, interviennent dans sa nutrition. Enfin quand, au moment de la naissance, la circulation placentaire cesse, les troncs veineux de l'intestin, qui, sur ces entrefaites, se sont fortement développés, remplacent les veines ombilicales.

C'est ce qu'il ne faut pas oublier si l'on veut comprendre les changements qui s'opèrent, pendant le développement embryonnaire, dans la circulation hépatique, ainsi que les modifications profondes auxquelles sont soumis les troncs veineux du foie : les veines vitellines, les veines ombilicales et la veine porte.

Lorsque les conduits hépatiques se forment aux dépens du duodénum pour pénétrer à l'intérieur du mésentère ventral et du septum transversum où ils émettent des bourgeons latéraux, ils contournent les deux veines vitellines. Là, ces dernières s'unissent par des anastomoses transversales, annulaires (sinus annulaire de His), qui entourent le duodénum (fig. 394, *vv*). De ces anastomoses partent des branches collatérales qui amènent le sang au foie en voie de formation. Plus cet organe se développe, plus ces branches collatérales deviennent volumineuses. Elles constituent alors les veines hépatiques afférentes, qui se résolvent en un réseau capillaire (fig. 241, *v*), situé entre les travées du réseau des cylindres hépatiques (*ch*). De ce réseau émanent alors, au bord postérieur du foie, des veines hépatiques efférentes ; elles ramènent le sang à l'extrémité terminale des veines vitellines, qui s'ouvre dans l'oreillette du cœur. De cette disposition il résulte que la partie des veines vitellines comprise entre les veines hépatiques afférentes et les veines hépatiques efférentes se réduit de plus en plus et finit par disparaître complètement. Alors tout le sang venant du sac vitellin passe dans la circulation du foie. Le processus qui s'accomplit ici est le même que celui qui se passe dans les vaisseaux des arcs branchiaux chez les vertébrés à respiration branchiale : nous avons vu, en effet, que chacun de ces vaisseaux branchiaux, à la suite du développement des lamelles branchiales, se divise en une artère branchiale, en une veine branchiale et en un réseau capillaire interposé entre elles.

Les deux veines ombilicales interviennent déjà dans la circulation hépatique, à une phase reculée du développement. Elles courent primitivement à partir du cordon ombilical dans la *paroi abdominale antérieure* (fig. 387, *Vo*). Là elles reçoivent des branches collatérales et débouchent ensuite dans le sinus veineux (*Sv*), en passant *au-dessus de l'ébauche du foie*. En ce moment, leur trajet est tout différent de ce qu'il est plus tard. En effet, plus tard, on trouve l'extrémité de la veine ombilicale *au-dessous du foie*. D'après His, ce changement s'opère de la manière suivante. La veine ombilicale droite s'atrophie partiellement, comme chez le poulet (p. 621) : ce qui en reste devient une veine épigastrique. Par contre, la veine ombilicale gauche, arrivée dans le septum transversum, envoie des anastomoses aux veines voisines. Parmi ces anastomoses il en est une qui se rend au sinus annulaire des veines vitellines, en passant *au-dessous du foie*. Il en résulte qu'une partie du sang revenant du placenta passe, par cette anastomose, dans la circulation hépatique. Or, le développement que prend le foie exigeant un grand afflux sanguin, l'anastomose en question se transforme bientôt en un tronc vasculaire important, par lequel passe tout le sang de la veine ombilicale. Ce sang, mélangé à celui qui revient du sac vitellin, circule alors à travers le foie, dans les espaces sanguins interposés entre les veines hépatiques afférentes et les veines hépatiques efférentes. Il est alors ramené au cœur par l'extrémité terminale de la veine vitelline. Cette dernière reçoit aussi le sang de la veine cave inférieure, qui n'est encore qu'insignifiante, de sorte que l'on peut dire, si l'on s'en rapporte à la disposition réalisée chez l'adulte, que l'extrémité terminale de la veine vitelline constitue l'extrémité cardiaque de la veine cave inférieure.

Pendant une courte période du développement, tout le sang qui revient du placenta doit passer par la circulation hépatique avant d'être ramené au cœur. En effet, en ce moment, le canal veineux d'Arantius, qui plus tard fait communiquer directement la veine ombilicale avec la veine cave inférieure, n'existe pas encore. Mais cette communication directe devient nécessaire aussitôt que, grâce au développement pris par l'embryon et par le placenta, le sang charrié par la veine ombilicale est tellement abondant qu'il ne peut passer entièrement par le foie. Alors, aux dépens d'anastomoses, se forme le canal veineux d'Arantius (fig. 397, *cA*), qui est tendu directement, à la face inférieure du foie, entre la veine ombilicale (*vo*) et la veine cave inférieure (*ci''*). Cette disposition persiste jusqu'au moment de la naissance. Le sang placentaire amené par la veine ombilicale (*vo*), arrivé au hile du foie, se divise en deux courants.

L'un passe directement par le canal veineux d'Arantius (cA) dans la veine cave inférieure (ci''). L'autre fait un circuit et pénètre dans le foie par les veines hépatiques afférentes (*hag*, *had*); là il se mêle au sang ramené du sac vitellin et de l'intestin par la veine vitelline (*vp*) et il passe enfin dans la veine cave inférieure (ci'') après avoir traversé les veines hépatiques efférentes (*he*).

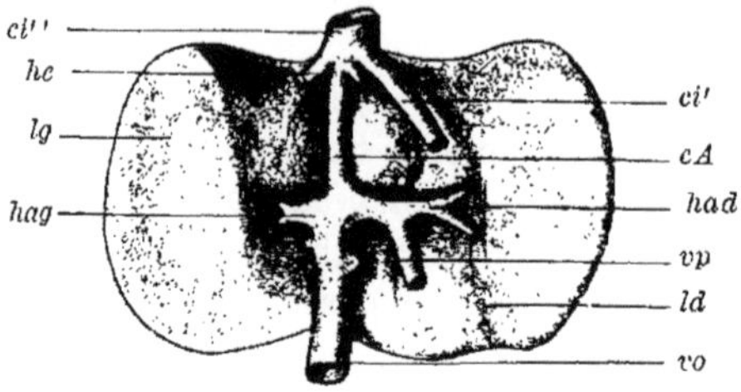

Fig. 397. — *Face inférieure du foie chez un fœtus humain de huit mois*, d'après Gegenbaur.
lg, lobe gauche du foie; *ld*, lobe droit du foie; *vo*, veine ombilicale; *cA*, canal veineux d'Arantius; *vp*, veine porte; *hag*, veine hépatique afférente gauche; *had*, veine hépatique afférente droite; *he*, veine hépatique efférente; ci', veine cave inférieure; ci'', extrémité de la veine cave inférieure qui reçoit les veines hépatiques efférentes (*he*).

Il nous reste à dire quelques mots du *développement de la veine porte.* La veine porte est ce vaisseau impair (*vp*) que montre la figure 397. Elle s'ouvre dans la veine hépatique afférente droite (*had*) et conduit de là le sang veineux dans le lobe droit du foie. Elle se forme aux dépens des deux veines vitellines primitives.

D'après His, les deux veines vitellines se fusionnent dans la partie de leur trajet où elles se trouvent accolées l'une et l'autre, c'est-à-dire contre le tube digestif. D'autre part, là où elles pénètrent dans le foie et où elles sont réunies par deux anastomoses annulaires entourant le duodénum, il se forme un tronc veineux unique, résultant de ce fait que la moitié droite de l'anneau anastomotique inférieur et la moitié gauche de l'anneau anastomotique supérieur s'atrophient. Ce tronc veineux, qui est la veine porte, se dirige d'abord vers la gauche, contourne la face postérieure du duodénum, puis passe à la droite de cet organe. La veine porte reçoit son sang du sac vitellin ainsi que de la veine mésentérique supérieure, qui ramène le sang de l'intestin. Plus tard, à la suite de l'atrophie du sac vitellin, la veine porte ne reçoit plus de sang que de l'intestin, du pancréas et de la rate. Pendant les derniers mois de la grossesse elle déverse dans le foie un grand courant sanguin.

Quant aux modifications qui s'accomplissent encore au moment de la naissance, il est facile de les comprendre (fig. 397). Avec la section du cordon ombilical, la circulation placentaire cesse : la veine ombilicale (*vo*) n'amène donc plus de sang au foie. Elle s'atrophie depuis l'ombilic jusqu'au hile du foie et se transforme en un ligament fibreux (ligament hépatico-ombilical ou ligament rond du foie). De même le canal veineux d'Arantius (cA) se transforme en un cordon fibreux, logé dans le sillon longitudinal gauche du foie, et appelé ligament veineux. Les veines hépatiques afférentes gauche et droite (*hag*, *had*) reçoivent alors leur sang de l'intestin, par l'intermédiaire de la veine porte (*vp*), tout comme c'était le cas au début du développement.

Maintenant que nous avons fait connaître les phénomènes morphologiques qui s'accomplissent, au cours du développement, dans le système vasculaire, disons en quelques mots *comment se fait la circulation chez l'embryon avant la naissance*. Ce qui est caractéristique, c'est que la circulation n'est pas encore dédoublée complètement en une grande circulation ou circulation générale et en une petite circulation ou circulation pulmonaire; qu'en outre dans la plupart des vaisseaux il ne circule pas de sang purement artériel ou purement veineux, mais un sang mixte, mélangé. Seule la veine ombilicale renferme exclusivement du sang artériel pur, provenant du placenta.

Arrivé au foie, le sang amené par la veine ombilicale se divise en deux courants. L'un passe directement, par le canal veineux d'ARANTIUS, dans la veine cave inférieure, où il se mêle au sang provenant des membres inférieurs et des reins. L'autre courant traverse le foie, où il se mêle au sang veineux ramené de l'intestin par la veine porte : de là il passe également dans la veine cave inférieure, après avoir traversé les veines efférentes du foie. Le sang mixte de la veine cave inférieure arrive dans l'oreillette droite. De là, grâce à la présence du trou ovale, il passe en grande partie dans l'oreillette gauche. Le sang qui ne traverse pas le trou ovale se mêle de nouveau, dans l'oreillette droite, avec le sang veineux, qui est ramené de la tête et des membres supérieurs par la veine cave supérieure, et des parois du tronc, par la veine azygos. De l'oreillette droite, il passe dans le ventricule droit et, de là, dans l'artère pulmonaire. Une partie du sang, fortement veineux, de l'artère pulmonaire, se rend aux poumons; l'autre partie passe par le canal de BOTAL dans l'aorte, où il se mêle au sang plus artérialisé provenant du ventricule gauche.

Le sang du ventricule gauche provient surtout de la veine cave inférieure; une petite partie cependant provient des veines pulmonaires qui débouchent dans l'oreillette gauche. Du ventricule gauche, le sang passe par les arcs aortiques : d'une part, dans les carotides communes et les artères sous-clavières qui l'amènent respectivement à la tête et aux membres supérieurs; d'autre part, dans l'aorte descendante, où il se mêle au sang veineux, amené par le canal de BOTAL. Ce sang mixte va se distribuer au tube digestif et aux membres inférieurs; cependant la majeure partie passe, par les deux artères ombilicales, dans le placenta, où il s'artérialise de nouveau.

Comme on peut en juger par ce que nous venons de dire, il existe une différence importante, au point de vue de la distribution du sang, entre la partie antérieure ou supérieure et la partie postérieure ou inférieure du corps. La première reçoit des carotides et des artères sous-clavières un sang plus oxygéné que la seconde, qui reçoit le sang de l'aorte descendante mélangé à du sang veineux provenant, par le canal de BOTAL, du ventricule droit. C'est surtout au milieu de la grossesse que cette distinction est la plus marquée. On a cherché à expliquer, par cette circonstance, pourquoi la partie supérieure du corps se développe relativement plus que sa partie inférieure.

La description succincte de la circulation chez l'embryon, telle que nous venons de la donner, nous montre que dans tous les vaisseaux coule du sang plus ou moins mélangé. Cependant la nature du sang n'est pas la même à toutes les phases du développement. En effet, le volume relatif des divers organes varie beaucoup pendant le développement, et les poumons notamment sont, plus tard, en état de recevoir une quantité de sang plus considérable qu'au début du développement. Enfin, pendant les derniers mois, le trou ovale et le canal de Botal se rétrécissent. Il résulte de là : 1° que déjà avant la naissance, il n'y a qu'une petite partie du sang de la veine cave inférieure qui passe dans l'oreillette gauche; 2° que pendant les derniers mois de la grossesse il ne pénètre dans l'aorte descendante qu'une minime partie du sang de l'artère pulmonaire. Vers la fin de la vie fœtale, il s'accomplit donc progressivement un dédoublement de plus en plus complet de la circulation (Hasse). Il devient complet au moment de la naissance.

Alors, avec l'apparition de la circulation pulmonaire et la cessation de la circulation placentaire, de grandes modifications se produisent. La pression sanguine augmente dans la moitié gauche du cœur et diminue dans la moitié droite. Elle diminue dans la moitié droite, parce que la veine ombilicale n'amène plus de sang dans l'oreillette droite et que, d'autre part, le ventricule droit doit fournir une plus grande quantité de sang aux poumons dilatés. Il en résulte que le canal de Botal (fig. 392, *n*) s'oblitère et se transforme en un cordon fibreux (cordon ou ligament de Botal). D'autre part, comme l'oreillette gauche reçoit alors une plus grande quantité de sang provenant des poumons, la pression sanguine augmente dans cette oreillette. Or, comme en même temps elle diminue dans l'oreillette droite, il résulte de la disposition spéciale des valvules dont le trou ovale est garni, que cet orifice se ferme. La valvule du trou ovale s'applique intimement par ses bords contre la valvule de Vieussens; puis elle se soude avec elle.

Grâce à la fermeture du trou ovale et du canal de Botal, le dédoublement de la circulation, déjà partiel avant la naissance, devient complet au moment de la naissance.

Pour terminer ce chapitre consacré au développement du système vasculaire, je dirai quelques mots d'un organe qu'en anatomie descriptive, on décrit généralement avec les organes de la circulation : la *rate*. On ne connaît que peu de choses concernant son développement. Chez l'embryon humain, long de 7 millimètres, His en a trouvé la première ébauche, logée déjà dans le mésogastre, au voisinage de l'estomac. Quant à l'origine des éléments cellulaires qui forment l'ébauche de la rate, Maurer et Laguesse sont arrivés à des résultats différents.

D'après Maurer, l'ébauche de la rate provient de l'épithélium intestinal. Chez les larves d'amphibiens, qui ont fait l'objet de ses recherches, certaines cellules émigrent de l'épithélium de l'estomac, pénètrent dans le mésogastre, comme des cellules migratrices, le long des gaines des vaisseaux mésentériques, et s'accumulent en petits amas au voisinage de l'estomac. Pour Laguesse, au contraire, qui a étudié des embryons de poissons, la rate se forme par prolifération de cellules du mésenchyme, qui sont en rapport immédiat avec les branches de la veine porte future. Chez l'homme, les corpuscules de Malpighi de la rate ne se distinguent nettement que peu de temps avant la naissance.

RÉSUMÉ

1. La première ébauche du cœur se forme, chez les vertébrés, suivant deux types différents :

Premier type. Chez les cyclostomes, les sélaciens, les ganoïdes et les amphibiens, la première ébauche du cœur est unique. Elle apparaît, à la face inférieure de l'intestin céphalique, dans le mésentère ventral, qui se divise alors en un mésocarde antérieur et en un mésocarde postérieur.

Second type. Chez les oiseaux et les mammifères, le cœur se forme aux dépens d'une ébauche double. Ces deux moitiés se fusionnent ensuite en un tube cardiaque simple, présentant alors la même disposition que l'ébauche unique du premier type.

2. Le second type peut se dériver du premier. Sa formation est la conséquence de la quantité considérable de vitellus que renferme l'œuf. En effet, le cœur se forme à un stade où la lame splanchnique est encore étalée à la surface du vitellus et ne s'est pas encore plissée pour constituer l'intestin céphalique.

3. Les éléments qui s'unissent à l'endocarde pour former la paroi du cœur dérivent d'un épaississement de la splanchnopleure (myocarde et feuillet viscéral du péricarde).

4. Le cœur commence à se former, chez tous les vertébrés, dans la région cervicale, en arrière de la dernière paire d'arcs branchiaux.

5. L'extrémité postérieure ou veineuse du tube cardiaque simple reçoit le sang du corps par les veines omphalo-mésentériques. Son extrémité antérieure ou artérielle envoie le sang au corps de l'embryon par le tronc artériel.

6. Le tube cardiaque simple se transforme chez tous les amniotes en un cœur composé de deux ventricules et deux oreillettes. Pour cela, il subit toute une série de métamorphoses qui consistent : 1° en inflexions, rétrécissements et changements de position; 2° en la formation de cloisons à l'intérieur de sa cavité.

7. Le tube cardiaque, primitivement droit, prend la forme d'un S.

8. La portion veineuse de l'S devient dorsale, et sa portion artérielle, ventrale. Elles se continuent l'une avec l'autre par une partie rétrécie, le canal auriculaire. Dès ce moment on peut leur donner respectivement le nom d'oreillette et de ventricule.

9. L'oreillette, c'est-à-dire la portion veineuse de l'S cardiaque, émet deux évaginations latérales, les auricules, qui entourent, d'arrière en avant, le tronc artériel.

10. La formation des cloisons qui divisent l'oreillette, le ventricule et le tronc artériel en une moitié gauche et en une moitié droite, débute en trois points différents.

a. C'est d'abord l'oreillette qui se divise par une cloison interauriculaire en une moitié gauche et en une moitié droite. Toutefois la séparation n'est pas complète : dans la cloison se forme une solution de continuité, appelée trou ovale, qui persiste jusqu'à la naissance.

b. En se développant de haut en bas, la cloison interauriculaire intéresse le canal auriculaire (septum intermedium de His), qu'elle divise en un orifice auriculo-ventriculaire gauche et en un orifice auriculo-ventriculaire droit.

c. Une cloison interventriculaire, qui procède de la paroi inférieure du ventricule, divise ce dernier en une moitié droite et en une moitié gauche. A cette cloison correspond un sillon interventriculaire externe.

d. Le tronc artériel se divise en artère pulmonaire et en aorte ascendante, grâce à la formation d'une cloison spéciale, qui se développe de haut en bas et s'unit à la cloison interventriculaire.

e. La séparation des deux oreillettes n'est complète que lorsque le trou ovale se ferme après la naissance.

11. Autour de l'orifice auriculo-ventriculaire et de l'orifice artériel se forment les premiers rudiments des valvules. Ils se présentent sous la forme d'épaississements de l'endocarde (bourrelets endocardiques), qui proéminent à l'intérieur de la cavité cardiaque.

Développement des gros troncs artériels chez l'Homme et les Mammifères.

12. Du tronc artériel naissent six paires de vaisseaux branchiaux (arcs aortiques ou artériels) qui courent le long des arcs branchiaux, contournent les faces latérales de l'intestin céphalique et se réunissent à la face dorsale pour constituer les deux aortes primitives.

13. Les deux aortes primitives se fusionnent, à une période reculée du développement, en une aorte unique située au-dessous de la colonne vertébrale.

14. Chez les mammifères, la première, la deuxième et la cinquième paire d'arcs aortiques s'atrophient; la troisième fournit la partie initiale des carotides internes; le quatrième arc gauche devient la crosse de l'aorte; le quatrième arc droit, le tronc brachio-céphalique et la sous-clavière droite. Le sixième arc droit fournit les vaisseaux qui se rendent au poumon droit et il s'atrophie dans le restant de son étendue. Le dernier arc gauche se continue avec l'artère pulmonaire : il fournit les

vaisseaux qui se rendent au poumon gauche et le canal de Botal, qui fait communiquer, jusqu'au moment de la naissance, l'artère pulmonaire avec l'aorte descendante.

15. Après la naissance, le canal de Botal s'oblitère et se transforme en un cordon fibreux (cordon ou ligament de Botal).

16. De l'aorte partent deux paires d'artères volumineuses qui se rendent aux enveloppes fœtales : les artères vitellines ou omphalo-mésentériques, qui se distribuent dans le sac vitellin, et les artères ombilicales, qui se rendent à l'allantoïde et au placenta.

17. Les artères vitellines servent à la circulation vitelline : plus tard elles s'atrophient en même temps que la vésicule ombilicale.

18. Les artères ombilicales, qui deviennent de plus en plus volumineuses au fur et à mesure que le placenta se développe, naissent de la portion lombaire de l'aorte. Elles se dirigent en avant à l'intérieur des parois latérales du bassin, puis sur les parois externes de la vessie : de là elles gagnent la paroi abdominale antérieure, arrivent à l'ombilic et se continuent dans le cordon ombilical.

19. Les artères ombilicales fournissent les artères iliaques internes, qui se distribuent dans la cavité du bassin, et les artères iliaques externes, qui se distribuent aux membres inférieurs.

20. Après la naissance, les artères ombilicales s'atrophient (ligaments vésico-ombilicaux externes), sauf dans leur partie initiale, qui persiste pour constituer les artères iliaques communes.

Développement des gros troncs veineux.

21. A l'exception de la veine cave inférieure, tous les autres troncs veineux sont primitivement pairs et symétriques.

22. Les deux veines jugulaires recueillent le sang de la tête; les deux veines cardinales, le sang du tronc et tout spécialement celui des corps de Wolff.

23. La veine jugulaire et la veine cardinale d'un même côté s'unissent en un canal de Cuvier. Les deux canaux de Cuvier, qui se dirigent transversalement le long de la paroi externe du tronc jusqu'à l'extrémité postérieure du cœur, sont logés, l'un et l'autre, dans un repli transversal de la paroi antérieure du tronc, appelé septum transversum.

24. Les deux veines vitellines ramènent le sang du sac vitellin : elles courent aussi, à partir de l'ombilic, dans le mésentère ventral, jusqu'au septum transversum.

25. Les deux veines ombilicales, qui ramènent le sang du placenta, courent primitivement, depuis l'insertion du cordon ombilical, à l'intérieur de la paroi abdominale, jusqu'au septum transversum.

26. Dans le septum transversum, les canaux de Cuvier, les veines vitellines et les veines ombilicales débouchent dans le sinus veineux, qui plus tard disparaît en tant qu'organe distinct et se confond avec l'oreillette du cœur.

27. Les veines cardinales perdent de leur importance : 1° à la suite de l'atrophie des reins primordiaux; 2° parce que la veine cave inférieure ramène au cœur le sang de la moitié inférieure du corps.

28. La partie supérieure de la veine cave inférieure se développe sous la forme d'un vaisseau impair et indépendant, entre les deux veines cardinales. Elle s'unit ensuite, au niveau de l'embouchure des veines rénales, avec la veine cardinale droite. Cette dernière se transforme alors en la partie inférieure de la veine cave inférieure.

29. Les canaux de Cuvier avec la partie initiale des veines jugulaires constituent les deux veines caves supérieures.

30. La disposition, primitivement symétrique, des troncs veineux devient ensuite asymétrique. Cette transformation est déterminée par ce fait qu'il s'établit des anastomoses transversales entre les deux veines caves supérieures et entre les restes des deux veines cardinales.

31. Ces anastomoses transversales amenant de plus en plus, et même à la fin complètement, le sang des troncs veineux gauches dans les troncs veineux droits, il en résulte que l'extrémité inférieure de la veine cave supérieure gauche se réduit en un petit vaisseau, situé dans le sillon coronaire du cœur : c'est le sinus coronaire, qui reçoit les veines coronaires. Quant à l'extrémité cardiaque de la veine cardinale gauche, elle disparaît complètement.

32. Aux dépens du système veineux pair et symétrique se forment donc : la veine cave supérieure définitive, le sinus coronaire, la veine azygos et la veine hémi-azygos.

33. Les veines vitellines, qui plus tard se transforment en une veine unique (veine porte), fournissent, quand le foie a atteint son complet développement, les vaisseaux de la circulation de la veine porte (veines hépatiques afférentes et efférentes).

34. Les veines ombilicales, dont la droite s'atrophie à une période reculée du développement, courent primitivement dans la paroi abdominale *au-dessus* du foie pour se rendre au sinus veineux. Plus tard, la veine ombilicale gauche envoie *au-dessous* du foie une anastomose à la veine vitelline. Le sang de la veine ombilicale passe donc partiellement, puis complètement, dans la circulation hépatique.

35. Aux dépens d'une anastomose entre la veine ombilicale et l'extrémité cardiaque de la veine cave inférieure se forme, à la face inférieure du foie, le canal veineux d'Arantius. Il en résulte alors que le sang de la veine ombilicale se divise en deux courants.

36. Après la naissance, la veine ombilicale s'atrophie et devient le ligament rond du foie; le canal veineux d'Arantius s'oblitère; les veines hépatiques afférentes ne reçoivent plus de sang que de l'extrémité terminale de la veine vitelline, c'est-à-dire de la veine porte, qui recueille le sang de l'intestin.

37. Le septum transversum, à l'intérieur duquel courent les troncs veineux qui se rendent au cœur, constitue le point de départ de la for-

mation du diaphragme et du péricarde. Il forme d'abord une cloison incomplète entre la cavité péricardique primitive et la cavité pleuro-péritonéale primitive. Ces deux cavités communiquent encore l'une avec l'autre, à droite et à gauche, au niveau de l'extrémité craniale du septum transversum.

38. La cavité péricardique se sépare en premier lieu des cavités pleurales. Pour cela : 1° les deux canaux de Cuvier, c'est-à-dire les deux veines caves supérieures futures, au lieu de courir transversalement, se dirigent de plus en plus obliquement de haut en bas et modifient dans le même sens la direction du bord cranial du septum transversum; les cavités pleurales se développant alors de dedans en dehors, les veines caves supérieures ne restent unies aux parois latérales de la cavité thoracique que par deux replis conjonctifs, les replis pleuro-péricardiques définitifs (Brachet); 2° les deux replis pleuro-péricardiques ainsi formés se soudent par leur bord avec le médiastin postérieur, dans lequel sont logés l'œsophage et l'aorte. Il en résulte que les veines caves supérieures sont alors aussi situées dans le médiastin.

39. Les deux cavités pleurales constituent longtemps deux cavités tubuleuses, situées en arrière de la cavité péricardique, à droite et à gauche de la colonne vertébrale. Elles communiquent encore par leur extrémité inférieure avec la cavité abdominale. Les poumons en voie de développement s'engagent à leur intérieur.

40. Les deux cavités pleurales se séparent ensuite de la cavité abdominale. Ce fait résulte de ce que des replis péritonéaux partant des parois latérales du corps (piliers de Uskow, membranes pleuro-péritonéales de Swaen et Brachet) se soudent à la face dorsale du septum transversum, à la paroi dorsale du corps et aux faces latérales de la cloison mésentérique et du mésolatéral, qui s'étalent largement dans le sens transversal au niveau de l'extrémité inférieure des poumons.

41. La séparation des cavités pleurales d'avec la cavité péritonéale est due en grande partie au développement du foie dans l'épaisseur des membranes pleuro-péritonéales.

42. Le diaphragme se compose d'une partie antérieure ou ventrale et d'une partie postérieure ou dorsale. Toutes deux proviennent : latéralement, des membranes pleuro-péritonéales exclusivement; dans le plan médian, pour la plus grande part mais non exclusivement, du septum transversum.

43. Le foie s'engage primitivement à l'intérieur du septum transversum. Il s'engage ensuite dans les membranes pleuro-péritonéales, dans le mésolatéral et dans la cloison mésentérique. Lorsque le diaphragme est complètement constitué, il est uni au foie par presque toute sa face inférieure. Le foie s'en sépare plus tard et ne lui reste plus uni que par l'intermédiaire de deux replis du péritoine : le ligament coronaire et le ligament suspenseur.

DEUXIÈME PARTIE

Développement du squelette.

A l'exception de la corde dorsale qui se forme aux dépens du feuillet interne, tout le squelette des vertébrés dérive du mésenchyme. Il est le résultat d'une série de métamorphoses que subit le tissu conjonctif embryonnaire et dont nous avons dit quelques mots précédemment (p. 610). L'étude du squelette des vertébrés supérieurs, envisagée tant au point de vue embryologique qu'au point de vue comparatif, a fait l'objet d'une foule de publications. Pour l'exposer complètement, nous devrions sortir du cadre que nous nous sommes tracé en écrivant notre traité. Nous nous bornerons donc à décrire les faits les plus importants, renvoyant pour le reste aux traités d'Anatomie comparée.

On distingue au squelette des vertébrés deux parties principales : 1° le *squelette axial*, qui se subdivise en squelette du tronc et squelette de la tête; 2° le *squelette des membres*. Le squelette axial est le plus ancien et le plus primitif : on le rencontre, en effet, chez tous les vertébrés. Celui des membres s'est développé plus tard et fait complètement défaut chez les vertébrés inférieurs (Amphioxus, cyclostomes).

A. — Squelette axial.

Le premier rudiment du squelette axial de tous les vertébrés est la *corde dorsale*. C'est un organe flexible, ayant la forme d'une tige cylindrique; il est situé dans l'axe du corps, au-dessous du tube neural, au-dessus du tube digestif et de l'aorte. La corde dorsale s'étend de l'extrémité antérieure de la base du cerveau moyen jusqu'à l'extrémité de la queue.

L'extrémité antérieure de la corde dorsale reste longtemps unie, sur une petite étendue, avec l'épithélium de l'intestin céphalique. Ce point d'union est situé immédiatement en arrière de l'insertion supérieure de la membrane pharyngienne primitive. Là où cette union s'opère, c'est-à-dire un peu en arrière de la poche de Rathke, il existe une légère dépression de l'épithélium de l'intestin céphalique : c'est la poche de Seessel ou la poche palatine de Selenka. Quelque temps après la résorption de la membrane pharyngienne primitive, l'extrémité de la corde dorsale se détache de l'épithélium de l'intestin céphalique : elle se trouve alors au sein du mésenchyme et se montre souvent recourbée en crochet (Keibel, Kann, Carius).

Chez l'Amphioxus, la corde dorsale constitue à elle seule tout le squelette. Elle forme encore, chez les vertébrés inférieurs (cyclostomes, poissons et amphibiens) même adultes, un organe plus ou moins volumineux. Par contre, chez les amniotes, elle s'atrophie presque entièrement et ne joue un rôle que pendant les premières phases : elle est ensuite remplacée par un autre squelette axial. Nous avons dit ailleurs comment se forme la corde dorsale. Il nous reste à examiner les modifications qu'elle subit. Elles varient selon que l'organe fonctionne activement ou qu'il commence à s'atrophier à une phase reculée de l'ontogenèse.

Dans le premier cas, après s'être séparé de l'endoderme secondaire, le cordon cellulaire représentant l'ébauche de l'organe se délimite superficiellement par une gaine homogène, résistante, appelée l'étui de la corde (fig. 398, *cs*). Les diverses cellules du cordon s'agrandissent ensuite et chacune d'elles s'entoure d'une membrane. Il se forme un liquide à l'intérieur de leur protoplasme. Ce dernier finit par être réduit à l'état d'une mince couche, appliquée contre la membrane de la cellule. Il en résulte que les éléments de cet organe prennent l'aspect des cellules végétales. Cependant les cellules superficielles, en rapports immédiats avec l'étui de la corde, restent petites, protoplasmiques et se disposent en une couche spéciale (fig. 398), constituant l'épithélium de la corde. C'est par multiplication et transformation des éléments de cet épithélium que la corde dorsale s'accroît.

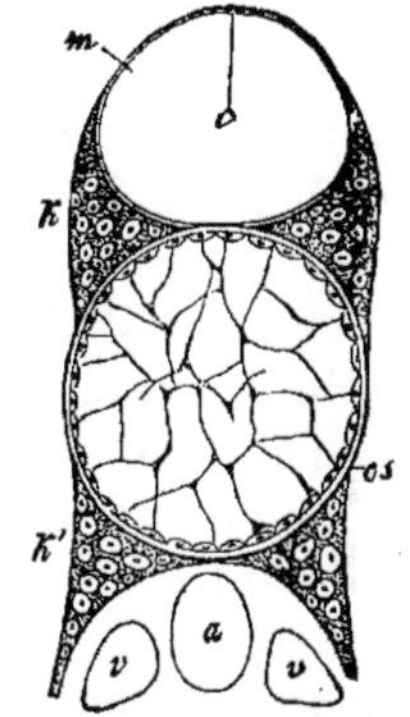

Fig. 398. — *Coupe transversale de la colonne vertébrale d'un jeune saumon*, d'après GEGENBAUR.

cs, étui de la corde dorsale; *K*, arc neural ou supérieur; *K'*, arc hémal ou inférieur; *m*, moelle épinière; *a*, aorte dorsale; *v*, veines cardinales.

Pendant les premiers stades de son développement, la corde dorsale est en relation immédiate : en haut, avec le tube neural; en bas avec le feuillet glandulaire de l'intestin, et sur les côtés, enfin, avec les segments primordiaux. Il n'en est plus de même dès que le mésenchyme a apparu entre les ébauches des premiers organes de l'embryon. Alors une couche de mésenchyme entoure la corde (fig. 333). De là elle se prolonge supérieurement autour du tube neural. Elle fournit : 1° l'ébauche de la colonne vertébrale; 2° en avant, autour des cinq vésicules cérébrales, l'ébauche de la capsule cranienne. Elle constitue donc la *colonne vertébrale membraneuse* et le *crâne primordial membraneux*. On la désigne également sous le nom de *couche squelettogène*, et enfin on réserve le nom spécial de *gaine squelettogène de la corde dorsale* à la partie de cette couche qui entoure la corde dorsale. (En ce qui concerne son origine, voir p. 225).

Le mésenchyme se répand aussi dans tous les interstices qui séparent les différents segments primordiaux : il s'y transforme en de minces lames de tissu conjonctif, appelées *ligaments intermusculaires*. Ce sont ces ligaments qui divisent la musculature du tronc en segments musculaires ou myotomes ou encore myomères. Les fibres musculaires de chaque myomère sont insérées : d'une part, à la face postérieure du ligament intermusculaire précédent et, d'autre part, à la face antérieure du ligament suivant (voir fig. 259 et le texte p. 420).

La disposition que nous venons de décrire persiste pendant toute la vie chez l'Amphioxus lanceolatus. La corde dorsale avec son étui constitue la seule partie résistante du squelette. Elle est entourée ainsi que le système nerveux central par du tissu conjonctif fibrillaire (colonne vertébrale membraneuse), en continuité avec les ligaments intermusculaires.

Si l'on étudie, chez les embryons des vertébrés supérieurs, ce que devient le tissu squelettogène autour de la corde dorsale et du tube neural, on constate qu'il subit successivement *deux métamorphoses*. D'abord il se chondrifie en certains points; puis, plus tard, les éléments cartilagineux se transforment en tissu osseux. En d'autres termes, *la colonne vertébrale membraneuse se transforme bientôt en une colonne vertébrale cartilagineuse, laquelle, à son tour, est remplacée par une colonne vertébrale osseuse; de même, le crâne primordial membraneux se transforme en un crâne primordial cartilagineux, puis en une capsule cranienne osseuse.*

Les trois stades successifs du développement du squelette axial des vertébrés supérieurs correspondent à des dispositions définitives, que nous trouvons réalisées dans la série des vertébrés. On peut donc dire que les états transitoires que nous offrent, dans le cours de leur développement embryonnaire, les classes supérieures des vertébrés, sont définitifs dans les classes inférieures. Chez l'Amphioxus le squelette axial reste membraneux; d'autre part, chez une foule de sélaciens et de ganoïdes, la colonne vertébrale reste cartilagineuse pendant toute la vie. Enfin, chez les vertébrés supérieurs, le squelette axial est plus ou moins complètement ossifié.

Comme on le voit, le développement embryonnaire du squelette nous offre un excellent exemple du parallélisme qui existe entre l'ontogénie, c'est-à-dire le développement de l'individu, et la phylogénie, c'est-à-dire le développement de l'embranchement du règne animal. Cette étude nous prouve combien l'embryologie et l'anatomie comparée se complètent mutuellement.

Pour ce qui concerne le développement du squelette axial cartilagineux et osseux, je me bornerai à décrire ce qui se passe chez l'homme et chez les mammifères. D'autre part, comme il existe de grandes différences entre la formation de la colonne vertébrale et celle du crâne, nous étudierons à part le développement de ces deux organes.

1. — *Colonne vertébrale.*

Chez l'homme, le processus de chondrification débute au commencement du deuxième mois de la vie embryonnaire. En certains points de la gaine squelettogène de la corde dorsale, les cellules du tissu squelettogène sécrètent de la substance fondamentale de cartilage qui s'interpose entre elles, et les écarte les unes des autres. En d'autres points plus restreints, le tissu squelettogène conserve, au contraire, ses caractères primitifs (fig. 399). De cette façon, la couche squelettogène se différencie : d'une part, en de nombreux corps de vertèbres (*v*), qui semblent plus clairs sur une coupe longitudinale et, d'autre part, en de nombreux disques intervertébraux (*li*), interposés entre les précédents.

D'après les études de Froriep faites chez l'embryon du veau, chaque vertèbre procède de deux foyers de chondrification, situés l'un à droite et l'autre à gauche de la corde dorsale et réunis par une lame de cartilage plus mince tendue à la face ventrale de la corde. Un peu plus tard, ce demi-anneau cartilagineux se complète du côté dorsal.

Avec l'apparition d'une colonne vertébrale segmentée, la corde dorsale a perdu sa fonction de tige axiale de soutien. Elle est donc, dès ce moment, destinée à s'atrophier progressivement. Les parties de l'organe situées à l'intérieur des corps des vertèbres cessent de s'accroître, tandis que ses parties, plus petites, logées au milieu des disques

Fig. 399. Fig. 400.

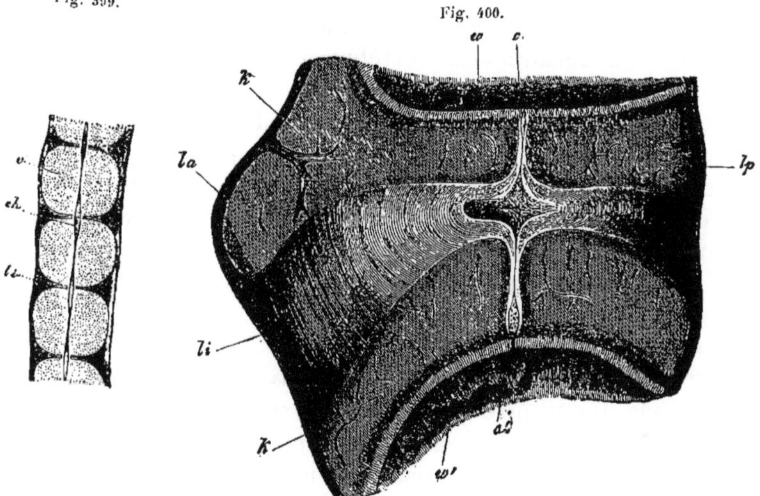

Fig. 399. — *Coupe longitudinale de la colonne vertébrale (région thoracique) d'un embryon humain de huit semaines*, d'après Kölliker.

v, corps de la vertèbre (cartilagineux); *li*, disque intervertébral; *ch*, corde dorsale.

Fig. 400. — *Coupe longitudinale du disque intervertébral et des parties avoisinantes des deux vertèbres qu'il sépare, dans la région thoracique, chez un embryon de mouton*, d'après Kölliker.

a, ligament vertébral commun antérieur; *lp*, ligament vertébral commun postérieur; *li*, disque intervertébral; *K*, *K'*, cartilages terminaux (épiphyses) des deux vertèbres; *w*, vertèbre antérieure; *w'*, vertèbre postérieure; *c*, renflement intervertébral de la corde dorsale; *c'* et *c''*, étranglement intravertébral de la corde dorsale.

intervertébraux, continuent à se développer, parce que ces disques sont formés par un tissu plus mou (fig. 399, *ch*). Il en résulte que la corde dorsale prend un aspect moniliforme, ses renflements intervertébraux étant réunis par de véritables étranglements intravertébraux. Plus tard encore, ces derniers s'atrophient complètement, lorsque les corps des vertèbres commencent à s'ossifier (fig. 400). Seuls les renflements intervertébraux (*c*) persistent : ils sont mal délimités, et chacun d'entre eux se transforme, par multiplication de ses cellules, en le noyau gélatineux d'un disque invertébral.

Peu de temps après l'apparition du corps de la vertèbre, on voit se former les ébauches de l'arc vertébral. D'après FRORIEP, il se développe dans le tissu squelettogène qui entoure la moelle épinière, au voisinage immédiat du corps de la vertèbre, deux petites pièces cartilagineuses isolées, qui ne tardent pas à se souder avec lui. Leur accroissement est assez lent. Chez l'embryon de huit semaines l'arc vertébral est représenté, chez l'homme, par deux courts prolongements du corps de la vertèbre, réunis à la face dorsale de la moelle épinière par un arc de tissu squelettogène. Dans le courant du troisième mois, ces deux prolongements se développent l'un vers l'autre de bas en haut; mais ils ne se soudent complètement sur la ligne médio-dorsale que pendant le quatrième mois. Ils forment alors un arc vertébral complet terminé par une courte apophyse épineuse. La partie du tissu squelettogène située entre les différents arcs vertébraux donne naissance à l'ensemble des ligaments de la colonne vertébrale.

Pendant que s'opère la chondrification, les corps des vertèbres se disposent régulièrement par rapport aux segments primordiaux ou musculaires et cela de telle sorte que chaque corps de vertèbre correspond, à droite et à gauche, à deux demi-segments musculaires : à la moitié postérieure du segment précédent et à la moitié antérieure du segment suivant. En d'autres termes, *les corps des vertèbres alternent avec les segments musculaires*.

Cette disposition est la conséquence du rôle qu'ont à remplir la colonne vertébrale et la musculature. L'axe squelettique doit réunir deux conditions. Il doit être résistant et flexible : résistant, afin de servir de soutien au tronc; flexible, afin de ne pas entraver les mouvements. Or, comme une tige cartilagineuse indivise ne possède pas une flexibilité suffisante, le processus de chondrification ne pouvait s'accomplir dans toute l'étendue de la couche squelettogène : il fallait qu'il persistât des parties extensibles permettant un certain déplacement des pièces cartilagineuses. D'autre part, ce déplacement n'eût pas été possible si les fibres musculaires eussent pris leurs insertions originelles et terminales sur la même pièce cartilagineuse. Il fallait donc que les fibres d'un même segment musculaire pussent agir sur deux vertèbres voisines. De là la nécessité de l'alternance entre les segments musculaires et les vertèbres.

Ce phénomène, dont la portée se comprend aisément si l'on tient compte des considérations que nous venons de faire valoir, était interprété naguère comme une *segmentation secondaire de la colonne vertébrale*. Depuis REMAK cette idée a longtemps régné. Voici pourquoi : REMAK, comme d'autres embryologistes plus anciens, VON BAER notamment, croyait que les segments primordiaux de l'embryon du poulet constituaient l'ébauche primordiale de la colonne vertébrale. De là le nom de *protovertèbres* qu'il leur donnait. Or, comme Remak constatait que plus tard les vertèbres cartilagineuses ne correspondent pas aux protovertèbres par leur situation, il en concluait qu' « il se produit une segmentation secondaire de la colonne vertébrale, dont la conséquence est la formation des corps des vertèbres secondaires ou définitives ».

Les expressions « protovertèbres » et « segmentation secondaire de la colonne vertébrale » doivent être abandonnées.

En effet, la signification, sinon exclusive du moins principale, des segments primordiaux est de constituer les premières ébauches des muscles du corps. *C'est la disposition de la musculature qui exprime la métamérisation, la segmentation primitive et la plus ancienne du corps du vertébré. Elle existe déjà chez l'Amphioxus et chez les cyclostomes. La métamérisation, la segmentation, de la colonne vertébrale n'a été acquise que beaucoup plus tard et, comme nous l'avons vu, elle n'est qu'une conséquence fatale de la segmentation de la musculature.* Il n'a donc jamais existé de segmentation primaire de la colonne vertébrale, dans le sens que Remak donnait à cette expression. En effet, les vertèbres cartilagineuses se forment aux dépens d'un tissu *non segmenté* entourant la corde dorsale, aux dépens de la couche squelettogène. Il ne peut être question d'une métamérisation de la colonne vertébrale que lorsque le processus de chondrification, qui seul la rend nécessaire, commence à s'accomplir.

Chez les mammifères, le *troisième stade* du développement de la colonne vertébrale, qui chez l'homme débute à la fin du deuxième mois de la vie intra-utérine, commence avant que la colonne vertébrale cartilagineuse soit complètement formée.

Le *processus d'ossification* s'accomplit absolument de la même manière dans chaque vertèbre cartilagineuse. En un ou plusieurs points de la surface, des vaisseaux sanguins s'engagent à l'intérieur du cartilage : ils résorbent la substance fondamentale du tissu sur une petite étendue, ce qui donne lieu à la formation d'un petit espace rempli par des capillaires et par des cellules médullaires. Autour de cet espace, des sels calcaires se déposent dans le tissu cartilagineux. Un certain nombre de cellules médullaires hypertrophiées se transforment en ostéoblastes et sécrètent alors de la substance osseuse (fig 400, *w*). Il se forme ainsi au sein du tissu cartilagineux un *noyau osseux*, c'est-à-dire un *centre d'ossification*, tout autour duquel le cartilage s'atrophie progressivement et se remplace par du tissu osseux.

Le lieu de formation et le nombre des noyaux osseux qui apparaissent dans l'ébauche cartilagineuse d'un os déterminé sont assez constants.

En général, chaque vertèbre procède de trois centres d'ossification. Il en apparaît d'abord un à la base c'est-à-dire dans la racine de chaque demi-arc vertébral; puis, plus tard, un troisième au centre du corps de la vertèbre. Au cinquième mois, l'ossification s'est propagée jusqu'à la surface du cartilage. Chaque vertèbre se montre alors nettement composée de trois pièces osseuses, réunies par trois ponts de tissu cartilagineux. Deux de ces ponts sont situés au niveau de la racine de chaque demi-arc vertébral; le troisième se trouve interposé entre les extrémités supérieures des deux demi-arcs vertébraux et correspond donc à l'apophyse épineuse. Ces derniers restes cartilagineux ne s'ossifient qu'après la naissance. Pendant la première année de la vie extra-utérine les deux demi-arcs vertébraux se soudent à la suite de la formation d'une apophyse épineuse osseuse. Si l'on soumet alors la vertèbre à la macération, elle se divise en un corps et en un arc. Ces deux pièces ne se soudent qu'entre l'âge de trois et de huit ans.

Indépendamment des trois noyaux osseux que nous venons de faire connaître, il se forme encore dans chaque vertèbre des *noyaux osseux accessoires*. Ils donnent naissance aux lames épiphysaires qui revêtent les faces terminales du corps de la vertèbre, ainsi qu'à de petites pièces osseuses qui se forment aux extrémités des apophyses (apophyses épineuse et transverses). SCHWEGEL a fourni des indications très exactes sur le moment de leur fusionnement avec les autres parties de la vertèbre.

La colonne vertébrale est complétée par des éléments qui servent à soutenir les parois latérales et ventrale du tronc. Ce sont les *côtes* et le *sternum*.

Les *côtes* se développent d'une façon indépendante de la colonne vertébrale. Elles sont le produit de la chondrification d'une partie des ligaments intermusculaires (fig. 259). Chez l'homme, ce processus s'accomplit pendant le deuxième mois de la vie fœtale. Les côtes apparaissent tout d'abord, au voisinage immédiat des corps des vertèbres, sous la forme de petits arcs, qui se développent ensuite rapidement vers la face ventrale.

Au début, toutes les vertèbres depuis la première jusqu'à la dernière (sauf les vertèbres coccygiennes chez l'homme) sont en rapport avec des ébauches de côtes. Mais ce n'est que chez les vertébrés inférieurs (poissons, certains amphibiens et reptiles) que ces éléments continuent à se développer uniformément dans toute l'étendue de la colonne vertébrale. Chez les mammifères et chez l'homme, ils prennent un développement différent dans les diverses régions de la colonne. Dans les régions cervicale, lombaire et sacrée, les côtes restent rudimentaires et subissent plus tard des métamorphoses diverses. Ce n'est que dans la région thoracique qu'elles atteignent des dimensions importantes : elles y donnent même naissance à un élément squelettique nouveau, au sternum.

Le *sternum*, qui fait défaut chez les poissons et les dipnoïdes, tandis qu'il existe chez les amphibiens et les amniotes, est un *produit de formation des côtes thoraciques*. Ainsi que RATHKE l'a démontré pour la première fois, *il constitue primitivement un organe double, pair, qui ne tarde pas à se transformer en un élément unique et médian.*

RUGE, qui a étudié dans ses détails le développement du sternum chez l'homme, a constaté que, chez l'embryon long de 3 centimètres, les cinq ou sept premières côtes s'étendent jusqu'à la face ventrale du thorax et sont unies, de chaque côté et à quelque distance de la ligne médiane, par une bandelette cartilagineuse. Chacune des deux *bandelettes sternales* résulte de l'expansion des extrémités sternales des premières côtes cartilagineuses thoraciques d'un même côté. Quant aux dernières côtes thoraciques, leurs extrémités sternales restent libres et à une plus grande distance du plan médian. Les deux bandelettes sternales sont réunies par du tissu conjonctif. Elles se rapprochent plus tard du plan médian et commencent à se souder l'une avec l'autre, d'avant en arrière, en un élément impair et médian. Plus tard encore, les diverses côtes qui ont participé à sa formation lui sont unies par des articulations.

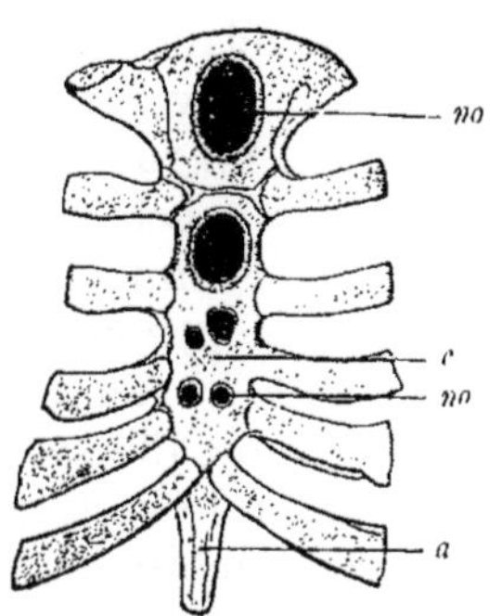

Fig. 401. — *Sternum cartilagineux et extrémités des côtes d'un enfant de deux ans.* On distingue plusieurs noyaux osseux (*no*).
c, cartilage; *no*, noyau osseux; *a*. appendice xiphoïde.

Cette origine double du sternum nous fournit l'explication de certaines dispositions anormales. C'est ainsi que l'on observe parfois chez l'adulte, dans toute la longueur du sternum, la présence d'une fente (fissure congénitale du sternum), formée par du tissu conjonctif. D'autres fois, on trouve plusieurs trous, plus ou moins étendus à l'intérieur du corps et de l'appendice xiphoïde du sternum. Toutes ces anomalies résultent de ce que les deux bandelettes sternales ne se sont soudées que plus ou moins incomplètement dans le cours du développement.

Les côtes et le sternum s'ossifient partiellement. Il s'y forme des noyaux osseux, qui commencent à apparaître dans les côtes pendant le deuxième mois de la vie fœtale, et, dans le sternum, pendant le sixième mois seulement.

Chaque côte présente tout d'abord un centre d'ossification qui donne naissance à la partie osseuse de l'organe, tandis qu'au voisinage du sternum, il persiste pendant toute la vie un reste du cartilage primitif (cartilage costal). D'après Schwegel et Kölliker il se forme, chez l'enfant de 8 à 14 ans, un noyau accessoire dans la tête de la côte et un autre dans la tubérosité costale. Ces noyaux accessoires se soudent à la pièce principale vers l'âge de 14 à 25 ans.

Dans le sternum (fig. 401) apparaissent plusieurs noyaux osseux : un dans le manubrium et 6 à 12 dans le corps de l'organe. Ces derniers commencent à se fusionner, vers l'âge de 6 à 12 ans, de façon à constituer 3 ou 4 pièces osseuses plus volumineuses, aux dépens desquelles se forme le corps du sternum. L'appendice xiphoïde reste partiellement cartilagineux et ce n'est que chez l'enfant qu'il s'y développe un noyau osseux.

En ce qui concerne l'*os épisternal* qui est en rapport avec le manubrium, je renvoie aux traités d'Anatomie comparée et au mémoire de Ruge.

Les diverses régions de la colonne vertébrale, ses régions cervicale, thoracique et lombaire, ainsi que le sacrum et le coccyx, doivent leurs caractères spéciaux aux relations qui s'établissent entre leurs vertèbres et leurs côtes. Pour les bien comprendre, il est nécessaire de connaître leur mode de développement.

Les rudiments de côtes des *vertèbres cervicales* se soudent dès leur apparition, par une de leurs extrémités, avec les corps des vertèbres auxquelles ils correspondent. Par l'autre extrémité ils se soudent avec une excroissance de l'arc vertébral. Il en résulte la formation d'un orifice, appelé trou transversaire, qui donne passage à l'artère vertébrale. La soi-disant apophyse transverse de la vertèbre cervicale est donc une formation complexe, qu'il serait préférable de désigner sous le nom d'*apophyse latérale*. En effet, la branche postérieure de cette apophyse est une dépendance de la vertèbre et correspond seule à l'apophyse transverse de la vertèbre thoracique. Sa branche antérieure représente, au contraire, un rudiment de côte (apophyse costiforme) et possède un noyau osseux spécial.

Parfois le rudiment de côte de la septième vertèbre cervicale prend un grand développement et ne se soude pas avec la vertèbre. Il en résulte alors que cette vertèbre ne possède pas de trou transversaire : on désigne cette anomalie sous le nom de *côte cervicale libre*. Son origine est due, comme on le voit, au développement spécial que prend un élément qui n'existe d'habitude qu'à l'état rudimentaire.

Les *apophyses transverses des vertèbres lombaires* devraient aussi être appelées apophyses latérales, car chacune d'elles renferme également un rudiment de côte. Ce fait explique pourquoi il existe parfois chez l'homme une treizième côte, encore appelée petite côte lombaire.

La *région sacrée* de la colonne vertébrale est celle qui subit le plus de transformations. Ses vertèbres, s'étant mises en relation avec la ceinture des membres inférieurs, ont perdu leur mobilité réciproque et se sont soudées en un os volumineux, le sacrum. Chez l'embryon humain, le sacrum se compose de cinq vertèbres cartilagineuses distinctes, dont les trois premières se caractérisent surtout par des apophyses latérales très larges.

Je dis « apophyses latérales » parce que l'Anatomie comparée et l'Embryologie nous démontrent qu'elles renferment des *côtes sacrées* rudimentaires, qui sont isolées et distinctes chez les vertébrés inférieurs. Au point de vue embryologique, cette manière de voir est prouvée par le mode d'ossification. En effet, chaque vertèbre sacrée s'ossifie aux dépens de cinq noyaux osseux. Aux trois noyaux typiques du corps et de l'arc vertébral s'ajoutent deux grands noyaux, qui apparaissent dans les deux apophyses latérales et qui correspondent aux noyaux osseux des côtes. Ils donnent naissance aux masses latérales du sacrum, qui portent les surfaces articulaires destinées à l'articulation avec l'os iliaque.

La soudure des cinq pièces osseuses qui entrent dans la composition d'une même vertèbre sacrée a lieu plus tard que dans les autres régions de la colonne vertébrale : elle ne commence que vers l'âge de deux à six ans. Longtemps après, les 5 vertèbres sacrées restent encore séparées les unes des autres par de minces disques intervertébraux, qui commencent à s'ossifier vers l'âge de dix-huit ans. Le sacrum ne constitue un os unique que vers l'âge de vingt-cinq ans.

Au-dessous du sacrum se forment encore 4 ou 5 vertèbres coccygiennes rudimentaires. Elles correspondent au squelette de la queue des mammifères et ne s'ossifient que très tard. Vers l'âge de trente ans elles peuvent se fusionner les unes avec les autres ainsi que parfois avec le sacrum lui-même.

L'*atlas* et l'*axis* méritent encore une mention spéciale. Les particularités anatomiques que présentent ces deux vertèbres sont dues à ce que le corps cartilagineux de l'atlas (fig. 492, *a*) se fusionne très tôt avec celui de l'axis (*e*) et constitue l'apophyse odontoïde de cette dernière. Il en résulte donc que l'atlas représente moins d'une vertèbre et l'axis plus d'une vertèbre.

Fig. 402.—*Coupe médiane du corps de l'axis et de l'apophyse odontoïde.* On distingue deux noyaux osseux (*a* et *e*), à l'intérieur du cartilage.

Que l'apophyse odontoïde constitue réellement le corps de l'atlas, c'est ce que prouvent encore les deux circonstances suivantes. D'abord, comme le corps de toutes les autres vertèbres, elle est traversée par la corde dorsale, aussi longtemps qu'elle est cartilagineuse. De son sommet la corde dorsale passe dans le ligament suspenseur de la dent, puis, de là, à l'intérieur de la base du crâne. En second lieu, l'apophyse odontoïde présente, pendant le cinquième mois de la vie fœtale, un noyau osseux spécial (fig. 402, *a*), qui ne se soude avec le corps de l'axis que vers l'âge de sept ans.

Les deux moitiés de l'arc de l'atlas, restées indépendantes, s'unissent au-dessous de l'apophyse odontoïde par un cordon de tissu conjonctif, dans lequel se forme une pièce cartilagineuse distincte (arc hypocordal de Froriep). Cette pièce, d'après Froriep, apparaît chez les oiseaux dans chaque vertèbre. Dans l'atlas de l'homme elle présente un noyau osseux spécial dans le courant de la première année de la vie extra-utérine; elle se soude vers l'âge de cinq à six ans avec les deux moitiés latérales de l'arc et constitue l'arc antérieur de l'atlas (Kölliker).

2. — *Squelette de la tête.*

De par sa situation le squelette de la tête constitue la partie antérieure ou supérieure du squelette axial. Cependant il est constitué tout autrement que la colonne vertébrale, parce qu'il s'est adapté à des fonctions spéciales. En effet, dans le plan d'organisation du vertébré, la tête occupe une position privilégiée par rapport au tronc. Elle renferme de nombreux organes spéciaux, très perfectionnés et réunis dans un espace étroit.

Le tube neural s'y trouve différencié en un organe volumineux et complexe, le cerveau. Dans son voisinage immédiat se sont, en outre, formés des organes des sens compliqués, comme l'organe olfactif, les yeux et les organes auditifs. Enfin, la partie du tube digestif qui s'y trouve logée n'est pas sans avoir exercé une influence marquante sur elle : c'est là que se sont formés la cavité buccale, les organes de la mastication et les fentes branchiales. Tous ces organes agissent d'une façon particulière sur la forme du squelette de la tête, qui s'est adaptée à la conformation du cerveau, des organes des sens et de l'intestin céphalique et s'est transformée pour la première fois chez les vertébrés supérieurs en un appareil très complexe.

L'étude du développement embryonnaire de cet appareil nous fournit une foule de documents sur son origine. Elle nous permet de comprendre les liens morphologiques qui existent entre le squelette de la tête des vertébrés inférieurs et celui des vertébrés supérieurs. Elle nous permet, en outre, de comprendre les relations qui existent entre la colonne vertébrale et le squelette de la tête, dans le plan d'organisation des vertébrés. Cette étude offre donc un intérêt tout particulier. Elle préoccupe depuis longtemps les morphologistes et a fait l'objet de nombreuses recherches.

Nous serons parfois obligé, dans le cours de cette étude, de faire des incursions dans le domaine de l'Anatomie comparée, afin de rendre compréhensibles certains faits et particulièrement la théorie vertébrale du crâne, dont nous tracerons les grandes lignes à la fin de ce chapitre.

A) — Capsule cranienne membraneuse, cartilagineuse et osseuse.

Comme à la colonne vertébrale, il y a lieu de distinguer au développement du squelette de la tête trois stades successifs : un stade membraneux, un stade cartilagineux et enfin un stade osseux.

La corde dorsale, qui s'étend en avant jusqu'au cerveau intermédiaire, forme la base fondamentale du *squelette membraneux de la tête*. C'est autour de l'extrémité antérieure de la corde que se fait, chez les amniotes, la courbure faciale. En ce moment la première vésicule cérébrale primaire forme un angle aigu avec les deux autres vésicules cérébrales primaires (fig. 210). Autour de la partie antérieure de la corde dorsale se développe aussi, à une période reculée du développement, du mésenchyme constituant une couche squelettogène. Ce tissu s'étale ensuite sur les côtés et au-dessus des vésicules cérébrales, et les enveloppe de toutes parts. Plus tard il se divise de façon à donner naissance, d'une part, aux enveloppes du cerveau (méninges) et, d'autre part, à une couche de tissu qui devient l'ébauche de la capsule cranienne et qui a reçu le nom de *crâne primordial membraneux*.

Jusqu'à ce stade, le développement du crâne est identique à celui de la colonne vertébrale. Il commence à se manifester des différences dès que le processus de chondrification débute. Tandis que dans l'étendue de la moelle épinière la couche squelettogène se divise régulièrement en segments cartilagineux, les vertèbres, alternant avec des segments conjonctifs, les disques intervertébraux, dans l'étendue du cerveau il ne s'accomplit pas de segmentation semblable.

Le crâne primordial membraneux se chondrifie dans toute son étendue en une capsule indivise, qui enveloppe les vésicules cérébrales. Chez aucun vertébré, même chez les plus inférieurs, le crâne ne se divise en segments mobiles, comparables aux vertèbres. *Il se montre donc très tôt une différence manifeste entre le développement de la partie antérieure du squelette axial et celui de sa partie postérieure.*

Les causes de cette différence ne sont pas toutes connues, mais l'une d'elles est l'influence qu'exerce l'action des muscles sur la constitution du squelette.

La musculature du tronc est le principal organe de la locomotion chez les animaux aquatiques. L'animal se meut dans l'eau en fléchissant son tronc, tantôt dans l'une, tantôt dans l'autre direction. Or, si la région céphalique était aussi flexible et mobile, cela constituerait un désavantage pour la locomotion de l'animal, attendu qu'une partie immobile coupe mieux l'eau. D'autre part, la musculature de la tête accomplit

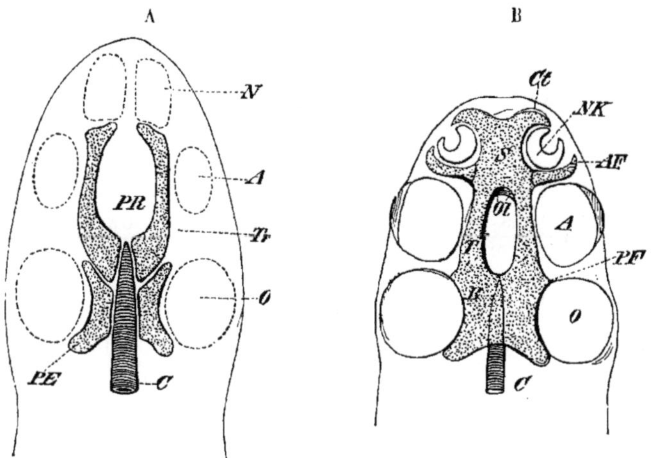

Fig. 403, A et B. — *Première ébauche du crâne primordial cartilagineux*, d'après WIEDERSHEIM.
A. *Premier stade.* *C*, corde dorsale; *PE*, cartilage paracordal; *Tr*, poutrelles craniennes de RATHKE *PR*, point par où passe l'hypophyse; *N*, fossette olfactive; *A*, vésicule optique; *O*, vésicule auditive.
B. *Second stade.* *C*, corde dorsale; *T*, poutrelles craniennes, qui se sont réunies en avant pour former la cloison médiane du nez et la plaque ethmoïdale (*S*); *Ct*, *AF*, prolongements de la plaque ethmoïdale qui entourent l'organe olfactif; *Ol*, trous olfactifs, par lesquels passent les nerfs olfactifs (lame criblée); *P.F*, apophyse post-orbitaire; *NK*, fossette olfactive; *A*, vésicule optique; *O*, vésicule auditive.

une toute autre fonction : elle sert à la préhension des aliments et à la respiration. Elle facilite la respiration en rapprochant et en écartant successivement les pièces ventrales du squelette, ce qui détermine des rétrécissements et des dilatations alternatifs de la région branchiale du tube digestif. Dans ce but il est préférable que le squelette axial offre aux muscles un point d'insertion fixe. Enfin, le développement considérable du cerveau et des organes des sens d'ordre supérieur est une circonstance qui contribue aussi à rendre immobile la partie de la tête où ces organes se trouvent logés.

Ces diverses causes agissant dans le même sens, on comprend pourquoi *le squelette de la tête reste indivis.*

Pour ce qui regarde la manière dont s'accomplit la transformation du crâne primordial membraneux en crâne cartilagineux, nous constatons une grande analogie avec ce qui se réalise dans la colonne vertébrale. De part et d'autre la chondrification commence à s'effectuer autour de la corde dorsale (fig. 403, A).

Il se forme d'abord à la base du crâne deux paires de cartilages longitudinaux. Ce sont : en arrière, sur les côtés de la corde dorsale, les deux *cartilages paracordaux* (*PE*) et, en avant, les deux *poutrelles craniennes* de Rathke (*Tr*), dont l'extrémité postérieure correspond à l'extrémité de la corde dorsale et qui s'étend de là sous le cerveau intermédiaire et le cerveau antérieur.

Ces quatre éléments ne tardent pas à se fusionner (fig. 403, B.) Les deux cartilages paracordaux se développent d'abord au-dessous puis au-dessus, autour de la corde dorsale qu'ils enveloppent : ils constituent alors la plaque basilaire (B). Le bord antérieur de cette plaque fait saillie vers le haut dans l'angle que forme le cerveau moyen avec le cerveau intermédiaire : il correspond au dos de la selle turcique future. A leur extrémité antérieure les deux poutrelles craniennes (*T*) s'élargissent; puis elles se soudent pour constituer la plaque ethmoïdale (*S*), ébauche de la partie antérieure du crâne qui se dispose pour recevoir l'organe olfactif. Dans leur partie moyenne les deux poutrelles craniennes restent longtemps séparées l'une de l'autre et délimitent un orifice correspondant à la fosse pituitaire. La présence de cet orifice est due à la formation de la poche hypophysaire qui, procédant de l'invagination buccale, traverse la base du crâne primordial membraneux pour se diriger vers l'infundibulum. Ce n'est qu'assez tardivement qu'apparaît au-dessous de l'hypophyse une lame cartilagineuse, qui constitue le fond de la fosse pituitaire et n'est plus traversée que par des trous donnant passage aux deux carotides internes.

Après que la base du crâne s'est formée, le processus de chondrification s'étend dans les parois latérales et finalement à la voûte du crâne primordial membraneux, absolument comme nous avons vu qu'après le corps de la vertèbre se forment de bas en haut les deux moitiés de l'arc vertébral, qui finissent par se réunir sur la ligne médiodorsale à l'aide de l'apophyse épineuse cartilagineuse.

C'est de cette façon que se forme, chez les vertébrés *inférieurs* dont le squelette axial reste cartilagineux pendant toute la vie (fig. 404), une capsule assez épaisse, enveloppant le cerveau de toutes parts et désignée sous le nom de *crâne primordial cartilagineux.*

Afin d'être mieux orienté dans la description du crâne primordial, il est nécessaire d'y distinguer diverses régions. Pour base de cette distinction nous pouvons adopter deux principes différents.

Si, à l'exemple de Gegenbaur, nous adoptons comme base les *rapports du crâne primordial avec la corde dorsale*, nous devons le diviser en une partie antérieure et en une partie postérieure.

La partie postérieure s'étend en avant jusqu'au dos de la selle turcique; sa base loge la corde dorsale qui, chez l'homme, y pénètre après

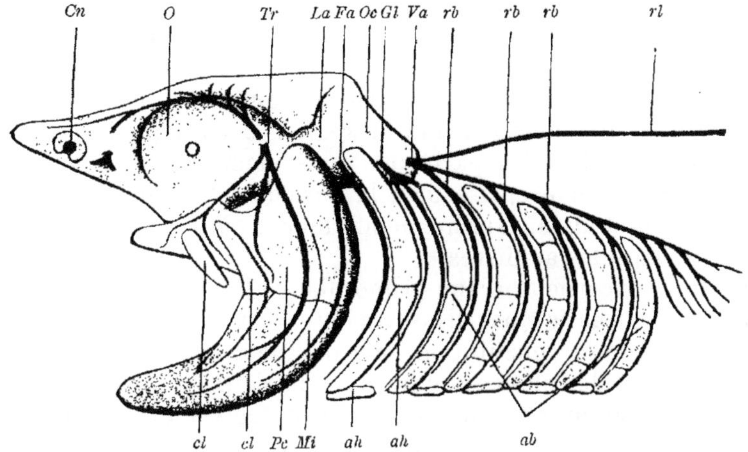

Fig. 404. — *Schéma du crâne et du squelette viscéral cartilagineux d'un Sélacien, dans leurs rapports avec les nerfs craniens.*

Cn, capsule nasale (région ethmoïdale du crâne primordial); *O*, cavité orbitaire (région orbitaire); *La*, région auditive; *Oc*, région occipitale; *Pc*, palato-carré; *Mi*, maxillaire inférieur; *cl*, cartilages labiaux; *ah*, arc hyoïdien; *ab*, arcs branchiaux; *Tr*, nerf trijumeau; *Fa*, nerf facial; *Gl*, nerf glosso-pharyngien; *Va*, nerf vague; *rl*, son rameau latéral (nerf latéral); *rb*, ses rameaux branchiaux.

avoir traversé l'apophyse odontoïde et le ligament suspenseur de la dent. La partie antérieure se développe, en avant de l'extrémité effilée de la corde dorsale, aux dépens des poutrelles craniennes de Rathke. Gegenbaur distingue ces deux parties du crâne sous les noms respectifs de *région vertébrale* et de *région évertébrale*, expressions que Kölliker propose de remplacer par : *région cordale* et *région précordale*. Gegenbaur considère la région vertébrale, en raison de ses relations avec la corde dorsale, comme plus ancienne et seule comparable au restant du squelette axial. Il croit qu'au contraire la région évertébrale est une néoformation, acquise plus tard. Elle aurait été déterminée par l'extension qu'a prise, en avant, la vésicule cérébrale antérieure et par le développement de l'organe olfactif, qu'elle contribue à envelopper (capsule nasale).

D'autre part, en se plaçant au point de vue de ses *rapports avec les organes des sens*, on peut diviser autrement le crâne primordial. L'extrémité antérieure de la capsule cartilagineuse (fig. 404) loge l'organe olfactif; puis vient une partie présentant deux dépressions profondes, dans lesquelles sont reçus les yeux; ensuite, une troisième partie, qui entoure les labyrinthes membraneux, et enfin, une quatrième, en rapports immédiats avec la colonne vertébrale. On peut donc considérer au crâne primordial : une *région ethmoïdale*, une *région orbitaire*, une *région auditive* et une *région occipitale*.

Chez les vertébrés supérieurs, dont le crâne primordial s'ossifie plus ou moins complètement dans la suite du développement, cette capsule cartilagineuse (crâne primordial) ne devient jamais aussi complète. Ses parois restent plus minces et présentent même, en certains endroits, des solutions de continuité, fermées par des membranes de tissu conjonctif. C'est surtout chez les mammifères et chez l'homme que le crâne primordial cartilagineux est incomplet. Sa voûte ne se chondrifie qu'au pourtour du trou occipital. Toute la région dans laquelle se forment plus tard le frontal et les pariétaux reste membraneuse. Le cartilage atteint une plus grande épaisseur à la base du crâne ainsi qu'autour de l'organe olfactif et du labyrinthe membraneux, où il constitue la capsule nasale et les capsules auditives.

En ce qui concerne le crâne primordial de l'homme, des recherches détaillées ont été faites par Hannover et Jacoby. On peut se faire une excellente idée de sa constitution en examinant les figures 405 et 406, qui représentent des photographies d'un modèle en cire du squelette de la tête d'un embryon humain d'environ trois mois. La figure 405 montre le plancher du crâne cartilagineux, vu par le haut; la figure 406 montre le squelette de la tête vu à moitié de côté et par en bas. Toutes les parties du squelette qui sont constituées par du cartilage hyalin ont été teintées en bleu, afin de permettre de les distinguer plus facilement; tandis que de nombreuses petites lamelles osseuses, dont nous aurons à nous occuper ultérieurement, sont teintées, les unes en gris, les autres, en jaune.

Ainsi qu'on peut le constater immédiatement, chez l'homme il n'y a pas, comme chez les sélaciens (fig. 404), une capsule cranienne cartilagineuse absolument close de toutes parts. Dans toute la moitié supérieure du crâne, toute trace de cartilage fait défaut et l'on n'y trouve qu'une mince couche de tissu conjonctif qui, déjà à des stades plus reculés de l'ontogenèse, entoure les vésicules cérébrales et doit être considérée comme représentant un crâne primordial membraneux. Cette couche de tissu conjonctif donne naissance à différents os de revêtement, qui ne sont pas représentés dans la figure. Par contre, toute la base du crâne avec les parties avoisinantes des parois latérales est formée par du cartilage hyalin. Dans la région naso-ethmoïdale du squelette de la tête, on voit que non seulement la cloison médiane du nez (fig. 406, *30*), mais encore les parois latérales (*29*) et la voûte des fosses nasales sont constituées par de minces lamelles de tissu cartilagineux. Contre la cloison médiane du nez se trouvent les cartilages de Jacobson (cartilagines paraseptales de Spurgat) (fig. 406, *31*); « il y en a toujours

« deux de chaque côté, un plus grand et l'autre, plus petit ». (MIHALKOVICS). Ils persistent chez l'homme même après la naissance (E. SCHMIDT), bien qu'ils ne présentent plus avec l'organe de JACOBSON le rapport que nous avons décrit plus haut comme existant chez les mammifères (fig. 365). Sur les parois latérales cartilagineuses du nez, dans la région où se développe l'os unguis (fig. 406, *28*), fait saillie une courte tigelle cartilagineuse, arrondie, qui contourne latéralement le canal naso-lacrymal. « Elle se comporte, dit MIHALKOVICS, vis-à-vis du prolongement « maxillaire supérieur, comme le cartilage de MECKEL se comporte « vis-à-vis du prolongement maxillaire inférieur; de part et d'autre, « contre la face externe de ce cartilage, se développe du tissu osseux et « cet élément cartilagineux s'atrophie entre le sixième et le septième « mois. »

Le dos du nez est cartilagineux et il se continue en arrière avec la voûte cartilagineuse du labyrinthe olfactif (fosse nasale), laquelle est perforée de nombreux orifices, qui livrent passage aux filets des nerfs olfactifs (fig. 405, *13*), et qui présente en son milieu une apophyse crista galli (*12*) fortement saillante. Latéralement, le cartilage criblé se continue dans deux minces plaques cartilagineuses qui occupent la région de la portion orbitaire du frontal, recouvrent en haut les cavités orbitaires et se continuent, en arrière et latéralement avec des ailes cartilagineuses (*5*), qui correspondent aux petites ailes du sphénoïde ; chacune d'elles présente un large orifice, par où passe le nerf optique (trou optique) (fig. 405 et 406, *6*). La portion antérieure de cette plaque cartilagineuse horizontale, située sur le côté du cartilage criblé, s'atrophie plus tard, tandis que sa portion postérieure, qui fait plus fortement saillie latéralement, s'ossifie et devient les ailes orbitaires (petites ailes) du sphénoïde.

Au milieu de la base du crâne, la région sphénoïdale, même lorsqu'elle est encore cartilagineuse, présente déjà la forme caractéristique qu'elle possède plus tard : on y distingue la fosse pituitaire (fig. 405, *2*) ; puis, en avant, le tubercule de la selle turcique (*1*) et, en arrière, le dos de la selle turcique (*3*) fortement saillant. Latéralement à la fosse pituitaire, le tissu cartilagineux se continue dans deux apophyses osseuses, en forme d'ailes : ce sont les ailes temporales (7) du sphénoïde qui, à un stade plus reculé du développement, étaient aussi cartilagineuses (voir à ce sujet p. 685).

Toute la moitié postérieure de la base du crâne, qui appartient à la région auditive et à la région occipitale, constitue un anneau cartilagineux épais, qui se continue en avant avec le corps du sphénoïde. Cet anneau entoure le trou occipital (*42*), qui est extraordinairement large chez les jeunes embryons.

En se fondant sur les orifices qui traversent le cartilage et sur l'aspect extérieur du modèle, on peut distinguer nettement, dans la région auditive et dans la région occipitale, les diverses parties

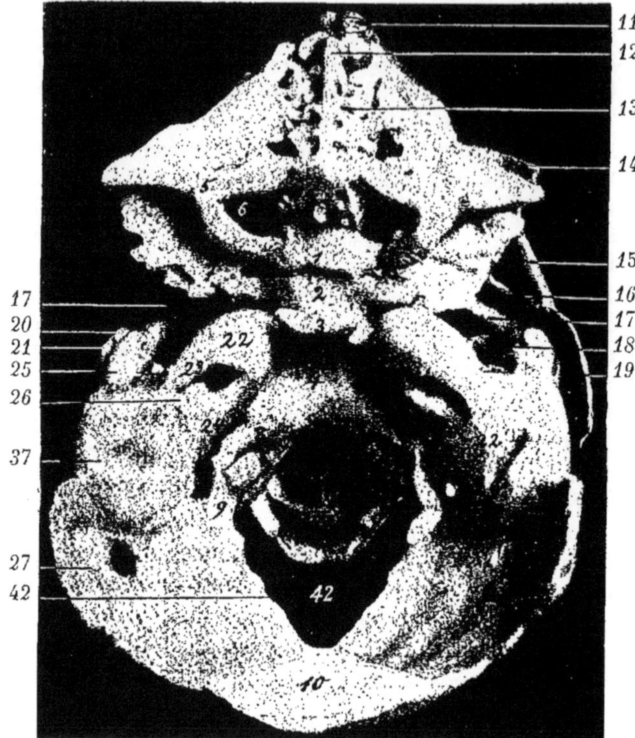

Fig. 405.

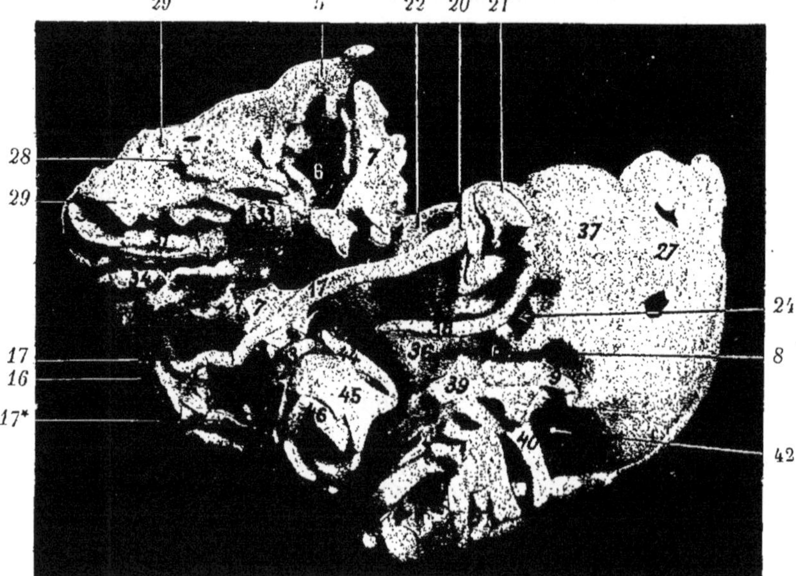

Fig. 406.

Fig. 405 et 406. — *Deux vues du squelette de la tête d'un embryon humain du troisième mois de la gestation et mesurant 8 centimètres du vertex au coccyx.*

Le crâne primordial cartilagineux avec les os primaires et les os secondaires a été reconstruit, sous ma direction, par H. Spitz, attaché à l'Institut d'Anatomie et de Biologie de Berlin, à l'aide d'une série de coupes transversales. On s'est servi de la méthode de Born. Ce modèle a été exécuté pour l'enseignement dans l'atelier de Ziegler. Les deux zincographies que nous publions ici ont été faites d'après des photographies de ce modèle. Le crâne primordial cartilagineux et les portions cartilagineuses des premières vertèbres cervicales sont teintées en bleu; les os primaires, qui se développent aux dépens d'une ébauche cartilagineuse, sont représentés en gris clair et les os secondaires ou de revêtement sont teintés en jaune. Le grossissement des figures est d'environ quatre diamètres.

Fig. 405. — *Le squelette de la tête vu par le haut,* après enlèvement des os de revêtement de la voûte (frontal et pariétal) de droite et de gauche ainsi que de tous les os de revêtement du côté gauche. A droite sont figurés : l'os nasal (*11*), l'os malaire (*14*), l'écaille du temporal (*19*) avec l'apophyse zygomatique (*15*), le maxillaire inférieur osseux (*16*) et l'anneau tympanique (*18*). Par le trou occipital (*42*) extrêmement large, on distingue en outre les trois premières vertèbres cervicales.

Fig. 406. — *Le squelette de la tête vu à moitié de côté et par en bas.* Dans la moitié gauche du crâne, tous les os de revêtement sont enlevés, à l'exception de l'os unguis (*28*), du vomer (*32*) et du palatin (*33*). Le squelette viscéral, composé de l'enclume (*21*), du marteau (*20*), de l'étrier, du cartilage de Meckel (*17*), de l'apophyse styloïde (*38*), de l'os hyoïde (*43* et *44*), du cartilage thyroïde (*45*) et du cartilage cricoïde (*46*), se trouve représenté dans la figure. A l'os occipital sont adjointes les quatre premières vertèbres cervicales. Dans la moitié droite du crâne, dont on voit encore quelques parties, on n'a pas enlevé les os de revêtement. On y distingue : l'intermaxillaire (*34*), le maxillaire supérieur (*35*) et le palatin droit (qui ne porte pas de numéro); en outre, le maxillaire inférieur osseux (*16*), sur la face interne duquel se trouve étroitement appliqué le cartilage de Meckel (*17**), qui en fait partie.

Dans les figures 405 et 406, les nombres *1* à *46* ont la signification suivante :

1. Tubercule de la selle turcique.
2. Fosse pituitaire.
3. Dos de la selle turcique.
4. Gouttière basilaire.
5. Aile orbitaire.
6. Trou optique.
7. Aile temporale.
8. Trou condylien antérieur (canal de l'hypoglosse).
9. Noyau osseux de la portion condylienne de l'occipital.
10. Partie ossifiée de l'écaille de l'occipital.
11. Os nasal appliqué sur la portion ethmoïdale du crâne primordial cartilagineux.
12. Apophyse crista galli et
13. Trous criblés dans la portion ethmoïdale du crâne primordial cartilagineux.
14. Os zygomatique.
15. Apophyse zygomatique du temporal.
16. Maxillaire inférieur osseux.
17. Cartilage de Meckel.
18. Anneau tympanique.
19. Écaille du temporal.
20. Marteau.
21. Enclume.
22. Portion pétreuse du temporal.
23. Trou auditif interne.
24. Trou déchiré postérieur.
25. Prolongement de la région pétreuse sur les osselets de l'oreille.
26. Région pétreuse.
27. Région occipitale.
28. Os lacrymal (unguis).
29. Paroi latérale de la capsule nasale.
30. Cloison médiane cartilagineuse du nez.
31. Cartilage de Jacobson.
32. Vomer.
33. Palatin.
34. Intermaxillaire.
35. Maxillaire supérieur.
36. Base du crâne cartilagineux (occipito-sphénoïdal).
37. Portion mastoïdienne cartilagineuse.
38. Apophyse styloïde.
39. Atlas.
40. Noyau osseux dans l'arc vertébral.
41. Axis.
42. Trou occipital.
43. Corps de l'os hyoïde.
44. Grande corne de l'os hyoïde.
45. Cartilage thyroïde.
46. Cartilage cricoïde.

suivantes : la gouttière basilaire (*4*), qui s'étend obliquement de la selle turcique au trou occipital; la portion condylienne de l'occipital avec le trou condylien antérieur (canal de l'hypoglosse) (*8*); la portion pétreuse (*22*) du temporal avec le trou auditif interne (*23*). La portion condylienne (*8*) de l'occipital et la portion pétreuse (*22*) du temporal, d'une part, sont en continuité, par l'intermédiaire de leur tissu cartilagineux, l'une avec l'autre ainsi qu'avec le corps cartilagineux du sphénoïde et celui de l'occipital (*3* et *4*); d'autre part, elles sont nettement séparées l'une de l'autre, par le trou déchiré postérieur (*24*). Nous devons mentionner l'existence d'un petit prolongement (*25*) de la portion pétreuse, qui surplombe le marteau (*20*) et l'enclume (*21*).

En arrière, la portion pétreuse cartilagineuse du temporal (*26*) se continue, sans ligne de démarcation, avec la portion mastoïdienne (*37*) et cette dernière, à son tour, avec l'écaille cartilagineuse de l'occipital (*27*).

Dans la partie postérieure du crâne primordial cartilagineux, il n'y a d'ossification qu'en deux points : dans les portions condyliennes (*9*) et au centre de l'écaille de l'occipital (*10*). Nous en reparlerons plus loin.

b) Squelette viscéral membraneux, cartilagineux et osseux.

Indépendamment du crâne primordial cartilagineux, il se développe encore dans la tête de nombreuses pièces cartilagineuses qui servent à soutenir les parois de l'intestin céphalique, d'une façon analogue, mais pas directement comparable, à ce qui se passe dans l'étendue de la colonne vertébrale, où les parois du tronc sont soutenues par les côtes (fig. 404). Ces pièces cartilagineuses forment dans leur ensemble un appareil squelettique, qui subit dans la série des vertébrés des métamorphoses profondes et intéressantes. Tandis que chez les vertébrés inférieurs ce squelette viscéral atteint un grand développement, il s'atrophie partiellement chez les reptiles, les oiseaux et les mammifères. Ce qui en persiste constitue la partie principale du *squelette de la face*. Je commencerai par décrire en quelques mots ses rapports primordiaux chez les vertébrés inférieurs et tout spécialement chez les sélaciens.

Comme je l'ai dit dans l'un des chapitres précédents (p. 342), les parois latérales de l'intestin céphalique présentent des solutions de continuité, les fentes branchiales, habituellement au nombre de six paires chez les requins (fig. 407). Ces fentes sont séparées par les *arcs branchiaux ou viscéraux membraneux*. Ils consistent en une charpente de tissu conjonctif tapissée à sa surface par un épithélium et renfermant des fibres musculaires striées ainsi que les vaisseaux des arcs branchiaux (p. 342). Chacun d'entre eux prend une forme spéciale en relation avec le rôle physiologique qu'il est appelé à remplir. Il y a lieu de distinguer, de chaque côté de la ligne médiane, un *arc maxillaire*, un *arc hyoïdien* et des *arcs branchiaux proprement dits*. L'arc maxillaire est le plus antérieur des arcs viscéraux; il sert à délimiter la cavité buccale. Puis, vient l'arc hyoïdien, qui est séparé de l'arc maxillaire par une fente branchiale rudimentaire, l'évent. L'arc hyoïdien est en relation avec la racine de la langue. Enfin, en arrière, on trouve généralement cinq arcs branchiaux proprement dits.

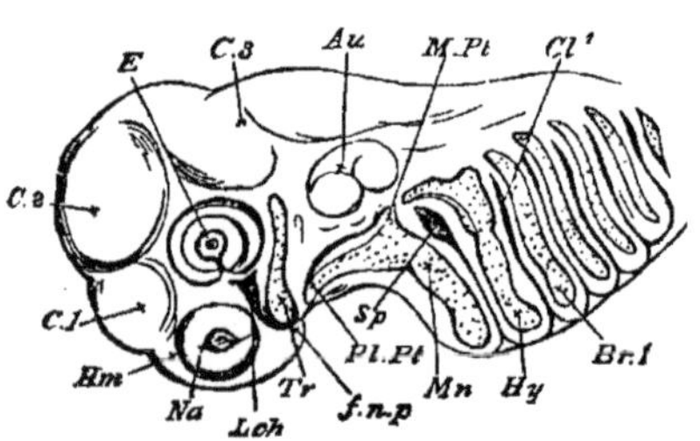

Fig. 407. — *Tête d'un embryon de requin, long de 11 lignes* (*environ 25 mm.*), d'après PARKER. *Tr*, poutrelle cranienne de RATHKE; *Pl.Pt*, palato-carré; *MPt*, région métaptérygoïdienne; *Mn*, cartilage mandibulaire ou maxillaire inférieur; *Hy*, arc hyoïdien; *Br*[1], premier arc branchial; *Sp*, évent; *Cl*[1], première fente branchiale proprement dite; *Lch*, gouttière au-dessous de l'œil; *Na*, fossette olfactive; *E*, globe de l'œil; *Au*, vésicule auditive; c^1, c^2, c^3, vésicules cérébrales; *Hm*, hémisphères cérébraux; *fnp*, prolongement fronto-nasal.

Au moment où le crâne primordial membraneux se chondrifie, le processus de chondrification s'accomplit aussi dans le tissu conjonctif des arcs viscéraux membraneux. Il en résulte la formation d'*arcs viscéraux cartilagineux* (fig. 407). Ils sont divisés régulièrement en plusieurs pièces placées bout à bout, mobiles les unes sur les autres et réunies par du tissu conjonctif.

Chaque arc maxillaire se divise en un palato-carré cartilagineux (fig. 404, *Pc*) et en un maxillaire inférieur ou mandibulaire cartilagineux (*Mi*). Dans la muqueuse qui revêt ces deux éléments se trouvent les dents maxillaires. Les deux maxillaires inférieurs cartilagineux sont unis sur la ligne médiane par une masse rigide de tissu conjonctif. Quant aux paires d'arcs viscéraux suivants, elles offrent ce caractère commun d'être réunies sur la ligne médio-ventrale par une pièce impaire, une copule, qui se comporte vis-à-vis d'elles comme le sternum vis-à-vis des extrémités ventrales des côtes. Les deux arcs hyoïdiens sont formés l'un et l'autre, de haut en bas, par l'hyo-mandibulaire et par l'hyoïde : la copule hyoïdienne, qui unit les deux hyoïdes, porte le nom d'os entoglosse.

Chez les mammifères et chez l'homme (fig. 209, 211 et 214), il se forme, comme chez les sélaciens, des arcs viscéraux membraneux ; mais un petit nombre d'entre eux seulement se transforment plus tard en éléments cartilagineux. Encore n'atteignent-ils jamais un grand développement. En même temps ils ont perdu leur fonction primitive. Ils servent à former la partie faciale du squelette de la tête. En décrivant l'intestin céphalique et l'organe olfactif, nous avons parlé précédemment d'un certain nombre de ces éléments. Je devrai donc, pour être complet, rappeler ici certains faits dont nous nous sommes déjà occupé antérieurement.

Chez de très jeunes embryons de l'homme et des mammifères, l'orifice buccal est délimité latéralement et inférieurement par les prolongements maxillaires supérieurs et inférieurs (fig. 209 et 213). Les prolongements maxillaires supérieurs sont largement séparés, à leur extrémité supérieure, par le prolongement frontal, qui s'interpose entre eux sous la forme d'une large saillie. Plus tard, le prolongement frontal se trouve divisé en deux prolongements nasaux internes et en deux prolongements nasaux externes, grâce à la formation, sur sa face convexe, des deux fossettes olfactives et des deux gouttières nasales (fig. 362). Chacun des prolongements nasaux externes est séparé du prolongement maxillaire supérieur correspondant par une gouttière, étendue entre l'œil et la gouttière nasale et constituant la première ébauche du canal lacrymal (canal naso-lacrymal des anatomistes).

En arrière de l'arc maxillaire se trouve l'arc hyoïdien (fig. 209, 214 et 215, *ah*) : il en est séparé par une petite fente branchiale qui devient la caisse du tympan et la trompe d'Eustache. Puis, viennent trois arcs branchiaux séparés par des sillons branchiaux (fentes branchiales), dont l'existence n'est que de courte durée.

A un stade ultérieur du développement, il s'est produit des soudures entre les prolongements qui circonscrivent l'orifice buccal (fig. 408).

En se rapprochant de dehors en dedans, les deux prolongements maxillaires supérieurs s'accolent aux prolongements nasaux internes, puis se soudent avec eux pour constituer le bord supérieur de l'orifice buccal tout entier. Chaque fossette olfactive avec sa gouttière nasale se trouve ainsi transformée en un canal, qui s'ouvre par un orifice interne, dans la cavité buccale, immédiatement en arrière du bord libre du prolongement maxillaire supérieur. En même temps, la muqueuse qui tapisse le bord libre des prolongements maxillaires supérieurs et inférieurs membraneux se plisse en dehors pour donner naissance aux lèvres supérieure et inférieure qui, dès maintenant, délimitent l'orifice buccal.

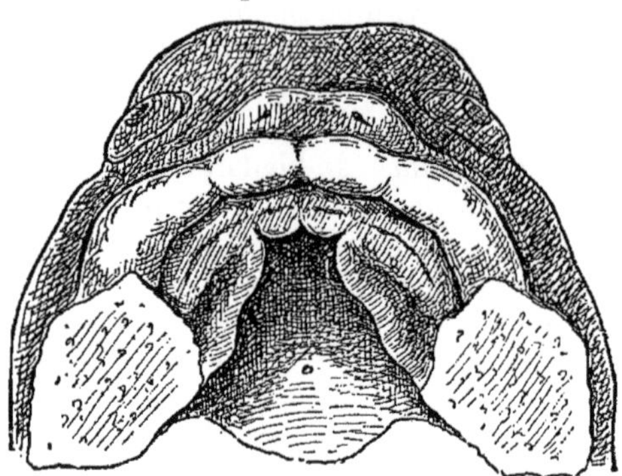

Fig. 408. — *Voûte de la cavité buccale d'un embryon humain avec l'ébauche des lames palatines.* 10 diam. D'après His.

Bientôt commence la *formation du palais*, qui complète la région faciale du crâne (p. 586). Des prolongements maxillaires supérieurs membraneux naissent deux saillies qui proéminent de dehors en dedans à l'intérieur de la cavité buccale (fig. 408, 364), se dirigent horizontalement et constituent les *lames palatines*. Les deux lames palatines se soudent ensuite dans le plan médian, avec la partie médiane du prolongement frontal qui, sur ces entrefaites, s'est amincie pour former la cloison médiane du nez (fig. 365). Il en résulte que la cavité buccale primordiale se trouve divisée en deux étages superposés. L'étage supérieur, qui contribue à agrandir les fosses nasales, s'ouvre en arrière, dans le pharynx, par les deux orifices postérieurs des fosses nasales. L'étage inférieur, la cavité buccale définitive, a sa voûte formée par le palais, qui se différencie plus tard en deux parties : la voûte palatine et le voile du palais.

Telle est la constitution de la région faciale du crâne au stade membraneux. Elle se différencie bientôt en se chondrifiant. Toutefois le processus de chondrification chez les mammifères ne conduit nullement à la formation d'éléments squelettiques aussi volumineux ni aussi nombreux que chez les sélaciens. Il donne naissance à des éléments très réduits, dont les uns s'atrophient plus tard (cartilages de Meckel), tandis que d'autres fournissent les osselets de l'oreille moyenne et d'autres encore s'unissent pour constituer l'os hyoïde et le cartilage thyroïde.

Avant d'examiner en détails ce qui se passe chez l'embryon humain, je décrirai d'abord ce qui existe chez l'embryon du mouton.

D'après SALENSKY, chez un embryon de mouton long de 2 centimètres (fig. 409) on trouve deux longues et minces tigelles cartilagineuses cylindriques, situées l'une en avant, l'autre en arrière de la première fente branchiale, à droite et à gauche de la ligne médiane. Par leur extrémité postérieure (proximale) elles sont en contact avec la région auditive du crâne primordial, en même temps qu'elles sont réunies l'une à l'autre par du tissu conjonctif embryonnaire. Chez un embryon plus âgé (fig. 410) la tigelle du premier arc viscéral est nettement divisée par des incisures, près de son extrémité postérieure, en trois pièces, dont deux petites et une grande. La première petite pièce, en rapport immédiat avec la paroi du labyrinthe, prend progressivement la forme de l'*enclume* (*e*) avec ses apophyses; la seconde petite pièce devient le *marteau* (*m*). Elles sont réunies par une masse de tissu conjonctif. Quant à la troisième pièce (*c M*), elle est relativement très longue, se trouve logée à l'intérieur du maxillaire inférieur membraneux et porte le nom de *cartilage de Meckel*. C'est MECKEL qui l'a découverte. Le cartilage de MECKEL reste très longtemps réuni au marteau par une mince tigelle cartilagineuse, aux dépens de laquelle se développe plus tard, par ossification périostique, la longue apophyse ou apophyse antérieure du marteau. Quant à la tigelle cartilagineuse du deuxième arc viscéral (*a h*), elle intervient dans la formation de l'os hyoïde.

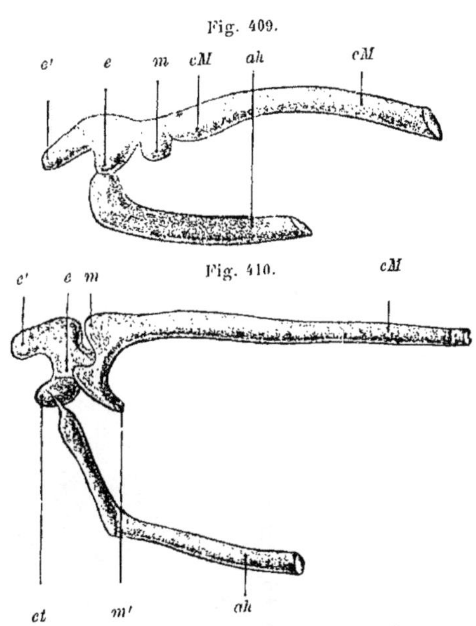

Fig. 409 et 410. — *Cartilages de* MECKEL *et de* REICHERT *avec l'ébauche des osselets de l'oreille moyenne, chez un embryon de mouton de 2,7 centim.*, d'après SALENSKY.

Fig. 409. — *cM*, cartilage de MECKEL; *m*, marteau; *e*, enclume (longue apophyse); *e'*, courte apophyse de l'enclume; *ah*, arc hyoïdien cartilagineux (cartilage de REICHERT).

Fig. 410. — *e*, enclume; *e'*, sa courte apophyse; *m*, marteau; *m'*, manubrium du marteau; *et*, étrier; *cM*, cartilage de MECKEL; *ah*, cartilage de REICHERT.

Chez des embryons humains de trois, quatre et cinq mois, on observe des éléments semblables, mais un peu plus développés. Le modèle en cire que nous avons décrit plus haut et qui représente le squelette de la tête d'un embryon humain (fig. 406), nous montre, appliquée contre la face externe de la région auditive, une petite pièce cartilagineuse, qui est l'enclume (*21*) facilement reconnaissable à sa forme. Avec cet élément est articulé le marteau (*20*), qui se continue, à l'aide de son apophyse antérieure, avec le cartilage de Meckel (*17*). Ce dernier se prolonge jusqu'à la ligne médiane, où il s'unit en une sorte de symphyse, formée par du tissu conjonctif, avec le cartilage de Meckel de l'autre côté.

Les mêmes organes se voient *in situ* dans la figure 411, qui représente la tête et le cou d'un embryon plus âgé, d'un embryon de cinq mois. Ici, les petites pièces cartilagineuses du squelette viscéral sont mises à nu, après enlèvement de la peau; ce sont : l'enclume (*e*), le marteau (*m*) et le cartilage de Meckel (*cM*), qui est en continuité avec lui. En arrière du premier arc viscéral, vient, à une certaine distance, le deuxième arc viscéral, ou arc hyoïdien, que l'on désigne aussi sous le nom de cartilage de Reichert et qui est divisé en trois parties. Son extrémité postérieure est soudée avec l'ébauche cartilagineuse de l'os pétreux et constitue l'ébauche de l'*apophyse styloïde* du temporal (fig. 406, *38* et 411, *as*). La partie moyenne du cartilage de Reichert s'est transformée chez l'homme en un ligament fibreux, le *ligament*

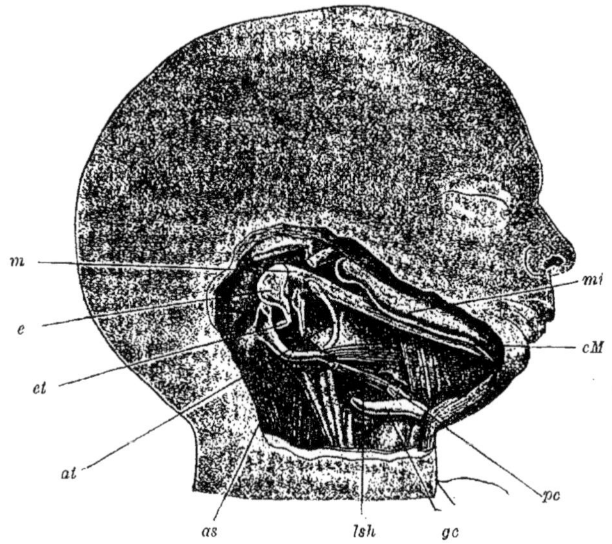

Fig. 411. — *Tête et cou d'un embryon humain de 18 semaines, dont on a disséqué le squelette viscéral.* Plus grand que nature. D'après Kölliker.

Le maxillaire inférieur a été légèrement détaché du cartilage de Meckel afin de montrer ce dernier en continuité avec le marteau. La membrane du tympan est enlevée afin de montrer l'anneau tympanique. *m*, marteau; *cM*, cartilage de Meckel; *mi*, maxillaire inférieur osseux (os dentaire) avec son apophyse articulaire; *e*, enclume; *et*, étrier; *at*, anneau tympanique; *as*, apophyse styloïde; *lsh*, ligament stylo-hyoïdien; *pc*, petite corne de l'hyoïde; *gc*, grande corne de l'hyoïde.

stylo-hyoïdien (fig. 411, *lsh*), tandis que chez une foule de mammifères elle constitue un élément cartilagineux assez développé. Enfin, la partie antérieure ou inférieure du cartilage de Reichert devient la *petite corne de l'os hyoïde* (411, *pc*). Cet élément peut parfois, lorsque la partie inférieure du ligament stylo-hyoïdien se chondrifie, être très long et s'étendre même jusqu'à l'extrémité inférieure de l'apophyse styloïde.

Dans la partie ventrale du troisième arc viscéral se forme un élément cartilagineux, qui donne naissance à la *grande corne de l'os hyoïde* (fig. 406, 44 et 411, *gc*). Les grandes et les petites cornes de cet os s'unissent à un élément cartilagineux médian et impair, correspondant à la copule hyoïdienne du squelette viscéral des sélaciens et qui devient le *corps de l'os hyoïde* (fig. 406, 43).

Enfin, d'après les recherches de DUBOIS et de GEGENBAUR, le *cartilage thyroïde* se forme aux dépens de points de chondrification, qui apparaissent dans la région du quatrième et du cinquième arc viscéral membraneux primitif (fig. 406, 45).

Le troisième osselet de l'oreille moyenne l'*étrier* (fig. 406, 44 et 411, *et*) appartient également au squelette viscéral. Si je n'en ai pas encore fait mention, c'est que, pour le moment, il existe encore des opinions contradictoires sur son origine. D'après l'ancienne manière de voir de REICHERT adoptée par GEGENBAUR, l'étrier se formerait aux dépens de l'extrémité postérieure ou supérieure de l'arc hyoïdien. KÖLLIKER le fait provenir, au contraire, du premier arc viscéral. D'après GRUBER et PARKER, il se développe au niveau de la fenêtre ovale, aux dépens de la paroi externe du labyrinthe, comme s'il en était détaché.

Enfin, les recherches plus récentes de SALENSKY, de GRADENIGO et de RABL *me paraissent démontrer que l'étrier a une double origine, qu'il se compose de deux parties différentes.*

La plaque basilaire de l'étrier, enchâssée dans la fenêtre ovale, se différencierait aux dépens de la capsule cartilagineuse du labyrinthe, comme GRUBER et PARKER d'abord et ensuite GRADENIGO l'ont soutenu. Son mode de formation serait analogue à celui de l'opercule des amphibiens, tel que nous l'a fait connaître STÖHR. Quant aux arcs de l'étrier, ils se formeraient aux dépens de l'extrémité supérieure du deuxième arc viscéral, appliquée contre la capsule auditive (GRADENIGO, RABL).

Les deux ébauches de l'étrier se souderaient ensuite à une période très reculée du développement, pour constituer une petite pièce cartilagineuse, qui d'une part s'articule avec l'enclume par l'intermédiaire d'un élément lenticulaire (*os lenticulaire*) tandis que, d'autre part, elle se fixe dans la fenêtre ovale.

D'après des recherches plus récentes (BAUMGARTEN, JACOBY, ZONDEK), il me semble que l'étrier n'est qu'une pièce squelettique unique qui, à la partie tout à fait supérieure de l'arc hyoïdien membraneux, se trouve au voisinage immédiat de la capsule auditive cartilagineuse. Sa forme annulaire dépend de ce que le tissu qui en constitue l'ébauche est traversé par une petite branche de la carotide interne, l'artère mandibulaire ou perforante de l'étrier. Cette branche artérielle s'atrophie complètement, dans le cours du développement, chez l'homme et chez certains mammifères, tandis qu'elle persiste chez d'autres mammifères (rongeurs, insectivores).

Un fait important qui confirme l'opinion que nous venons de défendre et d'après laquelle l'étrier dérive du deuxième arc viscéral, tandis que l'enclume et le marteau dérivent du premier arc viscéral, c'est *le mode de distribution des nerfs qui fournissent au muscle de l'étrier et au muscle interne du marteau*. C'est ce que Rabl a fait ressortir récemment. *Le muscle de l'étrier est innervé par le nerf facial, c'est-à-dire par le nerf du deuxième arc viscéral :* il forme un même groupe avec le muscle stylo-hyoïdien et le ventre postérieur du muscle digastrique. *Le muscle interne du marteau reçoit, au contraire, une branche du trijumeau, c'est-à-dire du nerf de l'arc maxillaire.*

On constate encore une différence semblable dans l'innervation des muscles du voile du palais. L'un d'entre eux, le péristaphylin externe, qui se forme en avant de la trompe d'Eustache, reste de la première fente branchiale, est innervé par le trijumeau; au contraire, le muscle péristaphylin interne et le palato-staphylin, qui appartiennent à l'arc hyoïdien, sont innervés par des branches du nerf facial (Rabl).

Au début, tous les osselets de l'oreille moyenne sont logés dans un tissu muqueux, en dehors de la caisse du tympan, qui constitue encore une fente étroite. Ce n'est qu'après la naissance que cette disposition se modifie. A la suite de l'introduction de l'air dans la caisse du tympan, cette dernière se dilate, sa muqueuse s'évagine entre les osselets de l'oreille moyenne et le tissu muqueux dont nous venons de parler s'atrophie. Alors, les osselets et la corde du tympan semblent être libres à l'intérieur de la caisse tympanique. En réalité, ils y font seulement saillie; car, même chez l'adulte, ils sont logés dans des replis de la muqueuse qui les rattachent à la paroi de la caisse du tympan. Ils conservent donc, au fond, leurs rapports primitifs, déterminés par leur mode de formation.

Jusqu'ici la constitution du squelette de la tête est simple. Mais elle ne tarde pas à atteindre un haut degré de complication lorsque commence le processus d'ossification, caractéristique du troisième stade. Cette complication est surtout déterminée par ce fait qu'il se développe deux espèces d'os complètement différents, dont les uns sont désignés sous le nom d'*os primaires* et les autres sous le nom d'*os de revêtement ou de recouvrement*.

Les os primaires sont ceux qui se forment aux dépens du squelette primordial cartilagineux lui-même. Alors l'ossification peut être endochondrique ou périchondrique. Dans le premier cas, dont nous avons vu un exemple lorsque nous nous sommes occupé de l'ossification de la colonne vertébrale, des côtes et du sternum, il se forme des noyaux osseux à l'intérieur du cartilage, à la suite de la résorption de sa substance fondamentale. Dans le second cas, le périchondre, changeant de fonction, au lieu de continuer à former des couches de cartilage, dépose du tissu osseux à la surface du cartilage préexistant. A la suite de l'un ou l'autre de ces deux processus d'ossification, le squelette primordial cartilagineux est remplacé par un squelette osseux. Toutefois, dans les différentes classes de vertébrés, il en persiste des restes, plus ou moins étendus.

Chez l'embryon humain, quelques os primaires de la tête commencent à apparaître au cours du troisième mois; dans les figures 405 et 406, on les a distingués du cartilage, qui est teinté en bleu, en leur donnant une teinte gris clair. Ce sont : les grandes ailes du sphénoïde (*7*), osseux qui se forment dans les portions condyliennes (*8*) de l'occipital et un noyau osseux (*10*), qui apparaît dans l'écaille de l'occipital.

Les os de revêtement ou de recouvrement se forment, en dehors du crâne primordial cartilagineux, au sein du tissu conjonctif qui l'environne. Ils se développent dans la peau ou dans la muqueuse de la cavité buccale. Ce sont donc des éléments qui primitivement ne font pas partie du restant du squelette axial : ils sont, par leur origine, étrangers au squelette de la tête. C'est ainsi que pendant les premières phases du développement des vertébrés supérieurs, et même chez l'adulte dans certaines classes de vertébrés, on peut les détacher sans léser le moins du monde le crâne primordial. Or, ce n'est pas le cas pour les os primaires, que l'on ne peut enlever sans détruire partiellement le squelette cartilagineux.

Que les os de revêtement sont bien, comme nous l'avons dit, primitivement étrangers au squelette de la tête, c'est ce qui résulte de l'étude de leur origine. Nous devons entrer dans quelques considérations à ce sujet.

Chez les vertébrés inférieurs, outre le squelette axial cartilagineux interne, il se développe encore un *squelette cutané*, externe, qui sert à protéger la surface du corps. Il se prolonge dans une partie de l'étendue de l'intestin céphalique, à partir de l'orifice buccal et là on le désigne plus spécialement sous le nom de squelette muqueux. Sous sa forme la plus simple, il consiste, comme chez les sélaciens, en de nombreuses petites dents serrées les unes contre les autres et appelées écailles placoïdes. Les écailles placoïdes sont le produit de l'ossification de papilles dermiques de la peau ou de la muqueuse. Dans d'autres groupes de poissons, le squelette cutané se compose de plaques osseuses plus ou moins étendues, portant sur leur face libre de nombreuses petites épines dentaires. On les décrit sous le nom d'écailles, écussons, plaques osseuses ou os cutanés selon leur forme et leur taille. Elles dérivent, d'une façon très simple, des écailles placoïdes des sélaciens : ce sont en réalité des groupes plus ou moins considérables de dents cutanées, dont les plaques basilaires se sont soudées pour constituer des éléments squelettiques plus ou moins étendus. Parmi ces pièces osseuses, les plus grandes se forment généralement au niveau du squelette de la tête et tout spécialement là où des éléments cartilagineux de la capsule cranienne ou des arcs viscéraux sont très superficiellement placés. C'est ainsi que, chez une foule de ganoïdes et de téléostéens, le cerveau est enveloppé par une *double capsule*, dont l'interne est exclusivement cartilagineuse ou pourvue de noyaux osseux, tandis que l'externe, appliquée immédiatement à la surface de la précédente, constitue une carapace osseuse, d'origine cutanée.

Chez les vertébrés supérieurs, le squelette cutané est d'habitude presque complètement atrophié; toutefois il s'est maintenu en grande partie dans la région de la tête, où il fournit des os de revêtement qui complètent le squelette interne.

Une foule d'amphibiens nous montrent des dispositions intéressantes en ce qui concerne le développement primitif des os de revêtement (fig. 412). Chez de très jeunes larves d'axolotl, le vomer et le palatin par exemple, qui sont des os de revêtement, apparaissent dès le début de leur développement, sous la forme de petites dents (*d'*) disséminées dans la muqueuse buccale. Ensuite, ces dents se fusionnent par leurs plaques basilaires en de petites lames osseuses garnies d'épines dentaires (*d, d*). Ces petites lames osseuses s'accroissent grâce à leur soudure avec d'autres petites dents formées isolément dans la muqueuse qui les avoisine. Plus tard, enfin, les épines dentaires disparaissent, se résorbent.

Fig. 412.

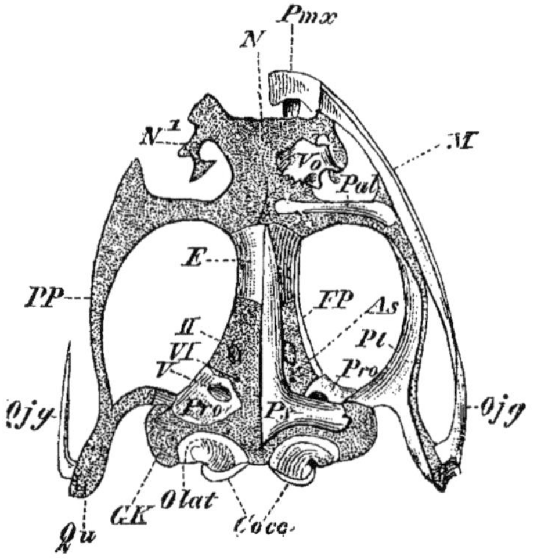

Fig. 412. — *Vomer d'une larve d'axolotl, de 13 mm.*

Dans la muqueuse buccale s'est formée une lame osseuse par fusionnement de dents muqueuses (*d*); *d'*, dents en voie de développement qui s'uniront plus tard à la lame osseuse et contribueront à l'agrandir.

Fig. 413.

Fig. 413. — *Face inférieure du crâne de Rana esculenta*, d'après ECKER.

Le maxillaire inférieur est enlevé. Dans la moitié gauche de la figure les os de revêtement ont été détachés du crâne primordial cartilagineux. *Cocc*, condyles occipitaux; *Olat*, occipital latéral; *GK*, capsule auditive; *Qu*, os carré; *Qjg*, quadrato-jugal; *Pro*, prootique; *Ps*, parasphénoïde; *As*, alisphénoïde; *PP*, palato-carré; *FP*, fronto-pariétal; *E*, ethmoïde (os en ceinture); *Pal*, palatin; *Vo*, vomer; *M*, maxillaire supérieur; *Pmx*, prémaxillaire; *N, N'*, charpente cartilagineuse du nez; II, V, VI, trous pour le passage du nerf optique, du trijumeau et de l'oculo-moteur externe.

Chez d'autres amphibiens, ce mode de développement primitif des os de revêtement se raccourcit pour ainsi dire. Chez eux, dans les points de la muqueuse où se développent le vomer et le palatin, il n'apparaît généralement plus d'épines dentaires; mais dans le tissu conjonctif, où se seraient soudées, chez d'autres espèces, les plaques basilaires des dents, on voit se produire une ossification directe. C'est aussi par ce processus raccourci que se forment les os de revêtement chez tous les amniotes.

Le crâne d'une foule d'amphibiens (grenouille, axolotl) nous fournit aussi une excellente explication de la situation primitive des os de revêtement vis-à-vis du squelette primordial (fig. 413). Les os de revêtement sont, chez ces espèces, lâchement appliqués à la surface du crâne primordial. Aussi peut-on, avec une certaine habileté, les en détacher aisément. C'est une préparation de ce genre que nous montre la moitié gauche de la figure 413. Le prémaxillaire (*Pmx*), le maxillaire supérieur (*M*), le vomer (*Vo*), le palatin (*Pal*), le ptérygoïdien (*Pt*) et le parasphénoïde (*Ps*) y ont été enlevés, tandis que dans la moitié droite, ils sont laissés en place. Ce qui reste du squelette de la tête, quand on a enlevé ces éléments, représente le squelette interne de la tête : c'est une capsule (*N*, *N'*, *PP*, *Qu*), en grande partie formée par le cartilage primitif, au sein de laquelle existent en certains points des pièces osseuses : les occipitaux latéraux (*Olat*), les os pétreux (*Pro*), l'ethmoïde (*E*), etc.

Chez les vertébrés supérieurs, et tout particulièrement chez les mammifères, le crâne primordial, les os primaires et les os de revêtement, qu'il est facile de distinguer les uns des autres chez les poissons et les amphibiens même adultes, ne sont distincts que pendant les tout premiers stades du développement. On les distingue très facilement encore chez l'embryon humain de trois mois, ainsi que le montrent les figures 405 et 406. Les os de revêtement s'y reconnaissent en ce qu'ils sont colorés en jaune. Dans la fig. 405, ce sont : l'os nasal (*11*), le zygomatique (*14*), l'écaille du temporal (*19*) avec l'apophyse zygomatique (*15*), l'anneau tympanique (*18*), le maxillaire inférieur osseux (*16*). Du côté gauche du modèle, ils ont été enlevés, afin de permettre de reconnaître plus facilement les diverses parties du crâne primordial cartilagineux. La vue latérale que donne la figure 406 montre encore, comme os de revêtement : l'os unguis (*28*), le vomer (*32*) et le palatin (*33*) ; enfin, l'apophyse odontoïde et les lames palatines de l'intermaxillaire et du maxillaire supérieur (*34* et *35*).

Plus tard, il devient difficile, puis impossible, chez l'homme comme chez tous les animaux supérieurs, en général, de distinguer les os primaires des os secondaires. Cela dépend de plusieurs causes.

D'abord, le crâne primordial cartilagineux est en partie atrophié dès le début du développement. C'est ainsi qu'une grande partie de sa voûte fait défaut et est remplacée par du tissu conjonctif.

En second lieu, le crâne primordial cartilagineux disparaît presque entièrement plus tard, en partie par résorption et en partie par transformation en os primaires. *Il n'en persiste que des fragments qui forment la portion cartilagineuse de la cloison médiane du nez, ainsi que les cartilages de cet organe.*

En troisième lieu, dans le crâne complètement formé il n'est plus possible de distinguer les os primaires d'avec les os de revêtement. En effet, ces derniers cessent d'être superficiellement placés, s'unissent intimement avec les os primaires et, comblant les lacunes du crâne primordial cartilagineux, constituent avec eux une boîte osseuse complète, *dont les éléments n'ont pas tous la même origine.*

En quatrième lieu, certains os, qui chez l'embryon et chez les vertébrés inférieurs restaient distincts, se fusionnent chez l'adulte. Il n'y a pas que des os de même origine qui se soudent; certains os de revêtement se fusionnent avec des os primaires. De là l'impossibilité de les distinguer plus tard. *Beaucoup d'os du crâne de l'homme représentent en réalité plusieurs os soudés.*

D'une façon générale, on peut dire que les os de la base et des parois latérales du crâne sont primaires, tandis que ceux de la voûte et de la face sont des os de revêtement.

Les éléments du crâne humain que nous allons citer sont des *os primaires :* 1° l'occipital, à l'exception de la partie supérieure de l'écaille; 2° le sphénoïde, à l'exception de l'aide interne de l'apophyse ptérygoïde; 3° l'ethmoïde et les cornets; 4° la pyramide et l'apophyse mastoïde du temporal; 5° les osselets de l'oreille moyenne : marteau, enclume et étrier; 6° le corps et les cornes de l'hyoïde.

Par contre sont *os de revêtement :* 1° la partie supérieure de l'écaille de l'occipital; 2° le pariétal; 3° le frontal; 4° l'écaille du temporal; 5° l'aile interne de l'apophyse ptérygoïde du sphénoïde; 6° l'anneau tympanique; 7° le palatin; 8° le vomer; 9° l'os propre du nez; 10° l'os unguis; 11° l'os malaire; 12° le maxillaire supérieur; 13° le maxillaire inférieur.

Abordons maintenant l'étude du développement de ces différents os.

α. — *Os de la capsule cranienne.*

1. L'*occipital* constitue au début un anneau cartilagineux entourant le trou occipital. Au début du troisième mois, il y apparaît d'abord trois (fig. 405), puis quatre points d'ossification; un en avant, un autre en arrière (fig. 405, *10*) et enfin deux, sur les côtés du trou occipital (fig. 405 et 406, *9*). Il se forme ainsi quatre os qui, selon qu'ils sont plus ou moins développés, sont réunis par des travées cartilagineuses plus ou moins étroites. Chez les vertébrés inférieurs, poissons et amphibiens (fig. 413, *O. lat*), ils restent ainsi séparés et sont désignés respectivement sous les noms de : occipital basilaire, occipital supérieur et occipitaux latéraux.

Chez les mammifères et chez l'homme il s'y adjoint un os de revêtement, l'*interpariétal*, qui se forme dans le tissu conjonctif, au-dessus de l'occipital supérieur. Cet élément se développe lui-même aux dépens de deux centres d'ossification. Pendant le troisième mois de la vie fœtale il commence à se fusionner avec l'occipital supérieur et forme avec lui l'écaille de l'occipital. Cependant jusqu'au moment de la naissance il persiste entre ces deux parties, génésiquement différentes, de l'écaille, un sillon transversal, qui en indique la limite.

Chez le nouveau-né, l'écaille, les occipitaux latéraux et l'occipital basilaire sont encore séparés les uns des autres par des restes de cartilage. Pendant la première année de la vie extra-utérine, l'écaille se soude ensuite avec les occipitaux latéraux (parties latérales ou condyliennes). Enfin cet élément osseux se soude avec l'occipital basilaire ou corps de l'os vers l'âge de trois ou quatre ans. L'occipital est donc le produit du fusionnement de cinq os distincts.

2. Le *sphénoïde* se forme aussi aux dépens de plusieurs noyaux osseux qui apparaissent à l'intérieur de la base du crâne primordial cartilagineux, et qui constituent des os distincts chez les vertébrés inférieurs. En avant de la portion basilaire de l'occipital, dans la région de la fosse pituitaire, apparaissent deux paires de noyaux osseux : une paire antérieure et une paire postérieure. Les premiers forment le sphénoïde basilaire antérieur ou présphénoïde; les seconds, le sphénoïde basilaire postérieur ou basisphénoïde. Sur les côtés se développent des noyaux osseux particuliers qui donnent naissance aux petites et aux grandes ailes. Chez l'homme, ce sont les noyaux osseux des grandes ailes qui apparaissent les premiers dans l'ébauche cartilage du sphénoïde (fig. 405 et 406, 7).

Chez la plupart des mammifères, les petites ailes se soudent avec le présphénoïde, et les grandes aíles avec le basisphénoïde. Il se forme ainsi deux sphénoïdes dont l'un, antérieur, et l'autre, postérieur, séparés par une mince lame de cartilage. Le sphénoïde postérieur est en rapports immédiats avec l'occipital. Chez l'homme, les deux sphénoïdes se soudent à la suite de l'ossification de la lame cartilagineuse qui les séparait et ils constituent un os impair, pourvu de plusieurs prolongements ou apophyses. Le fusionnement des nombreux noyaux osseux a lieu dans l'ordre suivant. Pendant le sixième mois de la vie fœtale, les petites ailes se soudent avec la partie antérieure du corps de l'os (présphénoïde); peu de temps avant la naissance cette dernière se soude avec la partie postérieure du corps (basisphénoïde), à laquelle s'unissent enfin les grandes ailes, pendant la première année de la vie extra-utérine. Des grandes ailes partent, de haut en bas, les ailes externes des apophyses ptérygoïdes, tandis que *les ailes internes de ces apophyses se développent comme os de revêtement*. Dans le tissu conjonctif de chacune des parois latérales de la cavité buccale se forme un centre d'ossification, qui donne naissance à une mince lamelle osseuse. Chez une foule de mammifères, chacune de ces deux lamelles ainsi formées constitue pendant toute la vie un os spécial (os ptérygoïde), appliqué contre l'apophyse de l'aile, c'est-à-dire contre l'aile externe de l'apophyse ptérygoïde. Chez l'homme, ces deux lamelles se soudent, à une période très reculée du développement, avec le sphénoïde, bien qu'elles aient une autre origine que lui.

3. Le *temporal* est aussi formé par la réunion de plusieurs os, qui sont encore pour la plupart séparés au moment de la naissance. La portion pétreuse (os pétreux) avec l'apophyse mastoïde se développe, à l'aide de plusieurs noyaux osseux, aux dépens de cette partie du crâne primordial cartilagineux qui renferme l'organe auditif et que l'on désigne pour ce motif sous le nom de capsule auditive cartilagineuse. Avec cet os se soude, après la naissance, l'apophyse styloïde, qui constitue, chez l'embryon, une pièce cartilagineuse provenant de l'extrémité supérieure du deuxième arc viscéral. L'apophyse styloïde procède d'un noyau osseux spécial.

A ces éléments primaires s'adjoignent, chez l'homme, deux os de revêtement, la *portion squameuse* et la *portion tympanique*, qui n'ont rien à voir avec le crâne primordial, pas plus que les pariétaux et l'os frontal. La portion tympanique du temporal (fig. 414, *at*) consiste primitivement en un anneau osseux, étroit (anneau tympanique), dans lequel se trouve enchâssée la membrane du tympan. Cet anneau se développe dans le tissu conjonctif, en dehors des osselets de l'oreille moyenne, et spécialement en dehors du marteau (*m*) et du cartilage de Meckel (*cM*). Ainsi s'explique la présence de l'apophyse antérieure du marteau dans la scissure de Glaser, lorsque peu de temps après la naissance les éléments osseux primaires et les éléments osseux de revêtement du temporal se sont soudés. L'anneau tympanique s'élargit progressivement en une lame osseuse, qui sert à soutenir le conduit auditif externe. Cette lame osseuse se soude ensuite avec la portion pétreuse, sauf suivant une fente étroite, la scissure de Glaser, qui reste ouverte parce que là, chez l'embryon, se sont insinuées, entre les os encore distincts, la corde du tympan et l'apophyse antérieure du marteau.

Chez les vertébrés inférieurs, ainsi que chez une foule de mammifères, les diverses parties du temporal restent séparées et portent les noms respectifs de : os pétreux, os tympanique et os squameux.

4. L'*ethmoïde* et les *cornets* sont des os primaires, qui se développent aux dépens de la partie postérieure de la capsule nasale cartilagineuse. La partie antérieure de cette capsule persiste et devient le cartilage de la cloison médiane, ainsi que les cartilages du nez.

« L'ossification de l'ethmoïde commence au cinquième mois de la vie fœtale dans la lame papyracée. Après l'ossification de cette partie de l'ethmoïde, a lieu celle des cornets inférieurs et moyens. Au moment de la naissance, ils sont encore unis par des parties cartilagineuses de l'ethmoïde. Plus tard, la lame perpendiculaire s'ossifie avec l'apophyse crista galli. Vient ensuite l'ossification du cornet supérieur et du labyrinthe, qui s'est formé progressivement dans l'intervalle : ce point d'ossification s'étend aussi à la moitié correspondante de la lame criblée. C'est vers l'âge de cinq à sept ans que commence à se produire la soudure entre les deux masses latérales de l'os et la lame perpendiculaire (1). »

Parmi les os de revêtement du crâne, qui en général commencent à s'ossifier au commencement du troisième mois de la vie fœtale, les pariétaux, le frontal, les os propres du nez, les os unguis et le vomer restent distincts pendant toute la vie. Le frontal est primitivement double et se maintient dans cet état jusque vers l'âge de deux ans. Alors la suture frontale commence à se fermer. Les os propres du nez et les os unguis sont des os de revêtement de la capsule nasale cartilagineuse (fig. 405, *11* et 406, *28*). Quant au vomer il se forme à droite et à gauche de la cloison médiane cartilagineuse du nez, pendant le troisième mois, sous forme d'un élément double (fig. 406, *32*). Les deux lamelles ainsi formées se soudent après que le cartilage interposé entre elles s'est résorbé.

β. — *Os du squelette viscéral.*

Les autres os de la tête, dont il n'a pas encore été fait mention jusqu'ici, appartiennent au squelette viscéral. Les uns sont des os primaires; les autres, des os de revêtement.

L'os hyoïde et les osselets de l'oreille moyenne, l'enclume, le marteau et l'étrier, sont des os primaires. Ils se caractérisent par leurs faibles dimensions et sont beaucoup plus petits que les os de revêtement du squelette viscéral. L'*os hyoïde* s'ossifie à la fin de la vie fœtale : il procède de plusieurs noyaux osseux. Les *ébauches cartilagineuses des osselets de l'oreille moyenne* présentent, déjà pendant le quatrième mois, une gaine osseuse d'origine périchondrique, à l'intérieur de laquelle il persiste encore çà et là, même chez l'adulte, des restes de cartilage. D'après les recherches les plus récentes, *le marteau est un os composé*. Son apophyse antérieure se développe, comme os de revêtement, à la surface de cette partie du cartilage de Meckel, qui passe entre l'os pétreux et l'anneau tympanique. Pendant que le cartilage s'atrophie, l'os de revêtement qui le recouvre se soude avec le restant, plus volumineux, du marteau, d'origine primaire. Il est probablement homologue à l'os angulaire des vertébrés inférieurs.

Les *os de revêtement du squelette viscéral*, maxillaires supérieurs, palatins, ptérygoïdes, os malaires et maxillaire inférieur, se développent au pourtour de l'orifice buccal, dans le tissu conjonctif des prolongements maxillaires supérieurs et inférieurs membraneux.

Chaque *maxillaire supérieur* (fig. 406, *35*) se compose de deux os, qui restent distincts chez la plupart des vertébrés. L'un d'eux (*maxillaire supérieur proprement dit*) se développe dans le prolongement maxillaire supérieur en dehors de la capsule nasale cartilagineuse. L'autre apparaît pendant la huitième semaine, comme l'a établi Kölliker, dans la partie

(1) C. Gegenbaur, *Traité d'Anatomie humaine*, édition française, p. 231. Paris, Reinwald, 1889.

du prolongement frontal située entre les deux orifices nasaux externes. Il correspond à l'*intermaxillaire* (prémaxillaire) et porte plus tard les dents incisives (fig. 406, *34*).

Les deux intermaxillaires se soudent très tôt, chez l'homme, avec les deux maxillaires supérieurs proprement dits, après que les deux prolongements maxillaires supérieurs membraneux se sont unis aux prolongements nasaux internes. Chez l'enfant, on observe encore, de chaque côté de la ligne médiane, une suture incisive, étendue de dedans en dehors à partir du trou incisif. Parfois même elle persiste chez l'adulte. C'est la trace de la limite entre l'intermaxillaire et le maxillaire supérieur proprement dit.

A l'intérieur de la lame palatine qu'émet, à une période reculée du développement, chaque prolongement maxillaire supérieur, se forme une lamelle osseuse, qui devient l'apophyse palatine du maxillaire supérieur. Les deux apophyses palatines forment, avec les apophyses correspondantes des os palatins, la voûte palatine (fig. 406).

Les *palatins* (fig. 406, *33*) *et les os ptérygoïdes* se développent comme os de revêtement à la voûte et dans les parois latérales de la cavité buccale. Comme nous l'avons dit page 689, les os ptérygoïdes s'unissent ensuite aux ailes externes des apophyses ptérygoïdes, dépendances des grandes ailes cartilagineuses du sphénoïde. Chez une foule de mammifères, les os ptérygoïdes restent séparés du sphénoïde pendant toute la vie. Chez l'homme ils se soudent avec lui et deviennent les ailes internes des apophyses ptérygoïdes; par leur origine, elles se distinguent donc des ailes externes, qui se forment par ossification du cartilage.

Le mode de développement du squelette viscéral, que nous avons exposé précédemment (p. 340 et 584), nous permet de comprendre les anomalies que l'on observe assez fréquemment chez l'homme dans les régions maxillaire supérieure et palatine. Je veux parler des *fissures labiales*, *maxillaires et palatines*, qui ne sont que des arrêts de développement. Elles prennent naissance lorsque les diverses ébauches, d'où procèdent la lèvre supérieure, les maxillaires supérieurs et le palais, ne s'unissent pas normalement (fig. 362 à 365).

Nous pouvons constater diverses variations selon que la soudure n'a pas lieu du tout ou qu'elle se produit partiellement, enfin selon que cet arrêt de développement se manifeste des deux côtés de la face ou d'un côté seulement.

Lorsque l'arrêt est total, comme c'est le cas dans les *fissures palatino-maxillo-labiales doubles*, les deux fosses nasales communiquent largement avec la cavité buccale, à droite et à gauche de la ligne médiane, par une fente antéro-postérieure. La cloison médiane du nez proémine librement dans la cavité buccale; elle s'élargit en avant et porte alors les deux intermaxillaires, imparfaitement développés, avec les dents incisives atrophiées. En avant, les intermaxillaires émettent un petit bourrelet cutané, qui est l'ébauche de la partie médiane de la lèvre supérieure. En dehors des deux fentes antéro-postérieures et des orifices nasaux externes, qui ne sont pas fermés inférieurement, se trouvent les deux prolongements maxillaires supérieurs, séparés l'un de l'autre et renfermant les deux maxillaires supérieurs proprement dits, garnis des ébauches des canines et des molaires. Des deux maxillaires supérieurs partent les deux lames palatines rudimentaires : elles constituent de simples saillies, peu étendues, proéminant dans la cavité buccale, et leur bord libre n'atteint pas la cloison médiane du nez. Cette disposition anormale est, comme on le voit, très instructive parce qu'elle permet de comprendre le processus normal du développement.

Lorsque l'arrêt du développement n'est que partiel, alors la soudure peut n'avoir été interrompue qu'entre le prolongement frontal et les prolongements maxillaires supérieurs ou bien entre la cloison médiane du nez et les lames palatines seulement, et cela soit d'un côté de la ligne médiane, soit des deux côtés à la fois. Dans le premier cas, il se forme une *fissure labio-maxillaire* ou même une simple *fissure labiale* (*bec-de-lièvre*) : alors la voûte palatine et le voile du palais sont absolument normaux. Dans le second cas, le maxillaire supérieur est bien développé et extérieurement on ne constate aucune anomalie, tandis que le voile du palais ou en même temps la voûte palatine se trouve perforée d'une fente simple ou double (*fissure palatine* ou *gueule-de-loup*).

L'*histoire du développement du maxillaire inférieur* est liée à des métamorphoses profondes. Comme nous l'avons dit précédemment, la cavité buccale de l'embryon très jeune est délimitée inférieurement par les deux prolongements maxillaires inférieurs membraneux. A l'intérieur de chacun d'entre eux se développe ensuite (fig. 406, *17* et 414, *cM*) un cartilage de Meckel, dont l'extrémité supérieure et postérieure fournit l'ébauche du marteau (*20* et *m*). Par l'intermédiaire du marteau, le cartilage de Meckel s'articule avec l'enclume (*21* et *e*) (p. 681). Par son extrémité inférieure ou antérieure, il s'unit sur la ligne médiane, chez les mammifères, avec le cartilage de Meckel de l'autre côté. Chez l'homme, il existe entre les extrémités antérieures des deux cartilages un petit espace intermédiaire.

Les petits éléments cartilagineux dont nous avons parlé précédemment se développant à l'intérieur du premier arc viscéral membraneux, ils correspondent, tant par leur situation que par leurs rapports réciproques, à ces pièces cartilagineuses volumineuses que l'on désigne chez les sélaciens (fig. 404) sous le nom de palato-carré (*Pc*) et de mandibulaire ou maxillaire inférieur (*Mi*). Chez les sélaciens, ces éléments fonctionnent réellement comme mâchoires, en ce sens qu'ils portent sur leurs bords les dents maxillaires insérées dans la muqueuse et qu'ils donnent insertion aux muscles de la mastication.

Chez les mammifères et chez l'homme la fonction des cartilages qui se forment dans le premier arc viscéral est devenue essentiellement différente : elles se sont mises au service de l'appareil auditif. Ces élé-

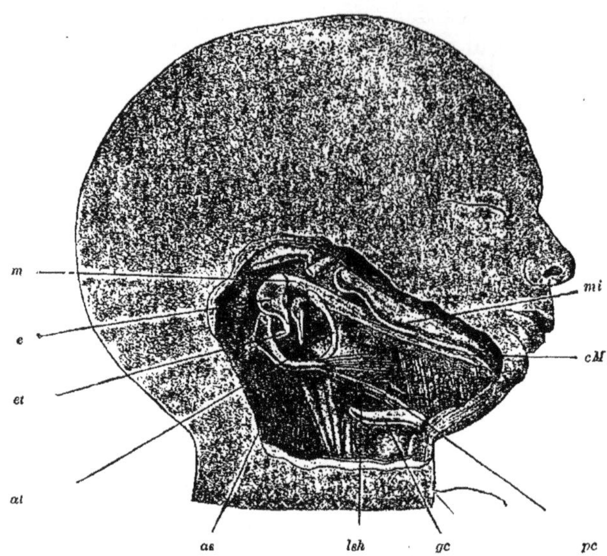

Fig. 414. — *Tête et cou d'un embryon humain de 18 semaines, dont on a disséqué le squelette viscéral.* Plus grand que nature. D'après Kölliker.

Le maxillaire inférieur a été légèrement détaché du cartilage de Meckel afin de montrer ce dernier en continuité avec le marteau. La membrane du tympan est enlevée afin de montrer l'anneau tympanique. *m*, marteau; *cM*, cartilage de Meckel; *mi*, maxillaire inférieur osseux (os dentaire), avec son apophyse articulaire; *e*, enclume; *et*, étrier; *at*, anneau tympanique; *as*, apophyse styloïde; *lsh*, ligament stylo-hyoïdien; *pc*, petite corne de l'hyoïde; *gc*, grande corne de l'hyoïde.

ments ont, en effet, subi des métamorphoses profondes et extrêmement importantes. Pour les comprendre, nous devons faire une courte digression dans le domaine de l'Anatomie comparée.

En s'ossifiant, le maxillaire inférieur primordial a perdu sa constitution simple chez les poissons osseux, les amphibiens et les reptiles. Il s'est transformé en un appareil souvent très compliqué. Comme dans les autres parties du squelette de la tête, il s'est formé dans l'étendue du maxillaire inférieur cartilagineux un os primaire et des os de revêtement. L'os primaire, qui prend le nom d'os articulaire, se forme dans la partie articulaire du cartilage. Dans le tissu conjonctif enveloppant le reste du cartilage se développent plusieurs os de revêtement : d'eux d'entre eux, l'angulaire et le dentaire, ont une importance plus générale. Tous deux apparaissent à la face externe du cartilage : l'angulaire, au voisinage de l'articulation; le dentaire, en avant jusqu'à la symphyse. Ce dernier est un élément important, qui atteint un volume considérable; son bord supérieur loge les dents. Il enveloppe le cartilage de Meckel de toutes parts et forme autour de lui un cylindre osseux. Tout cet appareil compliqué, composé de plusieurs os et du cartilage primordial enveloppé par eux, se meut dans l'*articulation primordiale de la mâchoire*, articulation qui a lieu entre le palato-carré et l'os articulaire.

Or, ces éléments nous les trouvons aussi chez les mammifères et chez l'homme. Dans la partie articulaire du maxillaire inférieur cartilagineux, partie articulaire qui a pris la forme du marteau (fig. 406, *20*, 410 et 414, *m*), se forme un noyau osseux particulier, correspondant à l'os articulaire des autres vertébrés. Dans son voisinage apparaît, comme os de revêtement, un os angulaire extraordinairement petit, qui se fusionne plus tard avec lui et constitue l'apophyse antérieure du marteau. Le second os de revêtement, l'os dentaire (fig. 406, *16* et 414, *mi*), atteint, au contraire, un volume considérable et constitue à lui seul l'os qui fonctionne comme mâchoire inférieure. Quant aux autres éléments, qui, chez les poissons osseux, les amphibiens, les reptiles et les oiseaux, interviennent aussi dans la constitution de la mâchoire et fonctionnent comme appareil masticateur, c'est-à-dire le palato-carré (os carré), l'articulaire, l'angulaire et le cartilage de Meckel, ils perdent leur fonction primitive et en acquièrent une nouvelle.

La cause principale de toute cette transformation profonde réside surtout dans ce fait que chez les mammifères et chez l'homme, *au lieu de l'articulation primordiale de la mâchoire il s'en est développé une nouvelle, secondaire*. Comme nous l'avons vu, l'articulation primordiale, qui permet à l'os dentaire de se mouvoir, a lieu entre le palato-carré et l'os articulaire.

Or, comme l'enclume et le marteau des mammifères correspondent respectivement au palato-carré et à l'os articulaire, *l'articulation qui existe entre l'enclume et le marteau correspond donc à l'articulation primordiale de la mâchoire des vertébrés inférieurs*. Mais, chez les mammifères et chez l'homme, cette articulation ne permet plus à l'os dentaire de se mouvoir, parce que cet os s'articule lui-même directement avec la capsule cranienne. Il émet, en effet, une apophyse osseuse, l'apophyse articulaire ou condyloïde (fig. 414), qui s'articule avec l'écaille du temporal à quelque distance de l'articulation primordiale. Cette nouvelle articulation, à laquelle ne participent que des os de revêtement, constitue l'*articulation secondaire de la mâchoire* ou *temporo-maxillaire*.

La conséquence naturelle de la formation de cette nouvelle articulation a été de rendre l'articulation primordiale superflue pour la mastication : aussi s'est-elle arrêtée dans son développement. L'enclume, le marteau et l'os angulaire uni à ce dernier se sont transformés en éléments de l'organe auditif. Le reste du cartilage de Meckel (fig. 406, *17*, et 414, *cM*) commence à s'atrophier chez l'homme à partir du sixième mois. Une partie du cartilage, comprise entre l'apophyse antérieure du marteau ou la scissure de Glaser et le point d'entrée du cartilage dans le maxillaire osseux, au niveau du trou dentaire, se transforme en un cordon de tissu conjonctif, qui devient le ligament latéral interne du maxillaire inférieur. Une autre partie, peu étendue, située au voisinage de l'extrémité antérieure du cartilage, présente un noyau osseux, à une période reculée du développement, et se soude avec l'os de revêtement (os dentaire). Quant au reste du cartilage de Meckel, qui se trouve logé dans le canal dentaire, à partir du trou dentaire, il s'atrophie complètement et se résorbe; cependant chez le nouveau-né, on trouve encore des restes de cartilage dans la symphyse.

Primitivement le maxillaire inférieur osseux est un organe double : il est formé de deux moitiés portant l'une et l'autre des dents. C'est ce qui persiste chez une foule de mammifères, où les deux moitiés du maxillaire sont réunies en une symphyse par du tissu conjonctif. Chez l'homme elles se soudent pendant la première année de la vie extra-utérine, à la suite de l'ossification du tissu conjonctif de la symphyse.

L'extrémité articulaire de l'os, qui se développe comme os de revêtement, présente une particularité. Au lieu de se former par ossification directe du tissu conjonctif, comme le fait la partie antérieure du maxillaire, il y apparaît d'abord une espèce de tissu cartilagineux, consistant en de grandes cellules vésiculeuses, séparées par une substance fondamentale molle, et ce tissu se transforme ensuite en tissu osseux. Il en résulte une certaine ressemblance avec le développement d'un os primaire. Toutefois cette ressemblance n'est que superficielle, ainsi que le prouve déjà la constitution de l'articulation, sur laquelle j'aurai encore à revenir plus loin.

3. — *Valeur morphologique du squelette de la tête par rapport à celle du squelette du tronc.*

En étudiant le développement des segments primordiaux et du système nerveux, j'ai eu l'occasion de signaler une foule d'analogies existant entre la tête et le tronc. Mais c'est surtout ici, à propos du squelette axial, qu'il convient d'appuyer sur ces relations. La comparaison de ces deux parties du corps soulève des questions importantes, qui ont préoccupé depuis longtemps les meilleurs morphologistes. Nous allons les examiner de plus près. Nous chercherons *à déterminer quelle est la valeur morphologique de la tête par rapport à celle du tronc et plus spécialement la valeur morphologique du squelette de la tête par rapport à celle du squelette du tronc.*

Avant d'établir l'état actuel de la question, je désire jeter un coup d'œil rapide sur l'*historique de la*

Théorie vertébrale du crâne.

Les relations, dans lesquelles se trouvent l'une vis-à-vis de l'autre la partie antérieure et la partie postérieure du squelette axial dans le plan d'organisation des vertébrés, ont été, pour la première fois, soumises à une discussion scientifique, au début de notre siècle, lorsque commença à naître la philosophie naturelle. Le philosophe-naturaliste Oken et le poète Goethe proposèrent simultanément, et sans être influencés l'un par l'autre, une solution très semblable du problème.

D'après la *théorie vertébrale d'Oken et de Goethe*, le crâne constitue l'extrémité antérieure de la colonne vertébrale et se compose d'un petit nombre de vertèbres transformées. Dans le programme qu'il exposa, en 1807, sous le titre « Uber die Bedeutung der Schädelknochen », lors de sa leçon d'ouverture à l'université d'Iéna, OKEN distinguait trois vertèbres craniennes ou céphaliques. Il les appelait respectivement : vertèbre auriculaire, vertèbre oculaire et vertèbre maxillaire.

Comme toute vertèbre du tronc, chaque *vertèbre cranienne* devait se composer de plusieurs parties : d'un corps, de deux demi-arcs et d'une épine terminale, située du côté du dos. OKEN, GOETHE et leurs nombreux adeptes pensaient que la dernière vertèbre cranienne, l'*occipital*, montrait manifestement cette composition. La portion basilaire de cet os, ils la comparaient au corps de la vertèbre : ses portions articulaires, aux demi-arcs latéraux, et l'écaille, à l'apophyse épineuse.

Ils considéraient comme constituant une deuxième vertèbre cranienne le *corps du sphénoïde postérieur* avec les grandes ailes de cet os et les deux pariétaux. C'était un second anneau osseux entourant le cerveau.

La troisième vertèbre cranienne était formée par le *corps du sphénoïde antérieur* avec ses petites ailes et le frontal.

Enfin plusieurs auteurs admettaient, en outre, l'existence d'une quatrième vertèbre cranienne, la plus antérieure de toutes, constituée par l'*ethmoïde*. Quant aux autres os de la tête qui ne rentraient pas dans ce schéma, on les considérait comme des formations d'ordre spécial : les unes, en rapport avec les organes des sens (os sensoriels) ; les autres, comparables aux côtes de la cage thoracique.

Cette théorie vertébrale du crâne, émise par OKEN et GOETHE, fut longtemps admise dans ses traits généraux. *Elle eut l'avantage de provoquer de nombreuses recherches approfondies, qui démontrèrent qu'elle était erronée.*

En effet, ni l'ostéologie comparée, ni l'embryologie ne purent démontrer d'une façon satisfaisante que l'on doive considérer les os du crâne comme des parties de vertèbres. A ce sujet, les idées les plus diverses furent émises. On ne parvint même pas à se mettre d'accord sur la question de savoir combien de vertèbres interviendraient dans la constitution du squelette de la tête. Quelques auteurs admettaient qu'il y en a six, d'autres cinq, quatre ou trois seulement.

Ce fut HUXLEY qui, le premier, dans ses « Éléments d'Anatomie comparée », en soumettant la question à une critique conforme aux faits connus, mit fin à cet état fâcheux, dans lequel on s'obstinait à rester malgré les contradictions nombreuses qui s'élevaient contre la théorie vertébrale. *Il s'appuya sur toute une série de faits, que l'embryologie avait mis en lumière*, et dont nous allons indiquer les principaux.

D'abord, le squelette de la tête, comme la colonne vertébrale, se forme aux dépens d'une ébauche cartilagineuse : le cerveau se trouve primitivement logé à l'intérieur d'un crâne primordial cartilagineux (von Baer, Dugès, Jacobson).

En second lieu, conformément aux données fournies principalement par Kölliker, les os du squelette de la tête, d'après leur mode de développement, se répartissent en deux groupes : des os primaires, qui procèdent du crâne primordial lui-même, et des os secondaires ou de revêtement, qui se forment aux dépens du tissu conjonctif ambiant.

En troisième lieu, les recherches importantes de Rathke et de Reichert avaient fait connaître les métamorphoses du squelette viscéral et la formation de l'appareil palato-maxillaire ainsi que des osselets de l'oreille moyenne.

Par un examen sérieux de ces différents faits, Huxley fut conduit au résultat important et absolument exact que nous allons formuler. *Il n'est pas possible de considérer un seul os du crâne comme provenant de la transformation d'une vertèbre. Le crâne ne représente pas plus une colonne vertébrale modifiée que la colonne vertébrale, un crâne transformé. Enfin, le squelette de la tête et la colonne vertébrale constituent plutôt des modifications différentes d'une seule et même formation.*

Tandis que Huxley niait purement et simplement la théorie vertébrale, Gegenbaur se livrait à une étude comparative approfondie de cette question soulevée par Oken et Goethe, mais qu'ils avaient résolue d'une façon erronée par ignorance des faits réels. Reconnaissant à juste titre que l'on ne pouvait arriver à en fournir la solution que par l'*étude du squelette primordial*, il choisit comme objet de ses recherches le crâne cartilagineux des sélaciens. Dans son mémoire intitulé : « Das Kopfskelet der Selachier als Grundlage zur Beurtheilung der Genese des Kopfskelets der Wirbelthiere », il chercha à démontrer que *le crâne primordial s'est formé par fusionnement d'un certain nombre de segments, ayant la même valeur que les vertèbres. Il remplaça la théorie vertébrale d'*Oken *et de* Goethe *par la* THÉORIE SEGMENTAIRE DU CRANE. C'est sous cette dénomination que je propose de désigner la théorie de Gegenbaur.

Gegenbaur part de cette idée exacte que la segmentation du tronc ne se manifeste pas seulement par la métamérisation de la colonne vertébrale, mais qu'elle s'exprime aussi dans la disposition des troncs nerveux principaux et des arcs inférieurs en rapport avec le squelette axial. Il étudia, par conséquent, les nerfs craniens des sélaciens et arriva à cette conclusion qu'à l'exception des nerfs olfactifs et optiques, qui constituent des parties modifiées du cerveau lui-même, les nerfs craniens se comportent comme des nerfs spinaux, tant par leur origine que pour leur distribution périphérique. Gegenbaur estimait qu'ils sont au nombre de neuf paires. Il en conclut que la partie du squelette de la tête traversée par les neuf nerfs craniens, disposés métamériquement à la façon des nerfs spinaux, a la même valeur morphologique que neuf segments vertébraux et doit s'être formée, à une phase très reculée, par fusionnement de neuf segments céphaliques.

Partant du même point de vue, GEGENBAUR étudia le squelette viscéral des sélaciens. Il considéra les arcs maxillaires, hyoïdiens et branchiaux comme des éléments qui, dans la colonne vertébrale, sont remplacés par les côtes.

De même qu'à chaque paire de côtes correspond un segment vertébral, de même chaque paire d'arcs viscéraux correspond à un segment céphalique primitif. Cette étude l'amena aussi à admettre que le crâne primordial, auquel se rattachent au moins neuf paires d'arcs inférieurs ou viscéraux, s'est formé aux dépens de neuf segments céphaliques au moins.

GEGENBAUR admet que ce mode d'origine ne concerne que la partie postérieure du crâne, c'est-à-dire celle qui est traversée par la corde dorsale et dont les nerfs sont seuls homologues à des nerfs spinaux. C'est ce qui lui fit donner le nom de *partie vertébrale* du crâne, pour la distinguer de la partie antérieure ou *évertébrale*, qui ne manifeste aucune segmentation et se trouve située en avant de la corde dorsale. GEGENBAUR considère cette partie évertébrale du crâne comme une néo-formation, qui s'est formée plus tard par accroissement, d'arrière en avant, de la partie vertébrale.

Quant aux grandes différences qui existent entre le crâne et la colonne vertébrale, GEGENBAUR les explique comme le résultat d'adaptations. Elles sont la conséquence, d'une part, du développement puissant du cerveau, et, d'autre part, des rapports du crâne avec les organes des sens de la tête, qui ont été reçus dans des dépressions du crâne primordial.

Depuis l'époque où GEGENBAUR a exposé, d'une façon si sagace, sa théorie segmentaire du crâne, le squelette de la tête a fait l'objet de recherches nombreuses et surtout de recherches embryologiques.

Les études, que j'ai entreprises, du squelette cutané des sélaciens, des ganoïdes et des téléostéens ainsi que du squelette de la tête des amphibiens, ont appris que la différence qui existe entre les os primaires et les os de revêtement est bien plus grande qu'on ne l'admettait primitivement. En effet, ainsi que le prouve leur développement, *les os de revêtement sont primitivement des éléments entièrement étrangers au squelette axial et au squelette de la tête; ils se forment à la surface du corps dans la peau ou dans la muqueuse de l'intestin céphalique.* Ce sont des parties d'un squelette cutané, qui forme une carapace superficielle complète chez les vertébrés inférieurs. Elles se sont unies avec les éléments superficiels du squelette primordial cartilagineux interne. Les os de revêtement chez les vertébrés inférieurs sont des lames osseuses, souvent garnies de dents : ils doivent leur origine au fusionnement des plaques basilaires de ces dents cutanées.

Une autre découverte de grande portée est celle des *segments primordiaux de la tête*. Nous la devons à BALFOUR, MILNES MARSHALL, GÖTTE, VAN WIJHE et FRORIEP.

Elle démontra une analogie remarquable entre le développement de la tête et celui du tronc. Les deux sacs cœlomiques pénètrent aussi à l'intérieur de la tête et là aussi, les deux feuillets moyens se divisent en segments, sur le nombre et la signification desquels les avis diffèrent encore (voir p. 423).

La tête est donc segmentée comme le tronc, et cela à un stade où il n'existe encore la moindre trace de la colonne vertébrale ou du squelette de la tête.

Une troisième donnée importante fut fournie par la connaissance du *développement des nerfs craniens* (Balfour, Marshall, Van Wijhe, etc.). Il fut établi qu'ils présentent une grande analogie avec le développement des nerfs spinaux, en ce sens que certains nerfs craniens se forment aux dépens d'une crête neurale dorsale, tout comme les racines dorsales des nerfs spinaux, tandis que les autres nerfs craniens se développent du côté ventral, aux dépens des vésicules cérébrales, à la façon des racines ventrales des nerfs spinaux.

Enfin, je puis encore signaler comme un progrès, qui a exercé une influence importante sur l'interprétation du squelette de la tête, ce fait que l'*embryologie nous a fait comprendre la signification réelle des segments primordiaux.*

Les segments primordiaux sont les ébauches de la musculature du corps. La première métamérisation du corps du vertébré intéresse les sacs cœlomiques et les ébauches des muscles qui en procèdent. La formation des segments primordiaux ne présente que des relations éloignées et indirectes avec le développement et la segmentation de la colonne vertébrale. Les segments musculaires existent longtemps avant que ne commence à se former l'ébauche d'une colonne vertébrale segmentée. Cette dernière se développe aux dépens d'une couche de tissu conjonctif non segmentée, continue, à la suite d'une métamorphose histologique, à la suite d'un processus de chondrification.

Tous les faits que nous venons de signaler ont une grande importance pour faire comprendre quelle est la valeur morphologique du squelette de la tête par rapport à celle du squelette du tronc. En effet, ainsi que Gegenbaur l'a dit avec raison, depuis l'époque où il a fondé sa théorie segmentaire, « la théorie vertébrale du crâne s'est transformée progressivement en un problème de la phylogenèse de la tête tout entière ».

J'exposerai maintenant, d'une façon succincte, mes idées à ce sujet.

Théorie des relations morphologiques qui existent entre la tête, son squelette et le squelette du tronc.

La métamérisation du corps des vertébrés débute dans les parois des sacs cœlomiques primordiaux. La partie dorsale de ces sacs, appliquée contre la corde dorsale et le tube neural, se divise par plissement en une série de petits sacs placés les uns derrière les autres et constituant les segments primordiaux.

Les muscles volontaires se développant aux dépens de la paroi des segments primordiaux, il en résulte que le système musculaire est le système d'organes qui se segmente le premier.

La *myomérie* constitue alors la cause directe de la disposition métamérique des nerfs périphériques : les fibres nerveuses motrices d'un même segment musculaire s'unissent, à leur sortie de la moelle épinière, en une racine antérieure. De même les fibres nerveuses sensibles, destinées à la partie de la peau correspondant à un myomère, s'unissent en une racine sensible.

A un stade où la métamérisation de la musculature et des nerfs périphériques est déjà bien développée, le squelette est encore continu : il n'est encore alors représenté que par la corde dorsale. Le mésenchyme qui enveloppe la corde dorsale et le tube neural, et qui deviendra la matrice du squelette axial segmenté futur, n'est encore qu'une masse de remplissage continue.

A ce stade, la tête est déjà distincte du tronc. Cette distinction est due : en premier lieu, à la formation des organes des sens d'ordre supérieur dans la partie antérieure du corps; en second lieu, à ce fait que le tube neural s'est élargi, dans cette région, de façon à constituer de grandes vésicules cérébrales; en troisième lieu, à cet autre fait que les parois de l'intestin céphalique se trouvent traversées par des fentes branchiales, disposées régulièrement, ce qui donne lieu à une espèce de métamérisation (*branchiomérie*).

La partie du corps qui se transforme de la sorte en la tête de l'embryon est segmentée dès le début et se compose de segments primordiaux dont le nombre est encore discuté.

Le développement des fentes branchiales entraîne encore d'autres différences entre la tête et le tronc. Grâce à l'apparition des fentes branchiales, la partie ventrale du cœlome de la tête se divise en plusieurs *cavités céphaliques*, placées les unes derrière les autres. Ces cavités perdant ensuite leur lumière, il en résulte que, dans l'étendue de la tête, la partie du cœlome correspondant à la cavité pleuro-péritonéale du tronc s'atrophie. En outre, aux dépens des parois épithéliales des cavités céphaliques se développent des muscles striés, qui servent à mouvoir et à rétrécir les diverses parties du pharynx, tandis que les muscles striés du tronc ne dérivent que des segments primordiaux. Les segments primordiaux du tronc se développent, tant vers la face dorsale au-dessus du tube neural, que vers la face ventrale dans la paroi thoracique et abdominale. Au contraire, les segments primordiaux de la tête restent très peu étendus.

C'est après que ces différences, déjà si importantes, se sont manifestées entre la tête et le tronc, que le squelette axial cartilagineux commence seulement à se former.

Cette formation est d'origine relativement récente. De plus, elle est propre à l'embranchement des vertébrés et fait même encore défaut chez l'ancêtre le plus simple des vertébrés, chez *Amphioxus lanceolatus.*

Le processus de chondrification commence à s'effectuer *de la même manière* dans le tissu conjonctif péricordal de la tête et du tronc. Il se propage ensuite, de bas en haut, autour de la corde dorsale qu'il entoure et, enfin, dans le tissu conjonctif qui enveloppe le tube neural. *Par contre, une différence se manifeste entre la tête et le tronc : le squelette cartilagineux de la tête ne se segmente pas, tandis que celui du tronc se segmente.* Dans la région du tronc, grâce à l'influence exercée par la musculature, le squelette axial se métamérise : il se divise en éléments solides (corps des vertèbres) et en éléments cartilagineux (disques intervertébraux) alternant avec les premiers. Dans la région de la tête, il se forme une capsule cartilagineuse continue autour des vésicules cérébrales. *La métamérisation qui se manifeste dans la disposition des segments céphaliques et des nerfs craniens ne détermine donc nullement une métamérisation de la partie correspondante du squelette axial.* Chez aucun vertébré, nous ne constatons dans le cours du développement du crâne primordial la présence de pièces cartilagineuses alternant avec des disques intermédiaires de tissu conjonctif. Il n'y a d'ailleurs aucun motif pour supposer qu'il en ait jamais été ainsi. Le faible développement des muscles qui se forment aux dépens des segments primordiaux de la tête et le développement considérable du cerveau et des organes des sens sont des facteurs qui ont rendu, dès le début, le squelette de la tête moins mobile que celui du tronc. Bref, la cause déterminante de la segmentation du squelette axial du tronc n'existe pas dans la région de la tête.

Dans ces dernières années, divers auteurs (Rosenberg, Stöhr, Froriep) ont émis l'idée que chez certains vertébrés la région occipitale du crâne primordial s'accroîtrait aux dépens des vertèbres de la région cervicale, en se fusionnant avec elles. Pour ces auteurs, la région occipitale « gagnerait progressivement d'avant en arrière ».

Mais la métamérisation du squelette axial ne se manifeste pas seulement par la segmentation de la colonne vertébrale : elle s'exprime également par la formation des arcs inférieurs, qui se répètent régulièrement d'avant en arrière. Ces arcs, on les désigne dans la région de la tête sous le nom d'*arcs viscéraux*, et, dans la région du tronc, sous le nom de *côtes*.

La disposition de ces éléments squelettiques dépend de la métamérisation primordiale de l'organisme. En effet, les côtes se forment par chondrification des ligaments intermusculaires et la disposition des arcs viscéraux est due à celle des fentes branchiales qui subdivisent la région ventrale de la tête en une série de segments successifs.

De l'existence des côtes et des arcs viscéraux on ne peut cependant pas conclure que les parties correspondantes de l'axe squelettique doivent avoir été segmentées l'une et l'autre de la même manière. Ce ne sont que des indices de la métamérisation de la région du corps à laquelle ces organes appartiennent.

Deux causes principales font disparaître plus ou moins complètement chez le vertébré adulte la métamérisation de la tête, telle qu'elle existe chez l'embryon. La première, c'est que les segments primordiaux de la tête se développent peu, ne fournissent que des muscles insignifiants et s'atrophient en grande partie. La seconde, c'est que le squelette viscéral subit des métamorphoses profondes. Chez les vertébrés supérieurs surtout il se transforme au point que finalement il n'apparaît plus rien de la disposition métamérique primitive de ses éléments (appareil palato-maxillaire, osselets de l'oreille moyenne, os hyoïde).

B. — Squelette des membres.

Avant de décrire le développement du squelette des membres, quelques mots d'abord sur leurs ébauches mêmes. Les membres commencent à se montrer sous la forme de légères saillies, sur les faces latérales du tronc (fig. 415 et 194). Ces saillies font plutôt partie de la région ventrale que de la région dorsale de corps : c'est ce que prouve ce fait qu'elles sont innervées par des branches ventrales des nerfs spinaux.

En outre, *chaque membre se rattache à plusieurs segments du tronc. C'est ce que prouvent et la distribution de ses nerfs et le mode de formation de ses muscles.* En effet, les nerfs d'un membre proviennent de plusieurs nerfs spinaux et sa musculature dérive de bourgeons provenant de plusieurs segments primordiaux.

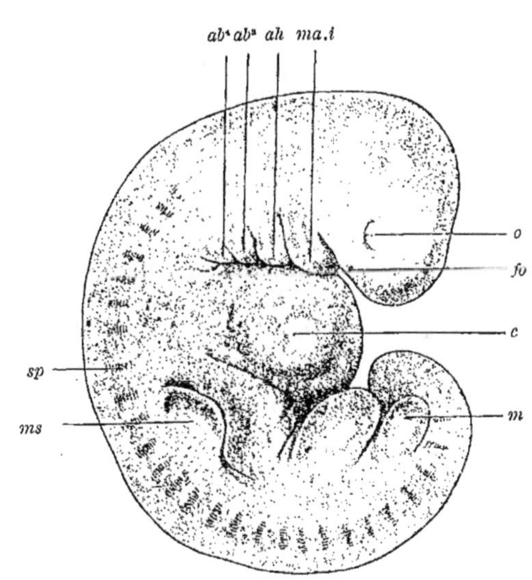

Fig. 415. — *Embryon humain de 4 semaines, extrait de la matrice d'une suicidée, 8 heures après la mort. Cet embryon mesurait 4 mm. de longueur depuis l'éminence coccygienne jusqu'à l'éminence nucale.* D'après Rabl.

o, œil; *fo*, fossette olfactive; *ma.i*, prolongement maxillaire inférieur; *ah*, arc hyoïdien; *ab*³ et *ab*⁴, troisième et quatrième arc branchial ou viscéral; *c*, saillie de la paroi du corps, déterminée par le développement du cœur; *sp*, limite entre deux segments primordiaux; *ms*, membre supérieur; *mi*, membre inférieur.

Chez les mammifères et chez l'homme, on n'a pu encore établir comment se forme la musculature des membres. Les saillies qu'ils constituent au début du développement consistent en un amas de cellules serrées les unes contre les autres. Parmi ces cellules, il n'est pas possible de distinguer celles qui dérivent du mésenchyme, de la musculature ou des nerfs du tronc.

Chez les sélaciens, les nageoires, qui sont homologues aux membres des vertébrés supérieurs, renferment déjà manifestement, lorsqu'elles ne constituent encore que des lames assez petites, du tissu muqueux embryonnaire revêtu superficiellement par l'épiderme. Ainsi que l'ont démontré les recherches importantes de Dohrn, un grand nombre de segments primordiaux envoient dans ce tissu muqueux deux bourgeons qui se séparent ensuite de leur lieu d'origine. Ils se divisent en une moitié dorsale, qui donnera naissance aux muscles extenseurs, et en une moitié ventrale, qui fournira les muscles fléchisseurs. *Chaque nageoire renferme donc une série d'ébauches de muscles, d'origine métamérique et situées les unes derrière les autres*. Ce fait est important au point de vue de la solution des diverses questions relatives à l'origine des membres.

Chez l'homme, l'ébauche du membre prend une forme plus spéciale dès la cinquième semaine. La saillie s'est agrandie et divisée en deux parties. La partie distale devient la main ou le pied. Sur le bord de la main commencent à apparaître des incisures, qui séparent les premiers rudiments des doigts. Chez l'embryon de six semaines, on distingue les trois segments principaux du membre. Sa partie proximale primitive s'est divisée, par un sillon transversal, en deux segments : ce sont les ébauches du bras et de l'avant-bras, ou de la cuisse et de la jambe. On distingue aussi maintenant, sur le bord du pied, des incisures, moins marquées qu'à la main cependant : elles séparent les différents orteils.

Dans le cours de la septième semaine, on observe, aux extrémités des doigts, les ongles primordiaux, proliférations épidermiques affectant la forme de griffes. « A ce stade, dit Hensen, la main ressemble à l'extrémité du membre antérieur d'un carnassier examinée par sa face plantaire ; les doigts sont courts et épais et leur pulpe fait fortement saillie, comme cela se montre aux orteils des carnassiers. »

En se développant, les membres s'appliquent contre la paroi abdominale de l'embryon. Ils sont alors dirigés obliquement d'avant en arrière, les membres antérieurs plus que les membres postérieurs. Chez les uns et les autres, la face d'extension future est dorsale et la face de flexion future, ventrale. Le bord radial du membre supérieur avec le pouce, aussi bien que le bord tibial du membre inférieur avec le gros orteil, sont tournés du côté de la tête de l'embryon, le petit doigt et le petit orteil étant, au contraire, tournés du côté de la queue.

Ce fait ainsi que cette autre circonstance, que les membres appartiennent à plusieurs segments du tronc, nous permettent d'expliquer certains rapports que l'on constate dans *le mode de distribution des nerfs du membre supérieur*. C'est ainsi que « la région radiale du membre est innervée par des nerfs (axillaire, musculo-cutané), dont les fibres proviennent du 5e, du 6e et du 7e nerf cervical; tandis qu'au contraire, les nerfs qui se distribuent à la région cubitale du membre (brachial cutané interne et cubital), proviennent de la partie inférieure du plexus brachial, c'est-à-dire du 8e nerf cervical et du 1er nerf thoracique ». (SCHWALBE.)

Dans la suite du développement, les membres perdent leur position primitive, surtout les membres supérieurs : ils tournent en sens inverse autour de leur axe longitudinal. La face d'extension du bras se dirige en arrière et celle de la cuisse, en avant : le radius et le pouce sont alors placés en dehors; le tibia et le gros orteil, en dedans. Ces changements de position par rotation doivent naturellement être pris en considération, lorsqu'il s'agit d'établir les homologies des membres supérieurs et des membres inférieurs : le radius correspond au tibia et le cubitus au péroné.

Dans la masse cellulaire, qui constitue la première ébauche du membre, se différencient peu à peu, de plus en plus nettement, les ébauches des éléments squelettiques et des muscles : les cellules prennent des caractères histologiques spéciaux.

En ce qui concerne l'apparition du squelette il convient de faire remarquer que ses différents éléments ne se forment pas tous en même temps, mais dans un certain ordre, à peu près comme nous voyons, lors du développement du squelette axial, le processus de chondrification commencer en avant et progresser ensuite d'avant en arrière. Dans les membres, les éléments squelettiques proximaux, c'est-à-dire ceux qui sont les plus rapprochés du tronc, apparaissent avant les éléments distaux (plus éloignés du tronc).

Ce fait est surtout très frappant pour les doigts et les orteils. Tandis que la première phalange est déjà nettement différenciée chez l'embryon de 5 à 6 semaines, la deuxième et la troisième ne se montrent pas encore et l'extrémité du doigt ou de l'orteil consiste en une masse de petites cellules en voie de prolifération. Dans cette masse cellulaire se forme ensuite la deuxième phalange et, enfin, la troisième.

Un autre point à remarquer, c'est que les membres antérieurs sont un peu plus précoces que les membres postérieurs.

Le développement du squelette des membres, comme celui de la colonne vertébrale et du crâne, présente à distinguer trois stades successifs : d'abord membraneux, il devient ensuite cartilagineux et enfin osseux.

Après avoir fait ressortir ces considérations générales, j'aborderai maintenant la description spéciale de la ceinture scapulaire et de la ceinture pelvienne; ensuite celle des extrémités libres des membres et, enfin, la formation des articulations.

1. — *Ceinture scapulaire et ceinture pelvienne.*

Les ceintures des membres consistent, l'une et l'autre, dans leur première ébauche, en une paire de pièces cartilagineuses arciformes, qui sont logées sous la peau, dans les muscles du tronc. En son milieu, chacun de ces arcs présente une surface articulaire, qui sert à l'articulation de l'extrémité libre du membre. Cette surface articulaire divise l'arc en une moitié dorsale, rapprochée de la colonne vertébrale, et en une moitié ventrale. La première consiste, chez les mammifères et chez l'homme, en une large lame. La seconde, qui s'étend soit jusqu'au voisinage du plan médian, soit jusqu'au plan médian même, est divisée en une branche antérieure et en une branche postérieure, qui s'écartent progressivement l'une de l'autre à partir de la surface articulaire. Il existe donc, en réalité, trois pièces cartilagineuses distinctes, qui s'ossifient séparément et deviennent alors très indépendantes les unes des autres.

L'*omoplate*, qui dérive de la partie dorsale de chacun des deux arcs formant la *ceinture scapulaire*, constitue au début, chez l'homme, un cartilage affectant la même forme que l'os de l'adulte ; seule la base, c'est-à-dire le bord interne, est beaucoup moins développée. Pendant le troisième mois, l'ossification commence au voisinage du col de l'os. Les bords, l'épine et l'acromion restent encore longtemps cartilagineux : il en est encore partiellement ainsi au moment de la naissance. Pendant les premières années de la vie, il y apparaît çà et là des noyaux osseux accessoires.

De la partie articulaire de l'omoplate part un prolongement cartilagineux ventral, court chez l'homme, mais très long chez d'autres vertébrés, où il s'étend jusqu'au sternum. Il correspond à la branche postérieure de la moitié ventrale de l'arc cartilagineux primitif. On le désigne en Anatomie comparée sous le nom de *portion coracoïdienne* de la ceinture scapulaire. Chez l'homme, la portion coracoïdienne est peu développée. Cependant son indépendance primitive se manifeste encore par ce fait qu'elle présente, pendant la première année de la vie, un noyau osseux spécial. Ce noyau donne naissance à une pièce osseuse spéciale (l'os coracoïde), qui est unie à l'omoplate, jusqu'à l'âge de 17 ans, par l'intermédiaire d'une bandelette cartilagineuse. Plus tard, cette pièce osseuse se fusionne avec l'omoplate et constitue l'apophyse coracoïde.

Quant à la signification de la *clavicule* par rapport à la ceinture scapulaire, il règne à ce propos deux opinions contradictoires.

Pour Götte, Hoffmann, etc., elle fait partie de l'arc cartilagineux primordial et correspond à la branche antérieure de la moitié ventrale de cet arc. D'après Gegenbaur, la clavicule est un os de revêtement, qui s'unit avec le squelette cartilagineux de la même manière que les os de revêtement du crâne primordial.

Ces deux opinions sont basées sur le mode de développement particulier de la clavicule. C'est le premier os qui apparaisse chez l'homme : on en constate déjà la présence au cours de la septième semaine. Ainsi que Gegenbaur l'a constaté pour la première fois, son premier rudiment osseux se forme aux dépens d'un tissu absolument indifférent. Plus tard, à ses deux extrémités s'adjoignent de petites masses de cartilage, dont la substance fondamentale est plus molle et moins abondante que dans le cartilage embryonnaire ordinaire. Comme dans les autres os qui sont précédés d'un cartilage préformé, ces pièces cartilagineuses contribuent à l'allongement de la clavicule. Kölliker a signalé qu'il se développe vers l'âge de 15 à 20 ans, à l'intérieur de l'extrémité sternale de l'os, une sorte de noyau épiphysaire, qui se fusionne avec le reste de l'os vers l'âge de 25 ans.

Chez l'homme et chez les mammifères, la *ceinture pelvienne* montre encore très nettement les rapports primitifs. Sa première ébauche consiste en deux cartilages iliaques, l'un droit et l'autre gauche, réunis en une symphyse de tissu conjonctif, sur la ligne médio-ventrale. Chacun de ces cartilages présente une cavité articulaire vers le milieu de sa longueur. Il comprend donc une partie dorsale et une partie ventrale, par rapport à la cavité articulaire. La partie dorsale est élargie et articulée avec la région sacrée de la colonne vertébrale : on lui donne le nom de *cartilage de l'ilion.* La partie ventrale se compose de deux branches, réunies au niveau de la symphyse et séparées l'une de l'autre par le trou obturateur. L'une de ces branches est le *cartilage du pubis;* l'autre, le *cartilage de l'ischion.*

Rosenberg mentionne que le cartilage du pubis est primitivement indépendant, mais se soude bientôt avec les deux autres cartilages dans la cavité articulaire.

L'ossification commence à la fin du troisième mois, en trois points différents. Aux dépens du cartilage, dont il existe encore des restes importants au moment de la naissance, il se forme ainsi un *ilion*, un *pubis* et un *ischion* osseux. Au moment de la naissance, toute la crête iliaque, le bord et le fond de la cavité articulaire (cotyloïde) et toute la partie comprise entre la tubérosité de l'ischion et l'épine du pubis, sont encore cartilagineux.

Après la naissance, l'ossification des trois pièces progresse vers la cavité articulaire, où il persiste entre elles, jusqu'à l'âge de la puberté, des lames cartilagineuses, disposées en une étoile à trois branches. Vers l'âge de 8 ans, la branche descendante du pubis et la branche ascendante de l'ischion se soudent de telle sorte qu'alors chaque os iliaque se compose de deux pièces osseuses, réunies par du tissu cartilagineux dans la cavité articulaire. L'une de ces pièces est l'ilion, l'autre le pubis uni à l'ischion. Enfin, à l'époque de la puberté, elles se soudent en un os iliaque unique.

Comme à la ceinture scapulaire, il se forme aussi à la ceinture pelvienne des noyaux osseux accessoires. Le plus important d'entre eux, qui apparaît parfois dans le cartilage de la cavité cotyloïde, est décrit sous le nom d'*os acebatuli.* D'autres se développent dans la crête iliaque cartilagineuse, dans les épines iliaques et dans les tubérosités ischiatiques. Ils ne s'unissent à la partie principale de l'os iliaque qu'à la fin de la période de croissance.

2. — *Squelette de l'extrémité libre des membres.*

Toutes les pièces squelettiques de la main, de l'avant-bras et du bras, ainsi que du pied, de la jambe et de la cuisse, sont primitivement des éléments de cartilage hyalin, qui prennent relativement tôt la forme extérieure des os qui les remplaceront plus tard. Ces éléments cartilagineux sont entourés par du tissu fibreux, délimitant leur périchondre.

Le processus d'ossification commence dès le début du troisième mois dans les pièces squelettiques les plus volumineuses. Il s'accomplit de la même façon que dans la colonne vertébrale : le tissu cartilagineux se résorbe et est remplacé par du tissu osseux. Il se produit cependant divers phénomènes généraux, dont je désire encore dire quelques mots, sans cependant entrer dans des considérations histologiques très détaillées, que mes lecteurs trouveront exposées dans les traités d'histologie.

L'ossification se passe extérieurement d'une façon un peu différente, selon que le cartilage est petit et de même diamètre en tous sens, ou selon qu'il est étiré en longueur.

Dans le premier cas (os courts), le processus est plus simple. Le périchondre envoie à l'intérieur du cartilage des prolongements de tissu conjonctif, abondamment pourvus de cellules et de vaisseaux. Ils déterminent la résorption de la substance fondamentale du cartilage et s'unissent au centre de l'élément cartilagineux. Il se forme ainsi un réseau d'espaces médullaires, à la surface desquels se déposent des sels calcaires (calcification provisoire). Les espaces médullaires s'élargissent de plus en plus à la suite des progrès faits par la résorption de la substance cartilagineuse. Alors les cellules médullaires disposées à leur surface sécrètent des lamelles osseuses, qui s'épaississent progressivement. Le noyau osseux ainsi formé s'accroît lentement, jusqu'à ce qu'enfin le cartilage disparaisse presque complètement et ne constitue plus qu'une mince couche de revêtement superficielle.

L'ossification des os du carpe et du tarse est donc exclusivement *endochondrique*. Chacun de ces os se forme habituellement aux dépens d'un ou parfois de deux noyaux osseux. Cette ossification ne commence que très tard, pendant les premières années de la vie extra-utérine. Il n'y a d'exception que pour le calcanéum et l'astragale : le noyau osseux d'où procède chacun d'entre eux, se forme dans le courant du sixième ou du septième mois. Le cuboïde fait aussi exception; il commence à s'ossifier peu de temps avant la naissance. Quant aux autres, ils s'ossifient après la naissance, dans l'ordre suivant, d'après Kölliker.

I. *Carpe :* 1° grand os et os crochu (1re année); 2° pyramidal (3e année); 3° trapèze et semi-lunaire (5e année); 4° scaphoïde et trapézoïde (de 6 à 8 ans); 5° pisiforme (12e année).

II. *Tarse :* 1° scaphoïde (1re année); 2° premier et second cunéiforme (3e année); 3° troisième cunéiforme (4e année).

Je renvoie aux traités d'Anatomie comparée pour ce qui concerne l'ébauche cartilagineuse de l'os central du carpe, qui généralement cesse de constituer plus tard un élément distinct du carpe (ROSENBERG); de même, pour l'os intermédiaire du tarse (BARDELEBEN).

L'ossification s'accomplit d'une facon plus complexe dans les cartilages longs (os longs). De plus, elle commence beaucoup plus tôt, généralement à partir du troisième mois de la vie fœtale. Le processus est assez typique.

Il se produit d'abord une ossification périchondrique au milieu de la longueur des cartilages de l'humérus et du fémur, du tibia et du péroné, du radius et du cubitus. Le périchondre, au lieu de continuer à déposer du tissu cartilagineux à la surface du cartilage préexistant, y dépose du tissu osseux : il en résulte qu'en son milieu le cartilage primitif se trouve enveloppé par un cylindre osseux, qui devient progressivement plus épais.

La pièce squelettique se compose alors de deux tissus et son développement ultérieur s'accomplit d'une double façon : d'abord, par prolifération du cartilage et, en second lieu, par formation de nouvelle substance osseuse.

Le tissu cartilagineux prolifère aux deux extrémités de la pièce squelettique, ce qui contribue à allonger et à épaissir cette dernière. Par contre, le cartilage central, enveloppé par le cylindre osseux, cesse de proliférer. Là de nouvelles lamelles osseuses se déposent continuellement à la surface des anciennes : elles se forment aux dépens du périchondre primitif, devenu périoste. En outre, les lamelles les plus récemment formées sont plus longues que les précédentes. Elles s'étendent vers les deux extrémités de la pièce squelettique et entourent par conséquent des parties cartilagineuses qui n'étaient pas encore jusqu'alors revêtues de tissu osseux et qui cessent ensuite de proliférer.

La gaine osseuse périostique prend par conséquent dans son ensemble la forme de deux entonnoirs réunis par leurs sommets.

Le cartilage qu'elle entoure s'atrophie progressivement. De la gaine osseuse partent des travées de tissu conjonctif, renfermant des vaisseaux sanguins. Elles s'engagent à l'intérieur de la substance fondamentale du cartilage et déterminent la formation d'espaces médullaires plus ou moins étendus. Or, comme il se dépose ensuite, à la surface de ces espaces médullaires, du tissu osseux qui revêt les restes du cartilage primitif, il en résulte qu'il se forme un tissu osseux spongieux, qui finit par remplir tout l'espace entouré par la gaine osseuse périostique de tissu compact. Ce tissu osseux spongieux n'est d'ailleurs que transitoire. Il se résorbe peu à peu, du centre de la pièce squelettique vers la périphérie, et finit par se trouver remplacé par de la moelle osseuse, abondamment pourvue de vaisseaux sanguins. Telle est l'origine de la cavité médullaire des os creux.

Pendant que s'accomplissent ces phénomènes, les deux extrémités de la pièce squelettique restent toujours cartilagineuses et servent encore longtemps à l'allonger, en proliférant. On les désigne sous le nom d'*épiphyses*, par opposition à la partie moyenne ossifiée, à laquelle on donne le nom de *diaphyse*. La diaphyse s'accroît aux dépens des cartilages épiphysaires, le processus d'ossification endochondrique se propageant vers les deux extrémités de l'os, selon une ligne d'ossification très nette.

Peu de temps avant la naissance ou pendant les premières années de la vie, une nouvelle complication se produit dans le développement des os creux. Au centre de chaque épiphyse se forment des noyaux osseux spéciaux, les *noyaux épiphysaires*. La substance fondamentale du cartilage se résorbe et est remplacée par un système de canaux, dans lesquels passent des vaisseaux sanguins. Ces canaux s'unissent de façon à constituer des espaces médullaires plus larges, à la périphérie desquels se dépose du tissu osseux.

Le cartilage épiphysaire finit ainsi par se transformer complètement en un *disque osseux spongieux*. A sa surface se maintient cependant une mince couche de cartilage, qui constitue le *cartilage articulaire*. De plus, il persiste longtemps une autre lame cartilagineuse, mince, entre la diaphyse et l'épiphyse. C'est aux dépens de cette lame intermédiaire que s'allonge ultérieurement la pièce squelettique. Les cellules cartilagineuses s'y multiplient énergiquement au fur et à mesure que la lame cartilagineuse s'ossifie, par voie endochondrique, sur ses deux faces. L'épiphyse osseuse et surtout la diaphyse s'accroissent ainsi à ses dépens.

Il en résulte que tant que son accroissement n'est pas achevé, l'os se compose de trois pièces osseuses, que l'on peut séparer par macération. *Le fusionnement des deux épiphyses et de la diaphyse en un os unique s'accomplit lorsque, à l'époque de la puberté, la croissance du corps est terminée.* Alors, les minces lamelles de cartilage interposées entre la diaphyse et les épiphyses se transforment en tissu osseux. A partir de ce moment, l'os se trouve dans l'impossibilité de s'allonger.

Indépendamment des trois centres d'ossification principaux et typiques que nous venons de décrire et qui transforment en un os creux l'ébauche cartilagineuse primitive, on observe encore souvent d'autres centres d'ossification moins importants, que l'on désigne sous le nom de *noyaux osseux accessoires*. Ils apparaissent toujours plus tard, lorsque les épiphyses sont très développées et même parfois lorsqu'elles sont déjà en train de se fusionner avec la diaphyse. Ces noyaux se forment en des points où l'ébauche cartilagineuse présente des tubérosités, comme par exemple dans les tubérosités de l'humérus, dans les trochanters du fémur, dans l'épitrochée, l'épicondyle, etc. Ils servent à transformer ces saillies en tissu osseux et se soudent généralement, en dernier lieu, avec la partie principale de l'os.

Maintenant que nous avons fourni ces indications générales, donnons quelques renseignements sur l'époque à laquelle apparaissent dans l'ébauche cartilagineuse des os longs les principaux noyaux osseux. Nous conformerons nos données aux résultats fournis par SCHWEGEL

1. La diaphyse de l'*humérus* s'ossifie pendant la huitième semaine. Les noyaux épiphysaires de cet os se forment après la naissance, à la fin de la première ou au commencement de la deuxième année de la vie extra-utérine. Pendant la deuxième année apparaissent des noyaux accessoires dans la grosse et dans la petite tubérosité; enfin, vers l'âge de 5 ans, dans l'épicondyle et dans l'épitrochlée.

2. La diaphyse du *radius* et celle du *cubitus* commencent aussi à s'ossifier pendant la huitième semaine. Les noyaux épiphysaires se montrent chez l'enfant de 2 à 5 ans. Enfin, assez tard, il se forme des noyaux accessoires dans les apophyses styloïdes.

3. Les *métacarpiens* s'ossifient à partir de la neuvième semaine. Il n'existe chez eux qu'une épiphyse cartilagineuse; elle occupe l'extrémité distale de l'os. Le pouce seul fait exception : il a deux épiphyses. Les noyaux épiphysaires apparaissent chez l'enfant, vers l'âge de 3 ans.

4. L'ossification des *phalanges des doigts* commence à la même époque que celle des métacarpiens.

5. Le *fémur* commence à s'ossifier dès la septième semaine. *Peu de temps avant la naissance, il se forme un noyau osseux dans son épiphyse distale. L'apparition de ce noyau est un indice de la fin de la gestation : elle a donc une certaine importance au point de vue pratique.* Après la naissance, il apparaît bientôt un noyau épiphysaire dans la tête de l'os. Des noyaux accessoires se forment : dans le grand trochanter, vers l'âge de 5 ans ; dans le petit trochanter, vers l'âge de 13 à 14 ans.

6. Les noyaux épiphysaires du *tibia* et du *péroné* ne se forment qu'après la naissance : le noyau proximal apparaît d'abord vers l'âge de 1 à 3 ans; puis, le noyau distal. De plus, l'ossification du péroné suit toujours de 1 an environ celle du tibia. GEGENBAUR croit que ce fait est dû à ce que le péroné est physiologiquement moins important que le tibia.

7. La *rotule* s'ossifie chez l'enfant de 3 ans environ.

8. Quant à l'ossification des *métatarsiens* et des *phalanges des orteils*, elle s'accomplit généralement de la même façon que celle des métacarpiens et des phalanges des doigts.

3. — *Articulations*

Les différentes pièces cartilagineuses du squelette se formant par différenciation histologique au sein d'un tissu conjonctif, elles sont primitivement réunies les unes aux autres par un reste de tissu conjonctif, qui prend habituellement une texture plus fibreuse et se transforme en un ligament spécial.

Tel est le mode d'union des pièces du squelette que l'on rencontre le plus fréquemment chez les vertébrés inférieurs, chez les requins par exemple. Chez les vertébrés supérieurs et chez l'homme, il ne s'est maintenu qu'en certains points, par exemple entre les corps des diverses vertèbres, (disques invertébraux). Par contre, là où les éléments squelettiques en contact ont acquis une plus grande mobilité, il se forme des articulations plus complexes au lieu de simples unions de tissu conjonctif.

Dans le cours du développement des articulations on observe les phénomènes généraux dont nous allons parler.

Les ébauches cartilagineuses primitives des os, de la cuisse et de la jambe par exemple, sont séparées, pendant les premiers stades du développement, par un tissu intermédiaire, abondamment pourvu de cellules (disque intermédiaire de Henke et Reiher), qui occupe la place où se développera plus tard la cavité articulaire. Ce disque intermédiaire se réduit plus tard, parce qu'à ses dépens s'allongent les extrémités des ébauches cartilagineuses des os en contact. Souvent il disparaît complètement, de telle sorte qu'alors les faces terminales des pièces squelettiques s'appliquent largement et immédiatement l'une contre l'autre (articulations à surfaces concordantes).

En ce moment, les surfaces articulaires ont pris plus ou moins complètement leur forme et leur incurvation spécifiques. Cette disposition se réalise à une époque où la cavité articulaire n'existe pas encore et où les pièces squelettiques ne peuvent encore se mouvoir l'une sur l'autre, les muscles qui déterminent ces mouvements étant encore incapables de fonctionner.

Il résulte de là que pendant le développement ontogénique, les surfaces articulaires n'acquièrent nullement leur forme spécifique sous l'action des muscles qui les font mouvoir plus tard. La forme des surfaces articulaires n'est donc pas la conséquence d'une adaptation à une simple action mécanique exercée sur elles, contrairement à l'opinion défendue par maints auteurs. *La forme typique de l'articulation se réalise à une période reculée du développement : elle semble donc être produite par hérédité* (Bernays). L'action musculaire ne peut intervenir et n'intervient qu'ultérieurement pour modifier la conformation des surfaces articulaires.

Lorsque après la disparition du disque intermédiaire les surfaces terminales des cartilages en voie de développement reposent immédiatement l'une contre l'autre, il apparaît entre elles une petite fente, premier rudiment de la cavité articulaire. Elle est délimitée immédiatement par le cartilage articulaire hyalin qui, dans son étendue, n'est pas revêtu par du périchondre. D'autre part, la cavité articulaire se sépare ensuite très nettement du tissu conjonctif ambiant. Pour cela, il se forme : 1° une couche de tissu conjonctif plus résistante, tendue d'un cartilage à l'autre, et qui devient le ligament capsulaire; 2° d'autres faisceaux fibreux, qui se transforment en ligaments articulaires.

Le processus du développement est un peu différent lorsque les surfaces articulaires sont discordantes. Alors, les extrémités des cartilages ne reposent pas immédiatement l'une contre l'autre, comme nous l'avons dit plus haut. Elles sont séparées par un reste plus ou moins volumineux du disque intermédiaire, qui prend alors une texture de plus en plus fibreuse, de plus en plus résistante.

Lorsque le disque intermédiaire se maintient dans toute sa largeur, il se transforme en un fibro-cartilage interarticulaire, qui constitue un coussin élastique interposé entre les deux pièces squelettiques. Entre ce disque et les deux faces terminales des cartilages articulaires, il se forme une fente articulaire. En d'autres termes, il se forme une cavité articulaire divisée en deux parties par le fibro-cartilage inter-articulaire.

Enfin, l'articulation subit encore une autre modification lorsque les cartilages articulaires reposent l'un sur l'autre dans une partie de leur étendue, tandis qu'ils restent séparés par du tissu intermédiaire dans une autre partie. Dans ce cas, au niveau des surfaces en contact il se forme une simple fente articulaire, qui se prolonge latéralement en deux fentes superposées, séparant le tissu intermédiaire d'avec les parties discordantes des deux surfaces articulaires. Il n'existe alors qu'une seule cavité articulaire, dans laquelle proéminent les produits de transformation du tissu intermédiaire. Ces produits, qui se continuent latéralement avec le ligament capsulaire, constituent alors des ménisques ou fibro-cartilages semi-lunaires (articulation du genou).

Comme nous l'avons dit précédemment en parlant du développement des os des membres, après que le processus d'ossification est achevé il persiste un reste de l'ébauche cartilagineuse primitive, qui forme une mince couche de revêtement sur les surfaces articulaires. Cette couche de revêtement existe à la surface de chacune des extrémités articulaires de tous les os qui se développent aux dépens d'une ébauche cartilagineuse.

Tout autres sont les rapports lorsqu'il s'établit une articulation véritable entre deux os qui se sont formés directement dans du tissu conjonctif, entre deux os de revêtement. Chez les mammifères, l'articulation temporo-maxillaire nous offre un exemple de ce cas. L'apophyse articulaire du maxillaire inférieur aussi bien que la cavité glénoïde de l'écaille du temporal sont revêtues par une mince couche de tissu conjonctif non ossifié. Elle semble, à un examen superficiel, être du cartilage et est habituellement décrite comme telle. Mais si on l'examine au microcospe, on constate qu'elle ne se compose que de couches de fibres du tissu conjonctif.

De même qu'il y a des os qui se forment aux dépens d'un cartilage préformé et d'autres os qui se développent aux dépens du tissu conjonctif, de même aussi il y a lieu de distinguer des articulations présentant un revêtement de cartilage hyalin et des articulations revêtues d'une couche de tissu conjonctif fibreux.

RÉSUMÉ

A. — Colonne vertébrale.

1. La colonne vertébrale passe, dans le cours de son développement, par plusieurs états de plus en plus compliqués. Les plus simples persistent pendant toute la vie chez les vertébrés inférieurs, tandis qu'ils ne se manifestent qu'au début du développement chez les vertébrés supérieurs pour être ensuite remplacés par d'autres états plus compliqués.

2. On distingue trois stades au développement de la colonne vertébrale. Elle est formée par :

1° La corde dorsale;

2° La colonne vertébrale cartilagineuse;

3° La colonne vertébrale osseuse.

3. La corde dorsale se forme aux dépens d'un cordon cellulaire, qui dérive de l'endoderme par étranglement.

4. La corde dorsale constitue une tige cylindrique : son extrémité antérieure, effilée, arrive jusqu'au bord antérieur de la base du cerveau moyen (dans la région de la selle turcique future); elle s'étend en arrière jusqu'au blastopore (sillon primitif). Elle se compose de cellules vésiculeuses, possédant une membrane propre. Ce cordon cellulaire est délimité extérieurement par une gaine résistante (étui de la corde).

5. La corde dorsale constitue l'ébauche squelettique définitive chez l'Amphioxus et chez les cyclostomes.

6. Chez les sélaciens et certains ganoïdes il existe pendant toute la vie une colonne vertébrale cartilagineuse. Chez les autres vertébrés, la colonne vertébrale cartilagineuse est remplacée plus ou moins complètement, dans le cours du développement, par une colonne vertébrale osseuse.

7. La colonne vertébrale cartilagineuse se développe par différenciation histologique aux dépens d'un tissu conjonctif embryonnaire, qui forme, d'une part, une gaine squelettogène autour de la corde dorsale et, d'autre part, une mince enveloppe continue, autour du tube neural (arc vertébral membraneux).

8. Le processus de chondrification commence aux deux côtés de la corde dorsale. Il se propage ensuite vers le haut et vers le bas pour former autour de la corde dorsale un anneau cartilagineux, qui constitue le corps de la vertèbre. De là la chondrification se propage, du côté dorsal, dans l'enveloppe membraneuse du tube neural, qui fournit l'arc vertébral. L'arc vertébral se ferme sur la ligne médio-dorsale à la suite de la formation de l'apophyse épineuse.

9. C'est avec l'apparition du processus de chondrification de la couche squelettogène non segmentée que se manifeste la segmentation du squelette axial du tronc. Il se divise en une série de segments vertébraux, équivalents et placés les uns à la suite des autres. Entre eux persistent des restes de la couche squelettogène, qui ne se chondrifient pas. Ils donnent naissance entre les corps des vertèbres, aux disques intervertébraux, aux ligaments jaunes ou intercruraux, etc.

10. La métamérisation de la colonne vertébrale a été déterminée par celle de la musculature. Elle s'est formée de telle sorte que les segments vertébraux alternent avec les segments musculaires et que les fibres musculaires longitudinales situées au voisinage du squelette axial sont unies par leur extrémité antérieure à une vertèbre et par leur extrémité

postérieure à la vertèbre suivante. De cette façon, elles peuvent faire mouvoir les vertèbres les unes par rapport aux autres.

11. La corde dorsale, lorsqu'elle est entourée par les corps des vertèbres cartilagineuses, s'arrête plus ou moins dans son développement. Elle s'atrophie différemment dans les diverses classes de vertébrés. Chez les mammifères, elle s'atrophie complètement à l'intérieur du corps des vertèbres, tandis qu'entre les corps de deux vertèbres successives il en persiste un reste, qui donne naissance au noyau gélatineux du disque intervertébral.

12. La colonne vertébrale cartilagineuse se transforme chez la plupart des vertébrés en une colonne vertébrale osseuse. Pour cela, le cartilage se résorbe en certains points et est remplacé par du tissu osseux (formation endochondrique du tissu osseux).

13. Chaque vertèbre cartilagineuse s'ossifie, chez les mammifères et chez l'homme, aux dépens de trois noyaux osseux. Un de ces noyaux se forme à l'intérieur du corps de la vertèbre et chacun des deux autres, dans l'une des deux moitiés latérales de l'arc vertébral. Il se forme, en outre, quelques noyaux osseux accessoires.

14. A chaque segment vertébral s'ajoute une paire de côtes, qui se forment par un processus de chondrification dans les ligaments intermusculaires.

15. Chez l'homme la division de la colonne vertébrale en plusieurs régions est due aux relations qui s'établissent entre les ébauches des vertèbres et celles des côtes.

1. La région thoracique se caractérise par ce fait que les côtes prennent leur développement complet. Un certain nombre d'entre elles s'élargissent à leur extrémité ventrale et s'unissent en deux bandelettes sternales, qui se fusionnnent ensuite pour donner naissance à un sternum impair. (La fissure congénitale du sternum est un arrêt de développement.)
2. Dans les régions cervicale et lombaire, les ébauches des côtes restent petites et se soudent aux apophyses transverses pour constituer avec elles les apophyses latérales. En outre, dans la région cervicale il persiste, entre l'apophyse transverse et la côte rudimentaire, un trou transversaire, par lequel passe l'artère vertébrale.
3. L'atlas et l'axis doivent leur forme spéciale à ce fait que le corps de l'atlas reste séparé de l'ébauche de son arc et se soude au corps de l'axis pour constituer l'apophyse odontoïde de cette vertèbre (noyau osseux spécial dans l'apophyse odontoïde).
4. Le sacrum résulte du fusionnement de cinq vertèbres et de cinq paires de côtes sacrées. Les côtes sacrées en se fusionnant donnent naissance aux masses latérales du sacrum, qui portent les surfaces articulaires destinées à s'articuler avec l'os iliaque.

B. — Squelette de la tête.

16. Le crâne passe, comme la colonne vertébrale, par trois formes successives, que l'on distingue respectivement sous les noms de crâne primordial membraneux, crâne primordial cartilagineux et capsule cranienne osseuse.

17. Le crâne primordial membraneux se compose :

1. De l'extrémité antérieure de la corde dorsale, qui s'étend jusqu'au bord antérieur de la base du cerveau moyen;
2. D'une couche de tissu conjonctif qui forme, d'une part, une couche squelettogène autour de la corde dorsale et, d'autre part, une enveloppe membraneuse autour des cinq vésicules cérébrales.

18. Le crâne primordial cartilagineux se forme aux dépens du crâne primordial membraneux, à la suite d'une transformation histologique.

a. Aux deux côtés de la corde dorsale apparaissent d'abord deux travées cartilagineuses, les deux cartilages paracordaux, qui enveloppent bientôt la corde dorsale et s'unissent en une lame cartilagineuse.

b. En avant des cartilages paracordaux apparaissent les poutrelles craniennes de Rathke. Elles s'unissent bientôt par leurs extrémités postérieures avec les cartilages paracordaux. Leurs extrémités antérieures s'élargissent et se fusionnent pour constituer la plaque ethmoïdale. En leur milieu elles restent longtemps séparées l'une de l'autre : entre elles passe l'hypophyse (région de la fosse pituitaire).

c. De la base du crâne cartilagineux ainsi formée, le processus de chondrification se propage, comme pour le développement de la colonne vertébrale : d'abord, sur les faces latérales, et, finalement, à la voûte du crâne primordial membraneux. Le crâne primordial cartilagineux loge, en outre, partiellement les organes des sens d'ordre supérieur.

19. Chez les sélaciens, le crâne primordial cartilagineux constitue un organe permanent; ses parois sont assez épaisses et uniformément développées. Chez les mammifères et chez l'homme, au contraire, il n'est que transitoire et ne tarde pas à être remplacé par la capsule cranienne osseuse. Il est, en outre, moins complètement développé que chez les sélaciens : sa base et ses parois latérales sont seules cartilagineuses dans toute leur étendue, tandis que sa voûte présente de grandes lacunes, fermées par du tissu conjonctif.

20. Il y a lieu de distinguer au crâne primordial cartilagineux deux parties principales, caractérisées par leurs rapports avec la corde dorsale : l'une est appelée vertébrale ou cordale; l'autre évertébrale ou précordale. On peut aussi le diviser, d'après ses rapports avec les or-

ganes des sens, en quatre régions : une région ethmoïdale; une région orbitaire; une région auditive et une région occipitale.

21. De même que les côtes s'adjoignent à la colonne vertébrale sous la forme d'arcs inférieurs, de même aussi le squelette viscéral s'unit au crâne primordial pour constituer avec lui le squelette de la tête.

22. Le squelette viscéral se compose d'arcs cartilagineux segmentés, qui se forment par chondrification dans le tissu des arcs viscéraux membraneux, entre les différentes fentes viscérales ou branchiales.

23. Les arcs viscéraux cartilagineux ne sont bien développés que chez les vertébrés inférieurs (ils sont permanents chez les sélaciens). On les distingue, d'après leur position et leur forme, sous les noms : d'arcs maxillaires, d'arcs hyoïdiens et d'arcs branchiaux proprement dits. Le nombre de ces derniers varie d'une espèce à l'autre.

24. Chaque arc maxillaire se compose d'un cartilage maxillaire supérieur (palato-carré) et d'un cartilage maxillaire inférieur (mandibulaire). Chaque arc hyoïdien se compose d'un hyomandibulaire, d'un hyoïde proprement dit et d'une copule hyoïdienne, médiane et impaire.

25. Chez les mammifères et chez l'homme, le squelette viscéral cartilagineux ne se développe que d'une façon très incomplète. Il se transforme en les ébauches cartilagineuses des trois osselets de l'oreille moyenne et en l'os hyoïde.

26. Dans chaque arc maxillaire membraneux se forment :

a. L'enclume qui correspond au palato-carré des vertébrés inférieurs;

b. Le marteau qui correspond à la partie articulaire du maxillaire inférieur cartilagineux;

c. Le cartilage de Meckel, qui correspond au restant du maxillaire inférieur cartilagineux, mais qui s'atrophie complètement dans la suite du développement.

27. Chaque arc hyoïdien membraneux fournit :

a. Dans sa partie supérieure, l'étrier;

b. L'apophyse styloïde du temporal;

c. Le ligament stylo-hyoïdien;

d. La petite corne et le corps de l'os hyoïde.

28. Le troisième arc viscéral membraneux ne se chondrifie que dans sa partie inférieure pour former la grande corne de l'os hyoïde.

29. Le crâne primordial n'est, à aucun stade de son développement, composé d'un certain nombre de segments distincts, comme c'est le cas pour la colonne vertébrale.

30. La métamérisation primitive de la tête se manifeste seulement par la formation de plusieurs segments primordiaux céphaliques (muscles), par la disposition et la distribution des nerfs craniens et par la constitution de l'ébauche du squelette viscéral.

31. Le crâne primordial est donc l'ébauche squelettique non segmentée d'une partie segmentée du corps.

32. L'ossification du squelette de la tête est beaucoup plus compliquée que celle de la colonne vertébrale.

33. Tandis que tous les os de la colonne vertébrale se forment par *un seul* processus, par substitution du tissu cartilagineux (ossification endochondrique), nous devons distinguer dans l'ossification du squelette de la tête deux espèces d'os, dont l'origine et le mode de développement sont différents. Les uns sont des os primaires; les autres, des os secondaires.

34. Les os primaires de la tête se forment dans le crâne primordial et le squelette viscéral cartilagineux, de la même manière que les noyaux osseux se forment dans la colonne vertébrale cartilagineuse.

35. Les os secondaires, de recouvrement ou de revêtement, prennent naissance, en dehors du squelette primordial de la tête, dans le derme de la peau ou de la muqueuse buccale. Ce sont donc des os cutanés ou muqueux. Chez les vertébrés inférieurs, ils font partie d'un squelette cutané qui revêt toute la surface du corps.

36. Les os de revêtement se développent dans certains cas, que l'on peut considérer comme primitifs, par fusionnement des plaques basilaires osseuses de nombreuses dents cutanées ou muqueuses.

37. Parmi les os primaires et les os secondaires, il en est qui restent séparés les uns des autres dans la suite du développement, tandis que d'autres se fusionnent de façon à former un complexus osseux mixte, comme c'est le cas pour le temporal et le sphénoïde.

38. Lorsque le processus d'ossification est achevé, il ne persiste du crâne primordial que des restes insignifiants : le cartilage de la cloison et les cartilages du nez.

C. — Squelette des membres.

39. Le squelette des membres, à l'exception de la clavicule, dont le développement présente maintes particularités, se forme aux dépens d'une ébauche cartilagineuse (ceinture scapulaire cartilagineuse, ceinture pelvienne cartilagineuse, cartilages des différents éléments squelettiques des extrémités libres des membres).

40. L'ossification s'effectue comme dans la colonne vertébrale et dans le crâne primordial : des noyaux osseux apparaissent à l'intérieur du cartilage, qui se trouve finalement remplacé par du tissu osseux (ossification endochondrique).

41. Les cartilages des os courts du tarse et du carpe s'ossifient pour la plupart par formation d'un seul noyau osseux; les cartilages, plus étendus et aplatis, des ceintures scapulaire et pelvienne s'ossifient au moyen de plusieurs noyaux.

42. L'ébauche cartilagineuse d'un os long s'ossifie d'abord dans sa partie moyenne (diaphyse), tandis que ses deux extrémités (épiphyses) restent longtemps cartilagineuses et contribuent à allonger la pièce squelettique.

43. Les épiphyses cartilagineuses commencent à s'ossifier chez l'homme, les unes pendant le dernier mois de grossesse, les autres, après la naissance seulement. Il se forme à leur intérieur des noyaux osseux spéciaux (noyaux épiphysaires).

44. La diaphyse et les épiphyses ossifiées ne se soudent ensemble que lorsque la croissance du squelette et du corps est achevée. Cette soudure s'effectue à la suite de l'ossification de la lame cartilagineuse intermédiaire qui les séparait.

45. Avant d'avoir atteint leur croissance complète, les os creux se divisent, par macération, en une grande pièce moyenne (diaphyse) et en deux petits disques osseux terminaux (épiphyses).

46. De l'ébauche cartilagineuse de l'os creux il ne persiste qu'un reste insignifiant, constituant une couche cartilagineuse mince à la surface des extrémités articulaires (cartilage articulaire).

47. La cavité médullaire des os creux se forme par résorption du tissu osseux spongieux, qui se développe au centre de la diaphyse, aux dépens du cartilage primitif.

48. Tandis que les surfaces articulaires des os qui sont précédés d'une ébauche cartilagineuse sont revêtues d'une couche superficielle de cartilage hyalin, les surfaces articulaires des os d'origine conjonctive (os de revêtement) sont revêtues d'une couche de tissu conjonctif fibreux (articulation temporo-maxillaire).

49. Les surfaces articulaires nous montrent leur forme caractéristique déjà à une époque de la vie embryonnaire où la musculature ne peut exercer d'action sur elles.

BIBLIOGRAPHIE

DÉVELOPPEMENT DU DIAPHRAGME ET DU PÉRICARDE.

Brachet. *Recherches sur le développement du diaphragme et du foie chez le lapin.* Journal de l'anatomie et de la physiologie. 1895.

— *Die Entwickelung der grossen Körperhöhlen und ihre Trennung von einander.* Ergebnisse der Anat. und Entw. de Merkel et Bonnet. T. VII. 1897.

M. Cadiat. *Du développement de la partie céphalo-thoracique de l'embryon, de la formation du diaphragme, des plèvres, du péricarde, du pharynx et de l'œsophage.* Journal de l'anatomie et de la physiologie. Vol. XIV. 1878.

Faber. *Ueber den angeborenen Mangel des Herzbeutels in anatomischer, entwicklungsgeschichtlicher und klinischer Beziehung.* Virchow's Archiv. Vol. LXXIV.

W. His. *Mittheilungen zur Embryologie der Säugethiere und des Menschen.* Archiv f. Anat. und Physiol. Anat. Abtheil. 1881.

Lockwood. *The early development of the pericardium, diaphragm and great veins.* Philosophical Transactions of the Royal Academy of London. 1888. Vol. CLXXIX. 1889, et Proceedings of the Royal Society. XLIII.

Ravn. *Bildung der Scheidewand zwischen Brust- und Bauchhöhle in Säugethier-Embryonen.* Biologisches Centralblatt. Vol. VII. 1887.

— *Ueber die Bildung der Scheidewand zwischen Brust- und Bauchhöhle in Säugethier-Embryonen.* Archiv für Anat. und Physiol. Anat. Abth. 1889.

Ravn. *Untersuchungen über die Entwicklung des Diaphragmas und der benachbarten Organe bei den Wirbelthieren.* Archiv für Anatomie und Physiologie. Anat. Abtheilung. 1889. Vol. supplém.

Swaen. *Recherches sur le développement du foie, du tube digestif, de l'arrière-cavité du péritoine et du mésentère.* Journal de l'anatomie et de la physiologie. T. XXXII. 1896, et T. XXXIII. 1897. Bullet. Acad. de médecine de Belgique. 1899.

N. Uskow. *Ueber die Entwicklung des Zwerchfells, des Pericardiums u. des Coeloms.* Archiv für mikrosk. Anatomie. Vol. XXII. 1883.

Waldeyer. *Ueber die Beziehungen der Hernia diaphragmatica congenita zur Entwicklungsweise des Zwerchfells.* Deutsche medic. Wochenschrift. N° 14. 1884.

DÉVELOPPEMENT DU CŒUR ET DES VAISSEAUX

A. C. Bernays. *Entwicklungsgeschichte der Atrioventricularklappen.* Morpholog. Jahrb. Vol. II. 1876.

Boas. *Ueber die Arterienbogen der Wirbelthiere.* Morphol. Jahrb. Vol. XIII.

G. Born. *Beiträge zur Entwicklungsgeschichte des Säugethierherzens.* Archiv für mikrosk. Anatomie. Vol. XXXIII. 1889.

A. Brenner. *Ueber das Verhältniss des N. laryngeus inf. vagi zu einigen Aortenvarietäten des Menschen und zu dem Aortensystem der durch Lungen athmenden Wirbelthiere überhaupt.* Archiv für Anatomie und Physiologie. Anat. Abth. 1883.

Gasser. *Ueber die Entstehung des Herzens bei Vogel-Embryonen.* Archiv für mikrosk. Anat. Vol. XIV. 1877.

C. Hasse. *Die Ursachen des rechtzeitigen Eintritts der Geburtsthätigkeit beim Menschen.* Zeitschrift f. Geburtshülfe und Gynäkologie. Vol. VI.

F. Hochstetter. *Ueber die Bildung der hinteren Hohlvene bei den Säugethieren.* Anatom. Anz. IIe Année. N° 16.

— *Ueber den Einfluss der Entwicklung der bleibenden Nieren auf die Lage des Urnierenabschnittes der hinteren Cardinalvenen.* Anat. Anz. IIIe année. 1888.

— *Beiträge zur vergleichenden Anatomie und Entwicklungsgeschichte des Venensystems der Amphibien und Fische.* Morphol. Jahrbuch. Vol. XIII. 1888.

— *Ueber das Gekröse der hinteren Hohlvene.* Anat. Anzeiger. 1888. Vol. III.

— *Beiträge zur Entwicklungsgeschichte des Venensystems der Amnioten.* Morpholog. Jahrbuch. Vol. XIII et XIX.

— *Entwicklungsgeschichte des Gefässsystems.* Ergebnisse der Anatomie und Entwicklungsgeschichte de Merkel et Bonnet. 1892 et 1893. Vol. II et III.

Hoffmann. *Zur Entwicklungsgeschichte des Venensystems bei den Selachiern.* Morpholog. Jahrbuch. Vol. XX.

Houssay. *Développement et morphologie du parablaste et de l'appareil circulatoire.* Arch. de zool. exp. et gén. 3e Série. T. 1.

Laguesse. *Recherches sur le développement de la rate chez les poissons.* Journal de l'anatomie et de la physiologie. 1890.

Lindes. *Ein Beitrag zur Entwicklungsgeschichte des Herzens.* Dissertation inaugurale. Dorpat, 1865.

J. Marshall. *On the development of the great anterior veins in man and mammalia.* Philos. Transact. 1850.

Masius. *Quelques notes sur le développement du cœur chez le poulet.* Archives de biologie. T. IX. 1889.

Maurer. *Die erste Anlage der Milz etc. bei Amphibien.* Morphol. Jahrb. Vol. XVI.

Oellacher. *Ueber die erste Entwicklung des Herzens und der Pericardial- oder Herzhöhle bei Bufo cinereus.* Archiv f. mikrosk. Anat. Vol. VII.

Peremeschko. *Ueber die Entwicklung der Milz.* Sitzungsber. der Wiener Akad. d. Wiss. Math.-naturw. Abth. Vol. LVI. 1867.

Carl Rabl. *Ueber die Bildung des Herzens der Amphibien.* Morphologisches Jahrbuch. Vol. XII.

H. Rathke. *Ueber die Bildung der Pfortader und der Lebervenen bei Säugethieren.* Meckel's Archiv. 1830.

— *Ueber den Bau und die Entwicklung des Venensystems der Wirbelthiere.* Bericht über das naturhist. Seminar der Universität Königsberg. 1838.

— *Ueber die Entwicklung der Arterien, welche bei den Säugethieren von dem Bogen der Aorta ausgehen.* Archiv f. Anat. und Physiol. 1843.

C. Röse. *Zur Entwicklungsgeschichte des Säugethierherzens.* Morpholog. Jahrb. Vol. XV.

Sabatier. *Observations sur les transformations du système aortique dans la série des Vertébrés.* Annales des sc. nat. Sér. 5e. T. XIX. 1874.

Sertoli. *Ueber die Entwicklung der Lymphdrüsen.* Sitzungsber. der Wiener Akad. d. Wiss. Vol. LIV. IIe Fascicule. 1866.

F. J. Schmidt. *Bidrag til Kundskaben om Hjertets Udviklingshistorie.* Nordiskt medicinskt Arkiv. Vol. II. 1870.

H. Strahl u. Carius. *Beiträge zur Entwicklungsgeschichte des Herzens und der Körperhöhlen.* Archiv für Anat. und Physiol. Anat. Abth. 1889.

Türstig. *Mittheilung über die Entwicklung der primitiven Aorten nach Untersuchungen an Hühner-Embryonen.* Dissertation inaugurale. Dorpat, 1886.

E. Wertheimer. *Recherches sur la veine ombilicale.* Journal de l'anatomie et de la physiol. Année XXII. N° 1.

Zimmermann. *Ueber die Kiemenarterienbogen des Menschen.* Verhandl. des X. internat. med. Congresses. Berlin, 1890. Vol. II.

DÉVELOPPEMENT DU SQUELETTE

Fr. Ahlborn. *Ueber die Segmentation des Wirbelthierkörpers.* Zeitschr. für wissensch. Zool. Vol. XL.

P. Albrecht. *Sur la valeur morphologique de l'articulation mandibulaire, du cartilage de Meckel et des osselets de l'ouïe etc.* Bruxelles, 1883.

Balfour. *On the development of the skeleton of the paired fins of Elasmobranchii considered in relation to its bearings on the nature of the limbs of the vertebrata.* Proceed. of the Zool. Soc. of London. 1881.

K. von Bardeleben. *Das Os intermedium tarsi der Säugethiere.* Zool. Anz. VIe année. 1883.

— *Ueber neue Bestandtheile der Hand- und Fusswurzel der Säugethiere etc.* Jenaische Zeitschrift. Vol. XIX. IIIe Fasc. du tome supplément.

Baumgarten. *Beitr. z. Entwicklungsgesch. d. Gehörknöchelchen.* Archiv f. mikr. Anat. Vol. XL.

Baumüller. *Ueber die letzten Veränderungen des Meckel'schen Knorpels.* Zeitschrift für wissenschaftl. Zool. Vol. XXXII. 1879.

A. Bernays. *Die Entwicklungsgeschichte des Kniegelenks des Menschen mit Bemerkungen über die Gelenke im Allgemeinen.* Morphol. Jahrb. Vol. IV. Leipzig, 1878.

Brock. *Ueber die Entwicklung des Unterkiefers der Säugethiere.* Zeitschrift für wissenschaftl. Zoologie. Vol. XXVII.

Carius. *Ueber die Entwicklung der Chorda und der primitiven Rachenhaut bei Meerschweinchen und Kaninchen.* Dissertation inaugurale. 1888.

Corning. *Ueber die sogenannte Neugliederung der Wirbelsäule und über das Schicksal der Urwirbelhöhle bei Reptilien.* Morph. Jahrb. Vol. XVII.

Decker. *Ueber den Primordialschädel einiger Säugethiere.* Zeitschrift für wissenschaftl. Zool. Vol. XXXVIII. 1883.

A. Dohrn. *Studien zur Urgeschichte des Wirbelthierkörpers :*
IV. Die Entwicklung und Differenzirung der Kiemenbogen der Selachier.
V. Zur Entstehung und Differenzirung der Visceralbogen bei Petromyzon Planeri.
VI. Die paarigen und unpaaren Flossen der Selachier.
Mittheilungen aus der Zool. Station zu Neapel. Vol. V.

Dubois. *Zur Morphologie des Larynx.* Anatomischer Anzeiger. 1re année.

Dugès. *Recherches sur l'ostéologie des Batraciens à leurs différents âges.* 1834.

E. Dursy. *Zur Entwicklungsgeschichte des Kopfes des Menschen und der höheren Wirbelthiere.* 1889.

von Ebner. *Urwirbel und Neugliederung der Wirbelsäule.* Sitzungsberichte der Kaiserl. Akad. d. Wissensch. Mathem.-naturw. Classe. Abth. III. Vol. XCVII.

F. Frenkel. *Beitrag zur anatomischen Kenntniss des Kreuzbeines der Säugethiere.* Jenaische Zeitschr. Vol. VIII. 1873.

Fraser. *On the development of theossicula auditus in the higher mammalia.* Proceed. of the Royal Soc. of London. Vol. XXXIII.

August Froriep. *Zur Entwicklungsgeschichte der Wirbelsäule, insbesondere des Atlas und Epistropheus und der Occipitalregion.*
I. Beobachtung an Hühner-Embryonen. Archiv f. Anat. u. Physiol. Anat. Abth. 1883.
II. Beobachtung an Säugethier-Embryonen. Archiv f. Anatomie u. Physiologie. 1886.

— *Ueber ein Ganglion des Hypoglossus und Wirbelanlagen in der Occipitalregion.* Archiv f. Anat. u. Physiol. Anat. Abth. 1882.

Gadow. *On the modifications of the first and second visceral arches with especial reference to the homologies of the auditory ossicles.* Philosoph. Transactions of the Royal Society of London. 1888. Vol. CLXXIX. 1889. p. 451-487.

Gegenbaur. *Ueber die Entwicklung der Clavicula.* Jenaische Zeitschrift. Vol. I.

— *Zur Morphologie der Gliedmaassen der Wirbelthiere.* Morphol. Jahrb. Vol. II. 1876.

Gegenbaur.
1) *Ueber die Kopfnerven von Hexanchus und ihr Verhältniss zur Wirbeltheorie des Schädels.* Jenaische Zeitschr. Vol. VI.
2) *Das Kopfskelet der Selachier, ein Beitrag zur Erkenntniss der Genese des Kopfskelets der Wirbelthiere.* Leipzig, 1872.
3) *Ueber das Archipterygium.* Jenaische Zeitschr. Vol. VII.
4) *Die Metamerie des Kopfes und die Wirbeltheorie des Kopfskelets.* Morphol. Jahrb. Vol. XIII. 1887.

A. Götte. *Beiträge zur vergleichenden Morphologie des Skeletsystems der Wirbelthiere (Brustbein und Schultergürtel).* Archiv f. mikrosk. Anat. Vol. XIV. 1877.

G. Gradenigo. *Die embryonale Anlage des Mittelohres, die morphologische Bedeutung der Gehörknöchelchen.* Mittheilungen aus dem embryologischen Institute der Universität Wien. 1887.

A. Hannover. *Primordialbrusken og dens Forbening i det menneskelige Kranium for fodselen.* Danske Videnskabernes Selskabs Skrifter. Kjobenhavn, 1880.

— *Primordialbrusken og dens Forbening i Truncus og Extremiteter hos Menneskel för Födselen. (Table des matières et extrait en français.)* Kjobenhavn, 1887.

C. Hasse. *Die Entwicklung des Atlas und Epistropheus des Menschen und der Säugethiere.* Anat. Studien. Vol. I.

Henke et Reyher. *Studien über die Entwicklung der Extremitäten des Menschen, insbesondere der Gelenkflächen.* Sitzungberichte der Kaiserl. Akademie der Wissenschaften zu Wien. Vol. LXX. 1875.

Oscar Hertwig. *Ueber das Zahnsystem der Amphibien und seine Bedeutung für die Genese des Skelets der Mundhöhle. Eine vergleichend-anatomische, entwicklungsgeschichtliche Untersuchung.* Archiv f. mikrosk. Anat. Vol. XI. Fascicule supplément. 1874.

C. K. Hoffmann. *Beiträge zur vergleichenden Anatomie der Wirbelthiere.* Niederländisches Archiv f. Zool. Vol. V. 1879.

Huxley. *Lectures on the elements of comparative anatomy.*

Jacobson. *Archiv f. Anat. u. Physiol. 1844.* Analysé dans Jahresbericht von Hannover.

Jacoby. *Ein Beitrag zur Kenntniss des menschlichen Primordialcraniums.* Archiv f. mikrosk. Anat. Vol. XLIV.

Charles Julin. *Recherches sur l'ossification du maxillaire inférieur chez le fœtus de la Balaenoptera.* Archives de biologie. Vol. I. 1880.

Kann. *Das vordere Chordaende.* Dissert. inaug. Erlangen, 1888.

Keibel. *Zur Entwicklungsgeschichte der Chorda bei Säugern.* Archiv f. Anat. u. Physiol. Anat. Abth. 1889.

A. Kölliker. *Allgemeine Betrachtungen über die Entstehung des knöchernen Schädels der Wirbelthiere.* Berichte von der Königl. zootom. Anstalt zu Würzburg. Leipzig, 1849.

Theodor Kölliker. *Ueber das Os intermaxillare des Menschen u. die Anatomie der Hasenscharte und des Wolfsrachens.* Nova Acta Acad. Leop.-Carol. Vol. XLIII. 1882.

Kollmann. *Entwicklung der Chorda dorsalis bei dem Menschen.* Anat. Anz. 1890.

von Kupffer. *Studien zur vergleichenden Entwicklungsgesch. des Kopfes der Kranioten.* 1892.

H. Leboucq. *Recherches sur le mode de disparition de la corde dorsale chez les vertébrés supérieurs.* Archives de biologie. Vol. I. 1880.

Magitot et Robin *Mémoire sur un organe transitoire de la vie fœtale désigné sous le nom de cartilage de Meckel.* Annales des sciences nat. T. XVIII. 1862.

Masquelin. *Recherches sur le développement du maxillaire inférieur de l'homme.* Bulletin de l'Acad. royale de Belgique. 1878. 2e série. T. XLV.

von Mihalkovics. *Anatomie und Entwicklungsgeschichte der Nase und ihrer Nebenhöhlen.* Heymann's Handbuch der Laryngologie. Wien 1896. (Cette publication contient la bibliographie complète.)

S. Mollier. *Zur Entwicklung der Selachierextremitäten.* Anat. Anz. 1892. N° 12.

Oken. *Ueber die Bedeutung der Schädelknochen.* Iéna, 1807.

W. K. Parker et Bettany. *Die Morphologie des Schädels.* Traduction allemande de Vetter. 1879.

Perenyi. *Entwicklung der Chorda dorsalis bei Torpedo marmorata.* Berichte der Acad. der Wissensch. zu Budapest. Vol. IV et V.

Karl Rabl. *Ueber das Gebiet des Nervus facialis.* Anat. Anz. IIe année. 1887.

— *Theorie des Mesoderms.* Morph. Jahrb. Vol. XIX. 1892.

C. Reichert. *Ueber die Visceralbogen der Wirbelthiere im Allgemeinen und deren Matamorphose bei den Vögeln und Säugethieren.* Archiv f. Anat. u. Physiol. 1837.

E. Rosenberg. *Untersuchungen über die Occipitalregion des Cranium und den proximalen Theil der Wirbelsäule einiger Selachier*. Dorpat, 1884.

— *Ueber die Entwicklung der Wirbelsäule und das Centrale carpi des Menschen*. Morphol. Jahrb. Vol. I. 1875.

Ruge. *Untersuchungen über Entwicklungsvorgänge am Brustbein und an der Sternoclavicularverbindung des Menschen*. Morphol. Jahrb. Vol. VI. 1880.

W. Salensky. *Beiträge zur Entwicklungsgeschichte der knorpeligen Gehörknöchelchen bei Säugethieren*. Morphol. Jahrb. Vol. VI.

E. Schmidt. *Ueber die postembryonale Weiterbildung der Jacobson'schen Organe*. Thèse du Doctorat. Berlin, 1896.

Schwegel. *Die Entwicklungsgeschichte der Knochen des Stammes und der Extremitäten mit Rücksicht auf Chirurgie, Geburtskunde u. gerichtliche Medicin*. Sitzungsberichte der Kaiserl. Akad. der Wissensch. zu Wien. Mathem.-naturw. Classe. 1858.

H. Spöndli. *Ueber den Primordialschädel der Säugethiere und des Menschen*. Dissert. inaugurale. Zürich, 1846.

Spurgat. *Beiträge zur vergleichenden Anatomie der Nasen- und Schnauzenknorpel des Menschen und der Thiere*. Morphol. Arbeiten von Schwalbe. Iéna, 1896.

Stöhr. *Zur Entwicklungsgeschichte des Kopfskelets der Teleostier*. Festschrift der medicin. Facultät Würzburg. Leipzig, 1882.

— *Zur Entwicklungsgeschichte des Urodelenschädels*. Zeitschrift f. wissensch. Zool. Vol. XXXIII. 1879.

— *Zur Entwicklungsgeschichte des Anurenschädels*. Zeitschrift f. wissensch. Zool. Vol. XXXVI. 1881.

— *Ueber Wirbeltheorie des Schädels*. Sitzungsberichte der Physik.-med. Gesellschaft zu Würzburg. 1881.

Wiedersheim. *Ueber die Entwicklung des Schulter- u. Beckengürtels*. Anat. Anz. IVe année, 1889, et V[e] année, 1890.

— *Das Gliedmaassenskelet der Wirbelthiere*. 1892.

Zondek. *Beiträge zur Entwicklungsgeschichte der Gehörknöchelchen*. Archiv f. mikrosk. Anat. Vol. XLIV. 1895.

Indépendamment de ces publications spéciales sur le développement des différents systèmes d'organes, mentionnons encore les monographies suivantes :

EMBRYOLOGIE DE L'HOMME

Coste. *Histoire générale et particulière du développement des corps organisés.* 1847-1859.
Erdl. *Die Entwicklung des Menschen und Hühnchens im Eie.* Leipzig, 1845.
Ecker. *Icones physiologicae.* Leipzig, 1851-1859.
His. *Anatomie menschlicher Embryonen.*
Fasc. I. *Embryonen des ersten Monats.* Leipzig, 1880.
Fasc. II. *Gestalt und Grössenentwicklung bis zum Schluss des zweiten Monats.* Leipzig, 1882.
Fasc. III. *Zur Geschichte der Organe.* Leipzig, 1885.

EMBRYOLOGIE DES VERTÉBRÉS

Balfour. *A monograph on the development of Elasmobranch fishes.* London, 1878.
C. E. v. Baer. *Ueber Entwicklungsgeschichte der Thiere. Beobachtung u. Reflexion.* Königsberg, 1828 et 1837.
Bischoff. *Entwicklungsgeschichte des Kaninchens.* Braunschweig, 1842.
— *Entwicklungsgeschichte des Hundeeies.* 1845.
— *Entwicklungsgeschichte des Meerschweinchens.* 1852.
— *Entwicklungsgeschichte des Rehes.* 1854.
Bonnet. *Beiträge zur Embryologie der Wiederkäuer, gewonnen am Schafei.* Archiv f. Anat. u. Physiol. Anat. Abth. 1884 et 1889.
Cattaneo. *Embriologia e morfologia generale.* Milano, 1894.
Duval. *Atlas d'embryologie.* Paris, 1889.
Götte. *Entwicklungsgeschichte der Unke.* Leipzig, 1875.
— *Entwicklungsgeschichte des Flussneunauges.* 1890.
B. Hatschek. *Studien über Entwicklung des Amphioxus.* Arbeiten aus dem Zool. Inst. der Universität Wien, 1882.
Hensen. *Beobachtungen über die Befruchtung und Entwicklung des Kaninchens und Meerschweinchens.* Zeitschr. f. Anat. u. Entwicklungsgesch. von His und Braune. Vol. I. 1876.
W. His. *Untersuchungen über die erste Anlage des Wirbelthierleibes. Die erste Entwicklung des Hühnchens im Ei.* Leipzig, 1868.
Hubrecht. *Studies in mammalian embryology.* Quart. Journ. of Microscop. Science. N. S. Vol. XXX.
A. Milnes Marshall. *Vertebrata Embryology. A text-book for Students.* London. Smith, Edler et Co. 1893.
F. Merkel. *Menschliche Embryonen verschiedenen Alters, auf Medianschnitten untersucht. Ein Beitrag zur Mechanik der Entwicklung.*
Rathke. *Entwicklungeschichte der Natter.* Königsberg, 1839.
Remak. *Untersuchungen über die Entwicklung der Wirbelthiere.* Berlin, 1855.
L. Roule. *L'embryologie générale.* Paris, 1892.
Selenka. *Studien über Entwicklungsgeschichte der Thiere.* Wiesbaden, 1886 etc.
M. Schultze. *Die Entwicklungsgeschichte von Petromyzon Planeri,* 1856.
Rich. Semon. *Zur Entwicklungsgeschichte der Monotremen.* Denkschr. der med. Gesellsch. zu Jena. Vol. V.

Mentionnons encore comme contenant une liste complète des travaux d'embryologie :
Ch. Sedgwick Minot. *A bibliography of vertebrata embryology.* Boston, 1893.

INDEX

A

G

Q

R

S

Z

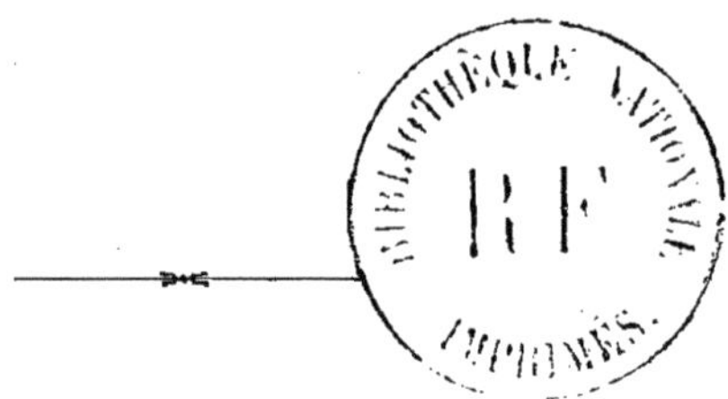

Typ. Paul Schmidt, 5, avenue Verdier, Grand-Montrouge (Seine).

Imprimerie Paul Schmidt, 5 et 7, avenue Verdier, Grand-Montrouge (Seine).

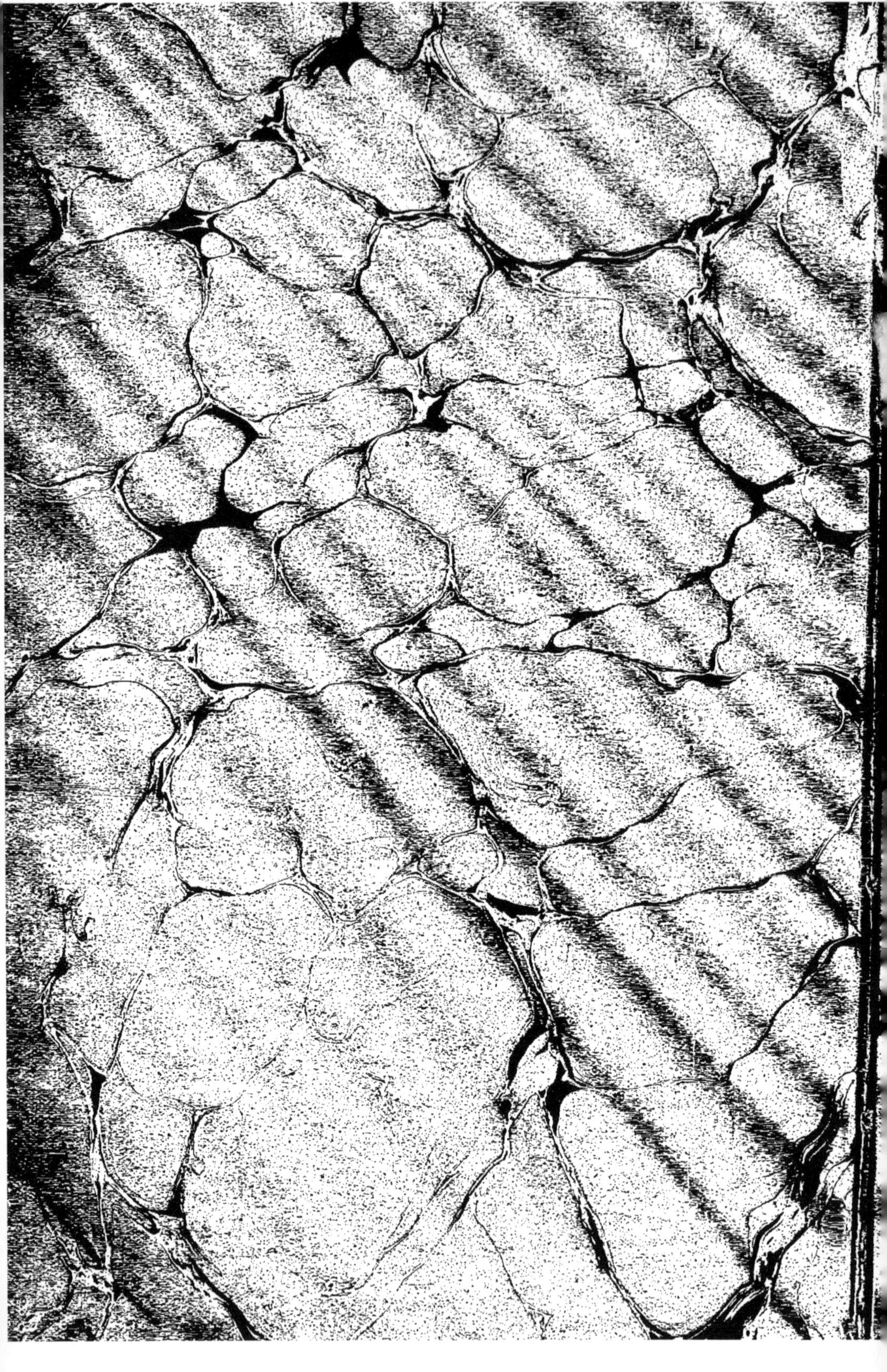

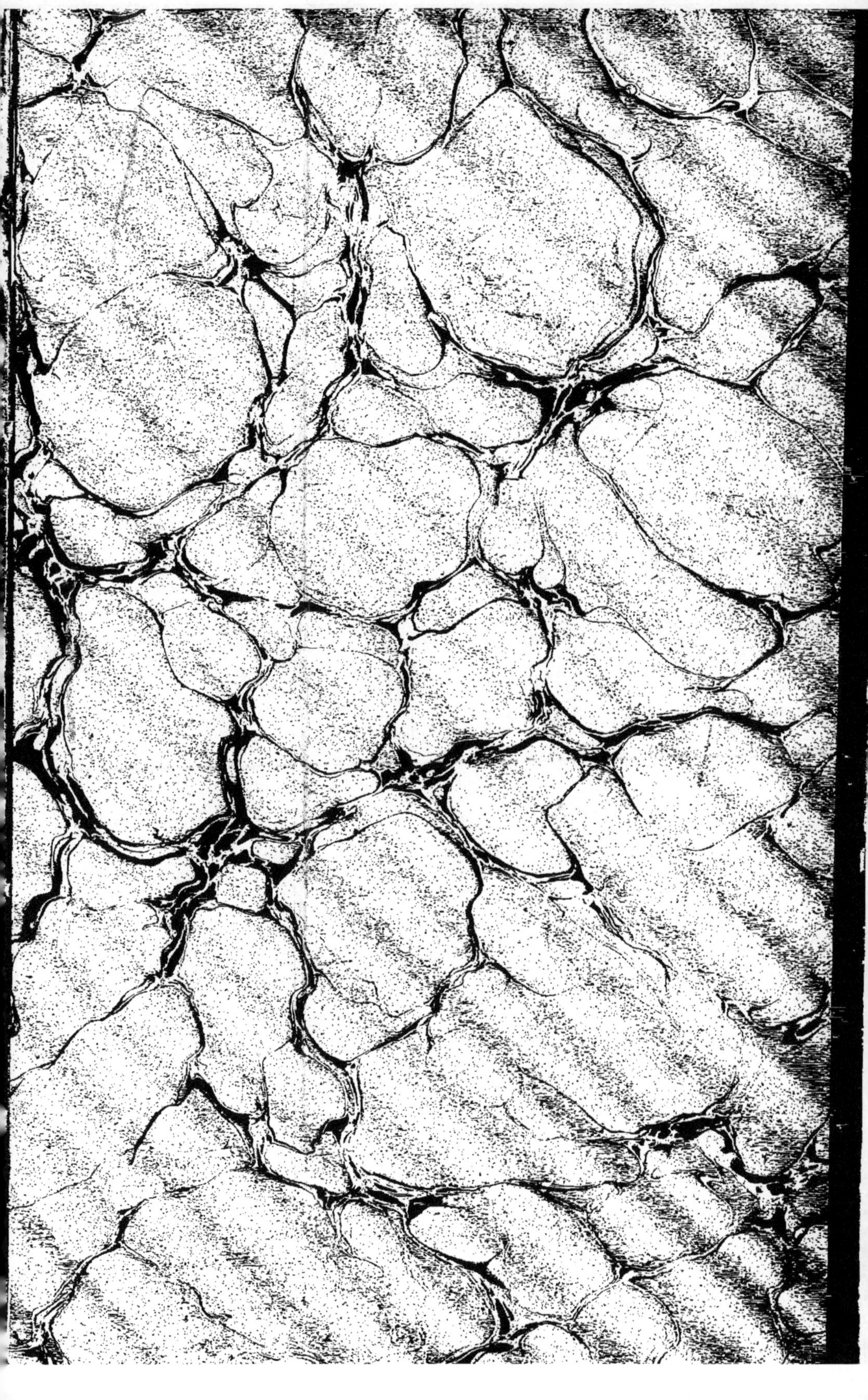

BIBLIOTHEQUE NATIONALE DE FRANCE
3 7531 00256987 0

www.ingramcontent.com/pod-product-compliance
Ingram Content Group UK Ltd.
Pitfield, Milton Keynes, MK11 3LW, UK
UKHW021837190726
13855UKWH00001B/20

9 782013 424318